DICTIONNAIRE

DE

POMOLOGIE

ANGERS, IMPRIMERIE P. LACHÈSE, BELLEUVRE ET DOLBEAU

DICTIONNAIRE

DE

POMOLOGIE

CONTENANT

l'Histoire, la Description, la Figure

DES

FRUITS ANCIENS ET DES FRUITS MODERNES

LES PLUS GÉNÉRALEMENT CONNUS ET CULTIVÉS

PAR

ANDRÉ LEROY

PÉPINIÉRISTE

Chevalier de la Légion d'honneur, Administrateur de la Succursale de la Banque de France,
Ancien Président du Comice horticole d'Angers,
Membre des Sociétés d'Horticulture de Paris, de Londres, des États-Unis
Et de plusieurs autres Sociétés agricoles et savantes de la France et de l'Étranger.

———

TOME Iᴱᴿ — POIRES

A — C

VARIÉTÉS Nᵒˢ 1 à 389

———

PARIS

DANS LES PRINCIPALES LIBRAIRIES AGRICOLES ET HORTICOLES

1867

A la Mémoire de mon vénéré Maître

ANDRÉ THOUIN,

Ancien Professeur de Culture au Muséum d'Histoire naturelle de Paris;

Et de mon Ami et Condisciple

OSCAR LECLERC—THOUIN,

Ancien Professeur d'Agriculture au Conservatoire des Arts et Métiers de Paris;

Souvenir de profonde reconnaissance et de sincère affection.

ANDRÉ LEROY.

INTRODUCTION

Lorsqu'on entreprend une tâche aussi longue, aussi ardue que celle de publier un *Dictionnaire Pomologique,* il est indispensable d'exposer le mobile qui vous a poussé, les raisons sous l'empire desquelles on a conçu et arrêté son plan. C'est ce que je vais faire dans les trois paragraphes suivants :

I. Nécessité d'une Pomologie très-étendue et peu couteuse ;

II. Examen de nos principaux Recueils Pomologiques ;

III. Plan de ce Dictionnaire.

Ainsi divisée, notre Introduction gagnera du moins en clarté, si ce n'est en intérêt.

I

Nécessité d'une Pomologie très-étendue et peu coûteuse.

Charles Linné, l'illustre naturaliste suédois que son immense savoir fit surnommer le Pline du Nord, écrivait en 1751 :

« Tous nos arbres fruitiers ne sont que le produit des inventions humaines; et, comme tels, indignes de l'attention du plus modeste botaniste. » (*Philosophia botanica.*)

S'il vivait encore, Linné modifierait sans doute cette façon de penser, en voyant de tous côtés surgir des publications, des Sociétés consacrées à l'étude, à la propagation des variétés de fruits; et particulièrement en rencontrant au premier rang des pomologues, un botaniste aussi distingué que M. Decaisne, membre de l'Institut et professeur de culture au Muséum d'histoire naturelle de Paris.

J'ignore si la boutade scientifique de Linné influença ou non la généralité de nos botanistes et de nos arboriculteurs; mais on le croirait volontiers, car si l'on en excepte trois, le Berriays, Noisette et Poiteau, il en est peu, de 1778 à 1850, qui se soient sérieusement occupés de Pomologie.

Depuis vingt ans, cependant, le monde horticole sent chez nous le besoin d'un Manuel *spécial* pouvant aider le pépiniériste, le jardinier, l'amateur à déterminer l'identité, la synonymie des variétés; et qui surtout précise consciencieusement les qualités ou les défauts d'un arbre, d'un fruit, ainsi que les époques de maturité.

Pour moi, dont la vie s'est passée à propager, entre autres arbres, des milliers de variétés fruitières, j'avoue que j'ai déploré si souvent le manque d'un tel Recueil, qu'à la fin, tout en craignant de me heurter à des difficultés peut-être insurmontables, je me suis efforcé

de réunir les éléments nécessaires à la composition du *Dictionnaire*
que je publie actuellement.

« Nos neveux — écrivait Poiteau en 1846 — n'attendront probablement pas le
siècle prochain pour établir la généalogie de leurs nouveautés en Pomologie. »
(*Pomologie française*, t. I, Introduction, p. 16.)

En parlant ainsi, ce regrettable auteur prophétisait. Et je n'en suis
nullement surpris, sachant à quel point il connut le véritable état de
l'horticulture; combien il désira réaliser lui-même l'œuvre dont il
sentait qu'on allait se préoccuper, par ces temps où chacun s'applique à accroître, au moyen des semis, les richesses de la Pomone
française.

Poiteau, comme tous nos écrivains spéciaux et beaucoup de nos
jardiniers, n'ignorait pas, effectivement, que les ouvrages pomologiques
les plus modernes, les plus estimés même, sans excepter le sien,
étaient devenus insuffisants, en raison du nombre si restreint de leurs
descriptions. Duhamel, le Berriays, Louis Noisette, Prévost, Couverchel ont rendu certes d'excellents services à l'arboriculture fruitière
en publiant des Recueils auxquels on aura recours longtemps encore.
Mais comment, lorsque le moins incomplet d'entre eux mentionne
à peine 237 poiriers, 89 pommiers, 63 pêchers, 34 vignes, etc.,
comment ouvrir ces Recueils avec l'espoir d'y puiser quelques renseignements sur la majeure partie des 900 poiriers, des 500 pommiers,
des 200 pêchers, et enfin des 500 vignes qu'aujourd'hui l'on cultive
en France?...

En présence de cet immense accroissement de nos richesses horticoles, il reste évident qu'un nouvel inventaire pomologique est devenu
nécessaire. J'ai donc essayé de l'établir.

Toutefois, pour rendre efficace la publication d'une œuvre renfermant la description et le dessin au trait des fruits présentement connus,
une chose est indispensable : il faut que cette œuvre puisse devenir,
par la modicité de son prix, accessible au simple jardinier aussi bien
qu'au patron et qu'au riche amateur, sinon elle n'ira pas chez ceux
qui en ont le besoin le plus réel.

Répandre à profusion, populariser la description et l'histoire des
arbres fruitiers, c'est pourtant l'unique moyen de débarrasser la
Pomologie d'une plaie dont elle souffre cruellement, depuis un demi-
siècle surtout : de ces milliers de *synonymes*, produits de l'ignorance
ou de l'erreur, et quelquefois aussi — malheureusement — du plus
blâmable esprit de mercantilisme.

Placé depuis cinquante ans à la tête des pépinières les plus
peuplées, les plus riches en collections de ce beau pays d'Anjou, si
favorable à l'horticulture par son climat tempéré, je ne pouvais oublier
que non-seulement je suis pépiniériste, mais que depuis 1698 cette
profession fut celle de ma modeste et laborieuse famille.

Je devrais donc à ce souvenir, si mes propres sentiments ne me le
commandaient déjà, ce témoignage de sollicitude pour les intérêts
horticoles.

Mais analysons maintenant les œuvres de quelques-uns de nos
devanciers, et montrons combien elles sont devenues forcément incomplètes, malgré le mérite de leurs auteurs.

II

Examen de nos principaux Recueils Pomologiques.

Si l'on veut, en France, remonter à l'origine de la première Pomologie proprement dite, il faut aller jusqu'à l'année 1667, qui fut celle où Jean Merlet, écuyer, publia un opuscule vraiment remarquable par ses descriptions, et tellement apprécié depuis, qu'on le réimprimait encore en 1771.

Avant Merlet, on rencontre bien quelques livres sur les arbres fruitiers, ceux, entr'autres, d'Olivier de Serres (1600), de Nicolas de Bonnefonds (1651) et de dom Claude Saint-Etienne (1660) ; mais le nom seul des variétés cultivées y figure, ainsi que les époques de maturité.

De Merlet jusqu'à nous, les pomologues qu'on a le plus consultés, sont : la Quintinye (1690), Duhamel du Monceau (1768), le Berriays (1785), Louis Noisette (1821), et Poiteau (1846). Ouvrons donc leurs ouvrages, voyons comment ils les conçurent et ce que chacun d'eux offrit d'original à *l'unique point de vue de la Pomologie*, et non de l'Arboriculture ou du Jardinage.

1° — Jean MERLET, Écuyer.

L'Abrégé des ⚫bons Fruits ; Paris, 1667-1690, 1 volume petit in-12.

Des trois éditions faites du vivant de l'auteur, celle imprimée en 1690 étant la plus volumineuse et la plus complète, nous l'analysons de préférence aux autres. Voici la liste des arbres fruitiers dont il y est traité, le nombre des variétés qui s'y trouvent décrites, et celui des synonymes mentionnés :

Genres :	Variétés :	Synonymes :
Abricotier	4	»
Amandier	3	»
Cerisier	15	1
Châtaignier	3	1
Cognassier	3	»
Cornouiller	2	»
Figuier	19	15
Fraisier	7	»
Framboisier	2	»
Grenadier	2	»
Groseillier à grappes	4	2
— épineux	4	»
Néflier	3	»
Noisetier	2	»
Noyer	3	»
Pêcher	49	7
Poirier	187	134
Pommier	51	12
Prunier	69	15
Vigne	49	24
Totaux : 20	481	211

Ces chiffres, en raison surtout du nombre de descriptions qu'ils rappellent, justifient déjà le grand succès qu'obtint Merlet. Cependant on pourrait s'étonner de ne pas les trouver beaucoup plus élevés, quand on sait qu'antérieurement dom Claude Saint-Etienne, dans son *Catalogue de fruits*, avait donné, notamment, les noms de 700 variétés de poires et ceux de 200 variétés de pêches. Aussi croyons-nous que ce dernier auteur se renseigna fort mal sur l'identité de toutes ces variétés; et Merlet nous y autorise lorsqu'il dit, après avoir caractérisé 187 variétés de poires :

« La pluspart de ces dernieres ne devroient pas estre comprises dans cet *Abregé des bons Fruits*, puisqu'elles sont de peu de valeur; mais ayant remarqué que presque tous nos Jardins en sont remplis et infectez, j'ay crû qu'il estoit à propos d'en parler, pour les en affranchir. » (Page 113.)

Ce passage prouve en effet que si la France eût alors possédé réellement 700 variétés de poires, un pomologue aussi zélé se fût bien gardé d'en mentionner seulement 187, quand sa conscience le forçait précisément à déclarer que beaucoup d'entre elles devaient être bannies des jardins.

Merlet, quoique concis dans ses descriptions, dépeint néanmoins les fruits de façon à les rendre très-reconnaissables. Grosseur, forme, couleur, chair, goût, époque de maturité, tout cela se trouve signalé et semblerait une page détachée de quelque Pomologie moderne, si l'arbre n'y était pas toujours, ou presque toujours, passé sous silence. Mais ce défaut est racheté par les renseignements que cet auteur fournit sur la synonymie, sur l'historique des variétés ; renseignements que ses successeurs eurent le tort de reproduire fort rarement, quand au contraire il aurait été fort désirable qu'ils essayassent de les étendre, de les compléter. Et les synonymes, au XVIIᵉ siècle, exigeaient déjà une étude sérieuse ; on l'a vu par les chiffres énoncés dans le tableau ci-dessus. Quant aux faits historiques se rattachant à l'origine, à la découverte, au gain des variétés, il enregistra tous ceux dont il put certifier l'authenticité, persuadé avec raison que de tels détails avaient un vif intérêt.

2° — Jean DE LA QUINTINYE.

Instructions pour les Jardins fruitiers et potagers ; Paris, 1690, 2 volumes in-4°.

Créateur et directeur des vergers de Louis XIV, la Quintinye fut aussi un érudit, un lettré ; on le reconnaît en rencontrant dans son ouvrage nombre de citations puisées chez les écrivains de la Grèce et de Rome.

Très-volumineux, son livre est plutôt un *Traité général* sur le jardinage, l'arboriculture fruitière et d'ornement, qu'une Pomologie. Tout ce qui a trait au parterre, au potager, à l'orangerie, à la taille, à la plantation, s'y rencontre ; mais on s'aperçoit aisément, en l'étudiant, que l'auteur, subitement enlevé, ne put revoir son travail avant l'impression.

Chargé de satisfaire, de flatter le goût d'un roi, la Quintinye se montra naturellement très-difficile dans ses choix, et parfois même injuste à l'égard d'une foule de variétés que nous sommes loin, nous autres, de dédaigner, malgré l'abondance des nouveautés. Aussi n'a-t-il cultivé, n'a-t-il décrit qu'une faible collection de fruits, comprenant surtout les arbres auxquels le sol, si humide et si froid, du potager de Versailles, était le moins défavorable. Voici l'inventaire de cette collection :

Genres :	Variétés :	Synonymies :
Abricotier................	3	»
Cerisier..................	6	2
Figuier...................	13	2
Pêcher...................	30	11
Poirier...................	67	47
Pommier..................	23	5
Prunier..................	6	2
Vigne	5	1
Totaux : 8	153	70

Dans ses descriptions, le directeur des vergers de Louis XIV parle longuement de tout ce qui se rapporte au fruit, et se tait presque toujours sur l'arbre, de l'histoire duquel il est également bien rare qu'on le voie s'occuper. Pour étudier les variétés, il est donc probable que les horticulteurs du xviie siècle durent recourir à Merlet plutôt qu'à la Quintinye, qui du reste ne mentionna rien que son devancier n'eût déjà mentionné. Cependant le mérite des *Instructions* n'en saurait être affaibli, car si la Quintinye ne fut pas aussi complet que Merlet sur le chapitre des fruits, il rendit néanmoins un grand service à ses confrères. Il leur légua une œuvre traitant toutes les questions de nature à les intéresser, et renfermant des conseils exempts, cette fois, de l'aveugle routine et des pratiques superstitieuses antérieurement professées.

3° — DUHAMEL DU MONCEAU.

Traité des Arbres fruitiers, contenant leur figure, leur description, leur culture, etc....; Paris, 1768, 2 volumes in-4°.

Membre de l'Académie des sciences, inspecteur de la marine, botaniste et agronome, Duhamel laissa de nombreux écrits. L'un des principaux fut celui qui va nous occuper. A n'en regarder que le titre, on le croirait destiné à présenter la description de tous les fruits cultivés au xviii° siècle; mais il n'en est rien, malheureusement, et Duhamel offre même à cet égard beaucoup moins de renseignements que Merlet, quoiqu'il soit venu soixante-dix-huit ans après lui. Dans sa Préface, il explique du reste les motifs qui le portèrent à rejeter de son ouvrage une foule de variétés. Il dit :

« Nous ne nous sommes point proposé de faire une longue énumération de tous les fruits bons, médiocres et mauvais. Nous avons exclu toutes les poires et pommes à cidre, et tous les raisins qui ne sont propres que pour faire du vin. Les fruits de table font seuls la matière de ce *Traité;* et quoiqu'entre ceux-ci même, nous ayions fait un choix des meilleures espèces, et que nous en ayions omis un grand nombre qui sont plus connues qu'elles ne méritent de l'être, nous ne conseillons à personne de cultiver toutes celles dont nous faisons mention. » (Pages vj et vij.)

De telles exclusions durent, on le conçoit, réduire à de faibles proportions la liste des fruits que cet auteur eut ensuite à décrire; on ne s'étonnera plus alors qu'il n'ait caractérisé que le nombre, assez restreint, de variétés ci-après :

Genres :	Variétés :	Synonymes :
Abricotier................	11	5
Amandier................	9	6
Cerisier..................	34	23
Cognassier..............	3	»
Figuier.................	4	1
Fraisier..................	17	19
Framboisier..............	2	»
Groseillier à grappes	5	4
— épineux..........	4	»
Néflier..................	3	»
Pêcher..................	43	28
Poirier......	119	57
Pommier................	41	17
Prunier.................	48	11
Vigne	14	10
Totaux : 15	357	181

Ainsi, là encore nous sommes en face d'un *choix* d'arbres fruitiers, et non pas d'une Pomone française ; là encore nous lisons des descriptions connues : celles que nous ont offertes Merlet et la Quintinye. Le descripteur fait preuve, il est vrai, d'un mérite exceptionnel ; ses observations sont plus exactes, plus étendues que les observations de ceux qui l'ont précédé. Oui, mais c'est à peine si dans ses deux volumineux in-quarto sept ou huit études inédites apparaissent ; et par surcroît on n'y dit pas un mot de l'histoire des variétés.

Il semble aussi qu'on pourrait reprocher à Duhamel d'avoir surchargé ses descriptions de maints détails oiseux, surtout en ce qui concerne la longueur, la largeur des feuilles ou des fleurs de l'arbre, le diamètre et la hauteur du fruit. Ces dimensions, il les précise en effet mathématiquement — et par pouces, et par lignes — oubliant trop que la nature, si capricieuse à l'endroit de la végétation, fausse annuellement l'exactitude de semblables indications.

Le *Traité* de Duhamel fut toutefois original par les planches gravées qu'il contient. C'est la première Pomologie qu'on ait, chez nous, publiée avec la figure des fruits et celle du bois, des fleurs et des feuilles de l'arbre. A ce point de vue, l'auteur eut droit à la reconnaissance des horticulteurs ses contemporains ; seulement il est probable que très-peu d'entr'eux possédèrent son livre, qu'il fit imprimer avec un luxe, une magnificence bien propres à lui rendre difficile l'accès de toutes les bibliothèques.

4° — L'ABBÉ RENÉ LE BERRIAYS.

TRAITÉ DES JARDINS, OU LE NOUVEAU DE LA QUINTINYE ; Paris, 1785,
3 volumes in-8°.

Ce titre le dit suffisamment : le Berriays présenta au public une œuvre calquée sur le plan des *Instructions* du jardinier de Louis XIV. On se tromperait étrangement, cependant, si l'on croyait qu'elle en fut ou la reproduction complète ou la reproduction partielle. Botaniste, agronome, arboriculteur, élégant écrivain, le Berriays ne se fit point le rééditeur de la Quintinye; il voulut être, au contraire, d'autant plus original pour le fond, qu'il savait ne pas l'être pour la forme. Et certes il y réussit admirablement, surpassant même le modèle dont il s'était inspiré.

Chez cet auteur, la méthode se joint à la science, à la bonne exposition du sujet; la concision règne sans nuire à la clarté des développements; aussi regrettons-nous vivement qu'il ne nous ait pas transmis une *véritable* Pomologie. Ce fut dans son premier volume qu'il parla des arbres fruitiers et de leurs produits; l'examen que nous en avons fait nous a permis de dresser le tableau suivant, résumé des descriptions qu'il y a consignées :

Genres :	Variétés :	Synonymes :
Abricotier.................	9	6
Amandier.................	5	»
Cerisier...................	45	20
Cognassier...............	4	»
Figuier...................	3	2
Framboisier..............	3	»
Groseillier à grappes........	6	2
Néflier...................	3	»
Noisetier.......:.......	4	»
Pêcher...................	33	17
Poirier	91	46
Pommier..................	39	14
Prunier..................	25	8
Vigne...................	11	8
Totaux : 14	281	123

L'abbé le Berriays, ainsi que le démontre ce tableau, décrivit beaucoup moins de variétés que Merlet, que Duhamel du Monceau, et ne fit connaître, comme nouveautés, qu'une dizaine de cerisiers. Il ne donna aucune figure de fruits, aucun détail historique sur la provenance ou le nom des arbres, mais il releva plusieurs erreurs notables commises par ses devanciers, et même par quelques-uns de ses contemporains.

5° — Louis NOISETTE.

Le Jardin fruitier, Histoire et culture des Arbres fruitiers, des ananas,
melons et fraisiers; Paris, 1821-1833, 2 volumes in-8°.

A l'époque où parut la seconde édition de cet ouvrage, en 1833,
nos jardins étaient infiniment plus riches en fruits, qu'au temps de
le Berriays (1785), où la Révolution avait paralysé durant quelques
années les progrès de l'horticulture,

Ce qui contribua surtout, dès le commencement de notre siècle,
à doter la France d'une grande quantité de fruits nouveaux, ce furent
les rapports qui s'établirent entre nos pépiniéristes et ceux de la Belgique, où le professeur Van Mons, si connu par sa passion pour la
Pomologie, était arrivé, au moyen de semis constamment renouvelés,
à posséder en 1815 plus de 80,000 sauvageons (1), dont quelques-uns
lui donnaient chaque année d'excellents produits, qu'il perpétuait
par la greffe.

Or, parmi nos arboriculteurs, nul mieux que Louis Noisette ne se
trouvait alors en position, tant par sa fortune que par ses relations,
d'accroître nos richesses pomologiques. Ami de Van Mons, ce dernier
lui offrit des sujets de ses meilleurs gains, et tout aussitôt il les propagea; comme il propagea aussi plusieurs nouveautés provenues, soit
de ses semis particuliers, soit d'Angleterre, de Hollande, de Belgique,
pays dont il alla étudier les collections horticoles. Enfin il tira de
l'Amérique, où résidait l'un de ses frères (Philippe), et de l'Italie,
où il avait des correspondants, quelques espèces également inconnues
chez nous.

Ses pépinières, qui avaient leur siége à Paris, rue du faubourg
Saint-Jacques, acquirent donc promptement une légitime réputation;
et cet habile horticulteur put un jour, dans le recueil dont on a lu le

---

(1) Voir M. Alexandre Bivort dans sa notice intitulée : *Théorie Van Mons*, insérée en 1854
au tome 1er des *Catalogues de la Société Van Mons*, pp. 67-80.

titre, décrire maintes variétés non moins inédites que méritantes. Quant au chiffre de ses descriptions, il doit être ainsi présenté :

Genres :	Variétés :	Synonymes :
Abricotier	19	5
Amandier	6	2
Ananas	12	»
Cerisier	54	12
Châtaignier	6	1
Cognassier	5	2
Cornouiller	3	»
Figuier	4	1
Fraisier	30	5
Framboisier	5	»
Groseillier à grappes	5	1
— épineux	35	»
Néflier	4	1
Noisetier	3	»
Noyer	5	1
Pêcher	63	7
Poirier	238	28
Pommier	89	22
Prunier	76	7
Vigne	34	9
Totaux : 20	696	104

Les genres Abricotier, Cerisier, Groseillier épineux, Pêcher, Poirier et Prunier sont ceux, principalement, dont Noisette augmenta les variétés. Pour l'Ananas, personne avant lui n'en avait parlé chez nous avec un tel développement.

De tout ce qui précède, on a déjà conclu que le *Jardin fruitier* dut être fort recherché, fort estimé?... Il le fut, et contribua à faire naître le goût des études pomologiques, car son auteur eut l'heureuse idée d'y consigner les renseignements historiques, et de toute sorte, qu'il put rencontrer sur les fruits anciens ou modernes, ce qui rendit la lecture de cet ouvrage réellement attrayante. De nombreuses figures coloriées accompagnaient le texte et ajoutaient à sa valeur. Mais les descriptions, surtout celles des poires et des pommes, sont en général trop abrégées, trop incomplètes. Ajoutons que Noisette a très-rarement parlé des arbres.

6° — Antoine POITEAU.

Pomologie française. Recueil des plus beaux Fruits cultivés en France, avec gravures et texte descriptif; Paris, 1846, 4 volumes in-f°.

Né le 23 mars 1764, à Amblemy (Aisne), et mort à Paris le 27 février 1854, dans sa 90ᵉ année, Poiteau fut longtemps attaché comme directeur, soit en France, soit aux Colonies, à l'administration des jardins et pépinières de la Couronne. Sa longue existence se passa à étudier, à enseigner la botanique et l'horticulture. Doué d'une prodigieuse mémoire, d'un remarquable esprit d'observation, il écrivit de nombreux articles dans les Recueils spéciaux de la Capitale et fit paraître divers ouvrages dont le plus important est celui qui va nous occuper. Il se compose de quatre volumes grand in-folio ; voici le relevé de tous les fruits *comestibles* qui y sont décrits :

Genres :	Variétés :	Synonymes :
Abricotier...............	9	2
Amandier...............	13	3
Cerisier.................	26	17
Châtaignier	2	1
Cognassier..............	3	»
Cornouiller.............	1	»
Figuier.................	2	»
Fraisier.................	25	9
Framboisier.............	4	»
Groseillier à grappes........	4	»
— épineux..........	27	2
Néflier..................	4	»
Noisetier...............	8	»
Noyer..................	3	»
Olivier.................	1	»
Pêcher.................	39	15
Poirier.................	107	40
Pommier	57	23
Prunier.................	49	11
Vigne..................	13	12
Totaux : 20	397	135

Pourquoi Poiteau, si bien placé pour se procurer tous les fruits, tous les renseignements pomologiques qu'il pouvait désirer, n'a-t-il pas offert dans son livre la description à peu près complète des variétés *modernes* généralement cultivées?... Comment s'est-il borné, par exemple, à mentionner seulement 39 pêchers, 107 poiriers, 57 pommiers, 13 vignes?...

Ce fut évidemment la vieillesse qui paralysa le bon-vouloir de ce laborieux écrivain. Il entrait dans sa 79° année lorsqu'il entreprit cette dernière tâche, et ce n'est plus l'âge des déplacements ni des longues recherches.

Disons toutefois que sur les 397 variétés *comestibles* qu'il décrivit, on en compte 96 dont personne n'avait encore parlé. Elles se répartissent comme suit, sur chacun des genres ci-après :

Abricotier : 1. — Amandier : 6. — Cerisier : 6. — Fraisier : 3. — Framboisier : 2. — Groseillier épineux : 24. — Néflier : 1. — Noisetier : 5. — Olivier : 1. — Pêcher : 3. — Poirier : 18. — Pommier : 20. — Prunier : 4. — Vigne : 2.

Le recueil de Poiteau, malgré le nombre si *restreint* de ses descriptions, n'en reste pas moins une œuvre capitale, savamment élaborée. Il occupe même un rang distingué parmi nos publications artistiques, tellement les planches de fruits qui s'y trouvent ont été traitées, au double point de vue du dessin et du coloris, avec une rare perfection. Seulement cette perfection, à laquelle vinrent s'ajouter les dépenses d'un format in-folio et d'une typographie de choix, éleva le prix des quatre volumes à l'énorme chiffre de 600 francs....... C'est dire que très-peu d'horticulteurs purent les acquérir.

———

Là s'arrête l'examen auquel il nous a semblé bon de soumettre les œuvres des pomologues anciens et des pomologues modernes les plus estimés. Il aura eu pour principaux résultats de donner un aperçu de la Pomologie depuis deux siècles ; — de prouver que la partie historique et synonymique fut excessivement négligée chez ces écrivains ; — puis enfin que deux d'entre eux, Duhamel et Poiteau, restèrent inconnus de la plupart des jardiniers, vu l'extrême cherté de leur livre.

Ajoutons, avant de clore ce paragraphe, que depuis 1846 l'étude de la Pomologie a pris en France un sérieux développement. On s'y est, surtout, beaucoup occupé des Poires, de la Vigne, des Pêches; mais personne encore n'a pu nous présenter un ouvrage contenant la description, l'histoire de la *généralité* des variétés fruitières cultivées dans nos jardins.

Rappelons cependant que plusieurs publications volumineuses, imprimées avec luxe et tendant au même but que celle-ci, sont maintenant en cours d'exécution.

III

Plan de ce Dictionnaire.

J'ai toujours cru qu'en toutes choses les collections ont une extrême utilité : elles permettent d'étudier comparativement les objets de même nature, d'établir sûrement entr'eux les divisions qu'ils comportent; puis elles facilitent l'examen et conduisent ainsi à reconnaître assez vite une erreur.

Il ne paraîtra donc pas surprenant qu'ayant conçu dès 1830 le projet que j'exécute aujourd'hui, je me sois appliqué à rassembler dans mon École fruitière tous les genres, toutes les espèces, toutes les variétés anciennes ou modernes, indigènes ou exotiques, qu'il m'a été possible de trouver, et dont le nombre s'augmente chaque jour; aussi suis-je en possession d'au moins *trois mille* variétés de fruits.

J'ai hâte de le dire, d'ailleurs, les circonstances m'ont puissamment servi : Van Mons et M. Alexandre Bivort, son successeur, sont venus d'abord, par leurs ouvrages et leurs Catalogues, me permettre de puiser largement dans les pépinières belges, dotées par eux d'un très-grand nombre d'excellentes graines sorties de leurs semis. Puis l'Amérique, l'Allemagne et l'Angleterre m'ont également fourni d'autres nouveautés qu'il m'a été possible d'étudier dans mes collections. Enfin, l'on doit penser que des nombreux fruits nés en France pendant ces derniers temps, il en est peu qui m'aient échappé.

Tels sont donc, pour mes descriptions d'arbres et de fruits, les matériaux auxquels j'ai eu recours.

Quant à la partie historique et synonymique, je n'ai reculé devant aucun sacrifice : j'ai réuni la presque totalité des ouvrages français, latins, allemands, anglais, italiens et hollandais publiés depuis la fin du xvᵉ siècle, sur ce sujet; je me les suis fait traduire; puis, sous ma direction, de minutieuses recherches ont été effectuées, à Paris, dans un grand nombre de livres devenus fort rares et dans de précieux manuscrits.

Voici quelles sont les divisions de cette Pomologie :

> *Tomes I et II* : Poires ;
>
> *Tome III* : Pommes ;
>
> *Tome IV* : Fruits a Noyau ;
>
> *Tome V* : Raisins et Fruits Divers.

Les différents genres compris dans un même volume, se présentent suivant leur rang alphabétique, et la description de chacun d'eux y forme un chapitre particulier où les variétés, où les synonymes sont à leur tour placés alphabétiquement — classification qui explique notre titre : *Dictionnaire*.

Quant au second mot qui en fait le complément : *Pomologie*, je me suis appliqué à ne jamais dépasser les limites qu'assignait sa véritable signification. On chercherait donc vainement, dans ce livre, des principes, des conseils sur l'arboriculture, le jardinage ou l'organisation des pépinières : de tels sujets sont essentiellement du ressort des Traités de Taille et d'Horticulture.

Mais à l'égard des fruits, rien n'a été négligé. J'ai décrit tous ceux de ma collection et tous ceux que j'ai pu me procurer, même les variétés de qualité inférieure que l'on rencontre encore dans les jardins. Il faut en effet le reconnaître : nombre de fruits dont le mérite est nul dans une localité, sont parfois très-appréciés dans une autre, où la nature du sol convient mieux aux arbres qui les produisent. D'où suit qu'il pourrait y avoir injustice à proscrire de tous les jardins, une variété de poire, par cela seul qu'on l'eût trouvée, dans quelques-uns, dénuée de parfum, de qualité.

En ce qui touche les descriptions proprement dites, telle est la forme sous laquelle elles sont présentées :

1° *Nom généralement adopté ;*
2° *Synonymes ;*
3° *Description de l'arbre ;*
4° *Figure et description du fruit ;*
5° *Historique ;*
6° *Observations.*

Et de ces six divisions, voici quel m'a paru devoir être l'esprit, la portée :

1° — NOMS.

On a beaucoup abusé, dans la nomenclature des fruits, de certains termes dont la disparition serait désirable, sans doute ; mais peut-être serait-il inopportun, aussi, de les rayer soudain et systématiquement des Catalogues et des Pomologies.

Tels sont par exemple, pour les *Poires*, les mots : Bergamote, Besi, Beurré, Délices, Doyenné, Fondante ; — pour les *Pommes :* Calville, Reinette ; — pour les *Prunes :* Damas, Reine-Claude, etc.

Ce n'est pas d'aujourd'hui qu'on a signalé les vices et les fâcheuses conséquences d'une semblable nomenclature. Dès 1768 Duhamel s'en plaignait ; mais lui non plus ne pensait pas qu'à cet égard il fût sage de tenter une réforme. Il disait :

« Quelques Amateurs auroient desiré une nouvelle nomenclature : mais auroit-elle été de quelque utilité?... Il est vrai que le nom de plusieurs Arbres varie d'une Province à une autre : *mais une nouvelle nomenclature*, bien loin de remédier à cet inconvénient, *auroit encore augmenté la confusion.* On peut être certain que les Jardiniers préféreront toujours les noms qu'ils tiennent de leur Maître, auxquels ils sont accoutumés dès leur enfance, à ceux que nous mettrions dans notre Traité... La plupart des noms des Arbres sont vuides de sens, nous en convenons : mais peut-on espérer de leur composer dans notre langue des noms qui expriment leur nature et leur caractère?... *Ainsi nous avons conservé les noms communs ;* et lorsqu'un Arbre en a plusieurs, nous les avons marqués, en ayant attention de placer le premier celui qui est le plus usité. La liberté qu'on s'est donnée de changer le nom des Plantes, a fait un grand obstacle au progrès de la Botanique, ou du moins en a rendu l'étude très-difficile. » (*Traité des arbres fruitiers*, 1768, t. I, Préface, pp. xij et xiij.)

La résolution que prit alors Duhamel, de « *conserver les noms* « *communs*, » prouve qu'il tint compte de l'esprit de routine et du manque d'initiative qui régnait parmi les jardiniers de son époque. Un siècle s'est écoulé depuis le temps où ce savant agronome s'exprimait de la sorte, mais le scrupule qui l'arrêta possède encore toute sa force....... Témoin l'opinion que Poiteau émettait en 1846 dans sa *Pomologie*, où comme Duhamel il se refusait à porter la main sur la nomenclature fruitière :

« Oui — déclarait-il — on parviendrait plutôt à faire remonter une rivière vers sa source, qu'à faire changer un nom reçu dans les pépinières et chez les jardiniers. » (Tome I, article *Prune de Perdrigon hâtif.*)

On comprend donc pourquoi, nous qui sommes né, qui vivons au milieu des pépiniéristes et des jardiniers, nous avons imité la réserve de Duhamel et de Poiteau. Mais nous souhaitons ardemment — et la chose est urgente — qu'à l'avenir aucun horticulteur, aucune Société d'horticulture n'attache au nom d'un fruit l'un de ces termes, prétendus *génériques*, dont on a fait jusqu'ici l'abus que chacun sait.

2° — SYNONYMES.

L'importance des synonymes a de tout temps préoccupé les horticulteurs ; il en existe notamment une preuve dans le *de Re rustica* que faisait composer, en 950, l'empereur d'Orient Constantin VII, et que traduisit à Lyon, en 1550, Pierre Anthoyne sous ce titre : *les Vingt livres d'agriculture.* Or, au livre X° on lit ce passage :

« Les hommes ayant escript du labourage, appellent les fruicts par aultre nom que nous n'avons coustume, et aucunes foys ilz font mention de ung au lieu de l'aultre... J'ay pensé qu'il estoit necessaire de declarer desquelz ilz vouloient parler. » (Chap. LXXIII, p. 351.)

Dans notre France, les traités sur l'agriculture ne continrent, au moyen âge, rien de particulier relativement aux fruits ; mais Charles Estienne, en 1530, et Olivier de Serres, en 1600, commencèrent à fournir, outre d'assez nombreux noms de variétés, quelques rares synonymes. Néanmoins, il faut bien le dire, s'il est un point qu'aient négligé les pomologues dont nous avons analysé les ouvrages, c'est assurément la synonymie. Tous mentionnent plus ou moins de synonymes, on l'a vu dans nos statistiques, mais aucun n'indique la source à laquelle ils les puisèrent. Oubli très-regrettable, en ce qu'il enlève à ces synonymes beaucoup de leur autorité, et nous prive d'une foule de renseignements historiques et bibliographiques sur la Pomologie avant le xviie siècle.

Poiteau, semble-t-il, eut dessein dans son dernier travail de donner en tête de chacune des variétés qu'il y décrit, une liste chronologique et probante des synonymes s'y rapportant. Sa sagacité le lui conseillait ; pourtant il ne l'a pas fait, quoique les lignes suivantes se lisent aux pages 32 et 33 de l'Introduction de sa *Pomologie* :

« S'il nous faut renoncer à l'espoir d'avoir jamais une synonymie complète, nous apercevons au moins la possibilité d'en obtenir une infiniment meilleure, et surtout plus instructive que toutes celles qu'on a vues jusqu'ici sur les fruits... Pour qu'une synonymie soit aussi utile qu'elle est susceptible de l'être, il ne suffit pas, en la faisant, de rassembler sous chaque espèce de fruit tous les noms qui lui ont été appliqués,... il faut encore que chaque nom soit accompagné du nom de l'auteur qui l'a créé, ou qui le premier l'a recueilli dans la pratique pour le consigner dans son ouvrage. C'est par ce seul moyen que nous pouvons remonter à l'origine d'un certain nombre de fruits ; et pour les autres, dont l'existence date d'une époque antérieure aux premiers écrivains, que nous pouvons les saisir du moins à une époque certaine de leur vie, les suivre et les étudier pendant le reste de leur existence... »

Nous l'avons dit précédemment, Poiteau était octogénaire lorsqu'il publia le recueil auquel ce passage est emprunté. Il dut sans doute, puisqu'on rencontre seulement 96 synonymes dans les quatre volumes in-f° de sa *Pomologie,* penser que le temps lui manquerait pour exécuter le travail dont il signalait l'utilité. Les matériaux, d'ailleurs, lui firent défaut. Il le laisse entendre en avouant « que les voyages, que

« les tourmentes révolutionnaires le dépouillèrent de la plus grande
« partie de ses notes et de ses livres (1). » Or, partageant complétement
les vues de cet écrivain, au sujet de l'établissement d'une synonymie
historique et générale des fruits, nous avons accepté, et tenté d'accom-
plir, l'immense labeur auquel Poiteau ne put se condamner. Aussi
trouvera-t-on chacun des synonymes que nous citons — et nous en
citons des milliers — immédiatement suivi du nom de l'auteur qui le
premier nous l'a montré, et du titre, de la date, de la page du livre
dans lequel il est contenu.

Qu'il nous soit donc permis de l'observer : une telle synonymie est
chose *entièrement nouvelle* ; et pour n'avoir pas reculé devant les difficultés de sa composition, qui nous a pris plusieurs années, il a fallu
que nous fussions bien convaincu de son extrême utilité. Espérons
alors, si dans un tel travail il nous est échappé des omissions ou des
erreurs — et la chose est certaine — qu'on nous tiendra compte des
obstacles de toute sorte qui depuis des siècles encombraient les voies
que nous avions à parcourir.

3° — DESCRIPTION DE L'ARBRE.

Si l'on veut connaître la véritable physionomie d'un arbre, l'ensemble des caractères qui constituent sa forme primitive, naturelle, c'est
au milieu d'une pépinière qu'il faut se transporter, c'est devant un sujet
de deux ou trois ans de greffe ou d'écusson qu'il faut s'arrêter. Ici, la
serpette n'a pas encore, sous la main de l'amateur ou du jardinier,
opéré les transformations que le caprice, la mode, et quelquefois aussi
la raison ou la nécessité, font subir aux arbres fruitiers. Toutes les
descriptions d'arbres que nous donnons, ont donc été faites dans nos
pépinières, et sur des sujets de deux ou trois ans.

Quant aux renseignements de *culture* que nous y joignons, rappelons aux personnes qui les trouveraient trop abrégés, ce que nous avons
dit plus haut : Nous ne publions pas un Traité de Taille, un Cours
d'Arboriculture — nous publions une *Pomologie*.

---

(1) *Pomologie française*, 1846, t. I, Introduction, p. 17.

Pour ce qui est de la *fertilité*, c'est uniquement d'après les produits des variétés de notre École fruitière, et non d'après des Catalogues ou des Recueils pomologiques, que nous l'avons constamment étudiée, puis précisée.

4° — FIGURE ET DESCRIPTION DU FRUIT.

Jaloux de mettre, *par son prix modéré*, cet ouvrage à la portée de chacun, il ne nous a pas été possible de faire colorier la figure des fruits qui y sont décrits. Mais si l'œil en est moins flatté, l'exactitude de la reproduction n'en reçoit aucune atteinte. La nature, en effet, se plaît trop à diversifier les couleurs, les nuances, les tons dont elle revêt la robe de certains fruits, pour que jamais, par exemple, les Abricots, les Pêches, les Poires, les Pommes nous apparaissent sur le même arbre, sur la même branche, avec un coloris, une diaprure complétement identiques. De là vient, pour le peintre, un extrême embarras : celui de choisir, au milieu de toutes ces dissemblances, le fruit qu'il doit copier, qu'il doit offrir comme un prototype de variété. Et à cet égard, quelque choix qu'il ait fait, il verra presque toujours le soleil lui prouver, chaque année, que les couleurs dont il avait chargé sa palette, n'étaient pas assez nombreuses.

Tous nos fruits sont représentés de grandeur naturelle, et avec une vérité de dessin ne laissant rien à désirer. Pour l'obtenir, après les avoir coupés longitudinalement en deux parties égales, c'est à l'aide de l'une de ces parties que nous avons tracé les contours remis au graveur. De plus, chaque fois que l'inconstance de forme d'une variété l'a rendu nécessaire, au lieu d'un seul type, deux types ont été reproduits.

Si les collections de mon École fruitière ont fourni les matériaux qu'exigeait la description des arbres, c'est à la même source, répétons-le, qu'ont été puisés les moyens de décrire et de figurer les fruits. Exceptons-en, toutefois, quelques variétés n'ayant pas encore fructifié chez moi, et pour lesquelles il m'a fallu, nécessairement, recourir à la complaisance de diverses personnes. Les époques de maturité indiquées, les qualités ou les défauts mis en relief, sont donc inhérents au sol et au climat de la contrée que nous habitons. Du reste, l'Anjou jouissant d'un climat peu différent de celui du Centre et du Midi de la France, il ne doit exister qu'un faible écart entre l'époque de maturité de nos fruits, et celle des mêmes variétés dans la majeure partie des autres départements de l'Empire.

5° — HISTORIQUE.

Grâce au nombre toujours croissant des Sociétés horticoles, ainsi qu'au zèle de quelques pomologues, on est parvenu, ces derniers temps, à dresser *l'état civil* d'une assez grande partie des variétés cultivées en France depuis la Révolution. En le constatant, nous nous sommes aperçu, néanmoins, qu'il y avait encore beaucoup à faire pour achever d'éclairer ce point important de la Pomologie ; et de plus, qu'on ignorait généralement la provenance, l'origine des fruits anciens.

Combler cette double lacune nous a paru fort désirable. Ne serait-il pas d'un sérieux intérêt, en présence de nos innombrables arbres fruitiers, de savoir, pour chacun d'eux : S'il est indigène ou étranger ; — s'il poussa spontanément ou fut obtenu de semis, — et à quelle époque, — par qui, — dans quel lieu ? — puis encore, d'où lui vint son nom ?...

Toutes ces particularités, nous les avons minutieusement cherchées dans les recueils spéciaux où nous pensions les rencontrer. Souvent aussi, pour compléter nos informations, nous avons dû nous adresser à quelques-uns de nos confrères qui nous ont répondu avec une obligeance dont nous leur offrons ici nos plus vifs remerciements.

Mais pouvons-nous dire qu'il nous a été donné de présenter l'historique de *tous* nos fruits ?...

Non..... Toutefois il est rare que nous n'ayons pas toujours eu certains faits inédits à produire ; et nous en sommes heureux, en ce sens qu'à leur aide on peut désormais établir avec assez de certitude la part revenant à chacun, pays et particuliers, dans la propriété, la propagation ou l'obtention des fruits les plus connus.

6° — OBSERVATIONS.

Sous ce titre, le dernier dont nous ayons à parler, sont réunies diverses remarques qui par leur nature se recommandent à l'attention du lecteur. Ainsi nous y signalons, quand il y a lieu :

Les faux synonymes attribués à la variété décrite ;

Les noms pouvant la faire confondre, par une similitude plus ou moins grande, avec quelqu'autre de ses congénères ;

Les mérites, les défauts, les usages exceptionnels du fruit, et aussi les appréciations inexactes qui nous ont semblé avoir été portées sur lui ;

Enfin, les conseils dont il faut tenir compte, les moyens qu'il faut employer pour lui permettre d'acquérir toute sa qualité, ou pour prolonger la durée de sa conservation.

En terminant, je tiens à constater qu'ayant emprunté maints détails historiques aux pomologues français ou étrangers, et souvent fait appel à leur opinion, je n'ai jamais oublié de les nommer, ni de citer leurs ouvrages, les associant ainsi, selon que le veut l'équité, à mon propre travail.

DU

POIRIER

--- ◦◦◦◦ ---

Désirant écrire l'histoire du Poirier, nous avons patiemment interrogé les auteurs qui dans l'antiquité se sont occupés d'agriculture ou d'horticulture. Leurs réponses, il faut bien le déclarer, ont été loin de nous satisfaire. L'incertitude y règne habituellement ; et si, pour la détruire, on cherche à rapprocher les dires, les opinions qu'émettent au sujet de cet arbre ces différents écrivains, ce n'est pas la lumière qui naît d'un tel examen : c'est la contradiction et la confusion.

Il devient donc fort difficile de composer pour le Poirier, surtout en ce qui concerne son origine et ses migrations, un historique dégagé de toute hypothèse. Aussi celui que nous allons donner a-t-il besoin d'une excessive indulgence.

En voici le cadre :

Chapitre Ier. — Histoire. = 1° *Temps Anciens :* Origine du Poirier. — Variétés cultivées chez les Grecs et chez les Romains. — Variétés cultivées en Italie, au xve siècle. — Variétés cultivées en France, depuis Charlemagne jusqu'à Louis XIII. = 2° *Temps Modernes :* De la propagation du Poirier depuis Louis XIV jusqu'à la Révolution. Ses variétés en 1628, 1775 et 1790. — Importance actuelle de sa culture. Causes auxquelles elle est due.

Chapitre II. — Culture : 1° *Temps Anciens.* — 2° *Temps Modernes.*

Chapitre III. — Usages, Propriétés du Fruit et du Bois.

Chapitre IV. — Du Fruitier et de sa Disposition.

Chapitre V. — Description et Histoire des Variétés du Poirier.

I

HISTOIRE.

—————

§ Ier. — TEMPS ANCIENS.

Origine du Poirier.

La *Bible* est le premier ouvrage où le Poirier apparaisse (1). On l'y montre, au temps de David (1071 ans avant J. C.), dans la vallée de Raphaïm, sous les murs de Jérusalem. Mais si la généralité des traducteurs ou des commentateurs de l'Écriture sainte s'accordent à cet égard, il en est cependant quelques-uns qui ont cru trouver, dans le texte original, la preuve qu'il s'agissait là du Mûrier, et non pas du Poirier.

Si l'on veut ensuite, à ces époques tant de fois séculaires, rencontrer de nouveau le Poirier, ce n'est plus en Judée qu'il le faut chercher, c'est sur les confins de l'Europe, dans l'île de Phéacie — aujourd'hui Corfou. Le poëte Homère nous l'y fait voir (2), mais la forme trop imagée sous laquelle il le présente, autoriserait presque à le prendre pour un Oranger ou pour un Citronnier, sans la précision du mot employé, qui ne laisse aucune place au doute.

Les Grecs sont du reste, parmi les anciens peuples, ceux dont il importe le plus de consulter les auteurs pour essayer de découvrir l'origine du Poirier, considéré par quelques-uns d'entr'eux comme un de leurs arbres indigènes; prétention que pourtant n'a pas soutenue Théophraste, le plus accrédité de leurs agronomes. Quant à nous, il ne nous semblerait nullement impossible que ces peuples l'eussent rapporté de l'Asie-Mineure, alors qu'ils furent y fonder, dès les premiers âges, d'importantes colonies. Nombre de savants l'en ont jadis déclaré originaire, et ce sentiment paraît aussi celui de l'un des botanistes allemands les plus célèbres,

—————

(1) IIe livre des *Rois*, chap. v, versets 22-24; et Ier livre des *Paralipomènes*, chap. XIV, versets 14-16.
(2) *Odyssée*, livre VII.

du docteur Karl Koch, notre digne ami, qui le 9 mars 1865 nous écrivait de Berlin :

« Je sais *avec certitude*, maintenant que j'ai passé plusieurs années dans les contrées les moins peuplées du Caucase, de l'Asie-Mineure, de l'Arménie et de la Perse, que tous les Poiriers de l'Europe sont des espèces devenues sauvages dans nos forêts, comme celles du Darwin, mais nullement des espèces primitives. »

Les Romains, si voisins des Grecs et venus si longtemps après eux prendre rang parmi les peuples civilisés, durent probablement à ce voisinage leurs premiers Poiriers. Il faut bien le supposer, quand on voit Caton, 200 ans avant J. C., en montrer déjà six variétés dans les jardins de Rome. D'où suit, nécessairement, qu'ils cultivaient cet arbre depuis un temps assez long lorsque, peu après la date ci-dessus, ils pénétrèrent dans l'Asie-Mineure, et qu'ainsi ils n'eurent pas à l'en rapporter.

Pour la Gaule, et pour ceux qui présumeraient que le Poirier y fut introduit, disons qu'à notre sens les Grecs, auxquels Marseille doit son existence, pourraient fort bien l'y avoir importé. Mais à leur défaut les Romains sont là, qui, maîtres de ce pays pendant des siècles, eurent également la possibilité de l'y planter. Une chose, toutefois, demeure certaine : c'est que depuis des milliers d'années il croît spontanément chez nous; et Louis Bosc, ancien professeur de culture au Jardin des Plantes de Paris, le rappelait de la sorte en 1809 :

« Le Poirier — disait-il — pousse naturellement dans nos forêts..... On voit peu de Poiriers sauvages dans les bois de nos plaines; mais ils sont quelquefois extrêmement communs dans ceux des pays de montagnes. Il l'étoient jadis tellement dans ceux qui sont sur la chaîne qui est entre Langres et Dijon, par suite du principe établi de toute ancienneté, qu'il falloit toujours laisser sur pied les arbres fruitiers des forêts, que quelques années avant la Révolution on fut obligé de les faire couper par un arrêt du Conseil, parce qu'ils nuisoient à la reproduction des taillis. (*Nouveau cours d'agriculture*, t. X, p. 235.)

Mais la question d'origine nous semble épuisée; occupons-nous alors des anciennes variétés.

Variétés cultivées chez les Grecs.

Théophraste, dans son *Histoire* et ses *Causes des plantes*, œuvres composées 287 ans avant l'ère chrétienne, dit que les Grecs possédaient quatre variétés de poires fort en renom :

1° La *Myrrha*, ou poire de Myrrhe, à chair très-musquée;

2° La *Nardinon*, ou poire de Nard, ayant une eau des plus aromatiques;

3° L'*Onychinon*, ou poire d'Onyx, qui par la couleur de sa peau rappelait la couleur de l'Onyx, pierre précieuse dont la nuance ressemble à celle de la nacre de perle ;

4° La *Talentiaion*, ou poire de Talent, ou poire de Balance, ainsi appelée à cause de sa grosseur, ou peut-être de sa forme allongée, participant de la forme conique des poids et des balances.

Variétés cultivées chez les Romains.

Nota. — Nous ferons suivre de courtes remarques toutes les variétés dont l'origine ou le nom nous paraîtra nécessiter quelques éclaircissements.

Caton, le plus ancien agronome des Romains, faisait à ses compatriotes, 178 ans avant la naissance du Christ, la recommandation suivante au chapitre VII de son *de Re rustica* : « Quant aux arbres fruitiers que vous mettrez dans votre verger, « n'oubliez pas ceux dont les fruits sont de garde, comme les poires ci-après, par « exemple :

1° La *Volemum*, ou Monstrueuse ;

[Elle recouvrait, par sa large base, la majeure partie de la main ; d'où vient qu'on l'appela Volemum, mot dérivé de *vola*, qui signifie paume de la main.]

2° L'*Anicianum*, ou l'Anicienne ;

[Elle portait le nom de son obtenteur, a dit Pline (*Histoire naturelle*, liv. XV, chap. XVI) ; et il existait effectivement, à Rome, une famille Anicia fort illustre. C'est donc à tort qu'on a voulu, de nos jours, que ce fruit soit sorti d'*Anicium*, notre ville du Puy, dans la Haute-Loire.]

3° La *Sementinum*, ou des Semailles ;

[C'était probablement une poire d'hiver, les ensemencements ayant lieu au début de cette saison.]

4° La *Tarentinum*, ou poire de Tarente ;

[On la cultivait surtout aux environs de Tarente, dans la terre d'Otrante.]

5° La *Musteum*, ou poire de Moût, ou Sucrée-Douce ;

[Ainsi appelée de la saveur de son eau, qui rappelait celle du vin nouveau dont la fermentation n'a pas encore eu lieu.]

6° La *Cucurbitinum*, ou poire Courge.

Maintenant, si de Caton nous passons à Pline le naturaliste, venu deux siècles plus tard, ce n'est pas six variétés de poires que nous voyons dans les jardins romains, mais bien QUARANTE ET UNE ; et cet auteur, en les mentionnant au xvie chapitre du livre XV de son *Historia naturalis*, accompagne leurs noms de certains détails descriptifs qu'il devient impossible de négliger. Traduisons donc le passage qu'il leur consacre, mais éliminons-en, pour éviter une inutile répétition, les *six variétés dont Caton nous a déjà parlé*. C'est alors 35 poires qu'il nous reste à présenter, et les voici dans l'ordre même que Pline leur affecta :

1° « *Superbe* est la dénomination de la plus hâtive de nos poires, qui rachète son très-petit volume par son extrême précocité ;

2° « La *Crustumienne*, que chacun recherche ; »

[Elle était originaire de Crustumium ou Crustumerium, aujourd'hui Marcigliano-Vecchio, à 20 kilomètres de Rome.]

3° « La *Falerne*, mûrissant après les précédentes, et ainsi appelée de la qualité de son eau, qui lui a fait appliquer également le surnom de *pirum Lacteum* (poire de Lait) ; »

[Elle avait la douceur et le parfum du vin de Falerne, alors le meilleur de l'Italie, mais que n'ont pas connu les modernes, car le vignoble qui le produisait fut détruit complétement au ve siècle.]

4° « La *Syrienne*, dite aussi *Falerne* et ayant la peau d'un brun noirâtre ;

« Parmi les autres poires dont les noms ont cours à Rome, les suivantes valurent une grande popularité aux citoyens qui les propagèrent :

5°, 6° « La *Décimienne* et la *Pseudo-Décimienne*, dédiées à leurs obtenteurs ; »

[Trop de personnages ont, à Rome, porté le nom de Decimius, pour qu'il soit possible d'indiquer ceux dont il est question ici.]

7° « La *Dolabellienne*, au très-long pédoncule ; »

[Ce fut au gendre de Cicéron, P. Cornelius Dolabella, que l'on dédia cette variété.]

8° « La *Pomponienne*, ou poire *Téton ;* »

[Diverses familles Pomponius ont existé ; on ignore à laquelle appartint l'obtenteur de ce poirier.]

9° « La *Licérienne ;* »

[Licerius. Ce nom ne se rencontre dans aucun Dictionnaire biographique.]

10° « La *Sévienne ;* »

[Sevius. Ce Romain s'occupa spécialement de la culture des fruits.]

11° « La *Turanienne*, variété de la précédente, dont elle s'éloigne surtout par la longueur du pédoncule ; »

[Dédiée à Niger Turannius, cité par Varron comme un agriculteur distingué, dans la Préface du livre II de son *de Re rustica*.]

12° « La *Favonienne rouge*, un peu plus grosse que la poire Superbe; »

[On ne sait rien du Favonius dont ce fruit porte le nom.]

13° « La *Latéranienne*, douée d'une délicieuse saveur acidule; »

[Elle eut pour auteur le Plautius Lateranus qui fit bâtir à Rome la somptueuse demeure appelée aujourd'hui encore, palais de Latran.]

14° « La *Tibérienne*, que Tibère préférait à toute autre. On la confondrait aisément avec les poires Licériennes, si ces dernières n'étaient plus petites et bie.: moins colorées;

« Il existe aussi certaines variétés qui portent le nom de leur pays natal ; ce sont :

15° « L'*Amérine*, la plus tardive de nos jardins; »

[D'Ameria, actuellement Amelia, aux environs de Spoleto, dans les États de l'Église.]

16° « La *Picentine;* »

[De Picentia, petite ville située près Sorrento, non loin de Naples.]

17° « La *Numantine;* »

[Rapportée d'Espagne par les Romains, où elle était principalement connue dans la fameuse ville de Numance, qui s'élevait sur l'emplacement du village actuel de Garray, près Soria.]

18° « L'*Alexandrine;* »

[D'Alexandria, capitale de la basse Égypte.]

19° « La *Numidique;* »

[Trouvée dans la Numidie, région africaine que présentement nous appelons province de Constantine.]

20° « La *Grecque;*

« Puis nous avons encore :

21°, 22°, 23° « La *Signine* ou *Testacée*, l'*Onychine* et la *Purpurine*, appelées ainsi de la couleur de leur peau ;

24°, 25°, 26° « La *Myrrhapie*, la *Lauréenne*, la *Nardine*, dénommées d'après le parfum de leur eau; »

[Voir page 35 ce que nous avons dit des poires grecques MYRRHA, NARDINON, ONYCHINON.]

27° « L'*Hordéaire*, tirant son nom de l'époque à laquelle elle mûrit; »

[Du temps où l'on coupe l'orge (*hordeum*), ce qui, habituellement, a lieu en Italie vers la fin de juin ou le commencement de juillet.]

28° « L'*Ampullacée*, devant le sien à la forme qu'elle affecte (celle d'un flacon, d'une bouteille);

29° « La *Brute*, ainsi qualifiée pour sa peau DUVETEUSE; »

[Pline est le seul auteur qui jamais ait parlé d'une poire à peau DUVETEUSE. Nous croyons qu'il faut lire : *a corio rudi* (à peau RUDE), et non pas : *a corio laneo*.]

30° « L'*Acidule*, dont l'eau justifie, par son aigrelet, la dénomination. »

Enfin restent les poires ci-après, sur lesquelles, quant à l'origine de leur nom, Pline ne possédait, observe-t-il, aucun renseignement :

31° « La *Barbarique*;

32° « La *poire de Vénus*, bien colorée;

33° « La *Royale*, aplatie et à pédoncule peu développé;

34° « La *Patricienne*;

35° « Et la *Voconienne*, oblongue, à peau verdâtre. »

Variétés cultivées en Italie, au XVᵉ siècle.

C'est Agostino Gallo, né à Brescia en 1499 et regardé comme le restaurateur de l'agriculture chez les Italiens, qui va fournir les détails dont nous avons besoin sur les poires anciennement connues dans cette partie de l'Europe. Il a été pour ses compatriotes ce qu'un siècle plus tard notre célèbre Olivier de Serres fut pour les siens : un guide pratique, un professeur éclairé. Aussi son principal ouvrage, *le Vinti giornato dell' agricoltura, et de' piaceri della villa*, fit-il longtemps autorité. Ouvrons donc *les Vingt journées de l'agriculture, et les agréments de la vie champêtre*, afin d'en traduire les passages où l'auteur parle du poirier (1) :

« Les meilleures poires de l'Italie — dit Agostino Gallo — sont, pour la saison d'été :

1° « Les *Moscatelli*, ou Petit-Muscat. Elles mûrissent à la fin de mai. Quoique leur goût soit agréable, les médecins les proscrivent. Du reste, elles se gâtent très-promptement;

2° « Les *Cavalieri*, ou poires de Chevalier, se mangeant au commencement de juin et dignes de leur nom par leur excellence et leur innocuité;

3° « Les *Ghiacciuoli*, ou poires de Glace ou de Neige, délicieuses, surtout étant crues;

(1) C'est à la Vᵉ Journée, pages 106 et 107 de la 2ᵉ édition, volume in-4° imprimé à Venise en 1575.

4° « Les *Cicognini*, ou poires de Cigogne, plus jolies que savoureuses ; toutefois, les moins grosses sont aussi bonnes que la poire de Neige et possèdent en outre un parfum musqué ;

5° « Les *peri da Grumello*, ou poires de Tufeau, volumineuses et douées d'une eau exquise ;

6° « Les *Moscatelli grossi*, ou Gros-Muscat, à chair musquée et non moins délicate que la chair de la poire de Chevalier.

« Je pourrais citer encore — continue cet agronome — d'autres variétés mûrissant en été, mais je crois convenable de m'arrêter là, pour passer ensuite aux poiriers dont les fruits se mangent pendant l'automne et pendant l'hiver ; savoir :

7° « *Il Bergamoto*, ou la Bergamote, la meilleure peut-être de toutes les poires d'automne ;

8° « *Il Caravello*, ou poire de Caravelle ; elle est parfaite crue ou cuite, et mûrit après Noël ; »

[Caravello est le nom d'un petit navire de transport, fortement arrondi, et qui était alors particulièrement en usage sur les côtes d'Italie. Cette poire affectait donc une forme plus ou moins globuleuse.]

9° « Les *Bazzavareschi*, recommandables par leur grosseur, leur coloris, leur qualité, et encore par le long temps qu'elles peuvent se conserver ;

10° « *Il Buon Christiano*, ou le Bon-Chrétien, aussi estimé cru, qu'en compote, et que chacun cultive ;

11° « Les *Garzignoli*, ou poires de Garzignole, délicieuses crues et se conservant jusqu'en mars ;

12° « Les *peri di Spina*, ou poires Franches, dont je fais grand cas, car elles sont toujours fort abondantes, et bonnes cuites, ou confites soit dans le miel, soit dans le sucre. »

Ici se terminent les courtes descriptions d'Agostino Gallo sur les poires connues en Italie au XVᵉ siècle et au XVIᵉ. C'est peu, que ces douze variétés, lorsqu'on a vu que Rome, au temps de Pline, en possédait quarante et une. Mais cet auteur, il ne faut pas l'oublier, déclare en avoir négligé plusieurs parmi celles qui mûrissent au cours de l'été. On sait d'ailleurs quel coup funeste le démembrement de l'empire romain, au Vᵉ siècle, vint porter à la civilisation, aux arts, à l'horticulture. L'Europe entière en souffrit à ce point, qu'il lui fallut sept ou huit cents ans pour secouer l'engourdissement intellectuel dont la domination des Barbares l'avait frappée. Voilà pourquoi tant d'excellents fruits se perdirent, et comment aussi les noms primitifs des variétés furent généralement altérés, modifiés ou complètement changés.

Variétés cultivées en France, depuis Charlemagne jusqu'à Louis XIII.

Le IXe siècle est l'époque où l'on commença à s'occuper quelque peu des fruits, dans notre patrie. Charlemagne y régnait, et son vaste génie le portant à tout voir, à tout organiser, il créa dans ses nombreux domaines des jardins, des vergers qu'il peupla d'arbres fruitiers dont il désigna le genre et les espèces. Ces faits nous ont été minutieusement transmis par les *Capitulaires*, recueil authentique renfermant, entr'autres documents émanés de nos rois, les ordonnances, les arrêtés, les prescriptions administratives de ce grand empereur. Si donc on parcourt le Capitulaire intitulé *de Villis* (1), on y lit au chapitre LXX, que Charlemagne, en ce qui concernait les poiriers, fit la recommandation suivante à ses intendants : « Plantez « les espèces *Dulciores*, *Cocciores*, *et Serotina*. » C'est-à-dire les poiriers dont les produits, par leur agréable saveur, peuvent être mangés crus, puis ceux qui fournissent des fruits pour la cuisson, et enfin les variétés donnant des poires à maturité tardive.

Après Charlemagne, l'arboriculture fruitière cessa brusquement d'être en honneur, excepté chez les moines. Mais là du moins, dans les immenses jardins des abbayes, on s'appliqua à conserver les bonnes espèces, et même on s'efforça d'en augmenter le nombre. C'est ainsi qu'on rencontre encore aujourd'hui plusieurs fruits qui portent le nom des monastères où ils furent obtenus de semis il y a des siècles, ou trouvés inopinément, à l'état de sauvageons, dans les bois et dans les champs voisins du couvent.

Toutefois, si quelques noms de poires passent de temps à autre sous les yeux de l'érudit qui s'attache à la lecture des Chroniques, des Annales jadis écrites par nos religieux, surtout au moyen âge, il ne s'ensuit pas, malheureusement, que l'on puisse dresser une liste quelconque des poires cultivées en France, du Xe au XVe siècle.

Charles V, cependant, aurait pu nous faciliter un pareil travail, car ce monarque témoigna le plus vif intérêt à l'agriculture ainsi qu'au jardinage. Il avait fait bâtir à Paris, en 1365, le fameux hôtel Saint-Paul, puis le palais des Tournelles, somptueuses demeures dans les enclos desquelles il rassembla les plus précieuses collections d'arbustes, de fleurs et de fruits. Mais ce fut surtout la première de ces résidences, qu'il préféra. Il l'habitait presque toujours et la nommait plaisamment « *l'hostel solempnel des grands esbattemens.* » Le passage ci-après va montrer, du

(1) Il est imprimé, notamment, dans les *Monumenta Germaniæ historica* d'Henri Pertz, t. I, pars Legum, p. 187; édition de Hanovre, 1835, in-4°.

reste, que l'hôtel Saint-Paul était bien fait pour récréer l'esprit et les yeux d'un roi :

« C'était moins la magnificence du bâtiment, que l'aspect riant de ses jardins, étendus le long des bords de la Seine, qui faisoit de ce séjour un lieu de délices pour Charles V. L'art du jardinage n'avoit pas encore été porté à ce degré d'élégance et de perfection, qui restreignant les agréments d'un jardin au seul plaisir de la vue et de l'odorat, en a banni absolument ce qui peut flatter le goût. Les arbres fruitiers, les plantes utiles, les légumes y disputoient aux fleurs, aux ifs, aux tilleuls, l'honneur d'embellir le verger..... Des treilles, des tonnelles ou pavillons de verdure, s'y voyoient, et des arbres fruitiers de toute espèce à haute tige : l'usage des arbres nains et des espaliers n'étoit pas encore connu. Charles y fit mettre en une seule fois 100 poiriers, 115 pommiers, 1125 cerisiers et 150 pruniers. Ces fruits étoient destinés pour les tables du roi et des grands commensaux de leurs maisons : on ne servoit que des noix aux tables des officiers inférieurs. » (Villaret, *Histoire de France*; 1767, t. X, pp. 107 et 108.)

Combien il est fâcheux, pour l'histoire de la Pomologie, que les noms des divers arbres fruitiers qui furent ainsi, d'après les ordres de Charles V, achetés et plantés, n'aient pas été transcrits par Villaret. Mais cet historien les eut-il, ou non, sous les yeux?... Il indique à quelle source il puisa les détails qu'on vient de lire : à Paris, dans les archives de la Chambre des Comptes. On doit penser alors que tous ces arbres y sont uniquement portés en bloc, et par genre; autrement Villaret, fort prodigue d'éclaircissements, aurait eu soin, nous le croyons, de copier tous ces noms, dont l'intérêt ne lui eût certes pas échappé.

A la fin du xiv⁰ siècle, il nous est donc impossible encore de savoir quelles variétés de poires possédait la France.

Mais voici le xvᵉ siècle qui commence, et avec lui notre ignorance va cesser, grâce à Guttenberg, grâce à l'invention de l'imprimerie. De tous côtés les livres surgissent. La science, les arts, les lettres voient leur domaine s'agrandir rapidement, sous les efforts de la pensée humaine, si longtemps confinée dans de rares et coûteux manuscrits, peu lus, peu répandus. Or, si nous examinons attentivement ces premiers livres, nous en trouvons déjà — et ce fut une gloire pour elle — où de nombreuses pages sont consacrées à l'horticulture. C'est d'abord en 1482, *le Proprietaire des choses, tres utile et prouffitable aux corps humains* (1), *traduict du latin par le moine Jean Corbichon;* — puis *les Prouffits champestres et ruraulx, touchant le labour des champs, vignes et jardins*, qu'en 1486 Jean Bonhomme empruntait aux Italiens (2); — et aussi *le Jardin de la France*, dû au médecin Symphorien Champier, en 1523, tous ouvrages où l'on mentionnait les fruits de notre pays.

Toutefois, il faut arriver à l'année 1530 et lire le *Seminarium* que Charles Estienne publiait à cette date (3), pour obtenir sur les *poires* d'intéressants renseignements,

---

(1) De Barthélemy de Glanville, célèbre philosophe anglais, né vers 1350, et qui se fit moine.

(2) De Pierre Crescenzi, agronome né à Bologne en 1230.

(3) *Seminarium et plantarium fructiferarum præsertim arborum quæ post hortos conseri solent,* 1ʳᵉ édition; Paris, 1530, 1 vol. in-12.

d'utiles descriptions. Ainsi, déjà l'on y remarque les variétés suivantes :

1. *Poire* A deux testes.	9. *Poire* d'Estranguillon.
2. — d'Angoisse.	10. — de Fin-Or.
3. — Bergamotte.	11. — de Hastiveau.
4. — de Bon Chrestien.	12. — Musquette.
5. — de Calliot.	13. — de Nostre-Dame.
6. — de Champagne.	14. — de Rose.
7. — de Certeau.	15. — de Saint-Martin.
8. — de Chiot.	16. — de Tuffeau.

Et sur chacune de ces poires sont données de curieuses notes dont nous parlerons ailleurs, au chapitre de nos Descriptions.

Si maintenant on désire se rendre compte de la promptitude avec laquelle se généralisa, dans les jardins français, la culture du poirier, et des efforts que l'on tenta pour y accroître le nombre des variétés recommandées du temps de Charles Estienne, on doit interroger l'homme qui dans les dernières années du XVIᵉ siècle contribua le plus à l'enrichissement de notre Pomone. Ce fut un magistrat, le Lectier, procureur du roi à Orléans, et qui dut être pour beaucoup, pensons-nous, dans le développement que prirent vers la moitié du XVIIᵉ siècle les pépinières de cette ville.

Le Lectier fit preuve d'une véritable passion pour l'arboriculture fruitière. Il commençait à former ses collections vers 1598, et trente ans plus tard — en 1628 — il adressait de tous côtés, aux amateurs de fruits, le *Catalogue* imprimé des genres et des variétés dont il était possesseur, stimulant ainsi, à la fin de cet opuscule (p. 25), le zèle de ses correspondants :

« Je prie tous ceulx qui auront des fruicts exquis (non contenus au present Catalogue), lorsqu'il tumbera entre leurs mains, de m'en donner advis, afin que j'en puisse avoir des greffes pour eschange de celles qu'ils n'auront pas, lesquelles ils desireront de moy, et que je leur fourniray.

« Signé : LE LECTIER, Procureur du Roy à Orléans.

« Fait ce 20 décembre 1628. »

Contemporain d'Olivier de Serres, le Lectier laissa loin derrière lui, pour l'étude des arbres fruitiers, ce dernier agronome, qui n'offrit, en son *Théâtre d'agriculture*, que les variétés mentionnées dans les ouvrages parus antérieurement. Aussi contient-il beaucoup moins de fruits que le *Catalogue* du magistrat d'Orléans. C'est à l'extrême obligeance de M. Eugène Forney, professeur d'arboriculture à Paris, que nous devons la communication de ce *Catalogue*, dont LE SEUL EXEMPLAIRE CONNU existe à la Bibliothèque Impériale (1). M. Forney ayant copié cet exemplaire unique, et si précieux, nous avons suivi son exemple; ce qui nous permet de reproduire

(1) Série S, n° 1180.

les noms des nombreux poiriers qu'avait rassemblés, il y a trois cents ans, le Lectier, ce magistrat-pépiniériste. En le faisant, nous allons conserver fidèlement la classification et l'orthographe de ces noms, jaloux de ne dénaturer en rien un document que l'on peut regarder comme *inédit*, et dont l'intérêt, répétons-le, est immense pour l'histoire de la Pomologie.

Extrait du Catalogue des Arbres cultivés dans le Verger et Plant de le Lectier, Procureur du Roi à Orléans, en 1628.

Poiriers dont le fruict est en maturité en Juillet et commencement d'Aoust.

1. Pernant rozat, poire rousse.
2. Ronde à longue quë.
3. Pucelle de Xaintonge.
4. Citron.
5. Friquet.
6. Petite Musquette à trochets.
7. Muscat en perle.
8. Muscat long, double de l'autre.
9. Musquat à longue quë.
10. Grosse Musquée, blanche et jaune.
11. Petit Blanquet.
12. Madeleine ronde, verte et jaune, rozatte.
13. Poire Rozatte jaune, verte et rousse.
14. Poire Jaune, des Granges, hastive.
15. Rozatte Rouge, émaillée de verd.
16. Gros Amyret ou Realles.
17. Petit Amyret.
18. Fin Or d'Orléans.
19. Espargne.
20. Chère à Dame.
21. Roy d'esté rozat.
22. Cuisse Madame ou Musette.
23. Chère à Dame tout rond, jaune et verd, musqué, très hastif.
24. De Madères, isle des Canaries.
25. Perdereau.
26. Provence.
27. Bonne deux fois l'an.
28. Perle ou Camouzine.
29. Amyret Joannet.
30. Du Vacher, rondes, rozattes.
31. Gros Fin Or rond, rozat.
32, 33. Deux sortes de Poires Douces.
34. Gloutes, de Gap.
35. Autre Fin Or rond et roux, à longue quë.
36. Sainct Jehan musqué.
37. Deux testes.
38. Coquin rozat.
39. Royales rozates.

———

Poiriers dont le fruict est en maturité en Aoust et commencement de Septembre.

40. Bergamotte d'esté ou Milan de la Beuverière.
41. Gracioli ou Bon Chrestien d'esté.
42. Gros Blanquet.
43. Coule soif ou Gros Mouille bouche.
44. Forest ou Amy-don baulme.
45. Fourmy musqué.
46. Beuré d'Aoust jaune.
47. Beurré d'Aoust, ronde et rousse.
48. Belle et Bonne.
49. Daverat rosate.
50. Pera Giaccole, de Rome.
51. Brute Bonne.
52. Muscat rond et rosat.
53. Eschalettes blanches.
54. Gillette longue ou Sucrin blanc.
55. De Cire.
56. Garbot rozatte et muscatte.
57. Amazonnes.
58. De Merveille, rouge et jaune, ronde, rozatte.
59. Jargonnelle.
60. Amours.
61. Jouars.
62. Chair de fille.
63. Sauvages douces.
64. Rozatte ronde, émaillée de verd et rouge.
65. Dorées.
66. De Fosse.
67. Sanguinolles.
68. Cypre.

69. Espice.
70. Rozatte d'Ingrandes.
71. De Palma, isle des Canaries.
72. Putes.
73, 74, 75. De trois diverses sortes de Poires musquées et rozates, de Xaintonge.
76. Besi de Mouillières ou Trompe friant.
77. Orenge.
78. Orenge de Xaintonge, semblable à une orenge d'Espagne.
79. Orenge plat et verd.
80. Galeuses.
81. Muscattes de Nançay.
82. Portugal d'esté.
83. De Rozes, oblongues, grosses, vertes, espèce de Beurée.
84. Gasteau.
85. Seurre. (*Sûre?*)
86. Muscadelle de Piedmont.
87. Piedmont blanches et rouges musquées.
88. Oignonnet musqué.
89. Trezorerie, rozatte.
90. Passe bon de Bourgongne.
91. Caillou rozat très musqué.
92. Pepin.
93. Beau-Père.
94. Turquie.
95. Cadet.
96. Bon Mycet, de Coyeux.
97. Beurré Verd.
98. Poires Grasses.
99. Rozatte rousse, de Xaintonge.
100. Amentières.
101. Nouvelles d'esté.
102. Oignon d'esté, de Bretagne.
103. Or ou Jalousie.
104. Soreau.

—

Poiriers dont le fruict est en maturité en Septembre et commencement d'Octobre.

105, 106. Gros et Petit Liche-Frion.
107. Petit Mouille bouche.
108. Petit Rousselet ou Girofle.
109. Gros Rousselet.
110. Ognon de Xaintonge ou Monsieur.
111. Vilaine d'Anjou.
112. Angleterre.
113. Rozatte longue, semée de rouge.
114. Beurrée rousse ou Clairville ronde.
115. Beurrée longue, verte.

116. Poire aux Mousches, espèce de Beurrée.
117. Vilaine, du sieur de la Reate.
118. De Poitiers, espèce de Bergamotte et Beurrée rozatte.
119. Roland ou Rebets, espèce de Beurrée.
120. Guamont, rozatte.
121. Beau-Père.
122. Cadet.
123. Septembre, rozatte.
124. De Sainct-Michel.
125. Beurrée ronde et rozatte.
126. Beurrée ou Ysambert.
127. Crapaut.
128. D'Espine.
129. Ancy.
130. Caillou rozat.
131. Grain.
132. Jargonnelle autumnale.
133. Suprêmes.
134. De trois gousts.
135. De Calville, musquée.
136. De Kerville, rozatte.
137. Poire musquée, verte et jaune, espèce de Liche-Frion.
138. Caillouat rozat de Champagne.
139. Galoré.
140. Sans nom, de Champagne, excellente.
141. Longues muscattes, jaunes et rouges.
142. Saussinottes.
143. Haulte-Saveur.
144. Girofla.
145. De la Moutières, poire rozatte du Dauphiné.
146. Trouvées.
147. De la Milleraye, musquée.

—

Poiriers dont le fruict est en maturité depuis Octobre jusques au commencement de Novembre.

148. Roy de Saussay.
149. Messire Jehan.
150. Messire Jehan gris.
151. Poire Vigne.
152. De Vendanges.
153. Marion d'Amiens.
154. Pucelle de Flandres.
155. Double Pucelle.
156. Roy musqué, tout jaune.
157. De Saigneur.
158. Saffran autumnal.
159. Lède-Bonne.
160. Serteau.

161. Glace.
162. Petit Mouille bouche.
163. Poires Pesches.
164. De Madame.
165. Du Soleil.
166. Tant-Bonnes.

———

Poiriers dont le fruict est en maturité en Novembre et commencement de Décembre.

167. Sucrin noir ou Angleterre.
168. Pucelle ou Chat bruslé.
169. Sucrin blanc ou Aleaume.
170. Besi d'Airy.
171. Bergamotte rond.
172. Bergamotte long.
173. Girogille.
174. Estouppes ou Fuzées.
175. Chat.
176. Roy autumnal.
177. De Nostre-Dame ou Cartelle.
178. Double orengé autumnal, rozat, d'exquise beauté.
179. De la Charité.

———

Poiriers dont le fruict est en maturité en Décembre.

180. Bon Chrestien musqué.
181. Bergamotte musqué.
182. Messire Jehan d'hyver.
183. Oignonnet musqué, plat, vert et jaune, à courte quë.
184. Martin sec.
185. Voye aux Prestres.
186. Isle.
187. Roy doux.
188. Santé.
189. Orient.
190. Anonymes, longues, vertes, maculées de pointes rousses.
191. Franc real.
192. Plomb.
193. Trompe Coquin, jaune et verd.
194. Gros et Petit torturé.
195. Poire d'Escarlatte.
196. Estoupes.
197. De Bonne foy, vulgaires en Champagne.
198. Saffran rozat, poire longue, espèce de Milan.

199. Serteau Madame, de Moulins, ou le Gros Cuisse Madame.
200. Sainct Denys, rozat, jaune et rouge.

———

Poiriers dont le fruict est en maturité és mois de Janvier et Febvrier.

201. Dame Houdotte ou Poire de Grène.
202. Musette d'hyver, rosatte.
203. Poire rousse, grosse, muscatte et rozatte, ou Dagobert de M. de Miossan.
204. Vilaine d'hyver.
205. Légat d'hyver ou Mouille bouche.
206. Gros Oignon musqué, de Vervant, près Sainct Jehan d'Angely.
207. Muscat de Mazeray, près ledict Sainct Jehan d'Angely.
208, 209. Deux sortes de Poires rousses, rozattes ou Beurrées, de Xaintonge.
210. Petite poire verte ou Beurrée de M. Yveteaux.
211. Portail, ou Caillou rozat musqué, ou Poire de Prince, ou d'Ambre.
212. Pera Fiorentina, rozatte et muscatte.
213. Caillolet rozat et musqué, ou Caillouat de Varennes, près Langres.
214. Gros Muscat de Gascongne, à longue quë de chair.
215. Mycet ou Fin Or d'hyver.
216. Besi du Quassoy.
217. Gourmandines de Thoulouze.
218. Rozatte longue, jaune et rouge, de M. de la Massuère.
219, 220. Deux sortes de Poires longues, vertes et rousses, rozattes, de Xaintonge.
221. Poire de Limon, douce et franche.
222. Hongrie, grosse comme un Melon sucrin.
223. Fremon.
224. Périgord rozat.
225. Bouvert musqué.
226. D'Agobert.
227. Rabu blanc.
228. Chasteau-Gonthier.
229. Alençon.
230. Orenge d'hyver.
231. Carcassonnes.
232. Besi de Privillier.
233. Longue Verte, de Berny.
234. Poire ronde, grosse, rouge et jaune, rozatte.
235. Poire de Prunay, près Sillery, très belle.
236. Plotot.

237. Poires Suisses, à bandes rouges, vertes
et jaunes.
238. Amouts.
239. Garay, vulgaire en Haussoy.
240. Fuzée d'hyver, ronde et jaune, longue.
241. Verdureau.
242. Nanterre.
243. De Condom.
244. Eschalettes rouges.

———

*Poiriers dont le fruict dure jusques en Mars,
Avril, Mai et Juin.*

245. Bon Chrestien.
246. Musc.

247. Gastelier.
248. Gros Kairville.
249. Parmein.
250. Calot rozat.
251. Rille.
252. Gros Trouvé.
253. Petit Trouvé.
254. Chesne Galon.
255. Liquet.
256. Saffran d'hyver.
257. Longue-Vie.
258. Saint Pair.
259. Bezi.
260. Longues Vertes.

On peut juger, par ce chiffre de variétés, à quel point le verger de le Lectier dut exciter l'émulation des amateurs et des horticulteurs. Il régnait alors un véritable engouement pour le poirier; chacun s'en occupait; et, cet engouement, Olivier de Serres fut un de ceux qui contribua le plus, non pas à le faire naître — en 1600 il existait déjà — mais à le développer, à l'affermir par le charmant article que voici :

« Il n'y a Arbre entre tous les privés qui tant abonde en especes de fruits, que le Poirier, dont les diverses sortes sont innumerables, et leurs differentes qualitez esmerveillables. Car depuis le mois de Mai jusques à celuy de Decembre, des Poires bonnes à manger se trouvent sur les Arbres. En considerant particulierement les diverses figures, grandeurs, couleurs, saveurs et odeurs des Poires, qui n'adorera la diverse sagesse de l'Ouvrier? Des Poires se voient rondes, longues, goderonnées (1), pointues, mousses. Des petites, moiennes, grandes. L'or, l'argent, le vermillon, le satin vert reluisent aux Poires. Le sucre, le miel, la canelle, le girofle y sont savourés. Et flairés, le musc, l'ambre, la civete. Bref, c'est l'excellence des fruits que les Poires, et ne seroit digne Verger, le lieu auquel les Poiriers defaudroient. » (*Le Théâtre d'agriculture et mesnage des champs*, livre VI, chap. XXVI, pp. 627-628.)

A-t-on jamais écrit, sur le poirier, rien de plus vrai, de plus gracieusement naïf, que ces lignes?... Qu'elles soient donc le dernier mot de ce long paragraphe, dans lequel nous avons essayé de dissiper un peu l'obscurité qui dès les premiers âges s'est faite autour de cet arbre, actuellement si répandu, si connu de tous.

(1) *Goderonné:* de godron, ornement sculptural ayant la forme d'un œuf allongé.

§ II. — TEMPS MODERNES.

De la propagation du Poirier, depuis Louis XIV jusqu'à la Révolution.

Si l'on a dit avec raison, du siècle de François Ier, qu'il fut celui de la renaissance des arts et des lettres, on peut aussi, sans altérer la vérité, déclarer que le siècle de Louis XIII et de Louis XIV fut celui de la renaissance de l'arboriculture fruitière. Jamais en effet, depuis l'époque où les Romains achetaient *au poids de l'or*, leurs fruits, et surtout leurs poires, jamais ces dernières ne furent l'objet d'autant de soins, que sous ces deux rois.

Ainsi Claude Mollet, intendant des jardins de Louis XIII, nous apprend que ce prince « prit plaisir par plusieurs fois, et particulierement en son parc de « Fontaine-Belle-Eau, » à lui voir planter « toutes sortes de bons poiriers, » alors que « Sa Majesté » lui avait enjoint de placer dans cette résidence la « quantité de « *sept mille* pieds d'Arbres fruitiers. » (*Théâtre des plans et jardinages*, 1652, chap. iv, page 18.)

Ainsi encore la Quintinye, créateur et directeur des vergers et potagers de Louis XIV à Versailles, disait au fils de Louis XIII, dans une Épître qu'on lit en tête de son ouvrage :

« SIRE,..... Les Jardins Fruitiers et Potagers m'ont été trop favorables pour cacher l'extrême reconnoissance des biens que je leur dois..... Mais comme mon bonheur ne vient que parce que Votre Majesté est assez touchée des divertissements du Jardinage, peut-être n'est-il pas hors de propos qu'on connoisse qu'*Elle sçait quelquefois descendre de ses plus grandes occupations*, POUR GOUTER LES PLAISIRS DE NOS PREMIERS PÈRES. » (*Instructions pour les jardins fruitiers et potagers*, 1690, t. I, Épître au Roy, pp. 2 et 3.)

C'est qu'en effet Louis XIV aimait avec passion l'arboriculture ; il passait chaque jour de longues heures dans ses jardins ; souvent même il taillait ses poiriers, les *Mémoires* du temps l'attestent. Comment donc un tel exemple n'eût-il pas trouvé d'imitateurs?... Il en trouva un tel nombre, que l'horticulture atteignit, pendant les soixante-douze années que régna cet illustre monarque, un développement qui, la sortant de la routine, lui ouvrit une voie nouvelle dont les jardiniers eurent ensuite le bon esprit de ne pas trop s'écarter.

Ce fut également à cette époque que l'on commença à pressentir quelles ressources les semis pouvaient offrir. Aussi plusieurs pépiniéristes consacrèrent-ils tous leurs soins à accroître, particulièrement, les variétés du poirier. Un personnage non moins dévoué à la Pomologie que ne l'avait été, précédemment, le procureur du roi le Lectier, encouragea ces tentatives en s'y associant, puis en donnant d'excellents conseils aux semeurs. Nous voulons parler du docteur Nicolas Venette, de la Rochelle, connu par un très-bon livre sur les fruits, livre dans lequel on lit ce passage, témoignant de la persévérance alors déployée pour obtenir de nouveaux et méritants poiriers :

« Jamais l'industrie de nos Jardiniers n'a paru plus admirable que dans les diverses espèces de Poires que nous avons en France. Ils ont pris des soins particuliers à semer des pepins, et à en conserver les arbres qui, à leurs bois et à leurs feuilles, leur donnoient des marques d'une espérance heureuse. Car, comme à force de semer des graines de fleurs, il en vient de toutes sortes, et même quelques-unes de belles et de doubles, de même à force de semer des pepins de Poires, il semble que la Nature se plaise à nous donner une infinité de différences de Poiriers, qui produisent tous des fruits nouveaux, et quelques-uns des fruits délicieux au goût..... L'artifice de nos Jardiniers nous a multiplié les Poires d'Été, d'Automne et d'Hyver ; il nous en a donné plus de cassantes et de beurées; il nous en a fait paroître plus de douces, d'aigres et d'acerbes ; et enfin il nous a procuré l'avantage d'en avoir plus de vineuses, d'ambrées et de musquées, que nous n'en avions auparavant. » (*L'Art de tailler les Arbres fruitiers*, suivi d'un traité intitulé : *De l'usage des fruits des arbres*; 1683, 2e partie, pp. 47-49.)

Louis XV et Louis XVI se montrèrent beaucoup moins partisans de la serpette et de la bêche, que Louis XIV; toutefois, l'élan étant donné, la culture des arbres fruitiers n'eut point à en souffrir. Le public se fût du reste, au cours du xviiie siècle, difficilement refroidi pour l'horticulture, en présence des innombrables volumes que firent paraître sur le jardinage des théoriciens et des praticiens dont la compétence douteuse donna souvent prise à de mordantes critiques. Ce que constatait dès 1776, Jean Mayer, pomologue bavarois qui par sa science et son érudition eut le droit incontestable de s'ériger en censeur, et d'écrire, à l'adresse des Français surtout, la petite méchanceté que voici :

« Jamais le Jardinage n'a plus exercé, qu'aujourd'hui, la plume des écrivains de tous les pays, de tous les calibres..... Il y a cent ans environ que la Quintinye se plaignoit de ce qu'on étoit *inondé* d'une foule de livres sur ce sujet, parmi lesquels il n'en distingua qu'un : les *Mémoires sur la culture des arbres fruitiers*... Et maintenant l'abbé Roger (1), gémissant sur le même abus, dit (en 1767) : « Une manie assez singulière dans le jardinage, et de laquelle « on n'a point ou que très-peu d'exemples dans les autres professions, c'est *la démangeaison* « *d'écrire*, espèce de *tic* ou de *frénésie* qui, comme une maladie contagieuse, se gagne et fait « progrès. » (*Pomona franconica*, 1776, t. I, Préface, p. xx.)

De tous ces ouvrages, bien peu sont lus de nos jours, excepté ceux de Merlet (1667), la Quintinye (1690), Duhamel (1768) et le Berryais (1785), dont nous avons donné une analyse dans notre INTRODUCTION (pp. 9 à 20), ce qui nous dispense de revenir ici sur leur contenu. Rappelons seulement que les poires y eurent la meilleure place, et que Merlet en décrivit 187 variétés — la Quintinye, 67 — Duhamel, 119 — le Berryais, 91.

_____

(1) L'abbé *Roger Schabol*, du diocèse de Paris, fut un des horticulteurs les plus remarquables de son époque. Il mourut en 1768.

Mais il est une Communauté religieuse qui de l'enceinte même de Paris propagea par toute la France, ainsi qu'à l'étranger, de 1675 à 1789, plus d'un million de poiriers. Le lecteur a sans doute nommé déjà les pères Chartreux, car la célébrité qu'ils surent acquérir pour leurs pépinières, fut universelle, et le souvenir en subsistera longtemps encore parmi le monde horticole.

Étienne Calvel publia en 1804 une Notice sur l'établissement arboricole de ces religieux, et l'on y voit qu'en 1789, au moment où l'on se disposait à le fermer, « en « semis, en plants et en arbres, on y comptait par *millions ;*..... et que dès 1712, il « en sortait annuellement plus de 14,000 arbres fruitiers. » Comme « il est notoire « aussi — continue le même écrivain — par les comptes qu'ont laissé les Chartreux, « que dans les vingt dernières années le bénéfice qu'ils faisaient sur leur pépinière « était annuellement, tous frais déduits, de 24 à 30,000 francs. » (*Notice historique sur la pépinière des Chartreux,* pp. 4, 12 et 18.)

En 1775 ils possédaient 102 variétés de poires, qui toutes furent alors parfaitement décrites, avec mention de leurs synonymes, dans un *Catalogue* qu'ils publièrent, et dont nous allons reproduire le chapitre Poirier, en supprimant toutefois les descriptions, les noms des fruits devant suffire ici, où il n'est question que d'histoire :

Extrait du Catalogue de la Pépinière des Chartreux de Paris, pour l'année 1775.

Poires d'Été.

1. Le petit Muscat ou Sept-en-Gueule.
2. L'Aurate.
3. L'Amiré Joannet ou la poire St-Jean.
4. La poire de Madeleine ou Citron des Carmes.
5. La poire à Deux-Têtes.
6. Le Muscat Robert ou poire à la Reine, ou poire d'Ambre.
7. La Cuisse-Madame.
8. La Bellissime ou Suprême.
9. Le Bourdon musqué.
10. Le Gros Blanquet ou Blanquette.
11. L'Épargne ou le Beau-Présent, ou de Saint-Samson.
12. L'Ognonnet ou Amiré-Roux, ou Archiduc d'Été.
13. La Suprême.
14. Le Blanquet à longue queue.
15. La Fleur de Guigne ou poire Sans-Peau.
16. Le Rousselet hâtif ou poire de Chypre, ou Perdreau.

17. L'Épine-Rose ou poire de Rose.
18. La Bergamotte d'Été ou Milan de la Beuvrière.
19. L'Orange rouge.
20. L'Orange musquée.
21. Le Salviati.
22. La Chair-à-Dame.
23. La Cassolette ou Friolet, ou Muscat vert, ou Lèchefrion.
24. Le Roi d'Été.
25. La Robine ou Royale d'Été.
26. Le Parfum d'Août.
27. La Grise-Bonne ou la poire de Forest, ou la Crapaudine, ou l'Ambrette d'Été, ou la Rude-Épée.
28. La poire d'Amiral.
29. Le Rousselet de Reims.
30. L'Inconnu-Chêneau ou Fondante de Brest.
31. Le Bon-Chrétien d'Été ou Gracioli.
32. Le Bon-Chrétien d'Été musqué.
33. L'Épine d'Été ou Fondante musquée (en Italie Bugiarda).
34. La poire d'Œuf.

35. L'Orange Tulipée ou la poire aux Mouches.
36. Le Beuré d'Angleterre ou l'Angleterre.
37. Le Finor.
38. La Cramoisine.

———

Poires d'Automne.

39. Le Beuré.
40. Le Bezy de Montigny.
41. La Verte-Longue ou Mouille-Bouche ordinaire.
42. La Verte-Longue panachée ou Suisse.
43. Le Doyenné ou Beuré blanc, ou Saint-Michel de Bonne-Ente.
44. Le Bezi de la Motte.
45. Le Messire-Jean.
46. La Bergamotte Suisse.
47. La Bergamotte d'Automne.
48. Le Sucre Verd.
49. La poire de Vigne ou de Demoiselle.
50. La Bergamotte d'Angleterre.
51. Le Besi d'Héri.
52. La poire de Lansac ou Dauphine.
53. La Franchipane.
54. La Bellissime d'Automne ou Vermillon.
55. La Jalousie.
56. Le Doyenné gris.
57. La Rousseline.
58. La Marquise.
59. Le Bon-Chrétien d'Espagne.
60. La Louise-Bonne.
61. La Crasane ou Bergamotte crasane.
62. La Crasane panachée.
63. La Pastorale ou Musette d'Automne.
64. La poire d'Ange.
65. La Belle et Bonne.
66. Le Chat-Brûlé ou Pucelle de Xaintonge.
67. Le Saint-Lezin.
68. La poire de Tonneau.

———

Poires d'Hiver.

69. L'Épine d'Hyver.
70. La Merveille d'Hyver ou Petit-Oin.
71. Le Bezi de Quessois.
72. La Virgouleuse.
73. L'Ambrette.
74. Le Solitaire ou la Mansuette.
75. Le Bezi de Chassery ou le Chassery.
76. Le Martin-Sire ou poire de Romeville.
77. La Royale d'Hyver (en Italie Spina di Carpi).
78. Le Martin-Sec.
79. La Bergamotte de Soulers.
80. Le Bezi de Chaumontel.
81. Le Colmart ou poire Manne.
82. Le Saint-Germain.
83. L'Orange d'Hyver.
84. Le Rousselet d'Hyver.
85. Le Bon-Chrétien d'Hyver.
86. L'Angélique de Bordeaux ou Saint-Martial.
87. La Bergamotte de Pâques ou d'Hyver.
88. Le Muscat allemand.
89. La poire de Naples.
90. L'Impériale à feuille de Chêne.
91. La poire de Saint-François.
92. La Bergamotte de Hollande.
93. La poire de Malthe ou Caillot rosa d'Hyver.

———

Poires excellentes à Cuire.

94. Le Franc-Réal.
95. La Catillac.
96. La Double-Fleur.
97. La poire de Livre.
98. La Douville ou la Poire de Provence.
99. Le Parfum d'Hyver ou Bouvard musqué.
100. Le Gilogille ou la Garde d'Écosse.
101. La Bellissime d'Hyver.
102. La Sanguinolle.

Importance actuelle de la culture du Poirier. Causes auxquelles elle est due.

Au début du XIXᵉ siècle, le nombre des poires le plus généralement cultivées, dans nos jardins, n'était pas encore très-élevé. Le docteur Claude Tollard, qui possédait aux portes de Paris une vaste pépinière où il se livrait à l'étude de l'horticulture, l'observait dans son *Traité des végétaux*, paru en 1805. Il y disait : « De nos jours,

« le nombre de bonnes poires à manger au couteau, ou à cuire, s'élève seulement
« à 120 espèces à peu près. » (Page 132.)

Ce chiffre est assez exact, car si je le contrôle par celui du *Catalogue* que quinze
ans auparavant — en 1790 — mon grand-père faisait imprimer à Angers, je vois
que la collection de ses poiriers, qui jouissait d'un certain renom, contenait en tout
96 variétés. Et comme la date de ce *Catalogue* lui donne une véritable valeur historique, surtout pour l'Anjou, je vais insérer la liste des poires alors connues dans
cette partie de la France :

**Extrait du Catalogue du sieur Leroy, jardinier-fleuriste-pépiniériste à Angers,
pour l'année 1790.**

Poires qui se mangent en Juillet.

1. Le Petit Muscat.
2. Le Muscat de Nancy ou Aurate.
3. Le Citron des Carmes.
4. Le Muscat à longue queue.
5. La poire de Magdeleine.
6. Le Bourdon musqué.
7. La Bellissime ou Figue musquée.
8. La Petite-Cuisse-Madame.

Pour le mois d'Août.

9. La Petite-Blanquette ou poire de Perle.
10. Le Gros-Blanquette.
11. Le Beau-Présent ou Epargne.
12. La Miré-Roux (*l'Amiré roux*).
13. La poire Sans-Peau ou Fleur de Guigne, ou Parabelle musquée.
14. La Suprême.
15. La Chair à Dame ou Perdreau musqué.
16. La Liquette ou poire de Vallée.
17. La Deux-Têtes.
18. Le Gros-Oignonnet.
19. Le Petit-Oignonnet.
20. Le Bon-Chrétien d'Été ou Gratioly.
21. L'Orange Royale.
22. La Petite-Orange musquée
23. Le Parfum d'Août.
24. Le Mouille-Bouche ou Milan blanc.
25. La poire d'Esse.
26. La poire de Rose ou Cailliot royal.
27. La Robin musquée.
28. Le Gros-Muscat vert.
29. La Royale d'Été.
30. L'Inconnu-Chêneau ou Fondant de Briste (*Brest*).
31. L'Épine-Maflée.
32. Le Giraul ou Ervilet.
33. La Crassanne d'Août.

Pour le mois de Septembre.

34. La Brune-Bonne ou poire de Pape.
35. La poire d'Amondieu (*d'Ah-mon-Dieu*).
36. Le Salveatis.
37. L'Inconnue Lafarre.
38. La poire Sanguine.
39. La Beurée d'Angleterre.
40. L'Épine d'Été musquée.
41. La Bergamotte d'Été.
42. Le Gros-Rousselet.
43. Le Petit-Rousselet.
44. La Beurée rouge d'Anjou.
45. La Beurée grise.
46. La Bezie de la Motte.

Pour le mois d'Octobre.

47. La Bezie d'Héris.
48. Le Oin.
49. La Bergamotte plate ou Galeuzé.
50. La Verte et longue ou Mouille-Bouche d'Automne.
51. La Verte et longue suisse ou Panachée.
52. Le Messire-Jean gris.
53. Le Messire-Jean blanc.
54. Le Sucre-Vert.
55. La Frangipane.
56. Le Lansque (*la Lansac*) ou poire Dauphine.
57. La Ronville.

58. Le Bon-Chrétien musqué.
59. La Jalousie.

———

Pour le mois de Novembre.

60. Le Saint-Augustin.
61. La Louise-Bonne.
62. La Crassanne.
63. La Marquise.
64. Le Saint-Germain.
65. L'Épine d'Hiver.
66. La Rousseline.
67. La poire de Fosse.
68. Le Bezie de Quessois.
69. Le Martin-Sire.
70. Le Bon-Chrétien d'Espagne ou poire de Janvier (*Janvry*).

———

Pour le mois de Décembre et le suivant.

71. La Virgouleuse.
72. La Bezie de Chasseris.
73. L'Ambrette épineuse.
74. La Grosse-Ambrette.
75. La Bezie de Chaumontelle.

76. Le Colmard.
77. La Royale d'Hiver.
78. L'Angélique de Bordeaux ou Saint-Martial.
79. L'Orange d'Hiver.
80. Le Bon-Chrétien d'Hiver doré.
81. Le Bon-Chrétien d'Ausche.
82. Le Muscat-Noir ou Muscat allemand.
83. La Bergamotte de Pâques ou de Bugis.
84. L'Impériale, à feuilles de Chêne.

———

Poires à Compote.

85. Le Gillot-Gille.
86. Le Gros-Fromont.
87. La Pastorale.
88. Le Franc-Réal ou Saint-François.
89. Le Râteau gris.
90. La Fleur-Double.
91. Le Parfum d'Hiver.
92. La poire de Prince, dite Rousselet d'Hiver.
93. Le Cadillac.
94. Le Martin-Sec.
95. La Bergamotte de Pâques.
96. Le Fontarabie.

On touchait toutefois, en 1805, au moment où les pépiniéristes français, nouant des relations suivies avec les Flamands et les Anglais, allaient propager subitement une quantité considérable de nouveaux fruits. En Flandre, Van Mons, le semeur par excellence pour les poiriers, répandait d'une main généreuse les greffes de ses gains les plus méritants. En Angleterre, la Société horticole de Londres se montrait non moins libérale ; et ses richesses étaient grandes, dès 1826, puisque le *Catalogue* de son célèbre Jardin, publié par Robert Thompson, nous apportait alors les noms de 622 espèces ou variétés de poires. Ce furent là les principales sources où puisa Louis Noisette, pépiniériste qui rendit, pendant les quarante premières années de ce siècle, de notables services à l'horticulture par son zèle, son intelligence et ses relations. En analysant dans notre INTRODUCTION (pp. 18 et 19) la Pomologie qu'il publia en 1833, nous avons relevé les chiffres des diverses variétés fruitières dont on y lit les descriptions. Or, on se souvient peut-être que le chapitre Poirier contient 238 variétés, nombre suffisant pour démontrer avec quelle rapidité s'augmentaient chez nous les poires de tout genre et de toute saison.

Cependant, de 1840 jusqu'à l'époque actuelle, leur importation prit encore un plus grand développement. La Belgique — où Van Mons avait trouvé beaucoup d'imitateurs, principalement dans MM. L. Berckmans, A. Bivort, S. Bouvier, le major Esperen, X. Grégoire, etc. — la Belgique peupla nos pépinières d'une foule de nouveautés. Puis chez nous quelques semeurs gagnèrent aussi d'excellentes poires ;

tels, entr'autres, MM. Léon Leclerc, de Laval; Sageret, de Paris; Goubault, d'Angers; Briffault, de Sèvres; Boisbunel fils, de Rouen; le Comice horticole de Maine-et-Loire, etc., etc.

Enfin, une circonstance particulière vint encore accroître nos richesses fruitières. En 1849, alors que le commerce horticole était complétement anéanti chez nous, j'envoyai à mes frais, en Amérique, M. Baptiste Desportes, attaché à ma maison, afin d'y ouvrir à notre industrie les débouchés qui lui manquaient en Europe. De là datent nos relations pomologiques avec ce pays. M. Desportes, selon mes instructions, visita la plus grande partie des États-Unis et du Canada, en explora les principales pépinières et y étudia avec soin les espèces nées dans le sol américain même. Il en trouva un certain nombre, dont plusieurs, complétement inconnues de ce côté-ci de l'Océan, étaient excellentes; aussi les ai-je introduites dans mes pépinières.

C'est ainsi qu'en moins d'un demi-siècle le nombre des poires cultivées en France, se quadrupla. Il s'élève effectivement, aujourd'hui, à plus de 900 variétés, pour lesquelles, grâce à la synonymie, on compte environ 3,000 noms différents!...

II

CULTURE.

§ Iᵉʳ. — TEMPS ANCIENS.

Plus de trois siècles avant l'ère chrétienne, Théophraste, dans les ouvrages que nous avons cités page 35, recommandait aux Grecs d'apporter une extrême attention au greffage et à la taille de leurs poiriers (1). Il s'ensuit donc qu'une méthode quelconque de culture exista dès les premiers âges, pour le poirier. Seulement, parmi les écrivains de l'antiquité dont les œuvres nous sont parvenues, il n'en est aucun qui en ait présenté l'ensemble et les règles.

Les agronomes romains Caton, Varron et Columelle furent très-sobres de détails sur ce sujet. Pline loua les procédés arboricoles en usage à son époque ; mais s'il en parla quelquefois, il les définit toujours imparfaitement. C'est ainsi qu'après avoir décrit les poires dont il a été fait mention ci-dessus (pp. 36 à 39), il ajoutait :

» Depuis longtemps, la culture des fruits a chez nous atteint la perfection, sous les expériences multipliées des jardiniers. Quand Virgile affirme qu'il a vu greffer le Noyer sur l'Arbousier, le Pommier sur le Platane, le Cerisier sur l'Orme, est-il rien de plus à désirer?... Et il y a de longues années déjà que l'on a obtenu tout ce qu'il était possible d'obtenir, en fait de nouveautés fruitières. Du reste, il ne nous serait pas loisible de pratiquer toute espèce de greffe. Ainsi, greffer sur l'Épine est chose illicite, car cet arbre attire si facilement la foudre, que, le cas échéant, on la verrait frapper à la fois tous les sujets qui auraient été greffés de la sorte. » (*Historia naturalis*, lib. XV, cap. xvii.)

On sent trop ce qu'il y a d'erroné et de superstitieux dans ce passage, pour qu'il soit besoin de le commenter. Pline, voulant être universel, ne put tout approfondir ;

(1) *Histoire des plantes* et *Causes des plantes*, édition de Leyde, 1613, un volume in-fº.

aussi commit-il de graves erreurs, et particulièrement à l'égard du poirier. Il en a fait un arbre croissant avec une extrême rapidité, mais vivant peu. Or, chacun sait qu'il eût fallu dire le contraire, pour être d'accord avec la vérité.

Dans le iie siècle, Palladius, autre agronome romain, s'occupa également du poirier, de ses semis, de sa plantation, de son greffage; mais très-brièvement, et il en donna cette raison, des plus plausibles :

« Je crois qu'il est inutile de détailler toutes les diverses sortes de poiriers que nous possédons, puisqu'il n'y a aucune différence dans la plantation et dans la culture de chacun d'eux. » (*De Re rustica*, lib. II, cap. xxv.)

Puis Palladius ajoute ce qui suit, que nous rapportons pour montrer à quels procédés singuliers les anciens soumirent leurs poiriers :

« Lorsqu'un poirier languit, déchaussez-le, percez sa racine à l'aide d'une tarière, puis enfoncez-y une cheville de bois. Ou encore, faites un trou dans le tronc et bouchez-le avec un coin de pin, ou tout au moins de chêne. — Si les vers s'attaquent à vos poiriers, vous les détruirez, ainsi que leurs œufs, en appliquant du fiel de taureau sur les racines de ces arbres. — Comme aussi les fruits se noueront bien plus facilement, pour peu que, trois jours de suite, vous arrosiez, quand la floraison commence, les racines de ces mêmes arbres de lie tout récemment provenue d'un vin déjà vieux. — Enfin, au cas où vos poires seraient fortement granuleuses, dégagez soigneusement les racines, et cela jusqu'à leur extrémité, de la terre qui les recouvre, épierrez ensuite à l'entour, puis prenant un peu plus loin de nouvelle terre, passez-la au crible avant de lui faire tenir la place de l'ancienne. Toutefois, si vous n'arrosiez pas abondamment, et souvent, ce procédé resterait sans effet. » (*Idem, ibid.*)

Nous croyons facilement qu'il y resta toujours, et n'apporta que la déception à ceux qui le pratiquèrent... Mais à ce sujet, ne rions pas des Romains, car en plein xixe siècle les poires pierreuses sont encore, chez nous, l'objet d'une naïve superstition : nombre de personnes refusent d'en manger, redoutant de voir les petites pierres dont ces fruits sont remplis, s'arrêter dans leur corps et y développer la gravelle!!

Du reste nos jardiniers, en 1564, partageaient aussi une autre erreur des jardiniers romains, à l'endroit du poirier. C'est Charles Estienne qui nous l'apprend, lorsqu'il dit dans son *Agriculture et maison rustique :*

« Pour avoir poire d'Angoisse, ou de Parmain, ou de Sainct-Rieule un mois ou deux plus tost que les autres, et qui durent et soyent bonnes jusques aux nouvelles, entez-les en Coignier pour les avoir tard, et en franc Meurier pour les avoir tost... Entez en poirier d'Angoisse des greffes de Pommier, et vous aurez pommes de Blondurel et de Chastaignier. » (Livre III, chap. xvii, pp. 72-73, verso, de l'édition de 1564.)

Mais inutile de parler plus longuement des pratiques étranges auxquelles se livrèrent jadis les arboriculteurs. Depuis longtemps la physiologie végétale en a démontré l'inanité. Quand il n'est plus besoin de les combattre, à quoi servirait alors de s'en occuper ?

§ II. — TEMPS MODERNES.

Ce fut au xvii° siècle, et dès le commencement du règne de Louis XIII, que l'*espalier*, qui devait rendre de si grands services à l'arboriculture fruitière, apparut chez nous. Jacques Boyceau, sieur de la Baraudière, est le premier auteur qui l'ait mentionné ; et probablement aussi le premier jardinier qui l'ait utilisé *à Paris*, vers 1615, dans le Jardin des Tuileries, de l'entretien duquel il était chargé. Cependant il n'en parla qu'en 1638, et même assez laconiquement, comme le montre le passage ci-après, le seul qu'il lui consacra :

« Reste de traicter des Espalliers, qui ne servent pas seulement à l'embellissement et ornement des jardins, mais aussi sont de profit et utilité..... Afin de prévenir les inconvéniens qui empêchent les fleurs des fruictiers de noüer et de produire, on s'est avisé de chercher des abris contre des murailles qui, par leur hauteur et épaisseur, garantissent du mauvais vent, et, recevant les rayons du soleil, augmentent sa chaleur. Et les arbres plantés contre telle muraille, treillissés et agencés convenablement sur des perches y attachées, c'est ce que l'on nomme espalliers. » (*Traité du jardinage selon les raisons de la nature et de l'art*; Paris, 1638, in-f°, p. 84.)

On a dit qu'Olivier de Serres avait cité les espaliers en 1608, avant Boyceau de la Baraudière. Oui, mais l'on s'est mépris sur la signification que le célèbre agronome donna au mot espalier. Il l'employa uniquement pour désigner les *Contre-Espaliers*, et lui-même va le prouver :

« Telle ordonnance de Fruitiers est appelée — observe-t-il — Espalier et Palissade, par laquelle les Arbres *plantés en haie s'entre-embrassent et s'entre-lient les uns les autres*, sans distinction d'espèce, jettans en toute liberté leur bois, leur fleur et leur fruit, depuis terre jusqu'à la hauteur qu'on leur veut donner.... Plaisante est cette ordonnance, par laquelle les Arbres s'accommodent fort proprement en murailles et barrières, droites, curves, en toutes figures, selon que diversement l'on les désire.... On adjoindra au nouveau Espalier le bois nécessaire pour le façonner.... comme les cintres servent aux maçons bastissans leurs voutes.... puis, avec des bons oziers seront fermement attachées aux paux (*pieux*), des perches ou lattes droites, qu'on disposera en quatre ou cinq rangées transversantes.... » (*Le Théâtre d'agriculture et mesnage des champs*, édition de 1608, livre VI, chap. xx, pp. 593-594.)

Ici, le doute devient impossible ; et comme cet espalier est le *seul* dont Olivier de Serres se soit jamais occupé, il faut bien admettre qu'en 1608 les murs des jardins français n'étaient pas encore couverts d'arbres fruitiers.

D'où nous vint l'espalier ?

Le père René Rapin, savant jésuite, prétendit en 1666, dans son poëme intitulé *Hortorum* (livre IV, p. 107), que ce fut un curé de la Normandie qui l'inventa, puis le fit connaître à Paris, d'où il se répandit ensuite par tout le royaume. Mais cette assertion n'offrant pas toute l'exactitude désirable, nous la rectifierons par l'intermédiaire, précisément, de ce curé, que le père Rapin — chose singulière — oublia de nommer.

Il s'appelait *le Gendre*, et son extrême aptitude pour l'arboriculture lui valut le titre de contrôleur des jardins fruitiers du roi. Quant à la paroisse qu'il gouverna, ce fut, près Rouen, celle d'Hénouville, dans laquelle il mourut en 1687, presque octogénaire. Il avait, en 1652, publié *la Manière de cultiver les arbres fruitiers*, qui compta cinq éditions. Nous en transcrivons les lignes ci-dessous, où l'on verra s'il est possible ou non de regarder cet ecclésiastique comme le créateur de l'espalier :

« L'affection que l'on a prise une fois pour les arbres — dit le Gendre — augmente tousjours avec eux.... Cette inclination, que j'ay euë dès mon enfance, s'est tousjours depuis augmentée en moy, par la suite des années. Aussi puis-je me vanter d'avoir esté *un des premiers* qui ait recherché avec application la véritable méthode pour faire réussir les arbres, particulièrement en *espallier* et en buisson. Car je me souviens que dans ma jeunesse ma curiosité me portoit à aller voir tous les Jardins qui estoient en réputation... Je vois dès ce temps-là quelques grands arbres assez bien tenus.... mais ceux qui se mesloient d'en planter le long des murailles, les mettoient avec la même confusion que s'ils eussent planté des hayes d'espine : et quand ils commençoient à s'eslever, les uns les tondoient avec le croissant, comme on tond les pallissades de charme, les autres les laissoient venir en liberté, en sorte que le feste (*la téte*) excédant incontinant la muraille, il n'y avoit plus que le tronc qui fust à l'abry, et toutes les branches qui rapportent le fruict n'en recevoient aucun advantage.... Ainsi, je fus bientost persuadé que, pour bien faire, il falloit chercher un ordre tout contraire à celui qu'on pratiquoit.... Je m'appliquay principalement à la culture des espalliers sur ces principes,.... en quoy j'ay esté beaucoup aidé par l'invention de *greffer sur le Coignassier*, pouvant dire que *j'ay esté aussi un des premiers qui les ait mis en vogue*, et qui en ait reconneu le profit et la commodité. » (Préface, pp. 10 à 14.)

Ainsi le Gendre ne créa pas l'espalier, il s'appliqua seulement, dès l'apparition de ce nouveau mode de culture, à le perfectionner, puis à propager les procédés dont il s'était servi pour obtenir un bon résultat. Ce n'est pas lui non plus, quoiqu'on l'ait avancé, qui songea à se servir du cognassier, comme sujet. Du reste, on a pu se convaincre que le modeste et sagace curé ne cherche nullement à revendiquer la gloire de ces deux découvertes : « J'ay esté *un des premiers qui les ait mis* « *en vogue*, » observe-t-il ; et ce simple aveu suffit à contenter son amour-propre d'arboriculteur.

Pour en finir avec l'espalier, nous dirons que ce mot vient du terme italien *spalliera*, et que l'Italie pourrait bien être aussi le pays auquel nous serions redevables de ce genre de culture. Justifions notre supposition en reproduisant les lignes suivantes, empruntées au célèbre médecin et voyageur Pierre Belon, du Mans, qui les traçait en 1558 :

« Qui a veu, en ces pays de Rome, quelque *muraille* bien tapissée de Lauriers, de Grenadiers, de Troësnes, ET DE TELS AUTRES, et *dont ne nous en avisons point ?*..... Qui engarderoit aussi, à noz hommes,..... de *les couvrir* aussi bien que les Italiens ?..... Entendez celles que les Italiens nomment SPALIERES. » (*Les Remonstrances sur le default du labour et culture des plantes*, chap. XIIII, p. 50.)

Si l'abbé le Gendre ne fut pas, chez nous, le premier qui plaça les poiriers en espalier, Voltaire, lui, paraît y avoir été, pour ces mêmes arbres, le novateur de la forme pyramidale. Étienne Calvel le déclarait en 1805 :

« Voltaire — écrivait-il — est, à ce que je crois, le premier en France qui a fait donner une forme pyramidale ou conique aux poiriers, dans ses jardins. Il le prétendait du moins. Ce qu'il y a de vrai, c'est que *nulle part, avant lui, on n'avait vu en France ces belles allées d'arbres pyramidaux* régulièrement conduits, qui, à l'époque de la floraison et de la maturité des fruits, offraient le plus ravissant spectacle. » (*Des arbres fruitiers pyramidaux*, pp. 3 et 4.)

Vers le milieu du xviiie siècle, la culture du poirier était entrée déjà dans une voie rationnelle fort satisfaisante. On dénaturait encore trop la forme de l'arbre, mais par contre on se préoccupait beaucoup, et plus peut-être qu'on ne le fait actuellement, des soins à donner aux poires pour leur procurer un beau coloris et toute la saveur possible. Angran de Rueneuve, conseiller à Orléans, où par ses études horticoles il se montra le digne successeur de le Lectier (voir p. 43), a laissé un ouvrage devenu très-rare, dans lequel se retrouvent les procédés alors employés par les jardiniers, afin d'obtenir d'excellents et jolis fruits. Transcrivons ceux qui concernent les poires, on verra qu'à vieillir ils n'ont rien perdu de leur utilité :

« Pour avoir de bons et beaux fruits, l'expérience m'a appris qu'il faut le découvrir vingt à vingt-cinq jours avant la maturité, afin de luy faire acquérir une couleur rougeâtre, laquelle est fort agreable à la vûë. Il est constant qu'un fruit qui aura été perfectionné par la chaleur, et qui n'aura pas toujours été à l'ombre, sera d'une couleur plus vive et deviendra plus excellent que celuy qui n'aura pas été effeüillé dans le temps que je viens de dire, parce que son suc aura été mieux digeré, et que l'évaporation de son humidité superflue aura été plus aisément faite. Le temps, selon moy, le plus propre pour découvrir les poires qui sont aux arbres, est dès les premiers jours de Juillet, si elles sont d'Été, et au 12 ou 15 d'Août, si elles sont d'Automne; mais si elles sont d'Hyver, il ne les faudra découvrir qu'au 8 ou 10 Septembre. On coupera d'abord avec des ciseaux quelques feüilles qui sont sur les poires, et on continuëra de suite jusqu'à ce qu'on voye qu'elles ont acquis presque toute leur grosseur. Ensuite on ôtera la plus grande partie des feüilles qui sont autour, afin que les rayons du soleil, la pluye, et les rosées du matin et du soir, puissent plus aisément donner sur ces poires..... Les poires ne peuvent, dans un terrain humide et gras, naturellement acquérir un pareil coloris que celles qui sont produites dans un sec et sablonneux. Cela étant constant, il est bon que j'enseigne un moyen sûr pour faire prendre à ces sortes de fruits un aussi beau coloris dans ce premier terroir que dans le dernier. Pour y parvenir, on prendra un long bâton, au bout duquel sera attaché un linge blanc qu'on trempera dans de l'eau claire, avec quoy on touchera un peu à ces fruits dans le temps que les rayons du soleil dardent le plus fortement, c'est-à-dire depuis dix heures et demie du matin jusqu'à deux heures après midi. Il suffira de faire ce que je viens de dire trois fois au plus la semaine, pendant tout le mois d'Août seulement. Il y a des Jardiniers qui, pour faire acquérir à leurs fruits un beau coloris, les arrosent avec des seringues dont les pommes sont faites de la même manière que celles des arrosoirs.. Je ne doute pas que cela ne puisse faire le même effet que ce que j'ay dit plus haut, mais j'estime que ce que j'ay marqué réussit mieux que de les seringuer. » (*Observations sur l'agriculture et le jardinage*, 1712, t. II, chap. ii, pp. 16 à 19 et 24-25.)

Ces conseils, répétons-le, seront toujours bons à suivre lorsqu'on voudra aider au perfectionnement de la fructification. Mais il est prudent, néanmoins, de ne commencer à effeuiller qu'au moment où le fruit vient d'atteindre son complet développement.

Les remarques ci-après, faites en 1732 par Saussay, inspecteur des jardins du duc de Bourbon, sont aussi d'un observateur intelligent et méritent l'attention de ceux qui tiennent plutôt à la qualité qu'à la quantité de leurs poires :

« Vous avez souvent de trois sortes de poires sur un même arbre, en voici la raison : Les premières sont des poires qui paraissent jaunes et qui sont mûres un mois plus tôt que les autres ; ouvrez-les, vous verrez que cela provient d'un petit ver qui se forme dans le cœur, et qui pique le pepin, sans qu'il paraisse rien au dehors. C'est ce qui les fait mûrir à contre-temps; mais elles n'ont point de goût. La seconde sorte est de celles qui sont sur de petites branches trop faibles, qui ne leur fournissent pas assez de sève pour les nourrir : elles sont ordinairement sèches et vertes. Ces sortes de poires sont pour l'ordinaire sans goût, et très-souvent amères. La troisième espèce est de celles qui se trouvent sur les bonnes branches, d'où elles tirent toute la substance nécessaire, mûrissent à loisir; et on les cueille à propos. Ces dernières ont tout le goût qu'elles doivent avoir ; elles se gardent bien et se conservent toujours belles. Il est donc de conséquence de ne jamais laisser de fruit sur de mauvaises branches, d'avoir soin, dans le temps, d'ôter de vos arbres les poires qui ne font pas bien, et de ne laisser que les plus belles : il vaut mieux en avoir moins. » (*Traité des jardins*, pp. 86 et 87.)

De nos jours, la culture du poirier laisse bien peu à désirer. Connue par toute la France, elle s'y fait sur une immense échelle et y donne lieu à de nombreuses opérations commerciales, desquelles nous parlerons plus loin, au chapitre intitulé *Usages du Fruit*. Quant aux principes de cette culture, disons qu'ils ont pour base la physiologie végétale, si riche maintenant de faits et d'observations, puis essayons *brièvement* de les définir. Brièvement, car ce sujet a été traité par les maîtres, dans des ouvrages spéciaux auxquels nous renvoyons nos lecteurs; et qu'aussi, pour demeurer fidèle au titre de ce *Dictionnaire*, nous devons nous écarter le moins possible de la Pomologie.

Les *Semis*, qui ont été l'objet de tant de théories, vont d'abord nous occuper. Parmi ces théories, l'une des plus connues est celle de Van Mons, le célèbre professeur belge. Elle consiste à semer des pepins quelconques de poires, puis à prendre, pour les semer également, les pepins des fruits produits par les poiriers ainsi obtenus, et à continuer de la sorte pendant plusieurs générations, après lesquelles on doit finir par gagner de très-bons fruits. Mais, outre que cette méthode ne permet de recueillir le bénéfice de ses travaux, qu'au bout d'un grand nombre d'années, le succès, il faut le reconnaître, n'a pas souvent confirmé les espérances conçues par Van Mons.

D'autres personnes ont attribué à la qualité du sol, et à la température élevée, une grande influence sur l'obtention des nouvelles variétés de poirier. Suivant elles, les pepins semés sous un climat chaud, dans des terres profondes et riches en humus, produiraient bien plus fréquemment d'excellentes variétés, que les pepins qui, provenus des mêmes sources, auraient été semés dans de mauvaises terres et sous un climat froid.

La chose est possible; mais nous dirons néanmoins qu'ici encore il n'est pas à notre connaissance que l'expérience ait démontré la certitude absolue de cette théorie.

En effet, si nous cherchons quel a été le lieu de naissance de nos nouveaux poiriers, nous trouvons qu'ils sont, pour la plupart, nés en Belgique, pays très-fertile, à la vérité, mais froid et humide, et beaucoup plus, assurément, que la France.

Enfin, il est des arboriculteurs qui ont préconisé avec assez de raison, ce me semble, l'hybridation artificielle, pensant que les pepins donneraient alors naissance à des espèces qui participeraient et des qualités du père et des qualités de la mère. On a même cité quelques résultats heureux obtenus par ce procédé, qui nous paraît rationnel et de nature à ne pas, dès l'abord, soulever d'objection radicale.

Mais ce principe admis, il ne faudrait pas se flatter, cependant, de voir sortir de ces mariages autant d'espèces qu'on le voudrait, et dotées surtout de qualités déterminées à l'avance. De telles obtentions ne sont point aussi faciles à préparer, aussi communes qu'on pourrait le supposer ; la nature a ses secrets, que l'homme pénètre difficilement, et dont il est loin alors de disposer à sa volonté. S'il en était autrement, serions-nous toujours à la recherche, pour les mois de mars et d'avril, de poires ayant les excellentes qualités de nos variétés d'automne?... A quels essais ne s'est-on pas livré, pour se procurer de pareils gains?... Tous les semeurs l'ont tenté : combien en est-il qui aient vu leurs efforts récompensés ?

Il faut donc bien l'avouer, les espèces ou variétés nouvelles naissent avec les qualités qu'il plaît à la nature de leur donner, et si la puissance humaine peut, à cet égard, jouer parfois quelque rôle, il doit être fort secondaire. Les travaux des savants non-seulement nous l'ont appris, mais encore notre expérience ; car nous aussi nous avons fait depuis plus de cinquante ans, et cela par millions, des semis de poirier à l'aide de pepins provenant de poires sauvages ou de poires à cidre, dans le but d'obtenir des plants de poirier franc pour greffer en pépinière. Or, l'on a généralement choisi, chaque année, les plus beaux sujets pour les enter sur cognassier, afin d'en hâter la fructification. Cinq ou six ans après, quelques-unes des poires si impatiemment attendues commençaient à se montrer ; mais beaucoup d'arbres ne fructifiaient pas avant dix ou douze ans ; et je n'ai jamais recueilli que de très-mauvais fruits, complétement indignes de la culture.

Néanmoins, d'autres semis ayant été faits avec des pepins provenant de poires choisies parmi nos meilleures espèces, j'employai le même procédé pour hâter la fructification, et fus plus heureux avec cette dernière catégorie. J'en ai obtenu, j'en obtiens annuellement des fruits très-remarquables par leur beauté et leur excellence.

Tous les sujets ainsi gagnés ne furent cependant pas dignes de la culture : le nombre des médiocres et des mauvais dépassa excessivement, au contraire, celui des bons.

Ces semis ont été faits, du reste, avec un soin extrême. Les pepins de chaque espèce, minutieusement étiquetés, puis semés à part, m'ont permis de reconnaître l'origine de tous les égrasseaux, dont plusieurs ont donné des fruits de premier ordre et tenant visiblement du type par quelques côtés, bien que s'en éloignant toutefois sous certains rapports.

Je pourrais citer beaucoup d'autres exemples à l'appui de mes dires, si cela ne me semblait superflu. Résumant donc mon opinion sur les semis effectués dans le but d'obtenir de nouveaux poiriers, j'observerai :

1° Qu'il m'en a fallu faire un très-grand nombre pour acquérir seulement quelques bonnes variétés ;

2° Que les gains réunissant toutes les qualités désirables, me paraissent des exceptions qu'on doit s'estimer très-heureux de rencontrer ;

3° Que ceux, au contraire, dont le mérite est nul, sont dans une proportion infiniment plus considérable ;

4° Enfin, l'expérience m'a prouvé que les chances de faire naître de bonnes poires, sont toujours bien plus certaines en semant des pepins de variétés de première qualité, qu'en utilisant ceux des variétés de deuxième ordre ou ceux des poires sauvages. Et la croyance que je manifeste ici s'accorde parfaitement avec les principes posés par M. Decaisne, membre de l'Institut, dans le remarquable Mémoire qu'il lut à l'Académie des Sciences, le 6 juillet 1863, sur *la variabilité dans l'espèce du poirier*.

De nouvelles variétés étant obtenues, il est facile ensuite de les multiplier par la greffe. Appelons alors l'attention sur les sujets qui doivent être choisis pour fixer la greffe du poirier.

Aujourd'hui chacun sait qu'il ne faut chercher un sujet que parmi les genres de la même famille. Il est bon de rappeler, cependant, qu'il ne faut pas exagérer ce principe, en supposant que chaque genre rapproché peut fournir le sujet. Ainsi le Pommier, le Néflier et le Sorbier ne sauraient aucunement, l'expérience l'a démontré, nourrir longtemps la greffe du poirier, malgré qu'ils soient très-rapprochés sous le rapport botanique. Mais l'expérience a démontré également que le Poirier Franc (égrasseau) et le Cognassier étaient presque les uniques sujets qu'on pût employer avec succès pour la multiplication des variétés de ce genre. Nous disons *presque uniques*, parce que la greffe du poirier peut réussir encore sur les différentes espèces de Cratægus (Aubépine), d'Aronia et de Cotoneaster. Toutefois, l'adoption de ces divers sujets présenterait de sérieux désavantages :

leur faible vigueur, d'abord, puis leur prompt dépérissement. Ainsi, à peine ont-ils, après le développement de la greffe, donné quelques récoltes de fruits, qu'on les voit vieillir rapidement et périr au bout de quelques années. Voilà pourquoi nous nous occuperons seulement — comme sujets — du Poirier Franc et du Cognassier.

S'il est positif qu'un petit nombre de variétés ne sauraient vivre que sur le franc, il ne s'ensuit pas moins, généralement, que c'est la nature du sol et la forme qu'on veut donner à l'arbre, qui nous doivent guider dans le choix du sujet.

Le *Poirier Franc* s'obtient de semis et veut, en raison de sa vigueur, un terrain profond. Le *Cognassier*, lui, doué d'une végétation beaucoup plus faible, n'a nul besoin d'un pareil sol ; mais il réclame un terrain plus substantiel et supporte moins facilement, que le franc, l'épuisement et la sécheresse. Du reste, aucune espèce de sujet ne prospère suffisamment s'il n'est placé dans une terre riche et assez fraîche. Aussi les sols pauvres exposés à la sécheresse, et surtout par trop calcaires, conviennent-ils peu au poirier franc, et moins encore au cognassier. C'est la terre argilo-siliceuse, ou silicéo-argileuse, contenant de l'humus et un peu de calcaire, qu'il faut, de préférence à toute autre, pour ces deux sujets.

Après le sol, c'est la forme, nous l'avons dit, ce sont les dimensions sous lesquelles on veut obtenir le poirier, qui doivent nous influencer dans le choix du sujet. Désire-t-on obtenir de grandes pyramides ? Désire-t-on, particulièrement, élever des plein-vent pour le verger ? Il faut alors greffer sur le franc. A-t-on besoin, au contraire, de posséder des arbres pouvant aisément se prêter à des formes variées et de faible dimension : petites pyramides, gobelets, palmettes, éventails, cordons obliques ou horizontaux, espalier ou contre-espalier ? En ce cas, c'est au cognassier qu'on doit recourir, autrement vos poiriers dépasseront bientôt les limites dans lesquelles vous aurez cru pouvoir les circonscrire.

Enfin, observons aussi que les poiriers greffés sur cognassier sont plus précoces que les poiriers greffés sur franc et donnent des poires plus belles, plus sucrées. Mais par contre le cognassier vieillit et s'épuise plus vite que le franc, et réclame, on le sait, un sol plus substantiel ainsi qu'une taille raisonnée. Cela est si vrai, qu'un poirier greffé sur cognassier ne tarde pas, quand on l'a planté en plein vent dans un verger, à se couvrir de mousse ; son écorce devient épaisse, il ne produit que des fruits médiocres et dépérit sensiblement. Tandis qu'un sujet franc, placé dans les mêmes conditions, se développerait et prospérerait parfaitement. Ajoutons que dans le nord l'excès du froid est nuisible au cognassier.

Comme toute chose d'origine organique, le poirier a ses ennemis et ses maladies. Parmi les premiers on rencontre particulièrement : les lapins, les lièvres qui rongent l'écorce de ses jeunes pousses, surtout dans la saison où la neige recouvre la terre ; les oiseaux, toujours fort avides de ses fruits ; puis, selon le pays et certaines influences atmosphériques, nombre d'insectes attaquant la cellulose des poires et de l'arbre lui-même. De ces derniers ennemis, voici les plus redoutables pour leurs dégâts : le tigre, diverses espèces de charançons, le hanneton et ses larves, le petit kermès, les chenilles des différents bombyx et de quelques autres papillons, les guêpes, les fourmis et les perce-oreilles. Quant aux maladies dont cet arbre fruitier a le plus généralement à souffrir, les principales sont les chancres, la jaunisse, la carie et les ulcères.

Pour défendre le poirier des attaques des animaux ou de l'invasion de la maladie, on a, de tout temps, préconisé mille moyens, mille remèdes dont l'emploi n'a que bien rarement produit d'heureux résultats. Quelques-uns, cependant, sont assez efficaces ; ceux de nos lecteurs qui voudraient les connaître pourront consulter l'excellent *Cours d'arboriculture* de M. Alphonse du Breuil, ils les y trouveront parfaitement formulés et définis ; ainsi que les principes de la greffe, de la taille, et que les procédés en usage pour donner au poirier toute forme possible.

En terminant ce chapitre, faisons observer d'une manière générale — ce qui n'est pas sortir de notre cadre — que les variétés d'été et d'automne aiment le plein-vent ; que celles d'hiver se plaisent en espalier, et même exigent assez ordinairement l'exposition du midi ; enfin, que le poirier vit très-longtemps et peut acquérir une grosseur excessive. C'est ainsi que Louis Bosc, dont nous avons déjà parlé, remarquait en 1826 à Hereford (Angleterre), plusieurs poiriers âgés d'au moins trois siècles, et dont l'un, encore très-fertile, mesurait six mètres de circonférence.

III

USAGES, PROPRIÉTÉS DU FRUIT ET DU BOIS.

---

§ Iᵉʳ. — FRUIT.

Presque tous les historiens ont affirmé qu'aux âges les plus reculés, le gland forma la principale nourriture des Européens. On ne saurait alors regretter de n'avoir pas vécu à cette époque, même en présence de l'opinion d'un auteur allemand, Jean-Mathieu Bechstein, qui prétendit en 1813, dans sa *Botanique des forêts* (Forstbotanik), que ces glands ne furent autres que les fruits du poirier sauvage. Sentiment que partageait l'abbé Rozier. Il dit en effet, au tome VIII de son *Dictionnaire d'agriculture :* « Les Gaulois, nos ancêtres, étaient réduits à manger « des fruits âpres et durs : ceux des poiriers dans leur état sauvage. »

Avec les années, la culture de cet arbre en rendit les produits moins désagréables. Cependant, au commencement du xiiᵉ siècle, Messieurs les docteurs de la fameuse école de Salerne (Italie) n'étaient pas encore très-convaincus de la parfaite innocuité des poires. Ils disaient dans leur petit traité sur *l'Art de conserver sa santé :*

> « La poire crue est un poison.....
> ..... Elle charge trop l'estomac. Étant cuite,
> Elle y porte la guérison.....
> Quand on a mangé de la poire,
> Que le premier soin soit de boire. »

(Traduction de Bruzen de la Martinière, édition de 1749.)

Un siècle et demi plus tard, en 1683, le docteur Venette, déjà cité par nous à propos de la culture du poirier (voir page 49), se montrait moins sévère en ce qui concernait l'usage que l'on pouvait faire des fruits de cet arbre. Il les recommandait à ses contemporains, mais non, toutefois, sans formuler certaines observations, certaines réserves contre lesquelles la Faculté ne s'inscrirait probablement pas aujourd'hui :

« La poire en général — écrivait-il — rafraîchit et humecte les entrailles échauffées, et par sa légère astriction elle contribue beaucoup à la coction de l'estomach, en resserrant doucement son orifice supérieur, et en lâchant un peu le ventre; c'est la raison pour laquelle on la doit toûjours manger à dessert; car si on la mange l'estomach vuide, elle nous embarrasse et nous charge beaucoup, et de plus elle nous resserre le ventre; mais *de quelque manière que l'on en use à dessert, elle nous cause toûjours de grands biens.....* On doit toûjours choisir les plus colorées, et rejetter celles que l'on trouvera percées de vers. Enfin on doit prendre après la poire un coup de bon vin, afin de faire valoir icy l'axiome latin Post crudum, merum : Après les crudités, le vin pur. (*L'Art de tailler les arbres fruitiers*, suivi d'un *Traité de l'usage du fruit des arbres*, IIᵉ partie, pp. 49 à 51.)

Il faut bien, du reste, que chacun soit persuadé maintenant que la poire est réellement, comme on l'a si souvent affirmé, *la reine des fruits*, autrement on ne saurait accepter les chiffres ci-dessous, que nous relevions en 1862 dans un journal parisien :

« On a vu rarement le marché de la Capitale aussi abondamment pourvu de poires, que cette année. En dehors des quantités considérables de ces fruits fournies par les environs de Paris, c'est à pleins wagons, sans parler des arrivages par eau, que la Picardie, l'Auvergne, Bordeaux, Châtellerault, Saumur, Tours, Nantes, *Angers*, le Mans, nous en expédient. Parmi les fruits de saison, les poires sont ceux qui entrent pour la plus forte part dans la consommation de notre ville. Cette part était représentée, *il y a dix ans*, par le chiffre de 150,223,000 kilogrammes; nul doute qu'elle ne soit de beaucoup supérieure aujourd'hui. » (Journal *l'Union*, octobre 1862.)

Actuellement, en effet, Paris doit absorber chaque année plus de 200 millions de kilogrammes de poires. Angers, que l'on vient de voir classée parmi les villes dont les jardins approvisionnent surtout le marché de la Capitale, Angers va nous en fournir une preuve bien convaincante. Elle ressort d'une statistique publiée en 1864 par M. Baptiste Desportes, dans les *Bulletins* du Comice horticole de Maine-et-Loire, et dont voici les passages le plus en rapport avec notre sujet :

« L'extension qu'a prise à Angers — dit M. Baptiste Desportes — le commerce des arbres et des fruits, m'a engagé à relever le chiffre de ces produits expédiés par notre gare... Je vais donc mettre sous les yeux du lecteur, entre autres documents, un tableau des expéditions faites par les pépiniéristes et les marchands de cette ville. Ce tableau a été relevé sur les registres du chemin de fer, il offre par conséquent toutes les garanties d'authenticité désirables..... Notre ville expédie environ *deux millions* de kilogrammes d'*Arbres* par an;..... quant aux *Poires*, elles fournissent au chemin de fer le tonnage suivant :

« Tableau de celles qui ont été chargées à notre gare depuis le mois de juillet 1861, jusqu'à janvier 1862, inclus :

MOIS :	GRANDE VITESSE :	PETITE VITESSE :	TOTAUX :
1861 Juillet................	15,200 kil.	10,487 kil.	25,687 kil.
— Août.....	65,050	248,218	313,268
— Septembre...........	38,688	160,827	199,515
— Octobre.............	19,698	115,000	134,698
— Novembre	3,648	15,500	19,148
— Décembre............	2,685	»	2,685
1862 Janvier..............	150	»	150
Totaux	145,119 kil.	550,032 kil.	695,151 kil.

« En jetant un coup d'œil sur ce tableau, on voit que l'expédition des poires commence en juillet, et que c'est pendant le mois d'août que cette exportation atteint son maximum, soit 65,050 kilogr. par la grande vitesse, et 248,218 kilogr. par la petite vitesse. Au total, 313,268 kilogr.; et, en moyenne, 10,000 kilogr. environ par jour. On sait que c'est pendant ce mois que donne la *William*, cette excellente espèce si répandue dans tous les jardins de l'Anjou, et si recherchée sur les tables de la Capitale. C'est à peu près elle seule qui a été chargée en grande vitesse, et cela tient à ce qu'étant meilleure, plus belle et plus estimée que les autres poires de·cette époque, elle se paie plus cher et peut mieux supporter le surcroît de frais qu'entraîne ce mode d'expédition.

« Il ne faudrait pas croire, cependant, que toutes celles qui sont chargées en petite vitesse, soient de qualité inférieure; on estime qu'il y en a bien encore 1/5 de 1re qualité.

« Les autres, dites *poires à la pelle*, moins belles et beaucoup moins chères, sont chargées en vrac, c'est-à-dire à même le wagon, sans autre emballage qu'un peu de paille. Elles sont vendues dans les rues de Paris, et à prix assez bas pour être accessibles à toutes les bourses.

« En poursuivant notre examen, nous voyons que l'exportation continue encore activement en septembre et octobre. Ce sont alors les *Bonne-Louise d'Avranches*, les *Duchesse d'Angou-léme*, les *Beurré Diel* ou *Royal*, les *Beurré d'Arenberg*, les *Doyenné d'Hiver* qui forment le fond de cette exportation pour celles de la grande vitesse, dites poires de luxe. Presque toutes les autres espèces prennent la petite vitesse, et, à peu d'exceptions près, tombent dans la catégorie des *poires à la pelle*.

« En novembre, on n'expédie plus que 19,148 kilogr.; en décembre, 2,685 kilogr.; en janvier, 150 kilogr.; enfin plus rien en février. On le voit, après octobre, la chute est sensible, et de 134,698 kilogr. dans ce mois, on ne trouve plus que 19,148 kilogr. en novembre. En décembre et en janvier, il n'y a plus que des poires de grande vitesse, ou poires de luxe.

« En résumant ces chiffres, on trouve qu'il est parti par la gare d'Angers, et de la dernière récolte, 695,151 kilogr. de poires.

« On peut estimer ces poires au prix moyen de 30 centimes le kilogr., ce qui donne une somme de 208,545 francs pour les poires seulement de nos jardins. Et si l'on ajoute une somme égale pour celles qui ont été chargées dans les autres gares de notre département, on obtient un chiffre de 417,090 francs.

« Ces poires suivent à peu près toutes la même route jusqu'à Paris. *Celles de la petite vitesse* RESTENT DANS CETTE VILLE, *ainsi qu'une partie de celles de luxe*. Les autres sont dirigées sur le Hâvre, et là embarquées pour l'Angleterre et la Russie..... »

De cette intéressante statistique, il résulte donc que la seule ville d'Angers laissa en 1861-62, sur les marchés de Paris, « *toutes* les poires qu'elle avait expédiées par « petite vitesse, » soit 550,032 kilogr., « puis *partie* de celles de luxe remises à la « grande vitesse, » et qui offraient un tonnage de 145,119 kilogr. Or, si l'on admet que la moitié de ces dernières — et cela dut être — restèrent également dans la Capitale, on trouve ainsi qu'Angers fournit cette année-là 622,591 kilogr. de poires aux Parisiens. Qu'on juge maintenant, en songeant aux innombrables envois de même nature partant de tous les points de la France, pour Paris, quel doit être présentement le poids annuel des poires consommées dans cette immense et populeuse cité !

Les poires sont utilisées, chez nous, de toutes les façons. Non-seulement elles occupent dans les desserts, crues ou cuites, la première place sur nos tables et forment un des aliments les plus recherchés des classes pauvres, mais encore, dans les ménages, on en fait des confitures ou marmelades, du raisiné, puis une espèce de ratafia agréable et digestif.

Elles passent aussi chez les confiseurs, qui les convertissent en une pâte délicieuse ou les conservent mi-cuites dans un sirop fortement étendu d'alcool.

Un autre mode de conservation beaucoup moins onéreux, et comme tel très-répandu, existe également pour ce fruit. Nous voulons parler de la préparation des poires tapées, constituant une véritable industrie qui donne annuellement lieu à de nombreuses affaires.

Enfin, le distillateur utilise à son tour quelques-unes de nos variétés les plus communes, surtout en Normandie et dans le nord de la France : il en tire une assez bonne eau-de-vie ainsi qu'un vinaigre généralement estimé.

Pour chacun des usages ici spécifiés, toutes les poires ne sauraient être indistinctement employées. On le comprend ; et sans doute serait-on surpris de ne nous voir fournir à cet égard aucune espèce de renseignements, si nous ne disions qu'on les rencontrera plus loin. En décrivant les diverses variétés du poirier, nous avons eu soin, effectivement, de préciser l'utilité particulière dont certaines d'entre elles étaient douées. Évitons alors tout autre détail de ce genre, il serait superflu.

Cette réserve ne saurait concerner, toutefois, les variétés dont les produits sont spécialement consacrés à la préparation du *Poiré*, boisson si chère aux Normands, car ces fruits ne figurent pas dans notre *Dictionnaire*.

Le poiré, qui mousse et pétille à l'égal du champagne et des vins blancs d'Anjou, est en usage dans maintes contrées de la France, mais les départements de l'*Orne*, de la *Seine-Inférieure*, de l'*Eure* et du *Calvados*, sont renommés surtout pour sa fabrication. Dès les temps les plus reculés on le trouve cité chez nos écrivains, notamment au vi⁶ siècle par Fortunat, évêque de Poitiers. Il en parle au livre Iᵉʳ de la *Vie de la reine Radegonde,* abbesse et fondatrice, en 545, du monastère de Sainte-Croix, et dit : « Le poiré formait, avec l'hydromel, l'unique boisson de cette femme « célèbre. »

Le nombre des variétés de poirier affectées à la préparation du poiré, est assez grand, mais les noms qu'elles portent sont peu ou mal connus. Comme aussi l'on en voit beaucoup qui d'un département à l'autre sont totalement étrangères aux agriculteurs.

Pour le *Calvados*, voici les noms des principales poires destinées au pressoir ; nous les devons à l'obligeance de M. Lelandais père, pépiniériste à Caen. Il y a joint un utile renseignement : l'indication de la localité où chacune de ces poires est le plus particulièrement récoltée :

Noms des Variétés :	Lieux de culture :
Poire d'Angoisse. (Voir poire d'Yvry.)...............	»
— d'Argent................................	Beaumont-en-Auge.
— d'Avoine..............................	Id.
— de Blanc..............................	Id.
— Blanc-Bocage........................	Lisieux.
— Blanc-Collet. (Voir Grosse-Grise.).............	»
— de Branche..........................	Clécy.
— Carisi blanc ou Pochon blanc...........	Pays d'Auge.
— Carisi rouge ou Pochon rouge..............	Id.
— Catillon. (Voir poire d'Ectot.)..............	»
— de Chemin...........................	Dozulé.
— de Cleville..........................	Beaumont-en-Auge.
— d'Ectot ou Catillon.......... :	Ectot et Epinay-sur-Odon.
— de Fer..............................	Vallée d'Auge.
— Furonnet (recherchée surtout pour fabriquer l'eau-de-vie.)............................	Clécy.
— Gris-de-Loup........................	Beaumont-en-Auge.
— de Griset...........................	Id.
— de Gros-Entricotin....................	Clécy.
— de Gros-Gris........................	Id.
— de Gros-Vert........................	Beaumont-en-Auge.
— Grosse-Grise ou Blanc-Collet...........	Falaise.
— d'Ivry ou d'Angoisse.................	Dozulé.
— de Loup............................	Beaumont-en-Auge.
— de Louise..........................	Héritot-en-Auge.
— de Mézeray........................	Beaumont-en-Auge.
— d'Oignonet.........................	Pays d'Auge.
— d'Oignonet blanc. (Voir Trochet blanc.)........	»
— Patte d'oie........................	Beaumont-en-Auge.
— de Petit-Entricotin.................	Clécy.
— de Petit-Longuet...................	Id.
— de Platet.........................	Héritot-en-Auge.
— Pochon blanc. (Voir Carisi blanc.)...........	»
— Pochon rouge. (Voir Carisi rouge.)...........	»
— de Trochet........................	Clécy.
— Trochet blanc ou Oignonet blanc...........	Id.
— Trochet rouge......................	Id.
— Trompe-Gourmand...................	Lisieux.

Enfin, dans l'Orne, les poiriers dont les produits servent à faire du poiré, sont ceux désignés ci-dessous. Nous en dressons la liste d'après une brochure (1) sur l'arboriculture fruitière, publiée en 1856 par M. Anatole Massé, horticulteur à la

(1) *Notions sur l'art de bien planter les arbres fruitiers et d'agrément, et sur la culture complète des pommiers et des poiriers à cidre en Normandie, avec la description des meilleures variétés de fruits pour la fabrication du cidre*; Domfront, 1856, in-8° de 29 pp.

I.   5

Ferté-Macé ; brochure que notre estimable confrère a bien voulu nous offrir. En parcourant cette liste, on verra qu'il s'y rencontre seulement six des variétés cultivées dans le *Calvados ;* et nous les avons marquées d'un astérisque afin qu'on les distinguât immédiatement. Quant à la *croix* qui suit les noms de certaines autres variétés, elle est là pour indiquer les poiriers les plus répandus, les plus estimés en ce genre, dans le département de l'Orne :

Poire d'Agneau.
— Aigre.
— d'Avare.
— Barbot.
— Baril.
— de Baudet.
— de Bergère.
— Bernard.
— Biberon.
— Binot.
— * de Blanc. +
— Blanc-Perné.
— Bon-Jus.
— de Bons-Parents.
— à Bourdin.
— Branle-Tout.
— Brignolet.
— Brise-Tout.
— Capote.
— de Carcan.
— Casse-Dent.
— Casse-Pot.
— Casse-Tête.
— de Catalan.
— de Catau.
— * de Chemin.
— de Cheval. +
— de Chien.
— Clichard.
— de Cloche. +
— de Cochon.
— de Coing.
— de Crapaud.
— * d'Entricotin. +

Poire Farineuse.
— * de Fer.
— Griseau.
— Gros-Blanc. +
— Gros-Calais.
— de Gros-Court.
— Gros-Hie. +
— Gros-Jean.
— Gros-Vanneau.
— Gros-Vignon. +
— à Grosse-Queue.
— de Guibray.
— Hantin.
— Hector.
— d'Héritage.
— Ivas.
— Jean.
— Langue.
— Licorne.
— de Limaçon.
— de Loge.
— Longipot.
— * de Longuet. +
— à Longue-Queue. +
— * de Loup.
— Manette.
— Marron-Gris. +
— Marron-Roux.
— Martinet.
— Mathurin.
— Mauvais-Gars.
— Mauvais-Jus.
— Mirette.
— Nabouin.

Poire d'Octobre.
— de Parent.
— Patou.
— de Pendu.
— de Perche.
— Perrot.
— de Petit-Hie. +
— de Petit-Vignon. +
— Picard. +
— Pincette.
— Pinot.
— de Pucelle.
— Ragnet. +
— Ravenel.
— Robin-d'Ane.
— Robin-de-Cochon.
— de Rosée.
— Rousset. +
— de Sable.
— Sabot.
— de Sang.
— Sapin-Doux.
— de Sauge.
— Sirol.
— Têtard.
— Tête-Longue.
— Tout-Vend.
— Trochet-de-Fer. +
— Tue-Chien.
— Valant-Tout.
— Valicot.
— Vinot.
— Volant.

§ II. — BOIS.

Le bois du poirier cultivé est aujourd'hui presque aussi fréquemment employé que celui du poirier sauvage, par les ébénistes, les luthiers, les graveurs, les tourneurs, les menuisiers, etc.; mais le second l'emporte néanmoins en qualité sur le premier. En 1809 le professeur Louis Bosc, du Jardin des Plantes de Paris, le reconnaissait et fournissait sur ces deux bois les intéressantes, les savantes observations que voici :

« Le grain du bois du poirier sauvage est plus fin, plus rouge que celui des variétés culti-vées. Ce bois pèse *verd*, d'après Varennes de Fenilles (1), 79 livres 5 onces 4 gros (39 kilogr 671 gr. 876 mil.), et *sec*, 53 livres 2 onces (26 kilogr. 562 gr. 500 mil.) par pied cube (34.... décimètres cubes). Il se tourmente et diminue d'un douzième de son volume, mais se fend rarement par la dessiccation. Il prend très-bien la teinture noire, et alors il ressemble si fort à l'ébène, qu'on a de la peine à l'en distinguer. Après le buis et le cormier, c'est le meilleur de ceux que puissent employer les graveurs en bois. On en fait aussi un grand emploi dans la marqueterie, pour le tour et pour les outils de menuiserie. Il est facile à tra-vailler. On ne doit pas le faire macérer dans l'eau, comme quelques ouvriers le pensent, parce que cela altère sa couleur et sa dureté. Sa qualité est excellente pour le feu. » (*Nouveau cours d'agriculture*, t. X, p. 236.)

Du xvie siècle au xviiie, nos ébénistes utilisèrent surtout le bois du poirier com-mun pour la fabrication de ces charmants et artistiques buffets, bahuts, coffres, actuellement si recherchés des antiquaires et des amateurs. C'est dire qu'ils durent l'employer en très-grande quantité.

De nos jours, c'est la gravure sur bois qui peut-être en dépense le plus. Elle a pris un tel développement, que le vieux poirier, non moins estimé que le buis par les graveurs, se vend fort cher à ces derniers, particulièrement quand il a atteint une grosseur au-dessus de la moyenne.

---

(1) *Varennes de Fenilles*, agronome et arboriculteur né dans la Bresse et mort en 1794. Il est connu par d'excellents écrits sur l'agriculture, la pisciculture et l'aménagement des forêts.

IV

FRUITIER.

De tout temps on s'est appliqué à rechercher les moyens les plus convenables pour prolonger la conservation des fruits, mais celle, particulièrement, des poires et des pommes, qui par leur maturité diverse, leur nature spéciale, se corrompent vite ou lentement, selon les espèces et les soins qu'on leur donne.

Aujourd'hui, chacun sait à peu près quels sont les procédés dont il faut user en pareil cas, et combien l'expérience a rendu simple, facile, l'établissement et la surveillance d'un excellent fruitier.

Jadis il n'en était pas ainsi; aucune méthode régulière n'existait; on gardait ses fruits de façon ou d'autre, selon sa fantaisie, selon les traditions locales.

Devant la perfection de nos fruitiers actuels, il deviendrait inutile de rappeler les moyens employés par les anciens peuples pour conserver leurs poires, si nous n'avions pas à nous préoccuper ici, comme dans les précédents chapitres, de la partie historique du sujet traité.

Mais outre ce motif, il en est un également qui ne saurait rendre inutile cette revue rétrospective : beaucoup de personnes sont souvent dans l'impossibilité de posséder un fruitier; or, quelqu'un des procédés autrefois en usage pourrait peut-être, judicieusement choisi, leur permettre de tenir quand même, en réserve, un plus ou moins grand nombre de fruits?

Les Grecs se montrèrent fort ingénieux à cet égard, et surtout fort économes. On en va juger par l'extrait ci-dessous, qui fut, il y a bien des siècles déjà, emprunté aux écrivains spéciaux de cette nation :

« Pour garder longuement les Poyres, il fault :

— « Poixer la queue des poyres et pendre icelles ainsi.

— « Les aultres mettent les poyres dans ung vaisseau neuf de terre, et y versent du vin cuyt, ou du vin, tant que le vaisseau est plein, et ainsy les gardent.

— « Les aultres gardent les poyres couvertes de limeures ou de sieure de boys.

— « Aulcuns les mettent avec fueilles de noyer seiches.

— « Aulcuns mettent les poyres dans ung vaisseau de terre, qui ne soit gueres cuict, et y versent du vin et du moust, et estoupent bien le vaisseau, et le gardent.

— « Les aultres les mettent parmy du marc de vin doulx, en sorte qu'elles ne se touchent

l'une à l'aultre. » (*Les Vingt livres de Constantin Cesar, auxquelz sont traictez les bons enseigne-
ments d'agriculture : traduicts en françoys par M. Anthoine Pierre, licentié en droict* ; Lyon, 1550,
livre X, chap. xxv, pp. 324-325.)

Quant aux Romains, leur façon de conserver les poires était un peu plus
compliquée que celle des Grecs, tout en demeurant, cependant, non moins dispen-
dieuse. Au IIe siècle, Palladius, un de leurs agronomes, la décrivait ainsi :

— « Renfermez ces fruits dans un vase poissé, après les avoir cueillis à la main dans un
temps où ils étaient secs ; séparez avec soin ceux qui seront sains, presque durs et un peu
verts, de ceux qui seront tombés d'eux-mêmes ; ensuite, mettez un couvercle sur ce vase et
enterrez-le, l'ouverture renversée par en bas, dans une petite fosse creusée dans un lieu
arrosé par quelque eau de source.

— « Cherchez les poires qui ont la chair et la peau dures, puis, lorsqu'elles commencent
à s'amollir, placez-les dans un vase de terre cuite que vous aurez bien poissé ; fermez-le d'un
couvercle enduit de gypse, et enfoncez-le dans un trou pratiqué en tel endroit que bon vous
semblera, pourvu que le soleil vienne chaque jour le frapper de ses rayons.

— « Ou encore, arrangez vos poires, quand elles commencent à mûrir, dans du miel, et
de manière à ce qu'elles ne se touchent pas mutuellement. » (*De Re rustica*, lib. III, cap. xxv.)

En France, on fut longtemps indifférent à l'égard de la conservation des fruits ;
aussi nos plus anciens ouvrages agricoles ou horticoles sont-ils complétement
muets sur ce point. Olivier de Serres, croyons-nous, est l'auteur qui le premier
donna quelques conseils pour l'organisation d'un fruitier. Voyons comment il le
comprenait, et par quels moyens on essayait chez nous, en 1600, de garder ses
poires, après la cueillette :

« La garde des Poires est semblable — nous dit-il — à celle des Pommes :.... les saines
et entières seront tout doucement portées au *Grenier*, où elles reposeront par races distinctes,
sans meslange.

« Aucuns les gardent estendues sur des aix, avec ou sans paille, ne souffrans qu'elles
s'entre-touchent.

« Autres, par contraire usage, les emmoncellent comme bled, sans les remuer que pour
en prendre à manger : croians que la curiosité de les revoir, pour en separer les pourries
d'avec les saines, gasteroit tout le monceau.

« Ceste facon-ci est aussi receue par aucuns : les Pommes [ou Poires] sont enfermées dans
des tonneaux defoncez d'un bout, assis sur l'un de leur fons, l'autre regardant en haut ; et
parmi elles est mise de la paille pour les garder de s'entre-froisser : le tonneau est après
r'enfoncé, si justement que l'aer n'y puisse entrer, non plus que s'il estoit rempli de vin....

« Mais plus asseurément et plus longuement se gardent les Pommes [et les Poires] dans
les tonneaux, en ceste manière : sans y mettre aucune paille, l'on les amoncele dans le tonneau, les y arrengeant doucement l'une de apres l'autre, sans les presser : puis est le
tonneau fermé assez grossierement, sans se soucier de respirer ou non. Ceste curiosité y est
ajoustée, que l'humeur que les Pommes, ainsi pressées, rendent en suant, est sechée avec un
linge blanc, avec la sueur ostant la cause de leur pourriture. De dix en dix jours l'on les
visite une à une, les essuiant sans les presser, tout doucement les remuant de lieu en autre :
ce qu'on reïtere par trois ou quatre fois, et en somme jusqu'à ce qu'on recognoistra les
pommes ne suer plus ; dont deschargées de telle humeur nuisible, se garderont sainement
tant qu'on voudra.

« Chacun consent à ceci, que le lieu auquel l'on garde les Poires et les Pommes, doit estre
temperé de chaleur et de froidure, non humide, mais sec et moderément aeré. » (*Le Théâtre
d'agriculture et mesnage des champs*, livre VI, chap. xxvi, pp. 626, 627 et 629.)

Un siècle plus tard, ces recommandations, ces avis d'Olivier de Serres avaient déjà, devant les progrès de l'arboriculture fruitière, perdu presque toute leur opportunité. Ce n'était point dans les *greniers* qu'on proposait alors de serrer les fruits, mais bien dans des salles spéciales, bâties avec art et avec soin. La Quintinye, directeur du verger de Louis XIV, prenant à son tour la parole, traçait en 1690, à tous les amateurs de jardins, ce plan d'un bon fruitier :

« .... Que dès l'entrée de la porte on découvre premièrement une maniere de Chambre bien tournée et dont la grandeur est proportionnée au besoin, où on voit ensuite une belle table rebordée, qui occupe le milieu de la place et est commode et nécessaire pour dresser les Corbeilles ou Pourcelaines qu'on veut servir; où l'on aperçoit enfin les quatre murs garnis de tablettes bien ordonnées et, dans l'Automne et l'Hyver, chargées de beaux fruits, diversement placez avec des étiquettes volantes, pour marquer leur espece et leur maturité....

« Venons maintenant à établir quelles sont les principales conditions d'une bonne Fruiterie :

« 1° Avant tout, qu'elle soit impénétrable à la gelée, le gros froid est l'ennemi mortel des fruits ; ceux qui ont été une fois gelez, ne sont plus bons qu'à jeter ;

« 2° Elle doit être exposée surtout au Midy ou au Levant, ou du moins au Couchant; l'exposition du Nord lui seroit très-pernicieuse ;

« 3° Les murs seront pour le moins de 24 pouces d'épais, une moindre épaisseur ne garantiroit pas de la gelée ;

« 4° Les fenêtres, outre les paneaux ordinaires, doivent avoir de fort bons chassis doubles, et sur-tout de papier, et qu'ils soient bien calfeutrez, et qu'en même temps il y ait une double porte pour l'entrée, en sorte que jamais, dans le temps du péril, l'air froid de dehors ne puisse entrer, car il détruiroit l'air temperé qui est de longue main au dedans;

« 5° Il faut défendre nos fruits du mauvais goût : le voisinage du foin, de la paille, du fumier, du fromage, de beaucoup de linge sale, et surtout de linge de cuisine, tout cela est extrémement à craindre ; et ainsi il faut que notre chambre en soit tout-à-fait éloignée. Un certain goût renfermé, avec une odeur de plusieurs fruits mis ensemble, sont encore un grand désagrément, par conséquent il faut que la salle soit bien percée et élevée de 10 à 12 pieds, et ouvrir souvent les fenêtres quand le grand froid n'est point à craindre ;

« 6° Je crois pouvoir dire que tant la Cave que le Grenier ne sont pas propres pour faire une Fruiterie ; la Cave à cause du goût de moisi et d'une chaleur humide, et le Grenier à cause du froid. Ainsi un rez-de-chaussée est très-bien ou tout au moins un premier étage accompagnés de logements habités dessus, dessous et aux côtez ;

« 7° Qu'il y ait beaucoup de tablettes, tenant enchassées les unes dans les autres, afin d'y loger les fruits séparément les uns des autres, les principaux dans le plus beau côté, les Poires à cuire dans le moins beau, les *Pommes* encore faisant bande à part. La distance de ces tablettes doit être de 9 à 10 pouces, avec une largeur de 17 à 18 pouces ;

« 8° Que les tablettes soient un peu en pente vers la partie du dehors et bordées d'une petite tringle d'environ 2 doigts, pour empêcher les fruits de tomber ;

« 9° Visiter chaque tablette de deux jours l'un, pour faire la guerre à ce qui est gâté ;

« 10° Que les tablettes soient garnies de quelque chose, par exemple de mousse bien sèche ou de 1 pouce de sable fin, pour que chaque fruit, *posé sur la base*, comme il doit, se fasse une niche qui le maintienne droit et l'empêche de toucher à ses voisins ;

« 11° Enfin je demande qu'on ait grand soin de nettoyer et ballier souvent la Fruiterie, d'en ôter les toiles d'Araignée, d'y tenir de petits pieges contre les rats et les souris, et même il n'est pas mal-à-propos d'y laisser quelque entrée secrette pour les chats, autrement on a souvent l'affliction de voir les plus beaux fruits attaquez par ces maudits petits animaux. » (*Instructions pour les jardins fruitiers et potagers*, t. II, chap. ix.)

Depuis la Quintinye, l'expérience a fait introduire quelques changements dans l'organisation des fruitiers. Après avoir étudié pratiquement les divers systèmes recommandés par les hommes les plus compétents de nos jours, pour ces sortes de construction, il nous a semblé que le plan proposé en 1862 par M. Alphonse du Breuil, dans son *Cours d'arboriculture*, présentait les conditions désirables.

Mais si l'on veut réellement posséder un fruitier d'une perfection achevée, c'est au somptueux château de Ferrières (Seine-et-Marne), appartenant à M. le baron James de Rothschild, qu'il faut se rendre pour en rencontrer le modèle. Sa disposition intérieure m'a tellement frappé, que j'ai prié notre éminent financier de vouloir bien me permettre de la reproduire dans ce *Dictionnaire*.

Cette autorisation m'a été gracieusement accordée. Plus même, M. de Rothschild a eu la bonté de me faire remettre le plan des étagères de son fruitier. Les deux planches ci-contre (page 78) sont donc calquées sur ce plan, dont les explications suivantes rendront l'exécution très-facile :

1° PLAN. — On voit sur le plan l'agencement des tablettes dans le local, fort irrégulier du reste, de la fruiterie, et l'emplacement des deux portes destinées à empêcher l'introduction à l'intérieur d'une trop grande quantité d'air et à y maintenir l'égalité de température. Ce plan est à l'échelle de 1 à 50, ou 0,02^c pour 1^m,00.

2° ÉLÉVATION. — Coupe sur la ligne *A B* du plan. — Échelle de 1 à 10, ou 0,10^c pour 1^m,00. — La longueur de chaque tablette est divisée en quatre travées par cinq poteaux supportant chacun dans leur hauteur huit étages de consoles. Ce bâti est composé des pièces ci-après :

C. (*Voir les lettres correspondantes, sur le dessin.*) Cette pièce est un patin reposant sur le sol. Chaque poteau est supporté par une pièce semblable, dans laquelle il est assemblé à tenon et mortaise. Ces patins sont reliés entre eux par les deux tringles *t t* allant de l'un à l'autre. — *DD*. Poteaux ou montants, occupant toute la hauteur, du patin au plafond. Leur section est de 0,10^c en carré et leurs angles sont abattus en chanfrein. Lorsque les tablettes sont obliques, comme *O O* du plan, les faces des poteaux sont normales aux lignes des tablettes. — *EF*. Consoles assemblées à tenons et mortaises dans les poteaux, et formées de deux pièces : les pièces *FF* ne dépassent pas en hauteur le dessous des lames ou tringles qu'elles supportent. Le tracé *I I* représente une bordure qui n'existe qu'à chaque extrémité des tablettes, et dont le but est d'empêcher les fruits de rouler en dehors du gradin. — *HH*. Lames ou tringles destinées à supporter les fruits; elles vont d'un bout à l'autre des tablettes, excepté au gradin supérieur, où elles sont interrompues par les poteaux. Leur coupe et leur éloignement sont indiqués sur le détail grandeur d'exécution, et on y a figuré un fruit, pour en mieux faire comprendre l'emploi. Ces lames ne doivent pas être peintes. — *LL*. Petites lames très-minces, formant bordure de chaque côté des tablettes.

Qu'on se représente maintenant un meuble exécuté suivant ces données, et chargé de beaux fruits dont l'œil saisit tous les détails, sans que l'un puisse cacher l'autre; où, de plus, l'air circule librement autour des fruits, au-dessous entre les deux lames, aussi bien qu'au-dessus, et l'on verra qu'il est difficile d'imaginer rien de mieux approprié à la conservation des fruits, ni d'offrir un ensemble plus agréable, plus complet.

La disposition du fruitier de Ferrières, m'a rappelé ce passage du *Jardinier français*, publié en 1655 :

« Les plus curieux de ramasser les fruits, ont une armoire qui ferme extrêmement bien, dans laquelle ils mettent leurs poires de Bon-Chrétien. Elle est garnie de tablettes, et sur chaque tablette il y a de petites tringles de bois qui se croisent en forme de treillis, dont les quarrez sont à peu près de la grandeur qu'une belle poire peut être grosse. Sur chaque quarré ils y mettent une poire à part, de crainte qu'elles ne se touchent, et, s'il y en a quelqu'une de pourrie, qu'elle ne gaste sa voisine. » (*Édition d'Amsterdam.*)

Il existe certainement là quelque analogie avec le fruitier de M. de Rothschild; mais si pour le construire on s'est inspiré du *Jardinier français*, il faut avouer qu'on a bien amélioré l'ARMOIRE dont il donnait la description!

De tout ce qui précède, il résulte donc qu'un bon fruitier doit réunir les conditions suivantes :

Murs. — Toujours doubles; le premier, d'une épaisseur de 50 à 60 centimètres; le second, celui de l'intérieur, à l'état de simple cloison faite à chaux et plâtre, ou mieux à chaux seulement, et séparé de l'autre par un intervalle de 5 à 10 centimètres, suffisant pour que la couche d'air qui séjourne entr'eux fasse obstacle, étant un mauvais conducteur, au froid et à l'humidité. C'est ainsi, du reste, que je construis le mur nord de mes bâches à un toit, et jamais la gelée n'y pénètre par ce côté-là.

Couverture. — En chaume, fortement établie, et autant que possible avec grenier.

Plafond. — A soliveaux de sciage, reliés en dessus et en dessous par des lattes très-rapprochées; le vide existant sera minutieusement rempli de mousse ou de guinche (*Mellica cœrulea.* Linn.); le dessus des soliveaux recevra seul un enduit assez épais, composé de terre et de paille hachée.

Sol. — Bitumé ou macadamisé soit en cendre de chaux, soit en béton, et de 40 à 50 centimètres plus bas que le terrain environnant.

Parois. — Lambrissés, à 1 mètre de hauteur, en bois de peuplier plutôt qu'en bois de sapin.

Portes. — Deux, l'une au mur extérieur, l'autre à la cloison intérieure; elles doivent s'ouvrir de façon opposée.

Fenêtres. — Une seule, et à doubles volets.

Étagères. — Telles que les veut la Quintinye ou que les trace le plan ci-annexé.

Table. — Une, au milieu de la pièce.

Température. — Constamment égale, variant entre 8 ou 10 degrés centigrades au-dessus de zéro.

Lumière naturelle. — L'introduire rarement et le moins longtemps possible.

Atmosphère. — Exempte d'humidité, sans être cependant excessivement sèche.

Tels sont les différents points, les détails essentiels sur lesquels doit se porter l'attention, quand on établit un fruitier. Mais, répétons-le, une semblable disposition n'est pas indispensable pour la bonne conservation des fruits. On la remplace, sans grand inconvénient, soit par une *Grotte*, soit par une *Cave voûtée*, soit par une

Salle au rez-de-chaussée, quand ces divers locaux sont exempts d'humidité et pourvus de murs très-épais. Alors on peut y poser des étagères comme celles de Ferrières ; et même — ce qui nous semble fort utile — y élever une cloison de briques pour former le double mur dont il est question ci-dessus.

Enfin, il existe encore un procédé aussi simple qu'économique, pour garder longtemps les poires ou les pommes :

On prend de grands vases soit en terre cuite, soit en grès, ou mieux des barriques très-sèches et n'ayant aucune espèce d'odeur, on dépose au fond une couche assez épaisse d'un mélange de charbon et de sulfate de fer réduits en poudre, ou du sable fin et de la chaux éteinte, puis on place dessus, ses fruits, de cette façon : premier rang, les *pédoncules en haut;* quand il est formé, on le recouvre du mélange préparé, et de telle sorte que tout vide disparaisse entre les poires ou les pommes; ensuite on dispose le deuxième rang, mais en mettant *les pédoncules en bas.* Cela fait, on comble de nouveau, avec la poudre, les endroits restés libres, et l'on continue de la même manière, en n'oubliant pas de bien isoler chacun des rangs par une couche de poussière d'environ deux centimètres d'épaisseur. La barrique ou le vase une fois remplis, il faut les fermer avec le plus grand soin et les déposer dans un endroit où ne puissent les atteindre ni le soleil, ni le froid, ni l'humidité. Une précaution nécessaire, lorsqu'on commence à puiser dans cette réserve, c'est de toujours recouvrir abondamment de poudre les fruits placés à la surface, et de refermer très-hermétiquement l'ouverture de ce fruitier improvisé.

Si quelquefois, par la rigueur de l'hiver ou par le manque de soin, la gelée s'emparait de vos fruits, il est un moyen facile pour remédier à cet inconvénient : Emplissez en partie, d'eau légèrement froide, un grand vaisseau de terre ou de cuivre, placez-y la quantité possible de poires ou de pommes gelées, puis portez le tout dans un lieu modérément chauffé; peu après il se formera, autour des fruits, une couche de glace; vous l'ôterez, et ces derniers auront alors retrouvé leur qualité.

La Cueillette des Poires, les diverses époques où il est opportun de l'effectuer, voilà encore un point à traiter ici; mais il me semble — pourquoi ne pas l'avouer? — presque impossible de fournir à cet égard des instructions précises.

Voyons d'abord quel fut, sur ce sujet, l'opinion de nos anciens pomologues :

En 1690, Merlet faisait à ses lecteurs les recommandations suivantes :

« Les fruits *d'Automne* veulent estre cueillis dès le commencement d'octobre, et ceux *d'Hyver* sur la fin de ce mois, selon les années. Surtout, bien prendre garde de les cueillir tous en decours, et non en croissant et pleine lune, que le fruit profite et prend sa nourriture. » (*L'Abrégé des bons fruits*, 3e édition, chap. ix, pp. 109-110.)

En 1712, Angran de Rueneuve se montra moins concis que Merlet, car il consacra plusieurs pages à la cueillette des fruits :

« La maturité de la plus grande partie des Poires *d'Été* — écrivait-il — se connoît quand elles paroissent ornées d'un beau coloris mêlé d'un jaune doré, et lorsque celles qui sont odorantes se font sentir. Quand cela sera, il ne faudra faire aucune difficulté de les cueillir.

« Quant aux Poires *d'Automne*, si on veut qu'elles soient excellentes, il faut absolument les cueillir douze à quinze jours avant leur maturité.

« Celles *d'Hiver* ne sont jamais bonnes quand on les cueille, quoy qu'on les laisse à l'arbre jusqu'au 6 et 8 novembre. Elles ne le peuvent être que quand leur fermentation les a fait meurir dans la fruiterie.....

« Il faut cueillir les Poires *d'Hiver* après la moindre gelée, parce qu'elles tombent deux ou trois jours après, faute de nourriture, et choisir pour cela un temps sec et beau, afin qu'elles puissent mieux se conserver ; le faire avec attention, en sorte que toutes ayent leur queuë, et les mettre doucement dans un panier pour être ensuite placées sur les tablettes du fruitier les unes après les autres.....

« Les Poires *d'Hiver* seront néanmoins cueillies dès le 15 ou le 20 d'octobre, si l'année est chaude et seche ; ayant pris beaucoup de maturité sur les arbres, elles passent pour l'ordinaire en peu de temps et deviennent souvent cotonneuses, pâteuses et molles. J'en excepte la poire de Bon-Chrétien, laquelle ne doit être cueillie qu'au 15 ou 20 novembre, s'il ne survient aucunes gelées avant ce temps. » (*Observations sur l'agriculture et le jardinage*, t. II, chap. II, pp. 26 à 30.)

Les conseils ainsi donnés, surtout ceux d'Angran de Rueneuve, sont fort rationnels. Cependant ils ne sauraient être regardés, non plus que beaucoup d'autres du même genre, comme une règle exempte d'exceptions. Les exceptions, au contraire, sont toujours si nombreuses sur ce point, gouverné par la nature seule, que c'est là, précisément, ce qui me faisait dire plus haut : Il nous semble impossible de fournir, pour la cueillette des fruits, des instructions PRÉCISES.

Mais je ne suis pas le premier qui l'ait cru et publié. En 1859, M. Paul de Mortillet, pomologue des plus distingués, ayant fait imprimer un opuscule intitulé *Quarante poires pour les dix mois de juillet à mai,* se vit adresser cette question : — Pourquoi n'avez-vous pas indiqué l'époque PRÉCISE de la cueillette de chacune de vos variétés ? — à laquelle il répondit :

« Une pareille indication *n'aurait eu rien de certain*, attendu que, pour une même espèce, l'époque la plus convenable de la cueillette varie suivant le sol, suivant l'exposition, et surtout suivant l'année. C'est essentiellement une affaire *d'observations personnelles*. Mais on peut poser cette RÈGLE GÉNÉRALE :

« Toutes poires, même celles de Premier Été, sont meilleures lorsque leur maturité s'achève au fruitier que si elles ont mûri sur l'arbre.

« Les poires d'Été doivent être cueillies seulement cinq ou six jours avant leur maturité. Celles du commencement de l'Automne, dix ou quinze jours avant cette même époque.

« Pour les fruits d'Été et du commencement de l'Automne, l'approche de la maturité est signalée par la chute des fruits véreux et par un changement dans la couleur de la peau.

« Pour les poires de la fin de l'Automne et du commencement de l'Hiver, la difficulté est plus grande ; il faut les diviser en deux groupes distincts : 1° les poires qui se conservent d'autant mieux qu'elles sont cueillies plus tôt à l'Automne ; 2° celles qu'il faut cueillir le plus tard possible, et qui sont très-tardives..... mais, pour ces dernières, l'extrême limite est la fin d'octobre, ou mieux l'époque qui précède les premières gelées. » (*Revue horticole*, année 1859, pp. 563-564.)

En insérant cette réponse dans la *Revue* qu'il dirigeait alors, M. J.-A. Barral, si compétent pour un tel cas, la fit suivre de ces seuls mots :

« *Tout cela est parfaitement et sagement dit.* »

Or, c'est aussi là notre avis. On voit donc que nous partageons complétement les opinions de ces deux écrivains, sur la Cueillette des Poires.

Tablettes à jour

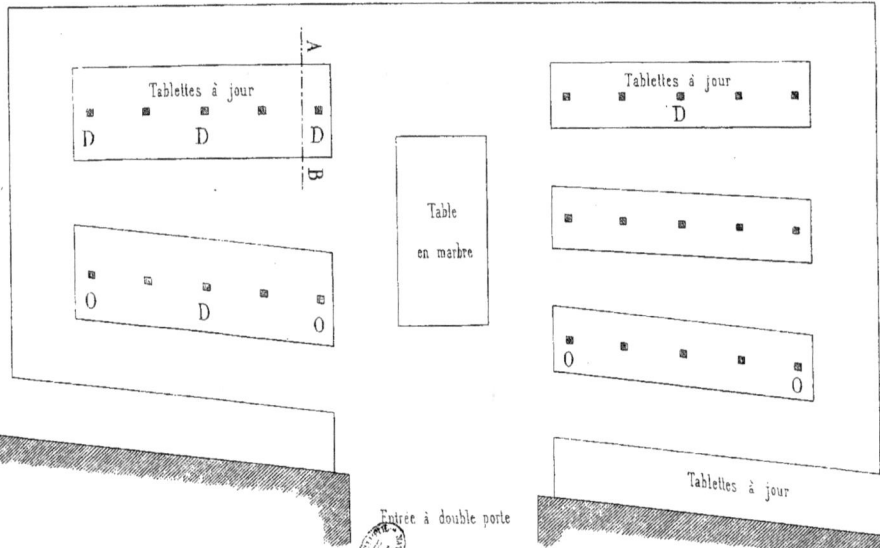

11ᵐ06

Tablettes à jour

A

D   D   D
B

Tablettes à jour

D

Table
en marbre

O   D   O

O   O

Tablettes à jour

Entrée à double porte

FRUITIER DE FERRIÈRES. — 1° Plan Echelle de 0ᵐ02 pour 1 mètre.

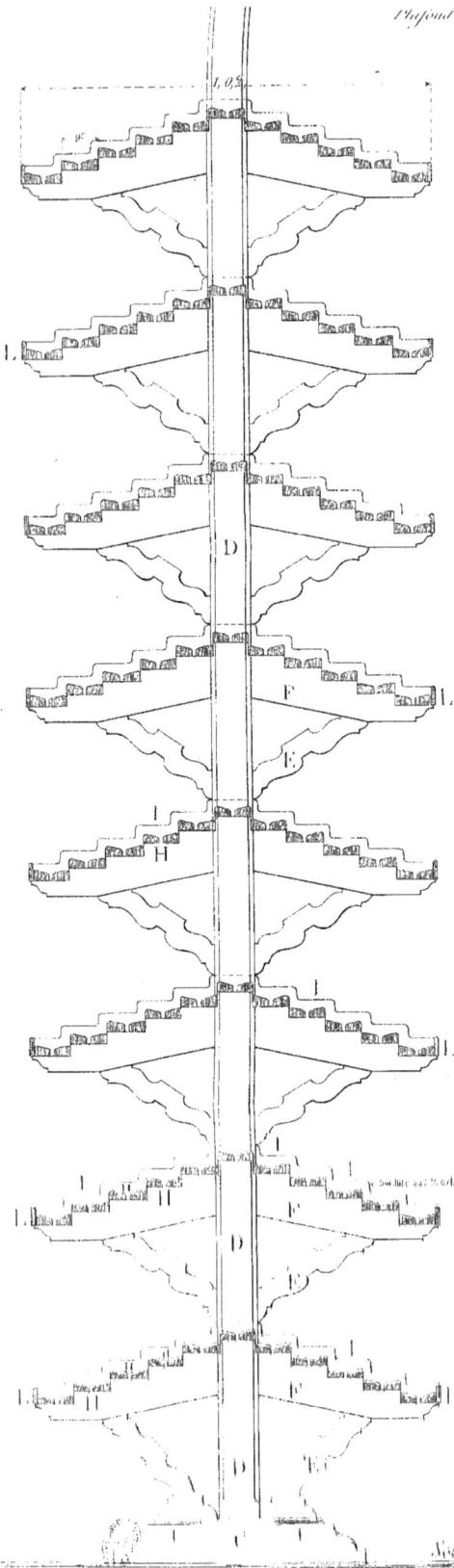

Fruitier de Ferrières.

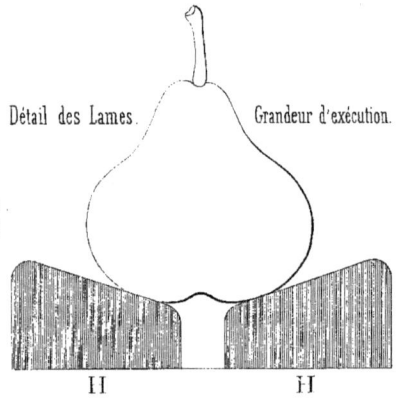

Détail des Lames.   Grandeur d'exécution.

H   H

Élévation sur la ligne A B. Échelle de 0,10 p. mètre

V

DESCRIPTION ET HISTOIRE

DES VARIÉTÉS DU POIRIER.

POIRES

Nota. — En lisant nos descriptions d'arbres, on devra toujours se rappeler qu'elles sont faites dans la pépinière, et sur des sujets de deux ans.

A

1. Poire ABBÉ DE BEAUMONT.

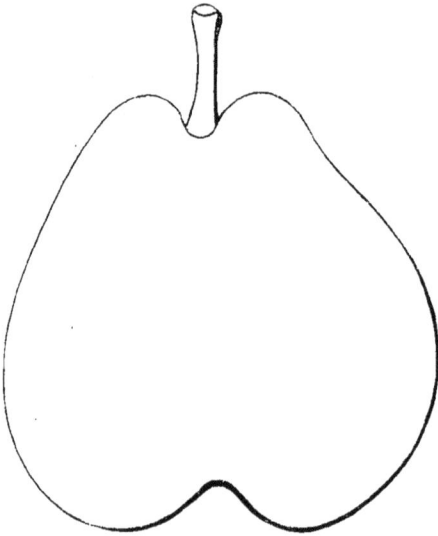

Description de l'arbre. — *Bois :* mince. — *Rameaux :* nombreux, étalés ou réfléchis, faibles, longs, flexueux, jaune verdâtre, lavés de rouge-brun, finement ponctués, à coussinets saillants. — *Yeux :* petits, ovoïdes, pointus, écartés du scion. — *Feuilles :* petites, ovales-arrondies, régulièrement dentelées en scie; leur pétiole est long et grêle.

Fertilité. — Abondante.

Culture. — En le greffant sur cognassier on obtiendra d'assez jolies pyramides.

Description du fruit. — *Grosseur :* moyenne. — *Forme :* turbinée, régulière, ventrue, complétement obtuse. — *Pédoncule :* court, assez gros, droit, inséré dans une étroite et profonde cavité. — *OEil :* grand, ouvert, bien formé, très-enfoncé. — *Peau :* jaune verdâtre, marbrée de fauve, largement maculée de même autour du pédoncule, lavée de rose vif ponctué de jaune d'or du côté du soleil. — *Chair :* très-blanche, très-fine, juteuse, ferme, fondante, montrant quelques pierres au-dessous des loges. — *Eau :* fort abondante, délicieusement sucrée, acidule, musquée, douée d'une saveur particulière qui la rend d'une extrême délicatesse.

I.

6

Maturité. — Fin août et commencement de septembre.

Qualité. — Première.

Historique. — Ce fruit, obtenu de semis dans notre école, y a mûri pour la première fois le 30 août 1864, et a été livré au commerce en 1865. Nous l'avons dédié à M. l'abbé de Beaumont, ancien vice-président du Comice horticole d'Angers, et l'un de nos fleuristes amateurs les plus distingués.

2. Poire ABBÉ ÉDOUARD.

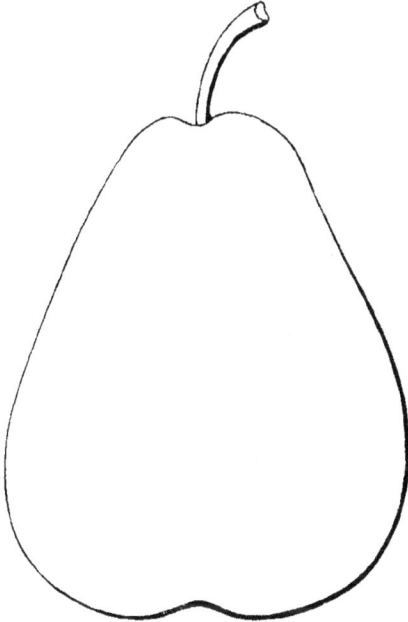

Description de l'arbre. — *Bois :* gros. — *Rameaux :* touffus, érigés, assez longs, forts, flexueux, lisses, gris verdâtre, à coussinets bien développés, à lenticelles blanc sale. — *Yeux :* coniques, pointus, petits, brun clair. — *Feuilles :* vert foncé, ovales-lancéolées, à dents écartées et prononcées, à pétiole gros et long ; elles sont de grandeur moyenne.

Fertilité. — Bonne.

Culture. — Il réussit non moins bien sur franc que sur cognassier ; sa vigueur est peu commune.

Description du fruit. — *Grosseur :* moyenne. — *Forme :* turbinée, régulière, obtuse. — *Pédoncule :* assez court, mince, arqué, obliquement inséré dans un étroit évasement entouré de faibles gibbosités. — *Œil :* petit, mi-clos, mal développé, presque saillant. — *Peau :* jaune verdâtre, ponctuée de roux foncé, et montrant souvent quelques taches brunes non squammeuses. — *Chair :* très-blanche, ferme, juteuse, mi-fine, mi-fondante, rarement pierreuse. — *Eau :* des plus abondantes, sucrée, parfumée, un peu douceâtre.

Maturité. — Commencement de novembre.

Qualité. — Deuxième.

Historique. — Voici, d'après M. Alexandre Bivort, l'origine de cette variété : « L'arbre-mère provient des pépinières de Van Mons, il a environ huit mètres de hauteur, est presque entièrement dépouillé de ses épines, a porté chez moi son premier fruit en 1848, et il était classé dans la pépinière de Louvain sous le n° 2015. » (*Album de pomologie*, t. IV, 1851, p. 70.)

Observations. — On a dit que cette poire rappelait assez bien, par sa forme et le parfum de son eau, la forme et le goût de la poire Jaminette. Dans l'Anjou, il n'en est pas ainsi ; la Jaminette y diffère beaucoup, au contraire, sous ces deux rapports, du fruit décrit ci-dessus.

Poire ABBÉ MONGEIN. — Synonyme de poire *Belle-Angevine*. Voir ce nom.

ABB   83

3. Poire ABBÉ PÉREZ.

Description de l'arbre.—
Bois : gris jaunâtre, lisse et fort.
— *Rameaux :* régulièrement étalés et nombreux, gros, assez longs, flexueux, brun olivâtre, à coussinets généralement saillants, à lenticelles petites et très-espacées. — *Yeux :* ovoïdes ou obtus, de moyenne grosseur, écartés du bois, et, vers la base du rameau, ressortant largement en éperon. — *Feuilles :* d'un beau vert, ovales, dentées, ayant le pétiole court et fort.

Fertilité. — Elle est « très-« grande, » selon le promoteur de cette variété récemment découverte.

Culture. — Il paraît devoir se greffer plus avantageusement sur cognassier que sur franc; toutefois, il est encore impossible de préciser quel sujet on devra lui donner de préférence. Sur cognassier, il forme de belles pyramides.

Description du fruit. — *Grosseur :* au-dessus de la moyenne. — *Forme :* ovoïde, bosselée, aplatie aux extrémités. — *Pédoncule :* assez long, gros, arqué, très-charnu à la base, continu avec le fruit, obliquement inséré dans un faible évasement où le comprime une forte gibbosité. — *Œil :* grand, bien ouvert, bien développé, à peine enfoncé. — *Peau :* vert jaunâtre, ponctuée, striée de roux, maculée de fauve autour de l'œil. — *Chair :* blanchâtre, fine, ferme, fondante, juteuse, légèrement pierreuse au-dessous des loges. — *Eau :* abondante, sucrée, acidule, délicatement parfumée.

Maturité. — Fin novembre, et allant jusqu'en février.

Qualité. — Première.

Historique. — C'est M. l'abbé D. Dupuy, professeur de botanique et d'horticulture, qui le premier a fait connaître ce fruit dans l'*Abeille pomologique*, revue mensuelle créée par lui en 1862. Les détails qu'il a transmis sur le pied-mère, sont aussi complets qu'intéressants :

« Il a été trouvé — dit M. l'abbé Dupuy — dans l'un de nos départements méridionaux, et se voit dans un petit jardin en terrasse, exposé au midi, et appartenant à M. l'abbé Pérez, curé de la paroisse du Saint-Esprit, à Lectoure (Gers). Ce petit jardin faisait partie, avant la révolution de 1789, du couvent des Carmes... Ce poirier est-il un reste des arbres de l'ancien jardin du couvent dans lequel il était planté?... C'est ce que nous ignorons.... Cette excellente poire n'a été greffée par aucun amateur de Lectoure ou des environs. Elle est demeurée entièrement inconnue de tous, excepté de son propriétaire, jusqu'à ce que, il y a trois ans *(en 1859)*, nous l'avons signalée, et engagé quelques personnes à la greffer. Aujourd'hui, cet arbre unique ne risque plus de se perdre, il est multiplié chez un certain nombre d'amateurs, et particulièrement à la pépinière de la ferme-école de Bazin (Gers). » (*Abeille pomologique*, an. 1862, pp. 358-361.)

Poire D'ABONDANCE. — Synonyme de poire *Ah-mon-Dieu!* Voir ce nom.

Poire ADAM. — Synonyme de *Beurré Adam*. Voir ce nom.

---

4. Poire ADAMS.

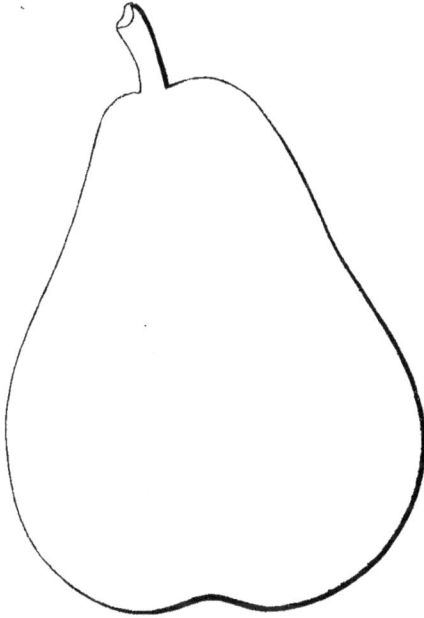

Description de l'arbre. — *Bois :* très-faible. — *Rameaux :* rares et étalés, légèrement flexueux, gris jaunâtre, chétifs et des plus menus; à coussinets peu apparents, à lenticelles petites et clairsemées. — *Yeux :* moyens, coniques, très-pointus, bien écartés du bois et ayant les écailles excessivement prononcées. — *Feuilles :* exiguës, rarement nombreuses, ovales ou allongées, finement dentées ou crénelées, à pétiole court et grêle.

Fertilité. — Très-grande.

Culture. — Le sujet qui lui convient, est le franc; il s'y développe passablement en pyramide, tandis qu'il pousse à peine sur le cognassier.

Description du fruit. — *Grosseur :* moyenne. — *Forme :* turbinée, obtuse, légèrement bosselée vers le sommet. — *Pédoncule :* court, gros, arqué, charnu à la base, obliquement implanté à la surface du fruit, avec lequel il est presque toujours continu. — *OEil :* petit, mi-clos, à peine enfoncé. — *Peau :* jaune verdâtre, ponctuée de roux, maculée de même autour du pédoncule. — *Chair :* blanchâtre, très-fine, fondante, juteuse, sans pierres. — *Eau :* des plus abondantes, vineuse, bien sucrée, d'un goût agréable.

Maturité. — Allant du commencement de septembre jusqu'à la mi-octobre.

Qualité. — Première

Historique. — Hovey, auteur estimé d'une pomone américaine (*The fruits of America*, 1847-1856), s'est longuement occupé de la poire Adams, originaire des États-Unis, dans une publication périodique consacrée à l'horticulture, et dont il est l'éditeur. Traduisons ce qu'il y dit de la provenance de cette excellente variété :

« Elle vient de Massachusetts, où M. le docteur H. Adams, amateur zélé, l'a gagnée dans sa propriété de Waltham. Et voici, d'après lui, comment il l'a obtenue : de pepins de la poire Seckle, dont un arbre se trouvait, dans son jardin, à côté d'un poirier Bartlett [1]. Ces pepins furent semés en 1836, au cours de l'automne, et la première fructification eut lieu en 1848. » (*Magazine of horticulture*, 1854, p. 464.)

Hovey ajoute qu'en ayant reçu des greffes, il la multiplia et lui donna le nom

---

[1] Le poirier Bartlett n'est autre que le poirier William's, l'un des plus recherchés pour sa fertilité, pour ses délicieux produits.

de son obtenteur. Puis il a soin de noter, avec raison, que le gain du docteur Adams est indubitablement le résultat d'un croisement des espèces anglo-américaines Seckle et Bartlett. — A son tour, Hovey nous en ayant envoyé un sujet, nous le plantâmes. Il donna des fruits en 1854, mais ce ne fut qu'à partir de 1858 qu'il nous devint possible de le répandre, ne l'ayant greffé qu'après avoir étudié ses produits.

Observations. — Il importe de ne pas confondre la poire Adams avec le Beurré Adam, variété française connue depuis plusieurs siècles, et dont la description se trouve ci-après, à son ordre alphabétique.

PoirE ADÈLE. — Synonyme de poire *Adèle de Saint-Denis*. Voir ce nom.

PoirES ADÈLE DE SAINT-CÉRAN ET ADÈLE DE SAINT-CÉRAS. — Synonymes de poire *Adèle de Saint-Denis*. Voir ce nom.

5. PoirE ADÈLE DE SAINT-DENIS.

Synonymes. — *Poires :* 1. ADÈLE (Decaisne, *le Jardin fruitier du Muséum*, t. I, 1858). — 2. ADÈLE DE SAINT-CÉRAN (*Id. ibid.*) — 3. ADÈLE DE SAINT-CÉRAS (J. de Liron d'Airoles, *Notices pomologiques*, 1859, p. 23).

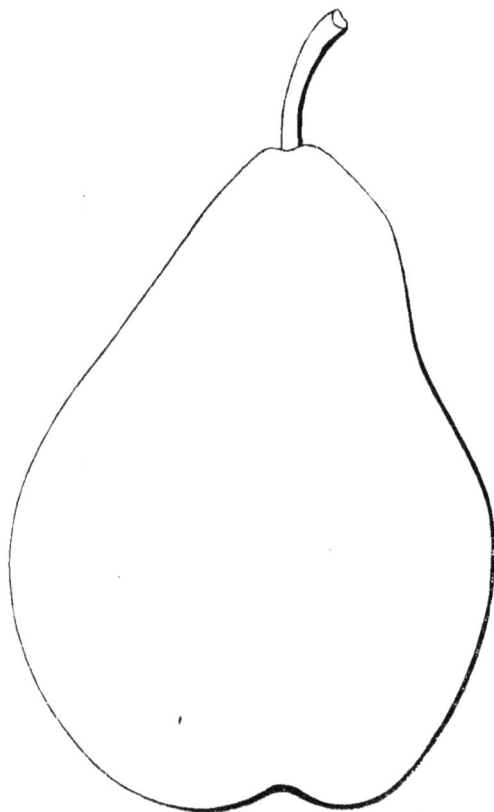

Description de l'arbre. — *Bois :* de moyenne grosseur. — *Rameaux :* assez longs, extrêmement coudés, minces, contournés, olivâtres, à coussinets à peine marqués, à lenticelles jaunâtres, arrondies. — *Yeux :* petits, aigus, coniques, écartés du bois. — *Feuilles :* grandes, oblongues-lancéolées, à pétiole roide et court, à bords fortement dentés.

FERTILITÉ. — Des plus abondantes.

CULTURE. — Le greffer sur franc, le cognassier ne lui convenant que médiocrement, et souvent même paralysant complétement sa vigueur.

Description du fruit. — *Grosseur :* moyenne. — *Forme :* pyriforme, obtuse, ventrue, ayant souvent un côté plus renflé que l'autre. — *Pédoncule :* court, mince, arqué, obliquement inséré dans une faible cavité surmontée parfois d'un renflement considérable, et alors il est toujours placé en dehors de l'axe du fruit. — *OEil :* grand, bien ouvert, bien développé, presque saillant. — *Peau :* jaune verdâtre, fortement ponctuée et marbrée de fauve, maculée de même autour du pédoncule. — *Chair :* blanc jaunâtre, fine, ferme et juteuse, fondante, assez pierreuse au centre. — *Eau :* des plus abondantes, sucrée, acidule, d'une saveur beurrée ne laissant rien à désirer.

MATURITÉ. — Début d'octobre, plutôt que fin septembre, et se conservant jusqu'en novembre.

QUALITÉ. — Première.

Historique. — Gagnée aux portes de Paris par M. Guéraud, propriétaire habitant la petite ville de Saint-Denis, cette poire est demeurée longtemps sans état civil. En 1849, M. A. Bivort disait déjà, en la décrivant : « Je l'ai reçue de « France il y a peu d'années, sans désignation d'auteur. » (*Album de pomologie*, t. II, p. 153). En 1852, le pépiniériste américain P. Barry, annonçait dans son *Jardin fruitier* (THE FRUIT GARDEN, p. 312), qu'elle venait d'être introduite aux Etats-Unis, et la supposait d'origine belge. Enfin plus tard, en 1859, M. de Liron d'Airoles, la mentionnant dans ses *Notices pomologiques* (p. 23), ne pouvait également préciser qui l'avait obtenue. Cela prouve que les meilleurs fruits sont souvent, sous ce rapport, moins favorisés que les mauvais, car il en est un grand nombre de cette dernière catégorie dont la naissance eût dû passer inaperçue, et pour lesquels on a prodigué renseignements et réclames. Mais, se recommandant par sa seule bonté, la poire Adèle de Saint-Denis a conquis, malgré ce silence, une place distinguée parmi les variétés de choix. C'est dans leur rang que nous la classions dès 1847, époque à laquelle nous la dégustions pour la première fois, l'ayant reçue des pépinières de M. Laurent Jamin, vers 1844. Elle porte le nom de la fille de son obtenteur, et celui de la localité où le semis a été fait.

Observations. — On a donné dans plusieurs Catalogues la poire Baronne de Mello pour synonyme à la poire Adèle de Saint-Denis. C'était une complète erreur, aujourd'hui généralement reconnue. Nous avions, du reste, aidé quelque temps à la commettre, ayant multiplié en 1846 un poirier vendu sous le nom d'Adèle de Saint-Denis, lorsqu'il n'était autre que le poirier Baronne de Mello.

---

6. POIRE ADÈLE LANCELOT.

Description de l'arbre. — *Bois :* grêle. — *Rameaux :* abondants, courts, irrégulièrement étalés, faibles, flexueux, et gris jaunâtre lavé de roux; ils sont semés de quelques points très-fins; leurs coussinets ressortent peu. — *Yeux :* ovoïdes-obtus, cotonneux, assez gros, assez rapprochés du scion. — *Feuilles :* chétives, légèrement jaunâtres, ovales-allongées, souvent contournées, ayant le pétiole court, mince, et les bords bien dentés; en général ce poirier n'en est pas très-fourni.

FERTILITÉ. — Ordinaire.

CULTURE. — Le cognassier doit être préféré, comme aussi toute autre forme que la pyramidale, à laquelle cet arbre se prêtera toujours difficilement.

Description du fruit. — *Grosseur :* variable, mais généralement au-dessus de la moyenne. — *Forme :* turbinée, ventrue, obtuse, bosselée. — *Pédoncule :* très-long, assez gros, arqué, obliquement inséré, fortement charnu à la base, continu avec le fruit. — *OEil :* grand, bien ouvert, bien développé, à peine enfoncé, plissé sur ses bords. — *Peau :* jaune verdâtre, entièrement ponctuée et striée de roux, et souvent couverte de macules noirâtres. — *Chair :* blanche, mi-fine, un peu molle, juteuse, fondante, pierreuse au centre. — *Eau :* abondante, sucrée, acidule, douée d'une saveur beurrée assez délicate.

Poire Adèle Lancelot.

MATURITÉ. — Vers la fin d'octobre.

QUALITÉ. — Première.

Historique. — Elle vient de Belgique, où elle a été gagnée de semis en 1851, à Geest-Saint-Rémy - lez - Jodoigne, par M. Alexandre Bivort. Ce qui nous étonne, c'est qu'aucune note n'ait encore paru, sur cette variété, dans les ouvrages spéciaux. Mentionnons toutefois, comme ayant annoncé qu'il l'étudiait pour la décrire, M. Jules de Liron d'Airoles. En 1859, cet honorable pomologue la signalait aux horticulteurs, page 5 du 1er supplément de sa *Liste synonymique des diverses variétés du Poirier.* Depuis lors, il l'a laissée dans l'oubli. Mais tout récemment, sur notre demande, M. Bivort nous a transmis ces renseignements complémentaires :

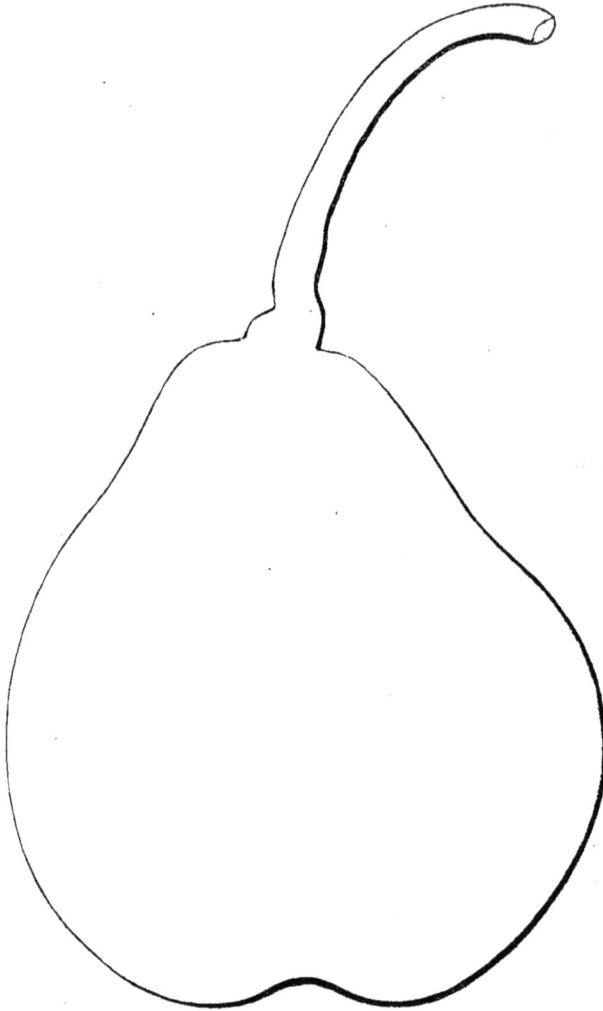

« Elle resta inédite de 1851 à 1858, époque à laquelle on en délivra des scions aux membres de la Société Van Mons. Elle a été dédiée à Mlle Lancelot, de Monceau-sur-Sambre (Belgique), par ma fille Emilie, le peintre de l'*Album* et des *Annales de pomologie belge et étrangère.* Dès la première production de l'arbre, les fruits furent de différentes formes, comme il arrive presque toujours pour les nouveaux gains, et cela même pendant une dizaine d'années. Votre dessin présente bien le caractère distinctif de ma description de dégustation, surtout en ce qui concerne le pédoncule. Je crois donc que vous possédez en réalité la vraie poire Adèle Lancelot. » *(Lettre du 17 mai 1865.)*

Observations. — La qualité de cette poire, varie, paraît-il, car M. Charles Baltet, pépiniériste à Troyes, nous écrivait le 13 mai 1865 : « Nous ne la considérons

« pas comme parfaite, et la classons de troisième ordre. » — On a mis en vente il y a quelques années, sous le nom d'Adèle Lancelot, un poirier dont les fruits n'ont rien de commun, que l'époque de maturité, avec ceux de la variété gagnée par M. Bivort. Il existe dans notre école, mais nous ne saurions dire quel pépiniériste nous l'a fourni. Afin, cependant, de rendre plus difficile toute confusion entre le vrai et le faux poirier Adèle Lancelot, nous allons décrire brièvement les fruits de ce dernier : — Ils sont petits, turbinés, à long pédoncule, à peau jaune orangé, lavée de rouge vif. Leur chair est fine, fondante, pâteuse; et leur eau, pour être insuffisante, ne manque ni de sucre, ni de parfum. Ils mûrissent, nous le répétons, dans le même mois que les autres : en octobre.

Poire ADMIRABLE DES CHARTREUX. — Synonyme de poire *Catillac*. Voir ce nom.

---

7. Poire ADOLPHE CACHET.

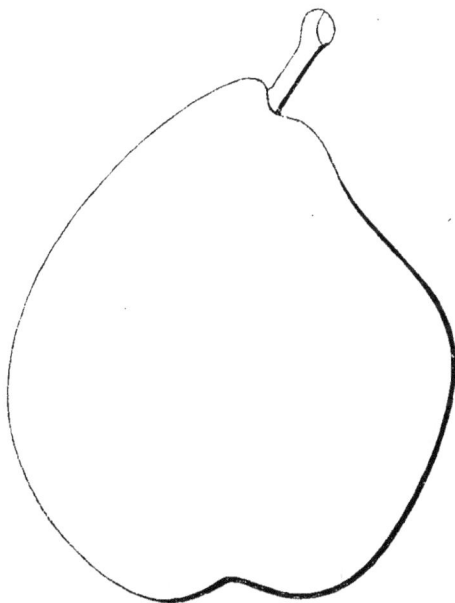

Description de l'arbre. — *Bois :* peu fort ou mince. — *Rameaux :* nombreux, réfléchis, légèrement contournés ou arqués, grêles, mais assez longs, flexueux, vert clair, semés de quelques petites lenticelles, et montrant des coussinets bien développés. — *Yeux :* très-faibles, arrondis, et souvent ovoïdes; aplatis, pointus, à écailles des plus saillantes; appliqués ou écartés, et parfois ressortant en éperon. — *Feuilles :* ovales, de dimension exiguë, à pétiole assez gros et assez long, ordinairement rougeâtre; leurs bords sont denticulés ou crénelés.

Fertilité. — Elle ne peut encore être indiquée.

Culture. — Cet arbre est si nouveau dans nos pépinières, qu'il nous serait difficile de déterminer quel sujet lui conviendra le mieux, du franc ou du cognassier; mais il semble devoir pousser vigoureusement sur l'un et sur l'autre. Observons cependant qu'il n'y donne que de médiocres pyramides.

Description du fruit. — *Grosseur :* moyenne. — *Forme :* turbinée, obtuse, bosselée, irrégulière. — *Pédoncule :* court, mince, renflé au sommet, droit, obliquement inséré dans un faible évasement où le comprime une forte gibbosité. — *Œil :* petit, mi-clos, mal développé, presque saillant. — *Peau :* d'un jaune brillant très-clair, ponctuée de roux, tachée de même du côté du soleil ainsi qu'autour du

pédoncule. — *Chair :* blanche, fine, ferme, juteuse, fondante, pierreuse au centre.
— *Eau :* extrêmement abondante, fraîche, sucrée, acidule, douée d'une saveur musquée d'autant plus délicieuse qu'elle n'a rien de trop prononcé.

MATURITÉ. — Fin août, se prolongeant jusqu'à la mi-septembre.

QUALITÉ. — Première.

Historique. — Obtenue de semis dans notre école, nous l'avons dégustée pour la première fois le 29 août 1864, et dédiée à M. Adolphe Cachet, fleuriste angevin connu de tout le monde horticole par ses belles cultures de Camellias, vraiment uniques en France.

---

8. Poire ADOLPHINE RICHARD.

Synonyme. — *Poire* ALPHONSINE RICHARD (de Liron d'Airoles, *Notices pomologiques*, 1859, p. 5).

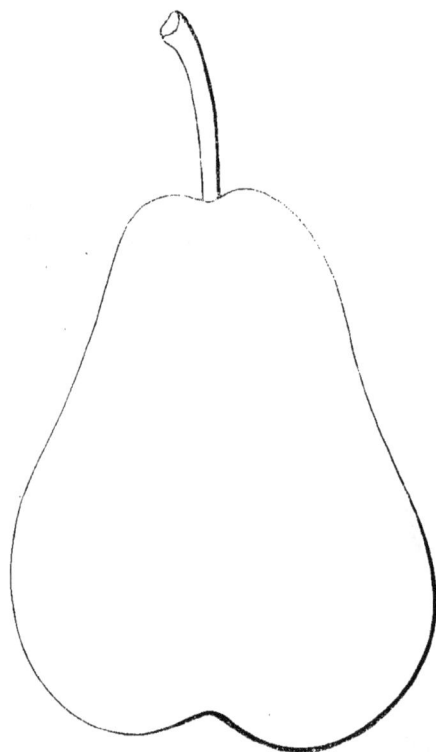

Description de l'arbre. — *Bois :* assez fort. — *Rameaux :* nombreux, érigés, longs, flexueux et cotonneux, d'un roux très-foncé, faiblement ponctués de jaune pâle; leurs coussinets sont peu marqués. — *Yeux :* gros, aplatis, coniques, obtus, légèrement écartés. — *Feuilles :* de moyenne grandeur, ovales-allongées, à bords profondément dentés, à pétiole court et généralement faible.

FERTILITÉ. — Remarquable.

CULTURE. — Sur cognassier, il se développe parfaitement en pyramide; sa vigueur et sa fertilité le recommandent spécialement pour être placé dans les vergers.

Description du fruit. — *Grosseur :* petite ou moyenne. — *Forme :* turbinée, obtuse, et parfois quelque peu cylindrique. — *Pédoncule :* assez long, mince, arqué, régulièrement implanté dans un étroit évasement. — *OEil :* moyen, mi-clos, mal développé, rarement très-enfoncé. — *Peau :* jaune d'or, ponctuée de roux, striée et marbrée de fauve. — *Chair :* blanchâtre, ferme, mi-fondante, non pierreuse, mais manquant de finesse. — *Eau :* sucrée, acidule, aromatique, sans nul arrière-goût.

MATURITÉ. — Octobre et novembre.

QUALITÉ. — Deuxième.

Historique. — Peu répandue, la poire Adolphine Richard, que M. de Liron d'Airoles avait erronément signalée en 1859 sous le nom d'*Alphonsine* Richard, est un gain de M. A. Bivort. Il nous l'affirmait en ces termes le 4 mars 1865 :

« ..... La poire Alphonsine Richard m'est inconnue, mais j'ai gagné ADOLPHINE *Richard*, fruit de verger, moyen, turbiné, mûrissant en novembre et décembre..... »

C'est donc bien là le fruit ici décrit, et nous compléterons son historique en empruntant les lignes suivantes au *Catalogue de la Société Van Mons :*

« ..... L'*Adolphine Richard* a été dégustée pour la première fois en 1855, sous le n° 6238, dans le jardin social, à Geest-Saint-Rémy (Belgique). On l'a admise comme fruit de verger, malgré sa bonne qualité, à cause qu'elle mûrissait en septembre et octobre, époque où nos jardins sont déjà encombrés d'une quantité de beaux et bons fruits..... » (*Catalogue de mars 1856*, pp. 100 et 101.)

Le nom que porte cette variété lui a été donné, conformément à l'article 19 des Statuts de la Société Van Mons, par un des membres fondateurs de ce cercle horticole. Quant à sa propagation, elle n'a eu lieu qu'en 1858.

---

9. POIRE AGATHE DE LESCOURT.

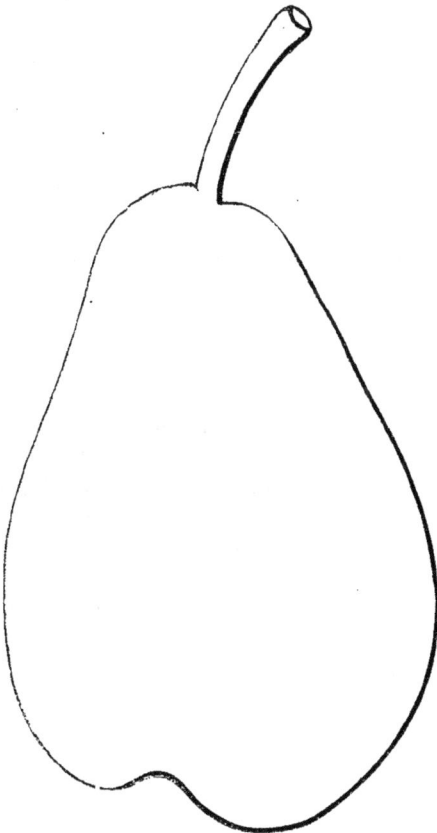

Description de l'arbre. — *Bois :* ordinairement faible. — *Rameaux :* peu nombreux et étalés, gris jaunâtre, courts, forts, légèrement flexueux; ils sont largement ponctués et pourvus de coussinets assez saillants. — *Yeux :* à écailles très-apparentes, gros, coniques, aigus, écartés du bois. — *Feuilles :* de grandeur variable, ovales ou allongées, à bords crénelés ou unis, et d'un vert clair parfois maculé de rouge-brun; leur pétiole, fort et long, est ordinairement rougeâtre.

FERTILITÉ. — Moyenne.

CULTURE. — Sur cognassier, cet arbre forme presque toujours de laides et chétives pyramides.

Description du fruit. — *Grosseur :* moyenne, et souvent beaucoup plus volumineuse. — *Forme :* pyriforme, obtuse, généralement déprimée à la base. — *Pédoncule :* assez long, mince, arqué, obliquement inséré, continu avec le fruit. — *Œil :* petit, ouvert, à peine enfoncé. — *Peau :* jaune verdâtre, ponctuée, striée de roux, marbrée de même autour de l'œil et du pédoncule, et prenant du côté du soleil une teinte verte plus foncée. — *Chair :* blanche, un peu grossière, mi-fondante, ferme, contenant quelques pierres autour des loges. — *Eau* : suffisante, sucrée, aromatisée, trop douceâtre pour être complétement savoureuse.

MATURITÉ. — Vers la mi-septembre.

QUALITÉ. — Deuxième.

Historique. — Nous n'avons pu, malgré de patientes recherches, connaître l'origine de cette variété, que nous cultivons depuis 1855, et croyons avoir reçue de Belgique. M. de Liron d'Airoles est le premier pomologue qui l'ait citée, mais il n'a fait qu'en donner le nom, page 82 de la Liste des fruits à l'étude qu'il insérait en 1857 dans ses *Notices pomologiques*.

---

10. Poire AGLAË ADANSON.

Description de l'arbre. — *Bois* : fort. — *Rameaux* : peu nombreux, régulièrement érigés, longs, gros, flexueux, marron foncé, ponctués de jaune obscur, à coussinets très-prononcés. — *Yeux* : petits, coniques, excessivement pointus et détachés. — *Feuilles* : ovales-allongées, profondément dentées, à pétiole court et faible.

FERTILITÉ. — Médiocre.

CULTURE. — Ce poirier prospère sur franc et sur cognassier, mais ses pyramides sont trop dépourvues de rameaux.

Description du fruit. — *Grosseur* : petite ou moyenne. — *Forme* : généralement pyriforme et très-irrégulière, contournée, bosselée, obtuse. — *Pédoncule* : assez long, mince, arqué et obliquement inséré dans une faible cavité. — *Œil* : petit, clos, mal développé, placé au fond d'un étroit évasement. — *Peau* : jaune verdâtre, entièrement ponctuée de gris-brun. — *Chair* : blanchâtre, grossière, pierreuse, mal fondante. — *Eau* : insuffisante, manquant de sucre et de saveur.

MATURITÉ. — De la mi-août à la fin de septembre.

QUALITÉ. — Troisième.

Historique. — Le pomologue allemand J. G. Dittrich nous a conservé sur ce fruit les renseignements ci-après, que nous traduisons littéralement de son excellent ouvrage :

« La poire Aglaë Adanson fut obtenue de semis en 1816, par Van Mons; elle portait dans son catalogue le n° 1709. J. D. Poiteau, en 1834 (*Annales de la Société d'horticulture de*

Paris, t. X, p. 373), lui a reproché le manque de délicatesse de sa chair, qui l'empêche de prendre rang parmi les meilleures poires. Van Mons, au contraire, en vanta le fondant, le goût exquis. Pour nous, cette chair est vraiment granuleuse et mi-cassante. » (*Systematisches Handbuch der Obstkunde*, t. III, 1841, p. 146.)

Ajoutons que le nom donné à ce poirier est celui de la nièce de l'illustre naturaliste français *Michel Adanson*, né en 1727 à Aix, mort à Paris en 1806; et regrettons qu'un fruit aussi peu digne d'être recommandé, lui ait été dédié.

Observations. — Nous partageons l'avis de Poiteau et de Dittrich, sur la qualité de la poire Aglaë Adanson ; plus même, nous l'avons trouvée si constamment mauvaise, que depuis longtemps on a cessé, dans l'Anjou, de la multiplier.

---

11. Poire AGLAË GRÉGOIRE.

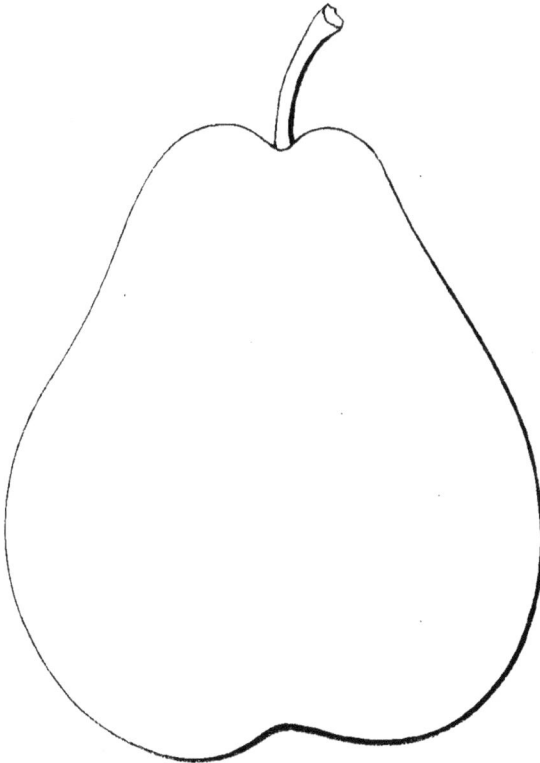

Description de l'arbre. — *Bois :* fort. — *Rameaux :* très-nombreux, arqués, ordinairement étalés, gros, courts, peu flexueux, roux grisâtre, faiblement parsemés de points cendrés, à mérithalles très-courts, à coussinets excessivement prononcés.— *Yeux :* gros, noirâtres, ovoïdes, à large base, placés en éperon et ayant les écailles fortement ressorties. — *Feuilles :* petites ou exiguës, ovales, acuminées, à bords profondément dentés, à pétiole gros et peu long.

Fertilité. — Abondante.

Culture. — Greffé sur cognassier, il se développe admirablement en pyramide.

Description du fruit. — *Grosseur :* au-dessus de la moyenne. — *Forme :* turbinée, obtuse, et souvent arrondie. — *Pédoncule :* assez court, mince, arqué, parfois renflé à la base, obliquement implanté dans une étroite cavité. — *OEil :* grand, mal développé, ouvert, un peu enfoncé. — *Peau :* jaune clair, ponctuée de roux, veinée de même autour de l'œil et du pédoncule. — *Chair :* blanchâtre, demi-fine, ferme, fondante, non pierreuse. — *Eau :* suffisante, douce, sucrée, peu parfumée, entachée d'un arrière-goût herbacé.

Maturité. — Fin septembre et partie du mois d'octobre.

Qualité. — Deuxième.

Historique. — Gagnée de semis vers 1852, par M. X. Grégoire, tanneur à Jodoigne (Belgique), et livrée au commerce en 1855, elle porte le nom de l'une des filles de son obtenteur.

Observations. — En décrivant cette poire dans les *Annales de pomologie belge et étrangère*, page 69 du tome VIII (1860), M. Alexandre Bivort a dit que « sa maturité « avait lieu fin février, et se prolongeait souvent jusqu'à la fin de mars. » Chez nous, il n'en est pas ainsi, puisque nous l'y avons *toujours* dégustée dans la dernière semaine de septembre ou dans la première quinzaine d'octobre. Il faut donc la considérer comme fruit d'automne, et non point comme fruit d'hiver.

---

12. Poire AH-MON-DIEU !

Synonymes. — *Poires* : 1. De Mon-Dieu (Merlet, *l'Abrégé des bons fruits*, édit. de 1675, p. 87). — 2. Bénite (Knoop, *Fructologie*, 1771, t. II, pp. 97 et 136). — 3. Belle-Fertile (*Id. ibid.*). — 4. Petite-Fertile (*Id. ibid.*). — 5. Jargonelle d'Automne (*Id. ibid.*). — 6. Mont-Dieu (*Id. ibid.*). — 7. Mandieu (Bosc, *Nouveau cours d'agriculture*, 1809, t. X, p. 244). — 8. D'Abondance (Thompson, *Catalogue of the fruits..... of London*, 1842, p. 122).

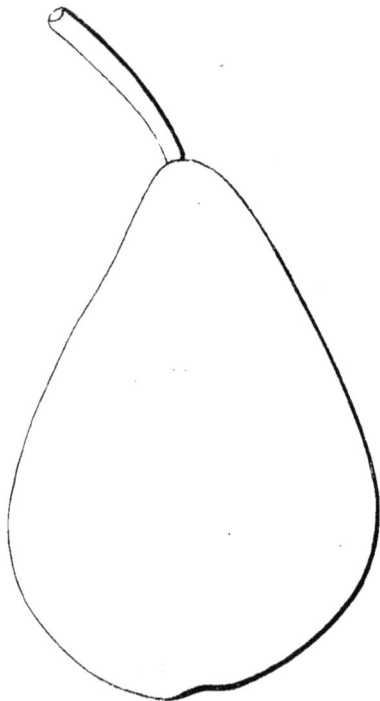

Description de l'arbre. — *Bois :* assez gros. — *Rameaux :* peu nombreux, érigés ou légèrement écartés, forts, assez longs, cotonneux, rouge-brun, parsemés de quelques petits points; leurs coussinets ne sont pas très-ressortis. — *Yeux :* de moyenne grosseur, coniques, aplatis, souvent obtus, presque entièrement appliqués contre le bois. — *Feuilles :* ovales-allongées, cotonneuses, à pétiole court et gros, à bords faiblement dentés; celles du sommet du rameau sont habituellement canaliculées.

Fertilité. — C'est peut-être là le plus fécond de tous les poiriers.

Culture. — On lui donne indistinctement, tant sa vigueur est excessive, le franc ou le cognassier. Abandonné à lui-même, en plein champ, il y réussit au mieux et n'y acquiert jamais un développement nuisible. Ses pyramides sont remarquablement belles.

Description du fruit. — *Grosseur :* petite ou moyenne. — *Forme :* pyriforme, ordinairement ventrue et contournée. — *Pédoncule :* assez long, assez gros, arqué, obliquement implanté à la surface, au milieu de quelques gibbosités. — *Œil :* large, saillant, ouvert, très-développé. — *Peau :* jaune-citron, finement ponctuée de roux, lavée de rose vif du côté du soleil. — *Chair :* blanche, grosse, peu juteuse, cassante, rarement pierreuse. — *Eau :* suffisante, ne manquant pas de sucre, mais plutôt de parfum et de saveur.

Maturité. — Fin d'août et commencement de septembre.

Qualité. — Troisième.

Historique. — Jean Merlet, gentilhomme français grand amateur d'arbres fruitiers, est le premier qui ait signalé la présente poire, dans la seconde édition qu'il publiait à Paris, en 1675, de son *Abrégé des bons fruits, avec la manière de les connaître et de cultiver les arbres*. Et pour montrer à quel point il posséda le talent si rare de caractériser brièvement, quoique exactement, une variété, nous allons transcrire la description qu'il donnait, il y a deux siècles déjà, de la poire *Ah-mon-Dieu* :

« La poire de Mon-Dieu est belle et médiocrement bonne, d'un jaune-rouge, avec assez d'eau, et sans pierres; charge des mieux et mûrit sur l'arbre l'une après l'autre. » (*Loco citato*, page 87.)

Malheureusement, notre gentilhomme ayant négligé de dire d'où il avait tiré ce fruit, et depuis quelle époque il était alors connu, on en est aujourd'hui réduit à cet égard aux simples conjectures. Toutefois les Allemands, chez lesquels il est également fort ancien, le prétendent « originaire de l'abbaye de Mont- « Dieu, et pensent qu'on lui en a donné le nom. » (Oberdieck, *Illustrirtes Handbuch der Obstkunde*, t. II, p. 243.) Opinion que nous partageons fortement, en voyant Merlet, et divers autres écrivains après lui, appeler précisément ce fruit, poire de Mon-Dieu ou de Mont-Dieu. Du reste, la chartreuse de Mont-Dieu, construite en 1130 au milieu des bois, sur les confins de la Champagne, aux portes de Sedan, put bien enrichir de quelques variétés la pomone française, car elle fut renommée pour ses vastes vergers. Et chacun sait aussi que les chartreux tinrent en singulier honneur l'arboriculture; témoin la célèbre pépinière qu'ils créèrent à Paris en 1650, pépinière dont les bénéfices nets dépassaient annuellement 28,000 francs, lorsque la Révolution vint l'anéantir. (Voir Etienne Calvel, *Notice historique sur la pépinière nationale des Chartreux, au Luxembourg*, 1804, p. 12.) — Quant au second nom que reçut cette poire, et qui lui est demeuré, on l'attribue assez généralement à Louis XIV. Visitant un jour ses magnifiques jardins, le grand roi, surpris par l'innombrable quantité de fruits dont un arbre de cette variété était chargé, s'écria : « Ah mon Dieu ! quel poi- « rier ! » et tout aussitôt l'exclamation du monarque vint modifier, grâce à la courti- sanerie du directeur du potager royal ou de quelque seigneur présent, le nom sous lequel, en 1675, Merlet avait inscrit dans sa petite pomologie, la poire de Mon-Dieu.

« Plus tard — dit Poiteau — plusieurs amateurs éclairés, frappés de l'inconvenance d'une exclamation dans la nomenclature des fruits, ont proposé de nommer ce fruit, poire *d'Abon- dance*, terme qui exprime parfaitement la grande fertilité de l'espèce. » (*Pomologie française*, t. III, 1848.)

Oui, mais cette appellation n'ayant pas prévalu, on l'a reléguée au rang des synonymes, et chacun a continué d'appliquer l'exclamation de Louis XIV — ou de tout autre personnage — à la poire dont nous traçons l'historique. Cependant, constatons-le, la qualification de poire d'Abondance appartenait essentiellement à notre variété, dont il est fort commun de rencontrer des arbres qui rapportent, en moyenne, une soixantaine de francs par an à leur propriétaire.

Observations. — On a avancé à tort que Duhamel donnait à la poire Ah- mon-Dieu, pour synonyme une poire d'Amour, d'été. Non, cet auteur — ce qui est bien différent — a fait uniquement remarquer « que dans quelques provinces on « appelait poire Ah-mon-Dieu, la poire d'Amour, mûrissant en décembre. » (*Traité des arbres fruitiers*, 1768, t. II, p. 155.) Mais en Allemagne, par exemple, elle est cultivée de tous côtés sous cette dernière dénomination, qu'il faut se garder d'in- troduire dans notre synonymie, déjà surchargée de plusieurs poires d'Amour.

13. Poire d'AIGUE.

Synonyme. — *Poire* Coudaigre (Prévost, *Cahiers de pomologie*, 1839, p. 23).

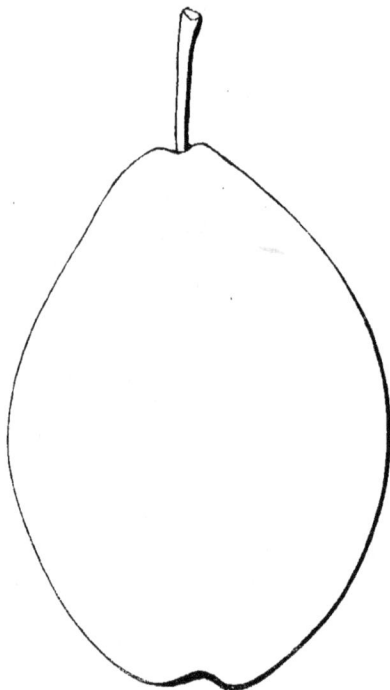

Description de l'arbre. — *Bois :* de moyenne grosseur. — *Rameaux :* nombreux, irrégulièrement étalés, longs et minces, très-flexueux, roussâtres, ponctués de gris-blanc, à coussinets faiblement accusés. — *Yeux :* pointus, coniques, assez gros, sortis en éperon. — *Feuilles :* ovales-acuminées, bien dentées, grandes, au pétiole cotonneux, court et menu.

Fertilité. — Remarquable.

Culture. — Le franc lui convient parfaitement ; et sur ce sujet, abandonné à lui-même dans les haies ou les vergers, il fournit d'amples récoltes.

Description du fruit. — *Grosseur :* petite. — *Forme :* ovoïde, généralement un peu pointue au sommet. — *Pédoncule :* assez court, moyen ou menu, rarement arqué, renflé à sa partie supérieure, obliquement inséré. — *Œil :* petit, bien ouvert, bien développé, à peine enfoncé. — *Peau :* entièrement bronzée, rude au toucher, se ridant aisément à l'époque de la maturité. — *Chair :* jaunâtre, ferme, cassante, légèrement pierreuse. — *Eau :* suffisante, acidule, mal sucrée, parfois presque insipide, et parfois douée d'une saveur musquée assez délicate.

Maturité. — Novembre ; se gardant jusqu'en mars.

Qualité. — Troisième comme fruit à couteau, deuxième comme fruit pour la cuisson ; mais toujours très-variable.

Historique. — Feu Prévost, qui en 1839 décrivit cette espèce sous la dénomination de Coudaigre, n'en connut pas la provenance. M. de Liron d'Airoles nous paraît être le seul pomologue qui jusqu'ici l'ait indiquée ; et nous croyons avec lui la poire d'Aigue originaire de la Vendée.

« C'est — écrit-il — dans la commune de Saint-Germain, canton de Sainte-Hermine (Vendée), que nous l'avons trouvée en abondance. On en voit, dans les champs, bon nombre d'arbres pouvant avoir de cent à deux cents ans. Ce petit fruit n'est bon qu'à cuire ; mais sa longue et facile conservation en fait une véritable ressource pour les besoins journaliers de la ferme, pendant plus de six mois ; considération qui nous permet d'en recommander la culture. » (*Notices pomologiques*, 1862, t. III, p. 24.)

Observations. — En Anjou, ainsi qu'en Vendée, cette variété est généralement appelée Coudaigre ; si donc nous lui conservons le nom de poire d'Aigue, c'est uniquement pour rester d'accord avec M. de Liron d'Airoles, son véritable promoteur.

14. Poire AIMÉ OGEREAU.

Description de l'arbre. — *Bois :* peu fort, gris jaunâtre. — *Rameaux :* nombreux, arqués, étalés, très-courts, assez gros, brun obscur lavé de rouge clair ; ils sont semés de quelques points des. plus prononcés ; leurs coussinets manquent de caractère bien constant. — *Yeux :* ovoïdes, pointus, de force ordinaire, à écailles renflées, écartés du bois. — *Feuilles :* petites, ovales ou arrondies, acuminées, à bords entièrement unis ou denticulés, à pétiole mince et court.

Fertilité. — Satisfaisante.

Culture. — Le cognassier lui convient parfaitement ; il se montre vigoureux sur ce sujet et s'y développe rapidement en pyramides qui n'ont que le défaut d'être un peu trop basses.

Description du fruit. — *Grosseur :* moyenne ou petite. — *Forme :* turbinée, ventrue, déprimée à la base. — *Pédoncule :* de longueur moyenne, menu, droit, obliquement inséré. — *Œil :* grand, mal développé, mi-clos, presque saillant. — *Peau :* jaune-citron, tachée de fauve auprès du pédoncule, parsemée de points bruns, rarement colorée du côté du soleil. — *Chair :* blanche, ferme, fondante, remarquable surtout par son extrême finesse. — *Eau :* abondante, sucrée, acidule, douée d'une délicieuse saveur musquée.

Maturité. — Vers la mi-septembre.

Qualité. — Première.

Historique. — Gagnée dans notre école, elle y a donné ses premiers fruits en 1862, et le nom sous lequel nous l'avons propagée, est celui du neveu de M. Henri Desportes, directeur de nos pépinières.

Observations. — Cette poire vraiment exquise a mûri deux années de suite en août, avant la William's ; mais de 1864 à 1866, sa maturité, devenue plus tardive, n'a été complète que du 12 au 15 septembre.

Poire d'AIX. — Synonyme de poire *Gros-Muscat.* Voir ce nom.

Poire ALBERT. — Synonyme de *Beurré d'Amanlis.* Voir ce nom.

Poire ALBERTI. — Synonyme de poire *Fusée d'Automne.* Voir ce nom.

Poire ALEAUME. — Synonyme de *Blanquet à longue queue.* Voir ce nom.

Poire d'ALENÇON. — Synonyme de *Doyenné d'Alençon.* Voir ce nom.

Poire ALEXANDRE BERCKMANS.—Synonyme de *Beurré Berckmans.* Voir ce nom.

15. Poire ALEXANDRE BIVORT.

Premier Type.

Deuxième Type.

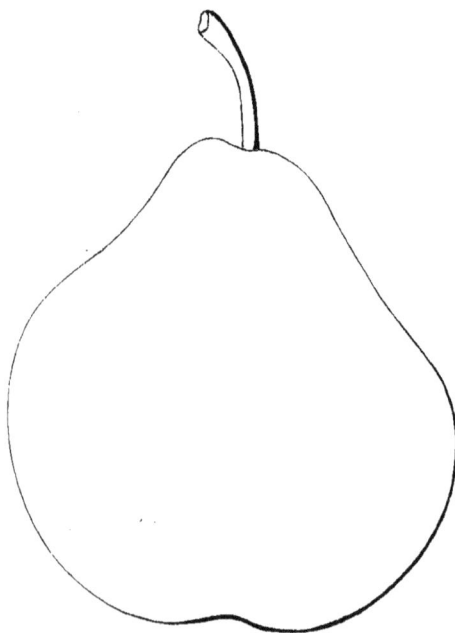

Description de l'arbre. — *Bois :* assez fort. — *Rameaux :* nombreux, habituellement étalés, longs, un peu faibles et flexueux, marron foncé, finement ponctués, à coussinets saillants. — *Yeux :* gros, écrasés, à écailles renflées, écartés du bois. — *Feuilles :* ovales-arrondies, faiblement dentelées, ayant le pétiole gros et très-court.

Fertilité. — Ordinaire.

Culture. — Les pyramides de ce poirier sont généralement assez belles sur cognassier, quoiqu'il soit de moyenne vigueur.

Description du fruit. — *Grosseur :* moyenne. — *Forme :* sphérique ou turbinée, quelquefois aplatie et légèrement côtelée. — *Pédoncule :* assez court, mince, arqué, obliquement inséré, souvent comprimé à sa base, où il est alors fortement renflé, par une gibbosité prononcée. — *Œil :* petit, clos, contourné, faiblement enfoncé. — *Peau :* jaune clair, ponctuée de roux, largement maculée de fauve autour du pédoncule. — *Chair :* blanche, fine et juteuse, des plus marcescentes. — *Eau :* extrêmement abondante, musquée, à peine sucrée, entachée d'une âcreté détestable.

Maturité. — Commencement de novembre.

Qualité. — Troisième.

Historique. — D'origine belge, la poire ici décrite porte le nom du fondateur de la Société Van Mons, M. Alexandre Bivort, qui en 1849 la fit connaître en ces termes dans un ouvrage spécial :

« Cette variété, obtenue par M. Louis Berckmans, un de nos amis, nous a été dédiée au mois de décembre 1848, et nous avons été à même d'en constater les éminentes qualités..... C'est un fruit *exquis*, qui a beaucoup de rapports avec la poire Joséphine de Malines ; il se fond littéralement dans la bouche, et n'y laisse aucun marc. L'époque de sa maturité a lieu vers la fin de janvier. » (A. Bivort, *Album de pomologie*, t. II, pp. 107-108.)

Observations. — Malgré la qualification d'*exquise* donnée en 1849, par M. Bivort, à la poire qu'alors on lui dédiait, et qui plus tard, en 1855, était également déclarée « *excellente* » par M. de Liron d'Airoles (*Notices pomologiques*, t. I, p. 79), nous avons dû la classer de troisième ordre. Chez nous, en effet, elle s'est montrée plutôt mauvaise que médiocre, depuis dix ans que nous la multiplions; comme aussi l'époque de sa maturité n'y a jamais dépassé la mi-novembre.

Poire ALEXANDRE HÉLIE. — Synonyme de poire *Belle-Julie*. Voir ce nom.

16. Poire ALEXANDRE LAMBRÉ.

Description de l'arbre. — *Bois :* de moyenne force. — *Rameaux :* peu nombreux, régulièrement étalés, faibles, longs, légèrement flexueux, brun clair, rarement très-ponctués ; leurs coussinets sont peu saillants. — *Yeux :* assez gros, ovoïdes, obtus, ordinairement appliqués contre le bois. — *Feuilles :* petites ou moyennes, ovales-allongées ou arrondies, vert clair, et entièrement dentées; elles ont le pétiole court, fort, et ne sont jamais abondantes.

Fertilité. — Extrême.

Culture. — Il veut le cognassier, pousse convenablement en pyramide, et, par sa vigueur, réclame une place dans les vergers.

Description du fruit. — *Grosseur :* moyenne. — *Forme :* turbinée, obtuse et ventrue. — *Pédoncule :* long, mince, arqué, renflé à la base, obliquement inséré dans un assez large évasement, et parfois continu avec le fruit. — *Œil :* grand, mi-clos, contourné, mal développé, légèrement enfoncé. — *Peau :* jaune verdâtre clair, finement ponctuée de roux, marbrée de même autour de l'œil et du pédoncule. — *Chair :* blanche, un peu molle, fondante, juteuse, non pierreuse. — *Eau :* fort abondante, fraîche, sucrée, acidulе, possédant une saveur musquée des plus délicates.

Maturité. — Fin octobre et commencement de novembre.

Qualité. — Première.

Historique. — Van Mons, le célèbre semeur belge, en fut l'obtenteur, et M. A. Bivort, le parrain.

« J'ai dégusté ce fruit pour la première fois en 1844 — écrivait en 1847 ce dernier pomologue — cependant il est possible qu'il soit de quelques années plus vieux, car l'arbre-mère paraît avoir une vingtaine d'années : il portait dans la pépinière Van Mons le n° 2194..... J'ai dédié cette poire à feu Alexandre Lambré, mon aïeul, grand amateur d'arboriculture, et dont le vaste jardin, qui existe encore en partie, renfermait presque tous les bons fruits connus à cette époque. » (*Album de pomologie*, t. I, pp. 56-57.)

Observations. — La maturité de cette délicieuse poire s'est d'abord montrée variable : elle allait de décembre à mars ; mais dans notre contrée elle a fini par devenir uniquement un fruit de fin d'automne. — On a cru, à Paris, que le poirier Alexandre Lambré n'était autre que l'ancienne variété nommée Muscat Lallemand. Une étude comparative, plusieurs fois renouvelée, nous a prouvé que nous avions bien là deux espèces dont les caractères n'offraient entre eux aucune confusion possible.

---

17. Poire ALEXANDRINA BIVORT.

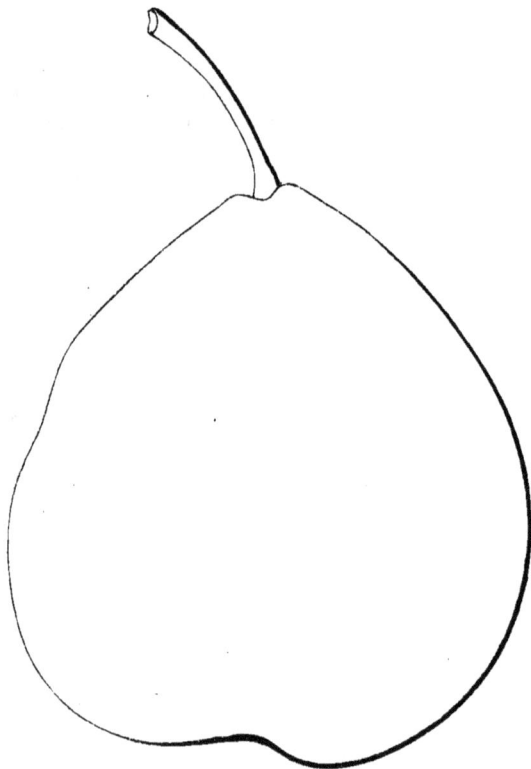

Description de l'arbre. — *Bois :* fort. — *Rameaux :* assez nombreux, légèrement flexueux et faiblement étalés, gros, longs, jaune obscur parfois lavé de rouge-brun ; ils sont peu ponctués et leurs coussinets n'ont qu'une mince saillie. — *Yeux :* de moyenne grosseur, arrondis, obtus, cotonneux, presque adhérents. — *Feuilles :* ovales-allongées, à bords finement denticulés ou crénelés, à pétiole court et fort ; vers le sommet du scion elles sont contournées et canaliculées.

Fertilité. — Remarquable.

Culture. — On a dit qu'il était « de vigueur moyenne « sur cognassier, et que, « n'allant pas bien en pyra- « mide, il serait mieux en « haut vent ou à mi-tige. » (De Liron d'Airoles, *Notices pomologiques*, 1855, t. I, p. 73.) Dans nos pépinières, cependant, il donne sur le cognassier des pyramides irréprochables, et s'y montre plein de force.

Description du fruit. — *Grosseur :* au-dessus de la moyenne, et quelquefois moins volumineuse. — *Forme :* turbinée-arrondie. — *Pédoncule :* assez long, peu gros, arqué, renflé à la base, obliquement implanté dans un étroit évasement mamelonné d'un côté. — *Œil :* petit, ouvert, bien développé, placé dans un large bassin plissé sur les bords. — *Peau :* jaune-citron, ponctuée de fauve, souvent tachée de même, et lavée de carmin du côté du soleil. — *Chair :* blanchâtre, fine, fondante, rarement pierreuse. — *Eau :* abondante, sucrée, acidule, très-parfumée.

Maturité. — Au cours de septembre.

Qualité. — Première.

Historique. — M. Jules de Liron d'Airoles a puissamment aidé, en France, à la propagation de cette variété d'origine belge, à laquelle il consacrait, dès 1835, les lignes ci-après :

« Ce poirier est un gain des semis particuliers de M. A. Bivort, qui l'a dédié à sa femme. Son premier rapport remonte à 1847. Il est complétement inédit, et seulement annoté au Catalogue de l'obtenteur, notre excellent ami, comme d'exquise qualité..... J'ai envoyé à l'Exposition de la Société centrale d'horticulture de Paris, une corbeille de ce délicieux et charmant fruit. » (*Notices pomologiques*, t. I, p. 75.)

18. Poire ALEXANDRINE DOUILLARD.

Synonyme. — *Poire* Douillard (André Leroy, *Catalogue descriptif et raisonné des arbres fruitiers et d'ornement*, années 1852 à 1863).

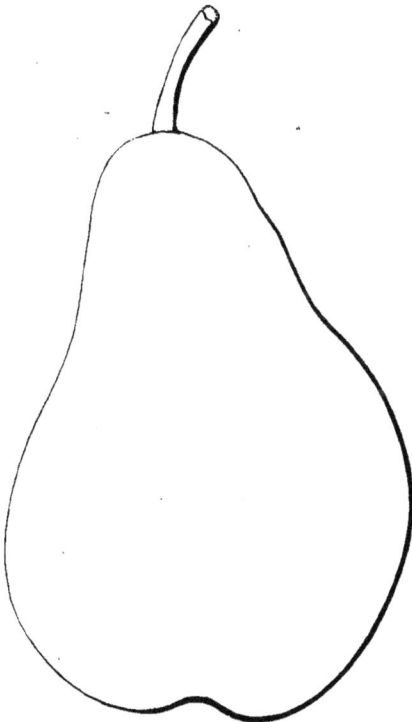

Description de l'arbre.— *Bois :* assez gros. — *Rameaux :* nombreux, étalés vers la base, érigés vers le sommet, courts, forts, gris jaunâtre, peu ponctués, ayant les coussinets bien développés. — *Yeux :* pointus, volumineux, presque adhérents. — *Feuilles :* abondantes, ovales-allongées, crénelées, légèrement canaliculées ; leur pétiole est court et roide.

Fertilité. — Des plus grandes.

Culture. — Les multiples et vigoureux rameaux de ce poirier, le rendent, en pyramide, extrêmement buissonneux. On le greffe généralement sur cognassier.

Description du fruit. — *Grosseur :* moyenne, et quelquefois dépassant de moitié celle de l'exemplaire ci-dessus. — *Forme :* allongée, irrégulière, obtuse, ventrue vers la base, amincie près du sommet, et tellement côtelée que le milieu du fruit devient pentagone. — *Pédoncule :* court, arqué, obliquement implanté, mince à son point d'attache, souvent renflé à son point d'insertion. — *Œil :* moyen, ouvert, à peine enfoncé, mal développé. — *Peau :* jaunâtre, finement ponctuée de roux, tachée de même autour du pédoncule, et marbrée de fauve ou lavée de rose tendre du côté du soleil. — *Chair :* blanche, fine, juteuse, fondante. — *Eau :* très-abondante, très-sucrée, ayant une saveur beurrée fort délicate.

Maturité. — Fin septembre et commencement d'octobre.

Qualité. — Première.

Historique. — Elle est de provenance française, et due à un amateur d'horticulture, nous apprenait en 1854 M. de Liron d'Airoles :

« Cette nouvelle poire — annonçait-il alors — a été obtenue de semis par M. Douillard jeune, architecte à Nantes. La première récolte date de 1849, mais la mise dans le commerce n'a eu lieu qu'en novembre 1852. » (*Annales de pomologie belge et étrangère*, t. II, p. 41.)

Observations. — Sa maturité se prolonge rarement jusqu'en décembre, ainsi qu'on l'indique généralement dans les Catalogues. C'est surtout en octobre que se mange cette poire, qui n'a qu'un défaut, celui de devenir pâteuse ; et encore peut-on le combattre en ne la laissant pas mûrir sur l'arbre.

---

19. Poire d'ALOUETTE.

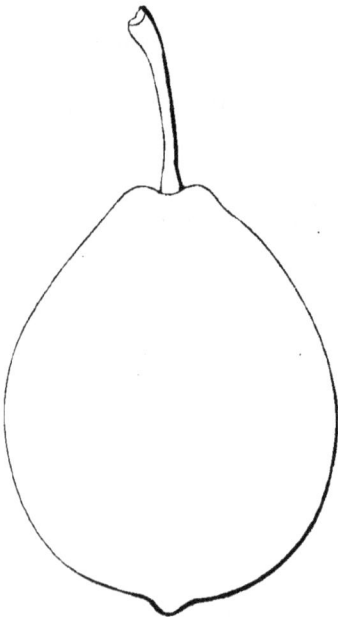

Description de l'arbre. — *Bois :* faible. — *Rameaux :* peu nombreux, légèrement étalés, grêles, courts, flexueux, cotonneux, vert olivâtre assez foncé, finement ponctués, à coussinets fort apparents. — *Yeux :* petits, ovoïdes, aplatis, obtus, écartés. — *Feuilles :* ovales, parfois canaliculées, à bords dentés ou crénelés, à pétiole gros et long.

Fertilité. — Peu commune.

Culture. — Doué d'une vigueur moyenne, cet arbre, sur cognassier, donne généralement d'assez faibles pyramides.

Description du fruit. — *Grosseur :* petite. — *Forme :* ovoïde, très-régulière, quelque peu bosselée. — *Pédoncule :* long, mince, arqué, renflé à la base, inséré à fleur de peau. — *Œil :* grand, ouvert, bien formé, extrêmement saillant. — *Peau :* jaune verdâtre, parsemée de points cendrés, finement lavée de rose carminé du côté du soleil.

— *Chair :* grosse, blanche, cassante, peu pierreuse. — *Eau :* suffisante, sucrée, acidule, fort agréable.

Maturité. — Vers la mi-septembre.

Qualité. — Deuxième.

Historique. — Nous cultivons cette variété depuis 1850, époque où nous l'avons trouvée, due au hasard, sur la ferme du Barbancinet, commune de Saulgé-l'Hôpital (Maine-et-Loire). Le pied-mère paraissait alors âgé de quatre-vingts ans. Il produisait annuellement plus de quatre mille poires, ce qui représente environ douze doubles-décalitres, ou un poids de deux cents kilogrammes ; le tout rapportant une vingtaine de francs. Aujourd'hui, ce poirier mesure dix mètres, est très-vigoureux, complétement pyramidal, et n'a rien perdu de son excessive fertilité. En le livrant au commerce en 1855, nous lui avons donné le nom du champ dans lequel il est né.

Observations. — La poire d'Alouette ressemble un peu à la poire Ah-mon-Dieu ; mais, en les comparant, on verra que cette dernière est plus grosse et beaucoup plus allongée que l'autre, dont elle diffère aussi par une moindre qualité, une maturité plus précoce, et surtout par les caractères de l'arbre. La variété ici décrite doit avoir place dans les vergers pour sa fertilité merveilleuse et pour la bonté de ses produits, dont on ne saurait trop approvisionner les marchés.

20. Poire ALPHONSE KARR.

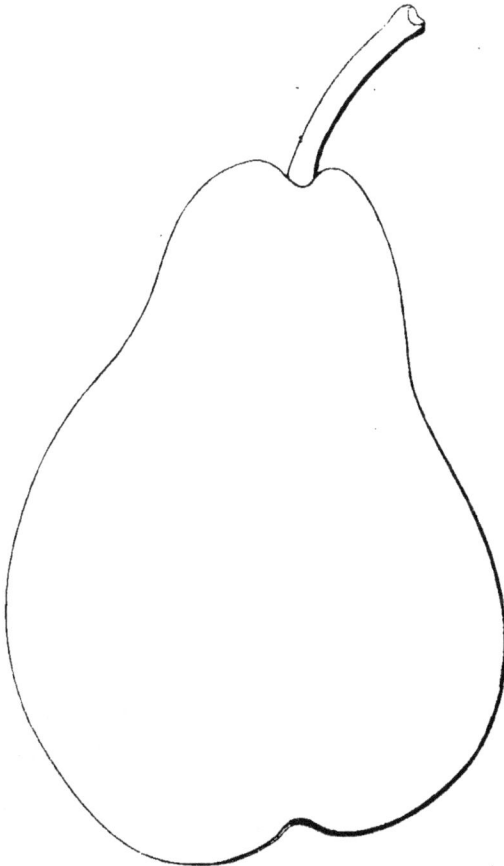

Description de l'arbre. — *Bois :* assez faible. — *Rameaux :* peu nombreux, étalés, grêles, de moyenne longueur, légèrement flexueux et cotonneux, vert olivâtre, rarement très-ponctués, et montrant des coussinets fort ressortis. — *Yeux :* des plus gros, coniques, pointus, à large base, bien écartés, souvent même formant éperon. — *Feuilles :* arrondies ou ovales, et dentelées en scie, elles ont le pétiole court et fort, mais sont rarement abondantes.

FERTILITÉ. — Médiocre.

CULTURE. — Le cognassier lui convient mieux que le franc, et l'amène à former d'assez jolies pyramides.

Description du fruit. — *Grosseur :* au-dessus de la moyenne. — *Forme :* pyriforme, obtuse, ventrue, déprimée à la base. — *Pédoncule :* long, assez fort, arqué, obliquement inséré dans une large cavité en entonnoir. — *OEil :* grand, ouvert, souvent contourné, peu enfoncé. — *Peau :* jaune d'or, ponctuée et veinée de fauve, maculée de même autour du pédoncule et striée de brun dans le bassin de l'œil. — *Chair :* blanchâtre, très-fine, très-fondante, juteuse, non pierreuse. — *Eau :* abondante, fraîche, bien sucrée, acidule, délicatement parfumée.

MATURITÉ. — Mi-novembre, se prolongeant jusqu'à la fin de décembre.
QUALITÉ. — Première.

Historique. — Nous avions attribué l'obtention de cette variété, que nous savions originaire de Belgique, à M. de Jonghe, horticulteur à Bruxelles. C'était une erreur. La poire dédiée à notre spirituel littérateur Alphonse Karr, est due au continuateur des semis du major Espéren, à M. Louis Berckmans, l'un des rédacteurs de l'*Album de pomologie belge*. Elle date de 1849, et figurait dès 1853 parmi les poiriers de la Société Van Mons. Malheureusement — ainsi que nous l'écrivait de Fleurus, le 4 mars 1865, M. A. Bivort— « malheureusement l'arbre est resté si peu « productif, que je n'ai pu présenter encore ses fruits à la Commission royale de « pomologie belge; ce qui vous expliquera également pourquoi je n'ai pas décrit « ladite variété dans nos *Annales*. » Toutefois, ce manque de publicité ne l'a point empêchée de pénétrer promptement chez les Allemands, et d'être fort appréciée de leurs pomologues, puisque nous lisons cette phrase dans un ouvrage spécial imprimé en 1854 à Iéna : « La poire Alphonse Karr est l'un des fruits les plus « recommandables que nous connaissions. » (Biedenfeld, *Handbuch aller bekannten Obstsorten*, p. 78.)

Poire **ALPHONSINE RICHARD.** — Synonyme de poire *Adolphine Richard.* Voir ce nom.

---

21. Poire ALTHORP CRASSANE.

Description de l'arbre. — *Bois :* de grosseur moyenne. — *Rameaux :* très-nombreux, régulièrement érigés, longs, faibles, flexueux, gris foncé, lavés de roux clair, et généralement peu ponctués; leurs coussinets sont assez saillants. — *Yeux :* petits ou moyens, ovoïdes-arrondis, extrêmement écartés du bois.—*Feuilles :* grandes, lancéolées, mal dentelées, fort larges auprès du pétiole, qui n'est ni des plus longs ni des plus gros.

Fertilité. — Ordinaire.

Culture. — Le franc et le cognassier lui sont propres, et sa vigueur est telle, qu'il se déploie, sur l'un et l'autre de ces sujets, en hautes pyramides des mieux ramifiées.

Description du fruit. — *Grosseur :* moyenne ou petite. — *Forme :* arrondie, ventrue, ayant ordinairement un côté plus renflé que l'autre. — *Pédoncule :* long, menu, arqué, implanté dans un étroit évasement.— *OEil :* petit, ouvert, bien formé, placé au fond d'un assez vaste bassin. — *Peau :* vert pâle, finement ponctuée de fauve, lavée de rouge-brun du côté

du soleil. — *Chair* : blanche, fondante, très-juteuse, assez fine, à peine pierreuse.
— *Eau* : extrêmement abondante, sucrée, acidulée, délicatement parfumée.

Maturité. — Fin octobre et commencement de novembre.

Qualité. — Première.

Historique. — Elle a été gagnée en Angleterre, vers 1830, et M. Downing,
pomologue américain fort distingué, le constatait ainsi en 1849, en appréciant
le mérite de ce fruit, qui pour lors était encore peu répandu aux États-Unis :

« Cette belle poire anglaise a été obtenue de semis par feu M. T. A. Knight, président de
la Société d'horticulture de Londres. Il l'envoya en 1832 à M. John Lowel, de Boston. Elle est
fort estimée en Angleterre, et son arbre est recommandé comme très-rustique. Jusqu'ici les
sujets de cette espèce qui ont fructifié chez nous, ont montré qu'elle était de bonne qualité,
mais quelque peu inférieure, cependant, à sa réputation. Nous ignorons s'il existe deux
variétés de l'Althorp crassane ; seulement, nous voyons qu'elle est de qualité variable, car
nous en avons dégusté plusieurs exemplaires qui réellement étaient mauvais. » (*The fruits
and fruit trees of America*, 9e édit., p. 352.)

Observations. — C'est avec raison que M. Decaisne a dit en 1863 : « Je ne puis
« admettre la manière de voir de M. Willermoz, qui donne la poire Thompson
« comme synonyme de la poire Althorp crassane décrite par M. Thompson lui-
« même. » (*Le Jardin fruitier du Muséum*, t. V.) Nous avons pu nous convaincre, en
effet, que ces deux poiriers n'avaient entre eux aucune ressemblance ; mais nous
devons, à la décharge de M. Willermoz, certifier qu'on nous envoyait, il y a quelques années, un arbre étiqueté Crassane Althorp, qui n'était autre que le poirier
Thompson. D'où suit qu'un étiquetage tout aussi fautif a bien pu causer l'erreur
signalée par M. Decaisne.

Poire AMADONTE. — Synonyme de poire *Petit-Oin*. Voir ce nom.

---

22. Poire AMADOTE.

Synonymes. — *Poires* : 1. Dame Houdotte (le Lectier, procureur du roi à Orléans, *Catalogue des
arbres cultivés dans son verger et plant*, 1628, p. 18). — 2. De Graine (de Bonnefond, *le Jardinier
français*, édit. de 1731, p. 81). — 3. Fortunée d'Été (Prévost, *Cahiers de pomologie*, 1839,
p. 9). — 4. Madot (*Id. ibid.*). — 5. Saint-Germain blanc, d'Été (*Id. ibid.*). — 6. Beurré blanc des
Capucines (Bivort, *Album de pomologie*, t. I, 1847, n° 4). — 7. Comte de Friand (Willermoz, *Observations sur le genre Poirier*, 1848-1849, p. 3). — 8. Beurré d'Iedan (*Id., ibid.*) — 9. Angobert
de Mantoue (Decaisne, *le Jardin fruitier du Muséum*, t. I, 1858). — 10. Damadote (*Id. ibid.*).

Description de l'arbre. — *Bois* : très-fort. — *Rameaux* : nombreux, habituellement érigés, surtout vers le sommet, longs, gros, extrêmement flexueux,
roux verdâtre, semés de larges points gris, et montrant des coussinets bien développés. — *Yeux* : de grosseur peu commune, ovoïdes, souvent obtus, courts, sortis
en éperon, et munis d'écailles des plus apparentes. — *Feuilles* : elliptiques ou
ovales, légèrement dentées, parfois cotonneuses, à pétiole petit et très-nourri.

Fertilité. — Remarquable.

Culture. — Greffé sur cognassier, ce poirier, qui est d'une grande vigueur
et tourne naturellement à la forme pyramidale, devient d'une rare beauté.

Description du fruit. — *Grosseur* : moyenne, et quelquefois assez volumineuse. — *Forme* : ordinairement ovoïde, elle se montre souvent aussi allongée,
obtuse, bosselée et contournée. — *Pédoncule* : assez long, assez fort, arqué, habituellement renflé à la base, inséré obliquement dans une étroite cavité. — *OEil* :
large, ouvert, bien conformé, faiblement enfoncé. — *Peau* : jaune-orange, marbrée,

Poire Amadote. — *Premier Type.*

Deuxième Type.

ponctuée de fauve, surtout vers l'œil et le pédoncule, et presque toujours lavée de carmin du côté du soleil. — *Chair :* blanche, ferme, cassante, peu juteuse. — *Eau :* rarement abondante, suffisamment sucrée, ayant une légère saveur musquée qui n'est pas sans délicatesse.

MATURITÉ. — Fin octobre, pouvant parfois se prolonger jusqu'en décembre et janvier.

QUALITÉ. — Comme fruit à couteau, on la doit mettre au troisième rang; et parmi les fruits à cuire, au second.

Historique. — Le premier de nos anciens pomologues qui ait signalé la présente variété, c'est le Lectier, procureur du roi à Orléans en 1620, et amateur passionné de la culture des arbres fruitiers. A ce point même, qu'il fit imprimer en 1628 le *Catalogue* des variétés de son « plant et verger; » opuscule si rarissime, qu'on n'en connaît encore qu'un seul exemplaire, classé à la Bibliothèque Impériale sous le n° 1180 de la série S. Or, à la page 18 de ce *Catalogue*, on lit : « Poire *Dame* « *Houdotte*, ou poire de grène, « estant en maturité ès mois de « janvier. » Nul autre renseignement n'est donné, mais la qualification de *grène* (graine) appliquée par l'auteur, à cette poire, indique suffisamment qu'alors elle était nouvelle et provenait de semis. Ce fut Merlet, quarante-sept ans plus tard, qui en la décrivant révéla le nom de son obtenteur ; et déjà, par une syncope assez fantaisiste, poire Dame Houdotte s'écrivait poire d'*Amadote :*

« Elle est ainsi appelée (d'Amadote) — disait Merlet — par l'arbre, qui fut trouvé en Bourgogne, chez dame

Oudotte, dont le bois sauvage était tout épineux ; mais le temps, avec la culture, et sur le cognassier, lui a fait perdre les épines, qu'elle conserve encore sur le franc, qui lui donne plus d'eau. » (*L'Abrégé des bons fruits*, 2ᵉ édit., 1675, p. 96.)

Devant des renseignements aussi positifs, on doit donc rejeter la version de feu M. Prévost, horticulteur rouennais, qui croyait que la poire Amadote avait été nommée en 1652 par l'abbé Legendre, curé d'Hénouville. Et s'il pouvait exister un doute à l'égard du témoignage de Merlet, il disparaîtrait devant cette autre assertion puisée à la page 48 de l'*Art de tailler les arbres fruitiers*, ouvrage publié en 1683 par le docteur Venette : « La poire Dame Houdotte, ou Amadote, est venue de « semence, et a eu l'honneur de porter le nom de la personne qui l'a élevée. »

Observations. — Il est parfaitement reconnu que le Beurré blanc des Capucines, figuré en 1847 dans l'*Album de pomologie belge*, t. I, nᵒ 4, et qu'on y attribuait à Van Mons, n'est autre que la poire Amadote. — Une variété qu'on doit également se garder de confondre avec ce dernier poirier, c'est l'*Amadonte*, ou Petit-Oin, car si elle en est voisine par l'ancienneté, par une homonymie presque complète, elle en diffère totalement par la forme, la grosseur et la qualité. — Cueillie à temps, l'Amadote — qui devient pâteuse lorsqu'on la laisse mûrir sur l'arbre — offre, en raison surtout de sa fertilité, de beaux bénéfices pour la vente sur les marchés, où parfois nous l'avons vue livrée pour le Saint-Germain, dont elle a souvent l'aspect, à défaut de la bonté.

---

23. Poire AMAND BIVORT.

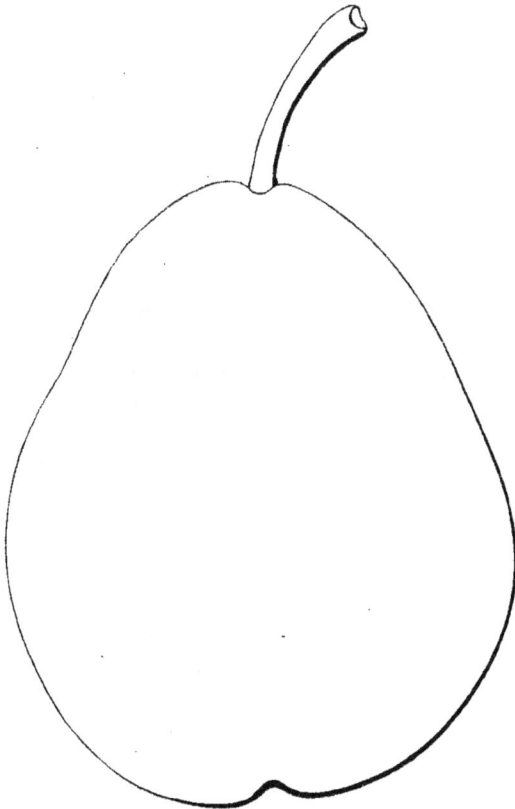

Description de l'arbre. — *Bois :* des plus gros. — *Rameaux :* très-nombreux, érigés, assez longs, forts, légèrement flexueux, brun olivâtre, parfois lavés de rouge clair au-dessus des yeux, faiblement ponctués, à coussinets peu marqués. — *Yeux :* petits ou moyens, ovoïdes, pointus, presque adhérents. — *Feuilles :* ovales ou elliptiques, allongées, généralement acuminées, ayant les bords crénelés ou denticulés, le pétiole fort et assez long.

Fertilité. — Ordinaire.

Culture. — Il veut le cognassier, qui lui fait acquérir, en pyramide, un bel aspect; mais sa vigueur n'est pas excessive.

Description du fruit. — *Grosseur :* au-dessus de la moyenne, et souvent aussi plus petite. — *Forme :* ovoïde ou turbinée, ventrue, régulière. — *Pédoncule :* assez long, assez fort, arqué, obliquement implanté. — *Œil :* petit, mi-clos, à peine enfoncé. — *Peau :* vert jaunâtre, ponctuée, striée de fauve, maculée de même autour de l'œil et du pédoncule, finement lavée de rouge-brun du côté du soleil. — *Chair :* blanchâtre, demi-fine, très-fondante, légèrement pierreuse au centre. — *Eau :* suffisante, fraîche, acidule, bien sucrée, extrêmement savoureuse.

MATURITÉ. — Novembre.

QUALITÉ. — Première.

Historique. — D'origine belge, elle provient des semis de Van Mons ; mais comme les pépinières de cet arboriculteur furent après son décès — en 1842 — achetées par M. Alexandre Bivort, c'est à ce dernier, qui vit la première fructification du pied-mère, que revint le droit d'en nommer, d'en propager les produits ; et il dédia en 1850 cette excellente espèce, à son frère.

POIRE D'AMANDE. — Synonyme de *Beurré d'Angleterre.* Voir ce nom.

---

24. POIRE D'AMANDE DOUBLE.

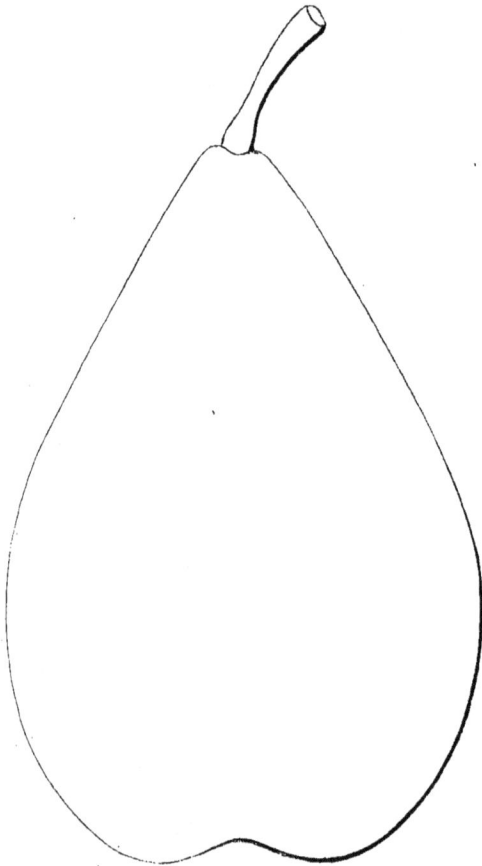

Synonymes. — *Poires .* 1. DOUBLE D'AMANDA (A. J. Downing, *The fruits and fruit trees of America,* édit. de 1849, p. 353). — 2. D'AMANDE RÉGÉNÉRÉE (A. Bivort, *Annales de pomologie belge et étrangère,* 1856, t. IV, p. 97). — 3. WALKER (*Catalogues de la Société Van Mons,* 1857, p. 146; et Downing, *The fruits and fruit trees of America,* édit. de 1863, p. 558). — 4. ELIZABETH WALKER (André Leroy, *Catalogue descriptif et raisonné des arbres fruitiers et d'ornement,* 1865, p. 37).

Description de l'arbre. — *Bois :* fort. — *Rameaux :* nombreux, légèrement arqués et étalés, gros et longs, peu flexueux, brun-roux foncé, cotonneux, fortement ponctués, et ayant les coussinets à peine indiqués. — *Yeux :* ovoïdes, pointus, cotonneux, à écailles bombées et quelquefois disjointes, appliqués, de moyenne grosseur. — *Feuilles :* grandes, acuminées, de forme arrondie, finement dentées ou crénelées, à pétiole court et très-nourri.

Fertilité. — Abondante.

Culture. — Sur cognassier, ses pyramides sont bien garnies et d'agréable aspect; mais, quoique rustique, ce poirier pousse lentement.

Description du fruit. — *Grosseur :* moyenne. — *Forme :* allongée, régulière, légèrement obtuse. — *Pédoncule :* assez long, assez fort, arqué, renflé aux extrémités, obliquement inséré à fleur de fruit. — *Œil :* petit, ouvert, placé dans un large évasement plissé sur les bords. — *Peau :* jaune d'or, faiblement ponctuée de fauve, lavée de rouge carminé du côté du soleil. — *Chair :* blanche, demi-fine, fondante, pierreuse au centre. — *Eau :* suffisante, sucrée, peu acidule, douée d'une saveur d'amande qui la rend délicieuse.

Maturité. — Fin septembre, allant aisément jusqu'en novembre.

Qualité. — Première.

Historique. — Peu connue, peu cultivée en France, cette poire vraiment méritante est beaucoup plus répandue aux États-Unis, où le semeur belge Van Mons, son obtenteur, en avait envoyé, avant 1842, des sujets ou des greffes à M. Manning, horticulteur habile et zélé. Mais à quelle époque la gagna-t-il?... Voilà ce que nous ignorons, et ce qu'ignorent également les rédacteurs des *Annales de pomologie belge*, auxquels ce gain de leur compatriote est même demeuré presque étranger. Ainsi, étudiant en 1856 la Grosse poire d'Amande, différente de celle ci-dessus, M. Alexandre Bivort, disait :

« Van Mons a aussi trouvé dans ses semis un fruit qu'il a désigné sous le nom de poire d'*Amande régénérée*, ou *Amande double*. Nous ne connaissons pas ce fruit, mais la description qui en a été faite aux États-Unis par M. Manning, qui l'avait reçu de Van Mons, ne se rapporte nullement à la Grosse poire d'Amande que nous décrivons. » (*Loco citato*, t. IV, p. 97.)

Néanmoins, si nous ne pouvons préciser la date de l'obtention de cette espèce, nous pouvons éclaircir deux points fort intéressants de son histoire. Le premier, c'est qu'à peine arrivée en Amérique, elle y vit son nom plaisamment défiguré par suite d'une mauvaise lecture du mot *amande ;* et le second, qu'il demeure certain, aujourd'hui, que les Américains nous l'ont retournée munie d'une tout autre étiquette que celle sous laquelle Van Mons la leur avait complaisamment offerte. Et nous justifierons nos dires par la reproduction des articles consacrés dans le recueil pomologique de Downing, en 1849 à la poire d'*Amande double*, en 1863 à la poire *Walker*, positivement la même que cette dernière :

« *Poire d'Amande double.* — C'est un gain provenant des semis de Van Mons, et que M. Manning a reçu de ce pépiniériste, qui, nous le supposons, l'aura ainsi nommé par allusion au double pepin qu'on lui voit. Ce très-beau fruit, par un fâcheux malentendu, a été appelé ici, non poire d'Amande double, mais bien poire Double d'Amanda ! (*By misconception it has been called here* Amanda's Double.) — Voici la description telle que l'a donnée M. Manning : « Pyriforme et de *grosseur* moyenne, il a le *pédoncule* court et charnu à la base ; la « *peau*, jaune et rouge vif ; la *chair*, à gros grain, douce, tendre, parfaite ; et sa *maturité* « commence à la mi-septembre. » — L'*arbre* a les scions très-nourris, droits, forts, et couleur brun-olivâtre foncé. Nous devons ajouter qu'un second examen de cette poire nous laisse penser qu'elle doit être, parfois, de qualité inférieure. » (*The fruits and fruit trees of America*, édit. de 1849, p. 353.)

Maintenant, passons à la citation qui concerne la variété venue d'Amérique sous l'étiquette Walker :

« *Poire Walker.* — Ce fruit est *gros*, pyriforme et des plus allongés ; sa *peau*, jaune, se colore en rouge du côté du soleil ; son *pédoncule*, assez long, augmente de volume aux extrémités; l'*œil* est placé dans un bassin bosselé; la *chair*, beurrée, exquise, dégage une saveur d'amande toute particulière; sa *maturité* se fait bien, et il se conserve de septembre en décembre. — *Arbre* rustique, ne croissant pas vite, formant de jolies pyramides, et ayant les scions très-gros et brun grisâtre. » (*Id. ibid.*, édit. de 1863, p. 558.)

Notre description, rapprochée des notes américaines qu'on vient de lire, démontre suffisamment, croyons-nous, l'identité de la poire Walker avec la poire d'Amande double. Mais si nous ajoutons : 1° que dans son édition de 1863 Downing remplace par la poire Walker la poire d'Amande double qu'il décrivait en 1849; et 2° qu'en 1857 on suspectait déjà fortement en Belgique, comme l'attestent les lignes ci-dessous, l'originalité du poirier Walker, la démonstration, nécessairement, sera complète :

« *Poire Walker*. — Fruit gros, excellent, mûr en septembre. Arbre très-fertile. Cette variété, qui *pourrait bien être la poire* d'Amande régénérée, *de Van Mons*, a été nommée aux États-Unis, où on l'avait reçue sous le n° ....? » (*Catalogues de la Société Van Mons*, année 1857, p. 146.)

Enfin, comblons la lacune qui existe encore ici, en disant que le numéro affecté par Van Mons, dans ses pépinières, au pied-mère de la poire d'Amande double, fut le n° 135. C'est Downing lui-même qui nous l'apprend à la page 558 de son édition de 1863.

Observations. — En dégustant cette poire, nous n'avons pas remarqué qu'elle fût pourvue, comme l'ont avancé les Américains, « d'un double pepin, » caractère qui — toujours suivant eux — lui aurait valu sa qualification de *double*. Cependant, ce caractère peut fort bien nous avoir échappé, comme il peut n'être aussi qu'une anomalie.

Poire d'AMANDE RÉGÉNÉRÉE. — Synonyme de poire d'*Amande double*. Voir ce nom.

Poire AMANDEL. — Synonyme de *Grosse poire d'Amande*. Voir ce nom.

25. Poire AMANDINE (DE ROUEN).

Description de l'arbre. — *Bois* : assez fort. — *Rameaux* : nombreux, divergents, longs, peu nourris, flexueux, brun obscur, ponctués de gris-blanc, ayant les coussinets bien développés. — *Yeux* : coniques, aigus, faibles, écartés. — *Feuilles* : de moyenne grandeur, ovales-allongées, finement dentées, contournées, canaliculées, à pétiole gros et assez long.

Fertilité. — Convenable.

Culture. — Sur cognassier, il laisse parfois à désirer pour la beauté des pyramides, mais il s'y montre vigoureux.

Description du fruit. — *Grosseur :* moyenne ou petite. — *Forme :* pyriforme, obtuse, ayant un côté plus ventru que l'autre. — *Pédoncule :* assez long, mince, arqué, renflé au sommet, obliquement implanté. — *Œil :* petit, mi-clos, à peine enfoncé. — *Peau :* jaune verdâtre, ponctuée de fauve, semée de quelques taches de même couleur. — *Chair :* très-blanche, ferme, demi-fine, fondante, rarement pierreuse. — *Eau :* abondante, sucrée, fort savoureuse.

Maturité. — Septembre et octobre.

Qualité. — Première.

Historique. — Obtenue au concours de 1857 par M. Boisbunel fils, pépiniériste à Rouen, d'un semis remontant à 1846, son obtenteur même l'a décrite dans

Poire Amandine (de Rouen).

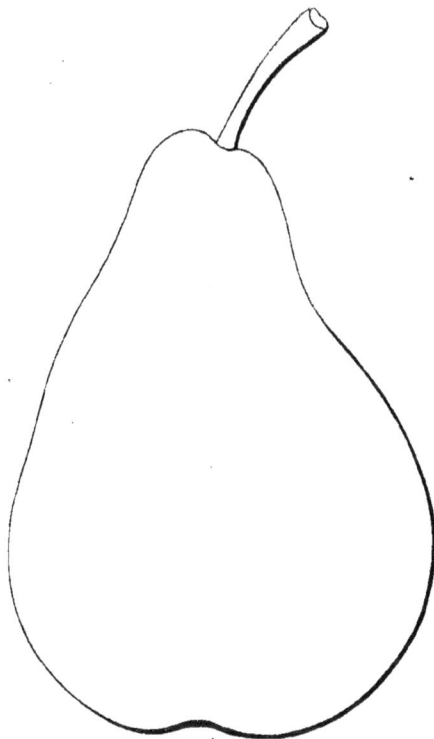

le *Bulletin du Cercle pratique d'horticulture et de botanique de la Seine-Inférieure* (année 1858, page 155) ; et nous
y lisons « qu'après l'avoir nommée
« Amandine (de Rouen), il la présenta
« au Cercle horticole le 19 septembre
« 1858, où elle fut jugée de première
« qualité. »

Observations. — Le « léger goût
« d'amande » trouvé par M. Boisbunel
fils, à cette poire, goût qui l'engagea
à lui donner le nom d'Amandine, ne
nous a pas semblé bien caractérisé,
quand nous l'avons dégustée. Et l'on
peut croire qu'il en a été ainsi pour
M. de Liron d'Airoles, car dans l'article
où il a parlé de ce fruit, il a simplement constaté que la chair en était
« blanche, très-fine, fondante, et l'eau
« très-abondante et très-sucrée. » (*Notices pomologiques*, t. II, année 1859,
page 65.) — Il est bon de faire remarquer qu'en 1855 le *Catalogue de la
Société Van Mons* mentionnait page 87,
comme classée parmi les fruits à l'é-
tude, une poire Amandine, qu'il attribuait à M. Louis Berckmans. Nous
ignorons si cette poire, dite alors de première qualité, grosse et mûrissant en
novembre, a rencontré depuis beaucoup d'acquéreurs ; mais on doit regretter
de voir introduire ainsi à deux ans de distance, dans la nomenclature de nos
variétés, un poirier Amandine (de Bruxelles) et un poirier Amandine (de Rouen).
— Enfin, il faut se garder de confondre la poire Amandine, de M. Boisbunel, avec
celle appelée *Grosse poire d'Amande*, qui mûrit également en octobre. Ces deux
espèces n'ont effectivement entre elles aucun rapport quant à la forme, la grosseur
et la couleur ; comme elles diffèrent aussi complétement pour le bois de l'arbre, et
même pour la saveur de la chair.

Poire AMANLIS. — Synonyme de *Beurré d'Amanlis*. Voir ce nom.

Poire d'AMBLETEUSE. — Synonyme de *Beurré gris*. Voir ce nom.

Poire d'AMBOISE. — Synonyme de *Beurré gris*. Voir ce nom.

Poire d'AMBRE, D'ÉTÉ. — Synonyme de poire *Muscat Robert*. Voir ce nom.

Poire d'AMBRE GRIS. — Synonyme de poire *Ambrette d'Hiver*. Voir ce nom.

26. Poire AMBRETTE D'ÉTÉ.

Synonymes. — *Poires* : 1. Besi de Mouillères (le Lectier, *Catalogue des arbres cultivés dans son verger et plant*, 1628, pp. 7 et 8). — 2. Trompe-Friand (*Id. ibid.*). — 3. Crapaudine (Merlet, *l'Abrégé des bons fruits*, édit. de 1675, p. 83). — 4. Rude-Epée (*Id. ibid.*).

Description de l'arbre. — *Bois* : fort. — *Rameaux :* nombreux, légèrement étalés, gros, longs, vert-brun ou vert jaunâtre, souvent lavés de rouge obscur, ponctués de gris, et montrant des coussinets bien développés. — *Yeux :* moyens, ovoïdes, pointus, renflés à la base, non appliqués. — *Feuilles :* ovales ou arrondies, acuminées, assez grandes, à bords unis ou très-finement denticulés, à pétiole long et faible.

Fertilité. — Médiocre.

Culture. — Il lui faut le cognassier, sur lequel il est de moyenne vigueur et prend une forme pyramidale rarement défectueuse.

Description du fruit. — *Grosseur* : petite. — *Forme* : sphérique, se rétrécissant un peu vers le sommet du fruit. — *Pédoncule :* court, mince, droit, charnu à la base, obliquement inséré dans une étroite cavité que surmonte une gibbosité des plus prononcées. — *Œil :* petit, ouvert, régulier, saillant ou faiblement enfoncé. — *Peau :* jaunâtre, souvent rude au toucher, parsemée de points gris, et habituellement lavée de rouge-brun clair du côté du soleil. — *Chair :* blanc mat, cassante, contenant quelques pierres autour des loges. — *Eau :* suffisante, sucrée, acidule, assez délicatement musquée.

Maturité. — Fin août et cours de septembre.

Qualité. — Deuxième.

Historique. — Nous la croyons, comme le Besi d'Héric, originaire de la Bretagne. Le Lectier, qui le premier l'a mentionnée, l'appelait en 1628, on l'a vu plus haut, Besi de *Mouillères*. Or, il existe une localité de ce nom commune des Crouais (Ille-et-Vilaine); puis, outre que cette espèce est cultivée de temps immémorial dans tout l'ouest de la France, le mot *besi*, qu'on lui appliquait à sa naissance, et qui signifie poire sauvage, est de plus un terme appartenant essentiellement à la langue bretonne. Quant au synonyme *Trompe-Friand*, que le Lectier donnait également à ce poirier en 1628, il a cela de particulier qu'il forme le pendant de ceux-ci : *Trompe-Coquin, Trompe-Valet,* s'appliquant à la seconde variété d'Ambrette, dite Ambrette d'Hiver, ou Ambrette épineuse. Et ce sont probablement les épines dont les arbres de ces deux espèces furent longtemps couverts, qui leur auront valu de tels surnoms; car le gourmand ou le fripon, en se hâtant d'en fouiller les branches, devaient naturellement se piquer aux dards dont elles étaient garnies. — Les Allemands aiment beaucoup l'Ambrette d'Été. Le docteur Diel, de Stuttgardt, la reçut d'un horticulteur de Nancy, en 1790, et ce fut par lui qu'elle se propagea dans les divers États de la Confédération germanique. C'est là du moins le dire de M. F. Jahn dans l'*Illustrirtes Handbuch der Obstkunde* (t. II, 1860, pp. 255-256). Mais on concevrait difficilement l'estime des Allemands pour cette petite poire, qui chez nous est à peine de deuxième qualité, si nous n'ajoutions pas qu'elle se montre, dans leur sol, fondante, juteuse, et d'une saveur sucrée rappelant celle de la Bergamote.

Observations. — Nos anciens pomologues, Merlet et de la Quintinye entre autres, ont cru et imprimé que l'Ambrette d'Été devait être regardée comme le même fruit que la poire Grise-Bonne; ce que leurs compilateurs ont eu soin de répéter. Cette opinion est erronée; la poire Grise-Bonne, comme on peut s'en convaincre en la comparant ici même avec l'Ambrette d'Été, diffère totalement, tant pour l'arbre que pour le fruit, de cette dernière variété. Mais notre savant botaniste Poiteau, lui, ne s'y était pas trompé, car il disait en 1848, décrivant la Grise-Bonne : « On ne doit point la confondre avec l'Ambrette (d'Été), ainsi que font quelques « personnes. » (*Pomologie française*, t. III, n° 50.) Et l'auteur allemand que nous venons de citer, M. F. Jahn, est aussi de cet avis.

---

27. Poire AMBRETTE D'HIVER.

Synonymes. — *Poires :* 1. Trompe-Coquin (le Lectier, *Catalogue des arbres cultivés dans son verger et plant,* 1628, p. 16). — 2. Trompe-Valet (de la Quintinye, *Instructions pour les jardins fruitiers et potagers,* édit. de 1789, t. I, p. 233). — 3. Ambrette épineuse (de Launay, *le Bon Jardinier,* 1808, p. 133). — 4. D'Ambre gris (Tougard, *Tableau analytique des variétés de poires classées par ordre mensuel de maturité,* 1852, p. 44). — 5. Ambrette grise (Decaisne, *le Jardin fruitier du Muséum,* 1860, t. III). — 6. Belle-Gabrielle (*Id. ibid.*). — 7. De Chine (*Id. ibid.*).

Description de l'arbre.
— *Bois :* fort. — *Rameaux :* très-nombreux, généralement étalés, gros, longs, un peu flexueux, roux verdâtre, semés de larges points gris, à coussinets bien marqués. — *Yeux :* de grosseur plus que moyenne, ovoïdes, pointus, écartés du bois. — *Feuilles :* petites, ovales, faiblement crénelées, portées sur un pétiole court et épais.

Fertilité. — Médiocre.

Culture. — Il pousse vigoureusement sur cognassier et y prend une assez jolie forme pyramidale.

Description du fruit. — *Grosseur :* moyenne ou petite. — *Forme :* arrondie, régulière, habituellement plus ventrue du côté du soleil, que du côté de l'ombre. — *Pédoncule :* assez long, assez gros, droit ou arqué, renflé aux extrémités, presque toujours obliquement implanté dans une faible dépression. — *Œil :* grand, très-ouvert, très-développé, à peine enfoncé, entouré de quelques bosselettes. — *Peau :* jaune olivâtre, ponctuée, marbrée de fauve, et généralement couverte de taches roussâtres fortement squammeuses. — *Chair :* jaunâtre ou blanc verdâtre, mi-fondante, ferme, juteuse, pierreuse au centre. — *Eau :* des plus abondantes, fraîche, sucrée, douée d'un arome particulier qui la rend quelquefois extrêmement délicate.

MATURITÉ. — Décembre, mais se conservant jusqu'au mois de février.

QUALITÉ. — Elle varie tellement chez ce fruit, qu'on ne peut le déclarer de premier ordre, parmi les espèces à couteau ; aussi le recommandons-nous plutôt comme fruit de choix, pour la cuisson.

Historique. — Ainsi que l'Ambrette d'Été, l'Ambrette d'Hiver n'avait pas été citée avant 1628, date où le Lectier la montra cultivée sous le nom de Trompe-Coquin, que l'auteur allemand Mayer fit plus tard, en 1774, et avec raison, synonyme de cette variété, dans sa *Pomona franconica.* — Au cours de 1675, quand notre vieux Merlet en parla, il dit : « Elle vient d'un sauvageon, dont elle conserve encore le « bois piquant et épineux » (*l'Abrégé des bons fruits*, p. 100) ; caractère qui dénotait combien, alors, sa propagation était récente. Cependant, s'il fallait accepter l'opinion d'un Prussien, d'Henri Manger, érudit du XVIIIᵉ siècle qui s'est longuement occupé de l'histoire des fruits, l'Ambrette d'Hiver remonterait jusqu'aux Romains, et ne serait autre que la poire *Myrapia* mentionnée par Pline, et ainsi nommée du parfum de son eau, rappelant celui de la myrrhe. Or, comme l'ambre a la même odeur, paraît-il, que la myrrhe, cet érudit en conclut que *pira Myrapia* et poire Ambrette d'Hiver forment une seule et unique variété (*Systematische Pomologie*, 1780-1783, IIᵉ partie, p. 172). — Nous accepterions plus volontiers son ingénieux rapprochement, si d'autres savants ne venaient le combattre, en prétendant, à leur tour, voir dans le Caillot rosat, dans le Petit-Muscat, dans la Bellissime d'Été, cette même poire Myrapia, connue bien avant l'ère chrétienne. Aussi, devant de semblables hypothèses, nous en tiendrons-nous sagement au témoignage de Merlet, qui nous présente, en 1675, l'Ambrette d'Hiver couverte encore des épines attestant son jeune âge. Mais nous dirons avec le botaniste anglais Philippe Miller, quant au nom dont on l'a dotée : « Il lui a été donné à cause de « son goût musqué, ressemblant à l'odeur de la fleur Doux-Sultan, qui, en France, « est appelée *Ambrette.* » (*Dictionnaire des Jardiniers*, 8ᵉ édit., 1786, t. VI, p. 168.) Enfin nous constaterons que ce poirier n'a plus droit, depuis longtemps, à la qualification d'épineux, qui jadis servit à le distinguer de ses congénères.

POIRE AMBRETTE ÉPINEUSE. — Synonyme de poire *Ambrette d'Hiver*. Voir ce nom.

POIRE AMBRETTE GRISE. — Synonyme de poire *Ambrette d'Hiver*. Voir ce nom.

---

28. POIRE AMÉDÉE LECLERC.

Description de l'arbre. — *Bois :* fort, gris foncé. — *Rameaux :* nombreux, érigés, marron, souvent lavés de roux clair, gros, longs, droits, finement ponctués, à coussinets peu ressortis. — *Yeux :* assez petits, ovoïdes, généralement obtus, faiblement écartés, ou placés en éperon. — *Feuilles :* ovales-allongées, acuminées, dentées ou crénelées, et presque toujours caniculées; leur pétiole est grêle et très-court.

Poire Amédée Leclerc.

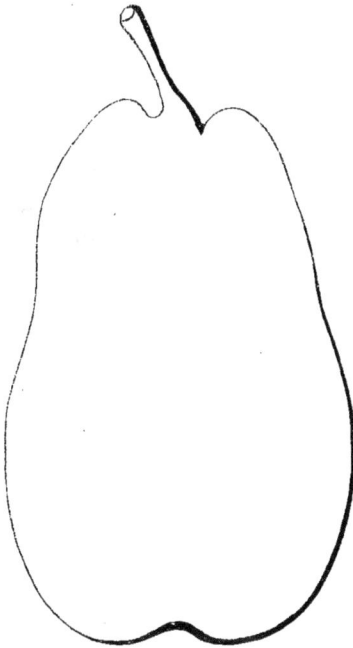

FERTILITÉ. — Ordinaire.

CULTURE. — Les pyramides de ce poirier, qui est d'une assez grande vigueur, sont belles et touffues; il veut le cognassier.

Description du fruit. — *Grosseur :* moyenne. — *Forme :* cylindrique, bosselée, légèrement étranglée vers le milieu de la hauteur. — *Pédoncule :* court, droit, mince, charnu à la base, continu avec le fruit, obliquement implanté dans une vaste cavité entourée de gibbosités. — *OEil :* petit, ouvert, très-développé, à peine enfoncé. — *Peau :* jaune d'or, ponctuée, striée de roux, veinée de même auprès du pédoncule et fortement maculée de fauve autour de l'œil. — *Chair :* blanchâtre, fine, molle, demi-cassante, faiblement pierreuse au centre. — *Eau :* suffisante, douce, sucrée, peu parfumée, peu savoureuse.

MATURITÉ. — Fin février.

QUALITÉ. — Deuxième, et parfois troisième.

Historique. — Semée vers 1835, par Léon Leclerc, ancien député de Laval, et grand amateur d'horticulture, cette variété n'a fructifié qu'en 1849. Après la mort de ce personnage, en 1858, ses semis passèrent à M. Louis Hutin, son jardinier, maintenant pépiniériste même ville, et il s'empressa de les propager. La poire Amédée Leclerc porte le nom de l'un des fils de son obtenteur; elle a été livrée au commerce en 1861.

Observations. — En 1862, M. Liron d'Airoles (*Notices pomologiques,* t. II, 2ᵉ supplément, p. 4) citait ce fruit parmi ceux qu'il avait alors à l'étude, et le disait « gros, fondant, de premier ordre. » Chez nous, il ne s'est jamais montré ainsi; tout le fait donc supposer de qualité très-variable. — Notons également que les pépins des exemplaires ayant servi à nos dégustations étaient complétement avortés.

---

29. POIRE AMÉLIE LECLERC.

Description de l'arbre. — *Bois :* de grosseur moyenne. — *Rameaux :* jaune rougeâtre, assez nombreux, grêles, étalés, courts, légèrement flexueux, et souvent un peu arqués; ils sont semés de quelques larges points gris-blanc et munis de coussinets bien prononcés. — *Yeux :* très-nourris, longs, coniques, pointus, extrêmement écartés du bois. — *Feuilles :* petites ou moyennes, de forme inconstante, parfois ovales-acuminées, parfois ovales-lancéolées, généralement dentelées en scie et maculées de rouge clair; leur pétiole est court et grêle.

FERTILITÉ. — Abondante.

CULTURE. — Ce poirier, greffé sur cognassier, donne de belles pyramides, malgré la faiblesse et le manque de longueur de ses rameaux.

Poire Amélie Leclerc.

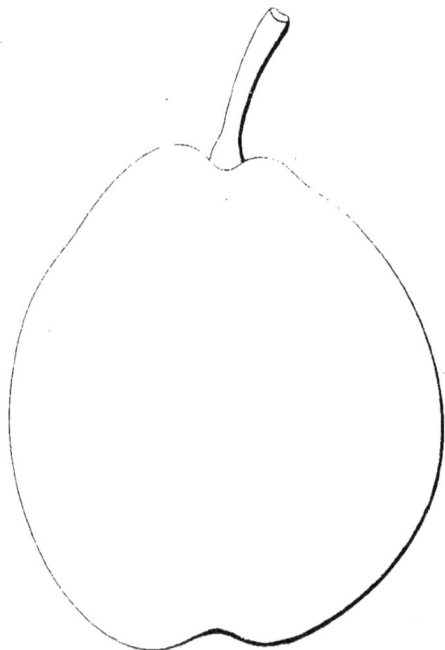

Description du fruit. —

Grosseur : moyenne. — *Forme :* turbinée - arrondie, obtuse, ventrue, et souvent quelque peu bosselée ou contournée. — *Pédoncule :* assez long, assez gros, faiblement arqué, renflé à son point d'insertion et obliquement implanté au milieu d'une légère dépression. — *OEil :* presque saillant, grand et mi-clos, ordinairement mal développé. — *Peau :* jaune pâle, ponctuée, striée, veinée de roux, tachée de même autour du pédoncule, et largement lavée, du côté du soleil, de rose carminé. — *Chair :* blanche, fine, ferme et juteuse, fondante, rarement très-pierreuse. — *Eau :* des plus abondantes, sucrée, acidule, délicieusement parfumée.

MATURITÉ. — Fin septembre ou commencement d'octobre.

QUALITÉ. — Première.

Historique. — Comme la poire Amédée Leclerc, ci-dessus décrite, elle provient des semis de feu Léon Leclerc, de Laval, et porte également le nom de l'un de ses enfants. Le pied-type s'est mis à fruit en 1850 ; il paraissait alors âgé d'une douzaine d'années. M. Hutin, promoteur de cette variété, n'a commencé à la répandre qu'en 1861 ; et c'est fâcheux, car elle occupe assurément le premier rang parmi les gains de Léon Leclerc dont ce pépiniériste a entrepris la multiplication.

30. POIRE D'AMIRAL.

Synonymes. — *Poires :* 1. DE PORTUGAL, D'ÉTÉ (de la Quintinye, *Instructions pour les jardins fruitiers et potagers*, édit. de 1739, t. I, p. 314). — 2. DE PRINCE (*Id. ibid.*). — 3. CARDINALE (Poiteau, *Pomologie française*, 1846, t. III, n° 32).

Description de l'arbre. — *Bois :* faible. — *Rameaux :* vert jaunâtre, peu nombreux, étalés, arqués ou contournés, grêles, assez longs, très-flexueux, semés de larges points grisâtres, et ayant les coussinets prononcés. — *Yeux :* gros et coniques, fort écartés, habituellement pointus. — *Feuilles :* elliptiques-allongées, grandes, crénelées ou dentées, à pétiole bien nourri et de longueur moyenne.

FERTILITÉ. — Convenable.

CULTURE. — De moyenne vigueur, ce poirier ne réussit que sur franc; ses pyramides sont rarement fortes et touffues.

Poire d'Amiral.

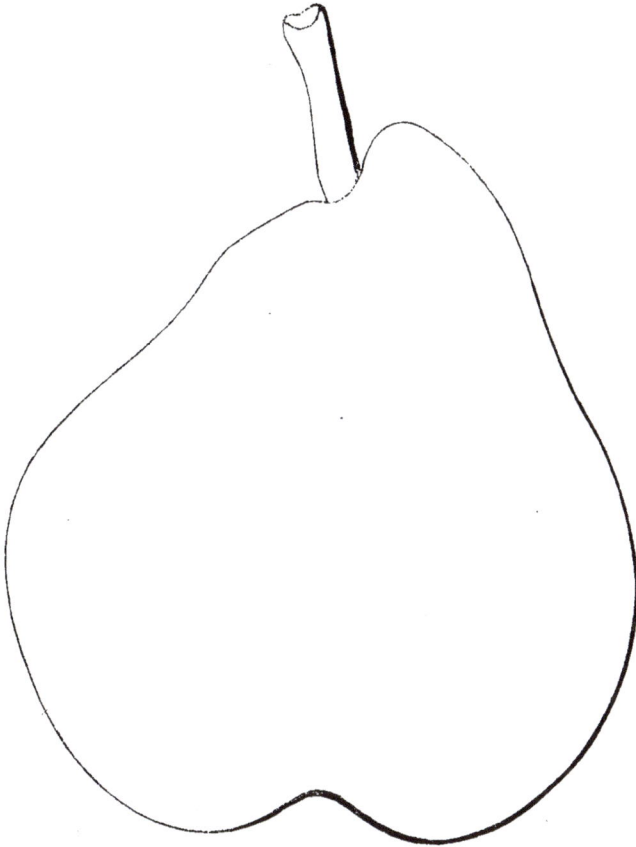

Description du fruit. — *Grosseur :* assez volumineuse. — *Forme :* turbinée, obtuse, ventrue, bosselée. — *Pédoncule :* peu long, gros, droit, obliquement inséré en dehors de l'axe du fruit. — *Œil :* petit, souvent mi-clos, mal développé, placé dans un bassin vaste et profond. — *Peau :* jaune verdâtre foncé, fortement marbrée de fauve autour du pédoncule, et presque toujours lavée de rouge brillant du côté du soleil. — *Chair :* blanche, fine, tendre, fondante, non pierreuse. — *Eau :* Extrêmement abondante, acidule, sucrée, parfumée, des plus savoureuses.

MATURITÉ. — De la mi-septembre à la mi-octobre.

QUALITÉ. — Première.

Historique. — Dans son *Théâtre d'agriculture*, Olivier de Serres cite en 1600 le poirier d'Amiral, le dit répandu chez nous, et se tait sur l'âge et l'origine de cette variété. Les divers auteurs qui depuis l'ont mentionnée, ayant imité ce silence, il devient impossible, aujourd'hui, de le rompre sans recourir à l'hypothèse. Il est du reste assez probable, aucun ouvrage n'en ayant parlé avant celui d'Olivier de Serres, qu'elle date de la moitié ou de la fin du XVIᵉ siècle. Quant à son nom, en le dédiant ainsi aux amiraux, pour lors les plus grands dignitaires du royaume, il est permis de supposer qu'on eut surtout dessein d'indiquer par là l'excellence du nouveau fruit. Quoi qu'il en soit, ce nom lui est constamment demeuré; et lorsqu'on essaya de l'appeler, il y a vingt ans, poire *Cardinale,* par allusion à la couleur purpurine dont le soleil revêt sa peau, cette autre dénomination fut repoussée; l'ancienne prévalut — et nous croyons qu'il serait sage de se montrer toujours aussi sévère en pareil cas.

Observations. — Il est excessivement rare que la poire d'Amiral se conserve jusqu'à la fin d'octobre; on doit donc relever l'erreur commise par Poiteau, qui la fait aller jusqu'au mois de mars (*Pomologie française*, 1846, t. III, n° 32). — Plusieurs pépiniéristes ont regardé et regardent encore le poirier *Arbre courbé* comme un synonyme de la présente espèce, mais c'est à tort, les caractères de ces deux poiriers et de leurs produits sont parfaitement distincts. — Enfin, disons qu'on trouve souvent les pepins de la poire d'Amiral complétement avortés, sans qu'on soit fondé, pour cela, à l'en prétendre dépourvue, cet avortement étant tout exceptionnel.

31. Poire AMIRAL CÉCILE.

Description de l'arbre. — *Bois:* un peu faible.—*Rameaux :* de moyenne grosseur, généralement étalés, assez longs, flexueux, vert obscur, striés et ponctués de gris-blanc; ils ont les coussinets fort ressortis et sont munis parfois de dards bien caractérisés. — *Yeux :* petits ou moyens, coniques, très-pointus, entièrement adhérents. — *Feuilles :* grandes, ovales-allongées, contournées, profondément dentées, à pétiole court et grêle.

Fertilité. — Ordinaire.

Culture. — Cet arbre, dont la vigueur est grande, prospère parfaitement sur cognassier, et prend une jolie forme pyramidale.

Description du fruit. — *Grosseur :* moyenne. — *Forme :* sphérique, bosselée et contournée vers le sommet du fruit. — *Pédoncule :* court, mince, faiblement arqué, inséré dans une assez large dépression. — *Œil :* grand, ouvert ou mi-clos, bien développé, presque saillant. — *Peau :* vert jaunâtre, entièrement ponctuée et marbrée de fauve. — *Chair :* blanchâtre, juteuse, fine, fondante, pierreuse au centre. — *Eau :* des plus abondantes, fraîche, délicatement sucrée et parfumée.

Maturité. — Fin octobre, se prolongeant jusqu'en décembre.

Qualité. — Première.

Historique. — Cette poire est due à M. Boisbunel fils, pépiniériste à Rouen, et nous empruntons le passage suivant à la note qu'il lui consacrait le 12 décembre 1858, dans les *Bulletins du Cercle pratique d'horticulture et de botanique du département de la Seine-Inférieure :*

« Ce bon fruit mûrit très-lentement au fruitier ; nous avons mangé les premiers vers le 20 octobre, et nous en possédons encore quelques-uns qui ne sont pas trop avancés. Je pense que, dans une année plus favorable à la conservation des fruits, celui-ci pourra attendre

facilement à la fin de décembre. C'est un semis de 1856 qui a fructifié cette année pour la première fois. Je l'ai dédié au brave amiral Cécile, notre illustre compatriote, qui après l'avoir dégusté a bien voulu en accepter la dédicace. » (*Loco citato*, t. XIV, p. 182.)

Poire AMIRÉ. — Synonyme de *Gros-Blanquet rond*. Voir ce nom.

---

32. Poire AMIRÉ JOHANNET.

Synonymes. — *Poires :* 1. Petit-Johannet (Claude Mollet, *Théâtre des jardinages*, 1660 et 1678, p. 28). — 2. Hativeau (*Id. ibid.*). — 3. Petit-Saint-Jean (de Launay, *le Bon Jardinier*, 1808, p. 129). — 4. Saint-Jean (Brébisson, *Nouveau cours complet d'agriculture théorique et pratique*, 1809, t. X. p. 238). — 5. De Johannet (Couverchel, *Traité complet des fruits de toute espèce*, édit. de 1852, p. 462).

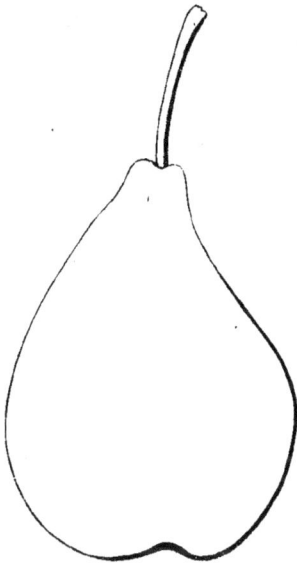

Description de l'arbre. — *Bois :* de moyenne force. — *Rameaux :* assez nombreux, régulièrement érigés, courts, minces, peu flexueux, vert-brun, lavés parfois de roux clair, finement ponctués de gris cendré, et munis de coussinets rarement très-développés. — *Yeux :* triangulaires, aigus, bien nourris, généralement appliqués contre le bois. — *Feuilles :* assez grandes, oblongues, acuminées, planes ou contournées, ayant les bords denticulés et le pétiole court et grêle.

Fertilité. — Abondante.

Culture. — Greffé sur cognassier, il pousse lentement, mais forme néanmoins de remarquables pyramides. Sur franc, il acquiert généralement beaucoup plus de vigueur.

Description du fruit. — *Grosseur :* petite. — *Forme :* pyriforme, légèrement obtuse et ventrue, régulière. — *Pédoncule :* assez long, menu, droit ou arqué, implanté à fleur de peau. — *OEil :* petit, fermé ou mi-clos, à peine enfoncé. — *Peau :* jaune clair, parsemée de points roux excessivement fins, montrant souvent quelques marbrures de même couleur, et se colorant souvent aussi de rose pâle, quand la maturité s'accomplit. — *Chair :* blanche, demi-fine, mal fondante, non pierreuse. — *Eau :* suffisante, douceâtre, sucrée, imprégnée d'un parfum musqué peu prononcé qui la rend assez agréable.

Maturité. — De la fin de juin à la mi-juillet.

Qualité. — Deuxième.

Historique. — Claude Mollet, le créateur, en France, des parterres à compartiments, et qui, directeur des jardins d'Henri IV et de Louis XIII, avait réuni, rien qu'à Fontainebleau, plus de sept mille pieds d'arbres fruitiers — Claude Mollet faisait connaître en ces termes, dès 1660, la variété dont nous nous occupons :

« Il y a deux sortes de poiriers de Johannet, un desquels s'appelle Hastiveau, c'est le Petit-Johannet. Il porte son nom de Johannet à cause qu'il se mange à la Saint-Jean. Il n'est sujet aux incommodités du temps; vous pouvez le planter dans vos vergers; mais si vous voulez en avoir de la satisfaction, faites faire de bons trous. » (*Théâtre des jardinages*, 1660-1678, p. 28.)

Ce passage de Claude Mollet montre pour quel motif on avait appelé Johannet la poire qu'il appelle aussi Hâtiveau. Merlet, qui peu après citait le même fruit, en lui donnant le nom d'Amiré Johannet — sous lequel on le cultive encore actuellement — fut moins précis : il se tut sur l'origine du mot *Amiré*, appliqué également, à cette époque, à deux autres variétés de poirier. Nous ne connaissons donc que la moitié de ce problème étymologique, car il serait téméraire, sans doute, de penser qu'Amiré vient d'*Amerig* — aujourd'hui Amelia — localité avoisinant Viterbe (États de l'Église), et qui possédait, selon Pline en son *Histoire naturelle*, certaines variétés de poires dites Amérines..... S'il en était ainsi, l'Amiré Johannet aurait alors figuré sur les tables romaines. Mais qui voudrait l'affirmer?... L'un des plus savants annotateurs de Pline, le père Hardouin, jésuite du XVIIe siècle, n'a pas craint, lui, d'avancer que la poire de Saint-Jean (lisez Amiré Johannet) était positivement la poire *Hordeacea* des Romains. Il fondait son opinion sur le sens même de l'adjectif latin HORDEACEUS : *pira Hordeacea*, poire d'Orge; qualifiée de la sorte parce qu'elle se mangeait, en Italie, à l'époque où l'on y récolte l'orge. D'où s'ensuit, selon l'érudit jésuite, que la maturité de notre Johannet coïncidant avec la maturité de l'orge, chez les Italiens, ce Johannet doit être la poire Hordeacea..... La conséquence tirée de ce simple fait d'une maturité identique, semble fort hasardée; aussi rapportons-nous le dire du père Hardouin à titre de curiosité historique, et non autrement; avouant de plus que s'il fallait opter entre les deux hypothèses ici présentées, nous adopterions la nôtre, celle qui s'appuie sur la ressemblance du nom. Amiré peut bien, à la rigueur, dériver d'Ameria, dont il est une quasi-traduction.

Observations. — Prévost, de Rouen, dont l'autorité pomologique fut grande et méritée, étudia beaucoup cette vieille variété, et ce qu'il en a dit est tellement exact, qu'il y a profit pour tous à le reproduire :

« Si cette poire — écrivait-il en 1839 — n'a pas la chair aussi succulente qu'on pourrait le désirer, elle a au moins sur les variétés Madeleine et Petit-Muscat, qu'elle égale en précocité si elle ne les devance, l'avantage d'avoir une forme, un coloris agréables, une saveur assez prononcée, et de ne pas blettir aussi promptement..... Sa maturité se manifeste très-vite par le changement de couleur de la peau vers la pointe; alors elle exhale une odeur agréable et tombe facilement de l'arbre; ce à quoi il faut veiller, car les limaçons en sont très-friands et ne tardent pas à la creuser. » (*Cahiers pomologiques*, p. 55.)

POIRE **AMIRÉ ROUX**. — Synonyme de poire *Archiduc d'Été*. Voir ce nom.

POIRE **AMOSELLE**. — Synonyme de *Bergamote de Hollande*. Voir ce nom.

POIRE D'**AMOUR**. — Synonyme de poire *Belle-Angevine*. Voir ce nom.

POIRE D'**AMOUR**. — Synonyme de poire *Bon-Chrétien d'Auch*. — Voir ce nom.

POIRE D'**AMOUR**. — Synonyme de poire *Duc de la Force*. Voir ce nom.

POIRE D'**AMOUR**. — Synonyme de poire *Gîle-ô-Gîle*. Voir ce nom.

POIRE D'**AMOUR**. — Synonyme de poire *de Livre*. Voir ce nom.

---

33. Poire d'AMOUR.

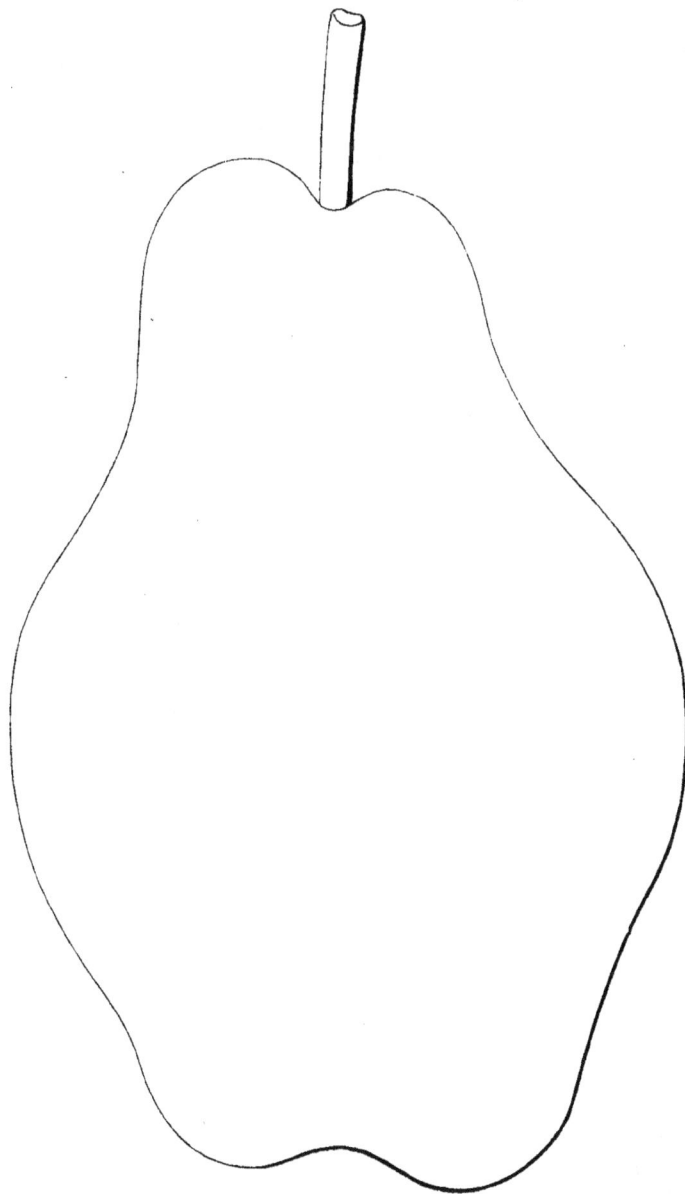

Synonymes. — *Poires* : 1. De Hongrie ? (le Lectier, *Catalogue des arbres cultivés dans son verger et plant*, 1628, page 19). — 2. Trésor (Merlet, *l'Abrégé des bons fruits*, édition de 1675, p. 117). — 3. D'Horticulture (Alfroy, cité par Noisette, *le Jardin fruitier*, édit. de 1839, p. 164).

Description de l'arbre. — *Bois* : fort. — *Rameaux* : nombreux, assez gros, étalés, très-flexueux, gris-brun, ponctués de roux, ayant les coussinets peu prononcés. — *Yeux* : moyens, coniques, pointus, légèrement appliqués contre le bois. — *Feuilles* : moyennes ou petites, ovales-allongées, finement denticulées, portées sur un pétiole roide, grêle et court.

Fertilité. — Ordinaire.

Culture. — Le franc lui convient mieux que le cognassier ; mais sur l'un et sur l'autre de ces sujets il se développe fort mal en pyramide. Ses fleurs très-délicates, et la pesanteur de ses fruits, demandent qu'on l'abrite avec soin, et même qu'on le place en espalier. Sa vigueur est moyenne.

Description du fruit. — *Grosseur* : des plus volumineuses. — *Forme* : affectant généralement celle d'un coing, et presque toujours allongée, pentagone ou fortement bosselée. — *Pédoncule* : de longueur moyenne, droit, gros, régulièrement implanté dans un vaste évasement bordé d'énormes renflements. — *Œil* : très-grand, très-ouvert, très-développé, placé au fond d'un large bassin qu'entourent des cannelures extrêmement prononcées. — *Peau* : jaune obscur, ponctuée, striée, marbrée de fauve, et montrant parfois quelques taches brunâtres. — *Chair* : blanc mat, mi-fondante, juteuse, non pierreuse. — *Eau* : excessivement abondante, sucrée, douceâtre, manquant habituellement de parfum.

Maturité. — Allant de la fin de novembre au commencement de février.

Qualité. — Deuxième, comme fruit à couteau ; première, comme fruit à compote.

Historique. — Cinq poiriers ont reçu fautivement ou frauduleusement, jusqu'ici, le nom de Poirier d'Amour, au préjudice de la variété dont on vient de lire la description, et qui seule a droit de le porter. Le *Catalogue des arbres cultivés dans le verger et plant* de le Lectier, en 1628, parle d'une poire DE HONGRIE « grosse » comme un melon sucrin, et se mangeant en janvier et février. » Cet énorme fruit — que nul auteur n'a mentionné depuis — ne saurait être confondu avec la petite poire Chat brûlé, mûrissant en octobre, et comptant parmi ses synonymes ce même nom de poire de Hongrie. Quel est-il donc ?... Serait-ce l'énorme poire d'Amour ou Trésor ?... A cela, rien d'impossible... On a dit, nous le savons, cette dernière synonyme de Bon-Chrétien d'Auch. Mais outre que ces deux poiriers sont parfaitement distincts les uns des autres, ainsi que leurs produits, on les trouve encore, de 1675 à 1852, décrits comme espèces non identiques par Merlet, la Quintinye, Duhamel, Noisette, Poiteau, Couverchel. En dehors de notre propre opinion, de notre propre examen, nous avons alors pour appui l'autorité de ces pomologues. Constatons-le, et couvrons-nous-en. Seulement, il reste entendu que nous n'émettons qu'une simple supposition à l'égard de la poire de Hongrie cultivée par le Lectier ; car il est difficile, on le conçoit, de se prononcer en pareil cas sans autres points de comparaison que l'époque de maturité, que la grosseur d'un fruit. Si cependant notre supposition devait plus tard se changer en certitude, le premier nom qu'aurait, chez nous, porté cette poire, indiquerait qu'elle fut tirée de la Hongrie. Quant à ceux sous lesquels Merlet l'enregistra, on devine les motifs qui les lui valurent. Un tel fruit, à une époque où l'on n'en possédait qu'un choix très-limité, put en effet recevoir à bon droit les noms d'Amour, de Trésor. Et ne blâmons pas nos pères de les leur avoir octroyés, lorsque journellement nous en voyons appliquer de plus louangeurs encore, à nombre de fort mauvais gains. — Mais un troisième baptême était réservé à cette même poire. Elle le subit en 1828. Toutefois, Louis Noisette, pépiniériste expert et consciencieux, ne l'ayant pas jugé nécessaire, s'inscrivit en ces termes contre la fausse variété qu'on essayait de propager :

« M. Alfroy, pépiniériste à Lieusaint, a présenté, il y a quatre ans, la poire d'Amour ou Trésor, comme un fruit nouveau, sous le nom de *poire d'Horticulture*, quoique MM. Poiteau et Turpin l'eussent figurée, il y a plus de vingt ans, dans leur *Traité des arbres fruitiers*, sous son véritable nom. » (*Le Jardin fruitier*, édit. de 1839, Ire partie, p. 164.)

Observations. — En 1860, M. Charles Baltet, horticulteur à Troyes, disait à la page 617 de la *Revue horticole* publiée par M. Barral, « qu'on rencontrait souvent « aux expositions la poire d'Amour ou Trésor, sous la dénomination de Bon-Chrétien

« de Vernois. » Il a dû en être ainsi, puisque M. Baltet l'a remarqué. Néanmoins, le poirier classé dans notre école sous le nom de Bon-Chrétien de Vernois, n'offre aucune ressemblance avec le poirier d'Amour; et l'on pourra s'en convaincre aisément en comparant ici même les descriptions que nous donnons de ces deux arbres et de leurs fruits. Du reste, le poirier d'Amour est généralement peu cultivé, sans doute à cause de la difficulté avec laquelle ses fleurs se nouent; ce qui, plus haut, nous faisait recommander de le placer en espalier, pour corriger autant que possible un défaut aussi capital.

POIRE D'AMYDOU. — Synonyme de poire *Grise-Bonne*. Voir ce nom.

34. POIRE ANANAS.

Synonymes. — *Poires :* 1. DE BOUCHET (de la Quintinye, *Instructions pour les jardins fruitiers et potagers*, édit. de 1692, p. 180). — 2. COMPÉRETTE (Van Mons, en 1818, cité par Oberdieck et Jahn, *Illustrirtes Handbuch der Obstkunde*, 1860, t. II, p. 301). — 3. FAVORI MUSQUÉ DU CONSEILLER (Willermoz, *Nouvelles observations sur la poire*, 1853 , p. 6). — 4. ANANAS D'ÉTÉ (de Liron d'Airoles, *Notices pomologiques*, 2ᵉ édit., 1855, pp. 56-57). — 5. ANANAS FRANÇAIS (Idem, *Table des variétés du poirier dont l'historique n'a pu être complété*, 1857, p. 25). — 6. FAVORI MUSQUÉ (Decaisne, *le Jardin fruitier du Muséum*, t. I, 1858).

Premier Type.

Description de l'arbre. — *Bois :* de force moyenne. — *Rameaux :* nombreux , étalés , très-gros et très - courts , légèrement flexueux , brun clair , fortement ponctués, ayant les coussinets peu ressortis et les mérithalles ou entre-nœuds excessivement courts. — *Yeux :* coniques, pointus, bien nourris, très-allongés, non appliqués, à écailles souvent renflées et faiblement disjointes. — *Feuilles :* moyennes, ovales , acuminées , coriaces, finement denticulées; portées sur un pétiole roide, épais, petit, lavé de rouge et complétement dépourvu de stipules.

FERTILITÉ. — Remarquable.

CULTURE. — En lui donnant le cognassier, sur lequel il est vigoureux, il se développera parfaitement en fortes pyramides bien ramifiées.

Description du fruit. — *Grosseur :* moyenne. — *Forme :* assez variable; elle est globuleuse ou turbinée, et se montre généralement bosselée et ventrue. — *Pédoncule :* court ou très-court, mince ou moyen, légèrement arqué, parfois charnu à la base, et parfois aussi continu avec le fruit, à la surface duquel il est implanté au milieu d'une faible dépression. — *Œil :* petit, ouvert, bien développé, placé peu profondément dans un bassin arrondi. — *Peau :* vert grisâtre, ponctuée, marbrée de fauve, lavée de rouge-brun au soleil, et montrant souvent du côté de l'ombre quelques taches jaunâtres. — *Chair :* fine, ferme, juteuse, fondante, odorante, rarement pierreuse. — *Eau :* excessivement abondante, fraîche, très-sucrée, vineuse, habituellement douce, d'une saveur exquise ayant à la fois le parfum de la cannelle et celui du musc.

Poire Ananas. — *Deuxième Type.*

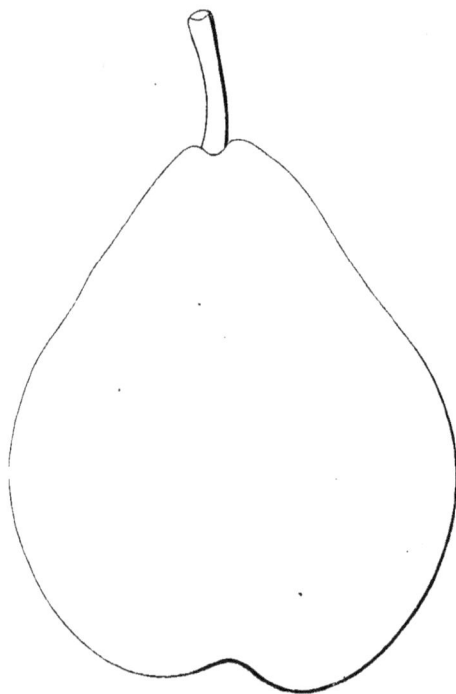

MATURITÉ. — De la mi-septembre à la fin d'octobre.

QUALITÉ. — Première, et quelquefois deuxième, lorsque le parfum musqué de ce fruit est par trop prononcé.

Historique. — Hermann Knoop, horticulteur hollandais connu par de savants ouvrages, fit paraître en 1650 un Abrégé de la *Fructologie* qu'il devait imprimer seize ans plus tard. C'est dans cet Abrégé, traduit en allemand par Georges-Léonard Huth, au cours de 1760, que nous rencontrons pour la première fois la poire Ananas ci-dessus décrite. Knoop dit « l'avoir reçue sous cette déno- « mination, qui vraisemblablement « n'était pas la seule qu'on lui eût donnée, » puis observa « qu'à cet égard rien n'était « venu le renseigner. » Et il eut raison de s'exprimer ainsi, car cette variété étrangère à la Hollande, on la cultivait en France depuis plusieurs années déjà ; elle y était appelée poire *de Bouchet* par le directeur des vergers de Louis XIV, par la Quintinye. Hermann Knoop se tait sur le lieu d'où lui vint le présent fruit ; on ignore donc en quelle contrée il portait alors ce nom d'Ananas, que lui fit attribuer, évidemment, la saveur toute particulière de sa chair. Remarquons-le, cependant, cette saveur n'est pas précisément celle de l'ananas. Aussi eût-il .été préférable de laisser à ce fruit son ancienne appellation — poire de Bouchet — l'eau qu'il contient rappelant fort bien, elle, le parfum du bouchet, breuvage que nos médecins, au xviie siècle, ordonnaient aux fiévreux, et qui se composait uniquement de sucre, de cannelle et d'eau. — Quoi qu'il en soit, ce dernier nom, rayé maintenant de presque tous les Catalogues, de presque toutes les Pomologies, ne saurait être repris sans inconvénient. Nous le comprenons, et nous conformons à l'usage ; ajoutant : 1° que les Allemands prétendent avoir reçu en 1818, de Van Mons, un poirier *Compérette* qui n'est autre que le poirier Ananas (voir Oberdieck, *Illustrirtes Handbuch der Obstkunde*, t. II, 1860, p. 304) ; — 2° que les variétés dites Ananas d'Été chez les Anglais, les Belges et les Américains, ne diffèrent aucunement de notre poire Ananas, dont la maturité, d'ailleurs, a rarement lieu en automne.

Observations. — Nous avons vu souvent l'Ambrette d'Été rangée parmi les synonymes de la poire Ananas. Une telle erreur surprend, le bois de ces poiriers ne permettant nullement de les confondre, et la première de ces poires se man-geant un mois au moins avant la seconde, qu'on doit avoir soin d'entre-cueillir et de placer au fruitier, si l'on veut éviter qu'elle ne blettisse aussitôt mûre. — On a considéré également comme synonyme de cette même variété, une poire appelée *Pouchet*, en Angleterre. Pour nous, n'ayant rencontré que Miller qui ait parlé d'un fruit de ce nom, il nous a paru sage de passer outre. La description qu'en fait le vieux jardinier anglais s'applique bien, il est vrai, à notre poire Ananas; seule-ment les traducteurs du *Dictionnaire* de Miller ont si malheureusement défiguré, parfois, les noms des espèces fruitières qui s'y trouvent mentionnées, que Pouchet doit avoir été écrit, là, pour *Bouchet*. Ainsi qu'on y lit encore, poires : Empire rose, Bonvar, Virgule, Besi de Cassoy, Pastorelle, etc. — au lieu de poires : Épine rose, Bouvard, Virgoulée, Besi de Caissoy, Pastorale, etc. (Voir Philippe Miller, *Diction-naire des jardiniers et des cultivateurs*, traduit de l'anglais sur la 8e édition, par le président de Chazelle, le conseiller Holandres, etc., 1786, t. VI, pp. 161, 167, 168, 172.)

35. Poire ANANAS DE COURTRAI.

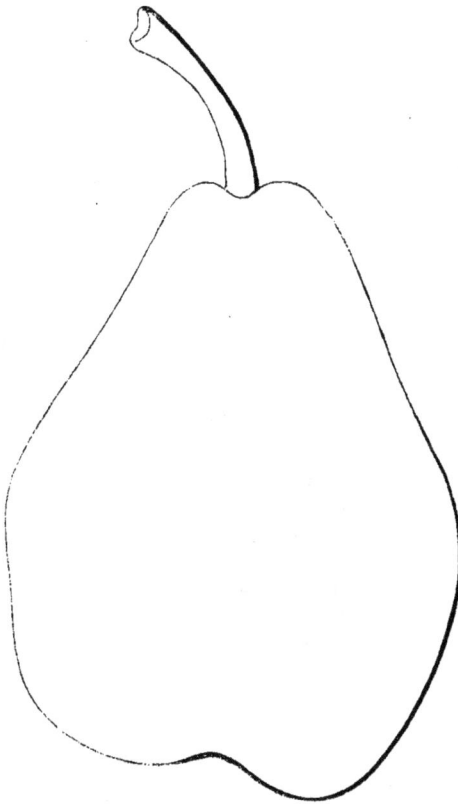

Description de l'arbre. — *Bois :* de grosseur moyenne. — *Rameaux :* très-nombreux, érigés ou légèrement étalés, un peu grê-les, longs, flexueux, brun verdâ-tre, ponctués de jaune pâle, et parfois lavés de gris-roux; leurs coussinets sont généralement bien marqués. — *Yeux :* petits, coni-ques, extrêmement pointus, non appliqués contre le bois. — *Feuil-les :* plutôt moyennes que petites, ovales-allongées, acuminées, lar-gement et profondément dentées, à pétiole court, faible, et souvent lavé de carmin.

Fertilité. — Abondante.

Culture. — Quoiqu'il ne soit pas fort vigoureux, cet arbre, en raison surtout de sa belle ramifi-cation, forme de jolies pyramides; le cognassier lui convient mieux que le franc.

Description du fruit. — *Grosseur :* moyenne, et quelque-fois beaucoup plus volumineuse.

— *Forme :* variant entre l'ovoïde ou la turbinée, mais constamment obtuse et bosselée.—*Pédoncule :* de longueur moyenne, assez nourri, arqué, renflé aux extré-mités, obliquement implanté à fleur de fruit. — *Œil :* grand, généralement ouvert et bien développé, placé dans un évasement peu profond à bords entièrement plissés.

— *Peau :* jaune verdâtre, ponctuée, finement veinée de fauve, maculée de même autour de l'œil, et habituellement coloriée, du côté du soleil, d'une faible teinte rougeâtre. — *Chair :* blanc mat, fondante, rarement pierreuse. — *Eau :* parfois insuffisante, très-sucrée, très-savoureuse, ayant un arrière-goût musqué des plus délicats, mais qui s'éloigne complétement du parfum de notre poire d'Ananas.

Maturité. — Du 25 août au 15 septembre.

Qualité. — Première.

Historique. — La Belgique revendique comme sienne, cette espèce, sans en pouvoir fournir, néanmoins, l'acte de naissance dûment authentique, ainsi que vont le démontrer les lignes ci-dessous, empruntées à M. Alexandre Bivort, son premier descripteur :

« Plus d'une fois un fruit précieux, produit par le hasard, n'a dû d'être connu et propagé qu'à la publicité d'un journal périodique sur la matière. C'est le cas de la poire..... *Ananas de Courtrai*, à laquelle nous ajoutons cette dernière épithète afin de la distinguer d'une autre variété portant le même nom. Elle est cultivée à Courtrai et dans ses environs depuis très-longtemps. M. Six, qui s'établit jardinier en cette ville vers 1784, l'y trouva déjà répandue. Il est probable, cependant, qu'elle serait restée plus longtemps encore presque inédite, si M. Reynaert-Beernaert, pomologue, n'en avait soumis quelques exemplaires, en août 1853, à la Commission royale de pomologie belge. » (*Annales de pomologie belge et étrangère*, t. II, 1854, p. 13.)

L'Ananas de Courtrai est de toute récente introduction en France, où son nom même était inconnu avant l'article qu'on vient de lire. M. de Liron d'Airoles a contribué à l'y faire multiplier, en reproduisant en 1855, dans ses *Notices pomologiques* (p. 36), la description de M. Bivort. Depuis, nous ne croyons pas qu'on s'y soit beaucoup occupé de cette poire, si nous exceptons la *Revue horticole*, qui le 16 octobre 1865 disait par la plume de M. Théodore Buchetet, à propos des fruits à goût musqué :

« La Belgique — elle nous contrefait en tout — a voulu aussi avoir sa poire d'Ananas; et elle l'a eue, ma foi! l'Ananas de Courtrai, avec une autre forme, plus de grosseur peut-être, mais moins de parfum, moins de musc (que la nôtre). » (Page 389.)

Observations. — M. Bivort, en s'occupant dans ses *Annales de pomologie* de la poire Ananas de Courtrai, sur la culture de laquelle il avait été, nécessairement, fort bien renseigné, a fait diverses recommandations dont il est urgent, chez nous, de tenir grand compte, puisqu'on commence seulement à l'y propager :

« A Courtrai — dit-il — on se sert d'un très-bon moyen pour jouir plus tôt et plus long-temps de cette poire. A cet effet, on cueille, dès les premiers jours du mois d'août, les fruits les plus gros ; on les place au fruitier ou sur la tablette de marbre d'un meuble ; et, au bout de sept ou huit jours, ces fruits acquièrent leur maturité parfaite. En renouvelant ainsi la cueillette de huit jours en huit jours, on parvient à consommer cette variété pendant un mois, c'est-à-dire du 15 août au 15 septembre. Ce procédé donne, de plus, l'avantage de récolter tous beaux fruits, car l'arbre étant dépouillé de ses plus gros exemplaires dès les premières cueillettes, la séve se reporte dans les fruits restants et les rend en peu de temps aussi beaux que les premiers cueillis. » (*Loco citato*, p. 14.)

Poire ANANAS D'ÉTÉ. — Synonyme de poire *Ananas*. Voir ce nom.

Poire ANANAS D'HIVER. — Synonyme de poire *Passe-Colmar*. Voir ce nom.

Poire ANANAS FRANÇAIS. — Synonyme de poire *Ananas*. Voir ce nom.

Poire ANDERSON. — Synonyme de poire *Belle-Angevine*. Voir ce nom.

36. Poire ANDOUILLE.

Synonyme. — *Poire* POLYFORME (de Liron d'Airoles, *Notices pomologiques*, 3ᵉ édit., 1858, t. I, p. 12, et *Poiriers les plus précieux*, 1862, p. 56).

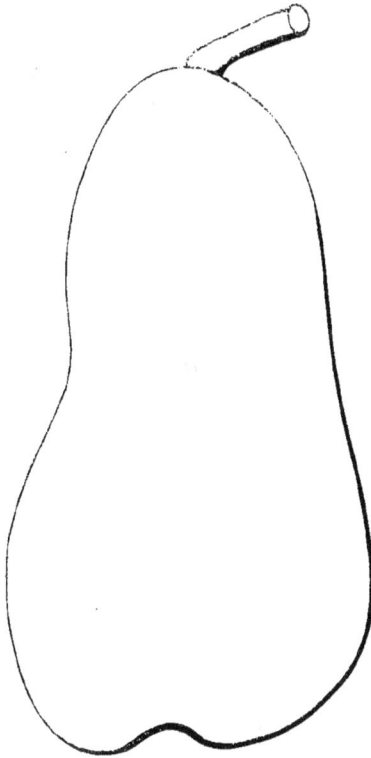

Description de l'arbre. — *Bois :* fort. — *Rameaux :* étalés, surtout vers la base, assez gros, assez longs, très-flexueux, vert olivâtre, largement ponctués de gris cendré, à coussinets saillants. — *Yeux :* moyens et coniques, obtus, écartés. — *Feuilles :* grandes, ovales-arrondies, légèrement canaliculées, souvent maculées de rouge-brun, régulièrement dentées, et portées sur un pétiole roide, épais et court.

FERTILITÉ. — Constante et grande.

CULTURE. — Sa vigueur est extrême, il réussit aussi bien sur le franc que sur le cognassier, mais acquiert rarement une forme pyramidale très-satisfaisante.

Description du fruit. — *Grosseur :* moyenne. — *Forme :* allongée, cylindrique, bosselée, un peu plus renflée à la base qu'au sommet, et légèrement étranglée vers la moitié du fruit. — *Pédoncule :* court, assez gros, droit, obliquement implanté, coudé à son point d'insertion. — *OEil :* moyen, contourné, généralement mi-clos, faiblement enfoncé. — *Peau :* jaunâtre, presque entièrement lavée de fauve, et rude au toucher. — *Chair :* blanche, pierreuse, manquant de finesse, mais juteuse et assez fondante. — *Eau :* des plus abondantes, savoureusement sucrée et parfumée.

MATURITÉ. — Fin septembre, allant jusqu'en octobre.

QUALITÉ. — Deuxième.

Historique. — Cette espèce, très-probablement originaire du département de Maine-et-Loire, y était cependant presque inconnue, lorsqu'en 1858 M. de Liron d'Airoles, mis à même de l'étudier, appela sur elle l'attention des horticulteurs.

« Nous devons — leur dit-il — la communication de cette excellente variété à M. l'abbé Cornet, habitant la commune de Montigné, près Montfaucon (Maine-et-Loire), qui la cultive depuis quinze ans. Il l'avait tirée des pépinières de M. Langlois, à la Brulais, près Beaupreau, lesquelles n'existent plus depuis longtemps. — M. l'abbé Cornet n'a pas connu le nom de ce fruit, qu'il n'a jamais vu dans ses environs; et, présenté par nous à plusieurs expositions, il n'a pas été reconnu..... Le premier rapport remarqué, date de plus de vingt ans, vers 1837..... Cette poire a quelque analogie avec la Calebasse Bosc; seulement elle est plus petite et tellement difforme, que nous avons cru devoir lui donner le nom de poire *Andouille*, à cause de la forme qu'elle affecte le plus communément. » (*Notices pomologiques*, t. I, 3ᵉ édit., 1858, p. 12; et, du même auteur, *les Poiriers les plus précieux parmi ceux qui peuvent être cultivés à haute tige, aux vergers et aux champs*, 1862, p. 56.)

Ce fut en 1852 que M. de Liron d'Airoles reçut de M. l'abbé Cornet, le fruit que nous décrivons ; et d'abord il l'appela poire *Polyforme*, parce qu'elle lui parut sans doute de forme très-variable. Mais ensuite il adopta le nom sous lequel on la multiplie présentement, nom de beaucoup préférable au premier, en ce sens qu'il caractérise parfaitement la configuration habituelle, et si particulière, de cette poire.

Observations. — Les produits de ce poirier, qui, crus, sont d'assez bonne qualité, peuvent également, selon le pomologue que nous venons de citer, « devenir d'une grande ressource, séchés au four ou tapés ; » et il assure « avoir « dégusté ce fruit, vert, à la mi-septembre 1853, époque de sa maturité ordinaire, « et mangé les fruits de la récolte de 1852, séchés au four et encore délicieux. » (*Id. ibid.*)

37. Poire ANDRÉ DESPORTES.

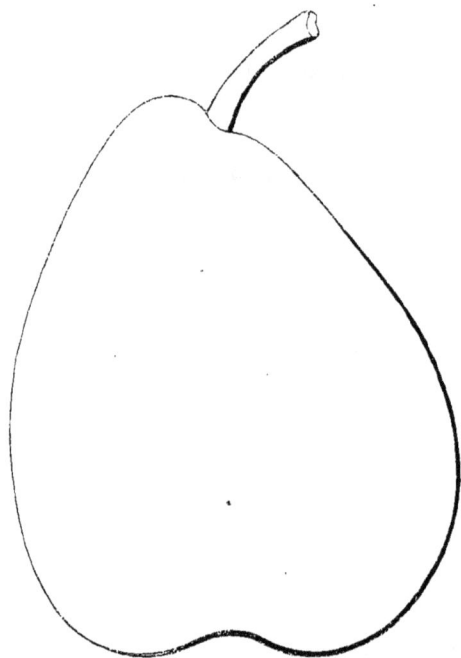

Description de l'arbre. — *Bois :* très-fort. — *Rameaux :* nombreux, régulièrement érigés, des plus gros et des plus longs, flexueux, cotonneux, largement ponctués, et d'un vert foncé tournant au grisâtre ; leurs coussinets sont excessivement marqués. — *Yeux :* moyens, coniques, souvent obtus, bien développés à leur base, cotonneux, non appliqués. — *Feuilles :* grandes, ovales-allongées, profondément dentées, parfois canaliculées ; leur pétiole est assez long, assez nourri ; elles sont du plus beau vert, et l'arbre en est toujours amplement pourvu.

FERTILITÉ. — Remarquable.

CULTURE. — Ce poirier, dont la vigueur et la ramification sont peu communes, atteint presque toujours sur cognassier une forme pyramidale aussi élevée qu'élégante.

Description du fruit. — *Grosseur :* moyenne. — *Forme :* turbinée, ventrue, obtuse, régulière. — *Pédoncule :* peu long, assez mince, arqué, renflé à la base, obliquement implanté, en dehors de l'axe du fruit, dans un étroit évasement. — *OEil :* petit, bien ouvert, bien développé, placé dans un large bassin rarement très-profond. — *Peau :* jaune verdâtre, légèrement ponctuée et striée de fauve, et quelquefois bronzée du côté du soleil. — *Chair :* blanc jaunâtre, très-fine, juteuse, fondante, fibreuse autour du cœur. — *Eau :* abondante, acidule, sucrée, douée du plus délicieux parfum.

MATURITÉ. — Vers la mi-juillet.

QUALITÉ. — Première.

Historique. — Elle provient de mes semis. Obtenue en 1854 de pepins de la William's, elle a l'exquise saveur de cette poire, mais non son goût musqué. Je l'ai dédiée au fils aîné du directeur de la partie commerciale de mon établissement, de M. Baptiste Desportes.

Observations. — On peut la considérer comme un des meilleurs fruits de la saison, par sa précocité, par sa délicatesse, et aussi par sa fertilité, qui dépasse souvent celle du poirier William's.

38. Poire ANDREWS.

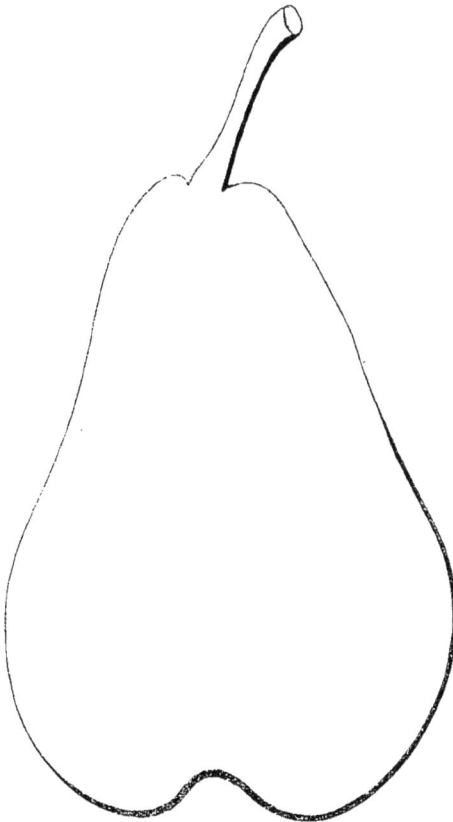

Description de l'arbre. — *Bois :* de moyenne grosseur. — *Rameaux :* chétifs, peu nombreux, étalés ou réfléchis, contournés, assez longs, flexueux, gris verdâtre, fortement ponctués, et lavés parfois de rouge-brun ; leurs coussinets sont rarement saillants. — *Yeux :* petits, coniques, très-aigus, généralement écartés. — *Feuilles :* elliptiques-arrondies, ayant les bords excessivement dentés, et le pétiole long et grêle; mais elles ne sont jamais canaliculées ni fort abondantes.

Fertilité. — Ordinaire.

Culture. — Ce poirier ne réussit que sur franc ; et encore y est-il de vigueur moyenne et n'y donne-t-il que de faibles pyramides.

Description du fruit. — *Grosseur :* moyenne. — *Forme :* pyriforme, obtuse, souvent un peu ventrue. — *Pédoncule :* assez long, mince, droit, renflé aux extrémités, continu avec le fruit, obliquement inséré dans une étroite cavité où le comprime habituellement un mamelon plus ou moins prononcé. — *Œil :* grand, ouvert, mal développé, placé au fond d'un large évasement en entonnoir. — *Peau :* jaune verdâtre, ponctuée, veinée de roux, entièrement lavée de carmin du côté du soleil. — *Chair :* blanche, fine, ferme, juteuse, fondante, à peine pierreuse. — *Eau :* abondante, sucrée, acidule, d'une saveur beurrée très-délicate.

Maturité. — Au commencement de septembre, et pouvant se prolonger une huitaine de jours.

Qualité. — Première.

Historique. — Les Américains la regardent comme née sur leur sol, mais ne peuvent encore indiquer exactement sa provenance; témoin les deux passages que nous allons traduire dans Downing et Hovey, leurs plus compétents pomologues :

« La poire Andrews est le meilleur gain d'un semis qui avait été fait dans le voisinage de Dorchester; ce fut un gentilhomme de Boston qui le premier appela l'attention sur elle, après lui avoir donné son propre nom. Ce fruit, depuis quinze ans surtout, est devenu chez nous l'un des plus estimés, des plus cultivés. » (Downing, *the Fruits and fruit trees of America*, 9e édit., 1849, p. 349.)

« L'historique de la poire Andrews, quoique fort acceptable, n'est pas exempt, néanmoins, de quelque obscurité. M. Samuel Downer la décrivit pour la première fois en 1829, dans le *New England farmer* (t. VII, p. 266), et la fit connaître aux jardiniers après l'organisation de la Société horticole du Massachusetts, qui eut lieu à cette même époque. Dans son article, M. Downer dit que le pied-type prit naissance à Dorchester, où l'acheta vers 1790 un M. John Andrews, de Boston, pour le transplanter en son jardin de Court Street. Là, il fructifia de nouveau pendant plusieurs années; mais ensuite, soit par manque de soins, soit par mauvaise qualité du terrain, il mourut. Ce qui eut lieu il y a environ trente ans [de 1818 à 1820]. » (Hovey, *the Fruits of America*, t. I, 1847-1850, p. 97.)

Observations. — Les fruits de cette variété se gardent difficilement plus de huit jours, sans blettir; défaut que l'on amoindrit beaucoup en les cueillant avant leur entière maturité, dès que la partie verdâtre de leur peau commence à jaunir. Mais on peut, malgré ce défaut, recommander la culture du poirier Andrews, car ses produits sont savoureux, d'une jolie forme et d'un ravissant coloris.

---

39. Poire d'ANE.

Description de l'arbre. — *Bois :* assez fort. — *Rameaux :* peu nombreux, étalés, rarement très-longs, à peine flexueux, brun-fauve cendré, et parsemés de points gris excessivement fins; leurs coussinets ne sont pas saillants. — *Yeux :* gros, ovoïdes, non appliqués, ayant à la base les écailles d'un gris-blanc tranchant entièrement sur la couleur des écailles du sommet, qui sont généralement brunâtres. — *Feuilles :* grandes, arrondies, acuminées, légèrement crénelées, à pétiole court et fort.

Fertilité. — Extrême.

Culture. — Cet arbre, sur cognassier, tourne assez bien à la forme pyramidale, néanmoins on le greffe généralement sur franc, et on le met en plein champ, où il acquiert une grande vigueur, un beau développement.

Description du fruit. — *Grosseur :* moyenne. — *Forme :* des plus allongées, conique, faiblement obtuse, parfois un peu étranglée vers le milieu, et toujours arrondie à la base. — *Pédoncule :* assez long, mince, arqué, obliquement inséré, continu avec le fruit. — *Œil :* grand, bien développé, saillant, entouré de petites protubérances. — *Peau :* vert-pré, ponctuée de roux, maculée de fauve autour de l'œil et du pédoncule, et largement lavée, du côté du soleil, de rouge-brun très-brillant. — *Chair :* verdâtre, demi-fine, juteuse, fondante, montrant quelques pierres au-dessous des loges. — *Eau :* fort abondante, sucrée, vineuse, d'agréable saveur, mais astringente lorsque le fruit est imparfaitement mûr.

I. 9

MATURITÉ. — Fin août et commencement de septembre.

QUALITÉ. — Troisième pour la table, deuxième pour la cuisson et la vente sur les marchés.

Poire d'Ane.

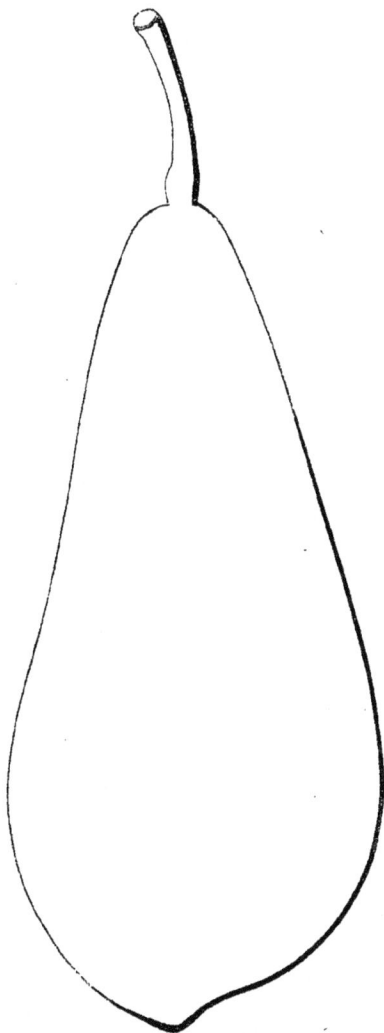

Historique. — Dans notre Anjou, le poirier d'Ane est aussi répandu qu'il y est ancien, vigoureux et rustique. On l'y rencontre toujours en plein champ ; et souvent, parmi ces arbres, on en voit qui sont plus que centenaires. Je ne saurais dire s'il a pris naissance, ou non, sur le sol angevin, mais je sais qu'ailleurs on doit très-peu le cultiver, car il ne m'est apparu que là. Cependant cette poire pourrait bien, sous une dénomination différente, sans doute, se trouver aussi dans ceux de nos départements qui avoisinent la Suisse, puisque Jean Bauhin, médecin du duc de Wurtemberg, et célèbre naturaliste du XVIᵉ siècle, prouve qu'elle existait avant 1598, à Boll, localité du canton de Fribourg. En étudiant un curieux ouvrage allemand et latin laissé par ce docteur sur les végétaux, les minéraux, etc., nous lisons en effet, au chapitre Poirier, cette description, de tout point applicable à la présente variété, et qu'accompagne un dessin qui rend le doute impossible :

« *Süsselbirne.* — Elle est belle, allongée, haute de cinq doigts, épaisse de trois, peu ventrue, turbinée vers le sommet, légèrement arrondie à la base ; la longueur de son pédoncule excède rarement un doigt. Ce fruit ne se conserve pas longtemps, il mûrit à la fin d'août ; on le nomme aussi *Mansbirne.*» (Johan. Bauhinus, *Historiæ fontis et balnei Bollensis admirabilis liber quartus*, 1598, p. 125.)

Qui put valoir à cette poire le nom rien moins que flatteur — pour le consommateur, cela s'entend — sous lequel nous la cultivons ?.... Peut-être sa forme allongée, rappelant assez bien les interminables oreilles de l'âne ; ou sa mauvaise qualité, quand elle est mangée trop verte. N'a-t-on pas appelé déjà poire de *Cochon*, pour la nauséabonde âcreté de son eau, l'une de ses congénères fort connue sur les marchés de Paris ?..... Oui, mais comme la poire d'Ane est plutôt bonne que médiocre, nous supposons que son nom lui vient de sa configuration, et nullement de la saveur plus ou moins délicate de sa chair. Cette appellation si malsonnante, nous la retrouvons, du reste, appliquée également, en Allemagne, à deux fruits : l'*Eselsbirne*, poire d'Ane, et l'*Eselsmaul*, poire Museau d'Ane ; ce qui nous servirait d'excuse, au cas où l'on nous reprocherait de conserver dans la nomenclature de la pomone française, le nom si peu poétique de l'un des plus vieux poiriers de l'Anjou. Terminons cet historique en constatant que les variétés allemandes *Eselsmaul* et *Eselsbirne*, n'ont aucun rapport avec notre poire d'Ane.

Observations. — Ce poirier, par son excessive et constante fertilité, est un de ceux que l'on peut, sans crainte, multiplier dans les vergers. Comme l'Ah-mon-Dieu, comme l'Alouette, il paiera largement son maître, ses fruits étant passables crus, et bons cuits ou desséchés. Nous faisons remarquer de nouveau, car cela est important, que si parfois ils ont été trouvés d'une astringence rappelant celle des poires à cidre, c'est uniquement parce qu'on avait dû les manger avant leur complète maturité.

---

40. Poire d'ANGE.

Synonymes. — *Poires :* 1. DE NOTRE-DAME (Olivier de Serres, *le Théâtre d'agriculture et mesnage des champs*, 1600-1608, p. 629). — 2. DE BOUTOC (de Liron d'Airoles, *Notices pomologiques*, 1862, t. II, p. 12 de la Liste synonymique). — 3. DESSE (Decaisne, *le Jardin fruitier du Muséum*, 1863, t. V). — 4. DOSSE (*Id. ibid.*). — 5. PETITE-MOUILLE-BOUCHE (*Id. ibid.*). — 6. PETITE-VERDETTE (*Id. ibid.*).

Premier type.

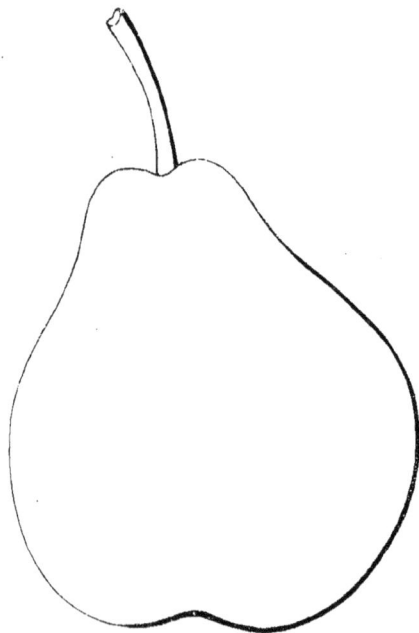

Description de l'arbre. — *Bois :* faible. — *Rameaux :* assez nombreux, étalés, courts, peu flexueux, brun olivâtre ou brun grisâtre, bien ponctués et à coussinets saillants. — *Yeux :* moyens, coniques ou ovoïdes, légèrement écartés. — *Feuilles :* petites, ovales, ayant les bords crénelés ou finement dentés, et le pétiole court et grêle.

FERTILITÉ. — Remarquable.

CULTURE. — Il prend rarement, sur cognassier, une forme pyramidale dont on puisse être satisfait; mais sur franc, pour le haut vent, il se montre très-vigoureux.

Description du fruit. — *Grosseur :* moyenne ou petite. — *Forme :* variable; toutefois, elle est habituellement plutôt turbinée-arrondie, qu'oblongue ou ovoïde. — *Pédoncule :* de longueur moyenne, mince ou assez gros, arqué, obliquement inséré au centre d'un large évasement entouré de gibbosités. — *Œil :* petit, bien développé, à fleur de fruit ou faiblement enfoncé. — *Peau :* vert jaunâtre, parsemée de points gris, maculée de fauve autour du pédoncule, striée de même dans la cavité ombilicale, lavée parfois de rouge-brun du côté du soleil, et parfois aussi couverte de quelques petites taches brunâtres et squammeuses. — *Chair :* blanche, fine, ferme, fondante, des plus juteuses, assez pierreuse auprès des loges. — *Eau :*

excessivement abondante, fraîche, sucrée, acidule, imprégnée d'un parfum qui rappelle un peu celui de l'anis.

MATURITÉ. — De la fin d'août à la fin de septembre.

QUALITÉ. — Première pour la table, et première aussi pour les conserves.

Poire d'Ange. — *Deuxième type.*

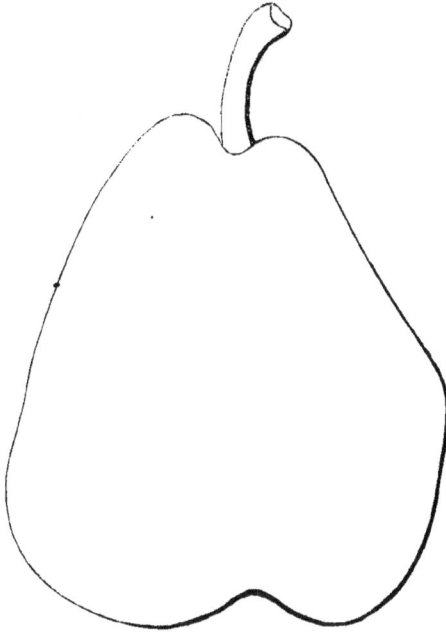

Historique. — La bonté de ce fruit, l'un des plus anciens que l'on connaisse en France, le fit, dès le principe, dédier aux Anges, puis à la Vierge Marie, comme l'indiquent les noms de poire d'Ange et de poire de Notre-Dame qui lui furent donnés successivement, et même simultanément, du XVIe siècle au XIXe. Le naturaliste Jean Bauhin, dont nous venons de parler dans le précédent article, dit qu'en 1596 il dégusta à Boll (Suisse), le 25 octobre, une poire d'Ange encore parfaite, et qu'on lui assura que cette espèce se conservait jusqu'en janvier. Sur ce dernier point, Bauhin fut trompé; mais pour le reste, sa description demeure d'une vérité complète, ainsi qu'on en va juger par la traduction suivante :

« *Engelsbirne : Poire des Anges.* — Turbinée et voûtée à la partie supérieure, elle est largement arrondie à la base, et ventrue. Sa hauteur, quatre doigts, égale son épaisseur. Elle a la peau jaunâtre, la chair aromatique, acidule, et d'une agréable saveur. Son pédoncule n'a qu'un doigt de longueur..... » (*Loco citato*, p. 115.)

Et nous observerons en outre, que la figure jointe à cette description est tellement exacte, qu'on la croirait calquée sur celle du deuxième type ci-contre.

La poire d'Ange, nous le répétons, est la même que la poire de Notre-Dame, si commune dans la Gironde, son pays natal; d'où vient qu'en 1860 M. de Liron d'Airoles, la croyant inédite, lui appliqua le nom du village de Boutoc, situé près de Barsac et regardé généralement comme son berceau.

« L'origine de cette espèce — écrivait alors ce pomologue — se perd dans la nuit des temps. M. Jules Gérand-Castros, de la Société d'horticulture de la Gironde, nous a fait connaître que des arbres énormes, de plusieurs siècles d'âge, grands comme des chênes ou des tilleuls, existent dans la commune de Boutoc, canton de Langon (Gironde). Les fruits de cette variété abondent sur les marchés de Bordeaux, où ils sont fort recherchés et estimés... Comme elle n'a pas encore été décrite, nous lui avons donné, de préférence, le nom de poire *de Boutoc*, parce qu'il indique le lieu de provenance. » (*Notices pomologiques*, t. II, p. 12 de la Liste synonymique.)

Peu après, le Congrès pomologique, siégeant à Orléans en septembre 1861, adopta ce nom de Boutoc, et détruisit le synonyme Notre-Dame. Nous le savons, et ne pouvons que maintenir à cet ancien fruit sa dénomination séculaire ; ce qu'eût fait le Congrès, s'il avait été à même de se prononcer sur l'identité absolue des poires d'Ange, de Notre-Dame et de Boutoc.

Charles Estienne, en 1540, mentionna dans son *Seminarium* une poire de Notre-Dame, que le Lectier, en 1628, et dom Claude Saint-Etienne, en 1690, citèrent également ; mais elle n'a rien de commun avec la nôtre, car elle mûrit en hiver. Ce fruit, que le Lectier appelait aussi poire de Cartelle, nous est du reste totalement étranger.

Observations. — Duhamel, en son *Traité des arbres fruitiers*, disait en 1768, de la poire d'Ange : « On la regarde comme une variété du Salviati. » C'était une fausse opinion, contre laquelle Poiteau s'est inscrit avec raison, en décrivant à son tour cette vieille espèce dans le tome III de sa *Pomologie française* (1848) et en y constatant « la grande différence qu'il y a entre ces deux arbres. » — M. Decaisne, lui, croit que la *pera Morota*, actuellement cultivée chez les Lombards et les Vénitiens, n'est autre que la poire d'Ange (*le Jardin fruitier du Muséum*, t. V, 1863). Nous signalons sa remarque, sans l'appuyer ou la contester, n'ayant pas rencontré dans nos excursions en Italie le poirier Morota, étudié par ce célèbre et savant professeur. — Notons, en terminant, que la poire d'Ange est particulièrement propre à fabriquer d'excellentes conserves, usage auquel les confiseurs s'empressent de l'utiliser, surtout dans le Bordelais.

Poire ANGÉLIQUE. — Synonyme de poire *Angélique de Bordeaux*. Voir ce nom.

41. Poire ANGÉLIQUE DE BORDEAUX.

Synonymes. — *Poires* : 1. Mouille-Bouche d'Hiver (le Lectier, *Catalogue des arbres cultivés dans son verger et plant*, 1628, p. 18). — 2. De Légat (*Id. ibid.*). — 3. Angélique (Merlet, *l'Abrégé des bons fruits*, édition de 1690, p. 108). — 4. Saint-Martial (*Id. ibid.*) — 5. Cristalline (*Id. ibid.*) — 6. Bouge (de la Quintinye, *Instructions pour les jardins fruitiers et potagers*, édit. de 1730, t. I, p. 315). — 7. Bens (*Id. ibid.*) — 8. De Dumas (*Id. ibid.*). — 9. Christalline Morin-Gout (*Id. ibid.*).— 10. Douce (Philippe Miller, *Dictionnaire des jardiniers et des cultivateurs*, 1786, 8ᵉ édit., t. VI, p. 172).—11. Gros-Franc-Réal d'Hiver (de Launay, *le Bon Jardinier*, 1808, p. 135). — 12. Saint-Marcel (*Id. ibid.*). — 13. Angélique de Languedoc (Decaisne, *le Jardin fruitier du Muséum*, t. I, 1858).—14. Angélique de Pise (*Id. ibid.*) — 15. Angélique de Toulouse (*Id. ibid.*) — 16. Saint-Mareil (de Liron d'Airoles, *Notices pomologiques*, 1859, p. 14 du 1ᵉʳ Supplément de la Liste synonymique historique).

Description de l'arbre. — *Bois* : faible. — *Rameaux* : vert grisâtre, peu nombreux, légèrement écartés, légèrement flexueux, assez longs, rarement très-ponctués, à coussinets saillants. — *Yeux* : moyens ou petits, ovoïdes, habituellement aigus, non appliqués. — *Feuilles* : de forme variable ; tantôt ovales, tantôt lancéolées, elles ont les bords profondément crénelés, le pétiole long, menu, et ne sont jamais fort abondantes.

Fertilité. — Peu commune.

Culture. — Le cognassier ne lui est pas favorable, il s'y développe mal en pyramide ; il vaut donc mieux le greffer sur franc, où il est des plus vigoureux. Une exposition chaude est toujours celle qu'on doit lui donner, ses produits réclamant avant tout les rayons du soleil pour acquérir de la saveur et du volume.

Description du fruit. — *Grosseur* : au-dessus de la moyenne, et parfois assez considérable. — *Forme* : oblongue, ou turbinée-arrondie, mais constamment ventrue vers la base, bosselée et très-obtuse au sommet. — *Pédoncule :* long, un peu fort, arqué, souvent renflé ou charnu à son point d'insertion, et obliquement implanté dans une vaste cavité bordée de protubérances plus ou moins pronon-cées. — *OEil :* grand, faiblement enfoncé, bien formé. — *Peau :* jaune obscur, irrégulièrement et finement ponctuée de gris, et montrant quelquefois plusieurs macules roussâtres sur la partie frappée par le soleil. — *Chair :* blanchâtre, demi-fine, cassante, rarement très-juteuse, un peu pierreuse autour des loges. — *Eau :* suffisante, sucrée, douce, d'un goût franc et assez agréa-ble, quoiqu'elle ne soit jamais riche en parfum.

Poire Angélique de Bordeaux. — *Premier type.*

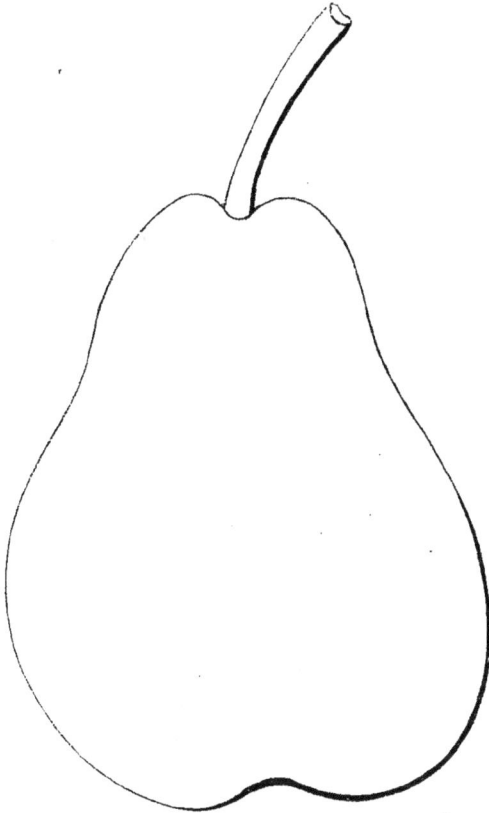

MATURITÉ. — De janvier jus-qu'à la fin d'avril.

QUALITÉ. — Deuxième pour la cuisson, et deuxième égale-ment comme fruit à couteau, en raison de sa longue conser-vation.

Historique. — On s'est beaucoup préoccupé de l'origine de cette poire, que ses nombreux synonymes pourraient faire sup-poser bien plus savoureuse qu'elle ne l'est en réalité, car ce sont presque toujours les meil-leurs fruits qui ont à subir de tels travestissements. Henri Manger (*Systematische Pomologie*, 1780-1783, t. II, p. 171) a cru retrouver dans l'Angélique de Bordeaux, la poire Licerniana ou Liciniana dont Pline avait parlé, et qui portait, selon Sickler (*Geschichte der Obstkultur*, 1802, t. I, p. 402), le nom de Licinius, agronome romain auquel la culture de l'olivier fut redevable d'immenses progrès. Henri Manger veut aussi que cette espèce tar-dive ait reçu son nom du parfum particulier qui caractérise ses produits, parfum qu'il trouve analogue — cela est vrai quand cette poire a bien mûri — à celui de l'angélique confite ; de plus, il la déclare de provenance gauloise, et sous ce rapport nous sommes complétement de son avis. Chez nous, en 1675, Merlet ne la men-tionnait pas encore. Mais en 1690 il la décrivit longuement, disant ensuite : « Elle « est fort connue, fort estimée en Languedoc, et particulièrement à Toulouse, sous « le nom d'Angélique, et à Bordeaux sous le nom de Saint-Martial. » (*L'Abrégé des bons fruits*, p. 108.) C'était là sans doute une variété locale, et très-peu mul-tipliée dans les autres parties de la France, puisque Louis Liger, en la faisant figurer vingt-quatre ans plus tard dans sa *Culture parfaite des jardins fruitiers*, la signalait comme « RARE. » (Édition de 1714, p. 448.) Nous la supposons donc origi-naire du Languedoc ou du Bordelais ; ce qui fut aussi le sentiment, moins affirmatif

toutefois, de Mayer, témoin le passage suivant de sa *Pomona franconica :* « Pour
« que ce fruit acquière toutes ses qualités, il lui faut un degré de chaleur considé-
« rable; ce qui semble déceler une *origine méridionale.* » (1774-1801, t. III, p. 289.)

Poire Angélique de Bordeaux. — *Deuxième type.*

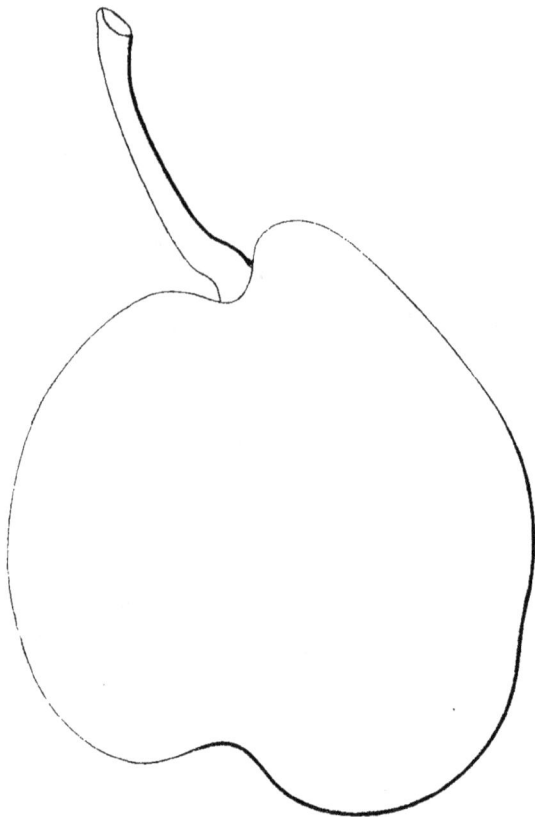

Observations. —
Merlet, les Chartreux,
Duhamel, et divers au-
tres pomologues, ont
comparé, pour la forme,
l'Angélique de Bordeaux
au Bon-Chrétien d'Hiver.
Il faut alors, si pareille
comparaison a jamais
été juste, que la configuration primitive de cette
poire soit actuellement
bien modifiée, car elle
est loin de ressembler au
Bon-Chrétien. — En
1858, M. Decaisne a classé
le poirier *Charles Smet*
parmi les synonymes du
poirier qui nous occupe
(*le Jardin fruitier du Muséum*, t. I). Un examen
minutieux nous a con-
vaincu de la non-identité
de ces deux arbres, qui
dans nos pépinières sont
fort dissemblables, et que
Downing et la Société
Van Mons regardent éga-
lement comme des varié-
tés distinctes. (Voir à
son ordre alphabétique l'article consacré à la poire *Charles Smet.*) — L'Angélique
de Bordeaux se conserve aisément jusqu'à la fin d'avril; et le Comice horticole
d'Angers l'a souvent mangée, encore assez bonne, à cette époque.

Poire ANGÉLIQUE DE LANGUEDOC. — Synonyme de poire *Angélique de Bordeaux.* Voir ce nom.

Poire ANGÉLIQUE DE PISE. — Synonyme de poire *Angélique de Bordeaux.*
Voir ce nom.

Poire ANGÉLIQUE DE TOULOUSE. — Synonyme de poire *Angélique de Bordeaux.* — Voir ce nom.

---

42. Poire ANGÉLIQUE DE ROME.

Description de l'arbre.
— *Bois:* fort. — *Rameaux:* rarement très-nombreux, régulièrement érigés, gros, flexueux, longs, gris brunâtre, semés de larges points fauves, et ayant les coussinets faiblement ressortis. — *Yeux:* fortement développés, ovoïdes, un peu aigus, assez écartés du bois. — *Feuilles:* petites ou moyennes, ovales-arrondies, à peine dentelées, portées sur un pétiole épais et court.

Fertilité. — Médiocre.

Culture. — Cet arbre se montre plus vigoureux sur franc que sur cognassier; il donne de fortes pyramides, seulement elles sont peu ramifiées. On doit, de préférence, le placer en espalier, au midi ou au levant.

Description du fruit. — *Grosseur:* moyenne. — *Forme:* régulière, sphérique, se rétrécissant beaucoup vers le sommet. — *Pédoncule:* assez court, assez mince, droit, obliquement inséré au milieu d'une très-étroite cavité en entonnoir. — *OEil:* petit, bien formé, ouvert, presque saillant. — *Peau:* rarement très-lisse, jaune obscur, finement ponctuée de gris, habituellement lavée de rose pâle du côté du soleil, et striée de fauve dans la cavité ombilicale. — *Chair:* blanchâtre, un peu grossière, mal fondante, juteuse, pierreuse au centre. — *Eau:* excessivement abondante, fraîche, sucrée, douée d'un parfum particulier et d'une saveur aigrelette plus ou moins prononcée.

Maturité. — Dans nos contrées, elle commence généralement vers le début d'octobre, et dépasse avec peine la moitié de décembre.

Qualité. — Deuxième.

Historique. — Duhamel du Monceau, dans son *Traité des arbres fruitiers*, (t. II, p. 239), décrit longuement en 1768 la présente variété, arbre et fruit, mais il ne donne aucun renseignement sur sa provenance..... Est-elle née en France, ou nous vient-elle de l'étranger; et, alors, de quel pays?.... A ces questions, voilà ce que nous pouvons répondre : — Avant Duhamel, nul pomologue n'a parlé chez nous de l'Angélique de Rome; et nous interrogeons en vain, à son sujet, les Allemands, les Anglais, les Italiens, les Hollandais, du XVIe siècle au XVIIe; pas un de leurs auteurs spéciaux ne cite cette poire. Pour que Duhamel l'ait insérée dans son précieux et volumineux recueil, il faut bien admettre, cependant, qu'elle était non-seulement estimée, mais encore assez répandue à l'époque où il le composa. Si donc on ne la rencontre pas antérieurement, c'est que peut-être elle eut une autre dénomination, sous laquelle il devient alors fort difficile de la reconnaître. En raison de son nom, elle semblerait originaire de Rome ; et celui qui voudrait croire sur parole Henri Manger, la dirait née dans la Ville Éternelle, et contemporaine de l'empereur Tibère. C'est effectivement l'opinion que cet érudit émet à la page 170 de sa *Systematische Pomologie* (t. II, 1783), ajoutant d'après Pline : « Tibère « l'aimait beaucoup, aussi l'appela-t-on *pira Tiberiana ;* c'est un assez gros fruit « d'été, fortement coloré du côté du soleil..... » — Nous livrons pour ce qu'il peut valoir, ce renseignement historique, en faisant remarquer à quiconque voudrait l'utiliser, que la maturité de la poire Tiberiana, plus hâtive d'un mois, on l'a vu, que la maturité de l'Angélique de Rome, ne saurait devenir une objection, car cette dernière poire, qu'ici l'on mange aux premiers jours d'octobre, serait mûre beaucoup plus tôt sous le ciel de l'Italie.

Observations. — Depuis Duhamel, divers pomologues se sont occupés de ce poirier ; et l'un d'eux, M. Gagnaire fils, pépiniériste à Bergerac (Dordogne), lui consacrait les lignes suivantes en 1861 :

« ...... La poire Angélique de Rome est une des variétés décrites par Duhamel...... Si je parle aujourd'hui de cette poire presque bannie des cultures....., c'est que récemment je l'ai aisément reconnue étiquetée sous le nom de *Beurré gris d'Hiver de Luçon.* Or, comment se fait-il que ce fruit, délaissé en horticulture, ait traversé, tout en disparaissant des cultures, une période de plus d'un siècle, pour reparaître de nos jours sous une dénomination réformée?.... » (*Revue horticole,* pp. 257-258.)

Malgré cette note, nous ne saurions inscrire le Beurré gris d'Hiver de Luçon comme synonyme de l'Angélique de Rome, ce Beurré si bien décrit en 1838 par M. Decaisne (*le Jardin fruitier du Muséum,* t. Ier), et en 1859 par M. Alexandre Bivort (*Annales de pomologie belge et étrangère,* 7ᵉ année, pp. 71-72), n'ayant pas le plus léger rapport avec la variété à laquelle on l'assimile ; ensuite, il est seulement connu depuis 1830, et parmi les auteurs qui l'ont étudié, aucun d'eux n'a même soupçonné avoir là un des fruits de Duhamel. — On a dit encore, et tout aussi erronément, l'Angélique de Rome synonyme de l'Angélique de Bordeaux ; mais, cette erreur, ni Thompson, ni Tougard, ni Couverchel, ni de Liron d'Airoles ne l'ont partagée. En présence des articles que nous venons de consacrer à ces deux poires, le lecteur, espérons-le, ne la partagera pas non plus, surtout lorsqu'il verra l'Angélique de Rome mûrir en octobre, trois mois avant l'Angélique de Bordeaux.

---

43. Poire ANGÉLIQUE LECLERC.

Description de l'arbre. — *Bois :* fort, à écorce un peu rude. — *Rameaux :* longs, très-gros, très-flexueux, légèrement étalés, cotonneux, brun olivâtre, semés de larges, de nombreuses lenticelles grises, et ayant les coussinets faiblement ressortis. — *Yeux :* moyens, coniques, appliqués, à écailles renflées et apparentes. — *Feuilles :* grandes, ovales, acuminées, irrégulièrement crénelées, à pétiole long et bien nourri.

Fertilité. — Abondante.

CULTURE. — Ce poirier prospère admirablement sur cognassier ; sa vigueur y est convenable, ses pyramides y sont belles et des plus touffues.

Poire Angélique Leclerc.

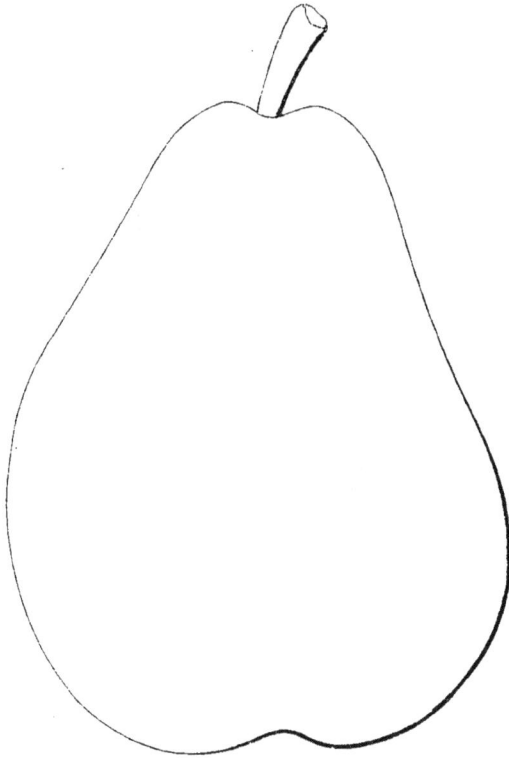

Description du fruit. — *Grosseur :* moyenne, et souvent assez volumineuse. — *Forme :* ovoïde-allongée, régulière. — *Pédoncule :* court, droit, renflé à son point d'attache et obliquement implanté dans un faible évasement. — *OEil :* petit, ouvert, bien développé, à peine enfoncé. — *Peau :* jaune verdâtre, ponctuée de roux, finement lavée de rose pâle du côté du soleil. — *Chair :* blanche, d'un grain excessivement serré, fondante, juteuse, contenant quelques pierres autour des loges. — *Eau :* abondante, sucrée, acidule, douée d'un arome aussi délicat que savoureux.

MATURITÉ. — Fin octobre, mais se conservant parfois jusqu'en décembre.

QUALITÉ. — Première.

Historique. — Ainsi que les variétés Amédée et Amélie Leclerc, le fruit ici décrit est un gain des semis de Léon Leclerc, de Laval. Mis dans le commerce en 1861 par M. Hutin, pépiniériste même ville, il a été dédié à l'une des filles du semeur, et remonte à 1848.

POIRE ANGLAISE. — Synonyme de *Doyenné d'Hiver*. Voir ce nom.

POIRE D'ANGLETERRE. — Synonyme de *Beurré d'Angleterre*. Voir ce nom.

POIRE D'ANGLETERRE. — Synonyme de poire *Chat brûlé*. Voir ce nom.

---

44. POIRE D'ANGLETERRE D'HIVER.

Synonyme. — *Poire* D'ANGOISSE BLANCHE (Decaisne, *le Jardin fruitier du Muséum*, t. III, 1860).

Description de l'arbre. — *Bois :* très-grêle. — *Rameaux :* peu nombreux, étalés, courts et excessivement faibles, à peine flexueux, de couleur verdâtre tournant au rouge pâle au-dessus des yeux ; ils sont finement ponctués et leurs coussinets ont une forte saillie. — *Yeux* : petits, ovoïdes, obtus, appliqués contre le bois. — *Feuilles* : aiguës, ovales, acuminées, régulièrement dentées, ayant le pétiole court et mince.

Poire d'Angleterre d'Hiver.

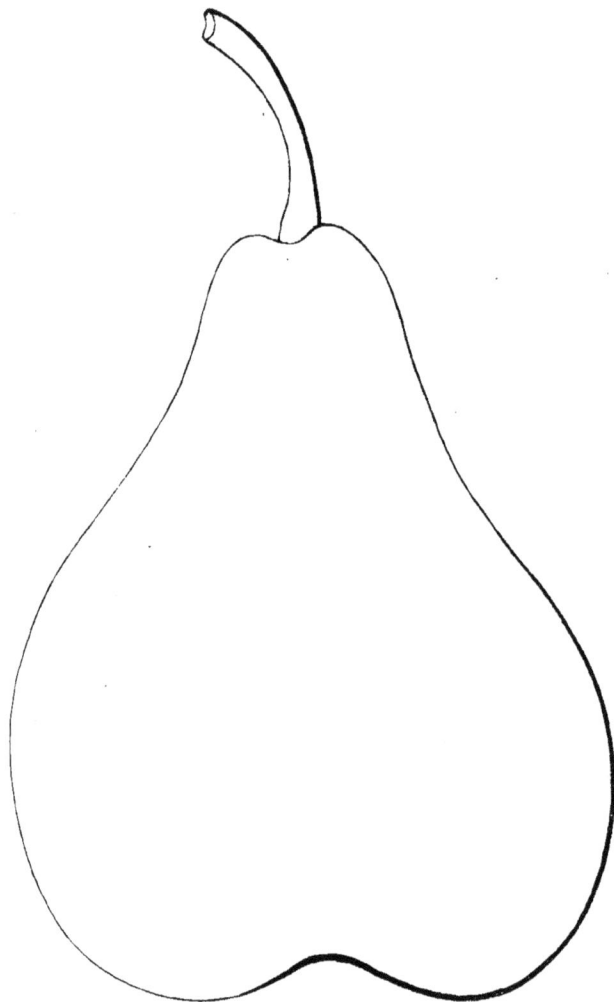

Fertilité. — Abondante.

Culture. — On le greffe sur cognassier ; sa vigueur est médiocre, et ses pyramides sont si faibles, si chétives, qu'on doit préférer pour ce poirier les cordons obliques, le contre-espalier, ou la forme buisson.

Description du fruit. — *Grosseur* : assez volumineuse. — *Forme* : allongée, obtuse, ventrue vers la base, régulière, quelque peu étranglée près du sommet. — *Pédoncule* : assez long, assez gros, arqué, renflé aux extrémités, obliquement implanté dans un faible évasement mamelonné d'un côté. — *Œil* : grand, ouvert, bien formé, placé presqu'à fleur de fruit dans un large bassin à bords entièrement unis. — *Peau* : jaune pâle ou jaune verdâtre, fortement ponctuée de gris cendré, marbrée et tachée de fauve, maculée de brun-roux autour du pédoncule, striée de même dans la cavité ombilicale, et légèrement rougeâtre du côté du soleil. — *Chair* : blanc mat, demi-fine, habituellement un peu sèche, cassante, et montrant quelques pierres auprès des loges. — *Eau* : rarement fort abondante, douce, sucrée, assez savoureuse, quoiqu'elle soit trop dépourvue de parfum.

Maturité. — Des derniers jours de décembre aux derniers jours de février, et parfois allant jusqu'en mars.

Qualité. — Deuxième comme fruit à couteau, première comme fruit à compote.

Historique. — Déjà cultivée en France au cours du xviiᵉ siècle, elle provenait d'Angleterre, ainsi que l'indique son nom, et que l'a constaté Claude Mollet, en 1660 : « Le poirier d'Angleterre — a-t-il dit — rapporte quantité de fruit..... Il est « appelé poirier d'Angleterre à cause que les greffes en sont venues. » (*Théâtre des jardinages*, 1660-1678, p. 35.) Et cet auteur l'a bien classée, dans son excellent traité, à son rang de maturité : avec les poires d'Amour, d'Angoisse et de Livre. En 1670, dom Claude Saint-Etienne, religieux de l'ordre des Feuillants, la signalait également ; plus même il la décrivait très-exactement en deux lignes : « Grosse et « longue comme moyen Bon-Chrétien ; en forme de cloche ; un peu colorée, et le « reste de gris-blanc. » (*Nouvelle instruction pour connaître les bons fruits*, p. 80.) Puis plus tard (1768) vint Duhamel, qui lui accorda une large place dans sa volumineuse publication. Aussi ne saurions-nous comprendre comment Poiteau, ordinairement fort précis dans ses assertions, put écrire en 1846, sur cette variété, l'alinéa ci-après, en désaccord sur presque tous les points avec la vérité historique, ainsi qu'on va le remarquer :

« On a cru pendant quelque temps que cette poire était la Bellissime d'Hiver, de Duhamel. Cette erreur était venue de ce qu'il ne l'a pas figurée, et que sa description avait été mal interprétée. Quant au nom qu'elle porte aujourd'hui, il lui vient sans doute de sa forme, qui est à peu près celle de notre Beurré d'Angleterre, mais dans des proportions beaucoup plus considérables. Je la trouve mentionnée *pour la première fois* dans le *Manuel du jardinier* de M. Noisette, imprimé en 1825. » (*Pomologie française*, t. III, Poires, nº 7.)

Observations. — On a dit assez récemment Bergamote Drouet, Longue-Vie, Râteau blanc et Tarquin des Pyrénées synonymes d'Angleterre d'Hiver. Ce sont là, certes, quatre fausses espèces, mais elles se rapportent uniquement à la poire *Râteau*, et non point à l'Angleterre d'Hiver. Et de même un cinquième synonyme — Tavernier de Boullongne — également accordé à cette dernière variété n'a aucune analogie avec elle ; nous pouvons l'affirmer, puisqu'il est né aux portes d'Angers, et que nous le propageons depuis plus de vingt ans.

POIRE D'ANGLETERRE DE LA SAINT-DENIS. — Synonyme de *Beurré d'Angleterre*. Voir ce nom.

POIRE D'ANGLETERRE DE VAN MONS. — Synonyme de poire *William's*. Voir ce nom.

----

45. POIRE D'ANGLETERRE NAIN.

Synonyme. — *Poire* D'ANGLETERRE PARFUMÉE (Sageret, *Pomologie physiologique*, Supplément, 1835, p. 16).

Description de l'arbre. — *Bois:* fort. — *Rameaux :* nombreux, légèrement écartés, très-gros, flexueux, assez longs, cotonneux, vert olivâtre, semés de larges points gris-blanc ; leurs coussinets sont des plus saillants. — *Yeux :* volumineux, ovoïdes, obtus, non adhérents. — *Feuilles :* vert foncé, ovales, de grandeur moyenne, à bords dentelés, à pétiole court et nourri.

FERTILITÉ. — Remarquable.

CULTURE. — Vigoureux et formant de belles et régulières pyramides, cet arbre prospère mieux sur le cognassier que sur le franc.

Description du fruit. — *Grosseur :* plutôt au-dessus qu'au-dessous de la moyenne. — *Forme :* turbinée, obtuse, ventrue, quelque peu déprimée au sommet, et plus renflée habituellement d'un côté que de l'autre. — *Pédoncule :* long, mince, arqué, contourné, obliquement inséré, charnu à la base. — *OEil :* enfoncé, mal développé, mi-clos, uni sur les bords. — *Peau :* rude au toucher, vert obscur, uniformément ponctuée de roux clair. — *Chair :* blanchâtre, fine, juteuse, cassante, pierreuse au centre. — *Eau :* abondante, fraîche, douce, savoureusement musquée.

Poire d'Angleterre nain.

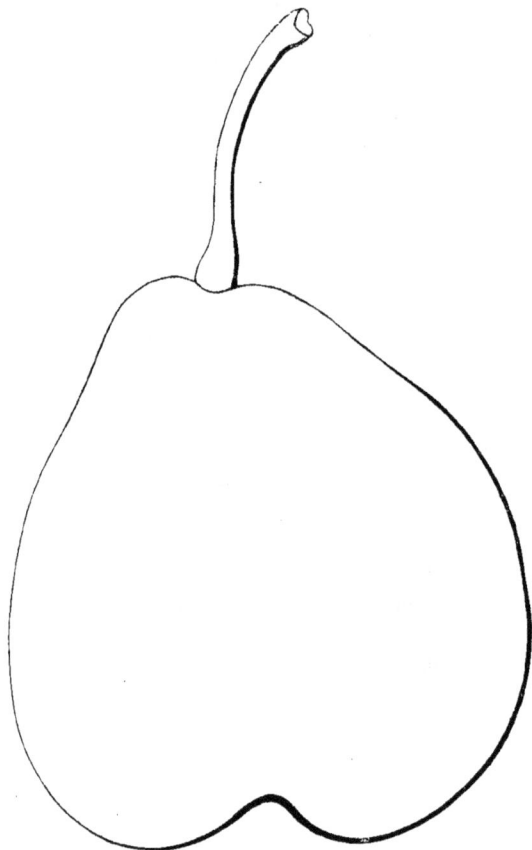

MATURITÉ. — Fin septembre, se prolongeant jusqu'à la mi-octobre.

QUALITÉ. — Première.

Historique. — Généralement multiplié sous le nom qu'il porte ici, le poirier d'Angleterre nain fut gagné de semis en 1832, à Paris, par feu Edouard (*ou* Augustin) Sageret, qui possédait rue de Montreuil d'importantes écoles fruitières. Il appela la nouvelle poire Angleterre parfumée, et l'annonça comme « excel-« lente, comme supérieure « au Beurré d'Angleterre. » (Voir sa *Pomologie physiologique*, Supplément, 1835, p. 16.) Pourquoi l'a-t-on débaptisée ?... A qui dut-elle son deuxième nom ?... Nous l'ignorons ; mais nous supposons qu'elle reçut le qualificatif *nain*, pour caractériser sa forme raccourcie, et par opposition à la forme de l'Angleterre d'Hiver, ainsi qu'à celle du Beurré d'Angleterre, fruits complétement allongés.

POIRE D'ANGLETERRE NOISETTE D'HIVER. — Synonyme de poire *Duc de la Force*. Voir ce nom.

POIRE D'ANGLETERRE PARFUMÉE. — Synonyme de poire d'*Angleterre nain*. Voir ce nom.

---

46. Poire d'ANGOBERT.

Synonymes. — *Poires :* 1. Dagobert (le Lectier, *Catalogue des arbres cultivés dans son verger et plant*, 1628, p. 19). — 2. A Gobert (Duhamel, *Traité des arbres fruitiers*, 1768, t. II, p. 191). — 3. Mansuette (les Chartreux de Paris, *Catalogue des arbres à fruits cultivés dans leurs pépinières*, 1775, p. 48). — 4. Solitaire (*Iid. ibid.*; et Decaisne, *le Jardin fruitier du Muséum*, t. III, 1860). — 5. Double-Mansuette (A. Bivort, *Album de Pomologie*, t. III, 1850, p. 121). — 6. Grosse-Mansuette (*Id. ibid.*). — 7. Beurré de Sémur (Decaisne, *le Jardin fruitier du Muséum*, t. III, 1860). — 8. Gros-Angobert (*Id. ibid.*). — 9. De Sainte-Catherine (*Id. ibid.*).

Premier Type.

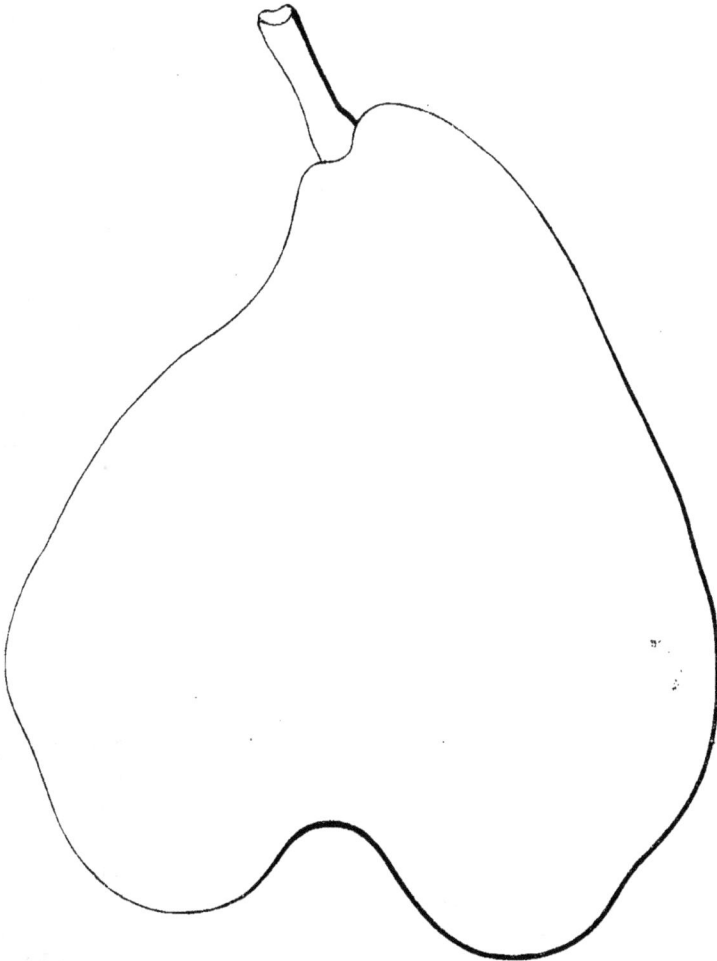

Description de l'arbre. — *Bois :* assez gros. — *Rameaux :* rarement très-nombreux et très-flexueux, érigés, un peu faibles, brunroux, lavés habituellement de gris ardoisé, et fortement ponctués de jaune obscur ; leurs coussinets sont légèrement saillants. — *Yeux :* petits, coniques, pointus, presque adhérents. — *Feuilles :* de moyenne grandeur, ovales-allongées, acuminées, finement crénelées, portées habituellement sur un pétiole court et nourri.

Fertilité. — Ordinaire.

Culture. — Des plus vigoureux, le présent poirier, quand on lui donne le cognassier, se développe parfaitement ; ses pyramides sont hautes et bien ramifiées ;

toutefois il est prudent, en raison de l'extrême grosseur qu'atteignent souvent ses fruits, de le placer en espalier.

Description du fruit. — *Grosseur :* toujours très-volumineuse. — *Forme :* peu constante, mais le plus généralement turbinée, allongée, obtuse, bosselée, contournée, et fortement ventrue vers l'œil. — *Pédoncule :* assez court ou de moyenne longueur, droit ou arqué, gros, parfois charnu à la base, obliquement inséré, en dehors de l'axe du fruit, dans une étroite cavité où le comprime un renflement plus ou moins considérable. — *Œil :* grand, très-ouvert et bien développé, placé au milieu d'un large bassin dont la profondeur est excessivement variable. — *Peau :* jaune obscur, entière-

Poire d'Angobert. — *Deuxième Type.*

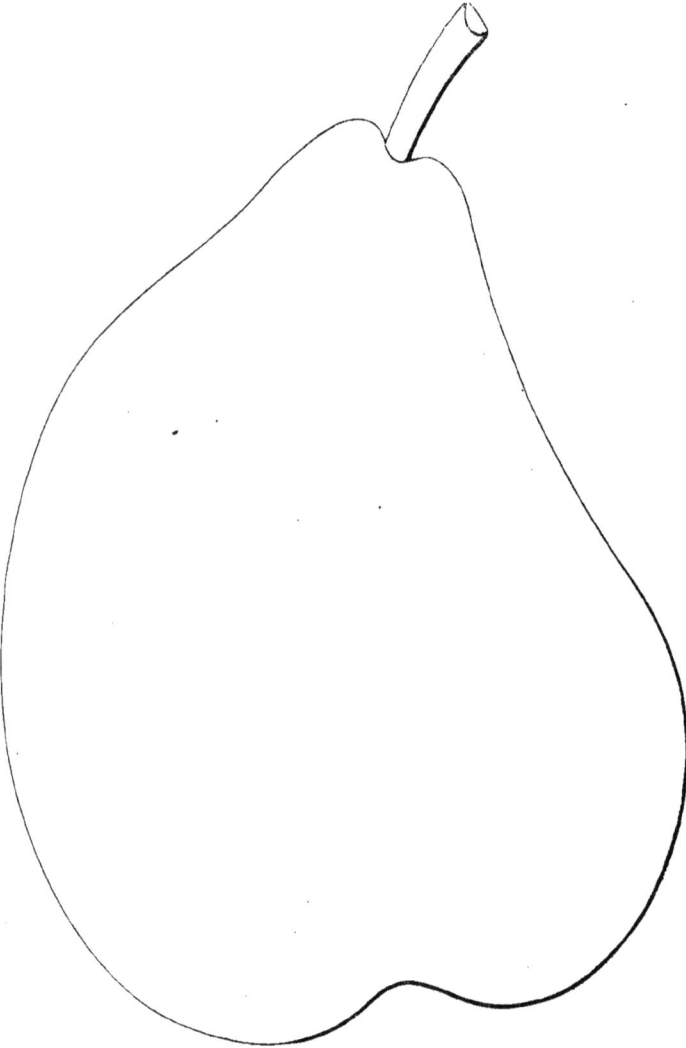

ment ponctuée de fauve, striée ou marbrée de même, et lavée de roux clair du côté du soleil. — *Chair :* blanche, grossière, juteuse, demi-fondante, pierreuse au centre. — *Eau :* suffisante, douce, sucrée, douée d'un arrière-goût musqué assez agréable.

MATURITÉ. — Fin janvier, se prolongeant jusqu'en mars.

QUALITÉ. — Troisième parmi les fruits à couteau, première parmi les fruits à cuire.

Historique. — Comme on sait généralement cette variété fort ancienne, beaucoup d'horticulteurs, s'autorisant de l'homonymie qui existe entre l'un de ses synonymes et le nom du bon roi Dagobert, l'ont crue contemporaine de ce monarque
mort en 638, et se sont figuré qu'elle lui avait été dédiée. A nos yeux, pareille version appartient à la légende, bien plutôt qu'à l'histoire; aussi ne pouvons-nous
l'accepter. Et d'ailleurs, le premier auteur français qui se soit occupé sérieusement
de ce fruit, Claude Mollet, l'appelle à la fois, en 1660, poire d'*Angobert* et poire
Dagobert... d'où suit que le doute est au moins permis. Il dit :

> « Le poirier d'Escarlatte(?).... est fort propre pour recevoir les greffes de poirier Dagobert...
> Le poirier d'*Angobert* est un arbre qui vient fort bien, mais il le faut planter soigneusement;
> il est fort sujet à rapporter son fruit pierreux ; faites-le greffer sur le poirier d'Escarlatte,
> comme j'ai expliqué, et il vous rendra son fruit fort beau, et il ne sera point si sujet à la
> pierre. » (*Théâtre des jardinages*, 1660-1678, pp. 32 et 33.)

Un siècle plus tard, Henri Manger se livrant à la recherche, à l'étude des poires
dont les agronomes romains avaient donné quelque description, prétendit avoir
retrouvé, dans l'Angobert, la Signina ou Testacea de Columelle et de Pline, « va-
« riété qu'en Allemagne, ajoutait-il, nous nommons DOUBLE-RIETBIRNE. » (*Systematische Pomologie*, 1780-1783, t. II, p. 173.) Comme il devenait possible de contrôler
cette assertion, nous avons ouvert les pomologies allemandes, et bientôt il nous a
été démontré qu'Henri Manger ne connaissait nullement notre Angobert, puisqu'il
l'assimilait à la Double-Rietbirne, fruit moyen, très-allongé, mûrissant en septembre !... (Voir Hermann Knoop, *Fructologie*, 1771, II° partie, p. 85.) On ne saurait
donc utiliser ici l'érudition de ce savant ; et force nous serait de renoncer à signaler
l'origine de l'Angobert, sans le Lectier, qui paraît l'avoir indiquée assez clairement
en ces termes, au cours de 1628 : « Parmi les poires en maturité ès mois de janvier
« et février, est le Dagobert de M. de Miossan, poire rousse, grosse, muscatte et
« rozatte. » (*Catalogue des arbres cultivés dans le verger et plant du sieur le Lectier,
procureur du roy à Orléans*, 1628, p. 18.) Cette description, quoique fort courte,
caractérise assez bien, cependant, le type pour lequel elle est faite, type qui nous
semble véritablement identique avec l'Angobert. Aussi pensons-nous que ce dernier
fruit ne fut guère cultivé dans le royaume avant la fin du xvi° siècle ; supposition
qui n'a rien d'invraisemblable, si l'on réfléchit qu'aucun traité d'agriculture ou de
jardinage n'a parlé du poirier d'Angobert, ou Dagobert, antérieurement à 1628.
Quant au M. de Miossan auquel le Lectier en attribue le gain, il appartenait probablement à la maison de Miossens, tirant son nom d'une petite localité voisine de
Pau (Basses-Pyrénées), et dont elle posséda longtemps la seigneurie. — On a vu
qu'en 1780 les Allemands connaissaient imparfaitement l'Angobert; au début du
xix° siècle il n'en était plus ainsi ; le docteur Diel, de Stuttgardt, ayant reçu de
Verdun ce volumineux fruit, l'avait, de 1795 à 1798, répandu chez ses compatriotes.
(Dittrich, *Handbuch der Obstkunde*, t. I, 1839, p. 743.) Cette poire, comme le prouvent
ses synonymes, a du reste été souvent méconnue, en France aussi bien qu'à
l'étranger.

Observations. — Poiteau, en 1848, s'est complétement trompé à l'égard de
l'Angobert. Il a dit :

> « Merlet, qui est à peu près le plus ancien des auteurs auxquels nous pouvons avoir con-
> fiance, assure que « la poire Dagobert est assez grosse, longue et rouge, qui n'est bonne que
> « cuite, mais des meilleures. » Le seul mot *longue* est suffisant pour prouver que la poire à
> laquelle l'usage a depuis longtemps donné le nom de d'Agobert, *n'est pas celle que Merlet
> nommait ainsi.* Duhamel décrit brièvement un fruit sous le nom de poire *à Gobert*, qui a bien

à peu près la forme et la grosseur de celle qu'on vend aujourd'hui sous le nom de poire d'Agobert; mais Duhamel disant qu'elle a l'œil peu enfoncé et qu'elle se garde jusqu'en juin, nous voyons qu'*elle est à cent lieues de la poire d'Agobert d'aujourd'hui...*, belle et très-médiocre, qui mûrit en octobre-décembre... » (*Pomologie française*, 1846, t. III, n° 70.)

Ce qui causa l'erreur de Poiteau, et l'empêcha de reconnaître, dans son d'Agobert, celui de Merlet, celui de Duhamel, ce fut simplement parce qu'au lieu de décrire la véritable poire d'Angobert, il décrivit, il figura la poire *Gîle-ô-Gîle !...* Or, quand on sait à quel point ces deux variétés sont dissemblables, on conçoit aisément pourquoi le savant botaniste ne put constater leur identité. — D'après Duhamel, l'Angobert va jusqu'en juin. Dans les départements de l'Ouest, où jamais il n'atteint ce mois, il ne saurait dépasser avril ; et nous croyons que c'est là son point extrême de conservation.

Poire ANGOBERT DE MANTOUE. — Synonyme de poire *Amadote*. Voir ce nom.

47. Poire d'ANGOISSE.

Synonymes. — *Poires :* 1. Blanc-Collet (Couverchel, *Traité complet des fruits de toute espèce*, édition de 1852, p. 498). — 2. Dangoise (*Id. ibid.*). — 3. Grosse-Grise (*Id. ibid.*).

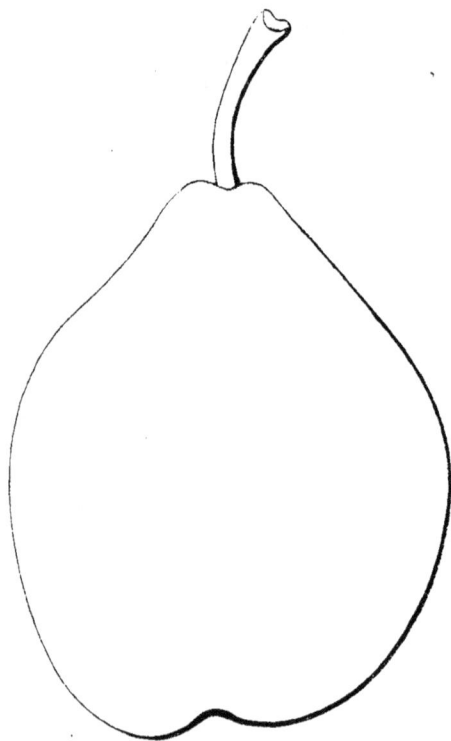

Description de l'arbre. — *Bois :* assez fort. — *Rameaux :* nombreux, étalés, nourris, flexueux, brun-roux, cotonneux, largement ponctués de gris cendré, et n'ayant pas, habituellement, les coussinets trop ressortis. — *Yeux :* renflés, coniques, légèrement obtus, non appliqués. — *Feuilles :* grandes, ovales-arrondies, canaliculées, denticulées ou finement crénelées, à pétiole court et gros.

Fertilité. — Des plus abondantes.

Culture. — Spécialement multiplié pour les vergers et les champs, ce poirier, fort vigoureux, exige le franc, sur lequel il prend un développement rapide et satisfaisant, sans atteindre toutefois une hauteur nuisible.

Description du fruit. — *Grosseur :* petite ou moyenne. — *Forme :* turbinée, obtuse, ventrue, assez régulière. — *Pédoncule :* rarement très-long, arqué, mince, renflé au point d'attache, obliquement implanté au milieu d'une faible dépression. — *Œil :* petit, souvent mi-clos, bien conformé, presque saillant. — *Peau :* jaune d'or, ponctuée, marbrée de fauve, maculée de même autour de l'œil et du pédoncule, et lavée de rouge-brun du côté du soleil. — *Chair :* blanchâtre, peu fondante, grossière, juteuse, toujours très-pierreuse au centre. — *Eau :* Excessivement abondante, acidule, sucrée, douée d'une certaine saveur, mais entachée parfois d'une âcreté assez prononcée.

Maturité. — Vers la fin du mois de décembre, et se prolongeant jusqu'en avril.

Qualité. — Troisième pour le couteau, deuxième pour la cuisson, première pour le pressoir.

Historique. — Parmi nos poires françaises, il en est peu de plus anciennes que celle ici décrite. Dès 1094 on la signalait, on en donnait l'origine dans une chronique manuscrite attribuée au bénédictin Geoffroy, prieur du monastère de Vigeois (diocèse de Limoges). Elle tire son nom, y disait-on, du village d'Angoisse, situé proche l'abbaye de Saint-Yrieix ou Saint-Yrier, en Limousin. (Voir Eugène Forney, *le Jardin fruitier,* 1862, t. I, p. 237.) C'est alors aux environs de Périgueux, et sur les bords du charmant ruisseau le Loudour, que poussa ce poirier huit fois séculaire. En 1540, Charles Estienne ne l'oublia pas lorsqu'il parla des arbres fruitiers cultivés à son époque : « Ses produits — observait-il — causent à la bouche, « par leur âpreté, par leur détestable acerbeté, une astriction vraiment insup- « portable ; mais ce défaut disparaît quand on les mange à leur point extrême « de maturité, presque blossis. » (*Seminarium et plantarium fructiferarum præsertim arborum quæ post hortos conseri solent,* 1540, p. 70.) — Depuis Charles Estienne, cette variété ne s'est nullement améliorée ; cependant elle est commune dans la majorité de nos départements ; et l'on a bien raison de propager ce poirier, car, outre la grosseur énorme qu'il atteint — sa circonférence dépasse souvent trois mètres — les fruits abondants qu'il rapporte sont d'une vente facile, avantageuse, par suite des divers usages économiques auxquels ils sont propres.

Nos pères, qui furent très-crédules en horticulture, alors surtout que la physio-logie végétale était encore inconnue de leurs jardiniers, nos pères se livrèrent à de curieuses pratiques à l'égard du poirier d'Angoisse. Voulaient-ils, par exemple, avan-cer, retarder la maturité de ses produits, en prolonger même, indéfiniment, la con-servation ?... voilà ce qu'en 1564 ils conseillaient de faire :

« Pour avoir poires d'*Angoisses* un mois ou deux plustost que les autres, ou qui durent et soyent bonnes jusques aux nouvelles, entez-les en coingnier pour les avoir tard, et en franc meurier pour les avoir tost. » (Charles Estienne, *l'Agriculture et maison rustique,* 1564, livre III, chap. xvii, p. 72, verso.)

Enfin — et Charles Estienne nous en a également conservé la recette — ils préten-daient pouvoir, au moyen d'un seul greffon, charger de diverses espèces de pommes, les branches de ce poirier :

« Entez — disaient-ils — en poirier d'Angoisse, des greffes de pommier, et vous aurez pommes de Blondurel et pommes de Chastaigner. » (*Loco citato,* p. 73, verso.)

Telles étaient les illusions horticoles, au xvie siècle ; et nous aurons souvent l'oc-casion de revenir sur ce sujet, qui a bien son intérêt.

Observations. — On a généralement, pendant un très-long temps, regardé la poire d'Angoisse comme synonyme du Bon-Chrétien d'Hiver ; et même aujourd'hui nombre de jardiniers ont encore cette opinion. Si jamais fruits différèrent de forme et de qualité, ce sont pourtant bien ceux-là !... Dans *le Jardin fruitier du Muséum,*

M. Decaisne s'élève, avec toute l'autorité de sa science, contre une telle erreur, qu'il serait fâcheux de ne pouvoir détruire, puisqu'elle retarde la propagation d'un poirier vraiment précieux pour nos campagnes. Espérons donc que l'on croira désormais à son existence, et qu'il se répandra partout.

POIRE D'ANGOISSE BLANCHE. — Synonyme de poire d'*Angleterre d'Hiver*. Voir ce nom.

---

48. POIRE D'ANGORA.

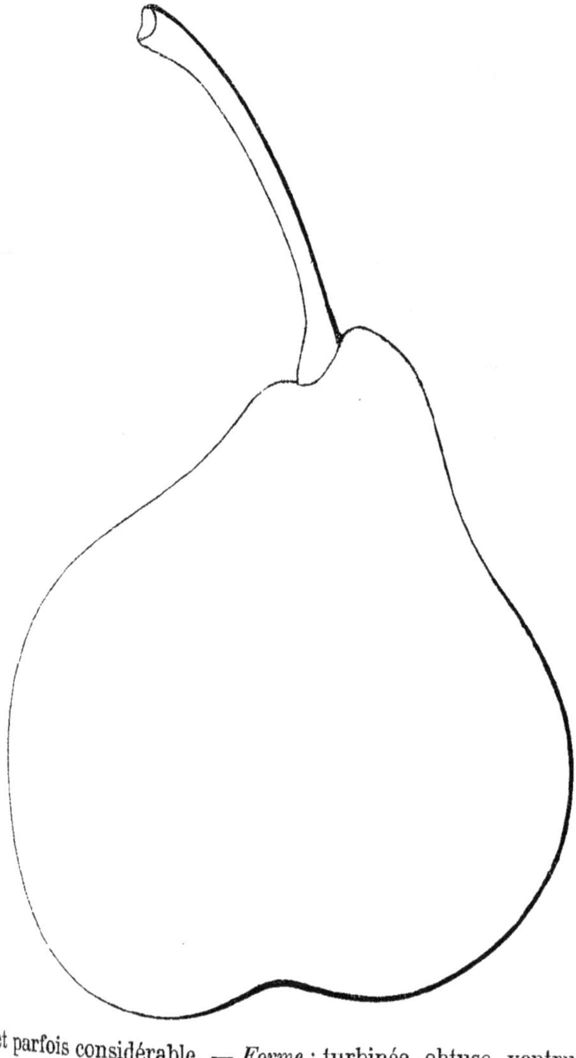

Description de l'arbre. — *Bois :* fort. — *Rameaux :* peu nombreux, légèrement étalés, très-gros, longs, flexueux, vert olivâtre ou vert-brun, à lenticelles larges et rarement abondantes, à coussinets des plus marqués. — *Yeux :* ovoïdes, pointus, volumineux, non appliqués. — *Feuilles :* excessivement grandes et d'un beau vert, ovales, non canaliculées, ayant les bords crénelés ou denticulés, et le pétiole très-long, très-nourri.

FERTILITÉ. — Remarquable.

CULTURE. — Le cognassier lui convient essentiellement; sur ce sujet, sa vigueur est satisfaisante et ses pyramides sont assez convenables, quoique peu ramifiées.

Description du fruit. — *Grosseur :* au-dessus de la moyenne et parfois considérable. — *Forme :* turbinée, obtuse, ventrue, irrégulière, bosselée, ayant souvent un côté plus renflé que l'autre. — *Pédoncule :* assez fort, long, arqué, formant bourrelet à son point d'insertion, obliquement implanté au centre d'une faible dépression que surmonte constamment un mamelon bien prononcé. — *Œil :* grand, des plus ouverts, placé presque toujours à fleur de fruit dans un large bassin. — *Peau :* jaune pâle, légèrement verdâtre, finement ponctuée de fauve et portant quelques petites taches roussâtres. — *Chair :* blanche, tendre, juteuse, à gros grain, pierreuse autour des loges. — *Eau :* abondante, sucrée, douce, délicate, faiblement parfumée.

MATURITÉ. — Commencement d'octobre, et se prolongeant très-exceptionnellement jusqu'à la fin de novembre.

QUALITÉ. — Deuxième.

Historique. — Originaire de l'Asie Mineure, elle fut importée en France par feu Léon Leclerc, qui la reçut de Constantinople en 1832, lorsqu'il était député de Laval. Il l'avait vue signalée dans le journal du voyage d'Orient qu'accomplit en 1700, sur la demande de Louis XIV, l'illustre botaniste Tournefort. Mais voici le passage de l'ouvrage où il est question de ce fruit :

« Le 2 novembre 1701, nous partîmes d'Angora pour Pruse ou Brouse, comme disent les Francs, et nous arrivâmes le 4 à *Beïbazar*, petite ville bâtie sur trois collines à peu près égales..... *C'est de là que viennent ces excellentes poires que l'on vend à Constantinople sous le nom de poires d'Angora* ; mais elles sont fort tardives, et nous n'eûmes pas le plaisir d'en goûter..... » (Tournefort, *Relation d'un voyage du Levant*, édition de 1727, t. III, lettre xxi, pp..335-336.)

Quant au promoteur de cette poire, il raconte ainsi les motifs qui le portèrent à s'en occuper, et par qui elle lui fut envoyée :

« ..... Elle fait, en hiver, les délices de Constantinople........ et il est certain qu'au double titre de sa bonté et de l'époque de sa maturité, elle paraît susceptible de présenter un but d'acquisition des plus précieux pour nos jardins... J'ai donc cru rendre un service à notre horticulture, en tentant cette conquête, indiquée et dédaignée depuis plus d'un siècle..... M. le général Guilleminot, notre ambassadeur à Constantinople, voulant bien s'associer à toute mon insatiabilité d'amateur..., m'a procuré cette précieuse variété de poirier..... » (Léon Leclerc, *Lettre au président de l'Académie des Sciences de l'Institut*, datée du 15 janvier 1833, et lue en séance le 4 février suivant.)

Observations. — La poire d'Angora a dû perdre, en changeant de climat, de sol, beaucoup de sa qualité, puisqu'elle occupe à peine le deuxième rang parmi nos espèces d'automne. Nous disons d'automne et non pas d'hiver, car elle mûrit le plus souvent au début d'octobre, pour disparaître complétement avant la fin de novembre. On doit donc croire, en présence des textes de Tournefort et de Léon Leclerc, qui la donnent comme « fort tardive, » que sous cet autre rapport elle est également loin de justifier, chez nous, la haute réputation dont elle jouit en Asie. Et Van Mons, l'intelligent semeur, avait prévu dès 1834 que nous aurions à subir un tel désenchantement. Il écrivit alors :

« Vu l'ancienneté de la poire d'Angora, on pourrait prédire qu'elle sera dégénérée dans ses qualités ; d'ailleurs, un fruit bon sous le ciel de Constantinople, ne le sera pas pour cela en France. Nos poires fondantes sont *cassantes et à cuire*, en Morée. J'ai eu connaissance de ce fait par M. l'abbé Mertens, de Bruxelles, qui habite ce pays. Par contre, nos poires fondantes d'automne y deviennent *d'été*, et *blettissent* dans les contrées plus méridionales que le midi de la France. Aussi la Belgique et la France doivent-elles rarement, et moins qu'aucun autre pays, aller chercher des fruits ailleurs. » (*L'Horticulteur belge*, cité par la *Revue horticole*, année 1834, pp. 505-506.)

Avouons qu'il était difficile de mieux prophétiser !... Cependant, malgré, ou plutôt à cause de l'infériorité de cette poire, on s'efforça de la vendre sous divers noms d'espèces déjà très-connues : Amiral, Amour, Belle-Angevine, Catillac, etc., sont les principaux pseudonymes qu'elle a reçus ; mais ils n'auront trompé que peu d'horticulteurs, tellement l'Angora s'éloigne par la forme ou la qualité, par l'époque de maturité ou la durée de conservation, de chacune des variétés aux-quelles on l'a ainsi rattachée. — La grosseur de ce fruit est susceptible d'acquérir un volume considérable ; nous en avons vu qui pesaient plus de 600 grammes ; toutefois, son développement habituel reste dans la proportion du type figuré ci-dessus.

49. Poire ANNA AUDUSSON.

Synonyme. — *Poire* Doyenné Anna Audusson (*Annales du Comice horticole de Maine-et-Loire*, 1854, p. 39.)

Premier Type.

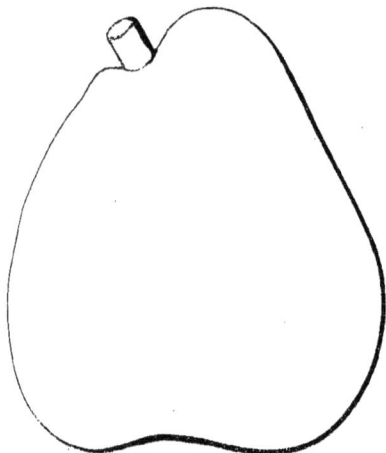

Description de l'arbre. — *Bois :* très-fort. — *Rameaux :* des plus nombreux, des plus gros, érigés, longs, flexueux, brun verdâtre, abondamment et fortement ponctués, à coussinets excessivement prononcés. — *Yeux :* ovoïdes, obtus, volumineux, aplatis, adhérents. — *Feuilles :* grandes, vert foncé, elliptiques-arrondies, presqu'entières ou faiblement denticulées ; leur pétiole est assez court et très-nourri.

Fertilité. — Médiocre.

Culture. — Greffé sur cognassier, ce poirier se développe admirablement en pyramide ; il y est vigoureux, bien feuillu, bien ramifié.

Description du fruit. — *Grosseur :* petite ou moyenne. — *Forme :* oblongue ou turbinée, mais toujours ventrue, obtuse, bosselée, irrégulière. — *Pédoncule :* court ou très-court, assez gros, droit, obliquement inséré dans une vaste cavité peu profonde, et placé parfois en dehors de l'axe du fruit. — *Œil :* petit, mi-clos, à peine enfoncé.— *Peau :* vert jaunâtre, finement ponctuée de fauve, montrant habituellement de larges taches rougeâtres et squammeuses. — *Chair :* blanchâtre, fine, fondante, souvent farineuse, pierreuse autour des loges. — *Eau :* abondante, acidule, peu sucrée, peu parfumée.

Maturité. — De novembre à janvier.

Qualité. — Troisième comme fruit à dessert.

Historique. — Originaire d'Angers, elle a mûri pour la première fois en 1848, chez M. Alexis Audusson, pépiniériste. Au mois de décembre 1854, soumise

Poire Anna Audusson. — *Deuxième Type.*

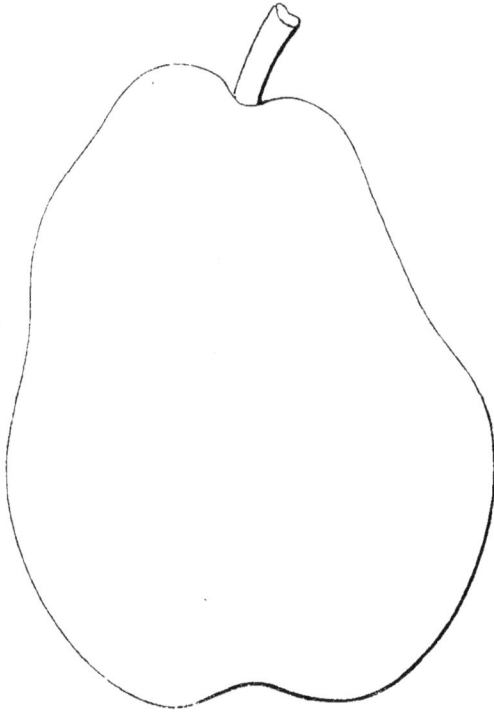

à l'examen du Comice horticole de Maine-et-Loire, elle fut jugée « délicieuse, » et dédiée, sous le nom de Doyenné Anna Audusson, à l'une des filles de son promoteur. Nous disons promoteur, et non point obtenteur, le semis de pepins mélangés dont elle est sortie ayant été fait, vers 1830, par le père de M. Alexis Audusson, mort avant la fructification du pied-type.

Observations. — Les qualités primitives de cette variété se sont beaucoup amoindries ; aussi pourrait-on difficilement, comme on le fit en 1854, déclarer aujourd'hui ses produits « déli-« cieux. » — Son nom a subi de même une certaine modification ; on l'a raccourci, en supprimant le terme générique *Doyenné*, qui dès le début lui avait été appliqué.

50. Poire ANNA NÉLIS.

Arbre et Fruit. — Les greffes que nous avons faites, de ce poirier, n'ont pas réussi ; nous ne saurions donc le décrire, non plus que son fruit, à peu près inconnu en France, où M. de Liron d'Airoles est le seul pomologue qui l'ait mentionné. Cependant, comme un jour ou l'autre il se peut qu'on l'y cultive, consignons ici les quelques notes que nous possédons sur lui :

Fertilité. — « Ordinaire. »

Culture. — « Arbre assez vigoureux. »

Maturité. — « D'avril en mai. »

Qualité. — « Deuxième, comme fruit à couteau. » (Voir de Liron d'Airoles. *Liste synonymique historique des diverses variétés du poirier*, 1859, p. 56.)

Historique. — Ce fruit est né en Belgique, dit l'auteur que nous venons de citer ; « c'est un gain de M. Grégoire, de Jodoigne ; son premier rapport date de « 1849, et provient d'un semis de pepins variés fait en 1835. » (*Loco citato.*)

Observations. — Quand on aura lu les passages suivants, extraits de lettres à nous écrites par M. Alexandre Bivort, rédacteur de l'*Album* et des *Annales de* *pomologie belge*, on regardera sans doute la présente variété comme peu digne de la culture :

« ..... Je ne trouve aucune note, dans mes archives pomologiques, sur la poire *Anna Nélis*, que j'aurai dégustée sous le numéro d'envoi de M. Grégoire, sans demander quel nom elle portait : ce qui ne prouve pas trop en sa faveur. (*Lettre du 4 mars* 1865.)

« ..... L'*Anna Nélis* a dégénéré depuis les premières années de sa production, aussi je ne cherche plus à la propager..... Cependant elle avait le mérite d'être très-tardive. » (*Lettre du 12 avril* 1865.)

POIRE D'APOTHICAIRE. — Synonyme de *Bon-Chrétien d'Hiver*. Voir ce nom.

----

54. POIRE ARBRE COURBÉ.

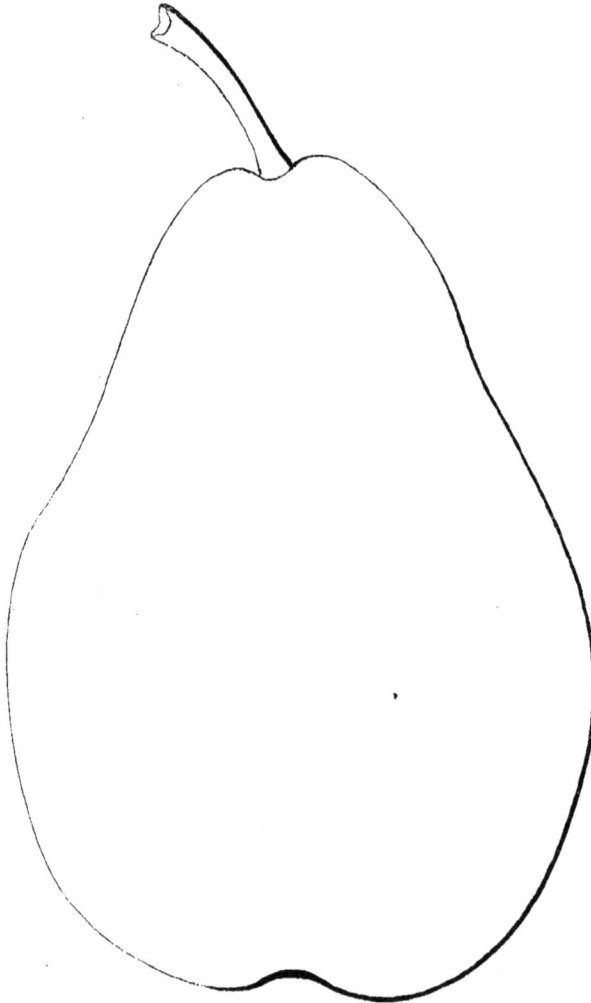

Description de l'arbre. — *Bois :* de moyenne force. — *Rameaux :* étalés, contournés, un peu frêles, très-flexueux, assez nombreux, cotonneux, brun-roux ; ils sont ponctués de jaune pâle, et leurs coussinets n'ont qu'un faible développement. — *Yeux :* coniques, aigus, bien nourris, écartés du bois, et parfois sortis en éperon. — *Feuilles :* longues, grandes, lancéolées, habituellement canaliculées, ayant les bords largement dentés et le pétiole court et menu.

FERTILITÉ. — Satisfaisante.

CULTURE. — Le franc lui convient mieux que le cognassier ; il est très-faible et prend difficilement la forme pyramidale.

Description du fruit. — *Grosseur :* volumineuse, et parfois au-dessus de la moyenne. — *Forme :* oblongue, ventrue, obtuse, bosselée, régulière. — *Pédoncule :* court, assez fort, arqué, renflé aux extrémités, obliquement implanté au milieu d'une légère dépression. — *OEil :* petit, ouvert, bien formé, presque saillant. — *Peau :* jaune clair ou jaune verdâtre, fortement ponctuée et marbrée de roux, maculée de même autour du pédoncule ainsi que dans la cavité ombilicale, et montrant souvent de petites taches brunâtres. — *Chair :* blanche, assez fine, fondante, juteuse, pierreuse au centre. — *Eau :* des plus abondantes, acidule, quelquefois peu sucrée, mais douée d'une saveur agréable.

MATURITÉ. — Fin septembre et commencement d'octobre.

QUALITÉ. — Deuxième.

Historique. — En 1850, un article inséré dans la *Pomologie de la Seine-Infé-rieure* (p. 193), attribuait à M. Léon Leclerc, de Laval, l'obtention de cette poire. C'était une erreur, et facile à constater par nous, qui sommes si proche voisin des Lavalois. L'Arbre courbé, loin d'être originaire du département de la Mayenne, provient au contraire de la Belgique, comme en font foi les lignes ci-dessous :

« Cette variété (*Arbre courbé*), qui appartient aux semis de Van Mons, a été trouvée vers 1830, et il lui a donné ce nom en raison de ce qu'elle pousse presque toujours sa tige d'une manière tout à fait insolite. En effet, cette tige, abandonnée à elle-même après deux ou trois ans de greffe, pousse toujours horizontalement, et le secours d'un tuteur lui est nécessaire pour la maintenir dans la ligne verticale. » (Alexandre Bivort, *Album de pomologie*, t. III, 1850, p. 155.)

Les Belges sont donc en droit — la déclaration du successeur même de Van Mons en fait foi — de revendiquer le gain du poirier Arbre courbé. Cependant on a cru devoir le leur contester, par le motif qu'en 1823 Van Mons, publiant le Catalogue de ses collections fruitières, n'y inscrivit pas cette variété. Mais le pouvait-il, alors qu'elle était encore si loin de sa première fructification, qui eut lieu, M. Bivort nous l'a certifié plus haut, vers 1830 ?... Ce poirier, selon M. Alphonse du Breuil, fut introduit en France en 1836. (Voir son *Cours d'arboriculture*, 1854, t. II, p. 569.)

. **Observations.** — M. Decaisne a dit : « Le synonyme de *poire Amirale*, que les « pépiniéristes appliquent à la poire Arbre courbé, est absolument faux » (*le Jardin fruitier du Muséum*, t. V) ; et ce savant professeur a eu grandement raison, tout nous l'a démontré. Seulement, nous sommes convaincu qu'il n'a pas eu sous les yeux la véritable poire *Colmar Charnay* ou *Charni*, puisqu'il la croit également identique avec l'Arbre courbé (*loco citato*). Ces deux fruits n'ont ni la même forme, ni la même qualité, ni la même époque de maturité. Le Colmar Charni est *à peine* de moyenne grosseur, ovoïde, coloré de vermillon, très-parfumé, délicieux ; il se mange depuis le mois de janvier jusqu'au mois de mars. Comment donc l'assimiler à l'Arbre courbé, à cette grosse poire allongée, de deuxième ordre, sans coloration, et qui ne dépasse jamais novembre ?... Et le bois de ces deux poiriers présente des différences tout aussi tranchées que celles relevées ici pour leurs produits.

POIRE ARBRE SUPERBE. — Synonyme de *Bergamote lucrative*. Voir ce nom.

52. Poire ARCHIDUC CHARLES.

Synonymes. — *Poires* : 1. Délice d'Ardenpont (Poiteau, *Pomologie française*, 1848, t. III, n° 38). — 2. Fondante du Paniselle (A. Bivort, *Album de pomologie*, t. III, 1850, p. 30). — 3. Fondante Paniselle (André Leroy, *Catalogue descriptif et raisonné des arbres fruitiers et d'ornement*, 1855, p. 30). — 4. Délices d'Hardenpont de Belgique (*Id. ibid.*). — 5. Charles d'Autriche (Decaisne, *le Jardin fruitier du Muséum*, t. I, 1858).

Premier Type.

Description de l'arbre. — *Bois :* faible. — *Rameaux :* peu nombreux, érigés, surtout vers le sommet, assez courts, assez forts, légèrement flexueux ; ils ont les coussinets presque nuls, et sont d'un brun rougeâtre sur lequel de rares et petites lenticelles se détachent très-nettement en gris-blanc. — *Yeux :* gros, coniques, pointus, non appliqués. — *Feuilles :* moyennes, ovales, vert clair, ayant le pétiole long et grêle, et les bords profondément dentés.

Fertilité. — Ordinaire.

Culture. — Il prospère non moins bien sur cognassier que sur franc ; sa vigueur est convenable, mais ses pyramides laissent à désirer pour la force, comme elles sont aussi, généralement, trop dépourvues de feuilles.

Description du fruit. — *Grosseur :* au-dessus de la moyenne. — *Forme :* bosselée, toujours inconstante, allant de l'ovoïde-arrondie à la turbinée-allongée extrêmement ventrue. — *Pédoncule :* court, bien nourri, droit ou légèrement arqué, obliquement implanté dans un évasement parfois assez vaste et assez profond. — *Œil :* petit, mi-clos, mal développé, placé au fond d'une large cavité en entonnoir. — *Peau :* jaune-citron, ponctuée, striée, tachée de brun-roux, et quelquefois faiblement lavée de rose pâle du côté du soleil. — *Chair :* blanche, demi-fine, fondante, excessivement juteuse, à peine pierreuse auprès des loges. — *Eau :* des plus abondantes, douce, sucrée, sans parfum bien prononcé, et néanmoins délicate, savoureuse.

Maturité. — Du commencement d'octobre jusqu'à la moitié de novembre et atteignant souvent le mois de décembre.

Qualité. — Première.

Historique. — Le vrai nom de cette poire, celui qu'elle porta primitivement (Délices d'Hardenpont), permet d'en préciser l'origine :

« Elle a été obtenue en 1759 — dit M. Alexandre Bivort — par l'abbé d'Hardenpont, à son jardin situé à la porte d'Havré, au pied du mont Paniselle, à Mons; elle provient du même semis que le Beurré d'Hardenpont, et a rapporté la même année. » (*Album de pomologie*, t. III, 1850, p. 30.)

Poire Archiduc Charles. — *Deuxième Type.*

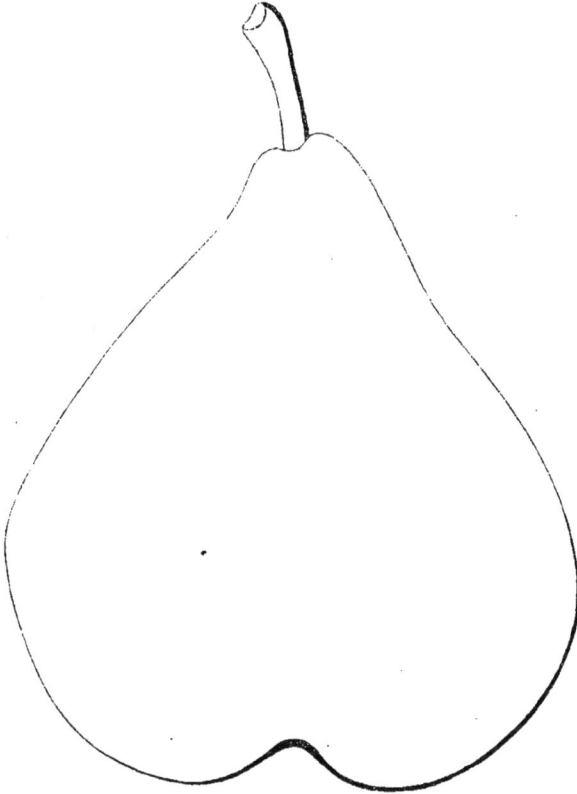

Ce fut sous ce premier nom que Poiteau la décrivit en 1848, dans sa *Pomologie française*, où il consigna sur l'introduction de ce fruit parmi nos cultures, les détails ci-après :

« Dès 1808, mon ami M. Noisette en a reçu deux arbres de M. Suytus, pépiniériste à Bruxelles, qui tenait l'espèce de M. d'Hardenpont même. Ces arbres ont été plantés avec soin, et l'année suivante ils ont fructifié. » (*Loco citato*, t. III, n° 38.)

Et nous rapportons ce passage de Poiteau pour infirmer la version de M. Alphonse du Breuil, qui dans son *Cours d'arboriculture*, a dit : « La « poire Délices d'Harden-
« pont a été introduite en France en 1825. » (T. II, 1854, p. 569.) — A qui fut-elle redevable du surnom sous lequel nous l'avons classée ?... Nous l'ignorons; mais Oberdieck ayant écrit : « M. Diel (de Stuttgardt) a reçu de Van Mons, en 1810, « l'ARCHIDUC CHARLES sous le nom de CHARLES d'AUTRICHE » (*Illustrirtes Handbuch der Obstkunde*, t. II, 1860, p. 497), on peut parfaitement supposer qu'un tel surnom lui vint des Belges, ainsi que cet autre : « Fondante du Paniselle, » rappelant son lieu de naissance. — Maintenant, si l'on demande pourquoi nous reléguons au rang des synonymes le premier de ces noms au bénéfice du second, nous répondrons : Afin qu'on ne confonde plus la Délices d'Hardenpont de Belgique avec la Délices d'Hardenpont d'Angers, ou encore avec les nombreuses poires également appelées Délices [Délices de Charles, Délices de la Meuse, Délices de Jodoigne, etc., etc.]. D'ailleurs, les pépiniéristes sont tellement certains, aujourd'hui, de l'identité des poiriers Archiduc Charles et Délices d'Hardenpont belge, qu'il ne saurait y avoir le moindre inconvénient à rayer ce dernier de la nomenclature des variétés. Enfin si, pour l'y remplacer, nous n'avons pas adopté non plus le synonyme Fondante du Paniselle, c'est qu'il en est, en pomologie, du mot *fondant* comme du mot *délices* : on l'a trop, beaucoup trop utilisé déjà !

Observations. — Les poires Napoléon, Beurré d'Angleterre et Marquise, dont quelques auteurs faisaient Archiduc Charles, synonyme, s'éloignent entièrement, au contraire, de cette espèce; et tous ceux qui voudront bien, ici, les comparer, s'en convaincront immédiatement.

53. Poire ARCHIDUC D'ÉTÉ.

Synonymes. — *Poires :* 1. Amiré roux de Tours (Merlet, *l'Abrégé des bons fruits*, édit. de 1675, p. 76). — 2. Amiré roux (de la Quintinye, *Instructions pour les jardins fruitiers et potagers*, édit. de 1739, t. I, p. 277). — 3. De la Mi-Juillet (*Id. ibid.*). — 4. Gros-Oignonnet (*Id. ibid.*). — 5. Roy d'Été (*Id. ibid.*). — 6. Ognonnet (les Chartreux de Paris, *Catalogue des arbres à fruits cultivés dans leurs pépinières*, 1775, p. 29). — 7. Oignonet (Decaisne, *le Jardin fruitier du Muséum*, t. IV, 1861).

Description de l'arbre. — *Bois :* assez fort. — *Rameaux :* étalés, longs, faibles, brun-roux, flexueux, ponctués de jaune obscur; leurs coussinets sont habituellement bien prononcés. — *Yeux :* moyens, coniques, pointus, très-légèrement écartés du bois, et d'un noir brillant. — *Feuilles :* ovales-allongées, grandes, peu nombreuses, acuminées, à bords légèrement dentés, à pétiole court et mince.

Fertilité. — Excessive.

Culture. — Le franc lui vaut mieux que le cognassier; mais, sur l'un comme sur l'autre de ces sujets, il se développe péniblement et se refuse à la forme pyramidale; ce qu'il lui faut, c'est le plein-vent.

Description du fruit. — *Grosseur :* petite. — *Forme :* sphérique ou turbinée, fortement obtuse. — *Pédoncule :* long, menu, arqué, régulièrement inséré à fleur de peau. — *Œil :* moyen, ouvert, bien développé, presque saillant. — *Peau :* épaisse, luisante, jaune d'or, ponctuée de fauve, maculée de même autour du pédoncule et largement colorée du côté du soleil. — *Chair :* blanc jaunâtre, demi-fine, mal fondante, juteuse, pierreuse, un peu marcescente. — *Eau :* des plus abondantes, des plus sucrées, acidule, ayant un arrière-goût d'anis assez agréable.

Maturité. — De la mi-juillet à la mi-août.

Qualité. — Deuxième.

Historique. — Au xviiᵉ siècle, Merlet, le premier auteur qui chez nous ait parlé de cette poire, en a fait connaître, ce semble, l'origine en l'appelant Amiré roux *de Tours*. Voici du reste ce qu'il en a dit :

« L'Amiré roux de Tours..... est presque rond, d'un rouge gris-brun; la chair en est ferme, et l'eau en est fort sucrée et relevée. » (*L'Abrégé des bons fruits*, édit. de 1675, p. 76.)

Il est donc permis, appuyé sur ce témoignage, de regarder l'Amiré roux comme une variété française provenant de Tours, ou pour le moins de la Touraine. Mais elle ne conserva pas longtemps sa dénomination primitive, car Duhamel du Monceau, publiant cent ans après Merlet son célèbre *Traité des arbres fruitiers*, la montrait gratifiée déjà de deux surnoms : Ognonet, puis ARCHIDUC D'ÉTÉ ; et ce fut sous ce dernier, actuellement encore en vigueur, qu'il la figura, qu'il l'étudia, renvoyant Amiré roux et Ognonet, aux synonymes. (Voir Duhamel, t. II, p. 135.) — Les Allemands la cultivent sous le nom de *Grosse muskirte Zwiebelbirne* [Gros-Oignonet musqué] l'estiment beaucoup, et font remarquer avec raison que « c'est « seulement au milieu d'août, vers la fin de sa maturité, que son eau devient mus- « quée. » (Langethal, *Deutsches Obstkabinet*, 1859, 6ᵉ cahier.)

Observations. — Le pomologue anglais Robert Thompson s'est trompé, lorsqu'en 1842, dans son *Catalogue des fruits du jardin de la Société d'horticulture de Londres*, il a déclaré identiques l'Archiduc d'Été et l'Amiré Johannet. Ce sont bien des variétés distinctes ; et Thompson les aura confondues, entraîné probablement par la présence du mot Amiré, qui caractérise à la fois deux poiriers : l'Amiré Johannet, et l'Amiré roux, notre Archiduc d'Été. — La grande fertilité de ce dernier arbre le rend propre au verger ; comme aussi ses produits conviennent parfaitement, vu leur assez longue conservation, à la vente en gros, pour les halles et les marchés.

POIRE ARDENTE DE PRINTEMPS. — Synonyme de *Colmar d'Arenberg*. Voir ce nom.

POIRE D'ARENBERG. — Synonyme de *Colmar d'Arenberg*. Voir ce nom.

POIRE D'ARENBERG PARFAIT. — Synonyme de poire *Orpheline d'Enghien*. Voir ce nom.

54. POIRE D'ARGENT.

Description de l'arbre. — *Bois :* fort. — *Rameaux :* nombreux, légèrement étalés, bien nourris, très-flexueux, brun olivâtre, lavés parfois de rouge pâle, et ponctués de gris ; leurs coussinets sont saillants. — *Yeux :* assez volumineux, ovoïdes, cotonneux, placés en éperon et ayant les écailles fortement accusées. — *Feuilles :* grandes, ovales, régulièrement dentées, portées sur un pétiole long, gros et pourvu de stipules très-développées.

FERTILITÉ. — Des plus abondantes.

CULTURE. — Il forme sur cognassier d'admirables pyramides et s'y montre d'une extrême vigueur. Le franc lui convient également ; on le lui donne avec avantage lorsqu'on veut le destiner au plein-vent.

Description du fruit. — *Grosseur :* petite. — *Forme :* turbinée-arrondie, régulière, presque toujours mamelonnée au sommet. — *Pédoncule :* de longueur moyenne, mince, droit, charnu à la base, obliquement implanté, continu avec le fruit. — *Œil :* grand, bien ouvert, rarement enfoncé, plissé sur ses bords. — *Peau :* jaune verdâtre, entièrement ponctuée de roux. — *Chair :* blanc mat, fine, mal fondante, juteuse, pierreuse au centre. — *Eau :* excessivement abondante, sucrée, ne manquant ni de parfum ni de saveur, mais entachée quelquefois d'un peu d'âcreté.

Poire d'Argent.

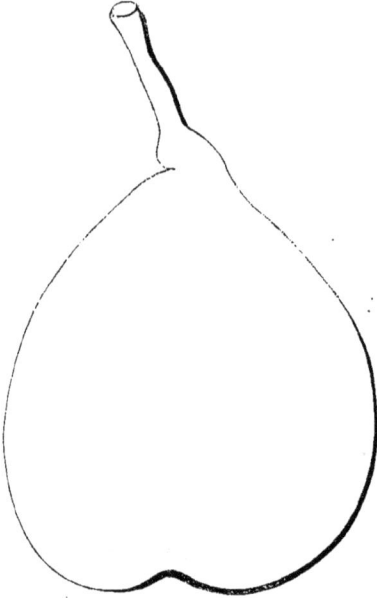

MATURITÉ. — D'août à septembre.

QUALITÉ. — Deuxième.

Historique. — Peu connue, peu cultivée en France, la poire d'Argent, qu'on aura appelée ainsi à cause de son extrême fertilité, à cause de sa vente facile, n'est pas sans mérite ; dans l'antiquité, on dut même en faire un assez grand cas. Nous disons dans l'antiquité, car Adrianus Junius, botaniste hollandais du xvie siècle, déclara qu'elle n'était autre que la *Nardina* des Romains, se mettant ainsi en désaccord avec le médecin normand Jacques Daléchamp, son contemporain, qui dans son *Histoire des plantes* (1585) la rattachait à la *Liceriana*, citée par Pline. C'est du moins ce qu'attestait en 1783 Henri Manger, tome II, page 172 de sa *Systematische Pomologie....* Il se peut que les poires Licériennes soient réellement, aujourd'hui, mangées chez nous sous le nom de poire d'Argent; le contraire n'est pas encore prouvé; seulement, il nous semble impossible d'accepter l'opinion de Junius, l'eau de la poire d'Argent ne rappelant en rien la saveur si particulière qui valut à l'une des variétés romaines, la dénomination de *Nardina*. Le nard, composition odorante jadis fort recherchée, exhalait un arome de musc et de lavande ; on voit donc bien que la chair du fruit ici décrit ne saurait être imprégnée d'un tel arome, elle qui précisément se montre plutôt âcre, que parfumée. — M. Decaisne, dont l'admirable publication contient une étude complète de cette espèce, négligée jusqu'à lui par tous les pomologues, la réhabilite et la caractérise ainsi.

« Poire très-estimable, mais trop petite..... Elle présente quelque ressemblance avec le Colmar d'été, mais l'arbre qui la produit en diffère notablement. On la voit apparaître en très-grande abondance sur les marchés de Paris, soit sous le véritable nom de *Poire d'Argent*, soit sous le faux nom de *Poire de Vache.* » (*Le Jardin fruitier du Muséum*, t. V, 1863.)

Observations. — M. Thuillier-Aloux, ancien pépiniériste, a dressé en 1855 un *Catalogue raisonné des poiriers qui peuvent être cultivés dans le département de la Somme*, et il y classe, à la page 73, la poire d'Argent parmi les synonymes du Gros-Blanquet. Notre honorable confrère s'est trompé ; jamais deux fruits, jamais deux poiriers n'offrirent moins de rapports entre eux que ceux-là, nous pouvons l'affirmer. Et nous relevons cette erreur dans l'intérêt même des pépiniéristes, qui ne sauraient trop multiplier, trop recommander la poire d'Argent, l'une des meilleures pour le verger, pour la halle.

POIRE ARGENTINE. — Synonyme de poire de *Livre*. Voir ce nom.

55. Poire ARLEQUIN MUSQUÉ.

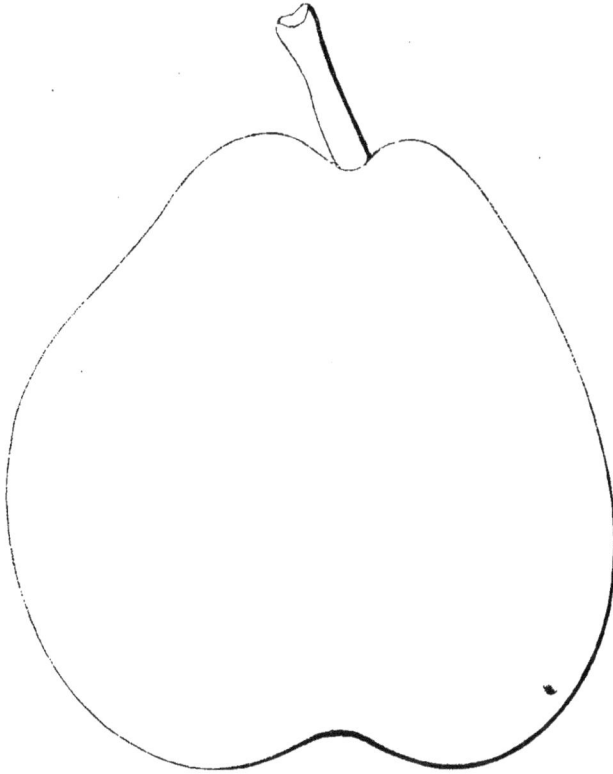

Description de l'arbre. — *Bois :* fort. — *Rameaux :* longs, assez gros, légèrement étalés, flexueux, contournés, brun clair, ponctués de gris cendré, à coussinets rarement très-apparents.—*Yeux :* bien développés, coniques, aigus, non appliqués contre le bois. — *Feuilles :* assez grandes, ovales-allongées, acuminées, souvent caniculées et profondément découpées en scie; leur pétiole est long et mince.

Fertilité.—Ordinaire.

Culture. — De vigueur convenable, ce poirier acquiert une belle forme pyramidale quand on le greffe sur cognassier ; il est très-ramifié, très-feuillu.

Description du fruit. — *Grosseur :* Au-dessus de la moyenne, et parfois énorme. — *Forme :* turbinée-arrondie, régulière, généralement plus ventrue d'un côté que de l'autre. — *Pédoncule :* court, droit, bien nourri, obliquement inséré au milieu d'une faible dépression. — *Œil :* grand, excessivement ouvert, presque saillant. — *Peau :* vert-olive, ponctuée de roux, finement veinée de même et lavée de fauve autour de l'œil. — *Chair :* blanchâtre, un peu grossière, des plus fondantes, pierreuse auprès des loges. — *Eau :* suffisante, très-sucrée, acidule, savoureusement parfumée.

Maturité. — De la mi-septembre à la mi-octobre.

Qualité. — Première.

Historique. — Née en Belgique, elle est due au professeur Van Mons, et M. Alexandre Bivort, qui l'a décrite et figurée, en établit ainsi l'origine :

« Cette variété n'est pas nouvelle; elle appartient aux semis de Van Mons et se trouve déjà notée sur son *Catalogue de* 1823, sous le n° 1737. Je n'ai pu découvrir par quelle fantaisie l'auteur lui a donné ce nom assez singulier (*Arlequin musqué*), qui n'a aucun rapport avec le fruit ; en effet, j'ai toujours vu celui-ci d'une couleur verte uniforme, et n'ai jamais trouvé dans sa chair le moindre goût musqué. » (*Annales de pomologie belge et étrangère*, t. I, 1853, pp. 105-106.)

Observations. — L'Arlequin musqué, quoiqu'il ait bientôt un demi-siècle d'existence, n'est pas un poirier fort répandu. Ni les Anglais ni les Américains n'en font mention dans leurs ouvrages, dans leurs Catalogues; les Allemands seuls paraissent le connaître, mais uniquement depuis 1854. Chez nous, M. de Liron d'Airoles en a parlé vers cette même époque (*Notices pomologiques*, t. I, p. 74), et depuis lui, personne, que nous sachions, ne s'en est occupé. Cependant cette variété mérite la culture, tant par l'excellence que par la grosseur de ses produits.

---

56. Poire d'ARMÉNIE.

Synonymes. — *Poires :* 1. De Perse (Merlet, *l'Abrégé des bons fruits*, édit. de 1675, p. 124). — 2. De Montrave (*Id. ibid.*). — 3. Gros-Muscat d'Hiver (*Id. ibid.*). — 4. D'Arménie verte (Comice horticole de Maine-et-Loire, *Catalogue de son jardin fruitier*, 1861, p. 7).

Description de l'arbre. — *Bois :* fort. — *Rameaux :* peu nombreux, légèrement étalés et arqués, gros, courts, flexueux et cotonneux ; ils sont brun verdâtre, finement ponctués, et leurs coussinets n'ont qu'un faible relief. — *Yeux :* petits, ovoïdes, pointus, écartés du bois. — *Feuilles :* vert foncé, coriaces, ovales, ayant les bords crénelés ou presque unis, et le pétiole court et nourri.

Fertilité. — Ordinaire.

Culture. — En lui donnant le cognassier, il se développe parfaitement en pyramide ; il est vigoureux, feuillu, mais sa ramification laisse à désirer.

Description du fruit. — *Grosseur :* moyenne. — *Forme :* globuleuse, légèrement aplatie à la base, et presque toujours mamelonnée au sommet. — *Pédoncule :* court, assez gros, droit, obliquement inséré dans une faible cavité habituellement entourée de bosselettes. — *OEil :* grand, bien développé, ouvert ou mi-clos, presque saillant. — *Peau :* vert clair, passant au jaune verdâtre à la maturité, entièrement ponctuée de brun-roux et striée de même autour de l'œil. — *Chair :* jaunâtre, fine, tendre, demi-cassante, pierreuse au centre. — *Eau :* suffisante, sucrée, faiblement musquée, savoureuse, mais manquant un peu trop de parfum.

Maturité. — Fin février, et se prolongeant jusqu'en mai.

Qualité. — Deuxième pour le couteau, première pour la cuisson.

Historique. — En raison de ses plus anciens noms : poire d'Arménie, poire de Perse, nous la croyons originaire de l'Asie. C'est Merlet qui le premier l'a mentionnée, et l'on peut supposer qu'alors elle était d'assez récente introduction dans les jardins français. En 1675 et en 1690, cet auteur en parlait ainsi :

« Dans les mois de mars et d'avril, et jusques en mai, selon que les années sont chaudes ou froides, qui avancent ou retardent la maturité des fruits, se mange la poire de Perse ou d'Arménie..... qui est ronde et jaune, a la chair dure, avec assez d'eau pour être très-musquée..... meilleure cuite que crue. » (*L'Abrégé des bons fruits*, édit. de 1675, pp. 121 et 124; édit. de 1690, p. 111.)

Depuis Merlet, le silence s'est fait autour de ce fruit, très-rare probablement parmi nos collections. Cependant il a quelque prix, vu sa longue conservation, qui est réelle. Nous avons, en effet, maintes fois mangé cette poire dans les premiers jours de mai, et notamment en 1859, et sa qualité méritait certes les honneurs de la table. Le Comice horticole de Maine-et-Loire, en classant jadis dans son jardin ce poirier sous le n° 437, l'étiqueta Arménie *verte*. Pourquoi l'avoir ainsi qualifié?... Sans doute à cause de la couleur verdâtre de la peau de ses produits, qui ne tourne au jaune obscur qu'à l'époque de leur complète maturité.

Observations. — Les pépiniéristes regardent généralement l'Arménie comme identique avec la *Double-Fleur*, lors pourtant que rien, mais absolument rien, ne légitime une pareille assimilation. M. Decaisne, tout en n'ayant pas encore décrit cette poire, a prouvé néanmoins qu'il la connaissait fort bien, car dans l'article par lui consacré à la Double-Fleur, il a recommandé « de ne pas la confondre « avec la poire d'Arménie. » (*Le Jardin fruitier du Muséum*, t. III, 1860.)

Poire d'ARMÉNIE VERTE. — Synonyme de poire d'*Arménie*. Voir ce nom.

Poire de l'ARTELOIRE, *des Hollandais*. — Synonyme de poire de *Saint-Germain*. Voir ce nom.

---

57. Poire ARTHUR BIVORT.

Description de l'arbre. — *Bois :* fort. — *Rameaux :* nombreux, longs, très-nourris, flexueux, étalés, cotonneux, vert-brun, ponctués de roux, ayant les coussinets bien ressortis. — *Yeux :* coniques, aigus, volumineux, placés en éperon. — *Feuilles :* grandes, abondantes, ovales-allongées, acuminées, ayant les bords finement dentelés et le pétiole court et mince.

Fertilité. — Convenable.

Culture. — Des plus vigoureux, ce poirier veut le cognassier ; ses pyramides sont belles et touffues.

Description du fruit. — *Grosseur :* au-dessus de la moyenne. — *Forme :* régulière, très-allongée, obtuse et ventrue. — *Pédoncule :* assez long, peu nourri, arqué, obliquement inséré au milieu d'un faible évasement. — *OEil :* grand, excessivement développé, ouvert, à peine enfoncé. — *Peau :* vert jaunâtre, ponctuée de fauve, lavée de rouge pâle du côté du soleil. — *Chair :* blanchâtre, un peu grossière, juteuse, fondante, montrant quelques pierres auprès des loges. — *Eau :* des plus abondantes, sucrée, fraîche, acidule, délicatement parfumée.

Poire Arthur Bivort.

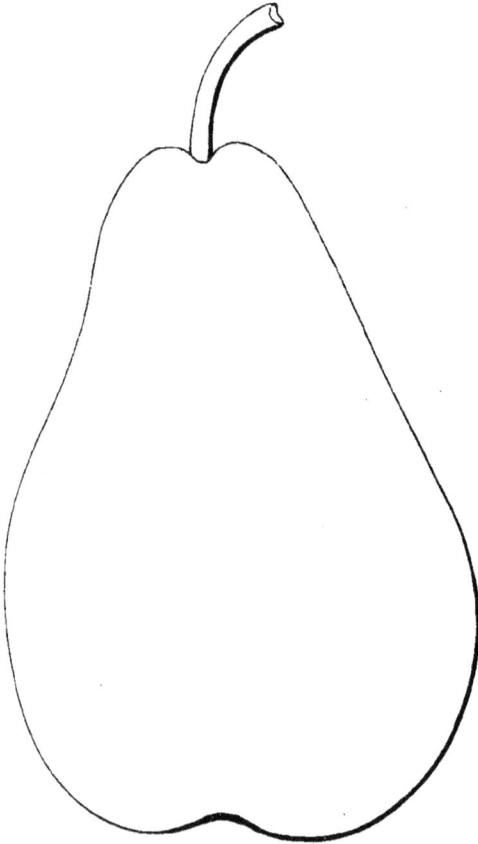

MATURITÉ. — Fin septembre, allant jusqu'aux derniers jours d'octobre.

QUALITÉ. — Première.

Historique. — Nous sommes redevables de cette poire, à la Belgique ; et, nous apprend M. Alexandre Bivort :

« L'arbre - mère provient des semis du professeur Van Mons, qui dans sa pépinière de Louvain lui avait donné le n° 2689. » (*Album de pomologie*, t. IV, 1851, pp. 77-78.)

Origine que M. de Liron d'Airoles complète ainsi :

« M. Alexandre Bivort fut l'acquéreur et le promoteur de cette variété, qui ne fructifia qu'après la mort de Van Mons. Le premier rapport eut lieu en 1850. (*Liste synonymique historique des diverses variétés du poirier*, 1859, Supplément, p. 15.)

Ajoutons que ce fruit est dédié à l'un des frères de son promoteur.

Observations. — Plusieurs poiriers ont reçu le nom de *Bivort*, si connu dans le monde horticole ; ils ne sont distingués les uns des autres, que par un prénom ; on doit donc veiller à ne pas les confondre. Du reste, ces diverses espèces sont loin de se ressembler.

POIRE DE L'ARTILLOIRE. — Synonyme de poire de *Saint-Germain*. Voir ce nom.

POIRE ASPERGE D'HIVER. — Synonyme de poire *Bequesne*. Voir ce nom.

---

58. POIRE ASTON TOWN.

Description de l'arbre. — *Bois :* très-fort. — *Rameaux :* assez nombreux, régulièrement érigés, gros, longs, cotonneux, vert olivâtre, largement ponctués de gris-blanc, et ayant les coussinets fortement accusés. — *Yeux :* des plus petits, coniques, aplatis, appliqués contre le bois. — *Feuilles :* ovales ou arrondies, planes, finement crénelées ou denticulées, portées sur un pétiole court et bien nourri.

Poire Aston town.

FERTILITÉ. — Remarquable.

CULTURE. — Sa vigueur est moyenne, et le franc lui convient presque autant que le cognassier; mais sur ce dernier sujet ses pyramides atteignent un développement moins satisfaisant que sur l'autre.

Description du fruit. — *Grosseur :* moyenne ou petite. — *Forme :* turbinée-arrondie, ventrue vers la base, où elle est complétement aplatie. — *Pédoncule:* long, droit, mince, renflé à la base, inséré à fleur de fruit. — *OEil:* petit, mi-clos, presque saillant. — *Peau :* jaune verdâtre, parsemée de gros points roux et maculée de larges taches fauves. — *Chair:* un peu grossière, verdâtre, demifondante, pierreuse auprès des loges. — *Eau :* suffisante, sucrée, vineuse, ne manquant ni de parfum ni de saveur.

MATURITÉ. — Du commencement de septembre à la moitié de ce même mois.

QUALITÉ. — Deuxième.

Historique. — La poire Aston town provient, comme l'indique son nom, de la localité d'Aston, sise en Angleterre ; mais on ne connaît ni son obtenteur ni l'époque de la mise à fruit du pied-type. En 1831, Georges Lindley, pomologue anglais fort estimé, s'est longuement occupé de ce poirier; toutefois il n'a pu fournir sur son origine que les renseignements incomplets dont voici la traduction :

« Cette excellente variété est encore (1831) peu répandue en Angleterre, sauf au nordouest, dans les comtés de Lancaster, Chester et Hereford, où sa culture a pris beaucoup d'extension. Dans le dernier de ces comtés, notamment, on la rencontre partout, principalement à Shobden Court et à Garnstone, soit en espalier, soit à haute tige ; et ses arbres y donnent constamment de nombreux, de délicieux produits, égalant en qualité les poires Bergamotes crassanes, avec lesquelles ils ne sont pas non plus sans un certain rapport de forme. Ce poirier a été gagné de semis, il y a de longues années déjà, dans le Cheshire, au bourg d'Aston, dont il a reçu le nom. » (*A Guide to the orchard and kitchen-garden,* 1831, p. 352.)

Si Lindley n'a pu préciser l'âge de cette variété, nous pouvons du moins, comme complément de l'article qu'il lui a consacré, affirmer qu'elle fut gagnée avant 1811. Nous voyons en effet, en 1812, l'horticulteur T. A. Knight faire de curieuses expériences, avec du pollen recueilli sur divers poiriers, parmi lesquels figure, nous dit-il, l'Aston town. (*Transactions of the horticultural Society of London,* t. I, 1812, p. 181.)

Observations. — Il faut que le sol anglais soit bien plus favorable à la culture de cette espèce, que le nôtre, car la poire Aston town, si vantée par nos confrères de la Grande-Bretagne, est à peine, chez nous, de deuxième qualité. En outre, elle blettit facilement, et acquiert au moment de sa décomposition un goût qui rappelle celui de la nèfle.

POIRE D'AUCH. — Synonyme de *Bon-Chrétien d'Auch.* Voir ce nom.

---

59. Poire AUDIBERT.

Synonymes. — *Poires:* 1. BELLE-AUDIBERT (Loiseleur-Deslongchamps, *le Nouveau Duhamel,* 1815, p. 241). — 2. BERGAMOTE AUDIBERT (Decaisne, *le Jardin fruitier du Muséum,* t. III, 1860).

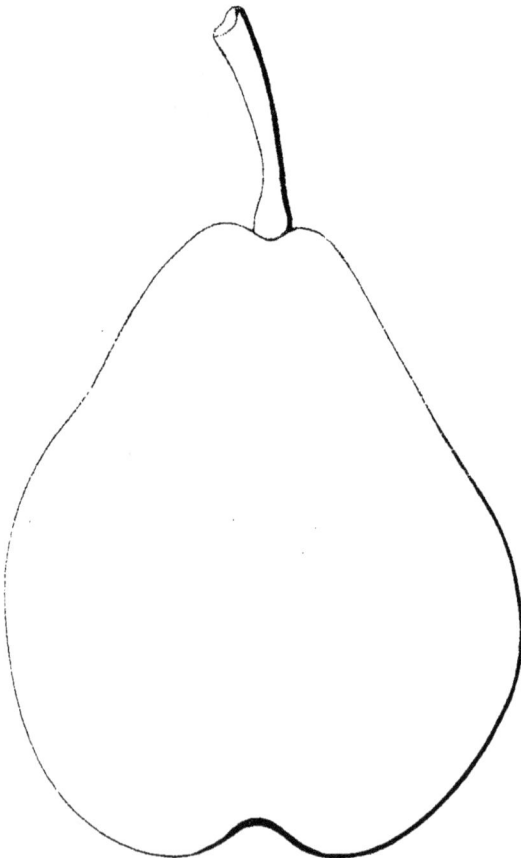

Description de l'arbre. — *Bois :* assez fort. — *Rameaux :* nombreux, de grosseur moyenne, longs, érigés ou légèrement étalés, à peine flexueux, brun-roux, ponctués de gris cendré, et munis de coussinets peu prononcés. — *Yeux :* petits, coniques, rarement très-aigus, faiblement écartés du bois. — *Feuilles:* grandes, ovales-arrondies ou ovales-allongées, acuminées, généralement planes, ayant les bords entièrement dentés et le pétiole court et nourri.

FERTILITÉ. — Ordinaire.

CULTURE. — Il se greffe sur cognassier; sa vigueur est extrême; ses pyramides, toujours bien ramifiées, prennent un remarquable développement.

Description du fruit. — *Grosseur :* moyenne. — *Forme:* turbinée, ventrue, obtuse et bosselée. — *Pédoncule :* assez long, assez gros, arqué, renflé aux extrémités, obliquement implanté dans une faible cavité en entonnoir. — *Œil :* grand, très-ouvert, très-développé, presque saillant. — *Peau :* jaune verdâtre, largement ponctuée de fauve, lavée de rose tendre du côté du soleil, et portant

souvent, du côté de l'ombre, quelques petites taches brunâtres non squammeuses.
— *Chair* : des plus blanches, fine, cassante, odorante, peu pierreuse. — *Eau* : suffisante, sucrée, vineuse, légèrement acerbe, manquant habituellement de parfum.

MATURITÉ. — Elle va de la mi-novembre jusqu'au mois d'avril.

QUALITÉ. — Troisième comme fruit à couteau, première comme fruit à cuire.

Historique. — On a longtemps confondu cette poire française avec une autre
de même nom, jadis décrite par Poiteau, et reconnue depuis pour être la poire
belge Duval. En 1860, M. Decaisne (*le Jardin fruitier du Muséum*, t. III) a prémuni
ses lecteurs contre une telle confusion ; mais vingt ans auparavant le pomologue
allemand Dittrich avait déjà donné semblable avis à ses compatriotes. Or, comme il
parle également, dans son article, de l'origine de ce fruit, nous allons traduire tout
le passage qui s'y rapporte :

« Dans les *Annales de la Société d'horticulture de Paris*, année 1834, page 362, M. Poiteau
décrit une poire Audibert (forme Duval) qu'il a dédiée au célèbre pépiniériste de Tonnelle ;
elle fut gagnée par Van Mons, et mûrit à la fin de l'été. Il est donc important de ne pas la
prendre pour notre poire Audibert ou Belle-Audibert, qui en diffère essentiellement par sa
configuration, sa grosseur, sa maturité, et qui porte très-certainement le nom même de son
obtenteur. » (*Systematisches Handbuch der Obstkunde*, 1841, t. III, pp. 218-219.)

Le pépiniériste Audibert, auquel Dittrich attribue le gain de la variété dont nous
nous occupons, résidait aux environs de Tarascon ; la poire Audibert est donc née
dans le département des Bouches-du-Rhône, mais nous ignorons à quelle époque.
Ce fut toutefois avant 1814, Loiseleur-Deslongchamps l'ayant figurée dans
le Nouveau Duhamel, recueil pomologique qu'il publia en 1815.

Observations. — On a dit, et Couverchel entre autres, « que la poire Audi-
« bert prenait place parmi les plus grosses du genre. » (*Traité complet des fruits de
toute espèce*, 1852, pp. 493-494.) C'est beaucoup exagérer son volume, qui rarement
dépasse la moyenne. — Une fausse indication, relative à ce fruit, existe aussi dans
les *Notices pomologiques* de M. de Liron d'Airoles. Cet auteur cite en 1857, à la page
82 de sa Table supplémentaire des variétés de poirier à l'étude, la Belle-Audibert,
et l'attribue à Van Mons. Or, le passage de Dittrich reproduit ci-dessus, montre
qu'une telle attribution est erronée. Et il y aurait erreur, lors même que M. de
Liron d'Airoles entendrait parler de la poire décrite en 1834 par Poiteau, puisque
ce dernier la nomma simplement Audibert, et non Belle-Audibert, synonyme qui
s'applique uniquement, on l'a vu, à l'espèce que nous venons d'étudier.

POIRE AUDIBERT, *de Poiteau*. — Synonyme de *Beurré Duval*. Voir ce nom.

POIRES AUGER ET AUGERT. — Synonymes de poire Augier. Voir ce nom.

---

60. POIRE AUGIER.

Synonymes. — *Poires* : 1. AUGERT (A. Papeleu, cité par Biedenfeld, *Manuel de tous les fruits
connus* [*Handbuch aller bekannten Obstsorten*], 1854, t. I, p. 98). — 2. AUGER (Decaisne, *le Jardin
fruitier du Muséum*, t. IV, 1861). — 3. BEAUVALOT (*Id. ibid.*).

Description de l'arbre. — *Bois* : faible. — *Rameaux* : rarement nombreux,
légèrement étalés, assez forts, courts, à peine flexueux, brun olivâtre, couverts de
larges lenticelles jaunâtres et montrant des coussinets bien accusés. — *Yeux* : gros,

ovoïdes, aigus, presque entièrement appliqués contre le bois. — *Feuilles :* régulièrement ovales, ayant les bords à peu près unis ou finement crénelés, et le pétiole frêle et des plus longs.

Poire Augier.

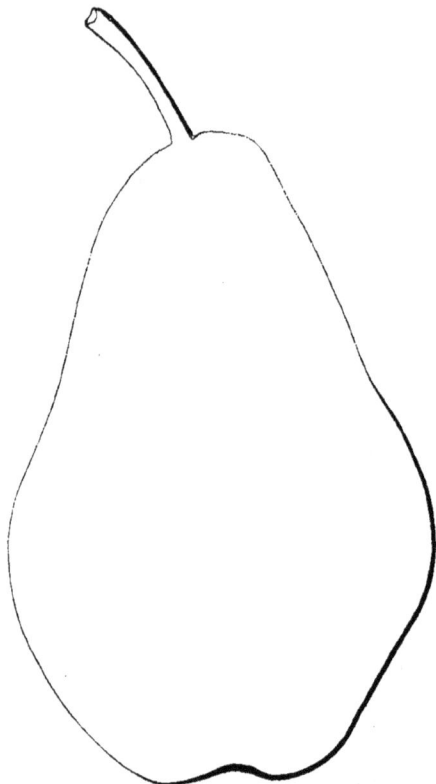

FERTILITÉ. — Remarquable.

CULTURE. — Il est de médiocre vigueur sur le cognassier ; ses pyramides y sont si pauvrement ramifiées, qu'on doit alors l'élever en buisson, le placer en contre-espalier, ou le disposer en cordons obliques. Sur franc, ses pyramides sont ordinairement mieux garnies, mais elles ne laissent pas, cependant, d'être encore chétives et dénudées.

Description du fruit. — *Grosseur :* moyenne. — *Forme :* ovoïde-allongée, fortement bosselée et quelque peu ventrue. — *Pédoncule :* assez long, mince, arqué, renflé à la base, obliquement inséré, et parfois continu avec le fruit. — *OEil :* grand, bien ouvert, bien développé, presque saillant. — *Peau :* vert clair, finement ponctuée de roux, maculée de fauve autour du pédoncule, et généralement couverte de larges taches noirâtres. — *Chair :* blanche, demi-fine, molle, mal fondante, très-pierreuse et légèrement marcescente. — *Eau :* abondante, sucrée, fraîche, entachée d'une astringence qui lui enlève toute saveur, toute délicatesse.

MATURITÉ. — De janvier à la fin d'avril.

QUALITÉ. — Troisième pour le couteau, deuxième pour la cuisson.

Historique. — Gagnée de semis à Cognac, vers 1826, la poire Augier eut pour premier descripteur J. B. Camuzet, ancien chef des pépinières du Muséum d'Histoire naturelle de Paris, et voici dans quels termes il en établit l'origine :

« En 1828, M. Ferant, pépiniériste à Cognac (Charente), envoya à son fils, qui alors étudiait la culture au Jardin du Roi, à Paris, une branche et un fruit d'un égrain de poirier provenu d'un semis fait dans sa pépinière, et qu'il avait conservé franc, à cause de sa bonne mine. Le jeune Ferant me montra ce fruit et la lettre de son père, qui témoignait le désir que ce fruit fût trouvé digne de la culture et qu'il portât le nom de *poire Augier*, en l'honneur de M. Augier, négociant à Cognac, et amateur. » (*Annales de Flore et de Pomone*, décembre 1838, p. 65.)

Observations. — La poire Augier est réellement un mauvais fruit à couteau ; aussi faut-il qu'elle se soit bien fâcheusement modifiée depuis 1828, puisqu'à cette époque l'auteur même de l'article qu'on vient de lire, prétendait :

« Lui avoir trouvé une chair assez fine, c'est-à-dire plus fine que celle du Bon-Chrétien d'Hiver, et moins que celle du Saint-Germain..... fruits entre lesquels elle peut être classée par ses qualités et sa durée, qui en font une belle et bonne poire qu'on peut recommander. » (*Loco citato*, pages 65 et 66.)

Pour nous, c'est une variété à négliger complétement ; et nous sommes en cela de l'avis de M. Decaisne, qui « ne voudrait la voir entrer dans aucune collection. » (*Le Jardin fruitier du Muséum*, t. IV, 1861.)

Poire AUGUSTE BENOIST. — Synonyme de *Beurré Auguste Benoist*. Voir ce nom.

---

61. Poire AUGUSTE DE BOULOGNE.

Description de l'arbre. — *Bois*. faible. — *Rameaux :* assez nombreux, irrégulièrement étalés, longs, grêles, peu flexueux, brun jaunâtre, finement ponctués de gris clair; leurs coussinets sont largement développés. — *Yeux :* ovoïdes, pointus, volumineux, écartés du bois et souvent placés en éperon. — *Feuilles :* rarement abondantes, petites, ovales ou allongées, régulièrement et faiblement crénelées, portées sur un pétiole des plus frêles et des plus longs.

Fertilité. — Ordinaire.

Culture. — Peu vigoureux sur cognassier, il prospère davantage sur le franc; mais dans les deux cas ses pyramides ont une si malingre apparence, qu'il est bon de ne l'élever sous cette forme, qu'exceptionnellement.

Description du fruit. — *Grosseur :* petite. — *Forme :* ovoïde-arrondie, bosselée et généralement contournée. — *Pédoncule :* court, menu, droit ou légèrement arqué, renflé à son point d'attache, obliquement inséré dans un évasement peu profond. — *OEil :* petit, mal formé, presque saillant. — *Peau :* jaune clair, ponctuée de roux, tachée de fauve autour du pédoncule et près de l'œil. — *Chair :* blanche, demi-fine, excessivement fondante, juteuse, très-pierreuse au centre. — *Eau :* des plus abondantes, sucrée, acidule, douée d'une excellente saveur beurrée.

Maturité. — De la moitié d'octobre à la moitié de novembre.

Qualité. — Première.

Historique. — Ce fruit, qui provient des semis de Van Mons, fut dégusté pour la première fois le 15 octobre 1854 par la Commission royale de Pomologie belge, puis renvoyé à l'étude. Mais en 1856 il avait fini par rallier tous les suffrages, car on le trouve classé en 1857 parmi les variétés de choix mises à la disposition des sociétaires du Jardin Van Mons. (Voir les *Catalogues* de cette Association, année 1856, pp. 100, 101, 116; et année 1857, p. 157.) Il a été dédié à M. Auguste de Boulogne... Quant à ce nom de Boulogne, incertain s'il concernait une famille ou une localité, nous avons interrogé M. Bivort, le pomologue belge le plus à même de nous renseigner à cet égard, et il a eu l'obligeance de nous fournir les explications qu'on va lire :

«Selon moi, BOULOGNE n'est pas un nom de personne, mais un nom de ville que Van Mons employait pour désigner M. Bonnet, de Boulogne-sur-Mer, son ami et son correspondant depuis 1823, et peut-être avant. Ce M. Bonnet désirant s'occuper de semis, avait eu connaissance de la théorie de Van Mons, ou plutôt de son système sur les semis successifs,... et il s'aboucha avec le professeur belge, qui pour épargner à son nouvel ami un assez long retard dans ses expérimentations, lui envoya une certaine quantité de semis des quatrième et cinquième générations. Or, nous devons supposer que c'est précisément parmi les semis ainsi offerts, que M. Bonnet a trouvé *Auguste, Charlotte* et *Louise* de Boulogne ; poires dont le véritable obtenteur est bien Van Mons...» (*Lettre du 14 février* 1866.)

Observations. — Les mots : de Boulogne, entrant comme déterminatifs dans le nom de divers poiriers [Marie, Charlotte, Louise, Auguste *de Boulogne*], on doit s'appliquer à bien reconnaître chacune de ces espèces ; nous y aiderons, mais pour les deux dernières seulement, car nous n'avons jamais pu nous procurer les deux premières. — Il est indispensable encore de se rappeler que la poire *Tavernier de Boullongne* n'a qu'un rapport d'homonymie avec les précédentes.

---

62. POIRE AUGUSTE JURIE.

Description de l'arbre. — *Bois :* fort. — *Rameaux :* nombreux, assez gros, longs, érigés, arqués, flexueux, brun rougeâtre, finement ponctués de gris cendré, à coussinets peu saillants. — *Yeux :* ovoïdes-allongés, bien nourris, pointus, non adhérents. —*Feuilles* grandes, ovales, lancéolées, régulièrement denticulées, ayant le pétiole court et mince.

FERTILITÉ. — Excessive.

CULTURE. — Cet arbre assez vigoureux doit se greffer uniquement sur cognassier ; ses pyramides sont généralement très-belles.

Description du fruit. — *Grosseur :* petite ou moyenne. — *Forme :* turbinée-arrondie, légèrement bosselée, aplatie à la base. — *Pédoncule :* court ou de longueur moyenne, droit ou faiblement arqué, peu nourri, implanté à la surface du fruit. — *Œil :* moyen, mi-clos, placé au fond d'un large bassin plissé sur les bords. — *Peau :* jaune d'or, ponctuée de fauve, striée de même autour de l'œil, et colorée de rouge-brun du côté du soleil. — *Chair :* blanc mat, fine, demi-cassante, juteuse, non pierreuse. — *Eau :* des plus abondantes, sucrée, acidule, douée d'un arrière-goût musqué fort agréable.

MATURITÉ. — De la moitié de juillet à la moitié d'août.

QUALITÉ. — Première.

Historique. — Gagnée dans le département du Rhône, son acte de naissance figurait en 1863 à la page 219 du tome II de l'*Abeille pomologique* :

« Elle provient — disait cette revue — d'un semis de pepins de Beurré Giffard, fait à l'École d'horticulture d'Ecully, le 11 août 1851, et elle a été dédiée à M. Auguste Jurie, président de la Société horticole du Rhône. »

Ce gain, généralement attribué à M. Willermoz, secrétaire du Congrès pomologique, a été mis dans le commerce en 1859. Si la poire Auguste Jurie était plus grosse, si sa chair était plus fondante, elle serait un de nos meilleurs fruits d'été.

---

63. Poire AUGUSTE ROYER.

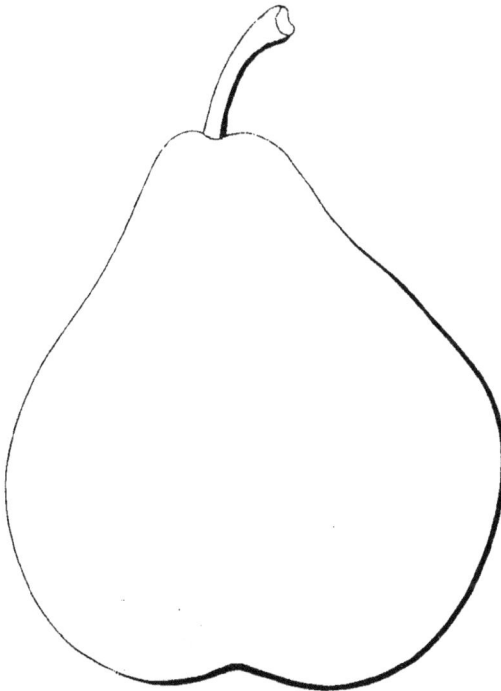

Description de l'arbre. — *Bois :* gros, très-lisse, gris jaunâtre. — *Rameaux :* excessivement nombreux, érigés, longs, forts, flexueux, marron clair, peu ponctués, à coussinets faiblement ressortis. — *Yeux :* petits, coniques, aigus, appliqués contre le bois. — *Feuilles :* ovales, acuminées, planes, à bords largement dentés, à pétiole court et nourri.

Fertilité. — Satisfaisante.

Culture. — Très-vigoureux, il pousse non moins bien sur cognassier que sur franc ; ses pyramides sont des plus ramifiées et des mieux faites.

Description du fruit. — *Grosseur :* moyenne. — *Forme :* turbinée, ventrue, obtuse, ayant habituellement un côté plus gros que l'autre. — *Pédoncule :* assez court, arqué, mince, renflé à son point d'attache, obliquement inséré dans une étroite cavité. — *Œil :* grand, peu développé, ouvert, faiblement enfoncé. — *Peau :* jaune obscur, ponctuée de gris-brun, et presque entièrement lavée de fauve. — *Chair :* blanchâtre, fine, fondante, juteuse, pierreuse auprès des loges. — *Eau :* excessivement abondante, sucrée, acidule, savoureusement parfumée.

Maturité. — Du commencement de novembre à la fin de ce même mois.

Qualité. — Première.

Historique. — De provenance belge, elle a été décrite par M. Alexandre Bivort, et voici les divers renseignements qu'il a donnés sur cette variété :

« Elle appartient à la partie des semis de Van Mons qui est devenue la propriété de

M. Charles Durieux, de Bruxelles. L'arbre était classé dans la pépinière sous le n° 7008. La Commission royale de pomologie l'a dégustée en 1853 et a décidé, sur la proposition de M. Durieux, qu'elle porterait le nom du président de cette Commission, M. Auguste Royer, de Namur. » (*Annales de pomologie belge et étrangère*, t. III, 1855, pp. 11-12.)

64. POIRE AUGUSTINE LELIEUR.

Synonyme. — *Poire* AUGUSTINE SELIEUR (Thuillier-Aloux, *Catalogue raisonné des poiriers qui peuvent être cultivés dans le département de la Somme*, 1855, p. 51).

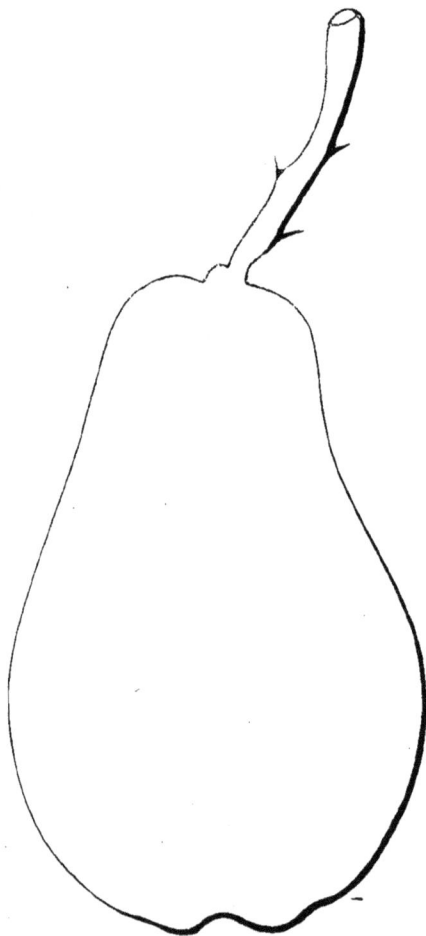

Description de l'arbre. — *Bois :* faible. — *Rameaux :* peu nombreux, étalés, courts, assez forts, flexueux, brun grisâtre, abondamment ponctués de roux, et ayant les coussinets saillants. — *Yeux :* ovoïdes, à large base, légèrement aplatis, pointus, appliqués contre le bois. — *Feuilles :* grandes, ovales-allongées, canaliculées, souvent contournées sur elles-mêmes, à bords presqu'unis ou faiblement crénelés, à pétiole long, fort, et généralement dépourvu de stipules.

FERTILITÉ. — Médiocre.

CULTURE. — Cet arbre est d'une vigueur ordinaire sur le cognassier, où ses pyramides laissent beaucoup à désirer ; le franc lui convient mieux.

Description du fruit. — *Grosseur :* au-dessus de la moyenne. — *Forme :* allongée, obtuse, peu ventrue, bosselée, presque cylindrique. — *Pédoncule :* long, assez gros, renflé aux extrémités, arqué, continu avec le fruit, obliquement implanté, et parfois épineux. — *Œil :* grand, clos, contourné, mal développé, saillant, entouré de gibbosités. — *Peau :* jaune verdâtre, finement ponctuée de roux et de brun, striée de fauve auprès du pédoncule. — *Chair :* blanche, fine, ferme, fondante, pierreuse. — *Eau :* suffisante, sucrée, acidule, douée d'une saveur beurrée franche et délicate.

MATURITÉ. — De la mi-octobre à la mi-novembre.

QUALITÉ. — Première.

Historique. — Quel est l'obtenteur de cette poire toute moderne ?... Nous ne

saurions le dire ; mais nous l'avons reçue de Belgique en 1854, du Jardin de la Société Van Mons, dont les *Catalogues* l'ont mentionnée sans indication d'âge ni de provenance. Peut-être appartient-elle aux semis de cet établissement ?... Quoi qu'il en soit, on ne la voit citée chez nous qu'à partir de 1855, par M. Thuillier-Aloux, d'abord, qui la défigure en l'appelant Augustine SELIEUR (*Poiriers qui peuvent être cultivés dans le département de la Somme*, p. 51), puis par M. de Liron d'Airoles en 1857 (*Liste des fruits à l'étude*, p. 82) ; et le silence devient ensuite complet autour d'elle. C'est cependant un excellent fruit, et qui porte un nom cher à l'horticulture : celui de la fille du comte Lelieur, administrateur, avant 1830, des parcs, pépinières et jardins de la Couronne, et connu par de savants ouvrages.

Observations. — Il est indispensable de surveiller la maturité de l'Augustine Lelieur, cette poire devenant aisément pâteuse. Pour combattre ce défaut, on devra ne pas la laisser trop longtemps sur l'arbre, et surtout ne plus la changer de place, une fois introduite au fruitier.

POIRE D'AUMALE. — Synonyme de *Besi de la Motte*. Voir ce nom.

65. POIRE AURATE.

Synonymes. — *Poires :* 1. MUSCATTE DE NANCY (le Lectier, *Catalogue des arbres cultivés dans son verger et plant*, 1628, p. 8). — 2. MUSCAT DE NANCI (Bosc, *Nouveau cours complet d'agriculture théorique et pratique*, t. X, p. 288). — 3. PETIT-MUSCAT ROUGE, D'ÉTÉ (Diel, cité par Jahn, dans le *Manuel illustré de pomologie* [*Illustrirtes Handbuch der Obstkunde*], 1860, t. II, p. 185).

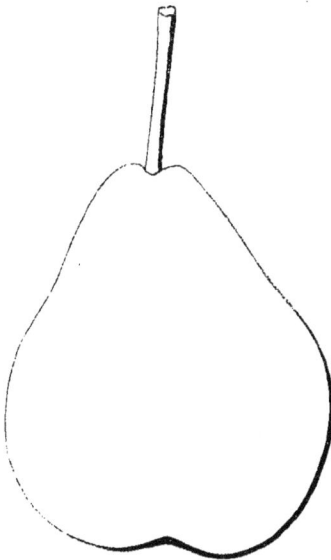

Description de l'arbre. — *Bois :* faible. — *Rameaux :* peu nombreux, érigés, courts, nourris, flexueux, brun olivâtre, lavés de rouge clair du côté du soleil, fortement ponctués de gris, et ayant les coussinets assez marqués. — *Yeux :* ovoïdes, pointus, volumineux, non adhérents. — *Feuilles :* ovales ou arrondies, à bords unis ou très-légèrement crénelés, portées sur un pétiole long et grêle.

FERTILITÉ. — Grande.

CULTURE. — Le franc doit lui être donné de préférence au cognassier ; il y est plus vigoureux que sur ce dernier sujet, et s'y développe beaucoup mieux en pyramide, mais il y fructifie moins vite, moins abondamment.

Description du fruit. — *Grosseur :* petite. — *Forme :* turbinée, ventrue, obtuse, régulière. — *Pédoncule :* assez long, menu, droit, souvent renflé au point d'attache, obliquement inséré dans un étroit évasement que surmonte un faible mamelon. — *Œil :* petit, ouvert, peu développé, presque saillant. — *Peau :* jaune d'or, ponctuée de fauve, striée de brun-rouge dans la cavité ombilicale, et colorée de rose vif du côté du soleil. — *Chair :* blanche, demi-fine, demi-fondante, juteuse, légèrement pierreuse. — *Eau :* des plus abondantes, sucrée, acidule, vineuse, délicatement musquée.

MATURITÉ. — De la moitié à la fin d'août.

QUALITÉ. — Première, pour la saison.

Historique. — Dans l'édition originale de sa *Maison rustique,* Louis Liger, au chapitre Poirier, observa en 1700 que la variété appelée Aurate « commençait « alors à se faire connaître; » mais il ne songea pas à indiquer l'origine de ce fruit. Notre ignorance à cet égard serait donc complète, si Bosc, l'un des rédacteurs du *Nouveau cours d'agriculture* qui parut en 1809, n'eût dit page 238 du tome X de cet ouvrage, que la poire *Muscat de Nancy* était la même que la poire Aurate. Or, le Muscat de Nancy remonte au commencement du XVIIe siècle, et fut cité pour la première fois par le Lectier, page 8 du *Catalogue de son verger et plant,* imprimé au cours de 1628. D'où il suit que cette poire porta d'abord le nom Muscat de Nancy, qui révélait sa provenance, et prit ensuite celui d'Aurate, caractérisant parfaitement la couleur de sa peau (*aurata :* dorée). Ainsi donc, l'Aurate nous est venue de la capitale de l'ancien duché de Lorraine, et nous la cultivons depuis environ deux cent soixante-six ans. — Les Allemands, chez lesquels elle est fort répandue, notamment dans les vallées du Rhin, dans les plaines de Coblentz, de Mayence, etc., la mangent sous le nom de Petit-Muscat rouge, d'Été; et ce fut le pomologue Diel qui l'en gratifia, ne voulant pas germaniser, paraît-il, notre mot Aurate. (Voir Jahn, *Illustrirtes Handbuch der Obstkunde,* 1860, t. II, p. 185.)

Observations. — Duhamel, décrivant l'Aurate en 1768, a dit : « Elle mûrit « presqu'aussitôt que le Petit-Muscat; elle a l'avantage d'être plus grosse, mais elle « lui est ordinairement inférieure en bonté. » (*Traité des arbres fruitiers,* t. II, p. 123.) Cette double appréciation n'est pas exacte, puisque l'Aurate se mange un mois après le Petit-Muscat ou Sept-en-Gueule, et qu'elle l'emporte de beaucoup, sous tous les rapports, sur ce fruit microscopique. Notons cependant qu'un auteur allemand, Henri Manger, a prétendu en 1783 qu'il existait deux variétés d'Aurate, l'une mûrissant en juillet, l'autre en août (*Systematische Pomologie,* t. II, p. 125); mais notons-le en affirmant qu'il s'est trompé, et que nul pomologue, depuis lui, n'a reproduit cette opinion.

---

66. Poire d'AURAY.

Synonyme. — *Poire* BELLE D'AURAY (André Leroy, *Catalogue descriptif et raisonné des arbres fruitiers et d'ornement,* année 1851, p. 22).

Description de l'arbre. — *Bois :* faible. — *Rameaux :* assez nombreux, légèrement étalés, grêles, courts, flexueux, cotonneux, vert grisâtre, finement ponctués de roux, ayant les coussinets presque nuls. — *Yeux :* petits, coniques, pointus, non appliqués. — *Feuilles :* petites, peu abondantes, ovales-allongées, à bords crénelés ou presque unis, à pétiole court et fort.

FERTILITÉ. — Médiocre.

CULTURE. — Le franc est le sujet qu'il préfère; toutefois, on peut également lui donner le cognassier. Peu vigoureux, ses pyramides sont chétives et rarement très-garnies de feuilles.

Description du fruit. — *Grosseur :* assez volumineuse. — *Forme :* ovoïde, régulière, souvent plus ventrue d'un côté que de l'autre. — *Pédoncule :* de longueur

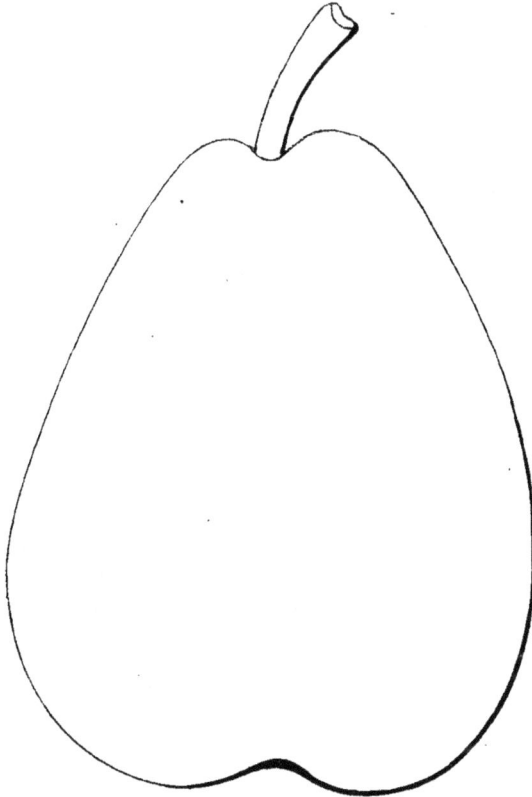

moyenne, gros, arqué, renflé à son extrémité supérieure, obliquement inséré dans un large évasement qui d'habitude est surmonté d'une forte protubérance. — *OEil :* moyen, mi-clos, peu développé, peu enfoncé. — *Peau :* rude au toucher, bronzée, semée de quelques points et de quelques taches verdâtres. — *Chair :* blanchâtre, demi-fine, demi-cassante, pierreuse auprès des loges. — *Eau :* assez abondante, sucrée, vineuse, parfois astringente, et parfois, aussi, délicate et parfumée.

'Poire d'Auray.

MATURITÉ. — De novembre à janvier.

QUALITÉ. — Deuxième, en raison de sa variabilité.

Historique. — Due au hasard, cette poire a pris naissance sur le sol breton :

« Ce fut — dit M. de Liron d'Airoles — dans un mur de clôture du jardin de M. Glain, ancien notaire à Auray (Morbihan), que leva le pepin et poussa l'arbre, qui donna ses premiers fruits vers 1822. Depuis, il resta complétement inédit et dans les mains seulement de quelques amateurs... Sa première dégustation scientifique a eu lieu en novembre 1856. » (*Liste synonymique historique des variétés du poirier anciennes, modernes et nouvelles,* 1857-1859, p. 62.)

Dans l'Anjou, cette espèce est cultivée depuis 1851, date à laquelle nous avons commencé à l'inscrire dans nos *Catalogues.*

Observations. — La poire d'Auray est de qualité essentiellement variable ; nous l'avons trouvée, dans une même année, tantôt exquise, tantôt bonne, tantôt médiocre, et cependant nous avions choisi, pour ces dégustations, des fruits provenant d'arbres plantés en bon terrain et bien exposés. Mais son promoteur lui reconnaît pareillement ce défaut, puisque l'ayant classée de premier ordre en 1856 et 1857, il déclare en 1859 que « c'est lui faire « trop d'honneur, et qu'une nouvelle dégustation lui commande de la placer au « deuxième ordre. » (De Liron d'Airoles, *Notices pomologiques,* 11ᵉ livraison, p. 2.)

POIRE AURORE. — Synonyme de *Beurré Capiaumont.* Voir ce nom.

POIRE D'AUSTRASIE. — Synonyme de poire *Jaminette.* Voir ce nom.

POIRE D'AVERAT. — Synonyme de poire *Royale d'Été.* Voir ce nom.

67. Poire AVOCAT ALLARD.

Description de l'arbre. — *Bois* : fort, et à écorce très-lisse. — *Rameaux :* excessivement nombreux, étalés ou légèrement érigés, longs, gros, flexueux, jaune olivâtre, faiblement ponctués de gris, à coussinets des plus prononcés. — *Yeux :* arrondis, assez aigus, renflés, non adhérents, sortis en éperon. — *Feuilles :* ovales-allongées, acuminées, profondément dentées, ayant la partie supérieure de leur nervure principale parsemée souvent de granulations noirâtres, et le pétiole assez nourri et de moyenne longueur.

Fertilité. — Remarquable, *dit-on*.

Culture. — Le cognassier convient assez bien à ce poirier; sa vigueur est moyenne; ses pyramides sont d'une jolie forme.

Description du fruit. — Cette poire n'ayant pas encore mûri dans notre école, et aucun pomologue ne s'en étant sérieusement occupé, il nous devient impossible de la décrire, de la figurer. Mais les quelques renseignements suivants, puisés chez M. de Liron d'Airoles, combleront un peu une aussi fâcheuse lacune.....
« *Grosseur* : moyenne. — *Chair* : très-fondante.

Maturité. — « Novembre.

Qualité. — « Première pour le couteau. » (*Liste synonymique des diverses variétés du poirier*, 1859, p. 57.)

Historique. — M. Grégoire, tanneur à Jodoigne (Belgique), est l'obtenteur de cette espèce, qui vient, selon M. de Liron d'Airoles (*loco citato*), de pepins de Doyenné crotté (*Doyenné gris*) semés en 1842. On l'a dédiée à M. Allard, avocat distingué du barreau de Bruxelles. L'arbre-type ne commença à rapporter qu'en 1853.

Observations. — Le Comice horticole de Maine-et-Loire a gagné dans son jardin le *Beurré Allard*, excellent fruit que l'on pourrait aisément confondre, vu le nom qu'il porte, avec la présente variété, d'autant mieux que ces deux poires se mangent à la même époque. Il est donc urgent de ne pas commettre d'erreur à leur égard. Ce qu'on évitera en étudiant plus loin les caractères du poirier Beurré Allard, caractères s'éloignant infiniment de ceux particuliers à l'arbre dont il a été question ici.

---

68. Poire AVOCAT NÉLIS.

Description de l'arbre. — *Bois :* assez gros. — *Rameaux :* nombreux, érigés ou légèrement étalés, longs, forts, très-flexueux, brun-roux, ponctués de jaune pâle, à coussinets bien développés. — *Yeux :* moyens, pyramidaux, aigus, non adhérents. — *Feuilles :* ovales-arrondies, acuminées, grandes, ayant les bords finement dentés et le pétiole court et nourri.

Fertilité. — Ordinaire.

Culture. — De vigueur moyenne, cet arbre, dont les pyramides sont belles et touffues, se greffe avantageusement sur le cognassier; ses fruits ont besoin de l'espalier pour acquérir du volume et de la qualité.

Poire Avocat Nélis.

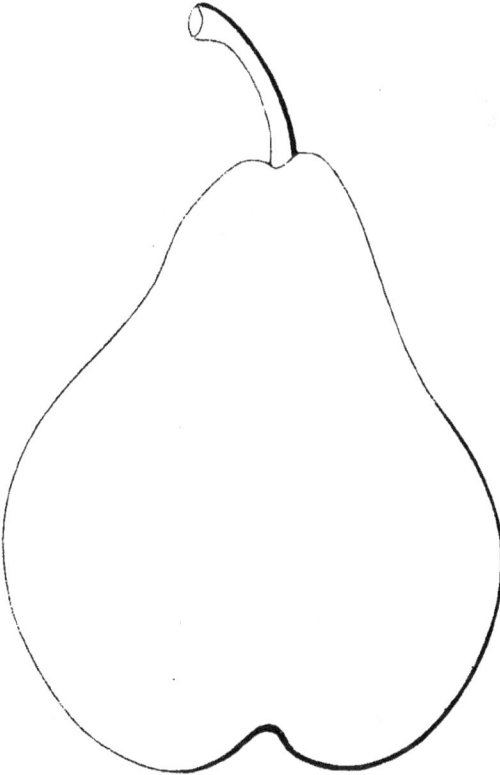

Description du fruit.
— *Grosseur* : moyenne. — *Forme* : oblongue, ventrue, bosselée, régulière, étranglée près du sommet. — *Pédoncule* : peu long, arqué, assez fort, obliquement inséré dans un petit évasement dont les bords sont d'inégale hauteur. — *OEil* : moyen, ouvert, souvent contourné, placé au fond d'une cavité en entonnoir et dont la profondeur est rarement considérable. — *Peau* : jaune d'or, ponctuée de fauve, veinée de même, maculée de roux autour du pédoncule et dans le bassin ombilical, et parfois faiblement colorée du côté du soleil. — *Chair* : blanchâtre, mi-fine, mi-fondante, juteuse, montrant quelques pierres auprès des loges. — *Eau* : abondante, sucrée, vineuse, laissant à désirer sous le rapport de la délicatesse et du parfum.

MATURITÉ. — De janvier à la fin d'avril.

QUALITÉ. — Deuxième.

Historique. — D'origine belge, elle date de 1846 et provient, comme la précédente, des semis de M. Grégoire, tanneur à Jodoigne. Le pied-mère était âgé de treize ans lorsqu'il se mit à fruit; il porte le nom de l'un des membres de la famille Nélis, de Malines.

Observations. — Cette espèce n'est guère recommandable que pour sa tardivité. Au moment de son obtention, ses qualités la rendaient assez précieuse; mais depuis lors ses produits sont devenus très-ordinaires, aussi bien en Belgique qu'en France, comme le prouve le passage ci-après d'une lettre que nous adressait de Fleurus, le 12 avril 1865, M. Alexandre Bivort : « La poire Avocat Nélis a tellement « dégénéré, que je ne cherche plus à la propager. »

---

69. Poire AZEROLE.

Description de l'arbre. — *Bois* : assez fort. — *Rameaux* : peu nombreux, légèrement étalés et cotonneux, gros, à peine flexueux, brun olivâtre foncé, ayant les lenticelles petites, blanchâtres, abondantes, les mérithalles courts et les coussinets assez saillants. — *Yeux :* moyens, ovoïdes, obtus, non adhérents, à écailles détachées, larges et cotonneuses. — *Feuilles :* grandes, ovales, profondément dentées, très-duveteuses, portées sur un pétiole long et de moyenne grosseur.

Poire Azerole.

FERTILITÉ. - Médiocre.

CULTURE. — Ce poirier prospère convenablement sur cognassier, et atteint de belles proportions.

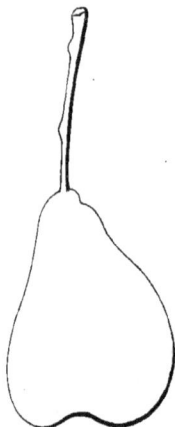

Description du fruit. — *Grosseur :* des plus petites. — *Forme :* oblongue ou turbinée, régulière, généralement plissée au sommet. — *Pédoncule :* long, menu, droit ou arqué, inséré à fleur de peau et montrant souvent quelques nodosités. — *Œil :* moyen, bien développé, faiblement enfoncé. — *Peau :* jaune orangé, très-finement ponctuée de fauve, largement colorée de rouge vif du côté du soleil. — *Chair :* jaunâtre, tendre, fine, un peu pierreuse autour des loges, qui sont dépourvues de toute espèce de cartilage. — *Eau :* suffisante, des plus sucrées, mais trop douceâtre pour être d'une parfaite délicatesse.

MATURITÉ. — Fin septembre.

QUALITÉ. — Troisième, en raison particulièrement du faible volume de ce fruit.

Historique. — Duhamel en 1768, et Poiteau en 1846, ont savamment parlé de la poire Azerole, sans donner toutefois le moindre renseignement sur son origine, sur son âge. Aujourd'hui, grâce au rarissime ouvrage allemand d'Henri Manger, nous pouvons dire : « Elle fut trouvée à Pollwill (Alsace) et appelée pour cette rai- « son, par les botanistes, *pirus Pollwilleriana*, ou *pirus Pollveria.* » (*Systematische Pomologie*, 1783, t. II, p. 67.) Du reste, elle compte en Allemagne nombre d'appré- ciateurs, selon M. Dittrich, qui s'exprime de la sorte en la décrivant : « Cette petite « et charmante poire de septembre, ressemblant singulièrement, par sa couleur, à « l'Azerole des haies — d'où vint qu'on lui en appliqua le nom — est recherchée « des amateurs, surtout pour sa chair sucrée.... » (*Handbuch der Obstkunde*, 1839, t. I, p. 591.) Quant à l'ancienneté de ce poirier, elle est extrême, puisque Jean Bauhin le citait déjà dans son *Historia plantarum*, écrite de 1570 à 1580, mais publiée seulement en 1650, vingt-sept ans après la mort de l'auteur.

Observations. — Poiteau a émis l'opinion ci-après, au sujet du présent poirier :

« En examinant bien cet arbre dans ses bourgeons, ses boutons, ses fleurs et ses fruits, je lui trouve beaucoup de rapport avec les Alisiers et suis porté à croire *qu'il est un hybride,* c'est-à-dire le produit d'une fécondation croisée entre un poirier et un alisier. » (*Pomologie française*, 1848, t. III, n° 72.)

A l'époque où ces lignes furent écrites, la science n'avait pas dit son dernier mot sur l'hybridation. Depuis lors, vingt-huit ans se sont écoulés, et la question, longuement étudiée, semble résolue. Nous pensons donc que Poiteau, s'il vivait encore, professerait probablement, à cet égard, un sentiment différent de celui qu'il exprimait en 1846.

B

Poire BACHELIER. — Synonyme de *Beurré Bachelier*. Voir ce nom.

Poire BAHUT. — Synonyme de poire *de Deux fois l'an*. Voir ce nom.

----

70. Poire BALOSSE.

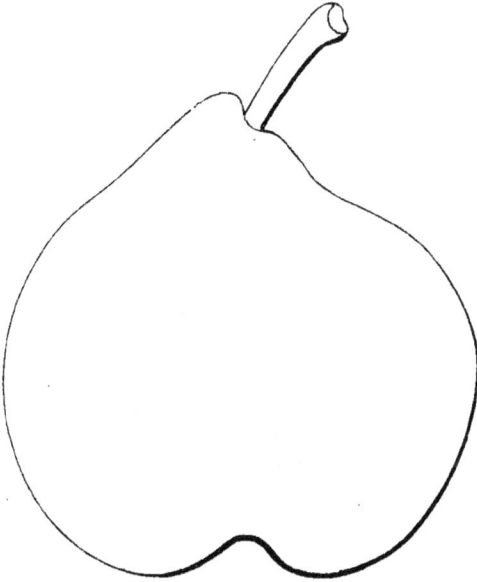

Description de l'arbre.
— *Bois :* de grosseur moyenne.
— *Rameaux :* peu nombreux,
courts, nourris, étalés, flexueux,
brun-roux, ponctués de jaune
obscur, munis de coussinets très-
prononcés. — *Yeux :* renflés à la
base, coniques, aigus, écartés
du bois. — *Feuilles :* grandes,
ovales-arrondies, souvent canaliculées, à bords largement dentés, à pétiole assez long et des
plus forts.

Fertilité. — Peu commune.

Culture. — Vigoureux et rustique, ce poirier, particulièrement propre à la haute tige, se
plaît mieux, pour cette forme,
sur franc que sur cognassier;
ses pyramides, quand on lui
donne ce dernier sujet, sont constamment irrégulières.

Description du fruit. — *Grosseur :* moyenne. — *Forme :* turbinée-arrondie,
bosselée, régulière. — *Pédoncule :* assez court, assez fort, droit, renflé à son extrémité supérieure, obliquement implanté, en dehors de l'axe du fruit, au milieu d'une
légère dépression que surmonte un mamelon bien caractérisé. — *OEil :* grand,
ouvert, très-enfoncé, uni sur ses bords. — *Peau :* jaune orangé, ponctuée, tachée
de fauve, et lavée de rouge obscur du côté du soleil. — *Chair :* blanchâtre, grossière, cassante, pierreuse. — *Eau :* suffisante, vineuse, sucrée, ne manquant ni de
parfum ni de saveur.

Maturité. — Janvier; mais elle se prolonge jusqu'en avril.

Qualité. — Deuxième pour le couteau, première pour la cuisson.

Historique. — Plusieurs fois séculaire, la poire Balosse est née sur les bords de la Marne, où demeurée simple variété locale elle fit peu parler d'elle jusqu'en 1862. Mais alors on l'y jugea digne d'une propagande plus générale, et la Société d'agriculture de Châlons, par l'organe de M. Léon Malenfant, transmit la note ci-dessous à M. de Liron d'Airoles, qui l'inséra dans son recueil pomologique :

« Ce poirier est dans notre contrée une véritable ressource pour la ferme et pour la classe ouvrière, car il vient aux champs sans soins et donne des récoltes abondantes. L'arrondissement de Châlons-sur-Marne en possède considérablement. A Châlons même, on en voit qui ont peut-être plus de deux cents ans. Il y en a un, entre autres, qui a bien cet âge et qui donnait, avant qu'on lui ait ôté quelques branches, huit à neuf hectolitres de fruits beaux et bons. A Ecury-sur-Cool, village près notre cité, il existe un de ces arbres qui doit avoir plus de trois cents ans. Voilà tout ce que nous savons du poirier Balosse. On croit généralement qu'il a pris naissance dans les environs de Châlons. Trois siècles à peu près de possession prouvée sont une forte présomption en notre faveur. Une autre raison, c'est aussi que les paysans l'appellent constamment *Balosse*, mot qui dans leur jargon, plutôt que dans leur patois, signifie *sauvage*. » (*Liste synonymique des diverses variétés du poirier*, 1862, 2e Supplément, p. 9.)

POIRE **BANEAU.** — Synonyme de *Besi des Vétérans*. Voir ce nom.

71. POIRE DU BARBANCINET.

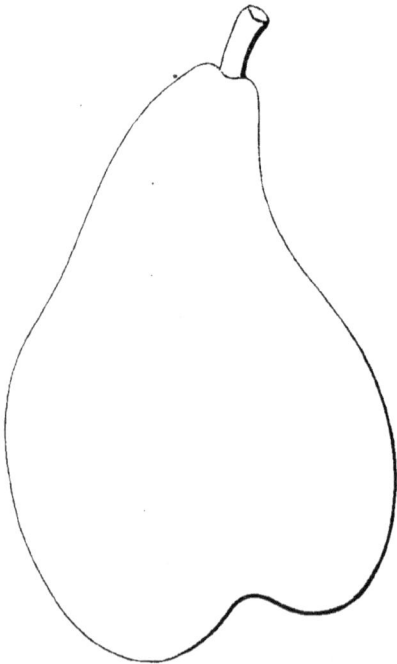

Description de l'arbre. — *Bois :* faible. — *Rameaux :* très-peu nombreux, grêles, divergents, assez longs, flexueux, brun clair, lavés de gris, finement ponctués de jaune pâle, ayant les coussinets généralement fort prononcés. — *Yeux :* petits, coniques, pointus, cotonneux, non appliqués. — *Feuilles :* habituellement ovales, à bords dentés en partie ou presque entiers, à pétiole long et frêle ; elles sont légèrement duveteuses et l'arbre en est trop dégarni.

FERTILITÉ. — Excessive.

CULTURE. — De moyenne vigueur, on peut lui donner le cognassier ou le franc ; mais ses pyramides sont toujours chétives.

Description du fruit. — *Grosseur :* moyenne. — *Forme :* allongée, légèrement obtuse, bosselée, irrégulière, contournée près du sommet. — *Pédoncule :* très-court, assez gros, droit, renflé aux extrémités, charnu à la base, obliquement implanté. — *Œil :* large, ouvert, bien formé, placé dans un vaste bassin rarement très-profond. —

Peau : verdâtre, marbrée, ponctuée de fauve, maculée de même autour du pédoncule, et lavée de rose du côté du soleil. — *Chair :* blanc verdâtre, fondante, fine, à peine pierreuse au-dessous des loges. — *Eau :* suffisante, acidule, sucrée, douée d'une saveur beurrée fort agréable.

MATURITÉ. — Du commencement de septembre jusqu'à la fin de ce même mois.

QUALITÉ. — Première.

Historique. — Nous avons trouvé ce poirier en 1849, sur la ferme du Barbancinet, commune de Saulgé-l'Hôpital (Maine-et-Loire). Il était alors âgé d'une trentaine d'années, haut de sept mètres, et donnait des récoltes de plus de quatre hectolitres, pesant au moins soixante kilogrammes, et composant un total d'environ six cents poires. Comme la fertilité de cette variété égalait la bonté de ses produits, et qu'elle était complétement inconnue, nous l'introduisîmes dans nos cultures et la livrâmes au commerce en 1852. Depuis lors, on l'a beaucoup recherchée, et ses fruits atteignent sur les marchés un prix des plus rémunérateurs. Elle porte le nom du lieu où le pied-type a poussé.

---

72. POIRE BARBE NÉLIS.

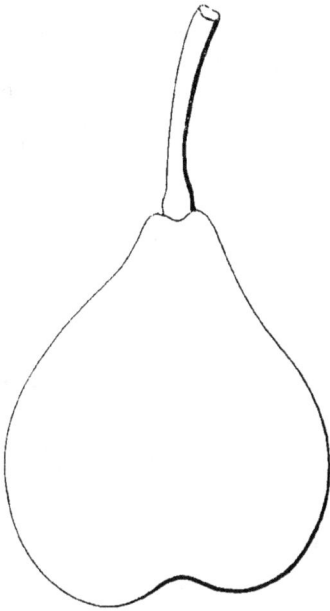

Description de l'arbre. — *Bois :* de force moyenne. — *Rameaux :* nombreux, étalés ou réfléchis, longs, assez gros, à peine flexueux, brun clair, finement et abondamment ponctués de gris cendré, à coussinets habituellement peu saillants. — *Yeux :* bien nourris, ovoïdes-arrondis, écartés du bois et souvent sortis en éperon. — *Feuilles :* vert clair jaunâtre, sphériques, acuminées, régulièrement dentées en scie, portées sur un pétiole court et fort.

FERTILITÉ. — Ordinaire.

CULTURE. — Sur cognassier, il se développe parfaitement en pyramide ; sa vigueur est grande, et il prend aisément toute espèce de forme.

Description du fruit. — *Grosseur :* petite ou moyenne. — *Forme :* turbinée, obtuse, irrégulière, ayant souvent un côté plus ventru que l'autre. — *Pédoncule :* long, de grosseur moyenne, légèrement arqué, charnu à la base, régulièrement inséré. — *OEil :* petit, ouvert, assez développé, faiblement enfoncé. — *Peau :* vert clair, ponctuée de gris et de fauve, lavée de rouge-brun du côté du soleil. — *Chair :* blanche, fine, fondante, juteuse, non pierreuse. — *Eau :* des plus abondantes, sucrée, acidule, savoureusement parfumée.

MATURITÉ. — Fin août.

QUALITÉ. — Premiere.

Historique. — C'est encore là une espèce due à la Belgique; elle fut gagnée en 1848 par M. Grégoire, de Jodoigne, qui la dédia — ainsi qu'en 1846 il l'avait fait pour la poire Avocat Nélis — à l'un des membres de la famille Nélis, de Malines. A l'époque de sa première fructification, le pied-type avait treize ans.

Observations. — Cette poire, malgré ses excellentes qualités, figure rarement dans les Catalogues, dans les jardins; et cela vient sans doute du défaut, bien connu, qu'elle a de blettir dès les premiers jours de sa maturité; défaut si prononcé qu'on peut à peine l'atténuer en cueillant ce fruit encore un peu vert.

Poire BARDÉE. — Synonyme de poire *Verte-Longue panachée*. Voir ce nom.

Poire BARNET'S WILLIAM. — Synonyme de poire *Williams*. Voir ce nom.

---

73. Poire BARON DEMAN DE LENNICK.

Description de l'arbre. — *Bois :* de grosseur moyenne. — *Rameaux :* nombreux, étalés, assez faibles, flexueux, roux verdâtre, ponctués de gris blanc, à coussinets très-ressortis. — *Yeux :* coniques, obtus, volumineux, ordinairement peu écartés du bois. — *Feuilles :* grandes, ovales-arrondies, acuminées, planes ou contournées, ayant les bords finement denticulés et le pétiole court et grêle.

FERTILITÉ. — Abondante.

CULTURE. — C'est un arbre vigoureux et particulièrement propre au verger; on le greffe indifféremment sur franc ou sur cognassier; ses pyramides sont assez belles, mais la haute tige sur franc lui convient avant tout.

Description du fruit. — *Grosseur :* moyenne. — *Forme :* sphérique, bosselée, aplatie à la base, légèrement allongée au sommet, qui généralement est mamelonné. — *Pédoncule :* court, bien nourri, arqué, obliquement inséré au milieu d'une faible dépression. — *OEil :* petit, mi-clos, mal conformé, presque saillant. — *Peau :* jaune brillant, ponctuée et marbrée de fauve, striée de même dans la cavité ombilicale. — *Chair :* blanchâtre, un peu grossière, fondante, juteuse, montrant quelques fortes pierres au-dessous des loges. — *Eau :* excessivement abondante, sucrée, vineuse, acidule, assez délicatement parfumée.

MATURITÉ. — Novembre et commencement de décembre.

QUALITÉ. — Deuxième.

Historique. — Gagnée par la Société Van Mons, dans son jardin de Geest-Saint-Remy, canton de Jodoigne (Belgique), le *Catalogue* de cet établissement nous dit « qu'elle fut admise comme fruit de verger en 1856 par la Commission de « pomologie ; que le pied-type portait le numéro 6287, et qu'enfin on l'a dédiée au « baron Deman de Lennick, habitant le château de Bierbais (Brabant), et membre « de cette association horticole. » (*Loco citato*, pp. 117, 174 et 197.)

Observations. — M. de Liron d'Airoles, annonçant en 1859 l'obtention de cette nouvelle poire dans ses *Notices pomologiques*, l'a fautivement appelée Baron Deman de *Lenneck ;* et nous croyons que c'est aussi par erreur qu'il l'a classée de premier ordre. Ce fruit, très-peu connu, ne saurait en effet mériter un pareil rang, lors surtout qu'il mûrit en automne, saison où se mangent les meilleures poires.

74. Poire BARONNE DE MELLO.

Synonymes. — *Poires :* 1. His (Willermoz, *Congrès pomologique*, 1863, t. I, n° 27). — 2. Beurré Van Mons (Decaisne, *le Jardin fruitier du Muséum*, 1863, t. V).

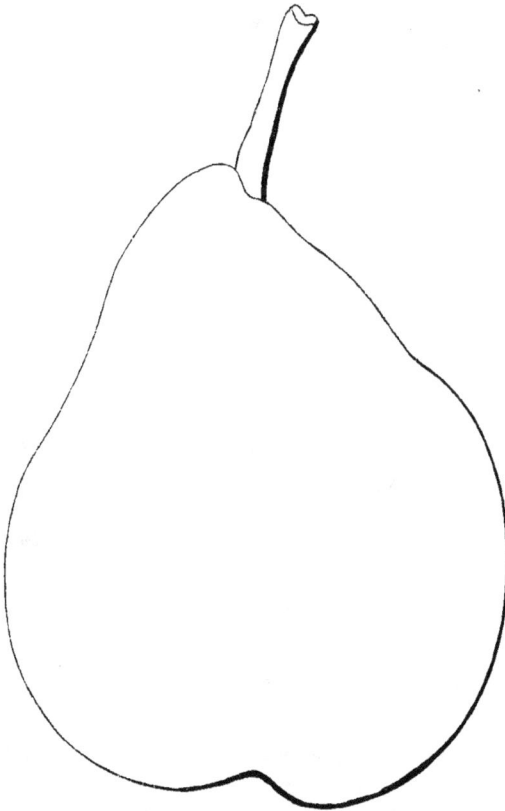

Description de l'arbre. — *Bois :* très-fort. — *Rameaux:* nombreux, généralement érigés, gros, flexueux et des plus longs, jaune-orange, ponctués de gris, montrant des coussinets excessivement ressortis.—*Yeux:* ovoïdes, très-larges à leur base, entièrement adhérents. — *Feuilles :* grandes, canaliculées, habituellement vermillonnées vers la fin de l'été, ovales-allongées, à bords légèrement crénelés ou presque entiers, à pétiole long et frêle.

Fertilité. — Abondante.

Culture. — Assez vigoureux, cet arbre, dont les pyramides sont remarquablement belles, pousse beaucoup mieux sur cognassier que sur franc; il se prête à toutes les formes et prospère à toutes les expositions.

Description du fruit. — *Grosseur :* assez volumineuse. — *Forme :* turbinée-pointue ou turbinée-arrondie, bosselée, ventrue, souvent plissée au sommet.

Pédoncule : de longueur moyenne, droit, peu nourri, mais renflé à sa base et obliquement implanté sur un mamelon bien prononcé. — *Œil :* petit, ouvert, mal développé, faiblement enfoncé, entouré de bosselettes. — *Peau :* jaune verdâtre, semée de quelques points gris et lavée en partie d'un brun-roux parfois squammeux du côté du soleil. — *Chair :* blanc jaunâtre, demi-fine, demi-fondante, pierreuse au centre, très-juteuse. — *Eau :* des plus abondantes, sucrée, finement musquée, délicatement acidulée.

MATURITÉ. — Du commencement d'octobre au commencement de décembre.

QUALITÉ. — Première.

Historique. — En 1839, le pépiniériste Louis Noisette décrivit, à la page 149 de la seconde édition de son *Jardin fruitier*, une poire HIS qui n'est autre que celle ici présentée sous le nom de poire Baronne de Mello. Elle avait été gagnée par Van Mons, dit ce même auteur, et des greffes en furent adressées par lui, vers 1830, au botaniste Poiteau, qui les donna à Noisette et dédia peu après cette variété à M. His, alors inspecteur-général de nos Bibliothèques publiques. Plus tard, recevant ce poirier de Belgique, et le croyant sans doute inédit, M. Jean-Laurent Jamin, horticulteur à Bourg-la-Reine (Seine), lui fit porter le nom de Mᵐᵉ la baronne de Mello, propriétaire du charmant château de Piscop (Seine-et-Oise); et ce nom lui est demeuré.

Observations. — Le Congrès pomologique (tome I, n° 27), en étudiant la poire Baronne de Mello, a classé parmi ses synonymes les poires *Adèle de Saint-Denis* et *Philippe Goës.* C'est une double erreur; nous l'avons constaté plus haut (page 86) pour le premier de ces fruits, nous le prouverons également pour le second, qui mûrit deux mois après la variété avec laquelle on le déclare identique.

---

75. POIRE BARRY.

Synonyme. — *Poire* DE LESTUMIÈRES (André Leroy, *Catalogue descriptif et raisonné des arbres fruitiers et d'ornement,* années 1855 à 1863).

Description de l'arbre. — *Bois :* faible. — *Rameaux :* nombreux, contournés, étalés ou réfléchis, grêles, longs, flexueux, rouge-brun, fortement ponctués de gris et ayant les coussinets peu marqués. — *Yeux :* assez gros, ovoïdes, obtus, écartés du bois et ressortant souvent en éperons très-apparents. — *Feuilles :* vert clair, ovales-lancéolées, canaliculées, ondulées et contournées, à bords profondément dentés, à pétiole long, fort et pourvu de stipules bien développées.

FERTILITÉ. — Convenable.

CULTURE. — Il se plaît sur le cognassier; sa vigueur est moyenne; son bois contourné rend ses pyramides fort irrégulières.

Description du fruit. — *Grosseur :* moyenne, et souvent plus considérable. — *Forme :* allongée, presque cylindrique, légèrement étranglée près du pédoncule, contournée et bosselée. — *Pédoncule :* court, arqué, assez fort, obliquement inséré à fleur de fruit. — *Œil :* petit, faiblement enfoncé, uni sur ses bords. — *Peau :* jaune verdâtre, ponctuée, striée, tachée de fauve, maculée de même autour de l'œil, et lavée de rouge vif du côté du soleil. — *Chair :* blanche, mi-fine, fondante, juteuse, un peu pierreuse au centre. — *Eau :* excessivement abondante, sucrée, vineuse, délicieusement parfumée.

Poire Barry.

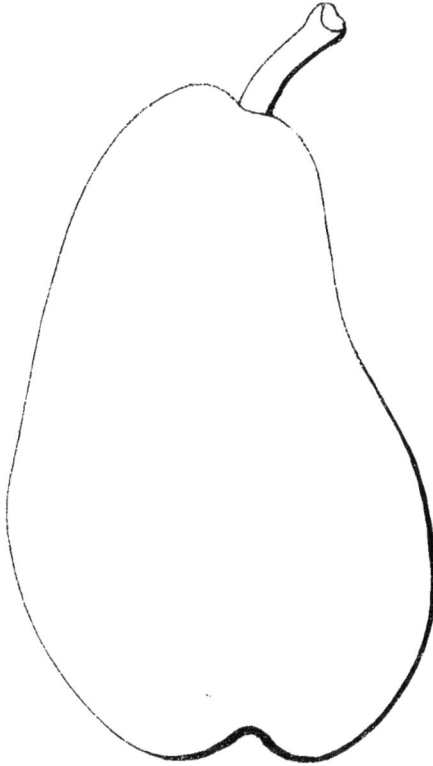

MATURITÉ. — Octobre et partie de novembre.

QUALITÉ. — Première.

Historique. — Ce poirier ne fructifia dans notre école qu'en 1851, mais il s'y trouvait alors depuis longtemps, n'y portait aucun nom, quoique greffé, et n'annonçait nullement devoir produire des fruits exquis. Surpris un jour par le mérite de cette variété, qui nous était complétement inconnue, quoique nous eussions rassemblé déjà neuf cents espèces de poires, nous la multipliâmes. Quatre ans plus tard, en 1855, elle figurait dans notre *Catalogue,* et nous l'avions dédiée au pomologue américain Barry, de Rochester, lequel venait de publier avec un grand succès son *Jardin fruitier* [THE FRUIT GARDEN]. Toutefois, le mystère qui pesait sur l'origine de ce poirier, finit par nous être révélé. En 1863, un sujet appelé *de Lestumières* donna chez nous une première, une abondante récolte dont l'examen nous permit de constater la ressemblance parfaite avec la poire Barry. Or, les deux arbres étant également identiques, et le poirier de Lestumières se cultivant en Bretagne depuis une vingtaine d'années environ, nous en conclûmes que la variété répandue par nous en 1855 sous la dénomination de poire Barry, n'était autre que la poire de Lestumières. Ce dernier nom est celui d'un ancien magistrat rennois très-versé dans l'horticulture. Néanmoins, comme le poirier Barry s'est rapidement propagé en France, en Amérique, en Angleterre, tandis que le poirier de Lestumières n'est guère cultivé, sous cette appellation, que dans sa contrée natale, nous croyons indispensable de ranger le vrai nom parmi les synonymes, et de conserver la priorité au pseudonyme Barry. C'est en effet l'unique moyen d'éviter pour l'avenir de fâcheuses erreurs.

POIRE DE BART. — Synonyme de *Beurré d'Amanlis.* Voir ce nom.

POIRE BARTLET'S WILLIAM. — Synonyme de poire *Williams.* Voir ce nom.

POIRE BARTLETT DE BOSTON. — Synonyme de poire *Williams.* Voir ce nom.

76. Poire BARTRANNE.

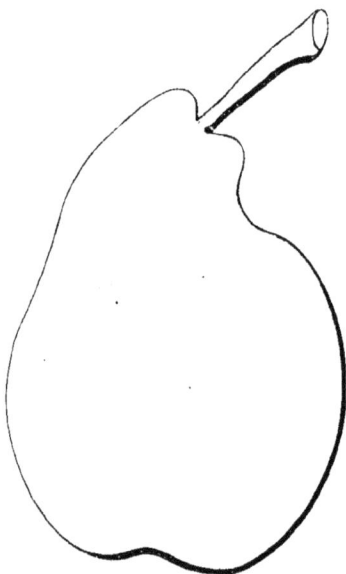

Description de l'arbre. — *Bois :* faible. — *Rameaux :* assez nombreux, légèrement étalés, longs, grêles, flexueux, brun clair, à lenticelles abondantes et grosses, à coussinets très-prononcés. — *Yeux :* ovoïdes, pointus, volumineux, non adhérents, ayant les écailles habituellement renflées. — *Feuilles :* grandes, elliptiques-acuminées ou ovales-allongées, finement crénelées, portées sur un pétiole long et fort.

Fertilité. — Peu commune.

Culture. — On peut lui donner le franc ou le cognassier ; il est de vigueur moyenne et ses pyramides ne sont jamais très-touffues.

Description du fruit. — *Grosseur :* petite. — *Forme :* turbinée, obtuse, bosselée, irrégulière, généralement déprimée et contournée au sommet. — *Pédoncule :* assez court, gros à son point d'attache, aminci vers la base, droit ou arqué, obliquement inséré, continu avec le fruit. — *Œil :* moyen, ouvert, presque saillant, entouré de faibles gibbosités. — *Peau :* jaune clair, finement ponctuée de roux, veinée de même autour du pédoncule et montrant souvent de larges taches fauves entièrement squammeuses. — *Chair :* blanche, fine, juteuse, fondante, contenant quelques pierres auprès des loges. — *Eau :* excessivement abondante, peu sucrée, peu savoureuse, parfois entachée d'un arrière-goût herbacé.

Maturité. — De la fin d'août à la mi-septembre.

Qualité. — Troisième.

Historique. — Ce poirier, dont les produits sont des plus convenables pour alimenter les marchés, et surtout pour la cuisson, est dans notre école depuis une quinzaine d'années. Il provient du Jardin fruitier du Comice horticole d'Angers, mais nous ne saurions dire, maintenant qu'on a si fâcheusement détruit les anciennes et précieuses collections de ce Jardin, s'il y fut ou non gagné de semis.

Poire BASILIQUE. — Synonyme de poire *Royale d'Été.* Voir ce nom.

Poire BASSIN. — Synonyme de poire *Bellissime d'Été* (de Duhamel). Voir ce nom.

Poire BAUD DE LA COUR. — Synonyme de poire *Maréchal de Cour.* Voir ce nom.

Poire de BAUME. — Synonyme de poire *Grise-Bonne.* Voir ce nom.

---

77. Poire De BAVAY.

Synonyme. — *Poire* Colmar d'Automne (Prévost, *Cahiers de pomologie*, 1839, p. 63).

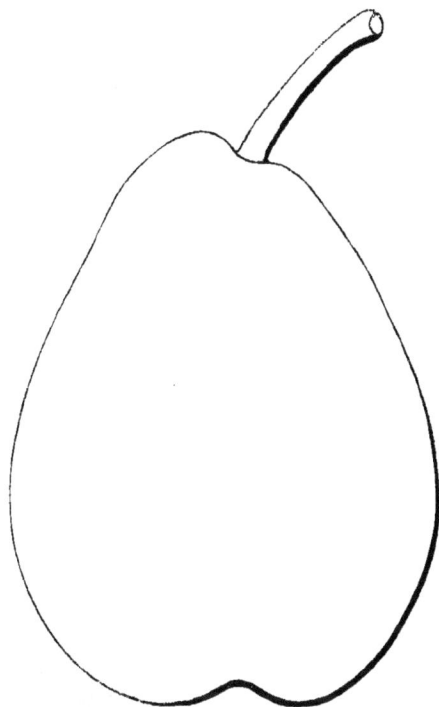

Description de l'arbre. — *Bois :* fort. — *Rameaux :* nombreux, étalés, gros, longs, très-flexueux, brun clair grisâtre, ponctués de gris cendré, ayant les mérithalles longs et les coussinets presque nuls. — *Yeux :* ovoïdes - arrondis , volumineux, non appliqués, souvent sortis en éperon. — *Feuilles :* grandes, ovales-allongées ou lancéolées, finement dentées, rarement abondantes, portées sur un pétiole long et épais.

Fertilité. — Ordinaire.

Culture. — Il pousse vigoureusement sur cognassier, prend une jolie forme pyramidale, mais il est un peu trop dépourvu de feuilles.

Description du fruit. — *Grosseur :* moyenne. — *Forme :* ovoïde, légèrement bosselée vers le sommet. — *Pédoncule :* assez long, bien nourri, à peine arqué, obliquement implanté à fleur de peau. —

Œil : petit, ouvert, presque saillant. — *Peau :* rugueuse, jaune-citron, semée de points gris, maculée de même auprès du pédoncule. — *Chair :* blanche, fine, fondante, aqueuse, contenant quelques pierres autour des pepins, qui souvent sont avortés. — *Eau :* abondante, sucrée, acidule, très-agréablement parfumée.

Maturité. — De la mi-septembre jusqu'au commencement d'octobre.

Qualité. — Première.

Historique. — Prévost, décrivant en 1839 une poire qu'il appelait *Colmar d'Automne*, disait : « Je ne connais point l'origine de cette variété, qui est sous ce « nom dans le commerce depuis six ou sept ans. » (*Cahiers pomologiques*, p. 63.) Cet auteur ne pouvait, en effet, déterminer la provenance du Colmar d'Automne, car il n'était autre que le fruit ici figuré, obtenu par Van Mons. Ami particulier de feu Laurent de Bavay, horticulteur belge fort distingué, Van Mons, son compatriote et son émule, lui consacra ce nouveau gain, et probablement avant 1830, puisque Prévost vient d'affirmer qu'en 1832 ou 1833 le Colmar d'Automne, synonyme de cette espèce, était déjà répandu. M. de Bavay est mort en 1855. Dans son *Traité de la taille des arbres fruitiers*, il a parlé (p. 122) du poirier qu'on lui avait dédié, mais sans indiquer l'époque à laquelle on commença à le multiplier.

Observations. — Il existe une poire *Suzette de Bavay* qu'il ne faut pas croire identique avec celle-ci ; la première mûrit en janvier, la seconde se mange en septembre. — Le synonyme de la poire de Bavay : Colmar d'Automne, ne doit pas non plus être confondu avec *Colmar d'Automne* NOUVEAU, dénomination appliquée en 1854 à l'un des poiriers du Jardin fruitier d'Angers.

POIRE BAYONNAISE. — Synonyme de poire *Sucré-Vert*. Voir ce nom.

POIRE BEAUCLERC. — Synonyme de *Bon-Chrétien d'Été*. Voir ce nom.

POIRE DE BEAU-PRÉSENT. — Synonyme de poire *d'Épargne*. Voir ce nom.

---

78. POIRE **BEAU-PRÉSENT D'ARTOIS.**

Synonymes. — *Poires* : 1. PRÉSENT ROYAL DE NAPLES (Prévost, *Cahiers de pomologie*, 1839, p. 55).
— 2. PRÉSENT ROYAL DE NANTES (A. du Breuil, *Cours d'arboriculture*, 1854, t. II, p. 569).

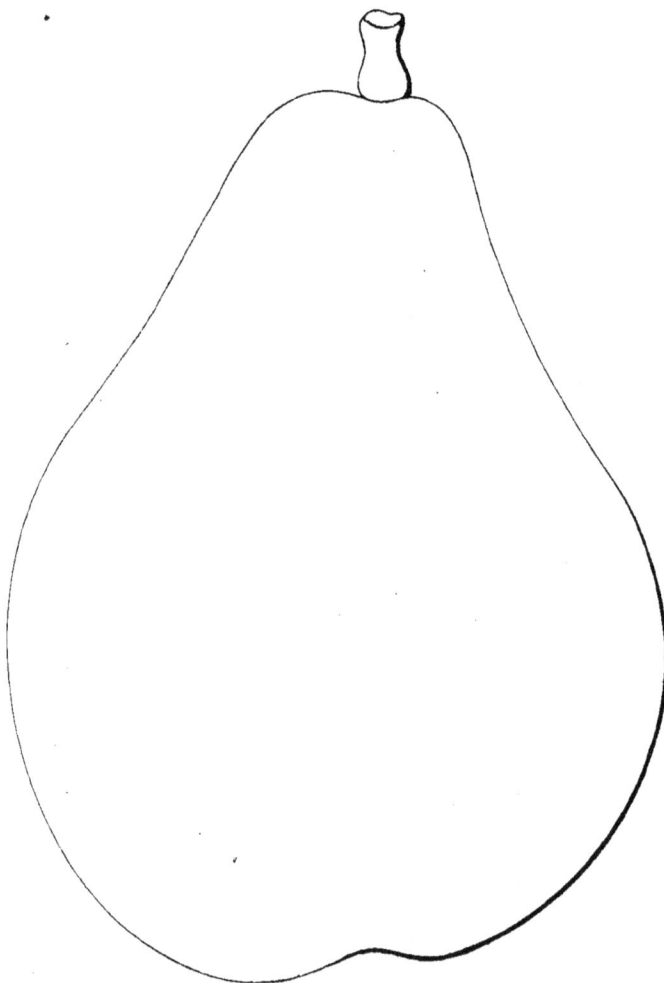

Description de l'arbre. — *Bois* : très-fort. — *Rameaux* : assez nombreux, érigés, des plus gros, flexueux, longs, gris verdâtre, lavés de rouge pâle à leur sommet, ponctués de gris et ayant les coussinets bien développés. — *Yeux* : ovoïdes-aplatis, gros, collés contre le bois, à écailles bombées et entr'ouvertes. — *Feuilles* : d'un beau vert brillant, grandes, ovales-allongées et régulièrement dentées en scie sur les bords, planes ou légèrement contournées, au pétiole long, gros, roide, et presque toujours nuancé de rouge clair, surtout vers la base, à son point d'attache.

FERTILITÉ. — Abondante.

Culture. — Les pyramides de ce poirier sont remarquablement belles ; on peut lui donner le franc ou le cognassier ; il est vigoureux, réussit à toutes les expositions et se prête à toutes les formes.

Description du fruit. — *Grosseur :* considérable. — *Forme :* oblongue, ventrue, obtuse, bosselée, régulière. — *Pédoncule :* gros, très-court, renflé à la base, obliquement implanté. — *OEil :* moyen, ouvert, bien formé, à peine enfoncé. — *Peau :* jaune verdâtre, ponctuée et marbrée de fauve du côté de l'ombre, où parfois aussi elle est seulement grisâtre et semée de points cendrés ; du côté du soleil, elle se colore souvent en rouge-brun. — *Chair :* demi-fine, blanche, fondante, rarement pierreuse. — *Eau :* suffisante, sucrée, acidule, douée d'un parfum agréable.

Maturité. — De la fin d'août jusqu'à la fin de septembre.

Qualité. — Première.

Historique. — Un pomologue dont les travaux sont justement estimés, Prévost, décédé à Rouen en 1849, écrivait il y a bientôt trente ans ce qui suit, au sujet de la poire Beau-Présent d'Artois :

« Je n'ai trouvé ce nom dans aucun ouvrage pouvant faire autorité. L'origine de la variété qui le porte, m'est inconnue. Je l'ai reçue du département du Loiret il y a neuf ans (*vers 1830*), mais je ne pense pas qu'elle en soit originaire. J'ai reçu d'une contrée plus éloignée, sous le nom de *Présent royal de Naples,* un poirier en tout semblable, par son bois et son feuillage, lequel est, je crois, identiquement le même. » (*Cahiers de pomologie*, 1839, p. 55.)

Depuis Prévost, rien n'est venu nous renseigner sur la provenance de ce fruit. Cependant, lorsqu'on voit en 1860 le docteur Jahn l'appeler *Présent royal de Naples,* on peut supposer qu'il a dû naître en Italie ; d'autant mieux que cet auteur rapporte diverses particularités de nature à corroborer un tel sentiment. Il dit : « Vers « la fin du XVIIIᵉ siècle, le roi de Naples offrit nombre de ces poires au prince « Charles de Wurtemberg, pour le remercier de lui avoir envoyé un cerf blanc. » (*Illustrirtes Handbuch der Obstkunde*, t. II, p. 159.) Voilà qui justifie le nom Présent royal de Naples ; quant à l'époque où il fut appliqué, il devient difficile de la préciser, Ferdinand IV de Bourbon, dont il est question ici, étant monté sur le trône à l'âge de huit ans, en 1759, pour n'en descendre qu'à sa mort, en 1825. Aujourd'hui, cette première dénomination n'a plus cours ; Beau-Présent d'Artois l'a remplacée.

Observations. — Thompson, en dressant le *Catalogue des arbres fruitiers cultivés dans le jardin de la Société horticulturale de Londres,* a méconnu l'espèce décrite ici, puisqu'il l'a rangée parmi les synonymes de la poire de Livre. (*Édition de 1842*, p. 143.) Son erreur est partagée par les Allemands, qui presque tous ont adopté la synonymie de ce pomologue. En France, où les poires de Livre et Beau-Présent d'Artois sont fort répandues, nul ne les croira identiques, sachant que la dernière, excellent fruit à couteau, se mange en septembre, tandis que l'autre, uniquement propre à la cuisson, ne saurait être utilisée avant décembre ou janvier. — Le poirier Beau-Présent d'Artois donne souvent des produits d'une grosseur considérable. Nous en avons obtenu qui pesaient plus de 500 grammes.

Poire BEAU-PRÉSENT D'ÉTÉ. — Synonyme de poire *d'Épargne.* Voir ce nom.

Poire BEAUTÉ DE TERVEUREN. — Synonyme de poire *Belle-Angevine*. Voir ce nom.

Poire BEAUVALOT. — Synonyme de poire *Augier*. Voir ce nom.

---

79. Poire BEC-D'OIE.

Synonymes. — *Poires* : 1. MARTIN-SEC DE BOURGOGNE (Merlet, *l'Abrégé des bons fruits*, édition de 1675, p. 95). — 2. DE SAINT-MARTIN (de Bonnefonds, *le Jardinier français*, édition de 1737, p. 169).

Nous n'avons pû retrouver cette ancienne variété, qui pourtant doit exister encore, car elle fut jadis très-cultivée, et nous ne perdons ses traces qu'à partir de 1788. Mais comme il est important, pour des motifs qui seront expliqués plus bas, de démontrer que la poire *Bec-d'Oie* a eu rang parmi les espèces, et non parmi les synonymes, nous allons faire intervenir en sa faveur ceux de nos devanciers qui l'ont connue, qui l'ont étudiée :

Description du fruit. — « Le Bec-d'Oye, ou Martin-sec de Bourgogne, est « une petite poire presque ronde, d'un rouge brun, qui a la queue grosse et longue ; « elle beurre assez, et est de bon goût. » (Merlet, *l'Abrégé des bons fruits*, édition de 1675, p. 95.)

MATURITÉ. — « A la fin d'octobre et en novembre. » (De Bonnefonds, *le Jardinier français*, édition de 1737, p. 169.)

QUALITÉ. — « Assez bonne, » prétend Merlet, ci-dessus ; « Mauvaise, » selon la Quintinye. (*Instructions pour les jardins fruitiers et potagers*, édition de 1739, t. I, pp. 316-317.)

Historique. — En la nommant Martin-sec de *Bourgogne*, Merlet donne à penser qu'elle provient de cette contrée ; opinion que semblent confirmer la Quintinye et l'auteur anglais Philippe Miller, qui tous deux lui conservent ce surnom. Miller est même affirmatif à cet égard, puisqu'il dit : « Le Martin-sec est quelquefois « appelé le Martin-sec de Champagne, pour le distinguer d'un autre Martin-sec de « Bourgogne. » *Dictionnaire des jardiniers et des cultivateurs*, 1788, t. VI, p. 166.) Ce fut évidemment la couleur rouge-brique de sa peau, qui lui attira le nom assez bizarre, de Bec-d'Oie. Nous croyons ce fruit de bien peu antérieur à la moitié du XVIIe siècle, aucun écrivain spécial ne l'ayant mentionné avant Merlet, dont la première édition parut en 1671.

Observations. — Par tout ce qui précède, on doit être convaincu maintenant que la poire Bec-d'Oie ne ressemble en rien au Martin-sec (de Champagne), si recherché pour les conserves ; cependant, on a souvent confondu ces deux espèces. Comme aussi (notamment en Belgique) nous l'avons vue figurer dans les Catalogues au nombre des synonymes du Beurré d'Angleterre... Erreur positive qu'il faut s'empresser de signaler, jamais fruits n'ayant été moins identiques. Ainsi, la poire Bec-d'Oie mûrit vers la Saint-Martin, tandis que le Beurré d'Angleterre se mange au commencement de septembre ; et de plus, ce dernier est assez gros et allongé, quand l'autre, au contraire, affecte la forme globuleuse et n'a qu'un faible volume.

POIRE BEC-D'OISEAU. — Synonyme de *Beurré d'Angleterre*. Voir ce nom.

POIRE BEÍMONT. — Synonyme de *Beurré de Rance*. Voir ce nom.

POIRE BEIN-ARMUDI. — Synonyme de *Besi de la Motte*. Voir ce nom.

POIRE DE BELL. — Synonyme de poire *de Catillac*. Voir ce nom.

POIRE BELLE-ADRÉINE. — Synonyme de poire *de Curé*. Voir ce nom.

POIRES BELLE - ADRIANNE ET BELLE - ADRIENNE. — Synonymes de poires *de Curé*. Voir ce nom.

POIRE BELLE-ALLIANCE. — Synonyme de poire *Serrurier*. Voir ce nom.

POIRES BELLE - ANDRÉANE ET BELLE - ANDRÉINE. — Synonymes de poire *de Curé*. Voir ce nom.

---

80. POIRE **BELLE-ANGEVINE.**

Synonymes. — *Poires :* 1. BELLISSIME D'HIVER, DE BUR (Merlet, *l'Abrégé des bons fruits*, édit. de 1690, p. 110). — 2. TRÉSOR (Mayer, *Pomona franconica*, 1776, cité par Eug. Forney, dans *le Jardinier fruitier*, 1862, t. I, p. 239.) — 3. D'AMOUR (*Id. ibid.*). — 4. DUCHESSE DE BERRY D'HIVER (Prévost, *Cahiers pomologiques*, 1839, p. 25). — 5. BOLIVAR D'HIVER (Comte Lelieur, *la Pomone française*, 1842, p. 431). — 6. ROYALE D'ANGLETERRE (Bivort, *Album de pomologie*, t. I, 1847, n° 60). — 7. BEAUTÉ DE TERVUEREN (*Id. ibid.*). — 8. COMTESSE DE TERVUEREN (*Id. ibid.*). — 9. GROSSE DE BRUXELLES (Willermoz, *Observations sur le genre poirier*, 1848, p. 7). — 10. SOLITAIRE (Dalbret, *Cours théorique et pratique de la taille des arbres fruitiers*, 1851, p. 331). — 11. FAUX-BOLIVAR (Thuillier-Aloux, *Catalogue raisonné des poiriers qui peuvent être cultivés dans le département de la Somme*, 1855, p. 62). — 12. TRÈS-GROSSE DE BRUXELLES (*Id. ibid.*). — 13. ABBÉ MONGEIN (Decaisne, *le Jardin fruitier du Muséum*, t. II, 1859). — 14. ANDERSON (*Id. ibid.*). — 15. BERTHEBIRN (*Id. ibid.*). — 16. GROS-FIN-OR LONG, D'HIVER (*Id. ibid.*). — 17. GROSSE-DAME-JEANNE (*Id. ibid.*). — 18. D'HORTICULTURE (*Id. ibid.*). — 19. DE KILO (*Id. ibid.*). — 20. LOUISE-BONNE D'HIVER (*Id. ibid.*). — 21. LA QUINTINYE (*Id. ibid.*).

Description de l'arbre. — *Bois :* fort. — *Rameaux :* très-peu nombreux, étalés et quelquefois arqués, gros, de longueur moyenne, légèrement flexueux, rouge-brun, finement ponctués de gris, à coussinets saillants. — *Yeux :* assez volumineux, arrondis, appliqués contre le bois. — *Feuilles :* ovales, acuminées, régulièrement dentées en scie, ayant le pétiole épais, roide et excessivement court; elles ne sont jamais abondantes.

FERTILITÉ. — Ordinaire.

CULTURE. — Il lui faut le cognassier, et l'espalier plutôt que la pyramide, cette dernière forme convenant peu à ce poirier si dépourvu de rameaux et de feuilles.

Poire Belle-Angevine.

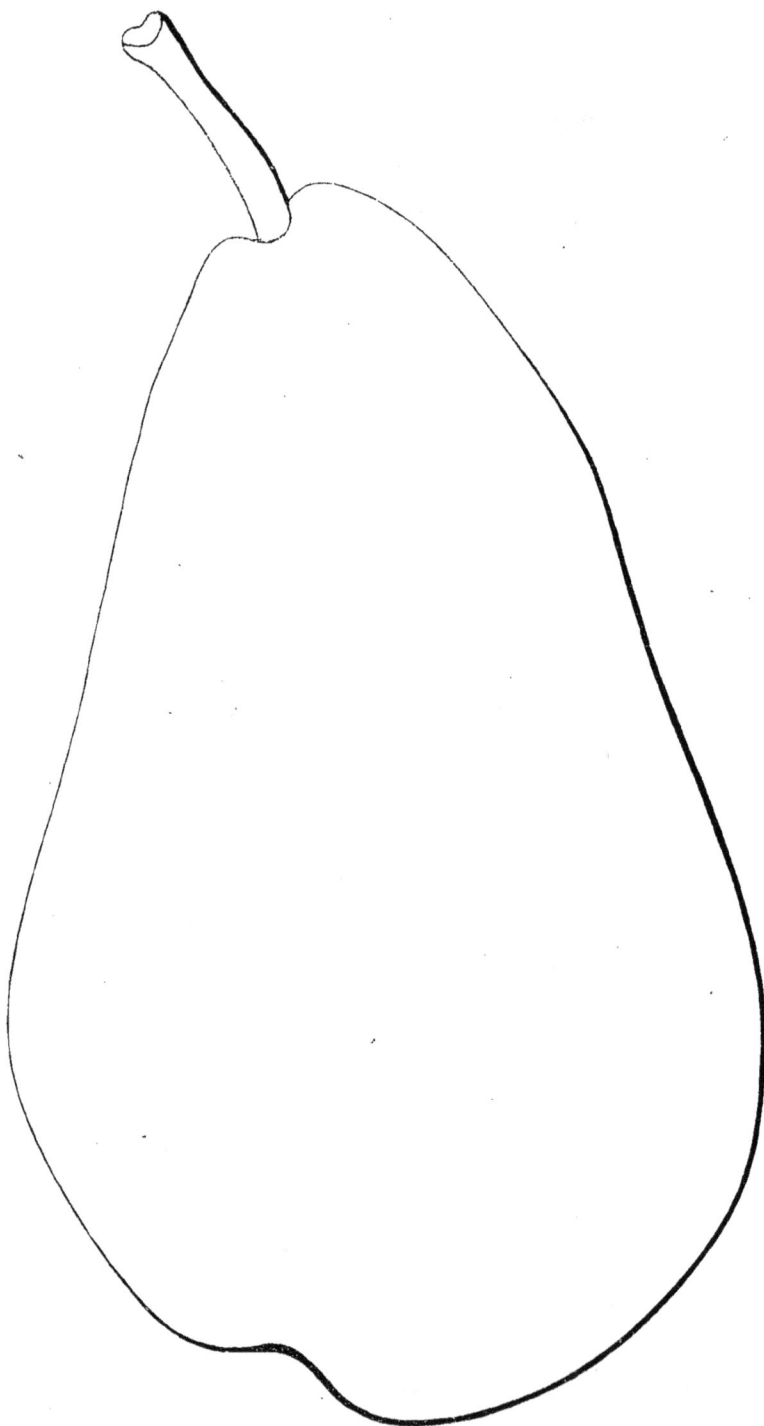

En pépinière, il se développe très-tard et ne fait généralement , la première année, que de chétifs sujets ; mais il regagne en partie, la seconde année, ce qu'il a perdu précédemment. Si l'on veut obtenir de cet arbre de beaux, d'énormes fruits richement colorés de carmin, on doit le placer, en espalier, au midi ou au levant.

Description du fruit. — *Grosseur :* énorme. — *Forme :* très-allongée, obtuse, quelque peu bosselée et contournée, ventrue, régulière, mais ayant souvent un côté plus renflé que l'autre. — *Pédoncule :* long, gros, droit ou faiblement arqué, obliquement inséré dans un étroit évasement plissé sur ses bords et presque toujours surmonté d'un mamelon assez considérable. — *Œil :* grand, ouvert, bien développé, à peine enfoncé, entouré de gibbosités. — *Peau :* jaune d'or, ponctuée de fauve, largement colorée de carmin du côté du soleil, et montrant de légères et rares marbrures brun roux auprès de l'œil et du pédoncule. — *Chair :* blanche, tendre, quoique cassante, demi-fine, marcescente, non pierreuse, ayant parfois les pépins avortés. — *Eau :* suffisante, douceâtre, manquant de saveur et de parfum.

Maturité. — De janvier jusqu'en avril.

Qualité. — Deuxième pour la cuisson, et complétement mauvaise pour le couteau.

Historique. — Si la poire Belle-Angevine était aussi bonne que son coloris est brillant, sa forme, jolie, son volume, considérable, elle occuperait la première place parmi ses congénères ; mais elle paie de mine, et voilà tout. Cependant il existe pour ce fruit, de la part des Parisiens en particulier, un engouement tel, que nous avons lu ce qui suit dans une feuille politique de la capitale :

« En traversant la place du Châtelet, j'ai remarqué dans la vitrine du restaurant Victoria, six énormes poires dans un panier surmonté de cette inscription : « *Poires Belles-Angevines,* 150 *francs les six.* — Vingt-cinq francs la pièce, c'est pour rien, surtout si l'on se rappelle qu'il y a deux ans le fameux Chevet exposait de ces fruits à « 120 *francs* LA PAIRE. » (*L'Union,* novembre 1863.)

Toutefois, ce sont là des prix inusités, car le coût ordinaire de ces fruits, lorsqu'ils ont toute la beauté voulue pour bien orner un dessert, dépasse rarement une dizaine de francs la pièce. Quant à leur grosseur, elle varie beaucoup. On en a exposé dans les concours horticoles, qui pesaient : en 1846, à Tours, 2 kil. 250 ; — en 1864, à Cholet, 2 kil. 025 ; — en 1847, à Brionne (Eure), 1 kil. 300 ; — en 1862, à Chartres, 1 kil. 064 ; — enfin, également en 1862, à Nérac (Lot-et-Garonne), un trochet de quatre poires dépassa 3 kilogrammes.

Le nom sous lequel ce poirier est généralement cultivé, a dû faire présumer qu'il était originaire d'Angers ; et l'on n'aura même conservé aucun doute sur ce point, en présence des lignes ci-dessous, écrites par le professeur Poïteau, en 1843 :

« Voici l'histoire de la poire Belle-Angevine *telle qu'elle m'a été racontée à Angers,* en juillet 1843, *par M. Audusson père, jardinier dite ville :* « Cette poire PROVIENT D'UN SEMIS FAIT PAR « MOI IL Y A ENVIRON TRENTE-CINQ ANS ; l'arbre a fructifié pour la première fois à l'âge de neuf « ans. A la seconde fructification, quand j'ai vu que sa forme était très-belle, je l'ai nommée « BELLE-ANGEVINE. » (*Revue horticole,* t. V, p. 483, article intitulé : Tournée horticole faite en juillet 1843 à Orléans, Tours et Angers.)

Cette note qui semble si précise, si complète en ses détails, était cependant entièrement controuvée ; mais ce qui nous étonne, c'est que sa publication ne fut suivie d'aucune rectification, puisque dix ans plus tard le même recueil où elle avait été insérée, la reproduisit sous la signature Bossin. (Voir *Revue horticole,* 3e série, t. III, novembre 1849, p. 415.) Non, la Belle-Angevine « NE PROVIENT PAS D'UN SEMIS FAIT

« EN NOS MURS , VERS 1808 ; » on l'y introduisit, au contraire, en 1821, sous le nom d'*Inconnue à compote*, qu'elle y garda plusieurs années. Voici du reste le compte rendu fidèle des faits qui l'amenèrent sur le sol angevin : — C'était, nous venons de le dire, en 1821, M. Alphonse Audusson, alors attaché à la pépinière du Luxembourg, dirigée par le savant Hervy, ayant offert à cet arboriculteur douze poiriers de Duchesse, accepta en échange un poirier étiqueté *Inconnue à compote*, et l'envoya à son père, qui le planta et lui enleva, vers 1824, le nom sous lequel il l'avait reçu, pour lui donner celui de Belle-Angevine... Telle est la vérité.

Et maintenant, essayons de déterminer l'origine de cette poire géante.

En ce qui nous concerne, il nous a semblé longtemps qu'elle provenait d'Eltham, en Angleterre, et n'était autre que la *Saint-Germain du docteur Uvedale*, également appelée *Union*. Mais récemment, ayant trouvé dans un ouvrage anglais du xviiie siècle la description exacte de ce dernier fruit, qui y est dit « *rond et vert foncé*, » nous sommes resté convaincu de son manque d'identité avec la poire OBLONGUE et JAUNE D'OR nommée Belle-Angevine. (Voir Miller, *Dictionnaire des jardiniers*, édition de 1786, t. VI, p. 173.) Revenant alors à nos anciens pomologues, et les étudiant, le passage ci-dessous de Merlet, l'arboriculteur le plus éclairé du xviiie siècle, nous a frappé :

«*Poire Bellissime d'hiver, de Bur*. — Elle est jaune et rouge, belle à peindre, d'une grosseur extraordinaire, bien plus élevée et enflée que le Cadillac, meilleure et assez tendre. Son eau étant douce et relevée, elle est des meilleures mise au four. » (*L'Abrégé des bons fruits*, édition de 1690, p. 110.)

Ici, tout ne se rapproche-t-il pas des caractères de la Belle-Angevine : couleur, grosseur, forme, époque de maturité, qualité pour la cuisson ? — Oui ; et notre opinion se confirme par ce fait, qu'aucun auteur, depuis Merlet, n'a cité la Bellissime d'Hiver *de Bur* ; d'où suit qu'elle reçut bien promptement un autre nom : celui de poire *Trésor* ou d'*Amour*, peut-être, Mayer figurant sous cette appellation, dans sa *Pomona franconica*, en 1776, un fruit qui offre très-exactement le facies de la Belle-Angevine ?... S'il en est ainsi, ce fameux poirier, dont on n'a parlé pour la première fois qu'en 1690, serait originaire de Bur. Mais de quel Bur ? car il en existe plusieurs. Nous croirions aisément qu'il s'agirait ici d'une localité avoisinant Versailles, Merlet ayant décrit de préférence les fruits nouveaux gagnés sous le ciel de Paris, qu'il habitait.

Observations. — On doit, malgré l'opinion de divers pomologues, considérer comme faux synonymes de la Belle-Angevine, les noms suivants, s'appliquant à des variétés qui n'ont rien de commun avec cette dernière : Angora, Belle de Jersey, Grand-Monarque, Mansuette, Uvedale's Saint-Germain. Il importe aussi de ne pas confondre la poire d'Amour ou Trésor décrite par Duhamel en 1768 (*Traité des arbres fruitiers*, t. II, p. 236), avec la Belle-Angevine ; elle en diffère essentiellement, ainsi qu'on peut s'en assurer en se reportant aux pages 120-122 de ce volume, où nous l'avons minutieusement décrite. Ces noms d'Amour et de Trésor reviennent si fréquemment dans la nomenclature des poiriers, que, là, l'erreur serait facile à commettre. On l'évitera en se rappelant que la poire Trésor ou d'Amour supposée la même que la Belle-Angevine, est *uniquement* celle dont s'occupa Mayer en 1776, ainsi que nous l'avons dit plus haut.

POIRE BELLE D'AOUT. — Synonyme de poire *Belle de Bruxelles sans pepins*. Voir ce nom.

POIRE BELLE-APRÈS-NOEL. — Synonyme de poire *Belle de Noël*. Voir ce nom.

POIRE BELLE-AUDIBERT. — Synonyme de poire *Audibert*. Voir ce nom.

POIRE BELLE D'AURAY. — Synonyme de poire *d'Auray*. Voir ce nom.

POIRE BELLE D'AUSTRASIE. — Synonyme de poire *Jaminette*. Voir ce nom.

POIRE BELLE DE BERRY. — Synonyme de poire *de Curé*. Voir ce nom.

POIRE BELLE-BESSA. — Synonyme de *Bon-Chrétien d'Auch*. Voir ce nom.

POIRE BELLE DES BOIS. — Synonyme de poire *Fondante des Bois*. Voir ce nom.

81. POIRE BELLE DE BRISSAC.

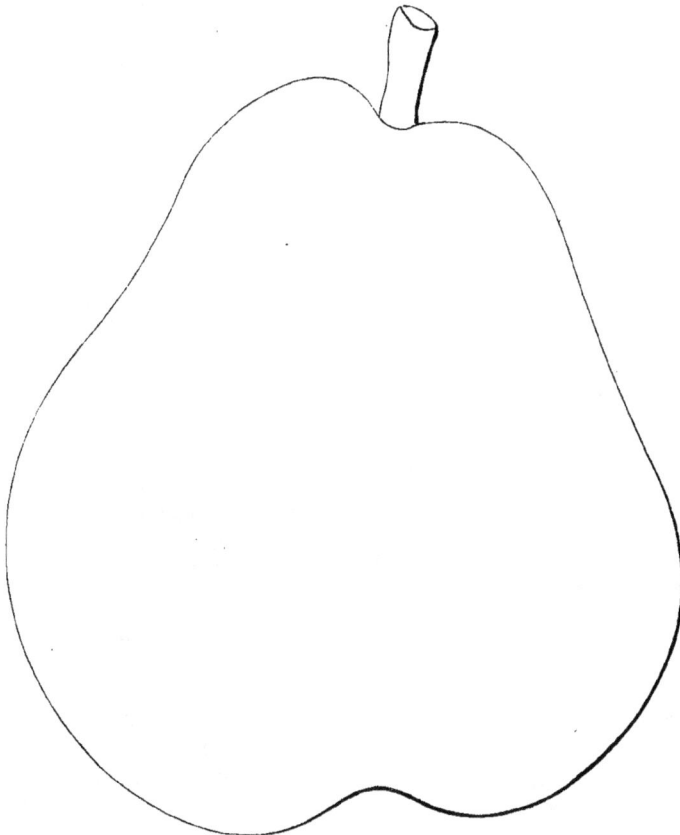

Description de l'arbre. — *Bois:* fort. — *Rameaux :* assez nombreux et assez gros, érigés ou légèrement étalés, de longueur moyenne, flexueux, brun - roux, ponctués de gris, ayant les coussinets peu ressortis. — *Yeux :* coniques ou ovoides-obtus, volumineux, écartés du bois. — *Feuilles :* grandes, ovales, acuminées, dentées ou crénelées, planes ou contournées, à pétiole court et menu; elles sont généralement des plus abondantes.

FERTILITÉ. — Ordinaire.

CULTURE. — Vigoureux, ce poirier se greffe avantageusement sur le cognassier, où il fait de jolies pyramides, et sur le franc, quand on le destine à la haute tige.

Description du fruit. — *Grosseur :* considérable, et quelquefois moyenne. — *Forme :* oblongue, excessivement obtuse et ventrue, ayant habituellement un côté plus renflé que l'autre. — *Pédoncule :* court, droit ou faiblement arqué, assez fort, obliquement inséré dans une étroite cavité qu'entourent d'énormes protubérances. — *Œil :* grand, bien développé, ouvert, rarement très-enfoncé. — *Peau :* jaune pâle, épaisse, rude au toucher, ponctuée de roux et largement couverte de taches brunes, surtout vers le pédoncule. — *Chair :* blanche, mi-fine, cassante, peu pierreuse. — *Eau :* suffisante, sucrée, acidule, parfumée.

MATURITÉ. — En février, et se prolongeant aisément jusqu'à la fin d'avril.

QUALITÉ. — Deuxième pour la table, première pour la cuisson.

Historique. — Cette variété fut obtenue de semis en 1832 ou 1833, par M. Jean-Henri Benoist, pépiniériste à Brissac, près Angers. Elle est peu répandue, mais les Allemands semblent néanmoins la connaître, car Biedenfeld, un de leurs pomologues, l'a décrite en 1854.

Observations. — Charles Downing, dans la nouvelle édition qu'il publiait en 1863, de son *Manuel des fruits cultivés en Amérique*, a placé la Belle de Brissac parmi les synonymes du Beurré Beauchamp, ce qui ne saurait être, cette dernière poire mûrissant en octobre, cinq mois avant l'autre. — Nous devons également faire remarquer qu'il existe un poirier Duchesse de Brissac, qui n'a rien de commun, non plus, avec l'espèce Belle de Brissac, comme on le verra plus loin, à la lettre D.

POIRE BELLE DE BRUXELLES. — Synonyme de *Beurré de Bruxelles*. Voir ce nom.

---

82. POIRE **BELLE DE BRUXELLES SANS PEPINS.**

Synonymes. — *Poires :* 1. GROSSE-BERGAMOTE D'ÉTÉ (Diel, *Systematische Beschreibung in Deutschland vorhandener Kernobstsorten*, 1801, cah. III, p. 31). — 2. BELLE-ET-BONNE D'ÉTÉ (Lindley, *Guide to the orchard and kitchen garden*, 1831, p. 353). — 3. BELLE DU LUXEMBOURG (Noisette, *le Jardin fruitier*, édition de 1832, p. 121). — 4. BELLE D'AOUT (Prévost, *Cahiers pomologiques*, 1839, p. 18). — 5. FANFAREAU (*Id. ibid.*). — 6. GROSSE-BERGAMOTE D'ÉTÉ SANS PEPINS (Thuillier-Aloux, *Catalogue raisonné des poiriers qui peuvent être cultivés dans le département de la Somme*, 1855, p. 69). — 7. BEUZARD (Decaisne, *le Jardin fruitier du Muséum*, 1858, t. I). — 8. SANS-PEPINS (*Id. ibid.*). — 9. BELLE-SANS-PEPINS (de Liron d'Airoles, *Notices pomologiques*, 1859, 11e livraison, p. 16). — 10. BERGAMOTE-SANS-PEPINS (*Id. ibid.*).

Description de l'arbre. — *Bois :* assez fort. — *Rameaux :* peu nombreux, érigés vers le sommet, arqués et étalés vers la base, courts, gros, flexueux, légèrement cotonneux, brun-roux foncé, finement ponctués et ayant les coussinets presque nuls. — *Yeux :* moyens, ovoïdes-arrondis, aplatis, cotonneux, à écailles très-bombées, appliqués contre le bois. — *Feuilles :* ovales-allongées, canaliculées et contournées, à bords presque unis, à pétiole court et des plus nourris.

FERTILITÉ. — Abondante.

Culture. — Cet arbre, de vigueur moyenne, pousse néanmoins convenablement sur cognassier ; ses pyramides sont mal ramifiées mais très-feuillues.

Poire Belle de Bruxelles sans pepins.

Description du fruit. — *Grosseur :* volumineuse et parfois moyenne. — *Forme :* sphérique, déprimée aux extrémités, généralement plus ventrue d'un côté que de l'autre.—*Pédoncule :* long, droit ou arqué, gros, renflé au point d'attache, formant bourrelet à la base, et régulièrement implanté dans une faible cavité.— *Œil :* grand, ouvert, bien développé, placé dans un bassin large et profond.— *Peau :* vert jaunâtre, ponctuée, striée de roux, maculée de fauve autour du pédoncule, et montrant souvent quelques taches olivâtres et rugueuses. — *Chair :* blanche, demi-fine, fondante, parsemée de points verdâtres, légèrement pierreuse au centre et dépourvue de pepins et de loges. — *Eau :* suffisante, sucrée, acidule, faiblement musquée.

Maturité. — De la fin d'août à la fin de septembre.

Qualité. — Deuxième, en raison surtout de la facilité avec laquelle ce fruit devient pâteux.

Historique. — Nous n'avons rien trouvé de précis sur la provenance de cette variété, si ce n'est qu'on la connaissait en Normandie, dès le commencement de ce siècle, sous le nom de *Fanfareau*, et qu'on la savait alors fort répandue dans les Flandres. Ce sont là, du moins, les assertions de deux écrivains très-compétents, dont le premier, Prévost, s'exprimait ainsi en 1839 :

« Le nom *Fanfareau*, à Rouen, est synonyme de Belle de Bruxelles (sans pepins), parce que beaucoup de propriétaires de jardins y ont acquis cette variété d'un feu sieur Jourdain, pépiniériste, qui l'y avait répandue il y a vingt-cinq ans (en 1814), sous cette dénomination bizarre, faute probablement d'en connaître le véritable nom. » *(Cahiers pomologiques,* pp. 12-13.)

Et dont le second, Poiteau, disait en 1846 :

« Feu mon ami Turpin, se trouvant à Vire (Calvados), en 1810, vit dans le jardin de M. Debrais un seul arbre taillé en éventail et dont les fruits étaient sans pepins. Il en apporta à Paris, ainsi que des rameaux, au Jardin du Roi et à la pépinière du Luxembourg, où on ne les connaissait pas, tandis qu'un de nos amis nous assura que c'était une poire très-cultivée en Flandre. » (*Pomologie française*, t. III, n° 82.)

Si l'on considérait uniquement le nom que porte aujourd'hui cette poire, on la supposerait originaire de Bruxelles. Mais quand on sait qu'elle était cultivée en Allemagne avant 1789, et qu'on l'y appelait *Grosse-Bergamote d'Été*, il est naturel de penser qu'elle peut tout aussi bien provenir de ce pays. Le docteur Diel, de Stuttgardt, l'y signalait sous cette dernière dénomination dans la pomologie qu'il publia de 1789 à 1809; seulement il n'a donné aucun détail historique de nature à éclairer la question. Pour nous, en ne voyant pas les Belges la revendiquer comme un de leurs gains, nous la croirions plutôt née chez les Allemands.

Observations. — Les produits de ce poirier acquièrent parfois une grosseur considérable; à Chartres, notamment, il en fut envoyé à l'exposition horticole de 1862, qui pesaient au moins 500 grammes. — Il existe une autre variété dite également Belle de Bruxelles, et mûrissant à la même époque que celle-ci, dont elle diffère, toutefois, et par la forme et par la qualité. Comme elle a pour synonyme très-connu *Beurré de Bruxelles*, nous la nommerons désormais ainsi, afin de débarrasser la nomenclature d'une homonymie qui engendrait de perpétuelles erreurs. — Quelques pépiniéristes classent encore la poire Fanfareau, de laquelle Prévost nous parlait à l'instant, parmi les synonymes de la Bergamote d'Été, ou Milan de la Beuvrière. C'est se tromper radicalement, et le passage du pomologue rouennais reproduit ci-dessus, l'a démontré sans laisser place au doute. La Fanfareau, répétons-le donc, n'est autre que la Belle de Bruxelles sans pepins.

POIRE **BELLE-CAËNAISE.** — Synonyme de poire *Napoléon*. Voir ce nom.

POIRE **BELLE-CORNÉLIE.** — Synonyme de poire *Bellissime d'Été* (DE DUHAMEL).

83. POIRE **BELLE DU CRAONNAIS.**

Synonyme. — *Poire* BELLE-DUQUESNE (André Leroy, *Catalogue descriptif et raisonné des arbres fruitiers et d'ornement*, 1849, p. 16).

Description de l'arbre. — *Bois:* fort. — *Rameaux:* nombreux, généralement étalés vers la base de la tige, érigés près du sommet, gros, longs et des plus flexueux, légèrement cotonneux, marron clair, finement ponctués, ayant les méri-thalles longs et les coussinets excessivement saillants. — *Yeux:* ovoïdes-pointus, volumineux, parfois aplatis, faiblement écartés du bois, et ressortant en courts éperons. — *Feuilles:* assez grandes, d'un beau vert, ovales, régulièrement dentées en scie, contournées, portées sur un pétiole court, très-fort, et pourvu de longues stipules.

FERTILITÉ. — Abondante.

CULTURE. — Cet arbre, qui pousse assez bien en pyramide, est de moyenne vigueur et se greffe sur cognassier.

Poire Belle du Craonnais.

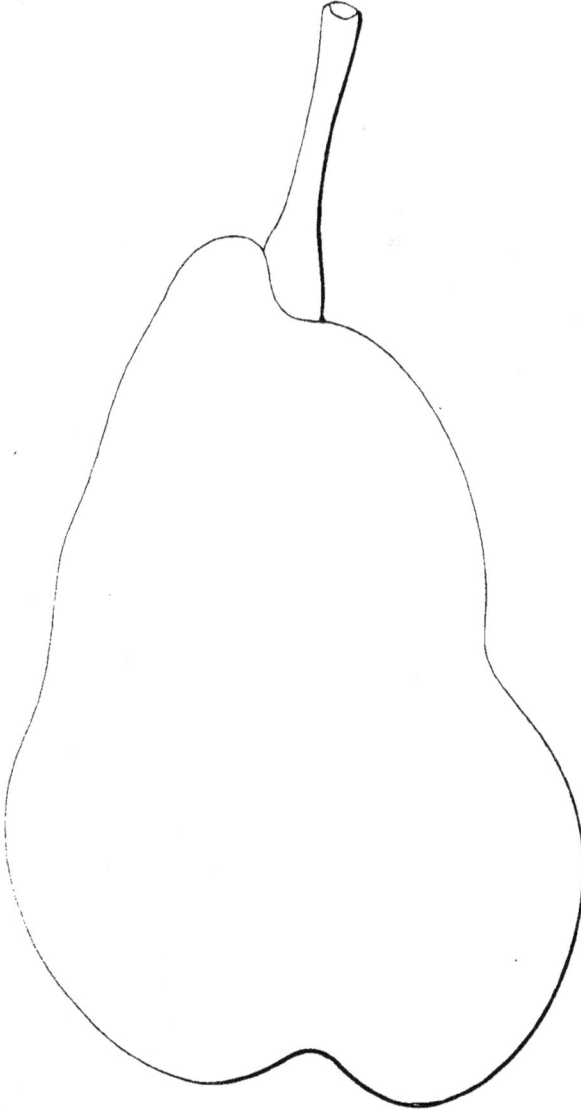

Description du fruit. — *Grosseur :* considérable, mais quelquefois moins volumineuse. — *Forme :* irrégulière, turbinée, oblongue ou ovoïde, bosselée, contournée, obtuse. — *Pédoncule :* long, gros, renflé et très-charnu à la base, droit ou obliquement implanté à fleur de peau. — *Œil :* grand, mi-clos, souvent mal développé, assez enfoncé, plissé sur ses bords. — *Peau :* jaune d'or, parsemée de points gris plus nombreux et plus gros du côté du soleil, que du côté de l'ombre. — *Chair :* blanche, demi-fine, cassante, juteuse, contenant quelques pierres autour des loges. — *Eau :* abondante, sucrée, musquée, rarement très-savoureuse.

MATURITÉ. — De la fin du mois de décembre jusqu'en mars.

QUALITÉ. — Deuxième comme fruit à couteau, première comme fruit à compote.

Historique. — Nous dégustions pour la première fois cette énorme poire en 1848, et l'avions tirée de la collection du Comice horticole d'Angers, où depuis longtemps l'arbre était classé sous le n° 409. Le nom qu'elle porte indique suffisamment son origine; mais on n'a pu nous renseigner sur l'époque où elle a été gagnée ni sur son obtenteur. On peut la croire, cependant, si le hasard ne l'a pas semée, née plutôt chez un amateur que chez un pépiniériste ou un jardinier, Craon et ses environs ne possédant aucun établissement d'horticulture. C'est en 1849 que nous avons commencé à la propager.

Poire BELLE-ÉPINE DUMAS. — Synonyme de poire *du Mas*. Voir ce nom.

———————

Poire BELLE-ÉPINE FONDANTE. — Synonyne de poire *Monchallard*. Voir ce nom.

———————

Poire BELLE D'ESQUERMES. — Synonyme de poire *Jalousie de Fontenay*. Voir ce nom.

———————

Poire BELLE-ET-BONNE D'AUTOMNE. — Synonyme de poire *Bellissime d'Au-tomne*. Voir ce nom.

———————

Poire BELLE-ET-BONNE D'ÉTÉ. — Synonyme de poire *Belle de Bruxelles sans pepins*. Voir ce nom.

———————

Poire BELLE-ET-BONNE D'ÉZÉE. — Synonyme de poire *Bonne d'Ézée*. Voir ce nom.

———————

Poire BELLE-ET-BONNE D'HIVER. — Synonyme de poire *de Colmar*. Voir ce nom.

———————

84. Poire BELLE-ET-BONNE DE LA PIERRE.

Synonyme. — *Poire* Fille du Melon de Knops (de Liron d'Airoles, *Notices pomologiques*, 1862, t. II, Supplément, p. 10).

Description de l'arbre.
— *Bois :* assez fort. — *Rameaux :* peu nombreux, presque éri-gés, bien nourris, longs, légè-rement flexueux, brun rou-geâtre, finement ponctués, ayant les coussinets ressortis. — *Yeux :* petits, coniques, à écailles grises, appliqués en partie contre le bois. — *Feuilles :* moyennes, généralement ova-les, acuminées, faiblement cré-nelées, portées sur un pétiole court et fort.

Fertilité. — Grande.

Culture. — Ce poirier n'est pas très-vigoureux ; nous le greffons néanmoins sur le co-gnassier, et il s'y développe convenablement en pyramide.

Description du fruit.
— *Grosseur :* moyenne, et parfois assez considérable. — *Forme :* arrondie ou ovoïde, bosselée, régulière, habituellement plus renflée d'un côté que de l'autre. — *Pédon-cule :* court, gros, arqué, charnu à la base, obliquement implanté au milieu d'une large dépression surmontée d'un mamelon rarement très-prononcé. — *OEil :* petit,

contourné, peu enfoncé, ouvert ou mi-clos. — *Peau :* jaune d'ocre, semée de quelques points gris et de macules brun-roux, striée de fauve dans la cavité ombilicale. — *Chair :* blanchâtre, fine, fondante, odorante, non pierreuse. — *Eau :* suffisante, acidule, excessivement sucrée, savoureuse et délicate.

MATURITÉ. — Fin novembre et commencement de décembre.

QUALITÉ. — Première.

Historique. — M. de Liron d'Airoles, en faisant connaître cette nouvelle variété, a dit quelle en était la provenance : « C'est un gain de M. A. de la Farge, « habitant le château de la Pierre, situé proche Salers, au pied des montagnes de la « haute Auvergne (Cantal). Elle est venue d'un semis de pepins de la poire Melon « de Knops (*Beurré Diel*), fait en 1847, et sa première fructification date de 1861.» (*Notices pomologiques,* 1862, t. III, p. 26.).

POIRE BELLE D'ÉTÉ. — Synonyme de poire *Madame.* Voir ce nom.

POIRE BELLE-EXCELLENTE. — Synonyme de poire *Bonne d'Ézée.* Voir ce nom.

85. POIRE BELLE DE FÉRON.

Description de l'arbre. — *Bois :* très-faible. — *Rameaux :* peu nombreux et des plus étalés, courts, forts, légèrement flexueux, roux grisâtre, ayant les lenticelles larges et abondantes, les coussinets faiblement ressortis et les mérithalles excessivement courts. — *Yeux :* volumineux, coniques ou ovoïdes-allongés, cotonneux, écartés du bois. — *Feuilles :* assez grandes, habituellement elliptiques, très-acuminées, finement dentées ou crénelées, ayant le pétiole grêle et de longueur moyenne.

FERTILITÉ. — Ordinaire.

CULTURE.—De vigueur modérée, on lui donne indistinctement le franc ou le cognassier, mais sur ce dernier sujet ses pyramides sont chétives, mal ramifiées.

Description du fruit. — *Grosseur :* volumineuse, et quelquefois énorme. — *Forme :* turbinée-arrondie, bosselée, habituellement plus ventrue d'un côté que de l'autre. — *Pédoncule :* assez long, assez fort, droit ou faiblement arqué, renflé et charnu à la base, inséré dans une étroite cavité entourée d'élévations. — *Œil :* grand, souvent mal conformé, ouvert, parfois très-enfoncé. — *Peau :* vert jaunâtre, ponctuée de gris, semée de larges taches brun-roux. — *Chair :* blanche, grosse, mi-fondante, peu pierreuse. — *Eau :* suffisante, fraîche, sucrée, vineuse, d'un aigrelet fort agréable.

MATURITÉ. — De la mi-octobre à la mi-novembre.

QUALITÉ. — Deuxième.

Historique. — Nous la croyons originaire du bourg de Féron, près d'Avesnes (Nord). Le Comice horticole d'Angers la possède depuis 1840, et à cette époque il regardait ce fruit comme un gain tout récent. Nous n'avons commencé à la multiplier qu'en 1846.

POIRE BELLE-FERTILE. — Synonyme de poire *Ah-mon-Dieu !* Voir ce nom.

86. POIRE BELLE DU FIGUIER.

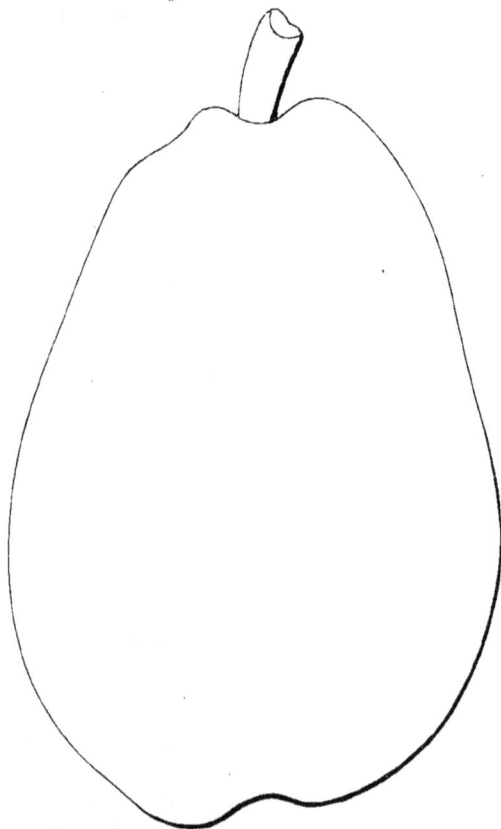

Description de l'arbre. — *Bois :* fort. — *Rameaux :* très-nombreux, généralement arqués et étalés, assez longs, peu flexueux, brun olivâtre, fortement ponctués, à coussinets saillants. — *Yeux :* gros, ovoïdes-allongés, adhérents et ayant les écailles des plus prononcées. — *Feuilles :* grandes, ovales-allongées, acuminées, à bords profondément dentés en scie, à pétiole long et bien nourri.

FERTILITÉ. — Convenable.

CULTURE. — Sur cognassier, cet arbre prend une très-belle forme pyramidale ; il est assez vigoureux, parfaitement ramifié, bien garni de feuilles.

Description du fruit. — *Grosseur :* au-dessus de la moyenne. — *Forme :* ovoïde, bosselée, régulière, souvent déprimée à la base. — *Pédoncule :* court, gros, légèrement arqué, renflé à son point d'attache et obliquement implanté dans un évasement entouré de gibbosités volumineuses. — *Œil :* grand, bien formé,

ouvert, rarement très-enfoncé. — *Peau* : roux verdâtre, rude au toucher et entièrement parsemée de points d'un fauve excessivement clair. — *Chair :* fine, blanche,
des plus fondantes et des plus juteuses, montrant quelques petites pierres au-dessous
des loges. — *Eau :* extrêmement abondante, sucrée, acidule, douée d'un savoureux
arome.

MATURITÉ. — De décembre à janvier.

QUALITÉ. — Première.

Historique. — Gagnée de semis en 1860, par MM. Robert et Moreau, horticulteurs à Angers, et soumise à l'appréciation du Comice de Maine-et-Loire, dans
sa séance du 8 décembre 1861, elle fut déclarée excellente. On lui a donné le nom
de l'enclos où le pied-mère a poussé.

POIRE BELLE DE FLANDRE et BELLE DES FLANDRES. — Synonymes de poire
Fondante des Bois. Voir ce nom.

---

87. POIRE BELLE-FLEURUSIENNE.

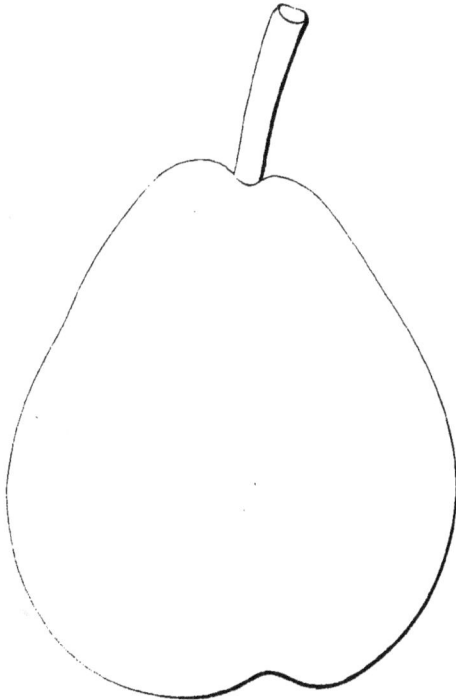

Description de l'arbre. —
Bois : fort. — *Rameaux :* assez
nombreux, généralement érigés,
gros, longs, très-flexueux, vert
clair cendré, largement ponctués,
ayant les coussinets bien marqués.
— *Yeux :* à écailles un peu bombées, moyens, ovoïdes, non adhérents. — *Feuilles :* elliptiques-
arrondies, finement crénelées, portées sur un pétiole fort et de longueur moyenne.

FERTILITÉ. — Convenable.

CULTURE. — Il est vigoureux et
pousse parfaitement sur cognassier;
ses pyramides sont irréprochables.

Description du fruit. —
Grosseur : moyenne. — *Forme :* turbinée, ventrue, obtuse, légèrement
bosselée. — *Pédoncule :* assez long,
assez mince, droit ou arqué, obliquement implanté à fleur de peau
entre des gibbosités plus ou moins
volumineuses. — *OEil :* petit, mi-clos, peu développé, à peine enfoncé. — *Peau :*
jaune d'ocre, ponctuée et légèrement veinée de fauve, striée de même auprès de
l'œil et du pédoncule, et lavée de rose pâle du côté du soleil. — *Chair :* blanchâtre,

fine, mi-fondante, non pierreuse. — *Eau :* suffisante, fraîche, sucrée, acidule, aromatique et vineuse.

Maturité. — De décembre à février.

Qualité. — Première.

Historique. — C'est un gain de M. Alexandre Bivort; il remonte à 1849, et prit naissance dans les pépinières de Geest-Saint-Rémy, non loin de Fleurus (Belgique), d'où vient le nom de Belle-Fleurusienne, que lui a donné son obtenteur.

Observations. — Les Catalogues font habituellement mûrir ce fruit en mars et avril, mais il atteint rarement ces deux mois. Pour être dans le vrai, on doit le ranger au nombre des variétés qui se mangent au commencement de l'hiver; et tout récemment, même, M. Bivort nous écrivait (1865) « que parfois cette poire avait « mûri chez lui dans les derniers jours de novembre. »

88. Poire BELLE DE FLUSHING.

Synonyme. — *Poire* Harvard (Downing, *the Fruits and fruit trees of America,* édition de 1849, p. 392).

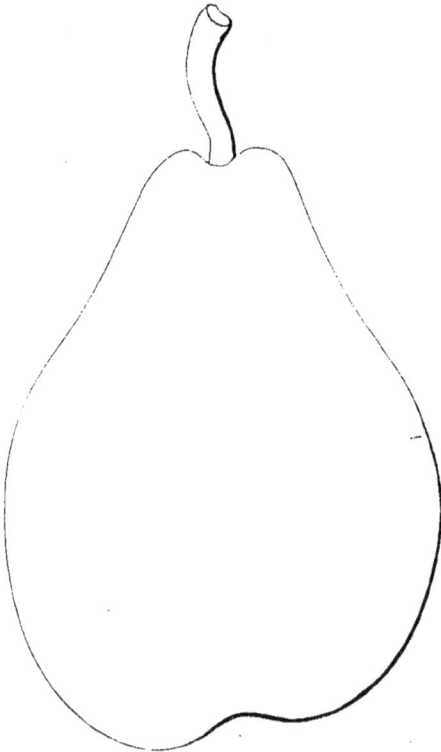

Description de l'arbre. — *Bois :* fort. — *Rameaux :* nombreux, érigés près du sommet, arqués et étalés vers la base, assez longs, gros, flexueux, légèrement cotonneux, rouge grisâtre, abondamment ponctués, ayant les mérithalles courts et les coussinets prononcés. — *Yeux :* à écailles renflées et duveteuses, petits, ovoïdes, presque appliqués contre le bois. — *Feuilles :* de grandeur uniforme, ovales, à bords très-faiblement dentés, à pétiole court et fort.

Fertilité. — Excessive.

Culture. — On peut le greffer sur le franc ou sur le cognassier; ses pyramides sont remarquablement belles; c'est un des poiriers les plus convenables pour le verger.

Description du fruit. — *Grosseur :* moyenne. — *Forme :* allongée, obtuse, assez irrégu-lière, souvent un peu ventrue, ayant généralement un côté moins renflé que l'autre, et marquée longitudinalement d'un sillon bien caractérisé. — *Pédoncule :*

court ou moyen, arqué ou contourné, mince, obliquement implanté au centre d'une faible dépression que surmonte une gibbosité parfois très-développée. — *Œil :* large, irrégulier, peu enfoncé, bosselé sur ses bords. — *Peau :* jaunâtre, tachée de vert, finement ponctuée de fauve, lavée de rouge vif sur la partie exposée au soleil. — *Chair :* blanche, à reflet jaunâtre, demi-fine, croquante sans être ferme, légèrement pierreuse. — *Eau :* abondante, sucrée, acidule, agréablement musquée.

MATURITÉ. — De la fin d'août à la mi-septembre.

QUALITÉ. — Deuxième.

Historique. — Cette espèce nous ayant été envoyée d'Amérique en 1851, sans étiquette, par M. Parsons, pépiniériste à Flushing, près New York, nous l'appe-lâmes, vu le ravissant coloris de ses produits, Belle de Flushing. Mais en 1858 M. Parsons, visitant notre établissement, nous apprit qu'elle se nommait Harvard. Or, Downing, qui effectivement l'a décrite sous ce dernier nom, la dit « née dans le « Massachusets, non loin de Boston, à Cambridge, siége de l'université Harvard, » et il ajoute qu'elle a deux synonymes locaux : *Boston Eparne* [Epargne de Boston], et *Cambridge Sugar pear* [poire Sucrée de Cambridge]. (Voir Downing, *the Fruits and fruit trees of America*, édition de 1849, p. 392.) Gagnée vers 1845, elle fut dédiée au fondateur de l'université dont il vient d'être parlé.

Observations. — Les Américains regardent cette variété comme l'une des plus précieuses pour la vente sur les marchés ; et ils ont raison, car il en est peu, même chez nous, qui soient plus fertiles, plus avantageuses pour ce genre de commerce.

POIRE BELLE DE FOUQUET. — Synonyme de poire *Tonneau.* Voir ce nom.

POIRE BELLE-GABRIELLE. — Synonyme de poire *Ambrette d'hiver.*

POIRE BELLE-GARDE. — Synonyme de poire *Gile-ô-Gile.* Voir ce nom.

---

89. POIRE BELLE DE GUASCO.

Synonyme. — *Poire* BELLE DE QUASCO (Thuillier-Aloux, *Catalogue raisonné des poiriers qui peuvent être cultivés dans le département de la Somme,* 1855, p. 69).

Description de l'arbre. — *Bois :* de force moyenne. — *Rameaux :* peu nom-breux, généralement étalés, gros, courts, à peine flexueux, marron clair, tachés de gris, à lenticelles larges et abondantes, à coussinets ressortis ; leurs mérithalles sont des moins longs. — *Yeux :* ovoïdes, assez volumineux, noirâtres, appliqués. — *Feuilles :* grandes, arrondies ou elliptiques-arrondies, ayant les bords légèrement dentés et le pétiole gros et long.

FERTILITÉ. — Ordinaire.

CULTURE. — De moyenne vigueur, cet arbre se plaît autant sur cognassier que

Poire Belle de Guasco.

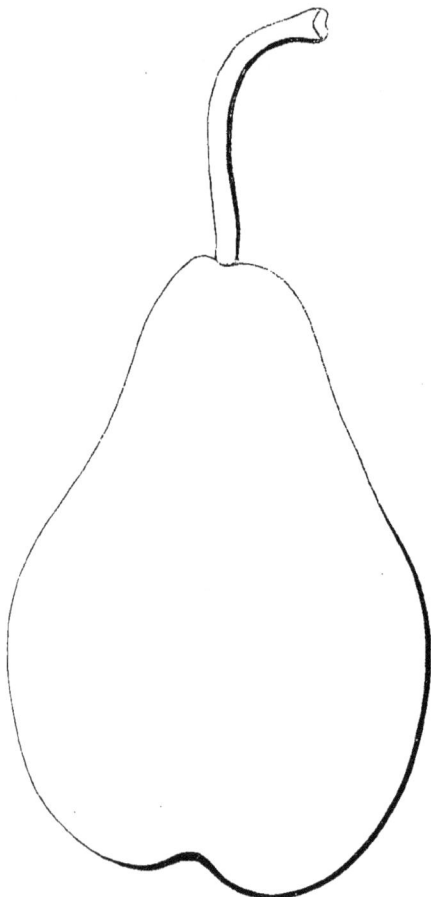

sur franc; ses pyramides sont généralement faibles, de mauvais aspect et toujours très-dégarnies de feuilles.

Description du fruit. — *Grosseur :* moyenne. — *Forme :* oblongue, régulière, obtuse, parfois un peu contournée. — *Pédoncule :* long, des plus arqués, assez mince, souvent renflé à son point d'attache, inséré à fleur de fruit sur une protubérance rarement très-volumineuse. — *OEil :* grand, ouvert, bien développé, faiblement enfoncé. — *Peau :* jaune-citron, verdâtre du côté de l'ombre, vermillonnée du côté du soleil, et entièrement ponctuée de gris. — *Chair :* blanche, fine, fondante, juteuse. — *Eau :* des plus abondantes, vineuse, acerbe.

MATURITÉ. — De la moitié d'août à la moitié de septembre.

QUALITÉ. — Troisième.

Historique. — Ce fruit, qui n'a pour lui que sa jolie forme et son séduisant coloris, nous est venu de la Belgique en 1853. Il y était cultivé dans le jardin de la Société Van Mons, mais il ne provient pas des semis de cet établissement, et nous ignorons le lieu de son origine.

POIRE BELLE-HÉLOÏSE. — Synonyme de poire *de Curé*. — Voir ce nom.

POIRE BELLE-HENRIETTE. — Synonyme de poire *Henriette*. Voir ce nom.

POIRE BELLE D'IXELLES. — Synonyme de *Doyenné d'Hiver*. Voir ce nom.

90. POIRE BELLE DE JARNAC.

Description de l'arbre. — *Bois :* faible. — *Rameaux :* très-nombreux, étalés ou réfléchis, assez forts, longs, légèrement flexueux, brun clair cendré, abondamment ponctués, à coussinets peu développés. — *Yeux :* de grosseur moyenne, ovoïdes, noirâtres, excessivement écartés du bois, et souvent même formant éperon.

— *Feuilles* : petites, habituellement ovales-acuminées, finement dentées ou créne-lées, ayant le pétiole court, fort et pourvu de longues stipules.

Poire Belle de Jarnac.

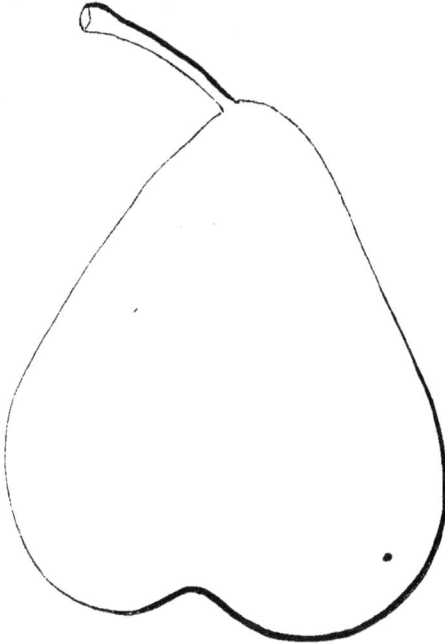

FERTILITÉ. — Grande.

CULTURE. — Assez vigoureux, ce poirier se greffe avantageusement sur cognassier; ses pyramides sont belles, feuillues et des mieux rami-fiées.

Description du fruit. — *Gros-seur* : moyenne ou petite. — *Forme* : turbinée, obtuse, ventrue, fortement bosselée, aplatie près de l'œil. — *Pédoncule* : assez long, mince, arqué, charnu à la base, obliquement inséré, continu avec le fruit. — *Œil* : grand, très-ouvert, très-développé, faible-ment enfoncé. — *Peau* : jaune ver-dâtre, ponctuée, marbrée de fauve et entièrement lavée de rouge-brun clair sur la partie frappée par le soleil. — *Chair* : blanchâtre, demi-fine, molle, cassante, non pierreuse. — *Eau* : abondante, douce, sucrée, savoureusement parfumée.

MATURITÉ. — Novembre et com-mencement de décembre.

QUALITÉ. — Première.

Historique. — Nous avons reçu cette variété en 1862, sans note d'origine, et ne saurions dire qui nous l'avait adressée. Il existe dans la Gironde, arrondisse-ment de Libourne, un village du nom de *Jarnac*, mais elle n'en provient pas, nous pouvons l'affirmer. Vient-elle de la Charente, où se trouve, non loin de Cognac, un autre Jarnac?... On n'a pu nous renseigner suffisamment à cet égard.

POIRE BELLE DE JERSEY. — Synonyme de poire *Belle de Thouars*. Voir ce nom.

---

91. POIRE BELLE-JULIE.

Synonyme. — *Poire* ALEXANDRE HÉLIE (de Liron d'Airoles, *Notices pomologiques*, 1859, p. 24; et même année, Supplément, p. 13).

Description de l'arbre. — *Bois* : très-fort. — *Rameaux* : peu nombreux, généralement étalés, longs et des plus nourris, flexueux, cotonneux, brun clair verdâtre, largement ponctués, ayant les coussinets excessivement prononcés et les mérithalles inégaux, mais habituellement de longueur moyenne. — *Yeux* : ovoïdes-arrondis, volumineux, pointus, légèrement cotonneux, écartés du bois, à écailles faiblement disjointes. — *Feuilles :* grandes, ovales ou elliptiques, régulièrement dentées en scie, peu abondantes et portées sur un pétiole long et très-gros.

Poire Belle-Julie.

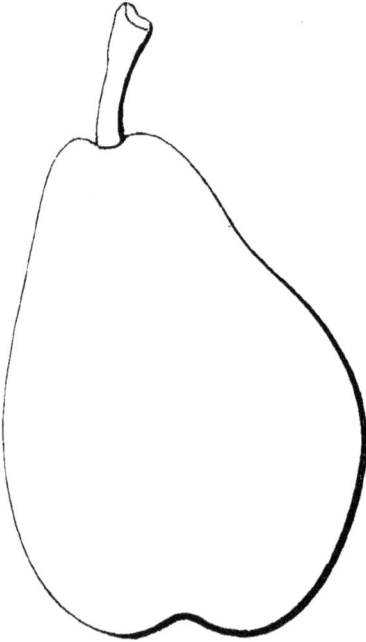

Fertilité. — Bonne.

Culture. — Peu vigoureux d'abord, il croît lentement; le développement de son écusson est ordinaire; nous le greffons sur cognassier et ne l'avons pas étudié sur franc; ses pyramides sont assez fortes.

Description du fruit. — *Grosseur :* petite ou moyenne. — *Forme :* oblongue, obtuse, régulière. — *Pédoncule :* court, arqué, mince, renflé à son point d'attache, obliquement inséré. — *Œil :* grand, rond, ouvert, à peine enfoncé. — *Peau :* rude au toucher, épaisse, vert jaunâtre, ponctuée et tachée de fauve clair. — *Chair :* un peu verdâtre, grosse, mi-fondante, juteuse, rarement très-pierreuse. — *Eau :* abondante, fraîche, sucrée, acidule, savoureusement parfumée.

Maturité. — Fin octobre et atteignant les derniers jours de novembre.

Qualité. — Première.

Historique. — M. Alexandre Bivort a donné sur cette variété, appartenant aux collections belges, les renseignements ci-après en 1849 :

« Elle provient des semis de Van Mons, qui l'a dédiée à Mlle Julie Van Mons, fille du général de ce nom et petite-fille du célèbre professeur. Son premier rapport a eu lieu en 1842. » (*Album de pomologie*, 1849, t. II, p. 30.)

Observations. — M. de Liron d'Airoles a décrit en 1859, page 24 de ses *Notices pomologiques,* une poire qu'il appelle Alexandre Hélie, et que nous avons également achetée sous cette même dénomination, mais elle n'est autre que la Belle-Julie ; arbres et fruits, tout en fait foi. — Nous n'en dirons pas autant, par exemple, du poirier Saint-Germain du Tilloy, qu'à Paris l'on a cru identique avec le poirier Belle-Julie, ce qui ne saurait être que le résultat d'un examen insuffisant, car ces deux arbres sont, ainsi que leurs produits, loin de se ressembler.

Poire BELLE DE LIMOGES. — Synonyme de poire *du Mas.* Voir ce nom.

92. Poire BELLE DE LORIENT.

Description de l'arbre. — *Bois :* très-fort. — *Rameaux :* peu nombreux, étalés ou légèrement réfléchis, des plus nourris et des plus flexueux, de longueur moyenne, gris-roux, fortement ponctués, ayant les coussinets presque nuls. — *Yeux :* assez gros, ovoïdes, adhérents et excessivement cotonneux. — *Feuilles :*

ovales, très-grandes, arrondies et acuminées, profondément crénelées, à pétiole long et de grosseur peu commune.

Poire Belle de Lorient.

FERTILITÉ. — Convenable.

CULTURE.—Il est d'une grande vigueur, demande le cognassier, et fait des pyramides extrêmement fortes, mais peu feuillues.

Description du fruit. — *Grosseur :* considérable. —*Forme:* très-allongée, conique, obtuse, un peu bosselée vers le sommet, où son volume est de beaucoup diminué. — *Pédoncule :* de longueur variable, mais atteignant habituellement quatre ou cinq centimètres, assez gros, arqué ou contourné, obliquement inséré, renflé à son point d'attache et charnu à la base, où parfois aussi il est fortement plissé. — *Œil :* large, bien ouvert, bien fait, presque saillant. — *Peau :* jaune verdâtre, entièrement semée de gros et nombreux points fauves. — *Chair :* manquant de finesse, mi-cassante, blanche, à peine pierreuse. —*Eau:* suffisante, fraîche, aigrelette, dénuée de parfum.

MATURITÉ. — Fin septembre et commencement d'octobre.

QUALITÉ. — Deuxième pour la cuisson.

Historique. — Le Comice horticole d'Angers possédait ce poirier dès 1835 ; il portait, dans la collection de l'ancien jardin, le n° 315 ; mais d'où cette Société l'avait-elle tiré?... Des environs de Lorient, pensions-nous, mais les horticulteurs de cette contrée nous ont dit ne pas le connaître. C'est une espèce peu répandue, même dans l'Anjou.

Observations. — La Belle de Lorient ressemble beaucoup à la poire de Curé, sans qu'il soit possible, cependant, de déclarer ces deux fruits identiques, car ce dernier se conserve jusqu'en février, tandis que le premier dépasse très-rarement la mi-octobre, et leurs qualités sont également des plus opposées.

Poire BELLE-LUCRATIVE. — Synonyme de *Bergamote lucrative*. Voir ce nom.

Poire BELLE DU LUXEMBOURG. — Synonyme de poire *Belle de Bruxelles sans pepins*. Voir ce nom.

---

93. Poire BELLE DE MALINES.

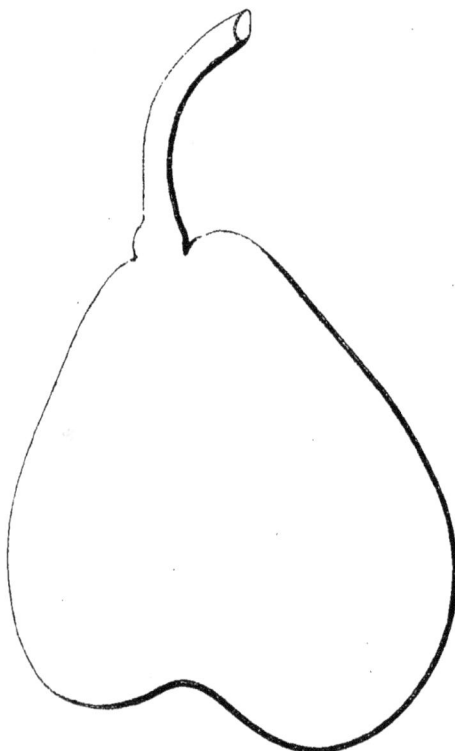

Description de l'arbre. — *Bois :* excessivement fort. — *Rameaux :* assez nombreux, érigés vers le sommet, étalés à la base, très-gros, très-longs, peu flexueux, rouge-brun foncé, ponctués de blanc et munis de coussinets faiblement ressortis. — *Yeux :* petits, ovoïdes, obtus, appliqués contre le bois. — *Feuilles :* ovales, profondément dentelées, portées sur un pétiole bien nourri, court et accompagné de très-longues stipules.

Fertilité. — Grande.

Culture. — Le cognassier lui convient essentiellement, car il est des plus vigoureux; ses pyramides, dont la force et le développement sont remarquables, n'ont pas généralement beaucoup de feuilles.

Description du fruit. — *Grosseur :* moyenne. — *Forme :* turbinée, obtuse, ventrue, ayant parfois un côté moins gros que l'autre. — *Pédoncule :* assez fort, long, arqué, continu avec le fruit, charnu à son point d'insertion. — *OEil :* moyen, ouvert, habituellement assez enfoncé. — *Peau :* jaune clair, ponctuée, veinée, maculée de roux, lavée de rose tendre sur la partie frappée par le soleil. — *Chair :* blanc mat, demi-fine, fondante, pierreuse au centre. — *Eau :* suffisante, douce, fraîche, sucrée, musquée, savoureuse.

MATURITÉ. — Fin août et début de septembre.

QUALITÉ. — Première.

Historique. — C'est une poire toute nouvelle, mais sur laquelle les renseignements font entièrement défaut. Nous l'avons reçue de Belgique en 1863, et la multiplions depuis 1865.

94. POIRE BELLE-MOULINOISE.

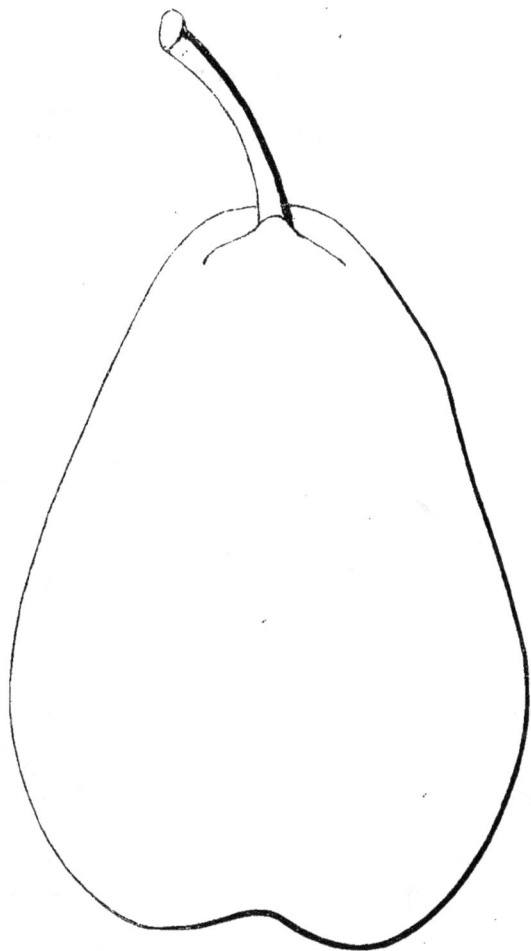

Description de l'arbre.

— *Bois* : de force moyenne. — *Rameaux* : nombreux, bien nourris, longs, érigés ou légèrement étalés, flexueux, brunroux, largement ponctués de gris, ayant les coussinets peu marqués. — *Yeux* : coniques, petits, pointus, non adhérents. — *Feuilles* : grandes, ovales-arrondies, acuminées, à bords finement dentés, à pétiole roide, court et gros.

FERTILITÉ. — Ordinaire.

CULTURE. — Sur le cognassier, il fait de jolies pyramides; sa vigueur est extrême; il est très-touffu.

Description du fruit.

— *Grosseur* : volumineuse. — *Forme* : oblongue, régulière, obtuse, un peu ventrue et bosselée. — *Pédoncule* : long, assez fort, arqué, obliquement inséré dans une étroite cavité et souvent en dehors de l'axe du fruit. — *OEil* : grand, bien développé, ouvert, presque saillant. — *Peau* : verdâtre, rude au toucher, ponctuée de roux, maculée de fauve auprès du pédoncule, et lavée de rose foncé du côté du soleil. — *Chair* : blanchâtre, fine, ferme, odorante, juteuse et cassante. — *Eau* : excessivement abondante, sucrée, musquée, douée d'une délicieuse saveur.

MATURITÉ. — De février à mars.

QUALITÉ. — Première.

Historique. — Cette variété provient des semis de M. Grolez-Duriez, pépiniériste aux Moulins, banlieue de Lille; il l'a mise dans le commerce en 1864.

95. Poire BELLE DE NOËL.

Synonymes. — *Poires* : 1. Belle-après-Noel (Bivort, *Album de pomologie*, 1849, t. II, p. 36). — 2. Fondante de Noel (*Id. ibid.*). — 3. Bonne de Noel (Decaisne, *le Jardin fruitier du Muséum*, 1861, t. IV). — 4. Souvenir Espéren (de Liron d'Airoles, *Notices pomologiques*, 1862, t. II, p. 17 de la Table des fruits à l'étude).

Description de l'arbre. — *Bois :* fort. — *Rameaux :* nombreux, érigés, très-gros, courts, légèrement flexueux, jaune brunâtre, finement ponctués de gris et semés de larges taches noirâtres ; leurs mérithalles sont excessivement courts et leurs coussinets n'ont qu'une faible saillie. — *Yeux :* ovoïdes, assez volumineux, souvent pointus, non appliqués contre le bois. — *Feuilles :* petites, ovales-allongées, à bords dentelés en scie, à pétiole très-court et très-fort.

Fertilité. — Remarquable.

Culture. — Ce poirier, qui manque généralement de vigueur sur cognassier, et s'y développe tardivement, y prend cependant une forme pyramidale élégante et régulière. Sur franc, s'il prospère beaucoup mieux, il y est néanmoins toujours un peu faible.

Description du fruit. — *Grosseur :* moyenne. — *Forme :* turbinée-obtuse ou turbinée-arrondie, ventrue, bosselée, irrégulière. — *Pédoncule :* assez long, bien nourri, arqué, obliquement implanté dans un étroit évasement dont les bords sont des plus accidentés. — *Œil :* grand, souvent mi-clos et contourné, placé dans un large bassin rarement profond. — *Peau :* jaune clair verdâtre, ponctuée de gris et de roux, maculée de fauve, surtout auprès de l'œil, et faiblement lavée de rouge-brun du côté du soleil. — *Chair :* blanche, fine, fondante, juteuse, contenant quelques pierres au-dessous des loges. — *Eau :* extrêmement abondante, sucrée, acidule, parfois même un peu astringente, mais constamment douée d'un parfum particulier qui la rend fort agréable.

Maturité. — De la fin d'octobre jusqu'au commencement de décembre ; et quelquefois même atteignant le mois de janvier.

Qualité. — Première.

Historique. — On doit cette excellente poire à l'un des hommes qui aima le plus, en Belgique, la pomologie, au major Espéren ; et, nous dit M. Bivort :

« Il la gagna en 1842 et lui donna le nom de *Fondante de Noël*, qui désignait le jour où il l'avait dégustée pour la première fois. » (*Album de pomologie*, 1849, t. II, p. 36.)

Observations. — Nous croyons, avec M. Bivort, qu'on eut tort de substituer au nom primitif de cette variété, celui sous lequel on la vend habituellement aujourd'hui : *Belle de Noël* ou *Belle-après-Noël.* Outre qu'une telle dénomination n'était pas suffisamment justifiée, elle eut encore le fâcheux résultat de grossir la liste des synonymes, qui certes n'en avait pas besoin! — En 1862, M. de Liron d'Airoles décrivait à la fin du tome II de ses *Notices pomologiques* (2ᵉ Supplément, page 17), une poire Souvenir Espéren, et l'attribuait aux semis de M. Berckmans, horticulteur belge résidant maintenant aux États-Unis. Après minutieux examen force nous est de déclarer que, dans notre école, l'arbre ainsi appelé ne diffère en rien, par ses produits et son bois, du poirier dont nous venons de nous occuper.

Poire BELLE DE NOISETTE. — Synonyme de poire *Duc de la Force.* Voir ce nom.

Poire BELLE DE PRAGUE. — Synonyme de poire *Belle de Thouars.* Voir ce nom.

Poire BELLE DE QUASCO. — Synonyme de poire *Belle de Guasco.* Voir ce nom.

96. Poire BELLE-ROUENNAISE.

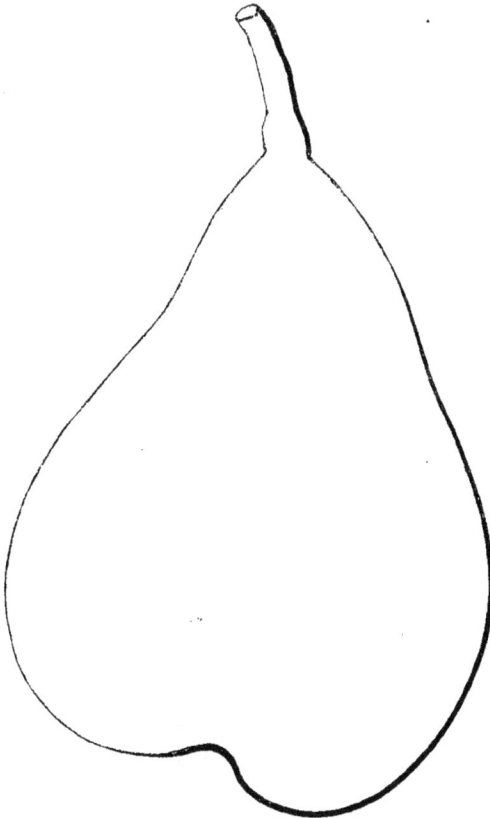

Description de l'arbre. — *Bois :* de force moyenne, vert grisâtre foncé. — *Rameaux :* nombreux, ordinairement un peu arqués et bien étalés, longs, gros, flexueux, vert-brun, faiblement lavés de rouge pâle et ponctués de gris-blanc ; ils ont les coussinets ressortis. — *Yeux :* à écailles renflées, volumineux, ovoïdes, non adhérents. — *Feuilles :* grandes, ovales-allongées, ayant les bords profondément dentés et le pétiole long et fort.

Fertilité. — Convenable.

Culture. — Sur cognassier, cet arbre est vigoureux ; il fait de belles pyramides, et le développement de son écusson est assez vif.

Description du fruit. — *Grosseur :* moyenne. — *Forme :* allongée, ventrue, fortement côtelée vers l'œil, où parfois l'une de ses faces est également déprimée. — *Pédoncule :* court, gros, arqué, renflé à son point d'insertion, continu avec le fruit, et presque toujours obliquement implanté. — *Œil :* peu enfoncé, ouvert, bien développé, grand, plissé sur ses bords. — *Peau :* jaune verdâtre, ponctuée de roux, veinée de fauve autour du pédoncule et souvent couverte de quelques taches roussâtres et squammeuses. — *Chair* : demi-fine, blanche, juteuse, fondante, pierreuse au centre. — *Eau* : des plus abondantes, fraîche, sucrée, acidule, possédant une saveur beurrée vraiment exquise.

MATURITÉ. — De la fin d'août à la mi-septembre.

QUALITÉ. — Première.

Historique. — Récemment gagnée, elle provient des semis de M. Boisbunel, pépiniériste à Rouen. Sa première fructification eut lieu en 1856, et sa propagation l'année suivante.

Observations. — On a dit que sa maturité arrivait en novembre et se prolongeait jusqu'à la mi-décembre. Chez nous, elle s'est montrée beaucoup plus hâtive, puisque nous l'avons mangée dès la fin d'août, sans pouvoir la conserver au delà de la mi-septembre. Aussi la regardons-nous comme un fruit d'été, et non d'automne.

POIRE BELLE-SANS-PEPINS. — Synonyme de poire *Belle de Bruxelles sans pepins.* Voir ce nom.

97. POIRE BELLE DE SEPTEMBRE.

Synonyme. — *Poire* GROSSE DE SEPTEMBRE (Schmidt, *Illustrirtes Handbuch der Obstkunde,* 1864, t. V, p. 249).

Description de l'arbre. — *Bois :* fort. — *Rameaux :* assez nombreux, étalés, gros, de longueur moyenne, peu flexueux, gris-roux, largement ponctués, à coussinets bien développés. — *Yeux :* petits, coniques, pointus, légèrement duveteux, placés en éperon et ayant les écailles bombées. — *Feuilles :* ovales-allongées, cotonneuses, à bords entiers ou faiblement denticulés, à pétiole court et nourri.

FERTILITÉ. — Excessive.

CULTURE. — Il prospère très-bien sur cognassier; sa vigueur est grande; ses pyramides sont fortes et belles.

Description du fruit. — *Grosseur :* au-dessus de la moyenne, et quelquefois plus considérable. — *Forme :* oblongue ou turbinée-arrondie, ayant généralement un côté plus ventru que l'autre. — *Pédoncule :* de longueur moyenne, bien nourri, arqué, obliquement inséré au milieu d'une faible dépression. — *Œil :* grand, mi-clos, souvent contourné, presque saillant. — *Peau :* jaune pâle, tachée de fauve, finement ponctuée de gris, et lavée parfois de rouge-brun sur la partie exposée au soleil. — *Chair :* verdâtre, fine, juteuse, demi-fondante, rarement pierreuse. — *Eau :* abondante, sucrée, parfumée, délicate, mais un peu trop astringente.

MATURITÉ. — Fin septembre et début d'octobre.

QUALITÉ. — Deuxième.

Historique. — A peine connue en France, cette variété a pris naissance en Prusse, où elle est nommée *Grosse de Septembre* [GROSSE SEPTEMBERBIRNE], et voici ce qu'écrivait à son sujet, au cours de 1864, un pomologue fort distingué, M. Schmidt, inspecteur des forêts à Blumberg, près Stettein ; nous traduisons textuellement :

« Cet ancien poirier a été, jusqu'ici, presque uniquement cultivé dans le nord de l'Allemagne, et surtout en Poméranie, où j'en rencontrais déjà, il y a une cinquantaine d'années, des sujets fort âgés. » (*Illustrirtes Handbuch der Obstkunde*, t. V, p. 249.)

Observations. — Les Allemands conservent ce fruit, nous disent-ils, cinq ou six semaines, de la mi-septembre à la fin d'octobre. Dans l'Anjou, il mûrit bien vers la moitié de septembre, mais il ne saurait y dépasser ce même mois, car il blettit très-vite.

98. POIRE BELLE DE THOUARS.

Synonymes. — *Poires :* 1. BELLE DE JERSEY (*Annales du Comice horticole de Maine-et-Loire*, 1851, p. 190). — 2. COULON DE SAINT-MARC (*Ibid.*). — 3. BELLE DE TROYES (Langelier, cité par Thompson, *the Journal of the horticultural Society of London*, 1855, t. IX, p. 300). — 4. *Belle de Prague* (Thuillier-Aloux, *Catalogue raisonné des poiriers qui peuvent être cultivés dans le département de la Somme*, 1855, p. 63). — 5. SAINT-MARC (*Id. ibid.*). — 6. BELLE DE THOUARSÉ (Decaisne, *le Jardin fruitier du Muséum*, 1859, t. II).

Description de l'arbre. — *Bois :* très-fort. — *Rameaux :* nombreux, ordinairement étalés, des plus gros, courts, géniculés, vert-brun olivâtre, finement ponctués, à coussinets prononcés, à mérithalles habituellement courts. — *Yeux :* noirâtres, ovoïdes, assez volumineux, à écailles bombées, excessivement écartés du bois, et parfois sortis en éperon. — *Feuilles :* d'un beau vert mat, ovales ou elliptiques, ayant les bords régulièrement dentés et le pétiole court, très-fort et pourvu de longues stipules.

FERTILITÉ. — Ordinaire.

CULTURE. — Cet arbre, dont la vigueur est grande, se greffe avantageusement sur cognassier, il s'y développe rapidement en pyramides des plus feuillues, des mieux ramifiées.

Description du fruit. — *Grosseur :* considérable. — *Forme :* allongée, obtuse, bosselée et souvent contournée. — *Pédoncule :* assez court, droit ou arqué, bien nourri, obliquement implanté dans un faible évasement. — *Œil :* petit, rond, ouvert, peu enfoncé, uni sur ses bords. — *Peau* : épaisse, bronzée, entièrement et fortement ponctuée de gris clair. — *Chair* : grosse, blanche, cassante, légèrement pierreuse. — *Eau* : suffisante, acidule, faiblement sucrée, complétement dénuée de parfum.

Poire Belle de Thouars.

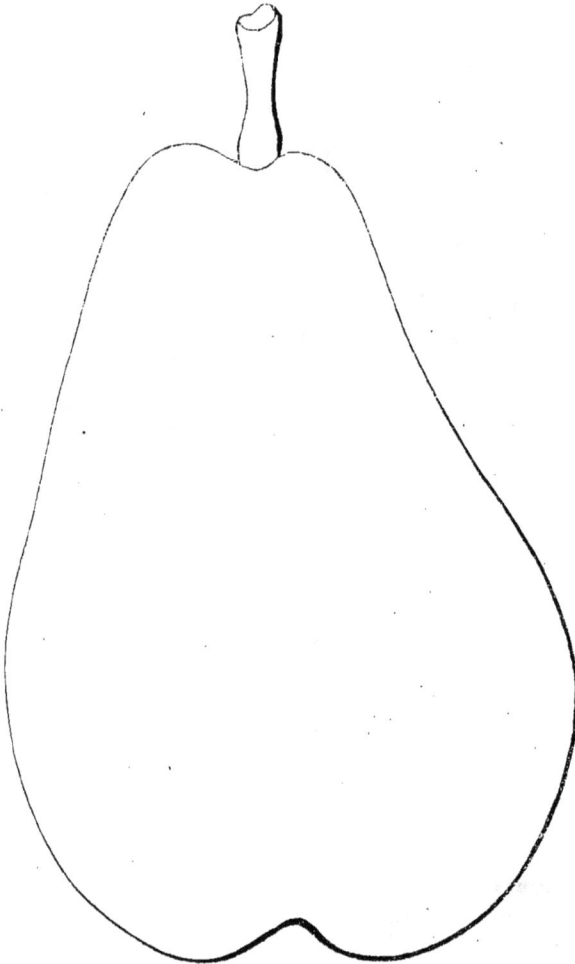

MATURITÉ. — Octobre et novembre.

QUALITÉ. — Deuxième pour la cuisson.

Historique. — Nous la croyons originaire de Thouars, près Bressuire (Deux-Sèvres) ; et c'était aussi l'opinion de feu Prévost, le pomologue rouennais. Vers 1839, le Comice horticole d'Angers reçut un poirier appelé *Coulon de Saint-Marc*, et le multiplia longtemps sous ce nom, quoiqu'il ne fût autre — nous l'avons constaté récemment — que l'espèce dite Belle de Thouars, puis Belle de Thouarsé, Belle de Troyes, Belle de Prague, par suite, probablement, de mauvaises lectures d'étiquettes. Nous ne saurions indiquer de quelles mains le Comice tenait cet arbre, et moins encore expliquer la dénomination bizarre qu'il portait lorsqu'on le lui envoya. Mais quant au second pseudonyme [*Belle de Jersey*] sous lequel la Belle de Thouars a souvent circulé, voici comment il se produisit : M. Langelier, décédé pépiniériste à Jersey, possédant cette variété, la répandit abondamment il y a une quarantaine d'années, surtout en Angleterre; et quoiqu'il l'appelât Belle de Troyes, on finit par lui appliquer le nom de l'île où résidait son expéditeur. Et ce fut ainsi que nombre de personnes achetèrent la Belle de Jersey, qu'ensuite on supposa, mais bien à tort, la même que la Belle-Angevine. — La propagation de la Belle de Thouars ne doit pas être de beaucoup antérieure à 1830.

Observations. — Ce serait une erreur, malgré le surnom de Saint-Marc dont on a gratifié ce fruit, de supposer qu'il fût possible de le conserver jusqu'en avril, mois où l'on fête l'évangéliste Marc; jamais, en effet, la Belle de Thouars n'a dépassé les derniers jours de novembre; et même, si l'on veut qu'elle ait toutes les qualités recherchées pour les compotes, il est indispensable de l'utiliser vers la mi-octobre, avant sa complète maturité.

POIRE BELLE DE THOUARSÉ. — Synonyme de poire *Belle de Thouars.* Voir ce nom.

POIRE BELLE DE TROYES. — Synonyme de poire *Belle de Thouars.* Voir ce nom.

POIRE BELLE-VERNIE. — Synonyme de poire *de Duvergnies.* Voir ce nom.

POIRE BELLE DU VERNIS. — Synonyme de poire *de Duvergnies.* Voir ce nom.

POIRE BELLE-VIERGE. — Synonyme de poire *d'Épargne.* Voir ce nom.

POIRE BELLISSIME. — Synonyme de poire *de Deux-fois-l'an.* — Voir ce nom.

99. POIRE **BELLISSIME D'AUTOMNE.**

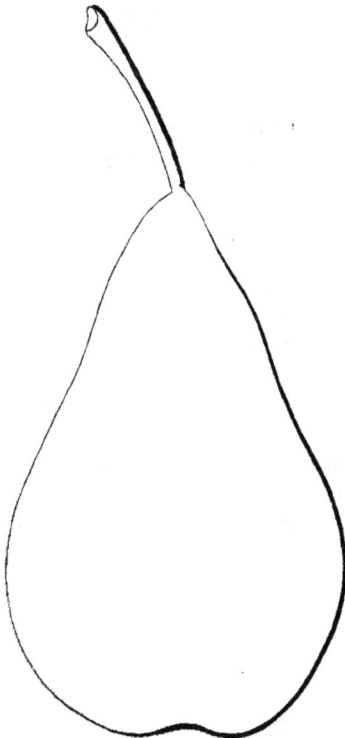

Synonymes. — *Poires* : 1. BELLE-ET-BONNE D'AUTOMNE (Merlet, *l'Abrégé des bons fruits*, édition de 1675, p. 94). — 2. VERMILLON D'AUTOMNE (Dom Gentil, *le Jardinier solitaire*, édition de 1723, p. 48). — 3. VERMILLON (Duhamel, *Traité des arbres fruitiers*, 1768, t. II, p. 128). — 4. GROSSE-MUSCADILLE (Herman Knoop, *Fructologie*, édition de 1771, p. 138). — 5. MUSCADILLE ROUGE (*Id. ibid.*). — 6. MUSCAT ROUGE (*Id. ibid.*). — 7. VERMILLON D'AUTOMNE DES DAMES (Henri Manger, *Systematische Pomologie*, 1783, t. II, p. 74). — 8. PETIT-CERTEAU (Thompson, *Catalogue of the fruits cultivated in the garden of the horticultural Society of London*, édition de 1842, p. 132). — 9. DES DAMES (Decaisne, *le Jardin fruitier du Muséum*, 1859, t. II). — 10. FRISÉUS (*Id. ibid.*).

Description de l'arbre. — *Bois :* de force moyenne. — *Rameaux :* assez nombreux, un peu faibles, érigés, à peine flexueux, violet foncé, finement ponctués de gris clair et munis de coussinets légèrement ressortis. — *Yeux :* moyens, coniques, pointus, adhérents. — *Feuilles :* petites, ovales-arrondies, acuminées, ayant les bords unis ou faiblement denticulés, et le pétiole long et frêle.

FERTILITÉ. — Excessive.

CULTURE. — Cet arbre, de vigueur convenable, se greffe sur franc ou sur cognassier ; ses pyramides sont fortes et très-feuillues ; le développement de son écusson est hâtif.

Description du fruit. — *Grosseur :* variable, mais plutôt moyenne que petite. — *Forme :* allongée, régulière, parfois légèrement obtuse, bosselée vers le sommet. — *Pédoncule :* long, menu, droit ou arqué, souvent renflé à la base et obliquement implanté à fleur de fruit. — *Œil :* grand, des plus développés, bien ouvert, toujours saillant. — *Peau :* jaune verdâtre, ponctuée de fauve du côté de l'ombre, et largement lavée de rouge-brun brillant sur la partie exposée au soleil, où elle est également semée de points gris clair. — *Chair :* blanche, fine, demi-fondante, juteuse, un peu marcescente et un peu pierreuse. — *Eau :* abondante, sucrée, douce, savoureusement parfumée.

MATURITÉ. — De la mi-septembre jusqu'aux derniers jours d'octobre.

QUALITÉ. — Deuxième.

Historique. — Merlet est le premier auteur qui chez nous ait parlé de cette poire. On la trouve décrite en 1675, sous le nom de Belle-et-Bonne, dans la seconde édition de son *Abrégé des bons fruits*. Était-elle mentionnée déjà dans la précédente, qui parut en 1670 ?... Nous l'ignorons. Quoi qu'il en soit, cette variété, d'origine française, commençait à se répandre vers le milieu du XVIIe siècle, et perdait bientôt sa dénomination primitive pour celle de Bellissime d'Automne, que Merlet crut d'abord particulière à une espèce nouvelle. Cela se constate dans la troisième édition de son précieux ouvrage, où l'on voit en 1690 la Belle-et-Bonne figurer à la page 80, et la Bellissime d'Automne à la page 82, suivies chacune de descriptions parfaitement semblables. Mais cette erreur dura peu ; comme aussi l'on oublia vite le premier nom de la Bellissime d'Automne — dont la province natale reste encore à découvrir — devant les nombreuses rebaptisations qu'elle eut à subir, en France et à l'étranger.

Observations. — Dom Gentil, religieux qui dirigea longtemps avec succès la célèbre pépinière du couvent des Chartreux, à Paris, disait en 1723, dans son *Jardinier solitaire :*

« Pour avoir la Bellissime d'Automne, ou poire Vermillon, dans sa parfaite bonté, il faut qu'elle se détache de l'arbre.... Donc, mettez de la paille autour de ce poirier, pour empêcher que ses fruits ne soient point meurtris en tombant. » (Page 48.)

Et la recommandation faite ici est toujours bonne à suivre ; de même qu'il importe également de bien surveiller cette poire au fruitier, où elle blettit aisément sans que son brillant coloris s'altère et attire ainsi l'attention. — M. Decaisne, en la décrivant dans le tome II du *Jardin fruitier du Muséum*, lui a donné pour synonyme une poire DES DAMES, entre autres, que peut-être on pourrait confondre avec une espèce nommée poirier de Dame ou poirier des Beuhards, si l'on ne savait que les produits de cette dernière variété diffèrent complétement de la Bellissime d'Automne. Ils ont en effet la forme d'une Bergamote, mûrissent dès le milieu d'août, et se gardent à peine une dizaine de jours.

100. Poire BELLISSIME D'ÉTÉ.

Synonymes. — *Poires* : 1. Laurentienne (J. Bauhin, *Historia plantarum*, 1570-1580, livre I, p. 49). — 2. Suprême (le Lectier, *Catalogue des arbres cultivés dans son verger et plant*, 1628, p. 11). — 3. Saint-Laurent (Bosc, *Nouveau cours d'agriculture*, t. X, p. 241). — 4. Muscadet d'Été (Thuillier-Aloux, *Catalogue raisonné des poiriers qui peuvent être cultivés dans le département de la Somme*, 1855, p. 69). — 5. Bassin (Decaisne, *le Jardin fruitier du Muséum*, 1858, t. I). — 6. Belle-Cornélie (*Id. ibid.*). — 7. Just (*Id. ibid.*).

Premier Type.

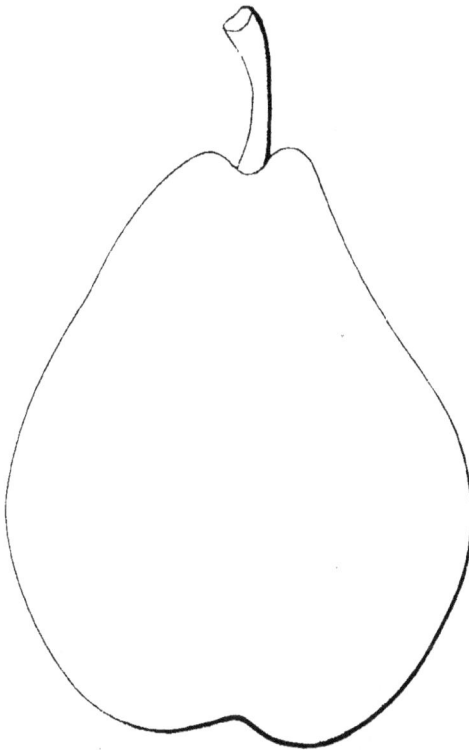

Description de l'arbre. — *Bois :* assez fort. — *Rameaux :* peu nombreux, érigés près du sommet, étalés vers la base, forts, très-longs, droits, cotonneux, rouge ardoisé, largement ponctués, à coussinets presque nuls. — *Yeux :* des plus petits, ovoïdes-obtus, aplatis, complétement adhérents. — *Feuilles :* rarement abondantes, acuminées, elliptiques, cotonneuses, ayant les bords entiers et le pétiole excessivement long, gros et pourvu de stipules bien développées.

Fertilité. — Grande.

Culture. — Les pyramides de ce poirier sont très-élancées mais trop dépourvues de rameaux; il réussit sur franc et sur cognassier; le développement de son écusson est assez hâtif.

Description du fruit. — *Grosseur :* moyenne, et quelquefois plus volumineuse. — *Forme :* oblongue, ventrue, obtuse, considérablement amincie près du sommet. — *Pédoncule :* de longueur moyenne, peu nourri, renflé aux extrémités, arqué, obliquement inséré dans une étroite cavité souvent mamelonnée. — *OEil :* petit ou moyen, ouvert, régulier, à peine enfoncé. — *Peau :* jaune d'ocre, brillante, maculée de fauve autour de l'œil et du pédoncule, fortement ponctuée de brun-roux du côté de l'ombre, et très-largement lavée de carmin sur la face frappée par le soleil, où elle est en outre couverte de points gris clair. — *Chair :* blanchâtre, un peu grossière, cassante, contenant quelques pierres au-dessous des loges. — *Eau :* suffisante, fraîche, sucrée, aigrelette, faiblement parfumée.

Maturité. — De la mi-juillet au commencement d'août.

Qualité. — Deuxième pour le couteau, première pour la cuisson.

Historique. — La poire ici décrite est connue depuis plusieurs siècles, et même on a cru — mais à tort — retrouver en elle une des variétés cultivées par les Romains. Témoin ce passage d'un auteur hollandais :

« Dans mon pays, la Bellissime d'Été des Français est appelée Madame, ou Suprême ; les Grecs la nommaient Myrrhapia ; les Romains, Onychina…. » (De Lacour, *les Agréments de la campagne*, 1752, t. II, pp. 27-28.)

Qui ne voit, en effet, que ces deux noms, Myrrhapìa, Onychina, ne sauraient convenir à un fruit dont l'eau ne rappelle en rien le parfum de la myrrhe, ni la peau

Poire Bellissime d'Été. — *Deuxième Type.*

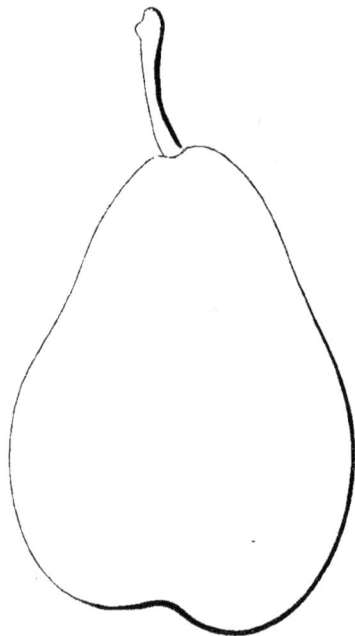

le blanc rosé des ongles?… Du reste, on sait depuis longtemps que la variété à laquelle ils se rapportent, est uniquement la Cuisse-Madame. — Toutefois, si la Bellissime d'Été ne parut ni dans les jardins de Varron, ni dans ceux de Columelle, on peut affirmer qu'au xvᵉ siècle, et sans doute avant, on la mangeait dans le Midi de la France, surtout à Montpellier, où Jean Bauhin le naturaliste la rencontra vers 1560. Ce fut lui qui le premier la signala, observant page 49 de son *Historia plantarum*, « qu'on l'appelait « LAURENTIANA, parce qu'ordinairement elle « était mûre le jour où l'on fêtait saint Lau- « rent (10 août). » Et malgré les différents noms appliqués ensuite à cette variété, il est à remarquer que celui-là se maintint quand même dans le Languedoc et les provinces y confinant, ainsi qu'il résulte du passage ci-après, écrit en 1809 par M. Bosc, alors professeur au Jardin des Plantes de Paris :

« La poire *Saint-Laurent*, fruit moyen, turbiné,…. mûrissant au commencement d'août ; M. Calvel, à qui on en doit la connaissance, dit qu'elle est commune daus les départements méridionaux…. » (*Nouveau cours d'agriculture*, t. X, p. 241.)

Observations. — On a presque toujours rangé les poires *Sabine d'Été* et de *Madame*, parmi les synonymes de la Bellissime d'Eté ; elles sont loin pourtant de lui ressembler. La première n'est autre que la Jargonelle, si bien décrite en 1768 par Duhamel (*Traité des arbres fruitiers*, t. II, p. 123), et la deuxième appartient aux espèces hollandaises introduites chez nous au cours du xviiᵉ siècle. Cette double erreur vient de ce qu'on laisse subsister dans les pépinières et les Catalogues, sous le nom de Bellissime d'Eté, plusieurs poiriers différant entièrement de l'arbre que nous venons d'étudier, le seul qui soit identique avec celui dont la Quintinye, Duhamel, le Berriays, Prévost et Decaisne se sont longuement occupés. Et puisque nous invoquons l'autorité de M. Decaisne, faisons remarquer que ce savant botaniste lui a donné place dans son volumineux et bel ouvrage, mais sous la dénomination toute parisienne de poire *Bassin*, ainsi expliquée :

« Depuis nombre d'années, la poire Bassin apparaît en très-grande quantité sur les marchés et dans les rues de Paris…. C'est la *Bellissime d'Été* décrite par Duhamel, mais je lui ai conservé le nom sous lequel elle arrive et se vend ici. » (*Le Jardin fruitier du Muséum*, 1858, t. I.)

Enfin, ajoutons qu'elle ne saurait avoir non plus pour synonyme la poire *Briffaut*, comme l'ont pensé quelques horticulteurs, et terminons son article en assurant que la Quintinye fut trop sévère, lorsqu'il dit : « Je la connais pour si mauvaise, que « je ne conseille à personne de la planter !... » (*Instructions pour les jardins fruitiers et potagers*, édition de 1739, t. I, p. 316.) Réellement, elle vaut bien la culture, et l'extrême fertilité de l'arbre la rend même recommandable, puisque sur les marchés de Paris « son prix moyen varie de six à dix francs le cent, » d'après M. Decaisne.

---

101. Poire BELLISSIME D'HIVER.

Synonyme. — *Poire* Vermillon d'Hiver des Dames (Decaisne, *le Jardin fruitier du Muséum*, 1858, t. I).

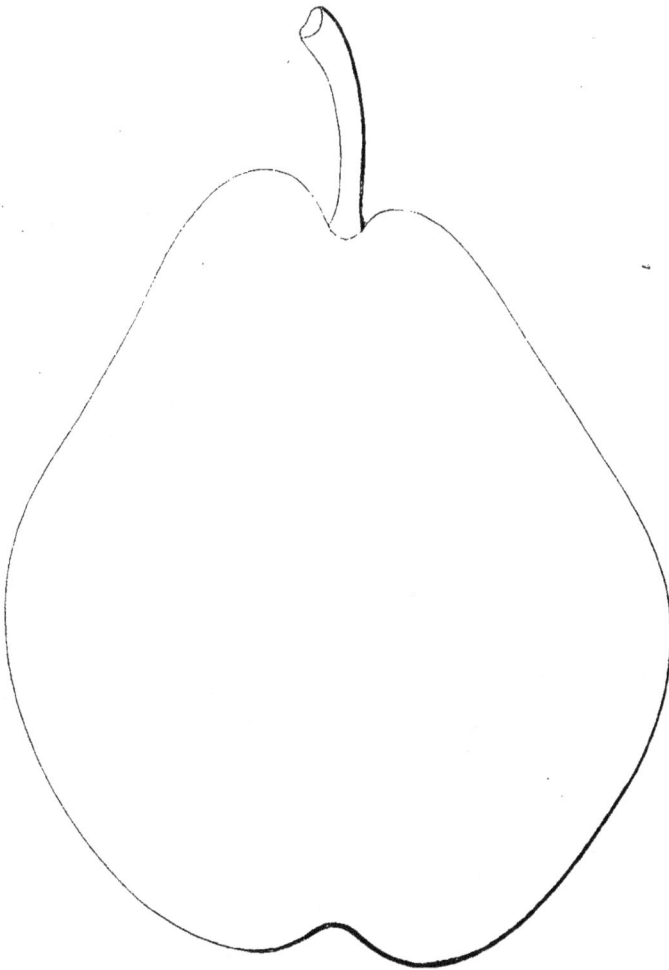

Description de l'arbre. — *Bois :* fort. — *Rameaux :* nombreux, érigés ou légèrement étalés, gros, flexueux, duveteux, brun verdâtre, ponctués de gris, aux coussinets bien marqués. — *Yeux :* moyens, ovoïdes-arrondis, brunâtres, adhérents. — *Feuilles :* grandes, ovales, acuminées, souvent canaliculées, ayant les bords entiers ou très-faiblement crénélés, et le pétiole épais et court.

Fertilité. — Convenable.

Culture. — On le greffe sur franc ou sur cognassier ; il est vigoureux, des plus touffus et se développe admirablement en pyramide.

Description du fruit. — *Grosseur :* volumineuse, mais parfois moyenne. — *Forme :* variant entre la turbinée-ventrue et la turbinée-arrondie, et toujours mamelonnée au sommet. — *Pédoncule :* de longueur et de force moyennes, arqué, renflé à la base, régulièrement implanté dans une assez large et assez profonde cavité. — *Œil :* grand, bien formé, ouvert, presque saillant. — *Peau :* jaune d'ocre, ponctuée et finement veinée de fauve du côté de l'ombre, tandis que la partie opposée est d'un rouge-brun, clair et luisant, sur lequel se détachent de nombreux points gris. — *Chair :* blanche, mi-cassante, mi-fine, juteuse, non pierreuse. — *Eau :* abondante, fraîche, sucrée, quoiqu'un peu astringente, mais trop dépourvue de parfum pour être délicate.

MATURITÉ. — De février jusqu'en avril.

QUALITÉ. — Troisième comme fruit à couteau, première comme fruit à compote.

Historique. — Le nom de Bellissime d'Hiver n'apparut chez nos anciens pomologues, qu'en 1690, et ce fut Merlet qui l'inscrivit alors dans la troisième édition de son *Abrégé des bons fruits*. Mais disons vite que la poire qu'il appelait ainsi, était la Bellissime d'Hiver DE BUR, fort différente de celle dont nous nous occupons actuellement ; et Merlet, en ajoutant au nom de sa variété le déterminatif DE BUR, semble indiquer qu'une autre Bellissime d'Hiver existait déjà parmi les poiriers cultivés en France. Le fruit auquel il appliqua ce surnom distinctif, nous avons dit plus haut (page 191) que nous le regardions comme identique avec la Belle-Angevine. Renvoyons donc le lecteur à l'article relatif à cette dernière poire, et démontrons que l'espèce ici décrite se rapporte exactement à la *Bellissime d'Hiver* étudiée pour la première fois par le savant Duhamel du Monceau, en 1768. Voici comment il l'a caractérisée :

« Elle est plus grosse que le Catillac, ayant jusqu'à quatre pouces de diamètre, sur trois pouces neuf lignes de hauteur. Sa *forme* est presque ronde, diminuant un peu de grosseur du côté de la *queue*, qui est grosse, longue de huit à dix lignes, plantée à fleur du fruit ou entre quelques bosses peu élevées. Le côté de la tête est arrondi, et l'*œil* est placé dans une cavité peu profonde. Sa *peau* est lisse, le côté du soleil est d'un beau rouge tiqueté de gris clair, et le côté de l'ombre est jaune, tiqueté de fauve. Sa *chair* est tendre, sans pierres, très-moelleuse étant cuite. Son *eau* est douce, abondante, sans âcreté, relevée d'un petit goût de sauvageon. Cette poire, dont le nom convient bien à sa grosseur et à la beauté de ses couleurs, se conserve jusqu'en mai ; elle est meilleure, cuite sous la cloche, que le Catillac ; on peut même en faire d'assez bonnes compotes. » (*Traité des arbres fruitiers*, 1768, t. II, pp. 234-235.)

Duhamel, qui se préoccupait très-rarement de l'origine des fruits, n'a pas su d'où provenait cette variété, ou tout au moins n'a pas songé à donner ce renseignement. Elle appartient certainement à la France, et les pomologues étrangers, les Allemands entre autres, l'en déclarent indigène. Par ce qui précède, on voit qu'elle n'y fut guère répandue avant la fin du XVIIᵉ siècle. Aujourd'hui, on la recherche beaucoup en Prusse, en Autriche, et surtout en Bavière, où les horti-culteurs l'ont appelée Kaiserbergamote [*Bergamote Impériale*]. (Voir l'*Illustrirtes Handbuch der Obstkunde*, 1863, t. V, p. 152.)

Observations. — « En quelques endroits — disait en 1808 M. de Launay — « la Bellissime d'Hiver est appelée TÉTON DE VÉNUS et CATILLAC. » (*Le Bon-Jardinier*, pp. 136-137.) Aujourd'hui, presque tous les pépiniéristes savent parfaitement que ces deux derniers noms ne sont pas synonymes du premier ; cependant, comme on les rencontre encore ainsi qualifiés dans plusieurs publications de date assez récente, notre remarque ne saurait être complétement inutile. — Notons également que la *Belle de Noisette* n'a rien de commun avec la Bellissime d'Hiver.

POIRE BELLISSIME D'HIVER DE BUR. — Synonyme de poire *Belle-Angevine.* Voir ce nom.

POIRE BELLISSIME DE JARDIN. — Synonyme de poire *Béquesne.* Voir ce nom.

POIRE BELLISSIME DE PROVENCE. — Synonyme de poire *de Stuttgardt.* Voir ce nom.

POIRE BÉNITE. — Synonyme de poire *Ah-mon-Dieu!* Voir ce nom.

POIRE BENS. — Synonyme de poire *Angélique de Bordeaux.* Voir ce nom.

102. POIRE BÉQUESNE.

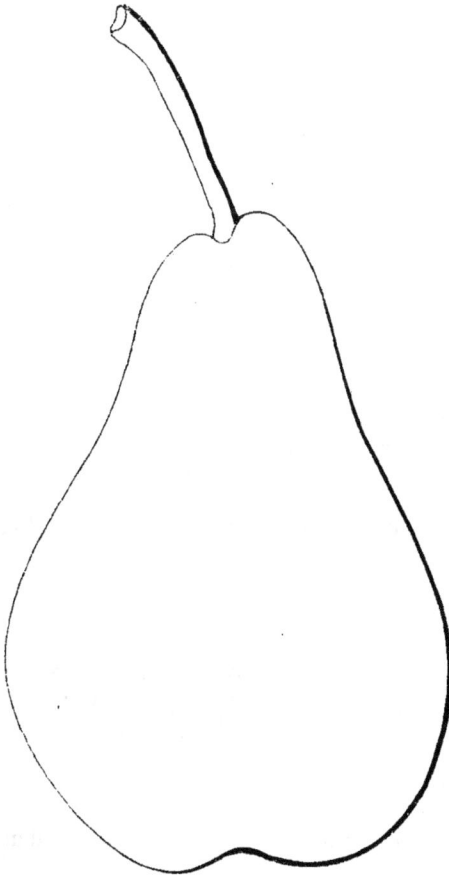

Synonymes. — *Poires* : 1. BÉQUESNE D'ANJOU (Henri Heissen, *Gartenlust* [*le Jardin d'agrément*], 1690). — 2. BÉQUINAS (*Id. ibid.*). — 3. DOUBLE-BÉQUESNE (*Id. ibid.*). — 4. ASPERGE D'HIVER (Mayer, *Pomona franconica*, 1801, p. 311). — 5. BELLISSIME DE JARDIN (Decaisne, *le Jardin fruitier du Muséum*, 1859, t. II.)

Description de l'arbre. — *Bois :* peu fort. — *Rameaux :* nombreux, de grosseur moyenne, rarement très-flexueux, érigés, brun-roux, ponctués de gris, munis de coussinets faiblement marqués. — *Yeux :* coniques, pointus, petits, non adhérents, à écailles très-bombées. — *Feuilles :* ovales-allongées, acuminées, grandes, planes ou canaliculées, à bords profondément dentés, à pétiole allongé, menu, rougeâtre à la base.

FERTILITÉ. — Ordinaire.

CULTURE. — On le greffe sur cognassier; vigoureux, prompt à se développer, il fait de belles pyramides bien ramifiées.

Description du fruit. — *Grosseur :* au-dessus de la moyenne et souvent moins volumineuse. — *Forme:* allongée, obtuse, très-régulière, généralement mamelonnée au sommet. — *Pédoncule :* long, mince, droit ou contourné, obliquement implanté au milieu d'une faible dépression. — *Œil :* large, ouvert, uni sur ses bords, presque saillant. — *Peau :* jaune d'or, ponctuée de roux, maculée de fauve autour du pédoncule, finement lavée de carmin sur la partie exposée au soleil, où elle est en outre marquée de points gris clair. — *Chair :* blanche, mi-cassante, à grain serré, pierreuse au centre. — *Eau :* suffisante, douce, sucrée, peu savoureuse, peu parfumée.

MATURITÉ. — D'octobre en janvier.

QUALITÉ. — Troisième comme fruit à couteau, première pour la cuisson.

Historique. — Elle n'apparaît dans nos pomologies, qu'à partir de 1675. A cette époque, c'est Merlet qui la cite (page 119), et sans indication de provenance. Cependant elle doit appartenir à l'Anjou, car un auteur allemand, Henri Heissen, la décrivant en 1690 dans son *Gartenlust* [*le Jardin d'agrément*], l'appelle *Béquesne* D'ANJOU. M. Decaisne, cherchant l'étymologie du nom qu'elle porte, a posé cette question :

« On nomme en Champagne et en Brie, *Béquêne* ou *Béquens* une jeune fille très-babillarde. En Lorraine, on appelle *Beccaine* le pic-vert, qui fait grand bruit avec son bec. Le nom de Béquesne donné à cette poire ferait-il allusion à la longueur de son bec (queue)?.... » (*Le Jardin fruitier du Muséum*, 1859, t. II.)

En partageant un tel sentiment, on pourrait citer aussi le mot *Béquerelle*, qui s'applique populairement aux femmes trop amies de la médisance ; mais nous ne pensons pas que ce soit la longueur, d'ailleurs fort ordinaire, du pédoncule de la poire Béquesne, qui lui ait valu cette dénomination ; d'autant mieux que jamais nous n'avons vu qu'on ait dit ou écrit : le *bec* d'une poire, pour : la *queue* d'une poire.... A notre sens, Béquesne est un nom d'individu, ou simplement un nom de champ, de ferme.

Observations. — A l'occasion de cette même variété, M. Decaisne ajoute : « J'y rapporte une poire décrite par Noisette sous le nom de Bellissime de Jardin ; » et là nous partageons absolument son opinion. — Le poirier Béquesne est l'un des plus précieux à cultiver pour la fabrication des poires tapées.

POIRE BÉQUESNE D'ANJOU. — Synonyme de poire *Béquesne*. Voir ce nom.

POIRE BÉQUINAS. — Synonyme de poire *Béquesne*. Voir ce nom.

POIRE BERGAMOTE. — Synonyme de *Bergamote d'Automne*. Voir ce nom.

POIRE BERGAMOTE D'ALENÇON. — Synonyme de *Bergamote de Hollande*. Voir ce nom.

103. POIRE BERGAMOTE D'ANGLETERRE.

Synonymes. — *Poires :* 1. BERGAMOTE DE HAMPDEN (Langley, *Pomona*, 1729, planche LXV). — 2. D'ÉCOSSE (Henri Manger, *Systematische Pomologie*, 1783, t. II, p. 16).—3. ELLANRIOCH (Thompson, *Catalogue of the fruits cultivated in the garden of the horticultural Society of London*, 1842, p. 124). — 4. DE FINGAL (*Id. ibid.*). — 5. LONGUEVILLE (*Id. ibid.*).—6. HAMDEN (Decaisne, *le Jardin fruitier du Muséum*, 1860, t. III).

Description de l'arbre. — *Bois :* assez fort. — *Rameaux :* nombreux, généralement étalés ou réfléchis, cotonneux, gros, courts, légèrement coudés, d'un vert grisâtre foncé, finement ponctués, ayant les coussinets ressortis. — *Yeux :* très-écartés du bois, petits, ovoïdes-obtus, duveteux, à écailles renflées. — *Feuilles :* petites, cotonneuses, un peu coriaces, ovales-arrondies, contournées, presque entières sur leurs bords, et munies d'un pétiole court, épais et accompagné de longues stipules.

Poire Bergamote d'Angleterre.

FERTILITÉ. — Bonne.

CULTURE. — Ce poirier se greffe uniquement sur franc ; il y est de vigueur moyenne, d'un développement tardif, mais ses pyramides sont assez fortes la troisième année.

Description du fruit. — *Grosseur :* au-dessus de la moyenne et souvent plus volumineuse. — *Forme :* turbinée-arrondie, irrégulière, mamelonnée au sommet. — *Pédoncule :* très-court, peu fort, renflé à son point d'attache, droit, obliquement implanté à fleur de fruit. — *Œil :* petit, rond, ouvert, placé au fond d'un large bassin en entonnoir. — *Peau :* vert jaunâtre, ponctuée de gris-brun et couverte de nombreuses taches rousses, habituellement squammeuses. — *Chair :* blanche, demi-fine, juteuse, demi-cassante, assez pierreuse au centre. — *Eau :* des plus abondantes, sucrée, finement musquée, légèrement acerbe.

MATURITÉ. — Fin septembre et premiers jours d'octobre.

QUALITÉ. — Deuxième.

Historique. — La Bergamote d'Angleterre est un des meilleurs fruits dont nous soyons redevables à la Grande-Bretagne. Le nom sous lequel le pomologue Batty Langley la mentionnait en 1729 dans sa *Pomona* [HAMPDEN'S BERGAMOT], indique probablement son lieu d'origine : le bourg de Hampden, dans le Buckinghamshire. Mais peut-être aussi fut-elle gagnée dans une autre localité, puis dédiée au célèbre John Hampden, cousin de Cromwell, et qui, mort en 1643, était un des membres les plus éloquents de la Chambre des Communes?... Quoi qu'il en soit, cette poire a commencé à se répandre vers le milieu du XVIIe siècle.

Observations. — La *Bergamote d'Été* (ancien *Milan vert*) et la *Bergamote Gansell* ne sont pas, comme on l'a dit souvent, semblables à la Bergamote d'Angleterre; elles s'en éloignent, au contraire, sensiblement, ainsi qu'il est facile de le reconnaître par l'examen de ces deux espèces, décrites ci-après. — En 1834, feu Dalbret, alors attaché au Muséum d'Histoire naturelle, écrivait ce qui suit dans les *Annales de Flore et de Pomone* :

« Je crois devoir en recommander la multiplication dans les jardins.... On peut dire sans exagération que c'est un de nos meilleurs fruits, puisqu'il a les qualités du Beurré gris d'Amboise, et qu'il doit même lui être préféré, à cause de la rusticité qui le fait réussir dans tous les terrains et à toute exposition. » (Pages 212-213.)

Une telle appréciation nous paraît beaucoup trop flatteuse pour la Bergamote d'Angleterre, fruit de deuxième qualité, dépourvu, chez nous du moins, de l'exquise saveur du Beurré gris. Et nous faisons cette remarque, parce que l'opinion de Dalbret ayant rencontré des partisans, pourrait être acceptée comme absolue, tandis qu'elle comporte d'assez nombreuses exceptions.

POIRE BERGAMOTE D'AOUT. — Synonyme de *Bergamote d'Été.* Voir ce nom.

POIRE BERGAMOTE AUDIBERT. — Synonyme de poire *Audibert.* Voir ce nom.

POIRE BERGAMOTE D'AUSTRASIE. — Synonyme de poire *Jaminette.* Voir ce nom.

104. POIRE BERGAMOTE D'AUTOMNE.

Synonymes. — *Poires :* 1. BERGAMOTE (Charles Estienne, *Seminarium et plantarium fructiferarum,* 1540, p. 70). — 2. BERGAMOTE COMMUNE (Merlet, *l'Abrégé des bons fruits,* édition de 1675, p. 91). — 3. BERGAMOTE RÉCOUR (*Id. ibid.,* p. 92). — 4. BERGAMOTE LISSE (*Idem,* édition de 1690, p. 78). — 5. BERGAMOTE DE LA HILIÈRE (la Quintinye, *Instructions pour les jardins fruitiers et potagers,* édition de 1739, t. I, pp. 228-229). — 6. BERGAMOTE DE RECOUS (*Id. ibid.*). — 7. GROSSE-AMBRETTE (Comice horticole d'Angers, *Album colorié de ses poires,* 1846, p. 45). — 8. BERGAMOTE ROUWA (Tougard, *Tableau analytique des variétés de poires classées par ordre de maturité,* 1852, p. 26). — 9. VERMILLON SUPRÊME (*Id. ibid.*). — 10. BERGAMOTE MELON (Decaisne, *le Jardin fruitier du Muséum,* 1860, t. III).

Description de l'arbre. — *Bois :* fort. — *Rameaux :* peu nombreux, ordinairement étalés et arqués vers la base, érigés près du sommet, très-gros, courts, géniculés, cotonneux, roux verdâtre, parfois lavés de rose terne, surtout dans le voisinage de l'œil, ponctués de gris, ayant les coussinets aplatis. — *Yeux :* ovoïdes, volumineux, écartés du bois, duveteux et à écailles fortement bombées. — *Feuilles :* assez grandes, épaisses, rarement abondantes, ovales-allongées, contournées, canaliculées, cotonneuses, ayant les bords entièrement unis, le pétiole court, gros et roide.

FERTILITÉ. — Remarquable.

CULTURE. — Il est très-vigoureux, se greffe sur le franc ou sur le cognassier; ses pyramides sont d'un bel aspect.

Description du fruit. — *Grosseur :* moyenne. — *Forme :* assez variable, mais le plus ordinairement arrondie et aplatie. — *Pédoncule :* court, mince, arqué, obliquement inséré dans une cavité en entonnoir. — *OEil :* petit, ouvert, souvent mal développé, peu enfoncé. — *Peau :* jaune verdâtre, ponctuée et striée de roux, portant quelques taches fauves et noirâtres. — *Chair :* blanchâtre, fine, fondante, juteuse, légèrement pierreuse. — *Eau :* abondante, sucrée, fraîche, acidule, douée d'un parfum particulier des plus savoureux.

MATURITÉ. — Vers la mi-octobre et se prolongeant parfois jusqu'en décembre et janvier.

QUALITÉ. — Première.

Historique. — Deux opinions sont en présence, sur l'origine de cette variété. En 1536, Benedictus Curtius, auteur florentin, dans son *Arborum historia* la fait venir de BERGAME (Lombardie); et Valerius Cordus, naturaliste allemand qui publia en 1561 une *Historia stirpium*, partage aussi ce sentiment, reproduit plus tard en Silésie par Jean Jonston (*Dendrographias*, 1662, p. 38), puis chez nous par la Quintinye et surtout par la Bretonnerie (*École du jardin fruitier*, 1784, t. II, p. 413). Voilà pour la première opinion. La seconde, professée dès 1644 par le médecin hollandais Jean Bodæus, livre IV, chapitre VI de sa traduction de l'*Historia plantarum* de Théophraste, philosophe grec né 370 ans avant l'ère chrétienne, la seconde veut que la Bergamote sorte de l'Asie, d'où les Romains l'auraient importée en Italie, et mangée ensuite sous le nom de *pirum Regium*, témoignant à quel point ils la trouvaient délicieuse. Et, cette version, nous la voyons figurer, approuvée, dans les ouvrages ci-après : *Dictionnaire étymologique de la langue française*, de Ménage, 1750; — *les Agréments de la campagne*, de Lacour, 1752, t. II, p. 32; – *Systematische Pomologie*, d'Henri Manger, 1783, t. II, p. 20…. Quant à nous, car il faut bien conclure, sachant que l'Europe est redevable à l'Orient d'une grande partie de ses anciens, de ses meilleurs fruits, nous regardons l'Asie comme la patrie de ce poirier. D'ailleurs, si l'on interroge le plus érudit des pomologues italiens, Agostino Gallo, qui décrivit longuement en 1559, dans ses *Vinti giornati dell' agricoltura*, entre autres poires la Bergamote, on constate qu'il ne dit nullement qu'elle soit née en Lombardie. Or, s'il en avait été ainsi, ne se fût-il pas empressé de le déclarer, lui qui, page 106, la proclamait « la meilleure de toutes les variétés « d'automne?… » Mais si nous la croyons, avec Ménage, Lacour et Manger, originaire du Levant, nous repoussons, cependant, l'étymologie qu'ils appliquent à son nom, dérivé selon eux de *beg* et d'*armoudi*, termes signifiant poire de souverain, de seigneur. Non, la langue turque, à notre sens, n'a rien prêté à ce poirier, qui réellement, s'il appartient à l'Asie, n'a pu qu'y recevoir le nom même de son berceau, celui de l'antique *Pergame*, ville de Mysie, appelée présentement, et de temps immémorial, BERGAMO.

Et nous ajouterons que les Romains, après l'avoir ainsi empruntée aux Asiatiques, en dotèrent promptement la Grande-Bretagne, puisque nous lisons ce qui suit dans la pomologie de Lindley: « Elle a été, suppose-t-on, constamment cultivée « en ce pays depuis le temps de Jules César. [Supposed to have been in this « country ever since the time of Julius Cæsar.] » (*A Guide to the orchard and kitchen garden*, 1831, p. 353.) — En France, on la connut beaucoup plus tard; et Charles Estienne fixe à peu près à quelle époque, lorsqu'il dit en 1540, page 70 de son *Seminarium :* « On ne fait que commencer à planter ce poirier. » Cependant il est positif qu'il était déjà chez nous avant 1533, puisqu'à cette dernière date, Rabelais « s'esgaudissoit de manger bonnes poires Berguamotes. » (*Pantagruel*, livre III, chap. XIII.) Mais elles s'y multiplièrent rapidement, témoin ce passage d'Olivier de Serres, écrit en 1600 :

« Leur exquise bonté leur ayant acquis réputation, elles sont reconnues d'un bout de ce royaume à l'autre... et des poires d'automne l'honneur est donné à la Bergamote. » (*Le Théâtre d'agriculture et ménage des champs*, livre VI, p. 629.)

Observations. — La maturité de ce fruit n'a pas toujours lieu d'octobre en novembre; elle est au contraire fort inconstante. La Quintinye l'avait déjà remarqué en 1690, aussi disait-il alors :

« Elle a coutume de fournir la fin d'octobre et partie de novembre, et passe même quelquefois jusqu'en décembre, ce qui fait merveilleux plaisir à nos curieux. » (*Instructions pour les jardins fruitiers et potagers*, p. 286.)

De nos jours, cette variété a gagné encore en tardiveté; ainsi nous avons vu nombre de ses produits atteindre la mi-janvier; mais, au dire de M. Decaisne, il peut arriver qu'on les mange bons jusqu'en mars :

« Des poires de Bergamote d'automne, cueillies sur le même arbre en 1859 — remarque ce professeur, — m'ont offert cette particularité, que quelques-unes étaient déjà parfaitement mûres au 15 octobre, tandis que les autres mûrirent successivement pendant tout l'hiver. Les dernières ne parvinrent à leur maturité complète, que *vers le milieu de mars* 1860. C'est donc un intervalle de cinq mois entiers qui sépare quelquefois les deux périodes extrêmes de la maturation de ce fruit. » (*Le Jardin fruitier du Muséum*, 1860, t. III.)

Cette maturation si tardive, si prolongée, méritait certes une mention spéciale; cependant elle est tellement exceptionnelle, qu'il ne faut pas s'attendre à la voir souvent se renouveler.

105. Poire BERGAMOTE D'AUTOMNE PANACHÉE.

Synonymes. — *Poires* : 1. BERGAMOTE SUISSE (Merlet, *l'Abrégé des bons fruits*, édition de 1675, p. 93). — 2. BERGAMOTE RAYÉE (la Quintinye, *Instructions pour les jardins fruitiers et potagers*, édition de 1690, p. 395). — 3. BERGAMOTE MARBRÉE (Knoop, *Fructologie*, 1760, Iʳᵉ partie, pl. II). — 4. BERGAMOTE PANACHÉE (*Id. ibid.*). — 5. BERGAMOTE SUISSE RONDE (*Id. ibid.*). — 6. SALANGUE PANACHÉE (Kraft, *Pomona austriaca*, 1782, pl. CLXXI).

Description de l'arbre. — *Bois :* assez fort. — *Rameaux :* nombreux, presqu'érigés, de grosseur moyenne, courts, droits, légèrement cotonneux, jaune-orange panaché de vert, finement ponctués, ayant les coussinets peu renflés. — *Yeux :* à écailles bombées, petits, ovoïdes, écartés du bois. — *Feuilles :* grandes ou moyennes, ovales-allongées et entières sur leurs bords; elles ont le pétiole court, roide et des plus nourris.

I.   15

Fertilité. — Abondante.

Culture. — Aussi vigoureux que son type, il peut, comme lui, se greffer sur franc ou sur cognassier, et fait également d'assez belles pyramides.

Description du fruit. — *Grosseur :* moyenne. — *Forme :* sphérique ou turbinée-arrondie, régulière, ayant habituellement le sommet un peu mamelonné. — *Pédoncule :* assez long, menu, arqué, obliquement implanté au milieu d'un faible évasement. — *OEil :* petit, souvent mi-clos, rarement très-enfoncé. — *Peau :* jaune olivâtre, parfois finement colorée de rouge obscur, complétement semée de gros points fauves, et portant longitudinalement de larges bandes vert-brun passant au vert clair sur la partie non exposée au soleil. — *Chair :* blanche, fine, juteuse, fondante, contenant quelques pierres auprès de l'œil. — *Eau :* des plus abondantes, fraîche, sucrée, acidule, rappelant entièrement le parfum si délicat de la Bergamote d'Automne.

Maturité. — Octobre et novembre.

Qualité. — Première.

Historique. — Variété de la Bergamote d'Automne, ou Commune, la poire ici décrite figure déjà, en 1675, dans l'*Abrégé des bons fruits*, de Merlet, qui la nomme Bergamote suisse et la caractérise ainsi :

« Elle est plus rare que les autres Bergamotes ; elle est autant beurrée et plate ; est toute rayée de vert et de jaune, et a son bois de même ; charge beaucoup, veut le mur et peu de soleil. » (Page 95.)

Passage duquel il résulte que sa culture était alors assez restreinte chez nous, où elle ne paraît pas avoir pris naissance, puisque Merlet, son premier descripteur, semble, en l'appelant Bergamote *suisse*, indiquer le pays qui l'aurait fournie.

Observations. — La forme de ce fruit est toujours moins aplatie que celle du type dont il provient ; souvent même, s'en écartant beaucoup, elle se rapproche plutôt de la turbinée que de la globuleuse. Voilà peut-être ce qui aura induit en erreur le pomologue hollandais Knoop, étudiant et figurant dans sa *Fructologie* une *Bergamote suisse ronde*, puis une *Bergamote de Suisse*, la première ressemblant à une pomme, la seconde légèrement turbinée ; mais toutes deux panachées, toutes deux mûrissant fin octobre, et douées aussi des mêmes qualités. (Voir *Fructologie*, 1760, traduction allemande, Ire partie, p. 38, pl. ii, et IIe partie, p. 35, pl. vi.) Quant à nous, une seule variété de Bergamote d'Automne panachée nous est actuellement connue ; affirmons-le, sans prétendre cependant qu'il ne puisse en exister une deuxième chez les Hollandais ou les Allemands.

Poire BERGAMOTE D'AVRANCHES. — Synonyme de poire *Bonne-Louise d'Avranches*. Voir ce nom.

Poire BERGAMOTE BEAUCHAMP. — Synonyme de *Beurré Beauchamp*. Voir ce nom.

Poire BERGAMOTE BERNARD. — Synonyme de poire *Bernard*. Voir ce nom.

Poire BERGAMOTE BOISSIÈRE. — Synonyme de *Bergamote Boussière*. Voir ce nom.

106. Poire BERGAMOTE BOUSSIÈRE.

Synonyme. — *Poire* Bergamote Boissière (Biedenfeld, *Handbuch aller bekannten Obstsorten,* 1854, t. I, p. 54).

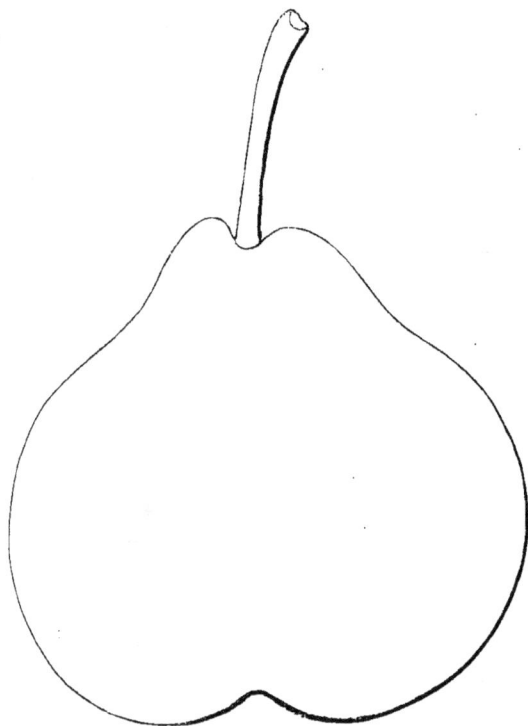

Description de l'arbre. — *Bois :* de moyenne force. — *Rameaux :* nombreux, bien nourris, assez longs, peu flexueux, grisâtres, ponctués de fauve, cotonneux, à coussinets faiblement marqués. — *Yeux :* petits, aigus, écrasés, à large base, légèrement écartés du bois. — *Feuilles :* moyennes, elliptiques, acuminées, ayant les bords finement denticulés ou unis, et le pétiole court et épais.

Fertilité. — Convenable.

Culture. — Le cognassier lui convient parfaitement; sa vigueur est satisfaisante sur ce sujet, ainsi que ses pyramides; son développement se fait avec rapidité.

Description du fruit. — *Grosseur :* au-dessus de la moyenne. — *Forme :* turbinée, excessivement obtuse et ventrue, régulière. — *Pédoncule :* assez long, menu, droit, obliquement inséré dans une cavité rarement très-prononcée. — *OEil :* petit, ouvert, souvent contourné, placé dans un bassin large et profond. — *Peau :* jaune verdâtre, ponctuée de fauve, veinée de même, maculée de brun-roux autour du pédoncule. — *Chair :* blanchâtre, demi-fine, fondante, juteuse, fortement pierreuse au centre. — *Eau :* des plus abondantes, vineuse, sucrée, délicatement aromatisée.

Maturité. — D'octobre en décembre.

Qualité. — Deuxième.

Historique. — Elle appartient aux semis du professeur belge Van Mons, et nous trouvons sur sa naissance et sa propagation la note que voici dans un ouvrage imprimé à Bruxelles :

« Cette variété provient d'arbres sauvages envoyés par Van Mons à la Société centrale d'Horticulture de Paris. Ces arbres furent distribués entre divers sociétaires, et ce fut dans le jardin d'un d'entre eux, M. Boussière, que se produisit pour la première fois, en 1844, un fruit jugé digne de la multiplication, et auquel la Société donna le nom de celui qui en avait été l'éleveur. » (A. Bivort, *Album de pomologie,* 1850, t. III, p. 127.)

Observations. — Nous conservons à cette poire la qualification générique de Bergamote, qui lui a été appliquée ; mais nous pensons qu'il eût mieux valu l'appeler simplement poire Boussière, car rien, dans son eau, ne rappelle le parfum de jacinthe si particulier aux Bergamotes, de la forme desquelles elle s'éloigne, en outre, sensiblement.

107. Poire BERGAMOTE BUFO.

Synonymes. — *Poires :* 1. Crapaut (Lelectier, *Catalogue de son verger et plant*, 1628, p. 11). — 2. Oignon rosat (Henri Heissen, *Gartenlust*, 1690, cité par Henri Manger, *Systematische Pomologie*, 1783, IIe partie, p. 32). — 3. Bergamote crapaud (Comice horticole d'Angers, *Album colorié de ses poires*, 1846, p. 243).

Description de l'arbre. — *Bois :* très-fort. — *Rameaux :* peu nombreux, étalés et arqués, des plus gros, des plus longs, flexueux et d'un rouge obscur verdâtre auprès de la tige ; ils sont abondamment ponctués, et leurs coussinets n'ont qu'un médiocre développement. — *Yeux :* petits, fortement aplatis, duveteux, appliqués contre le bois. — *Feuilles :* très-grandes, peu abondantes, vert foncé, ovales-allongées, canaliculées, contournées, ayant les bords régulièrement crénelés, le pétiole court, excessivement gros, et souvent accompagné de larges stipules.

Fertilité. — Moyenne.

Culture. — Vigoureux, cet arbre se greffe sur franc ou sur cognassier ; ses pyramides sont très-fortes, mais généralement assez mal ramifiées et par trop dégarnies de feuilles.

Description du fruit. — *Grosseur :* au-dessus de la moyenne. — *Forme :* sphérique, fortement bosselée et généralement des plus aplaties aux extrémités. — *Pédoncule :* long, droit, mince, légèrement renflé à ses points d'attache et d'insertion, régulièrement implanté au milieu d'une vaste cavité en entonnoir. — *Œil :* grand, très-ouvert, très-développé, placé au fond d'un bassin bien évasé. — *Peau :* rude au toucher, jaune obscur, ponctuée, marbrée de fauve, et portant ordinairement de larges macules brunâtres. — *Chair :* blanche, fine, fondante, pierreuse au cœur. — *Eau :* suffisante, vineuse, acidule, sucrée, savoureuse, rappelant un peu le parfum de la rose.

MATURITÉ. — De la mi-septembre à la fin d'octobre.

QUALITÉ. — Première, et quelquefois deuxième, ce fruit ayant une propension à devenir pâteux.

Historique. — Variété à peine connue, quoique fort ancienne, nous l'avons toujours vue dans l'Anjou. En 1628 elle était déjà cultivée à Orléans, dit le Lectier, qui pour lors lui donnait, à la page 11 de son rarissime *Catalogue*, le seul nom de « *Crapaut*, » justifié par la bigarrure et la rudesse de la peau de cette poire. Évidemment, ce fut de l'Orléanais, jadis si renommé pour ses belles pépinières, qu'Angers dut la recevoir, car notre ville tirait autrefois ses arbres fruitiers uniquement de cette source. Dès 1690, l'Allemagne la possédait ; et, tout en lui conservant la dénomination bizarre de Crapaud, l'appelait aussi *Oignon rosat*, en raison de sa forme et du parfum de son eau. (Voir le *Gartenlust* d'Henri Heissen.) Pour nous, Angevin, qui d'abord l'avions nommée Bergamote Crapaud, nous trouvâmes en 1846 que ce dernier mot, qui rappelait un animal hideux, figurait si mal dans la nomenclature de nos poiriers, qu'empruntant au latin le terme *bufo*, nous le lui appliquâmes. Ce n'était pas, du reste, la débaptiser, puisque *bufo* signifie crapaud.

Observations. — On a parfois donné le nom Bergamote Beauchamp comme un des synonymes de cette espèce, mais par méprise, ce nom se rapportant essentiellement au Beurré Beauchamp. — Il existe une poire *Buffum* (voir ce mot) qu'il ne faut pas confondre non plus avec la Bergamote Bufo ; ces deux fruits sont en effet très-différents ; de même aussi que la *Crapaudine*, vieille variété actuellement appelée *Ambrette d'Été*.

108. POIRE BERGAMOTE DU BUGEY.

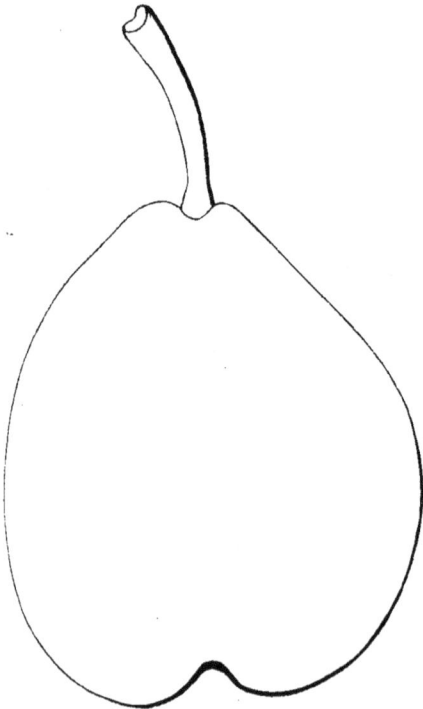

Synonymes. — *Poires* : BERGAMOTE BUGI (Dom Claude Saint-Étienne, *Nouvelle instruction pour connaître les bons fruits*, 1670, p. 81). — 2. VIOLETTE (*Id. ibid.*) — 3. PERA SPINA (Merlet, *l'Abrégé des bons fruits*, édition de 1675, p. 120). — 4. DU MINISTRE (*Idem*, édition de 1690, p. 106). — 5. NICOLE (*Id. ibid.*). — 6. DU BUGI (la Quintinye, *Instructions pour les jardins fruitiers et potagers*, édition de 1739, p. 275). — 7. GROSSE-RONDE D'HIVER (Mayer, *Pomona franconica*, 1774-1801, t. III, p. 221).

Description de l'arbre. — *Bois :* de force moyenne. — *Rameaux :* érigés ou légèrement étalés, assez flexueux, un peu frêles, vert-olive, ponctués de gris-blanc, à coussinets faiblement ressortis. — *Yeux :* aigus, coniques, petits, adhérents. — *Feuilles :* grandes, ovales-allongées, canaliculées, ayant les bords régulièrement dentelés et le pétiole court et épais.

FERTILITÉ. — Des plus abondantes.

CULTURE. — Vigoureux, on lui donne indistinctement le cognassier ou le franc; il fait de jolies pyramides; le développement de son écusson est hâtif.

Description du fruit. — *Grosseur :* moyenne et parfois plus volumineuse. — *Forme :* variant entre la turbinée ou la sphérique, généralement très-régulière. — *Pédoncule :* de longueur moyenne, arqué, mince, implanté obliquement au milieu d'une faible dépression. — *Œil :* grand, bien fait, ouvert, presque saillant. — *Peau :* vert olivâtre clair, entièrement semée de gros points fauves entremêlés de taches brunâtres. — *Chair :* blanc jaunâtre, demi-cassante, demi-fine, juteuse, rarement pierreuse. — *Eau :* suffisante, fraîche, sucrée, mais quelquefois aigrelette et par trop dépourvue de parfum.

MATURITÉ. — De février jusqu'en avril.

QUALITÉ. — Deuxième comme fruit à couteau, première comme fruit à compote.

Historique. — Le nom qu'elle porte chez nous depuis deux cents ans, permet de la supposer originaire du Bugy, ou mieux du Bugey, contrée située dans le département de l'Ain, et qui nous fut, en 1601, cédée par la Savoie en même temps que la Bresse. Cependant il se pourrait aussi qu'elle fût venue de l'Italie, car Merlet, page 120 de son *Abrégé des bons fruits*, affirme en 1675 qu'elle est la même que la *pera Spina* des Italiens. Et comme lui nous le croyons, en présence surtout du passage suivant, traduit d'Agostino Gallo, pomologue vénitien du XVIᵉ siècle :

« J'ai en grande estime les *peri di Spina*, dont les arbres rapportent abondamment tous les ans. Elles sont bonnes cuites et en compote, ou encore confites dans le miel, dans le sucre. Le poirier qui les produit *vit un siècle* et atteint une hauteur peu commune. Si l'on fait bouillir les fruits tombés de ses branches, on en peut composer une marmelade excellente et de nature à se conserver telle pendant toute l'année. » (*Le Vinti giornate dell' agricoltora*, 1559, 5ᵉ journée, p. 107.)

Ce passage convient assez bien, en effet, à la Bergamote du Bugey ou du Bugy, l'une des meilleures poires d'hiver pour la cuisson ; de plus l'on doit en conclure, si réellement il lui est applicable, qu'elle remonte à une époque excessivement reculée, puisqu'en 1559 on la cultivait déjà depuis des siècles, sous ce nom de Spina, dans les jardins de l'Italie.

Observations. — L'extrême durée de la Bergamote du Bugey, qui se conserve jusqu'en avril, et parfois jusqu'en mai, lui mérite des soins particuliers, au fruitier, où il est indispensable de la surveiller ; d'abord parce qu'elle devient pâteuse, lorsqu'on l'oublie ; puis aussi, comme l'avait remarqué notre vieux Merlet, « parce « qu'elle prend aisément le goust de fumet et d'enfermé, et veut avoir l'air, et estre « mise sur le bois de chesne. » — Les noms *Doyenné d'Hiver*, *Bergamote de Pâques* et *Bonne de Soulers* ont souvent été rangés parmi les synonymes de cette variété, mais fautivement, ainsi qu'on l'a maintes fois constaté, ces derniers temps.

———

POIRE BERGAMOTE BUGI. — Synonyme de *Bergamote du Bugey*. Voir ce nom.

———

POIRE BERGAMOTE CADETTE. — Synonyme de poire *de la Voie aux prêtres*. Voir ce nom.

———

POIRE BERGAMOTE DE CARÉME. — Synonyme de *Bergamote de Pâques*. Voir ce nom.

———

POIRE BERGAMOTE CHEMINETTE. — Synonyme de poire *Jaminette*. Voir ce nom.

———

Poire BERGAMOTE COMMUNE. — Synonyme de *Bergamote d'Automne*. Voir ce nom.

Poire BERGAMOTE CRAPAUD. — Synonyme de *Bergamote Bufo*. Voir ce nom.

---

109. Poire BERGAMOTE CRASSANE.

Synonymes. — *Poires :* 1. BERGAMOTE CRÉSANE (Merlet, *l'Abrégé des bons fruits*, édition de 1690, p. 92). — 2. BERGAMOTE DE CRÉSANE (Dom Gentil, *le Jardinier solitaire*, édition de 1723, p. 51). — 3. BEURRÉ PLAT (la Quintinye, *Instructions pour les jardins fruitiers et potagers*, édition de 1739, t. I, p. 247). — 4. CRASANE (*Id. ibid.*). — 5. BERGAMOTE CRASSANE D'AUTOMNE (de Liron d'Airoles, *Notices pomologiques,* 1859, p. 29). — 6. CRASSANE D'AUTOMNE (*Id. ibid.*). — 7. POIRE PLATE (*Id. ibid.*).

Description de l'arbre. — *Bois :* fort. — *Rameaux :* nombreux, érigés au sommet, étalés vers la base, gros, très-longs, flexueux, brun clair légèrement grisâtre, finement ponctués, à coussinets peu apparents. — *Yeux :* assez volumineux, ovoïdes-obtus, non appliqués, ayant les écailles habituellement renflées. — *Feuilles :* grandes, ovales, faiblement crénelées ou denticulées, portées sur un pétiole long et frêle.

FERTILITÉ. — Moyenne; mais ce poirier ne fructifie bien qu'en espalier, et reste à peu près stérile en pyramide, surtout greffé sur franc.

CULTURE. — Très-vigoureux, on lui donne de préférence le cognassier, sur lequel il forme de belles pyramides bien ramifiées, bien feuillues; le développement de son écusson est des plus vifs.

Description du fruit. — *Grosseur :* au-dessus de la moyenne et souvent assez considérable. — *Forme :* arrondie, bosselée, aplatie aux extrémités, et parfois ayant un côté beaucoup moins ventru que l'autre. — *Pédoncule :* long, bien nourri, arqué, très-charnu à la base, continu avec le fruit, obliquement implanté dans une faible cavité à bords toujours inégaux. — *OEil :* moyen, ouvert ou mi-clos, régulier ou contourné, placé dans un évasement des plus larges, mais manquant généralement de profondeur. — *Peau :* jaune verdâtre clair, entièrement veinée et ponctuée de fauve. — *Chair :* blanc jaunâtre, molle, demi-fine, juteuse, odorante, fondante et pierreuse. — *Eau :* excessivement abondante, fraîche, sucrée, aigrelette, délicieusement parfumée.

MATURITÉ. — De la mi-octobre à la fin de novembre, et souvent se prolongeant jusqu'en décembre.

QUALITÉ. — Variable : première et parfois deuxième.

Historique. — En 1861, M. Bole, procureur impérial, s'exprimait ainsi au sujet de cette poire, devant la Société d'Horticulture de la ville de Dôle (Jura), en rendant compte des *Notices pomologiques* de M. de Liron d'Airoles :

« La Crassane tire son nom, d'après M. Liron d'Airoles, du mot latin *crassus*, qui signifie épais. Mais d'après une opinion que j'ai entendu émettre, sans savoir sur quelle autorité elle est fondée, la Crassane serait au contraire ainsi nommée parce que le Romain Crassus l'aurait importée en Italie ou fait cultiver dans ses jardins avec une sorte de prédilection. (Voir *Notices pomologiques*, 1861, p. 32.)

Pour notre part, nous croyons fortement que Crassus, célèbre consul mort cinquante-trois ans avant l'ère chrétienne, ne participa en rien au baptême de la Bergamote crassane. S'il en eût été autrement, les agronomes romains postérieurs à ce personnage, l'auraient mentionné, comme ils le firent, notamment, pour les poires Dolabelliennes, Liciniennes et Turanniennes, qui tirèrent, observent-ils, leurs noms de Dolabellus, Licinius et Turannius, Romains de haute distinction. Deux auteurs allemands, déjà cités par nous, Manger en 1783, Sickler en 1802, ont, il est vrai, supposé que la Crassane avait figuré sur les tables des anciens maîtres du monde, seulement ce ne serait pas, d'après eux, sous la dénomination de poire de Crassus, mais sous celle de poire de Lateranus. Contradiction qui démontre bien le néant de semblables hypothèses, et fait immédiatement chercher une autre origine pour ce fruit si délicat, une autre étymologie pour son nom si particulier. Citons alors M. Eugène Forney, professeur d'arboriculture à Paris, et pomologue des plus érudits, car il disait récemment, en décrivant cette même variété :

« Elle fut introduite dans la culture par la Quintinye, jardinier de Louis XIV. On ne sait pas de quelle contrée il l'a tirée, mais tout porte à croire que c'est du centre de la France. On trouve ce fruit cité pour la première fois par Merlet, en 1667. Le nom de crassane paraît venir de *crassus* : épais, écrasé. » (*Le Jardinier fruitier*, 1862, t. I, p. 223.)

Ici, nous touchons à la vérité ; et pour la connaître entièrement il suffit d'ajouter : Ce fut seulement en 1690, et non pas en 1667, que Merlet étudia cette poire, qu'il nommait Bergamote Crésane, et déclarait « rare. » (Voir son *Abrégé des bons fruits*, édition de 1690, p. 93.) Effectivement, elle commençait à peine à se répandre ; aussi doit-on affirmer qu'elle remonte au plus à 1675, attendu que l'édition publiée sous ce millésime, par Merlet, n'en fait aucune mention. — Quant au mot crassane, peut-être l'a-t-on formé de l'adjectif latin *crassus*, terme figuratif s'appliquant parfaitement à cette Bergamote?... Nous ne disons pas non. Mais nous pensons qu'il est sage également de songer qu'une localité appelée *Crésane* existe dans la Nièvre, près Donzy, et que rien ne défend de se demander si notre Crassane n'en sortit pas jadis toute baptisée?... Et franchement on le croirait presque, en voyant dom Gentil, pomologue contemporain de Merlet, la nommer *Bergamote DE Crésane!...* (*Le Jardinier solitaire*, édition de 1723, p. 51.)

Observations. — Louis Noisette, entre autres remarques sur ce poirier et ses produits, a transmis les suivantes, qui sont d'un bon arboriculteur :

« C'est un fruit qui mérite sa réputation, et qui se multiplie abondamment. Il est excellent lorsqu'il réunit les qualités qui lui sont propres, mais sur certains arbres et dans certains terrains il reste insipide ou devient amer et pierreux. En général il est meilleur quand l'arbre vient dans une terre douce, fraîche, et même un peu humide. » (*Le Jardin fruitier*, 1839, p. 139.)

Note que nous complétons en assurant que parfois nous avons trouvé marcescente et d'une excessive astringence la chair de certaines de ces poires, quoiqu'elles eussent été récoltées sur des arbres plantés en terrain calcaire, sol préférable pourtant, selon quelques pépiniéristes, au terrain schisteux pour la culture de cette espèce. Quoi qu'il en soit, c'est une chose positive que la qualité de la Bergamote crassane varie beaucoup, ainsi que sa grosseur, qui atteint même un volume considérable, car en 1862, à l'Exposition horticole de Chartres, on en voyait une dont le poids dépassait 468 grammes. — Au fruitier, il faut éviter de la toucher fréquemment, sous peine de hâter sa décomposition.

110. Poire BERGAMOTE CRASSANE A FEUILLE PANACHÉE.

Synonyme. — *Poire* CRASSANE PANACHÉE (Duhamel, *Traité des arbres fruitiers*, 1768, t. II, p. 167.)

Description de l'arbre. — *Bois* : faible. — *Rameaux* : assez nombreux, presque érigés, grêles, courts, flexueux, marron foncé, abondamment ponctués de gris-blanc, ayant les coussinets bien marqués. — *Yeux* : gros, ovoïdes-arrondis, cotonneux, écartés du bois, et souvent même sortis en longs éperons; leurs écailles sont des plus bombées. — *Feuilles* : très-petites, ovales, légèrement acuminées, vert glauque, régulièrement bordées de blanc jaunâtre; elles sont entières ou finement denticulées; leur pétiole est court et menu.

FERTILITÉ. — Presque nulle.

CULTURE. — Extrêmement chétif, ce poirier ne peut se greffer sur cognassier; il faut lui donner le franc, et encore ne saurait-il y former que de faibles pyramides à développement toujours tardif.

Description du fruit. — Voir page 231 la figure et la description de la *Bergamote crassane*, dont la présente poire est une sous-variété; aussi a-t-elle les caractères extérieurs, les qualités de son type, et mûrit-elle dans le même mois que lui.

Historique. — Duhamel est le premier auteur qui ait parlé de ce poirier, que ne connurent ni Merlet ni la Quintinye. L'époque de son obtention ne saurait alors dépasser de beaucoup l'année 1768; mais nous manquons de renseignements pour dresser son état civil. Un seul écrivain nous fournit sur cette variété panachée quelques mots bons à reproduire; c'est M. de Liron d'Airoles :

« Duhamel — dit-il — la présente comme une variété de la Crassane; nous croyons qu'elle provient d'un jeu de sève fixé par la greffe. » (*Notices pomologiques*, 1859, t. II, p. 55.)

Appréciation que nous plaçons ici sans l'appuyer ou la contester, tellement il est difficile, en pareil cas, de répondre péremptoirement.

Observations. — La chétiveté de cet arbre est trop grande, et sa fertilité trop médiocre pour conseiller de le cultiver. Cependant, comme espèce ornementale il a bien aussi son mérite. Sous Louis XV on le recherchait beaucoup, et le parterre le recevait, à défaut du verger. D'où suit que Duhamel l'avait décrit et qu'il prescrivit :

« De ne pas planter ce poirier, offrant un coup d'œil très-brillant et très-agréable, en espalier, ni dans un lieu trop exposé au soleil, qui roussit et gâte la bordure blanche de ses feuilles, et les fait alors paraître à moitié desséchées, plutôt que panachées. » (*Traité des arbres fruitiers*, 1768, t. II, p. 167.)

Et ceux qui de nos jours l'introduiront dans leurs jardins, devront avoir soin de ne pas oublier cette sage recommandation. — Il est bon également de se rappeler que les produits de cette variété ne sont jamais panachés, il n'y a que les feuilles de l'arbre, qui le soient.

Poire BERGAMOTE CRASSANE D'AUTOMNE. — Synonyme de *Bergamote crassane*. Voir ce nom.

Poire BERGAMOTE CRASSANE DE BRUNEAU. — Synonyme de *Beurré Bruneau*. Voir ce nom.

Poire BERGAMOTE CRASSANE (FORME DE). — Voir poire *Forme de Bergamote crassane*.

Poires BERGAMOTE CRÉSANE et BERGAMOTE DE CRÉSANE. — Synonymes de *Bergamote crassane*. Voir ce nom.

Poire BERGAMOTE DORÉE. — Synonyme de *Bergamote Rouge*. Voir ce nom.

Poire BERGAMOTE DROUET. — Synonyme de poire *Râteau*. Voir ce nom.

---

111. Poire BERGAMOTE DUSSART.

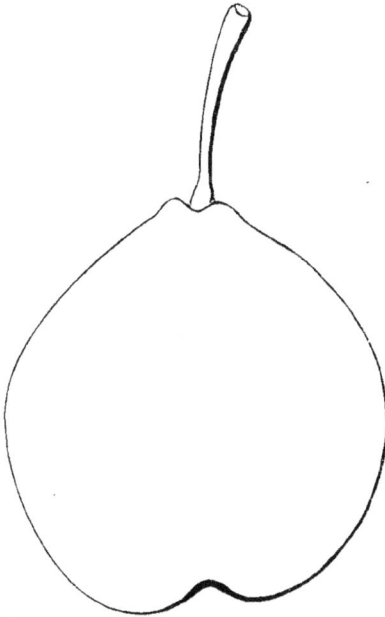

Description de l'arbre. — *Bois :* faible. — *Rameaux :* peu nombreux, légèrement étalés et quelquefois arqués, gros, très-courts, à peine coudés, jaune clair verdâtre, fortement ponctués de gris, ayant les coussinets bien marqués. — *Yeux :* pointus, ovoïdes, volumineux, non adhérents. — *Feuilles :* grandes, vert jaunâtre, ovales ou elliptiques, crénelées ou dentées, contournées et portées sur un pétiole des plus longs, grêle, et pourvu de stipules largement développées.

Fertilité. — Convenable.

Culture. — De moyenne vigueur, il est assez chétif sur cognassier ; ses pyramides y sont maigres, lentes à pousser ; le franc lui convient donc mieux.

Description du fruit. — *Grosseur :* petite. — *Forme :* turbinée-arrondie, régulière, souvent mamelonnée au sommet. — *Pédoncule :* court ou assez long, arqué, renflé à la base, parfois obliquement inséré dans une étroite cavité entourée de gibbosités. — *Œil :* grand, ouvert, bien formé, presque saillant. — *Peau :* jaune d'ocre, finement ponctuée de fauve et semée de larges taches roussâtres. — *Chair :* à grain serré, blanche, fondante, juteuse, peu pierreuse. — *Eau :* abondante, sucrée, acidule, fraîche, aromatique et savoureuse.

MATURITÉ. — Du commencement de décembre à la mi-janvier.

QUALITÉ. — Première.

Historique. — Voici son origine, d'après M. Alexandre Bivort :

« Elle provient des semis d'un jardinier de Jodoigne (Belgique) nommé Dussart, et sa première production eut lieu vers 1829... Elle fut rangée par M. Bouvier dans la classe des Bergamotes. » (*Album de pomologie*, 1849, t. II, p. 167, et *Annales de pomologie belge*, 1858, t. VI, p. 39.)

Observations. — Cet excellent fruit n'a rien qui rappelle la saveur de la *Bergamote d'Automne*, et les pomologues belges même l'ont constaté. Quelquefois nous l'avons vu rangé parmi les poires dont la maturité se prolonge jusqu'à la fin de février. Il pourra peut-être, très-exceptionnellement, se conserver aussi longtemps; nous le pensons, mais nous croyons surtout qu'on le mangera rarement dans de bonnes conditions après la mi-janvier.

---

112. Poire BERGAMOTE ÉLIZA MATTHEWS.

Description de l'arbre. — *Bois :* faible. — *Rameaux :* assez nombreux, étalés, peu forts, peu longs, généralement droits et brun clair, finement ponctués, à coussinets presque nuls.— *Yeux :* petits, ovoïdes ou coniques, grisâtres, très-écartés du bois. — *Feuilles :* petites, ovales - allongées, ayant les bords légèrement dentés et le pétiole court et frêle.

FERTILITÉ. — Ordinaire.

CULTURE. — C'est un arbre de médiocre vigueur, prospérant assez bien sur franc, mais ne formant sur cognassier, du moins dans notre sol, que de chétives pyramides.

Description du fruit. — *Grosseur :* au-dessus de la moyenne. — *Forme :* turbinée-arrondie, ventrue et légèrement bosselée. — *Pédoncule :* court, gros, renflé à son point d'attache, droit ou faiblement arqué, obliquement inséré au milieu d'une assez large dépression. — *Œil :* grand, mi-clos, souvent contourné, rarement très-enfoncé. — *Peau :* jaune olivâtre, entièrement ponctuée de fauve et montrant quelques petites macules brun clair. — *Chair :* blanche, fine, juteuse, mi-fondante, peu pierreuse. — *Eau :* excessivement abondante, vineuse, sucrée, délicate, sans parfum bien prononcé.

MATURITÉ. — Fin décembre, se prolongeant jusqu'en février.

QUALITÉ. — Première, en raison surtout de sa longue conservation.

Historique. — Cette variété nous a été vendue en 1864 par M. Joseph Baumann, horticulteur à Gand (Belgique). Selon lui, elle est d'origine anglaise et provient des semis de M. Groom, connu déjà par différents gains, dont fait partie la poire *Princesse Royale,* qui commence à se répandre aussi dans nos contrées. La Bergamote Éliza Matthews fut importée d'Angleterre chez les Belges, en 1863; d'où l'on doit supposer que sa propagation n'est guère antérieure à 1860, d'autant mieux que les pomologues anglais n'ont pas encore décrit ce fruit dans leurs plus récentes publications, qui datent de 1862.

Observations. — Cette Bergamote et la poire Princesse Royale (*Groom's Princesse*) ont entre elles une assez grande ressemblance, et il en est ainsi de leurs arbres. Néanmoins, ce sont deux espèces différentes ayant leurs caractères distinctifs, pour le fruit, dans le pédoncule, la qualité, l'époque de maturité, et, pour l'arbre, dans la vigueur, les yeux, les mérithalles.

POIRE BERGAMOTE D'ERTRYCKER. — Synonyme de *Bergamote de Strycker.* Voir ce nom.

---

113. POIRE BERGAMOTE ESPÉREN.

Synonyme. — *Poire* ESPÉREN (Decaisne, *le Jardin fruitier du Muséum,* 1860, t. III).

Description de l'arbre. — *Bois :* assez fort. — *Rameaux :* nombreux, un peu arqués et presque érigés, gros, longs, fortement géniculés, marron tacheté de gris, ponctués de roux et ayant les coussinets ressortis. — *Yeux :* de grosseur moyenne, courts, pointus, ovoïdes, non adhérents et parfois placés en éperon. — *Feuilles :* grandes, abondantes, habituellement elliptiques, légèrement contournées, à bords dentés ou crénelés, à pétiole long, épais et pourvu de stipules bien développées.

FERTILITÉ. — Remarquable.

CULTURE. — Des plus vigoureux, on le greffe sur franc ou sur cognassier; il donne toujours de magnifiques pyramides, et la croissance de son écusson est des plus rapides.

Description du fruit. — *Grosseur :* moyenne et souvent plus volumineuse. — *Forme :* arrondie, bosselée, aplatie à la base, faiblement mamelonnée au sommet. — *Pédoncule :* de longueur moyenne, gros, droit, implanté dans une très-petite cavité. — *OEil :* grand, bien formé, assez enfoncé, uni sur ses bords. — *Peau :* rude au toucher, jaune verdâtre obscur, ponctuée de roux, veinée de même autour du pédoncule, et souvent marquée de taches noirâtres. — *Chair :* un peu jaunâtre, fine, excessivement fondante et juteuse, légèrement pierreuse. — *Eau :* des plus abondantes, acidule, fraîche, très-sucrée, délicieusement parfumée.

MATURITÉ. — De la mi-décembre jusqu'en avril.

QUALITÉ. — Première.

Historique. — Cette poire, l'une des meilleures que nous connaissions, appartient aux collections belges. « Elle a été obtenue de semis par le major Espé-« ren, vers 1830, et de tous ses gains c'était celui dont il faisait le plus de cas. » (Bivort, *Album de pomologie*, 1847, t. I, p. 85.) Son introduction en France date de 1844, selon M. du Breuil. (*Cours d'arboriculture*, 1854, t. II, p. 569.) Le major Espéren habitait Malines.

Observations. — Les produits de ce poirier sont de grosseur assez variable ; si généralement ils ne dépassent pas la moyenne, ils atteignent parfois, cependant, des proportions considérables. C'est ainsi qu'à l'exposition horticole de Chartres, en 1862, un M. Biard, de Châteaudun, en soumit au jury qui pesaient 300 grammes. — M. Decaisne dit au tome III de son *Jardin fruitier du Muséum* (1860) « Avoir vu « souvent cet excellent fruit étiqueté par erreur du nom de King's Edward, qui est « celui d'une poire sans analogie avec la Bergamote Espéren. » Et cette remarque nous fait souvenir qu'en Belgique même Adrien Papeleu, pépiniériste aujourd'hui décédé, avait déclaré identique la Bergamote Espéren et le Besy Espéren ; méprise singulière que releva peu après un pomologue allemand, M. le docteur Jahn.

---

114. POIRE BERGAMOTE D'ÉTÉ.

Synonymes. — *Poires :* 1. MILAN DE LA BEUVERIÈRE (le Lectier, *Catalogue des arbres cultivés dans son verger et plant*, 1628, p. 6). — 2. BERGAMOTE DE LA BEUVRIÈRE (de Bonnefond, *le Jardinier français*, édition de 1781, p. 62). — 3. MILAN VERT (dom Claude Saint-Étienne, *Nouvelle instruction pour connaître les bons fruits*, édition de 1670, p. 53). — 4. BEURRÉ D'ÉTÉ (Merlet, *l'Abrégé des bons fruits*, édition de 1675, p. 73). — 5. COULÉ-SOIF D'ÉTÉ (*Id. ibid.*, p. 77). — 6. FRANC-RÉAL D'ÉTÉ (*Id. ibid.*). — 7. GROSSE-MOUILLE-BOUCHE D'ÉTÉ (*Id. ibid.*). — 8. HATIVEAU BLANC (*Id. ibid.*, p. 73). — 9. MILAN DE LA BEVRIÈRE (*Id. ibid.*, p. 82). — 10. GROS-MILAN BLANC (*Id. ibid.*, édition de 1690, p. 68). — 11. MILAN D'ÉTÉ (dom Gentil, *le Jardinier solitaire*, édition de 1723, p. 44). — 12. BEURRÉ BLANC D'ÉTÉ (André Leroy, *Catalogue de ses cultures*, 1846, p. 8). — 13. BEURRÉ ROND (*Id. ibid.*). — 14. MOUILLE-BOUCHE D'ÉTÉ (Dalbret, *Cours théorique et pratique de la taille des arbres fruitiers*, édition de 1851, p. 327). — 15. BERGAMOTE D'AOUT (Couverchel, *Traité complet des fruits*, 1852, p. 477). — 16. BERGAMOTE PRÉCOCE (*Id. ibid.*). — 17. MILAN BLANC (du Breuil, *Cours d'arboriculture*, 1854, t. II, p. 569). — 18. GROS-MISSET D'ÉTÉ (Thuillier-Aloux, *Catalogue raisonné des poiriers qui peuvent être cultivés dans la Somme*, 1855, p. 70).

Description de l'arbre. — *Bois :* fort. — *Rameaux :* nombreux, légèrement étalés ou érigés, arqués, gros, assez courts, géniculés, cotonneux, vert jaunâtre, fortement et abondamment ponctués, à coussinets ressortis. — *Yeux :* gros, arrondis, très-duveteux, non adhérents et souvent placés en éperon. — *Feuilles :*

grandes, peu nombreuses, ovales-arrondies, contournées et des plus cotonneuses, presqu'entières ou faiblement dentelées, portées sur un pétiole assez long et bien nourri.

Poire Bergamote d'Été.

FERTILITÉ. — Extrême.

CULTURE. — De médiocre vigueur, il forme cependant, sur franc ou sur cognassier, de jolies pyramides; le développement de son écusson est assez tardif.

Description du fruit. — *Grosseur :* moyenne. — *Forme :* sphéro-turbinée ou globuleuse, bosselée, et se rétrécissant ordinairement vers le sommet, qui alors est presque toujours mamelonné. — *Pédoncule :* court, droit, fort, obliquement inséré à fleur de fruit. — *OEil :* large, ouvert, régulier, placé dans un profond évasement. — *Peau :* vert pâle, légèrement jaunâtre du côté de l'ombre, lavée de rose tendre sur la partie exposée au soleil, et toute parsemée de points fauves. — *Chair :* blanchâtre, demi-fine, fondante, rarement très-pierreuse. — *Eau :* assez abondante, aigrelette, sucrée, douée d'un arome particulier des plus savoureux.

MATURITÉ. — De la fin d'août à la mi-septembre.

QUALITÉ. — Première.

Historique. — Dès 1628 on la voit citée, sous le double nom de *Bergamote d'Été* ou *Milan* DE LA BEUVERIÈRE, par le Lectier, alors procureur du roi à Orléans, et collectionneur passionné d'arbres fruitiers, ainsi que le démontre le curieux *Catalogue* qu'il dressa et fit circuler avec cette recommandation :

« Je prie tous ceulx qui auront des fruicts exquis (non contenus au present Catalogue) lors qu'il tumbera entre leurs mains de m'en donner advis, afin que j'en puisse avoir des greffes pour eschange de celles qu'ils n'auront pas, lesquelles ils desireront de moy, et que je leur fourniray. » (Le Lectier, *Catalogue*, 1628, p. 35.)

Aucun auteur, avant ce magistrat, ne mentionnant la Bergamote d'Été, elle ne doit pas remonter beaucoup plus haut que la fin du XVIe siècle, ou que le commencement du XVIIe. Son acte de naissance nous semble positivement renfermé dans la seconde dénomination même que lui donne le Lectier : « *Milan* DE LA BEUVERIÈRE. » Or, la Beuverière ou Beuvrière est une ancienne terre seigneuriale située dans l'Anjou, commune de Grez-Neuville, près Angers, et qui pour lors appartenait aux Saint-Offange. Cette poire exquise naquit donc, selon nous, chez les Angevins. Et ce qui nous autorise également à la regarder comme nôtre, c'est que de toute antiquité nos pères l'ont cultivée; mais ils l'appelaient plutôt Milan blanc ou Beurré blanc, que Bergamote d'Été.

Observations. — Il faut croire que le sol de Versailles ne convenait nullement

à ce poirier, car la Quintinye, directeur des vergers de Louis XIV, disait « Con-
« naître le Milan de la Beuvrière pour si mauvais, qu'il ne conseillait à personne
« de le planter. » (*Instructions pour les jardins fruitiers et potagers*, édition de 1739,
t. I, p. 316.) — On a souvent confondu la Bergamote d'Angleterre, ou de Hampden,
avec la Bergamote d'Été; pourtant ces deux poires sont loin de se ressembler. Nous
l'avons constaté plus haut, page 222, et le répétons ici, afin de mieux prémunir
contre une telle confusion. — Les Allemands, qui tiennent ce fruit en grande
estime, le nomment Bergamote *ronde* d'Été, pour le distinguer de leur Bergamote
longue d'Été, variété originaire de la Thuringe, et complétement inconnue dans
notre pays. — Enfin, rappelons de nouveau que Grosse-Bergamote d'Été et Grosse-
Bergamote d'Été sans pepins sont uniquement synonymes de *Belle de Bruxelles
sans pepins* (voir page 193), et n'ont rien de commun avec la poire qui vient de
nous occuper.

Poire BERGAMOTE FIÉVÉE. — Synonyme de *Bergamote lucrative*. Voir ce nom.

Poire BERGAMOTE DE FLANDRE. — Synonyme de poire *Fondante des Bois*.
Voir ce nom.

Poire BERGAMOTE FORTUNÉE. — Synonyme de poire *Fortunée de Printemps*.
Voir ce nom.

Poire BERGAMOTE DE FOUGÈRE. — Synonyme de poire *Bergamote de Hollande*. Voir ce nom.

115. Poire BERGAMOTE GANSEL.

Synonymes. — *Poires :* 1. BONNE-ROUGE (Thompson, *Catalogue of the fruits cultivated in the
garden of the horticultural Society of London*, 1842, p. 130). — 2. DIAMANT (*Id. ibid.*).

Description de l'arbre.
— *Bois :* assez fort. — *Rameaux :*
très-nombreux, étalés, gros,
courts, géniculés, cotonneux,
brun clair grisâtre, finement
ponctués, à coussinets faiblement accusés. — *Yeux :* petits
ou moyens, ovoïdes, aplatis,
duveteux, adhérents, ayant les
écailles légèrement disjointes.
— *Feuilles :* grandes, abondantes, ovales-lancéolées, très-on-
duleuses, canaliculées, contournées, cotonneuses, ayant les
bords unis et le pétiole court et
des plus nourris.

FERTILITÉ. — Convenable.

CULTURE. — Excessivement
vigoureux, ce poirier, dont l'é-
cusson se développe rapidement, se greffe sur franc ou sur cognassier; il fait des
pyramides belles et touffues.

Description du fruit. — *Grosseur :* au-dessous de la moyenne. — *Forme :* arrondie, écrasée, régulière. — *Pédoncule :* parfois court et oblique, mais habituellement assez long et assez gros, droit ou arqué, charnu à la base, renflé au sommet, inséré dans une vaste cavité. — *Œil :* large, bien ouvert ou mi-clos, presque saillant. — *Peau :* vert clair, ponctuée, marbrée de brun, lavée souvent de rouge terne du côté du soleil. — *Chair :* blanchâtre, grosse, demi-fondante, juteuse, marcescente, un peu pierreuse autour des loges. — *Eau :* fort abondante, sucrée, vineuse, délicatement musquée, mais douée généralement d'une âcreté bien prononcée.

Maturité. — De la mi-septembre à la mi-octobre.

Qualité. — Deuxième.

Historique. — Le pomologue anglais Lindley donne de précieux renseignements sur ce fruit, dans le recueil qu'il publia en 1831 ; voici la traduction du passage où ils sont consignés :

« Cette savoureuse poire est originaire de notre pays, ainsi que l'atteste une lettre écrite en 1818 au chevalier John Williams, de Pitmaston, par le chevalier David Jebb, de Worcester, lettre dans laquelle ce dernier dit positivement : « La Bergamote Gansel fut gagnée en 1708, « d'un semis de pepins de Bergamote d'Automne, par mon oncle le lieutenant général Gansel, « à sa terre de Donneland-Hill, près Colchester. » La variété appelée *Bonne-Rouge* chez les Français, ne différant nullement de cette Bergamote, ce sont eux qui lui auront appliqué un tel nom, en la recevant d'Angleterre. » (*A Guide to the orchard and kitchen garden*, 1831, pp. 358-359.)

Observations. — En France, la Bergamote Gansel est rarement aussi bonne qu'elle le devient dans son terrain natal; bien souvent nous l'avons trouvée d'une astringence désagréable, et presque toujours très-marcescente. — C'est par méprise qu'on a fait, en divers ouvrages, *Doyenné gris* et *Bergamote d'Angleterre* synonymes de Bergamote Gansel; variétés distinctes, ces trois fruits n'ont entre eux, ainsi que leurs arbres, aucun rapport, aucune ressemblance.

Poire BERGAMOTE GÉRARD. — Synonyme de poire *Gîle-ô-Gîle*. Voir ce nom.

Poire BERGAMOTE GRECQUE. — Synonyme de poire *de Fauce*. Voir ce nom.

Poire BERGAMOTE DE LA GRILLIÈRE. — Synonyme de *Bergamote de Pâques*. Voir ce nom.

Poire BERGAMOTE DE HAMPDEN. — Synonyme de *Bergamote d'Angleterre*. Voir ce nom.

---

116. Poire BERGAMOTE HEIMBOURG.

Description de l'arbre. — *Bois :* fort. — *Rameaux :* nombreux, généralement étalés et arqués, gros, peu longs, coudés, légèrement cotonneux, brun foncé, à lenticelles petites et très-espacées, à coussinets bien marqués. — *Yeux :* moyens, ovoïdes-aplatis, duveteux, appliqués contre le bois et ayant les écailles souvent entr'ouvertes. — *Feuilles :* assez petites, abondantes, régulièrement ovales, acumi-nées, finement dentelées, portées sur un pétiole épais et court.

Poire Bergamote Heimbourg.

FERTILITÉ. — Convenable.

CULTURE. — On lui donne indistincte-ment le franc ou le cognassier comme sujet; vigoureux, il fait de remarquables pyramides ; la crois-sance de l'écusson est un peu tardive.

Description du fruit. — *Gros-seur :* volumineuse. — *Forme :* sphéri-que, s'amincissant légèrement vers le sommet. — *Pédon-cule :* long, mince, arqué, obliquement inséré dans un éva-sement sans profon-deur.—*Œil :* grand, mal développé, ou-vert, souvent con-tourné, presque à fleur de fruit. — *Peau :* rude au tou-cher, jaune clair oli-vâtre, ponctuée de

roux, veinée, tachée de même, et faiblement lavée de rouge pâle sur la partie exposée au soleil. — *Chair :* blanchâtre, fine, fondante, assez pierreuse au cœur. — *Eau :* suffisante, acidule, sucrée, délicatement parfumée.

MATURITÉ. — Octobre.

QUALITÉ. — Première.

Historique. — Née en Belgique, elle provient des semis de Van Mons. Dégus-tée pour la première fois en 1847 par M. Bivort, l'un des acquéreurs de la pépinière de ce célèbre arboriculteur, elle fut dédiée par lui à M. Heimbourg, président de la Société philharmonique de Bruxelles. (Voir Bivort, *Album de pomologie*, 1830, t. III, pp. 79-80.)

Observations. — Dans son *Jardin fruitier du Muséum*, M. Decaisne disait en 1860 :

« M. Bivort a décrit comme fruit nouveau, sous le nom de Bergamote d'Heimbourg, la poire Hacon's, excellente variété présentée à la Société d'Horticulture de Norwich le 17 novem-bre 1830, et qui y a obtenu une médaille d'argent. » (Tome III.)

Nous devions, nécessairement, reproduire cette opinion de M. Decaisne ; mais

I.

tout nous fait une loi d'affirmer que dans notre école les poiriers Incomparable Hacon's et Bergamote Heimbourg ne sont nullement identiques, non plus que leurs fruits. Et si l'on veut bien, ici, les comparer, on en restera convaincu.

POIRE BERGAMOTE HERTRICK. — Synonyme de *Bergamote de Stricker*. Voir ce nom.

117. POIRE BERGAMOTE D'HILDESHEIM.

Description de l'arbre. — *Bois :* fort. — *Rameaux :* peu nombreux, de grosseur moyenne, légèrement duveteux, érigés, longs, flexueux, vert foncé, finement ponctués de gris-blanc, ayant les coussinets assez apparents. — *Yeux :* petits, coniques, aplatis, écartés du bois. — *Feuilles :* grandes, ovales, canaliculées, presque entières ou faiblement crénelées, à pétiole long et bien nourri.

FERTILITÉ. — Remarquable.

CULTURE. — Le franc lui convient mieux que le cognassier, sa vigueur étant médiocre ; ainsi greffé, il pousse assez bien en pyramide, et tient convenablement sa place dans un verger.

Description du fruit. — *Grosseur :* au-dessous de la moyenne. — *Forme :* arrondie, écrasée, régulière. — *Pédoncule :* court, mince, arqué, obliquement inséré dans un large évasement peu profond. — *Œil :* grand, mi-clos, bien formé, assez enfoncé. — *Peau :* jaune olivâtre, entièrement couverte de points gris clair et de points brunâtres mêlés et très-rapprochés, ce qui lui donne l'apparence du granit. — *Chair :* jaunâtre, demi-fine, fondante, peu pierreuse. — *Eau :* rarement abondante, mais bien sucrée, acidule, aromatique et des plus savoureuses.

MATURITÉ. — De la mi-septembre au commencement d'octobre.

QUALITÉ. — Première.

Historique. — Cette espèce, récemment introduite en France où sa culture est encore fort rare, appartient au Hanovre et porte le nom de sa ville natale. M. Oberdieck, qui la décrivait en 1863, la dit très-estimée des Allemands, puis ajoute :

« Elle ressemble beaucoup à la Bergamote rouge, l'égale presque en bonté, et provient certainement d'un semis de pepins de cette variété. Diel (de Stuttgardt) en reçut des greffes du célèbre pomologue Cludius, obtenteur de fruits délicieux et superintendant à Hildesheim, où sans doute il l'avait gagnée. » (*Illustrirtes Handbuch der Obstkunde*, 1863, t. V, p. 69.)

Oberdieck ne précise pas, ici, l'époque à laquelle Cludius propagea cette poire;

mais le docteur Diel ayant mentionné la Bergamote d'Hildesheim en 1825, dans son ouvrage sur les fruits à pepins, cette date montre suffisamment qu'il la connaissait depuis peu, car il publiait son œuvre par livraisons paraissant annuellement.

POIRE BERGAMOTE DE LA HILIÈRE. — Synonyme de *Bergamote d'Automne.* Voir ce nom.

POIRE BERGAMOTE D'HIVER. — Synonyme de *Bergamote de Pâques.* Voir ce nom.

POIRE BERGAMOTE D'HIVER DE HOLLANDE. — Synonyme de *Bergamote de Hollande.* Voir ce nom.

118. POIRE BERGAMOTE DE HOLLANDE.

Synonymes. — *Poires :* 1. BERGAMOTE D'ALENÇON (Henri Heissen, *Gartenlust*, 1690, cité par H. Manger, dans sa *Systematische Pomologie*, t. II, p. 16). — 2. AMOSELLE (Nolin et Blavet, *Essai sur l'agriculture moderne*, 1755, p. 211). — 3. BERGAMOTE D'HIVER DE HOLLANDE (Knoop, *Fructologie*, 1766, t. II, p. 40, et Table synonymique). — 4. BERGAMOTE DE FOUGÈRE (Thompson, *Catalogue of the fruits of the horticultural Society of London*, 1842, p. 125). — 5. BEURRÉ D'ALENÇON (*Id. ibid.*). — 6. BEURRÉ EXTRA (*Id. ibid.*) — 7. LORD CHENEY (*Id. ibid.*). — 8. SARAH (Biedenfeld, *Handbuch aller bekannten Obstsorten*, 1854, p. 107). — 9. MUSQUINE DE BRETAGNE (Decaisne, *le Jardin fruitier du Muséum*, 1860, t. III).

Premier Type.

Description de l'arbre. — *Bois :* assez faible. — *Rameaux :* peu nombreux, légèrement étalés, bien nourris, de longueur moyenne, flexueux, vert olivâtre cendré lavé de rouge-brun, coussinets faiblement indiqués. — *Yeux :* petits, ovoïdes, adhérents au bois et ayant les écailles disjointes en partie. — *Feuilles :* moyennes, ovales-allongées, canaliculées et contournées, à bords unis, à pétiole épais et long.

FERTILITÉ. — Ordinaire.

CULTURE. — Sa vigueur n'est pas assez grande pour le greffer sur cognassier; il faut lui donner le franc et le placer en espalier, au midi ou au levant. Ses pyramides manquent de force, de beauté, et se développent tardivement.

Description du fruit. — *Grosseur :* moyenne, et souvent plus considérable. — *Forme :* variant entre la turbinée-arrondie, régulière, et l'ovoïde contournée. — *Pédoncule :* long, droit ou arqué, obliquement implanté dans une cavité assez profonde et entourée de protubérances parfois volumineuses. — *OEil* : moyen, peu ouvert, peu enfoncé, bien formé. — *Peau* : vert-olive, ponctuée, striée de roux, lavée de brun clair sur la partie exposée au soleil. — *Chair* : blanchâtre, juteuse, demi-cassante, pierreuse, ayant le grain généralement très-gros. — *Eau* : toujours abondante, sucrée, douceâtre, rarement très-aromatique, mais cependant assez délicate.

Poire Bergamote de Hollande. — *Deuxième Type.*

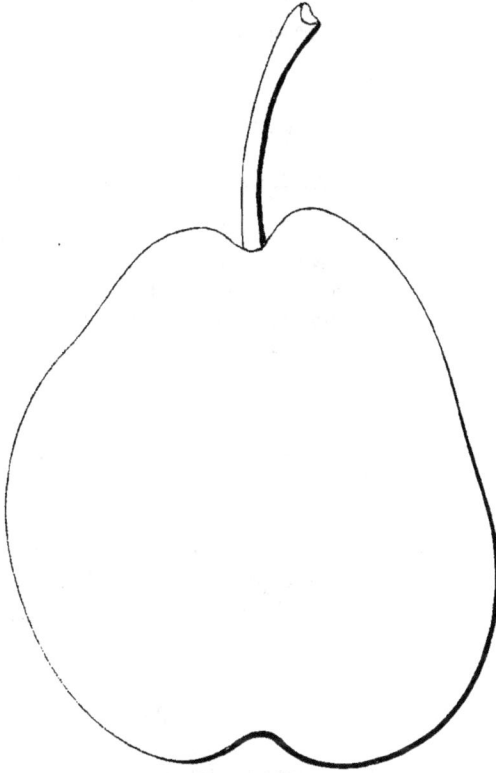

MATURITÉ. — De novembre jusqu'à la fin d'avril.

QUALITÉ. — Deuxième pour le couteau, première pour la cuisson.

Historique. — *Bergamote d'Alençon* fut la dénomination primitive de cette variété. Dès 1690, Henri Heissen la lui donnait dans son *Gartenlust*, où l'on trouve décrits les fruits les plus communément cultivés en Allemagne, au XVII° siècle. Puis bientôt on l'appela poire d'*Amoselle*, terme qui nous paraît uniquement la contraction du mot damoiselle (poire de Damoiselle) ; comme poire de Dame Oudotte, quelques années auparavant, était devenu, de la même façon, poire d'Amadote, ainsi que nous l'observions plus haut, page 105. Importée de France à l'étranger, elle y reçut le surnom de Bergamote de Hollande, qui lui resta, mais sous lequel on la reconnut aisément, néanmoins, quand plus tard on l'expédia comme une espèce nouvelle à nos horticulteurs. Témoin ce passage, extrait d'un excellent ouvrage publié en 1755 :

« L'Amoselle, c'est une poire très-anciennement connue ici, qu'on avait perdue, et qui nous est revenue sous le nom de *Bergamote de Hollande*. » (Nolin et Blavet, *Essai sur l'agriculture moderne*, 1755, pp. 211-212.)

Ce fruit, très-vraisemblablement, dut commencer à se propager vers 1625 ou 1650, car les écrivains spéciaux antérieurs à ces époques, ne l'ont pas cité. Sa provenance, Duhamel, en 1768, l'indiquait de la sorte : « *Bergamote de Hollande...* On la croit originaire d'Alençon, où elle est connue sous le nom de Bergamote d'Alençon... » (*Traité des arbres fruitiers*, 1768, t. II, p. 170.)

Observations. — Plusieurs pomologues ont assuré que la Bergamote de Hollande se conservait jusqu'en *juin*, et l'ont déclarée de *première qualité*. Pour nous, jamais nous n'avons vu sa maturité dépasser le mois d'avril; et quant à sa qualité, elle est si variable, si souvent médiocre, que nous eussions classé ce fruit de troisième ordre, et non de deuxième parmi les espèces à couteau, sans la considération de sa longue garde. La Quintinye dut penser ainsi, lui qui prisait au plus haut point les Bergamotes; autrement les regrets qu'on va lui entendre manifester, ne se comprendraient pas :

« Plût à Dieu! — s'écriait-il avant 1690 — qu'il fût bien vrai qu'il y eût des Bergamotes tardives, autrement de caresme... Certains curieux ont voulu se persuader, et à moi aussi, qu'infailliblement ils avoient ces Bergamotes tardives; mais à mon grand regret je ne puis m'empêcher d'avouer que jusqu'à présent je n'ai pu me convaincre de cette bonne fortune, quoiqu'en vérité je n'aie manqué ni de soin, ni de diligence, ni de précaution pour faire une telle conquête... » (*Instructions pour les jardins fruitiers et potagers*, édition de 1739, t. I, p. 229.)

119. Poire BERGAMOTE DE HOLLANDE PANACHÉE.

Synonyme. — *Poire* AMOSELLE PANACHÉE (Decaisne, *le Jardin fruitier du Muséum*, 1858, t. I).

Description de l'arbre. — *Bois :* fort. — *Rameaux :* érigés, peu nombreux, de longueur et de grosseur moyennes, légèrement coudés, brun verdâtre, ponctués de gris-roux et fouettés de marron clair; leurs coussinets sont faiblement resortis. — *Yeux :* assez renflés, coniques, à large base, non adhérents. — *Feuilles :* grandes, ovales-allongées, acuminées, rarement canaliculées, ayant les bords crénelés et le pétiole court et épais.

FERTILITÉ. — Médiocre.

CULTURE. — Le franc est le seul sujet qui convienne à ce poirier, en raison de son manque de vigueur; les pyramides qu'il forme sont grêles et poussent très-lentement.

Description du fruit. — Il a tous les dehors du premier type de la Bergamote de Hollande reproduit page 243, et n'en diffère que par la panachure vert-brun de sa peau. Quant à sa chair, elle contient peu d'eau, est sans délicatesse, et possède même un arrière-goût désagréable.

MATURITÉ. — De décembre en avril.

QUALITÉ. — Deuxième comme fruit à cuire, et trop mauvaise pour être mangée crue.

Historique. — Cette sous-variété de la Bergamote de Hollande, qui n'a pour elle que la curieuse panachure de son fruit et de son bois, ne se rencontre guère que dans les grandes collections. Fort rare en France, elle l'est moins en Belgique, où quelques pépiniéristes, Adolphe Papeleu entre autres, s'efforcèrent de la propager. Les Allemands doivent la cultiver, car Biedenfeld, un de leurs pomologues, lui accordait en 1854 une place dans son *Handbuch aller bekannten Obstsorten*, page 112. Chez nous, ni Duhamel (1768), ni le Berriays (1789), ni Noisette (1839), ni Poiteau (1846) ne l'ont mentionnée, ce qui donne à penser qu'ils ne la connurent pas et qu'alors son obtention ne saurait être ancienne. M. Decaisne s'est occupé d'elle en 1858, et voici ce qu'il en a dit :

« AMOSELLE PANACHÉE (ou *Bergamote de Hollande panachée*)... Plusieurs auteurs paraissent avoir confondu cette variété avec la Double-Fleur et la Bergamote d'Automne panachées; on la reconnaîtra facilement à sa forme déprimée, et non turbinée, ainsi qu'à ses feuilles crénelées et à peu près planes; tandis que celles de la Bergamote d'Automne rappellent le Saint-Germain ou l'Angleterre par leur courbure. » (*Le Jardin fruitier du Muséum*, t. I.)

120. Poire BERGAMOTE DE JODOIGNE.

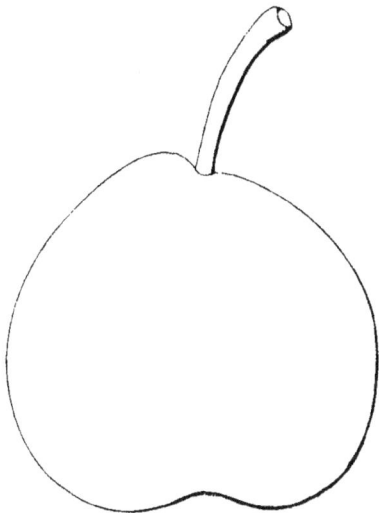

Description de l'arbre. — *Bois :* assez fort. — *Rameaux :* nombreux, un peu étalés, un peu arqués, gros, de longueur moyenne, à peine flexueux, brun grisâtre clair, finement ponctués, ayant les coussinets faiblement marqués. — *Yeux :* petits, ovoïdes-arrondis, gris, appliqués contre le bois. — *Feuilles :* moyennes, arrondies ou ovales, acuminées, presque unies sur leurs bords, à pétiole très-court, roide et renflé.

Fertilité. — Ordinaire.

Culture. — Récemment introduit dans notre école, ce poirier, qu'on y a greffé sur cognassier, ne s'annonce pas comme devant être bien vigoureux. Cependant ses pyramides sont assez convenables.

Description du fruit. — *Grosseur :* au-dessous de la moyenne, ou petite. — *Forme :* arrondie, complétement plate à la base et légèrement mamelonnée au sommet. — *Pédoncule :* de longueur moyenne, menu, arqué, obliquement inséré dans une très-étroite cavité. — *OEil :* grand, des plus ouverts, bien formé, presque saillant. — *Peau :* jaune-citron, passant au jaune orangé du côté du soleil, semée de points grisâtres peu apparents et de quelques marbrures fauves. — *Chair :* blanc jaunâtre, fine, fondante, pierreuse au centre. — *Eau :* suffisante, sucrée, douée d'un parfum agréable et prononcé.

Maturité. — De mars jusqu'à la moitié de mai.

Qualité. — Première, en raison *seulement* de sa longue garde.

Historique. — Elle provient des semis de M. Grégoire, amateur distingué habitant Jodoigne (Belgique). Il l'obtint en 1853.

---

121. Poire BERGAMOTE LESÈBLE.

Synonyme. — *Poire* Lesèble (Decaisne, *le Jardin fruitier du Muséum*, 1864, t. VI).

Description de l'arbre. — *Bois :* fort. — *Rameaux :* nombreux, habituellement érigés, gros, très-longs, flexueux, brun verdâtre clair, finement et abondamment ponctués, à coussinets peu proéminents. — *Yeux :* moyens, ovoïdes, pointus, ayant les écailles disjointes; ils sont écartés du bois. — *Feuilles :* assez grandes, coriaces, elliptiques, faiblement acuminées, ayant les bords bien crénelés, le pétiole fort et de longueur moyenne.

Fertilité. — Excessive.

Culture. — Poirier vigoureux, il demande le cognassier, fait de remarquables pyramides et se développe rapidement.

Description du fruit. — *Grosseur :* assez considérable. — *Forme :* turbinée-arrondie, ventrue, obtuse, bosselée vers le sommet. — *Pédoncule :* de longueur moyenne, bien nourri, arqué, régulièrement implanté. — *Œil :* petit, habituellement très-enfoncé, mi-clos, ayant les bords entièrement unis. — *Peau :* jaune d'or, ponctuée de fauve, montrant quelques marbrures rousses, maculée de brun clair dans le bassin ombilical, et faiblement lavée de rose pâle sur le côté frappé par le soleil. — *Chair :* blanchâtre, juteuse, à grain un peu gros, fondante, légèrement pierreuse autour des loges. — *Eau :* excessivement abondante, sucrée, fraîche, savoureuse, laissant dans la bouche un arrière-goût d'anis.

Poire Bergamote Lesèble.

MATURITÉ. — Fin septembre à fin octobre.

QUALITÉ. — Première.

Historique. —Poussé dans un vignoble de la terre de Rochefuret (Indre-et-Loire), appartenant à M. Narcisse Lesèble, botaniste et président du Comice horticole de Tours, ce poirier fut remarqué en 1843 par son propriétaire, qui s'empressa de le propager.

POIRE BERGAMOTE LISSE. — Synonyme de *Bergamote d'Automne*. Voir ce nom.

---

122. POIRE BERGAMOTE LUCRATIVE.

Synonymes.— *Poires :* 1. BELLE-LUCRATIVE (Lindley, *A Guide to the orchard and kitchen garden*, 1831, p. 364). — 2. FONDANTE D'AUTOMNE (*Id. ibid.*). — 3. GRESILLIER (Prévost, *Pomologie de la Seine-Inférieure*, 1839, p. 169). — 4. DU SEIGNEUR (*Id. ibid.*, p. 120). — 5. BERGAMOTE FIÉVÉE (Willermoz, *Observations sur le genre poirier*, 1848, p. 15). — 6. BEURRÉ LUCRATIF (André Leroy, *Catalogue descriptif et raisonné des arbres fruitiers et d'ornement*, 1849, p. 18). — 7. SEIGNEUR (Bivort, *Album de pomologie*, 1849, t. II, p. 1).— 8. ARBRE-SUPERBE (Congrès pomologique, *Catalogue des variétés de fruits admises*, session de 1857, p. 3). — 9. EXCELLENTISSIME (*Id. ibid.*). — 10. LUCRATE (*Id. ibid.*). — 11. SEIGNEUR D'ESPÉREN (*Id. ibid.*). — 12. FONDANTE DE MAUBEUGE (de Jonghe, cité par Oberdieck, *Illustrirtes Handbuch der Obstkunde*, 1860, t. II, p. 409).

Description de l'arbre. — *Bois :* assez faible. — *Rameaux :* très-nombreux, légèrement étalés, grêles, longs, peu flexueux, jaune olivâtre, finement ponctués, à coussinets aplatis. — *Yeux :* moyens, ovoïdes pointus, bien détachés du bois. —

Feuilles : petites, mais abondantes, elliptiques-arrondies, acuminées, régulièrement dentées en scie, ayant le pétiole court et menu.

Poire Bergamote lucrative. — *Premier Type.*

FERTILITÉ. — Grande.

CULTURE. — Peu vigoureux, cet arbre, qu'il soit greffé sur franc ou sur cognassier, croît très-lentement; toutefois ses pyramides sont remarquablement faites.

Description du fruit. — *Grosseur :* au-dessus de la moyenne. — *Forme :* des plus variables, elle affecte habituellement, cependant, soit la turbinée obtuse et ventrue, soit la globuleuse ou l'ovoïde. — *Pédoncule :* court, fort, droit ou quelque peu arqué, implanté obliquement dans une petite cavité, et souvent charnu à la base. — *Œil :* moyen ou petit, ouvert, placé dans un large bassin rarement bien profond. — *Peau :* jaune grisâtre, ponctuée de roux clair, marbrée de même auprès du pédoncule, et maculée de brun-fauve autour de l'œil. — *Chair :* blanche, demi-fine, fondante, juteuse, légèrement pierreuse au cœur. — *Eau :* excessivement abondante, sucrée, savoureuse, acidule, imprégnée d'un parfum musqué qui n'a rien de trop prononcé.

MATURITÉ. — De la fin de septembre jusqu'aux derniers jours d'octobre.

QUALITÉ. — Première.

Deuxième Type.

Historique. — Parmi les fruits modernes, il en est peu qui aient eu à subir d'aussi nombreux changements de nom, que la Bergamote lucrative. En 1831, le pomologue anglais Lindley l'appelait déjà Belle-Lucrative et Fondante d'Automne, et pourtant l'on sortait à peine de la propager, puisque cet auteur nous dit :

« C'est une des *nouvelles* poires flamandes introduites dans les collections du jardin de la Société d'Horticulture de Londres, à Chiswich [sous les murs de cette capitale], où elle a mûri sur un arbre à haute tige. » (*A Guide to the orchard and kitchen garden*, 1831, p. 364.)

Dans ce passage, Lindley, qui fut le premier descripteur de cette variété, observe bien qu'elle provient de la Flandre, mais n'indique pas la localité. D'après M. de Liron d'Airoles, elle aurait été gagnée chez nous, à Maubeuge, par M. Fiévée. (Voir *Notices pomologiques*, 1858, t. I, p. 28.) Origine d'où seront venus les noms Bergamote Fiévée et Fondante de Maubeuge, qu'elle a successivement portés. Aujourd'hui, on la cultive, on la vend généralement sous la dénomination de Bergamote *lucrative*, justifiée par les prix avantageux qu'atteignent sur nos marchés ses abondants, ses excellents produits. Son obtention ne peut être de beaucoup antérieure à 1828.

Observations. — La poire *Naquette*, qui a pour synonymes Oignon allemand et Caillot rosat à courte queue, et dont « les pépiniéristes modernes ont fait leur « Bergamote lucrative, » » *selon M. Decaisne* (1859, tome II), diffère entièrement, dans nos pépinières, de ce dernier fruit. Elle s'en éloigne par la forme, par la couleur de la peau ; elle mûrit un mois plus tôt, se conserve cinq ou six jours à peine, et n'a rien de recommandable. Quant aux arbres de ces deux variétés, leurs caractères sont également assez tranchés.

POIRE BERGAMOTE MARBRÉE. — Synonyme de *Bergamote d'Automne panachée*. Voir ce nom.

POIRE BERGAMOTE MELON. — Synonyme de *Bergamote d'Automne*. Voir ce nom.

---

123. POIRE BERGAMOTE DE MILLEPIEDS.

Description de l'arbre.
— *Bois :* fort. — *Rameaux :* assez nombreux, étalés vers la base, érigés au sommet, gros, longs, flexueux, brun rougeâtre, largement ponctués, à coussinets proéminents. — *Yeux :* petits, ovoïdes, aplatis, duveteux, appliqués contre le bois. — *Feuilles :* ovales, vert brillant, dentées en scie et portées sur un pétiole long et bien nourri.

FERTILITÉ. — Ordinaire.

CULTURE. — Assez vigoureux, ce poirier réussit parfaitement sur le cognassier ; il y donne de belles pyramides. Nous ne l'avons pas encore étudié sur franc.

Description du fruit. — *Grosseur :* au-dessus de la moyenne. — *Forme :* ovoïde-arrondie, régulière, habituellement mamelonnée au sommet. — *Pédoncule :* rarement très-long, renflé à son point d'attache, mince, droit ou arqué, obliquement inséré dans un vaste évasement. — *Œil :* grand, bien formé, ouvert ou mi-clos, peu enfoncé. — *Peau :* vert-olive, semée de points brunâtres et striée de fauve auprès de l'œil et du pédoncule. — *Chair :* blanche, mi-fondante, assez fine, juteuse, contenant quelques pierres autour des loges. — *Eau :* des plus abondantes, sucrée, aigrelette, douée d'un parfum savoureux rappelant celui de la jacinthe.

MATURITÉ. — De la moitié de septembre jusqu'à la fin du même mois.

QUALITÉ. — Première.

Historique. — Obtenue en 1852, cette espèce fait partie des gains de feu Goubault, qui avait créé une pépinière de semis de poirier, aujourd'hui détruite, dans la charmante propriété de Millepieds, sur la route de Saumur, à un kilomètre d'Angers. Soumis en 1853 à l'appréciation du Comice horticole de Maine-et-Loire, ce fruit fut reconnu excellent et livré au commerce dès l'année suivante.

POIRE BERGAMOTE MUSQUÉE. — Synonyme de *Bergamote rouge* (de Duhamel). Voir ce nom.

POIRE BERGAMOTE PANACHÉE. — Synonyme de *Bergamote d'Automne panachée*. Voir ce nom.

124. POIRE BERGAMOTE DE PAQUES.

Synonymes. — *Poires :* 1. BERGAMOTE DE LA GRILLIÈRE (Merlet, *l'Abrégé des bons fruits*, édition de 1675, p. 123). — 2. BERGAMOTE D'HIVER (dom Gentil, *le Jardinier solitaire*, édition de 1723, p. 55). — 3. BERGAMOTE DE CARÊME (Henri Manger, *Systematische Pomologie*, 1783, t. II, p. 38). — 4. BERGAMOTE RONDE D'HIVER (*Id. ibid.*). — 5. BERGAMOTE TARDIVE (*Id. ibid.*). — 6. BERGAMOTE DE TOULOUSE (Thompson, *Catalogue of the fruits of the horticultural Society of London*, 1842, p. 125). — 7. BERGAMOTE SOLDAT (Liron d'Airoles, *Notices pomologiques*, 1858, t. I, p. 17).

Description de l'arbre. — *Bois :* fort. — *Rameaux :* assez nombreux, généralement érigés au sommet de la tige et étalés à sa base, gros, courts, des plus coudés, jaune olivâtre, ponctués abondamment et montrant des coussinets bien ressortis. — *Yeux :* ovoïdes, volumineux, légèrement cotonneux, peu écartés du bois. — *Feuilles :* vert clair, arrondies ou elliptiques, crénelées ou dentées, ayant le pétiole épais et court.

FERTILITÉ. — Convenable.

CULTURE. — Sur franc ou sur cognassier, cet arbre reste toujours faible en pépinière; ses pyramides sont grêles et le développement de son écusson se fait assez tardivement.

Description du fruit. — *Grosseur :* considérable. — *Forme :* globuleuse, bosselée, s'amincissant un peu à ses deux extrémités. — *Pédoncule :* de longueur moyenne, bien nourri, recourbé, perpendiculaire ou oblique, inséré dans une étroite cavité où le comprime, d'un côté seulement, une gibbosité rarement très-prononcée. — *OEil :* petit ou moyen, uni sur ses bords, souvent mi-clos, presque saillant. — *Peau :* vert grisâtre, terne, rude, nuancée de jaune pâle, ponctuée de brun et tachée de fauve. — *Chair :* demi-fine, blanchâtre, pierreuse, cassante. — *Eau :* suffisante, sucrée, acidule, peu parfumée, peu savoureuse.

MATURITÉ. — Mars, et atteignant aisément la fin du mois de mai.

QUALITÉ. — Deuxième, en raison *seulement* de son extrême tardiveté.

Historique. — En 1675, Merlet, dans son *Abrégé des bons fruits*, appelait cette poire « Bergamote de Pasques, ou DE LA GRILLIÈRE; » puis ajoutait quinze ans plus tard le renseignement que voici : « Elle est fort commune en Anjou, dans l'abbaye « de Saint-Maur, et *très-rare* en ce païs (Paris). » (Voir page 123 de l'édition de 1675, et page 79 de l'édition de 1690.) Et ce renseignement nous fait trouver tout aussitôt la localité où poussa la plus tardive, mais la moins bonne des Bergamotes. Ce fut sur les confins de la Touraine et de l'Anjou, dans le village de la Grillière, commune de Faye-la-Vineuse, arrondissement de Richelieu (Indre-et-Loire). Or, lorsqu'on sait que l'abbaye de Saint-Maur s'élevait non loin de Saumur, il est aisé de comprendre pourquoi le nouveau poirier dont Merlet parlait ainsi il y a deux siècles, arriva si promptement chez les Bénédictins de ce célèbre monastère. En 1676, il avait déjà gagné Paris; seulement, il y était d'une telle rareté, qu'un ouvrage d'alors, les *Instructions pour les arbres fruitiers*, attribué au moine Triquel, prieur de Saint-Marc, disait page 99 : « On ne peut se le procurer que chez « M. Galand et M. de Moncy. » Et l'on a vu qu'en 1690 cette variété était encore bien peu commune dans la capitale et ses environs.

Observations. — Dans sa *Pomologie française*, feu Poiteau, décrivant en 1846 la Bergamote de Pâques, disait :

« Depuis environ quinze ans le nom de cette poire se trouve changé sur les Catalogues en celui de *Doyenné d'Hiver*, soit parce qu'on ne l'a pas reconnue dans Duhamel, soit parce qu'on lui a trouvé plus de rapports avec le Doyenné qu'avec les Bergamotes. Quoi qu'il en soit, il paraît que le nom de Doyenné d'Hiver lui restera, et qu'on oubliera peu à peu son ancien nom. » (Tome III, n° 12.)

Constatons-le, les prévisions de Poiteau ne se sont pas réalisées, puisqu'actuellement cette variété porte encore partout son ancienne dénomination de Bergamote de Pâques. Et l'on a eu grandement raison de ne plus l'appeler Doyenné d'Hiver, ce nom s'appliquant uniquement à la poire de première qualité dite aussi : Bergamote de Pentecôte, Beurré d'Austerlitz, Doyenné de Printemps, etc. — M. Auguste Royer, l'un des rédacteurs du recueil intitulé *Annales de pomologie belge et étrangère*, a fait au sujet de ce fruit la remarque suivante, dont bien souvent nous avons été à même d'apprécier la justesse :

« Il arrive fréquemment qu'une partie des produits du présent poirier ne mûrit pas, reste dure et impropre à tout usage. C'est ainsi que l'on a vu figurer plus d'une fois dans les expositions publiques des spécimens de cette variété conservés deux à trois ans. Ce défaut a été particulièrement observé dans les terrains secs et légers. » (Tome IV, année 1856, p. 41.)

Les noms : Bergamote de Bugi, Bon-Amet, Grillan roux et Verte du Péreux, à diverses époques ont été déclarés synonymes de Bergamote de Pâques. Affirmons qu'on se méprit en les qualifiant de la sorte, et renvoyons le lecteur qui voudra s'en convaincre, aux articles spéciaux où il est question, ici, de chacun de ces noms. — Enfin, ajoutons qu'au XVIIe siècle si la Bergamote de Pâques put mériter la première place sur les tables des gourmets, elle n'a plus cet honneur aujourd'hui, où nombre d'excellents gains à maturité tardive également, l'ont reléguée au rang des variétés de deuxième, et même de troisième ordre.

---

125. POIRE BERGAMOTE DE PARTHENAY.

Premier Type.

Description de l'arbre. — *Bois :* fort. — *Rameaux :* peu nombreux, étalés, très-gros, longs, légèrement coudés, brun olivâtre, duveteux, finement et abondamment ponctués, à coussinets aplatis. — *Yeux* : ovoïdes, écrasés, volumineux, appliqués contre le bois, cotonneux et ayant les écailles un peu entr'ouvertes. — *Feuilles* : grandes, coriaces, ovales-arrondies, duveteuses, faiblement dentées ou crénelées, portées sur un pétiole court et des plus épais.

Poire Bergamote de Parthenay. — *Deuxième Type.*

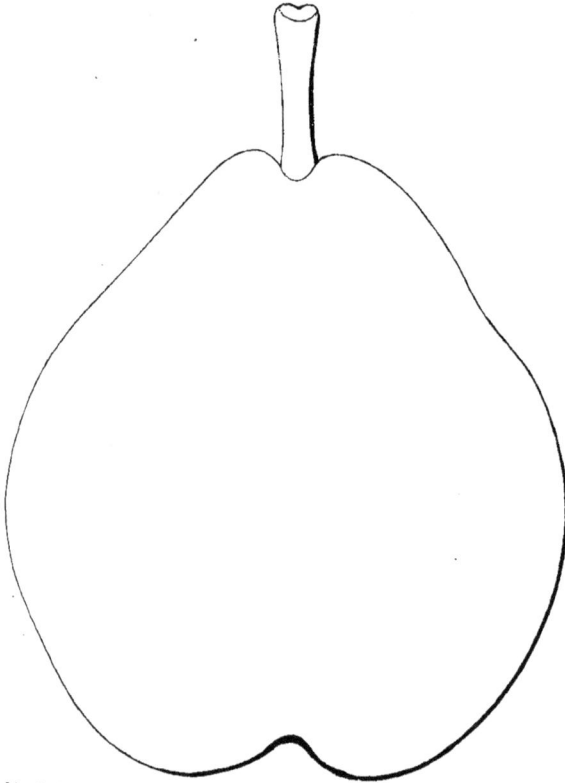

FERTILITÉ. — Convenable.

CULTURE. — Sa vigueur n'a rien d'excessif; il se greffe sur cognassier ou sur franc; ses pyramides sont généralement fortes et feuillues.

Description du fruit. — *Grosseur* : considérable, et parfois énorme. — *Forme* : oblongue ou turbinée-arrondie extrêmement ventrue et bosselée. — *Pédoncule* : court, gros, droit ou légèrement courbé, inséré dans un évasement peu profond et à bords accidentés. — *OEil* : moyen, mi-clos et souvent fermé, presque placé à fleur de fruit. — *Peau* : jaune obscur, semée de larges points fauves, de taches roussâtres, et maculée de brun clair autour de l'œil et du pédoncule. — *Chair* : jaunâtre, grossière, mi-cassante, très-pierreuse. — *Eau* : assez abondante, sucrée, manquant habituellement de parfum, et souvent entachée d'astringence.

MATURITÉ. — De janvier à mars.

QUALITÉ. — Troisième pour le couteau, deuxième pour la cuisson.

Historique. — Introduite en 1832 dans les pépinières d'Angers, cette volumineuse poire nous était venue de la ville de Parthenay (Deux-Sèvres), où depuis plusieurs années déjà un amateur nommé Poireau s'efforçait de la propager. Il avait trouvé, paraît-il, ce poirier à l'état de sauvageon dans un bois du voisinage. Très-répandue chez les jardiniers de nos départements de l'Ouest, elle doit sa renommée plutôt à sa grosseur qu'à sa bonté, car il est rare qu'on puisse l'utiliser convenablement comme espèce à couteau; mais, cuite, on la mange toujours avec plaisir. Dès 1848, le savant botaniste Desvaux, directeur du Jardin des Plantes d'Angers, publiait dans les *Annales du Comice horticole de Maine-et-Loire* (page 17), une longue description de la Bergamote de Parthenay, et l'appelait aussi poire Poireau..... En relisant aujourd'hui les lignes que traçait alors notre défunt concitoyen, nous voyons qu'il dégusta pour cet examen un fruit de qualité tout à fait exceptionnelle, car il lui trouva « la chair beurrée, fondante, assez juteuse, « agréable, rappelant un peu le Beurré de Luçon. » D'où l'on peut conclure que ladite Bergamote se montre parfois excellente. Cependant, répétons-le, constamment nous avons dû la rejeter au troisième rang, et la recommander seulement pour la cuisson.

Observations. — M. Decaisne, qui dans le tome II de son *Jardin fruitier du Muséum* lui consacre en 1859 un article, et la nomme poire de Parthenay, classe la Bergamote *Stoffels* parmi ses synonymes. Il y a là, sans doute, une erreur typographique; aussi lisons-nous Bergamote *Stofflet,* pensant bien que c'est le nom de ce général vendéen qu'on aura voulu, en Bretagne ou en Vendée, appliquer à cette variété moderne.

Poire BERGAMOTE DE PENTECOTE. — Synonyme de *Doyenné d'Hiver.* Voir ce nom.

Poire BERGAMOTE POIREAU. — Synonyme de *Bergamote de Parthenay.* Voir ce nom.

Poire BERGAMOTE POITEAU. — Synonyme de poire *Poiteau.* Voir ce nom.

Poire BERGAMOTE PRÉCOCE. — Synonyme de *Bergamote d'Eté.* Voir ce nom.

Poire BERGAMOTE RAYÉE. — Synonyme de *Bergamote d'Automne panachée.* Voir ce nom.

Poire BERGAMOTE RÉCOUR. — Synonyme de *Bergamote d'Automne.* Voir ce nom.

Poire BERGAMOTE DE RÉCOUS. — Synonyme de *Bergamote d'Automne.* Voir ce nom.

---

126. Poire BERGAMOTE REINETTE.

Description de l'arbre. — *Bois :* très-fort. — *Rameaux :* assez nombreux, habituellement étalés ou réfléchis, et quelquefois un peu contournés, gros, longs, coudés, gris-fauve verdâtre faiblement rosé, semés de larges points jaunâtres et munis de coussinets presque aplatis. — *Yeux :* ovoïdes-obtus, à écailles disjointes, volumineux, cotonneux, écartés du bois, souvent même sortis en courts éperons. — *Feuilles :* rarement abondantes, ovales, légèrement canaliculées, profondément dentées en scie ou crénelées, ayant le pétiole bien nourri, long et pourvu ordinairement de grandes stipules.

Fertilité. — Convenable.

Culture. — Vigoureux, ce poirier prospère parfaitement sur le cognassier; il croît assez vite et fait de fortes pyramides.

Description du fruit. — *Grosseur :* moyenne et parfois petite. — *Forme :* variant entre la turbinée-arrondie et la globuleuse fortement écrasée; mais souvent

Poire Bergamote Reinette. — *Premier Type.*

aussi affectant celle d'un coing, et alors elle est ventrue, contournée, bosselée et côtelée auprès de l'œil. — *Pédoncule :* court ou de longueur moyenne, gros, arqué, obliquement inséré dans une faible cavité que surmontent habituellement quelques protubérances bien caractérisées. — *OEil :* petit ou moyen, mi-clos, mal formé, assez enfoncé, plissé sur ses bords. — *Peau :* jaune d'or, finement ponctuée de roux, marbrée de même auprès de l'œil et tachée de fauve autour du pédoncule. — *Chair :* blanchâtre, demi-fine, ferme, juteuse, fondante, contenant de petites pierres au-dessus des loges. — *Eau :* excessivement abondante, douce, sucrée, délicatement parfumée, laissant quelquefois dans la bouche un arrière-goût herbacé.

Deuxième Type.

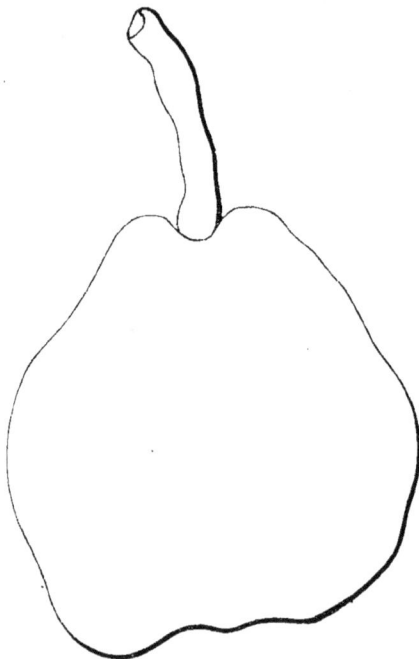

MATURITÉ. — De la fin d'août jusqu'à la moitié de septembre.

QUALITÉ. — Première.

Historique. — M. Boisbunel fils, pépiniériste à Rouen, en est l'obtenteur ; il l'annonçait ainsi, le 13 septembre 1857, à la Société d'Horticulture de la Seine-Inférieure :

« C'est un semis de 1846 qui a fructifié cette année (1857) pour la première fois... Il a une qualité particulière assez rare parmi les fruits d'été, c'est de se garder très-longtemps au fruitier sans mollir. Ceux que je présente aujourd'hui au Cercle, ont été cueillis il y a trois semaines... Je l'ai nommé *Bergamote Reinette*, de la forme du fruit et du parfum de sa chair. » (*Bulletin du Cercle pratique d'Horticulture et de Botanique de Rouen*, 1857, pp. 157-158.)

Poire BERGAMOTE RONDE D'HIVER. — Synonyme de *Bergamote de Pâques.*
Voir ce nom.

127. Poire BERGAMOTE ROSE.

Description de l'arbre. — *Bois :* fort. — *Rameaux :* nombreux, assez courts, gros, flexueux, étalés, vert herbacé, ponctués de jaune-blanc, à coussinets saillants. — *Yeux :* de grosseur moyenne, ovoïdes, obtus, non appliqués contre le bois, à écailles disjointes. — *Feuilles :* coriaces, ovales-lancéolées, très-petites, abondantes, acuminées, ayant les bords relevés en gouttière et finement denticulés, le pétiole court et menu.

Fertilité. — Ordinaire.

Culture. — Le franc lui convient mieux que le cognassier; sa vigueur laisse beaucoup à désirer. En pépinière, il affecte plutôt la forme buisson que la forme pyramidale.

Description du fruit. — *Grosseur :* petite. — *Forme :* arrondie, légèrement écrasée, régulière. — *Pédoncule :* assez long, mince, courbé, perpendiculairement implanté au milieu d'une faible dépression. — *Œil :* moyen, mi-clos, contourné, à peine enfoncé, uni sur ses bords. — *Peau :* bronzée, semée de quelques points gris-blanc et de quelques taches brunâtres et squammeuses. — *Chair :* blanc carminé, odorante, un peu grossière, cassante, rarement pierreuse. — *Eau :* suffisante, sucrée, douceâtre, douée d'un parfum de médiocre saveur offrant une véritable analogie avec celui de la rose.

Maturité. — Janvier et février.

Qualité. — Troisième.

Historique. — Ce sont les Belges qui ont gagné cette très-curieuse variété, comme il résulte du passage ci-après, extrait de leur pomone :

« Elle a été obtenue de semis dans mes cultures, ainsi que la poire *Parfum de rose;...* et ce qui les distingue des autres variétés, c'est une odeur de rose tellement prononcée, qu'elle équivaut à celle de la rose Cent-Feuilles. A l'aide de ces deux types, nous espérons enrichir la pomologie en créant, par des semis de leurs pepins, une nouvelle classe de poires ayant un goût totalement différent de ce que nous avons possédé jusqu'à ce jour; c'est cet espoir qui nous a engagé à les propager... La première production de la Bergamote rose date de 1848. » (Alexandre Bivort, *Album de pomologie,* 1851, t. IV, pp. 29-30.)

Observations. — Nous ne croyons pas que l'espoir qu'exprimait ainsi l'honorable M. Bivort, se soit déjà réalisé; mais ce zélé semeur peut encore compter sur l'avenir pour voir ses efforts couronnés de succès, quinze ans seulement s'étant écoulés depuis qu'il a tenté cette expérience. On sait en effet qu'en matière de semis

il faut avant tout beaucoup de patience et non moins de persévérance. La Bergamote rose est une variété à peine connue, qui ne fut greffée, au dire du pomologue
Tougard, qu'après 1852, et dont les collectionneurs doivent seuls se préoccuper.

128. Poire BERGAMOTE ROUGE.

Synonymes. — *Poires :* 1. BERGAMOTE MUSQUÉE (le Lectier, *Catalogue de son verger et plant*, 1628,
p. 16). — 2. PETIT-MUSCAT D'AUTOMNE (Merlet, *l'Abrégé des bons fruits*, édition de 1675, p. 93).—
3. DE SICILE (*Id. ibid.*). — 4. DU COLOMBIER (*Id. ibid.*). — 5. DE SICILE MUSQUÉE (la Quintinye,
Instructions pour les jardins fruitiers et potagers, édition de 1739, t. I, p. 315). — 6. CRASSANE
D'ÉTÉ (Duhamel, *Traité des arbres fruitiers*, 1768, t. II, p. 162).— 7. BERGAMOTE DORÉE (Herman
Knoop, *Fructologie*, 1771, p. 134).

Premier Type.

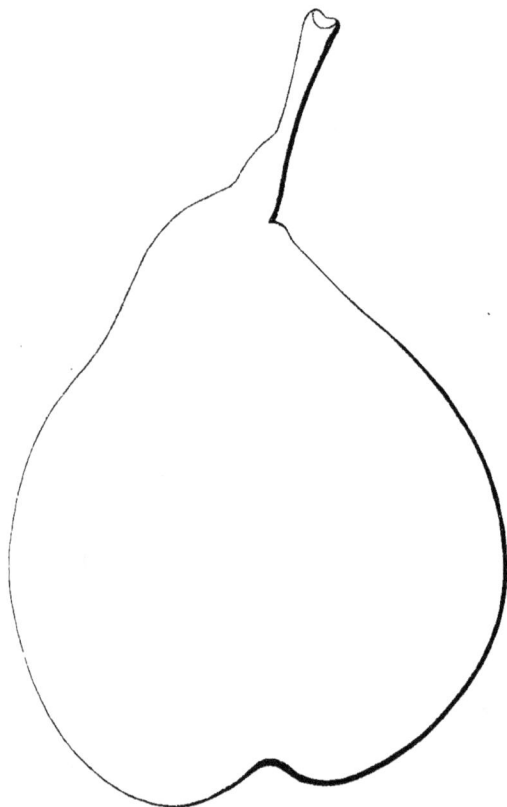

Description de l'arbre. — *Bois :* assez fort. — *Rameaux :* nombreux, très-étalés, gros, courts, presque droits, légèrement duveteux, brun clair, finement ponctués, à coussinets bien ressortis. — *Yeux :* moyens, ovoïdes, grisâtres, peu écartés du bois et ayant les écailles entr'ouvertes. — *Feuilles :* grandes, ovales, ondulées, ayant les bords entiers et le pétiole très-long et généralement grêle.

FERTILITÉ. — Remarquable.

CULTURE. — Des plus vigoureux, on le greffe indistinctement sur franc ou sur cognassier; il croît vite et ses pyramides sont assez bien faites.

Description du fruit. — *Grosseur :* moyenne, et souvent plus volumineuse. — *Forme :* turbinée, obtuse, ventrue, bosselée au sommet, et quelquefois aussi complétement arrondie. — *Pédoncule :* de longueur moyenne, mince, droit ou faiblement courbé, renflé à la base, habituellement continu avec le fruit, obliquement inséré, entouré de gibbosités. — *OEil :* grand, très-développé, ouvert, presque saillant, plissé sur ses bords. — *Peau :* jaune verdâtre, ponctuée, tachée de roux, lavée de rose vif semé de points et de marbrures d'un jaune foncé, du côté du soleil, et parfois aussi portant de nombreuses macules brunâtres. — *Chair :* blanche, grossière, fondante, fortement pierreuse, un peu marcescente. — *Eau :* suffisante, à parfum faiblement musqué, sucrée, mais manquant ordinairement de saveur et de délicatesse.

Bergamote rouge. — *Deuxième Type.*

MATURITÉ. — De la mi-septembre à la mi-octobre, et parfois se prolongeant jusqu'en novembre.

QUALITÉ. — Troisième comme fruit à couteau, première pour la cuisson.

Historique. — Nous n'avons rien trouvé qui puisse rendre possible une hypothèse quelconque sur la provenance de ce poirier. Le Lectier, dans son *Catalogue*, le mentionne en 1628, et ne lui donne qu'un seul nom : Bergamote musquée. Peu après, en 1675, Merlet, en parlant à son tour, lui attribue les synonymes poire du Colombier, poire de Sicile, etc. ; mais qui voudrait assurer que l'un ou l'autre de ces synonymes doit être le nom du royaume ou du lieu dont cette variété si peu méritante est sortie?... Duhamel l'a décrite en 1768, et appelée Bergamote rouge à cause de son beau coloris. Sous cette même dénomination, les Allemands cultivent une poire figurée à la page 97, tome II de l'*Illustrirtes Handbuch der Obstkunde*, d'Oberdieck (1860); cependant, après examen attentif, elle nous a paru différer sensiblement, par les qualités et la forme, de l'espèce répandue chez nous.

Observations. — Parmi les fruits à compote, la Bergamote rouge tiendra toujours un très-bon rang, en raison de sa fécondité, et surtout de sa facile conservation au fruitier, où il n'est pas rare de la garder saine jusqu'aux derniers jours de novembre; ce à quoi se prête parfaitement sa chair un peu sèche. — La grosseur de cette poire est des plus variables; néanmoins sa moyenne se rapproche presque constamment, non du premier type que nous avons reproduit, mais du deuxième.

POIRE BERGAMOTE ROUWA. — Synonyme de *Bergamote d'Automne*. Voir ce nom.

---

129. POIRE BERGAMOTE SAGERET.

Synonyme. — *Poire* SAGERET (Poiteau, *Revue horticole*, 1833, pp. 211-212).

Description de l'arbre. — *Bois :* fort. — *Rameaux :* nombreux, érigés près du sommet, étalés vers la base, cotonneux, gros, longs, peu flexueux, brun clair cendré, à lenticelles très-apparentes mais clair-semées, à coussinets bien développés. — *Yeux :* assez gros, coniques, duveteux, appliqués contre le bois; leurs écailles sont faiblement disjointes. — *Feuilles :* petites, elliptiques-arrondies, abondantes, cotonneuses, canaliculées, à peine dentelées, portées sur un pétiole court et épais.

Poire Bergamote Sageret. — *Premier Type.*

FERTILITÉ. — Des plus grandes.

CULTURE. — On le greffe sur franc ou sur cognassier ; il est vigoureux, fait de très-belles pyramides, et la croissance de son écusson a lieu fort rapidement.

Description du fruit. — *Grosseur :* au-dessus de la moyenne. — *Forme :* sphérique ou turbinée-obtuse, habituellement régulière. — *Pédoncule :* oblique ou perpendiculaire, court, bien nourri, légèrement renflé à ses extrémités, droit ou arqué, inséré à fleur de fruit. — *Œil :* petit, ouvert, peu développé, presque saillant. — *Peau :* épaisse, vert clair, passant au vert jaunâtre du côté de l'ombre, entièrement semée de larges points fauves entremêlés, sur la partie exposée au soleil, de quelques marbrures de même couleur. — *Chair :* blanche, demi-fine, fondante, assez juteuse, montrant quelques pierres au centre. — *Eau :* suffisante, sucrée, acidule, très-délicate, très-savoureusement parfumée.

MATURITÉ. — Du commencement de novembre jusqu'à la mi-janvier.

QUALITÉ. — Première.

Historique. — Feu Poiteau, à l'époque où il collaborait à la rédaction de la *Revue horticole* de Paris, fit insérer la note suivante à la page 211 du tome II de ce recueil :

« Dans la séance du 16 janvier 1833, de la Société royale et centrale d'Agriculture, M. Sageret a présenté une très-bonne poire provenant de ses semis..... Des horticulteurs l'ont nommée *poire Sageret.* »

Et plus explicite dans les *Annales* mêmes de la Société d'Agriculture de la capitale, il disait :

« Étant dans le Gâtinais, M. Sageret a remarqué dans un jardin un très-vieux poirier dont on n'a pu lui indiquer ni le nom ni l'origine. Il a seulement pu s'assurer que cet arbre avait été greffé..... En ayant trouvé bons, les fruits, il en sema les pepins, qui ont produit cette Bergamote.... » (Tome XII, année 1833, p. 348.)

Renseignements que Prévost, de Rouen, peu après compléta en ces termes :

« *Poire Sageret.* — Ce nom est celui d'un pomologiste très-distingué, habitant Paris, et l'arbre qui le porte a été semé par lui vers 1815.... Il a commencé à fructifier à sa 14e ou à sa

15ᵉ année, vers 1830,.... et grâce aux distributions de greffes qu'en a fait M. Sageret, il se trouve chez divers amateurs et pépiniéristes. » (*Cahiers pomologiques*, 1839, n° 3, p. 106.)

Poire Bergamote Sageret. — *Deuxième Type.*

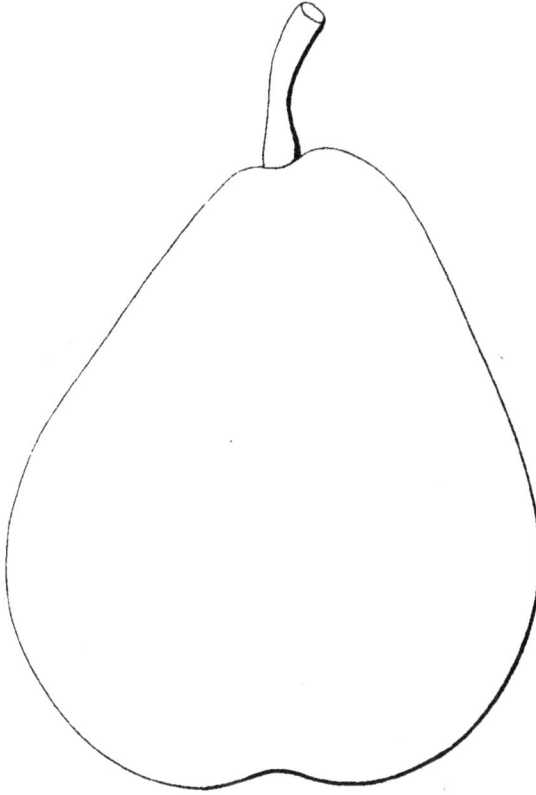

Enfin l'obtenteur, prenant la parole à son tour, fournissait en 1834 ce dernier renseignement :

« L'arbre-type, actuellement âgé de 18 ans, a 22 pieds de hauteur, et il est chargé de plus de *cinq cents* belles poires.... C'est M. le comte Odart, auquel j'en avais offert des greffes, qui lui a donné mon nom.... (*Pomologie physiologique*, Supplément, 1833, p. 16.)

Observations. — On prétend que la Bergamote Sageret atteint facilement le mois de mars. Cependant Prévost, en 1833, affirmait « n'avoir pu la conserver au « delà du 12 janvier; » affirmation contre laquelle, en ce qui nous concerne, nous ne pouvons rien opposer, ayant très-rarement vu ce fruit dépasser les derniers jours de décembre. — Sa grosseur est assez souvent considérable; à l'exposition de Chartres, en 1862, il s'en rencontra un, notamment, qui pesait 300 grammes ; il provenait de la collection de M. Biard. — Il existe une seconde poire Sageret, la poire *Édouard*, mais il devient difficile de la confondre avec cette Bergamote, car elle mûrit en août.

Poire BERGAMOTE SANS PAREILLE. — Synonyme de *Besi incomparable.* Voir ce nom.

Poire BERGAMOTE SANS PEPINS. — Synonyme de poire *Belle de Bruxelles sans Pepins.* Voir ce nom.

Poire BERGAMOTE SILVANGE. — Synonyme de poire *Silvange.* Voir ce nom.

Poire BERGAMOTE SOLDAT. — Synonyme de *Bergamote de Pâques.* Voir ce nom.

Poire BERGAMOTE DE SOULERS. — Synonyme de poire *Bonne de Soulers.* Voir ce nom.

Poire BERGAMOTE STOFFELS ou STOFFLET. — Synonyme de *Bergamote de Parthenay.* Voir ce nom.

130. Poire BERGAMOTE DE STRYCKER.

Synonymes. — *Poires* : 1. Bergamote Dertrycker (Thompson, *Catalogue of the fruits of the horticultural Society of London*, 1842, p. 125). — 2. Bergamote Hertrick (Société Van Mons, *Catalogue des fruits cultivés dans son jardin*, 1863, p. 381).

Description de l'arbre. — *Bois :* fort.
— *Rameaux :* peu nombreux, étalés ou érigés, longs, gros, presque droits, légèrement cotonneux, brun clair grisâtre, abondamment ponctués, ayant les coussinets aplatis. — *Yeux :* ovoïdes-obtus, renflés, duveteux, à écailles entr'ouvertes, non appliqués contre le bois. — *Feuilles :* assez grandes, ovales-arrondies, faiblement acuminées, finement dentées ou crénelées, portées sur un pétiole long, bien nourri et accompagné de stipules très-développées.

Fertilité. — Extrême.

Culture. — Ce poirier, peu vigoureux sur cognassier, y croît lentement, mais forme cependant des pyramides assez régulières. Nous ne l'avons pas encore étudié sur franc.

Description du fruit. — *Grosseur :* petite. — *Forme :* sphérique, légèrement aplatie à la base et mamelonnée au sommet. — *Pédoncule :* de longueur moyenne, non arqué, mince, perpendiculairement inséré à la surface de la chair. — *Œil :* peu développé, ouvert ou mi-clos, presque saillant. — *Peau :* jaune d'ocre, finement ponctuée de gris clair et semée de quelques taches ou marbrures rousses. — *Chair :* jaunâtre, fine, des plus fondantes et des plus juteuses, rarement pierreuse. — *Eau :* excessivement abondante, fraîche, sucrée, délicieusement aromatisée.

Maturité. — Fin septembre et début d'octobre.

Qualité. — Première.

Historique. — Thompson, pomologue anglais, citait en 1842 cette variété dans son *Catalogue des fruits du jardin de la Société d'Horticulture de Londres*, et la nommait Bergamote Dertrycker. Avant lui, nous n'avons rencontré aucun ouvrage qui en ait fait mention. D'où vient-elle?... Comme on l'attribue généralement aux semis de M. Parmentier, il est alors probable qu'elle a mûri pour la première fois en Belgique, à Enghien, ville dont ce personnage était bourgmestre. Sa propagation dut commencer vers 1835. Aujourd'hui, le nom que lui donnait Thompson est modifié, pour ne pas dire défiguré : on l'écrit Bergamote de Strycker... Mais de Strycker et Dertrycker nous sont des plus inconnus, étymologiquement parlant. Cette poire est très-répandue; la Belgique, l'Angleterre, l'Allemagne et la France la cultivent; on ne saurait, du reste, lui reprocher que son faible volume.

Observations. — En 1863 nous avons reçu de Belgique, du Jardin de la Société Van Mons, un poirier étiqueté *Bergamote Hertrick*, et qui n'était autre que notre poirier Bergamote de Stricker. Néanmoins, voulant savoir si les Belges lui donnaient un obtenteur, nous avons interrogé à Gand M. Joseph Baumann, horticulteur, et à Jodoigne M. Grégoire Nelis, pomologue fort compétent. Or, tous les deux nous ont affirmé qu'il leur était totalement étranger; aussi ne voyons-nous dans ce nom qu'un simple synonyme.

Poire BERGAMOTE SUISSE. — Synonyme de *Bergamote d'Automne panachée*. Voir ce nom.

Poire BERGAMOTE SUISSE RONDE. — Synonyme de *Bergamote d'Automne panachée*. Voir ce nom.

Poire BERGAMOTE SYLVANGE. — Synonyme de poire *Silvange*. Voir ce nom.

Poire BERGAMOTE TARDIVE. — Synonyme de *Bergamote de Pâques*. Voir ce nom.

Poire BERGAMOTE TARDIVE. — Synonyme de poire *de Colmar*. Voir ce nom.

Poire BERGAMOTE THOUIN. — Synonyme de poire *Bonne de Malines*. Voir ce nom.

Poire BERGAMOTE DE TOULOUSE. — Synonyme de *Bergamote de Pâques*. Voir ce nom.

Poire BERGAMOTE VERTE. — Synonyme de *Verte-Longue d'Automne*. Voir ce nom.

Poire BERGENTIN. — Synonyme de poire *Passe-Colmar*. Voir ce nom.

Poire BERGIARDA. — Synonyme de poire *Épine d'Été*. Voir ce nom.

131. Poire BERNARD.

Synonymes. — *Poires :* 1. Bergamote Bernard (Decaisne, *le Jardin fruitier du Muséum*, 1861, t. IV). — 2. Riaulot (*Id. ibid.*).

Description de l'arbre. — *Bois :* assez fort. — *Rameaux :* nombreux, habituellement érigés, gros, de longueur moyenne, légèrement coudés, cotonneux, marron clair, à lenticelles larges et clair-semées, à coussinets presque nuls. — *Yeux :* ovoïdes, volumineux, peu écartés du bois, ayant les écailles grises et faiblement disjointes. — *Feuilles :* petites ou moyennes, ovales-lancéolées, finement denticulées ou crénelées, portées sur un pétiole long et grêle.

Fertilité. — Convenable.

Culture. — De vigueur moyenne, ce poirier peut être greffé sur cognassier ; ses pyramides y sont assez jolies, mais sa croissance y est très-tardive ; le franc lui conviendra toujours mieux.

Description du fruit. — *Grosseur :* au-dessous de la moyenne. — *Forme :* globuleuse ou ovale-arrondie. — *Pédoncule :* court, bien nourri, droit ou quelque peu recourbé, obliquement inséré, d'ordinaire, dans une étroite et profonde cavité. — *OEil :* petit, mi-clos, mal développé, assez enfoncé. — *Peau :* jaune d'or, ponctuée et veinée de fauve, maculée de même autour de l'œil et du pédoncule, faiblement colorée de rose pâle sur la partie frappée par le soleil. — *Chair :* blanche, fine, fondante, juteuse, à peine pierreuse auprès des loges. — *Eau :* des plus abondantes, sucrée, aigrelette, très-délicate et très-savoureuse.

Maturité. — De la fin du mois de novembre jusqu'au début de février.

Qualité. — Première.

Historique. — M. Decaisne a publié sur elle les renseignements ci-après, que nous nous sommes efforcé de compléter :

« Cette excellente poire.... portait dans les anciens Catalogues du Muséum le nom de Bernard ou Riaulot. Je la trouve en outre citée sous le nom de Bergamote Bernard (*de Bonnet*) à la page 6 du *Catalogue des noms donnés aux poires*, publié en 1856 par M. Willermoz. » (*Le Jardin fruitier du Muséum*, 1861, t. IV.)

Voici maintenant quelques passages d'une lettre que M. Willermoz, consulté par nous relativement à l'origine de ce poirier, a eu l'obligeance de nous adresser :

« ..... En 1855, visitant l'établissement de M. Bonnet, horticulteur à Lyon, nous avons remarqué, inscrit sous le nom de *Bergamote Bernard*, un poirier encore jeune, qui par son *facies* tient un peu d'une variété reçue sous le nom de Bergamote de Parthenay; toutefois, nous n'avons pas la prétention de dire que l'arbre soit identiquement le même. Il a fructifié en 1854. M. Bonnet ne sait d'où il l'a tiré; il croit, mais n'est pas certain, l'avoir reçu en 1851 ou 1852 de la maison Jamin-Durand, de Paris. Il a trouvé le fruit d'une longue conservation..... Longtemps après cette visite, M. Bonnet eut l'obligeance de me donner un fruit, que je conservai *jusqu'à la fin de mars*; à cette époque je lui trouvai une chair jaunâtre, grossière, cassante et presque sèche. M. Bonnet s'étant retiré des affaires, n'a pas fait multiplier cette variété, dont je n'ai plus entendu parler..... » (*Lettre du 11 juillet* 1866.)

Tels sont les seuls détails qu'il nous ait été possible de nous procurer, et malheureusement ils ne sont pas des plus concluants. Somme toute, nous ne croyons pas, cependant, que l'obtention de cette variété puisse remonter à plus d'une trentaine d'années.

Observations. — M. Hovey, en décrivant les poiriers cultivés aux États-Unis, a mis au rang des synonymes de la poire *Fondante des Bois*, la poire Bernard, ce qui ne saurait être que le résultat d'une erreur, aucune identité n'existant entre ces deux espèces. (Voir *the Fruits of America*, 1847, t. I, p. 51.)

Poire de BERNY. — Synonyme de poire *Parfum d'Août*. Voir ce nom.

132. Poire le BERRIAYS.

Description de l'arbre. — *Bois :* fort. — *Rameaux :* assez nombreux, étalés, gros, courts, un peu coudés, marron foncé, finement ponctués de gris, ayant les coussinets aplatis. — *Yeux :* ovoïdes, volumineux, écartés du bois, à écailles entr'ouvertes. — *Feuilles :* moyennes, généralement ovales-allongées, faiblement dentées ou crénelées, à pétiole long et épais.

Fertilité. — Ordinaire.

Culture. — C'est un arbre vigoureux auquel il faut donner le cognassier; il pousse vite et fait de belles, de fortes pyramides.

Description du fruit. — *Grosseur :* moyenne, et parfois plus volumineuse. — *Forme :* oblongue, ventrue, obtuse, bosselée. — *Pédoncule :* mince, assez court, faiblement arqué, obliquement implanté au milieu d'une légère dépression. — *OEil :* large, ouvert, bien développé, presque saillant, plissé sur ses bords. — *Peau :*

jaune-citron, finement ponctuée de roux verdâtre. — *Chair :* très-blanche, fondante, juteuse, ayant quelques pierres autour des loges. — *Eau :* abondante, acidule, sucrée, douée d'un arome fort délicat.

Poire le Berriays.

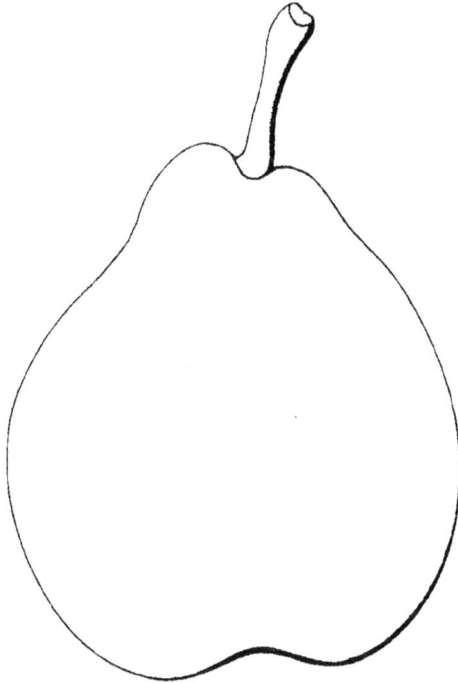

MATURITÉ. — Fin août et début de septembre.

QUALITÉ. — Première.

Historique. — « J'ai obtenu ce « fruit de semis en 1861 et l'ai mis dans « le commerce en 1863, » nous écrivait le 19 août 1865, M. Boisbunel, pépiniériste à Rouen.

Observations. — M. Boisbunel, en dédiant ce poirier à l'un des pomologues les plus érudits du siècle dernier, s'est montré bien inspiré. Nous l'en félicitons ; mais nous pensons qu'il l'eût autrement dénommé, s'il avait su que Van Mons, le semeur par excellence, appliqua vers 1825 ce même nom à l'une de ses poires récemment gagnées. En voici la preuve, tirée des *Mémoires de la Société d'Agriculture de Caen :*

« Souvent les botanistes et les agriculteurs donnent aux plantes nouvellement découvertes les noms des savants qu'ils veulent honorer. C'est ainsi que LE NOM DE M. LE BERRIAYS A ÉTÉ APPLIQUÉ A UNE VARIÉTÉ DE LA POIRE DE COLMAR, PAR VAN MONS, auteur de la *Fructologie,* et à une fraise nouvelle, qui est le produit de la grosse fraise du Chili. » (Année 1827, t. 1, p. 329.)

Le Berriays, qui avait écrit la majeure partie du *Traité des arbres fruitiers* de Duhamel, et dont les œuvres sont justement recherchées, était prêtre et natif d'Avranches, où il mourut en 1805, âgé de quatre-vingt-cinq ans. — M. de Liron d'Airoles, dans une liste de poiriers modernes qui figurait en 1862 à la page 71 du tome III de ses *Notices pomologiques,* a cité cette variété, mais il l'a appelée poire *Abbé le Berriays,* changeant de la sorte le simple nom de poire le Berriays attribué à ce fruit par son obtenteur. Néanmoins, nous ne regardons pas ce surnom comme un synonyme, car il n'a pu se répandre encore dans les collections ou les Catalogues.

POIRE BERTHEBIRN. — Synonyme de poire *Belle-Angevine.* Voir ce nom.

POIRE BESI D'AIRY. — Synonyme de *Besi de Héric.* Voir ce nom.

POIRE BESI DE BRETAGNE. — Synonyme de *Besi de Quessoy.* Voir ce nom.

133. POIRE BESI DE CAEN.

Description de l'arbre. — *Bois :* fort. — *Rameaux :* assez nombreux, habituellement étalés, gros, longs, coudés, vert clair cendré, à lenticelles larges et clair-semées, à coussinets non renflés. — *Yeux :* de grosseur moyenne, ovoïdes, duveteux, presque appliqués contre le bois. — *Feuilles :* grandes, rarement abondantes, elliptiques, faiblement crénelées, ayant le pétiole court, très-nourri, mais un peu flasque.

FERTILITÉ. — Bonne.

CULTURE. — Sur cognassier, il se montre de vigueur convenable, quoique le développement de l'écusson soit tardif; ses pyramides sont fortes et assez belles.

Description du fruit. — *Grosseur :* moyenne. — *Forme :* turbinée, obtuse, souvent contournée et généralement plus ventrue d'un côté que de l'autre. —

Poire Besi de Caen.

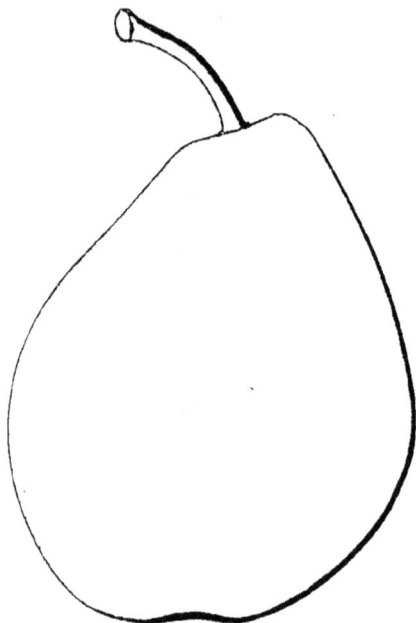

Pédoncule : de longueur moyenne, mince, arqué, obliquement inséré. — *Œil :* saillant, grand, bien ouvert, entouré de gibbosités. — *Peau :* verte, parsemée de points roux et tachée de fauve auprès du pédoncule. — *Chair :* blanche, demi-fine, odorante, juteuse, fondante, assez pierreuse au cœur. — *Eau :* abondante, sucrée, parfumée, des plus savoureuses.

MATURITÉ. — Du commencement de mars jusqu'à la fin d'avril.

QUALITÉ. — Première.

Historique. — Longtemps nous avions cru ce poirier identique avec le *Léon Leclerc épineux.* Il n'en est rien, car les produits de cette dernière espèce se mangent en décembre et conviennent uniquement pour la cuisson, quand au contraire le Besi de Caen mûrit, on l'a vu, au début d'avril et prend place parmi nos meilleurs fruits à couteau. La forme de ces deux poires se montre aussi très-différente. Nous cultivons ce Besi depuis une dizaine d'années, sans avoir pu découvrir encore s'il est originaire de la ville dont il porte le nom. L'auteur allemand Biedenfeld, qui l'a mentionné en 1854 dans son *Handbuch aller bekannten Obstsorten* (p. 113), se tait sur ce point; mais il pense, par contre, que certaine poire nommée *Beurré de Caen* pourrait bien n'être autre que le Besi de Caen. Doute bon à signaler; et nous le signalons comme simple renseignement à contrôler. Le mot *besi* (ou *bezy*) appartient à la langue bretonne et signifie, d'après les *Dictionnaires de Trévoux* et de *Richelet*, POIRE SAUVAGE. Dans le *Complément* de son vocabulaire, l'Académie française écrit *besier*, et donne à ce terme une définition semblable à celle du mot besi, puisqu'elle en fait l'équivalent de poirier sauvage. On comprend maintenant pourquoi l'on nomma jadis *Besi*, la majeure partie des poires qui furent trouvées à l'état de sauvageon.

POIRE BESI DE CAISSOY. — Synonyme de *Besi de Quessoy.* Voir ce nom.

POIRE BESI DES CHAMPS. — Synonyme de poire *Oignonet de Provence.* Voir ce nom.

Poire BESI DES CHASSERIES. — Synonyme de *Besi de l'Échasserie*. V. ce nom.

Poire BESI DE CHASSERY. — Synonyme de *Besi de l'Échasserie*. Voir ce nom.

---

134. Poire BESI DE CHAUMONTEL.

Synonymes. — *Poires :* 1. De Chaumontel (Merlet, *l'Abrégé des bons fruits*, édition de 1675, p. 124). — 2. Beurré d'Hiver (Duhamel, *Traité des arbres fruitiers*, 1768, t. II, p. 199). — 3. Jennebet (Henri Manger, *Systematische Pomologie*, 1783, t. II, p. 120). — 4. Beurré de Chaumontel (Poiteau, *Pomologie française*, 1846, t. III, n° 18). — 5. Bon-Chrétien de Chaumontel (Decaisne, *le Jardin fruitier du Muséum*, 1859, t. II).

Premier Type.

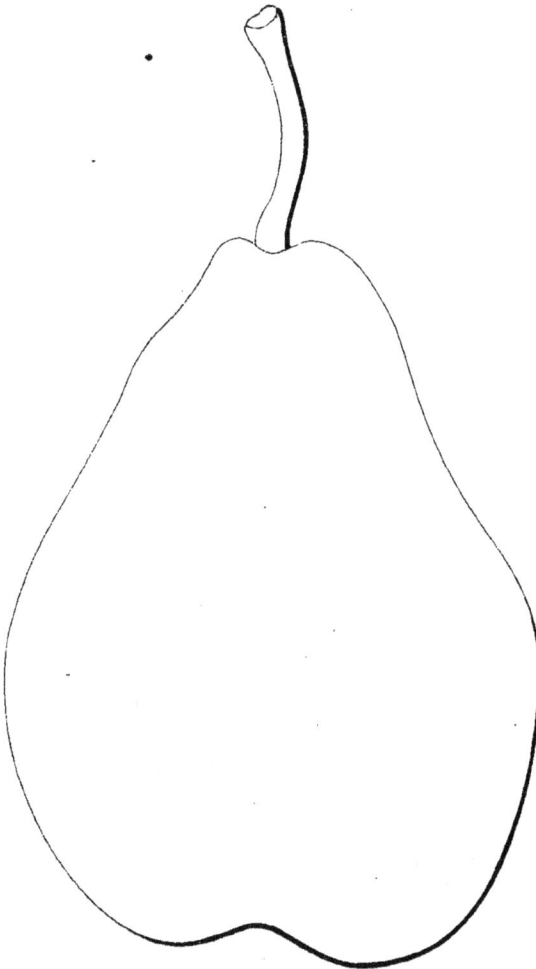

Description de l'arbre. — *Bois :* faible et vert grisâtre. — *Rameaux :* peu nombreux, étalés, grêles, très-longs, flexueux, rougeâtres, cotonneux et marqués de nervures assez saillantes; finement ponctués, ils ont en outre les coussinets bien accusés. — *Yeux :* petits, ovoïdes, obtus, non adhérents. — *Feuilles :* peu abondantes, ovales-allongées, profondément dentées, légèrement ondulées, vert jaunâtre souvent lavé de rouge; leur pétiole est long, roide et épais.

Fertilité. — Ordinaire.

Culture. — Ce poirier se greffe plus avantageusement sur cognassier que sur franc, quoiqu'il soit médiocrement vigoureux. L'exposition qui lui convient le mieux est celle en espalier, au midi, ou celle à haute tige, mais alors on doit le mettre sur franc. Ses pyramides, généralement mal ramifiées, sont cependant assez convenables.

Description du fruit. — *Grosseur :* volumineuse. — *Forme :* variable, mais le plus habituellement allongée, obtuse, bosselée, irrégulière et parfois sensiblement contournée. — *Pédoncule :* long ou court, droit ou arqué, de force moyenne, presque toujours inséré perpendiculairement et à fleur de peau, mais quelquefois aussi placé obliquement et en dehors de l'axe du fruit. — *Œil :* grand, peu développé, rarement très-enfoncé, ouvert, non plissé sur ses bords. — *Peau :* jaune d'ocre, ponctuée et marbrée de fauve, maculée de même autour du pédoncule et largement colorée de rouge-brun du côté du soleil. — *Chair :* blanche, mi-fine, mi-cassante, juteuse et pierreuse. — *Eau :* très-abondante, sucrée, aigrelette, douée d'un parfum aussi savoureux que prononcé.

Poire Besi de Chaumontel. — *Deuxième Type.*

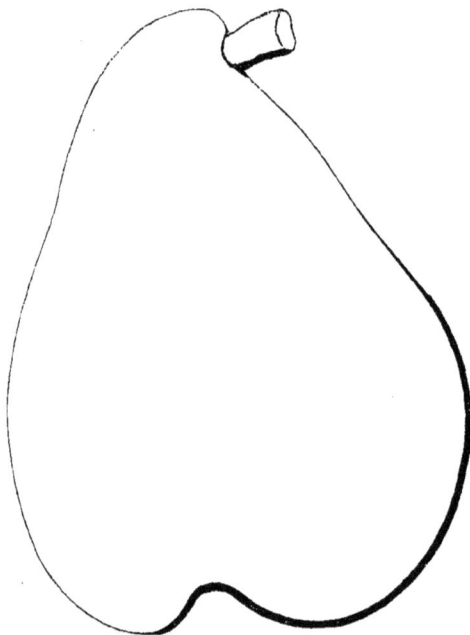

MATURITÉ. — De la moitié de novembre jusqu'aux derniers jours de janvier, et par exception atteignant les mois de février et de mars.

QUALITÉ. — Première.

Historique. — Dans son édition de 1675, le pomologue Merlet appelait ce fruit « Poire de Chau- « montel, » et le disait « sortant « d'un vieil sauvageon tout épi- « neux ; » renseignement que plus tard il complétait ainsi : « La « Poire ou le Bezy de Chaumontel, « près Luzarche,... provenue d'un « sauvageon poussé à Chaumontel « depuis peu d'années. » (*L'A- brégé des bons fruits*, édit. de 1675, p. 124 ; et édit. de 1690, p. 109.) Version que Duhamel, qui décri- vit ensuite ce Besi, confirma de la sorte :

« Les poires que j'ai représentées ici sont venues de Chaumontel même, et m'ont été données par le Seigneur du lieu, possesseur du premier Poirier de Bezi de Chaumontel, qui y subsiste encore dans la même place où il est venu de pepin, il y a environ cent ans..... Cette année 1765 il a produit un grand nombre de belles poires. » (*Traité des arbres fruitiers*, 1768, t. II, p. 199.)

Enfin M. Decaisne ajouta en 1859, à ce qu'on vient de lire, cette note intéressante :

« M. Leflamand, maire de Luzarches en 1857, et alors âgé de quatre-vingt-douze ans, m'a appris que le vieux Poirier de Chaumontel décrit par Merlet, et qui appartenait à M. d'Assilly, conseiller à la cour des Aides, était mort dans l'hiver mémorable de 1789. » (*Le Jardin frui- tier du Muséum*, t. II.)

Voilà donc une origine parfaitement constatée, et fort respectable, puisqu'elle remonte déjà à plus de deux siècles. Chaumontel, commune du département de Seine-et-Oise, est situé non loin de Chantilly.

Observations. — Merlet affirmait en 1675 avoir mangé ce fruit « vers la « Pentecoste. » Présentement, il n'en est plus ainsi ; devenu bien moins tardif, on a peine à le conserver jusqu'en février. Van Mons, qui étudia particulièrement cette variété, a consigné sur elle, dans un de ses ouvrages, la remarque ci-après :

« Le Bezy de Chaumontel a besoin de mûrir hâtivement pour jouir de toutes les qualités qu'il possède. C'est l'une des plus délicates poires, mais qui, différant de mûrir jusqu'à la saison froide, ne mûrit plus et devient amère. Des taches de mousse s'établissent sur sa peau, et des points noirs se distribuent dans sa chair. » (*Des Arbres fruitiers*, 1835, t. I, p. 121.)

La grosseur de ce Besi dépasse parfois celle du premier type que nous avons figuré; aussi n'est-il pas rare de rencontrer de ces poires dont le volume soit considérable. Il en a été souvent exposé, dans les concours régionaux, qui pesaient de 380 à 450 grammes. Poiteau, lui, prétendait en 1846 en avoir vu qui atteignaient une hauteur de 5 pouces (14 centimètres) et un poids de 28 onces (875 grammes). « A Paris, dit M. Decaisne, leur prix varie de 10 à 12 francs le « cent, lorsqu'elles arrivent en abondance, et que leur grosseur est moyenne... « mais plus volumineuses, on les paie ordinairement 1 franc pièce, au milieu de « l'hiver. » (1859, t. II.) — Une chose encore assez digne de remarque, c'est ce fait, signalé par M. Bivort, en son *Album de pomologie* :

« M. Rivers, savant horticulteur à Sawbridgeworth, près Londres, m'a assuré — dit cet écrivain — que les plus beaux fruits du Besi de Chaumontel se récoltaient dans l'île de Jersey, d'où ils étaient expédiés chaque année pour Londres, à des prix très-avantageux. » (1849, t. II, p. 135.)

Et il faut bien, en effet, que le sol de Jersey soit des plus favorables à la culture de ce poirier, puisqu'annuellement les horticulteurs établis dans cette île achètent aux pépiniéristes d'Angers un nombre considérable de jeunes sujets de Besi de Chaumontel.

135. POIRE BESI DUBOST.

Description de l'arbre. — *Bois :* faible. — *Rameaux :* assez nombreux et assez longs, grêles, peu flexueux, vert grisâtre, finement ponctués de jaune pâle, à coussinets habituellement saillants. — *Yeux :* moyens, coniques, pointus, non adhérents. — *Feuilles :* petites, étroites, ovales, acuminées, allongées, profondément dentées, à pétiole long et menu.

FERTILITÉ. — Remarquable.

CULTURE. — Cet arbre se plaît infiniment sur le cognassier et médiocrement sur le franc; il croît vite et fait de superbes pyramides.

Description du fruit. — *Grosseur :* moyenne. — *Forme :* turbinée, excessivement obtuse et ventrue, généralement un peu bosselée. — *Pédoncule :* assez court et assez gros, droit ou arqué, implanté obliquement ou perpendiculairement au milieu d'une faible dépression. — *Œil :* petit, mi-clos, mal développé, placé presque à fleur de fruit. — *Peau :* jaune d'or, ponctuée, striée de roux, maculée de même autour du pédoncule. — *Chair :* blanche, demi-fine, fondante, juteuse, pierreuse auprès des loges. — *Eau :* des plus abondantes, sucrée, fraîche, faiblement parfumée, quoique délicate et savoureuse.

MATURITÉ. — De janvier jusqu'en mars.

QUALITÉ. — Deuxième.

Historique. — M. Mas, président de la Société d'Horticulture de l'Ain, établit ainsi, en 1865, l'origine de ce poirier dans le *Verger*, recueil pomologique dont il est le principal rédacteur :

« Obtenu d'un pepin d'Echassery (Besi de l'Échasserie) par M. Pariset, de Curciat-Dongalon, département de l'Ain, l'heureux auteur de la poire Saint-Germain-Puvis et de plusieurs autres variétés..... il a été dédié par nous, et avec la permission de M. Pariset, à M. Dubost, qui fut un zélé propagateur des bons fruits dans le pays de Bresse. » (Tome I, Poires d'hiver, 1865, p. 29.)

La première fructification de ce nouveau poirier a eu lieu en 1845.

136. POIRE BESI DE L'ÉCHASSERIE.

Premier Type.

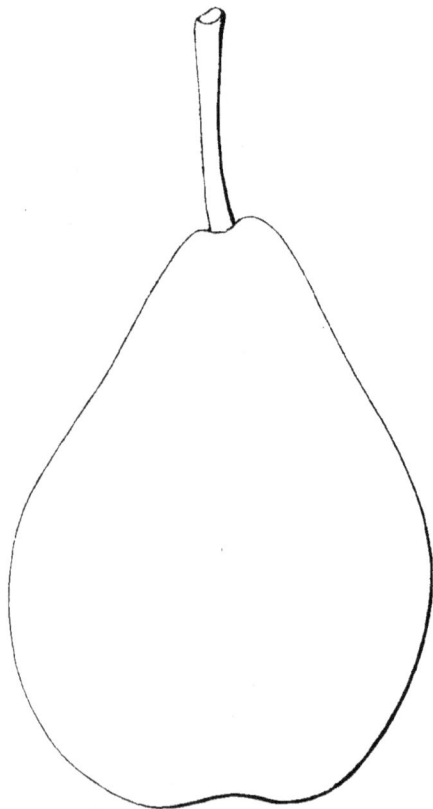

Synonymes. — *Poires :* 1. BEZY DE VILLANDRY (Merlet, *l'Abrégé des bons fruits,* édit. de 1675, p. 107). — 2. MUSCAT DE L'ÉCHASSERIE (*Id. ibid.*). — 3. MUSCAT DE VILLANDRY (*Id. ibid.*). — 4. BESIDERY-LANDRY (la Quintinye, *Instructions pour les jardins fruitiers et potagers,* édition de 1692, t. I, p. 144). — 5. DE L'ESCHASSERIE (*Id. ibid.*). — 6. VERTE-LONGUE D'HIVER (*Id. ibid.*). — 7. LESCHARIE (l'abbé de Vallemont, *Curiosités de la nature et de l'art sur la végétation,* 1719, p. 231). — 8. BEZI-LANDRIN (Louis Liger, *la Nouvelle maison rustique,* 1755, t. II, p. 198). — 9. BEZI DE CHASSERY (Duhamel, *Traité des arbres fruitiers,* 1768, t. II, p. 187). — 10. ECHASSERY (*Id. ibid.*). — 11. BEZY DE LANDRY (Herman Knoop, *Fructologie,* 1771, p. 134). — 12. BESI DES CHASSERIES (Decaisne, *le Jardin fruitier du Muséum,* 1859, t. II). — 13. BESI LÉCHASSERIE (*Id. ibid.*). — 14. ÉPINE-LONGUE D'HIVER (*Id. ibid.*). — 15. HENNÉ (*Id. ibid.*) — 16. DE VILLANDRY (*Id. ibid.*).

Description de l'arbre. — *Bois :* assez fort. — *Rameaux :* nombreux, érigés au sommet, étalés vers la base, bien nourris, longs, très-coudés, vert brunâtre, à lenticelles abondantes et grosses, à coussinets presque aplatis. — *Yeux :* ovoïdes, volumineux, non appliqués, souvent même sortis en courts éperons et ayant les écailles légèrement entr'ouvertes. — *Feuilles :* de grandeur moyenne, ovales-lancéolées, faiblement crénelées sur les bords et munies d'un pétiole long et des plus épais.

FERTILITÉ. — Convenable.

CULTURE. — Il prospère bien sur cognassier; ses pyramides sont jolies, régulières; sa vigueur est grande; sa ramification, parfaite; son feuillage, abondant.

Besi de l'Échasserie. — *Deuxième Type.*

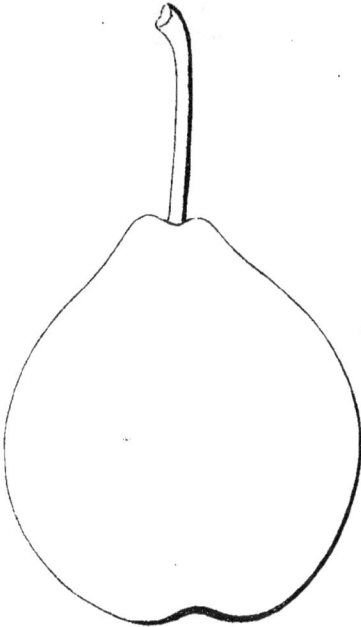

Description du fruit. — *Grosseur :* moyenne ou petite. — *Forme :* variant entre la turbinée-allongée et la turbinée-ovoïde, mais constamment obtuse et bosselée. — *Pédoncule :* long, mince, droit ou arqué, habituellement un peu renflé à son point d'attache et obliquement inséré à la surface du fruit. — *OEil :* petit, mi-clos, rarement très-développé, presque saillant. — *Peau :* rude au toucher, jaune-citron, ponctuée de fauve, semée de quelques taches de même couleur et maculée de roux foncé autour de l'œil et du pédoncule. — *Chair :* blanche, fine, fondante, juteuse, contenant de très-petites pierres au-dessous des loges. — *Eau :* excessivement abondante, acidule, sucrée, douée d'un arrière-goût musqué des plus agréables.

MATURITÉ. — De la mi-novembre jusqu'au mois de janvier.

QUALITÉ. — Première.

Historique. — Ce poirier, disait la Quintinye avant 1690, « ne paraît dans nos jardins « que depuis une vingtaine d'années. » (*Instructions pour les jardins fruitiers et potagers,* édition de 1692, t. I, p. 144.) Pour lors, ce fut vers 1660 qu'on le rencontra à l'etat de sauvageon, comme l'indique le mot Besi (*poirier sauvage*), formant la première partie de son nom. Quant à sa province originaire, c'est évidemment l'Anjou, où de temps immémorial on le cultive, où précisément existent trois localités portant la même dénomination que lui: *l'Échasserie;* l'une dans la commune de Chemillé, l'autre sur le territoire du village d'Allençon, près d'Angers, la troisième aux portes de cette dernière cité, dans les dépendances du château d'Espeluchard, aujourd'hui du Pin, et jadis maison de plaisance du bon roi René. De l'Anjou, le Besi de l'Échasserie se propagea promptement en Touraine, car Merlet faisait remarquer en 1675, dans son intéressante pomologie, qu'on avait aussi, mais momentanément, appelé cette poire Besi ou Muscat de Villandry (Indre-et-Loire). Or, nous croyons que ce sont les mots *de Villandry* qui, mal lus ou mal écrits, auront donné naissance au nom Besidery-Landry, mentionné par la Quintinye comme un des synonymes du Besi de l'Échasserie.

Observations. — Assez récemment on a cru la poire *des Chasseurs* identique avec la variété que nous venons d'étudier; ces deux fruits, cependant, sont loin de prêter à la confusion : forme, couleur, époque de maturité, saveur, tout diffère en eux; et il en est ainsi des arbres qui les produisent.

137. POIRE BESI ESPÉREN.

Premier Type.

Description de l'arbre. — *Bois :* de moyenne force ou peu fort. — *Rameaux :* nombreux, érigés au sommet, étalés vers la base, gros, assez longs, rarement bien coudés, d'un brun-vert tournant au grisâtre, à lenticelles abondantes et très-développées, à coussinets saillants. — *Yeux :* moyens, ovoïdes, pointus le plus ordinairement et presque entièrement appliqués contre le bois; ils ont les écailles grises et quelque peu disjointes. — *Feuilles :* grandes, ovales-allongées, contournées, canaliculées et profondément dentées; leur pétiole, long, fort et roide, est pourvu de larges stipules.

FERTILITÉ. — Convenable.

Deuxième Type.

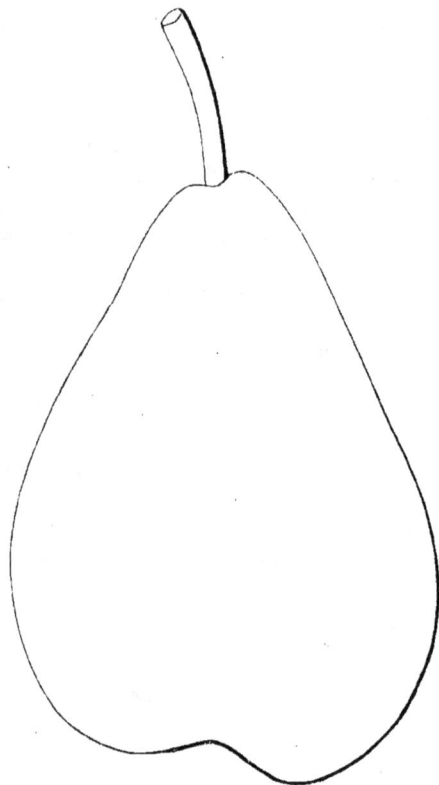

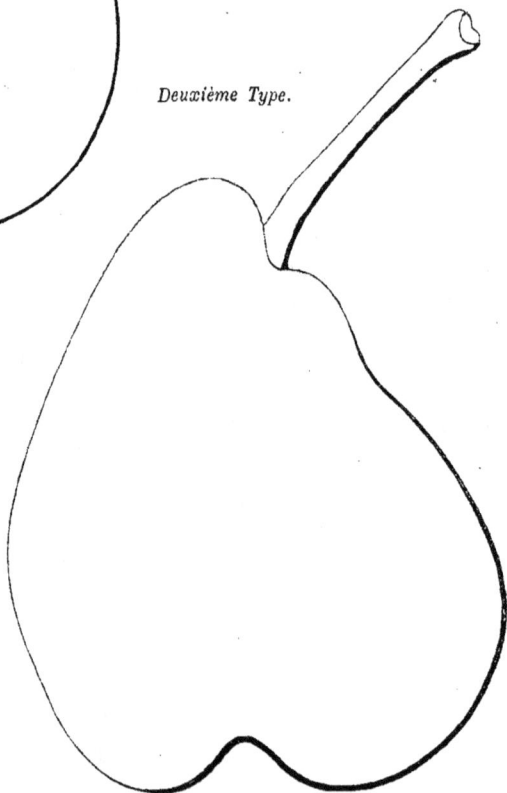

CULTURE. — Qu'il soit greffé sur franc ou sur cognassier, cet arbre, dans notre sol, n'en demeure pas moins constamment faible ; sa croissance est des plus tardives, mais ses pyramides sont régulières et d'une jolie forme.

Description du fruit. — *Grosseur :* moyenne, et souvent plus considérable. — *Forme :* variant entre la turbinée-allongée, obtuse et régulière, et la turbinée-ventrue, bosselée et contournée. — *Pédoncule :* assez court et mince, mais parfois aussi très-long et bien nourri; il est habituellement un peu arqué, obliquement implanté à fleur de peau, ou bien encore, très-exceptionnellement, inséré en dehors de l'axe du fruit dans un évasement irrégulier. — *OEil :*

moyen, ouvert, mal développé, placé dans un bassin de profondeur variable et dont les bords sont entourés de protubérances. — *Peau :* jaune verdâtre, entièrement ponctuée de roux clair, maculée et finement veinée de fauve auprès de l'œil et du pédoncule, et quelquefois faiblement lavée de rouge pâle du côté du soleil. — *Chair :* demi-fine, blanche, fondante, juteuse, peu pierreuse. — *Eau :* excessivement abondante, sucrée, vineuse, des plus aromatiques.

MATURITÉ. — De la moitié de novembre jusqu'à la fin de décembre.

QUALITÉ. — Première.

Historique. — Ce poirier nous est venu de la Belgique, et l'on voit à la page 144 du tome II de l'*Album de pomologie* publié à Bruxelles par M. Bivort en 1849, que le major Espéren en fut l'obtenteur. Il le gagna, vers 1838, d'un semis fait en 1824.

POIRE BESI FONDANT. — Synonyme de poire *Hamon*. Voir ce nom.

138. POIRE BESI GOUBAULT.

Premier Type.

Description de l'arbre. — *Bois :* fort. — *Rameaux :* nombreux, étalés et bien arqués, gros, longs, cotonneux, très-coudés, vert foncé légèrement grisâtre, finement et abondamment ponctués, ayant les coussinets peu saillants, les mérithalles courts. — *Yeux :* de moyenne grosseur, ovoïdes, pointus, duveteux, extrêmement écartés du bois, et souvent sortis en éperon. — *Feuilles :* assez nombreuses, vert foncé, ovales, à bords faiblement dentés en scie, à pétiole long et mince muni de stipules peu développées ; celles du sommet de la tige sont ordinairement petites et presque toujours cotonneuses.

FERTILITÉ. — Très-grande.

CULTURE. — On lui donne indistinctement, comme sujet, le franc ou le cognassier; sa vigueur est convenable, son développement ordinaire ; quant à ses pyramides, elles sont des plus régulières et bien touffues.

Description du fruit. — *Grosseur :* volumineuse et quelquefois moyenne. —

Forme : arrondie, bosselée, aplatie à la base et légèrement allongée au sommet, qui généralement est mamelonné. — *Pédoncule :* court, mince, droit, obliquement implanté, charnu à son point d'insertion, continu avec le fruit et recouvert en partie par une forte gibbosité; parfois aussi il est long et placé au milieu d'une assez large dépression. — *Œil :* grand, bien développé, ouvert, peu enfoncé. — *Peau :* jaune verdâtre, ponctuée et striée de roux, marbrée de même auprès de l'œil et entièrement tachée de fauve autour du pédoncule. — *Chair :* très-blanche, très-fine, juteuse, fondante, contenant quelques petites pierres au centre. — *Eau :* excessivement abondante, fraîche, sucrée, parfumée, douée d'une saveur aigrelette aussi délicate qu'agréable.

Poire Besi Goubault. — *Deuxième Type.*

MATURITÉ. — Fin septembre et se prolongeant jusqu'en novembre.

QUALITÉ. — Première.

Historique. — Elle fut gagnée de semis en 1845, à Angers, par M. Goubault, horticulteur, et soumise en 1846 à l'appréciation du Comice de Maine-et-Loire, qui la plaça parmi les variétés de choix. Ce fruit vraiment délicieux a été jusqu'ici, mais par inadvertance, classé de deuxième ordre dans nos *Catalogues;* en relevant cette erreur, nous recommandons d'autant plus vivement la propagation de ce Besi, que nous avons dû, bien involontairement, lui nuire en ne lui donnant pas le rang qu'il méritait.

Observations. — On a confondu parfois le Besi Goubault avec une autre poire du même semeur, nommée assez fâcheusement, il faut l'avouer, *Besi très-tardif.* Il est urgent, cependant, de ne commettre aucune méprise à leur égard, attendu que la dernière se mange jusqu'en mai ou juin, tandis que la première dépasse rarement le mois de janvier.

---

139. POIRE BESI D'HÉRY [OU D'HÉRIC].

Synonymes. — *Poires :* 1. BESI D'AIRY (le Lectier, *Catalogue des arbres cultivés dans son verger et plant,* 1628, p. 15). — 2. DE HENRI (Claude Mollet, *Théâtre des jardinages,* édition de 1652, p. 34). — 3. BESIDERIE (Herman Knoop, *Fructologie,* 1771, p. 134). — 4. DE BORDEAUX (Thompson, *Catalogue of the fruits of the horticultural Society of London,* 1842, p. 129). — 5. BESI ROYAL (*Id. ibid.*).

Description de l'arbre. — *Bois :* de moyenne force. — *Rameaux :* peu nombreux, généralement étalés et arqués, gros, courts, légèrement coudés et duveteux, vert-fauve très-foncé, ayant les lenticelles petites et clair-semées, les coussinets aplatis et les mérithalles courts. — *Yeux :* assez volumineux, ovoïdes-obtus, presque appliqués contre le bois; leurs écailles sont souvent entr'ouvertes. —

Poire Besi d'Héry ou d'Héric.

Feuilles : vert mat, arrondies, acuminées, à bords entiers ou faiblement crénelés, à pétiole bien nourri et de moyenne longueur; elles sont rarement abondantes.

FERTILITÉ. — Remarquable.

CULTURE. — Toujours faible sur le cognassier, cet arbre se montre plus vigoureux lorsqu'il est greffé sur franc; son écusson se développe très-tardivement; quant à ses pyramides, elles laissent quelque peu à désirer.

Description du fruit.
— *Grosseur :* moyenne. — *Forme :* arrondie et quelquefois turbinée. — *Pédoncule :* long, menu, arqué, régulièrement implanté dans une étroite cavité en entonnoir. — *Œil :* grand, très-ouvert, très-développé, à peine enfoncé. — *Peau :* jaune clair, finement ponctuée de brun et de roux, et habituellement maculée de fauve autour de l'œil. — *Chair :* blanche, fine, mi-fondante, légèrement pierreuse. — *Eau :* suffisante, douce, sucrée, peu savoureuse, en raison surtout de son parfum musqué, qui, trop prononcé, rappelle celui du fenouil.

MATURITÉ. — Depuis la fin d'octobre jusqu'en janvier.

QUALITÉ. — Troisième comme fruit à couteau, première pour la cuisson.

Historique. — Le Lectier, dès 1628, la cultivait dans ses riches vergers d'Orléans, comme l'indique le *Catalogue* où, page 15, il la nomme « Besy d'Airy » et la classe parmi les variétés « mûrissant en novembre et au commencement de « décembre. » Alors, elle devait être assez nouvelle, car le créateur des jardins d'Henri IV, Claude Mollet, la décrivant en 1652 dans la première édition de son *Théâtre des plans et jardinages*, disait :

« Le poirier de Besi de Héry..... est venu de Bretagne depuis peu de temps: les Bretons lui ont donné ce nom de Besi de Héry, qui vaut autant à dire que poires de Henry. Chose qui est véritable; car, lorsque le roy Henry le Grand, d'heureuse mémoire, fit son voyage en Bretagne pour la réduire en son obeyssance, comme il estoit à Nantes, il m'envoya quérir pour voir un jardin qui est auprès de Nantes, qui se nomme Chassée. Incontinent après que je fus arrivé à Nantes, les Messieurs de Rennes envoyèrent un panier de ce fruit à Sa Majesté: c'estoit au mois de mai. » (Page 34.)

Or, ce séjour d'Henri IV à Nantes ayant eu lieu en 1598, on voit que le poirier dont il s'agit ici ne put se répandre dans les autres provinces du royaume avant le commencement du XVIIᵉ siècle. Mais depuis quelle époque était-il connu en Bretagne?... Claude Mollet ne l'a pas su, ni Merlet, qui se contenta de préciser ainsi, en 1675, l'origine de cette même poire :

« Elle vient de basse Bretagne, de la forest de Hery, d'où elle a tiré son nom; Besy, ou Besier, voulant dire sauvageon, tant en Bretagne et Normandie, qu'en plusieurs autres provinces. » (*L'Abrégé des bons fruits*, 1675, pp. 94-95.)

La forêt dans laquelle ce sauvageon fut trouvé, existait encore en 1640, près du bourg d'Héric, situé à vingt-quatre kilomètres de Nantes; mais à partir de cette date, on la défricha successivement, et à ce point qu'en moins de dix années il n'en restait plus un seul arbre.

Observations. — Claude Mollet, on l'a vu ci-dessus, rapporte que les Rennois offrirent, *au mois de mai*, des poires de Besi d'Héric au souverain qui venait pacifier leur pays et signer le fameux Édit de Nantes. Le témoignage de cet auteur est tellement précis, tellement affirmatif, qu'on ne peut le révoquer en doute. Il faut donc croire que ce Besi a perdu présentement beaucoup de sa tardiveté, puisqu'il dépasse bien rarement le mois de janvier. — Du reste, et malgré quelques opinions contraires, on doit le rejeter des espèces à couteau, car il n'a rien des qualités qu'elles exigent; et déjà, du temps de Louis XIV, on le condamnait à n'être qu'un fruit de parade, comme le prouve ce passage de la Quintinye, directeur des vergers de Versailles :

« On n'en fait plus guères de cas, et s'il paroît sur les bonnes tables, ce n'est pas pour n'en plus revenir, et pour y donner quelque plaisir au goust, ce n'est tout au plus que pour aider à une construction solide et durable des pyramides. » (*Instructions pour les jardins fruitiers et potagers*, édition de 1692, pp. 158 et 172.)

En Allemagne, où ce poirier est généralement cultivé, et depuis fort longtemps, ses fruits sont un peu plus estimés; toutefois, lisons-nous dans le *Deutsches Obstca-binet*, recueil pomologique publié à Iéna sous la direction du docteur Langethal : « Lors des mauvaises années ou dans les mauvaises terres, ils ne servent guère « qu'à faire des compotes. » (1857, 2ᵉ cahier.)

---

140. Poire BESI INCOMPARABLE.

Synonymes. — *Poires :* 1. NOMPAREILLE (Olivier de Serres, *le Théâtre d'agriculture et ménage des champs*, 1608, 4ᵉ édition, p. 629). — 2. SANS-PAIR (de Bonnefonds, *le Jardinier français*, 1651, p. 67). — 3. BESI SANS PAREIL (Thuillier-Aloux, *Catalogue raisonné des poiriers qui peuvent être cultivés dans la Somme*, 1855, p. 73). — 4. INCOMPARABLE (Decaisne, *le Jardin fruitier du Muséum*, 1859, t. II). — 5. SANS-PAREILLE (*Id. ibid.*). — 6. BERGAMOTE SANS PAREILLE (Downing, *the Fruits and fruit trees of America*, 1863, p. 476).

Description de l'arbre. — *Bois :* peu fort. — *Rameaux :* assez nombreux, ordinairement étalés, de grosseur et de longueur moyennes, à peine coudés, brun-roux grisâtre, abondamment et finement ponctués, ayant les coussinets généralement aplatis. — *Yeux :* petits, coniques, non appliqués contre le bois, à écailles bombées et disjointes. — *Feuilles :* excessivement abondantes, moyennes, ovales-allongées, quelque peu canaliculées et contournées sur elles-mêmes, à bords unis, à pétiole long et menu.

FERTILITÉ. — Extrême.

CULTURE. — Greffé sur cognassier, il est faible et d'une croissance assez tardive, mais fait néanmoins de passables pyramides ; sur franc, en haute-tige, il se montre plus vigoureux, et c'est sous cette forme qu'il fructifie le plus abondamment.

Poire Besi incomparable. — *Premier Type.*

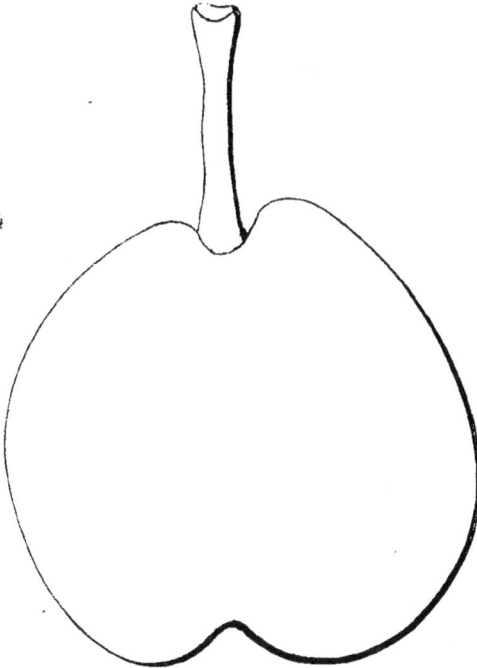

Description du fruit. — *Grosseur :* moyenne. — *Forme :* sphérique ou ovale-arrondie, généralement assez régulière. — *Pédoncule :* long ou moyen, bien nourri, droit, renflé à ses extrémités, implanté dans un évasement peu profond, mais entouré de fortes protubérances. — *OEil :* grand, mi-clos, rarement très-enfoncé et très-développé. — *Peau :* jaune-citron légèrement verdâtre, ponctuée et marbrée de fauve, striée de roux dans la cavité ombilicale et souvent colorée de rouge-brun clair sur la partie exposée au soleil. — *Chair :* blanche, demi-fine, assez fondante, des plus juteuses, contenant quelques pierres. — *Eau :* sucrée, vineuse, aigrelette, possédant un arome particulier excessivement agréable.

Deuxième Type.

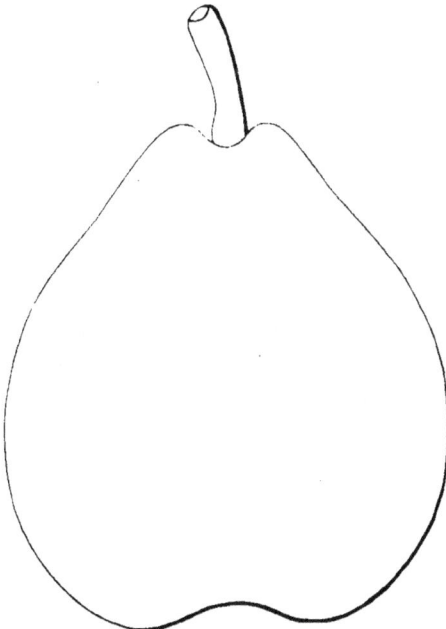

MATURITÉ. — De la fin d'octobre jusqu'à la fin de février.

QUALITÉ. — Première.

Historique. — Le *Catalogue raisonné des poiriers qui peuvent être cultivés dans le département de la Somme,* publié en 1855 par M. Thuillier-Aloux, ancien pépiniériste, ayant attribué, page 73, cette espèce à M. Dupuy-Jamain, horticulteur à Paris, nous avons voulu, la croyant au contraire contemporaine d'Olivier de Serres, nous renseigner auprès de notre confrère de la capitale, et voici la réponse qu'il a bien voulu nous adresser le 12 juillet 1866 :

« ..... Vous me questionnez sur la poire *Besi incomparable.* Je dois vous dire que je ne la connais pas. Je possède seulement, depuis une dizaine d'années environ, une variété de poirier nommée *Bergamote incomparable,* qui me fut envoyée par M. Chatenay-Durand, pépiniériste à Tours, et dont j'ignore l'origine. Ce fruit est moyen, aplati, de couleur grise ou fauve ; sa chair est fondante, juteuse, et rappelle la saveur du Beurré gris. L'arbre, de vigueur moyenne, a les rameaux gros, courts, et marron foncé. »

Ce point éclairci, nous pensons alors avec M. Decaisne (*Jardin fruitier du Muséum*, 1859, t. II) qu'on peut regarder le Besi incomparable comme étant la poire Sans-Pair ou Nonpareille citée par Bonnefonds en 1651, puis par dom Claude Saint-Étienne en 1660, et même dès 1608 par Olivier de Serres. Mais ajoutons qu'aucun de ces auteurs ne l'ayant décrite, il devient difficile d'affirmer qu'elle soit identique avec notre Besi incomparable ; il est seulement permis de le supposer en lisant les noms qu'ils lui donnent, et en la leur voyant classer parmi les fruits d'hiver.

Observations. — Quelques pomologues allemands, M. Dittrich entre autres, au lieu de rapporter au Besi incomparable, dont ils sont synonymes, les noms poire Sans-Pair et poire Nonpareille, les ont attribués à la variété dite Saint-Père ou Saint-Pair, très-ancienne et toujours cultivée. Il est cependant fort essentiel de ne pas confondre ces deux fruits, puisque le premier fait les délices des gourmets, tandis que le second, de médiocre qualité, sert uniquement pour la cuisson. — Rappelons également qu'il existe une poire appelée *Sans pareille du Nord*, décrite en 1839 par Prévost, de Rouen, et qui n'a rien de commun non plus avec l'espèce étudiée ci-dessus.

POIRE BESI LANDRIN. — Synonyme de *Besi de l'Échasserie*. Voir ce nom.

POIRE BESI DE LANDRY. — Synonyme de *Besi de l'Échasserie*. Voir ce nom.

POIRE BESI LÉCHASSERIE. — Synonyme de *Besi de l'Échasserie*. Voir ce nom.

POIRE BESI LIBELLON. — Synonyme de *Besi Liboutton*. Voir ce nom.

---

141. POIRE BESI LIBOUTTON.

Synonyme. — *Poire* BESI LIBELLON (Comice horticole d'Angers, *Catalogue de son jardin fruitier*, p. 9 de 1852, et p. 8 de 1861, n° 589).

Description de l'arbre.

— *Bois :* de force moyenne. — *Rameaux :* assez nombreux, légèrement étalés, un peu grêles, courts, à peine coudés, brun clair rougeâtre, finement ponctués, à coussinets presque nuls. — *Yeux :* petits, ovoïdes-arrondis, cotonneux, écartés du bois et ayant les écailles faiblement entr'ouvertes. — *Feuilles :* ovales-arrondies, acuminées, unies sur leurs bords, à pétiole long et bien nourri ; elles sont rarement abondantes.

FERTILITÉ. — Très-grande.

CULTURE. — Le cognassier lui convient beaucoup; vigoureux, il fait sur ce sujet d'assez belles pyramides, croît vite, et prospère non moins bien sur franc, surtout en haute-tige.

Description du fruit. — *Grosseur :* moyenne. — *Forme :* arrondie, régulière, ressemblant généralement à une pomme. — *Pédoncule :* court, mince, arqué, implanté dans une profonde cavité en entonnoir. — *OEil :* large, enfoncé, bien développé, souvent mi-clos. — *Peau :* vert-pré, jaunissant très-peu à la maturité du fruit, semée de gros points et de quelques taches fauves. — *Chair :* blanche, souvent sèche, fine, demi-fondánte, pierreuse. — *Eau :* suffisante, sucrée, vineuse, assez agréablement parfumée.

MATURITÉ. — De la mi-août jusqu'à la mi-septembre.

QUALITÉ. — Deuxième.

Historique. — Le Comice horticole d'Angers cultive ce poirier depuis 1844; il portait dans les deux derniers *Catalogues du Jardin* de cette Société le n° 539, et le nom, évidemment fautif, de Besi Libellon, que cependant nous lui appliquâmes à notre tour, lorsqu'en 1852 nous commençâmes à le propager. Mais l'année suivante un Catalogue publié par M. de Jonghe, de Bruxelles, l'ayant appelé Besi Liboutton, nous dûmes adopter cette dernière dénomination, qui depuis lui est demeurée. La provenance de ce Besi reste encore à connaître. Un moment il nous a semblé possible qu'il ne fût autre, en raison surtout de sa forme, que certaine Bergamote Libotton attribuée en 1861, dans les *Catalogues de la Société Van Mons* (page 301), à feu Simon Bouvier, de Jodoigne (Belgique), obtenteur d'un assez grand nombre d'excellentes poires. Toutefois, nous avons dû rejeter une telle supposition en voyant l'auteur allemand Biedenfeld [1] et le pépiniériste français Thuillier-Aloux [2], décrire brièvement la Bergamote Libotton — variété qu'on ne rencontre plus dans le commerce — et la dire mûrissant en octobre et novembre, quand le Besi Liboutton, lui, se mange dès la moitié d'août, pour disparaître entièrement vers le début de septembre.

Observations. — Le Besi Liboutton, blettissant aisément, a besoin d'être surveillé au fruitier. Pour l'y garder une quinzaine de jours on devra le cueillir un peu vert et le préserver de tout contact.

---

142. POIRE BESI DE MAI.

Description de l'arbre. — *Bois :* assez gros. — *Rameaux :* longs, forts, légèrement flexueux, brun verdâtre, parsemés de lenticelles grises et n'ayant pas, généralement, les coussinets trop ressortis. — *Yeux :* volumineux, coniques ou ovales-pointus, peu écartés du bois, à écailles grisâtres. — *Feuilles :* de grandeur moyenne, ovales allongées ou lancéolées, faiblement canaliculées et dentelées, portées sur un pétiole rarement très-développé.

FERTILITÉ. — Remarquable.

CULTURE. — De bonne et constante vigueur, ce poirier prospère aussi bien sur cognassier que sur franc; il croît vite et fait de belles, de fortes pyramides.

---

[1] *Handbuch aller bekannten Obstsorten*, 1854, p. 55.
[2] *Catalogue raisonné des poiriers qui peuvent être cultivés dans le département de la Somme*, 1855, p. 70.

Description du fruit. — *Grosseur :* assez considérable. — *Forme :* oblongue, obtuse, ventrue, bosselée et parfois contournée dans la partie avoisinant l'œil. —

Poire Besi de Mai.

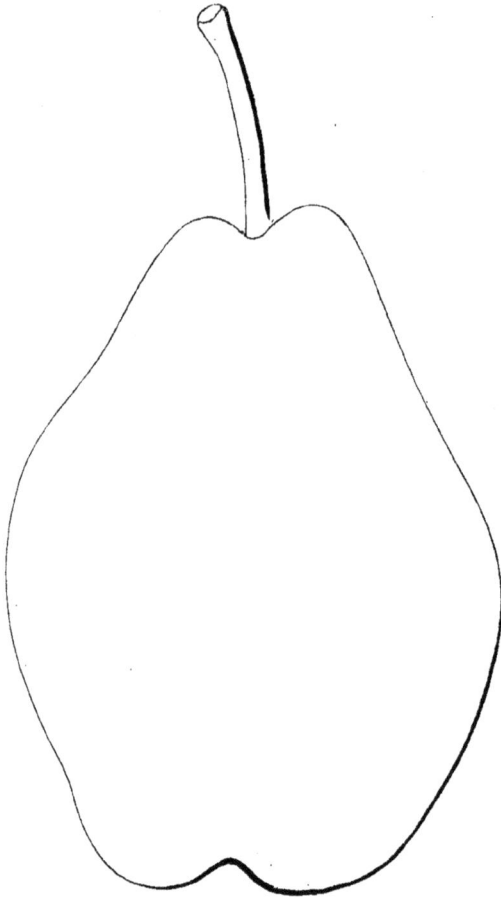

Pédoncule : long, mince, droit ou arqué, obliquement inséré dans un évasement dont les bords sont accidentés. — *Œil :* moyen, ouvert, mal développé, peu enfoncé. — *Peau :* verdâtre, striée et ponctuée de brun-fauve. — *Chair :* blanche, fine, fondante, peu pierreuse. — *Eau :* suffisante, sucrée, fraîche, acidule, savoureusement aromatique.

MATURITÉ. — De mars jusqu'en mai.

QUALITÉ. — Première.

Historique. — Laissons l'obtenteur de cette nouvelle espèce, M. de Jonghe, pépiniériste à Bruxelles, en établir lui-même l'identité :

« Ce poirier provient de mes semis. En 1856, montrant ses premiers fruits, au nombre de neuf, le sujet avait onze ans. En 1857, il en portait seize, de la forme d'un Besi de Chaumontel. En 1858, après l'ouragan du 25 juillet, on en comptait trente..... L'époque de maturité ayant eu lieu au mois de mai, le nom du mois a été ajouté à celui de la forme normale des fruits parfaits. » (*Bulletin de la Société d'Horticulture de la Sarthe*, 1861, p. 33.)

POIRE BESI DES MARAIS. — Synonyme de poire *Catillac*. Voir ce nom.

143. POIRE BESI DE MONTIGNY.

Synonymes. — *Poires :* 1. TROUVÉE DE MONTIGNY (Thompson, *Catalogue of the fruits of the horticultural Society of London*, 1842, p. 153). — 2. DOYENNÉ MUSQUÉ (André Leroy, *Catalogue de ses cultures*, 1846, p. 10). — 3. LOUIS BOSC (Bivort, *Album de pomologie*, 1850, t. III, pp. 99-100). — 4. BEURRÉ CULLEM (Société Van Mons, *Catalogue des fruits cultivés dans son jardin*, 1854, p. 41). — 5. COMTESSE DE LUNAY (Elliott, *the American fruit grower's guide*, 1854, p. 359). — 6. DE MONTIGNY (Decaisne, *le Jardin fruitier du Muséum*, 1858, t. I).

Description de l'arbre. — *Bois :* fort. — *Rameaux :* nombreux, arqués à la base, érigés ou faiblement étalés au sommet, gros, de longueur moyenne, peu coudés, d'un brun verdâtre lavé de rose pâle, abondamment ponctués et ayant les coussinets bien ressortis. — *Yeux :* assez volumineux, ovoïdes-arrondis, duveteux, généralement écartés du bois. — *Feuilles :* plutôt petites que moyennes, arrondies ou elliptiques, acuminées, canaliculées et légèrement contournées, presque entières ou finement crénelées, portées sur un pétiole épais et peu long.

Poire Besi de Montigny. — *Premier Type.*

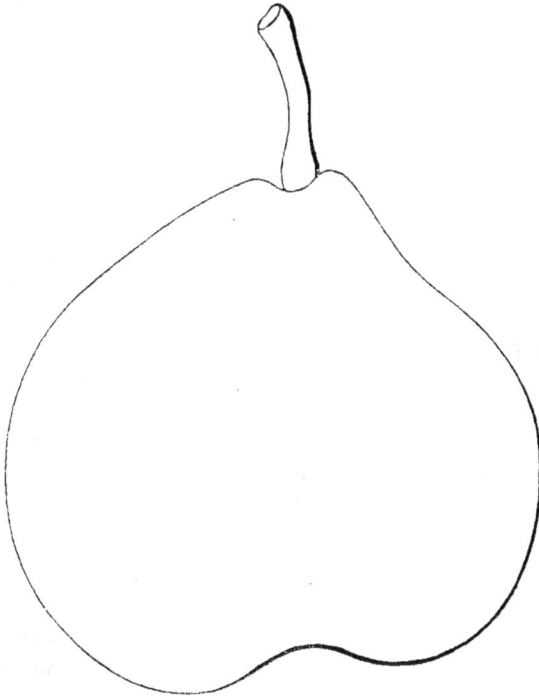

FERTILITÉ. — Grande.

CULTURE. — Sur cognassier, son développement est plus tardif que sur franc; mais néanmoins, quel que soit le sujet qu'on lui ait donné, il fait dès sa deuxième année de remarquables pyramides.

Description du fruit. — *Grosseur :* au-dessus de la moyenne et souvent moins considérable. — *Forme :* variable ; elle se montre le plus habituellement turbinée et ventrue, ou oblongue si fortement obtuse qu'elle paraît alors un peu cylindrique. — *Pédoncule :* droit ou arqué, court, bien nourri, généralement renflé et charnu à la base et presque toujours obliquement inséré à fleur de fruit. — *Œil :* moyen, mi-clos ou fermé, régulier, saillant ou faiblement enfoncé. — *Peau :* jaune verdâtre, parsemée de points roux excessivement fins, maculée de fauve auprès de l'œil et du pédoncule, et portant du côté de l'ombre plusieurs taches noirâtres. — *Chair :* blanche, juteuse, à grain très-serré, mi-fondante, pierreuse autour des loges. — *Eau :* abondante, sucrée, acidule, fortement, mais savoureusement musquée.

Deuxième Type.

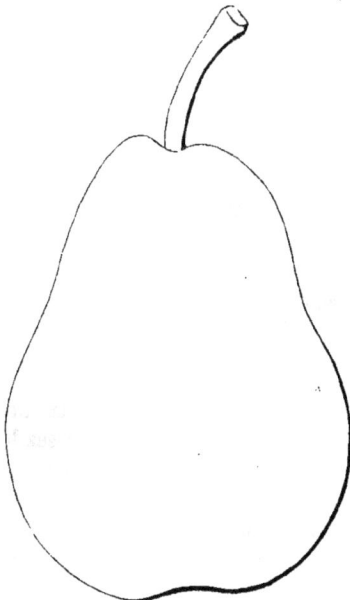

MATURITÉ. — Fin septembre et courant d'octobre ; parfois elle va jusqu'en novembre.

QUALITÉ. — Première.

Historique. — Un botaniste normand mort en 1855 et qui fut un fécond écrivain, Louis-François du Bois, de Lisieux, nous a conservé, ou peu s'en faut, l'origine de ce Besi. On lit en effet, dans l'ouvrage intitulé *du Pommier, du Poirier, du Cormier et des Cidres*, qu'il fit imprimer en 1804, la phrase suivante :

« Ce fruit a été découvert à Montigny, vers le milieu dù xviii° siècle, par Daniel-Charles Trudaine, conseiller d'État, intendant général des finances, et membre de l'Académie des Sciences. » (Tome I, p. 134.)

Mais on n'a là qu'un renseignement incomplet, car devant les quatre-vingt-huit localités qui portent chez nous le nom de Montigny, il devient impossible, en raison du laconisme de l'auteur, de désigner celle où fut trouvé le poirier dont il s'agit. Nous pouvons cependant suppléer au silence de Louis du Bois, par le passage ci-dessous, emprunté au *Dictionnaire universel de la France ancienne et moderne*, édité en 1726 :

« MONTIGNY-LENCOUP, dans la Brie, diocèse de Sens.... a six cents habitants. Cette terre et seigneurie appartient aux héritiers de M. Trudene, maître des requêtes et prévôt des marchands de Paris. Elle vaut six mille livres de revenus. » (Tome II, pp. 697-698.)

Actuellement, Montigny-Lencoup fait partie de l'arrondissement de Provins (Seine-et-Marne). Quant à Daniel-Charles Trudaine, né le 3 janvier 1703 il décéda le 19 janvier 1769, et nous voyons les biographes l'appeler Trudaine de Montigny. Ce fut avant 1750 qu'il propagea la variété qui nous occupe, puisque les Chartreux de Paris la mentionnent et la décrivent déjà en 1752, à la page 40 du *Catalogue* de leurs pépinières. D'où suit que Duhamel (1768) n'en a pas été le premier descripteur, ainsi que l'avançait John Turner, le 15 janvier 1822, dans les *Transactions of the horticultural Society of London*. (Tome V, p. 131.)

Observations. — Les noms Beurré Romain, Doyenné gris, Doyenné de Saumur et poire de Bouchet sont donnés à tort, dans différents ouvrages, comme synonymes du Besi de Montigny; mais c'est avec raison que Downing, en 1863, rapporte à cette dernière espèce le poirier Louis Bosc. (*The Fruits and fruit trees of America*, p. 474.) M. Bivort lui-même, lorsqu'en 1850 il figura la poire Louis Bosc dans son *Album pomologique*, ne voulut pas lui délivrer un acte de naissance : « Plusieurs « pomologues — déclara-t-il — pensent que cette variété doit être attribuée au pro- « fesseur Van Mons; pour nous, nous n'avons aucune certitude à cet égard. » (Tome III, pp. 99-100.)

144. POIRE BESI DE LA MOTTE.

Synonymes. — *Poires :* 1. BEIN ARMUDI (Thompson, *Catalogue of the fruits of the horticultural Society of London*, 1842, p. 123). — 2. BEURRÉ BLANC DE JERSEY (*Id. ibid.*, p. 126). — 3. D'AUMALE (Decaisne, *le Jardin fruitier du Muséum*, 1858, t. I). — 4. BEURRÉ D'HIVER (*Id. ibid.*). — 5. DE LA MOTTE (*Id. ibid.*).

Description de l'arbre. — *Bois :* fort. — *Rameaux :* très-nombreux, arqués, étalés et contournés vers la base de la tige, érigés au sommet, gros, assez longs, flexueux, vert cendré, abondamment et fortement ponctués, ayant les coussinets un peu saillants et les mérithalles généralement courts. — *Yeux :* de grosseur moyenne, ovoïdes-pointus, écartés du bois et souvent sortis en éperon. — *Feuilles :* luisantes et vert foncé, petites, lancéolées, très-légèrement crénelées, portées sur un pétiole assez long et bien nourri.

FERTILITÉ. — Convenable.

CULTURE. — C'est un poirier des plus vigoureux, mais seulement à partir de sa deuxième année ; on le greffe sur cognassier ou sur franc ; ses pyramides sont belles et des plus touffues.

Poire Besi de la Motte.

Description du fruit. — *Grosseur :* au-dessus de la moyenne et parfois assez volumineuse. — *Forme :* arrondie, s'allongeant faiblement près du sommet, et plus ventrue ordinairement d'un côté que de l'autre. — *Pédoncule :* court, mince, non coudé, obliquement inséré, renflé à ses extrémités. — *Œil :* petit, contourné, ouvert ou mi-clos, placé dans un vaste bassin rarement très-profond. — *Peau :* jaune verdâtre ou vert clair, parsemée de larges points roux et maculée de fauve autour de l'œil et du pédoncule. — *Chair :* blanchâtre, juteuse, fine, fondante, légèrement pierreuse. — *Eau :* des plus abondantes et des plus sucrées, sans parfum prononcé, mais toujours savoureuse et délicate.

MATURITÉ. — De la mi-septembre jusqu'à la fin d'octobre, et quelquefois atteignant le commencement de novembre.

QUALITÉ. — Première.

Historique. — Si la Quintinye, créateur des vergers de Louis XIV, ne fut pas l'obtenteur de ce fruit excellent, dû vraisemblablement au hasard, tout au moins en devint-il le véritable promoteur, en le faisant connaître par les lignes ci-après, qui ne purent que contribuer puissamment à le propager :

« Nous avons *depuis peu* une poire nouvelle sous le nom de Besi de la Motte, qui ressemble assez à un Gros-Ambrette, hors qu'elle est un peu tiquetée de rouge. Si une autre année cette poire est aussi fondante et d'une eau aussi agréable que je l'ai trouvée dans la *fin d'octobre* 1685, qui est le temps de sa maturité, le Doyenné court grand risque de lui céder sa place. » (*Instructions pour les jardins fruitiers et potagers,* édition de 1692, t. I, p. 167.)

Cette variété commença donc à se répandre vers 1675 ou 1680 ; elle porte le nom du lieu où poussa le sauvageon qui l'a produite, seulement nous n'avons pu découvrir, parmi les centaines de localités appelées la Motte, celle dans laquelle on le rencontra.

Observations. — Les Allemands aiment beaucoup cette poire et la cultivent sous diverses dénominations, empruntées pour la plupart à sa couleur et à sa forme. C'est ainsi qu'ils l'ont appelée : Bergamote verte (*Grüne Bergamotte*), Bergamote grise (*Graue Bergamotte*) et encore Crassane tiquetée (*Getüpfelte Crassanne*) ; mais dans le Hanovre on l'a souvent confondue avec la Bergamote crassane. (Voir le *Deutsche Obstcabinet,* 1857, 1er cahier.) — Ce poirier resta longtemps épineux, d'où Van Mons conjectura en 1835, « que l'abandon de ses épines serait le précurseur de

« sa ruine. » (*Arbres fruitiers*, t. II, p. 450.) Aujourd'hui, l'on peut voir qu'il n'en a rien été, car il continue de donner des fruits parfaits, quoiqu'il ait perdu ses dards.

Poire BESI DE MOUILLIÈRES. — Synonyme de poire *Ambrette d'Été*. Voir ce nom.

---

145. Poire BESI DE LA PIERRE.

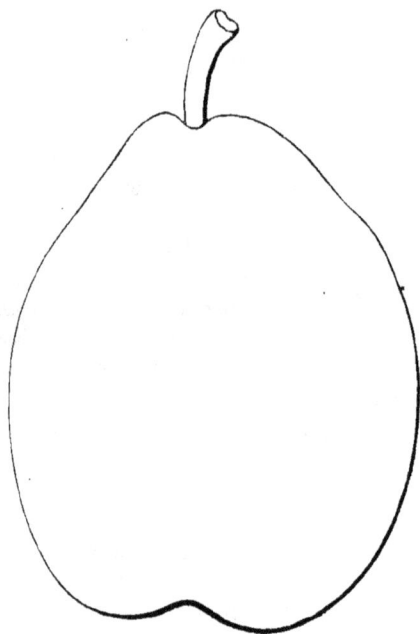

Description de l'arbre. — *Bois :* de force moyenne. — *Rameaux :* peu nombreux, étalés, assez gros, longs, faiblement coudés, jaune-brun, à lenticelles fines et clair-semées, à coussinets saillants. — *Yeux :* petits, aplatis, ayant les écailles renflées et disjointes; ils sont appliqués contre le bois. — *Feuilles :* assez grandes, ovales-allongées, acuminées, légèrement dentées en scie, munies d'un pétiole court et épais.

Fertilité. — Remarquable.

Culture. — De médiocre vigueur sur cognassier, cet arbre se plaît mieux sur franc, et la haute tige paraît également lui être plus profitable que la pyramide; cependant sous cette dernière forme il a pris, depuis trois ans que nous le multiplions, un assez beau développement.

Description du fruit. — *Grosseur :* moyenne et souvent moindre. — *Forme :* ovoïde, légèrement ventrue et bosselée, régulière. — *Pédoncule :* court, mince, arqué, faiblement renflé à son point d'attache et obliquement inséré au milieu d'un petit évasement à bords unis. — *Œil :* moyen, peu développé, duveteux, mi-clos, à peine enfoncé. — *Peau :* jaune-citron, recouverte en partie de points, de marbrures et de taches fauves, surtout auprès de l'œil et du pédoncule. — *Chair :* blanchâtre, demi-fine, fondante, juteuse, assez pierreuse au centre. — *Eau :* excessivement abondante, sucrée, vineuse, fort délicate.

Maturité. — Du commencement d'octobre jusqu'à la mi-novembre.

Qualité. — Première.

Historique. — En 1862, M. de Liron d'Airoles a fait connaître ainsi ce nouveau poirier, dans ses *Notices pomologiques :*

« C'est un gain de M. A. de la Farge, propriétaire au château de la Pierre, situé près la petite ville de Salers, au pied des montagnes de la haute Auvergne, département du Cantal. Le premier rapport a eu lieu en 1857 d'un semis de pepins variés fait en 1847..... On ne l'a multiplié par la greffe qu'au printemps de 1862. » (Tome III, p. 27.)

Observations. — Très-convenable pour le verger, cette espèce devrait accroître, pensons-nous, la liste de nos bons fruits pour la vente sur les marchés; sa fertilité, sa qualité, sa maturité suffisamment prolongée, semblent en effet promettre de bons bénéfices à ceux qui voudront lui donner une telle destination.

POIRE BESI DU QUASSOY. — Synonyme de *Besi de Quessoy d'Hiver.* Voir ce nom.

146. POIRE BESI QUESSOY D'ÉTÉ.

Premier Type.

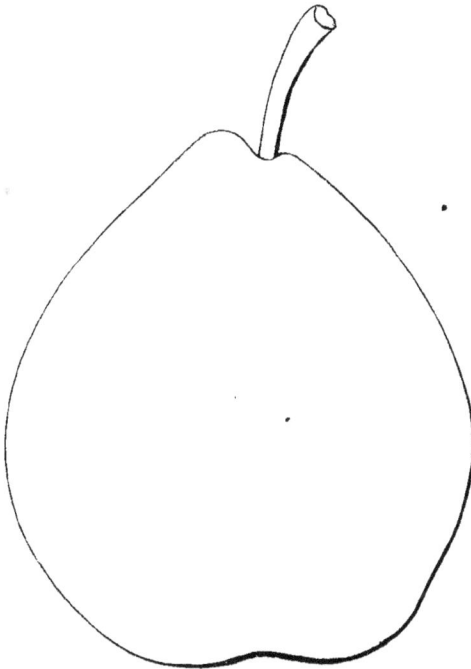

Description de l'arbre. — *Bois :* fort. — *Rameaux :* assez nombreux, généralement étalés, bien nourris, de longueur moyenne, peu coudés, duveteux, brun clair légèrement verdâtre, des plus ponctués, à coussinets rarement très-ressortis. — *Yeux :* ovoïdes, aigus, volumineux, bien écartés du bois. — *Feuilles :* abondantes, elliptiques, habituellement étroites, accuminées et canaliculées, ayant les bords finement dentés, le pétiole gros et peu développé.

FERTILITÉ. — Grande.

CULTURE. — C'est un poirier vigoureux, se greffant sur cognassier ou sur franc, poussant parfaitement en haute tige, mais dont la forme des pyramides est assez irrégulière; il croît rapidement.

Description du fruit. — *Grosseur :* moyenne et quelquefois plus considérable. — *Forme :* oblongue, ventrue et obtuse, ou turbinée-arrondie. — *Pédoncule :* assez court, bien nourri, arqué, obliquement inséré dans une faible cavité ordinairement dominée par une forte protubérance. — *Œil :* petit, mi-clos ou fermé, mal développé, presque saillant. — *Peau :* rude au toucher, roussâtre, ponctuée de brun, striée de même dans le bassin ombilical, et portant souvent quelques taches squammeuses. — *Chair :* blanche, mi-fine, mi-cassante, habituellement très-pierreuse autour des loges. — *Eau :* abondante, excessivement sucrée, acidule, savoureusement parfumée.

MATURITÉ. — Courant de septembre.

QUALITÉ. — Deuxième; elle est trop pierreuse pour la classer de premier ordre.

Historique. — On a contesté, nous le savons, l'identité de cette espèce, dont M. de Liron d'Airoles s'est constitué le promoteur et le défenseur. Après examen attentif des pièces du procès, il nous a semblé que ce pomologue était dans le vrai;

nous allons donc reproduire son opinion, qui du reste s'est vue confirmée par plusieurs Sociétés horticoles et notamment par celle du département de la Seine :

« Cet arbre — disait en 1858 M. de Liron d'Airoles — est à revendiquer, nous le pensons, pour la pomologie de la Loire-Inférieure. Il ne figure sur aucun des Catalogues que nous avons pu consulter, bien qu'il soit anciennement connu dans les environs de Guérande, où ce nom lui a été donné..... C'est à M. Jules Bruneau, pépiniériste à Nantes, que nous devons la connaissance de ce fruit... C'est de Guérande qu'il en a reçu les greffes, et c'est en 1851 qu'après l'avoir dégusté et étudié nous l'avons décrit. Nous avions hésité à faire de ce fruit une nouvelle variété, mais notre appréciation a été soutenue par les jugements de plusieurs jurys, et en dernier lieu par celui de l'Exposition universelle de Paris en 1855, où le *Besi Quessoy d'Été*, présenté par nous, a été COURONNÉ COMME FRUIT NOUVEAU. » (*Notices pomologiques*, t. Ier, et *Liste synonymique des poiriers*, 1859, p. 37.)

Observations. — La grosseur de ce Besi est très-variable; celui que nous avons figuré est à peu près dans la moyenne; mais on en voit qui sont trois fois plus volumineux. C'est ainsi qu'en 1861 M. de Liron d'Airoles envoya à la Société d'Horticulture de Paris une de ces poires dont le poids s'élevait à 250 grammes.

---

147. Poire BESI DE QUESSOY [d'hiver].

Synonymes. — *Poires:* 1. BESI DU QUASSOY (le Lectier, *Catalogue des arbres cultivés dans son verger et plant*, 1628, p. 19). — 2. PETIT-BEURRÉ D'HIVER (Merlet, *l'Abrégé des bons fruits*, édition de 1675, p. 105). — 3. ROUSSETTE (*Id. ibid.*). — 4. ROUSSETTE D'ANJOU (la Quintinye, *Instructions pour les jardins fruitiers et potagers*, édition de 1692, t. I, p. 181). — 5. BESI DE CAISSOY (le Berriays, *Traité des jardins*, édition de 1785, t. I, p. 331). — 6. BESI DU QUIESSOIS (Mayer, *Pomona franconica*, 1801, t. III, p. 234). — 7. BESI DE BRETAGNE (Decaisne, *le Jardin fruitier du Muséum*, 1858, t. I). — 8. POIRE DE QUESSOY (*Id. ibid.*).

Description de l'arbre. — *Bois:* faible. — *Rameaux :* assez nombreux, légèrement étalés, grêles, courts, flexueux, rouge-brun ardoisé, largement ponctués, cotonneux, ayant les coussinets ressortis et les mérithalles très-courts. — *Yeux :* volumineux, ovoïdes, obtus, à écailles disjointes, duveteux et presque appliqués contre le bois. — *Feuilles :* assez coriaces, petites, ovales-arrondies, faiblement mais régulièrement dentées en scie, cotonneuses, portées sur un pétiole excessivement court et épais.

FERTILITÉ. — Abondante.

CULTURE. — Généralement faible sur cognassier, ce poirier doit être greffé sur franc; son développement est tardif, il fait de chétives pyramides.

Description du fruit. — *Grosseur :* petite. — *Forme :* globuleuse ou ovoïde. — *Pédoncule :* long, menu, arqué, habituellement implanté dans une cavité étroite et profonde. — *Œil :* moyen, bien ouvert, bien régulier, presque saillant, entouré de bosselettes. — *Peau :* vert jaunâtre, maculée de brun clair autour du pédoncule et si fortement ponctuée, striée et marbrée de fauve, qu'on la dirait complétement roussâtre. — *Chair :* blanc mat, demi-fine, juteuse, cassante, pierreuse autour des loges et marcescente. — *Eau :* des plus abondantes, douce, sucrée, fraîche, faiblement musquée, assez savoureuse.

MATURITÉ. — De la mi-décembre jusqu'en février.

QUALITÉ. — Deuxième.

Historique. — Propagée dans les premières années du xviie siècle, cette poire, que le *Catalogue* de le Lectier nous montre cultivée à Orléans dès 1628, est originaire du bourg de Quessoy, près Saint-Brieuc. Merlet le constatait en 1675 :

« Elle vient — disait-il — de Bretagne, de la forest de Quessoy, où elle est appelée Roussette, ou le petit Bœuré d'Hiver..... Son eau, relevée et vineuse, tient encor quelque peu du sauvageon qui l'a produite. » (*L'Abrégé des bons fruits*, p. 106.)

Bientôt importé dans notre province, ce Besi y fut tellement multiplié, qu'en 1692 on l'y mangeait partout sous le nom de Roussette d'Anjou ; et, d'après la Quintinye, « les Angevins en étaient très-contents. » (Tome I, p. 181.) Aujourd'hui il n'en est plus ainsi, on l'y rencontre encore, mais rarement ; et cet abandon tient sans doute à l'extrême délicatesse de ce poirier, au manque d'excellence de ses produits, qui dégénérés dans notre sol, il faut le croire, y sont presque toujours de médiocre qualité ; mais en Bretagne ils ont conservé une certaine réputation.

Observations. — Il existe, sous le nom de *Grosse-Roussette d'Anjou,* une poire qui s'éloigne entièrement du Besi de Quessoy d'Hiver, ou Roussette d'Anjou. On en trouvera plus loin la description, la figure et l'historique ; il devient donc facile de s'éclairer à son sujet. — Nous avons ajouté au nom du Besi de Quessoy le déterminatif *d'Hiver,* afin qu'on ne pût confondre ce fruit avec son nouveau congénère, le Besi Quessoy *d'Été,* décrit ci-dessus page 284.

POIRE BESI DU QUIESSOIS. — Synonyme de *Besi de Quessoy d'Hiver.* Voir ce nom.

POIRE BESI ROYAL. — Synonyme de *Besi d'Héry* ou *d'Héric.* Voir ce nom.

---

148. POIRE BESI DE SAINT-WAAST.

Synonymes. — *Poires :* BESI VAAT (Dittrich, *Systematisches Handbuch der Obstkunde,* 1839, t. I, p. 637). — 2. BESI VA (Bivort, *Album de pomologie,* 1849, t. II, p. 56). — 3. BESI VAET (*Id. ibid.*). — 4. BESI DE VATE (*Id. ibid.*). — 5. BESI DE VAET (*Id. ibid.*). — 6. BEURRÉ BEAUMONT (Congrès pomologique, *Liste des fruits adoptés dans sa session de* 1859, p. 2). — 7. DE SAINT-WAAST (Decaisne, *le Jardin fruitier du Muséum,* 1861, t. IV). — 8. WAETTE (*Id. ibid.*).

Description de l'arbre. — *Bois :* de force moyenne. — *Rameaux :* assez nombreux, légèrement étalés, gros et courts, bien coudés, rouge sombre maculé de gris, à lenticelles fines et très-rapprochées, à coussinets ressortis. — *Yeux :* petits, ovoïdes, non appliqués contre le bois et ayant les écailles entr'ouvertes. — *Feuilles :* généralement arrondies, acuminées, profondément dentées, à pétiole long, épais, flasque, lavé de rose pâle.

FERTILITÉ. — Grande.

CULTURE. — Toujours un peu faible sur cognassier, et même sur franc, il ne se développe bien qu'à partir de sa troisième année ; il fait d'assez convenables pyramides.

Description du fruit. — *Grosseur :* volumineuse ou au-dessus de la moyenne. — *Forme :* variant entre l'oblongue obtuse et ventrue et la globuleuse légèrement ovoïde. —

Poire Besi de Saint-Waast. — *Premier Type.*

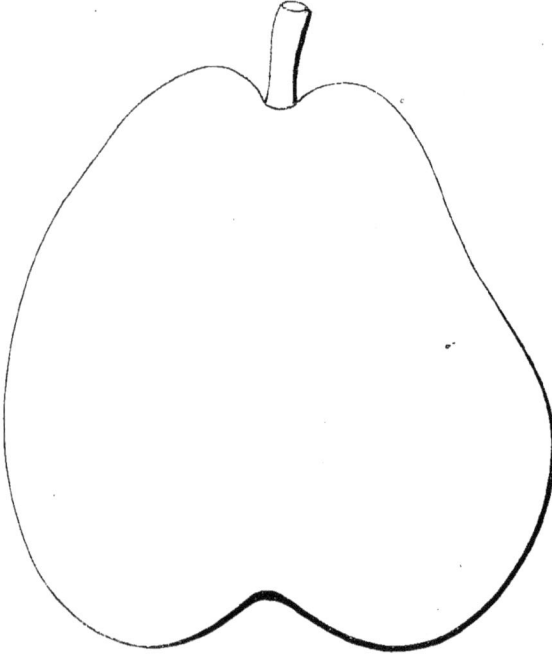

Pédoncule : court, droit ou arqué, souvent renflé à ses extrémités, obliquement inséré dans une large cavité où le comprime parfois une forte protubérance. — *Œil :* moyen, ouvert, peu développé, peu enfoncé, régulier. — *Peau :* épaisse, jaune d'ocre, ponctuée de fauve, maculée de même auprès de l'œil et du pédoncule, et largement lavée de rouge-brun sur la partie exposée au soleil. — *Chair :* assez blanche, fine, mi-cassante, très-juteuse, un peu pierreuse au centre. — *Eau :* excessivement abondante, sucrée, aigrelette, savoureusement parfumée.

MATURITÉ. — De la fin d'octobre jusqu'en décembre.

QUALITÉ. — Première.

Deuxième Type.

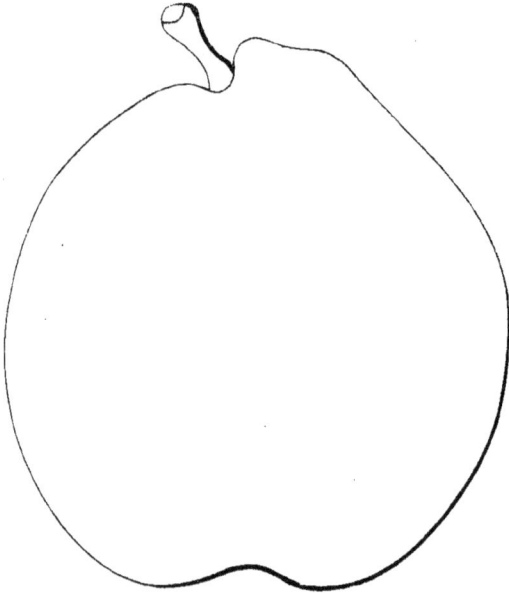

Historique. — Van Mons, en 1830, a dit de ce fruit, dans la *Revue des Revues :*

« Suivant la tradition et conformément au nom qu'il porte, il doit avoir été obtenu à la ci-devant abbaye de Saint-Vaast, ou avoir été répandu par elle ; car inconnu, du moins sous son nom, en France, c'est sous celui de Besi de Saint-Vaast qu'il a d'abord été cultivé dans le Hainaut, à Enghien, à Mons et ailleurs. Je n'ai aucun renseignement sur l'âge de cette variété. »

Trente ans plus tard (1859) M. Bivort compléta ce renseignement, en assurant qu'on avait dû découvrir le Besi de Saint-Waast vers la fin du xviiie siècle. (*Annales de pomologie belge*, t. VII, p. 24.) Quoi qu'il en soit de cette date, une chose reste constante, c'est l'origine française du présent poirier. L'abbaye dans laquelle il fut rencontré, et dont il rappelle le souvenir, car elle n'existe plus, appartenait aux Bénédictins. Fondée vers la fin du viie siècle (692) à Arras, on lui avait donné le nom de l'un des premiers évêques de cette ville, celui de Waast, qui mourut en 540. Ajoutons qu'il ne faut pas confondre cette abbaye avec celle qu'on appelait en Picardie Saint-Wast de Moreuil, et qui s'élevait au-dessus d'Abbeville, sur la Somme. — Le docteur Diel, pomologue allemand décédé depuis une trentaine d'années, attribua jadis à Parmentier, d'Enghien (Belgique), l'obtention du Besi de Saint-Waast. On voit qu'il se trompa. Mais si Parmentier ne le gagna pas de semis, tout au moins le propagea-t-il activement, et même jusqu'en Angleterre, ainsi que l'a déclaré John Turner dans les *Transactions of the horticultural Society of London :*

« ...... J'ai reçu en 1820, de M. Parmentier, des fruits et des greffes du *Besi Vaët*, qui pour la première fois a mûri chez nous dans le jardin de lord Henry Fitzgérald, à Thomas-Ditton. » (Année 1824, t. V, pp. 407-408.)

Observations. — Parmentier, d'après l'auteur anglais Turner que nous venons de citer, affirmait qu'on pouvait conserver jusqu'au mois d'avril, les fruits de cette variété. En France, quelques écrivains l'ont également avancé. Pour notre part, les derniers jours de décembre, voilà le terme extrême qu'il nous est permis de lui assigner.

POIRE BESI SANS PAREIL. — Synonyme de *Besi incomparable*. Voir ce nom.

POIRES BESI VA, OU VAAT, OU VAET, OU DE VATH. — Synonymes de *Besi de Saint-Waast*. Voir ce nom.

---

149. POIRE BESI TARDIF.

Synonyme. — *Poire* BESI TRÈS-TARDIF (Comice horticole d'Angers, *Annales*, 1847, p. 369).

Description de l'arbre. — *Bois :* fort. — *Rameaux :* nombreux, étalés ou réfléchis, légèrement contournés, longs, assez gros, très-coudés, duveteux, brun olivâtre, ayant les lenticelles abondantes et les coussinets peu saillants. — *Yeux :* des plus volumineux, arrondis, écartés du bois et sortis généralement en éperons bien prononcés. — *Feuilles :* petites, vert clair, ovales, contournées, cotonneuses, à bords unis, à pétiole long et menu.

FERTILITÉ. — Bonne.

CULTURE. — De vigueur convenable, il pousse non moins bien sur cognassier que sur franc ; ses pyramides sont toujours fortes et touffues.

Description du fruit. — *Grosseur :* au-dessus de la moyenne, et quelquefois moins considérable. — *Forme :* sphérique, bosselée, régulière. — *Pédoncule :* assez court, non arqué, bien nourri, obliquement implanté à fleur de fruit ou dans un évasement mamelonné rarement très-profond. — *Œil :* petit, fermé, saillant ou légèrement enfoncé. — *Peau :* jaune verdâtre, ponctuée, marbrée, striée de fauve, tachée de même autour du pédoncule. — *Chair :* blanche, fine, fondante, assez juteuse, faiblement pierreuse au cœur. — *Eau :* abondante, sucrée, astringente, habituellement peu parfumée.

Poire Besi tardif.

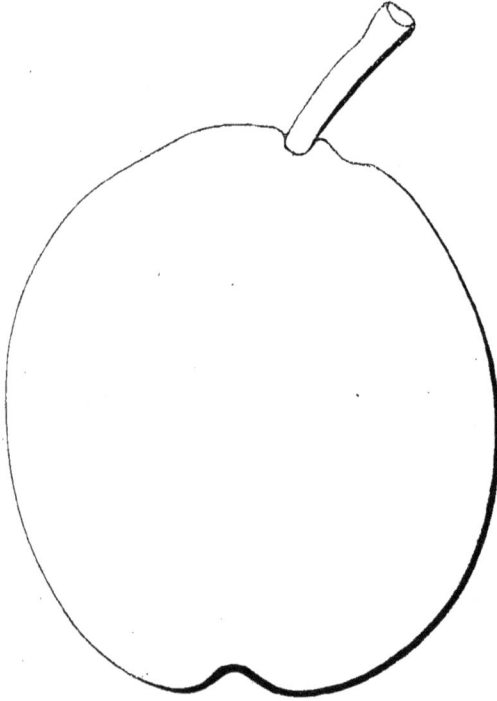

MATURITÉ. — De novembre jusqu'en février.

QUALITÉ. — Troisième; et souvent deuxième , lorsque l'eau de cette poire a perdu de son acerbeté.

Historique. — Gagnée en 1845 par feu Goubault, horticulteur à Millepieds, dans la banlieue d'Angers, la variété ici décrite fut en 1846 et 1847 soumise à l'appréciation du Comice de Maine-et-Loire, et déclarée par lui digne de la culture. (Voir les *Annales* de cette Société, t. III, pp. 226 et 369.)

Observations. — Ce Besi, qui reçut au moment de son obtention le nom de *Très-Tardif*, parce que dégusté en avril on put encore le conserver jusqu'en juin, ne justifia pas longtemps sa dénomination. Il devint d'une tardiveté beaucoup moins grande; à ce point qu'à partir de 1850 il ne dépassa plus, dans notre école, le mois de février. Mais des diverses poires provenues des semis de Goubault, celle-ci est assurément la seule dont les qualités se soient aussi fâcheusement modifiées.

150. POIRE **BESI DES VÉTÉRANS.**

Synonymes. — *Poires :* 1. BANEAU (Decaisne, *le Jardin fruitier du Muséum*, 1859, t. II). — 2. DES VÉTÉRANS (*Id. ibid.*).

Description de l'arbre. — *Bois :* des plus forts. — *Rameaux :* assez nombreux, généralement un peu étalés, très-nourris, longs, flexueux, vert clair jaunâtre, à larges lenticelles blanches excessivement abondantes, à coussinets bien marqués. — *Yeux :* gros, ovoïdes, pointus, écartés du bois et habituellement ressortis en éperon. — *Feuilles :* de forme variable, elles sont néanmoins le plus souvent ovales, vert jaunâtre, dentées sur les bords; leur pétiole, assez court, est roide et épais.

FERTILITÉ. — Remarquable.

CULTURE. — Arbre vigoureux, il prend comme sujet le franc ou le cognassier; il fait de jolies pyramides; quant à sa croissance elle est ordinaire.

Description du fruit. — *Grosseur :* volumineuse. — *Forme :* turbinée-
allongée ou turbinée-arrondie, obtuse et ayant ordinairement un côté plus ventru
que l'autre. — *Pédoncule :* long, mince, contourné, obliquement implanté dans
une faible dépression, parfois renflé à la base et parfois aussi inséré en dehors de
l'axe du fruit, et alors presque toujours surmonté d'un mamelon très-prononcé. —

Poire Besi des Vétérans.

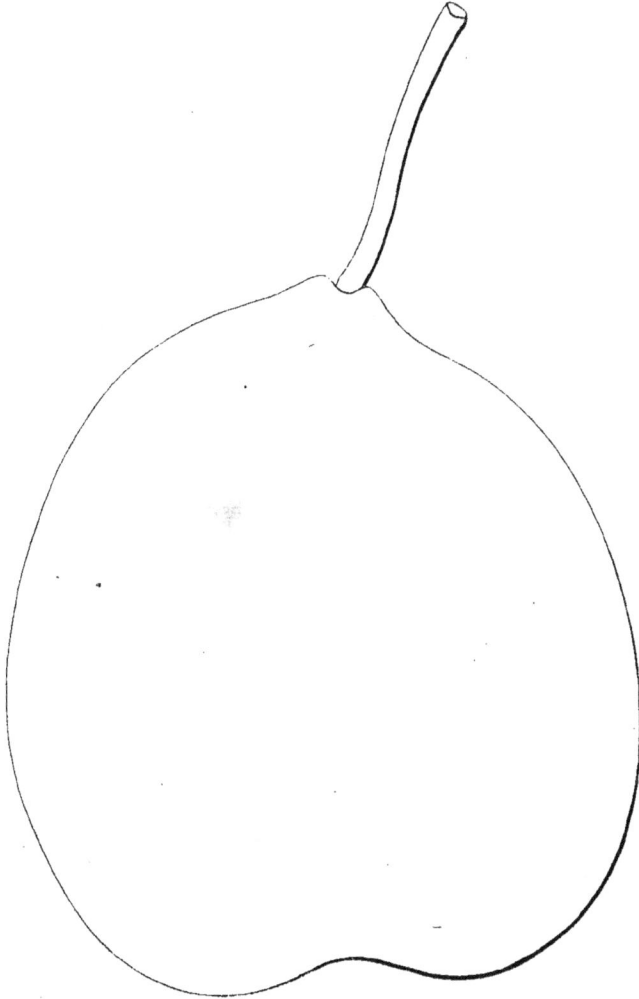

OEil : moyen, peu
développé, régulier,
légèrement enfoncé.
— *Peau :* jaune d'or,
ponctuée, marbrée
de roux, maculée de
même autour du pé-
doncule. — *Chair :*
très-blanche, demi-
fine, demi-cassante,
un peu pierreuse au
centre. — *Eau :* suf-
fisante, sucrée, vi-
neuse, d'un aigrelet
fort agréable.

MATURITÉ.—Octo-
bre et se conservant
parfois jusqu'en
avril.

QUALITÉ. — Deu-
xième pour le cou-
teau, première pour
la compote.

Historique. —
Elle appartient aux
semis du professeur
belge Van Mons, et
fut gagnée peu avant
1830. La première
description que nous
en rencontrions est
du botaniste Poi-
teau, qui eut soin
d'y joindre ce ren-
seignement, daté
de 1834 :

« Le Besi des Vétérans m'a été envoyé de Boulogne-sur-Mer par M. Bonnet, amateur éclairé
possédant une assez grande quantité de fruits nouveaux de M. Van Mons. » (*Annales de la
Société d'Horticulture de Paris*, t. XV, p. 368.)

Observations. — Quelques pomologues ont pensé que les quatre poires
Bouvier Bourgmestre, Fondante de Charneu, Héricart de Thury, et *Rameau,* étaient
identiques avec le Besi des Vétérans. En ce qui touche nos pépinières et notre
école, nous pouvons affirmer, après un long examen, que ces cinq fruits sont au

contraire fort différents les uns des autres ; aussi figurent-ils tous, ici, à leur rang alphabétique.

Poire BESI DE VILLANDRY. — Synonyme de *Besi de l'Échasserie*. Voir ce nom.

---

151. Poire BESI DE VINDRÉ.

Description de l'arbre. — *Bois :* de force moyenne. — *Rameaux :* assez nombreux, un peu arqués, érigés ou étalés, gros, courts, légèrement coudés, brun clair verdâtre, lavés de gris, finement ponctués, ayant les coussinets presque nuls et les mérithalles courts. — *Yeux :* moyens, ovoïdes-obtus, bruns au sommet, noirâtres à la base, non appliqués contre le bois. — *Feuilles :* habituellement ovales ou ovales-acuminées, planes, denticulées, portées sur un pétiole court et fort.

FERTILITÉ. — Excessive.

CULTURE. — Toujours faible sur cognassier, ce poirier se greffe plus avantageusement sur franc ; il fait d'assez convenables pyramides.

Description du fruit. — *Grosseur :* petite. — *Forme :* globuleuse, régulière, parfois plus ventrue d'un côté que de l'autre. — *Pédoncule :* court, menu, arqué, obliquement implanté dans une très-faible dépression. — *Œil :* moyen, mi-clos, peu développé, peu enfoncé, uni sur ses bords. — *Peau :* jaune verdâtre, ponctuée de roux, striée de même dans le bassin ombilical et généralement tachée de brun-fauve auprès du pédoncule. — *Chair :* blanchâtre, demi-fine, demi-cassante et contenant quelques pierres autour des loges. — *Eau :* suffisante, sucrée, non acidule, assez savoureuse et douée d'un arrière-goût musqué rarement prononcé.

MATURITÉ. — Du commencement d'octobre jusqu'au début de novembre.

QUALITÉ. — Deuxième.

Historique. — Le Besi de Vindré, ou Vendray, que nous avons tiré du Jardin du Comice horticole d'Angers, où il était déjà cultivé en 1838, pourrait bien provenir du bourg de Vendrest, situé près de Meaux, dans le département de Seine-et-Marne ; supposition que semblent justifier les rapports de consonnance et d'orthographe existant entre le nom de cette poire et celui de cette localité. L'âge du présent Besi nous reste également inconnu. Un pomologue allemand, le baron Biedenfeld, cite ce fruit page 32 de son *Hundbuch aller bekannten Obstsorten*, publié en 1854, mais il n'en signale pas l'origine.

Poire BESI WAËT. — Synonyme de *Besi de Saint-Waast*. Voir ce nom.

Poire BESIDERIE. — Synonyme de *Besi d'Héry* ou *d'Héric*. Voir ce nom.

Poire BESIDÉRY-LANDRY. — Synonyme de *Besi de l'Échasserie*. Voir ce nom.

Poire BETTERAVE. — Synonyme de poire *Sanguine de France*. Voir ce nom.

Poire DES BEUHARDS. — Synonyme de poire *de Dame*. Voir ce nom.

Poire BEURRÉ. — Synonyme de *Beurré gris*. Voir ce nom.

----

152. Poire BEURRÉ ADAM.

Synonymes. — *Poires :* 1. DE L'HORTICULTEUR (Prévost, *Cahiers pomologiques*, 1839, p. 58). — 2. ADAM (Decaisne, *le Jardin fruitier du Muséum*, 1858, t. I).

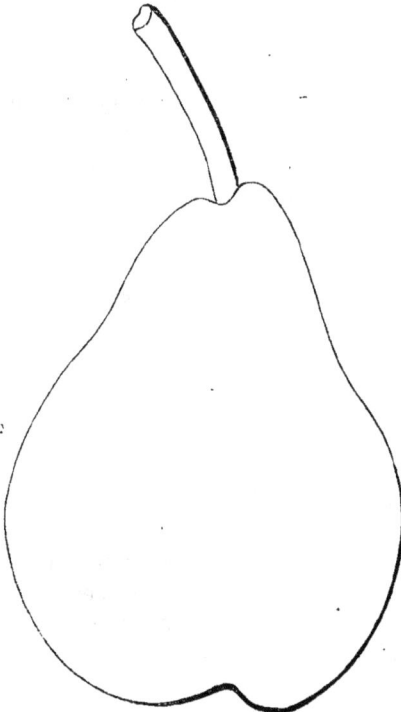

Description de l'arbre. — *Bois :* de force moyenne. — *Rameaux :* très-nombreux, étalés, un peu grêles, assez longs, assez cotonneux, presque droits et d'un rouge-fauve grisâtre; ils ont les lenticelles fines, abondantes, et les coussinets saillants. — *Yeux :* petits, ovoïdes, légèrement aplatis, duveteux, appliqués contre le bois. — *Feuilles :* grandes, généralement ovales, acuminées, profondément dentées, à pétiole fort et de longueur moyenne.

FERTILITÉ. — Ordinaire.

CULTURE. — On lui donne indistinctement, en raison de sa constante vigueur, le cognassier ou le franc; ses pyramides, quoique n'atteignant pas une hauteur très-satisfaisante, sont néanmoins jolies et touffues.

Description du fruit. — *Grosseur :* au-dessous de la moyenne. — *Forme :* oblongue, obtuse, régulière. — *Pédoncule :* assez long, bien nourri, peu arqué, placé obliquement au milieu d'une faible cavité à bords inégaux. — *Œil :* large, à peine enfoncé, ouvert, mal développé, habituellement entouré de bosselettes. — *Peau :* jaune verdâtre terne, ponctuée de fauve, tachée de même auprès du pédoncule et lavée de carmin du côté du *soleil.* — *Chair* : jaunâtre, veinée de vert pâle, demi-fine, demi-fondante, montrant autour des loges quelques petites pierres. — *Eau* : suffisante, acidule, sucrée, aromatique.

Maturité. — Fin août et commencement de septembre.

Qualité. — Deuxième.

Historique. — Nos anciens pomologues ont peu connu ce Beurré, qui pourtant devait être chez nous, il y a deux cents ans, l'un des meilleurs fruits d'été. Dom Claude Saint-Étienne est en effet le seul auteur du XVIIᵉ siècle dans les pages duquel on le trouve cité. Il le nomme simplement poire d'Adam et le dit mûrissant en août. (*Nouvelle instruction pour connaître les bons fruits*, édition de 1675, p. 80.) Mais ensuite on n'entend plus parler de cette variété; cachée sous quelque surnom, elle disparaît des nomenclatures arboricoles, et il faut aller jusqu'en 1839 avant de la voir réapparaître avec sa dénomination primitive. Alors un pépiniériste instruit et consciencieux, feu Prévost, de Rouen, lui consacre les lignes ci-après :

« Cette poire (*Beurré Adam*) ne peut pas être très-nouvelle, car plusieurs pépiniéristes de notre localité la possèdent depuis longtemps, sans nom; j'en ai moi-même rencontré des arbres très-forts, il y a dix à douze ans, dont le nom était également ignoré de leurs propriétaires..... Quant à l'épithète *poire de l'Horticulteur*, sous laquelle il en a été envoyé à Rouen en 1838, c'est là probablement un de ces actes fort peu louables, dont le but se devine..... » (*Cahiers pomologiques*, 1839, p. 58.)

Enfin, mis évidemment sur ses gardes par ce passage de Prévost, M. Decaisne, étudiant en 1858 cette même variété, n'hésita pas, dans son *Jardin fruitier du Muséum* (tome Iᵉʳ), à la rapporter à l'espèce signalée en 1675 par dom Claude Saint-Étienne, ainsi que nous l'avons relaté plus haut.

Observations. — Il existe une poire *Adams*, originaire d'Amérique et dont nous nous sommes déjà longuement occupé (voir page 84); comme elle diffère entièrement du Beurré Adam, il est indispensable de ne commettre aucune confusion entre ces deux fruits, chose que leur nom, à peu près conforme, rend du reste assez facile.

Poire BEURRÉ D'ALBRET. — Synonyme de *Beurré Dalbret*. Voir ce nom.

Poire BEURRÉ D'ALENÇON. — Synonyme de *Bergamote de Hollande*. Voir ce nom.

153. Poire BEURRÉ ALLARD.

Description de l'arbre. — *Bois* : assez fort. — *Rameaux* : nombreux, étalés, bien nourris, longs, très-coudés, brun jaunâtre, abondamment et finement ponctués, à coussinets presque aplatis. — *Yeux* : moyens, ovoïdes-pointus, écartés du bois. — *Feuilles* : petites, habituellement ovales, ayant les bords unis et le pétiole court et frêle.

Fertilité. — Bonne.

Culture. — Sa vigueur est grande; le cognassier lui convient parfaitement; il fait des pyramides toujours très-touffues, très-convenables.

Description du fruit. — *Grosseur :* au-dessous de la moyenne. — *Forme :* turbinée, ventrue, obtuse, bosselée, étranglée vers le sommet. — *Pédoncule :* court, menu, arqué, régulièrement implanté dans un étroit évasement entouré de gibbosités. — *Œil :* petit, clos, mal développé, rarement enfoncé. — *Peau :* jaune verdâtre, ponctuée, marbrée de roux, maculée de fauve auprès du pédoncule. — *Chair :* blanchâtre, fine, molle, fondante, non pierreuse, roussâtre sous la peau. — *Eau :* suffisante, très-sucrée, très-parfumée, d'agréable saveur.

Poire Beurré Allard.

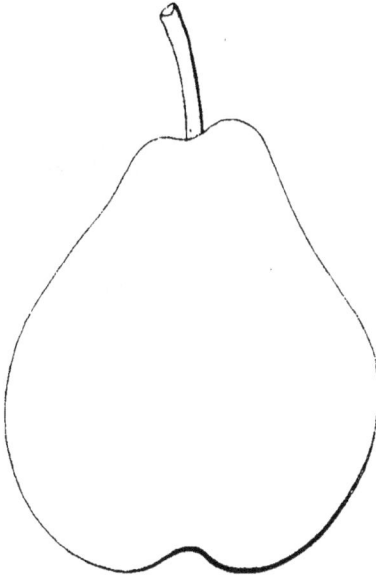

MATURITÉ. — Du commencement d'octobre jusqu'à la mi-novembre.

QUALITÉ. — Première.

Historique. — Elle fait partie des gains du Comice horticole de Maine-et-Loire et date de 1852. Dégustée le 7 novembre par les membres du bureau de cette Société, elle reçut le nom de Beurré Allard, dit le procès-verbal de la séance, « en mémoire des ser-« vices rendus au Comice et à l'horticul-« ture angevine par M. Isidore Allard, » frère du lieutenant-général de ce nom, et décédé chef d'escadron d'état-major à Angers, le 21 février 1851. (*Annales* du Comice, 1852, p. 276.)

Observations. — Peu répandu, cet excellent fruit n'a rien de commun, que le nom, avec la poire *Avocat Allard*, des Belges, décrite ici page 173.

---

154. POIRE BEURRÉ D'AMANLIS.

Synonymes. — *Poires :* 1. HUBARD (Prévost, *Cahiers pomologiques*, 1839, p. 16). — 2. KAÏSSOISE (*Id. ibid.*). — 3. THIESSOISE (*Id. ibid.*). — 4. BEURRÉ D'AMALIS (Thompson, *Catalogue of the fruits of the horticultural Society of London*, 1842, p. 125). — 5. BEURRÉ D'AMAULIS (Downing, *the Fruits and fruit trees of America*, édition de 1849, p. 360). — 6. WILHELMINE (Bivort, *Album de pomologie*, 1849, t. II, p. 116). — 7. DELBART (Dalbret, *Cours théorique et pratique de la taille des arbres fruitiers*, 1851, p. 328). — 8. PLOMGASTELLE (*Id. ibid.*). — 9. DE BART. (Thuillier-Aloux, *Catalogue raisonné des poiriers qui peuvent être cultivés dans la Somme*, 1855, p. 7). — 10. KOUSSOISE (*Id. ibid.*). — 11. D'AMANLIS (Decaisne, *le Jardin fruitier du Muséum*, 1858, t. I). — 12. DE THIESSÉ (*Id. ibid.*). — 13. D'ALBERT (Robert Hogg, *the Fruit manual*, 1862). — 14. D'ALBRET (Congrès pomologique, *Pomologie de la France*, 1863, t. I, n° 39). — 15. D'ELBERT (*Id. ibid*).

Description de l'arbre. — *Bois :* très-fort. — *Rameaux :* assez nombreux, irrégulièrement étalés et habituellement contournés, des plus gros et des plus grands, flexueux, rouge grisâtre, abondamment ponctués, à coussinets saillants, à longs mérithalles. — *Yeux :* de force moyenne, ovoïdes, obtus, écartés du bois. — *Feuilles :* ovales ou elliptiques, acuminées, ayant les bords profondément dentés, le pétiole épais et un peu court.

FERTILITÉ. — Remarquable.

CULTURE. — La vigueur de ce poirier est extrême et son développement, très-vif; on lui donne comme sujet le franc ou le cognassier; il fait toujours de belles pyramides.

Poire Beurré d'Amanlis.

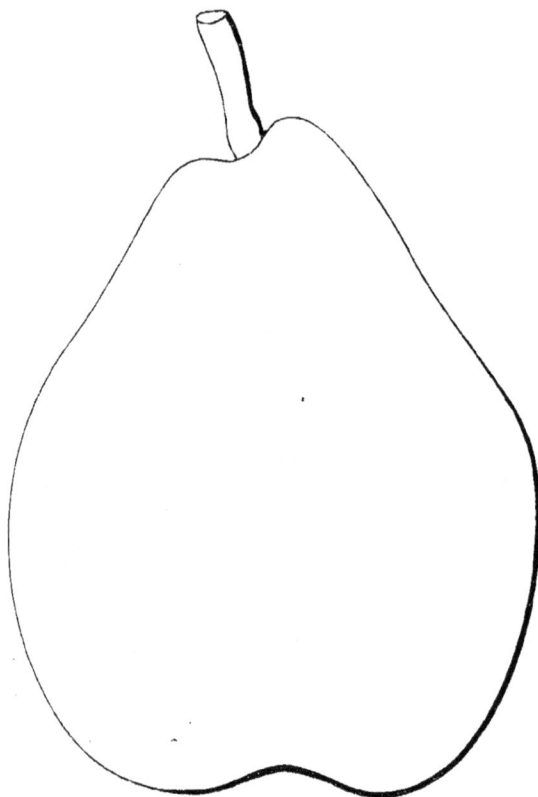

Description du fruit. — *Grosseur :* volumineuse. — *Forme :* turbinée-allongée, obtuse et ventrue. — *Pédoncule :* assez court, bien nourri, rarement arqué, obliquement inséré dans une faible cavité surmontée d'une protubérance ordinairement très-marquée. — *Œil :* grand, mi-clos, peu développé, presque à fleur de fruit. — *Peau :* jaune herbacé, ponctuée et marbrée de fauve, légèrement lavée de rouge-brun sur la partie frappée par le soleil. — *Chair :* blanchâtre, fine, fondante, pierreuse et très-juteuse. — *Eau :* excessivement abondante, aigrelette, sucrée, savoureusement parfumée.

MATURITÉ. — Depuis la fin du mois de septembre jusqu'à la fin d'octobre.

QUALITÉ. — Première.

Historique. — En 1832 on lisait ce qui suit, au sujet de cette poire, dans un recueil publié à Paris :

« C'est un gain de Van Mons; on le trouve chez M. Noisette, à Paris, et chez M. Cayeux, à Boulogne-sur-Mer. » (*Revue horticole*, p. 100.)

Ces lignes, portant la signature du botaniste Poiteau, furent évidemment écrites avec la plus entière loyauté; toutefois elles contenaient une erreur formelle qui se perpétua jusqu'en 1858; mais alors on put la rectifier au pied même de l'arbre-type d'où sortit cette variété. Ce dont M. Eugène Forney, professeur d'arboriculture à Paris, prit acte en ces termes :

« *Beurré d'Amanlis.....* Il est originaire d'Amanlis, village près Rennes. M. Jamin, pépiniériste distingué, vient de constater que le pied-mère, qui est énorme et non greffé, existe encore dans un verger de cette localité. Ce fruit fut envoyé en 1826 à M. Noisette, célèbre horticulteur, par son frère, jardinier en chef du Jardin botanique de Nantes. » (*Le Jardin fruitier*, 1862, t. I, p. 188.)

La propagation du Beurré d'Amanlis remonte aux dernières années du XVIIIe siècle. De la Bretagne il se répandit rapidement en Anjou, puis à Rouen, où dès 1805 on le rencontrait sous le nom de poire Thiessé, venu du personnage qui le premier l'y cultiva; ensuite on l'y vendit sous celui de poire Hubard, appartenant au gendre de M. Thiessé. Et de ces deux surnoms, défigurés ou mal lus par nos jardiniers, naquirent successivement une partie des nombreux synonymes dont nous avons plus haut donné la liste.

Observations. — Parmi les poires déclarées les mêmes que le Beurré d'Amanlis, il en est une, la *Wilhelmine*, qu'on avait cru d'abord variété spéciale. Elle mûrissait, au dire de plusieurs pomologues, au mois de février ou de mars, ce qui rendait impossible, on le conçoit, tout rapprochement entre les deux poiriers. Aujourd'hui, leur parfaite identité s'affirme, dans nos pépinières, par leur ressemblance complète ainsi que par une maturation simultanée de leurs produits, dont la forme n'offre non plus aucune différence marquée.

155. Poire BEURRÉ D'AMANLIS PANACHÉ.

Description de l'arbre. — *Bois:* très-fort, jaune-orange à panachures noirâtres. — *Rameaux :* assez nombreux, étalés et contournés, gros, des plus longs et des plus coudés, d'un beau rouge panaché, fortement et abondamment ponctués, à coussinets bien accusés. — *Yeux :* ovoïdes-obtus, volumineux, légèrement écartés du bois et ayant les écailles entr'ouvertes. — *Feuilles :* grandes, peu nombreuses, habituellement ovales-arrondies, acuminées et profondément dentées, portées sur un pétiole court, épais, mais si flasque qu'il ne peut supporter la feuille.

Fertilité. — Convenable.

Culture. — Il est aussi vigoureux que son type, et comme lui prend indistinctement le franc ou le cognassier; ses pyramides sont régulières et fortes.

Description du fruit. — *Grosseur :* moyenne. — *Forme :* turbinée, obtuse, irrégulière, bosselée, très-ventrue. — *Pédoncule :* court, droit, mince, renflé au sommet, obliquement inséré, continu avec le fruit. — *Œil :* grand, mi-clos ou fermé, presque saillant. — *Peau :* jaune verdâtre, parsemée de larges points roux, tachée, veinée de même, et montrant plusieurs panachures longitudinales d'un vert très-clair. — *Chair :* blanche, fine, juteuse, fondante, faiblement pierreuse autour des loges. — *Eau :* excessivement abondante, fraîche, sucrée, acidule, douée d'une saveur beurrée bien prononcée.

Maturité. — Fin août et courant de septembre; mais allant difficilement jusqu'au mois d'octobre.

Qualité. — Première.

Historique. — Les pépiniéristes Noisette et Prévost (1839) ne connurent pas ce fruit, non plus que les pomologues qui écrivaient de leur temps; Poiteau lui-même (1846) n'en fait aucune mention. C'est seulement en 1849 qu'on le trouve décrit et figuré par M. Bivort, dans le tome II de son *Album de pomologie belge.* Cependant cette sous-variété du Beurré d'Amanlis existait avant 1849. Ainsi, nous la propagions dès 1846 (voir p. 8 de notre *Catalogue* de ladite année) et l'avions tirée du Jardin du Comice horticole d'Angers, où depuis 1835 on la cultivait avec soin. Mais en est-elle originaire?... Si nous pouvons le supposer, nous ne saurions néanmoins l'affirmer; seulement, nous constatons qu'Angers est la première localité qui nous l'ait montrée.

Poire BEURRÉ D'AMAULIS. — Synonyme de *Beurré d'Amanlis.* Voir ce nom.

Poire BEURRÉ D'AMBLEUSE. — Synonyme de *Beurré gris.* Voir ce nom.

Poire BEURRÉ D'AMBOISE. — Synonyme de *Beurré gris.* Voir ce nom.

156. Poire BEURRÉ D'ANGLETERRE.

Synonymes. — *Poires :* 1. D'Angleterre (le Lectier, *Catalogue des arbres cultivés dans son verger et plant,* 1628, p. 10). — 2. D'Angleterre de la Saint-Denis (dom Claude Saint-Étienne, *Nouvelle instruction pour connaître les bons fruits,* édition de 1687, chap. Poirier). — 3. Gisambert (Herman Knoop, *Fructologie,* 1771, p. 134). — 4. D'Amande (du Breuil, *Cours d'arboriculture,* 1854, t. II, p. 569). — 5. Bec d'Oiseau (*Id. ibid.*). — 6. De Finois (*Id. ibid.*). — 7. Des Finois (*Id. ibid.*).

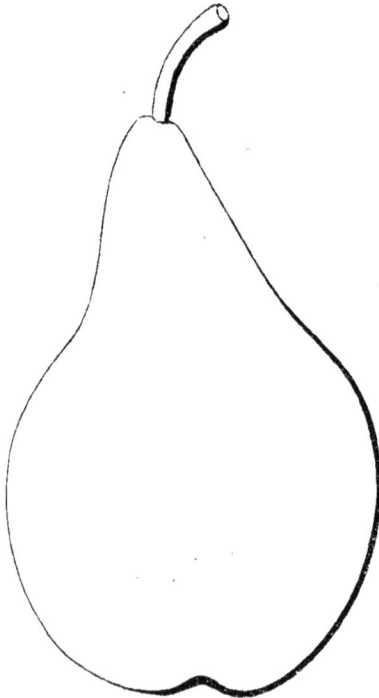

Description de l'arbre. — *Bois :* faible. — *Rameaux :* assez nombreux, étalés, gros, courts, fortement coudés, brun grisâtre, à lenticelles fines et clair-semées, à coussinets bien ressortis. — *Yeux :* moyens, ovoïdes, non appliqués, ayant les écailles disjointes et bombées. — *Feuilles :* petites, généralement elliptiques, dentées ou crénelées sur leurs bords, munies d'un pétiole court et épais.

Fertilité. — Excessive.

Culture. — Des plus faibles sur cognassier, où la forme pyramidale ne lui réussit jamais, cet arbre doit se greffer sur franc, et là encore il prospère beaucoup mieux en haute tige qu'en pyramide.

Description du fruit. — *Grosseur :* au-dessous de la moyenne. — *Forme :* allongée, régulière, un peu ventrue vers la base, fortement étranglée près du sommet, qui habituellement n'est jamais très-obtus. — *Pédoncule :* de longueur variable, menu, arqué, implanté à fleur de peau et quelquefois continu avec le fruit. — *Œil :* large, ouvert, presque saillant, bien fait, habituellement cotonneux. — *Peau :* rude au toucher, vert jaunâtre, passant au grisâtre près du pédoncule, entièrement semée de points roux et portant quelques marbrures fauves. — *Chair :* blanche, fine, fondante, assez pierreuse au cœur. — *Eau :* suffisante, acidulée, sucrée, aromatique et délicate.

Maturité. — Fin septembre, se prolongeant jusqu'à la moitié d'octobre.

Qualité. — Deuxième.

Historique. — Olivier de Serres n'ayant pas cité cette poire en 1600, dans son *Théâtre d'agriculture*, et le Lectier, qui écrivit en 1628, étant le premier pomologue chez lequel on la rencontre, nous croyons qu'elle ne saurait être antérieure aux dernières années du xvie siècle. Quant à son lieu d'origine, le nom de poire d'Angleterre, qui fut constamment le sien, paraît l'indiquer formellement. Toutefois, un auteur bien connu du monde horticole, feu Poiteau, s'inscrivit en ces termes contre cette opinion, en 1846 :

« Je commence par rappeler que nous avons cultivé cette poire longtemps avant qu'elle fût connue en Angleterre, et conséquemment elle ne vient pas de ce pays, comme plusieurs le croient. » (*Pomologie française*, t. III, n° 15.)

Mais là, Poiteau s'éloigne entièrement du sentiment général; aussi ne pouvonsnous accepter son dire, qu'aucune preuve ne vient appuyer. En 1676, le Beurré d'Angleterre était encore assez rare pour qu'on crût devoir signaler aux amateurs la pépinière la mieux approvisionnée en poiriers de cette espèce : « Vous trouverez « chez M. de Sèves, à Chilly, poires d'Angleterre de toutes façons, mûrissant en « septembre, et des meilleures, » écrivait Triquel, prieur de Saint-Marc. (*Instructions pour les arbres fruitiers*, chap. Poirier.) Le Chilly ainsi désigné est un hameau situé commune de Marcilly-en-Villette (Loiret); il possède une ancienne maison seigneuriale, qui sans doute fut la demeure de ce M. de Sèves. En tout cas, voici un rapprochement intéressant à faire : c'est que le Beurré d'Angleterre ayant été cultivé à Orléans dès 1628, dans le verger de le Lectier (*Catalogue*, p. 10), resta jusqu'en 1676 une variété dont l'Orléanais eut en quelque sorte le monopole. D'où l'on pourrait conclure, ce semble, que le Lectier en fut l'importateur, lui qui recherchait avec tant d'empressement — nous l'avons constaté plus haut, page 238 — les fruits nouveaux.

Observations. — Ce Beurré a le défaut de blettir aisément, même sur l'arbre, si l'on tarde trop à le cueillir. Il faut donc le surveiller non-seulement au fruitier, mais encore au jardin. Il se vend sur tous nos marchés. Paris en consomme une prodigieuse quantité, et c'est lui qu'on y offre aux ouvriers sous le cri populaire et railleur de : *Un sou l'tas, les Anglais!* — Les poires Archiduc-Charles et Bec-d'Oie ne sont pas, comme le portent quelques Catalogues, identiques avec ce Beurré; en consultant pages 153 et 187, leur article, on verra par quels caractères elles s'en éloignent. — Quant au nom poire de Finois ou des Finois, réellement synonyme de Beurré d'Angleterre, c'est surtout dans le Calvados, l'Orne et l'Eure, qu'il a cours le plus ordinairement.

Poire BEURRÉ D'ANJOU. — Synonyme de *Beurré gris*. Voir ce nom.

Poire BEURRÉ ANNA AUDUSSON (du Comice horticole d'Angers, Pomologie de Maine-et-Loire, 1850, p. 22). — Synonyme de poire *Anna Audusson*. Voir ce nom.

Poire BEURRÉ D'ANTIN. — Synonyme de poire *Napoléon*. Voir ce nom.

---

157. Poire BEURRÉ ANTOINE.

Synonyme. — *Poire* SAINT-GERMAIN FONDANT (André Leroy, *Catalogue descriptif et raisonné des arbres fruitiers et d'ornement*, 1852, p. 24).

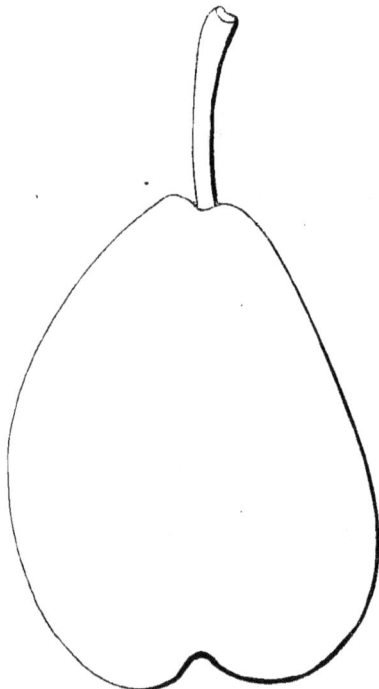

Description de l'arbre. — *Bois :* fort. — *Rameaux :* assez nombreux, généralement étalés, gros, de longueur moyenne, bien coudés, légèrement duveteux, brun clair, à lenticelles fines et clairsemées, à coussinets des plus ressortis. — *Yeux :* de grosseur considérable, ovoïdes, à écailles faiblement entr'ouvertes, non adhérents, souvent même formant éperon. — *Feuilles :* luisantes, un peu coriaces, vert clair cuivré, ovales-arrondies, denticulées, ayant le pétiole court, épais et roide.

FERTILITÉ. — Grande.

CULTURE. — Sur cognassier, sa vigueur est ordinaire ainsi que sa croissance, et ses pyramides sont habituellement assez jolies, assez touffues. Sur franc, nous ne l'avons pas encore étudié, mais il doit y prospérer convenablement.

Description du fruit. — *Grosseur :* au-dessous de la moyenne. — *Forme :* ovoïde légèrement ventrue. — *Pédoncule :* de longueur moyenne, mince, droit ou arqué, renflé à son point d'attache, régulièrement implanté au milieu d'une dépression rarement prononcée. — *Œil :* grand, ouvert, bien fait, assez enfoncé. — *Peau :* vert jaunâtre, ponctuée, tachée de brun clair, striée de même dans le bassin ombilical, et lavée de rouge sombre du côté du soleil. — *Chair :* fine, blanchâtre, fondante, pierreuse et juteuse. — *Eau :* excessivement abondante, sucrée, vineuse, de saveur très-délicate.

MATURITÉ. — Fin août et commencement de septembre.

QUALITÉ. — Première.

Historique. — Gagné dans le faubourg de Vaise, à Lyon, chez M. Nérard, pépiniériste, ce poirier provient d'un semis de pepins de Doyenné fait en 1822. Le pied-mère se mit à fruit en 1833. En 1854, M. Willermoz, secrétaire général du Congrès pomologique, en donnait une excellente description dans la livraison de septembre des *Annales de la Société d'Horticulture de Lyon*. Présentement, cette variété est assez recherchée.

Observations. — Vers 1849 nous reçûmes comme espèce nouvelle des greffes d'un prétendu *Saint-Germain fondant*, qui n'était autre que le Beurré Antoine. Il y aurait intérêt, certes, à indiquer ici la source d'où nous vint cette fausse variété, mais aucune note n'en a été prise et notre mémoire ne peut non plus nous le rappeler.

158. POIRE BEURRÉ ANTOINETTE.

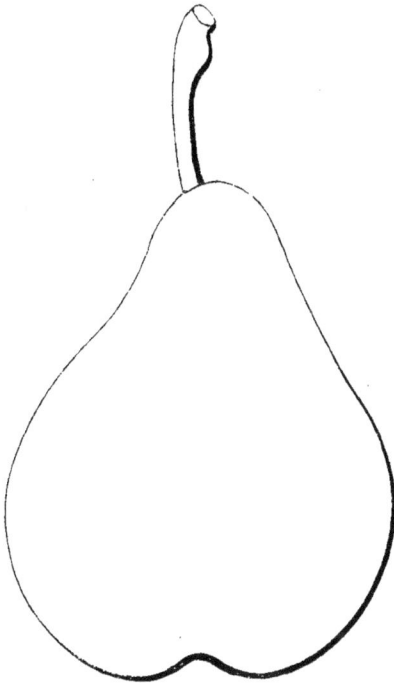

Description de l'arbre. — *Bois :* de force moyenne. — *Rameaux :* peu nombreux, étalés, faibles, très-longs, flexueux, rouge ardoisé, abondamment ponctués et ayant les coussinets presque aplatis. — *Yeux :* petits, courts, à large base, appliqués contre le bois au sommet du rameau et placés en éperon à sa partie inférieure. — *Feuilles :* moyennes ou petites, ovales-allongées, profondément dentées, à pétiole court, fort et rosé.

FERTILITÉ. — Remarquable.

CULTURE. — C'est un arbre de vigueur moyenne, prospérant mieux sur franc que sur cognassier, développant vite son écusson, mais dont les pyramides, quoiqu'assez jolies, sont habituellement peu ramifiées et peu feuillues.

Description du fruit. — *Grosseur :* moyenne et quelquefois plus volumineuse. — *Forme :* oblongue, obtuse, légèrement ventrue, régulière. — *Pédoncule :* assez long, assez gros, droit ou arqué, renflé à son point d'attache et généralement inséré à fleur de peau, et obliquement, en dehors de l'axe du fruit. — *OEil :* grand, bien fait, ouvert, presque saillant. — *Peau :* jaune d'or, ponctuée et marbrée de brun, maculée de fauve autour du pédoncule et parfois colorée du côté du soleil. — *Chair :* blanc verdâtre, demi-fine, demi-fondante, pierreuse auprès des loges. — *Eau :* abondante, acidule, sucrée, aromatique et des plus savoureuses.

MATURITÉ. — Fin septembre et courant d'octobre.

QUALITÉ. — Première.

Historique. — M. Alexandre Bivort, auquel la Belgique doit plusieurs variétés de poires d'un mérite incontestable, est l'obtenteur de ce fruit. Il le gagna en 1846, à Geest-Saint-Rémy, près Jodoigne, et le dédia à sa femme. Il l'a décrit et figuré dans son *Album de pomologie*, année 1847, page 83.

Observations. — Cette espèce, en vieillissant, a perdu quelque peu de sa tardiveté. Ses premiers produits mûrirent en novembre ; mais actuellement, de l'aveu même de M. Bivort, le Beurré Antoinette se mange dès la mi-septembre. Chez nous, dans l'Anjou, il est plus hâtif, car souvent nous l'avons dégusté fin août. Rappelons en terminant que sa grosseur, assez variable, dépasse parfois celle du type reproduit ci-dessus.

POIRE BEURRÉ D'APREMONT. — Synonyme de *Beurré Bosc.* Voir ce nom.

159. Poire BEURRÉ D'ARENBERG.

Synonymes. — *Poires :* 1. GLOUX-MORCEAU (Parmentier, en 1820, cité dans les *Transactions of the horticultural Society of London*, 1824, t. V, Appendix n° 2, p. 6). — 2. BEURRÉ D'HARDENPONT D'HIVER [en Belgique] (Van Mons, *Bulletin des sciences agricoles et économiques*, publié par le baron de Férussac, 1825, t. IV, p. 199). — 3. GLOUT-MORCEAU (Lindley, *Transactions of the horticultural Society of London*, 1830, t. VII, p. 179). — 4. GOULUE-MORCEAU DE CHAMBRON (baron de Férussac, *Bulletin des sciences agricoles et économiques*, 1830, t. XIV, p. 265). — 5. BEURRÉ DE CAMBRON (du Breuil, *Cours d'arboriculture*, 1854, t. II, p. 569-VI). — 6. BEURRÉ DE KENT (A. Royer, *Annales de pomologie belge et étrangère*, 1854, t. II, p. 9). — 7. GLOU-MORCEAU DE CAMBRON (Société Van Mons, *Catalogue des fruits cultivés dans son jardin*, 1854, p. 31). — 8. BEURRÉ D'HARDENPONT DE CAMBRON (Decaisne, *le Jardin fruitier du Muséum*, 1858, t. I). — 9. GOULU-MORCEAU (*Id. ibid.*). — 10. BEURRÉ LOMBARD (*Id. ibid.*, et Congrès pomologique, *Pomologie de la France*, 1863, t. I, n° 12). — 11. GOULU-MORCEAU DE COMBRON (Congrès pomologique, *ibidem*).

Premier Type.

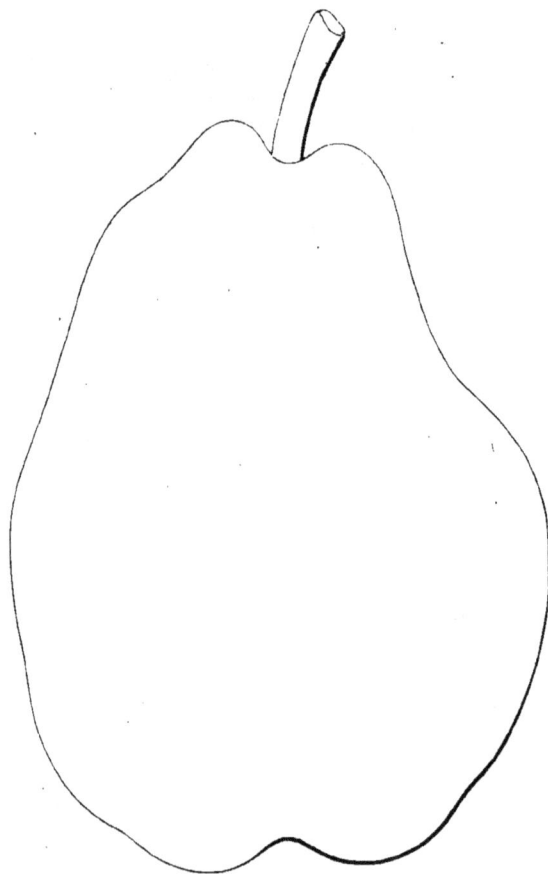

Description de l'arbre. — *Bois :* très-fort. — *Rameaux :* excessivement nombreux, érigés au sommet de la tige, étalés à la base, des plus gros et des plus longs, géniculés, vert grisâtre, à lenticelles fines et abondantes, à coussinets saillants. — *Yeux :* moyens, ovoïdes, obtus, à écailles disjointes, duveteux, adhérents à la partie supérieure du rameau et parfois sortis en éperon à l'autre extrémité. — *Feuilles :* vert foncé, elliptiques-allongées, généralement contournées, ayant les bords fortement dentés, le pétiole court et très-nourri.

FERTILITÉ. — Variable.

CULTURE. — Vigoureux et rustique, ce poirier pousse aussi bien sur cognassier que sur franc; il est d'un développement précoce; ses pyramides sont admirables, à ce point qu'on en trouverait difficilement de plus parfaites.

Description du fruit. — *Grosseur :* volumineuse. — *Forme :* oblongue, ventrue, bosselée, irrégulière, mais se rapprochant fréquemment de notre deuxième type, où elle est contournée et toute déprimée d'un côté. — *Pédoncule :* court, gros, droit ou recourbé, souvent renflé à ses extrémités, obliquement inséré, et parfois en dehors de l'axe du fruit, au centre d'un large évasement à bords des plus accidentés. — *OEil :* très-ouvert, grand, à divisions presque foliacées, placé dans un bassin étroit, assez profond et entouré de bosselettes ou de côtes faiblement accusées. — *Peau :* jaune clair légèrement verdâtre, ponctuée de roux, striée de même dans la cavité ombilicale, tachée de brun autour du pédoncule et généralement lavée de rose tendre sur la partie exposée au soleil. — *Chair :* blanche, fine, fondante, juteuse, à peu près exempte de pierres. — *Eau :* toujours très-abondante, acidule, sucrée, parfois aigrelette, douée d'une saveur parfumée des plus exquises.

Poire Beurré d'Arenberg. — *Deuxième Type.*

MATURITÉ. — De novembre jusqu'au début de février, et quelquefois, mais très-rarement, atteignant le mois de mars.

QUALITÉ. — Première.

Historique. — Les trois noms portés simultanément chez les Anglais, les Belges et les Français, par cette délicieuse poire d'abord peu répandue, ont fait naître autour d'elle bien des erreurs; comme aussi on l'a confondue longtemps avec le *Beurré d'Hardenpont d'Automne*, gagné par Van Mons, ainsi qu'avec l'*Orpheline d'Enghien*, variétés décrites plus loin à leur rang alphabétique. Aujourd'hui, qu'elle est cultivée par toute l'Europe, les documents abondent pour déterminer son origine; essayons de les utiliser.

Le premier nom qu'on lui appliqua fut celui de son obtenteur. Van Mons l'a constaté en 1825, dans le *Bulletin des sciences agricoles et économiques* alors publié à Paris sous la direction du baron de Férussac :

« *Beurré d'Hardenpont d'Hiver.* — Cette poire précieuse [disait le professeur belge] a été obtenue dans le Hainaut, il y a cent ans environ, par le conseiller ecclésiastique Hardenpont, à sa campagne de Paniselle, près de Mons. » (Tome IV, p. 199.)

Son deuxième nom, *Gloux-Morceau*, que l'on supposait sorti d'Angleterre, lui fut, au contraire, donné en Flandres avant 1819, car Parmentier, bourgmestre d'Enghien et grand amateur de fruits, expédia ce Beurré ainsi étiqueté, en novembre 1820, à la Société d'Horticulture de Londres. Et les *Transactions* (Mémoires) de ladite Société attestent ce fait (tome V, an 1824, 2e Appendice, p. 6);

de même qu'on y lit également la rectification suivante : « Dumortier-Rutteau, de
« Tournay, écrivant en 1826 à John Lindley [1], lui fit observer que la véritable
« orthographe du nom de cette poire, était *Glout-Morceau*. » (Tome VII, an. 1830,
p. 179.) Rectification des plus fondées et qu'appuient tous nos vieux *Glossaires*.
Le mot GLOUT vient en effet, d'après eux, du latin *gluto* ou du celtique *gluth*, termes
se traduisant ici par friand…. Donc, Glout-Morceau équivaut à Friand-Morceau,
qualification que ne dément certes pas l'exquise saveur de ce Beurré.

Si maintenant nous recherchons quelles causes valurent à cette variété son troi-
sième nom, celui de *Beurré d'Arenberg*, que nous lui conservons parce qu'en
France chacun le lui connaît depuis soixante ans, voilà ce qu'un auteur belge,
M. Auguste Royer, va nous apprendre :

« …. Cette poire, dont la première apparition date environ de 1759, resta longtemps inconnue des pomologistes français. Ce ne fut que vers 1806 que Louis Noisette l'introduisit en
France. Dans un voyage qu'il fit à cette époque au château du duc d'Arenberg, à Hervelé
près Louvain, il remarqua plusieurs fruits qui lui étaient inconnus et qui lui parurent mériter d'entrer dans ses collections…. Personne ne lui ayant fait connaître le vrai nom de cette
poire (*Beurré d'Hardenpont*), Noisette crut alors être en droit de lui assigner celui de BEURRÉ
D'ARENBERG… Je tiens ces détails de M. Noisette lui-même. » (*Annales de pomologie belge et
étrangère*, 1854, t. II, p. 9.)

Et M. Auguste Royer n'avançait là rien d'inexact, puisqu'en 1839 le pépiniériste Noisette avait affirmé ce qui suit, page 129 de son *Jardin fruitier* :

« *Beurré d'Arenberg*. — Nous regardons cette poire comme la plus délicieuse que nous connaissions. Nous l'avons rapportée en 1806 des jardins du duc d'Arenberg, en Belgique. »

Observations. — Il n'existe aucune identité entre ce fruit et le *Beurré Duval*,
poire mûrissant au commencement de septembre; c'est donc par méprise que
M. du Breuil, en 1854, faisait ce dernier nom synonyme du premier, à la
page 569-vi du tome II de son *Cours d'arboriculture*. — On croit généralement que
le Beurré d'Arenberg ne saurait dépasser le mois de janvier; c'est un tort, car
dans l'Anjou, où cependant on le mange souvent dès la mi-novembre, nous
l'avons conservé bon, quelquefois, jusqu'en mars; et les cahiers de dégustation
du Comice horticole de Maine-et-Loire en fournissent la preuve. — La grosseur de
ce fruit peut atteindre un volume bien plus considérable que celui des types figurés
ci-dessus. Ainsi à Chartres, lors de l'exposition de 1862, il s'en trouva dans le lot
envoyé par M. Baubion qui pesaient 500 grammes; mais il très-rare d'en rencontrer beaucoup qui puissent accuser un semblable poids.

POIRE BEURRÉ D'ARENBERG (EN BELGIQUE). — Synonyme de poire *Orpheline
d'Enghien*. Voir ce nom.

POIRE BEURRÉ D'ARGENSON. — Synonyme de poire *Passe-Colmar*. Voir ce nom.

---

160. POIRE BEURRÉ DE L'ASSOMPTION.

Description de l'arbre. — *Bois :* très-fort. — *Rameaux :* nombreux, érigés
ou légèrement étalés, assez longs, gros, flexueux, généralement renflés à leur
extrémité, brun-roux, ponctués de blanc sale et ayant les coussinets faiblement

---

[1] John Lindley était alors vice-secrétaire de la Société d'Horticulture de Londres.

ressortis. — *Yeux :* moyens, coniques, aigus, écartés du bois et souvent formant éperon ; mais ceux de la partie inférieure du rameau sont ordinairement plats et noyés dans l'écorce. —

Poire Beurré de l'Assomption. — *Premier Type.*

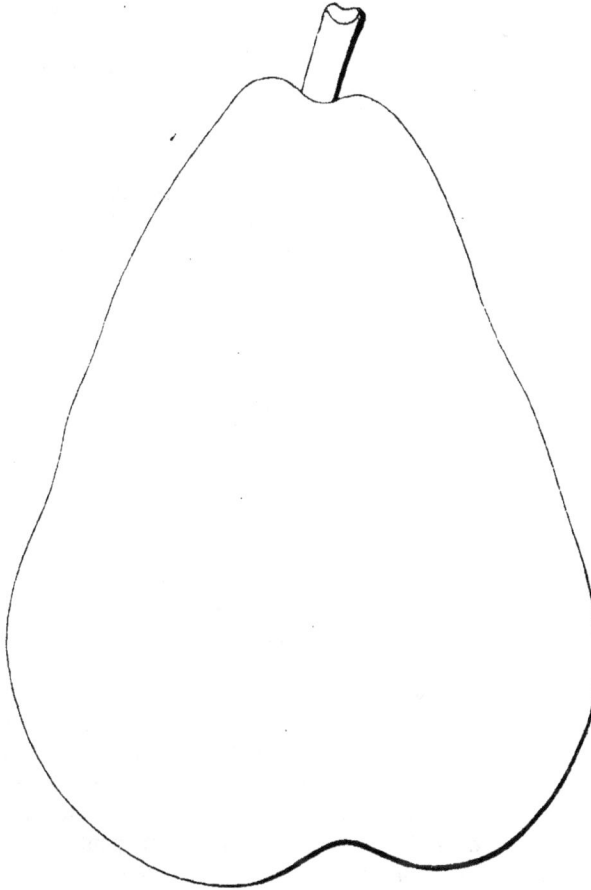

Feuilles : grandes, ovales - arrondies, planes ou contournées, profondément dentées sur leurs bords et munies d'un pétiole roide et long.

FERTILITÉ. — Remarquable.

CULTURE. — Ce poirier, très - vigoureux, pousse parfaitement sur cognassier ; il fait des pyramides régulières, belles et touffues.

Description du fruit. — *Grosseur :* considérable. — *Forme :* variant habituellement entre la turbinée-allongée assez obtuse, et l'oblongue-cylindrique un peu ventrue à la base, un peu étranglée vers le sommet. — *Pédoncule :* court, bien nourri, rarement arqué, obliquement inséré dans une cavité étroite qu'entourent de fortes gibbosités. — *Œil :* grand, bien fait, bien ouvert, à peine enfoncé, uni sur ses bords. — *Peau :* jaune-citron, ponctuée, striée de roux, largement marbrée et tachée de même vers l'œil et le pédoncule. — *Chair :* blanche, demi-fine, fondante, juteuse, légèrement pierreuse auprès des loges. — *Eau :* abondante, acidule, sucrée, vineuse, faiblement mais délicatement parfumée.

MATURITÉ. — De la fin de juillet jusqu'à la fin d'août.

QUALITÉ. — Première.

Historique. — Tout récemment obtenue, cette variété provient des semis d'un amateur des plus compétents, M. Ruillé de Beauchamp. Il l'a gagnée dans sa terre de la Goupillère, commune de Pont-Saint-Martin, près Nantes, et voici les renseignements qu'il s'est empressé, sur notre demande, de nous transmettre touchant l'origine de ce fruit :

« L'arbre-mère du Beurré de l'Assomption avait été greffé ; mais supposant qu'il pouvait donner une espèce nouvelle, j'ai fait avec la tige, qui avait été détachée, deux greffes, l'une sur un cognassier qu'on a placé le long d'un mur, et l'autre sur une pyramide dont la tête était morte. Cette dernière greffe m'a donné quelques fruits en 1863, et soixante-quinze poires en 1864. La greffe peut avoir, aujourd'hui, cinq ans. Après m'être assuré du mérite de ce fruit, j'ai pratiqué une incision sur le pied-type et obtenu ainsi une renaissance qui offre actuellement l'aspect d'une pyramide de plusieurs années. » (*Lettre du 25 octobre 1865.*)

Poire Beurré de l'Assomption. — *Deuxième Type.*

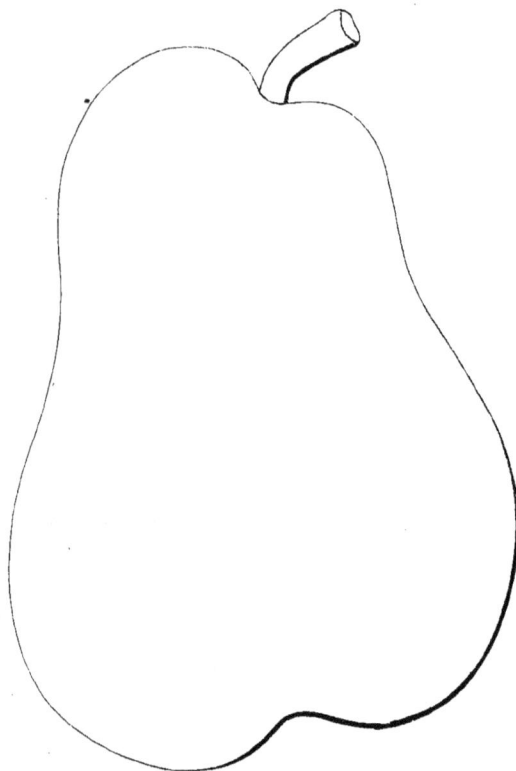

Observations. — Soumise en août 1864 à l'examen du Comité d'arboriculture de la Société centrale de Paris, cette poire fut ainsi appréciée par M. Michelin, vice-secrétaire de ce Comité : « Une « poire hâtive dont le nom, « Beurré de l'Assomption, in- « dique l'époque, a été trou- « vée très-bonne. Si la se- « conde année d'épreuves « est aussi satisfaisante que « la première, ce fruit pour- « ra, avec de bonnes chan- « ces, entrer au prochain « concours. » (*Journal de la Société impériale et centrale d'Horticulture*, 1865, pp. 89 et 404.) — Actuellement (20 août 1866), l'obtenteur de cette variété nous informe qu'on va la médailler tout prochainement; et ce sera justice, car en vieillissant ses produits n'ont rien perdu de leur bonté, de leur précocité; d'où suit qu'aucune poire hâtive ne peut, de nos jours, l'emporter sur ce Beurré, soit pour la grosseur soit pour la qualité.

---

161. Poire BEURRÉ AUDUSSON.

Description de l'arbre. — *Bois :* fort. — *Rameaux :* très-nombreux, généralement étalés, gros, de moyenne longueur, droits, duveteux, brun-roux foncé, à lenticelles larges et clair-semées, à coussinets bien accusés. — *Yeux :* moyens, coniques, pointus, aplatis, cotonneux, appliqués contre l'écorce. — *Feuilles :* ovales-allongées, habituellement duveteuses, ondulées et contournées, ayant les bords unis et le pétiole long et épais.

Fertilité. — Excessive.

Culture. — Sa vigueur est grande; on lui donne, comme sujet, le franc ou le cognassier; il fait de très-belles pyramides.

Description du fruit. — *Grosseur :* au-dessous de la moyenne. — *Forme :*

Poire Beurré Audusson.

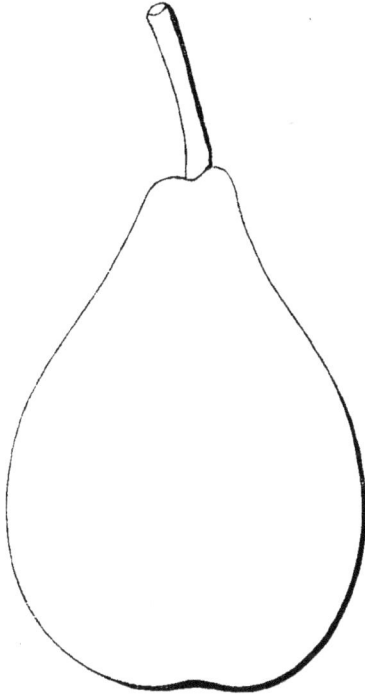

allongée, légèrement obtuse, régulière. — *Pédoncule :* un peu court, mince, droit, faiblement renflé à la base, obliquement implanté à fleur de peau. — *OEil :* très-large, très-ouvert, très-développé, presque toujours saillant. — *Peau :* verdâtre, semée de gros points brun clair et colorée du côté du soleil. — *Chair :* demi-fine, blanchâtre, assez fondante, pierreuse au centre. — *Eau :* suffisante, sucrée, douceâtre, peu savoureuse, peu parfumée.

MATURITÉ. — Fin août et début de septembre.

QUALITÉ. — Troisième.

Historique. — Il résulte d'une note insérée dans les *Mémoires* de la Société d'Agriculture d'Angers (année 1835, tome III, p. 105), qu'elle a été gagnée de semis, en 1833 ou 1834, par feu Anne-Pierre Audusson, alors pépiniériste même ville, cour Saint-Laud.

Observations. — Cette variété convient beaucoup, en raison de son excessive fertilité, pour la vente sur les marchés, où ses produits, qui se conservent sans blettir une dizaine de jours, peuvent arriver en parfait état.

POIRE BEURRÉ AUDUSSON D'HIVER. — Synonyme de *Beurré Defays.* Voir ce nom.

---

162. POIRE BEURRÉ AUGUSTE BENOIST.

Synonymes. — *Poires :* 1. BEURRÉ BENOIT (Bivort, *Album de pomologie,* 1851, t. IV, p. 53). — 2. COMTE ODART (André Leroy, *Catalogue descriptif et raisonné des arbres fruitiers et d'ornement,* 1858, p. 30, n° 219). — 3. AUGUSTE BENOIST (de Liron d'Airoles, *Notices pomologiques,* 1859, p. 7). — 4. DOYENNÉ BENOIST (Congrès pomologique, *Pomologie de la France,* 1865, t. III, n° 113).

Description de l'arbre. — *Bois :* assez fort. — *Rameaux :* nombreux, légèrement étalés, de grosseur moyenne, courts, géniculés, brun olivâtre faiblement rougi, ayant les lenticelles fines, abondantes, et les coussinets ressortis. — *Yeux :* coniques, volumineux, très-écartés du bois. — *Feuilles :* petites, ovales, acuminées, contournées, régulièrement dentées, portées sur un pétiole long et bien nourri.

FERTILITÉ. — Grande.

CULTURE. — De vigueur ordinaire, il est un peu faible sur cognassier, où il croît lentement ; le franc lui convient donc mieux ; ses pyramides sont assez belles.

Description du fruit. — *Grosseur :* au-dessus de la moyenne. — *Forme :* arrondie ou turbinée-arrondie, presque toujours déprimée d'un côté. — *Pédoncule :*

Poire Beurré Auguste Benoist. — *Premier Type.*

de longueur moyenne, fort, droit ou arqué, implanté dans un large évasement mamelonné. — *OEil :* petit, mi-clos, peu développé, peu enfoncé. — *Peau :* jaune-paille, ponctuée de fauve, tachée de même autour de l'œil et colorée de rouge-brun très-clair sur la partie frappée par le soleil. — *Chair :* excessivement blanche, demi-fine, fondante, juteuse, rarement pierreu-se. — *Eau :* des plus abondantes, acidule, sucrée, vineuse, bien parfumée.

MATURITÉ. — Fin septembre ou commencement d'octobre, et se prolongeant parfois, mais assez rarement, jusqu'en novembre.

QUALITÉ. — Première.

Historique. — En octobre 1846, M. Auguste Benoist, pépiniériste à Brissac (Maine-et-Loire), remarqua dans une haie voisine de sa demeure, un jeune sauvageon aux branches duquel pendaient d'assez jolies poires. Il les goûta, reconnut leur mérite et greffa cette espèce nouvelle, dont il céda la vente à MM. Jamin et Durand, de Paris, qui en devinrent ainsi les véritables promoteurs.

Deuxième Type.

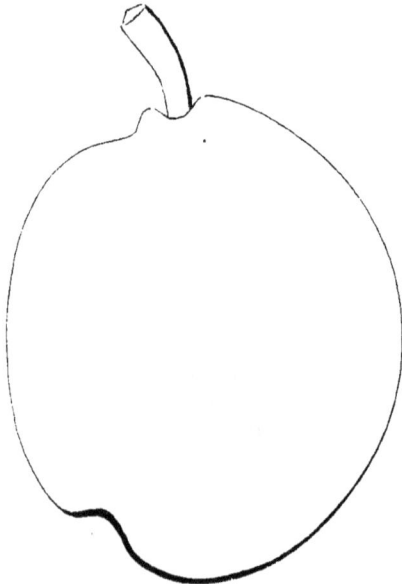

Observations. — Vers 1852 ou 1853 on nous vendit, sous le nom de *Comte Odart*, un poirier que d'abord nous cultivâmes et propageâmes comme variété nouvelle. Mais quelques années plus tard ayant acquis la preuve qu'il offrait tous les caractères du Beurré Auguste Benoist, nous le fîmes passer du rang des espèces dans celui des synonymes.

163. Poire BEURRÉ AUNENIÈRE.

Description de l'arbre. — *Bois :* assez fort. — *Rameaux :* peu nombreux, légèrement étalés, gros, presque droits, gris-fauve nuancé de brun clair, à lenticelles rares et fines, à coussinets aplatis. — *Yeux :* moyens, ovoïdes, pointus, appliqués contre l'écorce et ayant les écailles entr'ouvertes. — *Feuilles :* rarement abondantes, grandes, ovales ou elliptiques, à bords assez profondément dentés, à pétiole long et épais.

Fertilité. — Ordinaire.

Culture. — On le greffe indistinctement sur franc ou sur cognassier; vigoureux et rustique, il se développe assez bien en pyramide.

Description du fruit. — *Grosseur :* au-dessous de la moyenne et souvent petite. — *Forme :* turbinée-ovoïde, légèrement ventrue et bosselée. — *Pédoncule :* assez long, assez gros, arqué, continu avec le fruit, régulièrement implanté, charnu et plissé à la base. — *Œil :* grand, mi-clos, mal fait, à peine enfoncé, entouré généralement de faibles gibbosités. — *Peau :* jaune-citron, finement ponctuée de brun-roux, lavée de rose clair du côté du soleil et montrant ordinairement quelques taches fauves en partie squammeuses. — *Chair :* blanche, demi-fine, ferme quoique fondante, pierreuse au cœur. — *Eau :* suffisante, sucrée, aigrelette, d'agréable saveur, mais peu parfumée.

Maturité. — De la moitié d'octobre jusqu'à la moitié de novembre.

Qualité. — Deuxième.

Historique. — Le seul auteur qui nous ait parlé de ce fruit, c'est le baron Biedenfeld, pomologue allemand connu surtout par son *Handbuch aller bekannten Obstsorten*, publié à Iéna en 1854. C'est dans cet ouvrage qu'il mentionne le Beurré Aunenière (page 55), dont Van Mons, selon lui, fut l'obtenteur. Mais il a quelque peu défiguré le nom de ce fruit, en l'orthographiant Annènière. Il faut croire, si la description de Biedenfeld est exacte, que ce Beurré prospère mieux en Allemagne qu'en France, puisqu'il le dit gros et de première qualité. Chez nous, on l'a vu plus haut, il n'acquiert au contraire qu'un faible volume et se montre médiocre, plutôt que bon.

Poire BEURRÉ AURORE. — Synonyme de *Beurré Capiaumont*. Voir ce nom.

Poire BEURRÉ D'AUSTERLITZ. — Synonyme de *Doyenné d'Hiver*. Voir ce nom.

Poire BEURRÉ D'AUSTRASIE. — Synonyme de poire *Jaminette*. Voir ce nom.

164. Poire BEURRÉ D'AVOINE.

Description de l'arbre. — *Bois :* très-fort. — *Rameaux :* nombreux et étalés, gros, des plus longs, géniculés, duveteux, fauve olivâtre, abondamment et finement ponctués, à coussinets aplatis, à mérithalles généralement longs. — *Yeux :* volumineux, ovoïdes, peu écartés du bois au sommet du rameau, sortis en éperon à sa base; ils ont les écailles légèrement disjointes. — *Feuilles :* assez grandes, ovales, contournées sur elles-mêmes, irrégulièrement dentées, cotonneuses, ayant le pétiole court et fort.

Fertilité. — Convenable.

Culture. — Cet arbre est de vigueur moyenne et toujours un peu faible sur cognassier; cependant il y fait de jolies pyramides. Nous ne l'avons pas encore étudié sur franc.

Description du fruit. — *Grosseur :* au-dessus de la moyenne. — *Forme :* oblongue-cylindrique, contournée, irrégulière, aplatie à la base. — *Pédoncule :* long, mince, courbé, très-renflé à son point d'insertion, obliquement implanté au milieu d'un large et profond évasement. — *Œil :* ouvert, grand, bien fait, placé dans un vaste bassin à bords accidentés. — *Peau :* jaune verdâtre, parsemée de points fauves et portant près de l'œil et du pédoncule quelques taches squammeuses de couleur verdâtre. — *Chair :* blanche, grossière, cassante, légèrement pierreuse. — *Eau :* peu abondante, mais douce, savoureuse et sucrée.

Maturité. — De la mi-octobre jusqu'en janvier ou commencement de février.

Qualité. — Deuxième comme fruit à couteau, première comme fruit à compote.

Historique. — Ce Beurré a été gagné par M. Tuerlinckx, de Malines, obtenteur également de l'énorme et jolie poire à cuire qui porte son nom. Il l'a dédié au docteur d'Avoine, son concitoyen et l'un des fondateurs de la Société Van Mons, instituée en Belgique pour aider à l'amélioration des espèces fruitières. Nous ignorons l'époque précise à laquelle ce poirier fructifia pour la première fois, mais nous pensons qu'en 1849, lorsque nous commençâmes à le greffer, on venait seulement de le mettre en vente.

Observations. — Biedenfeld, dans son *Handbuch aller bekannten Obstsorten* (1834), décrit ce fruit et le dit mûrissant en février, puis se gardant jusqu'en mai (page 12). M. de Liron d'Airoles, qui lui consacre aussi une courte note, page 9 du Supplément de sa *Liste synonymique des variétés du poirier* (1859), s'accorde avec Biedenfeld pour le faire mûrir en février, mais ne lui assigne que le mois de mars comme terme extrême de conservation. Néanmoins, cette tardiveté nous étonne encore, car la maturité du Beurré d'Avoine a constamment lieu, dans nos écoles,

- vers la mi-octobre, et rarement nous l'avons vu dépasser au fruitier les derniers jours de janvier. Voilà pourquoi il nous paraît difficile qu'on puisse le manger bon au mois de mai, ou même au mois de mars.

Poire BEURRÉ D'AVRANCHES. — Synonyme de poire *Bonne-Louise d'Avranches*. Voir ce nom.

165. Poire BEURRÉ BACHELIER.

Synonymes. — *Poires :* 1. Bachelier (Decaisne, *le Jardin fruitier du Muséum,* 1861, t. III). — 2. Chevalier (*Id. ibid.*).

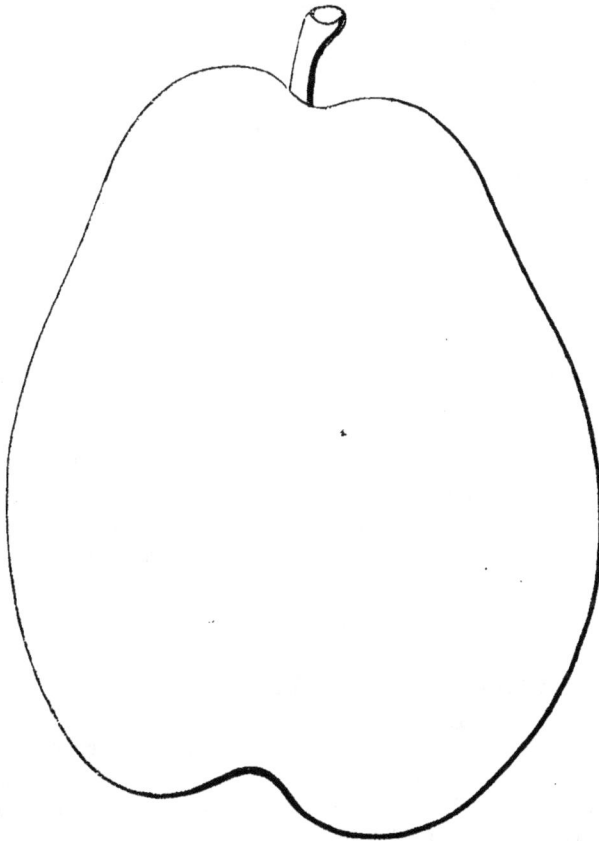

Description de l'arbre. — *Bois :* assez fort. — *Rameaux :* très-nombreux, presque érigés ou légèrement et régulièrement étalés, gros, peu longs, coudés, brun verdâtre, finement ponctués, ayant les coussinets bien ressortis. — *Yeux :* moyens, ovoïdes, pointus, non adhérents, souvent même formant éperon. — *Feuilles :* petites, ovales-arrondies, à bords régulièrement dentés en scie, à pétiole court, fort et parfois lavé de carmin.

Fertilité. — Satisfaisante.

Culture. — L'arbre est de vigueur moyenne ; greffé sur cognassier, il croît lentement la première année ; sur franc, il est au contraire parfaitement développé à cet âge ; mais à deux ans, quel que soit le sujet qu'on lui ait donné, il forme de très-belles pyramides.

Description du fruit. — *Grosseur :* considérable. — *Forme :* oblongue-turbinée, excessivement obtuse et ventrue, souvent bosselée, ayant un côté plus renflé que l'autre. — *Pédoncule :* court, assez mince, droit ou arqué, formant parfois un bourrelet à son extrémité supérieure, obliquement inséré, en dehors de l'axe du fruit, dans un évasement rarement très-profond, mais dont les bords sont toujours plus ou moins inégaux. — *OEil :* grand, mi-clos, régulier, peu enfoncé.

— *Peau* : jaune verdâtre, ponctuée et tachée de fauve, striée de même dans le bassin ombilical, et généralement vermillonnée sur la partie exposée au soleil. — *Chair* : blanche, fine, des plus fondantes, juteuse, à peine pierreuse. — *Eau* : excessivement abondante, sucrée, acidule, vineuse, peu parfumée, quoique délicate et fort savoureuse.

MATURITÉ. — D'octobre en décembre.

QUALITÉ. — Première.

Historique. — Ce fut Louis-François Bachelier, horticulteur à Cappelle-Brouck, dans le département du Nord, et récemment décédé presque nonagénaire, qui gagna cette excellente poire avant 1845. Sa culture, d'abord locale, finit ensuite par se généraliser, surtout depuis 1851, date à laquelle le Comice horticole de Bourbourg, ville située non loin de Cappelle-Brouck, la recommanda à l'attention des Sociétés spéciales, en faisant circuler l'extrait suivant du procès-verbal de sa séance du 13 décembre 1851 :

« La poire obtenue de semis par M. Bachelier est un fruit magnifique qui justifie tout l'intérêt qu'y attache le Comice, qui l'a minutieusement examinée et décrite. Elle pèse de 630 à 650 grammes et peut être comparée, pour la forme, à la Duchesse d'Angoulême. Elle provient d'un sujet placé en espalier contre mur, face au couchant, sauvageon ayant primitivement été greffé de la poire d'Austrasie (ou Jaminette), et en mars 1849 de la poire dont il s'agit. Il a fourni au bout de deux ans neuf poires toutes semblables, à peu près, d'ampleur et de poids, sauf une qui, pyriforme, pesait plus de 700 grammes. »

Pour notre part, nous nous empressâmes d'aider à la propagation de ce Beurré ainsi annoncé, puisque dès 1852 nous le mettions en vente sous le n° 367 de notre *Catalogue*.

Observations. — Il est urgent de ne pas attendre l'extrême maturité de cette poire, pour la manger, autrement on s'expose à la trouver pâteuse; comme il importe aussi, dans le fruitier, de la toucher rarement, le moindre contact pouvant alors lui être nuisible et provoquer sa blettissure. — On a dit que le *Colmar d'Arenberg*, gain de Van Mons, se rapportait complétement au Beurré Bachelier. Non; ces deux fruits ont bien quelque ressemblance, quant à la forme, quant à l'époque de maturité, mais leurs autres caractères, mais surtout leurs arbres, sont des plus dissemblables.

---

166. POIRE BEURRÉ BAILLY.

Description de l'arbre. — *Bois* : faible. — *Rameaux* : généralement nombreux et un peu étalés, assez gros, courts, géniculés, brun clair grisâtre, à lenticelles larges et abondantes, à coussinets bien accusés. — *Yeux* : de moyenne force et ovoïdes, ils ont les écailles légèrement entr'ouvertes et sont presque soudés au bois. — *Feuilles* : petites, ovales-allongées, finement dentées ou à bords entiers en partie, habituellement contournées, portées sur un pétiole court et fort.

FERTILITÉ. — Convenable.

CULTURE. — Sa vigueur est moyenne et sa croissance assez tardive, même sur franc; néanmoins, quand il atteint sa troisième année il offre des pyramides fort acceptables, quoiqu'un peu basses.

Description du fruit. — : *Grosseur* : volumineuse. — *Forme* : allongée, affectant généralement celle d'une Calebasse, contournée, bosselée, irrégulière. —

Poire Beurré Bailly.

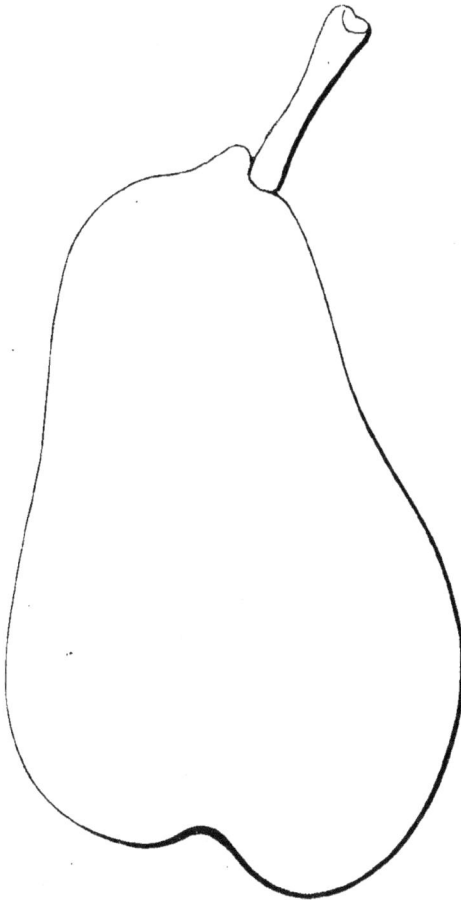

Pédoncule : de longueur moyenne, bien nourri, renflé à ses extrémités, rarement recourbé, obliquement implanté à la surface du fruit sur un mamelon fortement plissé. — *Œil :* grand, mi-clos, placé dans un large bassin ordinairement peu profond. — *Peau :* jaune d'or, complétement semée de points gris verdâtre et striée de fauve autour de l'œil. — *Chair :* excessivement blanche et fine, mi-fondante, juteuse, contenant quelques pierres auprès des loges. — *Eau :* abondante, sucrée, douce, sans parfum prononcé, mais des plus délicates.

MATURITÉ. — De la moitié d'octobre jusqu'à la fin de novembre.

QUALITÉ. — Première.

Historique. — Elle provient d'un semis de pepins de Doyenné fait vers 1836 par M. Bailly, pépiniériste à Lambersart, bourg sitné près de Lille (Nord). Le pied-type donna ses premiers fruits en 1848. Son obtenteur nous en ayant envoyé des greffes en 1857, nous le multipliâmes aussitôt, car la dégustation de ses produits nous prouva qu'ils étaient excellents.

167. POIRE BEURRÉ BEAUCHAMP.

Synonymes. — *Poires :* 1. HAGHENS D'HIVER (André Leroy, *Catalogue descriptif et raisonné des arbres fruitiers et d'ornement*, 1852, p. 26, nº 457). — 2. BERGAMOTE BEAUCHAMP (Thuillier-Alous, *Catalogue raisonné des poiriers qui peuvent être cultivés dans la Somme*, 1855, p. 16). — 3. HENKEL (Hovey, *the Fruits of America*, 1856, t. II, p. 53). — 4. BEURRÉ BIÉMONT (de Liron d'Airoles, *Liste synonymique des variétés du poirier*, 1859, Table des fruits à l'étude, p. 6). — 5. HENKEL D'HIVER (*Id. ibid.*, p. 54).

Description de l'arbre. — *Bois :* très-fort. — *Rameaux :* nombreux, habituellement arqués et un peu étalés, des plus gros, assez courts, coudés, vert clair jaunâtre, à lenticelles larges et abondantes, à coussinets extrêmement saillants. — *Yeux :* moyens, coniques, aigus, légèrement écartés du bois. — *Feuilles :* petites, d'un beau vert, ordinairement ovales-allongées et finement crénelées ou dentées, ayant le pétiole court et épais.

FERTILITÉ. — Ordinaire.

CULTURE. — Ce poirier qui est vigoureux, et dont l'écusson se développe rapidement, prend indifféremment, comme sujet, le franc ou le cognassier; il fait des pyramides aussi fortes que remarquables par leur beauté.

Poire Beurré Beauchamp.

Description du fruit. — *Grosseur :* moyenne et souvent plus volumineuse. — *Forme :* turbinée-arrondie, et parfois turbinée assez allongée et bosselée. — *Pédoncule :* peu long, bien nourri, arqué, renflé à ses extrémités, obliquement implanté dans une très-étroite cavité mamelonnée. — *OEil :* large, régulier, à peine enfoncé. — *Peau :* jaune pâle, ponctuée de fauve, striée de brun dans l'évasement ombilical et fortement carminée du côté du soleil, où elle est en outre couverte de points gris clair. — *Chair :* fine, blanche, juteuse, excessivement fondante, rarement pierreuse. — *Eau :* des plus abondantes, sucrée, parfumée, ayant une saveur beurrée aussi délicate qu'agréable.

MATURITÉ. — De la fin d'octobre à la fin de novembre.

QUALITÉ. — Première.

Historique. — En 1847 M. Bivort disait de cette poire, dans son *Album de pomologie* publié à Bruxelles :

« Elle porte le nom de son inventeur. Je ne puis assigner l'époque certaine de sa première apparition, mais je la trouve déjà comprise dans un *Catalogue* de Van Mons qui date de 1823. Elle est donc antérieure à cette année. » (Tome I, n° 53.)

Cette variété d'origine belge fut effectivement connue et cultivée par Van Mons, car en 1835 il faisait à son sujet la remarque suivante :

« La *Beauchamp* est une poire D'AGE MOYEN, de volume ordinaire, très-fondante, très-fade et mal odorante; mais cultivée au mur, elle y double de volume, conserve son fondant, acquiert du parfum et se remplit de sucre. » (*Arbres fruitiers*, t. I, p. 362.)

En déclarant ainsi qu'en 1835 ce Beurré était déjà « *d'âge moyen,* » Van Mons donne à penser qu'on dut l'obtenir vers le début du siècle. Mais si nous ignorons la date précise de sa naissance, tout au moins savons-nous l'époque à laquelle on l'introduisit en France. Ce fut en 1836, d'après M. du Breuil. (Voir son *Cours d'arboriculture*, 1854, t. II, p. 569-III.)

Observations. — Le Beurré Beauchamp, selon plusieurs pomologues, ne serait autre que la Voie aux Prêtres, ou Bergamote Cadette, décrite en 1768 par Duhamel. C'est là une opinion que nous ne pouvons partager. Il existe bien quelques rapports de forme et de coloris entre ces deux poires. Oui; mais la première est excellente, tandis que la seconde, d'ailleurs plus précoce, vaut uniquement pour la cuisson. Enfin, les arbres qui les produisent offrent des différences parfaitement tranchées. — Et il en est ainsi de la Bergamote Buffo, également donnée dans quelques *Catalogues* comme synonyme de Beurré Beauchamp. — Nous n'en dirons pas autant, par exemple, des poires Beurré Biémont, Henkel et Haghens, car elles sont réellement les mêmes que la variété que nous venons d'étudier.

Poire BEURRÉ BEAUMONT. — Synonyme de *Besi de Saint-Waast*. Voir ce nom.

---

168. Poire BEURRÉ DES BÉGUINES.

Description de l'arbre. — *Bois*: fort. — *Rameaux :* nombreux, étalés, gros, longs, très-coudés, rouge-brun foncé, finement et abondamment ponctués, à coussinets aplatis. — *Yeux:* volumineux, ovoïdes, non adhérents et ayant les écailles mal soudées. — *Feuilles :* assez grandes, peu nombreuses, généralement ovales ou elliptiques, dentées ou crénelées, légèrement cotonneuses, portées sur un pétiole de longueur moyenne et très-gros.

Fertilité. — Extrême.

Culture. — Toujours faible à un an, en raison de son développement tardif, ce poirier, greffé sur cognassier, pousse néanmoins vigoureusement pendant sa deuxième année, et montre alors de fortes et jolies pyramides. Il devrait parfaitement prospérer sur franc, mais ne lui ayant pas encore donné ce sujet, nous ne saurions dire jusqu'à quel point il lui conviendra.

Description du fruit. — *Grosseur :* au-dessous de la moyenne ou petite. — *Forme :* arrondie, aplatie à ses extrémités et généralement plus renflée d'un côté que de l'autre. — *Pédoncule :* assez court et assez gros, arqué, obliquement inséré à fleur de fruit. — *Œil :* contourné, mi-clos ou fermé, presque saillant. — *Peau*, rude au toucher, fauve et toute parsemée de points grisâtres excessivement fins. — *Chair :* blanc verdâtre, un peu grossière, demi-fondante, pierreuse au centre et laissant du marc dans la bouche. — *Eau :* suffisante, sucrée, douée d'une saveur douce qui ne manque pas de délicatesse.

Maturité. — Fin de septembre et courant d'octobre.

Qualité. — Deuxième.

Historique. — Van Mons comptait ce poirier parmi ses nombreux semis, mais cet arboriculteur étant mort en 1842 ne put le voir fructifier, ainsi qu'il résulte du passage ci-après, que nous empruntons à un ouvrage belge :

« Le pied-souche du Beurré des Béguines, qui s'élève maintenant (1850) à plus de sept mètres de hauteur, est encore couvert d'épines à sa base. Son premier fruit a été cueilli en 1844 dans la pépinière de Van Mons, à Louvain, où l'arbre portait le n° 2733. » (Bivort, *Album de pomologie*, 1851, t. IV, p. 45.)

Ce gain posthume du célèbre semeur belge fut dédié, comme l'indique son nom, à des religieuses dont le couvent s'élevait non loin de l'enclos où Van Mons avait alors réuni, dans un ordre vraiment remarquable, les milliers de sujets qui composaient ses pépinières.

POIRE BEURRÉ BENOIT. — Synonyme de *Beurré Auguste Benoist*. Voir ce nom.

169. POIRE BEURRÉ BENNERT.

Description de l'arbre. — *Bois :* de force moyenne. — *Rameaux :* nombreux, légèrement étalés, longs, un peu grêles, coudés, duveteux, brun grisâtre, à lenticelles larges et clair-semées, à coussinets presque nuls. — *Yeux :* petits, ovoïdes-arrondis, appliqués contre l'écorce à la partie inférieure du rameau, et ressortant en éperon à son autre extrémité. — *Feuilles :* très-abondantes, assez grandes, ovales-allongées, acuminées, contournées, ayant les bords bien dentés, le pétiole mince et généralement court.

FERTILITÉ. — Ordinaire.

CULTURE. — Ce poirier, de vigueur moyenne, croît mieux sur le franc que sur le cognassier ; s'il se développe lentement, il prend néanmoins une forme pyramidale des plus régulières et des plus élégantes ; il est très-feuillu, très-ramifié.

Description du fruit. — *Grosseur :* moyenne. — *Forme :* turbinée-arrondie, obtuse et ventrue. — *Pédoncule :* assez court, peu fort, arqué, régulièrement inséré dans un faible évasement dominé par une protubérance plus ou moins prononcée. — *Œil :* petit, bien fait, ouvert, peu enfoncé. — *Peau :* jaune d'or, striée, veinée et tachée de fauve, maculée de même autour du pédoncule et lavée de rouge-brun du côté du soleil. — *Chair :* blanche, fine, fondante, juteuse, contenant quelques concrétions pierreuses le long des loges. — *Eau :* excessivement abondante, acidule, vineuse, délicatement aromatique.

MATURITÉ. — De décembre en février.

QUALITÉ. — Première.

Historique. — Peu connue en France, cette poire provient des gains obtenus chez les Belges, après la mort de Van Mons, dans les pépinières de semis créées par ce professeur d'arboriculture. M. Bivort, qui fut le continuateur des expériences ainsi tentées, a publié en 1847 la note suivante sur ce nouveau poirier :

« L'arbre du Beurré Bennert paraît avoir une quinzaine d'années.... Il figurait sous le

316   BEU [BEURRÉ BER]

numéro 2646 dans la pépinière de Van Mons, à Louvain. Il a fructifié pour la première fois en 1846. Je l'ai dédié, après dégustation de ses produits, à l'un de mes amis, M. Bennert, propriétaire de verreries à Jumet. » (*Album de pomologie*, t. I, n° 52.)

170. Poire BEURRÉ BERCKMANS.

Synonyme. — Poire ALEXANDRE BERCKMANS (André Leroy, *Catalogue descriptif et raisonné des arbres fruitiers et d'ornement*, 1855, p. 26, n° 5).

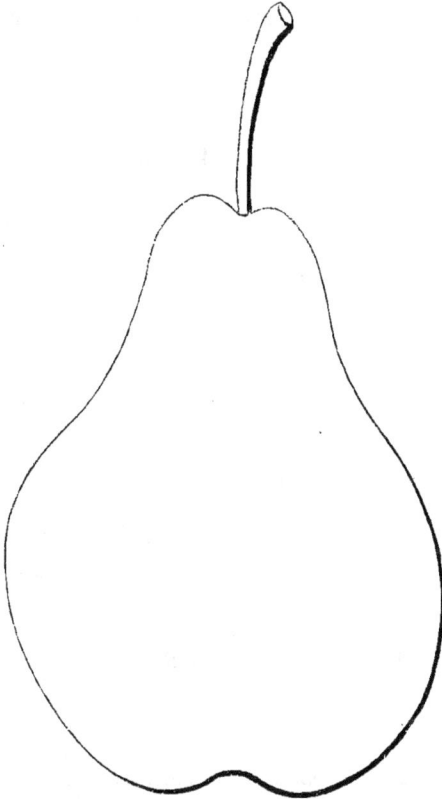

Description de l'arbre. — *Bois:* de force moyenne. — *Rameaux:* assez nombreux, légèrement étalés, un peu grêles, un peu courts et très-coudés, brun clair tacheté de gris, largement ponctués et ayant les coussinets des plus saillants. — *Yeux:* volumineux, ovoïdes-pointus, appliqués contre l'écorce. — *Feuilles:* grandes, ovales-allongées, régulièrement dentées en scie, portées sur un pétiole long et fort.

FERTILITÉ. — Extrême.

CULTURE. — Trop faible sur cognassier, ce poirier n'y réussit pas complétement; il réclame le franc, sur lequel il pousse bien et fait de belles pyramides.

Description du fruit. — *Grosseur:* au-dessus de la moyenne. — *Forme:* allongée, obtuse, ventrue vers la base, étranglée près du sommet, très-régulière. — *Pédoncule:* long, menu, renflé à son point d'attache, faiblement recourbé, implanté au milieu d'une dépression peu sensible. — *OEil:* mal développé, à divisions caduques, mi-clos, presque saillant. — *Peau:* jaune d'ocre, légèrement verdâtre du côté de l'ombre, entièrement striée et marbrée de fauve, tachée de même autour de l'œil et du pédoncule. — *Chair:* blanchâtre, fine, des plus fondantes, aqueuse, rarement pierreuse. — *Eau:* excessivement abondante, parfumée, rafraîchissante, d'une délicatesse peu commune.

MATURITÉ. — Commencement de novembre et se prolongeant jusqu'à la mi-décembre.

QUALITÉ. — Première.

Historique. — C'est encore là une des variétés que nous devons aux Belges, et sa naissance fut ainsi constatée, en 1849, par M. Alexandre Bivort :

« C'est le meilleur fruit que j'aie obtenu de mes semis, jusqu'à ce jour. Son premier rapport a eu lieu en 1846. Je l'ai dédié au digne successeur du major Espéren, à M. Berckmans, mon collaborateur à la seconde année de l'ALBUM. » (*Album de pomologie*, t. II, p. 126.)

Observations. — En 1852 cette espèce nous fut envoyée de Belgique sous le nom, assez défiguré, d'*Alexandre Berckmans*, que naturellement nous lui conservâmes lorsqu'en 1855 elle parut pour la première fois dans nos *Catalogues*. Mais plus tard une variété appelée Beurré Berckmans s'étant trouvée identique, chez nous, avec l'Alexandre Berckmans, nous consultâmes M. Bivort, qui nous répondit :

« Je ne connais pas de poire Alexandre Berckmans. J'ai gagné le Beurré Berckmans, et ce dernier pomologue, lui, a obtenu le poirier Alexandre Bivort. Il doit donc exister là une erreur de nom. D'ailleurs M. Berckmans s'appelle *Louis*, et non point Alexandre. » (*Lettre adressée de Fleurus, le 4 mars 1865.*)

D'où suit que nous avons dû, depuis lors, faire Alexandre Berckmans synonyme de Beurré Berckmans.

POIRE BEURRÉ BIÉMONT. — Synonyme de *Beurré Beauchamp*. Voir ce nom.

POIRE BEURRÉ BLANC. — Synonyme de poire *Doyenné*. Voir ce nom.

POIRE BEURRÉ BLANC D'AUTOMNE. — Synonyme de poire *Doyenné*. Voir ce nom.

POIRE BEURRÉ BLANC DES CAPUCINES. — Synonyme de poire *Amadote*. Voir ce nom.

POIRE BEURRÉ BLANC D'ÉTÉ. — Synonyme de *Bergamote d'Été*. Voir ce nom.

POIRE BEURRÉ BLANC DE JERSEY. — Synonyme de *Besi de la Motte*. Voir ce nom.

171. POIRE BEURRÉ BLANC DE NANTES.

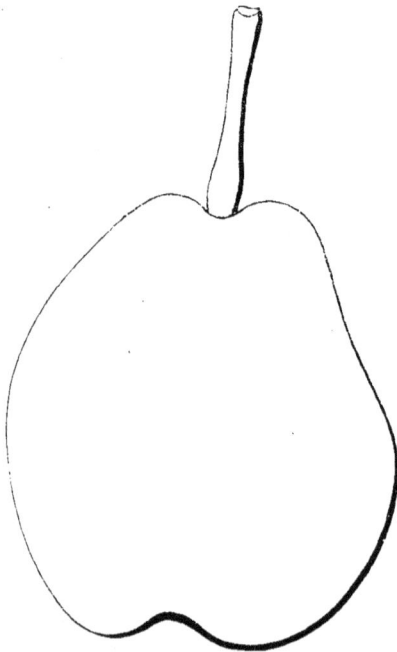

Description de l'arbre. — *Bois :* de force moyenne. — *Rameaux :* assez nombreux, érigés au sommet de la tige, étalés vers la base, gros, longs, peu flexueux, ridés, cotonneux, rouge brunâtre, tout parsemés de fines lenticelles, ayant les coussinets presque nuls et les mérithalles courts. — *Yeux :* petits, ovoïdes-obtus, duveteux, à écailles entr'ouvertes, appliqués contre le bois. — *Feuilles :* ovales-arrondies, légèrement dentées et canaliculées, à pétiole long et bien nourri.

FERTILITÉ. — Remarquable.

CULTURE. — Le franc convient mieux que le cognassier à cet arbre dont la vigueur est moyenne ; il se développe tardivement et forme des pyramides assez convenables.

Description du fruit. — *Grosseur :* au-dessous de la moyenne. — *Forme :* turbinée-ovoïde ou turbinée-sphérique. — *Pédoncule :* long, mince au milieu, renflé aux extrémités, non recourbé, obliquement inséré dans un vaste évasement sans profondeur. — *OEil* : petit, ouvert, peu enfoncé, plissé sur ses bords. — *Peau* : vert jaunâtre, ponctuée de gris, marbrée de fauve, portant quelque taches brunâtres et squammeuses, et parfois faiblement lavée de rose tendre du côté du soleil. — *Chair* : blanc jaunâtre, grossière, pierreuse, demi-fondante. — *Eau* : rarement abondante, sucrée, mais sans grande saveur et généralement entachée d'âcreté.

MATURITÉ. — D'août en septembre.

QUALITÉ. — Troisième.

Historique. — Voici ce que Prévost, de Rouen, disait en 1845 de cette poire, qui paraît être originaire de la Bretagne ou de l'Anjou :

« C'est une des quatre variétés auxquelles on a donné à tort, dans le commerce, le nom *Saint-François*. Je l'ai reçue de l'Anjou en 1835 avec cette désignation, et cinq ans après elle m'est revenue du même endroit sous le nom *Beurré blanc de Nantes*, que j'adopte, attendu qu'elle a beaucoup de rapports avec notre Beurré blanc ou Bergamote d'Été. Nous ne considérons cette poire que comme un fruit propre aux vergers dont les produits se vendent sur les marchés. » (*Cahiers pomologiques*, 5e cahier, pp. 137-138.)

La note de Prévost est fort exacte en ce qui touche le nom Beurré blanc de Nantes, connu dans les pépinières d'Angers depuis longtemps déjà; mais quant à celui de Saint-François qu'y aurait antérieurement porté ce fruit, nous n'avons aucun souvenir de l'y avoir vu appliqué. On cultive bien, il est vrai, dans nos contrées une poire Saint-François, seulement elle a la forme et la grosseur de la Saint-Germain, et s'éloigne alors complétement du Beurré dont il s'agit ici.

POIRE BEURRÉ DES BOIS. — Synonyme de poire *Fondante des bois*. Voir ce nom.

172. POIRE BEURRÉ BOISBUNEL.

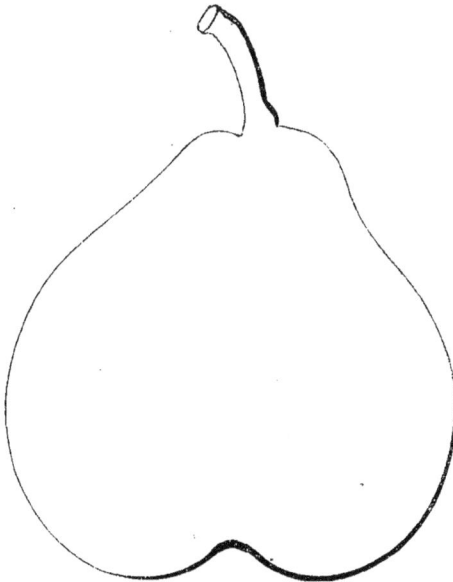

Description de l'arbre. — *Bois* : de force moyenne. — *Rameaux* : assez nombreux, érigés au sommet de la tige, étalés à sa partie inférieure, gros, longs, peu coudés, duveteux, jaune clair verdâtre, à lenticelles larges et abondantes, à coussinets des plus saillants. — *Yeux* : gros ou moyens, ovoïdes, cotonneux, collés contre l'écorce et ayant les écailles mal soudées. — *Feuilles* : duveteuses, ovales-allongées, entières sur leurs bords, mais légèrement ondulées; leur pétiole, long et fort, est pourvu de stipules très-développées.

FERTILITÉ. — Convenable.

CULTURE. — C'est un poirier vigoureux qui fait d'assez belles pyramides sur cognassier et s'y montre d'une croissance rapide. Récemment introduit dans notre école, on ne l'y a pas encore greffé sur franc.

Description du fruit. — *Grosseur :* moyenne. — *Forme :* turbinée, obtuse, ventrue. — *Pédoncule :* court, assez gros, arqué, charnu à la base, en partie continu avec le fruit, obliquement implanté. — *Œil :* large, bien ouvert, très-développé, presque saillant. — *Peau :* jaune verdâtre, ponctuée, striée, marbrée de roux, tachée de même autour de l'œil et du pédoncule. — *Chair :* blanc jaunâtre, fine, ferme quoique fondante, juteuse, marcescente et légèrement pierreuse. — *Eau :* abondante, sucrée, peu parfumée, rafraîchissante, mais généralement trop acerbe.

MATURITÉ. — De la mi-septembre jusqu'à la fin de ce mois.

QUALITÉ. — Deuxième, et souvent troisième.

Historique. — Cette variété, dont l'obtention eut lieu en 1846, appartient à la pomone de la Seine-Inférieure; elle fut gagnée à Rouen par L. M. Boisbunel père et provient d'un semis de pepins mélangés fait en 1835.

Observations. — Si par la culture l'astringence de ce fruit ne se modifie pas, il ne fera, du moins dans notre sol, qu'une variété de troisième ordre, et bonne plutôt pour la cuisson que pour le couteau.

173. Poire BEURRÉ DE BOLLWILLER.

Premier Type.

Description de l'arbre. — *Bois :* peu fort. — *Rameaux :* assez nombreux, étalés ou réfléchis, faibles, très-longs, coudés, vert grisâtre, habituellement lavés de rouge-brun à leur sommet, ayant les lenticelles fines, clair-semées, et les coussinets bien marqués. — *Yeux :* petits, ovoïdes, ordinairement obtus, cotonneux, non appliqués contre le bois. — *Feuilles :* très-peu abondantes, de grandeur moyenne, ovales, à bords denticulés, à pétiole long et mince.

FERTILITÉ. — Ordinaire.

CULTURE. — La vigueur de cet arbre n'est pas des plus grandes; il prospère mieux sur franc que sur cognassier et fait toujours d'irrégulières, de chétives pyramides aux rameaux à peine garnis de feuilles.

Description du fruit. — *Grosseur :* volumineuse et souvent moyenne. — *Forme :* turbinée-arrondie et ventrue, ou turbinée régulière légèrement obtuse. — *Pédoncule :* long ou assez court, faiblement arqué, bien nourri, obliquement inséré au milieu d'une dépression peu prononcée. — *Œil :* petit, mi-clos, bien fait, à peine enfoncé. — *Peau :* jaune d'or, ponctuée de gris et de brun, striée de roux dans la cavité ombilicale et lavée de rose tendre sur la partie frappée par le soleil. — *Chair :* très-blanche, demi-fine, aqueuse, fondante, rarement pierreuse. — *Eau :* fort abondante, douce, sucrée, fraîche, excessivement savoureuse, ayant un arrière-goût musqué agréable et délicat.

Poire Beurré de Bollwiller. — *Deuxième Type.*

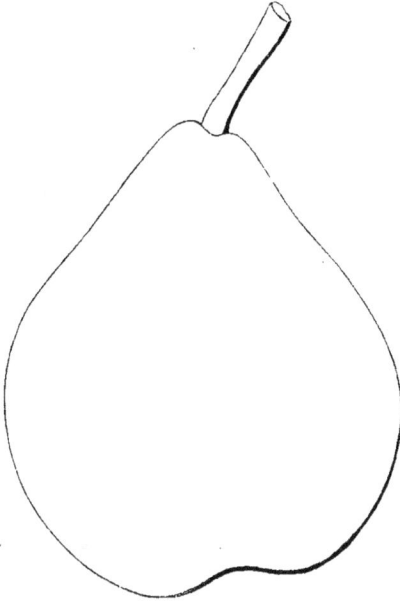

MATURITÉ. — De mars jusqu'aux derniers jours de mai.

QUALITÉ. — Première.

Historique. — Lorsqu'en 1842 nous la greffions pour la première fois, elle venait d'être gagnée dans le bourg de Bollwiller, près Colmar (Haut-Rhin), par MM. Baumann frères, pépiniéristes. Depuis lors elle s'est répandue de tous côtés, en France et à l'étranger. On ne lui connaît encore aucun synonyme, ce qui est assez rare, les bons fruits n'en manquant pas ordinairement.

Observations. — Cette poire est l'une des plus précieuses variétés modernes, en raison de sa maturité très-tardive, qui cependant n'enlève rien à son exquise qualité. Ainsi, lorsqu'au début d'avril le Doyenné d'Hiver a déjà disparu, on la mange encore, pendant plusieurs semaines, aussi fraîche, aussi parfaite qu'on l'avait trouvée trois mois auparavant, alors qu'elle commençait à pouvoir sortir du fruitier.

POIRE BEURRÉ BON-CHRÉTIEN. — Synonyme de *Beurré de Rance.* Voir ce nom.

174. POIRE BEURRÉ BOSC.

Synonymes. — *Poires :* 1. PARADIS D'AUTOMNE (Thompson, *Catalogue of fruits of the horticultural Society of London,* 1842, p. 146, n° 334). — 2. BEURRÉ D'APREMONT (Congrès pomologique, *Liste des fruits admis dans sa session de 1857,* p. 1). — 3. CANNELLE (Decaisne, *le Jardin fruitier du Muséum,* 1858, t. I). — 4. CARAFON DE BOSC *ou* BOSC'S FLASCHENBIRNE (Langethal, *Deutsches Obstcabinet,* 1860, 9e cahier).

Description de l'arbre. — *Bois :* assez fort. — *Rameaux :* peu nombreux, étalés, gros, courts, géniculés, brun-roux grisâtre, ponctués de jaune clair et ayant les coussinets bien accusés. — *Yeux :* de grosseur moyenne, coniques, gris noirâtre, non appliqués contre l'écorce. — *Feuilles :* grandes, ovales, acuminées, légèrement dentées ou crénelées, portées sur un pétiole épais et court.

FERTILITÉ. — Remarquable.

CULTURE. — Il faut à ce poirier peu vigoureux, le franc pour sujet, et encore y est-il d'un développement assez tardif; mais à partir de sa troisième année il y fait de fortes et belles pyramides.

Poire Beurré Bosc.

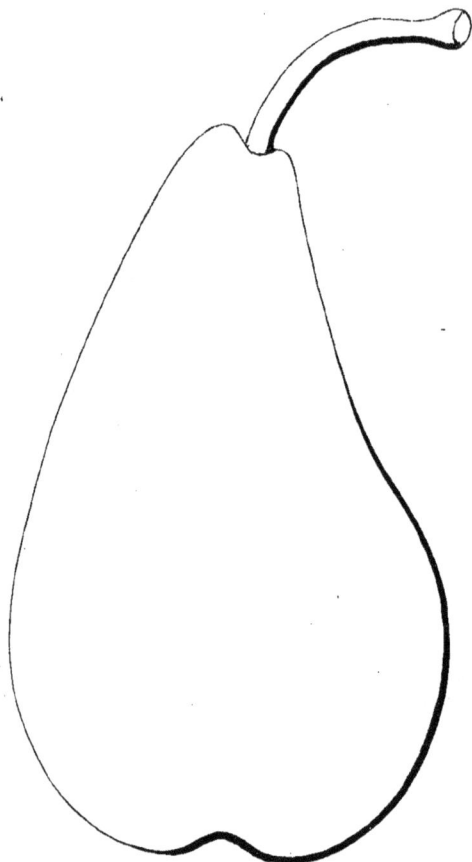

Description du fruit. — *Grosseur :* volumineuse. — *Forme :* très-allongée, bosselée, légèrement obtuse, recourbée près du sommet, quelque peu pentagone et ventrue à la base. — *Pédoncule :* long, assez gros, arqué, formant bourrelet à son point d'attache, obliquement inséré dans une faible cavité. — *OEil :* petit, mi-clos ou fermé, peu enfoncé, plissé sur ses bords. — *Peau :* jaune d'ocre ou jaune grisâtre, ponctuée de blanc sale et largement lavée de fauve clair. — *Chair :* des plus blanches, demi-fine, demi-cassante, aqueuse, sans pierres. — *Eau :* excessivement abondante, sucrée, vineuse, rafraîchissante, douée d'un parfum particulier d'une grande délicatesse.

MATURITÉ. —Vers la moitié d'octobre et se prolongeant jusqu'à la fin du mois de novembre.

QUALITÉ. — Première.

Historique. — Voici comment M. Eugène Forney, professeur d'arboriculture à Paris, établissait en 1862 l'origine de ce Beurré :

« M. Madiot, directeur de la pépinière départementale du Rhône, envoya au Jardin des Plantes de Paris des greffes, sans nom, de ce fruit, provenant d'un arbre très-âgé, non greffé, qui se trouve dans le bourg d'Apremont (Haute-Saône). Vers 1835, ces greffes donnèrent des fruits qui furent jugés excellents, et l'arbre fut dédié à Bosc, ancien directeur de ce Jardin et pomologiste distingué, qui en 1793 avait sauvé de la destruction l'ancienne école des arbres fruitiers des Chartreux, et réuni la collection des vignes du Luxembourg. » (*Le Jardinier fruitier,* t. I, p. 202.)

A ces renseignements, aussi complets que possible, nous ajouterons seulement un mot : c'est qu'au mois d'octobre 1851 M. le directeur du Séminaire de Vesoul nous adressa une très-jolie poire « dont le pied-type, ajoutait-il en note, avait été « découvert dans la forêt d'Apremont, de laquelle on lui avait alors donné le nom « par tout le pays. » Or, ce fruit n'était autre que le Beurré Bosc; mais nous nous gardons bien de le débaptiser, car depuis 1835 il est ainsi appelé chez tous les jardiniers, ainsi dénommé sur tous nos marchés.

Observations. — On cultive en Belgique, sous le double nom de Beurré ou

Calebasse Bosc, un poirier qui n'a pas le moindre rapport avec celui décrit ci-dessus. Il fut gagné par Van Mons, et l'on peut voir, plus loin, l'article que nous lui avons consacré. On doit donc éviter de confondre ces deux variétés, dont la dernière, la Calebasse, mûrit fin septembre et n'est que de second ordre.

175. Poire BEURRÉ BOURBON.

Description de l'arbre. — *Bois :* de force moyenne. — *Rameaux :* nombreux, légèrement étalés, gros, assez longs, flexueux, brun clair olivâtre, finement et abondamment ponctués, à coussinets saillants. — *Yeux :* volumineux, ovoïdes-obtus, faiblement écartés du bois et ayant les écailles mal soudées. — *Feuilles :* d'un beau vert, ovales-allongées, denticulées ou crénelées, à pétiole court et épais.

Fertilité. — Convenable.

Culture. — De moyenne vigueur, ce poirier se montre sur cognassier d'un développement satisfaisant et y prend une jolie forme pyramidale; mais il est trop nouveau dans nos pépinières pour qu'on ait pu s'y rendre compte de l'avantage qu'on doit ou non trouver à le greffer sur franc.

Description du fruit. — Cette variété ne nous ayant encore donné aucun produit, nous ne saurions ni la décrire ni la figurer. Les quelques renseignements qui vont suivre sont donc tout ce qu'il a été possible de rencontrer pour combler la lacune existant ici :

Maturité. — « D'octobre en novembre. »

Qualité. — « Première. »

Historique. — M. de Liron d'Airoles, auquel nous empruntons les deux lignes ci-dessus, qu'il écrivit en 1859, annonça de plus « que ce poirier avait été gagné « vers 1858, à Poitiers, par M. Parigot, magistrat, et provenait d'un semis de « pepins variés fait en 1845. » (Voir *Liste synonymique des variétés du poirier*, Supplément, p. 7.)

Poire BEURRÉ DE BOURGOGNE. — Synonyme de poire *Fondante des Bois.* Voir ce nom.

Poire BEURRÉ BOUSSOCH. — Synonyme de *Doyenné Boussoch.* Voir ce nom.

176. Poire BEURRÉ BRETONNEAU.

Synonymes. — *Poires :* 1. Docteur Bretonneau (Bivort, *Annales de pomologie belge et étrangère,* 1859, t. VII, p. 97). — 2. Bretonneau (Decaisne, *le Jardin fruitier du Muséum*, 1860, t. III).

Description de l'arbre. — *Bois :* faible. — *Rameaux :* assez nombreux, généralement étalés ou réfléchis, grêles, de longueur moyenne, coudés, vert foncé, à lenticelles fortes et rares, à coussinets ressortis. — *Yeux :* petits, grisâtres, ovoïdes-arrondis, non appliqués contre l'écorce. — *Feuilles :* petites, peu abondantes, lancéolées, profondément dentées, ayant le pétiole court et menu.

Poire Beurré Bretonneau.

FERTILITÉ. — Ordinaire.

CULTURE. — Très-faible sur cognassier, et même très-délicat sur franc, cet arbre est toujours des plus lents à croître; le dernier de ces sujets lui convient uniquement, et encore n'y fait-il que de chétives pyramides peu feuillues et peu régulières.

Description du fruit.
— *Grosseur :* au-dessus de la moyenne et parfois beaucoup plus volumineuse. — *Forme :* oblongue, obtuse et ventrue. — *Pédoncule :* court, bien nourri, arqué, renflé à ses extrémités, obliquement inséré au milieu d'un large évasement à bords légèrement côtelés. — *Œil :* grand, régulier, ouvert, assez enfoncé. — *Peau :* jaune d'or, ponctuée, marbrée, tachée de brun-fauve, maculée de roux autour du pédoncule et lavée de carmin foncé du côté exposé au soleil. — *Chair :* blanchâtre, demi-fine, demi-fondante, juteuse, marcescente, contenant quelques pierres auprès des loges. — *Eau :* abondante, acidule, sucrée, vineuse, délicate, faiblement parfumée.

MATURITÉ. — Vers la fin de février et se prolongeant jusqu'en mai.

QUALITÉ. — Variable selon les localités, mais plutôt deuxième, que première.

Historique. — Plusieurs versions erronées existent au sujet de l'origine de ce fruit, dans différents recueils périodiques consacrés à l'horticulture. Les uns ont attribué le gain de cette variété à M. de Bavay, les autres à M. Dupuy-Jamain; et très-peu l'ont donnée à son véritable obtenteur, le major Espéren, décédé en 1847, à Malines (Belgique). Cependant on pouvait lire dès 1849 les lignes ci-dessous, insérées par M. Alexandre Bivort dans l'*Album de pomologie :*

« *Beurré Bretonneau.* — Gain de M. Espéren, dédié par un de ses amis au célèbre docteur Bretonneau, de Tours, en 1846. L'arbre primitif provient d'un semis fait en 1818 ou 1819. Sa mise à fruit a probablement été retardée par sa grande vigueur, et peut-être aussi parce qu'il est constamment resté en place. » (Tome II, p. 15.)

Quant à l'ami du major Espéren qui appliqua à cette poire le nom du médecin si distingué dont la ville de Tours eut à déplorer la perte en 1862, ce fut, non pas M. L. Berckmans, comme l'a dit le Congrès pomologique, mais bien M. de

Bavay, ainsi qu'il résulte de ce passage, extrait du *Portefeuille des horticulteurs*:

« ..... Dédié au docteur Bretonneau, ce fruit a reçu de M. de Bavay le nom générique de Beurré, comme un moyen de faire connaître par cette dénomination à quel groupe appartient cette excellente poire. » (Année 1858, tome II, p. 162.)

Et M. de Bavay, nous apprend une autre publication, ayant soumis en 1846 le Beurré Bretonneau à l'examen du jury de l'exposition horticole de la ville de Liége, obtint pour ce fruit si tardif une médaille d'argent. (Voir *Revue horticole*, année 1847, p. 45.)

Observations. — Depuis 1847 nous multiplions ce poirier; nous avons donc souvent dégusté ses produits, sans toutefois qu'il nous ait été donné de les trouver bons uniquement pour la cuisson, ainsi qu'il est arrivé à quelques pomologues. Mais en France le sol angevin, paraît-il, n'a pas seul le privilége d'amender ce Beurré, puisqu'un horticulteur de Longjumeau (Seine-et-Oise) plaidait en ces termes, au cours de 1861, la cause du présent fruit dans un journal parisien :

« Monsieur le Rédacteur, dans votre chronique du 16 janvier (pages 21 et 22) je vois la poire Bretonneau classée parmi les variétés à cuire. Quoique ce Beurré soit à gros grain et non fondant, il est assez juteux, présente un bon goût, et n'a pas l'âpreté de la plupart des poires à compote; aussi, depuis plusieurs années que nous le multiplions, le faisons-nous figurer dans la seconde catégorie des espèces à couteau. » (*Revue horticole*, 1861, p. 103.)

Enfin, chez les Belges, le directeur du Jardin fruitier de la Société Van Mons disait fort judicieusement en 1860, à la page 268 du *Catalogue* de cet établissement : « Le Beurré Bretonneau est presque de première qualité dans les sols légers et « chauds; il est à cuire dans les sols argileux; et il faut le cueillir tard. »

177. POIRE BEURRÉ BRONZÉ.

Premier Type.

Synonymes. — *Poires* : 1. BRONZÉE (Decaisne, *le Jardin fruitier du Muséum*, 1860, t. III). — 2. VRAI BEURRÉ BRONZÉ (Oberdieck, *Illustrirtes Handbuck der Obstkunde*, 1860, t. II, p. 327).

Description de l'arbre. — *Bois* : fort. — *Rameaux* : très-nombreux, étalés, gros, longs, géniculés, brun clair olivâtre, à lenticelles fines et abondantes, à coussinets presque nuls. — *Yeux* : moyens, ovoïdes-obtus, collés contre l'écorce. — *Feuilles* : grandes, ovales-arrondies, acuminées, légèrement ondulées et canaliculées, ayant les bords profondément crénelés, le pétiole long et fort.

FERTILITÉ. — Satisfaisante.

CULTURE. — Le cognassier convient peu à cet arbre; il faut le greffer sur franc si l'on veut qu'il prenne une jolie forme pyramidale.

Description du fruit. — *Grosseur :* au-dessus de la moyenne et souvent moins volumineuse. — *Forme :* très-variable, mais affectant généralement l'oblongue-cylindrique bosselée et quelquefois contournée. — *Pédoncule :* court, gros,

Poire Beurré bronzé. — *Deuxième Type.*

non arqué, renflé à la base, obliquement implanté au milieu d'une faible dépression, ou continu avec le fruit. — *Œil :* petit, bien ouvert, régulier, rarement enfoncé. — *Peau :* vert-brun, marbrée de vert clair du côté de l'ombre et complétement bronzée et ponctuée de roux sur le côté frappé par le soleil. — *Chair :* blanc verdâtre, fine, fondante, aqueuse, légèrement pierreuse. — *Eau :* des plus abondantes et des plus sucrées, fort aromatique et douée d'une saveur beurrée vraiment délicieuse.

MATURITÉ. — Fin octobre et se conservant jusqu'en décembre.

QUALITÉ. — Première.

Historique. — Obtenue par Van Mons, dans sa pépinière de Louvain, ce pomologue commença à la signaler en 1823, sous le n° 328 de son *Catalogue ;* mais elle ne fut cultivée en France qu'à partir de 1832, selon M. du Breuil. (*Cours d'arboriculture*, t. II, p. 569.) Les Allemands, d'après Diel et Oberdieck, la reçurent directement de Van Mons et la nommèrent Vrai Beurré bronzé, parce qu'ils avaient déjà parmi leurs poiriers un Beurré bronzé qui n'était autre, paraît-il aujourd'hui, que le Passe-Colmar.

---

178. Poire BEURRÉ BROUGHAM.

Synonyme. — *Poire* BROUGHAM (Thomas-André Knight, *Transactions of the horticultural Society of London*, 1833, 2e série, t. II, p. 64).

Description de l'arbre. — *Bois :* très-faible sur cognassier, peu fort sur franc. — *Rameaux :* assez gros, bien coudés, courts, nombreux, généralement étalés, à écorce ridée, d'un brun-marron légèrement grisâtre, et à lenticelles fines, clair-semées, gris-brunâtre; leurs coussinets sont des mieux accusés. — *Yeux :* petits, écartés du bois, ovoïdes-pointus, fauve noirâtre, ayant les écailles entr'ouvertes. — *Feuilles :* petites, ovales, faiblement dentées ou crénelées, un peu canaliculées, à pétiole grêle et de moyenne longueur.

FERTILITÉ. — Remarquable.

CULTURE. — Peu vigoureux, il demande le franc plutôt que le cognassier, croît tardivement et forme de chétives pyramides ; l'espalier lui convient beaucoup mieux; mais cet arbre, dans nos contrées, se montre toujours d'une excessive délicatesse.

Description du fruit. — *Grosseur :* moyenne. — *Forme :* turbinée-arrondie, bosselée, légèrement aplatie à ses extrémités. — *Pédoncule :* assez long, bien nourri, rarement arqué, généralement renflé à l'attache, obliquement implanté à fleur de peau. — *OEil :* grand, mi-clos, placé dans un large bassin uni sur ses bords et peu profond. — *Peau :* jaune verdâtre, ponctuée, tachée de roux, lavée de gris-fauve du côté du soleil. — *Chair :* blanchâtre, demi-fine, fondante, juteuse, pierreuse au centre. — *Eau :* abondante, sucrée, vineuse, manquant parfois de parfum, mais toujours délicate.

Poire Beurré Brougham.

MATURITÉ. — D'octobre en novembre.

QUALITÉ. — Deuxième, et souvent première.

Historique. — Elle a été gagnée de semis en Angleterre, en 1831 ou 1832, par Thomas-André Knight, ancien président de la Société d'Horticulture de Londres. Il la décrivit en 1833, et apprit alors à ses collègues que lord Brougham ayant constaté la bonté de ce nouveau fruit, avait bien voulu permettre qu'on lui donnât son nom. (Voir les *Transactions* de cette Société, 2ᵉ série, t. II, p. 64.)

Observations. — Nous ignorons si le sol de l'Angleterre est plus favorable que le nôtre à la culture de ce poirier, mais dans l'Anjou il nous a fallu renoncer, après plusieurs années d'essai, à le multiplier, tellement il demeurait malingre et chétif. Ce fut M. de Bavay qui nous l'envoya de Bruxelles, vers 1848, portant l'étiquette *Beurré Brougham*, dénomination sous laquelle il est, du reste, généralement connu en France. Aussi croyons-nous plus convenable de la lui conserver, que de lui rendre son nom primitif : poire Brougham.

179. POIRE BEURRÉ BRUNEAU.

Synonymes. — *Poires :* 1. CRASSANE D'HIVER DE BRUNEAU (André Leroy, *Catalogue de ses cultures*, 1846, p. 17). — 2. DE SAINT-HERBLAIN (*Id. ibid.*, 1849, p. 17, nᵒ 47). — 3. CRASSANE BRUNEAU (*Id. ibid.*, 1855, p. 27, nᵒ 62). — 4. BERGAMOTE CRASSANE DE BRUNEAU (de Liron d'Airoles, *Liste synonymique des diverses variétés du poirier*, 1859, p. 30).

Description de l'arbre. — *Bois :* faible. — *Rameaux :* peu nombreux, faiblement arqués et étalés, de force moyenne, courts, rarement très-géniculés, fauve grisâtre, lavés de carmin vers leur sommet, ayant les lenticelles assez larges et assez rapprochées, les coussinets presque aplatis et les mérithalles des plus courts. — *Yeux :* gros, coniques, pointus, extrêmement écartés du bois. — *Feuilles :* peu abondantes, ovales-allongées, à bords finement crénelés, à pétiole long et fort.

FERTILITÉ. — Moyenne.

CULTURE. — Ce poirier n'est pas d'une grande vigueur; nous le greffons sur franc ou sur cognassier; mais ses pyramides, quel que soit le sujet qu'on lui ait donné, sont toujours petites et surtout peu touffues.

Poire Beurré Bruneau.

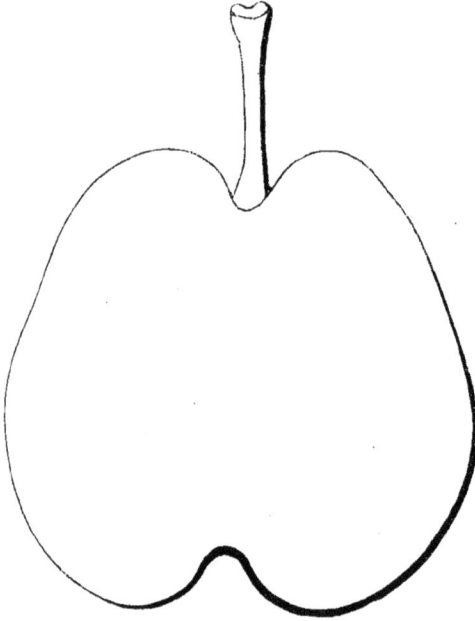

Description du fruit. — *Grosseur :* au-dessus de la moyenne. — *Forme :* turbinée fortement obtuse et ventrue, et généralement un peu bosselée. — *Pédoncule :* long, bien nourri, renflé à ses extrémités, rarement arqué, inséré perpendiculairement dans un large et profond évasement à bords unis. — *Œil :* grand, mi-clos ou fermé, très-irrégulier, placé dans un bassin profond et arrondi. — *Peau :* jaune-orange, ponctuée de gris et de rouge-brun, striée de fauve dans la cavité ombilicale, et portant parfois quelques taches grisâtres et squammeuses. — *Chair :* blanc jaunâtre, assez fine, mi-fondante, juteuse, peu pierreuse. — *Eau :* abondante, acidule, sucrée, vineuse, faiblement parfumée, souvent acerbe.

MATURITÉ. — De novembre à février.

QUALITÉ. — Deuxième.

Historique. — Depuis une trentaine d'années nous multiplions cette variété, que son promoteur nous avait adressée de Nantes sous le nom de *Beurré Bruneau*, qui bientôt compta différents synonymes. En 1857, M. de Liron d'Airoles en constatait l'origine dans une publication belge :

« L'arbre-mère — disait-il — a pris naissance à la Bourdinière, commune de Château-Thibaut (Loire-Inférieure), propriété appartenant à M. Ruet, de Nantes. Son premier rapport connu ne remonte pas au delà de 1830. Ce fut en 1835 que M. François Bruneau, pépiniériste au jardin du Pavillon, à Nantes, put déguster cette poire, en constater la nouveauté et la communiquer aux pépiniéristes d'Angers. » (*Annales de pomologie belge et étrangère*, t. V, p. 11.)

Observations. — Un de nos éminents pomologues, en décrivant il y a quelques années la Bergamote crassane, classait le Beurré Bruneau parmi les synonymes de cette très-ancienne variété. Évidemment il y a eu là erreur de copiste, car on ne saurait confondre ainsi deux espèces dont les caractères sont précisément des plus différents, des plus tranchés.

180. POIRE BEURRÉ DE BRUXELLES.

Synonymes. — *Poires :* 1. BELLE DE BRUXELLES (Noisette, *le Jardin fruitier*, édition de 1839, p. 121). — 2. DE COQ (Willermoz, *Observations sur le genre poirier*, 1848, p. 159). — 3. NIEL (Decaisne, *le Jardin fruitier du Muséum*, 1858, t. I).

Description de l'arbre. — *Bois :* fort. — *Rameaux :* très-peu nombreux, faiblement étalés, courts et des plus gros, légèrement coudés, duveteux, vert foncé, à lenticelles fortes et abondantes, à coussinets presque nuls. — *Yeux :* excessivement petits, larges à la base, aplatis au sommet, collés complétement contre l'écorce. — *Feuilles :* assez grandes, épaisses, cotonneuses, ovales-arrondies, souvent canaliculées, ayant les bords presqu'unis et le pétiole court et très-nourri.

Poire Beurré de Bruxelles.

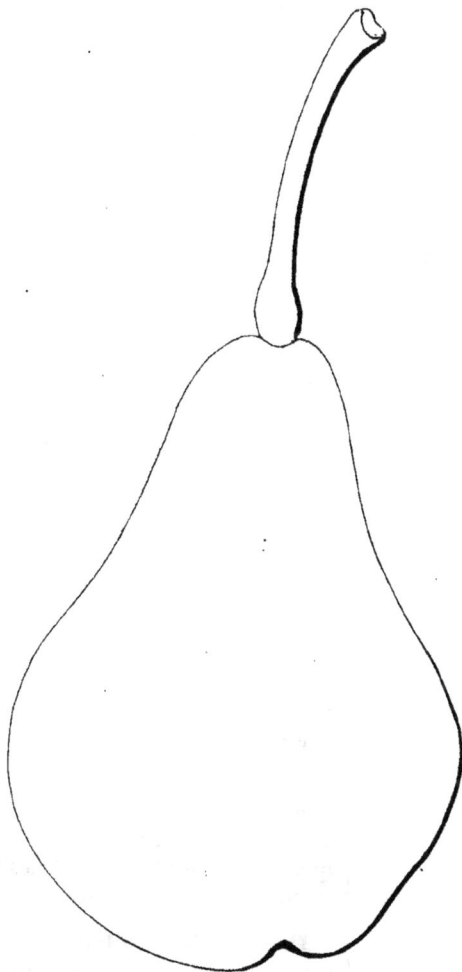

FERTILITÉ. — Satisfaisante.

CULTURE. — Poirier des plus vigoureux, il réussit non moins bien sur cognassier que sur franc; il développe très-vite son écusson; mais ses pyramides, quoique fortes, manquent généralement de régularité, vu leur mauvaise ramification.

Description du fruit. — *Grosseur :* au-dessus de la moyenne. — *Forme :* très-allongée, bosselée, assez obtuse, toujours bien ventrue vers l'œil. — *Pédoncule :* des plus longs, de force moyenne, arqué, renflé à ses extrémités, inséré obliquement et à la surface du fruit. — *Œil :* grand, excessivement ouvert, à peine enfoncé. — *Peau :* un peu rude au toucher, jaune verdâtre; ponctuée de brun clair, maculée de même autour du pédoncule et lavée de rose tendre du côté du soleil. — *Chair :* très-blanche, très-fine, demi-cassante, aqueuse, légèrement pierreuse auprès des loges. — *Eau :* abondante, sucrée, acidule, plus ou moins parfumée, rafraîchissante, fort agréable.

MATURITÉ. — Commencement de septembre et se prolongeant une dizaine de jours.

QUALITÉ. — Première.

Historique. — « Elle a été rapportée du Brabant, son pays originaire, par M. Louis Noisette, a dit Poiteau en 1846; et elle a mûri pour la première fois à Paris, dans l'établissement de ce pépiniériste, en 1813. » (*Pomologie française,* t. III, n° 5.) Noisette lui donna le nom de Belle de Bruxelles, justifié par le beau coloris de sa peau; mais bientôt elle fut aussi appelée poire de Coq, et notamment dans le *Catalogue* du Jardin des Plantes, où dès 1824 on l'inscrivit sous ce surnom, que M. Decaisne lui a rendu tout récemment. Quant à nous, ayant en 1846 tiré ce poirier de la collection du Comice horticole d'Angers, dans laquelle il était étiqueté *Beurré de Bruxelles,* nous jugeons bon de lui conserver ici cette dénomination, pour éviter à l'avenir toute confusion entre la Belle de Bruxelles AVEC PEPINS, qui est le présent fruit, et la Belle de Bruxelles sans pepins, dont on peut lire plus haut (page 193) la description. Nous eussions volontiers adopté le nom que lui a choisi M. Decaisne — poire de Coq — si notre école ne renfermait déjà une variété ainsi qualifiée, et dont nous devrons d'autant mieux nous occuper, qu'elle diffère entièrement de l'espèce cultivée sous ce même nom dans les jardins du Muséum de Paris.

Observations. — Quelques pomologues ont cru la poire Vicomte de Spœlberg identique avec le Beurré de Bruxelles; c'est une erreur, ces deux fruits mûrissent constamment, chez les pépiniéristes angevins, le premier vers la mi-décembre, et le second à la fin de l'été.

Poire BEURRÉ BURCHARDT. — Synonyme de poire *Orpheline d'Enghien*. Voir ce nom.

---

181. Poire BEURRÉ BURNICQ.

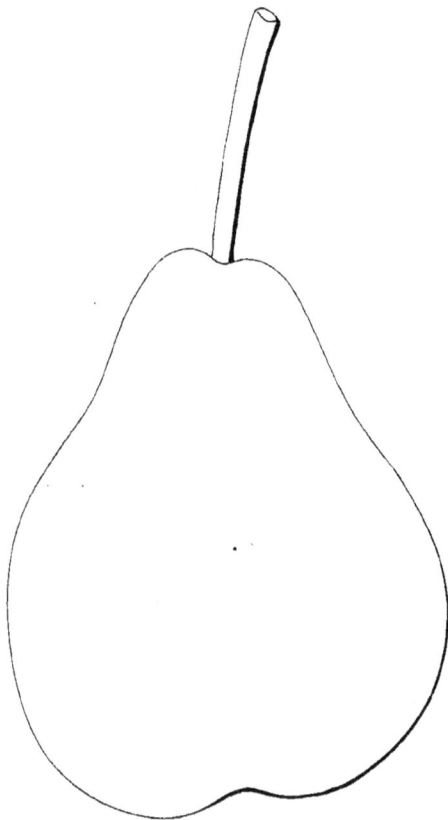

Description de l'arbre. — *Bois :* fort. — *Rameaux :* nombreux, légèrement étalés et arqués, gros, longs, géniculés, renflés à leur sommet, cotonneux, brun clair, lavés de rouge obscur, à lenticelles fines et clair-semées, à coussinets assez saillants. — *Yeux :* petits ou moyens, coniques, aigus, non appliqués contre le bois. — *Feuilles :* épaisses, vert jaunâtre, de grandeur moyenne, ovales-allongées, ayant les bords faiblement et irrégulièrement denticulés, le pétiole court, fort et rosé.

FERTILITÉ. — Ordinaire.

CULTURE. — On le greffe indistinctement sur franc ou cognassier; sa vigueur est remarquable non moins que ses pyramides, qui sont des plus touffues et des plus hautes.

Description du fruit. — *Grosseur :* au-dessus de la moyenne. — *Forme :* turbinée, ventrue, obtuse, régulière. — *Pédoncule :* long, mince, droit ou légèrement arqué, obliquement inséré à fleur de peau. — *OEil :* petit, mi-clos ou fermé, contourné, presque saillant. — *Peau :* jaune brillant, ponctuée de fauve, largement marbrée de même, striée de brun dans le bassin ombilical, et très-souvent colorée de rouge sombre sur la partie exposée au soleil. — *Chair :* un peu verdâtre, excessivement fine, aqueuse, fondante, rarement pierreuse. — *Eau :* des plus abondantes, sucrée, aigrelette, délicieusement parfumée.

MATURITÉ. — Fin septembre et se prolongeant jusqu'à la moitié d'octobre.

QUALITÉ. — Première.

Historique. — Variété peu répandue en France, quoique méritant bien la culture, elle appartient à la Belgique. Quant à son âge, quant à son obtenteur, M. Bivort va nous les faire connaître :

« Elle provient des semis du major Espéren — dit cet auteur. — Sa première production eut lieu en 1846, et ce fruit fut dédié par son inventeur à feu M. Burnicq, curé à Lasnes (Belgique). » (*Album de pomologie*, 1850, t. III, p. 4.)

POIRE BEURRÉ DE CAMBRON. — Synonyme de *Beurré d'Arenberg* (EN FRANCE).

182. POIRE BEURRÉ CAPIAUMONT.

Synonymes. — *Poires* : 1. BEURRÉ AURORE (Prévost, *Cahiers pomologiques*, 1839, p. 15). — 2. BEURRÉ CAPIÉMONT (*Id. ibid.*). — 3. BEURRÉ CAPIOMONT (*Id. ibid.*). — 4. AURORE (Decaisne, *le Jardin fruitier du Muséum*, 1858, t. I). — 5. CAPIAUMONT (*Id. ibid.*). — 6. DE LA GLACIÈRE (*Id. ibid.*).

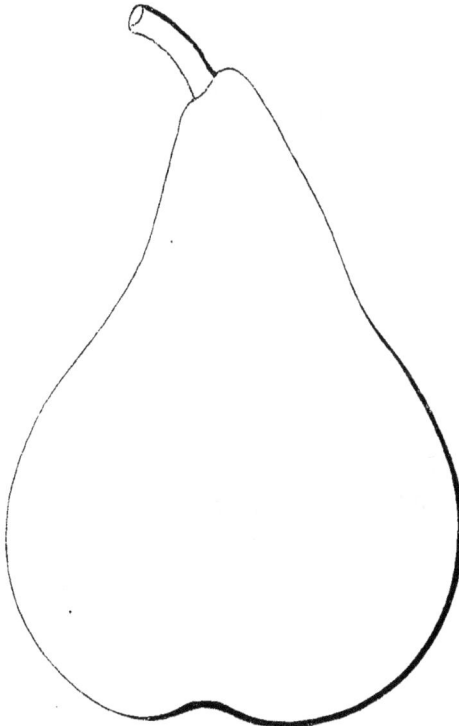

Description de l'arbre. — *Bois :* de force moyenne. — *Rameaux :* nombreux, généralement érigés ou un peu étalés, gros, assez longs, très-coudés, brun-fauve rougeâtre, tachetés de gris, à lenticelles larges et rapprochées, à coussinets bien ressortis. — *Yeux :* volumineux, ovoïdes, duveteux, non appliqués contre l'écorce et ayant les écailles mal soudées. — *Feuilles :* grandes, abondantes, ovales-allongées, profondément dentées ou crénelées, contournées et portées sur un pétiole court, épais et pourvu de longues stipules.

FERTILITÉ. — Remarquable.

CULTURE. — Assez vigoureux, cet arbre se greffe sur toute espèce de sujet; son développement est vif et ses pyramides prennent une jolie forme, comme elles sont aussi fortes et feuillues.

Description du fruit. — *Grosseur :* assez considérable. — *Forme :* très-allongée, très-ventrue vers l'œil, mais diminuant beaucoup de volume auprès du sommet, qui est légèrement obtus et mamelonné. — *Pédoncule :* court, de force moyenne, arqué, généralement inséré à fleur de peau, obliquement et en dehors de l'axe du fruit. — *Œil :* moyen, ouvert, régulier, presque saillant. — *Peau :*

épaisse, rugueuse, jaune d'ocre clair, ponctuée et marbrée de fauve, maculée de même autour du pédoncule et habituellement recouverte d'une légère teinte rosée du côté du soleil. — *Chair :* blanche, à filaments verdâtres, fine, mi-fondante, aqueuse, un peu pierreuse au-dessous des loges. — *Eau :* abondante, sucrée, aromatique, aigrelette, fort délicate.

MATURITÉ. — De la fin de septembre jusqu'à la fin d'octobre.

QUALITÉ. — Première pour le couteau ainsi que pour la compote.

Historique. — Longtemps on a voulu voir dans le Beurré Capiaumont un fruit distinct du Beurré Aurore, mais aujourd'hui les pépiniéristes sont généralement convaincus qu'ils n'ont là qu'une seule et même variété. Dans l'Anjou — où dès 1831 on cultivait ce poirier sous le nom fautif de Beurré Aurore, que lui avait valu, sans doute, la couleur particulière dont parfois le soleil revêt sa peau — dans l'Anjou, chacun aujourd'hui fait ce nom synonyme de Beurré Capiaumont, d'accord ainsi avec MM. Prévost (1839), Bivort (1849), Decaisne (1858), Eugène Forney (1862), etc., etc. Introduite en France en 1827, selon le dernier des écrivains que nous venons de nommer, cette poire nous a été fournie par la Belgique, et voici quelle fut son origine :

« Elle provient des semis de M. Capiaumont, pharmacien à Mons; sa première production date de 1787..... J'ai établi la vraie manière d'écrire le nom de cette variété d'après la signature même de son obtenteur. » (Bivort, *Album de pomologie*, 1849, t. II, pp. 87-88.)

Observations. — Les Allemands tiennent ce fruit en grande vénération, et le prétendent « sorti d'un semis de pepins de Beurré gris. » Nous trouvons ce renseignement dans le *Deutsches Obstcabinet*, publié en 1860 sous la direction du docteur Langethal; transcrivons-le donc, mais comme une simple note dont rien ne garantit l'authenticité, car le pomologue qui l'y a consigné ne dit pas où il l'a puisé.—Tous les sols ne sauraient convenir à ce poirier; il lui faut surtout un terrain de première nature; aussi le voit-on souvent donner, dans une même contrée, et des produits excellents et des produits médiocres. Ce qu'a, du reste, déjà constaté l'un de nos estimables confrères, M. Gagnaire fils, pépiniériste à Bergerac (Dordogne) :

« La poire Beurré Capiaumont — a-t-il dit — est de toute première qualité à Bergerac, tandis qu'à vingt-cinq kilomètres de cette ville elle n'est bonne que cuite. » (*Revue horticole*, 1860, p. 116.)

POIRES BEURRÉ CAPIÉMONT ET BEURRÉ CAPIOMONT. — Synonymes de *Beurré Capiaumont*. Voir ce nom.

---

183. POIRE BEURRÉ CATY.

Description de l'arbre. — *Bois :* fort. — *Rameaux :* assez nombreux, érigés au sommet de la tige, arqués et étalés vers la base, gros, longs, peu flexueux, vert clair légèrement brunâtre et grisâtre, ayant les lenticelles saillantes, larges, abondantes, et les coussinets bien ressortis. — *Yeux :* moyens, ovoïdes-arrondis noyés dans l'écorce. — *Feuilles :* grandes, elliptiques, contournées, profondément dentées ou crénelées, à pétiole long, mince et pourvu de stipules excessivement développées.

Poire Beurré Caty.

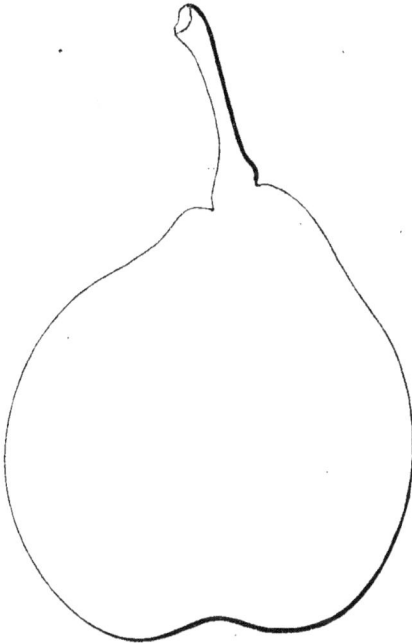

FERTILITÉ. — Bonne.

CULTURE. — Encore tout nouveau dans nos pépinières, ce poirier s'y montre assez vigoureux sur cognassier et il y fait de fortes pyramides, mais nous ignorons comment il se comporte sur franc.

Description du fruit. — *Grosseur :* au-dessous de la moyenne. — *Forme :* turbinée-arrondie, mamelonnée au sommet et ayant généralement un côté plus ventru que l'autre. — *Pédoncule :* de longueur moyenne, mince, non arqué, très-charnu à la base, continu avec le fruit et obliquement inséré. — *Œil :* petit, régulier, ouvert, faiblement enfoncé. — *Peau :* jaune obscur, ponctuée de brun clair, veinée de même, striée de roux dans le bassin ombilical et souvent tachée autour du pédoncule et sur la partie exposée au soleil. — *Chair :* blanche, fine, fondante, un peu pierreuse au centre. — *Eau :* suffisante, aigrelette, sucrée, savoureuse.

MATURITÉ. — Fin janvier, se prolongeant jusqu'en mars.

QUALITÉ. — Première.

Historique. — En 1862 nous avons reçu cette variété, de Belgique, des pépinières de Mᵐᵉ veuve L. de Bavay et fils, sises à Vilvorde-lez-Bruxelles. C'est un gain de M. le docteur Hélin, demeurant à Ronquières, près Braine-le-Comte, dans le Hainaut. Son obtention eut lieu vers 1858.

POIRE BEURRÉ DU CERCLE. — Synonyme de *Beurré du Cercle pratique de Rouen.* Voir ce nom.

184. POIRE BEURRÉ DU CERCLE PRATIQUE DE ROUEN.

Synonyme. — *Poire* BEURRÉ DU CERCLE (André Leroy, *Catalogue descriptif et raisonné des arbres fruitiers et d'ornement,* 1868, p. 30, n° 114).

Description de l'arbre. — *Bois :* fort. — *Rameaux :* nombreux, étalés vers la base de la tige, érigés au sommet, gros, longs, flexueux, un peu cotonneux, rouge clair olivâtre, abondamment et finement ponctués, ayant les coussinets bien ressortis. — *Yeux :* assez volumineux, coniques-pointus, non adhérents et souvent placés en éperon ; leurs écailles sont habituellement entr'ouvertes. — *Feuilles :* de grandeur moyenne, ovales-allongées, arquées, canaliculées, à bords unis ou faiblement denticulés, à pétiole court et épais.

Poire Beurré du Cercle pratique de Rouen.

FERTILITÉ. — Excessive.

CULTURE. — C'est un arbre vigoureux poussant parfaitement sur cognassier et y formant de belles pyramides ; il ne saurait manquer de prospérer également sur franc ; toutefois ce sujet ne lui a pas encore été donné dans nos pépinières.

Description du fruit. — *Grosseur :* au-dessous de la moyenne. — *Forme :* allongée, obtuse, généralement déprimée d'un côté, surtout auprès de l'œil. — *Pédoncule :* court, assez gros, droit, obliquement inséré, continu avec le fruit. — *OEil :* moyen, mi-clos, contourné, presque saillant. — *Peau :* rude au toucher, à fond jaune-paille, recouverte en partie d'une teinte bronzée, parsemée de points gris-blanc, et parfois colorée de rose tendre. — *Chair :* verdâtre, fine, juteuse, fondante, très-pierreuse. — *Eau :* abondante, acidule, sucrée, douée d'une saveur beurrée des plus délicates.

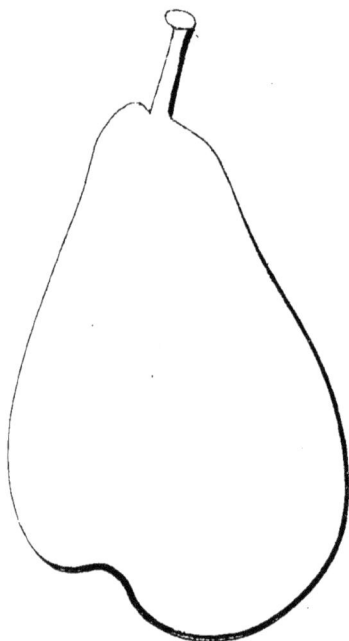

MATURITÉ. — Fin septembre et commencement d'octobre.

QUALITÉ. — Première.

Historique. — M. Boisbunel fils, pépiniériste à Rouen, est l'obtenteur de cette variété. Il l'a décrite en 1857 dans le *Bulletin du Cercle pratique d'Horticulture et de Botanique de la Seine-Inférieure*, en annonçant « qu'elle provenait d'un semis de « 1843 et qu'il la nommait BEURRÉ DU CERCLE PRATIQUE DE ROUEN, en mémoire de « la bienveillance avec laquelle le Cercle avait accueilli ses essais pomologiques. » (Page 172.) La première fructification du pied-type date de 1856.

Observations. — La longueur inusitée du nom de ce poirier, fait que généralement on le raccourcit de moitié. On dit, on écrit Beurré du Cercle. Suppression fâcheuse, car les mots ainsi retranchés sont précisément ceux qu'il importerait le plus de maintenir. Mais aussi, avouons-le, la nomenclature arboricole exige avant tout de courtes, de simples dénominations, surtout pour les espèces fruitières ; on doit donc s'efforcer de ne pas la surcharger inutilement de termes peu connus ni de noms interminables.

POIRE BEURRÉ DES CHAMPS. — Synonyme de poire *Orpheline d'Enghien.* Voir ce nom.

POIRE BEURRÉ DES CHARNEUSES. — Synonyme de poire *Fondante de Charneu.* Voir ce nom.

Poire BEURRÉ CHAPMANN. — Synonyme de poire *Passe-Colmar*. Voir ce nom.

Poire BEURRÉ CHAPTAL. — Synonyme de poire *Chaptal*. Voir ce nom.

185. Poire BEURRÉ CHARRON.

Description de l'arbre. — *Bois :* très-faible. — *Rameaux :* assez nombreux, étalés, grêles, courts, géniculés, brun foncé, à lenticelles fines et rapprochées, à coussinets aplatis. — *Yeux :* de grosseur moyenne, ovoïdes, légèrement écartés du bois, ayant les écailles bombées et disjointes. — *Feuilles :* ovales ou elliptiques, acuminées, faiblement dentées en scie, portées sur un pétiole long et bien nourri.

Fertilité. — Convenable.

Culture. — Le franc est le seul sujet qui convienne à cet arbre peu vigoureux et dont les pyramides sont chétives et irrégulières.

Description du fruit. — *Grosseur :* moyenne. — *Forme :* variant entre la globuleuse et la turbinée-arrondie. — *Pédoncule :* court, gros, droit, souvent continu avec le fruit et régulièrement inséré au milieu d'une large dépression que surmonte un mamelon bien prononcé. — *Œil :* petit, ouvert, contourné, assez enfoncé. — *Peau :* jaune verdâtre, ponctuée de roux, tachetée de même, surtout du côté du soleil et autour de l'œil. — *Chair :* verdâtre, fine, fondante, aqueuse, rarement pierreuse. — *Eau :* excessivement abondante, sucrée, vineuse, rafraîchissante, délicieusement parfumée.

Maturité. — Fin septembre et courant d'octobre.

Qualité. — Première.

Historique. — Gagnée de semis à Angers en 1838, par M. Charron, cultivateur au lieu de Bel-Air, faubourg de Pierre-Lise, cette poire fut présentée l'année suivante au Comice horticole de Maine-et-Loire, qui la trouva excellente et la nomma Beurré Charron. (*Bulletins* de cette Société, 1840, t. II, p. 43.)

186. Poire BEURRÉ CHATENAY.

Description de l'arbre. — *Bois :* fort. — *Rameaux :* assez nombreux, érigés au sommet de la tige, arqués et étalés vers la base, de moyenne grosseur, longs, peu coudés, vert clair légèrement grisâtre, à lenticelles abondantes, larges et saillantes, à coussinets ordinairement bien accusés. — *Yeux :* moyens, ovoïdes-arrondis, noyés dans l'écorce. — *Feuilles :* grandes, elliptiques-allongées, souvent contournées sur elles-mêmes, profondément dentées ou crénelées, ayant le pétiole long, roide, épais et accompagné de stipules des plus développées.

Poire Beurré Chatenay.

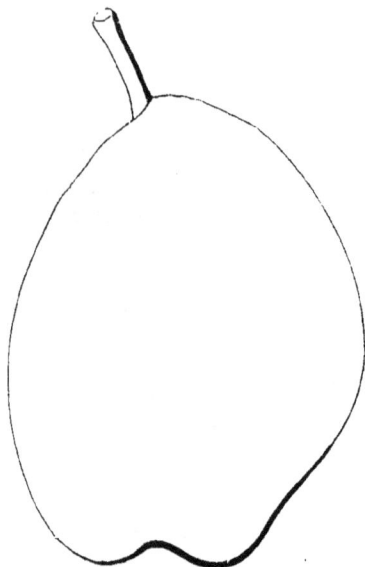

FERTILITÉ. — Satisfaisante.

CULTURE. — Sa croissance est rapide et sa vigueur ne laisse rien à désirer ; on lui donne indistinctement le franc ou le cognassier, et sur chacun de ces sujets les pyramides qu'il fait sont aussi fortes que régulières.

Description du fruit. — *Grosseur :* au-dessous de la moyenne. — *Forme :* ovoïde, bosselée et habituellement contournée. — *Pédoncule :* court, mince, droit, obliquement implanté à la surface. — *OEil :* petit, ouvert, irrégulier, peu enfoncé. — *Peau :* vert jaunâtre, ponctuée, marbrée de gris, entièrement lavée de roux clair du côté du soleil. — *Chair :* blanche, demi-fine, aqueuse, fondante, légèrement pierreuse au centre. — *Eau :* abondante, sucrée, très-parfumée, ayant une saveur beurrée bien accentuée.

MATURITÉ. — Du commencement de novembre jusqu'à la fin de ce même mois.

QUALITÉ. — Première.

Historique. — Elle a été gagnée dans le département de Maine-et-Loire, commune de Doué-la-Fontaine, par M. Pierre Chatenay, pépiniériste. Son obtention date de 1846. Après une étude complète de cette variété de choix, nous l'avons mise dans le commerce en 1855.

POIRE BEURRÉ DE CHAUMONTEL. — Synonyme de *Besi de Chaumontel.* Voir ce nom.

POIRE BEURRÉ CITRON. — Synonyme de poire *Général de la Moricière.* Voir ce nom.

---

187. POIRE BEURRÉ CLAIRGEAU.

Synonymes. — *Poires :* 1. CLAIRGEAU (Decaisne, *le Jardin fruitier du Muséum,* 1861, t. IV). — 2. CLAIRGEAU DE NANTES (*Id. ibid.*).

Description de l'arbre. — *Bois :* fort. — *Rameaux :* habituellement assez nombreux, régulièrement érigés, gros, courts, très-géniculés, jaune brun clair, à lenticelles allongées, larges et rapprochées, à coussinets peu accusés. — *Yeux :* des plus volumineux, pointus, coniques, généralement sortis en éperon, ayant les écailles bombées et mal soudées. — *Feuilles :* légèrement coriaces, vert jaunâtre, lavées ordinairement de rouge pâle, ovales, finement dentelées, portées sur un pétiole de longueur moyenne, roide et très-gros.

Poire Beurré Clairgeau.

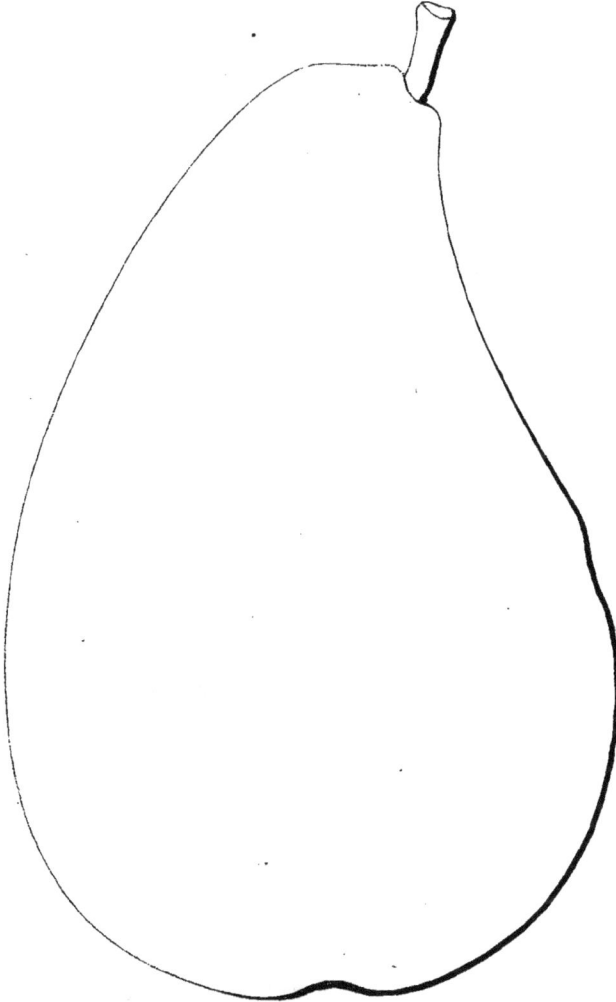

FERTILITÉ. — Remarquable.

CULTURE. — De vigueur moyenne, ce poirier se greffe sur cognassier ou sur franc; d'un développement précoce, il fait dès sa première année des arbres assez forts, qui restent faibles l'année suivante; ses pyramides sont jolies, mais peu hautes.

Description du fruit. — *Grosseur :* considérable. — *Forme :* turbinée excessivement allongée, bosselée, légèrement obtuse, souvent un peu contournée. — *Pédoncule :* très-court, droit, assez fort, renflé à sa partie supérieure, obliquement implanté à la surface de la peau, et parfois en dehors de l'axe du fruit, dans une petite dépression à bords presque toujours accidentés. — *Œil :* moyen, rond, ouvert, à peine enfoncé. — *Peau :* jaune grisâtre, ponctuée de vert et de brun, maculée de fauve autour du pédoncule et lavée de vermillon sur le côté qui regarde le soleil. — *Chair :* des plus blanches, demi-fine, fondante, juteuse, peu pierreuse. — *Eau :* abondante, acidule, vineuse, sucrée, douée d'un arome particulier, agréable et délicat.

MATURITÉ. — Variable, mais allant habituellement de la fin d'octobre jusqu'à la fin de décembre.

QUALITÉ. — Première.

Historique. — Obtenu à Nantes, le pied-mère de ce poirier fut ensuite vendu aux Belges, qui devinrent en quelque sorte ses véritables promoteurs. Du reste, voici les renseignements que nous avons rencontrés sur son origine, ils sont aussi complets qu'authentiques :

« Le Beurré Clairgeau est venu de fruits enterrés par hasard [vers 1838], par Pierre Clairgeau, jardinier à Nantes, rue de la Bastille..... Son premier rapport a eu lieu en 1848..... Cette poire a été présentée le 22 octobre à la Société d'Horticulture de la Loire-Inférieure, par son obtenteur..... qui la croit issue d'un Beurré et d'une Duchesse d'Angoulême..... » (De Liron d'Airoles, Revue horticole, 1849, p. 61, et Notices pomologiques, 1858, t. I, p. x de l'Introduction et p. 1 du texte.)

« Le pied-mère du Beurré Clairgeau faisait en 1851 partie de la collection de M. de Jonghe, horticulteur à Bruxelles, qui l'ayant acheté dix-huit francs cette même année l'avait planté dans son jardin de Saint-Gilles. » (Forney, le Jardinier fruitier, 1862, t. I, p. 209.)

Observations. — Tout est plus ou moins variable, dans ce fruit : forme, grosseur, maturité, qualité ; cependant s'il arrive qu'on le trouve parfois de second ordre, il est généralement de premier. Son volume, toujours considérable, accuse assez fréquemment un poids allant de 500 à 700 grammes ; et la Société d'Horticulture de Paris médaillait en 1851 une de ces poires qui pesait 1 kilogramme. Quant à sa maturité, il est rare qu'elle commence avant le mois d'octobre, et plus rare encore qu'elle se prolonge au delà des premiers jours de janvier.

188. Poire BEURRÉ CLOTAIRE.

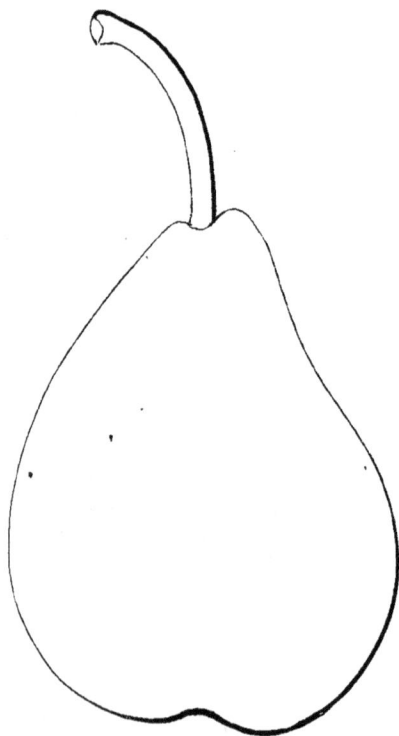

Description de l'arbre. — Bois : fort. — Rameaux : nombreux, érigés ou légèrement étalés, de grosseur et de longueur moyennes, géniculés, cotonneux, brun olivâtre, finement ponctués de jaune pâle, ayant les coussinets peu ressortis. — Yeux : assez petits, ovoïdes-pointus, non complétement collés contre l'écorce. — Feuilles : petites ou moyennes, ovales-allongées, planes ou contournées, à bords faiblement denticulés, à pétiole court et menu.

Fertilité. — Grande.

Culture. — Sa vigueur est convenable et sa croissance toujours hâtive ; le sujet qu'il semble préférer, c'est le cognassier, sur lequel il prend une forme pyramidale régulière et satisfaisante.

Description du fruit. — Grosseur : moyenne. — Forme : turbinée, obtuse, ventrue, légèrement étranglée près du sommet, qui est plus ou moins mamelonné. — Pédoncule : long, bien nourri, recourbé, parfois renflé à la base, régulièrement inséré au milieu d'une faible dépression. — Œil : grand,

I.   22

mi-clos, arrondi, presque saillant. — *Peau :* jaune d'ocre, largement et fortement ponctuée de roux verdâtre, et montrant quelques taches brun clair ordinairement squammeuses. — *Chair :* blanchâtre, fine, aqueuse, fondante, pierreuse autour des loges. — *Eau :* abondante, sucrée, vineuse, assez délicate.

MATURITÉ. — Courant de septembre, et le plus habituellement vers la moitié de ce mois ; elle se prolonge une dizaine de jours.

QUALITÉ. — Deuxième.

Historique. — L'arbre qui servit à la propagation de ce Beurré, fut trouvé en 1854 par M. Clot, propriétaire au lieu de Frémur, commune de Sainte-Gemmes-sur-Loire, à trois kilomètres d'Angers. C'était un jeune sauvageon des plus fertiles et qu'on s'empressa de multiplier, car ses produits convenaient beaucoup pour la halle. Nous ignorons quel motif le fit appeler *Clotaire*, au lieu de Clot ; mais il est certain qu'un tel nom, si l'on n'en connaissait pas aussi bien l'origine, eût pu, dans l'avenir, causer quelque plaisante erreur chez les pomologistes. Peut-être auraient-ils cru ce fruit contemporain des premiers Francs, et dédié pour lors à l'un des Clotaire, à l'un de ces rois dont nous séparent au moins une douzaine de siècles !...

---

189. POIRE BEURRÉ COLMAR.

Synonymes. — *Poires :* 1. BEURRÉ D'ENGHIEN (André Leroy, *Catalogue descriptif et raisonné des arbres fruitiers et d'ornement*, 1849, n° 318). — 2. BEURRÉ COLMAR D'AUTOMNE (Downing, *the Fruits and fruit trees of America*, édition de 1863, p. 472).

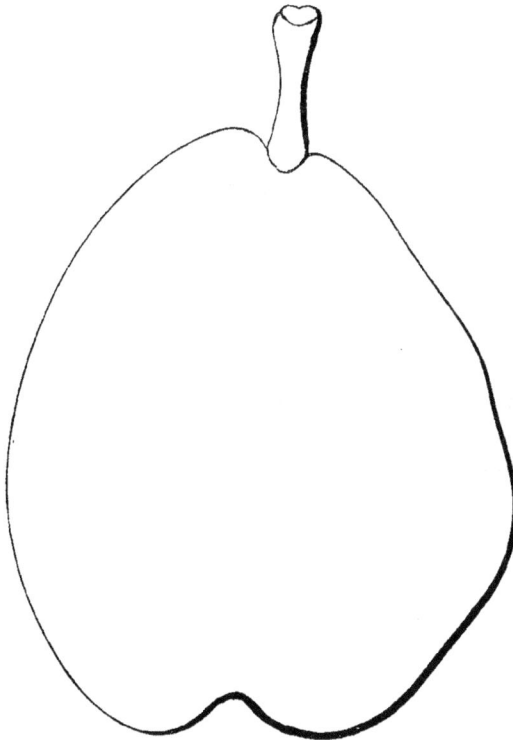

Description de l'arbre. — *Bois :* fort. — *Rameaux :* très-nombreux, habituellement étalés, assez gros, peu longs, coudés, cotonneux, brun clair verdâtre, largement ponctués, ayant les coussinets saillants et les mérithalles généralement longs. — *Yeux :* moyens, ovoïdes, duveteux, collés contre le bois. — *Feuilles :* assez grandes, ovales-allongées, régulièrement dentées en scie, canaliculées et contournées, ayant le pétiole long et grêle.

FERTILITÉ. — Remarquable.

CULTURE. — Doué d'une grande vigueur, cet arbre, dont le développement est hâtif, prospère aussi bien sur cognassier que sur franc ; ses pyramides sont très-touffues, fortes et assez jolies.

Description du fruit. — *Grosseur :* volumineuse. — *Forme :* ovoïde, bosselée, irrégulière. — *Pédoncule :*

court, rarement recourbé, bien nourri, renflé à ses extrémités, obliquement ou perpendiculairement inséré dans une étroite cavité à bords inégaux. — *OEil :* large, très-développé, mi-clos, assez enfoncé. — *Peau :* jaunâtre, ponctuée de brun et de fauve, fortement marbrée et tachée de roux, souvent lavée de carmin du côté du soleil. — *Chair :* blanche, demi-fine, fondante, juteuse, contenant quelques pierres autour des loges. — *Eau :* abondante, sucrée, faiblement parfumée, possédant une saveur aigrelette des plus agréables.

MATURITÉ. — De la mi-octobre jusqu'à la mi-décembre.

QUALITÉ. — Première.

Historique. — Cette espèce fut gagnée en Belgique, avant 1823, par feu Van Mons, et introduite dans les jardins français vers 1830. En 1832 elle y était encore peu répandue, aussi le botaniste Poiteau appelait-il sur ce Beurré l'attention des pépiniéristes dans le numéro d'octobre de la *Revue horticole*, observant qu'on la multipliait surtout à Boulogne-sur-Mer, chez M. Cayeux, qui l'avait reçue de Van Mons.

Observations. — Depuis 1849 nous propagions un *Beurré d'Enghien* dans lequel nous venons de reconnaître présentement le Beurré Colmar, grâce à la savante publication pomologique de M. Oberdieck, intitulée *Illustrirtes Handbuch der Obstkunde* (1860, t. II, p. 53). Ce poirier si fautivement nommé sortait de la collection du Comice horticole d'Angers, où il portait alors le n° 65. Le vrai Beurré d'Enghien, dédié par Van Mons, également son obtenteur, au fils du prince de Condé, se mange en août, et blettit aussitôt mûr. On voit donc qu'on ne saurait confondre cette variété précoce avec le Beurré Colmar, qui va jusqu'au mois de décembre; mais comme elle n'est guère cultivée qu'en Belgique et en Allemagne, il devenait assez difficile de contrôler l'identité de notre fausse espèce, contre laquelle, du reste, aucune réclamation n'avait encore surgi. — Colmar Van Mons n'est pas, ainsi que l'indiquent quelques *Catalogues*, synonyme de Beurré Colmar; il l'est uniquement de Colmar des Invalides. Et nous ajouterons que la poire Colmar d'Automne nouveau, dont le nom pourrait bien amener aussi quelque méprise du même genre, n'a rien non plus qui puisse y prêter.

POIRE BEURRÉ COLMAR D'AUTOMNE. — Synonyme de *Beurré Colmar*. Voir ce nom.

POIRE BEURRÉ COLMAR GRIS. — Synonyme de poire *Passe-Colmar*. Voir ce nom.

190. POIRE BEURRÉ COLOMA.

Synonymes. — *Poires :* 1. BEURRÉ DU COLOMA (Prévost, *Cahiers pomologiques*, 1839, p. 17). — 2. CAPUCINE D'AUTOMNE (André Leroy, *Catalogue descriptif et raisonné des arbres fruitiers et d'ornement*, 1855, p. 38, n° 528). — 3. COLOMA (Decaisne, *le Jardin fruitier du Muséum*, 1864, tome VI).

Description de l'arbre. — *Bois :* fort. — *Rameaux :* assez nombreux, faiblement arqués et étalés, gros, longs, bien coudés, vert herbacé légèrement brunâtre, ayant les lenticelles rapprochées et excessivement larges, et les coussinets ressortis.

— *Yeux :* moyens, coniques, à écailles disjointes, non appliquées contre l'écorce, et souvent même placés en éperon. — *Feuilles :* grandes, habituellement ovoïdes-allongées, profondément dentées sur leurs bords et munies d'un pétiole long, roide et très-gros.

Poire Beurré Coloma.

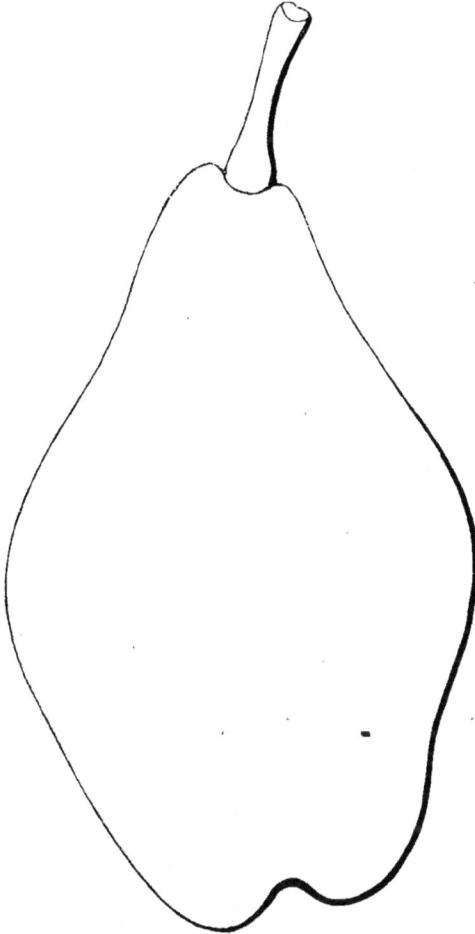

FERTILITÉ. — Peu commune.

CULTURE.—De vigueur moyenne, il prospère mieux sur franc que sur cognassier ; ses pyramides sont belles et régulières.

Description du fruit. — *Grosseur :* volumineuse. — *Forme :* des plus allongées, obtuse, bosselée, renflée au milieu, sensiblement rétrécie aux extrémités, en un mot, ressemblant généralement à un coing. — *Pédoncule :* de longueur moyenne, peu arqué, bien nourri, renflé à la base, obliquement implanté au milieu d'un faible évasement. — *OEil :* petit, mi-clos ou fermé, placé dans une assez large cavité dont les bords sont inégaux et plissés. — *Peau :* jaune d'or, semée de légers points verdâtres et largement colorée de vermillon du côté du soleil. — *Chair :* blanche, fine, compacte, juteuse, mi-cassante, pierreuse au centre. — *Eau :* abondante, vineuse, aigrelette, d'agréable saveur.

QUALITÉ. — Deuxième.

MATURITÉ. — Vers la moitié d'octobre, et dépassant rarement ledit mois, car ce Beurré blettit très-promptement.

Historique. — Cette variété porte le nom de son obtenteur, le comte de Coloma, né à Malines en 1746 et décédé au même lieu, en 1819. Il la gagna vers le commencement de ce siècle, dans l'enclos antérieurement possédé par les religieuses Urbanistes, et qu'il avait acheté afin de s'y livrer à l'aise à son goût pour la pomologie, pour l'horticulture en général.

Observations. — Il est une poire fort connue des amateurs, l'*Urbaniste*, qui ayant été trouvée vers 1786 par le même comte de Coloma dans le verger du couvent dont nous venons de parler, fut d'abord appelée *Coloma*, puis *Coloma d'Automne*. Quoique ces dénominations ne lui soient plus appliquées depuis de longues années, il est bon de noter qu'au cas où on les verrait classées parmi les synonymes de l'Urbaniste, on devrait se garder de supposer que ce dernier fruit pût avoir quelque chose de commun avec le Beurré Coloma ici décrit. — Quant à la poire *Capucine d'Automne*, gain prétendu de Van Mons, nous lui avons constamment reconnu tous les caractères dudit Beurré.

POIRE BEURRÉ DU COLOMA. — Synonyme de *Beurré Coloma*. Voir ce nom.

POIRE BEURRÉ CONNING. — Synonyme de *Beurré de Koning*. Voir ce nom.

POIRE BEURRÉ A COURTE QUEUE. — Synonyme de poire *Doyenné*. Voir ce nom.

POIRE BEURRÉ CULLEM. — Synonyme de *Besi de Montigny.* Voir ce nom.

POIRE BEURRÉ CURTEL. — Synonyme de *Beurré Curtet*. Voir ce nom.

---

191. POIRE BEURRÉ CURTET.

Synonymes. — *Poires :* 1. BEURRÉ CURTEL (Prévost, *Cahiers pomologiques*, 1839, p. 82). — 2. BEURRÉ CUTTER (*Id. ibid.*). — 3. COMTE DE LAMY (Thompson, *Catalogue of fruits of the horticultural Society of London*, 1842, p. 133). — 4. COMTE LAMY (Comice horticole d'Angers, *Cahiers de dégustations*, 1848, p. 112). — 5. BEURRÉ QUETELET (Bivort, *Album de pomologie*, 1847, t. I, p. 12). — 6. BIS-CURTET (*Id. ibid.*). — 7. DINGLER (Idem, *Annales de pomologie belge et étrangère*, 1854, t. II, p. 69). — 8. HENRY VAN MONS (Congrès pomologique, *Pomologie de la France*, 1864, t. II, n° 77).

Premier Type.

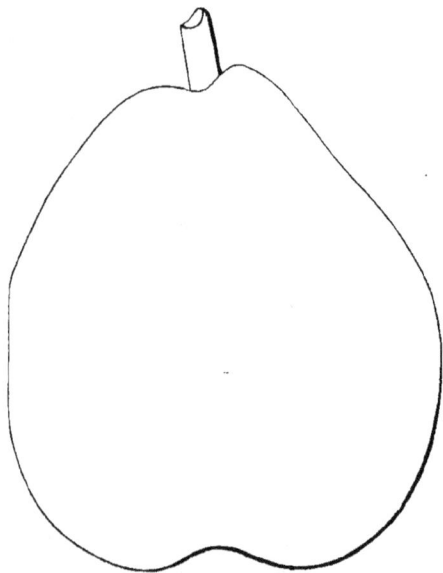

Description de l'arbre. — *Bois :* de force moyenne. — *Rameaux :* nombreux, érigés, assez gros et assez longs, peu coudés, rouge foncé légèrement grisâtre, à lenticelles larges et clair-semées, à coussinets aplatis. — *Yeux :* moyens ou petits, ovoïdes, noyés dans l'écorce et ayant les écailles noirâtres. — *Feuilles :* d'un beau vert luisant, grandes, habituellement ovales-arrondies et irrégulièrement dentées, portées sur un pétiole très-fort et de longueur moyenne.

FERTILITÉ. — Remarquable.

CULTURE. — Cet arbre, dont le développement est ordinaire, se montre toujours un peu faible, soit sur franc, soit sur cognassier ; néanmoins il fait des pyramides élancées, régulières et toujours d'une très-jolie forme.

Description du fruit. — *Grosseur :* moyenne. — *Forme :* variant entre la turbinée-oblongue et la turbinée-globuleuse, mais constamment mamelonnée au sommet. — *Pédoncule :* court ou très-court, bien nourri, non arqué, obliquement ou perpendiculairement inséré à fleur de peau. — *OEil :* petit, mal formé, mi-clos, peu enfoncé. — *Peau :* jaune pâle, finement ponctuée de roux, tachée de fauve aux extrémités, striée de même autour de l'œil. — *Chair :* blanche, fine, juteuse, fondante, légèrement pierreuse auprès des loges. — *Eau :* excessivement abondante, sucrée, acidule, parfumée, douée d'une saveur beurrée des plus délicates.

Poire Beurré Curtet. — *Deuxième Type.*

MATURITÉ. — Fin septembre et courant d'octobre.

QUALITÉ. — Première.

Historique. — En 1839, feu Prévost, pépiniériste à Rouen, disait dans ses *Cahiers pomologiques :*

« Il paraît que le Beurré Curtet a été obtenu de semis en 1828 à Jodoigne (Belgique), par M. Bouvier, pharmacien, qui l'aurait dédié à M. Curtet, médecin à Bruxelles. » (Pages 82-83.)

Et Prévost ne se trompait pas, car M. Bivort, huit ans plus tard, confirmait pleinement l'origine ainsi attribuée à ce poirier. (Voir *Album de pomologie*, 1847, t. I, p. 12.) Mais le Beurré Curtet était destiné à voyager sous bien des noms, dont trois surtout donnèrent lieu à nombre de contestations et d'erreurs. Ainsi, dès l'abord on en fit la poire Comte Lamy, et on la déclara née à Laval (Mayenne), chez M. Léon Leclerc, pomologue alors très-renommé. Puis en Belgique, là même où le pied-mère de cette variété avait poussé, on nous la renvoya sous le nom de Beurré Quetelet, et la mention qu'on appelait aussi ce nouveau fruit poire *Bis-Curtet*, en raison de sa grande ressemblance avec le Beurré Curtet... Ressemblance si grande, effectivement, que les deux poires paraissaient moulées l'une sur l'autre. Enfin, en 1854 elle nous revenait, et de Bruxelles encore, comme un gain de Van Mons dédié par ce semeur, disait-on, à l'un de ses amis nommé *Dingler*.... Aujourd'hui, il semblerait assez naturel qu'on dût renoncer à l'espoir de tromper le monde horticole sur l'identité du Beurré Curtet, si bien connu de tous. Cependant il n'en est rien, puisque M. Willermoz, secrétaire général du Congrès pomologique, et l'un des arboriculteurs les plus compétents de notre époque, affirmait en 1864, dans le tome II de la *Pomologie de la France*, avoir reçu ce malheureux Beurré « sous le nom de poire Henry Van Mons ! »

Observations. — Les poires Marie-Louise nova et Beurré Dumortier, présentées parfois comme identiques avec le Beurré Curtet, diffèrent essentiellement, au contraire, de cette variété. Marie-Louise nova est synonyme de Marie-Louise Delcourt, et le Beurré Dumortier, lui, figure à bon titre au rang des espèces.

POIRE BEURRÉ CUTTER. — Synonyme de *Beurré Curtet*. Voir ce nom.

---

192. Poire BEURRÉ DALBRET.

Synonymes. — *Poires* : 1. DALBRET (Poiteau, *Annales de la Société d'Horticulture de Paris*, 1834, t. XV, p. 379). — 2. BEURRÉ DELBRET (Decaisne, *le Jardin fruitier du Muséum*, 1863, t. V). — 3. FONDANTE D'AUTOMNE (*Id. ibid.*). — 4. BEURRÉ D'ALBRET (Downing, *the Fruits and fruit trees of America*, 1863, p. 535). — 5. CALEBASSE D'ALBRET (*Id. ibid.*)

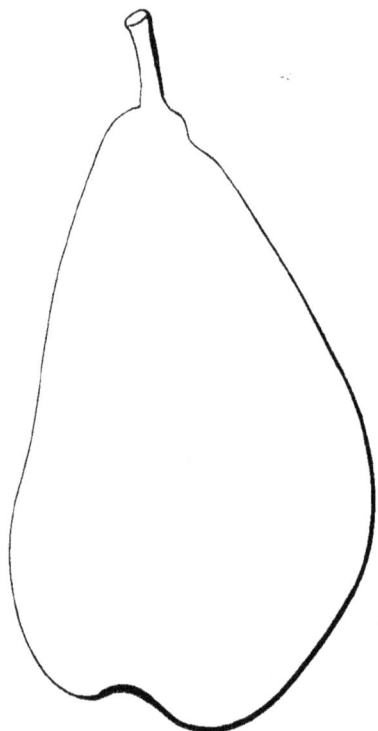

Description de l'arbre. — *Bois :* faible. — *Rameaux :* nombreux, généralement étalés, peu forts, assez longs, très-coudés, rouge grisâtre, finement et abondamment ponctués, ayant les coussinets ressortis. — *Yeux :* moyens, ovoïdes-pointus, à écailles disjointes, placés en éperon. — *Feuilles :* nombreuses, ovales, légèrement acuminées, régulièrement dentées en scie, canaliculées, contournées sur elles-mêmes, munies d'un pétiole long, gros et flasque.

FERTILITÉ. — Remarquable.

CULTURE. — De moyenne vigueur, ce poirier est d'un développement ordinaire, soit sur franc, soit sur cognassier; il fait de petites mais d'assez belles pyramides.

Description du fruit. — *Grosseur :* moyenne. — *Forme :* allongée, des plus irrégulières, bosselée, contournée et souvent assez obtuse. — *Pédoncule :* court, mince, rarement arqué, obliquement implanté et généralement continu avec le fruit. — *OEil :* grand, bien ouvert, à peine enfoncé, plissé ou accidenté sur ses bords. — *Peau :* jaune d'or ou jaune verdâtre, entièrement ponctuée, marbrée et maculée de roux clair. — *Chair :* blanche, fine, juteuse, ferme quoique fondante, pierreuse autour des loges. — *Eau :* des plus abondantes, fraîche, sucrée, acidule, ayant une délicieuse saveur légèrement musquée.

MATURITÉ. — Du commencement de septembre jusqu'à la moitié d'octobre.

QUALITÉ. — Première.

Historique. — Obtenue par Van Mons avant 1832, dans sa pépinière de Louvain (Belgique), elle fut adressée par lui, encore innommée, au savant botaniste Poiteau, notre compatriote et son ami, qui s'empressa de la greffer, puis d'en faire la dédicace; et cela en 1834, ainsi qu'il résulte du passage suivant :

« C'est sous le signe *L* que M. Van Mons m'a envoyé cette poire — dit Poiteau — et je la consacre à M. Dalbret, chef de l'école des arbres fruitiers au Jardin des Plantes, et auteur d'un excellent ouvrage sur la taille..... » (*Annales de la Société d'Horticulture de Paris*, 1834, t. XV, p. 379.)

Il est donc évident que le Congrès pomologique commettait une erreur à l'égard de ce Beurré, lorsqu'en 1859, siégeant à Bordeaux, il assurait à la page 3 de son

Procès-Verbal, « que M. Jamin (Jean-Laurent), pépiniériste à Bourg-la-Reine, « près Paris, l'avait mis au commerce en le dédiant à M. Dalbret. »

Observations. — A vieillir, cette poire est devenue plus précoce; du moins faut-il le croire, puisque Louis Noisette et Poiteau lui assignaient, il y a une trentaine d'années, la mi-novembre comme époque de maturité. Dans l'Anjou, souvent nous la mangeons avant le 10 septembre, et rarement plus tard que les premiers jours d'octobre. — M. Decaisne, en la décrivant au tome V de son *Jardin fruitier du Muséum* (1863), a noté ceci, qu'il est urgent de ne pas oublier :

« C'est qu'on la voit citée, sur quelques Catalogues, sous le nom de *Beurré Delbret*, qu'il ne faudra point confondre avec le *Beurré Delberg*, ou *Delbecq*; et qu'enfin elle figure souvent dans nos expositions pomologiques sous le nom de *poire Grand-Soleil*, autre variété qui en diffère notablement. »

Poire BEURRÉ DATHIS. — Synonyme de poire *Dathis*. Voir ce nom.

Poire BEURRÉ DAVY. — Synonyme de poire *Fondante des Bois*. Voir ce nom.

193. Poire BEURRÉ DEFAYS.

Premier Type.

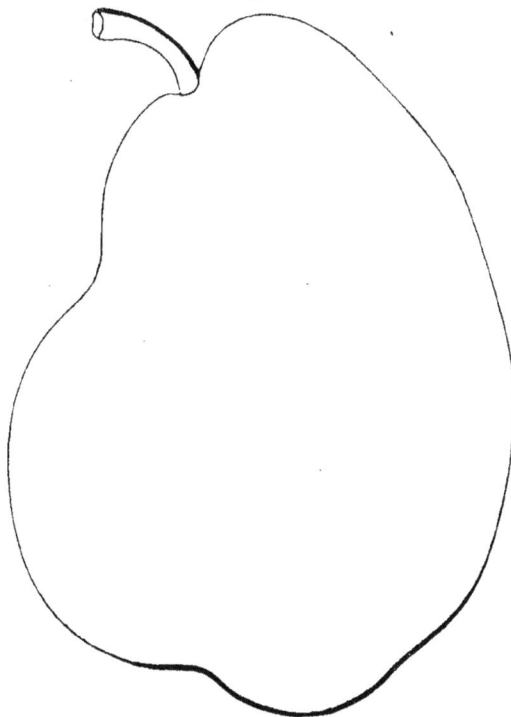

Synonyme.— *Poire* BEURRÉ AUDUSSON D'HIVER (Comice horticole de Maine-et-Loire, *Annales*, 1846, pp. 224 et 297).

Description de l'arbre. — *Bois* : très-fort. — *Rameaux* : nombreux, généralement étalés, des plus gros mais peu longs, coudés, marron clair, ayant les lenticelles larges et rapprochées, les coussinets excessivement saillants et les mérithalles généralement courts. — *Yeux* : volumineux, coniques-pointus, à écailles mal soudées, cotonneux, presque toujours sortis en éperon. — *Feuilles* : légèrement coriaces et d'un beau vert foncé parfois cuivré, ovales ou elliptiques, à bords presque entiers, à pétiole court et très-fort.

FERTILITÉ. — Convenable.

CULTURE. — C'est un poirier vigoureux, d'un développement ordinaire sur franc ou sur cognassier, et qui fait d'irréprochables, de superbes pyramides.

Description du fruit. — *Grosseur* : au-dessus de la moyenne. — *Forme* : variant entre la turbinée fortement obtuse, bosselée et contournée, et la turbinée allongée, régulière et légèrement obtuse. — *Pédoncule* : court, menu, arqué, perpendiculairement ou obliquement inséré dans une assez vaste cavité à bords plus ou moins accidentés. — *Peau :* jaune d'ocre, finement ponctuée de brun clair, marbrée et tachée de roux, surtout du côté du soleil. — *Chair :* blanc jaunâtre, fine, mifondante, aqueuse, contenant quelques pierres au centre. — *Eau :* des plus abondantes, sucrée, aigrelette, vineuse, délicate.

Poire Beurré Defays. — *Deuxième Type.*

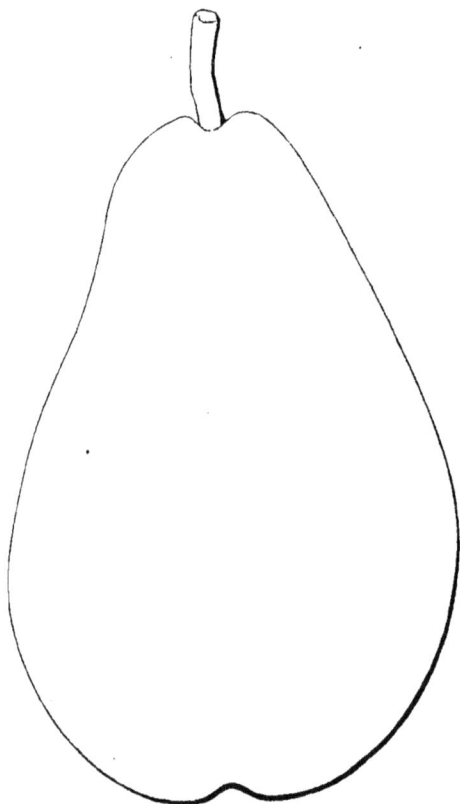

MATURITÉ. — Fin novembre, allant jusqu'au commencement de février.

QUALITÉ. — Première.

Historique. — Ce fut en 1839 ou 1840 que le pied-type de cette espèce, gagnée de semis à Angers, donna ses premiers fruits. Le Comice horticole de Maine-et-Loire, appelé à se prononcer sur leur mérite, les déclara « dignes d'être «cultivés.» Mais quant au nom primitivement appliqué à ce nouveau poirier, il souleva de vives réclamations devant le Comice, ainsi que va le prouver l'extrait ci-après du procès-verbal de la séance du 6 décembre 1846, de cette Société :

« M. Rouillard, jardinier aux Champs-Saint-Martin, commune d'Angers, annonce que la poire qui a été présentée l'an dernier sous le nom de *Beurré Audusson d'Hiver*, a été obtenue d'un semis fait par feu François Defays, propriétaire aux Champs-Saint-Martin, et que quelques greffes furent données après sa mort par François Rouillard, son neveu et son héritier universel, audit Audusson aîné, horticulteur faubourg Saint-Laud. Il désire ardemment, pour constater la vérité de ce qu'il avance, que la Commission des fruits vienne à son domicile examiner le sauvageon qui a produit cette poire, portant improprement le nom de Beurré Audusson d'Hiver, et qu'il propose d'appeler *Belle et Bonne Françoise des Champs-Saint-Martin*...... M. Audusson aîné reconnaît l'exactitude des faits consignés dans cette réclamation, mais objecte que les greffes lui avaient été données sans aucune réserve.... Aussi le Comice admet en principe la réclamation du sieur Rouillard, tout en pensant qu'il vaut mieux, pour ne pas grossir la synonymie, conserver à ce Beurré le premier nom qu'il a reçu.... » (*Annales,* 1846, p. 297.)

Quant à nous, qui trouvons naturelle et sage la maxime : *A chacun le sien*, c'est uniquement sous la dénomination de Beurré Defays que depuis 1849 nous multiplions ce poirier; dénomination aujourd'hui généralement acceptée en France, en Angleterre et en Allemagne, et qui nous fut proposée par le neveu même de François Defays.

Observations. — Dans le tome V du *Jardin fruitier du Muséum*, M. Decaisne ayant décrit en 1863 la poire Doyenné Defays sous le seul nom de *poire Defays*, il devient fort important de ne pas la confondre avec le Beurré obtenu par ce même personnage.

POIRE BEURRÉ DE DEFTINGE. — Synonyme de poire *Fondante des Bois*. Voir ce nom.

POIRE BEURRÉ DEFTINGHEM. — Synonyme de poire *Fondante des Bois*. Voir ce nom.

---

194. POIRE BEURRÉ DELANNOY.

Synonyme. — *Poire* DE LAUNAY (André Leroy, *Catalogue descriptif et raisonné des arbres fruitiers et d'ornement*, 1863, p. 29, n° 103).

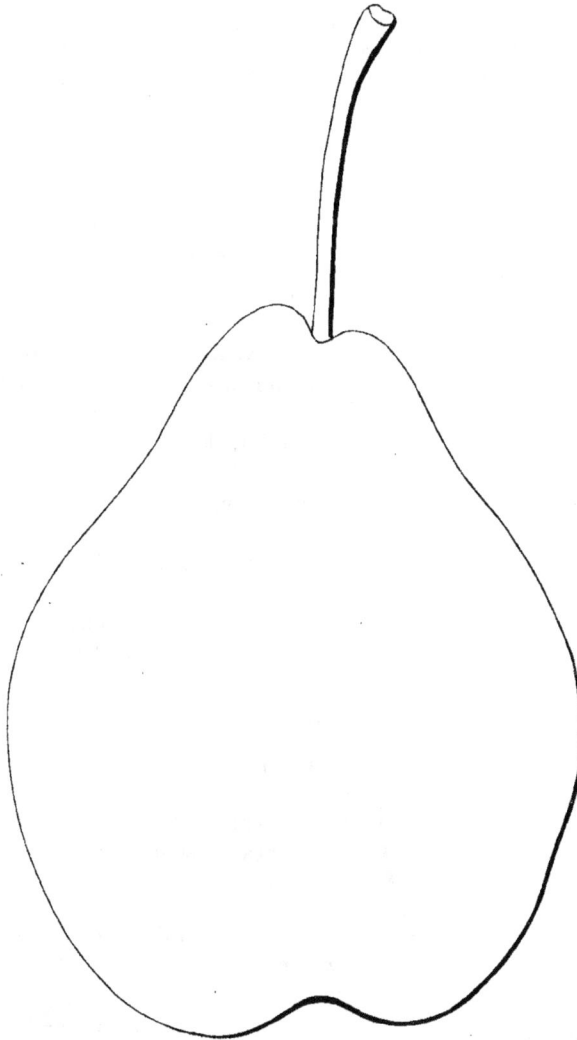

Description de l'arbre. — *Bois :* très-fort. — *Rameaux :* des plus nombreux, habituellement érigés au sommet de la tige et étalés à sa base, gros, longs, géniculés, rouge grisâtre, ayant les lenticelles rapprochées, volumineuses, et les coussinets aplatis. — *Yeux :* moyens, ovoïdes-pointus, non appliqués contre le bois. — *Feuilles :* vert foncé, excessivement abondantes, ovales ou elliptiques, légèrement dentées, souvent canaliculées, portées sur un pétiole très-long, bien nourri et constamment lavé de rouge clair.

FERTILITÉ. — Ordinaire.

CULTURE. — Son développement est vif, sa vigueur est grande ; il se plaît sur le cognassier ou sur le franc ; ses pyramides ne laissent rien à désirer, soit pour la force, soit pour la régularité.

Description du fruit. — *Grosseur :* volumineuse, mais parfois moyenne. — *Forme :* turbinée, obtuse, bosselée, ayant ordinairement un côté plus ventru que l'autre. — *Pédoncule :* long, mince, droit ou légèrement courbé, renflé à son point d'attache, régulièrement inséré dans une faible cavité à bords inégaux. — *Œil :* grand, très-ouvert, presque saillant. — *Peau :* jaune verdâtre, finement ponctuée de roux, tachée de fauve autour du pédoncule et sur la partie exposée au soleil. — *Chair :* blanchâtre, fine, juteuse, fondante, quelque peu pierreuse au-dessous des loges. — *Eau :* abondante, sucrée, acidule, douée d'une saveur réellement exquise.

MATURITÉ. — Commencement d'octobre, et se prolongeant jusqu'à la fin de novembre.

QUALITÉ. — Première.

Historique. — M. Bivort, dans les *Annales de pomologie belge et étrangère*, disait de ce fruit, en 1856 :

« Son obtenteur est M. Alexandre Delannoy, pépiniériste à Wez, près Tournay (Belgique). L'arbre-mère est âgé de dix-sept à dix-huit ans; son premier rapport date de 1848, et en 1850 cette poire fut couronnée à l'Exposition de la Société d'Horticulture de Tournay. » (Tome IV, p. 75.)

195. POIRE BEURRÉ DELBECQ.

Synonymes. — *Poires :* 1. DELBECQUE (Van Mons, *Arbres fruitiers*, 1835, t. II, p. 414). — 2. FLEUR DE MARS (*Id. ibid.*). — 3. FONDANTE DELBECQ (*Id. ibid.*). — 4. BEURRÉ DELBERG (Decaisne, *le Jardin fruitier du Muséum*, 1863, t. V, article poire Dalbret).

Description de l'arbre. — *Bois :* faible. — *Rameaux :* peu nombreux, érigés ou légèrement étalés, grêles, de longueur moyenne, flexueux, duveteux, brun verdâtre, finement ponctués, ayant les coussinets ressortis. — *Yeux :* petits, coniques, aigus, à large base, assez écartés du bois. — *Feuilles :* grandes, ovales ou elliptiques, souvent contournées, faiblement dentées sur leurs bords, à pétiole court et menu.

FERTILITÉ. — Convenable.

CULTURE. — Délicat et peu vigoureux, ce poirier préfère le franc au cognassier; il croît lentement et ses pyramides ne sont jamais ni fortes ni touffues.

Description du fruit. — *Grosseur :* moyenne et parfois plus considérable. — *Forme :* ovoïde, quelque peu contournée et ventrue. — *Œil :* grand, mi-clos ou fermé, régulier, habituellement saillant. — *Pédoncule :* rarement très-long, mince au milieu, fortement renflé à ses extrémités, droit, implanté à la surface du fruit. — *Peau :* jaune clair, ponctuée de fauve, marbrée de même, lavée souvent d'une légère teinte rouge-brun du côté du soleil. — *Chair :* blanche, très-fine, aqueuse, fondante, non pierreuse. — *Eau :* abondante, sucrée, rafraîchissante, délicieusement aromatisée.

MATURITÉ. — Fin septembre et commencement d'octobre.

QUALITÉ. — Première.

Historique. — C'est encore là un gain du professeur belge Van Mons, qui le vit fructifier pour la première fois en 1823. Il le signala en 1826, dans un recueil parisien où écrivaient alors les savants les plus renommés :

« Ce poirier — y disait-il — provient d'un pepin indéterminé dans son origine, et appartient à un semis fait il y a treize ans *(vers 1813)* ; il était l'année dernière *(1825)* à son troisième rapport, et son fruit avait fait de nouveaux et sensibles progrès en améliorations de qualité et en volume. Je l'ai dédié à M. Delbecq, mon ami, et l'un des rédacteurs du MESSAGER DES SCIENCES ET DES ARTS. » (*Bulletin des sciences agricoles et économiques* publié par le baron de Férussac, t. V, p. 195.)

Et plus tard, en 1835, le même pomologue parlant de ce Beurré au tome II de son ouvrage intitulé ARBRES FRUITIERS, faisait observer que « la Delbecque fleurit « si hâtivement, que son premier nom a été Fleur de Mars. » (Page 414.)

POIRE BEURRÉ DELBERG. — Synonyme de *Beurré Delbecq.* Voir ce nom.

POIRE BEURRÉ DELBRET. — Synonyme de *Beurré Dalbret.* Voir ce nom.

POIRE BEURRÉ DELFOSSE. — Synonyme de *Beurré Philippe Delfosse.* Voir ce nom.

POIRE BEURRÉ DELPIERRE. — Synonyme de poire *Delpierre.* Voir ce nom.

---

196. POIRE BEURRÉ DEROUINEAU.

Description de l'arbre. — *Bois :* excessivement fort. — *Rameaux :* peu nombreux, habituellement arqués et étalés, des plus gros, longs, coudés, duveteux, fauve rougeâtre ou olivâtre, ayant les lenticelles larges et abondantes, les coussinets bien accusés, les mérithalles courts. — *Yeux :* volumineux, ovoïdes-arrondis, non appliqués contre l'écorce. — *Feuilles :* d'un beau vert foncé et luisant, ovales, profondément dentées, légèrement cotonneuses, portées sur un pétiole court, gros et souvent rougeâtre.

FERTILITÉ. — Prodigieuse.

CULTURE. — Le développement de cet arbre est assez vif ; ses pyramides sont toujours extraordinairement fortes ; on le greffe indistinctement sur franc ou sur cognassier.

Description du fruit. — *Grosseur :* petite. — *Forme :* turbinée-ovoïde, ventrue, obtuse, régulière. — *Pédoncule :* court, mince, faiblement arqué, obliquement inséré au milieu d'un large évasement sans profondeur. — *Œil :* grand, bien fait, mi-clos, peu enfoncé, souvent plissé sur ses bords. — *Peau :* rude au toucher, bronzée, mais s'éclaircissant un peu du côté de l'ombre, où elle tourne au jaunâtre ; elle est presque entièrement ponctuée et striée de roux squammeux, surtout sur la partie exposée au soleil. — *Chair :* blanche, fine, très-fondante, juteuse, non pierreuse. — *Eau :* des plus abondantes, acidule, sucrée, douée d'un arome exquis, savoureux.

MATURITÉ. — Fin octobre et courant de novembre.

QUALITÉ. — Première.

Historique. — Ce délicieux Beurré, gagné de semis en 1840 par un jardinier de la commune de Pellouailles, près Angers, porte le nom de son obtenteur. Il fut apprécié des plus favorablement en 1843 par le Comice horticole de Maine-et-Loire et mis alors dans le commerce.

POIRE BEURRÉ DESCHAMPS. — Synonyme de poire *Orpheline d'Enghien.* Voir ce nom.

---

197. POIRE BEURRÉ DIEL.

Synonymes. — *Poires :* 1. BEURRÉ DE GELLE (Lindley, *A Guide to the orchard and kitchen garden,* 1831, p. 393). — 2. BEURRÉ ROYAL (*Id. ibid.*). — 3. DOROTHÉE ROYALE (*Id. ibid.*). — 4. BEURRÉ MAGNIFIQUE (Prévost, *Cahiers pomologiques,* 1839, p. 19). — 5. BEURRÉ D'YELLE (Thompson, *Catalogue of fruits of the horticultural Society of London,* 1842, p. 127). — 6. DIEL (*Id. ibid.*). — 7. DILLEN D'HIVER (*Id. ibid.*). — 8. GROS-DILLEN (*Id. ibid.*). — 9. GROSSE-DOROTHÉE (*Id. ibid.*). — 10. DES TROIS-TOURS (*Id. ibid.*). — 11. BEURRÉ INCOMPARABLE (Bivort, *Album de pomologie,* 1847, p. 44). — 12. DRY-TOREN (*Id. ibid.*). — 13. GRACIOLE D'HIVER (*Id. ibid.*). — 14. GUILLAUME DE NASSAU (Société Van Mons, *Catalogue des fruits cultivés dans son jardin,* 1854, t. I, p. 31). — 15. D'HORTICULTURE (Bivort, *Annales de pomologie belge et étrangère,* 1856, t. IV, p. 37). — 16. BEURRÉ DU ROI (Decaisne, *le Jardin fruitier du Muséum,* 1859, t. II). — 17. DRIJTOREN (*Id. ibid.*). — 18. SAINT-AUGUSTE (Langethal, *Deutsches Obstcabinet,* 1859, 5ᵉ cahier). — 19. BEURRÉ ORAN (Congrès pomologique, *Pomologie de la France,* 1863, t. I, n° 7). — 20. CÉLESTE (*Id. ibid.*).

Description de l'arbre. — *Bois :* très-fort. — *Rameaux :* assez nombreux, habituellement étalés, des plus gros, de longueur moyenne, géniculés, gris-brun clair, à lenticelles larges et peu abondantes, à coussinets ressortis. — *Yeux :* volumineux, ovoïdes, pointus, écartés du bois. — *Feuilles :* souvent rougies, assez grandes, rarement nombreuses, légèrement coriaces, elliptiques-arrondies, faiblement denticulées, ayant le pétiole un peu court, bien nourri et accompagné de longues stipules.

FERTILITÉ. — Remarquable.

CULTURE. — Ce poirier vigoureux se plaît autant sur cognassier que sur franc ; ses pyramides sont belles, fortes, et le développement de son écusson est des plus vifs.

Description du fruit. — *Grosseur :* considérable. — *Forme :* généralement turbinée, obtuse, bosselée, ventrue, et ayant un côté plus renflé que l'autre. — *Pédoncule :* fort et un peu court, arqué, obliquement inséré dans un évasement arrondi de profondeur assez grande et à bords unis. — *Œil :* moyen, ouvert, régulier, rarement très-enfoncé. — *Peau :* rude au toucher, jaune d'or, largement ponctuée et marbrée de fauve, maculée de même autour du pédoncule, striée ou lavée de brun dans le bassin ombilical, et souvent colorée, mais faiblement, de rouge pâle sur la partie exposée au soleil.— *Chair :* blanche, demi-fine, demi-fondante, aqueuse, montrant quelques filaments verdâtres, pierreuse au centre. — *Eau :* abondante, sucrée, vineuse, aigrelette, pourvue d'un délicieux arome.

Poire Beurré Diel.

MATURITÉ. — Fin octobre et se prolongeant jusqu'en décembre.

QUALITÉ.—Première.

Historique. — Dès l'abord, quand le Beurré Diel commença à se propager en France, ce qui eut lieu vers 1821, on crut chez nous qu'il provenait des semis du professeur Van Mons, connu déjà par de nombreux, par d'excellents gains. C'était une erreur. Mais cependant Van Mons fut pour beaucoup dans l'existence, dans la célébrité de cette poire, ainsi qu'on va le démontrer :

« Le pied-mère de cette variété — écrivait-il en 1819 — fut trouvé anonyme dans un village près de Vilvorde (Belgique), par le sieur Meuris, alors directeur de mes cultures. » (*Annales générales des sciences physiques*, t. II, p. 365.)

Et, dirons-nous avec Prévost, de Rouen : « Van Mons, après avoir apprécié les « produits de ce sauvageon, le dédia au professeur allemand Diel. » (*Cahiers pomologiques*, 1839, p. 136.)

Quant au village où ce poirier poussa, il est situé entre Bruxelles et Malines, et porte le nom de Perck. Le terrain sur lequel on y rencontra l'égrasseau, dépendait de la ferme appelée *Dry-Toren*, ou des Trois-Tours. Van Mons n'a pas mentionné l'époque à laquelle Meuris, son jardinier-chef, fit cette précieuse trouvaille. Selon M. de Liron d'Airoles, renseigné par M. Girardi, pomologue belge, ce fut en 1811. (Voir *Notices pomologiques*, t. I, p. 82.) Et la présente date nous paraît exacte, en ce sens que le docteur Auguste Diel, de Stuttgardt, qui accepta la dédicace du Beurré ainsi découvert, l'avait déjà décrit en 1816, dans son remarquable ouvrage sur les fruits à pepins (*Kernobstsorten*, p. 70).

Observations. — Plusieurs auteurs ont déclaré les poires Fourcroy, Géant et Melon, de Knoop, identiques avec le Beurré Diel; mais il y a là une triple méprise que l'on constatera en se reportant plus loin aux articles où nous étudions ces trois variétés. Tout détail, ici, serait donc superflu. — Deux autres poires, la Mabille et le Beurré Lombard, sont également classées à tort parmi les synonymes du Beurré Diel, puisque la première se rapporte à la poire Napoléon, et la seconde au Beurré d'Arenberg, ou Glout-Morceau. — Enfin, en voyant au rang des synonymes reconnus du Beurré Diel, figurer une poire Céleste, il faut noter qu'elle diffère complétement de la Céleste de Guasco, mûrissant en février. — Le Beurré Diel atteint parfois un volume si considérable, que M. Decaisne disait en 1859 « avoir « vu de ces poires qui, obtenues sur espalier, mesuraient 0m,14 de hauteur, sur « 0m,10 de diamètre, et du poids de 1 kilogramme. » (Tome II.) Pour notre part, il nous souvient qu'à l'exposition de Chartres, en 1862, on admirait beaucoup certains de ces fruits qui pesaient près de 700 grammes.

Poire BEURRÉ DORÉ. — Synonyme de *Beurré gris.* Voir ce nom.

198. Poire BEURRÉ DORÉ DE BILBAO.

Synonymes. — *Poires :* 1. GOLDEN BEURRÉ OF BILBOA (Hovey, *the Fruits of America,* 1847, t. I, p. 99). — 2. BEURRÉ GRIS DE BILBAO (André Leroy, *Catalogue descriptif et raisonné des arbres fruitiers et d'ornement,* 1852, p. 26, n° 454). — 3. BEURRÉ GRIS DE PORTUGAL (Thuillier-Aloux, *Catalogue raisonné des poiriers qui peuvent être cultivés dans la Somme,* 1853, p. 78).

Description de l'arbre. — *Bois :* de moyenne force. — *Rameaux :* assez nombreux, étalés, longs, gros, peu coudés, brun-fauve rougeâtre ou grisâtre, à lenticelles fines et clair-semées, à coussinets des plus ressortis. — *Yeux :* moyens, coniques, légèrement écartés du bois, ayant les écailles mal soudées. — *Feuilles :* grandes, ovales-lancéolées, profondément dentées, faiblement contournées, portées sur un pétiole très-gros, long et pourvu de stipules bien développées.

FERTILITÉ. — Excessive.

CULTURE. — De bonne vigueur et de hâtive croissance, ce poirier se plaît généralement mieux sur cognassier que sur franc; il fait toujours de régulières, de superbes pyramides.

Description du fruit. — *Grosseur :* au-dessus de la moyenne. — *Forme :* ovoïde-allongée, parfois un peu cylindrique. — *Pédoncule :* de longueur moyenne, fort, rarement arqué, obliquement ou perpendiculairement implanté dans une assez large cavité que domine une protubérance bien prononcée. — *OEil :* petit ou moyen, mi-clos, placé dans un bassin des plus évasés mais sans grande profondeur. — *Peau :* jaune d'or, ponctuée et striée de roux, fortement maculée de même autour du pédoncule. — *Chair :* blanche, excessivement fine et fondante, aqueuse, à peine pierreuse, habituellement traversée par quelques filaments jaunâtres. — *Eau :* extrêmement abondante, acidule, sucrée, parfumant délicieusement la bouche.

MATURITÉ. — Fin août et courant de septembre.

QUALITÉ. — Première.

Historique. — Nous avons demandé en 1849 cette excellente poire aux Américains, qui déjà la cultivaient depuis une vingtaine d'années. Hovey, un de leurs pomologues les plus connus, l'a décrite en 1847, et il a eu soin de s'enquérir du pays où elle était née :

« Ce Beurré — nous dit-il — fut introduit dans les jardins américains par M. J. Hooper, de Marblehead (Massachusetts). Il l'avait tiré de Bilbao (Espagne) en 1821. » (*The Fruits of America*, 1847, t. I, p. 99.)

Observations. — Les Allemands ont également cette poire dans leurs collections, et l'estiment beaucoup; mais ils ne la mangent qu'à partir de la mi-octobre, ce qui montre combien, chez eux, sa maturité devient tardive, puisque dans nos départements de l'Ouest elle est déjà mûre à la fin d'août.

199. POIRE **BEURRÉ DOUX.**

Description de l'arbre. — *Bois :* de moyenne force. — *Rameaux :* assez nombreux, érigés au sommet de la tige, étalés vers sa base, gros, longs, à peine coudés, d'un fauve clair rubané et tacheté de gris-jaune légèrement brunâtre; ils ont les lenticelles petites, abondantes, et les coussinets peu saillants. — *Yeux :* moyens, noirâtres, ovoïdes, aigus, presque collés contre l'écorce. — *Feuilles :* habituellement ovales, acuminées, à bords faiblement denticulés ou presque entiers, à pétiole long et bien nourri.

FERTILITÉ. — Remarquable.

CULTURE. — Le développement de cet arbre est assez tardif; greffé sur cognassier, il montre de la vigueur et pousse parfaitement en pyramide, forme sous laquelle il offre un aspect des plus satisfaisants. Nous ne l'avons pas encore étudié sur franc.

Description du fruit. — *Grosseur :* moyenne et souvent moins volumineuse. — *Forme :* turbinée-arrondie, bosselée, régulière — *Pédoncule :* rarement très-long, mince, non recourbé, renflé au sommet, perpendiculairement implanté au milieu d'un faible évasement où le comprime un mamelon plus ou moins considérable. — *Œil :* petit, rond, peu enfoncé, plissé sur ses bords. — *Peau :* rugueuse, vert jaunâtre, entièrement ponctuée de gris, striée de roux dans le bassin ombilical et largement colorée de vermillon sur le côté frappé par le soleil. — *Chair :* blanc mat, demi-fine, cassante, pierreuse au centre. — *Eau :* suffisante, très-sucrée, vineuse, aigrelette, peu délicate.

MATURITÉ. — Commencement et courant de septembre.

QUALITÉ. — Troisième.

Historique. — Elle fait partie des espèces que nous multiplions uniquement pour l'obtention des fruits propres à la vente sur les marchés. Nous l'avons prise dans le Jardin du Comice horticole d'Angers, vers 1855, mais ne savons rien de son origine, sinon qu'elle ne provient pas des semis de cette Société.

Observations. — Il existe une poire dont le nom a quelque analogie avec celui du Beurré doux; c'est le *Beurré douce saveur*, gagné en Belgique par Van Mons et qui mûrit en février. Il devient difficile, alors, de confondre ces deux espèces, dont la dernière, du reste, se rencontre rarement dans les pépinières françaises.

POIRE BEURRÉ DRAPIEZ. — Synonyme de poire *Urbaniste*. Voir ce nom.

200. POIRE BEURRÉ DUMONT.

Description de l'arbre. — *Bois :* peu fort. — *Rameaux :* nombreux, érigés et légèrement arqués, de grosseur et de longueur moyennes, géniculés, marron clair olivâtre, ayant les lenticelles très-apparentes, très-espacées, et les coussinets assez bien ressortis. — *Yeux :* petits, coniques, pointus, courts, à écailles disjointes, presque collés contre l'écorce. — *Feuilles :* nombreuses, de moyenne grandeur, ovales-allongées, finement dentelées, portées sur un pétiole un peu court, roide, épais et pourvu de longues stipules.

FERTILITÉ. — Satisfaisante.

CULTURE. — Greffé sur cognassier, il se montre vigoureux, quoique d'une croissance ordinaire, et prend une très-belle forme pyramidale; sur franc, où il ne saurait manquer de prospérer, nous ne l'avons pas encore étudié.

Description du fruit. — *Grosseur* : volumineuse. — *Forme* : cylindrique, bosselée, déprimée à ses extrémités. — *Pédoncule* : court, assez mince, légèrement arqué, très-charnu à la base, renflé au sommet, obliquement inséré et continu avec le fruit. — *Œil* : petit, ouvert, bien fait, peu enfoncé. — *Peau* : vert clair, ponctuée, marbrée de fauve dans l'ombre et entièrement lavée de roux du côté du soleil, où elle est en outre parsemée de points brunâtres et squammeux. — *Chair* : blanche, fine, aqueuse, demi-cassante, contenant quelques pierres autour des loges. — *Eau* : des plus abondantes et des plus sucrées, possédant un léger arome musqué d'une saveur exquise.

MATURITÉ. — Fin octobre ou commencement de novembre, et gagnant assez facilement le mois de décembre.

QUALITÉ. — Première.

Historique. — En 1857, les *Annales de pomologie belge et étrangère* firent connaître l'obtenteur de ce délicieux Beurré, que nous devons à la Belgique : « Il a été « trouvé de semis — écrivait M. Bivort — par le sieur Joseph Dumont, jardinier « au château de M. le baron de Joigny, à Esquelines, près de Pecq (Hainaut). Sa « première production eut lieu en 1833. » (Tome V, p. 59.)

---

201. POIRE BEURRÉ DUMORTIER.

Premier Type.

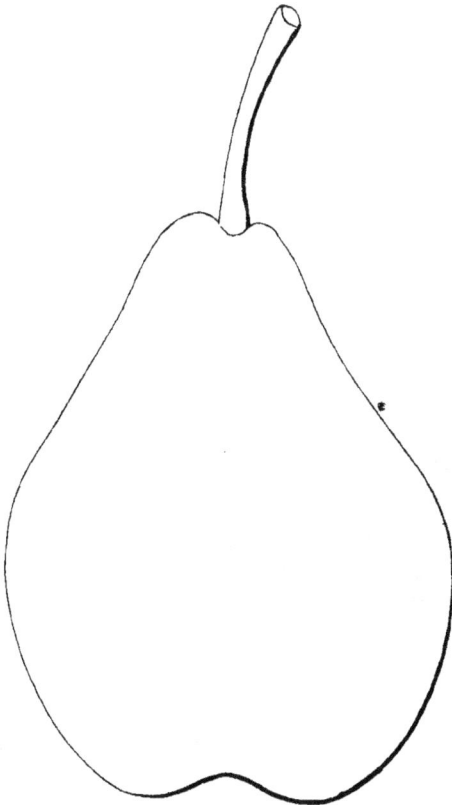

Synonymes. — *Poires* : 1. DU MORTIER (Van Mons, *Arbres fruitiers*, 1835, t. I, p. 259). — 2. DUMONTIER (Prévost, *Bulletin pomologique de la Société d'Horticulture de la Seine-Inférieure*, 1850, p. 166). — 3. DUMOUSTIER (*Id. ibid.*). — 4. DEMOUSTIER (Thuillier-Aloux, *Catalogue raisonné des poiriers qui peuvent être cultivés dans la Somme*, 1854, p. 76).

Description de l'arbre. — *Bois* : de moyenne force. — *Rameaux* : nombreux, généralement érigés, gros, assez longs, coudés, roux foncé, à lenticelles brun grisâtre, fines et abondantes, à coussinets saillants. — *Yeux* : volumineux, ovoïdes, duveteux, appliqués en partie contre le bois et ayant les écailles légèrement entr'ouvertes. — *Feuilles* : ovales-arrondies, de moyenne grandeur, assez profondément dentées sur leurs bords, à pétiole long, très-gros et accompagné de stipules des plus développées.

FERTILITÉ. — Remarquable.

CULTURE. — Ce poirier, dont la vigueur est convenable, fait de belles pyramides sur cognassier ou sur franc ; la croissance de son écusson est assez précoce.

Description du fruit. — *Grosseur :* au-dessus de la moyenne. — *Forme :* turbinée plus ou moins allongée, mais se rapprochant habituellement de la turbinée-ovoïde, obtuse, ventrue et bosselée. — *Pédoncule :* long ou assez court, droit ou arqué, mince, obliquement inséré dans une cavité peu profonde et à bord mamelonné. — *OEil :* grand, bien fait, ouvert, placé au centre d'un bassin excessivement évasé. — *Peau :* vert jaunâtre, tachée, ponctuée et marbrée de roux, et souvent lavée de rose pâle du côté du soleil. — *Chair :* blanchâtre, fine, aqueuse, fondante, granuleuse auprès des loges. — *Eau :* fort abondante, acidule, sucrée, parfumant délicieusement la bouche.

Poire Beurré Dumortier. — *Deuxième Type.*

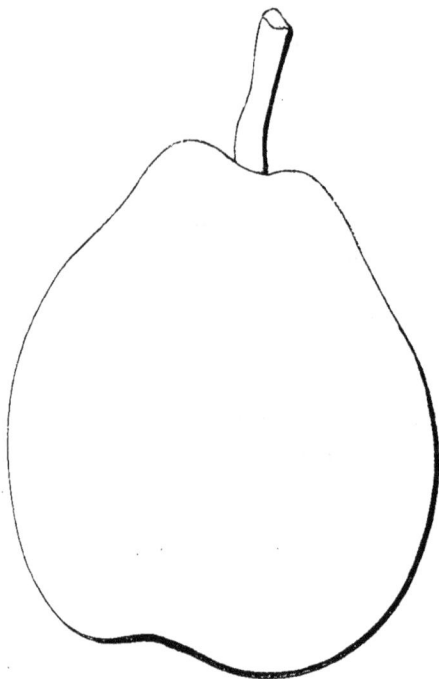

MATURITÉ. — Fin septembre ou commencement d'octobre, atteignant parfois le mois de décembre.

QUALITÉ. — Première.

Historique. — Elle fut obtenue par Van Mons, vers 1818, ainsi qu'il résulte du passage suivant, écrit en 1847 par M. Alexandre Bivort :

« L'arbre-mère de ce Beurré, qui se trouve dans l'ancienne pépinière Van Mons, à Louvain, peut avoir, actuellement, trente ans environ. Il a été dédié par Van Mons à M. B. Dumortier, de Tournay, savant naturaliste, académicien et député. » (*Album de pomologie*, t. I, p. 66.)

Dès 1835, Van Mons avait parlé de cette poire, qu'il regardait comme un de ses meilleurs gains, dans son ouvrage sur les *Arbres fruitiers :*

« Le plant d'un même semis — y disait-il — est loin de marquer généralement la même année; et dans tous les semis il y a des retardataires : ce sont les bois fins, et souvent *ce sont les fruits fins*; ainsi DU MORTIER est un retardataire de seize ans. » (Tome I, p. 259.)

D'après M. du Breuil, professeur d'arboriculture, cette variété fut introduite chez nous en 1838. (*Cours d'arboriculture*, 1854, t. II, p. 569-III.)

Observations. — C'est à tort qu'on a cru le Beurré Quetelet identique avec le Beurré Dumortier ; ces deux poires ne se ressemblent nullement ; et d'ailleurs on sait généralement, aujourd'hui, que Beurré Quetelet est synonyme de Beurré Curtet, comme nous l'avons prouvé plus haut, page 342.

---

202. POIRE BEURRÉ DURAND.

Description de l'arbre. — *Bois :* fort. — *Rameaux :* nombreux, généralement étalés et arqués, gros, longs, flexueux, d'un fauve brunâtre faiblement rougi, ayant les lenticelles larges, abondantes, les mérithalles ordinairement courts, et les coussinets aplatis. — *Yeux* : petits, ovoïdes-pointus, duveteux, non appliqués contre l'écorce. — *Feuilles :* ovales, acuminées, à bords légèrement crénelés, à pétiole court et bien nourri.

Poire Beurré Durand.

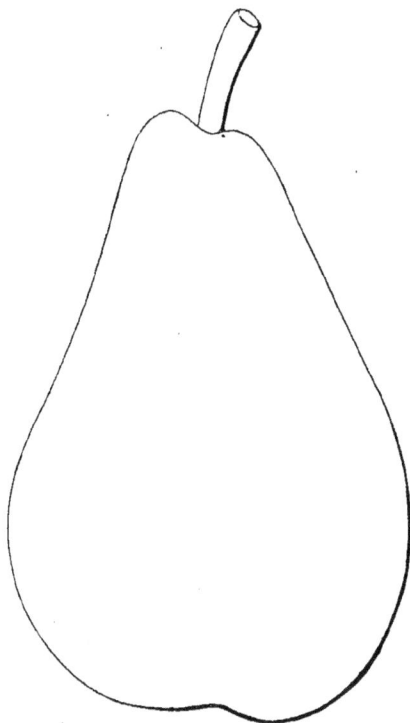

FERTILITÉ. — Satisfaisante.

CULTURE. — Très-vigoureux, ce poirier peut se greffer sur cognassier ou sur franc ; ses pyramides sont des plus remarquables ; leur seul défaut est un manque de feuilles par trop prononcé.

Description du fruit. — *Grosseur :* au-dessus de la moyenne. — *Forme :* allongée, obtuse, mamelonnée au sommet, habituellement déprimée à la base, et parfois quelque peu étranglée vers les deux tiers de sa hauteur. — *Pédoncule :* court, droit, mince, obliquement implanté au milieu d'une faible dépression. — *Œil :* moyen, régulier, mi-clos, à peine enfoncé. — *Peau :* jaune d'or, ponctuée, marbrée de fauve, semée de plusieurs taches roussâtres en partie squammeuses, et finement striée de brun clair dans la cavité ombilicale. — *Chair :* très-blanche et très-fine, fondante, aqueuse, presque exempte de pierres. — *Eau :* abondante, fort sucrée, vineuse, douée d'un parfum particulier aussi savoureux qu'agréable.

MATURITÉ. — Variable, mais allant généralement de la fin de septembre jusqu'à la moitié d'octobre.

QUALITÉ. — Première.

Historique. — En 1834, l'arbre qui a produit cet excellent Beurré se mettait à fruit pour la première fois. Il provenait des derniers semis effectués par le pépiniériste Goubault, dans son établissement de Mille-Pieds, situé près d'Angers. Ce fut au successeur de Goubault, M. Durand, que revint le soin de propager la poire ainsi gagnée. Quand il la présenta au Comice horticole de Maine-et-Loire, en 1855, on l'y qualifia de « *très-bonne*. » Peu après il lui donna son nom et la mit dans le commerce. Nous la multiplions depuis 1856.

---

203. Poire BEURRÉ DUVAL.

Synonymes. — *Poires :* 1. DUVAL (Decaisne, *le Jardin fruitier du Muséum*, 1859, t. II). — 2. DWAEL (*Id. ibid.*). — 3. ROI-LOUIS NOUVEAU (*Id. ibid.*). — 4. AUDIBERT [de Poiteau] (*Id. ibid.*, 1860, t. III).

Description de l'arbre. — *Bois :* assez fort. — *Rameaux :* nombreux, régulièrement érigés, gros, longs, peu coudés, brun clair légèrement rougi, à lenticelles très-apparentes, très-espacées, à coussinets peu saillants. — *Yeux :* moyens,

ovoïdes-arrondis, duveteux, appliqués contre le bois, ayant les écailles mal soudées.
— *Feuilles* : grandes, ovales-arrondies, acuminées, finement dentées, portées sur un pétiole des plus courts, roide, épais , et accompagné de stipules excessivement développées.

FERTILITÉ. — Peu commune.

CULTURE. — Ce poirier, de bonne vigueur, se plaît beaucoup mieux sur cognassier que sur franc; il pousse admirablement en pyramide ; la croissance de son écusson est or-dinaire.

Description du fruit. — *Gros-seur* : moyenne et quelquefois plus volumineuse. — *Forme* : assez in-constante, elle passe ordinairement de l'ovoïde-allongée à la turbinée-arrondie et bosselée. — *Pédoncule* : court, faiblement arqué, bien nourri, obliquement inséré dans une cavité souvent prononcée et dont l'un des bords est constamment mamelonné. — *OEil* : petit, irrégulier, mi-clos ou fermé, placé dans un bassin forte-ment côtelé ou plissé, et de profon-deur très-variable. — *Peau* : ru-gueuse, jaune pâle, ponctuée de gris-verdâtre, semée de nombreuses taches fauves et noirâtres, souvent lavée de rouge obscur sur la partie exposée au soleil. — *Chair* : blan-che , demi-fine , demi-fondante , aqueuse, rarement granuleuse. — *Eau* : très-abondante, sucrée, vi-neuse, délicate, fort aromatique.

MATURITÉ. — Vers la mi-septembre et gagnant octobre ; quelquefois aussi, mais bien accidentellement, elle voit le mois de novembre.

QUALITÉ. — Première.

Historique. — On ne connaît qu'approximativement l'âge de cette espèce, mais son origine est précisée comme suit, par M. Bivort :

« Elle a été trouvée parmi divers semis, dans le Hainaut, par M. Duval, son in-venteur, à une époque que nous ne pourrions fixer avec certitude, mais qui est antérieure à 1823. » (*Album de pomologie*, 1850, t. III, p. 46.)

Le docteur Diel, de Stuttgardt, ayant simplement mentionné cette poire en 1821,

Poire Beurré Duval. — Premier Type.

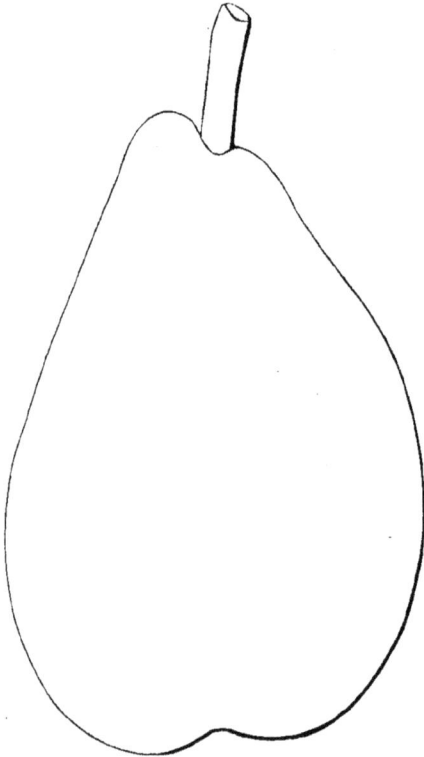

Deuxième Type.

dans son *Kernobstsorten*, p. xvij, nous pensons qu'elle ne faisait alors que d'apparaître, car Diel, l'un des pomologues les plus zélés de ce temps, l'eût certainement décrite si déjà elle avait été quelque peu répandue.

Observations. — En 1834, Poiteau recommandait, page 362 des *Annales de la Société d'Horticulture de Paris*, un poirier Audibert qui n'est autre que le Beurré Duval. Nous l'avons noté folio 164, en étudiant la véritable poire Audibert; mais nous le rappelons brièvement ici, pour être plus certain encore qu'on ne commettra aucune erreur à l'égard de ces deux espèces. — M. Decaisne, en 1859, a fait les remarques suivantes, dont nous avons constaté la justesse, au sujet du Beurré Duval :

« Lorsque cette poire est un peu colorée en jaune ou en rose, on la confondrait facilement avec *la Bonne-Louise d'Avranches*, tandis que quand elle prend une teinte verdâtre et que sa peau se couvre de taches fauves et squammeuses, elle revêt les caractères extérieurs d'un Saint-Germain; mais dans l'un et l'autre cas l'époque de maturité est fort différente. » (*Le Jardin fruitier du Muséum*, t. II.)

Poire BEURRÉ DUVERNY. — Synonyme de poire *de Duvergnies*. Voir ce nom.

---

204. Poire BEURRÉ DUVIVIER.

Description de l'arbre. — *Bois :* de force moyenne. — *Rameaux :* peu nombreux, généralement étalés, assez faibles, longs, légèrement coudés, rouge-brun foncé, finement et abondamment ponctués, à coussinets presque nuls. — *Yeux :* moyens, ovoïdes ou coniques, non appliqués contre l'écorce et ayant les écailles entr'ouvertes. — *Feuilles :* habituellement ovales ou elliptiques, ayant les bords bien dentés et le pétiole long et menu; elles sont toujours nombreuses.

Fertilité. — Convenable.

Culture. — La vigueur de cet arbre n'étant pas très-grande, il prospère mieux sur franc que sur cognassier; les pyramides qu'il fait sont néanmoins assez jolies.

Description du fruit. — *Grosseur :* au-dessous de la moyenne. — *Forme :* sphérique, bosselée, irrégulière. — *Pédoncule :* peu long, non arqué, grêle, renflé à la base, perpendiculairement implanté à la surface. — *OEil :* presque saillant, ouvert, bien développé. — *Peau :* jaune verdâtre, finement ponctuée de fauve et montrant parfois quelques taches squammeuses d'un brun rougeâtre. — *Chair :* blanche, fine, fondante, juteuse, légèrement granuleuse au centre. — *Eau :* fort abondante, peu sucrée, peu parfumée, manquant de délicatesse et douée d'une astringence souvent désagréable.

MATURITÉ. — Commencement et courant d'octobre.

QUALITÉ. — Troisième.

Historique. — D'où provient ce poirier?... Nous l'ignorons complétement et aucun auteur ne nous éclaire à son sujet. En 1861 il figurait pour la première fois, sous le n° 26, dans le *Catalogue du Jardin fruitier du Comice horticole d'Angers*, mais on ne sait plus, aujourd'hui, qui l'envoya vers 1855 à cette Société. Nous le multiplions depuis 1864.

Observations. — Le Beurré Duvivier, qui convient uniquement pour la halle, n'a rien de commun, est-il besoin de le faire remarquer, avec la poire *Général Duvivier*, mûrissant en février et bien connue par son exquise saveur.

POIRE **BEURRÉ D'ENGHIEN** (EN FRANCE). — Synonyme de *Beurré Colmar*. Voir ce nom.

---

205. POIRE **BEURRÉ ÉPINE.**

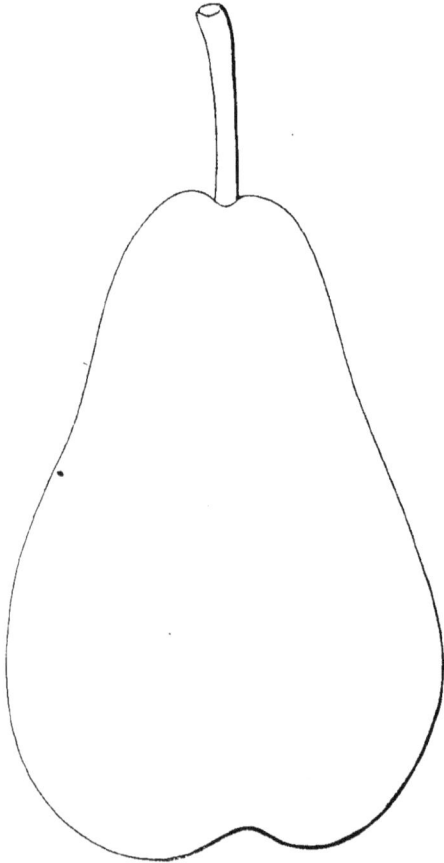

Description de l'arbre. — *Bois :* assez fort. — *Rameaux :* nombreux, érigés ou légèrement étalés, de grosseur moyenne, géniculés, renflés au sommet, duveteux, brun grisâtre, finement ponctués, à coussinets peu marqués. — *Yeux :* moyens, coniques, aigus, à large base, très-écartés du bois, souvent même sortis en éperon. — *Feuilles :* grandes, elliptiques, acuminées, planes ou contournées, ayant les bords crénelés, le pétiole court et bien nourri.

FERTILITÉ. — Ordinaire.

CULTURE. — Il est vigoureux, se greffe sur cognassier ou sur franc, fait de jolies pyramides, et développe rapidement son écusson.

Description du fruit. — *Grosseur :* au-dessus de la moyenne. — *Forme :* allongée, conique, obtuse, régulière. — *Pédoncule :* rarement très-long, mince, non recourbé, perpendiculairement implanté à fleur de fruit. — *OEil :* petit, contourné, mi-clos, peu enfoncé. — *Peau :* rugueuse, jaune-citron, ponctuée, marbrée de fauve, maculée de même autour de l'œil et fortement lavée de roux brunâtre sur le côté qui regarde le soleil. — *Chair :* blanchâtre, mi-fine, fondante, juteuse, pierreuse auprès des loges. — |*Eau :* abondante, vineuse et sucrée, possédant une saveur aigrelette ne manquant pas de délicatesse.

Maturité. — Fin octobre et courant de novembre.

Qualité. — Deuxième.

Historique. — Son premier descripteur, nous le croyons du moins, fut M. Bivort. Il s'occupa d'elle en 1850, mais ne put en déterminer positivement l'origine. Voici du reste ce qu'il en a dit :

« Cette variété me vient de M. Bouvier, de Jodoigne; je ne la vois annoncée dans aucun ouvrage, si ce n'est comme synonymie du *Beurré de Rance*; mais il n'existe aucune analogie entre ces deux arbres ni leurs fruits...... Son origine m'est totalement inconnue; peut-être le Beurré Épine sort-il des greffes envoyées par le professeur Van Mons à M. Bouvier? » (*Album de pomologie*, t. III, pp. 63-64.)

Quelques années plus tard, en 1859, M. de Liron d'Airoles, mentionnant à son tour ce même Beurré, affirmait page 12 de ses *Notices pomologiques*, « que M. Bou-« vier, de Jodoigne (Belgique), en était l'obtenteur. » Ce renseignement est-il exact?... Nous ne saurions l'assurer, devant le doute émis ci-dessus par M. Bivort, si bien à portée, lui Belge, lui successeur de Van Mons, de connaître les gains pomologiques de feu Bouvier, qui décédé seulement en 1846 fut son compatriote et presque son concitoyen; cependant nous le reproduisons, afin de compléter cet article. — Quant au nom de Beurré Épine, qu'a reçu ce poirier, nous pensons qu'il le doit aux rapports de forme et de maturité existant entre ses produits et ceux de l'Épine d'Hiver, l'une de nos plus anciennes espèces.

Poire BEURRÉ D'ÉTÉ. — Synonyme de *Bergamote d'Été*. Voir ce nom.

Poire BEURRÉ D'ÉVERGNIES. — Synonyme de poire *Devergnies*. Voir ce nom.

Poire BEURRÉ EXTRA. — Synonyme de *Bergamote de Hollande*. Voir ce nom.

---

206. Poire BEURRÉ FAVRE.

Description de l'arbre. — *Bois :* de moyenne force. — *Rameaux :* nombreux, généralement un peu faibles, longs, étalés, flexueux, brun clair, abondamment ponctués de gris-blanc, ayant les coussinets bien accusés. — *Yeux :* assez volumineux, ovoïdes, aigus ou légèrement arrondis, non appliqués contre l'écorce. — *Feuilles :* grandes, d'un beau vert, ovales ou elliptiques, canaliculées, à bords profondément dentés, à pétiole grêle, long et souvent rougi.

Fertilité. — Excessive.

Culture. — La vigueur de cet arbre n'est pas des plus marquées, aussi se plaît-il mieux sur le franc que sur le cognassier; il y croît assez vite et s'y développe passablement en pyramide.

Description du fruit. — *Grosseur* : au-dessous de la moyenne. — *Forme* : turbinée-allongée, obtuse, souvent bosselée et contournée, ayant habituellement un côté plus renflé que l'autre. — *Pédoncule* : court, menu, légèrement recourbé, obliquement implanté à la surface de la peau. — *OEil* : petit, ouvert ou mi-clos, uni sur ses bords, presque saillant. — *Peau* : jaune d'ocre, toute parsemée de points brunâtres et couverte de quelques larges taches rousses, plus ou moins squammeuses. — *Chair* : blanchâtre, demi-fine, demi-fondante, aqueuse, fortement granuleuse au centre. — *Eau* : abondante, sucrée, acidule, trop dépourvue de parfum, quoiqu'assez délicate.

Poire Beurré Favre.

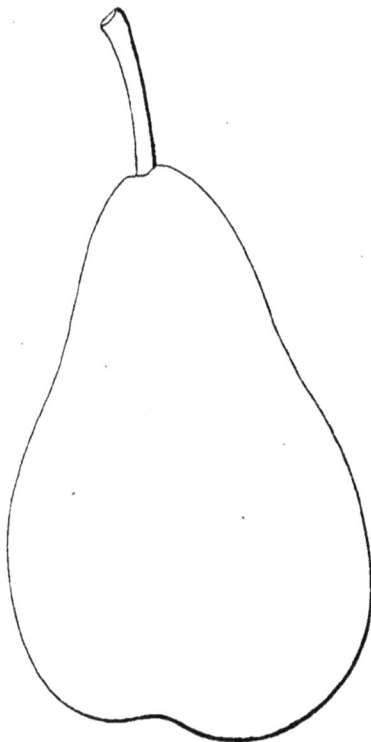

MATURITÉ. — Fin septembre et commencement d'octobre.

QUALITÉ. — Deuxième, et quelquefois troisième.

Historique. — Cette poire n'est réellement pas digne du nom qu'on lui a donné — celui d'un sénateur — car elle appartient plutôt aux fruits communs destinés pour la halle, qu'aux fruits recherchés pour les desserts.

« C'est un gain de la pomologie de la Loire-Inférieure — dit M. de Liron d'Airoles — obtenu par François Maisonneuve, qui l'a dédié à M. Favre, maire de Nantes. Son premier rapport remonte à 1845, mais ce fruit était resté inédit jusqu'à ce jour (1855) et n'avait pas été mis dans le commerce. Il est de second ordre et plus propre au verger qu'au jardin. » (*Notices pomologiques*, 1855, t. I, p. 76.)

---

207. Poire BEURRÉ DE FÉVRIER.

Description de l'arbre. — *Bois* : faible. — *Rameaux* : nombreux, étalés, grêles, courts, peu flexueux, marron foncé légèrement olivâtre, à lenticelles larges et clair-semées, à coussinets presque nuls. — *Yeux* : moyens, ovoïdes-arrondis, pointus, écartés du bois. — *Feuilles* : très-petites, habituellement ovales, ayant les bords des plus finement denticulés, le pétiole long et menu.

FERTILITÉ. — Remarquable.

CULTURE. — Il est de médiocre vigueur et se greffe plus avantageusement sur franc que sur cognassier; ses pyramides sont généralement chétives.

Description du fruit. — *Grosseur* : au-dessus de la moyenne. — *Forme* : oblongue, obtuse, bosselée et ventrue. — *Pédoncule* : assez long, mince, recourbé, obliquement, inséré dans une cavité de profondeur variable, mais dont les bords sont constamment accidentés. — *Œil :* petit, mi-clos, régulier, rarement très-

Poire Beurré de Février.

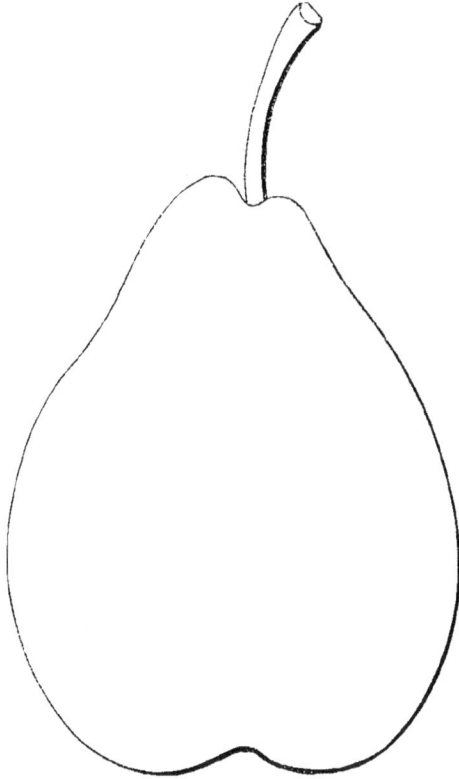

enfoncé. — *Peau :* vert jaunâtre, entièrement ponctuée et striée de roux clair, et portant le plus ordinairement quelques taches noirâtres, surtout du côté du soleil. — *Chair :* blanchâtre, demi-fine, fondante, juteuse, granuleuse auprès des loges. — *Eau :* abondante, sucrée, acidule, douée d'un parfum musqué d'autant plus délicat, qu'il n'a rien de prononcé.

MATURITÉ. — De la mi-janvier jusqu'à la fin de février, et parfois jusqu'en mars.

QUALITÉ. — Première.

Historique. — Son obtenteur, M. Boisbunel fils, pépiniériste à Rouen, la faisait connaître en 1859, dans les *Annales de pomologie belge et étrangère*, et disait de l'arbre dont elle est sortie : « C'est un semis « de 1845 ; son premier rapport date « de 1856. Je l'ai nommé Beurré « de Février, mois qui est l'épo- « que moyenne de sa maturité. » (Tome VII, p. 93.)

208. POIRE BEURRÉ FIDÉLINE.

Description de l'arbre. — *Bois :* très-fort. — *Rameaux :* nombreux, généralement étalés, gros, longs, un peu géniculés, vert grisâtre, à lenticelles larges et rapprochées, à coussinets saillants. — *Yeux :* volumineux, ovoïdes-arrondis, presque collés contre l'écorce, ayant les écailles entr'ouvertes. — *Feuilles :* de moyenne grandeur, ovales ou elliptiques, finement dentées ou crénelées, portées sur un pétiole long et grêle.

FERTILITÉ. — Abondante.

CULTURE. — Poirier des plus vigoureux, nous lui avons donné le cognassier, sujet sur lequel il s'est développé rapidement et a fait de fortes, de belles pyramides ; mais son introduction dans nos pépinières est si récente, que nous ne saurions indiquer, actuellement, comment il s'y comportera sur franc.

Description du fruit. — *Grosseur :* au-dessus de la moyenne. — *Forme :* ovoïde, généralement un peu contournée. — *Pédoncule :* court, mince, faiblement arqué, renflé à la base, obliquement inséré dans une assez vaste cavité. — *Œil :*

Poire Beurré Fidéline.

petit, mi-clos, régulier, placé à fleur de fruit. — *Peau :* verdâtre, fortement ponctuée de roux, striée de même autour de l'œil. — *Chair :* jaunâtre, fine, fondante, aqueuse, contenant quelques pierres auprès des loges. — *Eau :* abondante, sucrée, acidule, rafraîchissante, parfumant délicieusement la bouche.

MATURITÉ. — Commencement de novembre, allant jusqu'à la fin du mois de décembre.

QUALITÉ. — Première.

Historique. — Elle a été gagnée de semis en 1861, au lieu dit la Maître-École, par MM. Robert et Moreau, horticulteurs à Angers, et mise dans le commerce en 1863, sous le patronage du Comice horticole de Maine-et-Loire. Son extrême fertilité la rend des plus recommandables, ainsi que la délicatesse de sa chair.

POIRE BEURRÉ DE FLANDRE. — Synonyme de poire *Fondante des Bois.* Voir ce nom.

209. Poire BEURRÉ FLON.

Description de l'arbre. — *Bois :* de moyenne force. — *Rameaux :* assez nombreux, étalés, un peu faibles et un peu courts, légèrement géniculés, duveteux, brun jaunâtre, à lenticelles fines et rapprochées, à coussinets ressortis. — *Yeux :* petits, ovoïdes, cotonneux, presque appliqués contre l'écorce, ayant les écailles bombées et mal soudées. — *Feuilles :* petites, abondantes, généralement elliptiques, irrégulièrement dentées, un peu contournées, munies d'un pétiole fort et très-court.

FERTILITÉ. — Ordinaire.

CULTURE. — Greffé sur cognassier, ce poirier ne réussit pas complétement; il y est faible et très-tardif; sur franc, il a plus de vigueur, mais ses pyramides y laissent encore beaucoup à désirer.

Description du fruit. — *Grosseur :* considérable. — *Forme :* turbinée, excessivement obtuse, ventrue et bosselée, ayant ordinairement un côté plus volumineux que l'autre. — *Pédoncule :* court, assez fort, droit, renflé au sommet, inséré dans une étroite cavité dominée par un mamelon très-prononcé. — *Œil :* moyen, ouvert, contourné, placé dans un bassin en entonnoir, qui, plissé sur ses bords, est des plus profonds. — *Peau :* rude au toucher, épaisse, jaune-citron, entièrement couverte de points gris-roux, largement marbrée et tachée de même sur la partie exposée au soleil. — *Chair :* blanche, demi-fine, tendre, juteuse, peu pierreuse. — *Eau :* abondante, sucrée, aromatique, douée d'un aigrelet agréable et délicat.

Poire Beurré Flon.

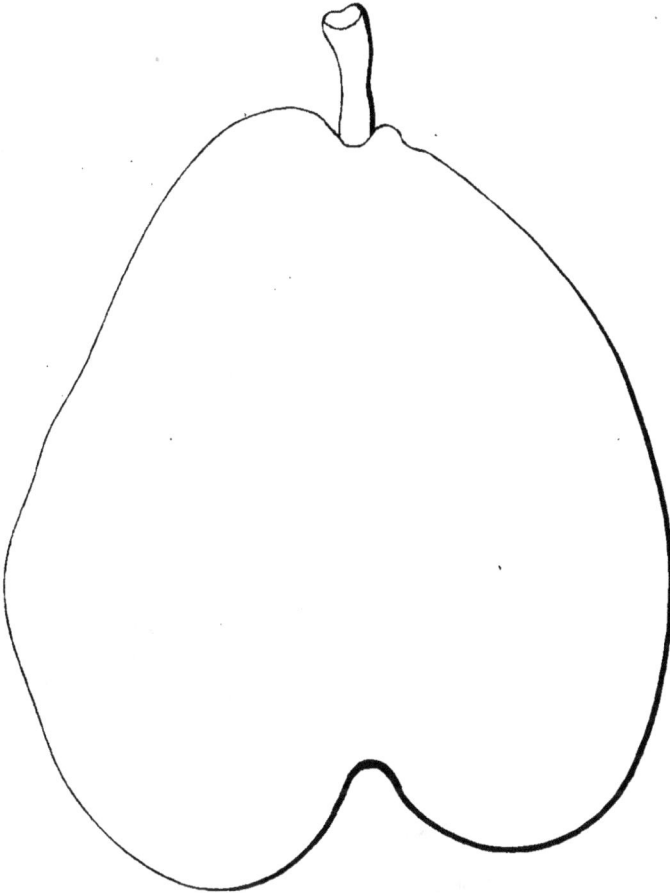

MATURITÉ. — De la mi-septembre à la mi-octobre.

QUALITÉ. — Première.

Historique. — Elle appartient, comme la précédente, à la pomone de Maine-et-Loire et fut obtenue à Angers par M. Flon-Grolleau, horticulteur Bas-Chemins du Mail. L'arbre-type fructifia pour la première fois en 1852, et nous le multipliâmes aussitôt dans nos pépinières. Le semis d'où il est sorti fut fait par le père de M. Flon-Grolleau.

POIRE BEURRÉ FOIDARD. — Synonyme de poire *Fondante des Bois.* Voir ce nom.

POIRE BEURRÉ DE FONTENAY. — Synonyme de *Beurré gris d'Hiver nouveau.* Voir ce nom.

POIRE BEURRÉ DE GELLE. — Synonyme de *Beurré Diel.* Voir ce nom.

210. Poire BEURRÉ GENDRON.

Premier Type.

Description de l'arbre. — *Bois :* faible. — *Rameaux :* peu nombreux, habituellement étalés, grêles, très-courts, légèrement coudés, rouge-brun, à lenticelles petites et clair-semées, à coussinets bien accusés. — *Yeux :* moyens, ovoïdes-pointus, éloignés de l'écorce. — *Feuilles :* moyennes et rarement abondantes, ovales-arrondies, vert jaunâtre, un peu coriaces, ayant les bords denticulés, le pétiole très-long, assez gros et souvent rougi.

FERTILITÉ. — Convenable.

CULTURE. — Pour obtenir de cet arbre qu'il se développe passablement en pyramide, il faut lui donner le franc et non pas le cognassier, sur lequel son manque de vigueur le rend des plus chétifs.

Description du fruit. — *Grosseur :* considérable. — *Forme :* variable, affectant souvent celle de notre premier type, qui est oblongue-turbinée, et souvent aussi celle du deuxième, presque sphérique; mais, sous quelque forme qu'on la rencontre, elle est toujours irrégulière, bosselée, obtuse et contournée. — *Pédoncule :* très-court, bien nourri, non recourbé, perpendiculairement inséré dans un large évasement plissé où le comprime une forte gibbosité. — *Œil :* petit, ouvert, des plus enfoncés. — *Peau :* jaunâtre, ponctuée de brun, marbrée ou maculée de fauve autour de l'œil et du pédoncule, légèrement colorée de vermillon sur la face qui regarde le soleil. — *Chair :* blanche, grosse, ferme, cassante, granuleuse auprès des pepins, qui pour l'ordinaire sont avortés. — *Eau :* suffisante, acidule, sucrée, douée d'un arome assez agréable.

MATURITÉ. — De janvier à mars.

QUALITÉ. — Deuxième, et quelquefois première.

Historique. — On a dit assez récemment que le Beurré Gendron ne différait aucunement du Besi de Chaumontel. Cette opinion souleva même une sérieuse polémique dans la *Revue horticole*, en 1860 et 1861. Mais aujourd'hui le calme s'est fait autour de ce poirier, qui réellement a droit de figurer parmi les variétés, ainsi que le déclarait il y a cinq ans M. Willermoz, secrétaire du Congrès pomologique, et l'un des meilleurs juges pour une telle cause : « Si le Beurré « Gendron a quel- « que analogie de « forme et de cou- « leur avec le Besi « de Chaumontel — « observait-il — rien « dans l'intérieur

Poire Beurré Gendron. — *Deuxième Type.*

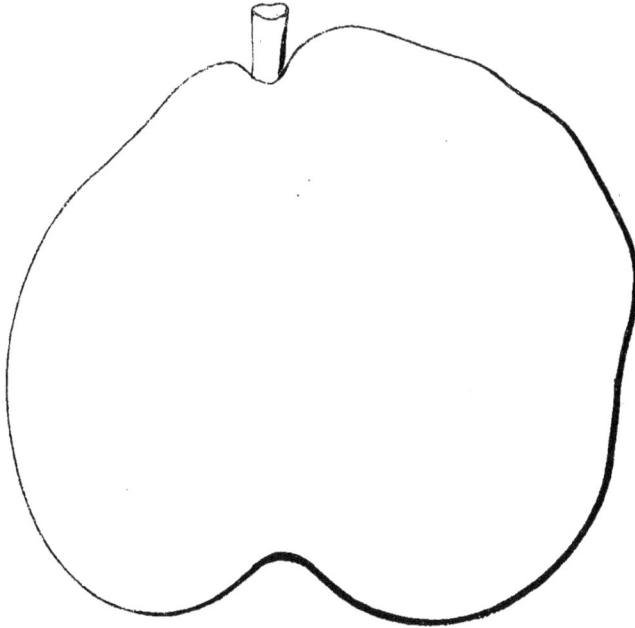

« n'annonce cette variété ; tout s'en éloigne, au contraire. » (*Revue horticole*, 1861, p. 81.) Du reste, quand on sait qu'il provient précisément d'un semis de pepins de Besi de Chaumontel, peut-on s'étonner de lui trouver, ainsi qu'à ses produits, un certain air de famille avec cette ancienne espèce ?... Gagné dans les pépinières de M. Gendron, à Châteaugontier (Mayenne), le pied-type de ce Beurré donna ses premiers fruits en 1849.

211. Poire BEURRÉ GENS.

Description de l'arbre. — *Bois* : faible. — *Rameaux* : assez nombreux, ordinairement étalés ou réfléchis, peu forts, assez longs, non flexueux, duveteux, fauve olivâtre légèrement rougi, ayant les lenticelles fines et rapprochées, et les coussinets bien marqués. — *Yeux* : à écailles entr'ouvertes, moyens, ovoïdes, presque collés contre le bois. — *Feuilles* : petites, peu abondantes, assez coriaces, ovales, irrégulièrement dentées, planes ou contournées, portées sur un pétiole des plus courts mais très-épais.

FERTILITÉ. — Remarquable.

CULTURE. — Ce poirier prospère imparfaitement sur le cognassier ; le franc lui est beaucoup plus favorable, il s'y développe assez bien en pyramide.

Description du fruit. — *Grosseur* : au-dessus de la moyenne et parfois volumineuse. — *Forme* : allongée, irrégulière, légèrement obtuse, bosselée et ventrue. — *Pédoncule* : court, fort, non recourbé, continu avec le fruit, obliquement implanté à la base d'un mamelon plus ou moins prononcé. — *OEil :* petit, ouvert, placé dans un bassin large et peu profond. — *Peau :* rugueuse, épaisse, jaune d'or, presque entièrement recouverte, surtout du côté du soleil, de taches gris-roux et de points brunâtres excessivement fins. — *Chair :* blanche, fine, fondante, juteuse, rarement pierreuse. — *Eau :* abondante, sucrée, savoureuse, imprégnée d'un arome des plus exquis.

Poire Beurré Gens.

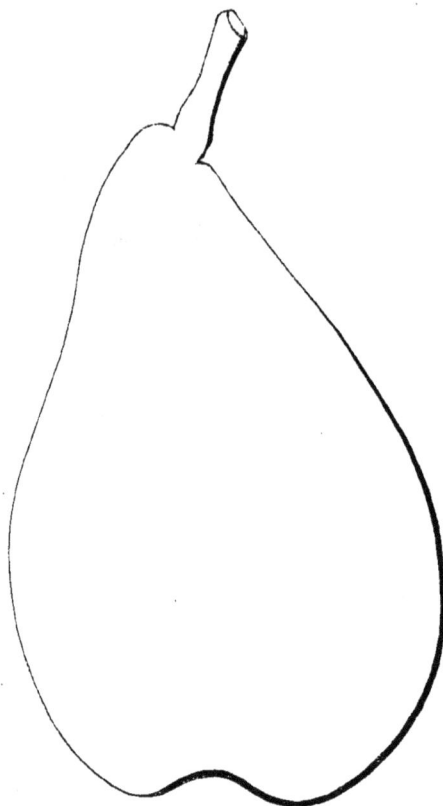

MATURITÉ. — Fin septembre, allant quelquefois jusqu'au commencement de novembre.

QUALITÉ. — Première.

Historique. — On doit cette poire si délicieuse aux pépinières de la Belgique. En 1847, le nom de son obtenteur était à peu près indiqué par M. Bivort, dans ce passage d'un recueil horticole imprimé à Bruxelles :

« Les scions de l'arbre que j'en possède provenaient de la pépinière de Van Mons, et m'ont été donnés comme *étant de son cru.* Il y a seize ans que cette greffe a eu lieu. Quoique le pied-mère du Beurré Gens n'existe plus dans la pépinière de Louvain, je crois cependant que cet excellent gain peut être attribué au professeur Van Mons. » (*Album de pomologie,* t. I, p. 18.)

Ici, M. Bivort n'est qu'à moitié affirmatif; mais cinq ans plus tard, en 1855, complétement renseigné, il dit positivement, à la page 91 du tome III des *Annales de pomologie belge et étrangère :* « Le Beurré Gens appartient aux semis de Van Mons, « et sa première production a eu lieu vers 1827. »

Observations. — Contrairement à l'opinion de quelques pomologues, nous pouvons certifier que ce Beurré n'a pas le moindre rapport avec la poire Urbaniste, ou des Urbanistes. Variétés excessivement distinctes, ces deux fruits n'ont de commun que l'époque de maturité, mais pour le reste ils diffèrent essentiellement; et il en est ainsi des arbres qui les produisent.

---

212. POIRE BEURRÉ DE GHÉLIN.

Description de l'arbre. — *Bois :* fort. — *Rameaux :* assez nombreux, habituellement étalés, gros, de longueur moyenne, peu coudés, gris-fauve olivâtre légèrement rougi, surtout auprès des yeux; leurs lenticelles sont fines, très-espacées, et leurs coussinets ont un relief des plus prononcés. — *Yeux :* moyens, ovoïdes, non appliqués contre le bois et ayant les écailles quelque peu disjointes.

— *Feuilles :* assez grandes, ovales ou elliptiques, à bords régulièrement dentés en scie, à pétiole long et bien nourri.

Poire Beurré de Ghélin.

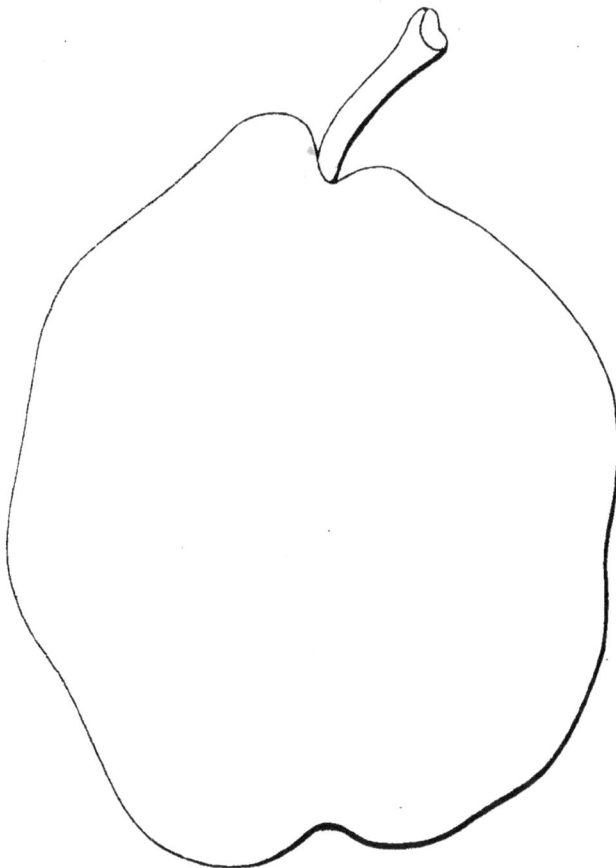

FERTILITÉ. — Convenable.

CULTURE. — Ce poirier est d'un développement un peu tardif, sur cognassier; néanmoins il y fait d'assez belles pyramides. Nous le multiplions depuis un temps trop court pour savoir si le franc lui conviendrait mieux, comme sujet; cela, toutefois, paraît fort probable.

Description du fruit. — *Grosseur :* considérable. — *Forme :* oblongue ou ovoïde-arrondie, contournée et fortement bosselée. — *Pédoncule :* de longueur moyenne, gros, arqué, renflé à son point d'attache, obliquement inséré dans une vaste cavité que surmonte un mamelon ordinairement bien prononcé. — *Œil :* grand, ouvert ou mi-clos, régulier, faiblement enfoncé. — *Peau :* jaune pâle, semée de quelques points roux excessivement fins, largement lavée, du côté du soleil, de fauve clair sur lequel se détachent d'assez nombreuses marbrures brunâtres. — *Chair :* jaunâtre, demi-fine, fondante, aqueuse, légèrement pierreuse autour des pepins. — *Eau :* des plus abondantes, des plus sucrées, possédant une saveur aigrelette et un parfum très-agréable.

MATURITÉ. — Fin octobre, allant aisément jusqu'au cours de décembre.

QUALITÉ. — Première.

Historique. — M. Fontaine de Ghélin, propriétaire à Mons (Belgique), gagnait en 1858, ce fruit, sur lequel nous lisons dans l'*Illustration horticole*, de Gand, ces autres détails complémentaires :

« Le droit de vendre ce poirier a été cédé par l'obtenteur à M. Verschaffelt, horticulteur à Gand, qui l'a mis au commerce en 1862..... A l'une des expositions d'automne de la Société d'Agriculture de Tournai, un jury spécial a dégusté cette poire, l'a déclarée de toute première qualité, et lui a décerné un premier prix. » (Tome IX, n° 339.)

213. Poire BEURRÉ GIFFARD.

Synonyme. — Poire GIFFARD (Decaisne, le Jardin fruitier du Muséum, 1861, t. IV).

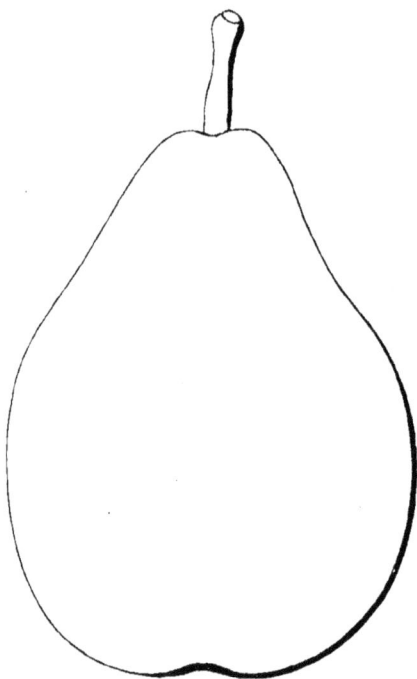

Description de l'arbre. — *Bois :* de force moyenne et d'un joli rouge grisâtre. — *Rameaux :* assez nombreux, étalés et légèrement contournés, faibles, très-longs, peu coudés, rouge foncé, à lenticelles fines et clair-semées, à coussinets presque nuls. — *Yeux :* très-petits, aplatis, collés contre l'écorce. — *Feuilles :* moyennes, rarement abondantes, ovales, acuminées, ayant les bords entiers, le pétiole long, grêle, et les stipules excessivement développées.

FERTILITÉ. — Ordinaire.

CULTURE. — De bonne vigueur, il se greffe sur cognassier ou sur franc, croît hâtivement et forme des pyramides régulières et assez jolies, quoiqu'un peu dégarnies de feuilles.

Description du fruit. — *Grosseur :* moyenne. — *Forme :* turbinée, obtuse, gibbeuse et ventrue. — *Pédoncule :* court, droit ou arqué, mince, perpendiculairement ou obliquement implanté à la surface du fruit. — *OEil :* petit, ouvert, bien fait, presque saillant. — *Peau :* jaune verdâtre, fortement ponctuée de brun, maculée de fauve autour du pédoncule et lavée de rouge terne du côté du soleil. — *Chair :* blanche, fine, fondante, rarement pierreuse. — *Eau :* suffisante, sucrée, acidule, faiblement mais délicatement parfumée.

MATURITÉ. — Fin juillet et commencement d'août.

QUALITÉ. — Première, en raison surtout de sa précocité.

Historique. — Deux versions ont déjà été publiées, sur l'origine de ce Beurré; l'une qui le déclare trouvé par hasard, en 1840, par M. Rousseau, fleuriste à Angers; et l'autre qui le fait naître spontanément, cette même année 1840, chez M. Giffard, horticulteur dite ville. Mais ces deux versions sont erronées, ainsi que va le démontrer la note ci-après, que nous empruntons aux archives du Comice horticole de Maine-et-Loire :

« Ce fruit a été rencontré sur un sauvageon, en 1825, par M. Nicolas Giffard, cultivateur aux Fouassières, près la garenne Saint-Nicolas, paroisse Saint-Jacques d'Angers. M. Millet, ancien président du Comice, l'a décrit pour la première fois en 1840, dans les *Bulletins* de cette Société. » (*Travaux du Comice*, t. II, p. 136, et *Liste des fruits obtenus dans le département de Maine-et-Loire*, p. 4.)

Observations. — Généralement, ce poirier n'est pas très-fertile; cependant, lorsqu'il a dépassé une dizaine d'années, il le devient beaucoup plus, sans mériter

I.   24

toutefois qu'on le classe parmi les variétés renommées pour l'abondance de leurs produits. — M. Paul de Mortillet, qui a décrit le Beurré Giffard dans les *Quarante bonnes Poires*, intéressant opuscule imprimé en 1860, en a porté l'appréciation suivante, qu'accompagnent d'utiles recommandations :

« Si l'on pouvait reprocher quelque chose à la poire Giffard, ce serait de manquer un peu de parfum. Ce n'en est pas moins un excellent fruit et la première très-bonne poire de la saison. Il est meilleur lorsqu'il s'achève au fruitier, après avoir été cueilli quelques jours avant sa maturité... Il est de bonne garde pour un fruit d'été. » (Page 13.)

214. Poire BEURRÉ GOUBAULT.

Synonyme. — *Poire* GOUBAULT (Decaisne, *le Jardin fruitier du Muséum,* 1860, t. III).

Description de l'arbre. — *Bois :* très-fort. — *Rameaux :* nombreux, légèrement étalés, gros, longs, bien coudés, brun clair grisâtre, ayant les lenticelles larges, des plus abondantes, et les coussinets saillants. — *Yeux :* volumineux, ovoïdes-obtus, à écailles disjointes, duveteux, n'adhérant pas complétement au bois. — *Feuilles :* habituellement ovales-arrondies, acuminées, profondément dentées, portées sur un pétiole fort, assez court et faiblement rosé.

FERTILITÉ. — Grande.

CULTURE. — Peu de poiriers le surpassent en vigueur; il développe excessivement vite son écusson, prospère sur toute espèce de sujet, et fait des pyramides admirables, régulières et très-fortes.

Description du fruit. — *Grosseur :* moyenne. — *Forme :* turbinée-arrondie. — *Pédoncule :* assez long, bien nourri, arqué, implanté obliquement ou perpendiculairement dans une large cavité en entonnoir. — *Œil :* grand, souvent mi-clos, uni sur ses bords, placé dans un évasement assez profond. — *Peau :* vert tendre, uniformément parsemée de points grisâtres, surtout sur le côté frappé par le soleil. — *Chair :* blanche, mi-fine, fondante ou mi-fondante, juteuse, à peu près exempte de pierres. — *Eau :* excessivement abondante, sucrée, rafraîchissante, aromatique et délicate.

MATURITÉ. — Fin août et courant de septembre.

QUALITÉ. — Première, lorsque son point de maturité est bien choisi; deuxième quand il est trop avancé.

Historique. — Si nous interrogeons les *Annales* du Comice horticole de Maine-et-Loire, nous voyons que cette poire « fut obtenue de semis en 1842, par « M. Goubault, alors horticulteur faubourg Saint-Michel, à Angers, et qu'on l'a « mise dans le commerce en 1843. » (Tome III, p. 55.)

Observations. — Les Allemands ne connaissaient pas encore, en 1860, la véritable provenance de ce Beurré, car le docteur Langethal, un de leurs pomologues, le décrivant au 7º cahier de son *Deutsches Obstcabinet*, disait : « Je le crois « né en Belgique, et c'est M. Papeleu, de Wetteren, qui me l'a fourni. » Aujourd'hui, que mon *Catalogue* traduit en anglais, en allemand, en espagnol et en italien, circule de tous côtés à l'étranger, il rectifiera d'autant mieux les erreurs de cette nature, que je me suis efforcé d'y consigner le plus grand nombre possible de renseignements sur l'origine des fruits. — « Le Muséum a reçu de Lyon, sous « le nom de poire *Citronnée*, un fruit très-semblable par sa forme, sa couleur et « l'époque de sa maturité, au Beurré Goubault, » écrivait en 1860 M. Decaisne, tome III de son *Jardin fruitier*. Il existe effectivement, et nous la cultivons, une variété de poirier qui porte ce nom ; mais dans nos pépinières, hâtons-nous de l'affirmer, elle se montre bien différente du Beurré Goubault. Et l'on peut immédiatement s'en assurer, en étudiant plus loin l'article consacré à la poire Citronnée.

---

215. Poire BEURRÉ GRIS.

Synonymes. — *Poires :* 1. BEURRÉE (le Lectier, *Catalogue des arbres cultivés dans son verger et plant,* 1628, p. 11). — 2. BEURRÉE ROUSSE (*Id. ibid.*). — 3. CLAIRVILLE RONDE (*Id. ibid.*) — 4. YSAMBERT (*Id. ibid.*). — 5. BEURRÉ ROUX (dom Claude Saint-Étienne, *Nouvelle instruction pour connaître les bons fruits,* édition de 1670, p. 57). — 6. D'AMBOISE (Merlet, *l'Abrégé des bons fruits,* édition de 1675, p. 88). — 7. BEURRÉ D'ANJOU (*Id. ibid.*). — 8. BEURRÉ ROUGE D'ANJOU (*Id. ibid.*). — 9. ISAMBERT-LE-BON (*Id. ibid.*). — 10. BEURRÉ D'AMBOISE (la Quintinye, *Instructions pour les jardins fruitiers et potagers,* édition de 1739, pp. 226-227). — 11. BEURRÉ ISAMBERT DES NORMANDS (*Id. ibid.*). — 12. BEURRÉ ROUGE (*Id. ibid.*). — 13. BEURRÉ VERT (*Id. ibid.*). — 14. BEURRÉ D'AMBLEUSE (Herman Knoop, *Fructologie,* 1771, p. 135). — 15. BEURRÉ D'OR (*Id. ibid.*). — 16. GISAMBERT (*Id. ibid.*). — 17. DE VENDÔMR (*Id. ibid.*). — 18. BEURRÉ DE TRÉVERENN (Prévost, *Cahiers pomologiques,* 1839, p. 86). — 19. BEURRÉ DORÉ (Thompson, *Catalogue of fruits of the horticultural Society of London,* 1842, p. 126, nº 60). — 20. BEURRÉ DU ROI (*Id. ibid.*). — 21. LISAMBART (du Breuil, *Cours d'arboriculture,* 1854, t. II, p. 569-II). — 22. ISAMBART-LE-BON (Thuillier-Aloux, *Catalogue raisonné des poiriers qui peuvent être cultivés dans la Somme,* 1855, p. 8). — 23. D'AMBLETEUSE (Decaisne, *le Jardin fruitier du Muséum,* 1859, t. II). — 24. BEURRÉ D'ISAMBERT-LE-BON (*Id. ibid.*). — 25. BEURRÉ DE SAINTONGE (*Id. ibid.*). — 26. ISAMBART (*Id. ibid.*). — 27. BEURRÉ GRIS D'AUTOMNE (de Liron d'Airoles, *Liste synonymique des variétés du poirier,* 1859, p. 44). — 28. BEURRÉ D'ISAMBARD (*Id. ibid.*). — 29. EISENBART [*en Allemagne*] (Langethal, *Deutsches Obstcabinet,* 3º cahier, 1859).

Description de l'arbre. — *Bois :* fort. — *Rameaux :* assez nombreux, étalés, gros, longs, très-géniculés, rouge brunâtre, ayant les lenticelles fines, rapprochées, et les coussinets bien accusés. — *Yeux :* volumineux, ovoïdes-pointus, généralement placés en éperon. — *Feuilles :* petites, vert jaunâtre, souvent rougies, ovales ou elliptiques, ondulées, profondément dentées, portées sur un pétiole court et grêle.

FERTILITÉ. — Abondante.

CULTURE. — Le cognassier convient bien à cet arbre, mais il prospère toujours mieux sur le franc; toutefois, quel que soit le sujet qu'on lui ait donné, il ne prend jamais qu'une forme pyramidale assez irrégulière.

Poire Beurré gris.

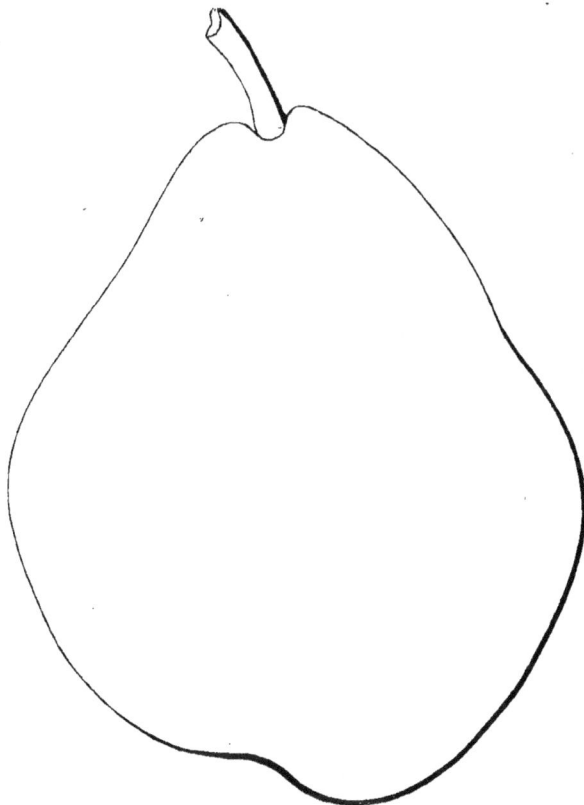

Description du fruit. — *Grosseur :* volumineuse ou moyenne. — *Forme :* turbinée-arrondie ou oblongue, bosselée, obtuse, ayant généralement un côté plus ventru que l'autre. — *Pédoncule :* court, mince, arqué, obliquement implanté au milieu d'une étroite cavité en entonnoir. — *Œil :* moyen, mi-clos ou fermé, placé à fleur de fruit. — *Peau :* sa couleur varie beaucoup; quelquefois elle est grisâtre, rugueuse et comme granitée; ou bien encore fortement bronzée; mais cependant elle est le plus habituellement jaune d'or, ponctuée et marbrée de roux, striée de même dans l'évasement pédonculaire, et légèrement lavée de rose terne sur la partie frappée par le soleil. — *Chair :* blanc mat, fine, excessivement fondante, rarement granuleuse. — *Eau :* des plus abondantes, sucrée, acidule, vineuse, douée d'un arome d'une exquise saveur.

Maturité. — De la mi-septembre jusqu'à la fin d'octobre.

Qualité. — Première.

Historique. — On lit dans la *Pomologie de la France*, publiée à Lyon par le Congrès pomologique, ce qui suit au sujet du Beurré gris :

« Cette variété est très-ancienne; si les noms primitifs donnés aux fruits eussent été conservés, comme le dit Olivier de Serres — qui la cite sous le nom de *la Dorée* — peut-être trouverait-on qu'elle nous vient des Romains. » (1864, t. II, n° 68.)

Mais ce passage, à notre sens, ne saurait s'appliquer au Beurré gris, car la poire Dorée, dont il est question ici, diffère entièrement de ce fruit délicieux. Et si l'on consulte Olivier de Serres, il en fournit immédiatement la preuve :

« La poire *Dorée* — écrivait-il en 1608 — ainsi ditte pour l'or dont elle est peinte du costé regardant le Soleil : elle est assez grossete, de figure tendant à la rondeur, de precieux goust, et de meureté contemporaine à la *Petite Muscateline*, la plus petite, la plus primeraine de toutes les autres. » (*Le Théâtre d'agriculture et mesnage des champs*, 4e édition, p. 627.)

Dans cette description, trois caractères s'éloignent essentiellement de ceux

particuliers au Beurré gris, qui n'est certes pas, on en conviendra, une poire
« assez grossete, tendant à la rondeur, et de meureté contemporaine à la Petite
« Muscateline, » notre *Petit-Muscat* ou Sept-en-Gueule, souvent mûr dès la fin de
juin. Et si l'on pouvait en douter, nous ajouterions qu'on voyait figurer en 1628, à
la page 7 du *Catalogue des arbres cultivés dans le verger et plant du sieur le Lectier*,
procureur du roi à Orléans, la poire DORÉE, d'Olivier de Serres, puis à la page 11 de
ce même opuscule la poire « BEURRÉE, ou YSAMBERT, estant en maturité en septembre
« et commencement d'octobre. » D'où résulte qu'au XVIIᵉ siècle aucune identité
n'ayant existé entre ces deux fruits, il devient assez difficile, au XIXᵉ, de les supposer semblables.

Le Lectier fut le *premier* auteur qui parla,du Beurré ; et déjà, quoiqu'en 1628, il
lui donnait pour synonyme, •poire Ysambert. Personne, avant cette époque,
n'ayant cité l'un ou l'autre de ces deux noms, il est alors permis de penser que
l'obtention de ce poirier remonte au plus à 1550. Quant à sa provenance, nous
partageons volontiers l'opinion de M. Eugène Forney, qui dans son *Jardinier fruitier* disait en 1862 : « Il paraît originaire de Normandie, où il portait primitivement
« le nom d'*Ysambart*, nom de famille assez commun dans cette province. »
(Tome I, pp. 194-195.) Et ce sentiment fut aussi professé par la Quintinye (1690),
puisqu'au tome Iᵉʳ de ses *Instructions pour les jardins fruitiers et potagers*, il l'appelait
l'ISAMBERT DES NORMANDS. (Page 227.) Du reste, il est positif qu'Isambert a été le
nom *primitif* de cette poire, et non point Beurré, qu'on lui appliqua seulement
vers 1625, selon Claude Mollet, créateur des parterres du roi Henri IV, et auteur
du *Théâtre des jardinages*, ouvrage très-rare dans lequel on lit ce qui suit :

« Le poirier Beurré est un fort bon arbre ; il s'appelle autrement : les *anciens* luy ont
donné le nom d'ISAMBERT, et *de nostre temps nous l'appellons* BEURRÉ, à cause que son fruit
estant en maturité, si-tost que l'on en met un morceau dans la bouche, il fond comme le
beurre, et a le goust odoriferant. » (Chapitre V, pp. 28-29.)

Chez les Allemands, ou le Beurré gris est cultivé de tous côtés, on l'a doté d'un
étrange surnom. Soit hasard, soit désir de faire un innocent jeu de mots, au lieu
de conserver à son synonyme Isambart sa véritable orthographe, on l'a changé en
Eisenbart, terme qui dans la langue tudesque signifie *Barbe de fer*...

Observations. — De nos jours, quelques personnes croient encore, dans le
monde arboricole, qu'il existe des variétés distinctes de Beurré *Rouge*, *Vert*,
Doré, etc., etc. C'est là une erreur que nous ne saurions partager en rien, et contre
laquelle n'ont cessé de s'élever, depuis plusieurs siècles, les pomologues les plus
accrédités. Citons seulement l'avis de trois d'entre eux :

En 1690, la Quintinye, l'homme de son temps qui connut le mieux les fruits,
tranchait ainsi la question :

« A l'égard du Beurré, il faut établir que tant le Beurré *rouge*, autrement l'*Amboise*, ou
l'*Isambert des Normands*, que le Beurré *gris* et Beurré *vert*, NE SONT QU'UNE MÊME CHOSE ; si
bien que souvent il s'en trouve de toutes ces façons sur un même arbre, ces différences de
couleur n'ayant d'autres fondemens que la belle exposition ou peut-être une médiocre infir-
mité de tout l'arbre, ou seulement de quelque branche, qui en font de rouge ; ou que
l'ombre et la vigueur, soit de l'arbre entier, soit de la branche particulière, qui en font de
gris ou de vert. » (*Instructions pour les jardins fruitiers et potagers*, t. I, p. 227.)

En 1768, Duhamel du Monceau, dont la volumineuse et belle pomologie fait
toujours autorité, dit à son tour, d'accord avec son devancier :

« La peau du Beurré est... *verte*, ou *grise*, ou *rouge*... Cette différence de couleur NE FAIT
PAS TROIS VARIÉTÉS DE BEURRÉ,... comme on le croit communément ; C'EST UN SEUL ET MÊME
BEURRÉ, dont la couleur varie suivant le terrain, l'exposition, la culture, le sujet. Les arbres

jeunes et vigoureux, et ceux qui sont greffés sur franc, donnent ordinairement leurs fruits *gris*. Les arbres greffés sur coignassier, et d'une vigueur médiocre, en produisent de *verts*. Ceux qui sont languissants, ou plantés dans un terrain trop sec, et à une exposition très-chaude, en produisent de *rouges*. Quelquefois *un même arbre en porte des trois couleurs*, ayant des branches de différents degrés de force ou de langueur propres à produire cette différence dans la couleur du fruit. » (*Traité des arbres fruitiers*, t. II, pp. 196-197.)

Enfin, tout récemment (1862) un jeune et savant professeur d'arboriculture de Paris, M. Eugène Forney, dont nous avons cité plus haut l'opinion au sujet de l'origine de ce Beurré, prouvait à ses lecteurs, dans un de ses ouvrages, que la Quintinye avait eu grandement raison en déclarant identiques ces Beurrés de diverses couleurs :

« La Quintinye — observait-il — a reconnu que ces variétés étaient semblables... et il est facile de s'en assurer : on n'a, comme je l'ai fait, qu'à greffer du Beurré à fruits verts sur un arbre chlorosé, et l'on obtiendra des fruits jaunes et rouges ; on voit même des arbres donner des fruits verts une année, et l'année suivante des fruits jaunes. » (*Le Jardinier fruitier*, t. I, pp. 194-195.)

Mais il nous reste encore une remarque à faire, avant de terminer ce long article : c'est qu'il existe en Allemagne — et nous la possédons et la multiplions dans nos pépinières — une variété dite *Beurré rouge* qui n'a réellement aucune espèce de rapport avec le Beurré gris ici décrit. Et l'on n'en doutera nullement, lorsqu'on saura que sa chair est cassante, sèche et grossière.

Poire BEURRÉ GRIS D'AUTOMNE. — Synonyme de *Beurré gris*. Voir ce nom.

Poire BEURRÉ GRIS DE BILBAO. — Synonyme de *Beurré doré de Bilbao*. Voir ce nom.

Poire BEURRÉ GRIS D'HIVER. — Synonyme de *Beurré gris d'Hiver nouveau*. Voir ce nom.

Poire BEURRÉ GRIS D'HIVER ANCIEN. — Synonyme de poire *Milan d'Hiver*. Voir ce nom.

---

216. Poire BEURRÉ GRIS D'HIVER NOUVEAU.

Synonymes. — *Poires :* 1. BEURRÉ GRIS D'HIVER (Prévost, *Cahiers pomologiques*, 1839, p. 116). — 2. BEURRÉ D'HIVER NOUVEAU (*Id. ibid.*). — 3. BEURRÉ DE LUÇON (*Id. ibid.*). — 4. BEURRÉ GRIS SUPÉRIEUR (Bivort, *Album de pomologie*, 1850, t. III, p. 49). — 5. BEURRÉ DE FONTENAY (Tougard, *Tableau descriptif des variétés de poires*, 1852, p. 60). — 6. BEURRÉ GRIS DE LUÇON (*Id. ibid.*). — 7. DE LUÇON (Decaisne, *le Jardin fruitier du Muséum*, 1858, t. I).

Description de l'arbre. — *Bois :* de force moyenne — *Rameaux :* peu nombreux, étalés, assez gros, courts, à peine géniculés, rouge grisâtre, finement et abondamment ponctués, ayant les coussinets très-ressortis. — *Yeux :* moyens, ovoïdes, habituellement obtus, un peu écartés du bois. — *Feuilles :* vert jaunâtre, rarement nombreuses, ovales-allongées, crénelées ou dentées, à pétiole long, bien nourri, souvent recouvert d'une poussière noirâtre.

FERTILITÉ. — Ordinaire.

CULTURE. — Peu vigoureux sur cognassier, il se plaît infiniment mieux sur le franc, mais son développement y est tardif et ses pyramides y restent toujours faibles, et toujours aussi trop dégarnies de feuilles.

Poire Beurré gris d'Hiver nouveau.

Description du fruit. — *Grosseur :* au-dessus de la moyenne et parfois plus volumineuse. — *Forme :* arrondie, irrégulière, bosselée, habituellement plus renflée d'un côté que de l'autre. — *Pédoncule :* court, bien nourri, droit ou recourbé, obliquement inséré dans un large évasement assez profond et dont les bords sont des plus inégaux. — *OEil :* moyen, très-ouvert, contourné, faiblement enfoncé. — *Peau :* rugueuse, épaisse, vert grisâtre, lavée de rouge sur la partie exposée au soleil, et presque entièrement recouverte de larges marbrures fauves et de points d'un gris-blanc fort apparent. — *Chair :* jaunâtre, fine, fondante, juteuse, constamment pierreuse, et souvent avec excès, autour des loges. — *Eau :* extrêmement abondante, sucrée, vineuse, aromatique et très-délicate.

MATURITÉ. — Du commencement de novembre jusqu'en janvier.

QUALITÉ. — Première.

Historique. — Les pomologues belges et français s'accordent pour la déclarer originaire de Luçon, petite ville située non loin de Fontenay-le-Comte (Vendée); mais aucun d'eux n'en connaît l'obtenteur. Peut-être aura-t-elle poussé naturellement?... Nous la cultivons depuis 1842, et les renseignements qu'on nous a fournis sur elle, reportent à 1830 environ l'époque de sa véritable propagation.

Observations. — Les noms Angélique de Rome, Doyenné marbré, Saint-Michel d'Hiver, ont été donnés plusieurs fois comme synonymes de Beurré gris d'Hiver nouveau, et bien à tort. Le premier appartient en effet à une variété spéciale, que nous avons décrite ci-dessus, page 136; et les deux autres furent attribués jadis à l'excellente poire appelée Doyenné d'Alençon.

POIRE BEURRÉ GRIS DE LUÇON. — Synonyme de *Beurré gris d'Hiver nouveau.* Voir ce nom.

POIRE BEURRÉ GRIS DE PORTUGAL. — Synonyme de *Beurré doré de Bilbao.* Voir ce nom.

POIRE BEURRÉ GRIS-ROUGE. — Synonyme de poire *Nec plus Meuris.* Voir ce nom.

Poire BEURRÉ GRIS SUPÉRIEUR. — Synonyme de *Beurré gris d'Hiver nouveau*. Voir ce nom.

Poire BEURRÉ HAFFNER. — Synonyme de poire *Fondante des Bois*. Voir ce nom.

217. Poire BEURRÉ HAMECHER.

Description de l'arbre. — *Bois :* très-fort. — *Rameaux :* nombreux, érigés, gros, longs, flexueux et légèrement cotonneux, jaune clair verdâtre, à lenticelles petites et très-rapprochées, à coussinets bien accusés. — *Yeux :* moyens, ovoïdes aplatis, appliqués contre l'écorce au sommet du rameau et sortis en courts éperons vers la base. — *Feuilles :* assez grandes, très-abondantes, ovales-allongées, canaliculées et contournées, ayant les bords unis, le pétiole long et des plus gros.

Fertilité. — Convenable.

Culture. — Sur cognassier, cet arbre, dont la vigueur est excessive, se développe bien et forme des pyramides magnifiques, régulières et feuillues. Nous ne l'avons pas encore greffé sur franc.

Description du fruit. — *Grosseur :* moyenne et souvent plus volumineuse. — *Forme :* ovoïde ou turbinée-arrondie, généralement déprimée d'un côté, auprès du pédoncule et de l'œil. — *Pédoncule :* peu long, fort, toujours arqué, renflé à son extrémité supérieure, obliquement implanté dans une faible cavité que surmonte un mamelon bien prononcé. — *Œil :* large, ouvert ou mi-clos, placé dans un bassin très-évasé, rarement profond et dont les bords sont légèrement plissés. — *Peau :* jaune verdâtre, passant au jaune d'or sur la partie exposée au soleil, ponctuée de gris, marbrée de roux et très-maculée de brun autour du pédoncule. — *Chair :* blanche, fine, fondante, quelque peu pâteuse et pierreuse, et montrant de nombreuses fibrilles jaunâtres. — *Eau :* suffisante, acidule, faiblement sucrée, faiblement parfumée.

Maturité. — Fin août et premiers jours de septembre.

Qualité. — Deuxième, et parfois troisième, surtout lorsque cette poire n'est pas mangée avant sa trop grande maturité.

Historique. — Gagné chez les Belges, ce poirier, qui provient des derniers semis de Van Mons, a été répandu par M. Alexandre Bivort, et décrit également par lui dans son *Album de pomologie,* auquel nous empruntons les renseignements ci-après :

« Ce fruit a mûri pour la première fois en octobre 1847..... Je ne puis rien dire de certain quant à l'époque de son semis, sinon que l'arbre paraît avoir environ douze ans actuellement. Sur le désir que M. Scheidweiler, professeur d'agronomie et d'horticulture à l'École vétérinaire de l'État, à Bruxelles, m'en a manifesté, j'ai dédié cette poire à M. Chrysanthe Hamecher, son ami, pharmacien, assesseur du Collége médical, et conseiller communal à Cologne, zélé pomologue qui a bien voulu en accepter la dédicace. » (Tome Ier, 1847, p. 49.)

Observations. — Les Belges et les Allemands déclarent « *excellent* » le Beurré Hamecher, et le disent mûrissant en « octobre et novembre. » Dans notre école, il ne se montre pas ainsi, puisque nous l'avons toujours mangé, depuis 1852, *à la fin d'août,* et constamment, aussi, trouvé *peu savoureux.*

Poire BEURRÉ HAMON. — Synonyme de poire *Hamon.* Voir ce nom.

Poire BEURRÉ D'HARDENPONT (EN BELGIQUE). — Synonyme de *Beurré d'Arenberg* (EN FRANCE). Voir ce nom.

218. Poire BEURRÉ D'HARDENPONT D'AUTOMNE.

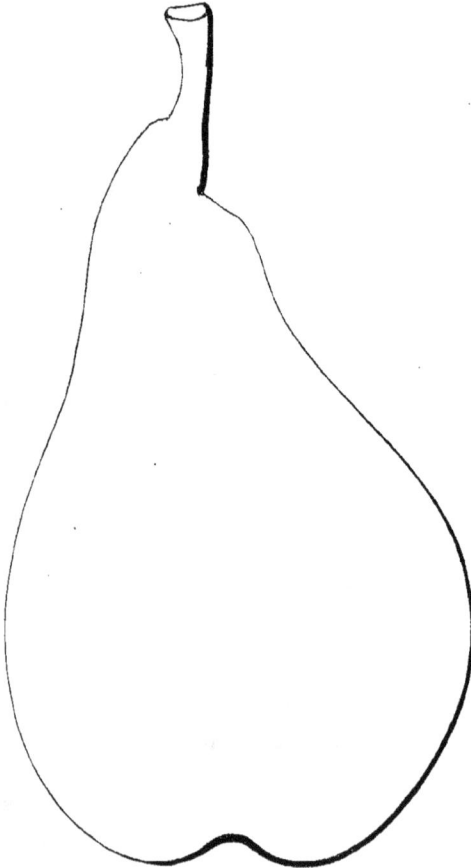

Description de l'arbre.
— *Bois :* faible. — *Rameaux :* peu nombreux, étalés, légèrement contournés, longs, assez gros, géniculés, brun verdâtre souvent rougi, surtout auprès des yeux, ayant les lenticelles larges, abondantes, et les coussinets bien ressortis. — *Yeux :* petits, ovoïdes-aplatis, habituellement obtus, entièrement appliqués contre l'écorce. — *Feuilles :* grandes, ovales, planes ou canaliculées, à bords finement dentés, à pétiole long, épais et teinté de rose près du point d'attache.

Fertilité. — Satisfaisante.

Culture. — Ce poirier ne pousse jamais convenablement sur le cognassier, il y est faible, mal ramifié ; le franc lui donne plus de vigueur et rend ses pyramides moins chétives, moins dénudées.

Description du fruit. — *Grosseur :* au-dessus de la moyenne. — *Forme :* régulière, très-allongée, se rapprochant beaucoup des Calebasses, ventrue vers la base, excessivement amincie à sa partie supérieure. — *Pédoncule :* court, gros, arqué, se continuant avec le fruit, plissé et des plus charnus à son point d'insertion. — *Œil :* grand, mi-clos ou bien ouvert, à peine enfoncé. — *Peau :* jaune, couverte en partie de larges points bronzés, saillants, rugueux, et portant du côté du soleil de nombreuses taches brunes parfois entremêlées de teintes rougeâtres. — *Chair :* jaunâtre, fine, fondante, aqueuse, légèrement pierreuse. — *Eau :* abondante, sucrée, vineuse, fort aromatique.

Maturité. — Fin septembre ou commencement d'octobre, et dépassant très-rarement la mi-novembre.

Qualité. — Première.

Historique. — Nous avons dit page 302, en parlant de notre Beurré d'Arenberg, appelé chez les Belges *Beurré d'Hardenpont d'Hiver*, que Van Mons fut l'obtenteur du *Beurré d'Hardenpont* ici décrit, et surnommé d'Automne pour éviter toute confusion avec ce dernier. Prouvons maintenant que nous n'avançions là rien d'inexact, en reproduisant la note suivante, que le professeur Poiteau publiait en 1832 dans la *Revue horticole*, de Paris :

« *Beurré d'Hardenpont*, gain de Van Mons. — Il y a environ trente ans (vers 1802) que j'ai vu un fruit, sous ce nom, chez M. Noisette..... On l'a, je crois, confondu avec le Beurré d'Arenberg..... Il est cultivé au Luxembourg, et mûrit en *septembre*..... Cette poire n'est pas portée sur le Catalogue de la pépinière, parce qu'il était imprimé quand elle arriva à l'établissement..... Cependant le Beurré d'Hardenpont ne se perdra pas, car M. Noisette l'a introduit dans ses pépinières. » (Pages 101 et 102.)

Et Noisette, effectivement, multiplia cette variété, puisque nous la trouvons ainsi décrite dans son *Jardin fruitier :*

« *Beurré d'Hardenpont*. — Très-beau fruit, ventru, étranglé du côté de la queue, ponctué, jaune-clair, rougissant quelquefois un peu du côté du soleil; à chair blanche, fondante, avec beaucoup d'eau sucrée et parfumée..... Mûrit courant de septembre..... Il a été introduit de la Belgique en France. Quelques personnes le confondent avec le Beurré d'Arenberg, mais il en diffère par l'époque de maturité et par les qualités. On le cultivait à l'École du Luxembourg, pendant les dernières années. » (Édition de 1832, pp. 129-130.)

En entendant Poiteau affirmer que ce fut vers 1802 qu'il vit le Beurré d'Hardenpont d'Automne pour la première fois, on peut reporter sans crainte à la fin du dernier siècle l'obtention de ce fruit par Van Mons, et lui assigner Bruxelles comme lieu de naissance. Et notre opinion ne saurait guère être contestée, devant ces lignes de M. Alexandre Bivort, extraites de sa notice sur la *Théorie Van Mons*, publiée en 1835 :

« Van Mons était né avec le goût du jardinage ; dès sa tendre jeunesse, il s'occupait à semer dans le jardin de son père des espèces florales et des espèces fruitières..... et en peu d'années il réunit dans sa *pépinière de la Fidélité, à Bruxelles*, une masse d'arbres fruitiers, la plupart provenus de ses semis; leur nombre s'élevait, en 1815, à plus de 80,000. » (*Publications de la Société Van Mons*, t. I, p. 68.)

———————

Poire BEURRÉ D'HARDENPONT DE CAMBRON. — Synonyme de *Beurré d'Arenberg* (en France). Voir ce nom.

———————

219. Poire BEURRÉ HARDY.

Synonyme. — *Poire* HARDY (Decaisne, *le Jardin fruitier du Muséum*, 1861, t. IV).

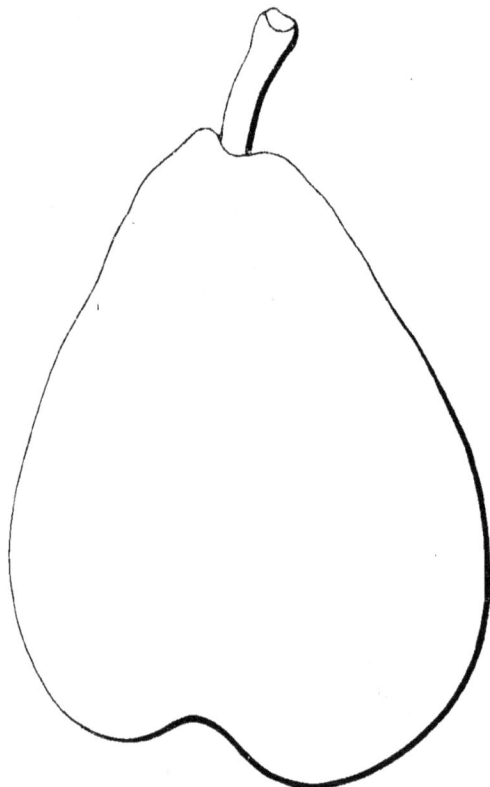

Description de l'arbre.

— *Bois :* très-fort. — *Rameaux :* assez nombreux, généralement étalés à la base de la tige, érigés près du sommet, des plus longs et des plus gros, coudés, brun olivâtre souvent rougi, à lenticelles larges et clair-semées, à coussinets peu saillants. — *Yeux :* moyens, ovoïdes-pointus, duveteux, non appliqués contre le bois et ayant les écailles légèrement disjointes. — *Feuilles :* de grandeur ordinaire, ovales-allongées, quelque peu canaliculées, profondément dentées en scie, portées sur un pétiole long et bien nourri.

Fertilité. — Convenable.

Culture. — très-vigoureux, il peut être greffé sur toute espèce de sujet ; le développement de son écusson est assez vif ; ses pyramides sont fortes, mais pèchent habituellement par une trop maigre ramification.

Description du fruit. — *Grosseur :* au-dessus de la moyenne. — *Forme :* turbinée, obtuse, ventrue, bosselée, toujours plus renflée d'un côté que de l'autre. — *Pédoncule :* court, gros, recourbé, obliquement inséré au milieu d'une faible dépression souvent surmontée d'un mamelon peu prononcé. — *Œil :* moyen, ouvert, placé dans un large bassin rarement très-profond. — *Peau :* épaisse, rude au toucher, jaune obscur, ponctuée de brun clair, presque entièrement marbrée et tachée de fauve, et parfois lavée de rouge sombre sur la partie regardant le soleil. — *Chair :* blanche, des plus fines et des plus fondantes, aqueuse, pierreuse au centre. — *Eau :* excessivement abondante, sucrée, aromatique, ayant un arrière-goût musqué d'une exquise délicatesse.

Maturité. — De la moitié de septembre jusqu'à la moitié d'octobre.

Qualité. — Première.

Historique. — Cette variété, d'origine française, commençait à se répandre en 1830 ; elle provenait des semis de feu Bonnet, de Boulogne-sur-Mer, l'un des hommes de son temps qui s'occupa le plus de pomologie. M. Jean-Laurent Jamin, pépiniériste à Bourg-la-Reine (Seine), en fut le promoteur et le parrain. Il lui donna le nom de M. Hardy, alors directeur du Jardin du Luxembourg.

Observations. — Le Beurré Kennes, dont la description se trouve ci-après, page 383, n'est pas, comme quelques-uns l'ont cru, le même que le Beurré Hardy; en étudiant l'article que nous lui avons consacré, on verra facilement en quoi ces deux variétés diffèrent. — Le Beurré Hardy devenant pâteux dès les premiers jours de sa maturité, il faut le surveiller attentivement au fruitier, et surtout le cueillir un peu vert.

POIRE BEURRÉ HATIF. — Synonyme de poire *Caillot rosat*. Voir ce nom.

POIRE BEURRÉ DES HAUTES - VIGNES. — Synonyme de Poire *Délices d'Hardenpont d'Angers*. Voir ce nom.

POIRE BEURRÉ DE HEMPTIENNE. — Synonyme de poire *Jean de Witte*. Voir ce nom.

POIRE BEURRÉ D'HIVER. — Synonyme des poires : *Besi de Chaumontel*, *Besi de la Motte*, *Beurré de Rance* et *Doyenné d'Hiver*. Voir chacun de ces noms.

POIRE BEURRÉ D'HIVER DE BRUXELLES. — Synonyme de *Doyenné d'Hiver*. Voir ce nom.

POIRE BEURRÉ D'HIVER DE LIÉGEL. — Synonyme de poire *Suprême Coloma*. Voir ce nom.

POIRE BEURRÉ D'HIVER NOUVEAU. — Synonyme de *Beurré gris d'Hiver nouveau*. Voir ce nom.

POIRE BEURRÉ D'IEDAN. — Synonyme de poire *Amadote*. Voir ce nom.

POIRE BEURRÉ INCOMPARABLE. — Synonyme de *Beurré Diel*. Voir ce nom.

POIRES BEURRÉ D'ISAMBARD ET BEURRÉ D'ISAMBERT. — Synonymes de *Beurré gris*. Voir ce nom.

POIRE BEURRÉ D'ISAMBERT-LE-BON. — Synonyme de *Beurré gris*. Voir ce nom.

POIRE BEURRÉ ISAMBERT DES NORMANDS. — Synonyme de *Beurré gris*. Voir ce nom.

220. POIRE BEURRÉ JALAIS.

Description de l'arbre. — *Bois :* faible. — *Rameaux :* assez nombreux, grêles, de longueur moyenne, géniculés, brun clair verdâtre ou rosé, à lenticelles fines et très-rapprochées, à coussinets bien marqués. — *Yeux :* petits, ovoïdes ou coniques, généralement ressortis en éperon. — *Feuilles :* moyennes, peu abondantes, ovales, acuminées, ayant les bords faiblement denticulés, le pétiole long et fort.

Poire Beurré Jalais.

FERTILITÉ. — Grande.

CULTURE. — N'étant pas très-vigoureux, il se plaît infiniment mieux sur le franc que sur le cognassier ; ses pyramides y sont régulières et assez jolies, quoiqu'un peu dégarnies de feuilles.

Description du fruit. — *Grosseur :* volumineuse. — *Forme :* turbinée - arrondie , légèrement bosselée. — *Pédoncule :* court, bien nourri, renflé à son attache , arqué, perpendiculairement implanté dans une large cavité ayant souvent les bords inégaux. — *OEil :* petit, mi-clos, duveteux, rarement très-enfoncé. — *Peau :* huileuse, jaune d'or, finement ponctuée, striée et veinée de brun-roux, recouverte du côté du soleil d'une teinte gris rougeâtre. — *Chair :* blanchâtre, fine, fondante, légèrement pierreuse auprès des loges. — *Eau :* suffisante, vineuse, sucrée, rafraîchissante, savoureusement parfumée.

MATURITÉ. — Fin septembre, allant jusqu'à la mi-octobre.

QUALITÉ. — Première.

Historique. — En 1863, la *Revue horticole*, de Paris, faisait connaître comme suit, par la plume de M. de Liron d'Airoles, l'origine de ce nouveau poirier :

« Il provient d'un semis effectué en 1848 par M. Jacques Jalais, jardinier-pépiniériste à Nantes. Son premier rapport a eu lieu en 1848. La Société d'horticulture de Nantes couronna en 1861 ce beau gain d'une grande médaille d'argent. » (N° du 1ᵉʳ septembre, p. 331.)

221. POIRE BEURRÉ JEAN VAN GEERT.

Description de l'arbre. — *Bois :* de force moyenne. — *Rameaux :* nombreux, assez gros, longs, légèrement coudés, vert herbacé, ayant les lenticelles fines, clair-semées, et les coussinets saillants. — *Yeux :* petits, coniques, éloignés de l'écorce, à écailles mal soudées. — *Feuilles :* moyennes, ordinairement de forme ovale, acuminées, profondément dentées, portées sur un pétiole très-court, roide et épais.

Poire Beurré Jean Van Geert.

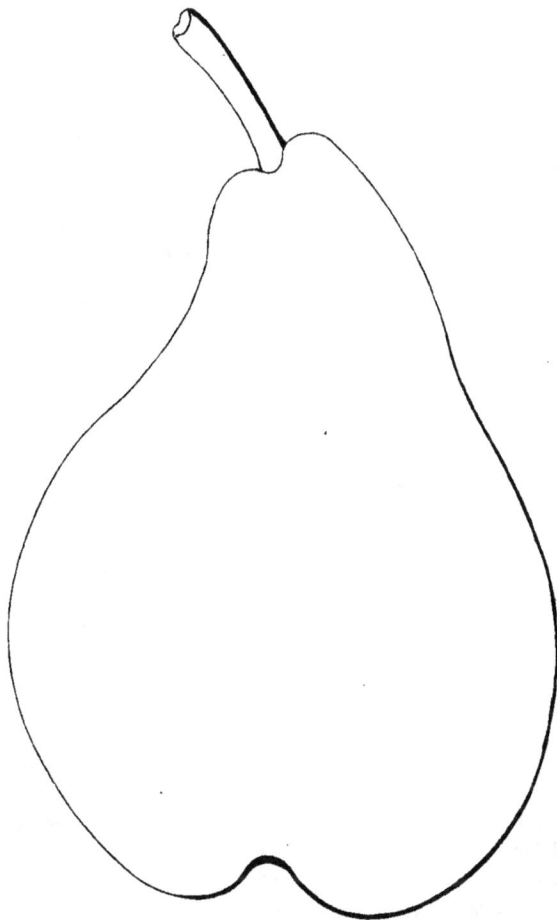

FERTILITÉ. — Convenable.

CULTURE. — Il prend in-distinctement le franc ou le cognassier; sa vigueur est satisfaisante, ainsi que la régularité de ses pyrami-des, qui sont fortes et feuil-lues.

Description du fruit. — *Grosseur :* consi-dérable. — *Forme :* allon-gée, ventrue, obtuse, étran-glée près du sommet et sou-vent quelque peu contour-née. — *Pédoncule :* court, assez mince, droit ou re-courbé, obliquement im-planté dans une étroite ca-vité où le comprime un mamelon bien développé. — *OEil :* moyen, mi-clos, enfoncé, uni sur ses bords. — *Peau :* jaune brillant, ponctuée de fauve, légère-ment marbrée de même, striée de brun auprès de l'œil et lavée de vermillon du côté frappé par le soleil. — *Chair :* blanchâtre, mi-fine, fondante, juteuse, granuleuse autour des pe-pins. — *Eau :* excessivement abondante, sucrée, acidule, aromatique et fort délicate.

MATURITÉ. — Fin octobre et courant de novembre.

QUALITÉ. — Première.

Historique. — Elle nous vient de la Belgique et ne fait encore que paraître dans les jardins. L'*Illustration horticole*, recueil publié chez nos voisins, l'annonçait en 1864. Voici ce qu'il en disait :

« Ce poirier a été obtenu de semis par M. Jean Van Geert père, horticulteur à Gand. M. Ambroise Verschaffelt, pépiniériste même ville, après en avoir dégusté le fruit en a acquis une partie de l'édition. Il est donc mis au commerce cette année 1864. » (N° d'octobre, pl. 416.)

Le premier rapport du Beurré Jean Van Geert a eu lieu en 1863. Ne cultivant cette variété que depuis deux ans, on comprend aisément qu'il nous ait encore été impossible de recueillir quelques observations à son sujet.

222. Poire BEURRÉ KENNES.

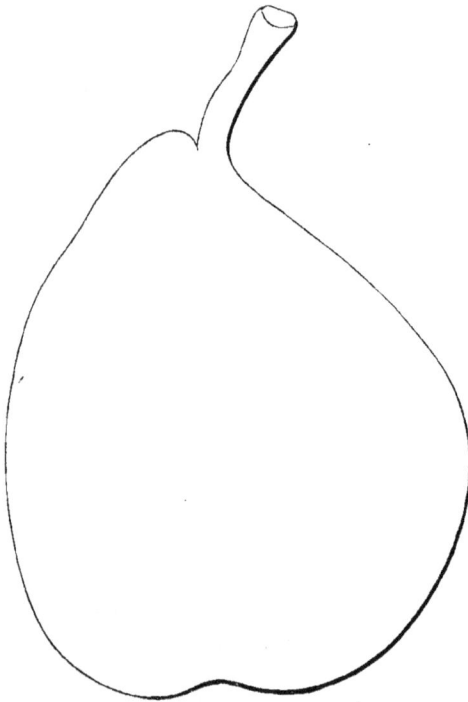

Description de l'arbre. —
Bois : fort. — *Rameaux :* assez
nombreux, légèrement étalés,
gros, de longueur moyenne, géniculés, brun rougeâtre, abondamment et finement ponctués,
ayant les coussinets habituellement bien accusés. — *Yeux :*
moyens, coniques-obtus, à écailles faiblement disjointes, non appliqués contre l'écorce. — *Feuilles:*
grandes, ovales ou elliptiques,
acuminées, planes ou contournées, à bords peu profondément
dentés, à pétiole long, flasque et
menu.

FERTILITÉ. — Excessive.

CULTURE. — Assez vigoureux,
ce poirier se développe toujours
plus hâtivement sur le franc que
sur le cognassier, mais il fait, généralement, des pyramides fortes
et élégantes.

Description du fruit. — *Grosseur :* au-dessus de la moyenne. — *Forme :*
turbinée-arrondie, ventrue, bosselée. — *Pédoncule :* peu long, bien nourri, non
recourbé, renflé à sa partie supérieure, obliquement implanté et le plus ordinairement continu avec le fruit, en dehors de l'axe duquel il est alors placé. — *Œil :*
grand, mi-clos, mal conformé, presque saillant. — *Peau :* jaune d'ocre, ponctuée
de gris, largement maculée de fauve, surtout vers l'œil, et colorée de rouge-brique
sur le côté exposé au soleil. — *Chair :* très-blanche, demi-fine, fondante, juteuse,
contenant quelques pierres auprès des loges. — *Eau :* abondante, sucrée, fraîche,
excessivement parfumée.

MATURITÉ. — Courant d'octobre et commencement de novembre.

QUALITÉ. — Première.

Historique. — Semé par Van Mons, ce poirier ne fructifia qu'en 1845, après
la mort du professeur belge. Il fut décrit en 1846, dans le *Journal d'horticulture*,
par M. Alexandre Bivort, qui continuait à Geest-Saint-Remy, près Jodoigne, les
expériences arboricoles de son savant compatriote. Il le dédia à l'un de ses amis, à
M. Kennes, curé de Neervelp (Belgique).

Observations. — Cette poire blettit ou devient pâteuse assez promptement,
aussi doit-elle être mangée avant sa trop grande maturité. — Nous croyons utile
de rappeler ici ce que nous avons dit à l'article du Beurré Hardy : qu'on s'est
trompé en le supposant semblable au Beurré Kennes.

Poire BEURRÉ DE KENT. — Synonyme de *Beurré d'Arenberg* (EN FRANCE).
Voir ce nom.

223. Poire BEURRÉ KIRTLAND.

Synonymes. — *Poires :* 1. Beurré Kisland (André Leroy, *Catalogue descriptif et raisonné des arbres fruitiers et d'ornement*, 1860, Supplément; 1863, p. 30, n° 128; et 1865, p. 32, n° 169). — 2. Kirtland (Elliott, *Fruit book*, 1854, p. 329).

Premier Type.

Description de l'arbre. — *Bois :* assez fort. — *Rameaux :* nombreux, légèrement arqués et érigés, gros, longs, coudés, cotonneux, rouge clair grisâtre, à lenticelles larges et très-espacées, à coussinets ressortis. — *Yeux :* petits, ovoïdes, aplatis, à écailles mal soudées, duveteux, sans adhérence avec le bois et souvent même placés en éperon. — *Feuilles :* petites ou moyennes, ovales-arrondies, habituellement dentées en scie et canaliculées, portées sur un pétiole court et de moyenne force.

Fertilité. — Grande.

Culture. — Sa vigueur est ordinaire; il prospère non moins bien sur franc que sur cognassier et se développe admirablement.

Deuxième Type.

Description du fruit. — *Grosseur :* moyenne. — *Forme :* variant entre la turbinée fortement obtuse et l'arrondie presque régulière. — *Pédoncule :* court, gros, droit ou arqué, obliquement inséré dans un évasement peu profond. — *Œil :* moyen, ouvert ou mi-clos, uni sur les bords et souvent très-enfoncé. — *Peau :* bronzée, ponctuée de gris clair, entièrement couverte de stries roussâtres formant réseau, et légèrement colorée de rouge-brique du côté du soleil. — *Chair :* blanche, demi-fine, fondante, pierreuse autour des pepins. — *Eau :* excessivement abondante, sucrée, acidule, douée d'un arrière-goût musqué fort délicat.

Maturité. — Vers la mi-septembre, et dépassant très-rarement la fin de ce même mois.

Qualité. — Première.

Historique. — D'origine américaine, elle provient d'un semis de pepins de la poire Seckel, fait par M. H. T. Kirtland, de Poland, dans le comté de Mahoning (Ohio). Le pied-type donna ses premiers fruits en 1850 ou 1851. (Voir Hovey, *the Magazine of Horticulture*, 1853, p. 168, et Elliott, *Fruit book*, 1854, p. 329.)

Observations. — Nous multiplions cette variété, l'une des meilleures que l'Amérique nous ait encore fournies, depuis 1860; mais jusqu'ici, par suite d'une mauvaise lecture de son étiquette, elle a porté dans notre école la dénomination fautive de Beurré Kisland, reproduite également dans nos *Catalogues*. Ce n'est qu'actuellement, en consultant les pomologues américains, que son véritable nom nous apparaît. Restituons-le-lui, et ajoutons qu'aux États-Unis elle a pour synonymes *Seedling Seckel* et *Kirtland's seedling*.

Poire **BEURRÉ KISLAND.** — Synonyme de *Beurré Kirtland*. Voir ce nom.

224. Poire BEURRÉ KNIGHT.

Synonyme. — *Poire* KNIGHT (Van Mons, *Transactions of the horticultural Society of London*, 1820, t. III, p. 119).

Premier Type.

Description de l'arbre. — *Bois :* peu fort. — *Rameaux :* nombreux, érigés ou légèrement étalés, longs, de grosseur moyenne, très-coudés, marron foncé tirant sur l'olivâtre, abondamment ponctués de gris-blanc et munis de coussinets bien ressortis. — *Yeux :* moyens, coniques, duveteux, non appliqués contre l'écorce. — *Feuilles :* assez grandes, ovales, finement crénelées sur leurs bords, planes ou canaliculées, ayant le pétiole long et épais.

FERTILITÉ. — Excessive.

CULTURE. — Le franc lui est plus favorable que le cognassier, sur lequel il n'est pas des plus vigoureux; ses pyramides sont généralement assez jolies et assez touffues.

Description du fruit. — *Grosseur :* au-dessus de la moyenne, ou moyenne. — *Forme :* variant entre l'arrondie-ovoïde et la turbinée-globuleuse, mais constamment déprimée à la base et presque toujours plus ventrue vers le pédoncule qu'à son autre extrémité. — *Pédoncule :* long,

mince, non recourbé, renflé au sommet, plissé à son point d'insertion et obliquement implanté au milieu d'un faible évasement que domine souvent une
protubérance bien prononcée.

Poire Beurré Knight. — *Deuxième Type.*

— *OEil :* grand, très-ouvert,
entouré de bosselettes et placé
dans un bassin assez profond.
— *Peau :* vert jaunâtre, entièrement ponctuée de fauve, finement veinée de même, striée de
gris dans la cavité ombilicale
et largement colorée de carmin
foncé du côté du soleil. — *Chair :*
blanchâtre, un peu grosse, fondante, juteuse, contenant quelques pierres auprès des loges.
— *Eau :* abondante, sucrée, rafraîchissante, possédant un parfum des plus savoureux.

MATURITÉ. — Courant d'oc-
tobre, allant jusqu'à la fin de
novembre.

QUALITÉ. — Première.

Historique. — Van Mons,
qui fut l'obtenteur de ce poirier,
dut le gagner vers 1815, car
le 2 décembre 1817, lisons-nous
à la page 119 du tome III des
Mémoires de la Société d'Horticulture de Londres, il en adres-
sait pour la première fois des fruits à cette Compagnie, dont Knight (Thomas-
Andrew) était alors le président. Van Mons les avait simplement étiquetés : *poires
Knight;* ce n'a été que plus tard qu'on leur a donné rang parmi les Beurrés. A
quelle époque, et en quel pays?... Nous l'ignorons. Dans nos pépinières, on multiplie cet arbre depuis 1848; mais la seule chose que nous puissions assurer — toute
autre note nous manquant — c'est qu'il portait bien, quand il y arriva, le nom de
Beurré Knight. En Allemagne, où l'on en fait un très-grand cas, on le voit décrit
dans les pomologies dès 1852, et sous la même dénomination qu'en France.

---

225. POIRE BEURRÉ KNOX.

Description de l'arbre. — *Bois :* fort. — *Rameaux :* nombreux, étalés, très-
gros, de moyenne longueur, peu géniculés, jaune verdâtre, à lenticelles larges et
rapprochées, à coussinets bien marqués. — *Yeux :* moyens, coniques ou ovoïdes,
souvent placés en éperon et ayant les écailles disjointes. — *Feuilles :* assez grandes,
ovales lancéolées, légèrement dentées sur leurs bords, munies d'un pétiole long,
fort, et accompagné de stipules des plus développées.

FERTILITÉ. — Extrême.

CULTURE. — Vigoureux, ce poirier se greffe sur toute espèce de sujet ; il prend constamment une belle forme pyramidale ; il est très-feuillu, bien ramifié.

Poire Beurré Knox. — *Premier Type.*

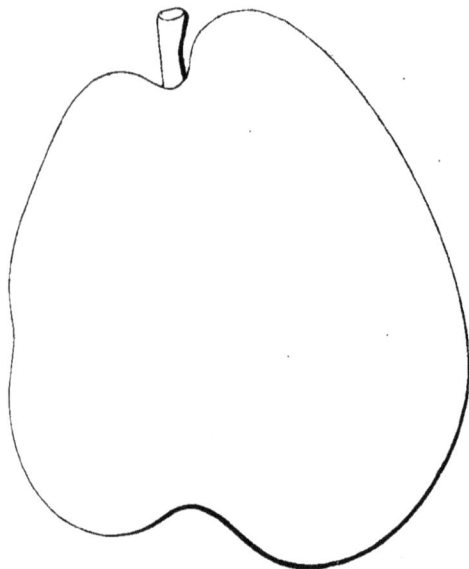

Deuxième Type.

Description du fruit. — *Grosseur :* moyenne. — *Forme :* variant entre la turbinée régulière et la turbinée-arrondie, bosselée, contournée. — *Pédoncule :* court, mince, légèrement arqué, perpendiculairement implanté, soit à fleur de fruit, soit dans un large évasement que domine un mamelon des plus prononcés. — *Œil :* grand, bien ouvert, placé dans un vaste bassin uni sur ses bords et peu profond. — *Peau :* jaune verdâtre, entièrement veinée et ponctuée de roux, maculée de brun-fauve autour du pédoncule et du côté du soleil. — *Chair :* blanchâtre, demi-fine, ferme, cassante, aqueuse, pierreuse au centre. — *Eau :* abondante, sucrée, douceâtre, de saveur assez agréable.

MATURITÉ. — Fin octobre, et se prolongeant quelquefois jusqu'en hiver.

QUALITÉ. — Deuxième et parfois troisième comme espèce à couteau, première pour la cuisson.

Historique. — Variété peu répandue, surtout en France, elle fut gagnée à Bruxelles par Van Mons, avant 1819, selon le témoignage du docteur Diel, de Stuttgardt (*Kernobstsorten*, 1821, p. 225).

Observations. — Dans son *Magazine of horticulture*, le pomologue américain Hovey disait en 1852 (page 419) : « le Beurré Knox, c'est « positivement la poire *Amadote.* » Il faut alors admettre que cet auteur n'a pas eu sous les yeux le vrai Beurré Knox, car ces deux fruits n'ont aucun point de ressemblance. Mais un ouvrage français remontant à 1853 contient une erreur de même nature, puisqu'on y trouve ce Beurré rangé parmi les synonymes de la poire *Urbaniste*, variété si justement qualifiée de premier ordre par tous ses descripteurs.

226. Poire BEURRÉ DE KONINCK.

Synonyme. — *Poire* Beurré Conning (de Liron d'Airoles, *Notices pomologiques*, 1857, 2ᵉ partie, p. 9).

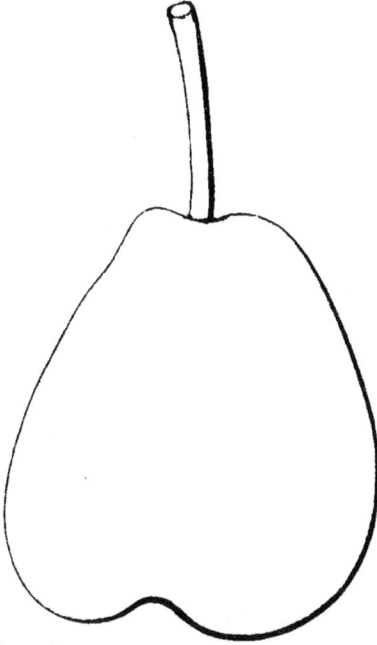

Description de l'arbre. — *Bois :* de moyenne force. — *Rameaux :* nombreux, légèrement étalés, un peu faibles, longs, coudés, jaune verdâtre nuancé de rouge orangé, ayant les lenticelles petites, abondantes, et les coussinets presque nuls. — *Yeux :* moyens, ovoïdes, à écailles mal soudées, duveteux, non appliqués contre le bois. — *Feuilles :* vert foncé cuivré, généralement ovoïdes, profondément dentées en scie, portées sur un pétiole rougeâtre, court, épais et pourvu de larges stipules.

Fertilité. — Grande.

Culture. — C'est un arbre assez vigoureux sur cognassier, où il fait de belles pyramides, et d'un développement remarquable sur franc, où sa forme pyramidale est de tout point irréprochable.

Description du fruit. — *Grosseur :* petite et parfois moyenne. — *Forme :* turbinée-arrondie ou turbinée obtuse et un peu bosselée. — *Pédoncule :* long, assez mince, faiblement courbé, régulièrement inséré au milieu d'une légère dépression. — *Œil :* grand, souvent mi-clos, contourné, rarement très-enfoncé. — *Peau :* jaune olivâtre, ponctuée, marbrée de roux, et, du côté du soleil, entièrement recouverte d'une teinte brun clair. — *Chair :* blanc verdâtre, demi-fine, fondante, aqueuse, marcescente et généralement des plus pierreuses. — *Eau :* abondante, sucrée, vineuse, peu parfumée.

Maturité. — Fin septembre et courant d'octobre.

Qualité. — Deuxième, et souvent troisième, quand ses concrétions pierreuses sont très-prononcées.

Historique. — En 1853 M. Barry, rédacteur du journal *the Horticulturist*, publié aux États-Unis, décrivait dans son numéro de novembre (page 507) cette variété, que lui avait envoyée de Vilvorde (Belgique), vers 1846, M. de Bavay, pépiniériste, et il l'attribuait à feu Van Mons; ce qui est aussi l'opinion des pomologues allemands, anglais et français. Mais aucun d'eux ne connaît l'âge de ce poirier, dédié bien évidemment à Laurent-Guillaume de Koninck, célèbre naturaliste belge, né à Louvain en 1809.

Observations. — On dit généralement du Beurré de Koninck, qu'il est excellent et assez gros. Sans prétendre le contraire, nous devons cependant noter ici que dans notre école il se montre tout au plus de deuxième qualité, et n'y acquiert qu'un faible volume. — C'est à tort qu'on l'avait cru semblable, il y a quelques années, à la poire *Cadet de Vaux*.

227. Poire BEURRÉ KOSSUTH.

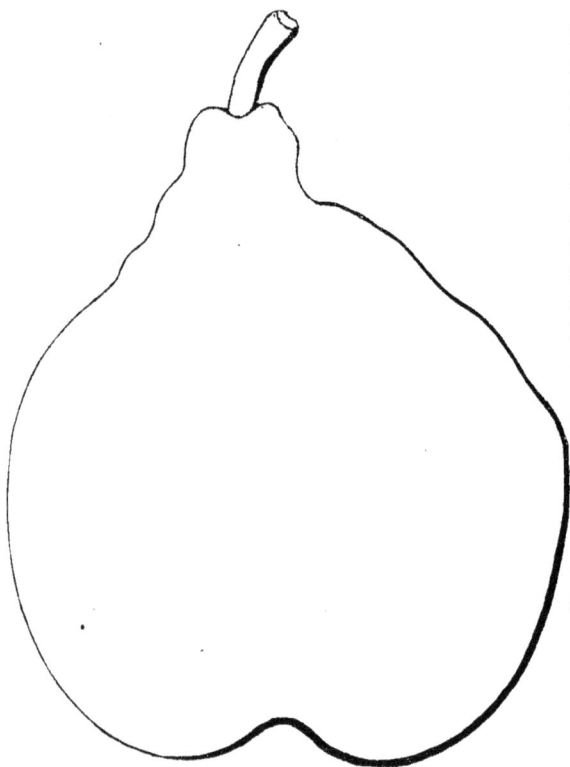

Description de l'arbre. — *Bois :* de force moyenne. — *Rameaux :* peu nombreux, étalés ou érigés, gros, courts, très-coudés, brun-vert grisâtre, à lenticelles larges et assez abondantes, à coussinets saillants. — *Yeux :* excessivement développés, ovoïdes-pointus, écartés du bois et ayant les écailles disjointes. — *Feuilles :* de grandeur moyenne, légèrement coriaces, ovales ou elliptiques, ordinairement un peu contournées dans tous les sens, finement denticulées et portées sur un pétiole long et bien nourri.

FERTILITÉ. — Convenable.

CULTURE. — Sur cognassier, ce poirier n'est pas très-vigoureux, le franc lui donne une croissance plus hâtive et rend ses pyramides plus fortes, plus touffues.

Description du fruit. — *Grosseur :* volumineuse. — *Forme :* quelquefois variable, mais affectant habituellement la turbinée ventrue, fortement ondulée et s'amincissant tout à coup auprès du pédoncule, avec lequel elle est presque continue. — *Pédoncule :* court, assez mince, arqué, obliquement implanté à la surface du fruit. — *OEil :* très-arrondi, grand, placé dans un bassin généralement profond et uni. — *Peau :* jaune verdâtre terne, ponctuée, marbrée et tachée de fauve. — *Chair :* blanchâtre, des plus fines, fondante, juteuse, légèrement granuleuse autour des pepins. — *Eau :* extrêmement abondante, sucrée, aigrelette, douée d'une saveur beurrée fort délicate.

MATURITÉ. — Mi-septembre et commencement d'octobre.

QUALITÉ. — Première.

Historique. — Vers 1849 nous reçûmes de Belgique et de divers horticulteurs français, un très-grand nombre de nouveaux poiriers, dont celui-ci faisait partie. Quel fut son obtenteur?... Personne encore, que nous sachions, n'a revendiqué la paternité de ce gain, que nous croyons avoir été l'un des premiers à propager, car dès 1854 on l'expédiait de nos pépinières en Amérique. Et là, le pomologue Hovey s'empressa de recommander cette variété, de la décrire,

observant « que c'était dans notre pays qu'on l'avait ainsi dédiée à l'illustre défen-
« seur de la liberté, en Hongrie, au célèbre Kossuth. » (Voir *the Magazine of horti-*
culture, 1852, p. 295.)

228. Poire BEURRÉ LANGELIER.

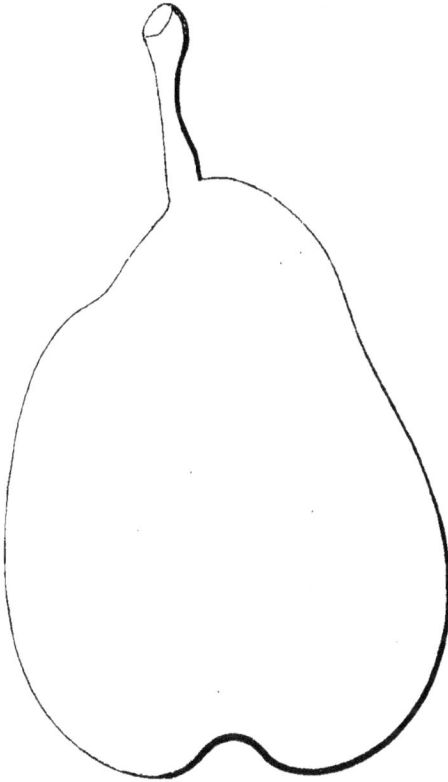

Description de l'arbre. — *Bois :* fort. — *Rameaux :* assez nom-breux, étalés et faiblement arqués, gros, de longueur moyenne, coudés, brun-fauve olivâtre, à lenticelles très-apparentes et très-rapprochées, à coussinets bien accusés. — *Yeux :* petits, ovoïdes, presque collés contre l'écorce. — *Feuilles :* grandes, rondes ou arrondies, acuminées, crénelées, légèrement coriaces, ayant le pétiole de longueur moyenne, grêle et accom-pagné de stipules très-développées.

Fertilité. — Bonne.

Culture. — La croissance de son écusson est assez vive ; le cognassier lui convient beaucoup ; il se montre vigoureux sur ce sujet, où il fait de très-belles pyramides, bien régu-lières, bien feuillues.

Description du fruit. — *Gros-seur :* moyenne. — *Forme :* turbinée-allongée, obtuse et fortement bosse-lée. — *Pédoncule :* assez long, non recourbé, renflé à son point d'at-tache, charnu à la base, inséré obli-quement à la surface et en dehors de l'axe du fruit. — *OEil :* grand, bien ouvert, peu enfoncé. — *Peau :* jaune verdâtre, ponctuée, tachée de roux, légè-rement rosée du côté du soleil. — *Chair :* blanche, demi-fine, fondante, juteuse, contenant quelques pierres autour des loges. — *Eau :* fort abondante, sucrée, savou-reuse, ayant un arrière-goût musqué.

Maturité. — Fin octobre et courant de novembre.

Qualité. — Première, et quelquefois deuxième quand sa chair est trop grossière et trop pierreuse.

Historique. — Ce Beurré fut gagné de semis dans l'île de Jersey par feu Lan-gelier, pépiniériste ayant joui d'une assez grande réputation. Il commença à le propager en 1845, selon le pomologue américain Hovey, qui dans son *Magazine of horticulture* s'étend fort longuement sur cette variété, qu'il avait reçue directement de M. Langelier. (Voir année 1850, p. 338.)

Observations. — On prétend généralement que le Beurré Langelier mûrit au mois de janvier ; dans les contrées septentrionales, peut-être se montre-t-il aussi tardif, nous ne disons pas non; mais en Anjou, nous l'avons souvent mangé, bien à point, dès le 20 octobre, et rarement il y a dépassé la fin de novembre.

POIRE BEURRÉ LASALLE. — Synonyme de poire *Délices d'Hardenpont d'Angers.* Voir ce nom.

POIRE BEURRÉ LEFÈVRE. — Synonyme de *Beurré de Mortefontaine.* Voir ce nom.

POIRE BEURRÉ LÉON REY. — Synonyme de poire *Léon Rey.* Voir ce nom.

POIRE BEURRÉ LIÉBART. — Synonyme de poire *Liébart.* Voir ce nom.

229. POIRE BEURRÉ LOISEL.

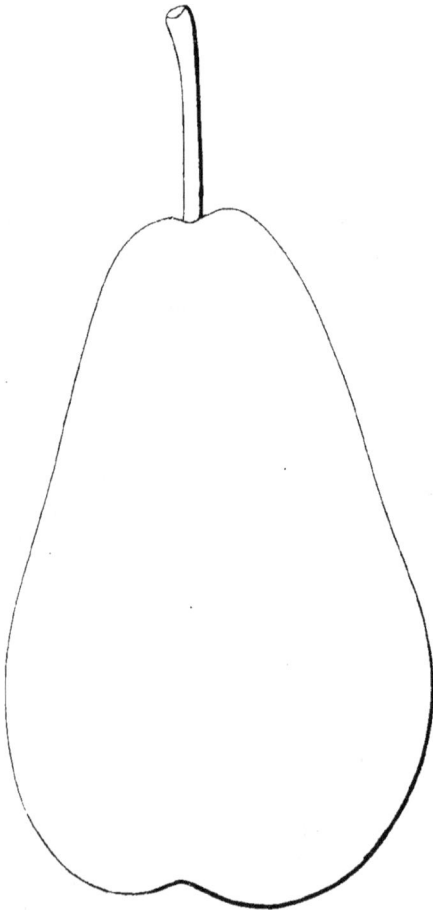

Description de l'arbre. — *Bois:* faible. — *Rameaux :* assez nombreux, étalés, de moyenne grosseur, longs, peu géniculés, brun clair grisâtre ou verdâtre, à lenticelles larges et clair-semées, à coussinets aplatis. — *Yeux:* moyens, coniques, duveteux, non appliqués contre l'écorce et ayant les écailles entr'ouvertes. — *Feuilles :* habituellement ovales-allongées, régulièrement dentées en scie, planes ou canaliculées, portées sur un pétiole court, bien nourri et pourvu de stipules très-développées.

FERTILITÉ. — Grande.

CULTURE. — Peu vigoureux, ce poirier demande le franc pour sujet; il croît lentement et ne fait jamais ni de fortes ni de très-convenables pyramides.

Description du fruit. — *Grosseur :* au-dessus de la moyenne. — *Forme :* conique-obtuse, habituellement bosselée. — *Pédoncule :* assez long, mince, droit, régulièrement inséré au centre d'une légère dépression dont les bords sont inégaux. — *OEil :* moyen, mi-clos, arrondi, presque saillant. — *Peau :* jaune olivâtre terne, maculée de fauve autour du pédoncule, striée de rouge pâle dans le bassin ombilical et couverte de points bruns entremêlés de taches ou de veines de même couleur; parfois aussi elle est lavée de rose tendre du côté du soleil. — *Chair :* blanche, fine, fondante et juteuse, granuleuse auprès des loges. — *Eau :* abondante, acidule, sucrée, vineuse, fort délicate.

Maturité. — Commencement d'octobre jusqu'à la mi-novembre.

Qualité. — Première.

Historique. — « Cette variété nouvelle, disait en 1859 M. de Liron d'Airoles, « a été obtenue par M. Loisel, pomologue à Fauquemont, province de Limbourg « (Hollande). » (*Liste synonymique des variétés du poirier,* p. 13.) Nous ignorons l'époque précise à laquelle ce Beurré fut gagné en Hollande, mais nous croyons avoir été l'un des premiers, sinon le premier, à le propager en France, car notre *Catalogue* de 1855 le contenait déjà sous le n° 101. Nous l'avions reçu en 1853.

Poire BEURRÉ LOMBARD. — Synonyme de *Beurré d'Arenberg* (en France). Voir ce nom.

Poire BEURRÉ DE LOUVAIN. — Synonyme de poire *de Livre.* Voir ce nom.

Poire BEURRÉ DE LUÇON. — Synonyme de *Beurré gris d'Hiver nouveau.* Voir ce nom.

Poire BEURRÉ LUCRATIF. — Synonyme de *Bergamote lucrative.* Voir ce nom.

---

230. Poire BEURRÉ LUIZET.

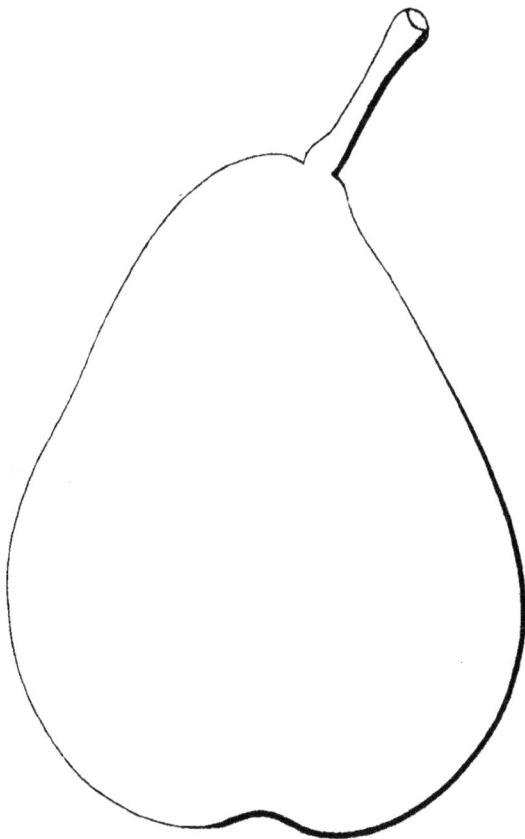

Description de l'arbre. — *Bois :* fort. — *Rameaux :* nombreux, légèrement arqués, très-étalés, gros, de longueur moyenne, excessivement coudés, brun-roux grisâtre, finement et abondamment ponctués, ayant les coussinets saillants. — *Yeux :* à écailles mal soudées, volumineux, ovoïdes-obtus, duveteux, souvent sortis en éperon. — *Feuilles :* assez grandes, un peu coriaces, habituellement ovales ou elliptiques, acuminées, faiblement dentées, à pétiole fort et des plus longs.

Fertilité. — Extrême.

Culture. — Il est vigoureux sur cognassier, et plus encore sur franc, où son écusson se développe toujours hâtivement; quant à ses pyramides, elles sont fortes, belles et bien ramifiées.

Description du fruit. — *Grosseur :* au-dessus de la

moyenne. — *Forme* : turbinée-allongée, obtuse, ventrue, parfois déprimée à la base et parfois, aussi, recourbée au sommet. — *Pédoncule* : de longueur moyenne, mince, non arqué, charnu, obliquement implanté à la surface du fruit. — *Œil* : grand, des plus ouverts, régulier, non plissé, à peine enfoncé. — *Peau* : jaune verdâtre clair, finement ponctuée et striée de roux, veinée de fauve auprès du pédoncule et marquée de taches brunes habituellement squammeuses. — *Chair* : blanche, fine, compacte, juteuse, fondante, exempte de granulations. — *Eau* : des plus abondantes, fraîche, sucrée, peu acidule, ayant une excellente saveur beurrée.

MATURITÉ. — De la fin d'octobre jusqu'au début de décembre.

QUALITÉ. — Première.

Historique. — M. Willermoz, secrétaire du Congrès pomologique, fournissait récemment, sur cette poire exquise, les renseignements ci-après en la décrivant dans la *Pomologie de la France* :

« Obtenue d'un semis fait en 1847 par M. Luizet père, alors pépiniériste à Écully (Rhône). Les pepins semés provenaient du *Beurré d'Hardenpont* (des Belges), de la *Duchesse d'Angoulême*, du *Colmar d'Arenberg* et du *Bon-Chrétien Williams's* (ou poire *Williams*). Le premier rapport a eu lieu en 1856. Le fruit a été soumis à l'appréciation de la Société d'Horticulture du Rhône, et décrit par sa Commission de pomologie. » (Tome III, 1865, n° 112.)

POIRE BEURRÉ MAGNIFIQUE. — Synonyme de *Beurré Diel*. Voir ce nom.

POIRE BEURRÉ DE MALINES. — Synonyme de poire *Bonne de Malines*. Voir ce nom.

---

231. POIRE BEURRÉ MENAND.

Description de l'arbre. — *Bois* : de moyenne force. — *Rameaux* : peu nombreux, étalés, gros, longs, légèrement coudés, vert clair grisâtre ou brunâtre, à lenticelles brun-roux, larges et clair-semées, à coussinets presque nuls. — *Yeux* : volumineux, à écailles disjointes, duveteux, ovoïdes-arrondis, généralement sortis en courts éperons. — *Feuilles* : grandes, ovales ou elliptiques, ayant les bords profondément dentés, le pétiole long et épais.

FERTILITÉ. — Satisfaisante.

CULTURE. — Ce poirier est encore trop nouveau (nous le multiplions seulement depuis 1854), pour qu'il soit possible d'indiquer quel sujet lui conviendra le mieux. Jusqu'ici, nous l'avons uniquement greffé sur cognassier, et il y a montré de la vigueur et fait d'assez convenables pyramides.

Description du fruit. — *Grosseur :* au-dessus de la moyenne. — *Forme.* turbinée, obtuse, bosselée, ayant un côté plus ventru que l'autre. — *Pédoncule :* assez long, gros, non recourbé, renflé à la base, perpendiculairement inséré dans une faible dépression. — *OEil :* moyen, mi-clos ou fermé, peu profond, côtelé sur ses bords. — *Peau :* jaune clair, semée de points bruns rarement nombreux, maculée de roux autour du pédoncule et couverte, du côté de l'ombre, de quelques taches d'un vert brillant. — *Chair :* blanche, fine, fondante, non pierreuse. — *Eau :* suffisante, sucrée, de saveur beurrée et possédant un aigrelet excessivement agréable.

MATURITÉ. — Fin septembre et courant d'octobre.

QUALITÉ. — Première.

Historique. — Elle provient de mes semis. Le pied-type a donné ses premiers fruits en 1863. Je l'ai mise dans le commerce en 1865 et dédiée à M. Menand, ancien géomètre-expert à Martigné-Briand (Maine-et-Loire).

POIRE BEURRÉ DE MÉRODE. — Synonyme de *Doyenné Boussoch.* Voir ce nom.

---

232. POIRE BEURRÉ MILLET.

Description de l'arbre. — *Bois :* de force moyenne. — *Rameaux :* nombreux, régulièrement érigés, assez gros mais peu longs, géniculés, gris-fauve rougeâtre, finement et abondamment ponctués, ayant les coussinets aplatis. — *Yeux :* petits, ovoïdes, bien écartés du bois, à écailles faiblement entr'ouvertes. — *Feuilles :* nombreuses, elliptiques ou arrondies, légèrement denticulées ou crénelées, contournées et très-canaliculées, portées sur un pétiole court et des plus forts.

FERTILITÉ. — Extrême.

CULTURE. — De vigueur ordinaire sur cognassier, cet arbre y forme cependant de belles pyramides; et de même sur franc, où le développement de son écusson n'a lieu, toutefois, qu'assez tardivement. Il est très-feuillu.

Description du fruit. — *Grosseur* : au-dessus de la moyenne et parfois plus considérable. — *Forme* : variable, mais le plus généralement oblongue-ovoïde, ventrue et fortement bosselée. — *Pédoncule* : un peu court, mince, droit ou arqué, inséré perpendiculairement ou obliquement dans une cavité à bords accidentés ou au milieu d'une très-faible dépression. — *Œil* : petit, rond, placé dans un large bassin rarement bien profond. — *Peau* : rugueuse, jaune olivâtre, semée de quelques points brun clair et de taches ou marbrures fauves ; souvent aussi granitée de même auprès de l'œil et du pédoncule. — *Chair* : blanchâtre, fine, fondante, aqueuse, non pierreuse. — *Eau* : très-abondante, sucrée, vineuse, acidule, délicieusement parfumée.

MATURITÉ. — De la mi-novembre à la mi-janvier.

QUALITÉ. — Première.

Historique. — Dédiée en 1849 par le Comice horticole de Maine-et-Loire à M. Millet, naturaliste et écrivain distingué qui le présidait alors depuis de longues années, cette poire provient des semis du Jardin fruitier d'Angers. Son obtention remonte à 1847, et nous la propagions déjà en 1850. C'est une des variétés les plus méritantes que l'Anjou puisse revendiquer.

233. Poire BEURRÉ MOIRÉ.

Synonyme. — *Poire* MOIRÉ (Decaisne, *le Jardin fruitier du Muséum*, 1860, t. III).

Premier Type.

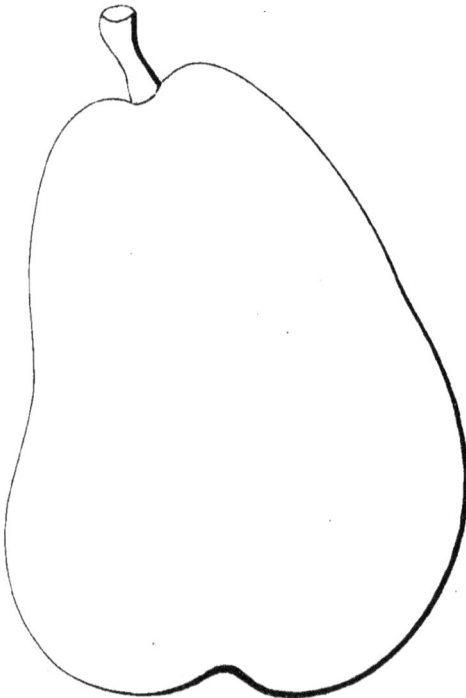

Description de l'arbre. — *Bois* : très-fort. — *Rameaux* : nombreux, érigés près du sommet de la tige, arqués à sa partie inférieure, gros, longs, habituellement bien coudés et cotonneux, à lenticelles des plus apparentes et des plus rapprochées, à coussinets peu marqués. — *Yeux* : moyens, coniques-allongés, aigus, non appliqués contre l'écorce et souvent sortis en éperon. — *Feuilles* : leur forme varie beaucoup, ainsi que leur grandeur ; légèrement crénelées ou dentées sur les bords, elles ont le pétiole épais, roide, excessivement court et généralement accompagné de longues stipules.

FERTILITÉ. — Satisfaisante.

CULTURE. — Sur franc il est d'un développement tardif, mais toujours d'une extrême vigueur que modère beaucoup le cognassier ; toutefois, sur ce dernier sujet il n'en fait pas moins des pyramides fort convenables.

Description du fruit. — *Grosseur :* moyenne ou au-dessus de la moyenne. — *Forme :* variable; quelquefois turbinée régulière, mais le plus ordinairement turbinée-cylindrique, bosselée et quelque peu contournée. — *Pédoncule :* court, mince, droit ou faiblement arqué, souvent renflé à ses extrémités, obliquement inséré dans un large évasement mamelonné, et parfois continu avec le fruit. — *Œil :* petit, mi-clos ou fermé, légèrement enfoncé, plissé sur ses bords. — *Peau :* jaune olivâtre, maculée de fauve autour du pédoncule et recouverte en partie de marbrures, de taches et de points brun-roux, ce qui la rend rugueuse et lui donne une apparence bronzée. — *Chair :* blanchâtre, demi-fine, demi-fondante, aqueuse, granuleuse au centre. — *Eau :* excessivement abondante, douce, sucrée, aromatique et de saveur très-délicate.

Poire Beurré Moiré. — *Deuxième Type.*

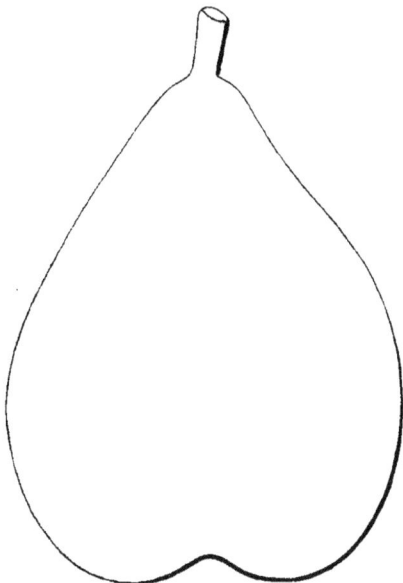

MATURITÉ. — De la mi-octobre jusqu'en novembre.

QUALITÉ. — Première.

Historique. — Le pied-mère de cette variété poussa spontanément sur le territoire de la commune de Saint-Aubin-de-Luigné, à vingt kilomètres d'Angers, dans la clôture d'un jardin appartenant à M. de Bellefonds. Il y fut remarqué vers 1835 par un horticulteur angevin actuellement décédé, M. Moiré, qui en prit des greffes et soumit en 1839, au Comice de Maine-et-Loire, les fruits de sa première récolte. En nous reportant au procès-verbal de dégustation, nous voyons qu'on signala comme suit, leur mérite :

« Depuis l'excellente poire de Duchesse d'Angoulême, dont celles-ci paraissent être une variété plus hâtive et moins grosse, notre département n'avait point encore gagné un aussi bon fruit. M. Moiré, qui a su en apprécier la valeur, l'a multiplié de manière à pouvoir déjà le livrer au commerce. » (*Bulletins du Comice*, 1839, pp. 41-42.)

Observations. — A vieillir, cette poire n'a rien perdu de ses qualités; seulement, nous ferons remarquer qu'elle est plutôt cassante, que mi-fondante, même dans son terrain natal. Et si nous le constatons, c'est que généralement, dans les *Pomologies* ou les *Catalogues*, on la gratifie à tort d'une chair excessivement fondante.

234. POIRE BEURRÉ MONDELLE.

Description de l'arbre. — *Bois :* fort. — *Rameaux :* assez nombreux, étalés, gros, de longueur moyenne, légèrement flexueux, brun clair, ayant les lenticelles très-apparentes, très-espacées, et les coussinets bien ressortis. — *Yeux :* des plus volumineux, ovoïdes-pointus, à écailles grises et mal soudées, écartés du bois et souvent placés en éperon. — *Feuilles :* grandes, ovales-arrondies, à bords faiblement denticulés, à pétiole long et un peu grêle.

FERTILITÉ. — Remarquable.

CULTURE. — Très-vigoureux, il se plaît autant sur cognassier que sur franc ; il croît vite et fait de fortes, de superbes pyramides.

Poire Beurré Mondelle.

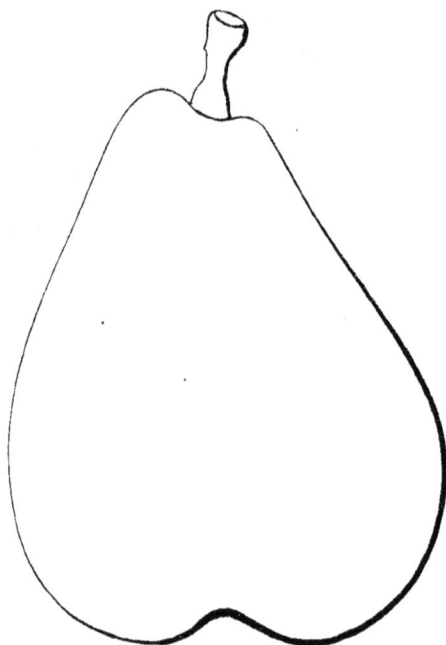

Description du fruit. — *Grosseur :* moyenne. — *Forme :* turbinée, ventrue, obtuse, régulière. — *Pédoncule :* très-court, non recourbé, renflé aux extrémités, étranglé au milieu, obliquement inséré à fleur de fruit. — *OEil :* petit, ouvert, contourné, peu enfoncé. — *Peau :* jaune verdâtre, ponctuée de fauve, maculée de même dans le bassin ombilical, et presque entièrement lavée et marbrée de roux clair. — *Chair :* blanche, demi-fine, compacte, juteuse, fondante, granuleuse auprès du cœur. — *Eau :* très-abondante, très-sucrée, savoureuse, possédant un parfum musqué-anisé des plus agréables.

MATURITÉ. — Commencement et courant de septembre.

QUALITÉ. — Première.

Historique. — C'est M. Tougard, ancien président de la Société d'Horticulture de Rouen, qui chez nous paraît avoir appelé le premier l'attention sur ce Beurré. Si l'on ouvre son *Tableau analytique des variétés de poires* publié en 1852, on voit, page 30, qu'il connut cette variété par le *Catalogue* de M. de Bavay, pépiniériste à Vilvorde (Belgique). Mais il ne sut ni le nom de l'obtenteur, ni le lieu de l'obtention ; et présentement notre ignorance à ce sujet reste la même que celle de notre honorable devancier. Il semblerait assez rationnel, peut-être, de supposer le Beurré Mondelle originaire de Belgique, dès lors qu'un horticulteur belge vient l'offrir en France comme espèce nouvelle?... Oui. Cependant une telle supposition aurait besoin d'être accompagnée de quelques présomptions plus formelles, et nous n'avons pu en rencontrer aucune, non-seulement dans nos pomologies, mais encore chez l'auteur allemand Biedenfeld (1854) et l'écrivain américain Th. Field (1858), qui tous deux mentionnent cette poire sans fournir le moindre renseignement sur sa provenance. Nous la cultivons depuis 1851.

POIRE BEURRÉ DE MONS. — Synonyme de poire *Vicomte de Spœlberg.* Voir ce nom.

235. POIRE BEURRÉ DE MONTGERON.

Synonyme. — *Poire* DE MONTGERON (Decaisne, *le Jardin fruitier du Muséum,* 1861, t. IV).

Description de l'arbre. — *Bois :* de force moyenne. — *Rameaux :* très-peu nombreux, étalés, gros, excessivement longs, légèrement coudés, brun olivâtre,

ayant les lenticelles fines et rapprochées, les coussinets bien accusés et les mérithalles très-longs. — *Yeux :* moyens, ovoïdes-arrondis, un peu aplatis, cotonneux,
collés contre l'écorce. — *Feuilles :* vert clair brillant, jamais abondantes, ovales ou
elliptiques, acuminées, profondé-
ment dentées, portées sur un pétiole
extraordinairement long, menu,
mais si roide que les feuilles en sont
dressées; il est pourvu de stipules
bien développées.

Poire Beurré de Montgeron.

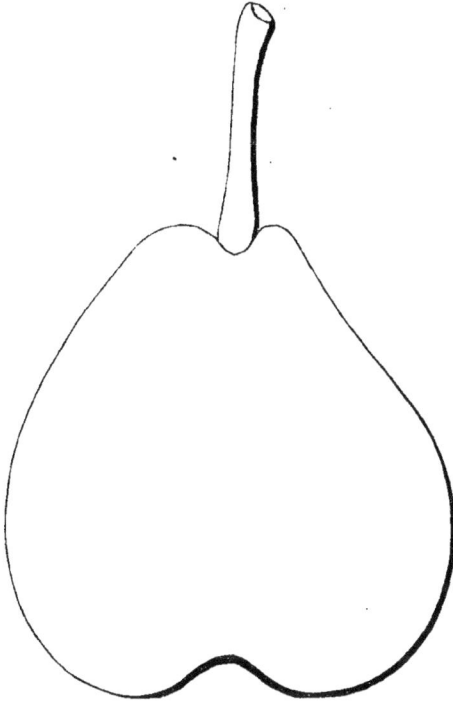

FERTILITÉ. — Grande.

CULTURE. — Cet arbre, dont la
vigueur laisse beaucoup à désirer,
poussera toujours plus convenablement sur franc que sur cognassier;
cependant on ne sera jamais satisfait
de ses pyramides, qui sont irrégulières, mal ramifiées, trop dégarnies de feuilles.

Description du fruit. —
Grosseur : moyenne et parfois moins
volumineuse. — *Forme :* turbinée-
ovoïde ou turbinée-sphérique, très-
régulière. — *Pédoncule :* long, bien
nourri, droit, renflé à la base,
inséré dans un faible évasement
dont l'un des bords forme mamelon. — *OEil :* large, ouvert, cotonneux, légèrement enfoncé. — *Peau :*
douce au toucher, luisante, jaune
d'or, ponctuée de fauve, striée et tachée de même, surtout près de l'œil et du pédoncule, amplement lavée de vermillon sur le côté exposé au soleil. — *Chair :* blanche, fine, mi-fondante, contenant quelques pierres autour des pepins. — *Eau :*
suffisante, sucrée, vineuse, mais généralement peu parfumée, quoiqu'assez délicate.

MATURITÉ. — Fin août et commencement de septembre.

QUALITÉ. — Deuxième, et première (mais très-rarement), lorsque son eau est bien
parfumée.

Historique. — En Belgique, en Allemagne on considérait déjà, il y a une
quinzaine d'années, ce poirier comme étant d'origine française, quoiqu'à cette
époque on n'eût que des données assez vagues sur son lieu de naissance. Mais
aujourd'hui il n'en est plus ainsi, car on lisait en 1862, dans le *Journal de la
Société d'Horticulture de Paris*, la note suivante, émanant de M. Michelin, secrétaire
du Comité d'arboriculture :

« En 1830, un de nos collègues, M. Guyot de Villeneuve,..... aperçut dans la haie de clôture d'un verger dépendant de la ferme de Bois-la-Dame, commune de Saint-Léger (Cher),
un poirier vieux et malingre dont les fruits méritaient l'attention. Il en emporta des greffes
à Montgeron (Seine-et-Oise), où était une propriété de sa famille, et dix ans plus tard il vint
en montrer des produits, sensiblement améliorés par la greffe, à M. Jean-Laurent Jamin
(pépiniériste à Bourg-la-Reine, près Paris), ainsi qu'à Dalbret, chargé de la culture des

arbres fruitiers au Muséum. Ces Messieurs, ne pouvant rapporter ce fruit à une variété connue, lui donnèrent, sur la demande de M. Guyot de Villeneuve, le nom sous lequel il est actuellement propagé; et M. Jamin fut autorisé à exposer ces poires, au mois de septembre 1840, dans l'Orangerie du Luxembourg. » (Tome VIII, p. 224.)

Observations. — Les lignes ci-dessus auront dû convaincre les pépiniéristes qui pouvaient en douter, que décidément le Beurré de Montgeron n'était pas, comme beaucoup le prétendaient, la poire belge gagnée par Van Mons, vers 1820, et par lui dédiée au roi *Frédéric de Wurtenberg*. Et il semble étonnant qu'on ait conservé longtemps cette croyance, ces deux variétés n'ayant pas le moindre rapport, si l'on excepte leur époque de maturité, à peu près la même. Mais la forme, la qualité, la grosseur?... mais les arbres?... Que l'on compare notre description de la poire Frédéric de Wurtenberg avec celle du Beurré de Montgeron, et l'on verra facilement à quel point ces poiriers et leurs produits sont dissemblables. Du reste, dès 1859 le Congrès pomologique, siégeant à Bordeaux au mois de septembre, le reconnaissait formellement, en disant :

« Dans le Lyonnais, la Bourgogne et la Franche-Comté, on donne vulgairement le nom de Frédéric de Wurtenberg au Beurré de Montgeron, rejeté par le Congrès pour ses qualités inférieures, et pourtant il n'y a aucune ressemblance entre ces deux fruits. » (*Annales de la Société d'Horticulture de la Gironde*, 1861, p. 30.)

236. Poire BEURRÉ DE MORTEFONTAINE.

Synonymes. — *Poires :* 1. BEURRÉ LE FÈVRE (Prévost, *Cahiers pomologiques*, 1839, p. 18). — 2. LEFÈVRE (Decaisne, *le Jardin fruitier du Muséum*, 1860, t. III).

Description de l'arbre. — *Bois :* peu fort. — *Rameaux :* nombreux, étalés, de grosseur moyenne, assez courts, géniculés, marron verdâtre, finement et abondamment ponctués, ayant les coussinets presque nuls. — *Yeux :* moyens, ovoïdes-arrondis, duveteux, à écailles mal soudées, non appliqués contre le bois et habituellement ressortis en éperon. — *Feuilles :* petites, nombreuses, ovales-allongées ou lancéolées, fortement dentées ou crénelées, portées sur un pétiole court, épais, roide et accompagné de longues stipules.

FERTILITÉ. — Elle est des plus grandes et des plus constantes.

CULTURE. — Sur cognassier, il ne fait que de médiocres pyramides, bien touffues, mais trop basses; le franc lui communique une vigueur plus grande, sans toutefois l'amener à prendre une forme pyramidale complétement satisfaisante.

Description du fruit. — *Grosseur :* volumineuse et souvent énorme. — *Forme :* globuleuse ou turbinée-arrondie, généralement irrégulière, toujours plus ventrue d'un côté que de l'autre. — *Pédoncule :* court, assez mince, mais renflé au sommet et formant bourrelet à la base, obliquement ou perpendiculairement implanté à la surface de la peau. — *Œil :* grand ou moyen, mi-clos ou fermé, entouré de légers plis et rarement très-enfoncé. — *Peau :* rude au toucher, bronzée, toute parsemée de larges points gris-cendre habituellement écailleux, et montrant sur la partie que frappe le soleil de nombreuses taches rouge-brique. — *Chair :* blanc verdâtre, grosse, mi-cassante, pâteuse, très-pierreuse autour des loges. — *Eau :* parfois insuffisante, acidule et vineuse, peu sucrée, peu délicate.

MATURITÉ. — Fin août et début de septembre. Cette poire blettit aussitôt qu'elle est mûre.

QUALITÉ. — Troisième comme fruit à couteau, et tout au plus deuxième pour la cuisson.

Historique. — Feu Prévost, qui fut si consciencieux dans toutes ses recherches, dans toutes ses études sur les fruits, a dit en 1839, page 18 de ses *Cahiers pomologiques*, « que cette variété avait été obtenue de semis, vers 1804, par M. le « Fèvre. » Nous acceptons ce renseignement, puisé sans doute à bonne source, mais nous devons constater que dès 1740 le *Dictionnaire économique* de Noël Chomel (t. II, p. 698) mentionnait, parmi les poires mûrissant au cours de septembre, une poire *de* MORFONTAINE qui pourrait bien être notre Beurré de Mortefontaine. Toutefois, comme il existe dans la Moselle une localité nommée Morfontaine, on peut admettre aussi qu'au xviiie siècle un nouveau poirier y ait été gagné. Quant au Mortefontaine où le pépiniériste Lefèvre, depuis longtemps décédé, avait créé un important établissement, ce lieu fait partie de la Chapelle-en-Serval, commune du département de l'Oise.

Observations. — Les pomologues qui chez nous ont décrit ce Beurré, ne sont pas de même avis à l'égard de sa qualité; les uns le présentent comme un excellent fruit, les autres affirment que sa bonté ne répond nullement à sa beauté. Nous partageons l'opinion de ces derniers, car il n'est jamais arrivé, depuis vingt ans qu'on le cultive dans notre école, de l'y trouver seulement de deuxième ordre; aussi le plaçons-nous parmi les espèces à cuire, et encore ne l'y mettons-nous pas au premier rang. — Les Allemands (voir Oberdieck, *Illustrirtes Handbuch der Obstkunde*, 1860, t. II, p. 248) connaissent une poire *de Morfontaine* qu'ils disent identique à la Bergamote rouge ou Crassane d'Été, de Duhamel. Alors ce ne saurait être celle dont nous nous occupons, avec laquelle, d'ailleurs, la description de Duhamel ne cadre en rien. — Enfin un auteur américain, Hovey (*the Fruits of America*, 1856, t. II, p. 89), assure avoir reçu *plusieurs fois*, de France, au lieu du Beurré de Mortefontaine, le Beurré Beaumont, qui n'est autre, lui, que le Besi de Saint-Waast, l'une de nos meilleures poires de fin d'automne. D'où l'on doit conclure que ce nom, Beurré de Mortefontaine, a été appliqué à diverses variétés de nature bien différente. — Ajoutons encore qu'en 1859 et en 1862 M. de Liron d'Airoles, dans ses *Notices pomologiques*, a parlé d'un *Beurré Lefèvre* gagné en 1853, à Amiens, par M. Lefèvre-Boitelle, propriétaire aujourd'hui décédé. C'est, paraît-il, un fruit parfait, mûrissant en février; mais ne le possédant pas, il nous est impossible de le juger. Nous le mentionnons donc ici, afin seulement, s'il se répand, qu'on évite de le confondre avec le Beurré Lefèvre, synonyme du Beurré de Mortefontaine.

237. Poire BEURRÉ MOTTE.

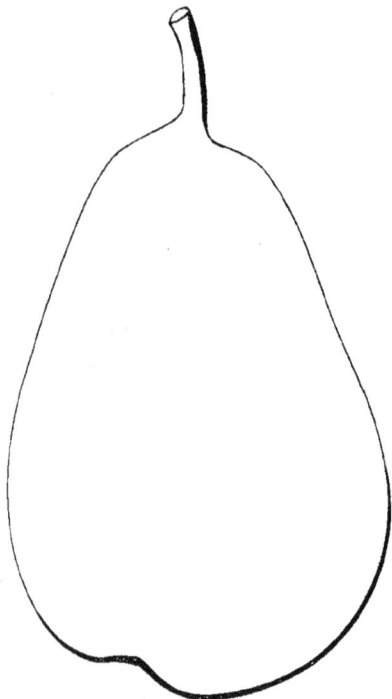

Description de l'arbre. — *Bois :* peu fort. — *Rameaux :* nombreux, étalés, assez gros, de longueur moyenne, géniculés, duveteux, rouge-fauve grisâtre, ayant les lenticelles fines, très-espacées, et les coussinets bien accusés. — *Yeux :* moyens, ovoïdes, à écailles disjointes, légèrement écartés du bois. — *Feuilles :* petites, ovales ou elliptiques, cotonneuses, entières en partie sur leurs bords, planes ou contournées, munies d'un pétiole fort et très-court.

Fertilité. — Abondante.

Culture. — Modérément vigoureux, ce poirier devra mieux se plaire sur franc que sur cognassier ; tout nouveau dans nos pépinières, nous lui avons donné ce dernier sujet, et les pyramides qu'il a faites, quoiqu'assez jolies, se sont constamment montrées trop petites.

Description du fruit. — *Grosseur :* moyenne. — *Forme :* turbinée-allongée, obtuse, ayant habituellement un côté plus ventru que l'autre. — *Pédoncule :* court, mince, faiblement arqué, régulièrement inséré à la surface et sans solution de continuité. — *OEil :* grand, souvent mi-clos, presque saillant. — *Peau :* bronzée, ponctuée de roux, lavée de vert grisâtre sur la partie non exposée au soleil. — *Chair :* blanche, mi-fine, mi-fondante ou cassante, juteuse, quelque peu marcescente et granuleuse. — *Eau :* abondante, sucrée, douée d'une saveur beurrée fort agréable.

Maturité. — Fin octobre et courant de novembre.

Qualité. — Deuxième.

Historique. — Gagnée dans le département du Nord, vers 1853, cette poire doit sa propagation à l'un des horticulteurs les plus connus du pays, à M. Grolez-Duriez, qui nous a donné sur elle les renseignements suivants :

« Vous me questionnez sur le Beurré Motte..... Des greffes de ce fruit m'ont été remises, il y a huit ou dix ans, par un propriétaire de *Roubaix* qui doit toujours posséder chez lui le pied-mère de cette variété. Cet amateur, en me les adressant, me témoigna le désir de voir son nom attaché à ce poirier, s'il me semblait utile de le multiplier ; et j'ai tenu compte de sa recommandation..... » (*Lettre du 13 octobre 1866.*)

238. Poire BEURRÉ DES MOUCHOUSES.

Description de l'arbre. — *Bois :* de moyenne force. — *Rameaux :* assez nombreux, étalés, bien nourris, courts, géniculés, duveteux, fauve clair un peu jaunâtre, ponctués de gris-blanc, à coussinets généralement aplatis.—*Yeux:* gros ou moyens, ovoïdes-obtus, cotonneux, non appliqués contre l'écorce. — *Feuilles :* grandes, ovales, acuminées, duveteuses, canaliculées ou contournées, ayant les bords profondément dentés, le pétiole épais, roide et court.

FERTILITÉ.—Convenable.

CULTURE. — Cet arbre manque de vigueur sur cognassier, mais il se développe passablement en pyramide lorsqu'il est greffé sur franc ; toutefois il n'acquiert jamais, sous cette forme, une régularité bien satisfaisante.

Description du fruit. — *Grosseur :* au-dessus de la moyenne. — *Forme :* turbinée-arrondie ou turbinée-ovoïde, habituellement très-ventrue. — *Pédoncule :* de longueur et de force moyennes, légèrement recourbé, obliquement implanté au centre d'une faible dépression. — *Œil :* petit, mi-clos ou fermé, à peine enfoncé. — *Peau :* jaune olivâtre foncé, maculée de roux autour du pédoncule, ponctuée de même, finement colorée de brun-rouge sur le côté frappé par le soleil. — *Chair :* blanchâtre, un peu grosse, fondante, aqueuse, rarement très-pierreuse. — *Eau :* abondante, sucrée, des plus vineuses et possédant un arome assez savoureux.

MATURITÉ. — Commencement d'août.

QUALITÉ. — Deuxième.

Historique. — Elle porte le nom du lieu où le pied-type qui l'a fournie a été semé par M. Rongiéras, propriétaire habitant la commune de Ladouze, non loin de Périgueux. Quoique cette poire ait mûri pour la première fois en 1841, sa culture est encore fort restreinte. Mouchouses est un petit village dépendant du bourg de Champcevinel (Dordogne).

POIRE BEURRÉ NANTAIS. — Synonyme de *Beurré de Nantes.* Voir ce nom.

239. Poire BEURRÉ DE NANTES.

Synonyme. — *Poire* Beurré nantais (de Liron d'Airoles, *Notices pomologiques*, 1858, t. I, p. 2).

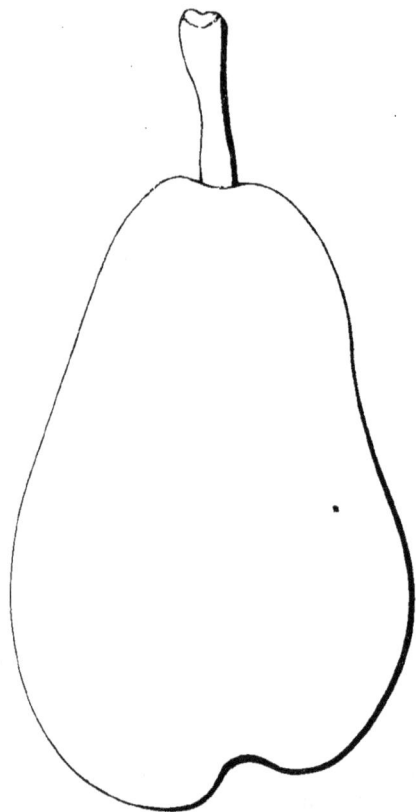

Description de l'arbre. — *Bois :* de force moyenne. — *Rameaux :* nombreux, érigés, gros, assez longs, légèrement coudés, gris-fauve verdâtre, à lenticelles larges et rapprochées, à coussinets saillants. — *Yeux :* petits, ovoïdes-obtus, éloignés du bois et ayant les écailles entr'ouvertes. — *Feuilles :* grandes, abondantes, ovales-allongées ou ovales-lancéolées, ayant les bords bien dentés, le pétiole long, fort et pourvu de stipules très-développées.

Fertilité. — Excessive.

Culture. — De vigueur ordinaire, ce poirier, d'une croissance un peu tardive, se greffe sur franc ou cognassier, et fait toujours, sur l'un et l'autre de ces sujets, des pyramides aussi régulières que jolies et touffues.

Description du fruit. — *Grosseur :* moyenne et souvent plus volumineuse. — *Forme :* oblongue, très-obtuse, généralement bosselée et quelque peu contournée. — *Pédoncule :* court ou de longueur moyenne, fort, non recourbé, renflé à l'attache, perpendiculairement implanté à fleur de peau. — *Œil :* petit, ouvert, irrégulier, placé dans un bassin étroit mais sans grande profondeur. — *Peau :* vert tendre ou vert jaunâtre clair, ponctuée et faiblement marbrée de fauve, tachée de même autour de l'œil et parfois colorée de rouge obscur du côté du soleil. — *Chair :* blanche, fine, fondante, exempte de pierres. — *Eau :* suffisante, sucrée, acidule, sans parfum bien prononcé.

Maturité. — De la moitié jusqu'à la fin d'août.

Qualité. — Deuxième, du moins dans nos pépinières.

Historique. — Cette poire, qui appartient à la pomone de la Loire-Inférieure, est cultivée depuis une vingtaine d'années, et son premier descripteur, M. de Liron d'Airoles, en fait ainsi connaître l'origine :

« C'est M. François Maisonneuve, horticulteur à Nantes, qui par hasard l'a trouvée derrière une ferme..... Son premier rapport a eu lieu en 1845..... Elle a été couronnée du 2ᵉ prix au concours de 1852 de la Société nationale de Paris. » (*Notices pomologiques*, 1858, t. I, p. 2, et *Liste synonymique des variétés du poirier*, 1859, p. 41.)

Observations. — On classe habituellement ce Beurré parmi les fruits de première qualité; nous le savons, mais ne saurions lui donner le même rang, attendu qu'il s'est constamment mohtré de deuxième ordre dans notre école.

Poire BEURRÉ NAPOLÉON. — Synonyme de poire *Napoléon*. Voir ce nom.

Poire BEURRÉ NAVEZ. — Synonyme de *Colmar Navez*. Voir ce nom.

Poire BEURRÉ NEILL. — Synonyme de poire *Neill*. Voir ce nom.

---

240. Poire BEURRÉ DE NIVELLES.

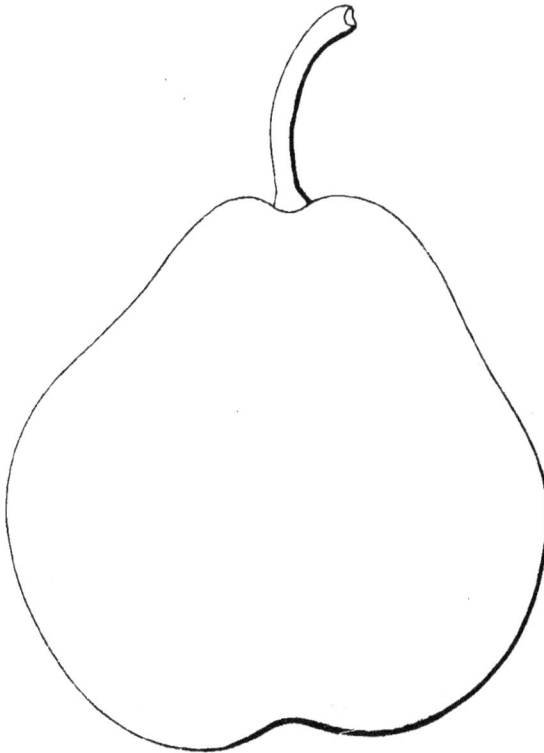

Description de l'arbre. — *Bois* : peu fort. — *Rameaux* : assez nombreux, étalés, faibles, de longueur moyenne, flexueux, vert grisâtre lavé de rouge sombre, ayant les lenticelles fines, très-rapprochées, et les coussinets bien accusés. — *Yeux* : moyens, arrondis, à large base, presque collés contre l'écorce. — *Feuilles* : grandes, ovales ou elliptiques, planes ou légèrement canaliculées, irrégulièrement et fortement dentées, portées sur un pétiole assez court et grêle.

Fertilité. — Remarquable.

Culture. — Cet arbre, de vigueur très-modérée, se plaît particulièrement sur le franc, où son écusson se développe hâtivement; il y fait de passables pyramides ; mais lorsqu'il est greffé sur cognassier il se montre habituellement chétif et des plus lents à croître.

Description du fruit. — *Grosseur* : moyenne. — *Forme* : turbinée-ovoïde ou turbinée-globuleuse, ventrue et légèrement bosselée. — *Pédoncule* : de longueur moyenne, mince, recourbé, charnu et renflé à la base, régulièrement inséré au milieu d'une dépression bien prononcée et dont les bords sont ordinairement marqués de quelques plis plus ou moins accentués. — *OEil* : petit, mi-clos ou fermé, peu enfoncé. — *Peau* : jaune olivâtre, entièrement ponctuée, striée et tachée de brun, maculée de fauve autour de l'œil et du pédoncule, et largement teintée de carmin sur la partie exposée au soleil. — *Chair :* blanchâtre, demi-fine, demi-fondante, aqueuse, contenant quelques pierres auprès des pepins. — *Eau :* abondante, acidule, sucrée, vineuse, délicate quoique médiocrement parfumée.

MATURITÉ. — Décembre, et se prolongeant jusqu'à la fin de l'hiver.

QUALITÉ. — Deuxième.

Historique. — Les Belges sont les obtenteurs de ce fruit, recommandable surtout pour sa longue garde, précieux privilége qu'il acquit en vieillissant, dit M. Alexandre Bivort, auquel nous empruntons les détails qu'on va lire :

« Voilà environ dix-huit ans (*vers* 1840) que M. François Parmentier, de Nivelles (Belgique), a trouvé cette variété parmi ses semis. Dès l'abord nous fîmes peu de cas de cette poire, parce que les exemplaires soumis primitivement à notre dégustation mûrissaient généralement en novembre, époque où elle était surpassée en qualité par beaucoup de ses congénères. Mais nous avons changé d'avis quand M. Auguste Royer, de Namur, nous a présenté en *avril* dernier (1858) de beaux exemplaires de ce fruit d'une conservation parfaite et d'une excellente qualité pour l'époque..... » *(Annales de pomologie belge,* 1858, t. VI, p. 53.)

POIRE BEURRÉ DE NOIRCHAIN. — Synonyme de *Beurré de Rance.* Voir ce nom.

POIRE BEURRÉ NOISETTE. — Synonyme de poire *Duc de Nemours.* Voir ce nom.

POIRE BEURRÉ D'OR. — Synonyme de *Beurré gris.* Voir ce nom.

POIRE BEURRÉ D'ORAN. — Synonyme de *Beurré Diel.* Voir ce nom.

POIRE BEURRÉ DES ORPHELINS. — Synonyme de poire *Orpheline d'Enghien.* Voir ce nom.

241. POIRE BEURRÉ OSWEGO.

Synonyme. — *Poire* READ'S SEEDLING (Downing, *the Fruits and fruit trees of America,* édition de 1868, p. 530).

Description de l'arbre. — *Bois :* de force moyenne. — *Rameaux :* nombreux, étalés, gros, assez longs, faiblement géniculés, duveteux, brun clair jaunâtre, ayant les lenticelles abondantes, larges mais peu apparentes, et les coussinets bien marqués. — *Yeux :* à écailles disjointes, volumineux, ovoïdes, écartés du bois ou formant éperon. — *Feuilles :* moyennes, ovales-allongées, dentées ou crénelées, cotonneuses et portées sur un pétiole long, gros et flasque.

FERTILITÉ. — Excessive.

CULTURE. — On le greffe indistinctement sur franc ou cognassier ; sa vigueur est satisfaisante, son développement ordinaire et ses pyramides toujours convenables.

Description du fruit. — *Grosseur* : au-dessous de la moyenne ou petite. — *Forme* : arrondie, irrégulière, généralement aplatie à la base. — *Pédoncule* : court ou très-court, assez fort, rarement courbé, obliquement inséré dans une étroite cavité de profondeur variable. — *Œil* : petit, ouvert, mal fait, à peine enfoncé. — *Peau* : vert sombre, complétement ponctuée de roux clair. — *Chair* : blanc verdâtre, fine, compacte, fondante, aqueuse, granuleuse auprès des loges. — *Eau* : extrêmement abondante, sucrée, vineuse, aromatique, légèrement astringente.

Maturité. — Fin septembre et début d'octobre.

Qualité. — Première.

Historique. — Le pomologue américain Thomas Field dit à la page 253 de son Manuel intitulé *Pear culture*, et publié en 1858, que cette espèce fut obtenue de semis à Oswego, État de New York, par M. Walter Read. A quelle époque?... Il ne le précise pas ; mais nous croyons que ce dut être vers 1848, le *Magazine of horticulture* d'Hovey citant pour la première fois en 1852 le Beurré Oswego (t. XVIII, p. 525), importé par nous, du reste, au cours de 1851.

242. Poire BEURRÉ OUDINOT.

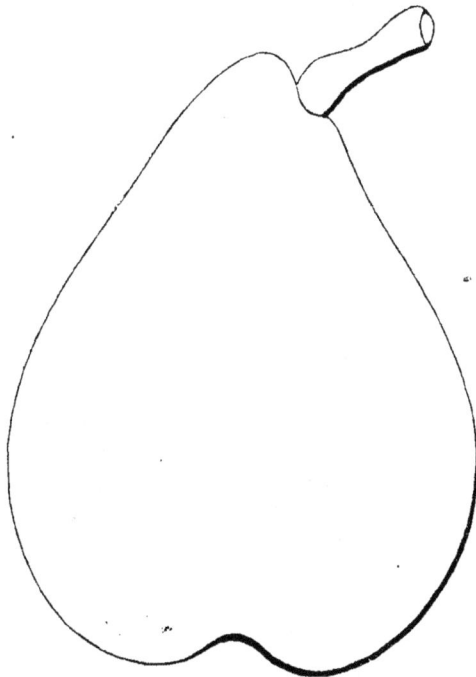

Description de l'arbre. — *Bois* : fort. — *Rameaux* : assez nombreux, étalés et habituellement arqués, gros, longs, flexueux, cotonneux, jaune verdâtre, à lenticelles larges et clair-semées, à coussinets peu saillants. — *Yeux* : moyens, ovoïdes, généralement obtus, non appliqués contre l'écorce et quelquefois sortis en courts éperons. — *Feuilles* : peu abondantes, petites, de forme très-variable, finement denticulées sur leurs bords, ayant le pétiole rougeâtre à sa base, court et bien nourri.

Fertilité. — Satisfaisante.

Culture. — C'est un arbre non moins vigoureux sur cognassier que sur franc, très-rustique, poussant vite et faisant des pyramides auxquelles on ne peut guère reprocher qu'un manque de feuilles souvent trop apparent.

Description du fruit. — *Grosseur* : au-dessus de la moyenne. — *Forme* : turbinée, obtuse, ventrue, irrégulière et bosselée. — *Pédoncule* : court, gros, renflé à ses extrémités, non arqué, obliquement implanté à fleur de peau et le plus ordinairement en dehors de l'axe du fruit. — *Œil* : moyen, ouvert ou mi-clos, placé dans un bassin excessivement évasé mais peu profond. — *Peau* : rude au toucher, jaune grisâtre terne, ponctuée de brun clair, faiblement veinée de même et quelque peu vermillonnée sur le côté frappé par le soleil. — *Chair* : blanche, très-fine et très-fondante, juteuse, exempte de granulations. — *Eau :* abondante, sucrée, vineuse, d'une saveur exquise.

MATURITÉ. — Courant de septembre et commencement d'octobre.

QUALITÉ. — Première.

Historique. — En 1862 M. de Liron d'Airoles écrivait les lignes suivantes dans le tome II de ses *Notices pomologiques :*

« Cette très-bonne poire (le Beurré Oudinot) nous a été communiquée en 1861 par M. Jules Bruneau, pépiniériste à Nantes. » (2ᵉ Supplément, p. 2.)

Et trois ans plus tard le Congrès pomologique s'exprimait ainsi, au sujet du même fruit, par l'organe de son secrétaire-rédacteur, M. Willermoz :

« Variété d'origine inconnue, répandue par M. André Leroy, pépiniériste à Angers, et désignée dans son Catalogue de 1863, page 30, sous le nº 138. » (*Pomologie de la France*, 1865, t. III, nº 144.)

Des passages ci-dessus on pourrait conjecturer, ou que le Beurré Oudinot fut gagné à Nantes, ou que nous le propageons seulement depuis 1863; mais dans l'un et l'autre cas l'erreur serait complète. Il figurait effectivement dès 1849, sous le nº 40, à la page 13 de notre *Catalogue anglais*, édition de New York, et provenait d'un jeune poirier encore innommé en 1848, et qu'alors, vu l'excellence de ses produits, nous dédiâmes à l'illustre commandant des troupes françaises en Italie. Peu après, nous le vendions déjà à l'étranger, surtout aux Américains, qui constataient de la sorte son introduction dans leurs jardins :

« Le Beurré Oudinot est une des meilleures et des plus nouvelles poires qu'on ait obtenues en France, où elle a reçu le nom du général Oudinot, duc de Reggio. C'est M. Harvey, de Jennerville (Pensylvanie), qui l'a importée chez nous en 1851. » (Hovey, *the Magazine of horticulture*, 1853, t. XIX, p. 516.)

243. POIRE BEURRÉ DE PAIMPOL.

Synonyme. — *Poire* ROLEICK (le Pellec, *Lettre du 20 octobre 1866*).

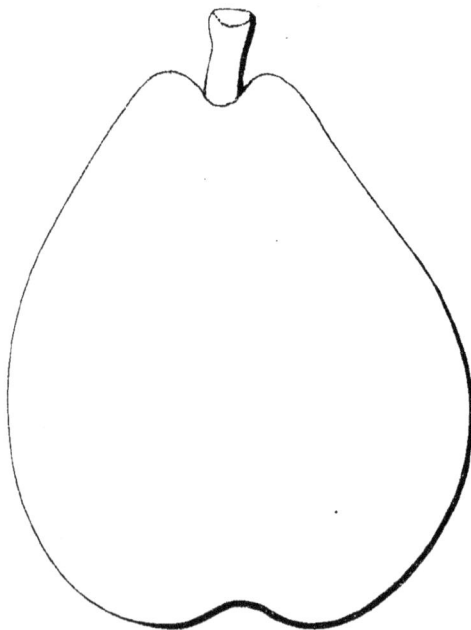

Description de l'arbre. — *Bois :* très-fort. — *Rameaux :* nombreux, légèrement étalés et arqués, longs, des plus gros, coudés, cotonneux, brun olivâtre ordinairement lavé de rouge sombre, finement et abondamment ponctués, à coussinets aplatis, à longs mérithalles. — *Yeux :* moyens, ovoïdes, duveteux, collés contre le bois et ayant les écailles mal soudées. — *Feuilles :* grandes, cotonneuses, arrondies, acuminées, profondément dentées ou crénelées, portées sur un pétiole de longueur moyenne et très-gros.

FERTILITÉ. — Extrême.

CULTURE. — Nous lui donnons toute espèce de sujet; sa vigueur est excessive, aussi se développe-t-il admirablement en pyramide.

Description du fruit. — *Grosseur :* moyenne. — *Forme :* turbinée-ovoïde, ventrue, régulière. — *Pédoncule :* court, fort, non recourbé, souvent noueux, obliquement inséré dans une cavité large et assez profonde. — *Œil :* moyen, mi-clos ou fermé, charnu, peu enfoncé. — *Peau :* rude, épaisse, vert-pré, parsemée de volumineux points gris-roux très-rapprochés, surtout autour du pédoncule. — *Eau :* des plus abondantes, sucrée, vineuse, d'agréable saveur.

MATURITÉ. — Commencement de septembre.

QUALITÉ. — Deuxième.

Historique. — Ce Beurré est originaire des Côtes-du-Nord, et le nom qu'il porte lui fut donné par un horticulteur de Saint-Brieuc, M. le Pellec, qui ayant beaucoup contribué à le propager, nous a transmis les renseignements ci-après, que nous avions réclamés de son obligeance :

« Le Beurré de Paimpol a été trouvé dans la commune de Ploubazlanec, canton de Paimpol, arrondissement de Saint-Brieuc, en 1825, et il a fructifié de 1830 à 1835. Un nommé Roland, cultivateur, aperçut dans un de ses champs un poirier sauvageon; frappé de cette rencontre, il résolut de faire un essai. Il le transplanta dans son jardin, avec l'intention de le greffer; mais ayant négligé de le faire à temps, l'arbre, devenu fort, rapporta du fruit dont la qualité surpassa son attente; et dès lors il fut acquis au commerce; car, sur la demande de plusieurs personnes, l'espèce se propagea dans la commune et les environs. Quelques années après, un de mes amis de Ploubazlanec, me parlant de cette variété, alors surnommée poire *Roleick*, en breton, c'est-à-dire poire Roland, m'en fit passer des greffes en 1845; et deux ans plus tard, en 1847, je vous en adressai un plant étiqueté *Beurré de Paimpol*; nom que je lui avais donné, avec le consentement du propriétaire, parce que Paimpol étant chef-lieu de canton, est mieux connu, par son importance, qu'une petite commune comme Ploubazlanec. » (*Lettre du 20 octobre* 1866.)

Observations. — La rare fertilité de ce poirier, jointe à la grosseur de ses produits, le rend propre à l'approvisionnement des marchés. Toutefois, les fruits qu'il donne blettissant aussitôt leur parfaite maturité, on devrait alors les cueillir de bonne heure pour les expédier encore verts.

POIRE BEURRÉ DE PAQUES. — Synonyme de poire *Bonne de Soulers.* Voir ce nom.

POIRE BEURRÉ DE PARIS. — Synonyme de poire *d'Épargne.* Voir ce nom.

POIRE BEURRÉ DE PARTHENAY. — Synonyme de *Bergamote de Parthenay.* Voir ce nom.

---

244. POIRE BEURRÉ PAYEN.

Description de l'arbre. — *Bois :* fort. — *Rameaux :* nombreux, étalés, gros, assez longs, très-géniculés, brun verdâtre clair, à lenticelles des plus apparentes et des plus espacées, à coussinets bien accusés. — *Yeux :* volumineux, coniques ou ovoïdes-allongés, excessivement écartés du bois et montrant des écailles faiblement entr'ouvertes. — *Feuilles :* moyennes, généralement ovales-arrondies, acuminées, régulièrement dentées en scie, ayant le pétiole long et épais.

FERTILITÉ. — Satisfaisante.

CULTURE. — Sur cognassier, ce poirier pousse très-convenablement, et vite; il y fait de belles pyramides, bien ramifiées, bien feuillues; le franc, que nous ne lui avons pas encore donné, doit également lui être fort profitable.

Poire Beurré Payen.

Description du fruit. — *Grosseur :* moyenne. — *Forme :* turbinée-ovoïde ou turbinée régulière, constamment bosselée. — *Pédoncule :* court, gros, charnu et plissé à la base, inséré obliquement ou perpendiculairement au centre d'une faible dépression. — *OEil :* petit, mi-clos ou fermé, rond, placé dans un large bassin rarement profond. — *Peau :* gris-roux foncé, entièrement couverte de points blanchâtres fort développés. — *Chair :* blanc jaunâtre, demi-fine, demi-fondante, habituellement assez granuleuse. — *Eau :* suffisante, très-sucrée, légèrement musquée.

MATURITÉ. — Fin septembre et courant d'octobre.

QUALITÉ. — Deuxième.

Historique. — Peu connue, mais du reste peu méritante, cette poire nous fut envoyée de Belgique en 1846 par Adrien Papeleu, alors pépiniériste à Wetteren, près Gand, et décédé en 1859. Nous la propageons comme fruit de verger, depuis 1849, et la croyons gagnée par l'horticulteur même qui nous l'a vendue; opinion que partage le pomologue allemand Biedenfeld. (Voir *Handbuch aller bekannten Obstsorten*, 1854, t. I, p. 32.)

POIRE BEURRÉ DE PENTECOTE. — Synonyme de *Beurré de Rance*. Voir ce nom.

POIRE BEURRÉ (PETIT-). — Voir *Petit-Beurré*.

245. POIRE BEURRÉ PHILIPPE DELFOSSE.

Synonymes. — *Poires :* 1. BEURRÉ DELFOSSE (Bivort, *Album de pomologie*, 1850, t. III, pp. 68 et 166). — 2. DELFOSSE BOURGMESTRE (*Id. ibid.*). — 3. PHILIPPE DELFOSSE (*Id. ibid.*). — 4. BOURGMESTRE DELFOSSE (Idem, *Annales de pomologie belge et étrangère*, 1855, t. III, p. 87).

Description de l'arbre. — *Bois :* de moyenne force. — *Rameaux :* très-nombreux, légèrement étalés, un peu grêles, longs, coudés, brun clair habituellement tacheté de gris, ayant les lenticelles petites, rapprochées, et les coussinets saillants. — *Yeux :* moyens, ovoïdes, à écailles disjointes, écartés du bois et souvent même formant éperon. — *Feuilles :* petites, abondantes, généralement ovales, acuminées, à bords régulièrement et profondément dentés, à pétiole des plus longs, épais, mais assez flasque.

Poire Beurré Philippe Delfosse.

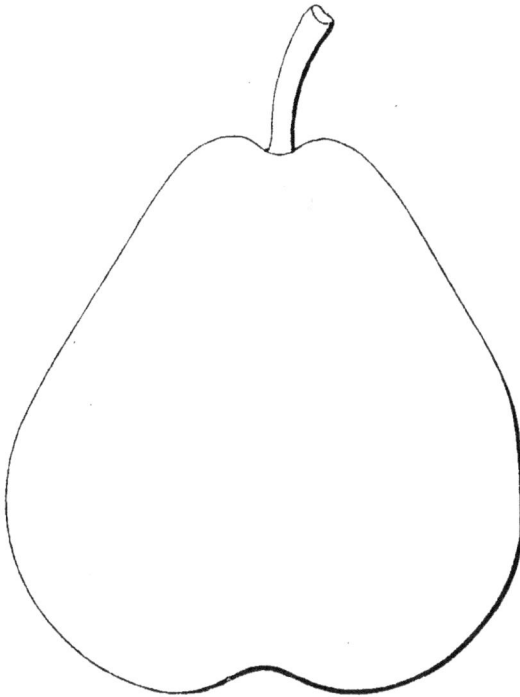

FERTILITÉ. — Grande.

CULTURE. — Arbre d'un développement ordinaire, on le greffe sur franc ou cognassier; il y croît parfaitement et fait toujours des pyramides d'une forme irréprochable.

Description du fruit. — *Grosseur :* moyenne et parfois plus volumineuse. — *Forme :* turbinée obtuse et ventrue, ou turbinée quelque peu allongée. — *Pédoncule :* assez court, mince, recourbé quelquefois, mais rarement, renflé à la base, inséré à fleur de fruit. — *Œil :* moyen, irrégulier, habituellement mi-clos, peu enfoncé, uni sur ses bords. — *Peau :* jaune d'or, ponctuée, striée, marbrée de fauve, faiblement tachée de même autour du pédoncule et le plus souvent lavée de rouge-brun clair sur la partie qui regarde le soleil. — *Chair :* blanchâtre, fine, très-fondante, juteuse, faiblement granuleuse au centre. — *Eau :* excessivement abondante, acidule, sucrée, rafraîchissante, possédant un parfum particulier d'une extrême délicatesse.

MATURITÉ. — De la mi-novembre jusqu'au commencement de janvier.

QUALITÉ. — Première.

Historique. — Obtenue chez les Belges, « elle provient, dit M. Bivort, des « semis de M. Grégoire, de Jodoigne, qui l'a dédiée à M. Philippe Delfosse, bourg- « mestre de Sarrisbare. Sa première production a eu lieu en 1847. » (*Album de pomologie*, 1850, t. III, p. 68.) Ajoutons que le semis d'où l'arbre est sorti, fut fait en 1832 et uniquement composé de pepins de Passe-Colmar.

POIRES BEURRÉ PICQUERY ET BEURRÉ PIQUERY. — Synonymes de poire *des Urbanistes*. Voir ce nom.

POIRE BEURRÉ PLAT. — Synonyme de *Bergamote crassane*. Voir ce nom.

246. POIRE BEURRÉ POINTILLÉ DE ROUX.

Description de l'arbre. — *Bois :* fort. — *Rameaux :* peu nombreux, érigés ou légèrement étalés, de grosseur moyenne, longs, duveteux, brun grisâtre lavé de rouge-brique, à lenticelles abondantes, saillantes, larges, à coussinets presque aplatis. — *Yeux* : moyens, coniques, aigus, non appliqués contre l'écorce. — *Feuilles* : assez grandes, coriaces, ovales, acuminées, canaliculées, faiblement dentées, ayant le pétiole court, roide et épais.

Poire Beurré pointillé de roux.

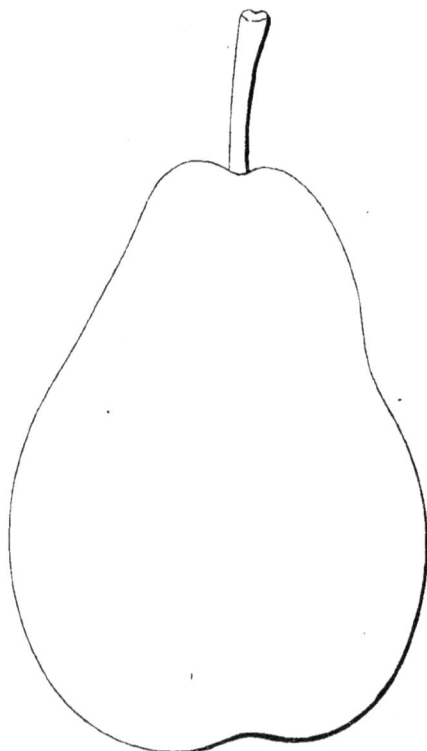

FERTILITÉ. — Remarquable.

CULTURE. — Sa vigueur n'est pas des plus prononcées, aussi le franc lui convient-il mieux que le cognassier; sur l'un et l'autre de ces sujets il prend, du reste, une forme pyramidale très-satisfaisante.

Description du fruit. — *Grosseur :* moyenne. — *Forme :* turbinée-allongée, obtuse, quelque peu étranglée vers les deux tiers de sa hauteur. — *Pédoncule :* court, mince, droit ou courbé, régulièrement implanté à la surface. — *Œil :* petit, ouvert, souvent contourné, rarement enfoncé. — *Peau :* vert-pré, marbrée et fortement ponctuée de roux, maculée de même dans le bassin ombilical et autour du pédoncule, et colorée de rose pâle du côté du soleil. — *Chair :* blanc verdâtre, demi-fine, demi-fondante, pierreuse auprès des loges. — *Eau :* suffisante, sucrée, aigrelette, peu parfumée.

MATURITÉ. — Courant d'octobre et commencement de novembre.

QUALITÉ. — Deuxième.

Historique. — Décrit par M. Alexandre Bivort en 1851, dans le tome IV de son *Album de pomologie*, ce fruit y est donné comme un gain du semeur belge Van Mons (voir pp. 125-126), sans indication, toutefois, de l'époque à laquelle il fut obtenu. En 1859 M. de Liron d'Airoles, le citant à la page 8 du Supplément de sa *Liste synonymique des variétés du poirier*, dit que le pied-type rapporta pour la première fois en 1844. Mais ce renseignement ne peut nous servir, attendu que Van Mons, qui mourut le 6 septembre 1842, avait déjà parlé du Beurré pointillé de roux; M. Bivort lui-même le constate dans l'ouvrage ci-dessus mentionné.

POIRE BEURRÉ DE PORTUGAL. — Synonyme de poire *de Saint-Père*. Voir ce nom.

247. POIRE BEURRÉ PREBLE.

Description de l'arbre. — *Bois :* faible. — *Rameaux :* assez nombreux, presque étalés, grêles, peu longs et peu coudés, marron clair, à lenticelles fines et très-espacées, à coussinets aplatis. — *Yeux :* petits ou moyens, ovoïdes-arrondis, pointus, légèrement écartés de l'écorce. — *Feuilles* : petites, lancéolées, planes ou contournées, ayant les bords denticulés, le pétiole court et menu.

Poire Beurré Preble.

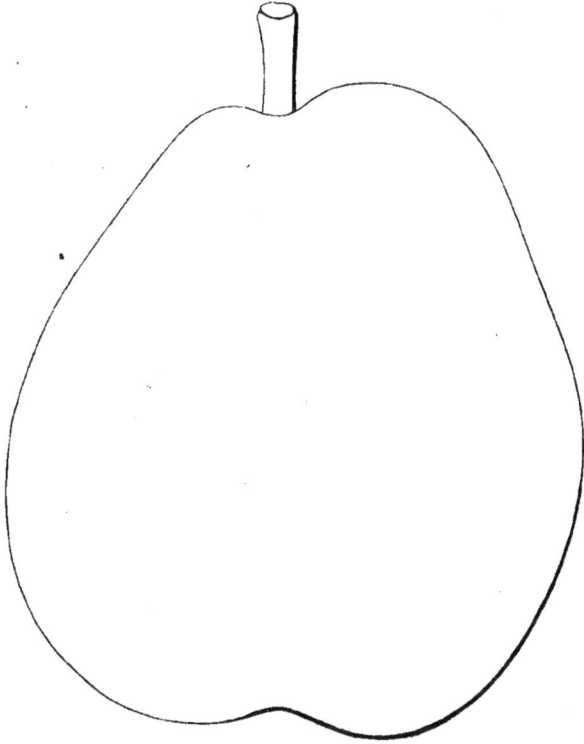

FERTILITÉ.—Médiocre.

CULTURE. — Dans nos pépinières, ce poirier reste des plus chétifs, quel que soit le sujet qu'on lui donne ; ses pyramides y sont irrégulières, mal ramifiées, excessivement basses.

Description du fruit. — *Grosseur :* volumineuse. — *Forme :* ovoïde ventrue et bosselée, ou ovoïde-arrondie. —*Pédoncule :* court, bien nourri, droit, régulièrement inséré dans une large cavité sans profondeur, que domine un mamelon très-prononcé. — *Œil :* moyen, ouvert, faiblement plissé sur ses bords, presque saillant. — *Peau :* jaune verdâtre obscur, ponctuée et largement maculée de brun clair, striée de même dans le bassin ombilical. — *Chair :* blanc jaunâtre, fine, mi-fondante ou fondante, assez granuleuse au cœur. — *Eau :* suffisante, sucrée, acidule, possédant une saveur beurrée d'une grande délicatesse.

MATURITÉ. — Courant d'octobre, allant jusqu'à la mi-novembre.

QUALITÉ. — Première.

Historique. — Les Américains sont les obtenteurs de ce Beurré et le regardent comme un de leurs meilleurs fruits. Ils le cultivent depuis vingt-cinq ans environ, et voici l'origine que lui assignait en 1849 le pomologue Downing :

« Cette grosse, cette excellente poire fut gagnée de semis par M. Elijat Cook, de Raymond, dans l'État du Maine. Le nom qu'elle porte lui a été donné par M. Manning, en mémoire du commodore (chef d'escadre) Édouard Preble, notre compatriote. » (*The Fruits and fruit trees of America*, édition de 1849, p. 363.)

Observations. — Nous ignorons si ce poirier se montre plus vigoureux dans une autre partie de la France, que dans l'Anjou, car il est peu répandu chez nos horticulteurs ; mais ici, où nous le multipliions pour la première fois en 1851, on l'a toujours vu très-frêle, très-délicat et souvent attaqué d'une maladie qui se perpétuait même par la greffe ; défauts d'autant plus regrettables, que les poires qu'il produit sont d'un fort volume et d'une parfaite qualité.

248. Poire BEURRÉ PRÉCOCE.

Description de l'arbre. — *Bois :* un peu faible et d'un gris rosé. — *Rameaux :* nombreux, étalés, de longueur et de grosseur moyennes, légèrement géniculés, rouge-brun grisâtre, à lenticelles larges, abondantes, à coussinets aplatis et à courts mérithalles. — *Yeux :* assez volumineux, ovoïdes, habituellement placés en éperon. — *Feuilles :* petites, vert clair cuivré, ovales-acuminées, ayant les bords régulièrement dentés en scie, le pétiole grêle et peu long.

FERTILITÉ. — Convenable.

CULTURE. — C'est un poirier dont la vigueur laisse généralement à désirer et qui pourtant se développe passablement sur cognassier; toutefois le franc lui convient mieux; il y fait de petites mais d'assez belles pyramides.

Description du fruit. — *Grosseur :* au-dessous de la moyenne. — *Forme :* turbinée-ovoïde ou turbinée-sphérique, ayant ordinairement un côté moins renflé que l'autre. — *Pédoncule :* long, mince, recourbé, formant bourrelet à son point d'attache, implanté au milieu d'une dépression presque insensible. — *Œil :* petit ou moyen, mi-clos ou fermé, situé dans un bassin profond et des plus évasés. — *Peau :* vert jaunâtre, ponctuée, striée, maculée de gris-roux, surtout près du pédoncule, et faiblement vermillonnée sur la face exposée au soleil. — *Chair :* blanche, fine, fondante ou mi-fondante, aqueuse, presque exempte de granulations. — *Eau :* abondante, sucrée, vineuse, mais entachée d'une acerbité qui la rend parfois désagréable.

MATURITÉ. — Commencement d'août.

QUALITÉ. — Troisième.

Historique. — Elle est originaire d'Angers, où feu Goubault, jadis horticulteur route de Saumur, la gagna de semis en 1850, dans sa pépinière de Mille-Pieds. Sa propagation date seulement de 1855.

Observations. — Le nom primitif de cette poire fut *Besi précoce*, mais on l'a livrée au commerce sous celui de *Beurré*, qu'elle est bien loin de justifier. Quant à nous, si nous la multiplions, c'est comme variété hâtive destinée à la halle, où son volume assez considérable lui fait trouver de nombreux acheteurs.

Poire BEURRÉ DE PRINTEMPS. — Synonyme de *Colmar des Invalides*. Voir ce nom.

---

249. Poire BEURRÉ DE QUENAST.

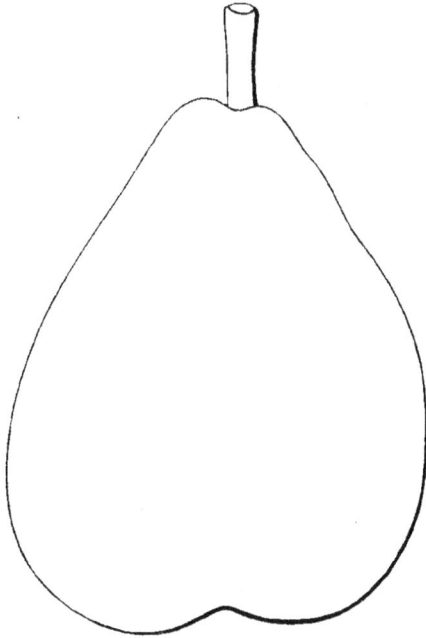

Description de l'arbre. _
Bois : fort. — *Rameaux :* assez nombreux, érigés ou légèrement étalés, gros, longs, géniculés, brun verdâtre lavé de gris-roux, à lenticelles fines, saillantes, peu espacées, à coussinets aplatis. — *Yeux :* moyens, coniques, aigus, appliqués en partie contre l'écorce. — *Feuilles :* généralement grandes, ovales-lancéolées, planes ou canaliculées, ayant les bords dentelés ou crénelés, le pétiole court et bien nourri.

Fertilité. — Abondante.

Culture. — Il croît rapidement et peut être greffé, en raison de sa vigueur, sur toute espèce de sujet; ses pyramides sont régulières, fortes, très-bien faites.

Description du fruit. — *Grosseur :* moyenne. — *Forme :* turbinée, faiblement obtuse, bosselée. — *Pédoncule :* court, assez mince, droit, inséré à fleur de peau. — *OEil :* grand, arrondi, ouvert, ordinairement peu enfoncé. — *Peau :* vert clair jaunâtre, parsemée de larges points roux et de quelques taches ou marbrures plus foncées. — *Chair :* blanchâtre, demi-fine, demi-fondante, juteuse, pierreuse autour des loges. — *Eau :* fort abondante, sucrée, acidule, savoureuse quoique laissant habituellement à désirer sous le rapport du parfum.

Maturité. — De la mi-septembre jusqu'à la fin de ce mois.

Qualité. — Deuxième.

Historique. — Elle passe pour appartenir à la pomone du Brabant, sans toutefois qu'on ait à cet égard une certitude complète. C'est du moins ce qui résulte du passage ci-dessous, emprunté aux *Annales de pomologie belge et étrangère :*

« Cette nouvelle variété — dit M. Bivort — paraît être originaire du village de Quenast, dans le Brabant; nous ne connaissons ni son inventeur ni l'époque de sa première production. Nous savons seulement qu'elle fut envoyée, il y a déjà quelques années, au chevalier de Béthune, bourgmestre de Courtrai, par le baron Daminet, sénateur, dont le château avoisine la localité précitée..... Elle a été soumise cette année (1854) à l'appréciation de la Commission royale de pomologie, par M. Reynaert-Beernaert (pomologue à Courtrai). » (Tome II, p. 15.)

Poire BEURRÉ QUETELET. — Synonyme de *Beurré Curtet*. Voir ce nom.

Poire BEURRÉ DE RACKENGHEM. — Synonyme de poire *Pomme*. Voir ce nom.

Poire BEURRÉ RANCE. — Synonyme de *Beurré de Rance*. Voir ce nom.

250. Poire BEURRÉ DE RANCE.

Synonymes. — *Poires* : 1. Gastelier (le Lectier, *Catalogue des arbres cultivés dans son verger et plant*, 1628, p. 21). — 2. Beurré d'Hiver (Merlet, *l'Abrégé des bons fruits*, édition de 1675, p. 109). — 3. Jenart (*Id. ibid.*). — 4. Beurré Hardenpont de Printemps (John Turner, *Transactions of the horticultural Society of London*, 1822, t. V, pp. 126-131). — 5. Beurré rance (*Id. ibid.*). — 6. Bon-Chrétien de Rance (Prévost, *Cahiers pomologiques*, 1839, p. 60). — 7. Beurré de Noirchain (*Id. ibid.*, p. 136). — 8. Beurré de Rans (*Id. ibid.*, p. 60). — 9. Beimont ou Beymont (Bivort, *Album de pomologie*, 1850, pp. 43-44). — 10. Beurré Bon-Chrétien (Auguste Royer, *Annales de pomologie belge et étrangère*, 1855, t. III, p. 45). — 11. Beurré de Pentecote (Thuillier-Aloux, *Catalogue raisonné des poiriers qui peuvent être cultivés dans la Somme*, 1855, p. 7). — 12. Hardenpont de Printemps (Decaisne, *le Jardin fruitier du Muséum*, 1859, t. I). — 13. De Rance (*Id. ibid.*). — 14. Beurré du Rhin (Congrès pomologique, *Pomologie de la France*, 1864, t. II, nº 107).

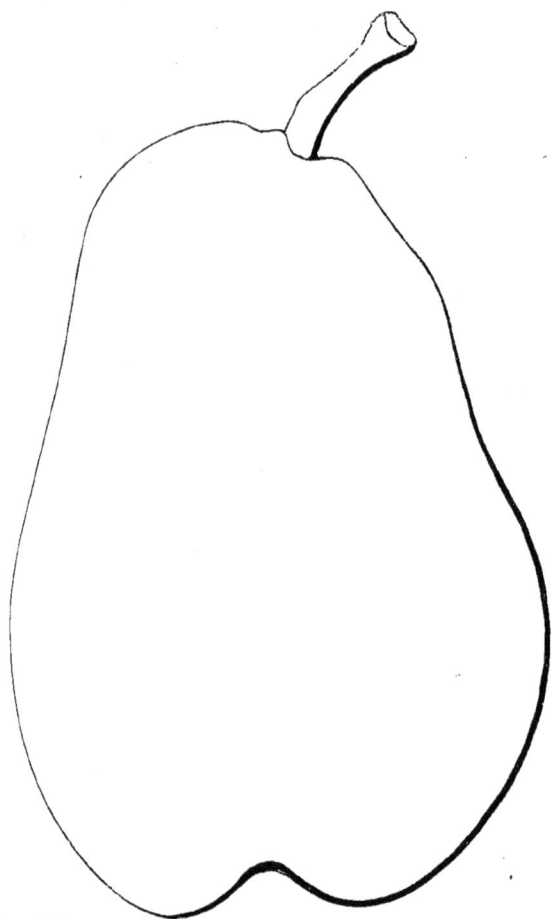

Description de l'arbre. — *Bois* : faible. — *Rameaux :* peu nombreux, étalés ou réfléchis, assez grêles, longs, non coudés, brun clair verdâtre légèrement cendré, ayant les lenticelles petites, très-espacées, et les coussinets presque nuls. — *Yeux :* moyens, ovoïdes, duveteux, noyés dans l'écorce. — *Feuilles :* habituellement elliptiques, acuminées, à bords bien dentés, à pétiole de longueur moyenne, gros et pourvu de stipules des plus développées.

Fertilité. — Médiocre.

Culture. — Le franc est le seul sujet sur lequel ce poirier puisse prospérer, et encore n'y fait-il que de maigres, que d'irrégulières pyramides dont la croissance a toujours lieu tardivement. Greffé sur cognassier, il demeure tellement chétif qu'on n'en saurait tirer aucun parti satisfaisant, et fait même, alors, périr les sujets.

Description du fruit. — *Grosseur :* volumineuse. — *Forme :* oblongue-ovoïde, généralement ventrue et bosselée. — *Pédoncule :* long ou assez court, bien nourri, courbé, renflé à ses extrémités, obliquement inséré dans une cavité rarement profonde et dont les bords sont accidentés. — *Œil :* moyen, souvent mi-clos, régulier, faiblement enfoncé. — *Peau :* très-rude, très-épaisse, vert terne bronzé, ponctuée et fortement marbrée de gris clair, et maculée de fauve autour de l'œil et du pédoncule. — *Chair :* blanc verdâtre, demi-fine et parfois grossière, demi-fondante, juteuse, granuleuse au centre. — *Eau :* abondante, sucrée, habituellement un peu astringente, mais néanmoins aromatique et savoureuse.

MATURITÉ. — Variable, elle commence le plus ordinairement en novembre et finit en février; cependant on l'a vue gagner les mois de mars et d'avril, puis, très-exceptionnellement, ceux de mai et de juin.

QUALITÉ. — Première, et deuxième lorsque l'âpreté de son eau est trop prononcée. Aucune poire ne la surpasse en excellence, pour faire des compotes.

Historique. — Jusqu'ici trois opinions ont prévalu, en ce qui touche l'origine de ce Beurré : les uns, le disant obtenu de semis par l'abbé d'Hardenpont, à Mons, reportent à 1758 ou à 1762 la première fructification du pied-type; les autres, refusant de voir en lui un gain de cet abbé, prétendent qu'il le rencontra inconnu dans le village de Rance, et n'en fut alors que le simple propagateur; enfin il en est qui l'ont attribué à Van Mons. Pour nous, ces derniers ont complétement tort, car Van Mons naquit en 1765, après l'apparition de cette poire, sur laquelle il manqua même de renseignements précis, puisqu'il supposait qu'on l'avait appelée Beurré *rance* en raison de la saveur acide de sa chair. Mais il ne s'ensuit pas, de ceci, que nous regardions ce fruit comme provenu de la Flandre, en 1758 ou 1762. Que l'abbé d'Hardenpont l'y ait, à l'une de ces deux époques, trouvé innommé dans la petite localité de Rance, et lui ait appliqué, ne pouvant l'assimiler à aucune autre variété, le nom de ce hameau, nous l'admettons volontiers, avec un grand nombre de pomologues; seulement, nous avons la conviction que déjà il existait en France, et depuis longtemps, sous plusieurs dénominations différentes. Essayons de le démontrer à l'aide, d'abord, de *l'Abrégé des bons fruits*, de Merlet, édition de 1675, dans laquelle on lit ce qui suit :

« Pendant le mois de Decembre et les suivans, se mange..... le *Gatellier*, ou *Jehart*, ou *Bœuré d'Hyver*, estant gros, verd, long en ovale, et bœuré, d'une eau peu relevée, et meilleur encore cuit que crû. » (Pages 107 et 109.)

Voilà bien, en quelques lignes, la description du Beurré de Rance, de cette poire généralement bonne, mais souvent aussi, médiocre, et dont la peau, même à parfaite maturité, reste d'un *vert bronzé*. Or, des trois noms que Merlet lui donne ici, il en est un, *Gatellier*, qui va nous la montrer multipliée dès 1628 à Orléans, dans les fameux jardins du procureur du roi le Lectier. Si l'on ouvre, effectivement, à la page 21 le *Catalogue des arbres cultivés en* 1628 *dans le verger et plant* de ce magistrat-horticulteur, on y trouve cette indication formelle : « *Gastelier*, poirier « dont le fruict dure jusques en Mars, Avril, Mai et Juin. » Et quant au nom *Beurré d'Hiver*, que Merlet en 1675 fait synonyme de Gatellier, une chose digne de remarque, c'est qu'il demeura longuement attaché à la présente variété, et passa avec elle chez les Hollandais et ailleurs, évidemment, comme le prouve ce court extrait du *Jardin fruitier*, pomologie publiée par le pépiniériste Louis Noisette, en 1821-1839 :

« BEURRÉ D'HIVER. — Fruit ayant la forme des Beurrés, mais dont *la peau reste constamment verte;* chair fondante, sucrée, parfumée, bonne. Nous l'avons rapporté du Brabant en 1806. Il mûrit dans le courant de janvier. — NOTA. Comme il y a des *Beurrés de Rans* qui se gardent jusqu'en janvier, il serait utile d'étudier comparativement le Beurré d'Hiver et le Beurré de Rans pour bien établir ou leur différence ou leur identité. » (Pages 172 et 173.)

Et l'étude demandée par Noisette a eu lieu, et de tous côtés il a été reconnu que son Beurré d'Hiver ne s'éloignait en rien du Beurré de Rance.

Terminons maintenant en relevant une autre erreur commise à l'égard de cette poire.

On a écrit qu'elle était apparue sous ce dernier nom, dans les collections françaises, en 1828 ou encore en 1835. Mais aucune de ces dates n'est exacte. Elle y était ainsi dénommée dès 1820, John Turner, jadis vice-secrétaire de la Société d'Horticulture de Londres, nous l'apprend et confirme en même temps une partie de nos assertions, lorsqu'il dit (15 janvier 1822) :

« Le *Beurré Rance*, également appelé Beurré d'Hardenpont de Printemps,..... a été envoyé à la Société en octobre 1821, par M. Hervy, directeur du Jardin royal du Luxembourg, à Paris..... mais quoique figurant dans l'école de ce Jardin, on ne l'y a pas encore inscrit sur le Catalogue..... Je le regarde comme identique avec le *Beurré d'Hiver* décrit dans l'ouvrage de Noisette. » (*Transactions of the horticultural Society of London*, t. V, pp. 126, 128, 130 et 131.)

Observations. — On a souvent donné les noms *Beurré de Flandre* et *Beurré Épine* comme synonymes de Beurré de Rance, mais il serait difficile de justifier une telle attribution, le Beurré de Flandre n'étant autre que la Fondante des Bois, et le Beurré Épine, lui, tenant parfaitement sa place parmi les variétés, ainsi qu'on a pu le voir plus haut, page 359, où nous l'avons décrit. — Prévost, dans ses *Cahiers pomologiques*, affirmait (page 62) que « le 8 avril 1838 il avait ouvert un « Beurré de Rance qui n'était pas encore assez mûr. » Tougard, son collègue et son continuateur, écrivait en 1852 : « J'en ai mangé un en *juillet* » (page 68 de ses *Variétés de poires*). Cela doit être, puisque nos honorables devanciers le certifient; mais dans l'Anjou, où la maturation est toujours assez précoce, cette poire se conserve bien rarement au delà du mois de mars. — Sa grosseur, par exemple, atteint souvent un volume considérable, à ce point que nous en avons vu qui pesaient jusqu'à 568 grammes, et notamment à l'exposition de Chartres, en 1862.

Poire BEURRÉ DE RANS. — Synonyme de *Beurré de Rance*. Voir ce nom.

Poire BEURRÉ RÉAL. — Synonyme de poire *Milan d'Hiver*. Voir ce nom.

---

251. Poire BEURRÉ REINE.

Synonyme. — *Poire* BEURRÉ DE LA REINE (Tougard, *Tableau analytique des variétés de poires*, 1852, p. 30).

Description de l'arbre. — *Bois :* très-fort. — *Rameaux :* nombreux, presque érigés, gros et des plus longs, géniculés, marron clair, lavés de rouge auprès des yeux, finement et abondamment ponctués, ayant les coussinets bien marqués. — *Yeux :* assez volumineux, coniques, à écailles entr'ouvertes, habituellement sortis en courts éperons. — *Feuilles :* petites, ovales-allongées ou lancéolées, légèrement dentées en scie, portées sur un pétiole long et un peu grêle.

FERTILITÉ. — *On la dit* satisfaisante.

CULTURE. — Vigoureux, il se greffe sur cognassier ou sur franc; son développement est ordinaire; ses pyramides ne laissent rien à désirer pour la force et la beauté.

I.   27

Description du fruit. — Nous ne saurions donner la silhouette de ce Beurré, ni le décrire, car il n'a pas encore mûri dans notre école, mais nous allons combler en partie cette lacune en empruntant à M. Tougard, pomologue rouennais, la courte note qu'il lui consacrait en 1852, dans son *Tableau analytique des variétés de poires* (page 30) : — « Fruit fondant, très-gros, énorme en espalier, pyramidal, « ventru, affectant souvent la forme du Beurré Diel.

Maturité. — « Octobre et novembre.

Qualité. — « Deuxième. »

Historique. — Très-peu connu, ce poirier pourrait bien être originaire de la Belgique, d'où nous l'avons reçu des pépinières royales de Vilvorde-lez-Bruxelles, en 1864; mais nous ne savons rien sur son âge ni sur son obtenteur; toutefois, en 1850 on le cultivait déjà à Vilvorde. (Voir le *Catalogue* de M. de Bavay, propriétaire de cet établissement.) Depuis seize ans, divers pomologues l'ont mentionné; seulement, tous s'étant borné à reproduire littéralement les quatre lignes du *Catalogue* dont nous venons de parler, qui sont muettes sur la provenance du Beurré Reine, ils ne peuvent être alors d'aucun secours dans la circonstance. Et même nous devons rectifier une erreur commise par l'un d'eux, présentant Duhamel du Monceau comme descripteur, en 1768, de cette variété... Disons-le vite, jamais le Beurré Reine n'a figuré dans le *Traité des arbres fruitiers* de ce savant écrivain.

Observations. — Selon M. Decaisne, poire *la Reine* étant l'un des synonymes du Beurré Romain, nous avions cru d'abord, influencé par l'homonymie, le Beurré *Reine* ou *de la Reine* identique avec ce dernier fruit; mais l'examen des arbres nous a prouvé qu'aucune analogie n'existait entre ces poiriers. Et l'on doit éviter aussi de leur attribuer ces autres synonymes : *poire à la Reine*, *Beurré à la Reine*, appartenant uniquement à la variété Muscat Robert.

Poire BEURRÉ A LA REINE. — Synonyme de poire *Muscat Robert*. Voir ce nom.

Poire BEURRÉ DE LA REINE. — Synonyme de *Beurré Reine*. Voir ce nom.

Poire BEURRÉ DU RHIN. — Synonyme de *Beurré de Rance*. Voir ce nom.

---

252. Poire BEURRÉ ROBERT.

Description de l'arbre. — *Bois :* de force moyenne. — *Rameaux :* nombreux, légèrement étalés, assez gros, longs, coudés, vert grisâtre, abondamment et finement ponctués, ayant les coussinets bien accusés. — *Yeux :* moyens, ovoïdes, non appliqués contre l'écorce. — *Feuilles :* ovales ou elliptiques, dentées en scie, planes ou contournées, à pétiole long et grêle.

Fertilité. — Constante et satisfaisante.

Culture. — Il est d'une bonne vigueur, prospère sur le cognassier et sur le franc; la forme pyramidale lui convient très-bien.

Description du fruit. — *Grosseur :* volumineuse. — *Forme :* turbinée, obtuse, bosselée et ventrue. — *Pédoncule :* court, de force moyenne, faiblement recourbé, obliquement inséré à fleur de peau et généralement appuyé contre une gibbosité des plus prononcées. — *Œil :* large, arrondi, ouvert, régulier, placé dans un bassin en entonnoir, habituellement profond et uni sur ses bords. — *Peau :* jaune verdâtre, semée de petits points gris, tachée de roux vers l'œil et près du pédoncule. — *Chair :* blanche, fine, fondante, juteuse, contenant quelques granulations, surtout autour des loges. — *Eau :* toujours abondante, sucrée, acidule, ayant un parfum excessivement délicat.

Poire Beurré Robert.

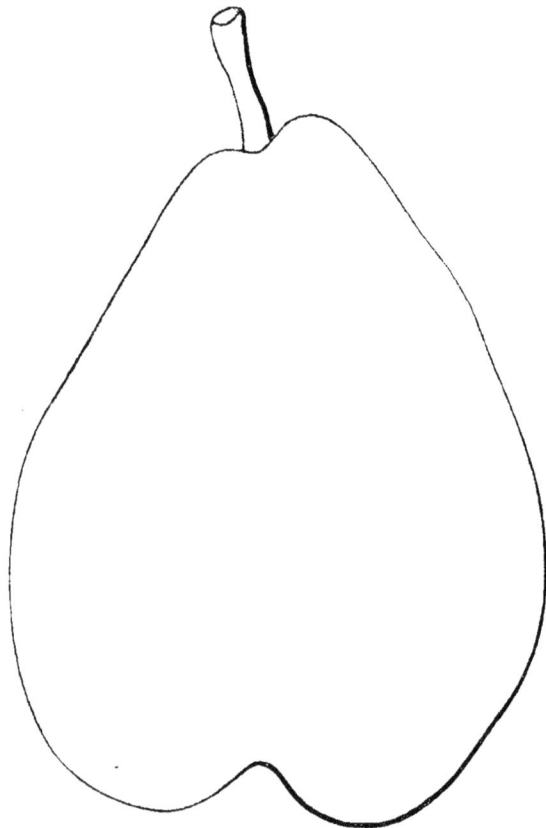

MATURITÉ. — De la fin d'octobre jusqu'à la mi-décembre.

QUALITÉ. — Première.

Historique. — Gagnée par MM. Robert et Moreau, horticulteurs rue des Bas-Chemins-du-Mail, à Angers, le Comice de Maine-et-Loire fut chargé de la déguster dans sa séance du 3 novembre 1861. Il la déclara délicieuse et lui trouva, ce qui est exact, beaucoup de rapports de forme et de goût avec le Beurré d'Arenberg ou Glout-Morceau. Elle provient, du reste, d'un semis de pepins de cette dernière variété, et portait dans la collection de ses obtenteurs le n° 02.

Observations. — L'arbre du Beurré Robert se rapproche tellement, par ses divers caractères, du poirier Doyenné du Comice, qu'on les confond assez facilement; mais leurs fruits aident un peu à les distinguer. Ils ont en effet dans leur faciès, leur volume et leur coloration, des dissemblances suffisamment appréciables pour permettre de les reconnaître. La saveur de leur chair offre aussi une notable différence.

POIRE BEURRÉ ROCHECHOUART. — Synonyme de poire *du Mas.* Voir ce nom.

POIRE BEURRÉ DU ROCHOIR. — Synonyme de poire *du Mas.* Voir ce nom.

POIRE BEURRÉ DU ROI. — Synonyme de *Beurré gris.* Voir ce nom.

---

253. Poire BEURRÉ ROMAIN.

Synonymes. — *Poires :* 1. Fondante de Rome (Diel, *Kernobstsorten*, 1802, p. 106). — 2. Sucré romain (*Id. ibid.*). — 3. Beurré de Rome (Biedenfeld, *Handbuch aller bekannten Obstsorten*, 1854, t. I, p. 57). — 4. Girardine (Decaisne, *le Jardin fruitier du Muséum*, 1858, t. I). — 5. La Reine (*Id. ibid.*). — 6. Poire romaine (*Id. ibid.*).

Premier Type.

Description de l'arbre. — *Bois :* très-fort. — *Rameaux :* assez nombreux, étalés, des plus gros, longs, flexueux, cotonneux, d'un rouge-fauve ardoisé et tacheté de gris, à lenticelles larges, saillantes et très-rapprochées, à coussinets presque nuls. — *Yeux :* petits, aplatis, noyés dans l'écorce. — *Feuilles :* vert foncé, grandes, ovales-allongées, légèrement duveteuses, ayant les bords entiers, le pétiole assez long et bien nourri.

Fertilité. — Moyenne.

Culture. — Poirier vigoureux, il peut être greffé sur franc ou cognassier ; son développement, toujours tardif, ne l'empêche cependant pas de former de belles et fortes pyramides.

Deuxième Type.

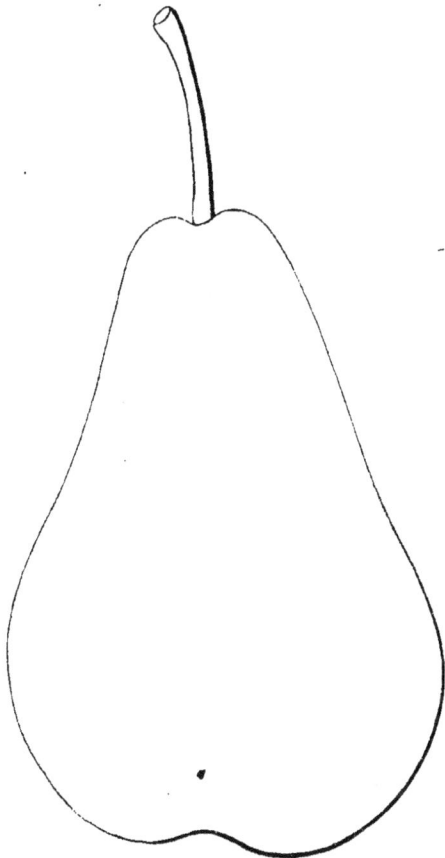

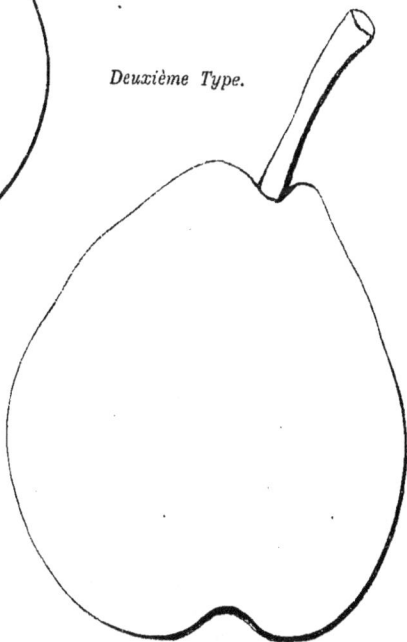

Description du fruit. — *Grosseur :* moyenne ou au-dessous de la moyenne. — *Forme :* inconstante, variant habituellement entre la conique allongée et obtuse, et la turbinée ovoïde, bosselée et ventrue. — *Pédoncule :* long, mince, non arqué, généralement un peu renflé à son point d'attache, obliquement implanté au milieu d'une dépression plus ou moins marquée. — *OEil :* petit, bien fait, ouvert, faiblement enfoncé, entouré de quelques plis ou de quelques bosselettes à peine développées. — *Peau :* rugueuse, jaune terne fortement olivâtre, parsemée de points gris-roux, marbrée ou tachée de même au sommet et à la base du fruit, et parfois teintée de rouge-brique sur la partie frappée par le soleil. — *Chair :* blanchâtre, demi-fine, demi-fondante, aqueuse, presque exempte de pierres. —*Eau :* abondante, acidule, sucrée, laissant dans la bouche un léger parfum d'anis.

MATURITÉ. — De la mi-septembre à la mi-octobre.

QUALITÉ. — Variable, mais plutôt deuxième que première.

Historique. — Étienne Calvel décrivait cette variété en 1805, dans son *Traité des pépinières* (t. II, p. 319), et l'appelait Beurré *romain*, nom qu'aucun autre pomologue français n'avait encore mentionné. Merlet, plus d'un siècle auparavant, cite bien une poire *Gros-Romain*, mais comme il la déclare synonyme de la Fontarabie, mûrissant en février et bonne uniquement pour la cuisson, on voit qu'il est impossible, malgré la similitude desdits noms, de songer au moindre rapprochement entre ces deux fruits. En 1805, le Beurré romain ne devait faire qu'apparaître dans notre pays, où probablement le docteur Diel, de Stuttgardt, l'avait envoyé à quelqu'un des nombreux correspondants qu'il y comptait. Cet amateur érudit et si passionné de l'arboriculture fruitière, connut ce poirier dès 1801, car il nous dit en 1802 : « Je l'ai reçu de Harlem et ne le rencontre ni chez Duhamel, ni chez Knoop, « ni chez Mayer ; voici ses diverses dénominations : Sucré romain, Beurré romain, «Fondante de Rome (*Kernobstsorten*, 1802, p. 106). » Mais il est positif que les Allemands le cultivaient déjà depuis longtemps, à cette époque, comme l'observait récemment M. Jahn, tome II, page 55 de l'*Illustrirtes Handbuch der Obstkunde* (1860), où tout en l'appelant *Römische Schmalzbirn*, Fondante de Rome, il lui conserve néanmoins son nom français actuel, Beurré romain.

POIRE BEURRÉ DE ROME. — Synonyme de *Beurré romain*. Voir ce nom.

POIRE BEURRÉ ROND. — Synonyme de *Bergamote d'Été*. Voir ce nom.

POIRE BEURRÉ ROUGE. — Synonyme de *Beurré gris*. Voir ce nom.

POIRE BEURRÉ ROUGE D'ANJOU. — Synonyme de *Beurré gris*. Voir ce nom.

254. POIRE BEURRÉ ROUGE D'AUTOMNE.

Synonyme. — *Poire* DOYENNÉ ROUGE (Diel, *Kernobstsorten*, 1802, pp. 19 et suivantes).

Description de l'arbre. — *Bois :* de force moyenne. — *Rameaux :* nombreux, excessivement étalés, longs, flexueux, vert olivâtre légèrement lavé de rouge-brun du côté du soleil, quelque peu duveteux au sommet, tout parsemés de larges points gris clair et n'ayant pas les coussinets très-développés. — *Yeux :* des plus petits, cordiformes, écrasés, appliqués contre le bois. — *Feuilles :* assez grandes, vert foncé, ovales, cotonneuses, irrégulièrement dentées ou crénelées, à pétiole court, très-gros, flasque et pourvu de stipules effilées.

FERTILITÉ. — Remarquable.

CULTURE. — Sa vigueur n'est pas excessive; néanmoins il prospère assez bien sur cognassier; mais ses pyramides, quel que soit le sujet qu'on lui ait donné, sont toujours mal faites.

Poire Beurré rouge d'Automne.

Description du fruit. — *Grosseur :* moyenne et souvent moins considérable. — *Forme :* turbinée obtuse et ventrue. — *Pédoncule :* assez long et assez fort, recourbé, inséré dans un évasement peu prononcé que surmonte parfois un léger mamelon. — *Œil :* bien développé, ouvert, régulier, presque saillant. — *Peau :* jaune d'ocre, fortement ponctuée et tachetée de fauve, principalement auprès de l'œil, et lavée de rouge-brun clair sur le côté exposé au soleil. — *Chair :* blanche, demi-fine ou grossière, cassante ou mi-fondante, rarement bien juteuse, granuleuse au centre. — *Eau :* suffisante, sucrée, vineuse, sans parfum prononcé.

MATURITÉ. — Fin septembre et courant d'octobre.

QUALITÉ. — Variable, mais plutôt troisième que deuxième.

Historique. — Ce Beurré, nous le pensons, appartient aux collections françaises; il dut être obtenu vers 1780, et probablement par les Chartreux de Paris. Diel, le célèbre pomologue wurtembergeois, affirmait du moins en 1790, alors qu'il le décrivait pour la première fois, l'avoir reçu, en même temps que le *Doyenné gris*, de leurs pépinières (*Kernobstsorten*, 1802, p. 19). Or, le *Catalogue* publié en 1775 par ces religieux, ne le mentionnant pas encore, il n'a pu paraître, nécessairement, que dans le suivant, imprimé l'an 1786. Mais cet opuscule nous manquant, nous ne saurions préciser si, oui ou non, le Beurré rouge y figura. Quoi qu'il en soit, ce poirier commençait à se répandre chez nous à la fin du XVIIIe siècle; et Calvel, dans son *Traité des pépinières* (t. II, p. 320), en parlait déjà en 1802-1803, lui trouvant, disait-il, beaucoup de rapports avec le Beurré romain, et ajoutant qu'il avait été à portée de s'en convaincre à l'école du Muséum d'histoire naturelle. En Allemagne, ce poirier semble beaucoup plus estimé et cultivé qu'en France, car M. Édouard Lucas, dans son *Abbildungen württembergischer Obstsorten* (1858), et M. Langethal, dans le *Deutsches Obstcabinet* (1860), lui ont consacré d'assez longs articles et qualifié ses produits, d'excellents, mérite que nous n'avons jamais pu leur reconnaître, depuis plus de vingt ans.

Observations. — Le docteur Diel, dont nous venons d'invoquer l'autorité au sujet du Beurré rouge d'Automne, lui appliquait le synonyme *Doyenné rouge ;* il faut donc le lui maintenir, mais en recommandant de ne pas oublier que ce synonyme appartient aussi à la variété dite Doyenné gris. Comme il importe également de rappeler ici que *Beurré rouge* ayant été jadis l'un des nombreux surnoms du Beurré gris, il devient instant de ne point confondre ce synonyme avec le nom Beurré rouge d'Automne, qui est bien celui d'une espèce.

POIRE BEURRÉ ROUPÉ. — Synonyme de *Doyenné d'Hiver*. Voir ce nom.

POIRE BEURRÉ ROUPP. — Synonyme de *Doyenné d'Hiver*. Voir ce nom.

POIRE BEURRÉ ROUX. — Synonyme de *Beurré gris*. Voir ce nom.

POIRE BEURRÉ ROYAL. — Synonyme de *Beurré Diel*. Voir ce nom.

255. POIRE BEURRÉ DE SAINT-AMAND.

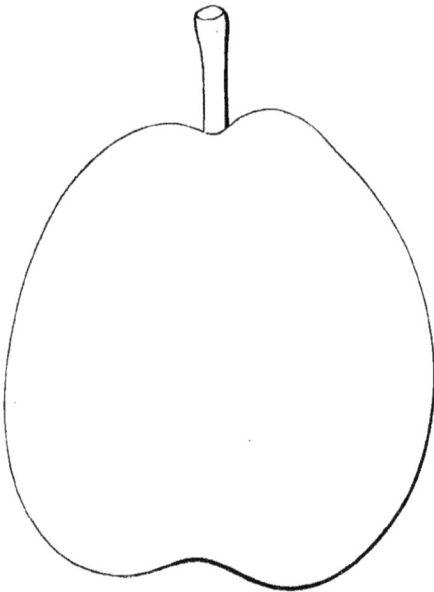

Description de l'arbre. — *Bois :* peu fort. — *Rameaux :* nombreux, érigés, grêles, longs, coudés, duveteux, marron grisâtre, à lenti-celles jaunâtres et clair-semées, à coussinets faiblement accusés. — *Yeux :* moyens, coniques-allongés, aigus, non appliqués contre le bois. — *Feuilles :* assez grandes, ovales-lancéolées, acuminées, souvent cana-liculées, ayant les bords profondé-ment, complétement dentés, et le pétiole gros et de longueur moyenne.

FERTILITÉ. — Fxcessive.

CULTURE. — Quoique ne manquant pas d'une certaine vigueur, cet arbre gagne cependant à être greffé sur franc plutôt que sur cognassier; il s'y développe hâtivement, il y prend une forme pyramidale régulière et parfaite.

Description du fruit. — *Grosseur :* généralement au-dessous de la moyenne. — *Forme :* ovoïde-arrondie ou turbinée fortement obtuse et un peu écrasée. — *Pédoncule :* court, bien nourri, droit, obliquement ou perpendiculairement implanté dans une cavité large mais sans profondeur. — *OEil :* grand, mi-clos, parfois con-tourné, rarement très-enfoncé. — *Peau :* jaune clair brillant, ponctuée, veinée de fauve, striée de même dans le bassin ombilical, et vermillonnée du côté du soleil. — *Chair :* jaunâtre, fine, fondante ou mi-fondante, juteuse, contenant quelques pierres au-dessous des pepins. — *Eau :* des plus abondantes, vineuse, sucrée, douée d'un arome fort savoureux.

MATURITÉ. — D'octobre en novembre.

QUALITÉ. — Première.

Historique. — C'est un prêtre belge qui obtint de semis, en 1853, la poire ici décrite ; fait confirmé comme suit par M. Bivort, au cours de 1856 :

« Cette variété a pris naissance dans le village de Saint-Amand, près Fleurus, il y a quelques années. Son obtenteur, M. Grégoire, curé de cette paroisse, l'a communiquée à la Commission royale de pomologie en octobre 1855. » (*Annales de pomologie belge et étrangère*, t. IV, p. 3.)

Le Beurré de Saint-Amand n'est guère connu qu'en Belgique ; il mérite cependant la culture, car le seul reproche qu'on lui puisse faire, c'est uniquement de mûrir en automne, saison où les poires de première qualité abondent en tous pays et sur toutes les tables.

Poire BEURRÉ SAINT-AMOUR. — Synonyme de poire *Fondante des Bois*. Voir ce nom.

Poire BEURRÉ SAINT-HÉLIER. — Synonyme de poire *Jaminette*. Voir ce nom.

---

256. Poire BEURRÉ SAINT-LOUIS.

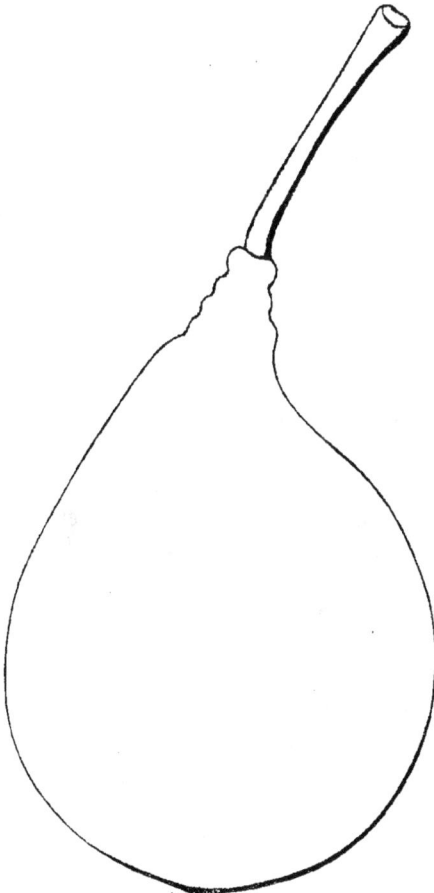

Description de l'arbre. — *Bois :* fort. — *Rameaux :* assez nombreux, légèrement étalés, gros, longs, géniculés, vert herbacé un peu jaunâtre, ayant les lenticelles larges, excessivement abondantes, et les coussinets des plus saillants. — *Yeux :* à écailles bombées et disjointes, volumineux, ovoïdes, écartés du scion. — *Feuilles :* moyennes, ordinairement ovales-arrondies, faiblement crénelées sur les bords, munies d'un pétiole court et très-épais.

Fertilité. — Bonne.

Culture. — Sa vigueur est remarquable ; le cognassier lui plaît infiniment ; il fait sur ce sujet de belles pyramides et y développe vite son écusson.

Description du fruit. — *Grosseur :* moyenne. — *Forme :* turbinée-allongée, irrégulière, contournée près du sommet, où presque toujours elle s'amincit subitement et présente plusieurs petits mamelons superposés. — *Pédoncule :* long, assez fort, non recourbé, obliquement implanté et généralement continu avec le fruit. — *OEil :* grand, arrondi, ouvert, saillant. — *Peau :* jaune-paille, parsemée de points verdâtres excessivement fins et recouverte en partie, surtout auprès de l'œil, de larges taches rousses. — *Chair :* blanche, fine, mi-fondante, peu pierreuse. — *Eau :* suffisante, sucrée, assez délicatement parfumée.

Maturité. — De la moitié à la fin d'août.

Qualité. — Deuxième.

Historique. — Nous avons rencontré ce poirier dans l'ancienne collection du Jardin fruitier du Comice horticole d'Angers; il y portait le n° 110, et il y fut introduit vers 1833. Le nom sous lequel on l'y inscrivit alors dut être, nous le croyons fermement, quelque peu altéré, car Van Mons gagnait en Belgique, avant 1821, une poire *Beurré Louis* qui paraît avoir un grand air de famille avec notre Beurré Saint-Louis. Les auteurs allemands Diel et Dittrich ont décrit, il y a trente ans environ, ce Beurré Louis, et l'on retrouve bien dans le fruit qu'ils dépeignent les caractères principaux de celui qui nous occupe. Cependant nous ne pouvons, sur cette seule présomption, déclarer identiques ces deux variétés. Non; mais nous signalons notre doute, afin qu'il soit possible de nous aider à l'éclaircir, en nous adressant, par exemple, des greffons du Beurré Louis, dont l'arbre nous est complétement inconnu.

Observations. — Il existe une poire Saint-Louis, fort différente du Beurré Saint-Louis, comme il est aisé de le vérifier en examinant plus loin (tome II) l'article où nous l'étudions. C'est là une regrettable conformité de nom, bien faite pour amener quelque confusion, mais qui trouve son excuse dans l'époque de maturité de ces poires, coïncidant véritablement avec le 25 août, date de la fête du roi saint Louis. — On a récemment placé parmi les nombreux synonymes de la poire *du Mas*, le Beurré Saint-Louis. Rien, pourtant, n'autorise une telle assimilation, puisque ce Beurré a disparu depuis un mois déjà quand les produits du poirier du Mas commencent seulement à mûrir; et qu'en outre tout est dissemblable chez ces variétés, forme, couleur, qualité des fruits, facies des arbres, etc.

---

257. Poire BEURRÉ SAINT-MARC.

Synonyme. — *Poire* Délices Columb's (Biedenfeld, *Handbuch aller bekannten Obstsorten*, 1854, t. I, p. 83).

Description de l'arbre. — *Bois :* fort. — *Rameaux :* nombreux, légèrement étalés, gros, longs, flexueux, vert-brun clair, à lenticelles larges et rapprochées, à coussinets très-accusés. — *Yeux :* petits, coniques, éloignés du bois et ayant les écailles entr'ouvertes. — *Feuilles :* habituellement ovales ou elliptiques, faiblement crénelées ou presque entières sur leurs bords, à pétiole roide, épais et de longueur moyenne.

Fertilité. — Convenable.

Culture. — Sur cognassier, l'unique sujet qu'on lui ait encore donné dans nos pépinières, il fait de jolies pyramides, croît vite et bien.

Description du fruit. — *Grosseur :* moyenne. — *Forme :* ovoïde-arrondie, déprimée à la base, assez régulière. — *Pédoncule :* peu long, arqué, menu, obliquement inséré au centre d'une légère dépression. — *Œil :* petit, ouvert ou mi-clos, bien fait, presque saillant. — *Peau :* jaune verdâtre, ponctuée, marbrée de roux et finement lavée de rose pâle du côté du soleil. — *Chair :* blanche, compacte, odorante, aqueuse, contenant quelques concrétions pierreuses auprès des loges. — *Eau :* excessivement abondante, sucrée, acidule, possédant un arome exquis.

Poire Beurré Saint-Marc.

MATURITÉ. — De la mi-décembre jusqu'en février.

QUALITÉ. — Première.

Historique. — Vers 1846 le pépiniériste Adrien Papeleu, de Wetteren, près Gand (Belgique), m'envoyait un poirier étiqueté *Délices Columb's*, dans lequel je reconnus plus tard le Beurré Saint-Marc, qui sans note indicative de provenance se trouvait depuis la même époque environ parmi les sujets de notre école. De ces noms, lequel fallait-il éliminer?... Comme rien ne l'indiquait, comme le Beurré Saint-Marc avait été inscrit dès 1849 à la page 26 de mon *Catalogue,* je préférai cette appellation, toute française, au nom Délices Columb's, emprunté à deux langues à la fois, et presque ignoré, car il ne m'est encore apparu que dans le *Handbuch aller bekannten Obstsorten* du baron Biedenfeld, imprimé en 1854 (t. I, p. 83). Mais remarquons-le, si Biedenfeld parle de la Délices Columb's, il se borne à reproduire la courte description qu'en donna jadis Adrien Papeleu, en son Catalogue, et ne dit pas un mot de l'obtenteur ni de l'origine de cette variété. Nous sommes donc condamné à imiter son silence, n'ayant pu nous procurer le moindre renseignement sur le présent poirier.

Observations. — Les poires Belle de Thouars et des Urbanistes ont souvent été vendues sous le pseudonyme Saint-Marc, quoiqu'aucune d'elles n'atteigne le 25 avril. Il faut se garder de l'oublier, autrement on les confondra avec le Beurré Saint-Marc, lors surtout que l'esprit d'innovation aura poussé nombre de nos confrères à supprimer de ce dernier nom le terme générique Beurré. — Nous croyons qu'en France le Beurré Saint-Marc se conservera toujours très-difficilement jusqu'au mois d'avril. Dans l'Anjou, il dépasse rarement la mi-février. Si donc, en le dénommant ainsi, on a voulu préciser son époque de maturité, il faut alors admettre qu'il est né dans un pays dont le climat diffère beaucoup du nôtre.

---

258. POIRE BEURRÉ DE SAINT-NICOLAS.

Synonymes. — *Poires :* 1. DUCHESSE D'ORLÉANS (Congrès pomologique, session de 1859, *Annales de la Société d'Horticulture de la Gironde,* t. III, p. 37). — 2. SAINT-NICOLAS (*Id. ibid.*).

Description de l'arbre. — *Bois :* fort. — *Rameaux :* nombreux, presque toujours érigés ou faiblement étalés, gros, peu longs, jaune grisâtre, ayant les lenticelles très-apparentes mais clair-semées, et les coussinets des plus proéminents. — *Yeux :* énormes, ovoïdes-allongés, pointus, placés habituellement en éperon. — *Feuilles :* de grandeur variable, vert jaunâtre, ovales ou elliptiques, dentées en scie, portées sur un pétiole court et grêle.

Poire Beurré de Saint-Nicolas.

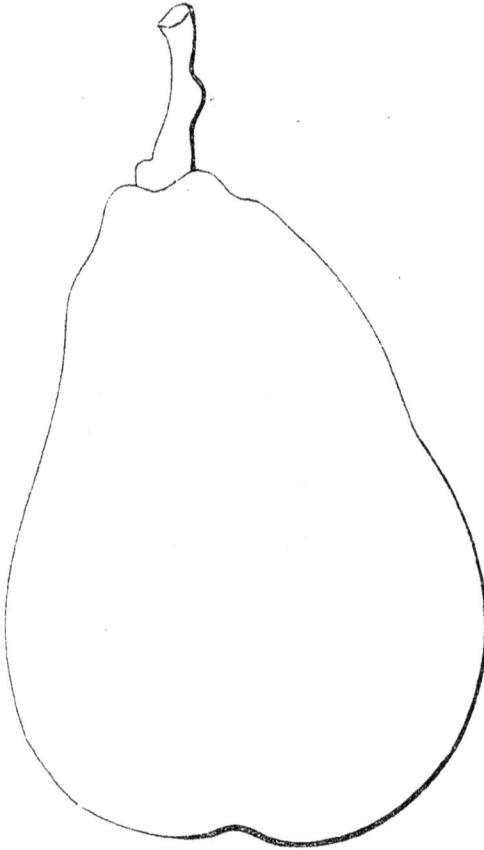

FERTILITÉ. — Grande.

CULTURE. — On le greffe ou sur franc ou sur cognassier ; sa vigueur est ordinaire et son développement assez vif ; quant à ses pyramides, elles sont de forme irréprochable et des mieux ramifiées.

Description du fruit.
— *Grosseur :* volumineuse. — *Forme :* turbinée-allongée, fortement bosselée près du sommet, où parfois aussi elle est contournée et quelque peu étranglée. — *Pédoncule :* assez court, gros, arqué, noueux, irrégulier, très-charnu à la base, obliquement inséré à la surface du fruit, avec lequel il est souvent continu. — *OEil :* petit, ouvert, caduc, à peine enfoncé. — *Peau :* jaune clair verdâtre, ponctuée et légèrement marbrée de brun olivâtre. — *Chair :* des plus blanches, des plus fines et des plus fondantes, très-aqueuse et rarement pierreuse. — *Eau :* d'une abondance excessive, sucrée, aromatique, acidule et vineuse.

MATURITÉ. — Commencement et courant du mois de septembre.

QUALITÉ. — Première.

Historique. — L'arbre-type du Beurré de Saint-Nicolas poussa spontanément dans une propriété située à l'extrémité de l'un des faubourgs d'Angers, et commença à fructifier en 1839. L'année suivante, le jardinier qui cultivait ce lieu, ayant parlé de sa nouvelle poire, on appela sur elle l'attention du Comice horticole de Maine-et-Loire, qui la dégusta, la recommanda à nos pépiniéristes, puis la signala ainsi dans ses procès-verbaux :

« Elle se rapproche un peu, pour le goût, de la Verte-Longue, mûrit vers les premiers jours de septembre, et a été trouvée à la Garenne de Saint-Nicolas par M. Maurier, qui l'a communiquée à M. Flon, jardinier-pépiniériste et fleuriste à Angers. » (*Travaux du Comice horticole de Maine-et-Loire*, 1840, t. II, pp. 137 et 151.)

Cette variété, l'une des plus méritantes que nous connaissions, ne tarda pas à se répandre en Belgique, en Angleterre, en Amérique, en Allemagne, mais on ignora longtemps, même dans les départements confinant à celui d'où elle était sortie, sa véritable origine. Témoin ce passage écrit en 1845 par Prévost, de Rouen :

« Grand serait mon embarras s'il me fallait dire l'âge, la patrie du Beurré Saint-Nicolas, ainsi que le nom du producteur. Je n'ai trouvé ce fruit inscrit que dans un Catalogue belge..... et on l'y faisait mûrir en décembre (au lieu de septembre !). Elle m'a été vendue dans le département de Maine-et-Loire. » (*Cahiers pomologiques*, n° 4, p. 130.)

Et le mystère qui régnait sur sa naissance, fut sans doute ce qui engagea, vers 1850, quelque horticulteur à la multiplier sous le nom de *Duchesse d'Orléans*. Mais bientôt on s'aperçut de l'erreur ou de la fraude, notamment chez les Américains, où dès 1853 M. Cabot, président de la Société d'Horticulture du Massachusetts, déclarait la poire Duchesse d'Orléans complétement identique avec le Beurré de Saint-Nicolas. (Voir le *Magazine of horticulture* de Hovey, 1853, t. XIX, pp. 97, 109 et 300.)

Observations. — Il existe dans les collections belges un Rousselet Saint-Nicolas, mûrissant en février et en mars; notons-le en passant, afin qu'on ne puisse le supposer analogue au Beurré du même nom, originaire d'Angers et se mangeant en septembre.

Poire BEURRÉ DE SAINT-QUENTIN. — Synonyme de poire *Frédéric de Wurtemberg*. Voir ce nom.

Poire BEURRÉ DE SAINTONGE. — Synonyme de *Beurré gris*. Voir ce nom.

---

259. Poire BEURRÉ SAMOYEAU.

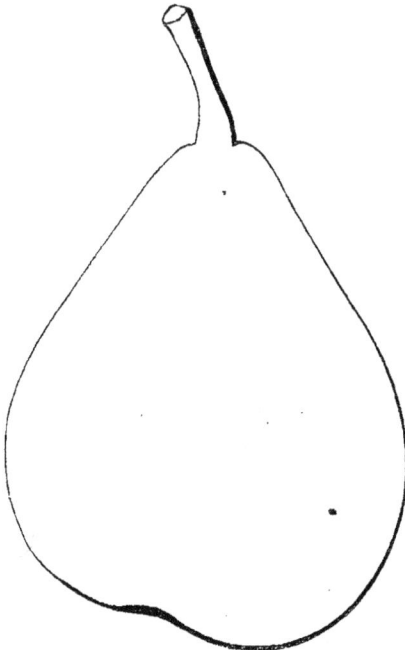

Description de l'arbre. — *Bois :* fort. — *Rameaux :* nombreux, arqués et très-étalés, gros, de longueur moyenne, peu coudés, cotonneux, rouge ardoisé, ayant les lenticelles rapprochées et apparentes, les coussinets aplatis et les mérithalles longs. — *Yeux :* petits ou moyens, écrasés, à écailles mal soudées, duveteux et complétement collés sur le bois. — *Feuilles :* grandes, légèrement coriaces, ovales ou elliptiques, acuminées, cotonneuses, à bords faiblement crénelés, à pétiole épais et assez long.

Fertilité. — Excessive.

Culture. — Ce poirier, de vigueur ordinaire, se plaît autant sur franc que sur cognassier; ses pyramides sont belles et fortes, mais le développement de son écusson est un peu lent.

Description du fruit. — *Grosseur :* au-dessous de la moyenne. — *Forme :* turbinée, légèrement obtuse, déprimée à la base et ayant habituellement un côté plus ventru que l'autre. — *Pédoncule :* court, bien nourri, un peu recourbé, obliquement inséré à la surface du fruit, avec lequel il est fort souvent continu. — *Œil :* moyen, non enfoncé, très-ouvert, très-régulier. — *Peau :* jaune verdâtre, parsemée de larges points roux et de quelques taches fauves en partie squammeuses. — *Chair :* blanche, fine, fondante, assez granuleuse au-dessous et au-dessus des pepins. — *Eau :* suffisante, sucrée, douée d'un parfum délicat et d'une saveur beurrée des plus agréables.

MATURITÉ. — De novembre en décembre.

QUALITÉ. — Première.

Historique. — J'ai gagné ce Beurré de semis, et l'ai dédié à l'un de mes oncles. Le pied-type s'est mis à fruit en 1863; on l'a multiplié dès l'année suivante.

POIRE BEURRÉ DE SÉMUR. — Synonyme de poire *d'Angobert.* Voir ce nom.

POIRE BEURRÉ SERINGE. — Synonyme de *Doyenné de Saumur.* Voir ce nom.

---

260. POIRE BEURRÉ SIX.

Synonyme. — *Poire* SIX (Decaisne, *le Jardin fruitier du Muséum*, 1860, t. III).

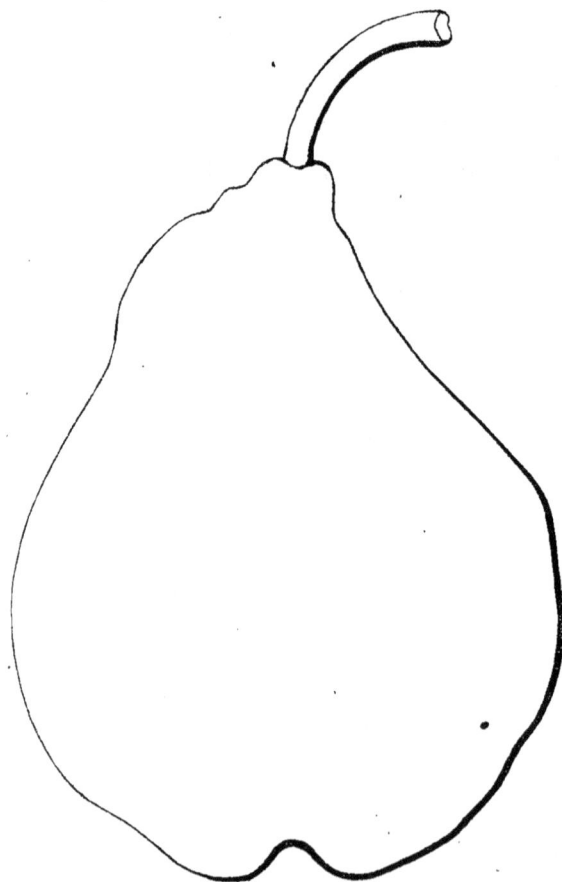

Description de l'arbre. — *Bois :* fort. — *Rameaux :* nombreux, étalés et habituellement arqués, gros, courts, géniculés, fauve grisâtre, ayant les lenticelles larges et très-espacées, les mérithalles courts et les coussinets des plus saillants. — *Yeux :* énormes, arrondis, non appliqués contre le bois et souvent même formant éperon. — *Feuilles :* de grandeur moyenne, un peu coriaces, vert foncé, régulièrement ovales, à bords faiblement dentés ou entiers en partie, à pétiole court et très-fort.

FERTILITÉ. — Satisfaisante.

CULTURE.—Nous le greffons sur franc ou cognassier; d'un développement très-tardif, il reste faible pendant toute sa première année, mais à deux ans il fait déjà des pyramides bien garnies, qui deviennent ensuite des plus remarquables.

Description du fruit. — *Grosseur :* volumineuse. — *Forme :* irrégulière, oblongue, affectant assez ordinairement celle d'un coing, mais toujours ventrue, fortement bosselée, pointue au sommet et quelquefois pentagone à son point le plus proéminent. — *Pédoncule :* long, de force moyenne, arqué, obliquement inséré dans une étroite cavité à bords rarement unis, et souvent, aussi, continu avec le fruit. — *Œil :* grand ou moyen, contourné, clos ou mi-clos, entouré de plis et placé au fond d'un bassin de dimension très-variable. — *Peau :* jaune clair verdâtre, ponctuée de gris, tachetée de roux, surtout aux approches de l'œil. — *Chair :* blanc verdâtre, des plus fines, fondante, aqueuse, contenant quelques filaments. — *Eau :* excessivement abondante, sucrée, acidule, possédant un arome exquis.

MATURITÉ. — Fin octobre, se prolongeant jusqu'en décembre.

QUALITÉ. — Première.

Historique. — M. Bivort, qui deux fois a décrit cette délicieuse poire, en 1850 et en 1857, nous apprend : « qu'elle fut gagnée de semis, vers 1845, par un jardi- « nier de Courtrai (Belgique), nommé Six, lequel lui donna son nom. » (*Album de pomologie*, t. III, p. 53, et *Annales de pomologie belge et étrangère*, t. V, p. 7.)

Observations. — On a parfois vanté outre mesure la grosseur que peuvent atteindre les produits de ce poirier; aussi avons-nous choisi le type représenté ci-dessus, parmi les plus volumineux de notre fruitier, et devons-nous assurer qu'il est fort rare d'en obtenir qui le dépassent en pesanteur. Mais afin de prouver le bien fondé de cette remarque, invoquons l'autorité du savant M. Decaisne, dont le monde horticole admire si justement la merveilleuse publication pomologique :

« La poire *Six* — dit cet auteur — est une des mieux caractérisées; sa forme et ses dimensions ne s'écartent jamais, en effet, beaucoup de celles que j'ai représentées (*elle est au-dessus de la moyenne*). J'ai eu occasion d'en recevoir de différentes parties de la France, et d'en voir de nombreux exemplaires aux expositions de la Belgique; dans aucun cas je n'en ai rencontré de couleur olivâtre, ni de forme obtuse, ni surtout de la grosseur que fait supposer la figure de *l'Horticulteur français* de 1858 (36 centimètres de circonférence sur 15 de hauteur). » (*Le Jardin fruitier du Muséum*, 1860, t. III.)

POIRE BEURRÉ DE SOULERS. — Synonyme de poire *Bonne de Soulers.* Voir ce nom.

POIRE BEURRÉ SPENCE. — Synonyme de poire *Fondante des Bois.* Voir ce nom.

POIRE BEURRÉ DE SPŒLBERG. — Synonyme de poire *Vicomte de Spœlberg.* Voir ce nom.

POIRE BEURRÉ STERCKMANS (EN BELGIQUE). — Synonyme de *Doyenné Sterck-mans.* Voir ce nom.

---

261. POIRE BEURRÉ DE STUTTGARDT.

Description de l'arbre. — *Bois :* de force moyenne. — *Rameaux :* assez nombreux, légèrement étalés et arqués, longs, un peu grêles, coudés, brun clair verdâtre, ponctués de gris-blanc, ayant les coussinets bien ressortis. — *Yeux :* volumineux, coniques, pointus, non appliqués contre l'écorce. — *Feuilles :*

moyennes, vert foncé, ovales-lancéolées, acuminées, planes ou contournées, et souvent relevées en gouttière, faiblement dentées, portées sur un pétiole court et frêle.

Poire Beurré de Stuttgardt.

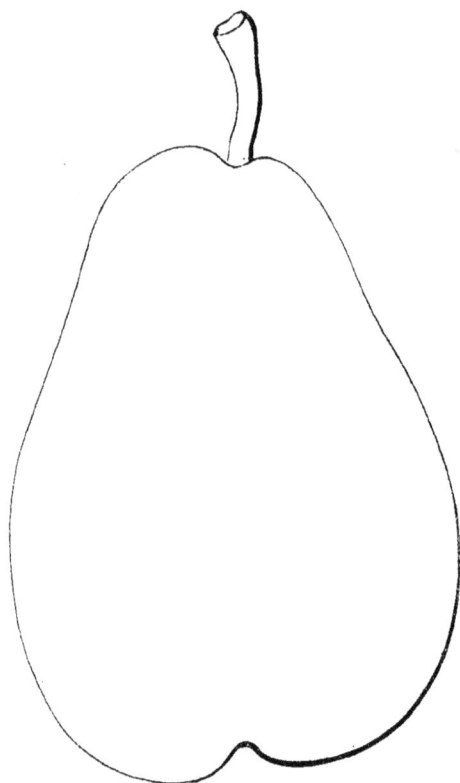

FERTILITÉ. — Grande.

CULTURE. — Le franc lui convient mieux que le cognassier, sa vigueur étant médiocre; il fait d'assez jolies pyramides et ne se développe bien qu'à partir de sa deuxième année.

Description du fruit. — *Grosseur :* moyenne. — *Forme :* ovoïde-allongée, régulière, habituellement déprimée d'un côté, près de l'œil. — *Pédoncule :* court, bien nourri, recourbé, renflé à l'attache, inséré au centre d'une petite dépression rarement accidentée sur ses bords. — *Œil :* large, arrondi, ouvert, placé dans un bassin en entonnoir de profondeur assez variable. — *Peau :* jaune d'ocre, semée de points gris-roux et de quelques taches brunâtres, et généralement colorée de rose pâle sur la partie qui regarde le soleil. — *Chair :* blanc jaunâtre, fine ou demi-fine, très-fondante, peu granuleuse. — *Eau :* abondante, vineuse et des plus sucrées, possédant une saveur particulière d'une extrême délicatesse.

MATURITÉ. — Du commencement de septembre jusqu'à la moitié de ce mois.

QUALITÉ. — Première.

Historique. — Ce Beurré était obtenu de semis à Stuttgardt, en 1863; ce sont les Belges qui l'ont fait connaître en France, au commencement de 1864, en insérant dans un de leurs recueils périodiques, les lignes suivantes :

« BEURRÉ DE STUTTGARDT. — Ce nouveau fruit paraît être de qualité exquise; il nous est vivement recommandé par M. Schickler, horticulteur à Stuttgardt, qui le proclame le plus excellent qu'il ait jamais vu et goûté. » (Édouard Morren, *la Belgique horticole*, 1864, p. 30.)

En février 1866 une autre publication belge, *la Flore des serres et jardins de l'Europe*, parlait également (page 92) du gain de M. Schickler, mais en faisant remarquer d'après M. Édouard Lucas, directeur de l'Institut pomologique de Reutlingen (Wurtemberg), que le Beurré de Stuttgardt « paraissait n'être autre chose « qu'une doublure de la *Fondante des Bois ;* avec cette différence, excessivement « légère, qu'il arrivait à maturité dix à quatorze jours plus tôt que cette dernière « poire.» Pour nous, ces variétés sont différentes, en ce sens surtout que leurs arbres n'ont entre eux aucune ressemblance, et que de plus la Fondante des Bois se conserve jusqu'en novembre, quand au contraire le fruit gagné par M. Schickler atteint seulement la fin de septembre.

Observations. — Les Allemands cultivent depuis longtemps un Rousselet de Stuttgardt, mûrissant en août, puis une Bergamote de Stuttgardt allant jusqu'au mois de mars; mais nous ne possédons pas ces deux variétés. Si donc nous en parlons, c'est afin d'établir, d'après les descriptions qu'en donnent les pomologues d'outre-Rhin, qu'elles n'ont aucun rapport avec le Beurré de Stuttgardt; puis aussi pour qu'on ne soit point exposé plus tard, si quelquefois on les importait chez nous, à les prendre pour ce dernier, trompé par leur dénomination à peu près identique.

262. Poire BEURRÉ SUPERFIN.

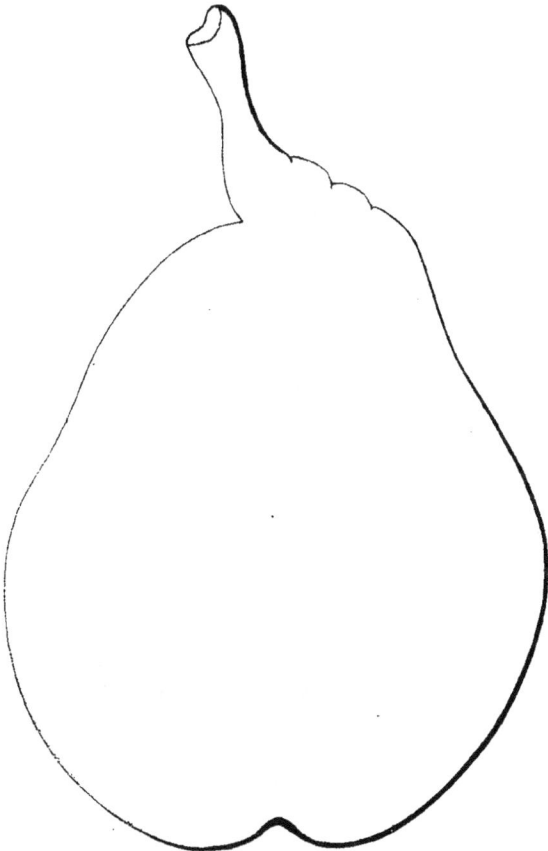

Description de l'arbre. — *Bois :* très-fort. — *Rameaux :* assez nombreux, érigés au sommet de la tige, étalés vers la base, gros, longs, des plus coudés, gris verdâtre légèrement rosé, finement et abondamment ponctués, ayant les coussinets peu ressortis. — *Yeux :* de grosseur moyenne, coniques ou ovoïdes-pointus, appliqués en partie contre le bois. — *Feuilles :* grandes, elliptiques-allongées, souvent acuminées, fortement dentées ou crénelées, ayant le pétiole long, épais et flasque.

FERTILITÉ. — Convenable.

CULTURE. — Il est vigoureux, rustique, et prend indistinctement le franc ou le cognassier; son écusson se développe vite, ses pyramides sont fortes et belles.

Description du fruit. — *Grosseur :* assez volumineuse. — *Forme :* irrégulièrement turbinée, ventrue, bosselée, plus ou moins obtuse et parfois un peu étranglée près du sommet, où elle est généralement plissée et contournée. — *Pédoncule :* de longueur moyenne, très-nourri, renflé à son point d'attache, des plus charnus à son point d'insertion, obliquement implanté à fleur de peau, quelquefois comprimé d'un côté par un mamelon, et quelquefois aussi presque continu avec le fruit. — *Œil :* grand, rond, bien fait, ouvert ou mi-clos, faiblement enfoncé. —

Peau : jaune d'or, luisante, toute parsemée de points et de larges taches fauves, et vermillonnée sur la face exposée au soleil. — *Chair :* blanchâtre, fine et très-fondante, aqueuse, un peu granuleuse au cœur. — *Eau :* abondante, fraîche, acidule, sucrée, imprégnée d'un parfum aussi savoureux que bien prononcé.

Maturité. — Fin août et courant de septembre.

Qualité. — Première.

Historique. — Parmi les poires nées dans notre Anjou, il en est peu qui l'emportent en excellence sur celle ici décrite, sortie d'un semis de pepins de Duchesse d'Angoulême, de Gros-Blanquet et de Doyenné, fait à Angers en 1837, par Goubault, horticulteur aujourd'hui décédé. En 1844, l'arbre-type de cette variété s'étant mis à fruit, le Comice de Maine-et-Loire fut chargé d'en déguster les premiers produits. Il le fit, et dans sa séance du 17 novembre son président, M. Millet, rendit compte ainsi de la mission qu'on lui avait confiée :

« Pendant les vacances j'ai été appelé à examiner une nouvelle poire obtenue de semis par M. Goubault, et dont la maturité est en septembre. A cause de ses bonnes qualités je lui ai donné le nom de Beurré superfin. Comme cet horticulteur a déjà gagné le *Beurré Goubault* et le *Doyenné Goubault*, fruits très-recommandables sous tous les rapports, je propose de lui décerner, à titre de récompense, une médaille de vermeil. » (*Travaux du Comice*, t. III, pp. 137, 139, 140 et 160.)

Et la médaille demandée fut accordée et remise par le Comice à M. Goubault, le 6 avril 1845. En la recevant, ce dernier s'engagea à mettre en vente dans le courant de 1846, son Beurré superfin, et tint fidèlement parole. Telles sont les diverses dates et circonstances relatives à la naissance, à la propagation de ce fruit si répandu ; nous désirons que désormais elles servent à rectifier les erreurs échappées à ceux qui, mal renseignés, en ont parlé dans leurs pomologies.

Observations. — Cette variété, dès son apparition, se vit dotée du pseudonyme *Cumberland*, tendant à la faire passer pour appartenir aux gains du semeur belge Van Mons. Plus tard, en 1860, on la déclara identique avec les poires *Dathis* et *Graslin*. Aujourd'hui, chacun sait que le Beurré superfin figure à bon droit parmi les espèces, et qu'il diffère même beaucoup des poires auxquelles on prétendait l'assimiler, le réunir. Cependant comme il se pourrait qu'on nous supposât ici, où nous sommes juge et partie, imbu de partialité à l'égard d'un poirier poussé dans nos murs, nous allons confier à M. Willermoz, rédacteur des travaux du Congrès pomologique, le soin de le défendre :

« C'est par erreur — affirme en 1863 cet écrivain — c'est par erreur que M. de Jonghe, de Bruxelles, dit que le *Beurré superfin* est la poire *Cumberland* de Van Mons. M. Decaisne se trompe également en disant que *Beurré superfin*, *Graslin* et *Dathis* sont un même fruit. Ces quatre poires sont parfaitement distinctes et d'origine très-différentes : — Le *Cumberland* a été obtenu par Van Mons ; cette variété, qui ne prend jamais de couleur rouge, a la forme d'un Colmar. — La *Graslin* a été trouvée par M. de Graslin, ancien consul de France en Espagne. Cette poire affecte la forme de Bon-Chrétien ; elle a le goût de la Duchesse d'Angoulême et ne prend pas de couleur rouge. — La poire *Dathis*, d'origine incertaine, est un gros fruit qui prend toujours la forme de Bésy ; sa peau unie, d'un jaune tendre, ne prend pas de rouge ; sa chair est sèche, de très-médiocre qualité. » (*Pomologie de la France*, 1863, t. I, n° 43.)

Terminons en assurant avec M. Eugène Forney (*le Jardinier fruitier*, 1862, t. I, p. 194) que le Beurré superfin « a de l'analogie avec le Beurré gris, dont il possède « à un haut point toutes les qualités, et qu'il remplace avec avantage, n'ayant pas

« comme lui le défaut d'être sujet aux chancres. » Et ajoutons qu'il acquiert parfois un volume considérable, car nous avons vu de ces poires dont le poids dépassait 350 grammes.

Poire BEURRÉ TENDRE. — Synonyme de poire *Orange tulipée*. Voir ce nom.

Poire BEURRÉ DE TRÉVERENN. — Synonyme de *Beurré gris*. Voir ce nom.

Poire BEURRÉ TUERLING. — Synonyme de poire *Tuerlinckx*. Voir ce nom.

---

263. Poire BEURRÉ VAN DRIESSCHE.

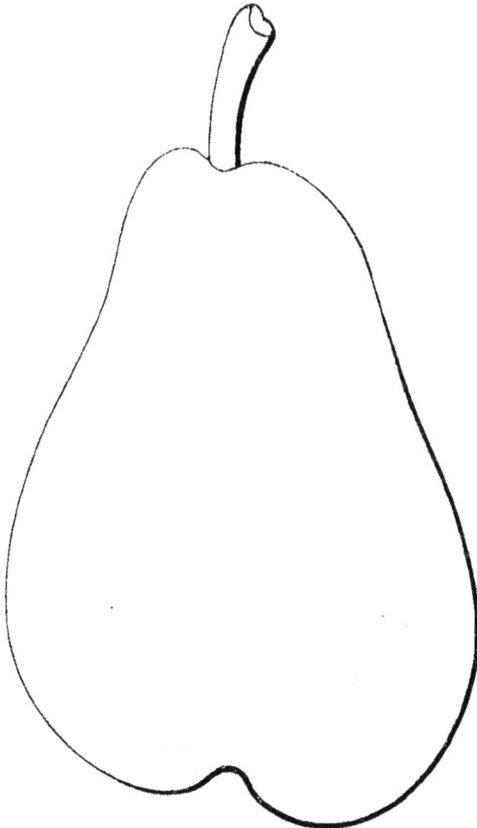

Description de l'arbre. — *Bois :* assez fort. — *Rameaux :* peu nombreux, habituellement étalés, de grosseur moyenne, courts, peu géniculés, jaune brunâtre, à lenticelles petites et rapprochées, à coussinets presque nuls. — *Yeux :* moyens, coniques, non appliqués contre le bois et ayant les écailles mal soudées. — *Feuilles :* généralement ovales ou elliptiques, planes, dentelées en scie et portées sur un pétiole long et fort.

Fertilité. — Ordinaire.

Culture. — Cet arbre, nouvellement multiplié dans nos pépinières, s'y montre de vigueur modérée sur cognassier; les pyramides qu'il fait sont assez belles; toutefois le franc devra lui donner une croissance plus hâtive et le rendre aussi plus vigoureux.

Description du fruit. — *Grosseur :* au-dessus de la moyenne. — *Forme :* oblongue, très-obtuse, bosselée, mamelonnée au sommet, déprimée à la base. — *Pédoncule :* peu long, bien nourri, renflé à sa partie supérieure, faiblement arqué, obliquement ou perpendiculairement inséré dans un évasement plus ou moins prononcé. — *OEil :* grand, mi-clos, régulier, placé dans une cavité étroite et profonde. — *Peau :* jaune obscur, ponctuée de brun clair, tachée de même auprès du pédoncule et couverte de quelques marbrures plus foncées. — *Chair :* blanchâtre, demi-fine, demi-fondante, granuleuse au centre. — *Eau :* suffisante, acidule, vineuse, sucrée, possédant une saveur fort délicate.

Maturité. — Février, et se prolongeant, dit-on, jusqu'en mai.

Qualité. — Première.

Historique. — Voici les renseignements que nous a fournis sur ce poirier M. Joseph Baumann, horticulteur à Gand, duquel nous l'avons reçu en 1864 :

« L'obtenteur de ce Beurré est M. Van Driessche, horticulteur à Ledeberg-lez-Gand; il l'a gagné de semis en 1858, et depuis multiplié par centaines, après lui avoir donné son nom. Les premiers sujets furent vendus publiquement aux enchères, et c'est ainsi qu'à l'exemple de plusieurs de mes confrères de la ville, j'ai acquis cette variété. » (*Lettre du 13 décembre 1866.*)

Observations. — Le bois et le port de ce poirier ne sont pas sans rappeler beaucoup l'arbre de la Duchesse d'Angoulême; néanmoins ces variétés mûrissent à des époques tellement éloignées l'une de l'autre, qu'il est assez difficile de les supposer identiques. Nous ne saurions, toutefois, nous montrer plus affirmatif à cet égard, le Beurré Van Driessche n'ayant pas encore fructifié dans notre école. L'exemplaire que nous avons dégusté venait de Belgique, il eût pu atteindre le commencement du mois de mars.

Poire BEURRÉ VAN MONS. — Synonyme de poire *Baronne de Mello*. Voir ce nom.

Poire BEURRÉ VERT. — Synonyme de *Beurré gris*. Voir ce nom.

Poire BEURRÉ VERT D'AUTOMNE. — Synonyme de poire *Sucrée Van Mons*. Voir ce nom.

264. Poire BEURRÉ VERT D'ÉTÉ.

Premier Type.

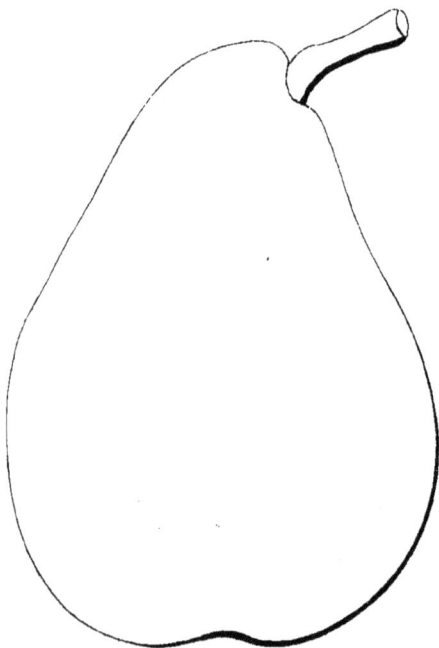

Description de l'arbre. — *Bois :* fort. — *Rameaux :* assez nombreux, presque érigés, gros, courts, non géniculés, jaune verdâtre très-clair et cendré, ayant les lenticelles larges, clair-semées, et les coussinets peu saillants. — *Yeux :* à écailles grises et disjointes, moyens, ovoïdes, légèrement écartés du scion. — *Feuilles :* généralement elliptiques, grandes, planes ou contournées, profondément dentées en scie et munies d'un pétiole court et épais.

Fertilité. — Excessive.

Culture. — Très-vigoureux, cet arbre prospère parfaitement sur cognassier, développe vite son écusson et fait de petites mais de belles pyramides.

Description du fruit. — *Grosseur :* moyenne et souvent moins volumineuse. — *Forme :* turbinée régulière ou turbinée quelque peu étranglée, bosselée et contournée près du sommet. — *Pédoncule :* court et gros, ou mince et de moyenne longueur, rarement très-recourbé, charnu à la base, obliquement inséré à la surface ou placé complètement de côté en dehors de l'axe du fruit. — *Œil :* large, rond, ouvert, presque saillant. — *Peau :* des plus épaisses, rude au

Poire Beurré vert d'Été.— *Deuxième Type.* toucher, vert clair dans l'ombre, vert jaunâtre au soleil, entièrement couverte de gros points gris cerclés de fauve, et de quelques taches rousses. — *Chair :* blanchâtre, grosse, un peu sèche, mi-cassante, excessivement pierreuse au cœur. — *Eau :* rarement abondante, fortement sucrée et musquée.

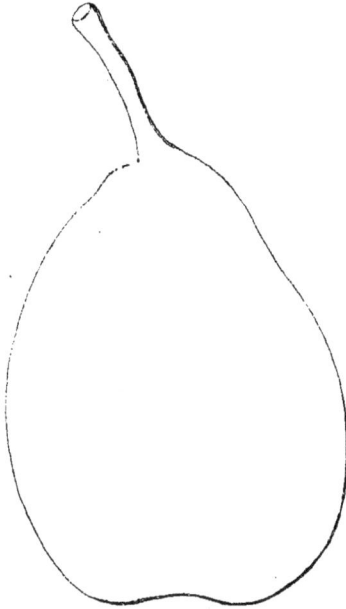

MATURITÉ. — Fin août et commencement de septembre.

QUALITÉ. — Troisième, quelquefois deuxième.

Historique. — Je cultive ce poirier depuis une vingtaine d'années, et l'ai tiré de la Belgique, mais il n'en est point originaire. Son pays natal fut la Prusse, selon du moins que semblait l'indiquer en 1823 le docteur Diel, dans son *Vorzügl. Kernobstsorten :*

« C'est — disait-il — M. Lenné, directeur du Jardin de Coblentz, qui m'a donné cette variété ; il l'avait, lui, reçue de *Cologne* où elle portait bien le nom de Beurré vert d'Été... L'y a-t-on gagnée de semis plus ou moins récemment, ou ne possédons-nous là qu'un ancien fruit déguisé sous une nouvelle dénomination?.... Tout en l'ignorant, j'affirme cependant n'avoir rencontré dans les pomologies aucune poire à laquelle il soit possible de réunir ce Beurré. » (Tome II, pp. 168-171.)

Cette opinion de Diel, il est instant de le faire ressortir, a cours en Allemagne, car le *Deutsches Obstcabinet* (1860) et l'*Illustrirtes Handbuch der Obstkunde* (1863) citent positivement Cologne comme étant le lieu d'origine dudit poirier. Nous ajouterons toutefois, à titre de simple renseignement, qu'en 1628 le Lectier possédait à Orléans, dans son immense verger, une poire qu'il appelle *Beurré vert* et dont la maturité avait lieu, dit-il page 9 de son *Catalogue,* en août et au commencement de septembre ; mais aucune description de cette poire n'étant donnée par lui, il devient impossible de la comparer avec celle ici présentée.

Observations. — Notre vieux pomologue Merlet a parlé en 1675 d'un *Beurré vert* « le moindre de tous, » prétendait-il, « son eau estant plus fade et moins relevée » que celle du Beurré rouge et du Beurré gris. Répétons, pour ceux que la similitude de ces noms embarrasserait, que le Beurré vert de Merlet, comme nous l'avons prouvé plus haut (page 373), est uniquement le Beurré gris et n'a rien, absolument rien à démêler avec la variété qui maintenant nous occupe. — Les Allemands possèdent, outre le Beurré vert d'Été, un *Beurré vert d'Automne* qu'ils appellent aussi poire Sucrée de Bruxelles, mais il n'est autre que l'espèce cultivée en Belgique et en France sous la dénomination de Sucrée Van Mons ; impossible alors de confondre ces deux fruits, dont la maturité n'a pas lieu dans la même saison. — Enfin l'on a parfois placé le nom Beurré vert d'Été parmi les synonymes de la Bergamote d'Été, quand cependant la forme ronde de cette dernière, jointe à l'exquise qualité de sa chair, auraient dû, dès l'abord, prouver qu'elle s'éloignait complétement de ce Beurré oblong, allongé et rien moins qu'excellent.

POIRE BEURRÉ VERT D'HIVER. — Synonyme de *Beurré vert tardif.* Voir ce nom.

265. POIRE BEURRÉ VERT TARDIF.

Synonyme. — *Poire* BEURRÉ VERT D'HIVER (Henri Hessen, *Gartenlust*, 1690, p. 176).

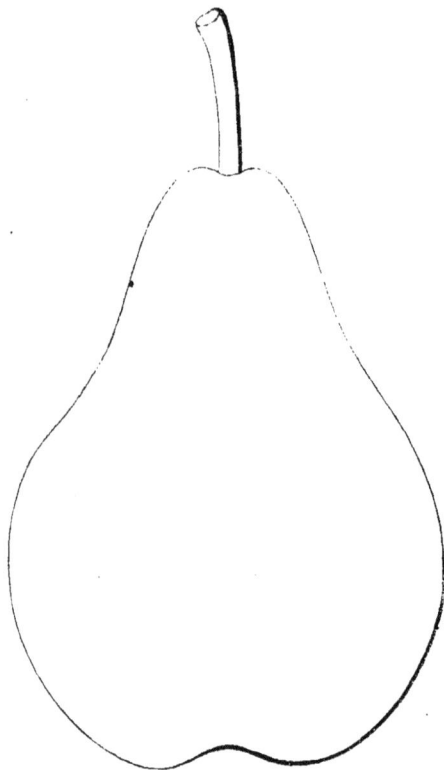

Description de l'arbre. — *Bois :* de moyenne force. — *Rameaux :* peu nombreux, étalés, assez longs et assez grêles, flexueux, marron légèrement grisâtre, à lenticelles abondantes, larges et blanchâtres, à coussinets bien accusés. — *Yeux :* petits ou moyens, ovoïdes-pointus, non collés contre l'écorce, ayant les écailles grises et disjointes. — *Feuilles :* petites, lancéolées ou elliptiques, acuminées, faiblement dentées, crénelées ou ondulées, portées sur un pétiole court et fort.

FERTILITÉ. — Ordinaire.

CULTURE. — Le peu de vigueur qu'offre ce poirier quand il est greffé sur cognassier, doit engager à lui donner le franc, sujet sur lequel il prend une forme pyramidale beaucoup plus convenable et se montre bien moins délicat.

Description du fruit. — *Grosseur :* moyenne. — *Forme :* allongée, régulière, ventrue et légèrement obtuse. — *Pédoncule :* assez court, mince, droit, implanté à fleur de peau. — *Œil :* petit, ouvert, souvent contourné, à peine enfoncé. — *Peau :* vert-pré, ponctuée, striée, tachée de fauve et largement maculée de brun rougeâtre aux extrémités du fruit. — *Chair :* jaunâtre, demi-fine et demi-cassante, rarement très-pierreuse. — *Eau :* suffisante, vineuse, mais un peu fade et un peu trop dénuée de parfum.

MATURITÉ. — Du commencement de janvier jusqu'à la fin de février.

QUALITÉ. — Deuxième.

Historique. — Répandu particulièrement en Belgique, le poirier Beurré vert tardif est à peine connu chez nous; mais il dut se rencontrer dans les jardins allemands dès le XVIIᵉ siècle, Henri Hessen mentionnant en 1690, à la page 176 de son

Gartenlust, un *Beurré vert d'Hiver* auquel nous croyons pouvoir le réunir. Quant à l'origine, quant à l'âge de cette variété, ce sont là des questions auxquelles on ne saurait encore répondre, même hypothétiquement.

Observations. — C'est une erreur formelle de croire le Beurré vert tardif semblable à la poire *Cent-Couronnes*, mûrissant trois mois au moins avant lui et tenant le premier rang parmi les fruits de choix. On l'a pourtant signalée comme identique avec ce Beurré. Maintenant que ces deux espèces sont plus multipliées, espérons qu'aucune d'elles ne sera rejetée de nouveau parmi les synonymes.

---

266. Poire BEURRÉ VERT DE TOURNAI.

Synonyme. — *Poire* Bergamote de Tournai (Dauvesse, *Catalogue de* 1862, *Variétés nouvelles de poiriers*, 2ᵉ série).

Description de l'arbre. — *Bois :* assez fort. — *Rameaux :* nombreux, érigés, gros, longs, légèrement coudés et duveteux, brun clair olivâtre, aux lenticelles très-rapprochées, très-apparentes, aux coussinets bien marqués. — *Yeux :* à écailles mal soudées, moyens, ovoïdes, cotonneux, collés contre l'écorce. — *Feuilles :* abondantes, d'un beau vert, ovales-acuminées, généralement entières sur leurs bords, ayant le pétiole court, des plus gros et pourvu de longues stipules.

Fertilité. — Ordinaire.

Culture. — Arbre d'une rare vigueur, il se plaît infiniment sur le cognassier, où il fait constamment des pyramides régulières, fortes et très-feuillues.

Description du fruit. — *Grosseur :* volumineuse. — *Forme :* turbinée-sphérique ou turbinée-ovoïde, fortement bosselée près du sommet. — *Pédoncule :* assez court, bien nourri, arqué, obliquement inséré dans un évasement plus ou moins marqué mais dont les bords sont ordinairement accidentés. — *OEil :* grand, mi-clos ou fermé, assez enfoncé. — *Peau :* jaune olivâtre passant au vert pâle du

côté de l'ombre, couverte de points gris-roux, maculée de brun clair autour du
pédoncule, striée de même dans le bassin de l'œil. — *Chair :* d'un blanc légèrement verdâtre, demi-fine, fondante, juteuse, contenant quelques petites pierres
auprès des pepins. — *Eau :* abondante, sucrée, douceâtre, sans arome prononcé.

MATURITÉ. — Courant d'octobre et commencement de novembre.

QUALITÉ. — Deuxième.

Historique. — En 1862 M. Dauvesse, pépiniériste à Orléans, nous envoyait
ce poirier, qu'il propageait alors, comme aujourd'hui, sous le nom de Bergamote
de Tournai; mais en 1865 un examen attentif de l'arbre et des fruits de cette
variété nous a prouvé qu'elle n'était autre que le Beurré vert de Tournai (Belgique),
dont l'origine fut ainsi constatée en 1859 par M. de Liron d'Airoles :

« Ce fruit a été obtenu par M. Dupont, médecin-vétérinaire à Tournai, de pepins du
Beurré d'Hardenpont (*Beurré d'Arenberg*) semés en 1830. Son premier rapport eut lieu
en 1853. » (*Notices pomologiques*, 3ᵉ édition, t. I, p. 81.)

POIRE BEURRÉ DE WESTERLOO. — Synonyme de *Doyenné Boussoch*. Voir ce
nom.

267. POIRE BEURRÉ DE WETTEREN.

**Description de l'ar-
bre.** — *Bois :* très-fort.
— *Rameaux :* assez nom-
breux, étalés et contour-
nés, des plus gros, excessivement longs, peu gé-
niculés, rouge grisâtre, à
lenticelles très-larges et
extrêmement abondantes,
à coussinets presque nuls.
— *Yeux :* de grosseur
moyenne, ovoïdes-arron-
dis, écartés du bois et ayant
les écailles légèrement entr'ouvertes. — *Feuilles :*
grandes, peu nombreuses,
elliptiques-allongées, faiblement canaliculées, ha-
bituellement contournées
sur elles-mêmes, entières
aux bords et portées sur un pétiole court, roide et très-épais.

FERTILITÉ. — Satisfaisante.

CULTURE. — C'est un poirier de vigueur peu commune, prospérant aussi bien
sur cognassier que sur franc, ayant un développement très-vif et formant des
pyramides qui ne laissent rien à désirer pour la force ou la beauté.

Description du fruit. — *Grosseur :* au-dessus de la moyenne ou moyenne.

— *Forme :* arrondie ou turbinée-sphérique, fortement bosselée, déprimée à la base, rétrécie et mamelonnée au sommet. — *Pédoncule :* très-court, mince, coudé, obliquement inséré au milieu d'une dépression peu marquée. — *OEil :* grand, ouvert, souvent contourné, placé dans un bassin large et profond. — *Peau :* épaisse, jaune verdâtre sombre, ponctuée de roux et de brun foncé, marbrée de fauve et largement maculée de même autour de l'œil. — *Chair :* blanche, fine, très-fondante, quoique très-compacte, pierreuse au centre. — *Eau :* suffisante, sucrée, acidule, possédant une délicieuse saveur beurrée.

Maturité. — Fin octobre ou commencement de novembre et se prolongeant jusqu'en février.

Qualité. — Première.

Historique. — De provenance belge, ce fruit, primitivement propagé par Adrien Papeleu, jadis pépiniériste à Wetteren, près Gand, fut trouvé, selon l'opinion générale, parmi les sauvageons ayant appartenu au major Esperen, semeur bien connu pour avoir doté nos jardins de plusieurs variétés de poirier aussi précieuses que répandues. Voici du reste comment M. Bivort, le pomologue qui a le mieux étudié les fruits de son pays, établit l'état civil du Beurré de Wetteren :

« Cette variété — écrivait-il en 1853 — a pris naissance dans les jardins de M. Louis Berckmans, à Heyst-op-den-Berg, parmi un grand nombre d'arbres sauvages venant en partie de ses semis et en partie de ceux du major Esperen, de Malines, dont il s'était rendu acquéreur après la mort de ce célèbre pomologue. *Nous présumons que c'est parmi ces derniers sauvageons que le Beurré de Wetteren a été trouvé.* L'arbre s'est mis à fruit pour la première fois en 1846. Son nom lui a été donné par M. Berckmans, à la demande de M. Papeleu, de Wetteren, qui en a obtenu les premières greffes. » (*Annales de pomologie belge et étrangère,* t. I, p. 59.)

Nous pensons que personne, avant nous, n'a multiplié en France cette délicieuse poire d'hiver, car nous la greffions dès 1849, et l'inscrivions trois ans plus tard, sous le n° 399 et le nom un peu raccourci de Beurré Wetteren, à la page 25 de notre *Catalogue.* Les Allemands, selon que semble l'établir l'*Illustrirtes Handbuch der Obstkunde* (1864, t. V, p. 361), ne connaissaient pas encore cette variété en 1859, et ne l'ont également connue que par nous, puisque le docteur Jahn, qui l'a décrite et figurée sous le n° 431 de ce recueil, dit « l'avoir fait uniquement à l'aide « d'une poire prise dans la collection de fruits envoyée par M. André Leroy à « l'Exposition horticole de Berlin du 29 septembre 1860. »

Observations. — Dans notre école, les arbres du Beurré de Wetteren ne s'écartent en rien, par leurs caractères, des poiriers cultivés sous ce même nom chez nos confrères de la Belgique; mais il n'en est pas ainsi, paraît-il, de leurs produits. Les *Annales de pomologie belge et étrangère* (t. I, p. 59) donnent en effet comme type de ce Beurré un fruit turbiné-pointu et carminé qui s'éloigne passablement du nôtre. Nous croyons toutefois qu'il n'y a là qu'une exagération lithographique de forme et de teinte; ou bien, alors, une de ces anomalies si fréquentes dans la végétation, et dont la nature seule sait le pourquoi.

Poire BEURRÉ D'YELLE. — Synonyme de *Beurré Diel.* Voir ce nom.

Poire BEURRÉE ROUSSE. — Synonyme de *Beurré gris.* Voir ce nom.

Poire BEUZARD. — Synonyme de poire *Belle de Bruxelles sans pepins.* Voir ce nom.

Poire BEYMONT. — Synonyme de *Beurré de Rance*. Voir ce nom.

Poire BIGARRADE. — Synonyme de poire *Caillot rosat*. Voir ce nom.

Poire BIS - CURTET. — Synonyme de *Beurré Curtet*. Voir ce nom.

Poire BISHOP - PEER. — Synonyme de poire *Bishop's Thumb*. Voir ce nom.

Poire BISHOP'S THIMBLE. — Synonyme de poire *Bishop's Thumb*. Voir ce nom.

268. Poire BISHOP'S THUMB.

Premier Type.

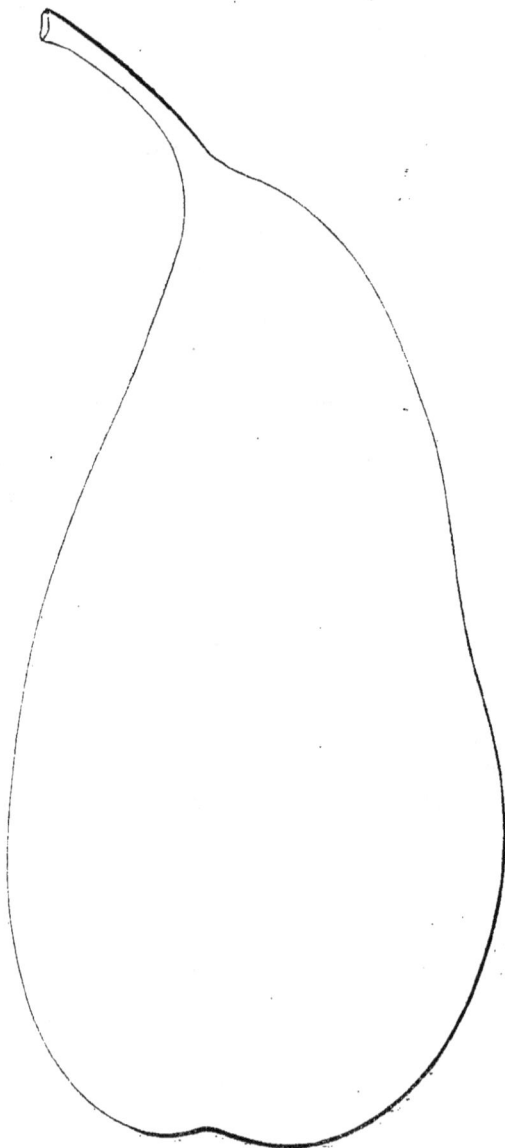

Synonymes. — *Poires* : 1. Bishop-Pear (Diel, *Kernobstsorten*, 1804, t. III, p. 213). — 2. Bishop's Thimble (Thompson, *Catalogue of fruits of the horticultural Society of London*, 1842, p. 129). — 3. Rousseline (*Id. ibid.*). — — 4. Pouce de l'Évêque (Thuillier-Aloux, *Catalogue raisonné des poiriers qui peuvent être cultivés dans la Somme*, 1855, p. 73).

Description de l'arbre. — *Bois :* fort. — *Rameaux :* nombreux, habituellement très-étalés, des plus gros, courts, non flexueux, rouge grisâtre, ayant les lenticelles larges, peu abondantes, les mérithalles courts et les coussinets aplatis.—*Yeux :* volumineux, ovoïdes-raccourcis, aigus, légèrement cotonneux, à écailles disjointes, non appliqués contre le bois. — *Feuilles :* assez grandes, très-coriaces, vert foncé, généralement elliptiques, irrégulièrement dentées ou crénelées, au pétiole court et des plus nourris.

Fertilité. — Très-grande.

Culture. — Sur cognassier, où le développement de son écusson est un peu tardif, il reste faible jusqu'à deux ans; mais sur franc il prospère convenablement et fait de jolies pyramides bien feuillues, bien ramifiées.

Description du fruit. — *Grosseur :* volumineuse

ou au-dessus de la moyenne. — *Forme :* conique-allongée, irrégulière, rarement obtuse, très-peu ventrue, bosselée, généralement contournée près du sommet et parfois, aussi, renflée d'un côté et plate de l'autre. — *Pédoncule :* assez long, mince ou de moyenne force, légèrement courbé, des plus charnus à la base, obliquement inséré et se continuant avec le fruit. — *OEil :* large, arrondi, ouvert, saillant ou faiblement enfoncé. — *Peau :* vert jaunâtre et ponctuée de fauve dans l'ombre, rouge vif et ponctuée de gris-blanc du côté du soleil. — *Chair :* blanche, grossière, mi-fondante, quelque peu pierreuse au cœur. — *Eau :* suffisante, manquant de parfum et douée d'une acerbité qui la rend désagréable.

Poire Bishop's Thumb. — *Deuxième Type.*

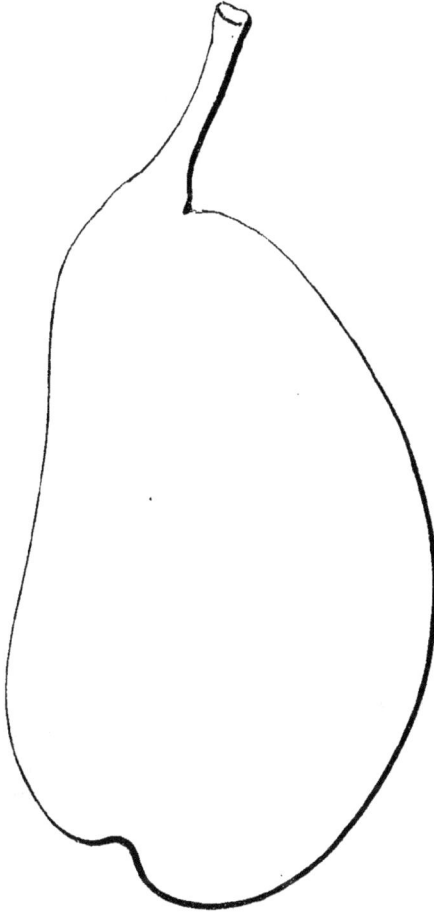

MATURITÉ. — De la fin d'octobre jusqu'à la fin de décembre.

QUALITÉ. — Deuxième, mais uniquement pour la cuisson.

Historique. — Cette variété a dû naître en Angleterre. Outre son nom, qui appartient à la langue de ce pays, nous avons encore pour confirmer notre opinion la mention faite par Manger, en 1780, d'un Jean Gerard, auteur anglais vivant en 1605 et dans les œuvres duquel se trouve citée une *Bishop's pear* (poire d'Évêque) que plus tard le docteur Diel trouve aussi inscrite au *Catalogue* de Jean Ray (Johannes Raius), célèbre naturaliste du comté d'Essex, mort en 1704. (Voir *Systematische pomologie*, 1783, t. II, p. 155, et *Kernobstsorten*, 1804, t. III, p. 213.) De l'Angleterre ce fruit passa bientôt en Hollande; c'est également Diel qui nous l'apprend, lorsqu'il affirme avoir reçu en 1791, à Stuttgardt, d'un M. Hagen, de la Haie, des greffes étiquetées *Bishop-peer*. Et ces greffes lui donnèrent des poires dont il fit une description minutieuse en 1804; description de laquelle il ressort positivement que la Bishop's pear des Anglais et des Hollandais est identique avec notre *Bishop's Thumb* (poire Pouce d'Évêque). Quant à la modification passablement bizarre du nom de ce poirier, nous ignorons par qui et pour quelle cause elle fut accomplie, mais pouvons dire, cependant, qu'elle eut lieu en Angleterre, où dès 1826 on voyait la poire *Bishop's Thumb* classée sous le n° 126 du *Catalogue* du Jardin de la Société d'Horticulture de Londres. Cinq ans après, Lindley lui consacrait un article dans son *Guide to the orchard and kitchen garden* (p. 366), et la signalait ainsi à l'attention, surtout chez nous, où ce livre a toujours été fort estimé. En lui donnant le surnom de *thumb* (pouce), on a voulu sans doute faire allusion à l'une des formes qu'elle affecte le plus souvent; toutefois ce n'est pas encore là une heureuse dénomination.

Observations. — Le sol influe beaucoup sur la qualité et la coloration de la Bishop's Thumb, il faut bien le croire, puisqu'en Allemagne les pomologues la disent bonne et la montrent tantôt fort colorée, tantôt sans coloration ; qu'en Angleterre et en Amérique on la qualifie d'exquise ; à Paris, d'excellente ; à Amiens, de deuxième ordre, et, à Rouen, de simple fruit pour la cuisson. Quant à nous, répétons-le, c'est uniquement parmi les variétés de cette dernière catégorie que nous la reléguons depuis vingt ans, et jamais sa fréquente dégustation ne nous a permis de lui assigner un rang plus favorable. — On ne saurait, avec quelques pépiniéristes, admettre sans se tromper complétement, que Bishop's Thump puisse être synonyme de *Doyenné d'Hiver*. Mais si l'on reconnaît avec Thompson que la Bishop's Thumb a porté parfois le faux nom *Rousseline*, il faut alors se rappeler qu'elle n'est nullement semblable à la petite poire dite Rousseline, décrite par Merlet en 1675, paraissant souvent sur nos tables, et ne manquant pas d'un certain mérite.

Poire BLANC-COLLET. — Synonyme de poire *d'Angoisse*. Voir ce nom.

Poire BLANCHE (des Belges.) — Synonyme de poire *Bon-Chrétien d'Espagne*. Voir ce nom.

Poire BLANCHE-FLEUR. — Synonyme de *Petit-Blanquet*. Voir ce nom.

Poire BLANCHETTE A LONGUE QUEUE. — Synonyme de *Blanquet à longue queue*. Voir ce nom.

269. Poire BLANQUET ANASTÈRE.

Synonyme. — *Poire* BLANQUET ANASTERQUE (André Leroy, *Catalogue* de 1849, p. 19, n° 90).

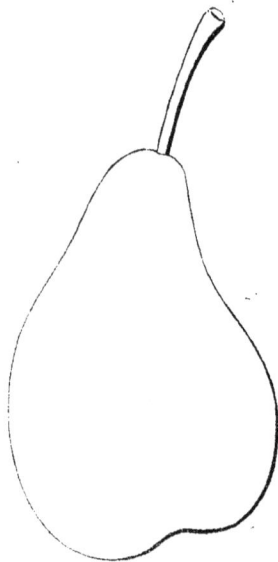

Description de l'arbre. — *Bois :* excessivement fort. — *Rameaux :* assez nombreux, habituellement arqués et étalés, très-gros, des plus longs, légèrement coudés, vert cendré, à lenticelles assez larges et très-espacées, à coussinets bien développés. — *Yeux :* moyens, ovoïdes-pointus, écartés du bois, ayant les écailles renflées et disjointes. — *Feuilles :* grandes, coriaces, non abondantes, ovales, acuminées, souvent canaliculées, entières sur leurs bords et munies d'un pétiole court et fort.

Fertilité. — Extrême.

Culture. — Très-vigoureux, nous le greffons sur cognassier, où il croît rapidement et prend une forme pyramidale aussi régulière qu'on peut le désirer.

Description du fruit. — *Grosseur :* petite. — *Forme :* variant entre l'oblongue contournée et la turbinée-ovoïde, mais ayant presque toujours un côté plus volumineux que l'autre. — *Pédoncule :* de longueur moyenne, mince, faiblement arqué, implanté plus ou moins obliquement à la surface du fruit. —

Œil : grand, rond, ouvert ou mi-clos, saillant ou placé au milieu d'une dépression rarement prononcée. — *Peau :* lisse, ponctuée de gris, vert blanchâtre dans l'ombre, mais passant au jaune verdâtre clair du côté du soleil, où elle est en outre légèrement vermillonnée. — *Chair :* blanche, demi-fine, granuleuse et des plus cassantes. — *Eau :* suffisante, sucrée, possédant un arome délicat et particulier.

MATURITÉ. — De la mi-juillet jusqu'au début d'août.

QUALITÉ. — Deuxième.

Historique. — Gagnée en 1840 à Angers, par feu Goubault, pépiniériste, elle fut soumise par lui, le 1er août 1841, au Comice horticole de Maine-et-Loire, ainsi qu'il résulte des lignes ci-dessous, extraites des procès-verbaux de cette Société :

« M. Goubault présente une petite poire nouvelle, de la couleur et de la grosseur de la poire de Blanquet, mais un peu plus ronde. Elle est encore sur l'égrasseau et grossira peut-être par la culture et la greffe. » (*Travaux du Comice*, t. II, p. 252.)

Peu après, vers 1843, Goubault multiplia ce poirier, auquel on donna le nom, trop savant selon nous, de Blanquet anastère, du mot composé grec *anastéréos :* ce qui signifie Blanquet à chair croquante, bien ferme. Et l'inconvénient d'introduire de pareils termes dans la langue horticole apparaît ici même, puisqu'en 1846 on voyait déjà sur l'Album colorié des poires de notre Comice, et en 1852 sur le Catalogue du Jardin fruitier d'Angers, ce mot anastère écrit d'abord *anasterque*, puis *anasterc*.

Poire BLANQUET ANASTERQUE. — Synonyme de *Blanquet anastère*. Voir ce nom.

Poire BLANQUET DE FLORENCE. — Synonyme de *Gros-Blanquet*. Voir ce nom.

Poire BLANQUET (GROS-). — Voir *Gros-Blanquet*.

Poire BLANQUET HATIF A LONGUE QUEUE. — Synonyme de *Blanquet précoce*. Voir ce nom

270. Poire BLANQUET A LONGUE QUEUE.

Synonymes. — *Poires :* 1. BLANCHETTE A LONGUE QUEUE (Daléchamp, *Historia generalis plantarum*, 1587, p. 306). — 2. GILETTE LONGUE (le Lectier, *Catalogue des arbres cultivés dans son verger et plant*, 1628, p. 6). — 3. SUCRIN BLANC D'ÉTÉ (*Id. ibid.*). — 4. SUCRÉE BLANCHE (Zing, 1766, cité par Manger dans sa *Systematische pomologie*, 1780, t. II, p. 60).

Description de l'arbre. — *Bois :* assez fort. — *Rameaux :* nombreux, étalés et arqués, gros, courts, peu coudés, brun clair nuancé de jaune et de vert, ayant les lenticelles larges, saillantes, rapprochées, les mérithalles très-courts et les coussinets faiblement accusés. — *Yeux :* de moyenne grosseur, ovoïdes-pointus, à écailles bombées et entr'ouvertes, collés en partie contre l'écorce. — *Feuilles :* peu abondantes, de grandeur moyenne, arrondies, acuminées, à bords presque unis, à pétiole épais et long.

FERTILITÉ. — Excessive.

Culture. — Il est passablement vigoureux, se développe vite et se greffe sur toute espèce de sujet; les pyramides qu'il fait sont généralement convenables.

Poire Blanquet à longue queue.

Description du fruit. — *Grosseur :* petite. — *Forme :* des plus allongées, régulière, bosselée au sommet, où elle est en outre fortement amincie. — *Pédoncule :* très-long, grêle au milieu, renflé à l'attache, charnu et plissé à la base, continu avec le fruit. — *Œil :* grand, bien ouvert, toujours saillant. — *Peau :* lisse, jaune pâle, souvent tachée de gris-fauve auprès de l'œil et parfois aussi légèrement striée de rose tendre sur la partie exposée au soleil. — *Chair :* blanche, demi-fine, cassante, aqueuse, rarement pierreuse. — *Eau :* abondante, acidule, sucrée, ayant un parfum qui n'est pas sans délicatesse.

Maturité. — Fin juillet et commencement d'août.

Qualité. — Deuxième.

Historique. — Notre vieux botaniste Jacques Daléchamp, mort en 1588, connut cette poire et la cita, sous le nom qu'elle porte encore aujourd'hui, dans son *Historia generalis plantarum* (page 306). Charles Estienne ne l'ayant mentionnée ni en 1530, ni en 1540, parmi les variétés fruitières du *Seminarium* dont il publia plusieurs éditions, nous croyons alors que ce Blanquet fut cultivé chez nous seulement après 1540. Mais avait-il la France pour patrie?... Oui, si l'on s'en rapporte au témoignage du docteur Jonston, Silésien érudit qui fit imprimer en 1662 une *Historia de arboribus et fruticibus* à la page 37 de laquelle on lit ce passage :

« *Pira Albicantia* Montbelgardi habentur, gustu suavi, haud dissimilis figuræ et magnitudinis : Les *Poires Blanchettes*, provenant de Montbéliard (Doubs), ont une agréable saveur et diffèrent entre elles de forme et de volume. »

Ainsi donc, le groupe de poiriers qui dès le xvii⁰ siècle est appelé dans les pomologies : Blanquet à longue queue, Gros-Blanquet, Petit-Blanquet, serait originaire de Montbéliard?... Et pourquoi non?... Une semblable origine n'est-elle pas beaucoup plus acceptable, par exemple, que celle assignée à ces mêmes variétés dans quelques ouvrages allemands, où on les déclare identiques avec les poires *Lactea* des Romains? — Ces derniers possédèrent effectivement des poires *Lactea*, mais cette dénomination leur fut appliquée pour la blancheur de leur chair, et non pour celle de leur peau. Prouvons-le en transcrivant une description de la *Pirum Lacteum*, donnée en 1752 par un Hollandais :

« La poire que les Romains appelaient *Pirum Lacteum*, et que nous nommons *Franse Kaneel peer*, est cassante, remplie d'une bonne eau, un peu plus ronde et plus grosse par le haut qu'une poire Sucrée grise, plus courte et finissant à la queue par une pointe plus mince. Quand elle est mûre, elle est jaune et a des taches tirant sur le brun; les meilleures sont tachetées de gris sur le jaune, ont la peau épaisse et le goût un peu musqué. » (De Lacour, *les Agréments de la campagne*, t. II, pp. 28-29.)

À de tels caractères, qui pourrait reconnaître l'un ou l'autre de ces trois Blanquets?... Dès l'abord, on classa sous un seul nom les variétés du Blanquet; mais

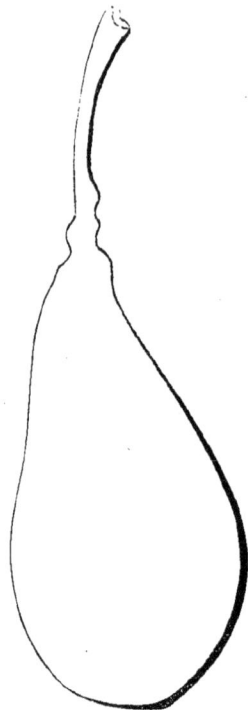

bientôt, pour les distinguer, on leur appliqua certains surnoms tirés de leurs caractères les plus marqués. Et tout démontre que la naissance de ces variétés suivit de près celle du type, puisqu'en 1587 Daléchamp, nous le répétons, mentionnait déjà la *Blanchette à longue queue*, et que Jonston, on l'a vu, fit observer avec soin, en 1662, que les poires Blanchettes offraient entr'elles de notables différences. Cependant les Blanquets ne durent pas, de la Franche-Comté, se répandre très-vite dans les diverses parties du royaume, autrement la Quintinye n'eût pu dire en 1690 : « La « Blanquette à longue queue, non plus que les poires Gros et Petit-Blanquet, « *ne sont point encore trop communes*, mais elles méritent bien de le devenir. » Puis il ajoutait — ce que chacun sait aujourd'hui : — « La couleur blanche qui se « trouve à la peau de ces trois poires, leur a fait donner le nom de Blanquet. » (*Instructions pour les jardins fruitiers et potagers*, t. I, p. 264.)

Observations. — Le Comice horticole d'Angers gagna de semis, vers 1851, une poire se rapprochant si complétement des Blanquets par la nuance de la peau, son volume et l'époque de maturité, qu'il fut appelé Blanquet *long*, en raison de sa forme oblongue, obtuse et ventrue. L'arbre-mère périt en 1851. J'en avais pris quelques greffons, car ses produits étaient excellents; aussi ce nouveau poirier figura-t-il dans mes Catalogues à partir de 1852, mais actuellement le seul pied que j'en possédasse ayant été détruit par un accident, je ne puis plus le propager. Néanmoins, comme il est sans doute cultivé ailleurs, j'ai cru devoir le signaler ici, afin que son nom de Blanquet long ne le fît pas confondre avec le Blanquet à longue queue. — C'est par erreur que nous avons dit, page 196, poire *Aleaume* synonyme de Blanquet à longue queue; ce nom l'est uniquement de poire *Sucrin blanc d'Hiver*, variété qu'on rencontrait à Orléans dès 1628.

Poire BLANQUET (PETIT-). — Voir *Petit-Blanquet*.

---

271. Poire BLANQUET PRÉCOCE.

Synonyme. — *Poire* Blanquet hatif a lonque queue (Diel, *Kernobstsorten*, 1803, p. 77).

Description de l'arbre. — *Bois :* très-fort. — *Rameaux :* peu nombreux, étalés vers la base de la tige, érigés à sa partie supérieure, gros, longs, dès plus flexueux, vert-brun nuancé de rougeâtre; ils ont les lenticelles fines, excessivement abondantes, et les cóussinets bien marqués. — *Yeux :* petits, coniques-aplatis, noyés dans l'écorce. — *Feuilles :* rares, grandes, vert jaunâtre souvent teinté de rouge violacé, arrondies, acuminées, faiblement dentées en scie, portées sur un pétiole long et de grosseur moyenne.

Fertilité. — Extrême.

Culture. — On le greffe sur franc ou cognassier; sa vigueur est satisfaisante, mais ses pyramides, quoique fortes, sont toujours mal ramifiées et beaucoup trop dégarnies de feuilles. Très-convenable pour le verger, cet arbre y prospérerait parfaitement s'il y était abandonné à lui-même.

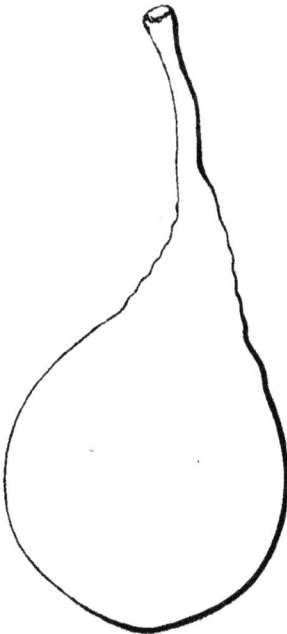

Description du fruit. — *Grosseur* : petite. — *Forme* : turbinée-allongée, parfois un peu contournée, plissée près du sommet et ayant généralement un côté plus ventru que l'autre. — *Pédoncule* : long, bien nourri, coudé, renflé à l'attache, charnu à la base et faisant corps avec le fruit. — *Œil* : grand, très-ouvert, régulier, saillant. — *Peau* : vert-pré avant la maturité, passant ensuite au jaune-cire et semée habituellement, auprès de l'œil, de points bruns excessivement fins. — *Chair* : blanche, mi-cassante, granuleuse, rarement bien juteuse. — *Eau* : suffisante, sucrée, légèrement acidule et douée d'un arrière-goût musqué assez agréable.

Maturité. — Fin juin et début de juillet.

Qualité. — Deuxième, en raison seulement de l'extrême précocité de cette petite poire.

Historique. — Le Comice horticole d'Angers possédait déjà ce poirier en 1839, et c'est de son Jardin que nous le tirâmes en 1848. Peu commun dans notre pays, il ne paraît pas appartenir aux collections françaises, mais bien plutôt à celles de l'Allemagne, contrée où sa culture remonte au moins à une soixantaine d'années, et où chacun le nomme, au lieu de Blanquet précoce, *Blanquet hâtif à longue queue.* Ce fut probablement le docteur Diel qui de Stuttgardt en adressa, vers 1803, des greffes à quelques-uns des correspondants qu'il avait en France, car ce célèbre pomologue le décrivit à cette dernière date et donna de plus les renseignements suivants : « J'ai trouvé à Dietz plusieurs spécimens de cette variété, qu'on ren- « contre souvent aussi sur les marchés de Coblentz et de Mayence. » (*Kernobstsorten*, 1803, p. 77.) Observons en terminant que Dietz, petite ville située dans le duché de Nassau, étant précisément renommée pour ses pépinières, il se pourrait peut-être que le Blanquet précoce en fût originaire, lors surtout qu'on l'y voit répandu même avant 1803.

Poire BLANQUET ROND (GROS-). — Voir *Gros-Blanquet rond.*

272. Poire BLANQUET DE SAINTONGE.

Description de l'arbre. — *Bois* : fort. — *Rameaux* : nombreux, ordinairement étalés ou légèrement érigés, très-gros, de longueur moyenne, peu géniculés, cotonneux, brun verdâtre, lavés de rouge près du sommet, à lenticelles clair-semées et des plus larges, à mérithalles assez longs, à coussinets presque nuls. — *Yeux* : moyens, ovoïdes-pointus, rapprochés du bois et ayant les écailles mal soudées. — *Feuilles* : généralement grandes, ovales ou elliptiques, souvent contournées, à bords entiers en partie ou faiblement crénelés, munies d'un pétiole épais et très-long qu'accompagnent des stipules bien développées.

Fertilité. — Satisfaisante.

Culture. — Extrêmement vigoureux, il se plaît beaucoup sur cognassier ; sa croissance est rapide, ses pyramides ne laissent rien à désirer pour la force et la régularité.

Description du fruit. — *Grosseur* : petite. — *Forme* : oblongue, ventrue au milieu, bosselée à la base, s'amincissant subitement auprès du sommet. — *Pédoncule* : de longueur moyenne, assez fort, renflé à la partie supérieure, charnu, à l'autre extrémité, obliquement inséré et presque continu avec le fruit. — *Œil :* peu large, ouvert ou mi-clos, à peine enfoncé. — *Peau :* rude et épaisse, jaune-citron très-clair, ponctuée de gris-blanc et portant quelques taches de même couleur. — *Chair :* blanche, demi-fine, assez fondante, rarement bien pierreuse. — *Eau :* suffisante, sucrée, légèrement vineuse, possédant un arome particulier ne manquant pas d'une certaine délicatesse.

Poire Blanquet de Saintonge.

MATURITÉ. — Vers la fin du mois d'août.

QUALITÉ. — Deuxième.

Historique. — Nous ignorons si ce Blanquet provient, comme semble l'indiquer son nom, de la Haute ou de la Basse Saintonge; aucun auteur n'en fait mention, et c'est à peine si nous le trouvons inscrit dans un ou deux Catalogues modernes. Il doit donc se rencontrer bien rarement ailleurs que parmi les grandes collections. Nous le multiplions depuis plus de trente ans, et serions fort embarrassé de dire qui nous l'a fourni.

Observations. — Il existe une poire *de Saintonge* identique avec la variété appelée Chat-brûlé, et qui mûrit au mois de janvier; on voit alors qu'une conformité de nom la rapproche seule du Blanquet de Saintonge.

POIRE BLANQUETTE. — Synonyme de poire *Gros-Blanquet*. Voir ce nom.

273. POIRE BLEEKER'S MEADOW.

Premier Type.

Description de l'arbre. — *Bois :* fort. — *Rameaux :* nombreux, érigés au sommet de la tige, étalés à sa partie inférieure, très-gros, assez longs, flexueux, fauve grisâtre, lavés de rouge violacé, ayant les lenticelles larges, rapprochées, et les coussinets des plus apparents. — *Yeux :* petits, ovoïdes-allongés, à écailles légèrement disjointes, duveteux, appliqués en partie contre le bois. — *Feuilles :* de grandeur moyenne, ovales ou elliptiques, faiblement denticulées, munies d'un pétiole long et fort.

FERTILITÉ. — Prodigieuse.

CULTURE. — Ce poirier, dont la vigueur est satisfaisante, se greffe très-avantageusement sur le cognassier; il

s'y développe de bonne heure et y prend une forme pyramidale des plus remarquables.

Poire Bleeker's Meadow.
Deuxième Type.

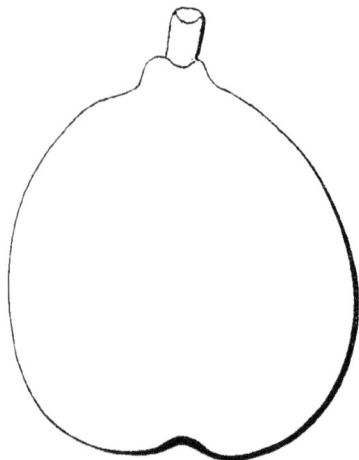

Description du fruit. — *Grosseur :* au-
dessous de la moyenne. — *Forme :* arrondie
ou ovoïde-arrondie; souvent régulière, mais
souvent aussi, comme le montre notre deuxième type, offrant au sommet une espèce de
bourrelet ou de mamelon bien prononcé. —
Pédoncule : court ou très-court, droit ou
arqué, obliquement inséré au milieu d'une
faible dépression. — *Œil :* grand, ouvert,
rarement contourné, presque saillant. — *Peau :*
épaisse, jaune grisâtre terne, toute parsemée
de points fauves et verdâtres, portant quelques taches rousses auprès de l'œil. — *Chair :*
blanchâtre, dure, grossière, cassante, peu
pierreuse. — *Eau :* abondante, assez sucrée,
parfois astringente et généralement douée
d'un parfum musqué qui, rappelant aussi celui
du fenouil, n'a rien de savoureux, de délicat.

MATURITÉ. — Fin octobre et courant de novembre.

QUALITÉ. — Troisième pour le couteau, deuxième pour la cuisson.

Historique. — C'est un fruit de provenance américaine et dont la dénomination indique à la fois le lieu de naissance et le propagateur. *Bleeker's Meadow pear*
signifie en effet, dans son sens étendu, poire trouvée dans une prairie (*meadow*),
par Bleeker. Quant à la contrée où se voit cette prairie, dès 1849 Downing nous
l'apprenait à la page 355 de ses *Fruits of America :* c'est en Pensylvanie. Mais à
quelle époque commença-t-on à multiplier ce poirier?... Vers 1842, selon le journal *l'Horticulturist*, où nous lisons ce qui suit sous la signature du rédacteur en
chef, M. Barry :

« M. Suydam, de Geneva (État de New-York), m'envoya le 8 décembre 1853 de beaux
spécimens bien mûrs de la poire Bleeker's Meadow, avec cette note : « L'arbre est âgé d'une
« huitaine d'années environ et ses produits, jusque-là, n'ont paru *bons que pour la cuisson.*
« Une notice lui sera consacrée prochainement dans les *Bulletins* de la Société d'Horticulture
« de Pensylvanie. » (Tome IV de la 2e série, p. 42.)

Observations. — Ce fut en 1847 que nous introduisîmes dans notre école la
Bleeker's Meadow, et depuis nous l'avons maintes fois dégustée sans jamais lui
reconnaître aucune qualité convenable pour être mangée crue. Elle n'a donc pas
gagné à changer de climat, puisque les Américains, on l'a vu plus haut, la regardent simplement comme un fruit à compote. Cependant on prétend dans le Midi de
la France, qu'elle est excellente. Nous ne disons pas non, mais nous attestons
qu'en Anjou elle se montre la même qu'en Pensylvanie : mauvaise, très-mauvaise.

---

274. Poire BLOODGOOD.

Description de l'arbre. — *Bois :* fort. — *Rameaux :* nombreux, étalés,
gros, longs, peu coudés, brun clair légèrement jaunâtre, à lenticelles assez fines
et clair-semées, à coussinets presque aplatis. — *Yeux :* de grosseur moyenne, à

I.   29

écailles grises et disjointes, arrondis, non appliqués contre l'écorce. — *Feuilles :* grandes, ovales ou ovales-arrondies, ayant les bords entiers en partie ou faiblement denticulés, et le pétiole roide, épais, assez long.

Poire Bloodgood.

FERTILITÉ. — Excessive.

CULTURE. — Le franc convient uniquement à cet arbre, qui sur cognassier ne réussit jamais bien ; il fait de belles pyramides parfaitement ramifiées et très-feuillues.

Description du fruit. — *Grosseur :* moyenne. — *Forme :* variable, quelquefois légèrement ovoïde, mais ordinairement arrondie et alors aplatie aux extrémités et souvent plus renflée d'un côté que de l'autre. — *Pédoncule :* un peu court, menu, rugueux, arqué, obliquement implanté à fleur de peau. — *OEil :* petit ou moyen, ouvert, habituellement caduc, uni sur ses bords et placé dans un bassin sans profondeur mais excessivement évasé. — *Peau :* vert clair, ponctuée, marbrée de roux, surtout auprès du pédoncule. — *Chair :* blanchâtre, demi-fine, très-fondante, juteuse, contenant quelques pierres au-dessous des pepins. — *Eau :* des plus abondantes, faiblement sucrée, laissant dans la bouche un parfum musqué beaucoup trop prononcé.

MATURITÉ. — Fin septembre et commencement d'octobre.

QUALITÉ. — Deuxième.

Historique. — Rapportée par nous d'Amérique en 1849, la poire Bloodgood a reçu le nom de son promoteur, sans posséder néanmoins un état civil très-régulier, ainsi qu'il ressort du passage ci-dessous, traduit des procès-verbaux mêmes de la Société d'Agriculture de New-York :

« Vers 1835 elle fut offerte, encore innommée, à M. James Bloodgood, pépiniériste à Flushing, près New-York, par une personne de Long-Island inconnue de ce dernier, et de laquelle il ne put obtenir aucun renseignement sur l'origine de l'arbre ayant produit cette variété. » (*Transactions of the New-York State agricultural Society*, 1847, t. VII, p. 317.)

Observations. — Les pomologues américains font mûrir ce fruit à la fin de juillet ou au commencement d'août. Il ne s'est jamais, dans notre école, montré d'une telle précocité ; nous devons donc le ranger parmi les poires d'automne et non parmi celles qu'on mange au début de l'été.

POIRE BÔ DE LA COUR. — Synonyme de poire *Maréchal de Cour*. Voir ce nom.

POIRE DU BOCAGE. — Synonyme de poire *Orange rouge*. Voir ce nom.

POIRE DES BOIS. — Synonyme de poire *Fondante des bois*. Voir ce nom.

POIRE A BOIS MONSTRUEUX. — Synonyme de poire *Nain vert*. Voir ce nom.

275. POIRE BOIS NAPOLÉON.

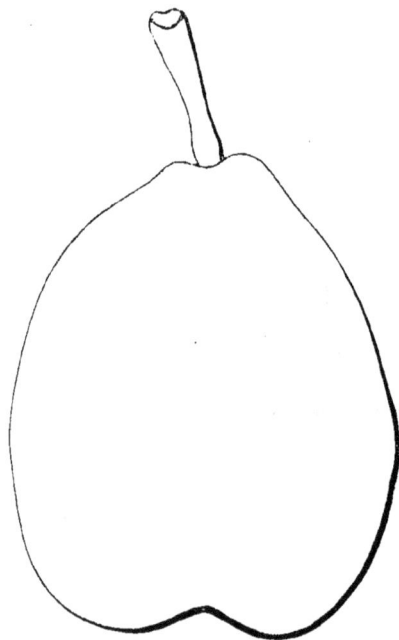

Description de l'arbre. — *Bois :* fort ou de force moyenne. — *Rameaux :* nombreux, un peu arqués et généralement étalés, gros, assez longs, coudés, brun clair grisâtre légèrement rosé, à lenticelles larges et abondantes, à coussinets saillants. — *Yeux :* moyens ou volumineux, ovoïdes-allongés, écartés du bois et ayant les écailles mal soudées. — *Feuilles :* nombreuses, ovales, canaliculées et contournées, profondément dentées en scie, portées sur un pétiole long et fort qu'accompagnent des stipules bien développées.

FERTILITÉ. — Remarquable.

CULTURE. — Excessivement vigoureux, on le greffe sur franc ou sur cognassier, mais ce dernier sujet lui convient mieux que l'autre ; ses pyramides y sont de toute beauté.

Description du fruit. — *Grosseur :* au-dessous de la moyenne et quelquefois plus considérable. — *Forme :* oblongue-ovoïde, fortement bosselée. — *Pédoncule :* habituellement assez court et assez gros, rarement très-recourbé, renflé au sommet, obliquement implanté à la surface du fruit. — *OEil :* petit, ouvert, bien régulier, peu enfoncé. — *Peau :* vert-pré, ponctuée de gris-roux, maculée de même autour du pédoncule et tachetée de brun noirâtre. — *Chair :* blanc verdâtre, des plus fines et des plus fondantes, juteuse, faiblement granuleuse au centre. — *Eau :* excessivement abondante, sucrée, acidule, possédant un arome aussi savoureux qu'exquis.

MATURITÉ. — Fin septembre et courant d'octobre.

QUALITÉ. — Première.

Historique. — Dans son *Album de pomologie*, M. Alexandre Bivort établissait dès 1847 l'origine de ce poirier, poussé de semis à Louvain (Belgique) et ayant donné ses premiers fruits de 1822 à 1825 :

« C'est un gain de Van Mons — lit-on audit recueil — il date au moins de vingt-cinq ans. Ce nom de *Bois Napoléon* lui aura sans doute été appliqué à cause de quelque ressemblance avec le bois du Bon-Chrétien Napoléon. Comme cet arbre est déjà très-répandu sous ce nom, je ne me permettrai pas de le lui enlever, de crainte d'augmenter encore ainsi la liste des synonymes. » (Tome I, p. 82.)

Nous croyons également avec M. Bivort que Van Mons, en dénommant de la sorte la présente variété, voulut constater qu'elle avait, par son arbre, un rapport plus ou moins grand avec celui de la poire Napoléon. Cependant, il est bon de le remarquer ici, le seul caractère qui soit commun à ces deux arbres, consiste simplement dans la couleur du bois. Aussi les Allemands, peu satisfaits d'un tel nom, ont-ils eu soin de le rejeter. Si l'on ouvre leurs pomologies, on voit en effet que cette poire y est appelée *Napoleons Schmalzbirn :* Fondante Napoléon; et de plus, que sa maturité y est dite se prolonger, chose excessivement rare chez nous, jusqu'à la fin du mois de novembre.

Poire BOLIVAR D'HIVER. — Synonyme de poire *Belle-Angevine*. Voir ce nom.

Poire BONAPARTE. — Synonyme de poire *Napoléon*. Voir ce nom.

Poire BON-CHRÉTIEN. — Synonyme de poire *Bon-Chrétien d'Hiver*. Voir ce nom.

Poire BON-CHRÉTIEN D'AMIENS. — Synonyme de poire *de Catillac*. Voir ce nom.

Poire BON-CHRÉTIEN D'AUCH. — Synonyme de poire *Bon-Chrétien d'Hiver*. Voir ce nom.

Nota. — Partageant une erreur qui depuis 1670 jusqu'à ces derniers temps fut commune aux pomologues les plus accrédités, nous regardions le *Bon-Chrétien d'Auch* comme une espèce spéciale, d'autant mieux que notre école en renfermait plusieurs arbres, et que déjà mon grand-père le cultivait, puisque je lis à la page 25 de son *Catalogue de 1790* : « Bon Chrétien d'Ausche, poire pour le mois de « décembre et le suivant. » Aujourd'hui, éclairé par de récentes discussions et par des expériences constantes, nous dirons donc avec M. l'abbé Dupuy, professeur de botanique, et avec un habitant même de la ville d'Auch, M. Ransan, amateur distingué d'horticulture :

« ..... Le fruit qu'à Auch on appelle Bon-Chrétien d'Auch, *n'est rien autre chose que le* Bon-Chrétien d'Hiver ordinaire, *sans pepins dans quelques jardins* et quelques localités privilégiées du sud-ouest; mais dès que l'arbre est transporté dans un lieu qui lui convient moins, les pepins reparaissent, et l'on n'a plus que du *Bon-Chrétien ordinaire;* et cela même arrive fréquemment aussi, à Auch... Pour être bien certain, du reste, de la vérité de ce que j'avance, on n'a qu'à consulter les vitraux de la Cathédrale d'Auch, dans laquelle sont représentées sur plusieurs verrières les poires d'Auch, et l'on y reconnaîtra de suite la poire de *Bon-Chrétien*,... celle que je cultive à Auch dans mon jardin, et qui y est cultivée dans tous les jardins en terrasse à l'exposition de l'est et du sud-est; principalement, pour ne citer que des établissements publics, à l'Archevêché, au Lycée et chez les Frères de la doctrine chrétienne. » (*L'Abeille pomologique, revue d'arboriculture pratique*, année 1862, pp. 57-61.)

Enfin nous citerons encore les lignes si concluantes qu'un de nos pépiniéristes, M. Charles Baltet, de Troyes, écrivait en 1865 dans *l'Horticulteur français :*

« Y a-t-il un *Bon-Chrétien d'Auch?*... Non. Grâce à la situation privilégiée de la ville d'Auch et de ses environs, notre vieux Bon-Chrétien d'Hiver y donne des produits merveilleux; telle est la cause de l'erreur des gens qui ont cru y découvrir une nouvelle sorte. *Nous en avons fait venir des greffons qui*, placés sur un poirier de Bon-Chrétien d'Hiver, ont produit des fruits moyens, verts et tachés *comme ceux de l'ancienne variété*, sous notre climat; *nulle différence* dans le port, le bois, le feuillage; donc, SYNONYMIE. D'ailleurs, MM. Jamin et Dubreuil m'ont dit avoir constaté le fait à Auch même. » (XVᵉ année, pp. 362-363.)

Ajoutons à présent, pour compléter cette rectification, qu'au tome IV de son *Jardin fruitier du Muséum* M. Decaisne a décrit et figuré, en 1861, une poire qu'on lui a présentée sous le nom de BON-CHRÉTIEN D'AUCH mais qui n'est autre que la poire d'Amour ou Trésor, à laquelle nous avons ici, pages 120 à 122, consacré un long article. C'est aussi ce même fruit, j'en suis certain maintenant, qui depuis un siècle passait en Anjou pour le Bon-Chrétien d'Auch. Il s'ensuit donc que les noms *Poire d'Auch* et *Poire Belle-Bessa*, indiqués par nous pages 163 et 192 comme synonymes de Bon-Chrétien d'Auch, le sont uniquement de ladite poire d'Amour ou Trésor.

POIRE **BON-CHRÉTIEN D'AUTOMNE.** — Synonyme de *Bon-Chrétien d'Espagne.* Voir ce nom.

POIRE **BON-CHRÉTIEN BARNETT.** — Synonyme de poire *Williams.* Voir ce nom.

POIRE **BON-CHRÉTIEN BONAPARTE.** — Synonyme de poire *Napoléon.* Voir ce nom.

276. POIRE **BON-CHRÉTIEN DE BRUXELLES.**

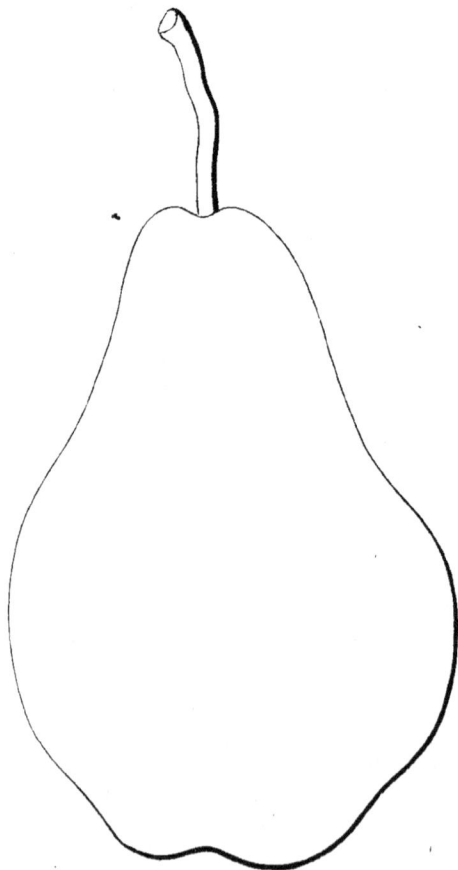

Synonymes. — *Poires :* 1. BON-CHRÉTIEN MUSQUÉ (Henri Hessen, *Gartenlust*, 1690, p. 284). — 2. PIOULIER (*Id. ibid.*). — 3. BON-CHRÉTIEN D'ÉTÉ MUSQUÉ (Duhamel du Monceau, *Traité des arbres fruitiers*, 1768, t. II, p. 218). — 4. BON-CHRÉTIEN FONDANT (Prévost, *Cahiers pomologiques*, 1839, p. 113). — 5. BON-CHRÉTIEN D'ÉTÉ FONDANT MUSQUÉ (Decaisne, *le Jardin fruitier du Muséum*, 1858, t. 1). — 6. BON-CHRÉTIEN MUSQUÉ FONDANT (*Id. ibid.*). — 7. BUGIARDA, du Muséum de Paris (*Id. ibid.*). — 8. PETIT-MUSQUÉ (de Liron d'Airoles, *Liste synonymique et historique des variétés du poirier*, 1859, 1ᵉʳ supplément, p. 9).

Description de l'arbre. — *Bois :* faible. — *Rameaux :* assez nombreux, généralement étalés, grêles, de longueur moyenne, légèrement coudés, brun foncé verdâtre, à lenticelles fines mais très-abondantes, à coussinets presque nuls. — *Yeux :* petits, coniques, à écailles disjointes, duveteux, fortement rapprochés de l'écorce. — *Feuilles :* petites, habituellement ovales ou elliptiques, entières en partie sur leurs bords et ayant le pétiole court et gros.

FERTILITÉ. — Ordinaire.

CULTURE. — Il lui faut le franc, sur lequel sa vigueur n'est même pas excessive; il pousse lentement et fait des pyramides assez convenables, quoiqu'un peu basses.

Description du fruit. — *Grosseur :* au-dessus de la moyenne, ou moyenne. — *Forme :* irrégulière, mais le plus ordinairement allongée, mince et obtuse au sommet, ventrue vers la base, où elle est ensuite étranglée, bosselée et pentagone. — *Pédoncule :* peu long et souvent court, faible, recourbé, obliquement ou perpendiculairement inséré dans une étroite cavité à bords légèrement accidentés. — *Œil :* grand ou moyen, contourné, mi-clos, rarement très-enfoncé, entouré de gibbosités. — *Peau :* épaisse, jaune grisâtre obscur, semée de points fauves, amplement lavée de rouge carminé du côté du soleil. — *Chair :* blanc verdâtre, demi-fine, demi-fondante ou cassante, toujours pierreuse au centre. — *Eau :* suffisante, acidule, musquée, peu sucrée, de saveur rarement délicate.

MATURITÉ. — Courant de septembre.

QUALITÉ. — Deuxième, et parfois troisième, car cette poire blettit aisément, comme elle se couvre aussi de nombreuses crevasses.

Historique. — On a, de nos jours, méconnu cette variété, que tous les anciens pomologues ont cependant fort bien décrite. C'est ainsi, par exemple, que dans les collections du Jardin des Plantes de Paris on la voit figurer à la fois sous le nom de poire Pioulier et sous celui de poire Bugiarda. La dénomination générique qu'elle porte lui sera venue de sa forme la plus habituelle, rappelant assez exactement la forme du Bon-Chrétien, mais dont les caractères peu constants sont de nature, il faut l'avouer, à tromper les personnes qui n'ont pu les observer longuement. Si l'origine de ce fruit n'est indiquée chez aucun écrivain, on a le droit néanmoins, en raison du nom Bon-Chrétien sous lequel on le rencontre dans les ouvrages allemands comme dans les ouvrages français, et cela dès le XVIIe siècle, de le revendiquer pour notre pomone, lors surtout qu'il mûrit sous notre ciel depuis environ trois cents ans. Son premier synonyme date également de fort loin. Dom Claude Saint-Étienne cite en effet parmi les *sept cents* variétés de poires dont il dresse le Catalogue en 1675, à la fin de sa *Nouvelle instruction pour connaître les bons fruits*, le Bon-Chrétien musqué ou POIRE PIOULIER. Et ces deux noms, le *Gartenlust* d'Henri Hessen, édition de 1690, les mentionne à son tour (page 284) au chapitre intitulé *Poiriers de France*, ce qui nous autorise encore à regarder cet arbre comme un gain de nos anciens jardiniers. Mais s'il en fallait une preuve beaucoup plus formelle, on la trouverait dans la signification, dans l'étymologie même, toute française, de ce premier synonyme — Poire Pioulier — appliqué jadis au Bon-Chrétien musqué, puisque le mot pioulier vient en droite ligne de *piolé*, vieil adjectif inusité depuis longtemps, et dont le *Dictionnaire de Trévoux* donnait en 1721 cette définition : « *Piolé....* ne se dit proprement que de « ce qui est moitié d'une couleur et moitié d'autre, comme une *pie*, d'où le mot est « dérivé. » Ce qui démontre bien que nos pères, en surnommant ainsi ce fruit, voulurent avant tout indiquer par là le caractère particulier de sa peau, réellement bicolore, comme on l'a vu plus haut en notre description.

Maintenant il nous faudrait savoir qui débaptisa, vers 1830, le Bon-Chrétien musqué pour le présenter sous le nouveau nom *Bon-Chrétien de Bruxelles?* Malheureusement, nous l'ignorons. Prévost, de Rouen, signala cette fraude en 1839, mais il ne put non plus en découvrir l'auteur. Il disait :

« J'ai vainement cherché sur le *Bon-Chrétien de Bruxelles*, des renseignements... sans en trouver d'utiles que dans trois Catalogues raisonnés que j'ai sous les yeux, dont l'un est belge et les deux autres français. Tous trois s'accordent à reconnaître que cette poire est grosse, de première qualité (!), fondante ou demi-fondante, et qu'elle mûrit en septembre, ce qui caractérise bien la variété dont je m'occupe. L'un de ces Catalogues donne comme synonymes à ce fruit, les noms *Bon-Chrétien fondant* et *Bon-Chrétien musqué*. Certain par ces indications que ce poirier porte bien le nom qui lui appartient, il me reste alors à le faire connaître. » (*Cahiers pomologiques*, 1839, p. 113.)

Et ce pomologue si compétent a décrit le Bon-Chrétien de Bruxelles, arbre et produits, avec une telle exactitude qu'il est vraiment difficile de désirer mieux, lorsqu'on a l'intention, surtout, de s'assurer de l'identité de cette variété avec celle antérieurement appelée Bon-Chrétien musqué, poire Pioulier, etc., etc.

On se demandera peut-être pourquoi nous ne rendons pas à ce poirier la dénomination sous laquelle on l'a cultivé pendant plusieurs siècles? C'est uniquement, comme il a longtemps aussi porté le nom *Bon-Chrétien d'Été musqué*, pour qu'il ne soit plus confondu avec son congénère le Bon-Chrétien d'Été ou Gracioli; confusion qui souvent a eu lieu, mais que le maintien du déterminatif Bruxelles dans ladite appellation, rend à l'avenir à peu près impossible. Sentiment qui du reste fut aussi celui de Prévost, la chose est manifeste, puisqu'en 1839 on lui voit préférer ce nom moderne et reléguer les autres noms dans la synonymie.

Observations. — Les variétés Épine d'Été et Fin-Or de Septembre sont très-distinctes du Bon-Chrétien de Bruxelles, quoiqu'on ait parfois avancé le contraire; leur description, donnée plus loin, le montre sans réplique. — Quant au nom *Bugiarda*, figurant ici parmi les synonymes du Bon-Chrétien de Bruxelles, rappelons que c'est celui d'une poire appartenant à la collection du Jardin des Plantes de Paris, et fort différente de la *Bugiarda* des Italiens, laquelle n'est autre que notre Épine d'Été.

Poire BON-CHRÉTIEN DE CHAUMONTEL. — Synonyme de *Besi de Chaumontel*. Voir ce nom.

Poire BON-CHRÉTIEN DE CONSTANTINOPLE. — Synonyme de *Bon-Chrétien d'Hiver*. Voir ce nom.

Poire BON-CHRÉTIEN DORÉ. — Synonyme de poire *Napoléon*. Voir ce nom.

Poire BON-CHRÉTIEN DORÉ D'ESPAGNE. — Synonyme de *Bon-Chrétien d'Espagne*. Voir ce nom.

277. Poire BON-CHRÉTIEN D'ESPAGNE.

Synonymes. — *Poires* : 1. DE JANVRY (Merlet, *l'Abrégé des bons fruits*, édition de 1675, p. 105). — 2. BON-CHRÉTIEN D'AUTOMNE (Knoop, *Fructologie*, 1771, p. 135). — 3. GRATIOLE D'AUTOMNE (*Id. ibid.*). — 4. PRÉSIDENT D'ESPAGNE (*Id. ibid.*). — 5. SAFRAN D'AUTOMNE (*Id. ibid.*). — 6. VAN DYCK's (*Id. ibid.*). — 7. SAFRAN ROZAT D'AUTOMNE (Manger, *Systematische pomologie*, 1783, t. II, p. 100). — 8. BON-CHRÉTIEN JAUNE D'AUTOMNE (Diel, *Kernobstsorten*, 1802, p. 118). — 9. GROSSE-GRANDE-BRETAGNÉ (Tougard, *Tableau analytique des variétés de poires*, 1852, pp. 96 et 107). — 10. MANSUETTE [des Flamands] (*Id. ib.*, pp. 96 et 111). — 11. BON-CHRÉTIEN DORÉ D'ESPAGNE (Biedenfeld, *Handbuch aller bekannten Obstsorten*, 1854, p. 58). — 12. BLANCHE [des Belges] (Thuillier-Aloux, *Catalogue raisonné des poiriers qui peuvent être cultivés dans la Somme*, 1855, p. 64). — 13. BON-CHRÉTIEN SPINA (*Id. ibid.*). — 14. COMPAGNIE D'OSTENDE (*Id. ibid.*). — 15. GROSSE-GRANDE-BRETAGNE DORÉE (*Id. ibid.*). — 16. VERMILLON D'ESPAGNE D'HIVER (*Id. ibid.*). — 17. GRACIOLI DE LA TOUSSAINT (Decaisne, *le Jardin fruitier du Muséum*, 1858, t. I).

Description de l'arbre. — *Bois* : assez fort. — *Rameaux* : peu nombreux, étalés vers la base de la tige, érigés à sa partie supérieure, gros, longs, bien géniculés, rouge grisâtre, ayant les lenticelles des plus larges, excessivement rapprochées, et les coussinets saillants. — *Yeux* : à écailles souvent disjointes, volumineux, ovoïdes-pointus, presque sortis en éperon. — *Feuilles :* grandes, jamais abondantes, ovales-allongées, finement crénelées ou presque entières, portées sur un pétiole long, gros et parfois tacheté de noir.

Poire Bon-Chrétien d'Espagne.

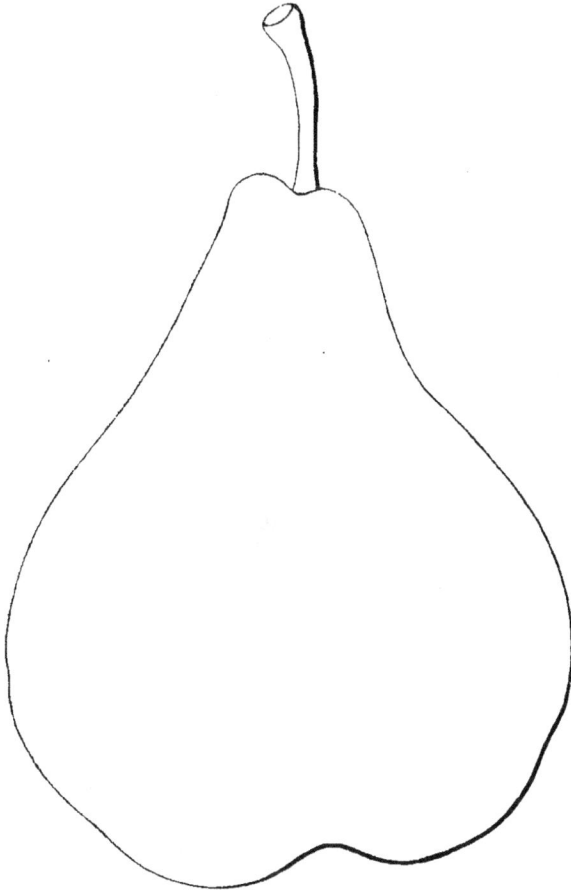

FERTILITÉ. — Satisfaisante.

CULTURE. — Son développement est vif, sa vigueur très-grande ; ses pyramides, généralement assez fortes, pèchent par une ramification, par un feuillage insuffisants; on le greffe sur franc ou cognassier.

Description du fruit. — *Grosseur :* au-dessus de la moyenne et quelquefois considérable. — *Forme :* turbinée-allongée, très-ventrue à la base, où elle est plus ou moins bosselée, mais diminuant ensuite sensiblement de volume à sa partie supérieure, toujours légèrement obtuse. — *Pédoncule :* assez court, bien nourri, recourbé, renflé au sommet, perpendiculairement implanté dans un évasement rarement profond. — *OEil :* moyen, régulier, ouvert, peu enfoncé. — *Peau :* épaisse, jaune pâle grisâtre, ponctuée et tavelée de fauve, colorée de rouge vif sur la face exposée au soleil. — *Chair :* blanche, grosse, cassante, pierreuse auprès des loges. — *Eau :* peu abondante et souvent insuffisante, douceâtre, assez sucrée, rarement aromatique.

MATURITÉ. — Courant de novembre et atteignant parfois la mi-janvier.

QUALITÉ. — Première pour la cuisson, troisième pour le couteau.

Historique. — Merlet, dans son *Abrégé des bons fruits*, décrivait comme suit cette variété, dès 1675 :

« Le Bon-Chrestien d'Espagne, ou la poire de Janvry, est grosse, longue, tres-belle, d'un rouge de vermillon, dont la chair est tres-delicate, tendre et pleine d'eau;... elle se mange dans le mois de novembre et les suivans. » (Pages 98 et 105.)

C'est bien là le fruit qu'on cultive encore aujourd'hui dans nombre de nos jardins; seulement il ne s'y montre plus, comme au temps de Merlet, « à chair « tres-delicate, tendre et pleine d'eau; » aussi ne le mangeons-nous guère qu'en compote — il y est excellent — ou si nous le plaçons cru sur nos tables, n'y paraît-il alors que grâce à son éclatant coloris, qui aide agréablement à leur décoration. C'était déjà là, du reste, le rôle que lui faisait jouer dans les desserts de Louis XIV, la Quintinye, directeur des vergers de ce roi, et contemporain de Merlet. D'où l'on doit conclure que ces pomologues furent loin de s'entendre sur son mérite. Mais laissons la Quintinye avouer lui-même ce qu'il en pensait :

« C'est presque de toutes les poires celle qui m'a autant embarrassé; peu s'en faut que je n'aye honte de le dire; je me suis naturellement trouvé enclin à l'estimer d'abord par sa figure, on ne s'en sçauroit quasi défendre..... Pendant deux ou trois ans j'avois conçu une grande estime pour elle; mais outre que dans sa saison nous avons toutes nos principales poires tendres et fondantes, et que depuis plus de vingt ans j'ai toujours trouvé à celle-là la chair si rude, si grossière et si pierreuse,... qu'enfin, malgré ma première inclination, il a fallu se resoudre à lui refuser entrée dans beaucoup de Jardins; et ainsi je suis d'avis qu'on se contente d'en souffrir au moins quelques Arbres... toujours y a-t'il cet avantage qu'elle paye de bonne mine [sur les tables] dans l'ornement des pyramides. » (*Instructions pour les jardins fruitiers et potagers*, 1692, p. 176 — et 1739, t. I, pp. 282-283.)

Nous partageons entièrement, sur le manque de qualité de ce fruit, l'opinion de la Quintinye, tellement il est rare qu'on puisse avec quelque satisfaction le manger cru; on doit donc le recommander seulement comme l'une des meilleures variétés de poires à cuire. Il semble assez difficile, malgré son nom Bon-Chrétien d'Espagne, qu'il soit originaire de ce pays. D'abord Merlet, le premier qui l'ait décrit, paraît, en l'appelant aussi en 1675 « *la poire de Janvry*, » le supposer sorti plutôt de l'un des deux villages connus sous cette dénomination dans la Marne et dans Seine-et-Oise. Mais notre conviction, en voyant Knoop et Manger lui donner un peu plus tard le synonyme *Safran d'Automne*, est que ce fut là son nom primitif, et qu'il le portait déjà en 1628, à Orléans, dans les jardins de le Lectier. En étudiant le précieux Catalogue laissé par cet amateur riche et zélé, nous y rencontrons effectivement, page 13, « un poirier SAFFRAN AUTUMNAL dont le fruict mûrit depuis « Octobre jusques au commencement de Novembre; » tandis qu'il ne s'y trouve ni Bon-Chrétien d'Espagne, ni poire de Janvry. Aussi regardons-nous ce « Saffran « autumnal » comme n'étant autre que le Safran d'Automne déclaré identique avec le Bon-Chrétien d'Espagne, par Knoop en 1771, par Manger en 1783. Si maintenant on le surnomma poire de Janvry, même avant 1675, cela tint sans doute à ce qu'il était alors, dans cette localité, beaucoup plus commun qu'ailleurs.

Observations. — Quelques pomologues ont appliqué, mais à tort, le synonyme poire *Grande-Bretagne* au Bon-Chrétien d'Espagne, tandis qu'il appartient à la variété dite Mansuette double; ils auront été trompés par sa conformité presque complète avec cet autre : *Grosse-Grande-Bretagne*, se rapportant bien, lui, à notre ancienne poire de Janvry.

278. Poire BON-CHRÉTIEN D'ÉTÉ.

Synonymes. — *Poires* : 1. SCHELIS (Jean Bauhin, *Historiæ fontis et balnei Bollensis admirabilis, liber quartus*, 1598, p. 124). — 2. GRACIOLI (le Lectier, d'Orléans, *Catalogue des arbres cultivés dans son verger et plant*, 1628, p. 6). — 3. GRACCIOLI ROUGE (Nicolas de Bonnefonds, *le Jardinier français*, 1652, p. 75). — 4. BON-CHRÉTIEN D'ÉTÉ JAUNE (Henri Hessen, *Gartenlust*, 1690, p. 276) 5. CANELLE D'ÉTÉ (Knoop, *Fructologie*, 1771, p. 135). — 6. GRATIOLE D'ÉTÉ (*Id. ibid.*). — 7. SAFRAN D'ÉTÉ (*Id. ibid.*). — 8. DE DUCHESSE (de Launay, *le Bon-Jardinier*, 1808, p. 135). — 9. GROS-BON-CHRÉTIEN D'ÉTÉ (*Id. ibid.*). — 10. BEAUCLERC (Decaisne, *le Jardin fruitier du Muséum*, 1858, t. I). — 11. BON-CHRÉTIEN GRATIOLY (Congrès pomologique, *Pomologie de la France*, 1865, t. III, n° 183). — 12. GROS-BON-CHRÉTIEN BEAUCLERC (*Id. ibid.*).

Description de l'arbre. — *Bois* : très-fort. — *Rameaux* : jamais nombreux, des plus longs, des plus gros, étalés ou réfléchis et contournés, à peine géniculés, légèrement duveteux, rouge foncé, ayant les lenticelles larges, très-espacées, et les coussinets aplatis. — *Yeux :* à écailles habituellement entr'ouvertes, petits, coniques-pointus, faiblement écartés du bois. — *Feuilles :* très-grandes, rares et coriaces, arrondies, quelque peu acuminées, dentées assez profondément et munies d'un pétiole court et bien nourri.

Poire Bon-Chrétien d'Été.

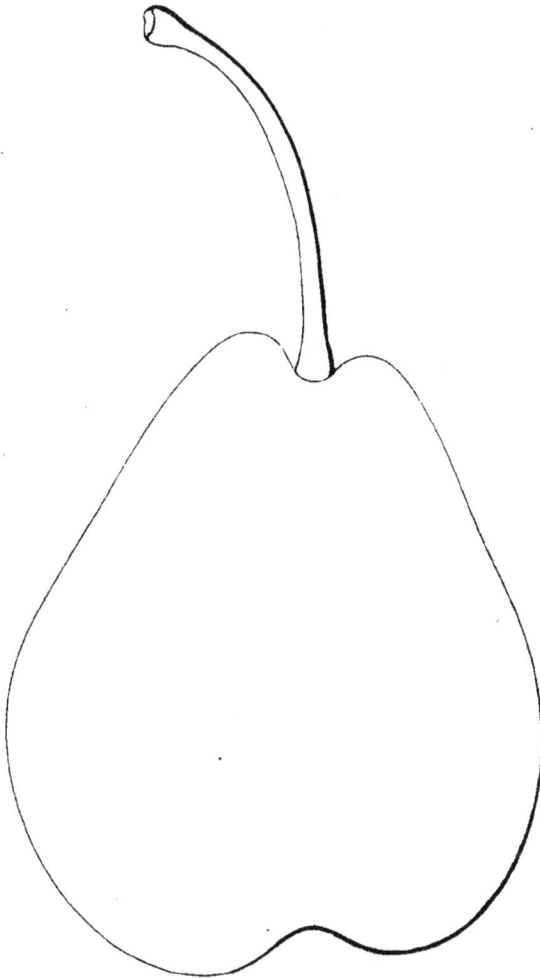

FERTILITÉ. — Ordinaire.

CULTURE. — C'est un des arbres dont la vigueur, sous tous les rapports, se montre la plus marquée; il développe très-rapidement son écusson, prend, comme sujet, le franc ou le cognassier, mais fait des pyramides irrégulières et trop peu ramifiées, quoiqu'excessivement fortes.

Description du fruit.
— *Grosseur :* assez volumineuse. — *Forme :* ovoïde-allongée, bosselée à ses extrémités, où parfois aussi elle est légèrement côtelée. — *Pédoncule :* long ou très-long, de force moyenne, recourbé, renflé à l'attache, généralement charnu à la base, inséré régulièrement dans une cavité étroite, peu profonde et plissée sur les bords. — *Œil :* grand, bien conformé, des plus ouverts, placé dans un large bassin où il est souvent assez enfoncé. — *Peau :* épaisse, rugueuse, jaune d'ocre, ponctuée et finement veinée de gris verdâtre du côté de l'ombre, et lavée le plus habituellement, du côté du soleil, de rouge-vermillon sur lequel se détachent de nombreux points fauves. — *Chair :* jaunâtre, odorante, grosse, cassante, juteuse, contenant quelques pierres auprès des loges. — *Eau :* très-abondante, très-sucrée, vineuse et aromatique.

MATURITÉ. — Du commencement de septembre jusqu'à la fin de ce même mois.

QUALITÉ. — Deuxième.

Historique. — Cette poire commença à paraître dans les jardins français vers la fin du XVIᵉ siècle. Charles Estienne, dont le *Seminarium* offre en 1540 une brève description des meilleurs fruits cultivés chez nous, ne la mentionnait pas encore. Ce fut Olivier de Serres qui le premier, au livre VIᵉ de son *Théâtre d'agriculture*, la signala en 1600, et pour lors elle s'appelait uniquement *Bon-Chrétien d'Été*. Mais le *Catalogue du verger* de le Lectier, d'Orléans, publié le 20 décembre 1628, montre qu'à cette date nous la surnommions déjà *Gracioli*. Il eût été curieux de savoir d'où lui vint ce deuxième nom, et d'en présenter la définition. Nous l'avons inutilement essayé; nul Dictionnaire italien ne le contient, et cependant il semble bien appartenir à cet idiome; peut-être aussi faut-il le regarder simplement comme un nom de famille, et ne plus s'étonner alors de ne l'y pas rencontrer... Toutefois nos recherches sur ce point vont permettre, aujourd'hui, de rectifier une erreur qui depuis cent cinquante ans environ se perpétue dans la synonymie du Bon-Chrétien d'Été. Les pomologues du XVIIᵉ siècle, voyant Nicolas de Bonnefonds citer en 1652 une poire *Giacciole di Roma* dans son *Jardinier français*, et croyant sans doute à quelque erreur typographique, ont effectivement changé le mot *Giacciole* en *Gra-cioli*, puis inscrit le nom poire *Gracioli di Roma* parmi les synonymes de la variété dont nous nous occupons. Et comme les auteurs qui ont ensuite écrit sur ce sujet se sont copiés réciproquement, afin d'éviter le fatigant travail de remonter aux sources, cette erreur a fini par prendre un tel développement, qu'il faudra maintenant de longs efforts pour la déraciner. Cela, pourtant, n'est pas sans importance, puisque la poire *Giacciole di Roma* dont on a ainsi dénaturé le nom, se trouve décrite dès 1559 dans le recueil horticole d'Agostino Gallo, sous la dénomination exacte de *pere Ghiacciuole* (poire de Petite Glace, ou de Neige), et que ledit fruit n'est autre que celui actuellement appelé Doyenné blanc, Doyenné commun, Neige blanche, etc.; ce qui démontre l'impossibilité de le réunir au Bon-Chrétien d'Été. Mais nous reparlerons, en étudiant le Doyenné, plus amplement de la Ghiacciuole; terminons en assurant qu'il est fort probable que le berceau du Bon-Chrétien d'Été fut le canton de Fribourg. Notre opinion s'appuie sur le passage ci-dessous d'un ouvrage latin-allemand composé avant 1598 par le naturaliste Jean Bauhin, et dans lequel sont portés nombre d'arbres fruitiers indigènes à la Suisse :

« *Schelis byren*. — J'ai trouvé, dit Bauhin, cette poire à Walden (près Boll); elle est belle, grosse, presque ovoïde, anguleuse, haute environ de cinq doigts et épaisse de trois. Sa peau, de couleur jaune, est fine; la longueur de son pédoncule excède rarement trois doigts. Elle a la chair assez tendre, douce et savoureuse. Ce fruit mûrit dans la première quinzaine de septembre, et ne saurait dépasser ce mois. » (*Historiæ fontis et balnei Bollensis admirabilis*, *liber quartus*, 1598, p. 124.)

Nous devons ajouter pour donner plus de poids encore à cette description, s'appliquant si étroitement au Bon-Chrétien d'Été, que Bauhin fournit un dessin au trait de la poire Schelis, et qu'on y retrouve également tous les caractères particuliers à la forme habituelle dudit Bon-Chrétien.

Observations. — La peau de cette poire ne se montre pas constamment carminée sur la partie exposée au soleil; parfois, au contraire, elle y est fortement lavée de jaune-orange, comme le constatait en 1865 M. Willermoz (tome III de la *Pomologie de la France*), et comme l'ont constaté, du reste, beaucoup d'autres écrivains. Et il faut bien qu'il en soit souvent ainsi, puisque cette dernière couleur valut à ce fruit deux de ses plus anciens synonymes : Bon-Chrétien d'Été jaune, et poire Safran d'Été. Dans notre Anjou, cependant, presque toujours nous l'avons vue se nuancer de rouge vif, très-vif même; ce qui prouve qu'on ne doit jamais, pour déterminer judicieusement un fruit quelconque, se borner à consulter un seul auteur, autrement on s'expose à de sérieux mécomptes. Mais le Bon-Chrétien d'Été, chose assez remarquable, va nous donner à cet égard un second exemple plus convaincant encore que le précédent. Les descripteurs de ce poirier s'accordent en effet pour le déclarer de fertilité ordinaire ou moyenne, ce qui est aussi notre avis ; pourtant M. Decaisne, dont l'opinion jouit à juste titre d'une grande autorité dans le monde horticole, écrivait les lignes ci-après en 1858 :

« Le Gracioli ou Bon-Chrétien d'Été est une des variétés de poirier les plus vigoureuses et LES PLUS PRODUCTIVES. Le *Traité des arbres fruitiers* publié par la Société économique de Berne en 1768, cite sous ce rapport plusieurs individus remarquables par leur fertilité : l'un d'eux formait un espalier de 12 mètres de hauteur sur 13 mètres 50 de longueur; un autre, abandonné à lui-même, et de forme pyramidale, atteignait plus de 10 mètres 80 et rapportait, quand les intempéries n'en contrariaient point la floraison, plus de 2,000 poires par an. » (*Le Jardin fruitier du Muséum*, t. I.)

En présence de cette fécondité merveilleuse et tellement exceptionnelle, nous ne ferons qu'une courte réflexion : c'est qu'ayant eu lieu en *Suisse*, elle vient apporter une force extrême au sentiment que nous avons manifesté plus haut, que le canton de Fribourg dut être le berceau du Bon-Chrétien d'Été; car l'influence de la terre natale doit entrer pour beaucoup dans une semblable fertilité.

POIRE BON-CHRÉTIEN D'ÉTÉ FONDANT MUSQUÉ. — Synonyme de *Bon-Chrétien de Bruxelles*. Voir ce nom.

POIRE BON-CHRÉTIEN D'ÉTÉ JAUNE. — Synonyme de *Bon-Chrétien d'Été*. Voir ce nom.

POIRE BON-CHRÉTIEN D'ÉTÉ MUSQUÉ. — Synonyme de *Bon-Chrétien de Bruxelles*. Voir ce nom.

POIRE BON-CHRÉTIEN DE FLANDRE. — Synonyme de *Bon-Chrétien de Vernois*. Voir ce nom.

POIRE BON-CHRÉTIEN FONDANT. — Synonyme de *Bon-Chrétien de Bruxelles*. Voir ce nom.

POIRE BON-CHRÉTIEN GRATIOLY. — Synonyme de *Bon-Chrétien d'Été*. Voir ce nom.

279. POIRE BON-CHRÉTIEN D'HIVER.

Synonymes. — *Poires* : 1. PANCHRESTA (Guillaume Budé, vers 1492, cité par Ménage dans son *Dictionnaire étymologique de la langue française*, t. I, pp. 210-211). — 2. CRUSTEMÉNIE (Rabelais, *Pantagruel*, 1545, livre III, chap. XIII). — 3. A TÉTINE (Daléchamp, *Historia generalis plantarum*, 1587, t. I, p. 307). — 4. DE DOS (Bauhin, *Historiæ fontis et balnei Bollensis admirabilis, liber quartus*, 1598, pp. 134-136). — 5. DE FESSES (*Id. ibid.*). — 6. DE BON-CRUSTUMÉNIEN (Gui Pauciroli, *Rerum memorabilium*, 1599, livre I, chap. XVIII). — 7. DE CHRÉTIEN [en Poitou] (la Quintinye, *Instructions pour les jardins fruitiers et potagers*, 1690-1789, t. I, p. 225). — 8. GRATIOLE D'HIVER? (Knoop, *Fructologie*, 1771, p. 126). — 9. D'APOTHICAIRE (Diel, *Kernobstsorten*, 1802, p. 179). — 10. BON-CHRÉTIEN DE TOURS (Thompson, *Catalogue of fruits of the horticultural Society of London*, 1842, p. 130). — 11. BON-CHRÉTIEN DE VERNON (*Id. ibid.*). — 12. BON-CHRÉTIEN (Decaisne, *le Jardin fruitier du Muséum*, 1859, t. II). — 13. BON-CHRÉTIEN DE CONSTANTINOPLE (*Id. ibid.*). — 14. BON-CHRÉTIEN D'AUCH (l'abbé Dupuy, *Abeille pomologique*, 1862, pp. 57-61). — 15. DE SAINT-MARTIN (Congrès pomologique, *Pomologie de la France*, 1865, t. III, n° 132).

Description de l'arbre. — *Bois :* assez fort. — *Rameaux :* peu nombreux, étalés, gros, longs, des plus flexueux, duveteux et légèrement ridés, brun-fauve verdâtre ou grisâtre, ayant les lenticelles larges, abondantes, et les coussinets aplatis. — *Yeux :* de moyenne grosseur, coniques ou ovoïdes-arrondis, non appliqués contre l'écorce. — *Feuilles :* ovales-allongées, un peu cotonneuses, acuminées et souvent contournées, à bords irrégulièrement denticulés ou crénelés, portées sur un pétiole long, fort et pourvu de stipules bien développées.

Poire Bon-Chrétien d'Hiver. — *Premier Type.*

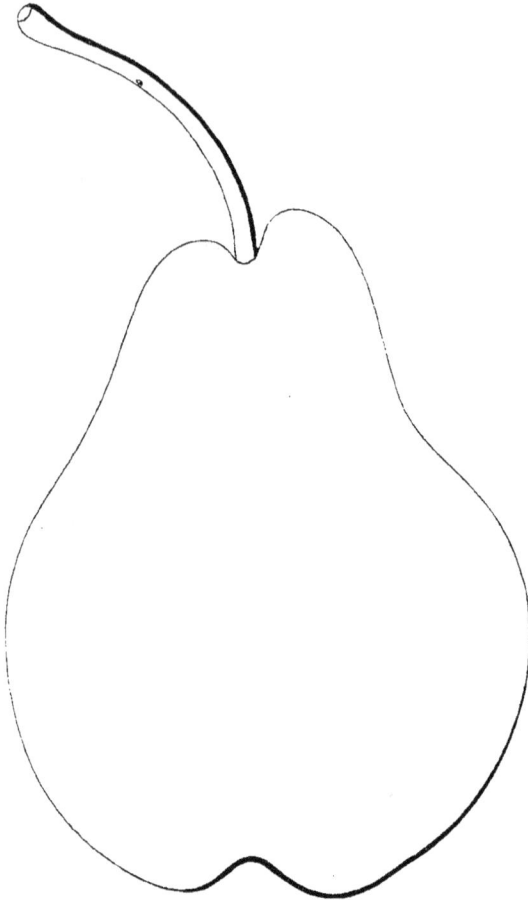

FERTILITÉ. — Médiocre.

CULTURE. — Greffé sur cognassier, cet arbre n'est jamais d'une vigueur satisfaisante ; il croît mieux sur franc, mais il y fructifie difficilement ; dans la pépinière, ses pyramides sont ordinaires sous tous les rapports. L'espalier le rendra toujours plus fertile que toute autre forme, particulièrement à l'exposition du midi.

Description du fruit.
— *Grosseur :* volumineuse et quelquefois énorme. — *Forme :* des plus variables, affectant ou celle d'une calebasse, ou celle d'un coing, mais généralement allongée, ventrue et fortement bosselée vers l'œil, comme dans le deuxième type figuré ci-après. — *Pédoncule :* de longueur moyenne ou très-long, assez mince, plus ou moins renflé à ses extrémités, légèrement recourbé, obliquement inséré dans une large et profonde cavité à bords inégaux. — *Œil :* moyen, ouvert ou mi-clos, parfois contourné, placé au centre d'un vaste bassin entouré de fortes gibbosités qui souvent donnent au fruit une apparence côtelée. — *Peau :* assez épaisse, jaune verdâtre clair ou jaune orangé, entièrement semée de points fauves et de quelques petites taches ou marbrures de même couleur, lavée de rouge-brique ou de rouge carminé sur la partie exposée au soleil, mais fréquemment aussi dépourvue de ce coloris. — *Chair :* blanchâtre, moirée, un peu grosse, mi-fondante ou cassante, aqueuse, rarement très-pierreuse. — *Eau :* abondante, vineuse, sucrée, délicate, quoique faiblement aromatique.

MATURITÉ. — Du commencement de janvier jusqu'à la fin de mars, et pouvant même, exceptionnellement, atteindre le mois de mai.

QUALITÉ. — Deuxième comme fruit à couteau, première comme fruit à compote.

Historique. — L'engouement excessif professé pour cette poire, surtout au cours du XVIᵉ siècle et du XVIIᵉ, alors qu'aucune autre parmi les variétés d'hiver, cela s'entend, ne pouvait lutter avantageusement contre elle, porta les écrivains

de ces époques reculées à faire intervenir dans son histoire le merveilleux, l'invraisemblable.

Poire Bon-Chrétien d'Hiver. — *Deuxième Type.*

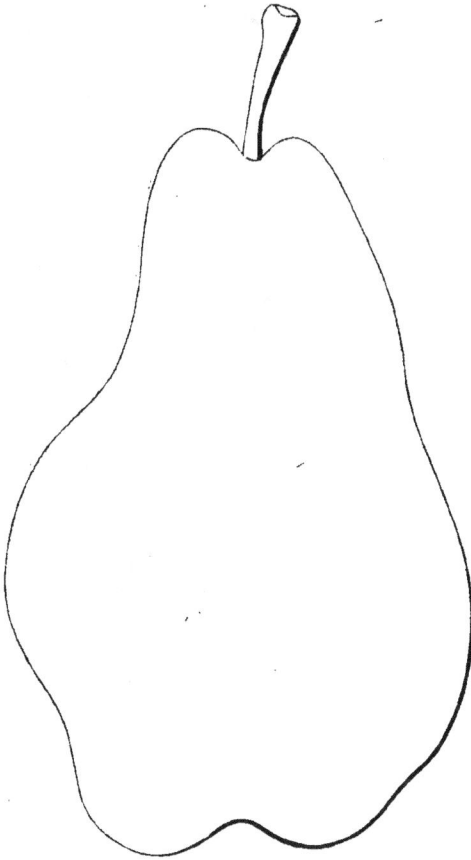

Ce fut ainsi que la disant contemporaine des Romains et des
Grecs on prétendit que les premiers l'avaient appelée poire de
Crustumium pour indiquer qu'elle
provenait de la ville de ce nom,
avoisinant leur capitale ; et les
seconds poire *Talantiaion : Balance,*
probablement à cause de la forme
conique qu'on lui voit prendre
assez souvent.

Puis, parlant de sa propagation en France, les uns l'y décla-
rèrent apportée de Pannonie par
saint Martin, élu archevêque de
Tours l'an 374 ; tandis que d'autres, moins enthousiastes évidemment, se contentèrent de la faire
venir de Calabre en 1483, avec
saint François de Paule alors at-
tiré au Plessis-lez-Tours par les
supplications de Louis XI qui, se
mourant, espérait recouvrer la
santé en mêlant ses prières à celles
du pieux ermite.

Enfin, jaloux de tout éclaircir
dans le passé du Bon-Chrétien,
les mêmes écrivains eurent soin
de fournir à leurs lecteurs l'étymologie du nom de ce fruit. Mais
là encore le fabuleux le dispute
au naïf. Il en est en effet qui
racontent sérieusement que Clovis s'asseyant en 496 à la table de l'archevêque de
Reims, saint Remy, le jour où ce prélat l'avait amené à se laisser baptiser, y mangea
cette poire pour la première fois et la trouva si délicieuse que plus tard, revenu
dans son palais, il dit à ses officiers, ne sachant quel nom lui donner : « Servez-
« moi des poires comme celles que m'offrit à Reims ce *bon chrétien* de Remy. » Et
tout aussitôt ces mots bon chrétien seraient devenus les seuls par lesquels, désormais, on eût désigné chez les Francs la poire favorite de leur chef...

Deux autres versions étymologiques à peu près semblables à cette dernière,
prirent encore naissance au xviie siècle. Ainsi, ceux qui présentèrent saint Martin
comme l'importateur de ce fruit, en 374, n'oublièrent pas d'ajouter qu'il en était
également le parrain, en ce sens que les Tourangeaux, édifiés de ses vertus, le
surnommèrent le Bon-Chrétien et voulurent que le poirier dont il venait de les doter
fût cultivé sous cette même dénomination... Malheureusement, et c'est la troisième
version que nous avions à mentionner, on affaiblit ensuite par trop la vraisemblance
d'un aussi charmant épisode, en faisant jouer aux Tourangeaux, onze siècles
après, un pareil rôle avec l'Italien François de Paule. En 1483 ils l'accueillent

comme un apôtre, selon maints pomologues, le qualifient de *bon chrétien*, puis greffant certain poirier par lui rapporté de la Calabre, ils appliquent à l'arbre nouveau le qualificatif que leur a paru mériter la piété de ce personnage. On le voit donc, le pauvre saint Martin était alors bien et dûment renié par ses diocésains !!...

Poire Bon-Chrétien d'Hiver. — *Troisième Type.*

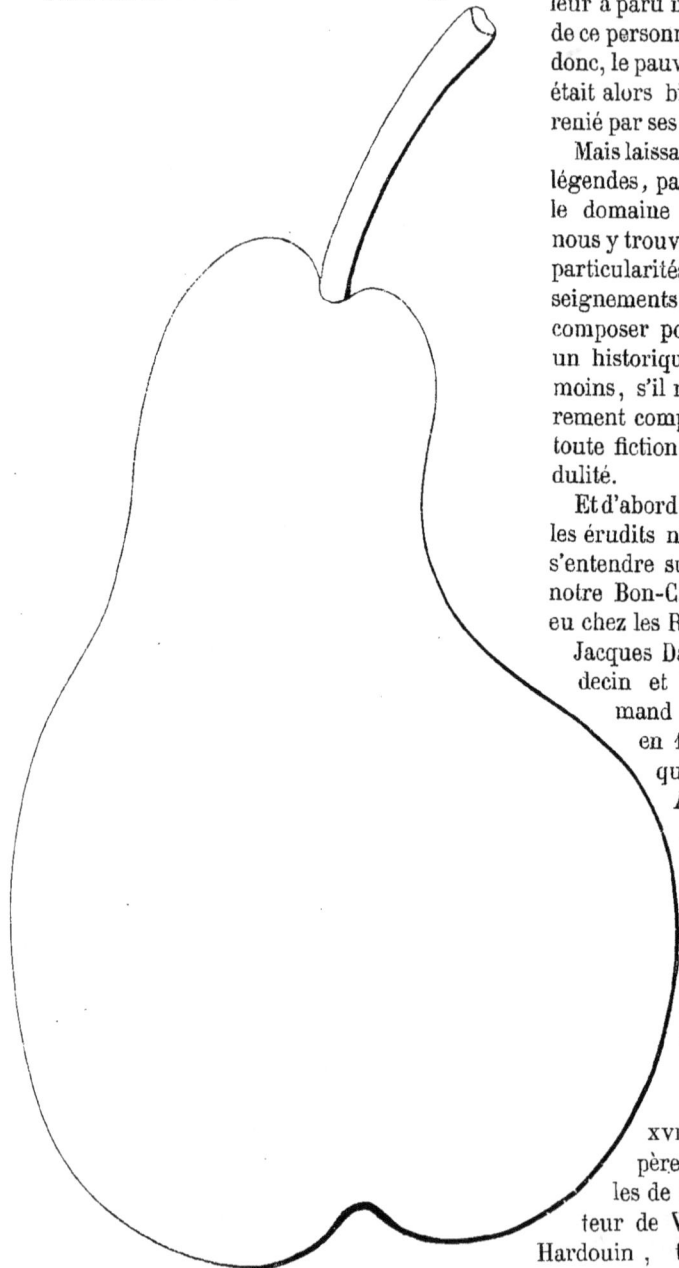

Mais laissant là toutes ces légendes, passons vite dans le domaine de la raison, nous y trouverons quelques particularités, quelques renseignements de nature à composer pour cette poire un historique qui sera du moins, s'il n'est pas entièrement complet, exempt de toute fiction, de toute crédulité.

Et d'abord, montrons que les érudits n'ont jamais pu s'entendre sur le nom que notre Bon-Chrétien aurait eu chez les Romains : Jacques Daléchamp, médecin et botaniste normand mort à Lyon en 1586, prétendit qu'ils l'appelaient *Pompeïanum* ou *Pomponianum*, puis aussi *pirum Mammosum*, en raison de sa forme. (*Historia generalis plantarum*, éd. de 1586-87, t. I, p. 307.) Vers la fin du xviie siècle, deux pères jésuites, Charles de la Rue, traducteur de Virgile, et Jean Hardouin, traducteur de Pline, disaient au contraire :

Ces peuples l'ont cultivée sous la dénomination de *Volemum*. (Virgile, *Géorgiques*, livre II. — Pline, *Histoire naturelle*, livre XV.)

Henri Manger, pomologue allemand, affirme en 1780 qu'ils la nommèrent

Tarentinum, de la ville de Tarente, aux environs de laquelle on l'aurait trouvée. (*Systematische pomologie*, t. II, pp. 168-175.)

Enfin le docteur Fr. Sickler, autre savant fort estimé en Allemagne pour ses recherches sur les arbres fruitiers, voulut en 1802, lui, que la *pirum Pomponianum* mentionnée dans Pline fût uniquement la poire Téton de Vénus (notre *Catillac*), et non le Bon-Chrétien, comme l'avançaient divers écrivains. De plus, il donna gain de cause à Manger son compatriote, en refusant, à son exemple, de voir dans la *pirum Crustuminum*, qu'on avait également assimilée au Bon-Chrétien d'Hiver, autre chose que la variété précoce dite aujourd'hui Muscat Robert. (*Geschichte der Obstkultur*, p. 402.) Et par là il rendait au moins cette dernière opinion soutenable, Pline (livre XV, chap. XVI) ayant constaté que la *Crustuminum* mûrissait DÈS LE COMMENCEMENT DE L'ÉTÉ; d'où suit alors qu'on ne saurait jamais la rapprocher d'une poire tardive.

Ces quelques citations, qu'aisément l'on multiplierait sans néanmoins les faire concorder, prouvent à quel point la confusion, l'incertitude règnent parmi les pomologues, même les plus doctes, au sujet de l'origine prétendue romaine du Bon-Chrétien. Contentons-nous alors de l'avoir démontré, et n'adoptons aucune des opinions ci-dessus, tout choix devenant impossible au milieu de l'obscurité.

Notre conviction, d'ailleurs, est entièrement faite à l'égard de la patrie du Bon-Chrétien : il dut naître en France, comme nous allons l'établir par trois textes latins empruntés à des auteurs de nationalité différente.

Le médecin de François Ier, Jean Ruel, de Soissons, fut le premier qui chez nous parla de cette poire; il le fit en 1536, et dans les termes suivants :

« Francis gratissima *Bon-Chrestiana* cognomine, non ob hoc solum quod in eximia suavitate librale pondus æquent, sed quia in teneritudine tanta ut à gustatu vel ipso ore statim eliquescant; et perennent gestatumque tolerent, ad Neapolim usque delata, Carolo octavo ibi res gerente, à felici illa Campania iis dotibus adoptata. » (*De Natura stirpium*, livre I, cap. CXIV, p. 232.)

Traduction : — Nommée Bon-Chrétien en France, elle y est estimée non-seulement pour son exquise saveur et son poids, atteignant une livre, mais encore pour sa chair tendre, fondant aussitôt qu'on l'introduit dans la bouche. Elle se conserve très-longtemps et supporte facilement le transport. Importée jusqu'à Naples, alors que Charles VIII y gouvernait, ces qualités firent qu'on la propagea par toute la fertile Campanie.

Ici Ruel, s'il le laisse supposer, ne déclare pas formellement, cependant, que notre roi Charles VIII ait été l'importateur à Naples, en 1495, du Bon-Chrétien. Non. Mais voici un naturaliste italien, J. B. Porta, qui va préciser le fait. Né à Naples même en 1540, quarante-cinq ans seulement après l'expédition de Charles VIII, il se trouva nécessairement en position de bien connaître la vérité, au sujet de la récente introduction de ce poirier dans les jardins de la contrée qu'il habitait. Or, copiant Ruel en partie, ce qui ajoute encore à l'autorité de ce dernier, il dit sans réticence aucune :

« Pirum Boni Christiani,... Neapolim delatum à Carolo octavo, hic res gerente, à nostra felici Campania his dotibus adoptatum. » (*Villæ libri XII*, 5e partie, *Pomarium*, p. 261.)

Traduction : — La poire de Bon-Chrétien fut apportée à Naples par Charles VIII, à l'époque où il conquit le pays, et le mérite dont elle est douée lui valut dans notre Campanie si favorisée les honneurs de la culture.

Ce passage établit donc positivement que 1495 est la date authentique de l'importation, à Naples, de cette variété par les Français; comme il infirme aussi, nécessairement, la version qui la fait apporter de la Calabre à Tours, en 1483, par saint François de Paule. Comment en effet ce personnage l'eût-il alors rencontrée dans cette province napolitaine, puisqu'elle n'y fut propagée, Porta l'a constaté, que douze ans plus tard?...

Enfin le troisième témoin que nous voulons appeler va achever de déterminer l'origine de notre fameux poirier. C'est le docteur Jonston, Silésien dont l'*Historia naturalis de arboribus et fruticibus*, publiée en 1662, est demeurée en grande estime, car elle contient de précieux renseignements qu'on chercherait vainement ailleurs. Eh bien, parlant des diverses poires cultivées de son temps, il s'exprime ainsi à l'égard de celle qui nous occupe :

§ IX. « Pyra a præstantia denominantur... 4. Bon-Christiana, quæ in Gallia habentur. Amplissima illa,... cucurbitæ figura, colore herbaceo, succo dulcissimo.... Durant in annum... » (Livre I, p. 37.)

Traduction : — § IX. Poires tirant leur nom de leurs qualités... 4. Celles de Bon-Chrétien, regardées comme originaires de la France. Des plus volumineuses et cucurbitiformes, elles ont la peau de couleur herbacée, l'eau excessivement agréable, et se conserve d'une année sur l'autre.

Les questions d'origine et d'étymologie nous semblent donc, maintenant, péremptoirement jugées : le Bon-Chrétien appartient à la pomone française, et de plus il tire sa dénomination de son excellence, de ses qualités, comme le remarque Jonston, et non pas, selon que beaucoup l'ont écrit, du nom de la poire d'été dite *Crustuminum* chez les Romains..... Du reste, on n'en doutera nullement quand on saura que Guillaume Budé, né à Paris en 1467, et justement surnommé le prince des savants, appela ces poires, alors que le terme Bon-Chrétien était encore à trouver, poires *Panchresta*, de deux mots grecs signifiant *toute bonne*. Et ceci nous est attesté en 1694 par Ménage, aux pages 210 et 211 du tome Ier de son *Dictionnaire étymologique de la langue française*. Ainsi ce fut de ce premier nom Panchresta qu'à la fin du xve siècle les populations, par une altération qui se conçoit et s'explique aisément, firent en moins de cinquante ans le nom Bon-Chrestien. Telle est notre opinion, et nous voyons en 1721 les auteurs du *Dictionnaire de Trévoux* la partager : « Le mot Bon-Chrestien — disent-ils — est venu, « par corruption, du latin ou plutôt du grec *panchresta*, qui signifie tout-à-fait bon, « tout-à-fait utile. » (Tome I, p. 1106.)

Pour compléter cet historique, deux choses restent à déterminer : la date et le lieu d'obtention du Bon-Chrétien. Mais sur ces points nos recherches sont demeurées infructueuses, et le seul fait qu'il nous soit possible d'affirmer, c'est qu'en Anjou cette variété existait avant 1503, ainsi qu'il ressort de l'extrait ci-après d'une pièce authentique que nous devons à l'obligeance de M. Paul Marchegay, ancien élève de l'École des Chartes et ancien archiviste du département de Maine-et-Loire :

« *A Monsr le recepveur de Vaulx* [commune de Miré, arrondt de Segré].

« Monsr le recepveur..... mondit seigneur [Jean Bourré] m'a chargé de vous escripre que..... luy mandez..... combien vous aurez eu de vin a Vaulx; et sur toutes choses que facez bien garder les poyres de Bon Chrestien et autres bons fruitz qui sont audit Vaulx.....

« Au Plessis Bourré [commune d'Écuillé, arrondt d'Angers], ce semadi derrenier jour de septembre l'an mil Vc et troys.

« De Bordigné. » [Petit-neveu de l'auteur des *Chroniques d'Anjou.*]

(Copié sur l'original, olographe. Bibliothèque Impériale. Mss. Supplément français, no 1959, fo 103.)

Nous pouvons également affirmer qu'à cette même époque on cultivait aussi le Bon-Chrétien dans la Touraine, et qu'il y acquérait des qualités véritablement

1.

exceptionnelles, car l'annaliste Masson, étudiant en 1570 la jurisprudence à Angers, nous a transmis sur ce poirier l'anecdote suivante :

« En Touraine, les poires de Bon-Chrétien ont une saveur tellement exquise, que le Pape en ayant reçu d'un évêque de Tours nouvellement nommé, les trouva si délicieuses qu'il ordonna qu'on délivrât gratuitement à ce prélat ses lettres de provision. » (*Descriptio fluminum Galliæ.*)

Jusqu'en 1650 environ, cette province resta le marché privilégié de ce fruit, pour lors si prisé; puis, comme on s'appliqua de divers côtés à le bien cultiver, le revenu qu'elle en tirait diminua sensiblement. Aussi le curé le Gendre disait-il en 1652 :

« L'experience nous fait connoistre que l'exposition de la muraille contribuë bien fort à la bonté et à la beauté de ce fruit... Nous en voyons donc à present, par cette invention, une abondance merveilleuse dans les lieux où l'on n'en trouvoit point auparavant... Aussi nous ne sommes plus obligez d'aller en Touraine pour avoir de ce Bon-Chrestien... les environs de Paris en fournissent à present en abondance. » (*La manière de cultiver les arbres fruitiers*, Préface, pp. 17-19.)

Et par la suite ce poirier devint de plus en plus commun, mais cinquante ans auparavant on payait encore ses produits des prix excessifs; à ce point, qu'Arnauld d'Andilly, dans son *Jardinier royal*, parle « d'une belle poire de Bon-Chrestien « vendue UNE PISTOLLE D'OR (11 livres) à la Halle de Paris, en 1618; » et que Pierre de l'Estoile a cru devoir relater ce fait de même nature :

« Decembre 1602. Cette année fut si sterile de fruits, principalement de poires et de pommes, que les poires de Bon-Chrestien se vendoient *un escu la pièce*; et en fut fait present au Roy *d'un cent*, qui cousta CENT ESCUS. » (*Journal du règne d'Henri IV.*)

Au reste, en ces temps-là les papes et les rois ne furent pas les seuls à la recevoir en cadeau, parfois on l'offrit également aux gouverneurs de province à leur entrée en fonctions. C'est ainsi que nous avons trouvé dans les Archives municipales de la ville d'Angers, deux délibérations desquelles il résulte que le 3 décembre 1632 le maire acheta *deux cents poires de Bon-Chrétien* à l'intention du cardinal de la Valette, nommé gouverneur de cette localité, dans laquelle il était attendu. Mais retenu à Paris, il ne vint pas, et les poires lui furent envoyées dans la capitale. Quant au prix qu'elles coûtèrent, il s'éleva, emballage ajouté, à 70 livres 18 sous. (Voir *Registre des délibérations*, n° BB 74, f°ˢ 30 et 40.) Et pareille offrande, en 1632, était encore assez onéreuse, puisque l'équivalent de ces 70 livres serait aujourd'hui d'environ 215 francs, selon les récents calculs de M. Chéruel. (Voir son *Dictionnaire historique des institutions et des mœurs de la France*, au mot LIVRE.)

Actuellement le Bon-Chrétien, quoiqu'il ait beaucoup perdu de sa vieille renommée, se paie néanmoins à Paris, du mois de mars au mois de juin, jusqu'à 2 ou 3 francs la poire, ce qui nous semble un encouragement suffisant pour n'en pas trop abandonner la culture, et pour se souvenir que Claude Mollet, directeur des jardins de Louis XIII, disait de ce poirier : « Il demande de voir souvent son maistre; « l'haleine de l'homme lui est fort agreable. » D'où vint que nos pères l'entourèrent des plus grands soins et rapprochèrent ses espaliers le plus possible de leur demeure. Et la sollicitude dont ils firent preuve pour ses produits, les porta même à les entourer tous, sur l'arbre, d'un filet afin que ceux qui viendraient à se détacher ne pussent tomber et se meurtrir. Enfin on s'efforçait de leur donner un coloris très-éclatant, une panachure artificielle à l'aide d'un procédé fort ingénieux que Saussay, inspecteur des vergers du duc de Bourbon, décrivit de la sorte en 1722 :

« Pour avoir de belles poires de Bon-Chrestien d'Hiver, ayez attention, dans les premiers jours de septembre, de les découvrir de leurs feüilles, et dans le plein soleil de midi prenez un seau d'eau sortant du puits, et bien fraiche, dans laquelle vous tremperez un petit pinceau, que vous tirerez sur vos poires, par petits traits, de la tête à la queuë, comme si vous vouliez les peindre. Pratiquez cela plusieurs fois, et toûjours aux mêmes places, le soleil rendra tous les endroits où vous aurez mis ainsi de l'eau, rouges et jaunes, ce qui fera vos poires magnifiques. » (*Traité des jardins*, p. 75.)

Nous voulions produire beaucoup d'autres témoignages de la singulière estime professée jadis pour le Bon-Chrétien, mais cet article est tellement long déjà, qu'il doit se terminer ici. Disons cependant, comme dernier mot :

Ces poires atteignent souvent un poids considérable; la Quintinye affirme en avoir récolté qui pesaient « jusqu'à deux livres; » et nous le croyons volontiers, Tours, Auch et Angers en fournissant assez communément qui dépassent 700 grammes. Quant aux précautions à prendre pour les conserver longtemps saines, laissons Angran de Rueneuve, conseiller du roi à Orléans en 1712, nous renseigner, à notre époque on est sur ce point bien plus ignorant qu'à la sienne :

« Pour qu'elles se gardent — observait-il — plusieurs mois dans la fruiterie, et surtout celles que produisent les poiriers greffez sur franc, il faut conserver leur queuë et les envelopper avec du papier, vu qu'ayant la peau tres tendre et tres delicate, elles ne manquent pas à se noircir aussi-tôt qu'on les a maniées. Ce papier empêche qu'elles ne se touchent les unes les autres, qu'elles ne ternissent et qu'elles ne perdent leur beauté naturelle. Ce qui cause la ternissure, c'est quand le lieu où elles ont été mises est un peu humide. Ces poires, par ce moyen, deviendront jaunes dans le temps de la maturité; c'est en quoy consiste leur principal merite. Il y en a qui pour les conserver durant l'hiver, en scellent les queuës avec de la cire d'Espagne. » (*Observations sur l'agriculture et le jardinage*, t. II, pp. 40 et 41.)

S'il était besoin de prouver que les anciens eurent raison de dire : « *Rien de nou-* « *veau n'existe sous le soleil*, » la recommandation ici faite de sceller la queue des poires de Bon-Chrétien, pourrait être très-utilement invoquée. En 1820, on préconisait en effet ce mode de conservation comme une découverte récente, quand au contraire, on le voit, il était déjà pratiqué sous Louis XIV. Mais alors même il s'en fallait de beaucoup qu'on pût le déclarer inédit, puisqu'Anthoine Pierre, traduisant en 1550 *les XX livres d'agriculture* composés en 950 sur l'ordre de l'empereur d'Orient Constantin VII, écrivait : « Pour guarder longuement les poyres, il leur « fault poixer la queuë et pendre icelles ensuicte. » (Livre X, tiré de *Démocrite*, chap. xxv, pp. 324-325.) D'où suit que ce procédé, au lieu d'appartenir à notre siècle, ainsi qu'on le prétendait, remonte tout simplement au temps du philosophe grec Démocrite, mort 362 ans avant l'ère chrétienne!!...

Observations. — Rappelons que la *poire d'Angoisse* n'est nullement identique avec le Bon-Chrétien, malgré les assertions opposées d'un certain nombre de pomologues du xviiie siècle. Nous l'avons décrite et figurée plus haut, page 145, inutile alors d'insister sur ce point. — Renvoyons aussi le lecteur à la page 452 ci-contre, car il y trouvera la preuve que la *poire d'Auch*, ou *Bon-Chrétien d'Auch*, est au contraire, elle, parfaitement semblable au Bon-Chrétien d'Hiver.

---

280. Poire BON-CHRÉTIEN D'HIVER PANACHÉ.

Description de l'arbre. — *Bois :* très-fort. — *Rameaux :* peu nombreux, étalés et contournés, des plus gros, longs, légèrement coudés, jaune-serin panaché de vert foncé, ayant les lenticelles larges et assez abondantes, les coussinets peu saillants, les mérithalles courts. — *Yeux :* ovoïdes, volumineux, à écailles disjointes et renflées, faiblement écartés du bois. — *Feuilles :* extraordinairement grandes, quelquefois panachées de jaune, ovales, crénelées ou dentelées irrégulièrement, souvent contournées, portées sur un pétiole de longueur moyenne, des plus nourris et pourvu de stipules bien développées.

FERTILITÉ. — Médiocre.

CULTURE. — Cet arbre, qui fait en pépinière de très-fortes pyramides, est moins stérile sur cognassier que sur franc; il veut aussi, comme son type, l'espalier de préférence à toute autre forme, ainsi qu'une exposition au midi.

Description du fruit. — Il affecte les mêmes formes et prend le même volume que le Bon-Chrétien d'Hiver, dont il est une variété. Sa *peau* diffère toutefois de celle de ce dernier; elle est verdâtre clair, finement ponctuée et tachetée de brun-roux, et couverte de larges raies jaunâtres descendant du pédoncule à l'œil. Quant à sa *chair*, elle se montre habituellement plus fondante que la chair du Bon-Chrétien d'Hiver.

MATURITÉ. — De janvier jusqu'en mars ou avril.

QUALITÉ. — Deuxième, crue; première, cuite.

Historique. — Le pépiniériste Louis Noisette fut le propagateur, en France, de cette variété. Il la greffait à Brunoy (Seine-et-Oise) dès 1802; mais lorsqu'il en parla plus tard (1821) dans son *Jardin fruitier*, il ne put dire d'où elle lui avait été envoyée. En 1817, Turpin et Poiteau appelèrent l'attention sur elle; voici les principaux passages de leur article :

« En 1807, nous avons vu pour la première fois cette belle variété chez MM. Noisette, pépiniéristes à Brunoy. Ces Messieurs n'en possédaient qu'une petite quenouille d'environ cinq ans de greffe, et c'était la deuxième année qu'elle fructifiait... Depuis ce temps nous l'avons rencontrée aussi dans le jardin de M. Vanieville, administrateur des domaines, rue de la Tour-d'Auvergne, à Paris... Il la tenait du sieur Simon, pépiniériste à Metz. Il n'en possédait, en 1810, que de jeunes pieds qui n'avaient pas encore fructifié, et ce sont ces jeunes arbres qui ont fourni les greffes du Bon-Chrétien panaché que l'on vit pour la première fois, en 1810, dans la pépinière du Luxembourg. » (*Traité des arbres fruitiers de Duhamel du Monceau, nouvelle édition, augmentée d'un grand nombre d'espèces de fruits obtenus des progrès de la culture*, ouvrage commencé en 1807 et fini en 1835; t. IV.)

Disons qu'il ne nous semblerait pas impossible que cette poire fût venue de l'Allemagne, dans nos jardins, car *en ce pays* le pomologue Christ la connaissait déjà vers la fin du XVIIIe siècle, et Diel, en 1806, la décrivait, annonçant de plus que c'était le baron Von Stein, d'Anspach, qui la lui avait adressée.

POIRE BON-CHRÉTIEN JAUNE D'AUTOMNE. — Synonyme de *Bon-Chrétien d'Espagne*. Voir ce nom.

POIRE BON-CHRÉTIEN MUSQUÉ. — Synonyme de *Bon-Chrétien de Bruxelles*. Voir ce nom.

POIRE BON-CHRÉTIEN MUSQUÉ FONDANT. — Synonyme de *Bon-Chrétien de Bruxelles*. Voir ce nom.

POIRE BON-CHRÉTIEN NAPOLÉON. — Synonyme de poire *Napoléon*. Voir ce nom.

POIRE BON-CHRÉTIEN NOUVELLE. — Synonyme de *Bon-Chrétien de Vernois*. Voir ce nom.

POIRE BON-CHRÉTIEN DE RANCE. — Synonyme de *Beurré de Rance*. Voir ce nom.

POIRE BON-CHRÉTIEN SPINA. — Synonyme de ·*Bon-Chrétien d'Espagne*. Voir ce nom.

POIRE BON-CHRÉTIEN DE TOURS. — Synonyme de *Bon-Chrétien d'Hiver*. Voir ce nom.

POIRE BON-CHRÉTIEN TURC. — Synonyme de *Bon-Chrétien de Vernois*. Voir ce nom.

---

281. POIRE BON-CHRÉTIEN DE VERNOIS.

Synonymes. — *Poires :* 1. BON-CHRÉTIEN DE FLANDRE (Thompson, *Catalogue of fruits of the horticultural Society of London*, 1842, p. 130). — 2. BON-CHRÉTIEN NOUVELLE (*Id. ibid.*). — 3. BON-CHRÉTIEN TURC (*Id. ibid.*).

Premier Type.

Description de l'arbre. — *Bois :* assez fort et des plus cendrés. —*Rameaux :* nombreux, un peu arqués, érigés au sommet de la tige, étalés à sa partie inférieure, gros, de longueur moyenne, bien géniculés, cotonneux, rouge grisâtre, finement et abondamment ponctués, ayant les coussinets ressortis. — *Yeux :* petits, ovoïdes - aplatis, duveteux, à écailles mal soudées, noyés dans l'écorce. — *Feuilles :* peu nombreuses, habituellement elliptiques, planes ou relevées en gouttière, cotonneuses, à bords faiblement dentés ou crénelés, à pétiole assez court, très-épais et accompagné de longues stipules.

FERTILITÉ. — Ordinaire.

CULTURE. — C'est un arbre de vigueur satisfaisante, qu'on peut greffer sur cognassier ou sur franc, dont le développement n'a rien d'exceptionnel, mais qui fait généralement de belles, de régulières pyramides.

Poire Bon-Chrétien de Vernois. — *Deuxième Type.*

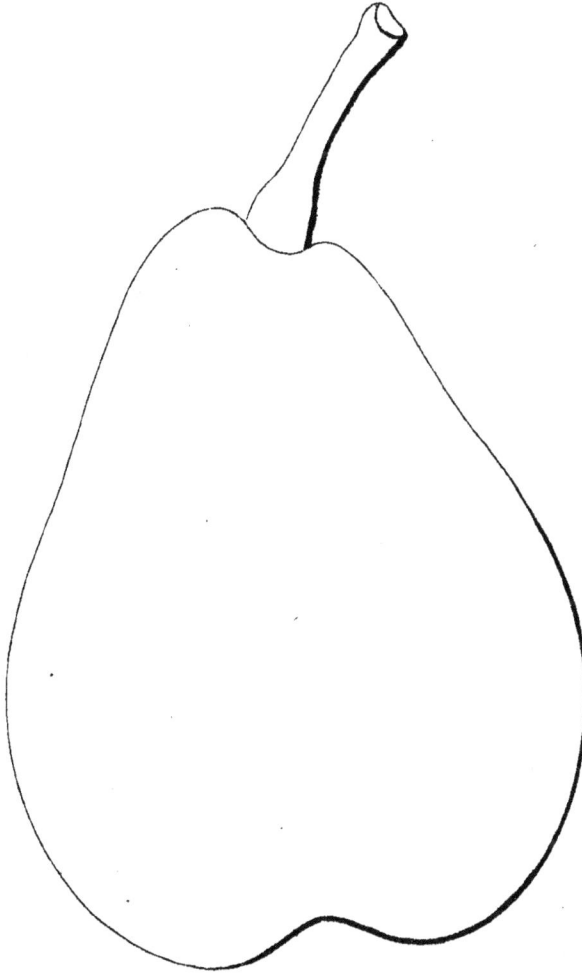

Description du fruit. — *Grosseur :* volumineuse.—*Forme :* variant ordinairement entre l'ovoïde et la turbinée obtuse et bosselée. — *Pédoncule :* court ou de longueur moyenne, gros ou très-gros, des plus renflés à la base, souvent obliquement inséré, et toujours dans une large cavité assez profonde et plus ou moins accidentée sur ses bords. — *Œil :* grand, bien fait, ouvert, parfois très-enfoncé. — *Peau :* jaune verdâtre, tachetée de roux olivâtre et semée de points brun clair, nombreux surtout auprès de l'œil. — *Chair :* blanchâtre, demi-fine et demi-cassante, juteuse, un peu granuleuse au centre. — *Eau :* abondante, sucrée, légèrement astringente, faiblement aromatisée.

MATURITÉ. — Fin novembre et se prolongeant jusqu'en janvier.

QUALITÉ. — Deuxième, pour le couteau ; première, pour la cuisson.

Historique. — C'est un gain fait chez les Belges ; il remonte à 1840 environ et se répandit d'abord en Angleterre. Nous commençâmes à le propager dans l'Anjou en 1845, mais ne connûmes son origine qu'en 1847, par les lignes ci-après, dues à M. Pepin, chef des cultures au Muséum d'histoire naturelle :

« M. Henrard, horticulteur et pépiniériste à Liége, a obtenu de semis une nouvelle et belle poire qui mûrit depuis la fin de novembre jusqu'en janvier. Elle portait à la dernière exposition de Liége le nom *Bon-Chrétien de Vernois*, et y méritait l'attention du jury et un prix à l'exposant. » (*Revue horticole*, 3ᵉ série, t. I, p. 45.)

Dans nos cultures, jamais cette variété ne s'est montrée parfaite, comme il semble qu'elle le soit en Belgique, où elle a valu une récompense à son obtenteur. Nous devons croire, au reste, que le sol angevin lui convient peu, puisqu'en 1853 M. Hovey, pomologue américain des plus compétents, disait également, à la page 321 du tome XIX du *Magazine of horticulture*, en parlant de ce *Bon-Chrétien*, dont nous avions antérieurement expédié de nombreux pieds à New-York : « Quoique « M. André Leroy classe cette poire parmi les fruits à cuire, elle ne laisse pas, « néanmoins, d'être bonne pour le couteau. »

Observations. — En 1808 on lisait ce qui suit dans le *Bon-Jardinier*, almanach alors publié par Mordant de Launay :

« *Bon-Chrétien de Vernois*. — M. Prevost de Vernois, propriétaire à Avallon (Yonne)', a obtenu cette nouvelle espèce en greffant le Bon-Chrétien d'Hiver sur un Doyenné enté sur Cognassier. » (Page 135.)

Ce fut évidemment cette prétendue variété que Noisette voulut désigner en 1821, lorsqu'il dit page 158 de son *Jardin fruitier* : « Elle a beaucoup de rapports avec le « Bon-Chrétien d'Hiver, est d'une qualité médiocre et n'est bonne que cuite. » Nous le supposons du moins, et ne sommes nullement étonné que Noisette l'ait assimilée, ou peu s'en faut, au type dont elle était sortie. Pour nous, qui ne l'avons jamais rencontrée, nous doutons qu'on ait pu longtemps la propager ! — La poire *Cassante d'Hardenpont* n'est pas, comme on l'a parfois avancé, la même que le Bon-Chrétien de Vernois gagné à Liége ; c'est une espèce parfaitement distincte, que M. Decaisne a très-bien caractérisée en 1859, et dont nous parlerons, à notre tour, un peu plus loin.

Poire BON-CHRÉTIEN DE VERNON. — Synonyme de *Bon-Chrétien d'Hiver*. Voir ce nom.

Poire BON-CHRÉTIEN WILLIAMS'S. — Synonyme de poire *Williams*. Voir ce nom.

Poire DE BON-CRUSTUMÉNIEN. — Synonyme de *Bon-Chrétien d'Hiver*. Voir ce nom.

---

282. Poire BON-GUSTAVE.

Description de l'arbre. — *Bois :* de force moyenne. — *Rameaux :* très-nombreux, un peu arqués et des plus étalés, assez grêles, courts, légèrement coudés, brun clair cendré, à lenticelles fines et rapprochées, à coussinets aplatis. — *Yeux :* petits, ovoïdes-pointus, écartés du bois, ayant les écailles grises et faiblement entr'ouvertes. — *Feuilles :* abondantes, petites, généralement ovales ou arrondies, presque entières aux bords, quelque peu canaliculées et contournées, munies d'un pétiole fort et très-court.

Fertilité. — Convenable.

Culture. — C'est un arbre assez faible et tardif à se développer, sur cognassier, où il fait d'assez jolies pyramides ; nous ne l'avons pas encore étudié sur franc.

Description du fruit. — *Grosseur :* au-dessus de la moyenne et souvent plus considérable. — *Forme :* turbinée, obtuse, bosselée, excessivement ventrue à la base et généralement déprimée d'un côté, au sommet. — *Pédoncule :* long, mince, renflé aux extrémités, obliquement inséré dans une vaste dépression peu profonde. — *Œil :* petit, contourné, à peine formé, parfois comprimé dans une cavité en entonnoir ordinairement bien prononcée. — *Peau :* vert clair, ponctuée de brun et complétement marbrée de roux. — *Chair :* verdâtre, demi-fine, fondante, pierreu-se, juteuse, légèrement marcescente. — *Eau :* excessivement abondan-te, acidule, savoureuse et sucrée.

Poire Bon-Gustave.

MATURITÉ. — Fin oc-tobre et courant de no-vembre.

QUALITÉ. —Première, lorsque sa chair est peu granuleuse et ne laisse aucun marc dans la bou-che.

Historique. — Le poirier Bon-Gustave pro-vient des semis du ma-jor Esperen, de Malines, maisil ne fructifia qu'en 1847, après la mort de ce personnage. M. Berckmans, pépiniériste belge qui venait de fonder un établissement à Plainfield, dans l'Amérique du Nord, ayant acheté quelques-uns des sauvageons de la collection d'Esperen, se trouva ainsi possesseur de cet arbre, et lui donna le nom de son fils. Nous voyons à la page 165 du *Portefeuille des horticulteurs,* qu'en 1848 un premier prix fut décerné par le jury parisien à M. Dupuy-Jamain, l'un de nos confrères de la capitale, pour un lot de poires Bon-Gustave envoyé à l'Exposition du Jardin d'Hiver. Ce qui prouve bien, comme nous l'avons observé ci-dessus, que cette variété n'est pas toujours de deuxième ordre, qu'elle peut, au contraire, se montrer parfois très-méritante.

POIRE BON-PAPA. — Synonyme de poire *de Curé.* Voir ce nom.

283. POIRE BON-PARENT.

Description de l'arbre. — *Bois :* fort. — *Rameaux :* nombreux, habituelle-ment étalés et arqués, gros et longs, flexueux, brun-fauve légèrement rougi, ayant les lenticelles larges, rapprochées, les mérithalles courts et les coussinets peu saillants. — *Yeux :* moyens, ovoïdes-pointus, duveteux, non appliqués contre l'écorce. — *Feuilles :* rarement abondantes, ovales, acuminées, à bords crénelés ou finement dentés, à pétiole court, roide et très-épais.

Poire Bon-Parent.

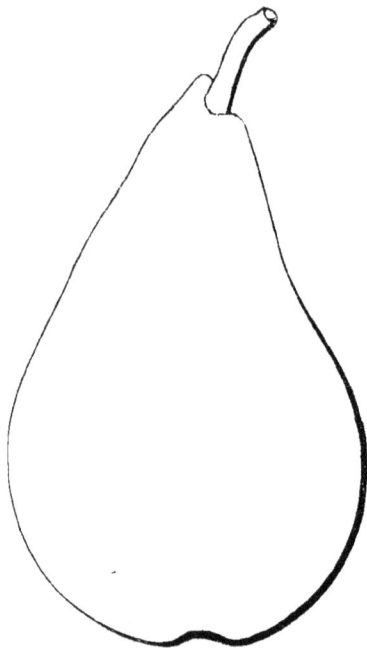

FERTILITÉ. — Excessive.

CULTURE. — Jusqu'à sa deuxième année ce poirier reste assez faible, mais il prend ensuite un beau développement; nous lui donnons le cognassier, et les pyramides qu'il y fait sont aussi régulières qu'élégantes.

Description du fruit. — *Grosseur :* au-dessous de la moyenne. — *Forme :* turbinée-allongée, quelque peu contournée près du sommet et assez fortement bosselée. — *Pédoncule :* court, mince, arqué, obliquement inséré à la surface et souvent continu avec la chair. — *Œil :* petit, rond, mi-clos ou fermé, placé à fleur de fruit. — *Peau :* verdâtre, largement maculée de gris dans l'ombre et de brun-roux du côté du soleil. — *Chair :* blanche, fine, mi-fondante, aqueuse, presqu'exempte de pierres. — *Eau :* suffisante, sucrée, vineuse, aigrelette, aromatique, fort agréable.

MATURITÉ. — Du commencement d'octobre jusqu'à la fin de ce mois.

QUALITÉ. — Première, et quelquefois deuxième par l'âpreté de son eau.

Historique. — Gagnée en Belgique vers 1820, M. Alexandre Bivort nous apprend « qu'elle appartient aux semis de M. Simon Bouvier, de Jodoigne, et qu'en « 1851 elle était âgée d'une trentaine d'années environ. » (*Album de pomologie,* t. IV, pp. 131-132.)

Observations. — Cette poire demande à n'être mangée qu'au moment même où elle atteint son point *complet* de maturité; autrement on lui trouvera toujours une acerbité des plus marquées.

---

284. POIRE BON-ROI-RENÉ.

Description de l'arbre. — *Bois :* très-faible. — *Rameaux :* assez nombreux, étalés ou réfléchis, quelquefois contournés, grêles, courts, peu coudés, vert clair lavé de rouge sombre, à lenticelles des plus fines et des plus espacées, à coussinets presque nuls. — *Yeux :* moyens, ovoïdes, ordinairement assez pointus, appliqués contre le bois. — *Feuilles :* très-petites, ovales, souvent acuminées, ayant les bords faiblement dentelés en scie, le pétiole assez long, menu, un peu rougeâtre.

FERTILITÉ. — Satisfaisante.

CULTURE. — Ce poirier ne réussit que sur franc; sa croissance est tardive; quant à ses pyramides, elles sont basses et très-irrégulières; l'espalier lui convient parfaitement.

Description du fruit. — *Grosseur* : au-dessus de la moyenne et souvent plus considérable. — *Forme* : conique, irrégulière, obtuse et bosselée, légèrement étranglée vers les deux tiers de sa hauteur. — *Pédoncule* : assez long, arqué, excessivement gros et charnu à la base, mais diminuant ensuite progressivement de volume jusqu'à son point d'attache, où il est même un peu grêle; obliquement implanté à fleur de peau, il se montre, d'un côté seulement, continu avec le fruit. — *Œil* : grand, très-ouvert, parfois contourné, à peine enfoncé. — *Peau* : vert clair, entièrement ponctuée et réticulée de roux. — *Chair* : blanche, demi-fine, compacte, fondante, juteuse, faiblement granuleuse autour des loges. — *Eau* : extrêmement abondante, fraîche, acidule, sucrée, douée d'une exquise saveur beurrée et d'un arome fort délicat.

Poire Bon-Roi-René.

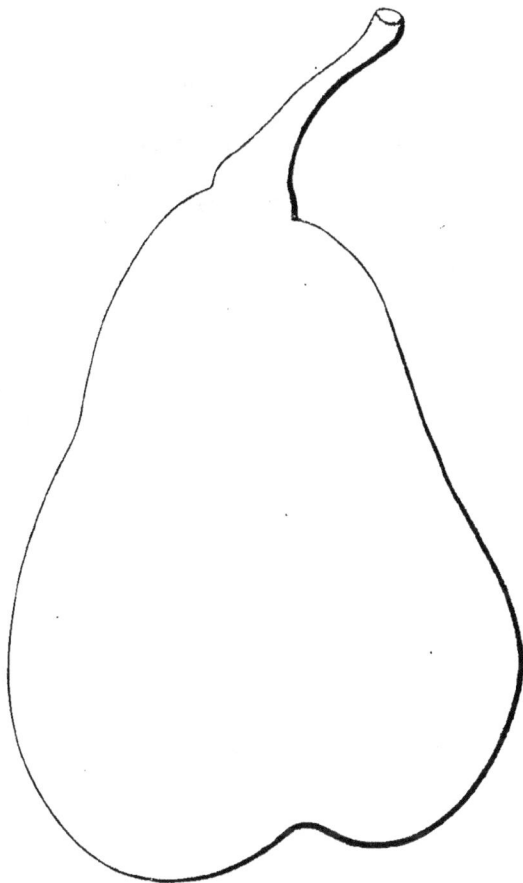

MATURITÉ. — Fin août et commencement ou courant de septembre.

QUALITÉ. — Première.

Historique. — Elle provient de mes semis et le pied-type s'est mis à fruit en 1864. Je l'ai dédié, vu l'excellence de ses produits, à l'oncle de Louis XI, à ce vénérable duc d'Anjou qui, poëte et peintre, eut Angers pour berceau, l'habita longtemps et sut y mériter le surnom de *Bon roi René*, que la postérité lui conserve à si juste titre.

POIRE BONNE-AMET. — Synonyme de poire *Saint-François*. Voir ce nom.

---

285. POIRE BONNE D'ANJOU.

Description de l'arbre. — *Bois* : assez fort. — *Rameaux* : nombreux, légèrement étalés, gros, longs, très-coudés, brun grisâtre lavé de rose auprès des yeux, ayant les lenticelles larges, rapprochées, et les coussinets presque aplatis. — *Yeux* : moyens, ovoïdes, duveteux, écartés du bois, à écailles entr'ouvertes. —

Feuilles : petites, ovales, planes ou contournées, régulièrement dentées, portées sur un pétiole court et fort.

Poire Bonne d'Anjou.

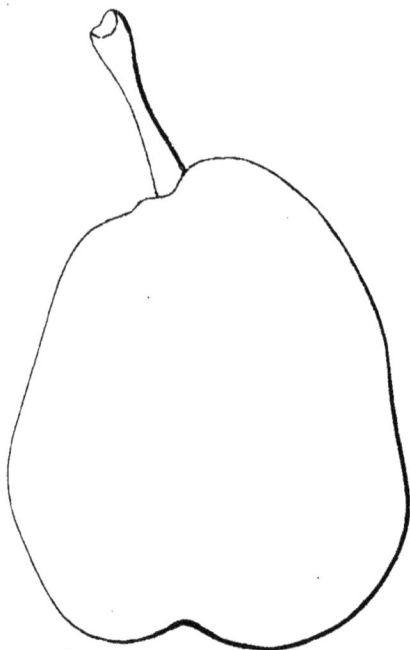

FERTILITÉ. — Extrême.

CULTURE. — Sa vigueur est satisfaisante et son développement hâtif; sur cognassier il prend une forme pyramidale des plus convenables.

Description du fruit. — *Grosseur* : moyenne et quelquefois volumineuse. — *Forme* : ovoïde, irrégulière et très-bosselée. — *Pédoncule* : peu long, à peine arqué, mince au milieu, renflé aux extrémités, obliquement implanté à fleur de peau. — *OEil* : petit, souvent contourné, mi-clos, placé dans un bassin dont la grandeur et la profondeur varient beaucoup. — *Peau* : épaisse, jaune vif, toute parsemée de points gris foncé et vermillonnée sur le côté frappé par le soleil. — *Chair* : blanc jaunâtre, fine et compacte, aqueuse, excessivement fondante, peu pierreuse. — *Eau* : toujours abondante, sucrée, vineuse, rafraîchissante, parfumant délicieusement la bouche.

MATURITÉ. — Fin septembre et courant d'octobre.

QUALITÉ. — Première.

Historique. — Cette poire était gagnée de semis dans nos cultures, en 1864; le nom qu'elle porte indique à la fois et son origine et sa qualité.

286. POIRE BONNE-ANTONINE.

Description de l'arbre. — *Bois* : faible. — *Rameaux* : assez nombreux, étalés, grêles, courts, peu géniculés, vert clair grisâtre, à lenticelles très-apparentes mais clair-semées, à coussinets saillants. — *Yeux* : petits, ovoïdes-obtus, légèrement écartés du bois et ayant les écailles mal soudées. — *Feuilles* : des plus petites, abondantes, ovales ou elliptiques, contournées dans tous les sens, et surtout sur elles-mêmes, dentées en scie, munies d'un pétiole court, épais et roide.

FERTILITÉ. — Convenable.

CULTURE. — Ce poirier est tellement délicat, qu'il pousse à peine sur cognassier; il faut le greffer sur franc, où même on le voit croître très-lentement, très-imparfaitement, et ne prendre qu'une forme pyramidale peu satisfaisante.

Description du fruit. — *Grosseur* : volumineuse et souvent énorme. — *Forme* : conique-allongée, obtuse, légèrement bosselée et généralement un peu contournée près du sommet. — *Pédoncule :* très-court, mince, renflé à l'attache, à peine arqué, obliquement inséré dans un étroit évasement où le comprime un mamelon habituellement bien développé. — *OEil :* grand, rond, ouvert, régulier, placé dans une profonde cavité en entonnoir. — *Peau :* jaune d'or terne, ponctuée, réticulée et marbrée de roux, largement maculée de même autour du pédoncule et autour de l'œil, auprès duquel elle est en outre couverte de petites taches brunes, squammeuses. — *Chair :* blanc jaunâtre, fine, juteuse et compacte, des plus fondantes, presque exempte de granulations. — *Eau :* abondante, fraîche, sucrée, savoureuse, douée d'un arrière-goût anisé excessivement agréable.

Poire Bonne-Antonine.

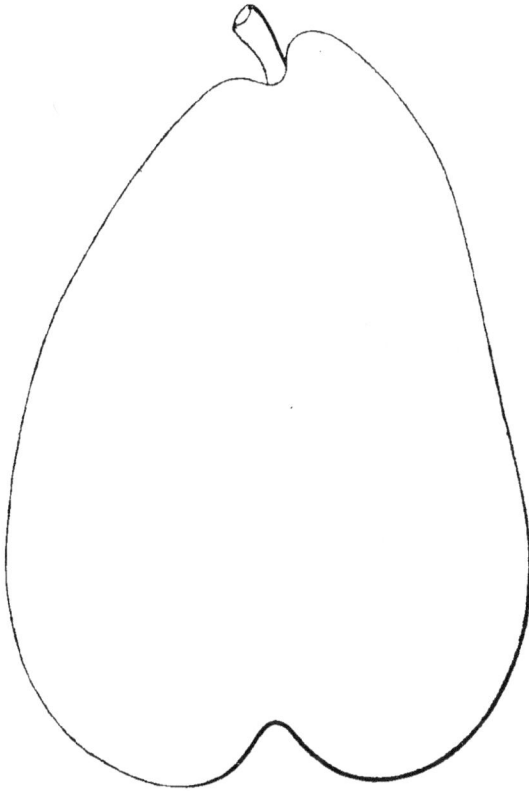

MATURITÉ. — Vers la mi-octobre et se prolongeant aisément une quinzaine de jours.

QUALITÉ. — Première.

Historique. — Cette poire Bonne - Antonine, qu'aucun pomologue n'a décrite, figure depuis environ douze ans dans notre école. Nous avons oublié quelles mains l'y envoyèrent et pensons qu'il serait assez difficile d'en réclamer la paternité, car elle n'est autre, arbre et fruit, que le *Beurré Flon* gagné en 1852 à Angers. (Voir plus haut, page 363.) Et là, l'identité est si complète qu'on retrouve même sur le bois de la Bonne-Antonine les gerçures, les chancres nombreux couvrant habituellement le poirier de notre concitoyen. Malheureusement j'en ai acquis la certitude beaucoup trop tard. On voudra donc bien, ici, prendre bonne note de mon affirmation et comparer, au cas de doute, le présent article avec celui du Beurré Flon.

Observations. — En 1859 M. de Liron d'Airoles, dans une Table de fruits A L'ÉTUDE faisant suite à sa *Liste synonymique historique des variétés du poirier*, mentionnait en ces termes une poire Bonne-Antonine :

« Arbre vigoureux, très fertile. — Fruit à couteau, moyen, fondant, de 1er ordre. — Maturité : décembre. — Synonymie : Variété nouvelle. — Origine : M. Boucquiau. » (Page 31.)

Nous citons ce court passage pour qu'il soit démontré : 1° que le poirier auquel on l'applique ne se rapporte nullement à notre poirier Bonne-Antonine, planté vers 1854 et si loin, lui, d'être « vigoureux et très-fertile; » 2° que ses produits diffèrent essentiellement des produits de la variété mise à l'étude par M. de Liron d'Airoles, puisqu'ils sont volumineux, et non « moyens, » et mûrissent en octobre, et non point en « décembre. » Mais l'honorable auteur qui faisait ainsi connaître il y a huit ans cette Bonne-Antonine, n'en a jamais reparlé depuis, et les principaux Catalogues sont muets également à l'endroit de ce fruit. Cependant si plus tard on l'y trouvait porté avec les caractères que lui attribue M. de Liron d'Airoles, il faudrait admettre son authenticité et croire à quelqu'erreur d'étiquetage, relativement au poirier qui jadis nous fut vendu sous ce même nom Bonne-Antonine.

Poire BONNE D'AVRANCHES. — Synonyme de poire *Bonne-Louise d'Avranches*. Voir ce nom.

287. Poire BONNE-CHARLOTTE.

Description de l'arbre. — *Bois :* assez fort. — *Rameaux :* nombreux, presque érigés, de grosseur moyenne, peu longs, géniculés, vert herbacé lavé de rouge auprès des yeux, à lenticelles fines et très-espacées, à coussinets légèrement saillants. — *Yeux :* moyens ou petits, arrondis, faiblement écartés du bois, ayant les écailles disjointes. — *Feuilles :* des plus petites, habituellement ovales ou elliptiques, régulièrement dentées en scie, sur leurs bords, et pourvues d'un pétiole court et bien nourri.

Fertilité. — *On la dit* « très-grande. »

Culture. — Introduit seulement depuis trois ans dans nos pépinières, ce poirier y a été greffé sur cognassier ; il a fait d'assez belles pyramides et paraît doué d'une vigueur convenable.

Nota. — Nous n'avons pu ni déguster ni dessiner cette poire, qui n'a pas encore mûri chez nous ; la description et la silhouette qui vont suivre sont donc empruntées à M. Alexandre Bivort, son propagateur, auquel nous devons déjà le renseignement ci-dessus, touchant la fertilité de l'arbre.

Description du fruit. — « *Grosseur :* moyenne. — « *Forme :* assez inconstante, « ayant parfois celle du « Doyenné, mais ordinaire- « ment d'un pyriforme régu- « lier, et bosselée. — *Pédon-* « *cule :* long de trois à quatre « centimètres, gros, ligneux, « attaché superficiellement « au fruit par une excrois- « sance charnue, souvent « déplacé par une légère gib- « bosité ; sa couleur est le « brun clair. — *OEil :* il est « irrégulier, clos, placé dans une cavité peu profonde et bosselée ; ses divisions

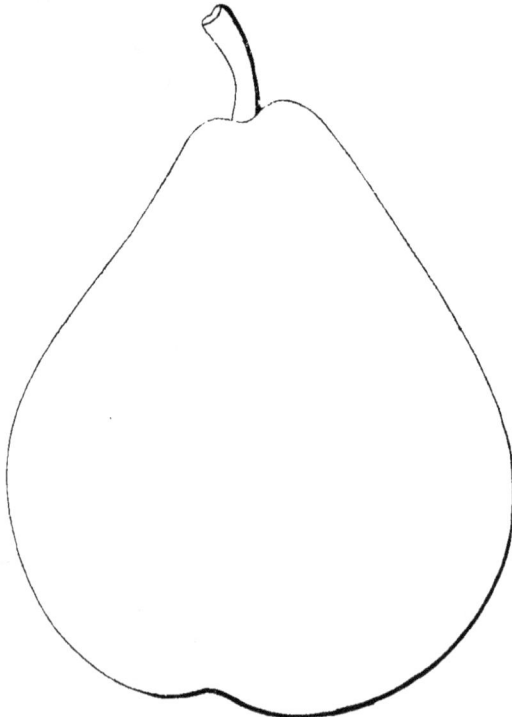

« sont roides, grises, quelquefois caduques. — *Peau :* mince, lisse, vert clair,
« légèrement lavée de pourpre au soleil et de roux du côté de l'ombre; autour du
« pédoncule et de l'œil elle est maculée et ponctuée de rouille grisâtre. — *Chair :*
« blanche, assez fine, plutôt beurrée que fondante. — *Eau :* suffisante, sucrée,
« fortement parfumée ou légèrement musquée. »

MATURITÉ. — « Fin d'août et en septembre [à Bruxelles]. Il est probable que
« dans un climat plus méridional elle aurait lieu au commencement d'août. »

QUALITÉ. — « C'est un bon fruit. » (*Album de pomologie*, 1849, t. II, pp. 123-124.)

Historique. — Ce fut en 1849, selon M. de Liron d'Airoles (*Liste synonymique
des variétés du poirier*, 1859, 1er supplément, p. 19), que M. Alexandre Bivort vit
fructifier pour la première fois ce poirier, qu'il avait obtenu de semis dans le Jardin
de la Société Van Mons, à Geest-Saint-Remy, près Jodoigne (Belgique). En 1854,
il figurait encore, comme variété à l'étude, parmi les sujets de ce Jardin; sa culture ne pouvait donc s'être déjà répandue au loin. Mais aujourd'hui même, à peine
le connaît-on en France. Il n'a pas paru dans nos *Catalogues* et n'y prendra place
qu'au cas où ses produits se montreront de qualité supérieure. Il convient effectivement, en présence du nombre bientôt millénaire des poiriers livrés à la multiplication, de n'emprunter désormais aux étrangers que des espèces d'un mérite
véritablement exceptionnel.

POIRE BONNE DEUX FOIS L'AN. — Synonyme de poire *de Deux fois l'an*. Voir
ce nom.

POIRE BONNE-ENTE. — Synonyme de poire *Doyenné*. Voir ce nom.

---

288. POIRE BONNE D'ÉZÉE.

Synonymes. — *Poires :* 1. BELLE ET BONNE D'ÉZÉE (Bivort, *Album de pomologie*, 1847, t. I, p. 84).
— 2. BONNE DES ZÉES (*Id. ibid.*). — 3. BONNE DES HAIES (de Liron d'Airoles, *Liste synonymique
des variétés du poirier*, 1859, p. 58). — 4. BELLE-EXCELLENTE (Decaisne, *le Jardin fruitier du
Muséum*, 1859, t. II).

Description de l'arbre. — *Bois :* assez fort. — *Rameaux :* des plus nombreux, légèrement étalés et généralement un peu arqués, gros, courts, à peine
coudés, brun jaunâtre ou verdâtre, ayant les lenticelles apparentes et très-espacées, les coussinets excessivement ressortis et les méritalles courts. — *Yeux :*
ovoïdes-pointus, volumineux, non appliqués contre l'écorce. — *Feuilles :* de grandeur moyenne, très-abondantes, ovales ou elliptiques-arrondies, à bords quelque
peu relevés et régulièrement dentés, portées sur un pétiole long et grêle.

FERTILITÉ. — Remarquable.

CULTURE. — Assez faible jusqu'à deux ans, ce poirier prend ensuite un bon
développement; nous le greffons sur cognassier ou sur franc, et toujours ses
pyramides sont belles, excessivement feuillues et des mieux ramifiées.

Description du fruit. — *Grosseur :* volumineuse, mais quelquefois aussi,
moyenne. — *Forme :* ovoïde-allongée, généralement bosselée et contournée. —
Pédoncule : court, noueux et extraordinairement gros, comme dans le type ici

figuré, ou assez long et alors beaucoup moins fort; rarement arqué, il est en outre constamment renflé à sa base et inséré obliquement à la surface de la chair, mais parfois en dehors de l'axe du fruit. — *Œil :* petit, ouvert, régulier, à peine enfoncé. — *Peau :* assez épaisse, huileuse, jaune-citron ou jaune d'or, ponctuée et tachetée de roux clair, lavée de même autour de l'œil et près du pédoncule. — *Chair :* blanche, très-fine et très-fondante, aqueuse, habituellement des plus granuleuses au centre. — *Eau :* extrêmement abondante, sucrée, acidule, douée d'un arome exquis.

Poire Bonne d'Ézée.

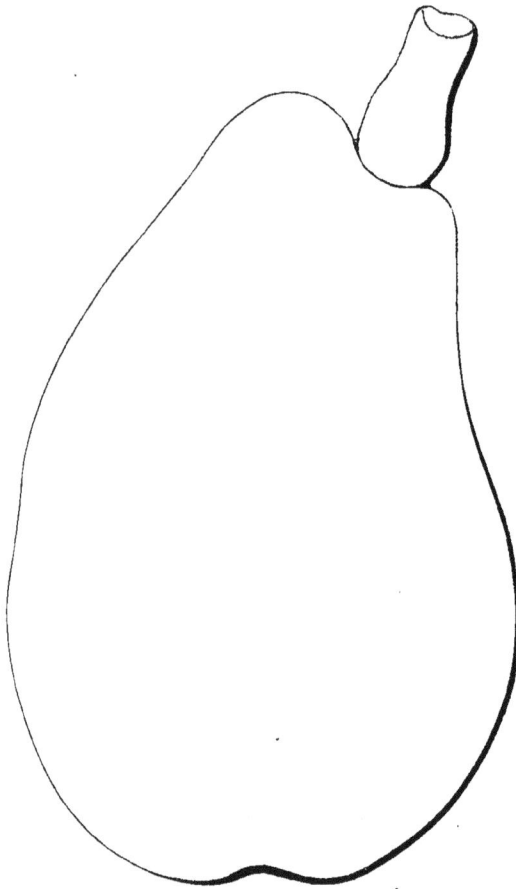

MATURITÉ. — Commencement et courant de septembre.

QUALITÉ. — Première.

Historique. — Plusieurs pomologues ont parlé de l'origine de cette délicieuse poire, mais d'une façon fort incomplète; excepté cependant M. Eugène Forney, professeur d'arboriculture, dont les renseignements sur ce point laissent peu à désirer. « Ce fruit — écrivait- « il en 1862 — a été décou- « vert en 1838 à Ézée, près « Loches, par M. Dupuy- « Jamain, pépiniériste à Pa-- « ris. Quoique circonscrit dans la localité, il y était assez répandu. Le pied-mère, « qui se trouve dans le jardin d'un chaufournier, avait alors environ cinquante « ans. » (*Le Jardinier fruitier*, t. I, p. 190.) Complétons ces détails en disant que ce fut M. Dupuy père, horticulteur à Loches, et non son fils M. Dupuy-Jamain, qui en fit la découverte; mais ce dernier le mit dans le commerce. Ainsi c'est en Touraine, et vers 1788, que la Bonne d'Ezée, dont le sauvageon poussa sans doute spontanément, mûrit pour la première fois. Comme elle ne portait aucun nom quand on la rencontra, son propagateur lui donna celui du village où elle était née. Depuis lors ce fruit s'est répandu de tous côtés, en France, en Allemagne, en Angleterre et jusqu'aux États-Unis, où dès 1849 nous commencions à l'expédier.

Observations. — On regardait il y a quelques années, à Paris particulièrement, la poire belge *Charles Frederickx* comme identique avec la Bonne d'Ézée. C'était une fausse opinion qu'il nous paraîtrait impossible d'émettre de nouveau, maintenant que ces deux fruits sont devenus beaucoup plus communs chez nos pépiniéristes. Quant à nous qui les cultivons depuis vingt ans, jamais nous n'aurions pu partager cette opinion, tellement ils se sont toujours montrés, dans notre école, distincts les uns des autres.

Poire BONNE-FOI. — Synonyme de poire *de Fontarabie*. Voir ce nom.

Poire BONNE-GRISE DE NANCY. — Synonyme de poire *Jules Blaise*. Voir ce nom.

Poire BONNE DES HAIES. — Synonyme de poire *Bonne d'Ézée*. Voir ce nom.

---

289. Poire BONNE DE JALAIS.

Description de l'arbre. — *Bois :* un peu faible. — *Rameaux :* nombreux, érigés ou légèrement étalés, de grosseur moyenne, assez longs, coudés, brun clair verdâtre, abondamment et finement ponctués, ayant les coussinets bien accusés. — *Yeux :* moyens, coniques, aigus, larges à leur base et souvent sortis en éperon. — *Feuilles :* grandes, ovales-allongées, acuminées, planes ou canaliculées, à bords régulièrement dentés, à pétiole court et grêle.

Fertilité. — Ordinaire.

Culture. — Il n'est pas des plus vigoureux, mais le franc lui fait prendre un assez beau développement et une forme pyramidale très-convenable.

Description du fruit. — *Grosseur :* au-dessous de la moyenne. — *Forme :* ovoïde-arrondie, bosselée, ayant habituellement un côté moins ventru que l'autre. — *Pédoncule :* un peu court, mince, faiblement recourbé, implanté obliquement à fleur de peau ou dans un large évasement sans profondeur. — *Œil :* petit, mi-clos ou fermé, irrégulier, rarement très-enfoncé. — *Peau :* rugueuse, jaune-paille, ponctuée de brun clair et couverte de nombreuses macules roussâtres, surtout aux deux extrémités du fruit. — *Chair :* blanchâtre, mi-fine, fondante, parfois un peu sèche, légèrement pierreuse autour des loges. — *Eau :* suffisante, excessivement sucrée, possédant une agréable saveur.

Maturité. — De la moitié de septembre jusqu'à la fin de ce même mois.

Qualité. — Deuxième.

Historique. — Cette petite poire fut obtenue de semis en 1857, à Nantes, par M. Jacques Jalais, jardinier-pépiniériste dont nous avons précédemment décrit un autre gain, le Beurré Jalais. (Voir pages 380-381.)

Observations. — En raison de son assez longue conservation, elle convient parfaitement pour l'approvisionnement des marchés, d'autant mieux que l'arbre se plaît beaucoup dans le verger.

_____

290. Poire BONNE-JEANNE.

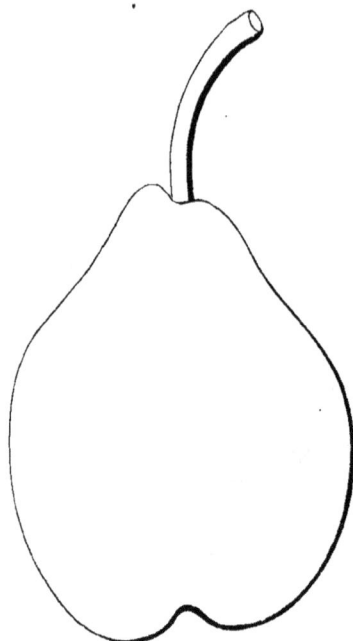

Description de l'arbre. — _Bois_ : peu fort. — _Rameaux :_ assez nombreux, érigés, de grosseur moyenne, courts, légèrement coudés, marron foncé habituellement tacheté de gris, à lenticelles fines et rapprochées, à coussinets saillants. — _Yeux :_ gros ou moyens, ovoïdes, généralement très-écartés du bois. — _Feuilles :_ petites, abondantes, ovales ou elliptiques-arrondies, ayant les bords profondément dentés en scie, le pétiole court et menu.

Fertilité. — Prodigieuse.

Culture. — Faible sur cognassier, cet arbre croît vite et bien sur franc, où il fait dès sa deuxième année de jolies pyramides, régulières et touffues.

Description du fruit. — _Grosseur :_ au-dessous de la moyenne ou petite. — _Forme :_ turbinée, obtuse et habituellement déprimée, d'un côté, près du pédoncule et de l'œil. — _Pédoncule :_ assez long, menu, recourbé, implanté obliquement au milieu d'une légère dépression dont l'un des bords est presque toujours mamelonné. — _OEil :_ petit, mi-clos, placé peu profondément dans un étroit bassin en entonnoir. — _Peau :_ jaune d'ocre, ponctuée, marbrée de fauve, maculée de même autour du pédoncule et lavée, sur la partie exposée au soleil, de rouge-brique ou de rouge violacé des plus brillants. — _Chair :_ blanc verdâtre, mi-fine et mi-cassante, un peu sèche, marcescente, presque exempte de pierres. — _Eau :_ parfois insuffisante, mais très-sucrée, douceâtre et possédant un arrière-goût fenouillé qui n'est pas désagréable.

Maturité. — Vers la moitié d'août.

Qualité. — Troisième.

Historique. — Nous ignorions quelle était la contrée originaire de ce poirier, dont les produits conviennent uniquement pour la halle, quand M. Decaisne est venu nous l'apprendre en 1861. On lit effectivement au tome IV de son _Jardin fruitier du Muséum :_

« Le poirier Bonne-Jeanne est cultivé en grand aux environs de Paris; les communes de Gagny, Champigny, Ceuilly, en possèdent des arbres _plus que séculaires_ et dont les fruits se vendent en quantité considérable sur nos marchés, où leur brillant coloris les fait surtout rechercher des enfants. La fertilité de cet arbre est telle, que j'ai souvent compté plus de vingt poires sur des rameaux dont la longueur n'atteignait pas 25 à 30 centimètres. »

Il est donc à peu près certain que cette variété a dû naître là précisément où l'on en rencontre aujourd'hui des sujets « *plus que séculaires.* » Mais y a-t-elle toujours été appelée Bonne-Jeanne?... Cela semble douteux, lors surtout qu'on ne la voit mentionnée par aucun des pomologues du XVII° siècle ou du XVIII°, qui pourtant parlèrent si complaisamment des fruits répandus autour de la Capitale. Quant à retrouver l'autre nom que jadis elle a pu porter, on n'y doit pas songer, les descriptions des fruits anciens actuellement inconnus, descriptions dont il faudrait s'aider pour y parvenir, étant beaucoup trop vagues, beaucoup trop incomplètes.

POIRE BONNE DE LONGUEVAL. — Synonyme de poire *Bonne-Louise d'Avranches.* Voir ce nom.

POIRE BONNE-LOUISE. — Synonyme de poire *Bonne-Louise d'Avranches.* Voir ce nom.

POIRE BONNE-LOUISE D'ARAUDORÉ. — Synonyme de poire *Bonne-Louise d'Avranches.* Voir ce nom.

---

291. POIRE BONNE-LOUISE D'AVRANCHES.

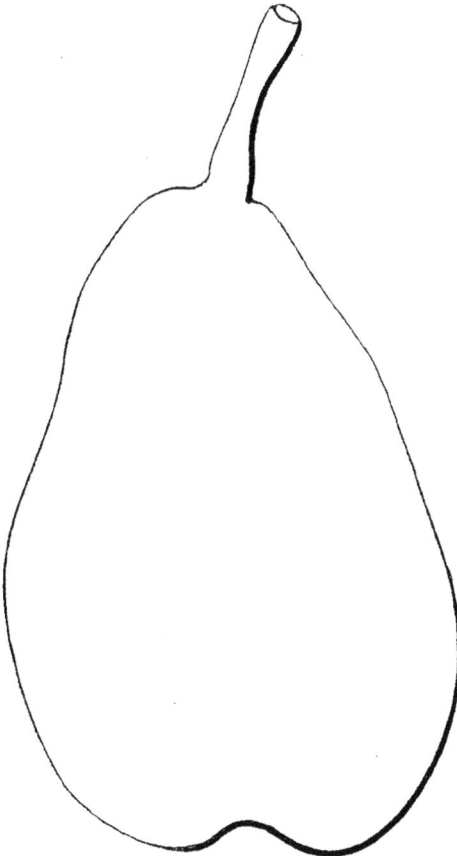

Synonymes. — *Poires :* 1. BERGAMOTE D'AVRANCHES (Prévost, *Cahiers pomologiques*, 1839, p. 35). — 2. BONNE DE LONGUEVAL (*Id. ibid.*). — 3. DE JERSEY (*Id. ibid.*). — 4. LOUISE-BONNE D'AVRANCHES (*Id. ibid.*). — 5. BEURRÉ D'ARAUDORÉ (Thompson, *Catalogue of fruits of the horticultural Society of London,* 1842, p. 143, n° 299). — 6. BONNE-LOUISE D'ARAUDORÉ (*Id. ibid.*). — 7. LOUISE-BONNE DE JERSEY (*Id. ibid.*). — 8. BEURRÉ D'AVRANCHES (comte Lelieur, *la Pomone française,* 1842, p. 429). — 9. BÔNNE-LOUISE (*Id. ibid.*). — 10. BONNE D'AVRANCHES (Thuillier-Aloux, *Catalogue raisonné des poiriers qui peuvent être cultivés dans la Somme,* 1855, pp. 12-13). — 11. LOUISE DE JERSEY (*Id. ibid.*). — 12. DE LOUISE (Dochnahl, *Obskunde,* t. II, p. 138). — 13. WILLIAM IV (*Id. ibid.*). — 14. PRINCE GERMAIN (Decaisne, *le Jardin fruitier du Muséum,* 1860, t. III).

Description de l'arbre. — *Bois :* fort. — *Rameaux :* assez nombreux, érigés près du sommet de la tige, étalés vers la base et souvent arqués, très-gros, longs, un peu géniculés, rouge grisâtre nuancé de vert. — *Yeux :* moyens, ovoïdes-aplatis, pointus, duveteux, collés contre l'écorce. — *Feuilles :* elliptiques-lancéolées, légèrement

cotonneuses, aiguës, arquées ou relevées en gouttière, ayant les bords irrégulièrement dentés ou denticulés, et le pétiole peu long mais très-fort et faiblement lavé de rouge clair.

FERTILITÉ. — Grande.

CULTURE. — Le développement de ce poirier est rapide; il végète non moins bien sur cognassier que sur franc, et fait de belles et hautes pyramides.

Description du fruit. — *Grosseur :* volumineuse ou au‑dessus de la moyenne. — *Forme :* ovoïde‑allongée, légèrement bosselée, ayant presque toujours un côté plus ventru que l'autre. — *Pédoncule :* assez long, rarement arqué, mince au milieu, habituellement renflé à ses extrémités, obliquement implanté à la surface du fruit, avec lequel il est parfois continu, mais seulement d'un côté. — *Œil :* moyen, rond, clos ou mi-clos, placé dans un large évasement de profondeur variable. — *Peau :* vert jaunâtre, couverte de gros points brun clair et teintée de rouge vif sur la partie qui regarde le soleil. — *Chair :* blanche, fine, des plus fondantes, juteuse, sans pierres. — *Eau :* excessivement abondante, sucrée, vineuse, acidule, possédant une saveur parfumée non moins exquise que particulière.

MATURITÉ. — De la mi-septembre jusqu'à la mi-octobre.

QUALITÉ. — Première.

Historique. — Le pied-type qui donna naissance à la délicieuse poire que nous venons de décrire, fut obtenu de semis par un gentilhomme normand nommé Longueval et se mit à fruit vers 1780. M. de Longueval habitait la ville d'Avranches (Manche), aux portes de laquelle vivait alors, dans sa modeste retraite du Bois-Guérin, l'abbé le Berryais, regardé comme l'agronome et le pomologue le plus savant du xviiie siècle. La passion de ces deux hommes pour l'horticulture, les rapprocha; à ce point que dînant un jour chez son ami, l'abbé se vit, au dessert, chargé par lui de déguster les premiers produits de son remarquable poirier. Or, il les trouva doués d'un tel mérite, qu'en courtois convive il dit à Mme Louise de Longueval, dont on appréciait infiniment la bienfaisance et les vertus : « Cette « nouvelle poire est si parfaite, que je vous demanderai la permission de lui « appliquer le surnom qu'ici chacun vous donne : de la nommer *Bonne-Louise.* » Et de fait ce nom lui demeura. — Ces détails authentiques, restés longtemps dans la mémoire de quelques personnes de la localité, furent ensuite recueillis, accrédités par le Comice horticole d'Avranches, mais trop tard cependant pour empêcher un pépiniériste de cette ville, M. le Grandais, d'adresser en 1839 au Comice d'Angers la note suivante, qui allait jeter dans l'erreur plusieurs écrivains :

« *Louise-Bonne.* — Elle est originaire des pépinières de M. de Longueval, d'Avranches, où elle donna du fruit pour la première fois vers l'année 1788. Elle fut appellé *Bonne de Longueval.* Enfin le célèbre le Berriays, qui habitait une campagne auprès d'Avranches, la décrivit dans son excellent ouvrage intitulé *Traité des jardins,* et lui donna le nom qu'elle porte aujourd'hui, l'ayant dédiée à une demoiselle Louise, qui était sa fille de confiance. » (*Bulletins du Comice horticole de Maine-et-Loire,* 1838-1839, p. 142.)

Et ce fut aussi, bien évidemment, ce renseignement inexact qui donna naissance à cette autre version, non moins erronée, « que M. de Longueval avait dédié ce « fruit à sa bonne, Louise. » Quant à nous, tout en regrettant que le Comice d'Angers ait été en 1839 l'éditeur de la note ci-dessus, nous nous empressons de l'avouer afin qu'on ne continue plus d'en attribuer la mise en circulation à des auteurs qui n'eurent qu'un tort, celui de copier dans nos *Bulletins* ce passage fautif sans indiquer à quelle source ils le puisaient. Mais en 1861 M. Laisné, président du nouveau Cercle horticole d'Avranches, avait déjà relevé ces erreurs dans une lettre dont nous allons reproduire les principaux passages, car elle contient un historique fort intéressant de cette variété et de la majeure partie de ses synonymes :

« Je ne sais — dit cet honorable personnage — dans quelle imagination a pu naître l'idée adoptée par le Congrès pomologique, que cette poire a été « dédiée par M. de Lon-« gueval *à sa bonne*, Louise. » Quoique j'aie lieu de penser que cette histoire, qui attribue à M. de Longueval un rôle un peu ridicule, soit partie primitivement d'Avranches, je dois la repousser énergiquement... C'est bien Mme de Longueval qui avait le nom de *Louise* (je l'ai vérifié sur plusieurs actes) et à laquelle la poire a été réellement dédiée. Et c'est également à l'abbé le Berriays que la tradition constante et universelle du pays, et une biographie locale imprimée dès 1808, attribuent cette dédicace... Toutefois, ce n'est pas le nom déjà connu, de *Louise-Bonne*, que le Berriays donna à la poire nouvelle, mais bien celui de Bonne-Louise... C'est donc exclusivement sous ce dernier nom qu'il est désirable qu'elle soit désignée... Si cette excellente poire a pu rester inconnue pendant un demi-siècle, cela tient à ce que nos modestes horticulteurs d'Avranches n'avaient alors que des établissements peu considérables et des relations peu étendues, surtout en France, et pricipalement à Paris. Ils en avaient plutôt avec les îles de Jersey et de Guernesey, et même avec l'Angleterre. Ils y firent déjà des envois importants d'arbres fruitiers à la courte paix d'Amiens en 1802, et surtout à partir de 1814... Or, dès 1814 le nom de *Louise-Bonne* était plus employé dans Avranches que celui de *Bonne-Louise*; c'est donc sous ce nom de Louise-Bonne qu'elle aura été envoyée à Jersey et qu'elle sera revenue d'Angleterre à Paris, avec l'indication erronée de Jersey pour son lieu d'origine... Quant à la date de la découverte, pour laquelle on indique 1788, je suis persuadé qu'elle remonte vers 1780, puisque le poirier-mère était, en 1808, estimé avoir au moins 40 ans (et en effet son aspect seul en indique bien maintenant de 90 à 100). Il remonterait donc vers 1770; et comme cette espèce se met promptement à fruit, il a dû en donner au plus tard en 1780. Cependant ce ne peut être avant 1778, parce que c'est en cette année-là que M. de Longueval acheta sa propriété d'Avranches, et que c'est incontestablement chez lui que le fruit fut obtenu. » (*Revue horticole*, juillet 1861, pp. 282-283.)

Dans l'Anjou, on cultive la Bonne-Louise depuis une quarantaine d'années, et c'est par nous qu'elle y fut propagée, ainsi du reste que l'a constaté M. Eugène Forney dans son *Jardinier fruitier*, publié en 1861 : « M. Montagne, conservateur « du Jardin botanique d'Avranches — y est-il dit — fit connaître le premier cette « variété... Vers 1827 il en envoya des greffes à M. André Leroy, pépiniériste à « Angers. » (Tome I, pp. 192-193.) — Et cet auteur ajoute : « L'arbre-mère mesure « aujourd'hui 1 mètre 70 de circonférence et a 13 mètres de hauteur. »

292. Poire BONNE DE MALINES.

Synonymes. — *Poires :* 1. Nélis d'Hiver (Van Mons, *Catalogue descriptif de ses arbres fruitiers*, 1823, p. 41, n° 996). — 2. La Bonne-Malinoise (Lindley, *Guide to the orchard and kitchen garden*, 1831, p. 409). — 3. Beurré de Malines (Thompson, *Catalogue of fruits of the horticultural Society of London*, 1842, p. 145). — 4. Étourneau (*Id. ibid.*). — 5. Milanaise Cuvelier (*Id. ibid.*). — 6. Bergamote Thoüin (Willermoz, *Observations sur le genre poirier*, 1848, p. 168). — 7. Colmar Nélis (A. Bivort, *Album de pomologie*, 1849, t. II, p. 95). — 8. Thoüin (Decaisne, *le Jardin fruitier du Muséum*, 1858, t. II). — 9. Coloma d'Hiver (Oberdieck, *Illustrirtes Handbuch der Obstkunde*, 1860, t. II, p. 527).

Description de l'arbre. — *Bois :* assez fort. — *Rameaux :* très-nombreux, érigés à la partie supérieure de la tige, étalés à sa base, de grosseur moyenne, longs, des plus géniculés, brun clair grisâtre, à lenticelles larges et rapprochées, à coussinets presque nuls. — *Yeux :* petits ou moyens, ovoïdes-pointus, écartés du bois, souvent même sortis en éperon et ayant les écailles disjointes. — *Feuilles :*

assez petites, abondantes, ovales-lancéolées, régulièrement dentées en scie, portées sur un pétiole long et bien nourri.

Poire Bonne de Malines. — *Premier Type.*

Deuxième Type.

FERTILITÉ. — Grande.

CULTURE. — Nous le greffons sur cognassier ou sur franc ; il est d'une bonne vigueur, mais ne prend un beau développement qu'à partir de sa deuxième année ; ses pyramides sont d'une forme parfaite, très-feuillues et des mieux ramifiées.

Description du fruit. — *Grosseur :* moyenne ou au-dessous de la moyenne. — *Forme :* variable ; se maintenant généralement entre la turbinée obtuse et ventrue et la globuleuse fortement bosselée. — *Pédoncule :* peu long, peu gros, renflé à la base, arqué, inséré obliquement à la surface. — *Œil :* très-ouvert, parfois contourné, à segments fort courts, placé dans un vaste bassin profond, arrondi, et dont les bords sont rarement accidentés. — *Peau :* épaisse, jaune obscur, ponctuée de roux, tachetée de brun clair, rayée de même dans la cavité ombilicale, et largement bronzée, surtout du côté du soleil. — *Chair :* jaunâtre, fine, excessivement fondante, juteuse et légèrement granuleuse auprès des pepins. — *Eau :* très-abondante, sucrée, vineuse, acidule, possédant un délicieux parfum qui rappelle celui de la rose.

MATURITÉ. — Du commencement de novembre jusqu'à la fin de décembre, et souvent même atteignant le mois de janvier.

QUALITÉ. — Première.

Historique.—Elle appartient à la pomone belge et fut gagnée de semis à Malines par le conseiller Jean-Charles Nélis, grand amateur d'horticulture mort en 1834. L'âge de cette variété est imparfaitement connu. M. Bivort pensait en 1849 « qu'elle datait probablement « des dernières années de l'Empire français. » (*Album de pomologie*, t. II, p. 95.) Opinion que nous partageons, en voyant surtout ce fruit répandu déjà chez les Anglais avant 1820, comme le prouve le passage ci-après, que nous traduisons textuellement des *Procès-Verbaux* de la Société d'horticulture de Londres :

« M. John Turner, vice-secrétaire, nous a parlé de cette excellente poire au mois d'octobre

1820, dans un compte rendu présenté par lui sur plusieurs variétés qu'il avait reçues, pour la Société, de M. Stoffels, de Malines, pendant les années 1818 et 1819... Elle s'est reproduite dans notre pays avec toutes les qualités qui la rendent si recommandable. (*Transactions of the horticultural Society of London*, t. IV, pp. 274, 276, et t. V, p. 408.)

En France, on ne la cultiva que beaucoup plus tard, au commencement de 1828, selon le dire de M. le professeur Alphonse du Breuil (*Cours d'arboriculture*, t. II, p. 569-v). Elle y porta d'abord différents noms : Nélis d'Hiver, Colmar Nélis, Bonne de Malines, etc.; mais ce dernier finit par lui rester, et c'est celui sous lequel on la vend généralement partout, aujourd'hui. Du reste, quoiqu'on ait souvent prétendu le contraire, cette dénomination fut bien celle que dès le principe on lui appliqua; le pomologue anglais Lindley l'a formellement constaté, invoquons donc son témoignage :

« *Nélis d'Hiver...* Cette poire exquise — écrivait-il en 1831 — a été obtenue de semis par M. Nélis, de Malines, et c'est afin d'honorer ce personnage, qu'on la lui a dédiée. Mais avant qu'on l'eût ainsi nommée, elle était appelée, dans quelques jardins, Bonne de Malines. » (*Guide to the orchard and kitchen garden*, pp. 409-410.)

Observations. — On a cru, il y a quelques années, la poire *Docteur Nélis* identique avec la Bonne de Malines. Cette croyance était sans fondement, puisque le premier de ces fruits mûrit deux mois avant l'autre. Quant à la *Bergamote Thouin*, déclarée également la même que la Bonne de Malines, c'est justice de la classer parmi les synonymes de cette dernière, dont elle ne diffère en rien.

Poire la BONNE-MALINOISE. — Synonyme de poire *Bonne de Malines*. Voir ce nom.

Poire BONNE DE NOËL. — Synonyme de poire *Belle de Noël*. Voir ce nom.

Poire BONNE-POIRE DE LOUIS XIV. — Synonyme de poire *Épine d'Été*. Voir ce nom.

---

293. Poire BONNE DU PUITS-ANSAULT.

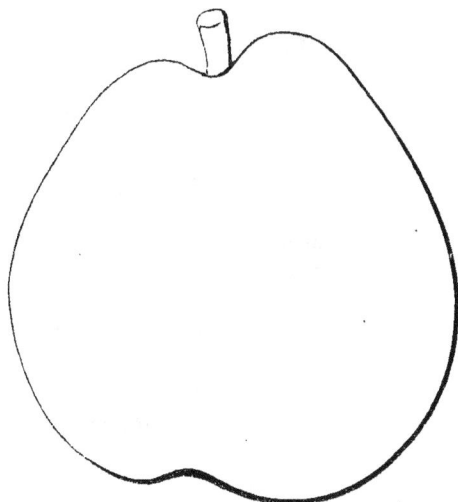

Description de l'arbre. — *Bois :* très-faible. — *Rameaux :* assez nombreux, étalés, grêles, courts, légèrement coudés, duveteux, vert clair jaunâtre, finement et abondamment ponctués de gris-blanc, à coussinets peu ressortis. — *Yeux :* petits ou moyens, cotonneux, à écailles disjointes, appliqués en partie contre l'écorce. — *Feuilles :* petites, généralement ovales, acuminées, régulièrement dentées en scie, ayant le pétiole faible et de longueur moyenne.

Fertilité. — Satisfaisante.

Culture. — Il prend indistinctement le franc ou le cognassier; sa croissance est lente sur l'un et l'autre de ces sujets; cependant lorsqu'il atteint sa troisième année, il offre des pyramides assez convenables, quoique toujours un peu chétives.

Description du fruit. — *Grosseur :* moyenne. — *Forme :* ovoïde-arrondie, ordinairement plus renflée d'un côté que de l'autre, et portant au sommet un mamelon très-prononcé. — *Pédoncule :* court ou excessivement court, assez fort, rarement recourbé, régulièrement inséré dans un large évasement dont l'un des bords est constamment plus élevé que l'autre. — *OEil :* moyen, contourné, clos ou mi-clos, presque saillant. — *Peau :* épaisse, rugueuse, bronzée, parsemée de gros points verdâtres ordinairement peu rapprochés. — *Chair :* blanche, extrêmement fine et fondante, juteuse, légèrement pierreuse au centre. — *Eau :* des plus abondantes, sucrée, délicatement musquée, douée d'un aigrelet fort agréable.

MATURITÉ. — De la mi-septembre jusqu'à la fin de ce mois.

QUALITÉ. — Première.

Historique. — Nous l'avons gagnée de semis, dans nos pépinières d'Angers. Le pied-type se mit à fruit en 1863. Le nom qu'il porte est celui de l'enclos où il a poussé; sa propagation date de 1865.

POIRE BONNE-ROUGE. — Synonyme de *Bergamote Gansel.* Voir ce nom.

294. POIRE BONNE DE SOULERS.

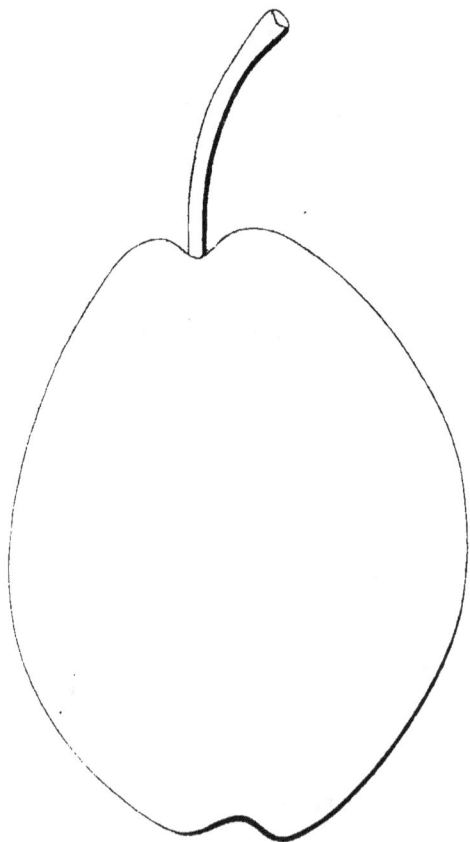

Synonymes. — *Poires :* 1. BERGAMOTE DE SOULERS (Duhamel du Monceau, *Traité des arbres fruitiers,* 1768, t. II, p. 168). — 2. BEURRÉ DE PAQUES (comte Lelieur, *la Pomone française,* 1842, p. 375). — 3. BEURRÉ DE SOULERS (*Id. ibid.*). — 4. SUCRÉ VERT DE PAQUES (Dochnahl, *Obstkunde,* t. II, p. 95).

Description de l'arbre. — *Bois :* de force moyenne. — *Rameaux :* nombreux, légèrement étalés, bien nourris, longs, peu géniculés, vert olivâtre, à lenticelles fines et rapprochées, à coussinets rarement très-ressortis. — *Yeux :* petits, coniques-pointus, à large base, non appliqués contre l'écorce, ayant les écailles faiblement entr'ouvertes. — *Feuilles :* abondantes, grandes, elliptiques-arrondies, acuminées, planes ou relevées en gouttière, régulièrement dentées et portées sur un pétiole assez court, épais et roide.

FERTILITÉ. — Ordinaire.

CULTURE. — La vigueur de ce poirier est bonne, sans avoir cependant rien d'excessif; on le greffe sur franc ou sur cognassier; il développe promptement son écusson et prend une jolie forme pyramidale.

Description du fruit. — *Grosseur* : moyenne. — *Forme* : variant entre l'ovoïde régulière ou la turbinée obtuse, ventrue et bosselée. — *Pédoncule* : long, mince, recourbé, parfois renflé à l'attache, presque toujours inséré obliquement dans une large et peu profonde cavité. — *Œil* : grand, bien fait, ouvert, à peine enfoncé. — *Peau* : jaune verdâtre pâle, couverte de points fauves, tachetée de même auprès de l'œil et du pédoncule, et faiblement lavée de rouge-brique sur la face qui regarde le soleil. — *Chair* : blanche, fine ou mi-fine, fondante ou mi-fondante, exempte de granulations. — *Eau* : suffisante, sucrée, peu acidule, possédant un parfum particulier qui la rend des plus savoureuses.

MATURITÉ. — Fin janvier et pouvant atteindre les mois de mars ou d'avril.

QUALITÉ. — Première.

Historique. — Jusqu'en 1675 aucun pomologue ne parle de ce fruit, mais à cette date notre vieux Merlet le caractérise ainsi :

« La *Bonne de Soulers* est une espece de Bergamotte d'Hyver, tres-bœurée et de bon goust, qui se garde longtemps, et se mange des dernieres. » (*L'Abrégé des bons fruits*, 2ᵉ édition, 1675, p. 123.)

Ce fut donc vers la moitié du XVIIᵉ siècle qu'on commença à la connaître, et sa bonté ne tarda pas à la répandre un peu partout, chez nous, et même à l'étranger. Duhamel du Monceau, en 1768, la décrivit minutieusement et la figura dans son *Traité des arbres fruitiers* (t. II, p. 168); mais il affecta de la nommer plutôt *Bergamote*, que Bonne de Soulers, surnom mal choisi, car cette poire n'a réellement rien de la forme des Bergamotes. En Allemagne, où depuis longtemps elle est hautement appréciée, l'opinion d'un auteur estimé, de Mayer, directeur en 1774 des jardins du duc de Wurtemberg, faillit la faire passer pour une variété suisse, native de Soleure. Il croyait qu'on s'était trompé en la lui adressant sous le nom Bergamote de Soulers, et conseillait de lire *Soleure*. Mais en 1812 le docteur Diel (*Kernobstsorten*, t. VII, p. 43) releva cette erreur; et il eut raison, ce fruit appartenant bien à la France. Toutefois, ni Merlet ni Duhamel n'ont songé à dire de quel lieu il provenait; et à cela rien d'étonnant, car à leur époque on se préoccupait fort peu de semblables détails; mais aussi peut-être trouvèrent-ils que le mot Soulers indiquait suffisamment la patrie de ce poirier. Or, si l'on consulte le *Dictionnaire universel de la France*, publié en 1726, on y verra que « Soulers, dans le Gâtinois, « diocèse de Sens, élection de Melun, » était au temps de Merlet un petit village « renfermant 253 habitants. »

295. POIRE BONNE-THÉRÈSE.

Description de l'arbre. — *Bois* : peu fort. — *Rameaux* : nombreux, généralement érigés, de grosseur et de longueur moyennes, vert olivâtre légèrement ombré de brun, ayant les lenticelles très-fines, abondantes, les coussinets saillants et les mérithalles des plus courts. — *Yeux* : à écailles disjointes, volumineux, coniques-pointus, excessivement écartés du bois, souvent sortis en éperon. — *Feuilles* : petites ou moyennes, très-abondantes, habituellement ovales, acuminées, dentées profondément sur leurs bords, ayant le pétiole long et gros.

FERTILITÉ. — Ordinaire.

CULTURE. — De vigueur modérée, il est un peu lent à se développer sur le cognassier; les pyramides qu'il y fait sont néanmoins régulières et très-convenables; le franc, que nous ne lui avons pas encore donné, devrait rendre sa croissance beaucoup plus prompte.

Description du fruit. —

Grosseur : moyenne. — *Forme :* ovoïde-arrondie, régulière, souvent bosselée vers sa partie supérieure. — *Pédoncule :* court, non arqué, de force moyenne, obliquement inséré dans une très-étroite cavité en entonnoir plissée sur ses bords et mamelonnée d'un côté. — *Œil :* petit, ouvert, rond, à peine enfoncé. — *Peau :* jaune verdâtre terne, largement maculée de roux autour du pédoncule, rayée de même dans le bassin ombilical et entièrement recouverte de points, de marbrures, de taches et de petites veines d'un fauve clair; le tout peu apparent. — *Chair :* très-blanche et très-fine, fondante, juteuse, exempte de granulations. — *Eau :* excessivement abondante et sucrée, acidule, hautement et savoureusement parfumée.

Poire Bonne-Thérèse.

MATURITÉ. — Commencement d'octobre et se prolongeant une quinzaine de jours.

QUALITÉ. — Première.

Historique. — Nous avons reçu ce poirier en 1860, des pépinières royales de Vilvorde-lez-Bruxelles, dirigées anciennement par feu Laurent de Bavay. Il provient des semis du conseiller Nélis, de Malines, ainsi que l'indiquait en 1860 le *Catalogue* de M. de Bavay (p. 24); mais comme il y était inscrit parmi les variétés *nouvelles*, il n'a dû fructifier que longtemps après la mort de ce conseiller, arrivée en 1834. Du reste, on n'a commencé à le propager que depuis cinq ou six ans.

Observations. — Par suite d'une mauvaise lecture, sans doute, de l'étiquette que portait ce poirier lorsqu'on nous l'expédia de Belgique, il fut, en 1863, inscrit pour la première fois dans notre *Catalogue analytique,* sous le nom de BEURRÉ Thérèse; mais cette erreur, qu'on découvrit assez promptement, ne subsistait plus en 1865; l'édition que nous publiâmes alors lui rendait sa véritable dénomination : *Bonne-Thérèse.* C'est pourquoi il nous a paru inutile de lui donner Beurré Thérèse pour synonyme; et nous pouvons même affirmer qu'il n'est sorti sous ce nom, de nos pépinières, qu'un très-petit nombre de sujets.

-POIRE BONNE DES ZÉES. — Synonyme de poire *Bonne d'Ézée.* Voir ce nom.

296. Poire BONNESERRE DE SAINT-DENIS.

Premier Type.

**Description de l'ar-
bre.** — *Bois :* de force
moyenne. — *Rameaux :*
nombreux, généralement
étalés, assez gros et assez
longs, légèrement coudés,
brun olivâtre souvent un
peu rosé, à lenticelles larges et clair-semées, à coussinets bien accusés. —
Yeux : moyens, ovoïdes,
ayant les écailles mal soudées, larges à leur base et
presqu'entièrement collés
contre le bois. — *Feuilles:*
petites, ovales-allongées,
ondulées, fortement den-
tées, portées sur un pétiole
court, bien nourri et pourvu de longues stipules.

Fertilité. — Remar-
quable.

Culture. — De bonne vigueur,
cet arbre se plaît autant sur cognassier que sur franc ; peut-être
croît-il un peu trop lentement
pendant ses deux premières années, mais ensuite on lui voit
prendre un prompt développement et former de jolies pyramides à ramification parfaite, à
feuillage abondant.

Description du fruit. —
Grosseur : au-dessus de la moyenne, ou moyenne. — *Forme :* turbinée-arrondie et régulière, comme
dans notre premier type, ou globuleuse bosselée et contournée,
comme dans le second. — *Pédoncule :* court, gros, non recourbé,
souvent renflé à son point d'attache, implanté obliquement au
milieu d'une faible dépression, et

Deuxième Type.

quelquefois se confondant, mais d'un côté seulement, avec la chair. — *Œil :* grand,
mi-clos ou fermé, rarement très-enfoncé. — *Peau :* jaune verdâtre, ponctuée,

striée, tachée de roux. — *Chair :* blanche, fine, fondante, juteuse, granuleuse auprès des loges. — *Eau :* abondante, sucrée, acidule, vineuse, douée d'un délicieux parfum.

MATURITÉ. — Du commencement de décembre jusqu'à la fin de janvier.

QUALITÉ. — Première.

Historique. — Cette poire exquise, née de semis dans nos cultures en 1863, n'a été propagée qu'en 1865. Nous l'avons dédiée à M. Bonneserre de Saint-Denis, homme de lettres et ancien secrétaire du Comice horticole d'Angers.

POIRE BONNISSIME DE LA SARTHE. — Synonyme de *Poire-Figue d'Alençon.* Voir ce nom.

POIRE DE BORDEAUX. — Synonyme de *Besi d'Héry* ou *d'Héric.* Voir ce nom.

POIRE BOSC. — Synonyme de poire *Calebasse Bosc.* Voir ce nom.

POIRE BOSCH - PEER. — Synonyme de poire *Fondante des Bois.* Voir ce nom.

POIRE BOUCHE - NOUVELLE. — Synonyme de poire *Fondante des Bois.* Voir ce nom.

POIRE DE BOUCHET. — Synonyme de poire *Ananas.* Voir ce nom.

POIRE BOUGE. — Synonyme de poire *Angélique de Bordeaux.* Voir ce nom.

POIRE BOURDON MUSQUÉ. — Synonyme de poire *Orange musquée.* Voir ce nom.

POIRE BOURGMESTRE BOUVIER. — Synonyme de poire *Bouvier Bourgmestre.* Voir ce nom.

POIRE BOURGMESTRE DELFOSSE. — Synonyme de *Beurré Philippe Delfosse.* Voir ce nom.

POIRE DE BOUTOC. — Synonyme de poire *d'Ange.* Voir ce nom.

POIRE BOUVARD DES ANGEVINS. — Synonyme de poire *Petit-Oin.* Voir ce nom.

POIRE BOUVARD MUSQUÉ. — Synonyme de poire *Parfum d'Hiver.* Voir ce nom.

---

297. POIRE BOUVIER D'AUTOMNE.

Description de l'arbre. — *Bois :* de force moyenne. — *Rameaux :* assez nombreux, gros, peu longs, érigés à la partie supérieure de la tige, étalés à la base, marron foncé nuancé de vert olivâtre, semé de quelques lenticelles saillantes des plus larges et d'un fauve très-clair ; ils ont les coussinets bien marqués. — *Yeux :* moyens ou volumineux, coniques-aigus, à écailles bombées et disjointes, généralement sortis en éperon. — *Feuilles :* grandes, elliptiques-allongées, coriaces, planes ou canaliculées, fortement dentées en scie, ayant le pétiole court, épais et roide.

Poire Bouvier d'Automne.

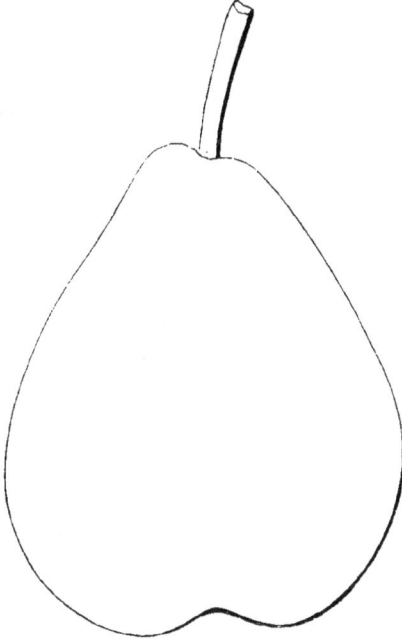

FERTILITÉ. — Excessive.

CULTURE. — Le franc est le sujet que préfère ce poirier, dont la vigueur laisse à désirer ; il développe lentement son écusson et fait des pyramides peu régulières, peu hautes.

Description du fruit. — *Grosseur :* au-dessous de la moyenne. — *Forme :* ovoïde régulière et ventrue. — *Pédoncule :* assez court, bien nourri, rarement courbé, plus ou moins obliquement implanté à fleur de peau. — *Œil :* petit, mi-clos habituellement, souvent contourné, faiblement enfoncé. — *Peau :* jaune d'or, parsemée d'énormes points brun clair, amplement marbrée de fauve et parfois légèrement bronzée sur le côté qui regarde le soleil. — *Chair :* blanc jaunâtre, mi-fine et mi-cassante, aqueuse, ayant au centre de nombreuses granulations. — *Eau :* abondante, sucrée, acidule, possédant un arome prononcé qui n'est pas sans délicatesse.

MATURITÉ. — Courant d'octobre, et atteignant difficilement la mi-novembre.

QUALITÉ. — Deuxième.

Historique. — Cette poire, qui convient essentiellement pour la vente en gros sur les marchés, nous vient de Belgique, où M. Bivort la dégusta pour la première fois en 1845 ; et le pied-mère, dit ce pomologue, appartenait aux semis de Van Mons, dans la pépinière duquel il portait le n° 6,000. (*Album de pomologie*, t. I, p. 71.) La poire Bouvier d'Automne, qu'il importe de ne pas confondre avec la suivante, Bouvier Bourgmestre, de laquelle elle s'éloigne si notablement, est à peine connue en France. Sa culture, cependant, comme fruit de verger, ne serait pas sans avantages, vu l'extrême fertilité de l'arbre et la conservation assez longue de ses produits.

298. POIRE BOUVIER BOURGMESTRE.

Synonyme. — *Poire* NOUVEAU BOUVIER BOURGMESTRE (Congrès pomologique, *Pomologie de la France*, 1863, t. I, n° 36).

Description de l'arbre. — *Bois :* fort. — *Rameaux :* nombreux, habituellement étalés ou réfléchis, gros, longs, géniculés, brun foncé tacheté de gris, à lenticelles blanchâtres, saillantes, petites, excessivement rapprochées, à coussinets bien développés. — *Yeux :* coniques ou ovoïdes-allongés, volumineux, écartés du bois, souvent même formant éperon et ayant les écailles légèrement entr'ouvertes. — *Feuilles :* de grandeur moyenne, ovales ou elliptiques, dentées régulièrement sur leurs bords et munies d'un pétiole long et grêle.

Poire Bouvier Bourgmestre.

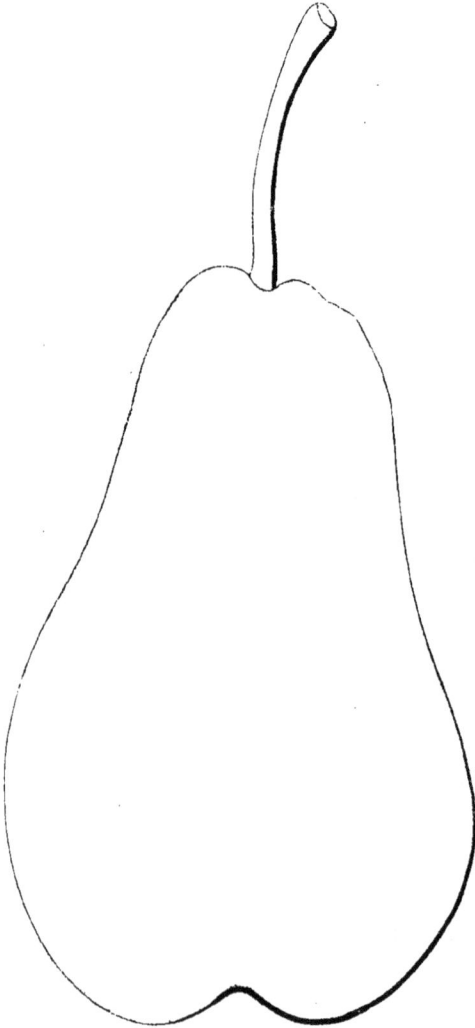

FERTILITÉ. — Ordinaire.

CULTURE. — On le greffe sur franc ou sur cognassier ; modérément vigoureux, il ne se développe convenablement qu'à partir de sa troisième année; les pyramides qu'il fait sont assez jolies, mais un peu irrégulières.

Description du fruit. — *Grosseur :* volumineuse. — — *Forme :* conique-allongée, obtuse, comprimée vers le milieu, régulière et peu ventrue. — *Pédoncule :* long, mince, arqué ou contourné, inséré dans une étroite et petite cavité dont les bords sont rarement accidentés. — *Œil :* moyen, arrondi, bien fait, placé dans un large et profond évasement souvent bosselé ou plissé. — *Peau :* jaune clair brillant, couverte de points gris peu apparents, lavée de fauve autour du pédoncule ainsi que dans le bassin ombilical, tachetée de roux et montrant généralement quelques macules noirâtres. — *Chair :* très-blanche et très-fine, fondante, juteuse, contenant au cœur de nombreuses et fortes granulations. — *Eau :* des plus abondantes, vineuse et sucrée, ayant une délicate saveur.

MATURITÉ. — Fin octobre et courant de novembre.

QUALITÉ. — Deuxième.

Historique. — La Belgique a vu naître cette variété, décrite il y a déjà plus de quinze ans par M. Alexandre Bivort, auquel nous allons emprunter les détails ci-après, la concernant :

« L'arbre qui a produit ce bon fruit provient d'un semis fait en 1824 par feu M. Bouvier, ancien bourgmestre de Jodoigne ; son premier rapport a eu lieu en 1842. » (*Album de pomologie*, 1849, t. II, p. 34.)

Observations. — On a cru pouvoir réunir, en 1859, cette poire au *Besi des*

Vétérans. Il faut alors que l'on n'ait pas eu sous les yeux la véritable Bouvier Bourgmestre, car elle ne saurait être confondue avec ce Besi, fruit à compote, mûrissant en avril ou janvier, et dont l'arbre, par son port et ses caractères, est si différent du poirier décrit ci-dessus.

---

299. Poire BRACONOT.

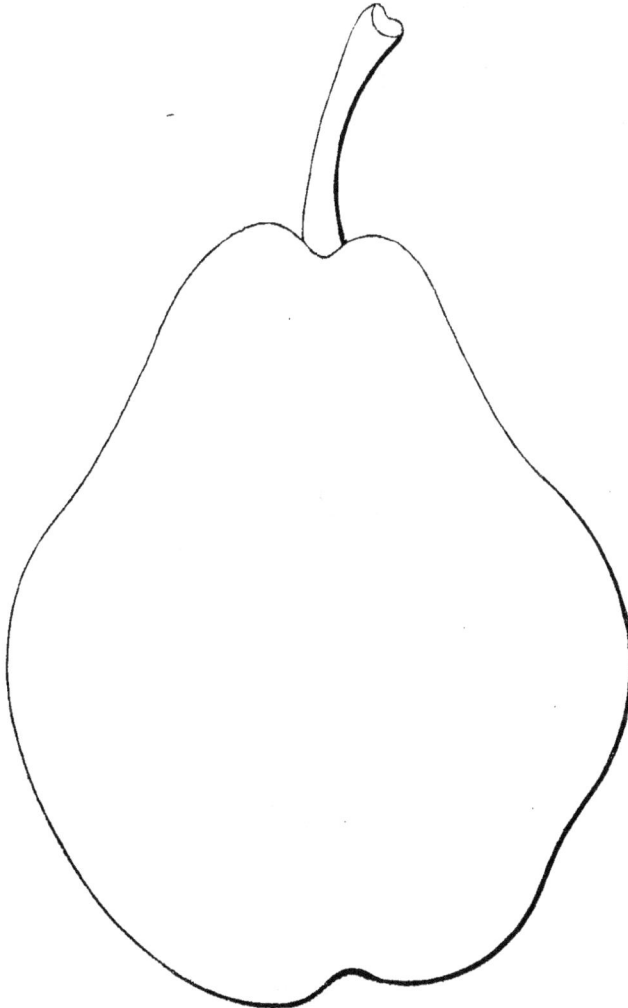

Description de l'arbre. — *Bois :* fort. — *Rameaux :* assez nombreux, étalés, gros, longs, très-flexueux, brun-gris olivâtre, lavés de rouge auprès des yeux, ayant les lenticelles fines, des plus espacées, et les coussinets peu ressortis. — *Yeux :* moyens, ovoïdes, duveteux, très-éloignés du bois, à écailles légèrement entr'ouvertes. — *Feuilles :* petites, elliptiques-arrondies, acuminées, souvent relevées en gouttière, bien dentées sur leurs bords, au pétiole long et menu.

Fertilité. — Convenable.

Culture. — Ce poirier n'offre rien de particulier dans sa croissance ; il est vigoureux, il prend indistinctement le franc ou le cognassier, comme sujet, et se développe parfaitement en pyramide.

Description du fruit. — *Grosseur :* considérable et quelquefois moins volumineuse. — *Forme :* oblongue, obtuse, excessivement ventrue, bosselée et souvent déprimée d'un côté, près de l'œil. — *Pédoncule :* long, gros, généralement assez renflé à ses extrémités, arqué, obliquement implanté au milieu d'une faible dépression. — *Œil :* grand, régulier, ouvert, peu enfoncé. — *Peau :* onctueuse, jaune d'or, entièrement ponctuée de gris-brun, portant de nombreuses petites taches verdâtres, et lavée de rouge pâle sur la face exposée au soleil. — *Chair* : jaunâtre, fine, mi-fondante, pierreuse autour des pepins. — *Eau* : rarement très-abondante, mais sucrée, acidule et parfumant délicieusement la bouche.

Maturité. — D'octobre en novembre.

Qualité. — Première.

Historique. — Le département des Vosges peut, à bon droit, classer ce nouveau poirier dans sa pomone. M. de Liron d'Airoles, prié de le faire connaître, lui consacra divers articles il y a quelques années. Voici les principaux passages de celui qu'il insérait en 1862 dans la *Revue horticole*, de Paris :

« L'arbre-mère existe dans le jardin de Mme Gahon, à Épinal ; il provient d'un semis fait en 1840 ou 1841 par feu M. Leclerc, propriétaire...... Il a 7 mètres d'élévation et 0^m 62 de tour à 0^m 50 de terre. Le premier rapport remonte à 1851 ou 1852. C'est à M. Braconot aîné, jardinier-pépiniériste à Épinal, que cet arbre précieux doit sa conservation, et il paraît très-juste qu'il prenne le nom de son protecteur..... L'identité de ce gain a été constatée par un procès-verbal d'une Commission de la Société d'Arboriculture d'Épinal, qu'a bien voulu nous adresser M. de Franoux, son honorable président. » (Année 1862, Juillet, pp. 271-272.)

300. Poire BRANDES.

Synonyme. — *Poire* Saint-Germain Brandes (A. Bivort, *Album de pomologie*, 1850, t. III, p. 55-56).

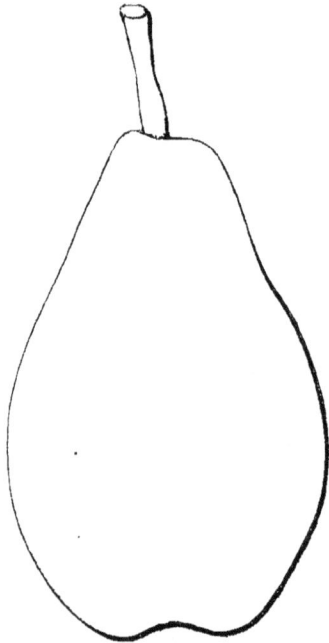

Description de l'arbre. — *Bois* : faible. — *Rameaux* : peu nombreux, étalés, grêles, assez longs, coudés, vert-brun clair, finement et abondamment ponctués, à coussinets saillants. — *Yeux* : moyens, ovoïdes-obtus, légèrement écartés du scion et quelquefois sortis en courts éperons. — *Feuilles* : petites, lancéolées, faiblement dentelées ou crénelées, ayant le pétiole long et menu.

Fertilité. — Grande.

Culture. — Il n'est pas vigoureux et croît si lentement sur cognassier, qu'on doit plutôt le greffer sur franc ; ses pyramides, toujours chétives, sont en outre par trop dépourvues de feuilles.

Description du fruit. — *Grosseur* : au-dessous de la moyenne et parfois plus volumineuse. — *Forme* : ovoïde-allongée, légèrement ventrue, souvent un peu comprimée à ses extrémités. — *Pédoncule* : court, bien nourri, renflé à la base, rarement très-recourbé, obliquement implanté à fleur de peau. — *OEil* : petit, ouvert, régulier, à peine enfoncé. — *Peau* : jaune verdâtre, ponctuée, marbrée de roux et largement lavée de même, surtout autour du pédoncule. — *Chair* : blanche, fine, excessivement fondante, granuleuse au centre. — *Eau* : suffisante, sucrée, musquée, des plus savoureuses.

MATURITÉ. — De la mi-novembre à la mi-décembre.

QUALITÉ. — Première.

Historique. — Van Mons gagnait cette variété dans sa pépinière de Louvain (Belgique), il y a bientôt un demi-siècle. Elle s'est répandue rapidement en France, en Allemagne, en Amérique et en Angleterre. Si nous interrogeons les ouvrages du pomologue qui fut mis à la tête des collections de Van Mons, après la mort de ce célèbre arboriculteur, nous trouvons sur la poire Brandes les renseignements suivants :

« Elle provient d'un semis du professeur Van Mons. Son premier rapport date de 1818. L'auteur, la regardant comme une sous-variété de la *Saint-Germain*, l'a inscrite primitivement sous ce nom ; elle a ensuite été dédiée au savant *Brandes*, conseiller d'État, docteur et professeur de chimie à Salzuffeln. » (Alexandre Bivort, *Album de pomologie*, 1850, t. III, p. 56.)

Observations. — Il existe une poire *Saint-Germain Van Mons ;* d'après le passage qu'on vient de lire, elle pourrait être supposée la même que la Brandes, dont le synonyme Saint-Germain Brandes rend encore plus facile une telle confusion. Ces deux poiriers étant dans notre école, nous affirmons qu'ils n'ont entr'eux, ainsi que leurs produits, aucune identité ; on ne doit donc pas songer à les réunir.

POIRE BRANDICK'S FIELD STANDARD. — Synonyme de poire *Marie-Louise Delcourt*. Voir ce nom.

---

301. POIRE BRANDYWINE.

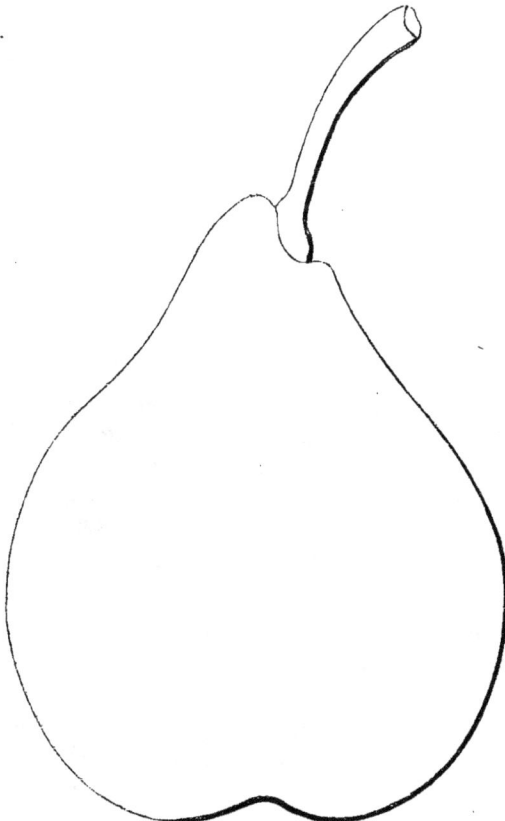

Description de l'arbre. — *Bois :* assez fort. — *Rameaux :* nombreux, érigés, un peu grêles, longs, géniculés, duveteux, brun clair jaunâtre, ayant les lenticelles grosses, abondantes, très-apparentes, les coussinets bien accusés et les mérithalles courts. — *Yeux:* ovoïdes, volumineux, légèrement cotonneux, presqu'entièrement collés au bois. — *Feuilles :* petites, habituellement ovales-allongées, faiblement dentées ou crénelées, à pétiole court et épais.

FERTILITÉ. — Grande.

CULTURE. — Arbre vigoureux, quoique d'un développement ordinaire, tout sujet lui convient ; il prend constamment une forme pyramidale très-satisfaisante, très-régulière.

Description du fruit. — *Grosseur :* au-dessus de la

moyenne. — *Forme :* turbinée |plus ou moins obtuse, généralement bien ventrue
et parfois s'amincissant subitement près du sommet. — *Pédoncule :* long, arqué,
peu fort, mais renflé à l'attache et excessivement charnu à la base, obliquement
implanté à la surface, et souvent en dehors de l'axe du fruit. — *Œil :* petit ou
moyen, mi-clos ou des plus ouverts, presque saillant. — *Peau :* jaune orangé,
ponctuée de gris et de brun, largement maculée de fauve clair autour du pédoncule ainsi que dans le voisinage de l'œil, et nuancée de carmin sur la partie
regardant le soleil. — *Chair :* blanchâtre, demi-fine, fondante, rarement granuleuse. — *Eau :* suffisante ou abondante, sucrée, non acidule, vineuse, fort délicate
quoique n'étant pas toujours très-aromatique.

MATURITÉ. — De juillet en août.

QUALITÉ. — Première.

Historique. — Ce poirier appartient aux collections américaines; il poussa
spontanément, se propagea très-vite, grâce à l'excellence de ses fruits, et fut en
1856 décrit par M. Hovey, de Boston, dans sa remarquable pomologie, d'où nous
allons extraire, en le traduisant, le paragraphe ci-dessous, relatif à la naissance,
et surtout au glorieux nom de cette variété américaine :

« Le pied-mère naquit dans le comté de Delaware (Pensylvanie). Trouvé près d'une haie
à Chaddsforth, sur la ferme d'Élie Harvey, il fut transplanté dans le jardin de M. George
Brinton, même localité. Or, ce jardin étant baigné par la Brandywine, et occupant une partie du terrain où campèrent les Américains qui défendirent la contrée lors de la bataille
dite de Brandywine, on s'est, à juste titre, inspiré d'un tel souvenir pour donner à cette
poire le nom qu'on lui voit aujourd'hui. L'arbre qui l'a produite fructifia pour la première
fois en 1820. Brisé par un ouragan en 1835, il allait disparaître, sans un rejeton que donnèrent ses racines et qui dès 1844 produisit des fruits. Voilà pourquoi ce poirier demeura
longtemps inconnu; mais à partir de cette dernière année il attira immédiatement, et généralement, l'attention de nos horticulteurs. » (*The Fruits of America*, t. II, p. 51.)

Quant à nous, nous le livrions au commerce en 1855, après l'avoir reçu
d'Amérique en 1852.

POIRE BRETONNEAU. — Synonyme de *Beurré Bretonneau*. Voir ce nom.

---

302. POIRE DU BREUIL PÈRE.

Description de l'arbre. — *Bois :* fort. — *Rameaux :* nombreux, arqués et
étalés, très-gros, peu longs, coudés, rouge ardoisé, à lenticelles larges et clair-
semées, à coussinets des plus accusés, à mérithalles généralement courts. — *Yeux :*
ovoïdes, volumineux, cotonneux, presque toujours sortis en éperon et ayant les
écailles entr'ouvertes. — *Feuilles :* assez grandes, habituellement elliptiques, profondément dentées sur leurs bords, munies d'un pétiole long et épais.

FERTILITÉ. — Abondante.

CULTURE. — Vigoureux et développant hâtivement son écusson, ce poirier se
greffe sur toute espèce de sujet ; ses pyramides ne laissent rien à désirer.

Description du fruit. — *Grosseur :* au-dessous de la moyenne et parfois un
peu plus volumineuse. — *Forme :* arrondie, écrasée, irrégulière, constamment
mamelonnée au sommet. — *Pédoncule :* court, assez gros, non arqué, obliquement

I.   32

implanté, excessivement charnu à la base, continu d'un côté avec le fruit. — *Œil:* petit, mi-clos, souvent contourné, à peine enfoncé. — *Peau :* vert clair, entièrement ponctuée et veinée de fauve, maculée de même autour du pédoncule et

Poire Du Breuil père.

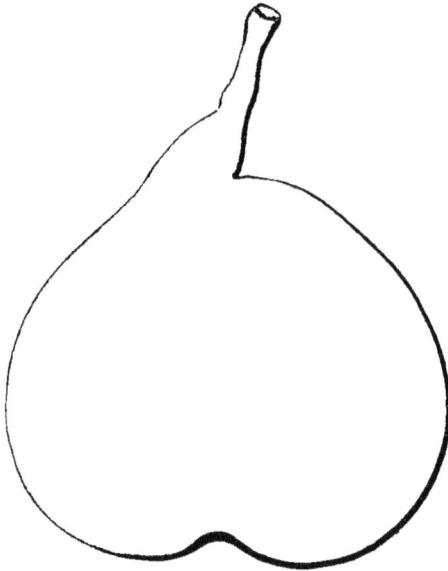

généralement rayée de brun dans le bassin ombilical. — *Chair :* blanche, fine, ferme, fondante, aqueuse, très-rarement granuleuse auprès des loges. — *Eau :* d'une abondance extrême, sucrée, acidule, vineuse, ayant un arrière-goût musqué aussi savoureux que délicat.

MATURITÉ.—Vers la mi-septembre.

QUALITÉ. — Première.

Historique. — Le 7 septembre 1851, feu Prévost, alors président du Cercle pratique d'Horticulture et de Botanique de la Seine-Inférieure, lisait aux membres de cette Société une notice sur ce délicieux fruit, que l'on venait d'obtenir à Rouen. Parmi les faits qu'il y a consignés, nous croyons devoir reproduire les suivants :

« En 1840, M. Alphonse Du Breuil, professeur d'arboriculture au Jardin botanique de la ville de Rouen, sema des pepins de plusieurs variétés de bonnes poires de dessert... Les jeunes plants résultant de ce semis, une fois bien développés, chacun d'eux a été greffé sur cognassier, puis numéroté... Dès 1851 beaucoup ont fructifié abondamment, et ce sont les variétés... qu'avec l'autorisation du producteur nous allons *nommer* et décrire :.... *Poire Du Breuil père*. Elle provient des pepins de la Bonne-Louise d'Avranches... et le Cercle l'a dédiée à M. Du Breuil père, jardinier en chef et conservateur de notre Jardin botanique. » (*Bulletins*, t. VII, pp. 149 et 153.)

Observations. — Outre la poire Du Breuil père, il existe une poire *Professeur Du Breuil*, provenant du même semis que la première, et ainsi appelée en l'honneur de M. Alphonse Du Breuil fils, son obtenteur. La dénomination presque conforme de ces deux variétés ne saurait donc être un indice de synonymie. Cependant comme elles mûrissent l'une et l'autre en septembre, et possèdent certains rapports de forme, il nous a paru nécessaire de présenter ici cette courte explication. — Les pomologues qui se sont occupés du fruit que nous venons de décrire, ont généralement fait un *seul mot* du nom Dubreuil. Nous n'avons pas suivi leur exemple, afin de nous conformer à l'orthographe même adoptée par MM. Du Breuil, sur les ouvrages desquels il est écrit en deux mots.

---

303. POIRE BRIALMONT.

Description de l'arbre. — *Bois :* faible. — *Rameaux :* assez nombreux, étalés, de grosseur moyenne, courts, légèrement coudés, brun-fauve ombré de gris, largement et abondamment ponctués de blanc jaunâtre, ayant les coussinets peu ressortis. — *Yeux :* petits, ovoïdes, à écailles mal soudées, duveteux, collés contre l'écorce. — *Feuilles :* grandes, ovales, acuminées, dentées profondément sur leurs bords, canaliculées, contournées, au pétiole fort et des plus longs.

Poire Brialmont.

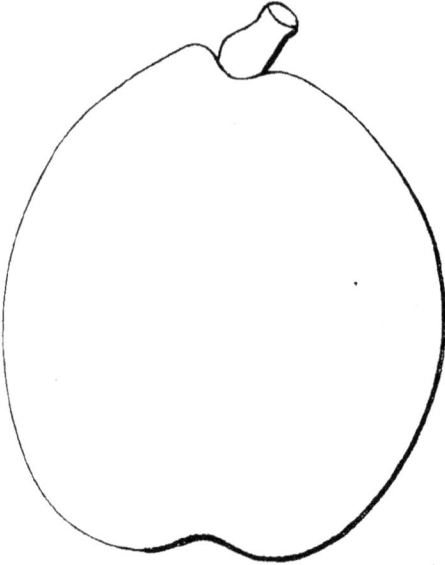

FERTILITÉ. — Satisfaisante.

CULTURE. — De croissance tardive, et peu vigoureux, ce poirier prospère mieux sur franc que sur cognassier; ses pyramides, basses et très-irrégulières, sont en outre beaucoup trop dépourvues de feuilles.

Description du fruit. — *Grosseur :* moyenne. — *Forme :* sphérique ou ovoïde-arrondie, généralement mamelonnée au sommet. — *Pédoncule :* excessivement court, gros, non recourbé, renflé et charnu à la base, obliquement implanté à la surface. — *Œil :* petit, bien fait, ouvert, presque saillant. — *Peau :* vert jaunâtre, couverte de points, de marbrures et de taches gris-roux, mais particulièrement sur la partie exposée au soleil. — *Chair :* très-blanche, compacte, fine, demi-fondante, marcescente, contenant quelques pierres autour des loges. — *Eau :* peu abondante, sucrée, douée d'un parfum assez savoureux.

MATURITÉ. — Commencement d'octobre.

QUALITÉ. — Deuxième.

Historique. — Le poirier Brialmont, que nous multiplions depuis 1850, est sorti, paraît-il, des semis de Van Mons. En 1852 M. Tougard, président de la Société d'Horticulture de Rouen, disait avoir trouvé ce renseignement dans le *Catalogue* de M. Bivort, alors directeur des pépinières de la Société Van Mons, à Geest-Saint-Remy (Belgique), mais il ne précisait pas l'époque à laquelle l'obtention de cette espèce aurait eu lieu. (Voir *Tableau analytique des variétés de poires*, p. 47.) Nous n'avons rencontré aucun nouveau détail sur ce fruit très-peu connu, même à Bruxelles; et ceci nous conduit à penser que la Brialmont pourrait fort bien, grâce à quelque mauvaise lecture d'étiquette, n'être autre qu'une certaine poire *Berlaimont* décrite en 1825 par le docteur Diel, de Stuttgardt (*Vorzügl. Kernobstsorten*, t. III, p. 100). Forme, peau, chair, maturité, tout autorise un tel rapprochement; et de plus le nom de Van Mons apparaît aussi, dans l'ouvrage de Diel, comme celui du propagateur de la Berlaimont. « J'en ai reçu des greffes — écrit le « docteur — en 1819, du professeur Van Mons, qui page 578 de son *Traité des arbres « fruitiers* annonce qu'elle provient du couvent de Berlaimont. » Il existe en France, près d'Avesnes (Nord), une petite ville appelée Berlaimont. Est-ce là qu'a poussé le poirier dont parlaient ainsi ces deux pomologues?... Enfin les poires Brialmont et Berlaimont sont-elles identiques?... Voilà des questions auxquelles on ne saurait encore répondre, mais qu'il importe de poser, afin au moins d'éveiller sur elles l'attention d'autrui.

304. Poire BRIFFAUT.

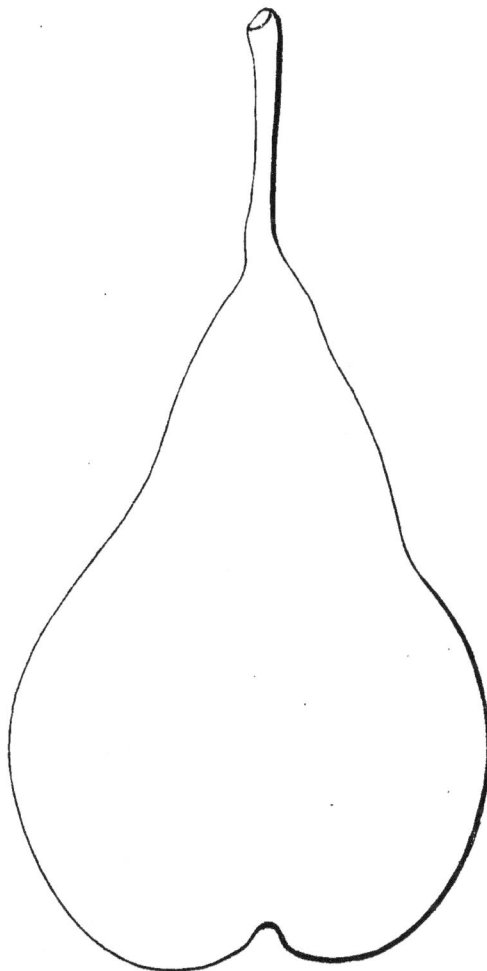

Description de l'arbre. — *Bois :* assez fort. — *Rameaux :* nombreux, érigés, de moyenne grosseur, longs, peu coudés, brun jaunâtre clair, à lenticelles larges et abondantes, à coussinets presque aplatis. — *Yeux :* petits, coniques, aigus, non appliqués contre le bois. — *Feuilles :* grandes, ovales, acuminées, planes ou canaliculées, ayant les bords profondément dentés, le pétiole court, épais et rougeâtre à son point d'attache.

Fertilité. — Excessive.

Culture. — La vigueur de cet arbre permet de le greffer indistinctement sur cognassier ou sur franc ; il se développe rapidement et sa forme pyramidale est des plus convenables.

Description du fruit. — *Grosseur :* au-dessus de la moyenne. — *Forme :* turbinée extrêmement allongée, régulière, souvent un peu bosselée près du sommet. — *Pédoncule :* long, mince, droit ou arqué, obliquement ou perpendiculairement implanté, et continu avec le fruit. — *Œil :* grand, arrondi, ouvert, légèrement enfoncé et quelquefois presque saillant. — *Peau :* vert herbacé, maculée de fauve autour du pédoncule, ponctuée de marron du côté de l'ombre et de gris-blanc du côté du soleil, où elle est en outre entièrement lavée de rouge vif et brillant. — *Chair :* blanchâtre, juteuse, fine et fondante, à peine pierreuse. — *Eau :* toujours fort abondante, assez acidule, bien sucrée, délicate quoique peu parfumée.

Maturité. — Fin juillet et commencement d'août.

Qualité. — Première, en raison surtout de son volume et de sa précocité.

Historique. — Le nom que porte cette poire est celui de son obtenteur, M. Briffaut, décédé en 1866, dans sa 75e année, à la Manufacture de Sèvres, où depuis 1827 il remplissait les fonctions de jardinier en chef. Semeur heureux, il a propagé plusieurs nouveautés très-appréciées de nos pépiniéristes, et qui toutes ont reçu de la Société d'Horticulture de Paris les lettres de recommandation les plus flatteuses. Quant à la variété décrite ci-dessus, ce fut M. Decaisne, membre de l'Institut et directeur des cultures au Muséum, qui la dégusta le premier, la nomma et la fit connaître en ces termes, au mois de novembre 1854 :

« Ce beau fruit nous a été présenté en parfait état de maturité dans les premiers jours d'août; il dépasse, soit par son volume, soit par son brillant coloris, toutes les poires d'été connues jusqu'à ce jour..... Nos éloges seraient sans restriction si cette jolie poire se conservait plus longtemps; mais elle offre l'inconvénient inhérent à toutes les variétés hâtives, celui de passer très-vite; en deux ou trois jours, en effet, le fruit se ternit et devient pâteux. Quoi qu'il en soit, la *Poire Briffaut* devra prendre place à plus d'un titre dans nos vergers... Nous avons dû lui appliquer un nom qui perpétuât celui du jardinier intelligent auquel nous la devons. M. Briffaut l'a mise en vente cette année même. » (*Revue horticole*, 4e série, t. III, p. 401.)

Poire BRILLANTE. — Synonyme de poire *Fondante des Bois*. Voir ce nom.

305. Poire BRINDAMOUR.

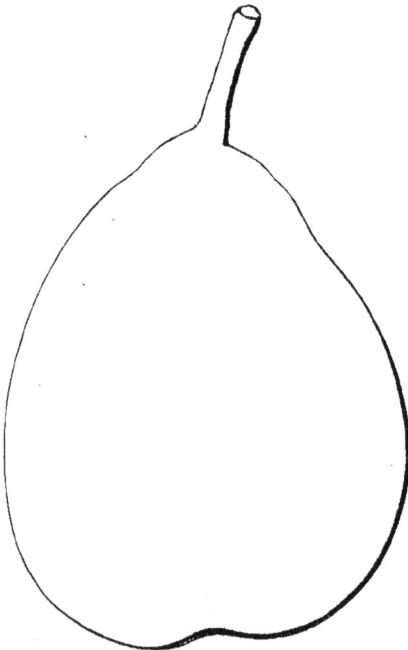

Description de l'arbre. — *Bois :* assez fort. — *Rameaux :* nombreux, érigés, gros, longs, flexueux, légèrement cotonneux, brun olivâtre cendré, ayant les lenticelles larges, très-espacées, et les coussinets ressortis. — *Yeux :* énormes, coniques-pointus, à écailles faiblement entr'ouvertes, écartés du bois. — *Feuilles :* grandes, ovales ou elliptiques, finement crénelées ou presque entières sur leurs bords, munies d'un pétiole court et bien nourri.

Fertilité. — Remarquable.

Culture. — Cet arbre, de vigueur ordinaire, se greffe sur franc ou sur cognassier; son développement est un peu tardif, mais il fait néanmoins de belles pyramides.

Description du fruit. — *Grosseur :* moyenne. — *Forme :* turbinée, obtuse, quelque peu bosselée et ventrue. — *Pédoncule :* court, assez gros, non recourbé, renflé à la base, obliquement implanté à la surface et souvent continu d'un côté avec le fruit. — *OEil :* grand, régulier, très-ouvert, presque saillant. — *Peau :* bronzée, rude au toucher, ponctuée et réticulée de fauve, tachée de vert clair autour du pédoncule et marbrée de même sur la face exposée au soleil — *Chair :* blanchâtre, fine, molle, fondante, aqueuse, sans granulations. — *Eau :* des plus abondantes, sucrée, acidule, très-agréablement parfumée et douée d'une saveur toute particulière.

Maturité. — Du commencement de novembre jusqu'à la fin de décembre.

Qualité. — Première.

Historique. — Originaire du département de la Vienne, ce poirier daté du commencement de notre siècle, mais il n'est un peu connu que depuis une dizaine d'années. Nous le propageons depuis 1855 et le devons à M. Bruant, pépiniériste à Poitiers, et qui plus tard l'envoyait également au Jardin des Plantes de Paris, avec cette note publiée par M. Decaisne en 1864 :

« La souche de tous les poiriers Brindamour existe encore dans le jardin de M. Hector Cottineau, à Bourpeuil, commune du Vigeant, près l'Isle-Jourdain (Vienne); c'est un arbre de plein-vent, âgé de soixante ans environ, que l'on sait par tradition avoir été donné par un cultivateur nommé Brindamour et de la commune de Vigeant. C'est donc par erreur qu'on en a attribué la découverte à M. Letourneur, juge de paix à Lusignan. » (*Le Jardin fruitier du Muséum*, t. VI.)

Poire BRITISH QUEEN. — Synonyme de poire *Reine de la Grande-Bretagne*. Voir ce nom.

Poire BRONZÉE. — Synonyme de *Beurré bronzé*. Voir ce nom.

306. Poire BROOM PARK.

Synonyme. — *Poire* Croom-Park (Biedenfeld, *Handbuch aller bekannten Obstsorten*, 1854, t. I, p. 108).

Description de l'arbre. — *Bois* : fort. — *Rameaux* : habituellement peu nombreux, régulièrement étalés, gros, très-longs, coudés, jaune-brun nuancé de rouge pâle, à lenticelles fines et clair-semées, à coussinets aplatis. — *Yeux* : petits, ovoïdes-obtus, souvent cotonneux, écartés du bois et quelquefois sortis en courts éperons. — *Feuilles* : moyennes, vert jaunâtre, généralement un peu rosées, ovales-arrondies, faiblement crénelées et canaliculées (surtout celles du sommet), portées sur un pétiole court, gros et lavé de carmin.

Fertilité. — Extrême.

Culture. — Ce poirier, de vigueur modérée, se plaît sur toute espèce de sujet; sa croissance est assez tardive; il ne se développe bien qu'à l'âge de trois ans; ses pyramides sont fortes, très-hautes, mais trop peu ramifiées pour être irréprochables.

Description du fruit. — *Grosseur* : au-dessus de la moyenne et souvent volumineuse. — *Forme* : arrondie, bosselée, aplatie à ses extrémités. — *Pédoncule* court ou de moyenne longueur, formant bourrelet à son point d'attache, assez gros, arqué, obliquement inséré dans une étroite et peu profonde cavité plissée sur les bords. — *Œil :* petit ou moyen, clos ou mi-clos, contourné, placé dans un vaste bassin où généralement il est très-enfoncé. — *Peau :* rugueuse, épaisse, jaune verdâtre, presqu'entièrement ponctuée, réticulée et marbrée de brun-roux, fortement maculée de même autour de l'œil. — *Chair :* blanchâtre, demi-fine et demi-fondante, juteuse, contenant au centre de nombreuses granulations. — *Eau :* des plus abondantes et des plus sucrées, rafraîchissante, acidule, douée d'une saveur exquise et d'un parfum bien prononcé.

MATURITÉ. — Elle a lieu parfois dès le mois de novembre; mais ordinairement elle commence fin décembre et va jusqu'en février.

QUALITÉ. — Première.

Historique. — L'obtenteur de la Broom Park est Thomas-Andrew Knight, arboriculteur et naturaliste fort distingué, qui longtemps secrétaire puis président de la Société d'Horticulture de Londres, mourut en 1838. Il décrivit cette variété au mois d'octobre 1835, dans les *Transactions* de ladite Société (2ᵉ série, t. II, pp. 62 et 65); et pour lors elle ne faisait encore que paraître, puisqu'il annonce au début de l'article où ce fruit est mentionné, qu'il va parler des *nouvelles* poires sorties de ses semis.

Observations. — Nous avons, avec beaucoup d'autres pépiniéristes, enregis- tré longtemps la poire *Shobden Court* comme un synonyme de la Broom Park. Aujourd'hui, tout a démontré que ces noms appartiennent bien, au contraire, à deux variétés distinctes. C'est l'opinion du Congrès pomologique, celle du docteur Robert Hogg, de Londres, et la nôtre aussi. Du reste Thompson, dont le *Catalogue* jouit d'une si grande estime, ne s'y était pas trompé : on le voyait en effet, dès 1842, inscrire ces poiriers au rang des espèces; et cela seul eût dû nous empêcher de croire, sur simple parole, à l'identité dont quelques-uns de nos confrères les supposèrent doués.

POIRE BROUGHAM. — Synonyme de *Beurré Brougham*. Voir ce nom.

---

307. POIRE LE BRUN.

Description de l'arbre. — *Bois :* assez fort. — *Rameaux :* nombreux, très- étalés, de grosseur moyenne, courts, légèrement coudés, vert foncé ombré de brun clair, à lenticelles apparentes et rapprochées, à coussinets saillants. — *Yeux :* volumineux ou moyens, ovoïdes ou coniques, en partie collés contre le bois et ayant les écailles mal soudées. — *Feuilles :* habituellement ovales ou elliptiques, faiblement mais régulièrement dentées, portées sur un pétiole assez court et assez grêle.

FERTILITÉ. — Satisfaisante.

CULTURE. — Le cognassier lui convient parfaitement; il se montre, sur ce sujet, vigoureux et rustique; sa croissance y est hâtive; quant à ses pyramides, leur trop grande irrégularité les rend peu recommandables.

Description du fruit. — *Grosseur :* au-dessus de la moyenne et parfois plus considérable. — *Forme :* conique très-allongée, légèrement obtuse et presque

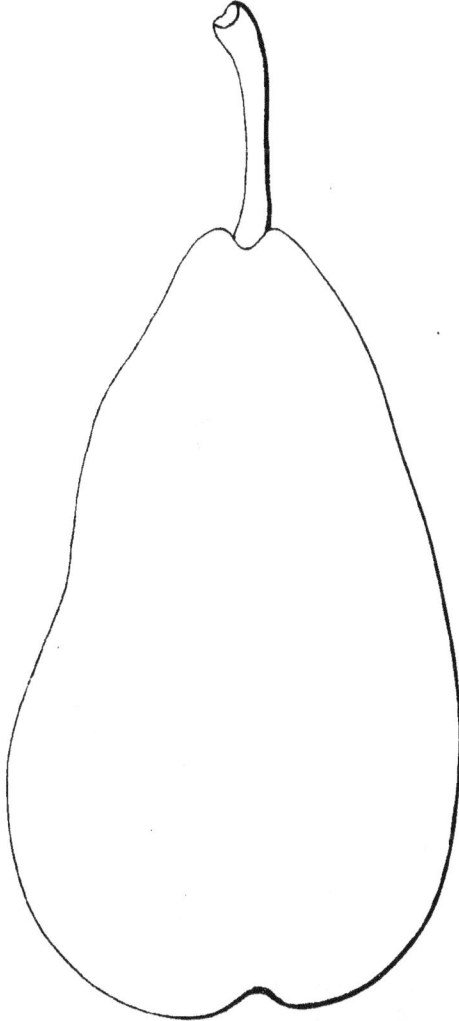

toujours bosselée et quelque peu contournée, surtout vers le sommet. — *Pédoncule :* assez long et assez nourri, renflé à ses extrémités, recourbé, inséré au milieu d'une étroite cavité ou implanté à la surface du fruit. — *Œil :* petit ou moyen, mi-clos, à peine enfoncé. — *Peau :* jaune brillant, ponctuée de brun clair, très-largement maculée de fauve auprès de l'œil et du pédoncule, et souvent même sur la partie qui regarde le soleil. — *Chair :* blanc jaunâtre, demi-fine et compacte, fondante, aqueuse, rarement pierreuse et rarement pourvue de pepins. — *Eau :* abondante, sucrée, peu acidule, savoureuse, mais douée d'un parfum excessivement musqué qui souvent nuit à sa délicatesse.

Poire Le Brun.

MATURITÉ. — Fin septembre et commencement d'octobre.

QUALITÉ. — Première.

Historique. — Voici dans quels termes M. Le Brun-Dalbanne, président de la Société d'Horticulture de l'Aube, établissait il y a quelques années l'origine de cette poire qu'on lui a dédiée :

« M. Gueniot, pépiniériste à Troyes, a semé vers décembre 1855 des pepins, mêlés, de Doyenné d'Hiver et de Beurré d'Arenberg, recueillis sur des fruits récoltés chez lui. En mars 1856 il a obtenu de jeunes plants. Il les a tous repiqués sur le bord d'un petit ruisseau dérivé de la Seine..... Il n'a greffé aucun de ses plants. Sur l'un d'eux il a recueilli trois poires en 1862, et quarante-cinq en 1863. » (*Revue horticole,* année 1864, p. 371.)

A ceci il est bon d'ajouter que la poire Le Brun figurait en 1863 à l'exposition horticole de la ville de Troyes, et qu'elle y valut à son obtenteur, M. Gueniot, une grande médaille de vermeil.

POIRE BRUTE-BONNE D'AUTOMNE. — Synonyme de poire *Caillot rosat.* Voir ce nom.

POIRE BRUTE-BONNE D'ÉTÉ. — Synonyme de poire *Grise-Bonne.* Voir ce nom.

Poire BRUTE-BONNE DE PRINTEMPS. — Synonyme de poire *de Saint-Père*. Voir ce nom.

Poire DE BUFFAM. — Synonyme de poire *Buffum*. Voir ce nom.

------

308. Poire BUFFUM.

Synonyme. — *Poire* De Buffam (Thompson, *Catalogue of fruits of the horticultural Society of London*, 1842, p. 131).

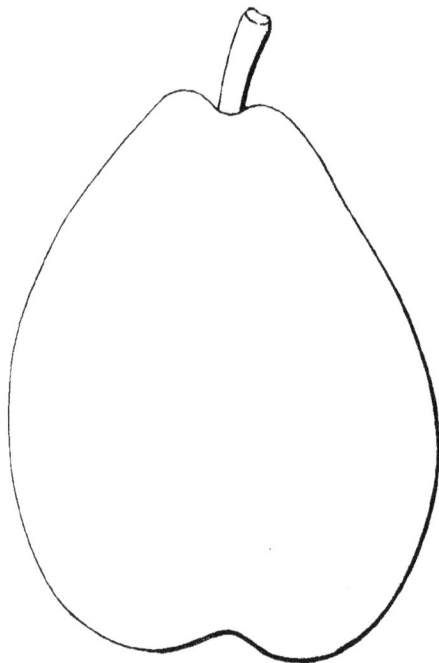

Description de l'arbre. — *Bois :* très-fort. — *Rameaux :* des plus nombreux, régulièrement érigés, excessivement gros, assez longs, peu géniculés, fauve rougeâtre, tachetés de gris, ayant les lenticelles démesurément larges, extraordinairement abondantes, et les coussinets presque aplatis. — *Yeux :* énormes, coniques ou ovoïdes, à écailles bombées et disjointes, cotonneux, non appliqués contre l'écorce. — *Feuilles :* d'un beau vert foncé, légèrement coriaces, de grandeur moyenne, arrondies, faiblement acuminées, à bords denticulés, à pétiole un peu court, très-épais et accompagné de longues stipules.

Fertilité. — Convenable.

Culture. — Cet arbre, dont la vigueur est extrême, se greffe plutôt sur cognassier que sur franc ; son écusson se développe vite ; ses pyramides, bien ramifiées, fort touffues, sont irréprochables sous tous les rapports.

Description du fruit. — *Grosseur :* moyenne. — *Forme :* ovoïde légèrement ventrue. — *Pédoncule :* court, arqué, bien nourri, inséré dans un évasement assez prononcé. — *Œil :* grand, régulier, ouvert, faiblement enfoncé. — *Peau :* d'un beau jaune clair, tachée de brun, lavée de rouge sombre sur la face exposée au soleil et ponctuée de fauve et de gris. — *Chair :* blanchâtre, fine, fondante, non pierreuse. — *Eau :* suffisante, sucrée, possédant un parfum très-agréable.

Maturité. — Vers la mi-septembre.

Qualité. — Première.

Historique. — On nous l'envoya d'Amérique au mois de mars 1852 ; elle porte le nom de son obtenteur et fut gagnée de semis avant 1834. Le pomologue Hovey, de Boston, en établit ainsi l'origine :

« Elle est native de l'État du Rhode-Island (Amérique du Nord), où M. David Buffum, de Warren, l'obtint dans son jardin. Nous croyons que ce fut M. Robert Manning qui la propagea autour de Boston. Dès qu'elle eut mûri chez lui, à Salem, ce pépiniériste la soumit à l'examen de la Société d'Horticulture du Massachusetts, puis en donna une courte description dans le *Mazagine of horticulture* (1837, t. III, p. 16). Depuis lors, on l'a multipliée de tous cotés, dans le pays. » (*Fruits of America*, 1856, t. II, p. 19.)

Ce passage, traduit textuellement de la Pomologie de Hovey, prouve donc que le nom de cette poire ne vient pas, comme on l'avait supposé tout récemment, du mot anglais *buff*, voulant dire couleur chamois; et qu'il ne lui a pas été appliqué, non plus, en raison de la nuance de sa peau, habituellement jaune clair.

Observations. — Nous rappelons ici ce que nous avons dit à l'article *Bergamote Bufo* (pp. 228-229) : qu'en dehors d'une très-grande ressemblance de nom, la poire *Buffum* n'a rien de commun avec cette Bergamote.

Poire BUGIARDA (des Italiens). — Synonyme de poire *Épine d'Été*. Voir ce nom.

Poire BUGIARDA (du Muséum de Paris). — Synonyme de *Bon-Chrétien de Bruxelles*. Voir ce nom.

Poire du BUGY. — Synonyme de *Bergamote du Bugey*. Voir ce nom.

Poire BUJALEUF (en Angoumois). — Synonyme de poire *Virgouleuse*. Voir ce nom.

C

309. Poire de CADEAU.

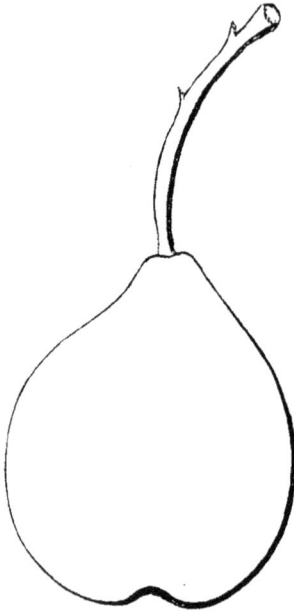

Description de l'arbre. — *Bois :* fort. — *Rameaux :* assez nombreux, généralement étalés, de longueur moyenne, gros, peu coudés, brun clair cendré, à lenticelles larges et espacées, à coussinets aplatis. — *Yeux :* très-volumineux, ovoïdes-pointus ou coniques, écartés du bois et ayant les écailles bombées et disjointes. — *Feuilles :* grandes, ovoïdes-arrondies, acuminées, légèrement dentelées ou presque entières sur leurs bords, à pétiole court, roide et gros.

Fertilité. — Prodigieuse.

Culture. — Le franc lui convient mieux que le cognassier; il s'y développe rapidement et fait pour les vergers des plein-vent irréprochables.

Description du fruit. — *Grosseur :* petite. — *Forme :* turbinée ou ovoïde-arrondie, habituellement plus ventrue d'un côté que de l'autre. — *Pédoncule :* très-long, menu, contourné ou recourbé, souvent épineux, implanté à la surface du fruit. — *Œil :* des plus larges et des plus développés, ouvert, régulier, presque saillant. — *Peau :* épaisse, jaune verdâtre ou jaune-paille, finement ponctuée et striée de gris-brun, maculée de même autour de l'œil et du pédoncule. — *Chair :* jaunâtre, grosse, mi-cassante, excessivement granuleuse. — *Eau :* rarement abondante, sucrée, douceâtre, peu savoureuse.

Maturité. — Fin juillet et commencement d'août.

Qualité. — Troisième.

Historique. — Particulièrement cultivée dans les environs d'Angers, cette variété y est connue depuis de longues années, et nous l'en croyons originaire. Sa ressemblance avec la poire Citron des Carmes pourrait amener quelque confusion, si l'on ne savait que la maturité de ces deux fruits a lieu à des époques fort distinctes. Le Citron des Carmes se mange dès la fin de juin ou dans la première huitaine de juillet, un mois, par conséquent, avant la poire de Cadeau, qui de plus lui est inférieure en qualité. — La fertilité si remarquable du présent poirier le fait rechercher pour l'approvisionnement des marchés; c'est elle aussi qui probablement lui aura valu le nom qu'il porte.

Poire de CADET. — Synonyme de poire *de la Voie aux Prêtres.* Voir ce nom.

---

310. Poire CADET DE VAUX.

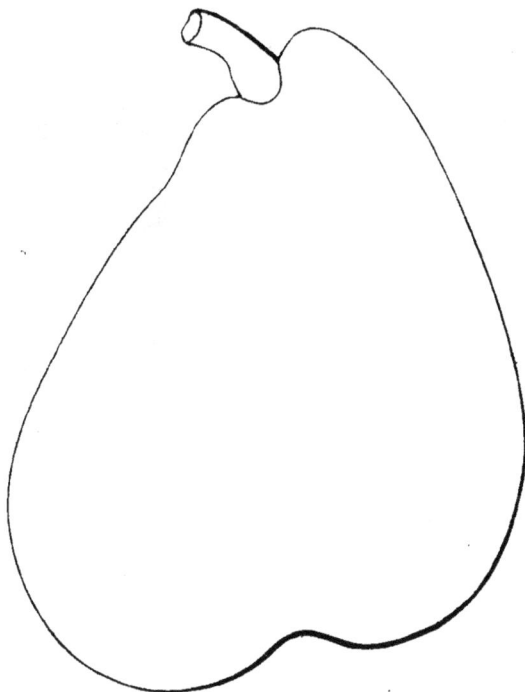

Description de l'arbre.
— *Bois :* de force moyenne. — *Rameaux :* nombreux, érigés près du sommet de la tige, étalés à la base, longs, très-gros, très-géniculés, duveteux, brun olivâtre légèrement nuancé de rouge clair dans le voisinage des yeux, ayant les lenticelles apparentes, nombreuses, les mérithalles courts et les coussinets excessivement saillants. — *Yeux :* assez volumineux, coniques, à écailles entr'ouvertes, non appliqués contre l'écorce et souvent même sortis en éperon. — *Feuilles :* abondantes, vert clair, habituellement ovales-allongées, faiblement dentées ou crénelées, portées sur un pétiole épais, un peu court, flasque et accompagné de longues stipules.

Fertilité. — Grande.

Culture. — Vigoureux, cet arbre se greffe sur franc ou sur cognassier; son développement est assez vif et dès sa deuxième année il fait de magnifiques pyramides, bien feuillues, bien ramifiées.

Description du fruit. — *Grosseur :* volumineuse. — *Forme :* turbinée, obtuse, fortement bosselée, ayant un côté plus renflé que l'autre. — *Pédoncule :* court, gros et arqué à son point d'attache, énorme et charnu à la base, obliquement inséré au milieu d'une cavité mamelonnée, et placé souvent en dehors de l'axe du fruit. — *Œil :* grand, fermé ou mi-clos, rarement enfoncé, uni sur ses bords. — *Peau :* jaune d'ocre, parsemée de points brunâtres, tachetée de fauve et légèrement colorée de rouge pâle sur la face exposée au soleil. — *Chair :* blanc jaunâtre, fine, fondante, aqueuse, quelque peu pierreuse autour des pepins. — *Eau :* des plus abondantes, acidule, sucrée, délicatement parfumée.

Maturité. — Fin décembre, mais se prolongeant jusqu'en mars, et très-exceptionnellement jusqu'en avril.

Qualité. — Première.

Historique. — Cadet de Vaux, fondateur des Comices agricoles, naquit à Paris en 1743 et mourut en 1828. Savant distingué, il a laissé de nombreux ouvrages, dont plusieurs concernent l'arboriculture fruitière. En lui dédiant une nouvelle poire, on se montra reconnaissant des services qu'il avait rendus à l'horticulture. Toutefois, l'âge et le lieu d'obtention de ce fruit, ainsi que le nom de son promoteur, nous sont à peu près inconnus. Diel, de Stuttgardt, est le premier pomologue qui nous l'ait montré. Il le cite en 1816, dans son *Kernobstsorten* (page xlii) et l'y réunit à d'assez nombreuses poires « nouvellement gagnées, dit-il, tant à Paris qu'en Belgique, et « particulièrement par Van Mons. » Avant 1840, le Comice horticole de Maine-et-Loire cultivait déjà le poirier Cadet de Vaux, et ce fut du Jardin de cette Société que nous le tirâmes en 1842.

Observations. — Deux erreurs formelles ont longtemps existé, au sujet de cette variété, dans les Catalogues. D'abord on l'y plaça parmi les synonymes de la poire *Caillot rosat;* puis on lui assigna, à l'exemple de Robert Thompson, le secrétaire de la Société d'Horticulture de Londres (1842), les mois de septembre et d'octobre comme époque de maturité. Or, aucune espèce de rapprochement ne saurait exister entre la Caillot rosat, mûre en août, et la Cadet de Vaux, qui se mange de janvier à mars ; et même plus tard, selon que le prouvent les lignes ci-après, extraites des *Bulletins* du Comice horticole d'Angers : « Le 14 *avril* 1844, le directeur « du Jardin fruitier montre encore, seulement pour constater jusqu'à quelle époque « elle peut se conserver, une poire Cadet de Vaux, variété déjà dégustée les années « précédentes. » (Tome III, page 99.) — Il est bon de rappeler que les noms poire *de Cadet* et *Bergamote Cadette* n'ont rien de commun avec l'espèce ici décrite; ils sont uniquement synonymes de poire de la Voie aux Prêtres. — Enfin le Beurré de Koninck ne saurait être, non plus, réuni au poirier Cadet de Vaux; on peut s'en assurer plus haut, page 388, à l'article consacré à ce Beurré.

Poire **CADILLAC.** — Synonyme de poire *de Catillac.* Voir ce nom.

Poire **CAFÉ DE BREST.** — Synonyme de poire *Jalousie d'Hiver.* Voir ce nom.

Poire **CAILLAUROZAT.** — Synonyme de poire *Caillot rosat.* Voir ce nom.

Poire de **CAILLEAU.** — Synonyme de poire *Caillot rosat.* Voir ce nom.

Poire **CAILLOLET ROSAT MUSQUÉ D'HIVER.** — Synonyme de poire *de Prêtre.* Voir ce nom.

Poire **CAILLOROZAR.** — Synonyme de poire *Caillot rosat.* Voir ce nom.

Poire **CAILLOT D'HIVER.** — Synonyme de poire *de Prêtre.* Voir ce nom.

---

311. Poire **CAILLOT ROSAT.**

Synonymes. — *Poires :* 1. De Cailleau (Jehan de Meung, *le Roman de la rose,* 1310, f⁰¹ 224). — 2. De Calliot (Charles Estienne, *Seminarium et plantarium fructiferarum præsertim arborum quæ post hortos conseri solent,* édition de 1540, p. 68). — 3. Caluau rosat (Daléchamp, *Historia generalis plantarum,* 1586, t. I, lib. III, cap. VII). — 4. Caillou rozat (le Lectier, *Catalogue des arbres cultivés dans son verger et plant,* 1628, p. 11). — 5. De Monsieur (*Id. ibid.,* p. 10). — 6. De la Moutières (*Id. ibid.,* p. 12). — 7. Ognon de Xaintonge (*Id. ibid.,* p. 10). — 8. Rozatte du Dauphiné (*Id. ibid.,* p. 12). — 9. Rozatte d'Ingrandes (*Id. ibid.,* p. 7). — 10. Vilaine d'Anjou (*Id. ibid.,* p. 10). — 11. Beurré hatif (de Bonnefond, *le Jardinier français,* 1651, p. 76). — 12. De Rozes (*Id. ibid*). — 13. Rozat d'Ingrandes (Triquel, prieur de Saint-Marc, *Instructions pour les arbres fruitiers,* édition de 1673, p. 431). — 14. D'Eau-Rose (Merlet, *l'Abrégé des bons fruits,* édition de 1675, p. 84). — 15. Bigarrade (*Idem,* édition de 1690, p. 76). — 16. Brute-Bonne d'Automne (*Id. ibid.*). — 17. Tulipée (*Id. ibid.*). — 18. Caillaurozat (Gilles Ménage, *Dictionnaire étymologique de la langue française,* 1694). — 19. Caillorozar (*Id. ibid.*). — 20. Pera del Campo (de la Quintinye, *Instructions pour les jardins fruitiers et potagers,* édition de 1739, t. I, p. 314). — 21. Épine rose (*Catalogue des Chartreux,* 1775). — 22. Poire Rosate (Decaisne, *le Jardin fruitier du Muséum,* 1859, t. II).

Description de l'arbre. — *Bois :* excessivement fort. — *Rameaux :* assez nombreux, érigés à la partie supérieure de la tige, étalés vers la base, longs et des plus gros, très-géniculés, rouge grisâtre, abondamment et fortement ponctués, ayant les coussinets peu développés. — *Yeux :* petits, marron clair, aplatis et très-duveteux, collés contre le bois. —

Poire Caillot rosat. — *Premier Type.*

Feuilles : d'un beau vert luisant, grandes, légèrement coriaces, arrondies, acuminées, entières sur leurs bords, à pétiole assez long et très-gros.

FERTILITÉ. — Remarquable.

CULTURE. — Cet arbre jouit d'une extrême vigueur, il prend toute espèce de sujet, croît rapidement et forme de superbes pyramides.

Description du fruit. — *Grosseur :* moyenne ou petite. — *Forme :* variable, mais généralement arrondie et plus ou moins plate à ses extrémités. — *Pédoncule :* habituellement très-long, de moyenne force ou menu, renflé à l'attache, courbé, régulièrement inséré dans un large évasement souvent profond. — *OEil :* petit ou moyen, ouvert, bien fait, placé dans un bassin assez grand dont les bords sont rarement accidentés. — *Peau :* jaunâtre, semée de taches fauves, lavée de rose tendre du côté du soleil et striée de même autour du pédoncule. — *Chair :* blanche, odorante, un peu grosse, mi-cassante ou cassante, toujours pierreuse auprès des loges. — *Eau :* suffisante, sucrée, acidule, douée d'une saveur musquée qui n'est pas sans délicatesse.

Deuxième Type.

MATURITÉ. — Commencement de septembre.

QUALITÉ. — Deuxième.

Historique. — Jacques Daléchamp, médecin fort estimé pour la savante et volumineuse *Histoire des plantes* qu'il publia en 1586, à Lyon, appelait la poire ci-dessus Caluau rosat, et voulait qu'elle fût la *Nardinon*, ou poire de Nard, des Grecs (t. I, liv. III, chap. VII)..... Laissons-lui sa croyance, qu'on ne saurait justifier, et contentons-nous de regarder le Caillot rosat comme un des poiriers les plus anciennement multipliés en France, où il fut connu d'abord sous un grand nombre de différents noms. Cela tint, évidemment, à l'universalité même de sa culture. Répandu dans la majorité de nos provinces, souvent il y reçut des dénominations purement locales; et souvent aussi la façon diverse dont on y prononça, d'une contrée à l'autre, son nom primitif, causa les modifications orthographiques qu'on lui vit si fréquemment subir. C'est un poëte né en 1280 près d'Orléans, Jehan de Meung, dit Clopinel, qui le premier nous parle de ce fruit dans le *Roman de la rose*, œuvre qu'il termina vers 1310. Gilles Ménage, l'érudit angevin auquel on doit tant d'utiles recherches sur les origines de notre langue, a relevé ce fait et donné sur la présente variété la curieuse note que voici, écrite en 1694 :

« *Caillo-Rosat* : Sorte de poires, ainsi appellées de leur dureté, et de leur blancheur, et de leur goût de rose; duquel goût on les appelle autrement POIRE D'EAU ROSE. Nous les appellons en Anjou CAILLAUROZAT : ce qui me fait souvenir que Jehan de Meung, dans son Roman de la Rose, les appelle POIRES DE CAILLEAU. C'est au feuillet 224, verso, de l'édition in-8° de Pierre Vidouc (1529). Et c'est aussi de la sorte qu'on les appelle souvent, à Paris, des poires de Cailleau. En Normandie on les appelle CAILLOU ROSAT. Les paysans d'Anjou les appellent CAILLOROSAR. » (*Dictionnaire étymologique de la langue française.*)

Nous croyons avec Ménage, et avec Charles Estienne — qui dans son *Seminarium* émettait en 1540 cette même opinion — que la poire de Cailleau, Calliot, Caillou, Caillot rosat, dut la première partie de son nom aux concrétions pierreuses dont sa chair est remplie. Mais il semble impossible d'admettre, comme l'a fait Ménage d'après les pomologues de son siècle, que le qualificatif *rosat* ait été appliqué à ce fruit pour la saveur de son eau, ne rappelant nullement le parfum de la rose. Ne serait-ce point plutôt le coloris rose tendre de sa peau, qui le lui aurait valu?...

Observations. — Le Caillot rosat blossit très-vite et demande alors une surveillance toute particulière dans le fruitier; on doit l'y placer un peu vert. — Il existe depuis plusieurs siècles aussi, un *Caillot rosat à courte queue*, généralement appelé, de nos jours, poire Naquette. Cette poire mûrissant à la fin de septembre, presque en même temps que celle ici décrite, il faut éviter de les confondre. — Enfin les noms *Caillot rosat d'hiver* et *Caillouat d'hiver* ne peuvent non plus être regardés comme synonymes de ce Caillot rosat; ils le sont uniquement de la variété nommée poire de Prêtre. — Ajoutons que dans les environs de Montargis (Loiret) on rencontre un poirier, dit *de Caillou*, dont les fruits se rapprochent beaucoup, pour la forme, le volume et la couleur, de ceux du Messire-Jean. Leur chair est fine, peu juteuse; leur eau, assez sucrée, mais entachée d'une saveur fort désagréable, comparable à celle du vinaigre à l'estragon. Aussi ne les emploie-t-on, comme le Coing, que pour donner du goût aux marmelades et aux confitures. On voit donc qu'elles n'ont, avec les Caillot rosat, d'autre rapport qu'une certaine ressemblance de nom, ou plutôt de synonyme.

POIRE **CAILLOT ROSAT A COURTE QUEUE.** — Synonyme de poire *Naquette.* Voir ce nom.

POIRE **CAILLOT ROSAT D'HIVER.** — Synonyme de poire *de Prêtre.* Voir ce nom.

POIRE **CAILLOU ROZAT.** — Synonyme de poire *Caillot rosat.* Voir ce nom.

POIRE **CAILLOUAT D'HIVER DE VARENNES.** — Synonyme de poire *de Prêtre.* Voir ce nom.

312. Poire CALEBASSE.

Synonymes. — *Poires :* 1. CALEBASSE MUSQUÉE (Herman Knoop, *Fructologie*, 1771, pp. 94 et 135 et Diel, *Kernobstsorten*, 1801, t. I, p. 222). — 2. POIRE DE VÉNUS (Knoop, *ibid.*).

Premier Type.

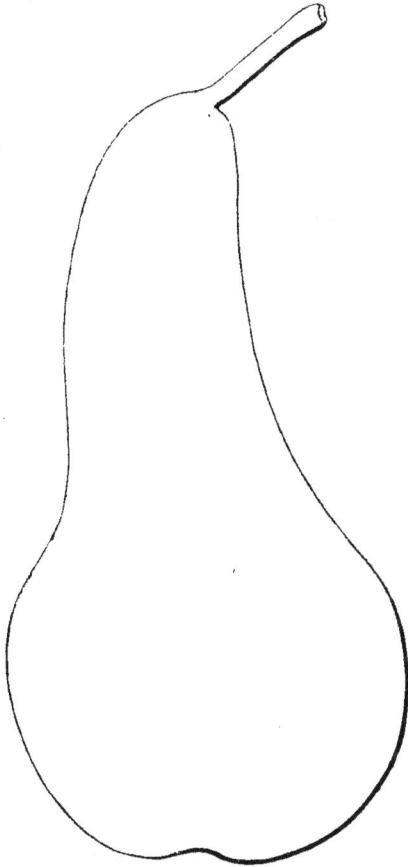

Description de l'arbre. — *Bois :* assez fort. — *Rameaux :* nombreux, érigés ou légèrement étalés, longs, de moyenne grosseur, peu flexueux, brun-roux violacé, à lenticelles fines et espacées, à coussinets faiblement ressortis. — *Yeux :* gros ou moyens, coniques, pointus, non appliqués contre l'écorce. — *Feuilles :* grandes, ovales ou ovales-arrondies, acuminées, généralement duveteuses, dentées ou crénelées, planes ou canaliculées, à pétiole court, bien nourri, roide et habituellement pourvu de stipules peu développées.

FERTILITÉ. — Convenable.

CULTURE. — On greffe ce poirier, dont la vigueur est satisfaisante, sur le franc ou sur le cognassier; son écusson se développe promptement et ses pyramides sont aussi fortes que régulières.

Description du fruit. — *Grosseur :* au-dessus de la moyenne et souvent volumineuse. — *Forme :* irrégulière, mais toujours allongée, obtuse et bosselée; elle est en outre généralement ventrue à la base et plus ou moins amincie ou étranglée vers le sommet. — *Pédoncule :* moyen ou long, bien nourri, faiblement courbé, parfois obliquement inséré et presque continu avec le fruit, et parfois aussi régulièrement implanté au milieu d'une dépression peu prononcée. — *Œil :* grand, très-ouvert, à peine enfoncé. — *Peau :* jaune grisâtre obscur, finement ponctuée de brun-roux, tachetée ou légèrement marbrée de même. — *Chair :* blanc jaunâtre, mi-fine, mi-fondante ou cassante, aqueuse, contenant au centre quelques petites pierres. — *Eau :* abondante ou suffisante, sucrée, ayant un parfum assez délicat.

MATURITÉ. — Commencement et courant d'octobre.

QUALITÉ. — Deuxième.

Historique. — Poiteau et Turpin, qui la firent connaître en France dans leur réimpression de la Pomologie de Duhamel, commencée en 1807, n'ont pu savoir quel avait été son obtenteur. Les seuls renseignements qu'on leur transmit alors sur cette poire, furent les suivants :

Poire Calebasse. — *Deuxième Type.*

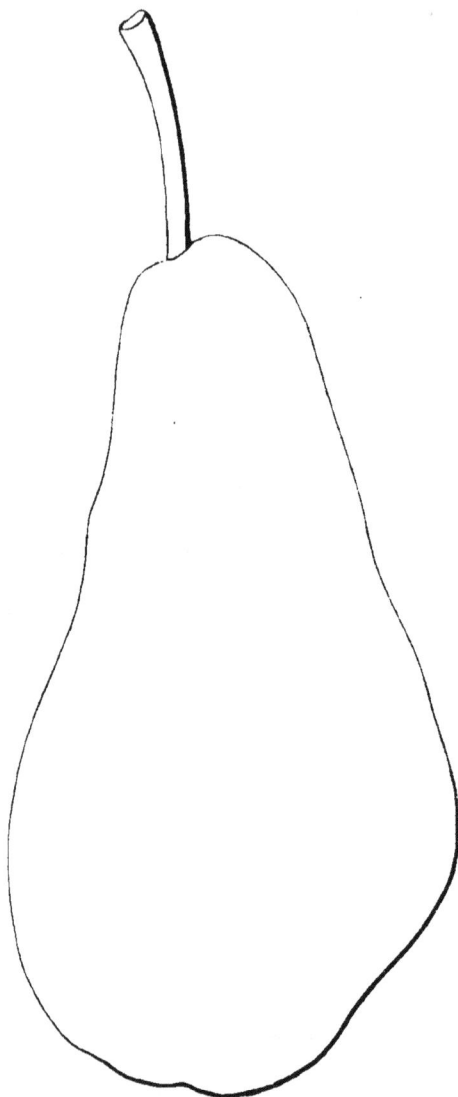

« Nouvelle espèce, obtenue dans le Brabant vers l'an 1800, et qui a donné des fruits à Paris pour la première fois en 1808. » (*Traité des arbres fruitiers de Duhamel du Monceau, nouvelle édition, augmentée d'un grand nombre d'espèces de fruits obtenus des progrès de la culture,* 1807-1835, t. IV.)

Nous la croyons en effet originaire du Brabant, et pensons qu'elle remonte environ à la première moitié du XVIIIᵉ siècle, car Herman Knoop, arboriculteur hollandais, l'a figurée et parfaitement caractérisée, en 1760 et en 1771, dans sa remarquable *Fructologie*, lui donnant les noms de Calebasse musquée ou Poire de Vénus. Les Allemands la cultivèrent avant nous; et Diel, un de leurs pomologues, faisait observer en 1801 (*Kernobstsorten,* t. I, p. 222), qu'alors c'était une variété rare, qu'il avait reçue de Darmstadt.

Observations. — La présente variété diffère essentiellement de la *Calebasse Bosc,* quoique cette dernière lui soit donnée souvent pour synonyme. — Prévost recommandait avec raison en 1839, page 20 de la *Pomologie de la Seine-Inférieure,* de « ne pas planter le « poirier Ca- « lebasse dans les jardins qui ne « comptent qu'un très-petit nombre « de poiriers; mais — ajoutait-il — « il sera convenablement placé dans « les collections étendues. » — La grosseur de cette poire varie beaucoup; cependant on la voit plutôt conforme à celle de notre premier type, qu'à celle du deuxième, offrant un volume que l'on peut dire exceptionnel.

Poire **CALEBASSE D'ALBRET.** — Synonyme de *Beurré d'Albret.* Voir ce nom.

313. Poire CALEBASSE DE BAVAY.

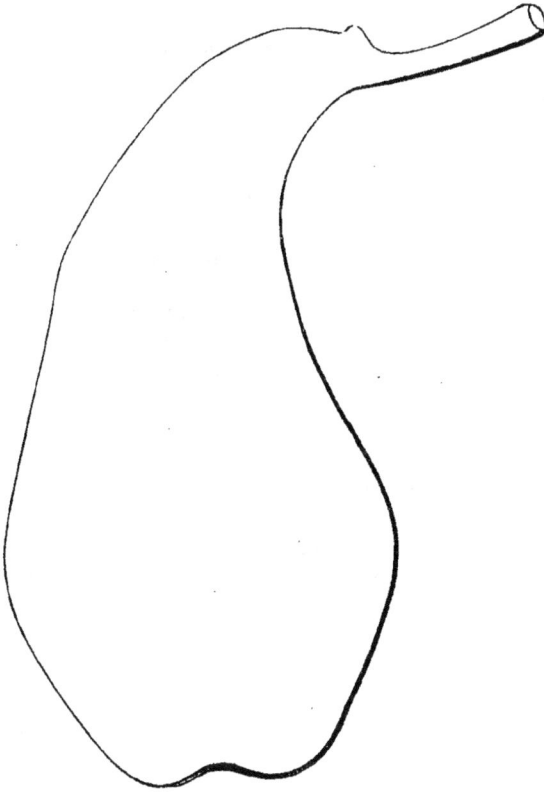

Description de l'arbre. — *Bois :* faible. — *Rameaux :* assez nombreux, légèrement étalés, de moyenne grosseur, courts, peu géniculés, vert-brun, finement mais excessivement ponctués, ayant les mérithalles courts et les coussinets ressortis. — *Yeux :* petits, ovoïdes-obtus, duveteux et faiblement écartés du bois. — *Feuilles :* grandes, d'un beau vert foncé et luisant, ovales - arrondies, profondément dentées ou crénelées, portées sur un pétiole habituellement épais et court.

FERTILITÉ. — Bonne et constante.

CULTURE. — Nous le greffons sur franc ou sur cognassier; il est assez lent à se développer et reste faible jusqu'à sa deuxième année; ses pyramides sont régulières, mais toujours un peu chétives.

Description du fruit. — *Grosseur :* au-dessus de la moyenne. — *Forme :* très-allongée et très-bosselée, rarement bien ventrue, fort amincie près du sommet, qui, arqué et contourné, rappelle assez bien celui de la poire Figue. — *Pédoncule :* de longueur moyenne, gros, renflé à l'attache, non arqué, des plus charnus à la base, continu avec la chair et presque horizontalement inséré. — *Œil :* grand, à peine enfoncé, ouvert, parfois bordé de petites bosselettes. — *Peau :* jaune verdâtre, parsemée de points gris-roux très-fins, très-rapprochés, et lavée de brun dans le bassin ombilical. — *Chair :* blanche et des plus fines, juteuse, fondante, mais quelquefois légèrement marcescente. — *Eau :* extrêmement abondante, sucrée, acidule, possédant un parfum fort délicat.

MATURITÉ. — Du commencement de novembre jusqu'à la fin de décembre.

QUALITÉ. — Première.

Historique. — Nous recevions de Belgique, en 1849, ce poirier, qui venait alors d'être gagné de semis, à Malines, par un riche amateur d'arboriculture, M. Tuerlinckx; nous le multiplions depuis 1851. C'est donc par méprise qu'on a dit qu'il remontait seulement à 1854. Son obtenteur le dédia à Laurent de Bavay, mort en 1855 à Vilvorde-lez-Bruxelles, et qui fut un pépiniériste, un pomologue fort distingué.

Observations. — Il paraît exister beaucoup d'incertitude, au sujet du point extrême de maturité de cette poire. Les uns la font aller jusqu'en janvier, d'autres jusqu'en février; et certains, même, assurent qu'elle atteint le mois de mars. Sans nous inscrire en rien contre ces diverses affirmations, nous dirons seulement que si dans notre école on l'a vue parfois complétement mûre dès les derniers jours de septembre, jamais, cependant, on n'a pu l'y manger en décembre.

314. Poire CALEBASSE BOSC.

Synonyme. — *Poire* Bosc (Decaisne, *le Jardin fruitier du Muséum,* 1858, t. I).

Premier Type.

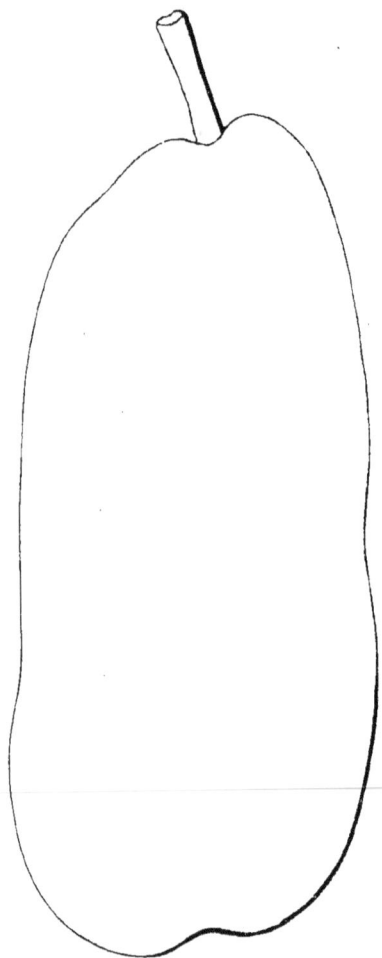

Description de l'arbre. — *Bois :* assez fort. — *Rameaux :* nombreux, étalés à la partie inférieure de la tige, érigés à sa partie supérieure, de grosseur moyenne, longs, très-coudés, d'un brun-gris passant habituellement au rougeâtre vers le sommet du rameau, abondamment ponctués, munis de coussinets bien marqués. — *Yeux :* gros, coniques, pointus, excessivement écartés du bois, souvent même sortis en courts éperons et ayant les écailles quelque peu entr'ouvertes. — *Feuilles :* petites et rarement nombreuses, ovales-allongées, régulièrement dentées en scie, planes ou canaliculées, portées sur un pétiole long et faible.

Fertilité. — Très-grande.

Culture. — Sur cognassier, cet arbre reste toujours chétif; il réclame le franc. Ce dernier sujet lui communique une vigueur fort satisfaisante et lui permet, dès sa deuxième année, de se développer parfaitement en pyramide.

Description du fruit. — *Grosseur :* volumineuse. — *Forme :* cylindrique-allongée ou conique-allongée, obtuse et contournée, toujours fortement bosselée. — *Pédoncule :* court ou de moyenne longueur, bien nourri, parfois charnu à la base, légérement arqué ou très-recourbé, presque toujours obliquement implanté au milieu d'une faible dépression. — *OEil :* petit, placé généralement sur le côté du fruit, mi-clos ou complétement fermé, saillant ou peu enfoncé. — *Peau :* rude au toucher, jaune grisâtre doré, montrant quelques larges taches d'un jaune clair et qui sont couvertes de petits points gris-blanc. — *Chair :* jaunâtre, mi-fine, cassante, dure, marcescente, peu pierreuse. — *Eau :* suffisante, sucrée, aigrelette, agréablement parfumée.

Poire Calebasse Bosc. — *Deuxième Type.*

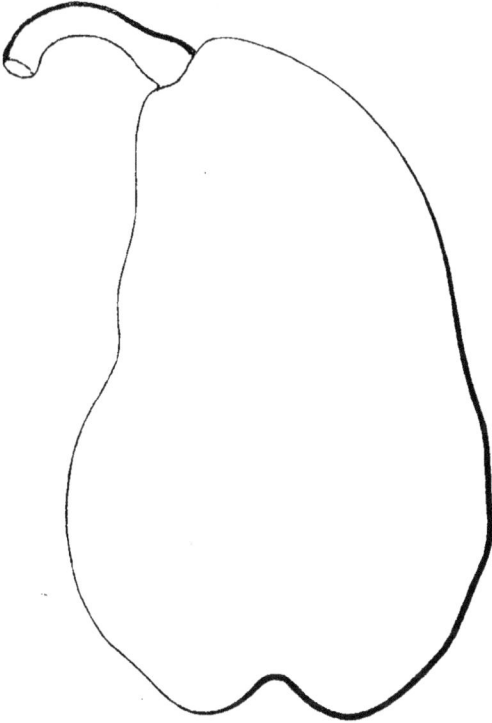

MATURITÉ. — Courant d'octobre et commencement de novembre.

QUALITÉ. — Deuxième.

Historique. — Gagnée en Belgique, vers les premières années de ce siècle, la Calebasse Bosc fut nommée et propagée par le docteur Van Mons, auquel le hasard en avait fait rencontrer le pied-mère. Il annonçait ainsi cette découverte, au commencement de 1819 :

« Nous avons trouvé anonyme, semé et non greffé, ce poirier dans le jardin de M. Swates, à Linkebeeke, près Bruxelles...... L'excellence (?) des qualités de cette poire nous a déterminé à lui donner un nom célèbre à plusieurs titres, dans les sciences, et nous ne pouvions choisir, pour la dédier, un savant plus respectable que M. Bosc..... » (*Annales générales des sciences physiques,* t. II, pp. 65-66.)

Observations. — D'après ce passage, la poire ainsi dédiée à Louis Bosc, alors professeur de culture au Muséum de Paris, « était « excellente ; » et ce furent précisément ses qualités qui lui valurent un pareil nom... Nous croyons que Van Mons dut effectivement, comme il le rapporte, trouver ce fruit parfait ; mais il est certain, néanmoins, 'qu'il perdit de son mérite, dans nos jardins. Louis Noisette,, en 1839, le fit déjà remarquer : « J'ai mangé des Calebasses « Bosc à chair cassante — disait-il — ce fruit varierait donc beaucoup, quoiqu'on « ne puisse jamais le confondre avec aucun autre. » (*Le Jardin fruitier,* p. 131.) — Nous rappelons ici ce que nous avons fait observer page 321, à l'article *Beurré Bosc :* que la Calebasse Bosc n'est nullement semblable à ce Beurré, comme les Belges, qui l'ont eux-mêmes reconnu, le supposaient il y a quelques années. — La *Calebasse Princesse Marianne* diffère aussi de la Calebasse Bosc. Si plusieurs pomologues ont pensé le contraire en 1858, leur opinion, depuis, a dû changer. On verra effectivement, en lisant dans notre II⁰ volume le passage relatif à la poire *Princesse Marianne,* que ces deux fruits ont pour toute identité un simple rapport de forme. Mais on les confondra plus rarement, si l'on continue de supprimer, dans le nom de cette dernière variété, le terme générique Calebasse, qui du reste ne lui fut pas appliqué par Van Mons, son obtenteur. — La Calebasse Bosc atteint parfois une grosseur excessive ; nous en avons cueilli dont le poids dépassait 500 grammes.

POIRE CALEBASSE CARAFON. — Synonyme de poire *Van Marum.* Voir ce nom.

315. Poire CALEBASSE DELVIGNE.

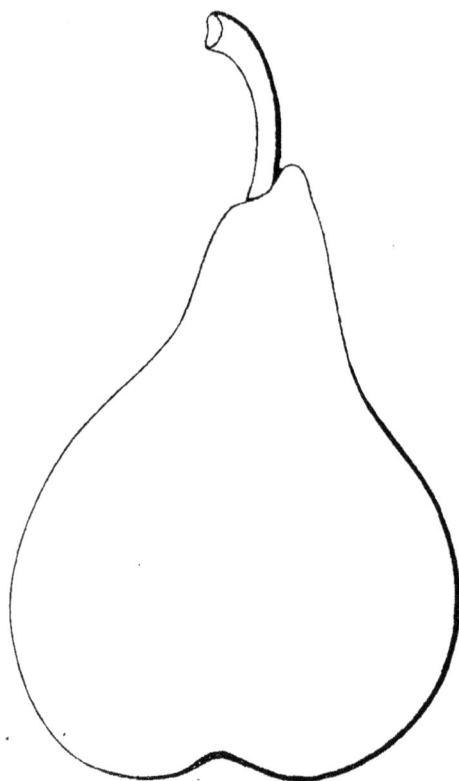

Description de l'arbre. — *Bois :* assez fort. — *Rameaux :* longs, gros, érigés ou faiblement étalés, peu coudés, brun clair tacheté de noir, à lenticelles fines et clair-semées, à coussinets bien développés. — *Yeux :* volumineux, ovoïdes-arrondis, légèrement duveteux, appliqués contre l'écorce et ayant les écailles disjointes. — *Feuilles :* petites, ovales, contournées, finement dentées, à pétiole grêle et de longueur moyenne.

Fertilité. — Ordinaire.

Culture. — Ce poirier n'est pas d'une grande vigueur ; le franc lui conviendra toujours mieux que le cognassier, sur lequel ses pyramides restent généralement un peu faibles.

Description du fruit. — *Grosseur :* moyenne. — *Forme :* irrégulière, ordinairement allongée et bosselée, très-mince près du sommet, très-ventrue à la partie inférieure. — *Pédoncule :* de longueur moyenne, bien nourri, arqué, renflé au point d'attache, perpendiculairement inséré à la surface et quelquefois continu avec le fruit. — *OEil :* large, mi-clos ou très-ouvert, souvent contourné, presque saillant. — *Peau :* jaune d'ocre, toute parsemée de petits points gris clair, tachetée de même auprès de l'œil et fortement colorée de rouge vif sur le côté qui regarde le soleil. — *Chair :* blanche, fine, fondante, juteuse, contenant quelques pierres autour des pepins. — *Eau :* excessivement abondante, surée, aigrelette, parfumant délicieusement la bouche.

Maturité. — Fin septembre et commencement d'octobre.

Qualité. — Première.

Historique. — Nous greffions dès 1849, cette Calebasse, et depuis 1852 elle figure dans notre Catalogue ; mais nous ne retrouvons aucune note sur sa provenance. Souvent décrite, à partir de 1852, par nos pomologues et par ceux de l'Amérique et de l'Angleterre, si tous lui donnent le même obtenteur — M. Delvigne — aucun, cependant, n'indique l'époque, la localité où elle fut gagnée. Nous pensons toutefois qu'elle est d'origine française, et qu'en 1849 on commençait seulement à la propager.

Observations. — Il faut cueillir cette poire un peu verte, et la surveiller attentivement dans le fruitier, car elle blossit en quelques jours, sans que le coloris de sa peau vienne le révéler par son altération.

316. Poire CALEBASSE D'ÉTÉ.

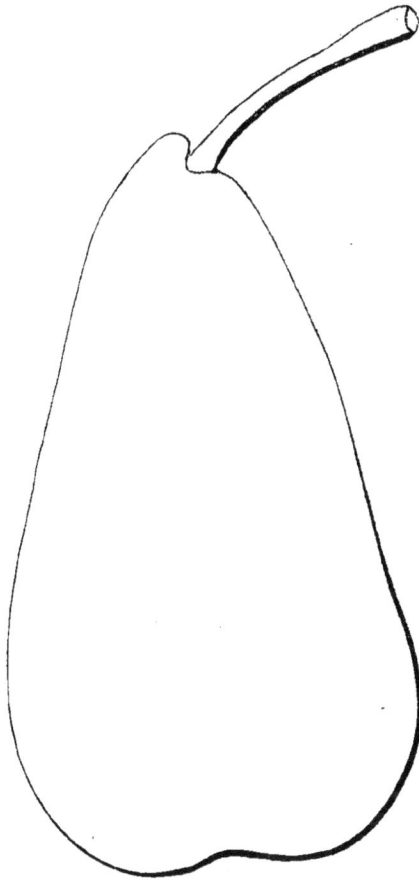

Description de l'arbre. — *Bois :* fort. — *Rameaux :* nombreux, habituellement étalés et arqués, surtout dans la partie inférieure de la tige, érigés près du sommet, longs et des plus gros, géniculés, cotonneux, brun-fauve légèrement rougeâtre, ayant les lenticelles très-apparentes, très-rapprochées, et les coussinets aplatis. — *Yeux :* à écailles généralement disjointes, gros ou moyens, ovoïdes-pointus, écartés du bois et souvent placés en éperon. — *Feuilles :* grandes, ovales-allongées, canaliculées et contournées, profondément dentées, portées sur un pétiole long, gros et pourvu de stipules excessivement développées.

Fertilité. — Abondante.

Culture. — Sur cognassier, cet arbre ne végète pas très-bien, sa croissance y est lente ; le franc le rend plus vigoureux ; les pyramides qu'il y fait sont belles, touffues et régulières.

Description du fruit. — *Grosseur :* au-dessus de la moyenne et quelquefois plus volumineuse. — *Forme :* conique-allongée, obtuse, légèrement bosselée, un peu contournée à la base. — *Pédoncule :* long, assez gros, arqué, obliquement inséré, en dehors de l'axe du fruit, dans une étroite cavité où le comprime une gibbosité plus ou moins forte. — *OEil :* grand, mi-clos ou fermé, uni sur ses bords, presque saillant. — *Peau :* jaune verdâtre, faiblement ponctuée de roux, maculée de brun près du sommet et portant quelques taches squammeuses, de même couleur, sur la partie avoisinant l'œil. — *Chair :* blanc verdâtre, fine, fondante, juteuse, légèrement granuleuse au centre. — *Eau :* abondante, sucrée, assez acidule et douée d'un parfum des plus délicats.

Maturité. — Fin d'août et commencement de septembre.

Qualité. — Première.

Historique. — Dans son *Album de pomologie*, M. Bivort annonçait en 1849 (t. II, p. 13) que cet excellent fruit était dû à l'un de ses compatriotes, le major Esperen, de Malines, mort en 1847 et connu par ses nombreux semis de poirier, ainsi que par les variétés vraiment méritantes qu'il en obtint.

Observations. — La Calebasse d'Été se conserve assez longtemps, pour une poire de cette saison et ne blossit pas facilement. On peut donc, en la cueillant avant son entière maturité, la garder une douzaine de jours au fruitier; mais il faut l'y toucher le moins possible.

Poire CALEBASSE DE HOLLANDE. — Synonyme de poire *Van Marum.* Voir ce nom.

Poire CALEBASSE IMPÉRIALE. — Synonyme de poire *Van Marum.* Voir ce nom.

317. Poire CALEBASSE LEROY.

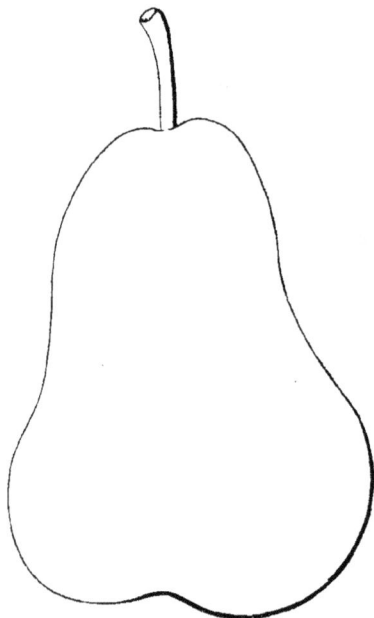

Description de l'arbre. — *Bois :* peu fort. — *Rameaux :* nombreux, étalés, grêles, très-longs, bien géniculés, rouge ardoisé, à lenticelles larges et habituellement abondantes, à coussinets presque nuls. — *Yeux :* moyens, coniques, aigus, non appliqués contre le bois. — *Feuilles :* très-petites, ovales, acuminées, entières sur leurs bords, légèrement canaliculées, munies d'un pétiole de longueur et de grosseur moyennes.

Fertilité. — Excessive.

Culture. — Le franc est le sujet qu'il préfère; sur cognassier, sa végétation laisse toujours à désirer, ainsi que ses pyramides.

Description du fruit. — *Grosseur :* moyenne. — *Forme :* oblongue, obtuse, assez régulière, étranglée vers la moitié de sa hauteur, très-ventrue à la base, et d'un côté surtout. — *Pédoncule :* court, mince, faiblement arqué, perpendiculairement implanté à la surface. — *OEil :* de moyenne grandeur, mi-clos, souvent entouré de bosselettes, à peine enfoncé. — *Peau :* jaune clair, maculée de taches rousses, semée de quelques petits points gris et généralement lavée de rouge pâle sur la face exposée au soleil. — *Chair :* blanche, fine, aqueuse, fondante, quelque peu granuleuse au-dessous des loges. — *Eau :* des plus abondantes, sucrée, légèrement acidule, parfumant agréablement la bouche.

Maturité. — Du commencement de septembre jusqu'à la fin de ce mois.

Qualité. — Première.

Historique. — Très-répandue en Allemagne, la Calebasse Leroy est d'origine belge; elle fut gagnée de semis à Louvain, par le professeur Van Mons, vers l'année 1830. Peu commune chez nous, et même dans son pays natal, elle mérite cependant bien la culture. Le pomologue Diel (Ch. Guil.) l'a décrite en 1833 (*Verzeichniss der Obstsorten*, p. 91), seulement il n'a pas su quel était le personnage à qui Van Mons l'avait dédiée. Stimulé par le désir assez naturel de connaître ce M. Leroy, mon homonyme, je me suis efforcé d'y parvenir; mais toutes mes recherches sont demeurées sans résultat.

Poire CALEBASSE MONSTRE. — Synonyme de poire *Van Marum*. Voir ce nom.

Poire CALEBASSE MONSTRUEUSE. — Synonyme de poire *Van Marum*. Voir ce nom.

Poire CALEBASSE MONSTRUEUSE DU NORD. — Synonyme de poire *Van Marum*. Voir ce nom.

Poire CALEBASSE MUSQUÉE. — Synonyme de poire *Calebasse*. Voir ce nom.

Poire CALEBASSE NERCKMANS. — Synonyme de poire *Van Marum*. Voir ce nom.

Poire CALEBASSE DU NORD. — Synonyme de poire *Van Marum*. Voir ce nom.

318. Poire CALEBASSE OBERDIECK.

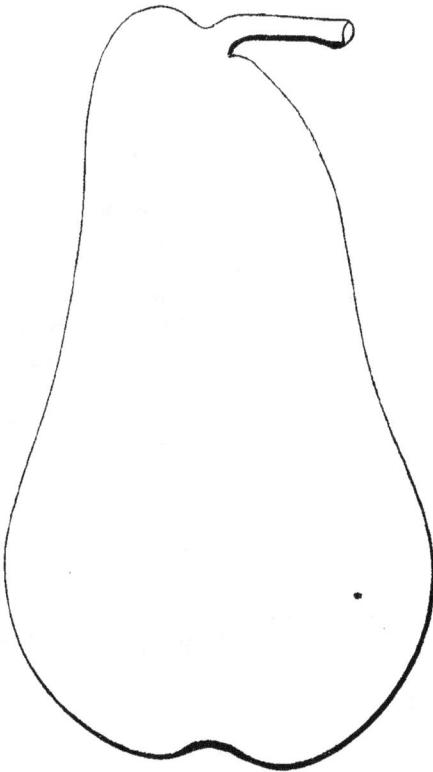

Description de l'arbre. — *Bois:* très-fort. — *Rameaux :* assez nombreux, généralement érigés, surtout au sommet de la tige, gros, des plus longs et des plus coudés, brun rougeâtre, à lenticelles espacées, à coussinets excessivement saillants. — *Yeux:* moyens, coniques, pointus, ayant les écailles légèrement entr'ouvertes, éloignés de l'écorce et parfois formant éperon. — *Feuilles :* nombreuses, ovales, régulièrement dentées en scie, portées sur un pétiole long, fort, lavé de rouge et presque toujours dépourvu de stipules.

FERTILITÉ. — Constante et satisfaisante.

CULTURE. — Nous le greffons sur cognassier ; son développement est assez vif; il fait de magnifiques pyramides.

Description du fruit. — *Grosseur :* volumineuse. — *Forme :* très-allongée, conique plus ou moins obtuse, étranglée vers la moitié de sa hauteur, et habituellement un peu bosselée. — *Pédoncule :* court, assez mince, presque toujours horizontalement ou obliquement inséré à la surface et en dehors de l'axe du fruit, dont la chair le recouvre souvent en partie. — *Œil :* saillant, moyen, ouvert, régulier, plissé sur ses bords. — *Peau :* jaune orangé, très-finement ponctuée de brun, semée de quelques taches et marbrures fauves et noirâtres. — *Chair :* blanche, excessive-ment fine, mi-fondante, juteuse, exempte de granulations. — *Eau :* des plus abondantes, fraîche, sucrée, acidule, douée d'un délicieux arome.

MATURITÉ. — Courant d'octobre.

QUALITÉ. — Première.

Historique. — Cette variété provient de mes semis. Je l'ai dédiée à l'un des pomologues les plus distingués de notre époque, à M. Oberdieck (J.-G.-C.), super-intendant à Jeinsen, près de Hanovre. Elle donnait ses premiers fruits en 1863 et parut en 1865 dans mon *Catalogue;* mais elle y fut victime d'une erreur typogra-phique : on lut et imprima Calebasse d'OCTOBRE, au lieu de lire et d'imprimer Calebasse OBERDIECK. Toutefois cette erreur, bien vite reconnue, n'a pu produire de fâcheux effets.

———

POIRE **CALEBASSE PRINCESSE MARIANNE.** — Synonyme de poire *Princesse Marianne.* Voir ce nom.

———

POIRE **CALEBASSE ROYALE.** — Synonyme de poire *Van Marum.* Voir ce nom.

319. POIRE CALEBASSE TOUGARD.

Synonyme. — *Poire* TOUGARD (Decaisne, *le Jardin fruitier du Muséum*, 1861, t. IV).

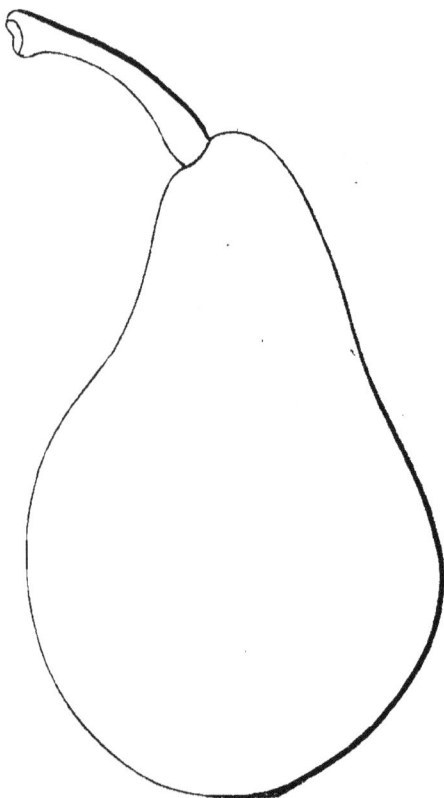

Description de l'arbre. — *Bois :* assez faible. — *Rameaux :* nombreux, érigés ou légèrement étalés, de force moyenne, courts, géniculés, rouge ardoisé, duveteux, finement et très-abondamment ponctués, ayant les mérithalles courts et les coussinets saillants. — *Yeux :* énormes, ovoïdes, cotonneux, à écailles mal soudées, écartés du bois. — *Feuilles :* d'un beau vert luisant, nombreuses, ovales ou elliptiques, légèrement dentées en scie, quelque peu canaliculées et contour-nées, au pétiole court et épais.

FERTILITÉ. — Remarquable.

CULTURE. — Cet arbre, dont le déve-loppement est ordinaire, se greffe sur toute espèce de sujet et y prospère convenablement; quoiqu'un peu bas-ses, ses pyramides sont néanmoins jolies et touffues.

Description du fruit. — *Gros-seur :* au-dessus de la moyenne. — *Forme :* variable, n'affectant pas géné-ralement celle d'une calebasse, mais se montrant plutôt ovoïde-allongée; elle est toujours ventrue et bosselée. — *Pédoncule :* assez long, fort, renflé aux extrémités, arqué, obliquement inséré à fleur de peau, et parfois en dehors de l'axe du fruit. — *Œil :* grand, rond, ouvert ou mi-clos, placé à la surface. — *Peau :* rude au toucher, épaisse, jaune herbacé, en partie recouverte de taches, de points et de marbrures d'un gris roussâtre nuancé de brun. — *Chair :* blanchâtre ou saumonée, fine ou mi-fine, fondante, aqueuse, presque exempte de pierres. — *Eau :* excessivement abondante, sucrée, délicate, douée d'un parfum plus ou moins prononcé.

MATURITÉ. — De la fin d'octobre jusqu'à la mi-novembre.

QUALITÉ. — Première.

Historique. — Le pied-mère de la Calebasse Tougard est sorti de l'un des derniers semis que fit Van Mons dans ses pépinières de Louvain (Belgique), mais il ne fructifia qu'après la mort de cet habile arboriculteur. M. Bivort, qui en fut l'acquéreur, le promoteur et le parrain, nous l'apprend en ces termes :

« De tous les arbres que j'ai achetés — dit-il — dans la pépinière de Van Mons, à Louvain, ce poirier est le premier qui m'ait donné une aussi prompte récolte. Semé en 1840, son premier rapport a eu lieu en 1845. Transplanté chez moi, à Geest-Saint-Remy-lez-Jodoigne (Belgique), cette même année, j'en obtins une vingtaine de fruits en 1847. Je l'ai dédié à M. Tougard, président de la Société d'Horticulture de Rouen. » (*Album de pomologie*, 1847, t. I, p. 28.)

Observations. — Cette poire a le défaut de blossir assez facilement dans le fruitier, mais sa décomposition s'y trahit toujours par des signes très-visibles; ce qui permet, en la surveillant, de la manger avant qu'elle ne soit trop avancée. — Quelques pomologues ayant décrit la Calebasse Tougard sous le seul nom de *poire Tougard*, il devient urgent, maintenant, de se rappeler qu'il existe un autre poirier auquel cette dénomination a été attribuée depuis longtemps. C'est la variété dite aujourd'hui *Fondante des Bois* et mûrissant à la même époque que la Calebasse Tougard, coïncidence bien faite pour favoriser l'erreur.

320. POIRE CALEBASSE VERTE.

Description de l'arbre. — *Bois :* fort. — *Rameaux :* nombreux, habituellement érigés, gros, longs, bien flexueux, d'un vert foncé légèrement grisâtre, à lenticelles larges et très-espacées, à coussinets peu développés. — *Yeux :* moyens ou petits, ovoïdes, aigus, écartés de l'écorce et ayant les écailles entr'ouvertes. — *Feuilles :* assez grandes, généralement ovales ou ovales-allongées, profondément crénelées, portées sur un pétiole court et fort.

FERTILITÉ. — Ordinaire.

CULTURE. — Le franc est le sujet sur lequel ce poirier, dont la vigueur n'est pas extrême, végète le mieux; il y prend dès sa deuxième année une belle forme pyramidale, ce qu'il ne peut jamais faire sur le cognassier.

Description du fruit. — *Grosseur :* moyenne et quelquefois plus volumineuse. — *Forme :* turbinée, très-ventrue, légèrement obtuse et bosselée, s'amincissant soudain près du sommet. — *Pédoncule :* assez long, frêle, charnu à la base, obliquement inséré à la surface et souvent continu avec le fruit. — *Œil :* moyen, ouvert, presque saillant, uni sur ses bords ou entouré de petites gibbosités. — *Peau :* vert clair, semée de points roux, veinée de brun grisâtre autour de l'œil et du pédoncule. — *Chair :* blanc verdâtre, fine, juteuse, ferme quoique bien fondante, faiblement pierreuse au-dessous des loges. — *Eau :* abondante, sucrée, acidule, douée d'un parfum particulier des plus agréables.

Poire Calebasse verte.

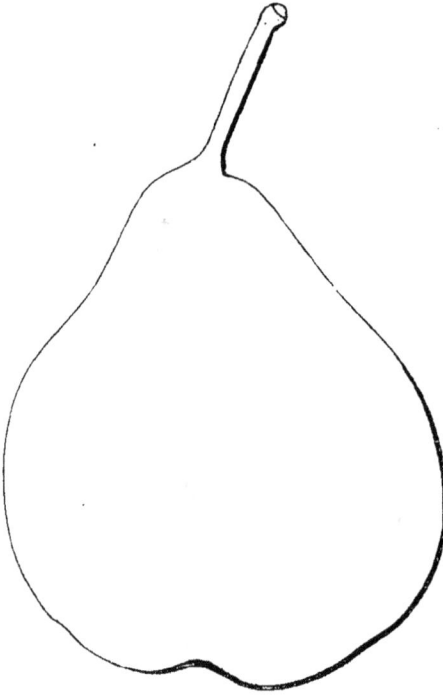

MATURITÉ. — Fin de septembre et courant d'octobre.

QUALITÉ. — Première.

Historique. — On attribue cette poire à Van Mons, sans fixer toutefois l'époque précise à laquelle il l'aurait gagnée, soit à Bruxelles, soit à Louvain. Voici du reste la version présentée à ce sujet par le pomologue belge qui s'est trouvé le mieux placé pour s'enquérir de la provenance de cet excellent fruit :

« Je l'ai reçu — écrivait M. Alexandre Bivort en 1847 — de feu Simon Bouvier qui lui-même l'avait reçu de Van Mons, et greffé sur branches latérales; ainsi, bien que la variété soit déjà ancienne, je n'ai pu prendre ma description sur un arbre fait... La Calebasse verte a été obtenue de semis, par Van Mons, vers 1828. » (*Album de pomologie*, t. I, n° 34.)

Observations. — Si la qualification de *Verte* convient à cette variété, on n'en saurait dire autant du nom *Calebasse*, que lui donna Van Mons. Il est donc probable que la forme primitive de ce fruit a dû se modifier beaucoup; autrement on ne concevrait pas que le célèbre semeur belge eût pu appliquer à la poire ici figurée une telle dénomination.

POIRE DE CALLIOT. — Synonyme de poire *Caillot rosat*. Voir ce nom.

POIRE CALOËT. — Synonyme de poire *de Prêtre*. Voir ce nom.

POIRE DE CALOT. — Synonyme de poire *Donville*. Voir ce nom.

POIRE CALUAU ROSAT. — Synonyme de poire *Caillot rosat*. Voir ce nom.

---

321. POIRE CAMBACÉRÈS.

Description de l'arbre. — *Bois :* faible. — *Rameaux :* assez nombreux, étalés, peu forts, longs, très-géniculés, d'un beau rouge légèrement grisâtre, ayant les lenticelles grosses, rapprochées, et les coussinets aplatis. — *Yeux :* volumineux, coniques, à écailles mal soudées, excessivement écartés du bois. —

Feuilles : de forme inconstante et de grandeur variable, profondément dentées ou crénelées sur leurs bords, munies d'un pétiole long et bien nourri.

Poire Cambacérès.

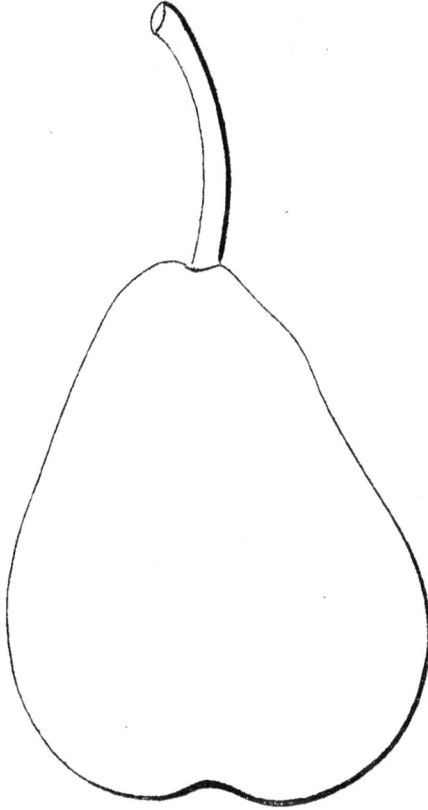

FERTILITÉ. — Satisfaisante.

CULTURE. — Nous ne l'avons pas encore étudié sur franc; le cognassier lui convient peu ; il se développe tardivement sur ce sujet, y reste faible, même dans sa troisième année, et n'y fait que de mauvaises pyramides.

Description du fruit. — *Grosseur* : moyenne. — *Forme :* turbinée, obtuse, ventrue et bosselée, ayant généralement un côté plus renflé que l'autre. — *Pédoncule :* long, assez mince, arqué, régulièrement inséré à fleur de fruit. — *Œil :* petit, ouvert, contourné, presque saillant. — *Peau :* jaune d'or, ponctuée et marbrée de roux, largement tachée de fauve autour du pédoncule. — *Chair :* blanchâtre, demi-fine, juteuse, fondante, quelque peu granuleuse au centre. — *Eau :* très-abondante et très-sucrée, rafraîchissante, acidule, possédant un arome fort délicat.

MATURITÉ. — Commencement et courant d'octobre, se prolongeant parfois jusqu'en novembre.

QUALITÉ. — Première.

Historique. — Très-peu répandue, la poire Cambacérès nous a été donnée de 1860 à 1862, sans indication de provenance, par M. Charles Baltet, pépiniériste à Troyes. Depuis lors, nous l'avons vainement cherchée dans les Catalogues ou les Pomologies. Elle est évidemment toute moderne, et son nom permet de la croire d'origine française.

POIRE CAMERLING D'ALLEMAGNE. — Synonyme de poire *Camerlingue.* Voir ce nom.

---

322. POIRE CAMERLINGUE.

Synonyme. — *Poire* CAMERLING D'ALLEMAGNE (Thuillier-Aloux, *Catalogue raisonné des poiriers qui peuvent être cultivés dans la Somme*, 1855, p. 31).

Description de l'arbre. — *Bois :* assez faible. — *Rameaux :* peu nombreux, étalés, de grosseur et de longueur moyennes, légèrement coudés, cotonneux, rouge-brun olivâtre, fortement et abondamment ponctués, munis de coussinets presque aplatis. — *Yeux :* gros, coniques, à écailles grises et mal soudées, noyés dans l'écorce. — *Feuilles :* petites ou moyennes, ovales-arrondies ou ovales-allongées, faiblement dentées ou crénelées, au pétiole long et fort.

Poire Camerlingue.

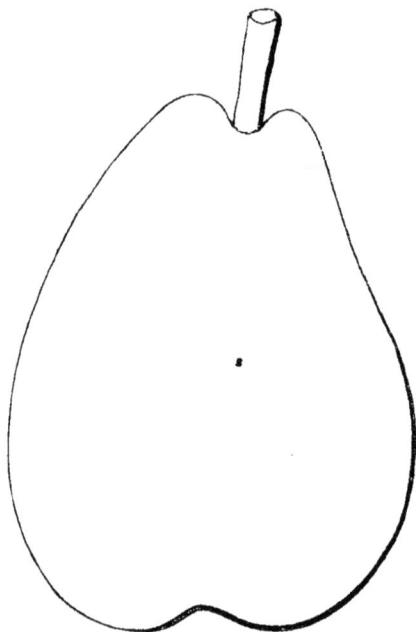

FERTILITÉ. — Remarquable.

CULTURE. — Sur cognassier, sa végétation n'a rien d'exceptionnel ; il y pousse convenablement, mais n'y prend pas une jolie forme pyramidale ; toujours mal ramifié, il y est aussi, généralement, peu garni de feuilles.

Description du fruit. — *Grosseur :* moyenne. — *Forme :* oblongue, obtuse, bosselée et ventrue. — *Pédoncule :* court, assez gros, non arqué, inséré plus ou moins obliquement dans une étroite cavité parfois assez profonde. — *OEil :* petit, régulier, ouvert, peu enfoncé. — *Peau :* épaisse, rugueuse, à fond jaune d'ocre, ponctuée de roux clair, presqu'entièrement lavée de gris-bronze et nuancée de rouge-brun sur la face regardant le soleil. — *Chair :* blanchâtre, mi-fine et mi-fondante, souvent pâteuse, contenant quelques granulations autour des pepins. — *Eau :* suffisante, sucrée, douceâtre, assez agréable, quoiqu'elle soit rarement bien parfumée.

MATURITÉ. — Courant d'octobre.

QUALITÉ. — Variable, mais plus fréquemment troisième, que deuxième.

Historique. — Pour un fruit portant le nom de la plus haute dignité du gouvernement pontifical, la poire Camerlingue se montre en France, et même en Belgique, de fort médiocre qualité. Nous l'avons reçue de ce dernier pays et la propageons depuis 1846. Le pied-type qui lui donna naissance appartenait aux semis de Van Mons et fructifia sans doute après la mort de cet arboriculteur (1842), car en 1853 il figurait encore, dans le Jardin de la Société Van Mons, parmi les variétés à l'étude. (Voir *Catalogues* de ladite Société, t. I, p. 52.)

Observations. — Les Belges et les Allemands, en signalant ce fruit, ont ainsi orthographié son nom : *Camerling.* Si nous ne suivons pas leur exemple, si nous écrivons CAMERLINGUE, c'est afin de nous mettre d'accord avec tous les Dictionnaires français.

———

POIRE CAMOUZINE. — Synonyme de poire *Petit-Blanquet.*

———

POIRE CANETTE DE BOUCOUGE. — Synonyme de poire *Jansemine.* Voir ce nom.

———

POIRE CANNELLE D'ÉTÉ. — Synonyme de poire *Bon-Chrétien d'Été.* Voir ce nom.

———

POIRE CANNING. — Synonyme de *Doyenné d'Hiver.* Voir ce nom.

———

323. Poire des CANOURGUES.

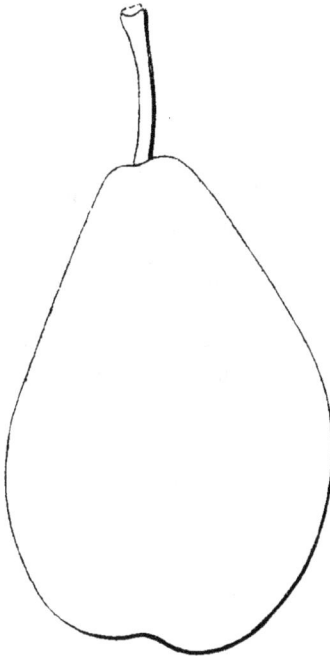

Description de l'arbre. — *Bois :* de moyenne force. — *Rameaux :* assez nombreux, courts, un peu grêles, étalés, légèrement cotonneux, brun clair verdâtre, très-finement et très-abondamment ponctués, ayant les coussinets bien marqués. — *Yeux :* moyens ou petits, coniques, aigus, éloignés de l'écorce. — *Feuilles :* des plus petites, ovales-allongées, acuminées, faiblement contournées ou canaliculées, à peine crénelées sur les bords, munies d'un pétiole long, flasque, excessivement menu.

Fertilité. — Extrême.

Culture. — De toute récente introduction dans notre école, ce poirier s'y est montré modérément vigoureux sur cognassier; il n'y a fait que de faibles pyramides; le franc paraît lui convenir essentiellement.

Description du fruit. — *Grosseur :* petite. — *Forme :* ovoïde-allongée, régulière, souvent plus renflée d'un côté que de l'autre. — *Pédoncule:* de longueur moyenne, mince, courbé, formant bourrelet à son point d'attache, implanté à fleur de peau. — *OEil :* très-peu développé, mi-clos ou complétement fermé, presque toujours saillant, entouré de légères côtes ou de bosselettes arrondies rarement prononcées. — *Peau :* lisse et luisante, jaune clair, parsemée de petits points gris-brun, maculée de fauve autour du pédoncule et légèrement nuancée ou striée de rose pâle sur la partie exposée au soleil. — *Chair :* blanche, fine, fondante, aqueuse, contenant quelques granulations auprès des loges. — *Eau:* fort abondante, vineuse et sucrée, rafraîchissante, aromatique.

Maturité. — Dernière quinzaine de juillet.

Qualité. — Première.

Historique. — Le pied-mère de cette variété poussait spontanément, il y a déjà plus d'un demi-siècle, dans le domaine des Canourgues (Tarn), dont on lui a donné le nom. Voici la note que M. Lauzeral, propriétaire de ce lieu, transmettait en 1865 à MM. Bonamy frères, pépiniéristes à Toulouse et propagateurs dudit poirier :

« Cet arbre est né dans une haie il y a environ soixante ans. Il est d'une végétation luxuriante ; sa tige (tronc) a 2 mètres de hauteur et 1 m. 30 c. de circonférence ; ses branches s'étendent à 4 mètres de son tronc, et ainsi sa tête a 8 mètres de diamètre...... Sa fertilité est si grande, que dans les années de bonne production il donne de 6 à 7 hectolitres de fruits, qui se vendent sur le marché de Carmeaux (Tarn) à 25 centimes la douzaine, le choix à 30 centimes. C'est donc une variété des plus avantageuses pour les grands vergers, et toujours de bonne vente. » (*Le Verger*, t. II, 1866, poires d'été, n° 37.)

Poire CAPIAUMONT. — Synonyme de *Beurré Capiaumont*. Voir ce nom.

324. Poire CAPSHEAF.

Synonyme. — Poire Cops Heat (A. Bivort, *Album de pomologie*, 1847, t. I, nº 21).

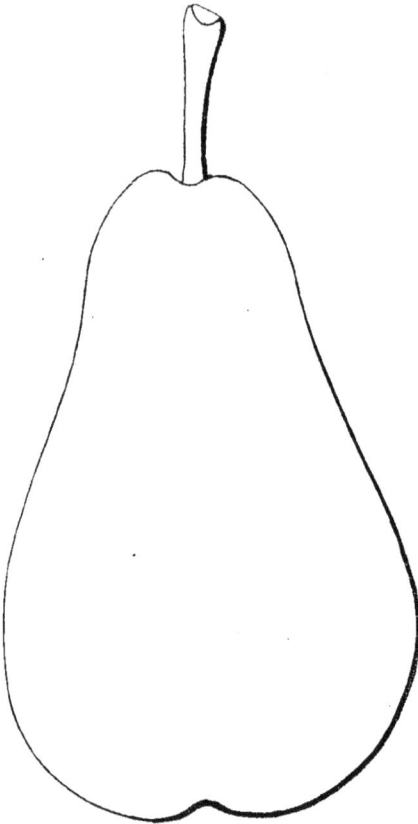

Description de l'arbre. — *Bois :* peu fort. — *Rameaux :* nombreux, généralement érigés, de moyenne grosseur, longs, légèrement coudés, marron clair nuancé de rouge obscur, à lenticelles fines et rapprochées, à coussinets presque aplatis. — *Yeux :* assez volumineux, ovoïdes-arrondis, écartés du bois et ayant les écailles disjointes. — *Feuilles :* grandes, ovales ou ovales allongées, à bords entiers en partie, au pétiole long, bien nourri et lavé de rose pâle.

Fertilité. — Convenable.

Culture. — Il est d'une bonne vigueur, se plaît autant sur cognassier que sur franc, développe assez hâtivement son écusson et prend une forme pyramidale régulière, irréprochable.

Description du fruit. — *Grosseur :* au-dessus de la moyenne ou plus considérable. — *Forme :* allongée, obtuse, souvent étranglée près du sommet, et parfois fortement ventrue d'un côté et presque droite de l'autre. — *Pédoncule :* de longueur moyenne, assez mince à la base, très-renflé à l'attache, droit, inséré à la surface ou au milieu d'une faible dépression. — *OEil :* grand, bien fait, saillant. — *Peau :* épaisse, jaune verdâtre, entièrement ponctuée de gris, lavée de fauve aux extrémités du fruit et habituellement tachetée de brun verdâtre. — *Chair :* blanc jaunâtre, des plus fines, fondante ou mi-fondante, aqueuse, presque exempte de pierres. — *Eau :* excessivement abondante, acidule, sucrée, délicieusement parfumée.

Maturité. — Fin septembre et commencement d'octobre.

Qualité. — Première.

Historique. — Les Américains sont les propagateurs de la Capsheaf, mais ils manquent de renseignements précis sur son âge et son lieu de naissance. Downing, un de leurs principaux pomologues, dit simplement, à ce sujet : « Nos cultivateurs « la croient originaire du Rhode-Island. » (*Fruits and fruit trees of America*, 1849, p. 374.) Van Mons est regardé comme son introducteur en Belgique; il l'y greffa vers 1840. En France, on la connaît depuis une vingtaine d'années environ, et nous avons été un des premiers à l'y multiplier, puisqu'elle figurait déjà dans notre Catalogue de 1849.

Poire CAPTIF DE SAINTE-HÉLÈNE. —Synonyme de poire *Napoléon*. Voir ce nom.

Poire CAPUCINE D'AUTOMNE. — Synonyme de *Beurré Coloma*. Voir ce nom.

---

325. Poire CAPUCINE VAN MONS.

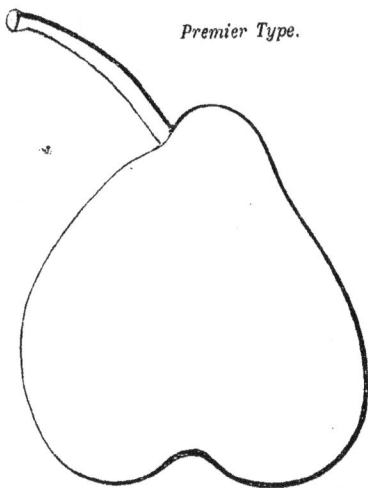

Premier Type.

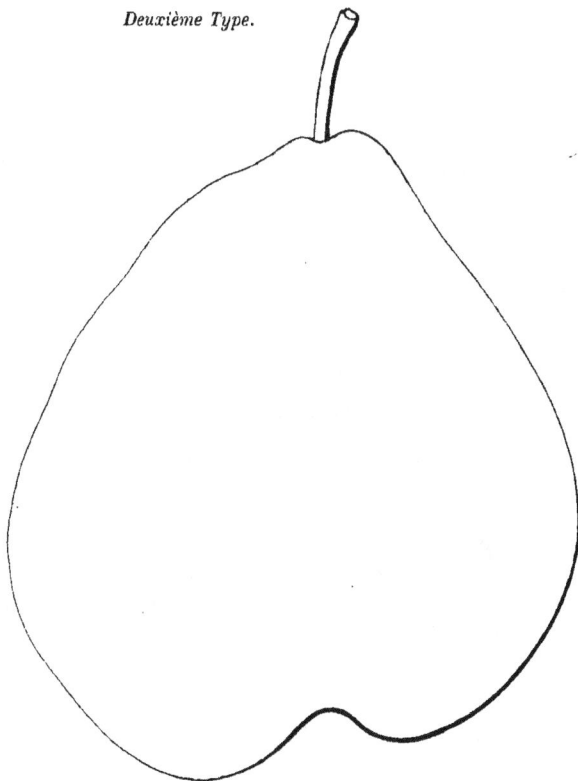

Deuxième Type.

Description de l'arbre. — *Bois :* très-fort. — *Rameaux :* nombreux, habituellement étalés vers la base de la tige, mais érigés à son sommet, longs et des plus gros, peu géniculés, d'un fauve légèrement rougeâtre, ayant les lenticelles apparentes, serrées, les mérithalles longs et les coussinets bien ressortis. — *Yeux :* gros, ovoïdes, aigus, non appliqués contre le bois. — *Feuilles :* grandes, coriaces, luisantes, ovales ou elliptiques, entières ou faiblement crénelées, portées sur un pétiole long et épais.

Fertilité. — Abondante.

Culture. — On le greffe indistinctement sur le cognassier ou sur le franc; il est très-vigoureux, d'un développement hâtif et fait d'admirables pyramides.

Description du fruit. — *Grosseur :* variable, mais plutôt moyenne que volumineuse. — *Forme :* turbinée, obtuse, ventrue, bosselée, parfois un peu contournée. — *Pédoncule :* assez long ou court, mince, courbé, implanté obliquement à fleur de peau et très-souvent en dehors de l'axe du fruit. — *Œil :* grand, irrégulier, mi-clos ou fermé, placé dans un large et profond bassin à bords rarement accidentés. — *Peau :* vert clair, entièrement ponctuée de fauve et légèrement bronzée sur le côté frappé par le soleil. — *Chair :* rougeâtre et quelquefois jaunâtre, fine, demi-fondante, juteuse, très-pierreuse au centre.

— *Eau :* très-abondante, vineuse, sucrée, possédant un arome des plus délicats.

Maturité. — Vers la mi-novembre, se prolongeant jusqu'à la fin de décembre, et par exception atteignant le mois de janvier.

Qualité. — Deuxième.

Historique. — Ce fruit appartient à la pomone belge. Son obtenteur, Simon Bouvier, jadis notaire et bourgmestre de Jodoigne, fut l'émule et l'ami du professeur Van Mons, auquel il le dédia en 1828. C'était un pomologue fort distingué, que le Comice horticole d'Angers compta longtemps parmi ses membres correspondants. Il mourut en 1846, dans sa 70e année.

Observations. — M. Bivort, au tome Ier de son *Album de pomologie,* dit que cette poire fut appelée *Capucine* parce qu'elle ressemblait à une vieille variété du même nom. Cet ancien poirier est-il encore cultivé?... Nous l'ignorons; mais nous en possédons un qui se nomme Capucine du Mans. Nous le tirions, il y a plus de trente ans, du Jardin du Comice horticole d'Angers, où il était ainsi étiqueté. Toutefois il n'a, arbre et fruits, aucun rapport avec la variété gagnée en 1828 par Simon Bouvier. Aussi ne le décrirons-nous pas, le croyant porteur d'un faux nom.

Poire CARAFON. — Synonyme de poire *Van Marum.* Voir ce nom.

Poire CARAFON DE BOSC. — Synonyme de *Beurré Bosc.* Voir ce nom.

Poire CARDINALE. — Synonyme de poire *d'Amiral.* Voir ce nom.

Poire CARLISLE. — Synonyme de poire *Doyenné.* Voir ce nom.

Poire CARMÉLITE. — Synonyme de poire *de Prêtre* Voir ce nom.

Poire CARMÉLITE MUSQUÉE. — Synonyme de poire *de Fontarabie.* Voir ce nom.

---

326. Poire CARRIÈRE.

Synonyme. — *Poire* Rouge coco (Decaisne, *le Jardin fruitier du Muséum,* 1865, t. VI).

Description de l'arbre. — *Bois :* assez fort. — *Rameaux :* très-nombreux, étalés, de grosseur moyenne, un peu courts, presque droits, brun verdâtre foncé nuancé de rouge pâle, ayant les lenticelles petites, clair-semées, et les coussinets saillants. — *Yeux :* moyens, ovoïdes, non collés contre le bois, à écailles légèrement disjointes. — *Feuilles :* ordinairement très-petites, ovales, régulièrement dentées en scie, portées sur un pétiole court et bien nourri.

Fertilité. — Excessive.

Culture. — C'est un poirier vigoureux, qu'on greffe sur toute espèce de sujet, et dont les pyramides sont assez belles, quoiqu'un peu basses.

Description du fruit. — *Grosseur :* petite. — *Forme :* allongée, obtuse, légèrement ventrue, régulière. — *Pédoncule :* long ou des plus longs, mince, courbé ou contourné, implanté à la surface ou dans un large évasement sans profondeur. — *Œil :* petit, mi-clos, à peine enfoncé.

Poire Carrière.

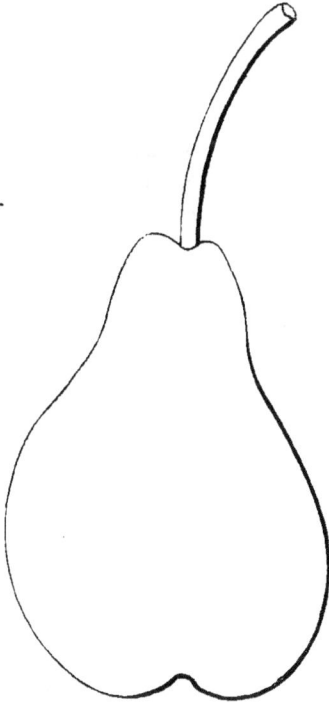

— *Peau :* jaune d'or, ponctuée de gris-brun du côté de l'ombre et de jaune clair du côté du soleil, où elle est en outre largement lavée de rouge vif. — *Chair :* blanc jaunâtre, mi-fine et mi-fondante, contenant au centre quelques granulations. — *Eau :* rarement abondante, sucrée, acidule, assez agréable quoique trop dénuée de parfum.

Maturité. — Derniers jours de juillet ou commencement d'août.

Qualité. — Deuxième.

Historique. — M. Decaisne, le savant professeur de culture du Muséum de Paris, a donné sur cette variété les renseignements ci-après, en la décrivant il y a deux ans :

« L'arbre-mère existe encore, dit-on, au Poncet, dans la commune de Pommeuse, département de Seine-et-Marne, où l'on voit d'autres individus presque aussi âgés, et de deux mètres et demi de circonférence. M. Armand Louis, cultivateur à la Selle-sur-Morin, près Faremoustiers, qui possède plusieurs de ces arbres deux fois séculaires, m'a assuré que chacun d'eux lui rapportait annuellement de 150 à 200 francs. Ces fruits s'expédient à Paris et se vendent, sur nos marchés, à raison de 7 fr. les 50 kilogrammes. » (*Le Jardin fruitier du Muséum*, 1865, t. VI.)

On pensait généralement que ce poirier était dédié à M. Carrière, chef de culture au Muséum, et directeur de la *Revue horticole*. Il n'en est rien ; notre estimable confrère nous l'a positivement affirmé.

Poire CASSANTE DE BREST. — Synonyme de poire *Fondante de Brest*. Voir ce nom.

Poire CASSANTE D'HARDENPONT. — Synonyme de poire *de Fer*. Voir ce nom.

---

327. Poire CASSANTE DE MARS.

Description de l'arbre. — *Bois :* assez fort. — *Rameaux :* nombreux, très-étalés, longs, de moyenne grosseur, peu coudés, brun-roux clair, ayant les lenticelles fines, très-espacées, et les coussinets faiblement ressortis. — *Yeux :* moyens ou volumineux, coniques, pointus, à large base, bien écartés du bois. — *Feuilles :*

vert clair brillant, grandes, ovales-allongées, planes ou canaliculées, presqu'entiè-res sur leurs bords ou légèrement crénelées, au pétiole grêle et court.

Poire Cassante de Mars.

FERTILITÉ. — Ordinaire.

CULTURE. — Le cognassier lui convient parfaitement ; sa végéta-tion sur ce sujet est toujours satis-faisante ; seules, ses pyramides laissent à désirer, non pour la force, mais pour la régularité.

Description du fruit. — *Grosseur :* moyenne. — *Forme :* arrondie-turbinée, généralement constante. — *Pédoncule :* court, bien nourri, arqué, inséré au mi-lieu d'une faible dépression. — *OEil :* grand, bien fait, ouvert, presque saillant. — *Peau :* jaune orangé, ponctuée, tachetée et mar-brée de fauve, bronzée du côté du soleil. — *Chair :* blanchâtre, demi-fine, cassante, aqueuse, pierreuse auprès des loges. — *Eau :* abon-dante, vineuse, sucrée, assez aromatique et assez délicate.

MATURITÉ. — De janvier jusqu'en mars.

QUALITÉ. — Deuxième.

Historique. — Obtenue à Malines, vers 1840, par le major Esperen, la Cas-sante de Mars est très-peu connue, très-peu cultivée en France, où cependant Tougard, ancien président de la Société centrale d'Horticulture de Rouen, la décri-vait dès 1852. Ce n'est pas là, du reste, une poire fort recommandable.

---

328. POIRE CASSOLETTE.

Synonymes. — *Poires :* 1. PETIT-LICHE-FRION (le Lectier, *Catalogue des arbres cultivés dans son verger et plant*, 1628, p. 10). — 2. DESPOST DE SILLERY (Merlet, *l'Abrégé des bons fruits*, édition de 1675, p. 80). — 3. FRIOLET (*Id. ibid.*). — 4. DE LICHEFRION (*Idem*, p. 84). — 5. MUSCAT VERT [en Poitou] (*Idem*, p. 80). — 6. DE TASTE-RIBAUD (*Id. ibid.*). — 7. VERDETTE [en Anjou] (*Id. ibid.*). — 8. DE L'ÉCHEFRION (la Quintinye, *Instructions pour les jardins fruitiers et potagers*, 1690-1739, t. I, p. 314). — 9. DE SILLERIE (Herman Knoop, *Fructologie*, 1771, pp. 104 et 135). — 10. VERDASSE (*Id. ibid.*). — 11. FIOLET (Louis Bosc, *Nouveau cours d'agriculture*, 1809, t. X, p. 244).

Description de l'arbre. — *Bois :* de force moyenne. — *Rameaux :* assez nombreux, érigés ou légèrement étalés, longs, peu gros, géniculés, gris verdâtre lavé de roux, ayant les lenticelles fines, clair-semées, et les coussinets ressortis. — *Yeux :* petits, à large base, ovoïdes, aigus, éloignés de l'écorce. — *Feuilles :* moyennes, elliptiques, acuminées, planes ou relevées en gouttière, presque entiè-res ou faiblement ondées ou crénelées, à pétiole long et grêle.

FERTILITÉ. — Remarquable.

CULTURE. — La vigueur de ce poirier permet de lui donner le sujet qu'on préfère ; il croît vite et fait de jolies pyramides.

Poire Cassolette.

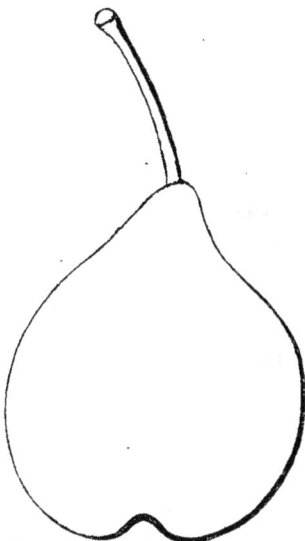

Description du fruit. — *Grosseur :* petite. — *Forme :* turbinée-arrondie, régulière, quoique souvent un peu étranglée près du sommet. — *Pédoncule :* de moyenne longueur, menu, courbé, ordinairement implanté à la surface d'un faible mamelon. — *Œil :* petit, ouvert, légèrement enfoncé ou complétement saillant. — *Peau :* vert blanchâtre, uniformément parsemée de petits points roux verdâtre, et quelque peu nuancée, généralement, de rose pâle sur la face regardant le soleil. — *Chair :* blanche, mi-fine, cassante, mais très-tendre et rarement bien pierreuse. — *Eau :* suffisante, sucrée, douée d'un léger goût musqué assez agréable.

MATURITÉ. — Fin d'août et premiers jours de septembre.

QUALITÉ. — Deuxième.

Historique. — Lorsqu'au commencement du XVIIᵉ siècle cette poire fit son apparition dans l'Orléanais, elle portait le nom de Petit-Liche-Frion, que le Lectier, d'Orléans, lui conserva en 1628, comme on le voit à la page 10 du *Catalogue de son jardin*. Mais peu après elle le perdit pour celui de Cassolette, dont on la trouve en possession dès 1675 et qui, malgré de nombreux synonymes, a fini par lui rester. De nos jours, on la connaît effectivement sous cette seule dénomination, tirée de sa forme, assez semblable à celle de ces flacons portatifs jadis si recherchés pour renfermer des parfums. On ignore dans laquelle de nos provinces elle fut gagnée, et par qui. Le pomologue Merlet disait bien, en 1675, qu'on l'appelait aussi *Despost* DE SILLERY ; mais quoique la Champagne possède une commune de ce dernier nom, rien n'autorise à l'en déclarer originaire. Toutefois, une telle homonymie devait être signalée. Quant aux mots *Liche* ou *Lèche-Frion*, qui composèrent le nom primitif de ce fruit, ils signifiaient : poire dont les frions (espèce d'oiseaux) sont avides.

Observations. — En 1628 on cultivait un Gros-Liche-Frion, ou Lèche-Frion d'Automne, qu'il ne faut pas confondre avec le Petit-Liche-Frion, ou Cassolette. C'est une variété devenue fort rare ; néanmoins on la rencontre encore, dans quelques collections, sous le nom de poire *Lansac*, qu'elle reçut de la Quintinye (1690). Nous la décrivons plus loin. (Voir tome II, lettre L.)

---

329. POIRE CASTELLINE.

Description de l'arbre. — *Bois :* très-fort. — *Rameaux :* nombreux, généralement un peu arqués et étalés, gros, longs, flexueux, légèrement cotonneux, vert clair grisâtre, finement et abondamment ponctués, à coussinets presque nuls. *Yeux :* moyens, ovoïdes-arrondis, duveteux, non appliqués contre le bois, souvent placés en éperon et ayant les écailles faiblement disjointes. — *Feuilles :* vert clair, peu nombreuses, ovales, à bords unis, à pétiole court et fort.

Poire Castelline.

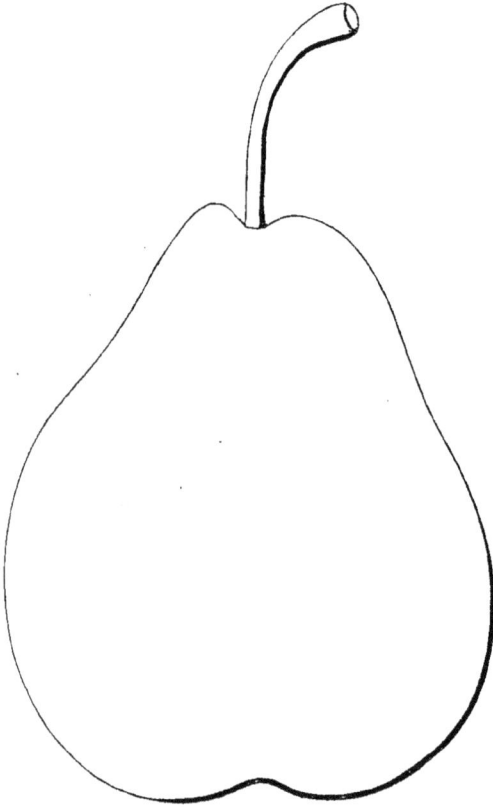

FERTILITÉ. — Convenable.

CULTURE. — Sur cognassier, la végétation de cet arbre est très-satisfaisante; les pyramides qu'il fait n'ont qu'un léger défaut : elles sont habituellement trop dépourvues de feuilles.

Description du fruit. — *Grosseur :* au-dessus de la moyenne. — *Forme :* oblongue, obtuse et ventrue. — *Pédoncule :* assez long, mince, renflé à l'attache, recourbé, régulièrement inséré dans une large cavité mamelonnée. — *Œil :* moyen, ouvert ou mi-clos, uni sur ses bords, à peine enfoncé. — *Peau :* rugueuse, verdâtre, nuancée de gris clair, fortement ponctuée et tachetée de fauve, quelque peu colorée du côté du soleil. — *Chair :* jaunâtre, mi-fine, fondante, aqueuse, presque exempte de pierres. — *Eau :* abondante, acidule, sucrée, possédant un savoureux parfum.

MATURITÉ. — Fin octobre et courant de novembre.

QUALITÉ. — Première.

Historique. — Ce poirier m'était envoyé de Belgique en 1852 et figurait en 1855, pour la première fois, dans mon *Catalogue*. Cependant il ne paraît pas appartenir aux gains de nos voisins, du moins d'après la note suivante de M. Alexandre Bivort, qui le décrivit en 1850 :

« La poire Castelline — disait-il — est un très-bon fruit... Je l'ai reçue de M. Reynaert-Beernaert, de Courtray, qui n'a pu me donner aucune notion certaine sur son origine. Les épines dont son bois n'est pas encore entièrement dépouillé, démontrent suffisamment que la variété est récente; je ne la trouve inscrite dans aucun Catalogue français ou belge. » (*Album de pomologie*, t. III, p. 51.)

Observations. — En 1860, un de nos pomologues demandait si la Castelline ne devait pas être rangée parmi les synonymes de la poire *Franc-Réal?*... La réponse est facile à faire, lorsqu'on sait que la première est un excellent fruit à couteau, et que la seconde appartient uniquement aux variétés destinées à la cuisson !... Aussi ces deux poires n'ont-elles rien de commun, si l'on excepte leur époque de maturité, arrivant dans le même mois.

330. Poire CATHERINE LAMBRÉ.

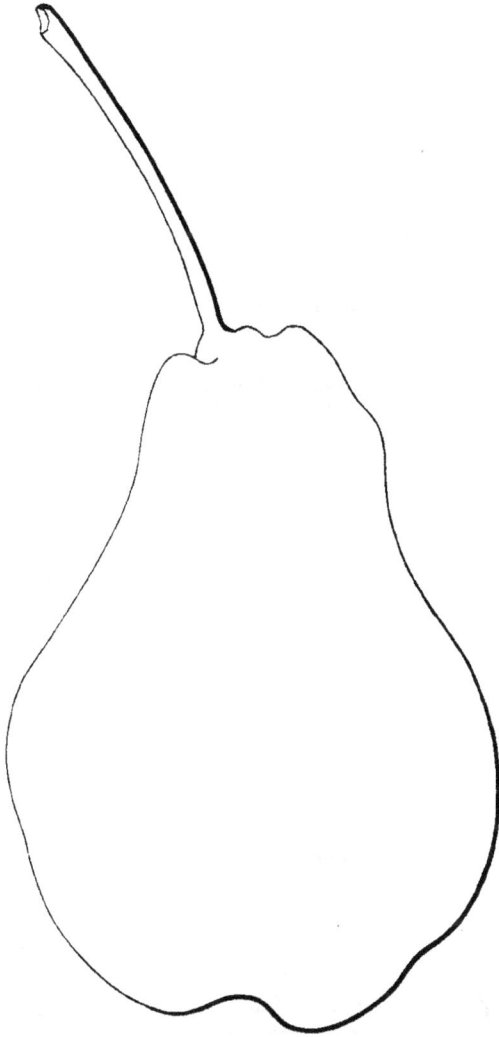

Description de l'arbre.
— *Bois :* assez faible. — *Rameaux :* nombreux, ordinairement très-étalés, peu longs et peu forts, droits, rouge clair, à lenticelles fines et serrées, à coussinets aplatis. — *Yeux :* moyens, ovoïdes, écartés du bois et ayant les écailles disjointes. — *Feuilles :* grandes, rarement abondantes, ovales-lancéolées, canaliculées et contournées, à bords profondément dentés, à pétiole long et bien nourri.

FERTILITÉ. — Satisfaisante.

CULTURE. — Il croît vite et aussi convenablement sur cognassier que sur franc ; ses pyramides sont peu hautes mais cependant assez jolies.

Description du fruit.
— *Grosseur :* volumineuse. — *Forme :* allongée, ventrue, habituellement très-obtuse, fortement bosselée, souvent étranglée près du sommet et légèrement pentagone à la base. — *Pédoncule :* des plus longs, à peine courbé, mince, charnu et plissé à la base, obliquement implanté dans une assez large cavité où le comprime une gibbosité plus ou moins prononcée. — *Œil :* grand, bien fait, ouvert, peu enfoncé, entouré de bosselettes. — *Peau :* jaune verdâtre, couverte de points roux du côté de l'ombre, où se voient également quelques marbrures fauves, veinée de même autour de l'œil et faiblement lavée de rose tendre ponctué de jaune obscur sur la partie exposée au soleil. — *Chair :* blanche, fine, compacte mais très-fondante, juteuse, rarement pierreuse. — *Eau :* excessivement abondante, sucrée, acidule, douée d'une saveur exquise rappelant le parfum de la rose.

MATURITÉ. — Fin septembre et commencement d'octobre.

QUALITÉ. — Première.

Historique. — Le poirier Catherine Lambré provient des derniers semis que fit, dans sa pépinière de Louvain, le professeur Van Mons. Après la mort de ce savant, il fut transplanté dans le jardin fruitier de Geest-Saint-Remy-lez-Jodoigne, et c'est là qu'eut lieu son premier rapport, vers 1850. Nous le propageons depuis 1855. Le nom qu'il porte lui a été donné par M. Bivort, son promoteur.

---

331. Poire de CATILLAC.

Synonymes. — *Poires :* 1. CADILLAC (de Bonnefond, *le Jardinier français*, 1665, p. 67). — 2. DE CITROUILLE (Merlet, *l'Abrégé des bons fruits*, 1675, p. 125). — 3. DE PÉQUIGNY (*Id. ibid.*). — 4. DE TOUT-TEMPS (*Id. ibid.*). — 5. GRAND-MOGOL (Herman Knoop, *Fructologie*, pp. 125 et 136). — 6. GRAND-MONARQUE (*Id. ibid.*). — 7. GRAND-TAMERLAN (*Id. ibid.*). — 8. GRATIOLE RONDE (*Id. ibid.*). — 9. TÊTE-DE-CHAT [Katzenkopf des Allemands] (Diel, *Kernobstsorten*, 1804, p. 287). — 10. TÉTON DE VÉNUS (de Launay, *le Bon-Jardinier*, 1808, p. 137). — 11. BON-CHRÉTIEN D'AMIENS (André Leroy, *Catalogue*, 1846, p. 9). — 12. POIRE MONSTRE (*Id. ibid.*). — 13. GROS-GILOT (Alexandre Bivort, *Album de pomologie*, 1847, t. I, n° 61). — 14. ADMIRABLE DES CHARTREUX (*Id. ibid.*, 1849, t. II, p. 73). — 15. CHARTREUSE (*Id. ibid.*). — 16. DE BELL (Decaisne, *le Jardin fruitier du Muséum*, 1860, t. III). — 17. BESI DES MARAIS (*Id. ibid.*). — 18. COTILLARD (*Id. ibid.*). — 19. GROS-THOMAS (*Id. ibid.*). — 20. MONSTRUEUSE DES LANDES (Jahn, *Illustrirtes Handbuch der Obstkunde*, 1860, t. II, pp. 525 et 526). — 21. QUENILLAC (*Id. ibid.*).

Description de l'arbre. — *Bois :* très-fort. — *Rameaux :* peu nombreux, ordinairement étalés, longs et des plus gros, à peine géniculés, duveteux, vert olivâtre souvent nuancé de rouge pâle, à lenticelles apparentes mais clair-semées, à coussinets saillants. — *Yeux :* assez volumineux, ovoïdes-arrondis, collés contre l'écorce. — *Feuilles :* grandes, ovales-arrondies, acuminées, coriaces, cotonneuses, ayant les bords unis ou irrégulièrement dentés, portées sur un pétiole épais, roide, excessivement court et pourvu de longues stipules.

FERTILITÉ. — Abondante.

CULTURE. — Cet arbre, très-vigoureux, pousse parfaitement sur toute espèce de sujet, mais il est trop pauvrement ramifié pour que la forme pyramidale lui convienne beaucoup. Il sera toujours préférable de le placer en espalier, soit au couchant soit au levant.

Description du fruit. — *Grosseur :* énorme ou volumineuse. — *Forme :* turbinée-arrondie ou turbinée légèrement allongée et obtuse, constamment ventrue, parfois assez fortement bosselée, habituellement mamelonnée au sommet et plus ou moins pentagone à la base. — *Pédoncule :* long ou très-long, droit, mince dans toute sa partie supérieure, renflé et charnu à son autre extrémité, obliquement implanté dans une vaste cavité de profondeur variable et dont les bords sont très-accidentés. — *Œil :* grand, bien fait, ouvert ou mi-clos, placé dans un large bassin où il est entouré de bosselettes et assez enfoncé. — *Peau :* rugueuse, jaune verdâtre, entièrement ponctuée, rayée et marbrée de roux, maculée de brun-fauve dans les cavités ombilicale et pédonculaire, colorée de rouge vif sur le côté qui regarde le soleil. — *Chair :* blanc mat, grossière, juteuse, dure et cassante, pierreuse autour des loges. — *Eau :* abondante, peu sucrée, légèrement astringente, parfois faiblement musquée, mais le plus souvent dénuée de parfum, sans posséder néanmoins aucun goût désagréable.

MATURITÉ. — Courant de février et se prolongeant jusqu'en avril.

QUALITÉ. — Troisième comme fruit à couteau, première comme fruit à compote.

Historique. — Nicolas de Bonnefond mentionna seulement, en 1665, cette volumineuse poire dans son *Jardinier français*, mais ce fut Merlet qui le premier la décrivit, en 1675 (*l'Abrégé des bons fruits*, p. 125). Avant ces deux auteurs, personne ne l'ayant citée, il est alors probable que sa culture date environ de la moitié du XVIIᵉ siècle. Quant à la provenance de ce fruit, quant au nom Cadillac sous lequel

Poire de Catillac.

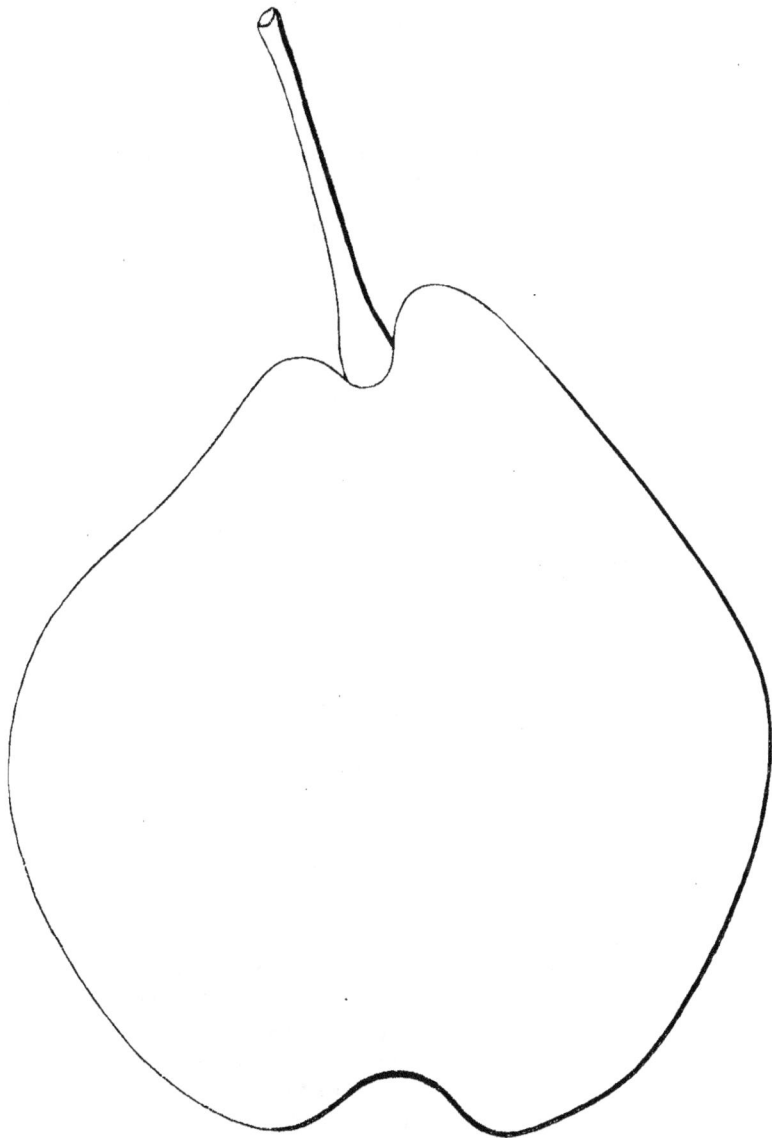

on le vit signalé, ni Merlet ni Bonnefond ne s'en préoccupèrent. Aussi, depuis eux, a-t-on fait maintes suppositions pour combler cette double lacune dans l'histoire d'une variété qui de 1665 à 1860 n'a pas reçu moins de vingt surnoms !... Poiteau et Turpin, entre autres, hasardèrent à son sujet, au commencement de ce siècle, les étymologies que voici :

« CATILLAC : de *castigo*, je punis, parce que sa chair s'attache à la gorge de celui qui la mange crue ; — ou de : *castilla*, friande, parce que, lorsqu'on la fait cuire en compote, elle exige beaucoup de sucre. » (*Traité des arbres fruitiers de Duhamel, nouv. édit., augmentée d'un grand nombre d'espèces de fruits obtenus des progrès de la culture;* 1807-1835, t. IV.)

Mais en 1853 Poiteau lui-même réfuta de la sorte le passage qu'on vient de lire :

« Nous avons reconnu que Catillac, que nous avions d'abord cru dérivé de *castigo*, ou *castilla*, vient de CADE ou CADILLE, qui veut dire petit baril, par allusion à la forme et à la grosseur de ce fruit. » (*Cours d'horticulture*, t. II, p. 142.)

En 1860, mieux inspiré que ses devanciers, M. Decaisne, le savant directeur des cultures du Muséum de Paris, laissa de côté, en décrivant cette poire, la question d'étymologie, pour se préoccuper de la question d'origine, qui lui parut devoir répondre à tout :

« Je trouve — observa-t-il — plusieurs villes ou villages du nom de *Cadillac*, dans la Guienne; il est donc probable que notre fruit a pris son nom de l'une de ces localités..... » (*Le Jardin fruitier du Muséum,* t. III.)

Nous partageons complétement l'opinion de M. Decaisne, que M. Willermoz adoptait aussi, en 1864, dans la *Pomologie de la France* (t. II, n° 78), disant : « On « présume que cette variété a été trouvée dans les environs de Cadillac (Gironde). » Ajoutons qu'il existe également une *Pomme de Cadillac*, provenant de la petite ville ici désignée, et très-commune dans la Gironde et les départements qui l'avoisinent.

Observations. — C'est par erreur que l'on a quelquefois donné les noms poire *Abbé Mongein*, ou *Mangein*, comme synonymes de Catillac, ils le sont uniquement de poire Belle-Angevine. — La *Bellissime d'Hiver,* rappelons-le, ne saurait non plus s'y rapporter. Si l'on veut bien examiner, page 218, l'article où nous l'avons étudiée, on verra qu'en effet ces deux variétés sont, arbres et fruits, des plus distinctes, tout en ayant une maturité identique et une forme assez semblable. — La grosseur considérable du Catillac, dont le poids s'élève souvent jusqu'à 900 grammes (le type figuré ci-contre en pesait 650), fait qu'on l'a fréquemment confondu avec la *Poire de Livre;* cependant cette dernière, nommée aussi *Râteau gris,* est douée de caractères qui sont loin de rendre facile une pareille méprise.

332. Poire CATINKA.

Description de l'arbre. — *Bois :* très-fort. — *Rameaux :* nombreux, généralement étalés, des plus longs et des plus gros, coudés, brun clair légèrement verdâtre, ayant les lenticelles larges et clair-semées, les mérithalles très-longs et les coussinets bien marqués. — *Yeux :* volumineux, ovoïdes-arrondis, pointus, à écailles quelque peu disjointes, toujours écartés du bois et souvent formant éperon. — *Feuilles :* grandes, ovales-allongées, planes ou contournées, presque entières sur leurs bords, munies d'un pétiole long et très-fort.

FERTILITÉ. — Des plus grandes.

CULTURE. — La vigueur de ce poirier est remarquable; il développe promptement son écusson, pousse aussi bien sur cognassier que sur franc, et prend dès sa deuxième année une forme pyramidale ne laissant rien à désirer.

Description du fruit. — *Grosseur :* au-dessus de la moyenne. — *Forme :* turbinée-ovoïde, un peu ventrue, mais quelquefois aussi turbinée-arrondie et contournée, surtout près du sommet. — *Pédoncule :* long, bien nourri, courbé, noueux ou épineux, obliquement inséré au milieu d'une faible dépression.

Poire Catinka.

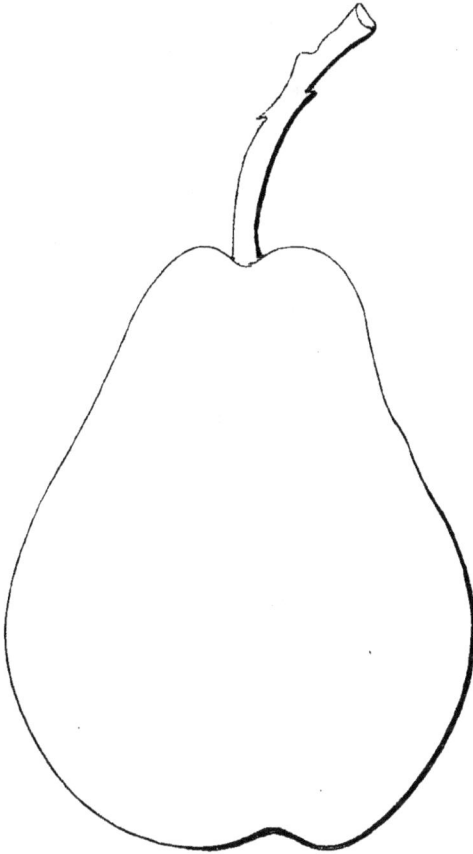

— *Œil :* très-grand, mi-clos ou fermé, presque à fleur de fruit. — — *Peau :* jaunâtre, entièrement ponctuée de gris-roux et semée de quelques larges taches brun-fauve qui sont ordinairement squammeuses. — *Chair :* blanc jaunâtre, mi-fine, mi-fondante, aqueuse, pierreuse au centre. — *Eau :* abondante, sucrée, aigrelette, assez savoureuse quoique faiblement aromatique.

Maturité. — Courant d'octobre et dépassant rarement la fin de ce mois.

Qualité. — Deuxième.

Historique. — Le major Esperen est l'obtenteur de cette variété, qu'il gagna de semis à Malines (Belgique), vers 1845. Nous la multiplions depuis 1847. D'où vient le nom qu'elle porte?... Nous l'ignorons, mais Catinka, dans la langue russe, signifie Petite Catherine.

Observations. — Cette poire a le défaut de mal se conserver dans le fruitier; elle y blossit généralement au bout de quelques jours, du moins chez nous. Cependant on affirme qu'il n'en est pas ainsi partout, notamment dans le Midi de la France, où elle se garderait six semaines : de novembre en décembre.

Poire CÉLESTE. — Synonyme de *Beurré Diel.* Voir ce nom.

Poire CÉLESTUS. — Synonyme de poire *Incomparable Hacon's.* Voir ce nom.

Poire CELLITE. — Synonyme de poire *Passe-Colmar.* Voir ce nom.

Poire CENT-COURONNES. — Synonyme de poire *Oken.* Voir ce nom.

Poire CERTEAU D'AUTOMNE. — Synonyme de poire *de Fusée d'Automne.* Voir ce nom.

---

333. Poire CERTEAU D'ÉTÉ.

Synonymes. — *Poires :* 1. De Champagne d'Été (Charles Estienne, *Seminarium et plantarium fructiferarum præsertim arborum quæ post hortos conseri solent*, 1540, p. 69). — 2. Colorée d'Aout (Alexandre Bivort, *Catalogue descriptif*, 1851, p. 20). — 3. Gros-Certeau d'Été (Decaisne, *le Jardin fruitier du Muséum*, 1859, t. II). — 4. Courte d'Ersol (*Id. ibid.*). — 5. Emmanuel d'Été (*Id. ibid.*). — 6. Rouge des Vierges (*Id. ibid.*).

Premier Type.

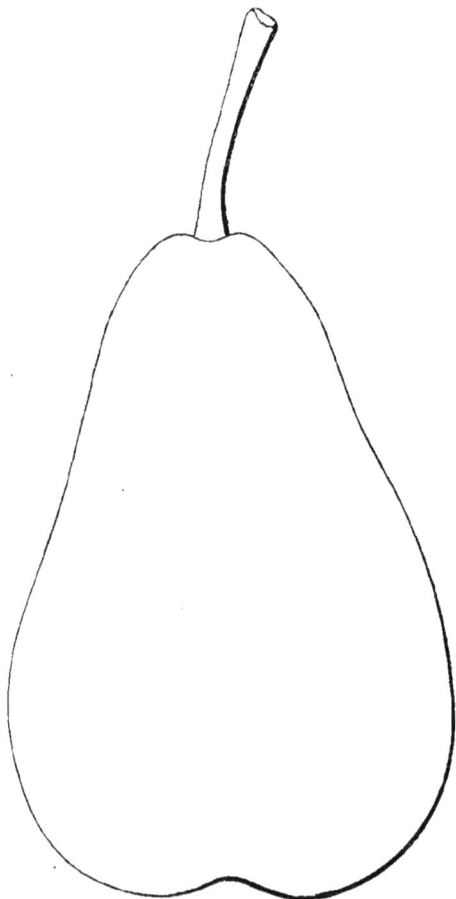

Description de l'arbre. — *Bois :* très-fort. — *Rameaux :* assez nombreux, étalés et des plus arqués, gros, peu longs, légèrement géniculés, gris-rouge ardoisé, abondamment et fortement ponctués, ayant habituellement les mérithalles courts et les coussinets saillants. — *Yeux :* moyens, ovoïdes-allongés, duveteux, plus ou moins aplatis, collés contre le bois. — *Feuilles :* d'un beau vert luisant, grandes, ovales ou presque cordiformes, faiblement dentées, portées sur un pétiole de longueur et de grosseur moyennes.

Fertilité. — Excessive.

Culture. — C'est un arbre de grande vigueur, à greffer sur cognassier ou sur franc; il pousse vite et bien; les pyramides qu'il fait sont belles et des plus feuillues.

Description du fruit. — *Grosseur :* au-dessus de la moyenne. — *Forme :* allongée, variable, affectant parfois celle d'une calebasse, mais le plus ordinairement conique-obtuse. — *Pédoncule :* long ou très-long, courbé ou contourné, de moyenne force, souvent renflé à la base, obliquement ou perpendiculairement implanté à la surface du fruit. — *Œil :* moyen, ouvert ou mi-clos, saillant ou légèrement enfoncé, plissé sur ses bords. — *Peau :* jaune clair quelque peu verdâtre, entièrement ponctuée de gris-brun, largement carminée sur le côté exposé au soleil. — *Chair :* blanchâtre, demi-fine et demi-fondante, assez marcescente, contenant de faibles granulations autour des loges. — *Eau :* suffisante, sucrée, rarement très-parfumée, douée cependant d'une certaine délicatesse.

Maturité. — Dernière quinzaine d'août.

Qualité. — Deuxième.

Poire Certeau d'Été. — *Deuxième Type.*

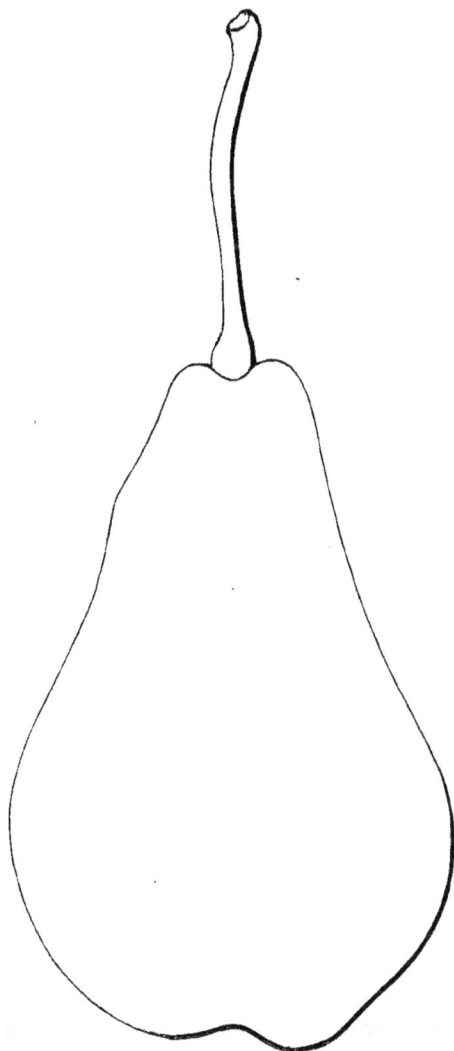

Historique. — L'origine du Certeau d'Été est la même que celle du Certeau d'Hiver, dont l'article va suivre. Cette variété, appelée aussi poire de Champagne au xvi⁰ siècle, provient, disait en 1540 Charles Estienne, « de « la contrée que dans notre Cham- « pagne on nomme le Perthois : « a nostra Galliarum Campania, « quæ Pertosiensis appellatur. » (*Seminarium,* p. 69.) Or, le Pertois, ou Perthois, dont Vitry-le-Français était la capitale, s'étendait le long de la Marne et confinait au Barrois. Quant au nom Certeau, qu'a tou- jours porté ce poirier, il nous sem- ble tiré du mot latin *certo,* signi- fiant : constant, certain, et lui avoir été donné en raison même de sa prodigieuse fertilité.

Observations. — La Quin- tinye, qui se montra sévère pour un grand nombre de fruits, le fut trop, surtout, à l'égard du Certeau d'Été : « Je connois cette poire pour « si mauvaise — disait-il — que je « ne conseille à personne de la « planter. » (*Instructions pour les jardins fruitiers et potagers,* 1690, tome I.) Réellement, ce n'est pas là une variété qu'il faille abandon- ner, car dans les terrains moins humides que ceux du parc de Ver- sailles, où la Quintinye cultivait ses poiriers, le Certeau d'Été est assez bon et paie largement, par son excessive fertilité, les soins qu'on lui donne.

334. Poire CERTEAU D'HIVER.

Synonymes. — *Poires :* 1. De Champagne d'Hiver (Charles Estienne, *Seminarium et plantarium fructiferarum præsertim arborum quæ post hortos conseri solent,* 1540, p. 69). — 2. Gros Certeau d'Hiver (Merlet, *l'Abrégé des bons fruits,* 1675, p. 116). — 3. De Prince [d'Hiver] (*Id. ibid*). — 4. Trouvée de Montagne (*Id. ibid.*). — 5. Trouvée (Duhamel du Monceau, *Traité des arbres frui- tiers,* 1768, t. II, p. 248). — 6. De Merle (Calvel, *Traité complet sur les pépinières,* 1805, t. II, p. 379). — 7. Pléteau (Pepin, *Revue horticole,* 1846, t. VII, p. 449).

Description de l'arbre. — *Bois :* peu fort. — *Rameaux :* assez nombreux, étalés, de grosseur et de longueur moyennes, très-géniculés, brun clair jaunâtre, ayant les lenticelles apparentes, excessivement rapprochées, et les coussinets saillants. — *Yeux :* gros, ovoïdes-allongés, à écailles grises, bombées et mal soudées, non appliqués contre le bois. — *Feuilles :* grandes ou moyennes, ovales, acuminées, légèrement dentées ou presque entières, au pétiole long et fort.

Fertilité. — Très-grande.

Culture. — Il est d'une vigueur modérée, prospère sur toute espèce de sujet, ne croît pas très-vite, mais fait ordinairement d'assez jolies pyramides.

Poire Certeau d'Hiver. — *Premier Type.*   *Deuxième Type.*

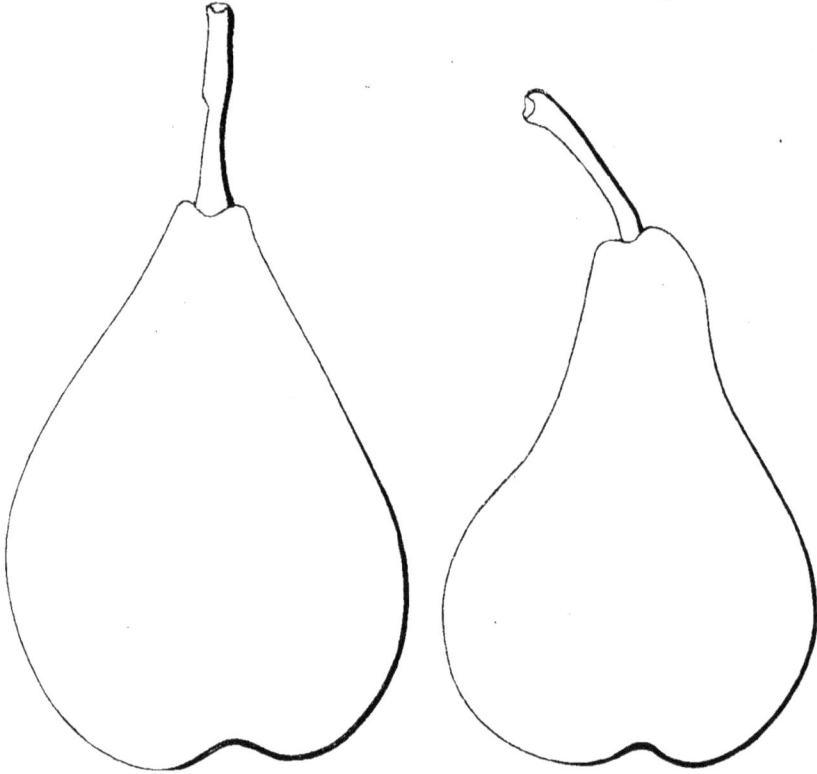

Description du fruit. — *Grosseur :* moyenne et quelquefois moins volumineuse. — *Forme :* affectant souvent celle d'une Calebasse, mais généralement turbinée-allongée, ventrue, très-amincie près du sommet. — *Pédoncule :* assez long et assez faible, droit ou courbé, souvent renflé à la base, perpendiculairement ou obliquement implanté à la surface. — *OEil :* grand, mi-clos, à peine enfoncé, parfois contourné. — *Peau :* vert clair jaunâtre, ponctuée de fauve, maculée de même autour du pédoncule, lavée de rouge-brun sur le côté frappé par le soleil. — *Chair :* blanc jaunâtre, demi-fine, demi-cassante, pierreuse et un peu marcescente. — *Eau :* abondante, sucrée, bien parfumée, plus ou moins astringente et cependant assez savoureuse.

Maturité. — De décembre jusqu'en avril ou mai.

Qualité — Troisième pour le couteau, première pour la cuisson.

Historique. — Le Certeau d'Hiver, nous l'avons dit ci-dessus à l'article du

Certeau d'Été (p. 540), provient des environs de Vitry-le-Français, dans l'ancienne Champagne, et fut remarquablement décrit pour la première fois en 1540, par Charles Estienne. (*Seminarium*, p. 69.)

Observations. — La Quintinye, dans ses *Instructions pour les jardins fruitiers et potagers*, faisait en 1690, à l'égard de ce fruit, la recommandation suivante : « Quoique très-bon à cuire, il me paroît trop petit pour en avoir aucun arbre en « buisson; il faut se contenter d'en avoir quelqu'un de tige dans les grands ver- « gers. » (Tome I.) C'est en effet une variété des plus convenables pour le verger; aussi dans la Nièvre, où elle est particulièrement cultivée sous le nom de poire Pléteau, en tire-t-on un excellent parti comme arbre de plein vent offrant, par son extrême fertilité, d'abondants produits très-estimés sur les marchés.

Poire CERTEAU-MADAME. — Synonyme de poire *d'Épargne*. Voir ce nom.

Poire CERTEAU MUSQUÉ D'HIVER. — Synonyme de poire *Martin-Sire*. Voir ce nom.

Poire CERTEAU (PETIT-) — Voir *Petit-Certeau*.

---

335. Poire CHAIGNEAU.

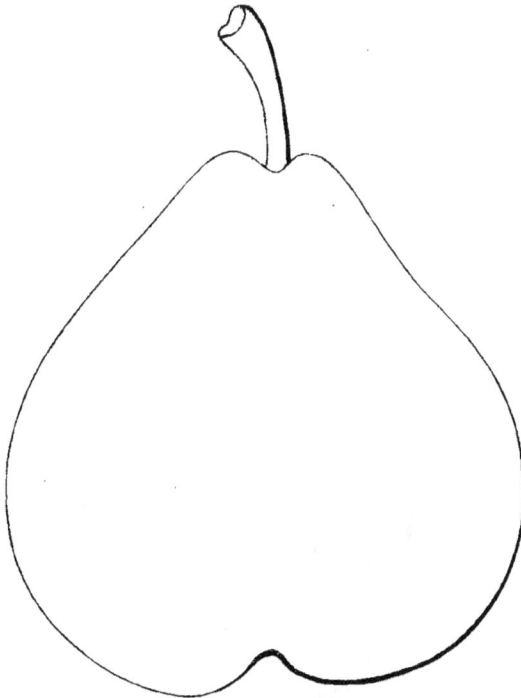

Description de l'arbre. — *Bois :* fort. — *Rameaux :* assez nombreux, étalés, très-gros, peu longs, légèrement coudés, brun clair nuancé de vert et de gris, ayant les lenticelles moyennes, espacées, et les coussinets ressortis. — *Yeux :* ovoïdes, volumineux, à écailles grises et disjointes, très-écartés du bois. — *Feuilles :* grandes, ovales allongées, faiblement acuminées, profondément dentées ou crénelées, portées sur un pétiole court, épais, roide et souvent rosé.

Fertilité. — Convenable.

Culture. — Sur cognassier, le seul sujet qu'on lui ait encore donné dans notre école, il s'est montré d'un développement ordinaire et a fait de belles pyramides.

Description du fruit. — *Grosseur :* au-dessus de la moyenne, ou moyenne. — *Forme :* turbinée, obtuse, régulière, des plus ventrues. — *Pédoncule :* un peu court, arqué, bien nourri, perpendiculairement implanté au milieu d'une faible dépression. — *OEil :* grand, souvent mi-clos, plus ou moins enfoncé. — *Peau :* vert jaunâtre, ponctuée de gris-brun, maculée de même aux extrémités du fruit. — *Chair :* blanchâtre, fine ou demi-fine, fondante, juteuse, contenant quelques pierres autour des pepins. — *Eau :* excessivement abondante, acidule, sucrée, rafraîchissante, fort aromatique.

Maturité. — Fin de septembre ou commencement d'octobre.

Qualité. — Première.

Historique. — Mis dans le commerce en 1863, ce poirier appartient à la pomone de la Loire-Inférieure, et la note suivante se lit, sur son origine, à la page 31 de la *Revue horticole*, où il était signalé, décrit et figuré :

« Ce gain, provenant d'un semis fait en 1848, est dû à M. Jacques Jalais, jardinier-pépiniériste à Nantes. Le premier rapport a eu lieu en 1858. Sa présentation à la Société d'Horticulture de Nantes a valu une récompense à son obtenteur, qui lui a donné le nom de l'honorable président de cette Société, M. Chaigneau, ancien député....... La Société d'Horticulture de Paris a décerné à ce fruit, en 1863, une médaille d'argent, de 2e classe. » (De Liron d'Airoles.)

336. Poire CHAIR-A-DAME.

Synonymes. — *Poires :* 1. Chère-a-dame (le Lectier, *Catalogue des arbres cultivés dans son verger et plant,* 1628, p. 4). — 2. De Prince d'Été (Merlet, *l'Abrégé des bons fruits,* 1675, p. 78). — 3. Chère-Adame (Thompson, *Catalogue of fruits cultivated in the garden of the horticultural Society of London,* 1842, p. 132).

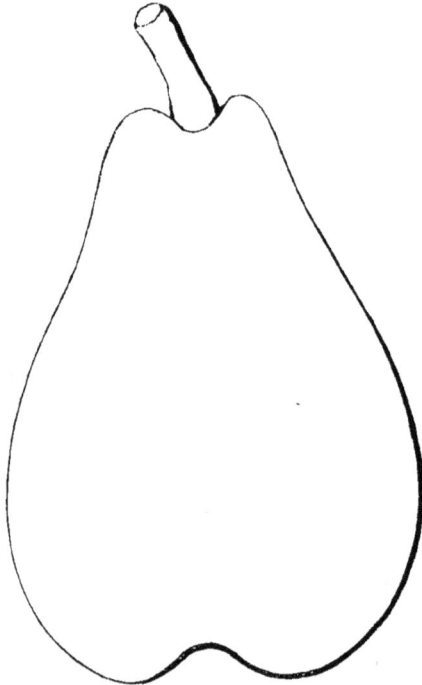

Description de l'arbre. — *Bois :* assez fort. — *Rameaux :* nombreux, étalés, gros, longs, flexueux, rouge foncé légèrement ardoisé, à lenticelles apparentes et très-rapprochées, à coussinets bien accusés. — *Yeux :* volumineux, coniques ou ovoïdes-allongés et pointus, faiblement écartés du bois. — *Feuilles :* de moyenne grandeur, peu abondantes, ovales ou ovales-allongées, profondément dentées ou crénelées, au pétiole court et mince.

Fertilité. — Satisfaisante.

Culture. — Doué d'une bonne vigueur, il végète parfaitement sur le cognassier, s'y développe assez vite et y forme des pyramides convenables, quoiqu'un peu trop dépourvues de feuilles.

Description du fruit. — *Grosseur :* moyenne ou au-dessous de la moyenne. — *Forme :* oblongue, bosselée, assez régulière. — *Pédoncule :* court, gros, arqué, charnu à la base, obliquement inséré dans un évasement peu profond où le comprime souvent une forte gibbosité. — *Œil* : petit, bien fait, ouvert, assez enfoncé dans un large bassin. — *Peau* : mince, vert clair jaunâtre, très-finement ponctuée de gris-roux et largement carminée sur la partie regardant le soleil. — *Chair* : blanche, demi-fine, cassante ou demi-fondante, aqueuse, pierreuse au centre. — *Eau* : abondante, sucrée, vineuse, rarement très-aromatique et parfois entachée d'une légère acerbité.

MATURITÉ. — De la fin d'août jusqu'aux premiers jours de septembre.

QUALITÉ. — Deuxième.

Historique. — Il faut remonter aux premières années du XVIIᵉ siècle, et lire le *Catalogue* des poiriers que possédait en 1628, dans son jardin d'Orléans, le procureur du roi le Lectier, pour voir apparaître le fruit que nous venons de décrire. Ce magistrat en possédait alors deux variétés, l'une qu'il appelait « *Chère-à-Dame* « *très-hastive* » et qu'il disait « TOUTE RONDE, jaune et verte, et musquée; » et l'autre à laquelle il donnait le seul nom de *Chère-à-Dame*. Ces deux poires, dont l'origine n'est pas connue, sont encore dans la culture. La première, la ronde très-hâtive, fait partie de la collection du Muséum de Paris, et figure dans l'admirable Pomologie publiée par M. le professeur Decaisne. Quant à la seconde, à maturité plus tardive, c'est celle que nous possédons, et qui depuis un temps indéfini existe dans l'Anjou, où quelquefois aussi on l'a appelée, erronément, Perdreau musqué, nom synonyme de Rousselet hâtif. Les Allemands (*Deutsches Obstcabinet*, 1861, 10ᵉ cahier) possèdent cette dernière variété sous le nom de poire de Prince, que Merlet, en 1675, citait déjà comme synonyme de Chère-à-Dame. Elle mûrit chez eux au début de septembre, et s'y montre *en tout* semblable à celle de mon école. L'usage, aujourd'hui, fait écrire CHAIR-*à-Dame*, et non plus CHÈRE, comme jadis. Nous croyons qu'on a eu tort de modifier de la sorte le nom de cette poire, dont la *chair* n'a réellement rien qui lui puisse attirer la préférence des femmes. Le charmant coloris de sa peau, voilà sans doute ce qui lui valut sa dénomination primitive.   **❧**

Observations. — Parmi nos anciennes variétés, il en est une qu'on a longtemps nommée *Chair-de-fille*, mais qui ne se rapporte nullement à la Chair-à-Dame, quoique son nom le puisse faire supposer. On l'appelle actuellement poire *Cornemuse*, en raison de sa forme la plus habituelle.

POIRE CHAIR-DE-FILLE. — Synonyme de poire *Cornemuse*. Voir ce nom.

POIRE CHAMBRETTE D'HIVER. — Synonyme de poire *Virgouleuse*. Voir ce nom.

POIRE CHAMOISINE. — Synonyme de poire *Liébart*. Voir ce nom.

337. POIRE CHAMP RICHE D'ITALIE.

Description de l'arbre. — *Bois* : de moyenne force. — *Rameaux* : nombreux, légèrement étalés, assez gros, longs, très-géniculés, brun rougeâtre, à lenticelles petites, peu apparentes, peu espacées, à coussinets ressortis. — *Yeux* : volumineux, coniques, souvent triangulaires et aplatis, non appliqués contre l'écorce. — *Feuilles :* ovales-arrondies, grandes, abondantes, planes ou relevées en gouttière, faiblement dentées, ayant le pétiole court et épais.

Poire Champ riche d'Italie.

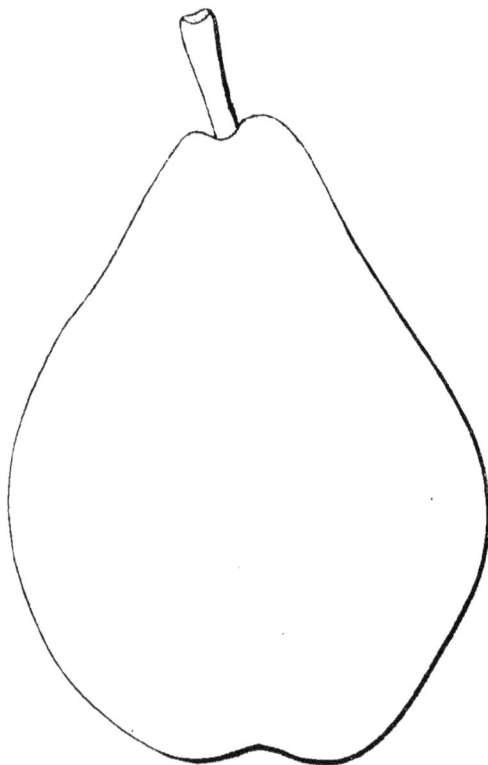

FERTILITÉ. — Remarquable.

CULTURE. — Arbre de vigueur satisfaisante, le cognassier lui suffit très-bien; il pousse vite, sur ce sujet, et les pyramides qu'il y fait sont régulières, jolies et touffues.

Description du fruit. — *Grosseur :* au-dessus de la moyenne et parfois assez considérable. — *Forme :* oblongue, toujours des plus ventrues, faiblement pentagone à la base et s'amincissant beaucoup près du sommet, qui souvent est presqu'aigu. — *Pédoncule :* court, peu fort à la partie inférieure, renflé au point d'attache, non arqué, obliquement implanté à fleur de peau et habituellement adossé contre un mamelon plus ou moins prononcé. — *Œil :* large, arrondi, bien fait, à peine enfoncé. — *Peau :* épaisse, toute parsemée de points brun clair, verdâtre du côté de l'ombre, jaune d'ocre sur la face exposée au soleil, où elle est en outre tachetée de fauve. — *Chair :* blanchâtre, mi-fondante ou cassante, assez fine, légèrement pierreuse, un peu sèche. — *Eau :* rarement abondante, douceâtre, faiblement sucrée et parfumée.

MATURITÉ. — Fin de novembre et se prolongeant jusqu'en février.

QUALITÉ. — Troisième, crue; première, cuite.

Historique. — Duhamel du Monceau signalait en 1768 ce poirier au tome II de son *Traité des arbres fruitiers* (pp. 232-233), et pour lors il devait être depuis peu dans les jardins français, car aucun autre pomologue n'en avait encore parlé. En l'appelant Champ riche *d'Italie,* cet auteur semble le croire originaire de ce pays; toutefois il ne dit rien qui puisse confirmer une telle opinion; silence imité par ceux qui plus tard l'ont également décrit. Le docteur Diel, de Stuttgardt, lui consacra plusieurs pages en 1805 (*Kernobstsorten,* p. 206), époque à laquelle il le reçut des environs de Paris; mais il observe que depuis longtemps déjà on le lui avait envoyé de Berlin. Cette variété est devenue fort rare en France, en raison sans doute de son manque de qualité.

POIRE DE CHAMPAGNE D'ÉTÉ. — Synonyme de poire *Certeau d'Été.* Voir ce nom.

POIRE DE CHAMPAGNE D'HIVER. — Synonyme de poire *Certeau d'Hiver.* Voir ce nom.

338. Poire CHANCELLOR.

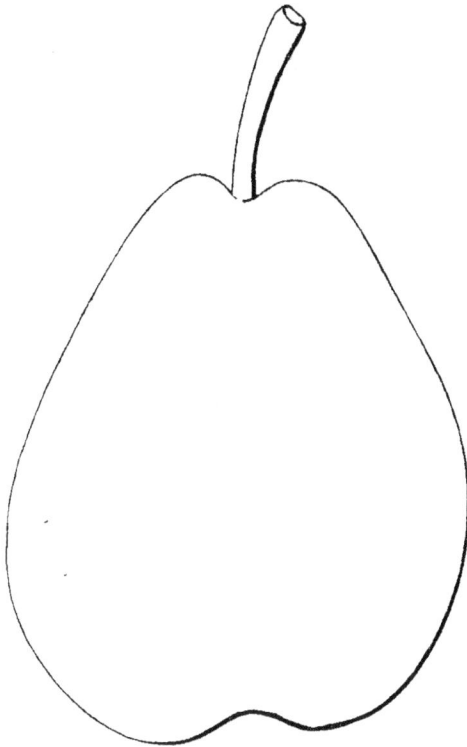

Description de l'arbre. — *Bois :* faible. — *Rameaux :* nombreux, généralement arqués et étalés, ou contournés et réfléchis, assez gros, longs, géniculés, légèrement duveteux, vert grisâtre nuancé de rouge pâle auprès des yeux, à lenticelles apparentes et rapprochées, à coussinets presque aplatis. — *Yeux :* moyens ou petits, ovoïdes, cotonneux, écartés du bois et ayant les écailles faiblement entr'ouvertes. — *Feuilles :* de grandeur moyenne, ovales, acuminées, dentées ou crénelées, portées sur un pétiole long, fort et pourvu de stipules très-développées.

Fertilité. — Ordinaire.

Culture. — Cet arbre, dont la vigueur n'est pas grande, croît très-lentement sur le cognassier et n'y forme que de chétives pyramides; le franc lui convient mieux.

Description du fruit. — *Grosseur :* au-dessus de la moyenne. — *Forme :* ovoïde, ventrue, régulière. — *Pédoncule :* assez long, mince à la base, renflé à l'autre extrémité, arqué, obliquement inséré dans un large évasement peu profond. — *OEil :* petit, arrondi, ouvert ou mi-clos, rarement très-enfoncé, parfois accidenté sur ses bords. — *Peau :* rude au toucher, jaune verdâtre ou jaune pâle, fortement ponctuée de brun et de vert, rayée et légèrement marbrée de fauve, plus ou moins lavée de rouge sombre du côté du soleil. — *Chair :* blanchâtre, fine, fondante, juteuse, peu pierreuse. — *Eau :* très-abondante, rafraîchissante, des plus sucrées et des plus aromatiques.

Maturité. — Fin de septembre et courant d'octobre.

Qualité. — Première.

Historique. — Nous multiplions ce poirier depuis 1855 et le devons à nos correspondants d'Amérique. Il était, en 1853, mentionné pour la première fois dans le *Magazine of horticulture* publié par M. Hovey, de Boston (p. 65). Quant à sa provenance, les pomologues américains le disent originaire de la Pensylvanie, où il aurait été gagné à Germantown, dans la propriété de M. Chancellor, duquel il porte le nom.

———————

Poire de CHANDELLE. — Synonyme de poire *d'Épargne.* Voir ce nom.

339. Poire CHAPLOUX.

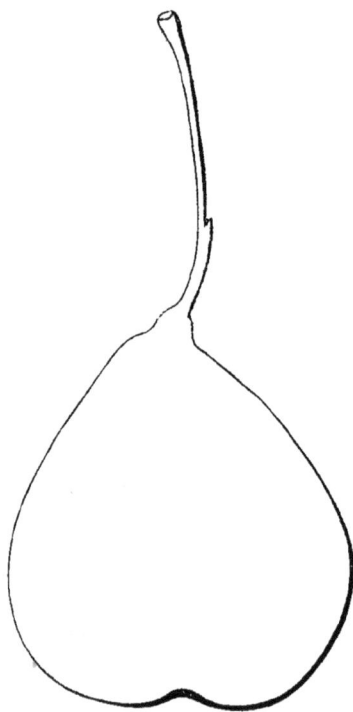

Description de l'arbre. — *Bois :* fort et d'un beau gris rosé. — *Rameaux :* nombreux, érigés à la partie supérieure de la tige, étalés à sa base, gros, très-longs, flexueux, rouge ardoisé, à lenticelles petites et des plus rapprochées, à coussinets faiblement accusés. — *Yeux :* assez volumineux, ovoïdes, écartés du bois, ayant les écailles bombées et disjointes. — *Feuilles :* grandes, habituellement ovales, dentées ou crénelées, contournées, souvent relevées en gouttière et portées sur un pétiole excessivement long, fort et accompagnés de stipules bien développées.

Fertilité. — Satisfaisante.

Culture. — La vigueur de ce poirier est remarquable ; on le greffe sur cognassier ou sur franc ; sa croissance étant très-rapide, il fait dès sa deuxième année de magnifiques pyramides.

Description du fruit. — *Grosseur :* petite. — *Forme :* turbinée-arrondie, régulière, entièrement plate à sa base. — *Pédoncule :* très-long, grêle, flasque, renflé à l'attache, perpendiculairement implanté et souvent continu avec le fruit. — *Œil :* excessivement grand, mi-clos, saillant, à bords non accidentés. — *Peau :* rugueuse, vert-pré, ponctuée de fauve, parsemée de taches brunâtres et largement marbrée et réticulée, du côté du soleil, de gris-roux des plus squammeux. — *Chair :* verdâtre, grossière, cassante, sèche, fortement pierreuse autour des loges. — *Eau :* peu abondante, assez sucrée, manquant de saveur et de délicatesse.

Maturité. — Courant de décembre.

Qualité. — Troisième.

Historique. — En 1859 elle nous était envoyée des pépinières de Vilvorde-lez-Bruxelles, sans indication d'origine. Peu après, et notamment en 1863, elle figurait dans le *Catalogue* de cet établissement, avec la note : « Première « qualité. » Il faut alors, s'il n'existe là aucune erreur, que ce fruit ait perdu dans notre école, tout son mérite, car on n'a même pu l'y laisser parmi les poires à couteau de deuxième ordre ; il y a été mis en 1866 au rang des variétés servant uniquement à l'approvisionnement des halles. — Serait-il meilleur cuit?... Nous l'ignorons. Du reste, ce poirier est à peu près inconnu en France.

340. Poire CHAPTAL.

Synonyme. — *Poire* Beurré Chaptal (d'Albret, *Cours théorique et pratique de la taille des arbres fruitiers*, 1851, p. 331).

Description de l'arbre. — *Bois :* de force moyenne. — *Rameaux :* érigés ou faiblement étalés, assez nombreux et assez gros, longs, légèrement coudés, gris-roux nuancé de brun, ayant les lenticelles fines et espacées et les coussinets rarement bien accusés. — *Yeux :* moyens, aplatis, ovoïdes, pointus, en partie appliqués contre l'écorce. — *Feuilles :* de grandeur variable, ovales-arrondies ou ovales, acuminées et souvent canaliculées, dentées ou crénelées, portées sur un pétiole court, bien nourri, lavé de rose tendre, pourvu de stipules peu développées.

Poire Chaptal.

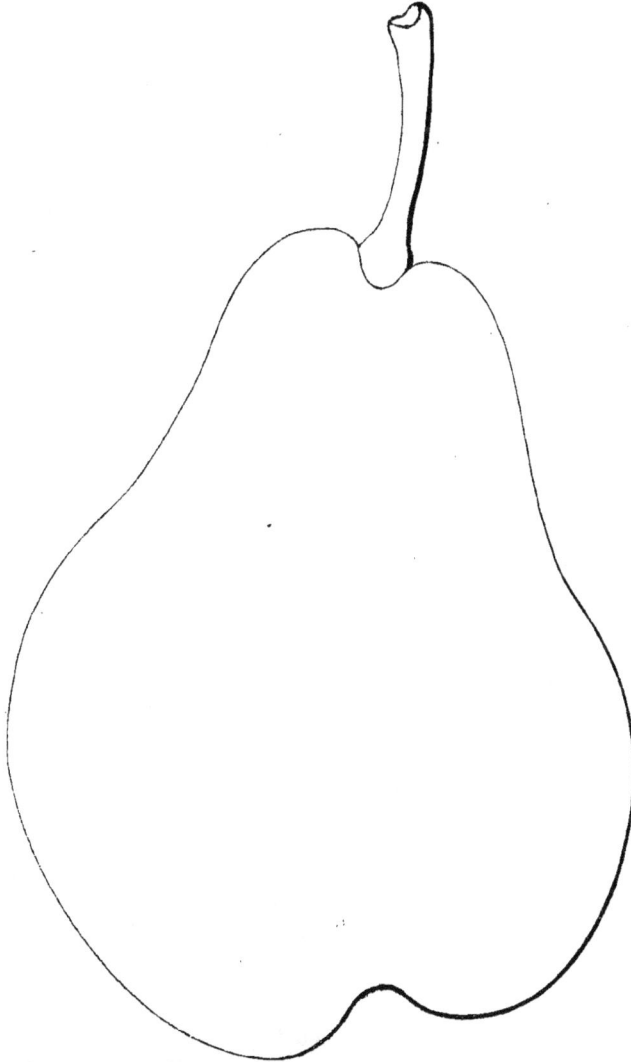

FERTILITÉ. — Convenable.

CULTURE. — Poirier modérément vigoureux, il prospère sur le cognassier mais se plaît mieux sur le franc ; ses pyramides, hautes, régulières et fortes, sont généralement trop dégarnies de feuilles.

Description du fruit. — *Grosseur :* considérable. — *Forme :* turbinée, très-obtuse, excessivement ventrue, mamelonnée au sommet, ayant habituellement un côté plus volumineux que l'autre. — *Pédoncule :* long, gros, arqué, charnu et renflé à la base, obliquement inséré dans une étroite cavité en entonnoir. — *OEil :* moyen, ouvert, régulier, placé au fond d'un large bassin. — *Peau :* jaune d'ocre, ponctuée de brun verdâtre, marbrée de fauve, rayée de même autour de l'œil et plus ou moins lavée de rouge terne sur la face qui regarde le soleil. — *Chair :* blanche, demi-fine et demi-cassante, pierreuse au centre. — *Eau :* suffisante, sucrée, acidule, très-peu parfumée.

MATURITÉ. — De février jusqu'en mai.

QUALITÉ. — Deuxième comme fruit à couteau, première comme fruit à compote.

Historique. — Étienne Calvel, en 1805, la décrivait longuement dans son *Traité des pépinières* (t. II, pp. 361-363), et pour lors elle venait d'être gagnée de semis à Paris, par Hervy (Michel-Christophe), directeur du Jardin fruitier du palais du Luxembourg. Son obtenteur la dédia au comte Chaptal, ministre de l'intérieur à cette époque, et qui fut le constant protecteur de l'horticulture.

Observations. — L'âge n'a pas amélioré cette poire; il lui a même enlevé une grande partie de ses qualités, puisqu'en 1805 Calvel la comparait *à une bonne Virgouleuse*, variété qui souvent se montre parfaite. Le principal mérite de la Chaptal, comme fruit à couteau, consiste dans sa grosseur et dans sa longue conservation. C'est là, du reste, l'opinion générale des pomologues qui l'ont dégustée. — Nous avons vu parfois le poirier Chaptal réuni, comme synonyme, au Beurré gris d'Hiver ancien, qui est le *Milan d'Hiver*. Une telle méprise surprend, cette dernière variété mûrissant en octobre et ne dépassant pas le mois de janvier, temps où l'autre commence à peine à devenir mangeable.

Poire CHARBONNIÈRE. — Synonyme de poire *Collins*. Voir ce nom.

Poire CHARLES D'AUTRICHE. — Synonyme de poire *Archiduc Charles*. Voir ce nom.

---

341. Poire CHARLES BIVORT.

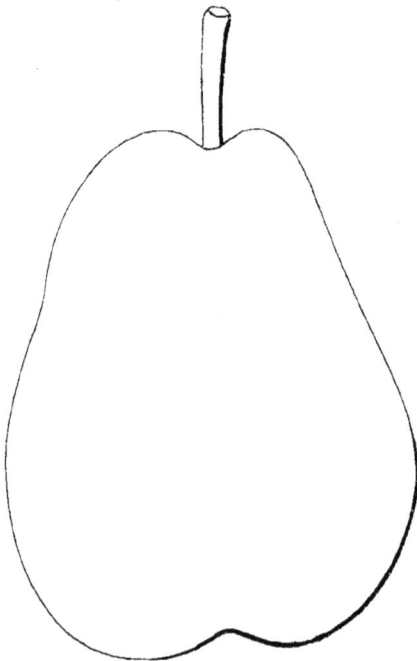

Description de l'arbre. — *Bois :* assez faible. — *Rameaux :* nombreux, érigés ou étalés, grêles, peu longs, à peine géniculés, gris-roux légèrement brunâtre, à lenticelles apparentes et des plus espacées, à coussinets proéminents. — *Yeux :* petits, ovoïdes, aigus, presqu'entièrement appliqués contre l'écorce. — *Feuilles :* plutôt petites que moyennes, ovales ou ovales-allongées, acuminées, faiblement dentées, ayant le pétiole un peu court et un peu grêle.

Fertilité. — Satisfaisante.

Culture. — La vigueur très-modérée de ce poirier doit lui faire donner le franc, plutôt que le cognassier; sur ce dernier sujet, cependant, il peut prospérer, mais lentement, et ses pyramides y demeurent toujours chétives, irrégulières.

Description du fruit. — *Grosseur :* moyenne. — *Forme :* ovoïde-arrondie, ou simplement ovoïde, un peu ventrue à la base. — *Pédoncule :* court, mince, non courbé, perpendiculairement implanté au centre d'une dépression des moins prononcées. — *Œil :* grand, mi-clos ou fermé, uni sur ses bords, presque à fleur de fruit. — *Peau :* jaune-orange, marbrée et ponctuée de brun clair, légèrement nuancée de roux olivâtre sur le côté du soleil. — *Chair :* blanchâtre, grosse, demi-cassante, pierreuse au cœur. — *Eau :* rarement abondante, sucrée, vineuse, assez délicate.

MATURITÉ. — Fin de septembre ou commencement d'octobre.

QUALITÉ. — Deuxième.

Historique. — C'est un gain du professeur belge Van Mons, qui dans sa pépinière de Louvain lui avait donné le n° 2620. Sa mise à fruit est antérieure à 1842. Il a été nommé et décrit par M. Alexandre Bivort, de Fleurus (*Album de pomologie*, 1851, t. IV, p. 76), qui l'a dédié à l'un des membres de sa famille, M. Charles Bivort, conseiller provincial à Monceau-sur-Sambre (Hainaut).

POIRE CHARLES X. — Synonyme de poire *Napoléon.* Voir ce nom.

POIRE CHARLES DURIEUX. — Synonyme de poire *Williams.* Voir ce nom.

342. POIRE CHARLES FREDERICKX.

Premier Type.

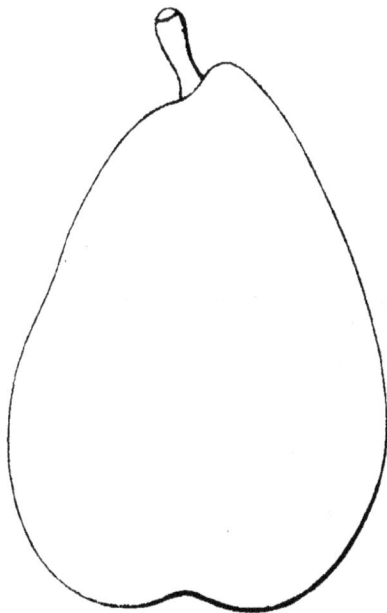

Description de l'arbre. — *Bois :* de moyenne force. — *Rameaux :* nombreux, généralement étalés, gros, longs, peu coudés, marron verdâtre, finement et abondamment ponctués, à coussinets bien accusés. — *Yeux :* des plus volumineux, coniques ou ovoïdes-allongés, écartés du bois, souvent formant éperon. — *Feuilles :* rarement nombreuses, ovales, acuminées, irrégulièrement dentées sur leurs bords, ayant le pétiole court, épais et roide.

FERTILITÉ. — Convenable.

CULTURE. — Sur cognassier, il est d'une croissance tardive et ne prend un développement satisfaisant qu'à partir de sa troisième année; les pyramides qu'il y fait sont assez jolies.

Description du fruit. — *Grosseur :* moyenne ou au-dessous de la moyenne. — *Forme :* conique ou turbinée-ovoïde, légèrement obtuse et bosselée. — *Pédoncule :* court, mince ou un peu fort, arqué, obliquement inséré, et souvent en dehors de l'axe du fruit, dans une très-étroite cavité surmontée d'un mamelon parfois assez développé. — *Œil :* grand ou moyen, mal formé, mi-clos, à peine enfoncé. — *Peau :* épaisse, jaune d'or, ponctuée, veinée, tachée de fauve, largement maculée de gris-brun autour de l'œil et faiblement colorée de rouge-brique, très-clair, sur la face exposée au soleil. — *Chair :* blanche, fine, molle, fondante, non pierreuse. — *Eau :* suffisante, sucrée, rarement bien acidule, excessivement savoureuse et douée d'un arrière-goût musqué fort agréable.

Poire Charles Frederickx.
Deuxième Type.

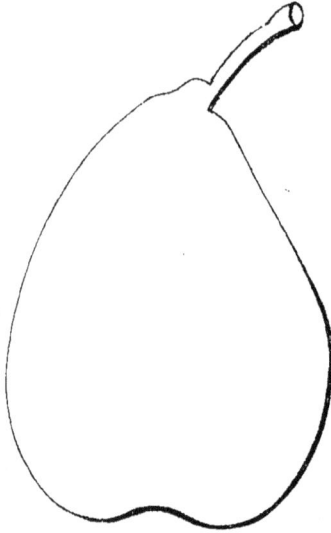

MATURITÉ. — Commencement et courant d'octobre.

QUALITÉ. — Première.

Historique. — Comme la précédente, elle provient des semis faits à Louvain (Belgique) par Van Mons. Dans ses *Annales de pomologie*, M. Alexandre Bivort disait en 1854 (t. II, p. 1) qu'elle avait mùri pour la première fois en 1840 ou 1841. Ce furent les fils de Van Mons qui lui donnèrent le nom sous lequel on la cultive, celui du colonel Frederickx, alors directeur de l'importante fonderie de canons établie à Liége.

Observations. — La poire *Bonne d'Ezée*, que nous avons décrite plus haut (voir pages 478-480), n'a pas le moindre rapport avec la Frederickx; ce sont deux variétés distinctes, comme on peut s'en convaincre en les comparant. Nous le répétons ici, afin d'être plus certain d'attirer l'attention, et d'empêcher qu'on ne confonde encore, ainsi qu'on l'a déjà fait, ces fruits, que leur grande bonté rend excessivement recommandables.

---

343. Poire CHARLES SMET.

Synonyme. — *Poire* CHARLES SMITH (Comice horticole d'Angers, *Catalogue de son Jardin fruitier*, 1861, p. 6, n° 287).

Description de l'arbre. — *Bois :* très-fort. — *Rameaux :* nombreux, ordinairement étalés ou réfléchis, des plus gros, longs, fortement géniculés, brun verdâtre ardoisé et cendré, à lenticelles apparentes et serrées, à coussinets ressortis. — *Yeux :* volumineux, ovoïdes, pointus, non appliqués contre l'écorce, ayant les écailles mal soudées. — *Feuilles :* ovales-allongées, entières ou finement et faiblement crénelées sur leurs bords, munies d'un pétiole court et bien nourri.

FERTILITÉ. — Ordinaire.

CULTURE. — Sa vigueur et sa croissance n'ont rien d'exceptionnel; on lui donne indistinctement, comme sujet, le franc ou le cognassier; ses pyramides manquent un peu de régularité, mais sont toujours très-fortes.

Description du fruit. — *Grosseur :* considérable. — *Forme :* arrondie, bosselée, s'amincissant assez sensiblement près du sommet. — *Pédoncule :* très-long, de moyenne force, renflé aux extrémités, recourbé, obliquement inséré dans un évasement bien prononcé — *Œil :* grand, mi-clos ou fermé, placé dans un large bassin de profondeur variable. — *Peau :* jaune verdâtre, finement ponctuée de vert obscur, maculée de brun noirâtre dans le voisinage du pédoncule. — *Chair :* blanche, grosse, cassante, granuleuse autour des loges. — *Eau :* peu abondante, peu sucrée, peu savoureuse.

Poire Charles Smet.

MATURITÉ. — Fin janvier, mais atteignant aisément les derniers jours de mars.

QUALITÉ. — Deuxième et souvent troisième, comme fruit à couteau; première, pour la cuisson.

Historique. — Le *Catalogue des pépinières de la Société Van Mons* attribuait en 1857, à ce dernier personnage, le gain de cette poire, mais sans fournir d'indication ni sur son âge ni sur le nom qu'elle a reçu (t. Ier, p. 159). Van Mons mourut en 1842 ; le poirier Charles Smet doit donc remonter plus haut que cette date. En 1849, le Comice horticole d'Angers le possédait déjà ; seulement on ignore à quelle époque il fut introduit dans son école fruitière, d'où son volume et sa longue garde nous engagèrent à le tirer pour le propager.

Observations. — En 1838, on a cru pouvoir réunir à l'Angélique de Bordeaux, la poire Charles Smet. Si l'on veut bien lire, page 135, ce que nous avons dit à cet égard, puis rapprocher nos deux descriptions, on verra s'il est possible ou non de déclarer identiques ces variétés. — Les pomologues américains, Downing entre autres, qualifient la chair de la poire Charles Smet, « de juteuse et de très-« parfumée. » Depuis quinze ans que nous cultivons ce poirier, jamais il ne nous est arrivé d'en trouver les produits aussi parfaits. — Il existe une poire *Colmar Josse Smet*, également attribuée aux semis de Van Mons, et qu'en 1859 M. de Liron d'Airoles signalait dans ses *Notices pomologiques* comme « un fruit à couteau, gros, « fondant, de 1er ordre, mûrissant en décembre-janvier, » et qu'il disait classé

parmi ses variétés à l'étude. Évidemment ce ne peut être là notre Charles Smet?...
Toutefois, nous ne savons rien, absolument rien de ce Colmar, dont la description
n'a passé sous nos yeux qu'à cette seule époque.

POIRE CHARLES SMITH. — Synonyme de poire *Charles Smet*. Voir ce nom.

344. POIRE CHARLOTTE DE BROUWER.

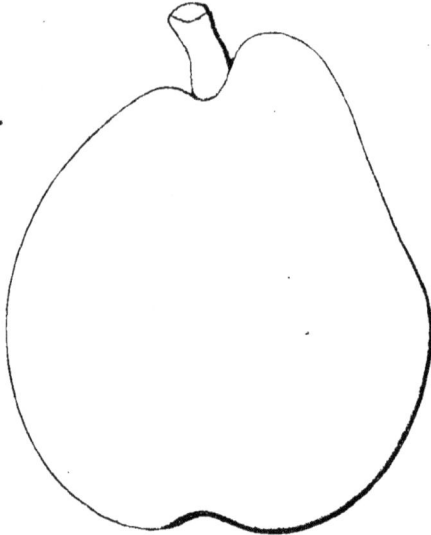

Description de l'arbre. — *Bois :*
fort. — *Rameaux :* nombreux, étalés
dans la partie inférieure de la tige, érigés à l'autre extrémité, gros, longs,
coudés, rouge verdâtre, ayant les lenticelles des plus fines, assez rapprochées, et les coussinets très-ressortis.
— *Yeux :* gros ou moyens, ovoïdes,
aigus, écartés du bois, à écailles bombées et disjointes. — *Feuilles :* d'un beau
vert, habituellement ovales-allongées,
profondément dentées en scie, portées
sur un pétiole long, fort et généralement pourvu de stipules bien développées.

FERTILITÉ. — Extrême.

CULTURE. — C'est un poirier vigoureux, auquel on donne aussi avanta-
geusement le cognassier que le franc, il pousse assez vite et les pyramides qu'il fait
sont très-remarquables, très-touffues.

Description du fruit. — *Grosseur :* moyenne et parfois moins volumineuse.
— *Forme :* oblongue, irrégulière, fortement bosselée, plissée et mamelonnée au
sommet. — *Pédoncule :* court, gros, arqué, souvent renflé à la base, implanté obliquement à la surface et adossé généralement contre une protubérance de grosseur
variable. — *OEil :* moyen, fermé, placé presqu'à fleur de fruit. — *Peau :* rugueuse,
épaisse, gris-bronze, lavée de rouge-brun sombre du côté du soleil, où elle porte
également quelques taches noirâtres et squammeuses. — *Chair :* blanche, demi-fine,
cassante, légèrement pierreuse. — *Eau :* suffisante, sucrée, acidule, peu parfumée,
ayant une acerbité assez prononcée.

MATURITÉ. — De la moitié d'octobre jusqu'à la fin de ce même mois.

QUALITÉ. — Deuxième.

Historique. — Le major Esperen, de Malines, en fut l'obtenteur. Il la gagna
vers 1835 ou 1836, lisons-nous dans l'*Album de pomologie* de M. Bivort (t. III, p. 6).

Observations. — Cette variété convient essentiellement pour l'approvisionnement des halles, vu sa grosseur raisonnable, son excessive fertilité et la facilité avec
laquelle on la peut garder une quinzaine de jours.

Poire de CHARNEU. — Synonyme de poire *Fondante de Charneu*. Voir ce nom.

Poire CHARTREUSE. — Synonyme de poire *de Catillac*. Voir ce nom.

345. Poire Des CHASSEURS.

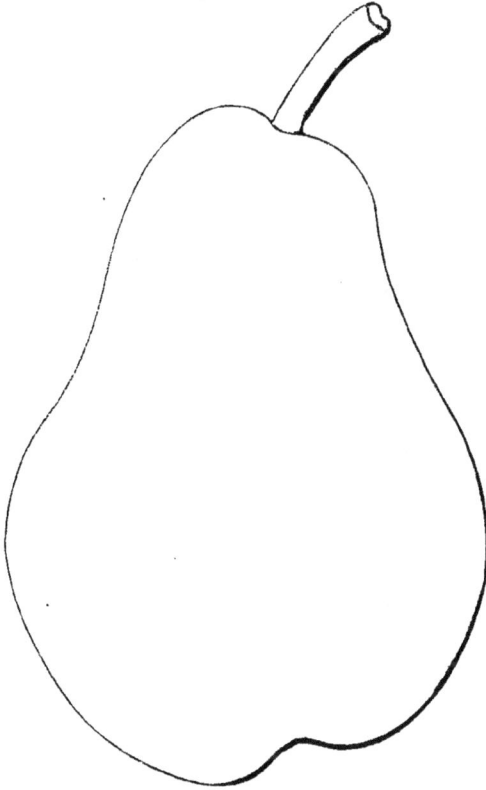

Description de l'arbre. — *Bois :* très-fort. — *Rameaux :* des plus nombreux, érigés ou faiblement et régulièrement étalés, gros, longs, très-géniculés, brun cendré, nuancés de rouge à leur sommet, à lenticelles assez apparentes et peu espacées, à coussinets ordinairement sans grand relief. — *Yeux :* volumineux, ovoïdes, souvent allongés et pointus, non appliqués contre l'écorce. — *Feuilles :* nombreuses, ovales ou elliptiques, dentelées sur leurs bords, munies d'un pétiole de longueur moyenne et bien nourri.

Fertilité. — Remarquable.

Culture. — Le cognassier est le sujet qu'en raison de sa grande vigueur, ce poirier préfère; il développe vite son écusson et ses pyramides sont de toute beauté.

Description du fruit. — *Grosseur :* au-dessus de la moyenne et souvent plus considérable. — *Forme :* ovoïde, ventrue vers la base, faiblement étranglée près du sommet; parfois un peu contournée et généralement moins grosse d'un côté que de l'autre. — *Pédoncule :* court, bien nourri, recourbé, obliquement implanté à fleur de chair. — *OEil :* assez grand, régulier, à peine enfoncé. — *Peau :* verdâtre, toute ponctuée de roux, largement tachée de même sur la face frappée par le soleil. — *Chair :* blanc jaunâtre, grosse, aqueuse, fondante, granuleuse. — *Eau :* abondante, vineuse, sucrée, très-agréablement parfumée.

Maturité. — Fin de septembre et commencement d'octobre.

Qualité. — Première.

Historique. — Cette variété, que nous multiplions depuis 1848, et qu'en 1850 nous propagions déjà jusqu'en Amérique, provient de la Belgique. Elle a été semée à Louvain, vers 1830, par Van Mons, et les pomologues belges nous donnent sur sa naissance et son baptême les renseignements que voici :

« Gain posthume de Van Mons, elle fut dégustée en 1842, année de la mort de ce savant professeur, par son émule et ami, M. Simon Bouvier, de Jodoigne, qui la nota *à propager*. Son second rapport date de 1846, et à son apparition sur la table, le jour de la Saint-Hubert, une réunion de chasseurs lui donna, par acclamation, le nom qu'elle a continué de porter depuis lors. » (Alexandre Bivort, *Annales de pomologie belge et étrangère*, 1857, t. V, p. 31.)

Observations. — Le *Besi de l'Échasserie* diffère entièrement, et sous tous les rapports, de la poire des Chasseurs; quand cette dernière est passée depuis plus de six semaines, l'autre commence à peine à mûrir, et se garde jusqu'à la fin de janvier. Il est donc impossible, comme on le croyait il y a quelques années, que ces deux fruits soient une seule et même variété. (Voir, page 269, notre article *Besi de l'Échasserie*.)

---

346. Poire CHAT-BRULÉ.

Synonymes. — *Poires :* 1. Pucelle (le Lectier, d'Orléans, *Catalogue des arbres cultivés dans son verger et plan*, 1628. p. 15). — 2. Pucelle de Xaintonge (Merlet, *l'Abrégé des bons fruits*, 1675, p. 95). — 3. Kamper-Venus (de Lacour, *les Agréments de la campagne*, 1752, t. II, p. 39). — 4. Petit-Tarquin (de Launay, *Almanach du Bon-Jardinier*, 1808, p. 137). — 5. d'Angleterre [dans le Calvados] (Poiteau et Turpin, *Traité des arbres fruitiers de Duhamel du Monceau, nouvelle édition, augmentée d'un grand nombre d'espèces de fruits obtenus des progrès de la culture*, 1807-1835, t. IV). — 6. De Saintonge (Couverchel, *Traité des fruits*, 1852, p. 484). — 7. Rougeaude (Decaisne, *le Jardin fruitier du Muséum*, 1863, t. V). — 8. Rouget (*Id. ibid.*).

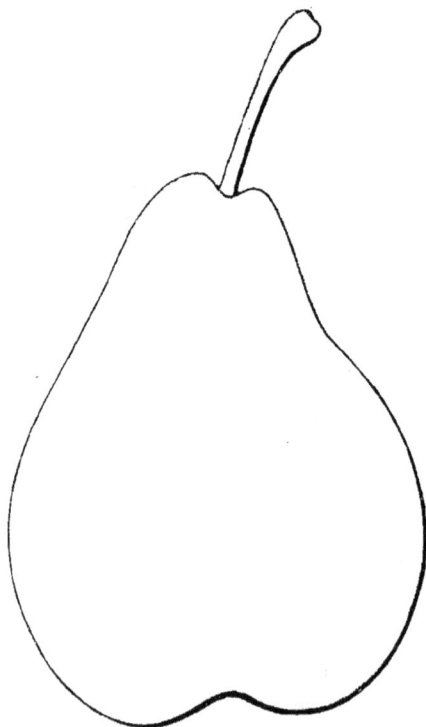

Description de l'arbre. — *Bois :* assez faible. — *Rameaux :* nombreux, étalés ou réfléchis, peu forts et courts, géniculés, brun clair légèrement nuancé de rose pâle, ayant les lenticelles petites, excessivement rapprochées, gris brunâtre, et les coussinets généralement bien développés. — *Yeux :* à écailles entr'ouvertes, gros, ovoïdes arrondis, non collés contre le bois, souvent même formant éperon. — *Feuilles :* petites, peu abondantes, ordinairement ovales-allongées, planes ou contournées, assez profondément dentées sur leurs bords et munies d'un pétiole court, mince et quelque peu rosé.

Fertilité. — Prodigieuse.

Culture. — Sa vigueur n'a rien d'exceptionnel; on le greffe sur toute espèce de sujet; il ne pousse bien qu'à partir de sa troisième année et les pyramides qu'il fait sont toujours un peu chétives.

Description du fruit. — *Grosseur :* au-dessous de la moyenne. — *Forme :* turbinée, obtuse, légèrement étranglée près du sommet, ordinairement assez ventrue à la base. — *Pédoncule :* peu long, grêle, renflé à l'attache, non courbé, obliquement implanté au centre d'une faible dépression à bords plus ou moins relevés.

— *Œil :* grand, très-ouvert, régulier, à peine enfoncé. — *Peau :* jaune sale, nuancée de gris verdâtre dans l'ombre, ponctuée de gris-blanc, tachetée de brun et passant au rouge-brique, luisant, sur la face exposée au soleil. — *Chair :* très-blanche, un peu grosse, cassante ou mi-cassante, presque exempte de granulations. — *Eau :* suffisante, rarement bien sucrée, généralement dénuée de parfum.

MATURITÉ. — De novembre en décembre, et atteignant très-exceptionnellement le mois de janvier.

QUALITÉ. — Bonne uniquement pour la cuisson, et n'occupant que le deuxième rang parmi les poires de cette catégorie.

Historique. — Les Hollandais la cultivent depuis plusieurs siècles sous le nom de *Kamper-Venus*, ou poire de Vénus, et nous voyons un de leurs écrivains dire en 1752, de ce fruit : « Les Romains le possédaient et l'appelaient *pirum* « *Venereum*... C'est la meilleure poire à compote; aussi rougit-elle d'elle-même, « quand on l'étuve. » (De Lacour, *les Agréments de la campagne*, t. II, p. 39.) Là, il devient assez difficile de se prononcer. Dans notre chapitre POIRIER on a pu lire, il est vrai (page 39), que Pline en décrivant les variétés de poiriers répandues à Rome, mentionnait une poire de Vénus « bien colorée, » observait-il; mais quoique ce détail et ce nom s'appliquent parfaitement à la Kamper-Venus des Hollandais, peut-être serait-il téméraire d'en inférer qu'elle est positivement la *pirum Venereum* des Romains?... Toutefois on doit avouer qu'ici il existe au moins une large place pour la supposition. — En France, Olivier de Serres citait dès 1600 une poire *Chat.* Est-ce la nôtre?... L'absence de toute description ne permet pas de le savoir. Mais vingt-huit ans plus tard on la trouve formellement désignée sous les noms de PUCELLE ou CHAT-BRUSLÉ, par le Lectier (d'Orléans), à la page 15 de son *Catalogue.* Il y a donc environ trois siècles déjà qu'on la propage chez nous. Elle a été décrite par tous nos anciens pomologues, et souvent confondue avec une de ses congénères dont le nom et les synonymes ne laissent pas que d'aider beaucoup à cette confusion : *Chat-Grillé, Chat-Rôti,* qui se rapportent à la poire MATOU, de laquelle nous parlerons plus loin (voir tome II). Poiteau et Turpin, lorsqu'ils réimprimèrent en 1807 le *Traité des arbres fruitiers* qu'avait en 1768 publié Duhamel, s'étendirent longuement sur cette poire, et donnèrent entre autres renseignements, le suivant, utile à reproduire :

« Les pépiniéristes la nomment toujours Chat-Brûlé, et c'est ainsi qu'elle est appelée dans l'école du Muséum d'histoire naturelle, et dans tous les jardins où nous avons travaillé, jusqu'à une certaine distance de Paris; mais en Normandie, dans le département du Calvados, où elle est très-multipliée et très-estimée, on l'appelle *poire d'Angleterre*. Il faut noter que notre poire d'Angleterre (BEURRÉ D'ANGLETERRE) est peu ou point connue dans ce département. » (Tome IV.)

Observations. — Outre leur Kamper-Venus, notre poire Chat-Brûlé, les Hollandais nomment aussi poire de Vénus, ou Calebasse musquée, notre *Calebasse commune*, décrite ci-dessus, pages 512 et 513; il est donc urgent de ne pas l'oublier, autrement on commettrait quelque méprise à l'égard de ces variétés. — Duhamel a prétendu, et plusieurs pomologues l'on répété d'après lui, que la poire Chat-Brûlé « était propre, en *février et mars*, à faire d'excellentes compotes. » (T. II, p. 247.) Cela seul démontre qu'il ne s'agit pas ici de la véritable variété de ce nom, qui très-rarement dépasse le mois de décembre. — Enfin il faut croire que les pères Chartreux de Paris l'ont aussi méconnue, puisque dans leur *Catalogue de 1775* ils la qualifiaient de « fondante et fort bonne. » (Page 41.) Cette poire demande une très-grande surveillance au fruitier, où souvent elle blossit en quelques jours, sans que son brillant coloris en soit nullement altéré. — Ajoutons que les noms poires : de Hongrie, de Mauritanie, et Sucrin noir, présentés parfois comme synonymes de cette variété, lui sont complétement étrangers.

Poire CHAT-GRILLÉ. — Synonyme de poire *Matou*. Voir ce nom.

Poire CHAT-ROTI. — Synonyme de poire *Matou*. Voir ce nom.

Poire CHAULIS. — Synonyme de poire *de Messire-Jean*. Voir ce nom.

Poire DE CHAUMONTEL. — Synonyme de *Besi de Chaumontel*. Voir ce nom.

Poire CHAUMONTEL ANGLAIS. — Synonyme de poire *Donville*. Voir ce nom.

Poire CHAUMONTEL BELGE. — Synonyme de poire *Donville*. Voir ce nom.

Poire CHAUMONTEL (PETIT-). — Voir *Petit-Chaumontel*.

Poire CHÉNEAU. — Synonyme de poire *Fondante de Brest*. Voir ce nom.

Poire CHÉNE-VERT. — Synonyme de poire *Pain-et-Vin*. Voir ce nom.

Poire CHÉNE-VIN. — Synonyme de poire *Pain-et-Vin*. Voir ce nom.

Poire CHÈRE-A-DAME. — Synonyme de poire *Chair-à-Dame*. Voir ce nom.

Poire CHÈRE-ADAME. — Synonyme de poire *Chair-à-Dame*. Voir ce nom.

347. Poire CHERROISE.

Description de l'arbre. — *Bois :* assez fort. — *Rameaux :* peu nombreux, étalés, gros, courts, presque droits, cotonneux, vert foncé légèrement brunâtre, finement et abondamment ponctués, à coussinets des plus saillants. — *Yeux :* de moyenne grosseur, ovoïdes-arrondis, collés contre le bois, à écailles bombées et disjointes. — *Feuilles :* grandes, ovales-arrondies, canaliculées et contournées, ayant les bords faiblement dentés ou crénelés, le pétiole peu long, fort et accompagné de stipules bien développées.

Fertilité. — Satisfaisante.

Culture. — Nous le greffons sur franc ou sur cognassier; il croît lentement, surtout pendant ses deux premières années; ses pyramides, quoiqu'un peu basses, sont néanmoins assez convenables.

Description du fruit. — *Grosseur :* moyenne. — *Forme :* turbinée, obtuse, très-ventrue, quelque peu bosselée, surtout vers le sommet. — *Pédoncule :* court,

Poire Cherroise.

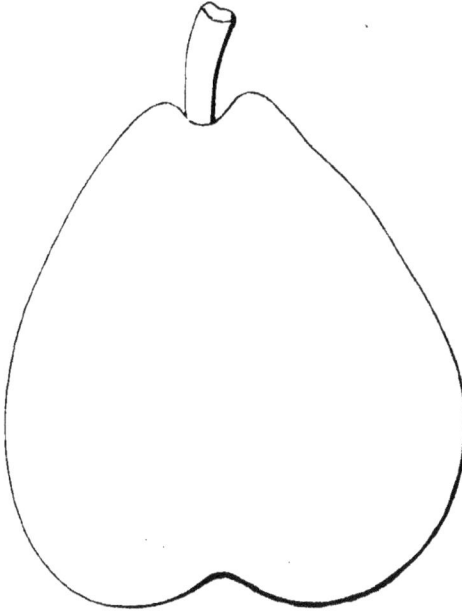

bien nourri, arqué, renflé à son point d'attache, obliquement inséré dans une profonde cavité dont les bords sont fortement relevés. — *Œil :* assez grand, ouvert ou mi-clos, légèrement enfoncé. — *Peau :* rude au toucher, jaune d'ocre, presque entièrement couverte de taches rousses et largement ponctuée de gris cendré. — *Chair :* blanc jaunâtre, demi-fine ou grosse, cassante ou demi-cassante, contenant des granulations autour des pepins. — *Eau :* suffisante, sucrée, assez savoureuse.

MATURITÉ. — De la moitié de janvier jusqu'à la fin de février.

QUALITÉ. — Deuxième, pour le couteau comme pour la cuisson.

Historique. — Elle a été trouvée à l'état de sauvageon dans la commune de Cherré (Maine-et-Loire), où elle est cultivée depuis une trentaine d'années. Sa propagation date de 1848, et le nom qu'elle porte lui a été donné pour rappeler le lieu de son origine.

POIRE CHESNEGALON. — Synonyme de poire *Fusée d'Automne.* Voir ce nom.

POIRE CHEVALIER. — Synonyme de *Beurré Bachelier.* Voir ce nom.

---

348. POIRE DES CHEVRIERS DE STUTTGARDT.

Synonymes. — *Poires :* 1. ROUSSELET DE STUTTGARDT (Christ, en 1792, cité par Diel, *Kernobstsorten,* 1805, pp. 74-75). — 2. DE STUTTGARDT (Decaisne, *le Jardin fruitier du Muséum,* 1861, t. IV). — 3. BELLISSIME DE PROVENCE (*Id. ibid.*).

Description de l'arbre. — *Bois :* assez fort. — *Rameaux :* nombreux, érigés ou légèrement étalés, très-longs, de moyenne grosseur, peu géniculés, rouge-brun, à lenticelles jaunâtres et clair-semées, à coussinets aplatis. — *Yeux :* petits et coniques, pointus, presqu'entièrement appliqués contre l'écorce. — *Feuilles :* abondantes, ovales-allongées, acuminées, planes ou relevées en gouttière, très-finement et incomplétement crénelées ou dentées, portées sur un pétiole peu long, épais et non pourvu de stipules.

FERTILITÉ. — Grande.

CULTURE. — Le franc est le sujet que ce poirier préfère ; ainsi greffé il se développe rapidement, prend une jolie forme pyramidale et atteint une hauteur peu commune.

Description du fruit. — *Grosseur :* au-dessous de la moyenne. — *Forme :* allongée, régulière, obtuse et généralement un peu ventrue. — *Pédoncule :* court,

Poire des Chevriers de Stuttgardt.

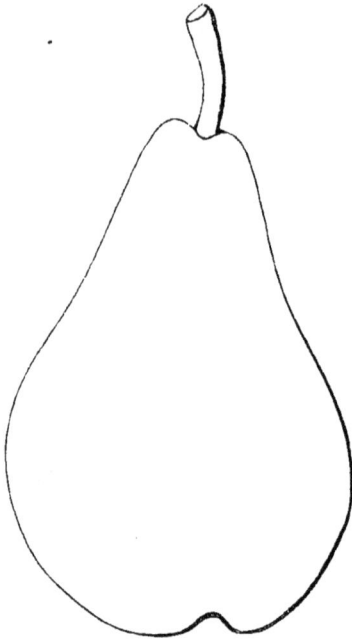

assez fort, arqué, obliquement ou perpendiculairement implanté, à fleur de peau, au centre d'une faible dépression dont l'un des bords est souvent mamelonné. — *Œil :* très-grand et très-ouvert, entouré de petites gibbosités, généralement bien saillant. — *Peau :* jaune verdâtre clair, finement ponctuée de fauve et de gris-blanc, faiblement tachetée de marron autour de l'œil, largement lavée de rouge-sang sur le côté frappé par le soleil. — *Chair :* assez blanche, fine, mi-fondante, juteuse, renfermant quelques pierres. — *Eau :* fort abondante, sucrée, rafraîchissante, douée d'un arome délicatement musqué.

MATURITÉ. — Commencement d'août.

QUALITÉ. — Première.

Historique. — C'est aux Allemands que nous sommes redevables de cette excellente poire d'été. Elle fut, selon la croyance de M. Jahn, trouvée par un gardeur de chèvres, dans les environs de Stuttgardt, avant 1779, ce qui lui valut le nom de *Stuttgardter Gaishirtenbirn* (poire DES CHEVRIERS DE STUTTGARDT), sous lequel le pomologue Diel la décrivit en 1805 (*Kernobstsorten*, p. 74), et que depuis elle a toujours porté en Allemagne.

Observations. — En 1858, M. Édouard Lucas signalait ainsi dans sa *Pomologie wurtembergeoise* les divers usages auxquels ce fruit est propre : « Pour les mar- « chés, nous le regardons comme l'un des meilleurs que l'on puisse rencontrer, « au mois d'août, et le préférons à toutes les autres poires de cette saison. Épeluché, « et bien séché, il devient une conserve de première qualité. » (Page 38.)

POIRE DE CHINE. — Synonyme de poire *Ambrette d'Hiver*. Voir ce nom.

POIRE DE CHIOT. — Synonyme de poire *Petit-Muscat*. Voir ce nom.

---

349. POIRE CHOISNARD.

Description de l'arbre. — *Bois :* de moyenne force. — *Rameaux :* assez nombreux, un peu étalés, un peu grêles, longs, géniculés, brun clair verdâtre, finement et abondamment ponctués, ayant les coussinets généralement bien ressortis. — *Yeux :* moyens, coniques, pointus, non appliqués contre le bois. — *Feuilles :* grandes, elliptiques ou ovales-allongées, planes ou contournées, à bords faiblement denticulés, à pétiole de longueur et de force moyennes.

FERTILITÉ. — Celle du pied-type est remarquable.

CULTURE. — Nous l'avons, en mars 1866, greffé pour la première fois dans notre école, et c'est le cognassier qu'on lui a donné pour sujet. Sa vigueur semble modérée, ses pyramides s'annoncent comme devant être satisfaisantes.

Poire Choisnard.

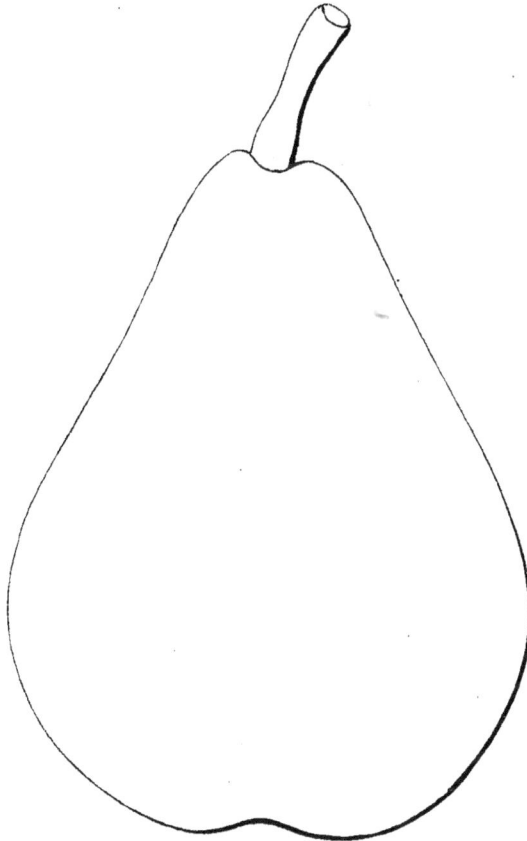

Description du fruit (*d'après une poire provenant du sauvageon*). — *Grosseur :* au-dessus de la moyenne. — *Forme :* turbinée-allongée, obtuse et très-ventrue. — *Pédoncule :* peu long, bien nourri, légèrement renflé aux extrémités, à peine arqué, implanté obliquement à fleur de chair. — *Œil :* grand, bien fait, ouvert, presque saillant. — *Peau :* assez rugueuse, jaune sombre, couverte de points fauves et de larges marbrures grisâtres qui passent au brun foncé sur la partie exposée au soleil. — *Chair :* blanc jaunâtre, mi-cassante, mi-fine, pierreuse au centre. — *Eau :* suffisante, sucrée, aigrelette et savoureuse, ayant un arrière-goût musqué fort délicat.

MATURITÉ. — Janvier, mais se prolongeant, paraît-il, jusqu'en mars.

QUALITÉ. — Première.

Historique. — C'est par le Catalogue de MM. Vilmorin-Andrieux, de Paris, que nous avons, en 1866, connu cette nouvelle variété, dont le pied-mère appartient à M. Choisnard, pépiniériste aux Ormes, près Châtellerault (Vienne). En nous en expédiant un jeune sujet, notre estimable confrère nous écrivait le 7 mars 1866 : « Jusqu'à présent le pied-mère, qui est un arbre en plein vent, a seul fructifié. « L'espèce sera, je le crois, vigoureuse et fertile. L'an dernier ce poirier, qui peut « avoir trente ou quarante ans, m'a donné plus de douze cents fruits. » — Ainsi la poire Choisnard porte le nom de son promoteur et remonte environ à 1830. Ajoutons qu'elle poussa spontanément et fut trouvée dans les environs des Ormes-sur-Vienne.

POIRE CHOIX D'UN AMATEUR. — Synonyme de poire *Nouveau-Poiteau*. Voir ce nom.

POIRE CHOPINE. — Synonyme de poire *d'Épargne*. Voir ce nom.

Poire de CHRÉTIEN (en Poitou). — Synonyme de poire *Bon-Chrétien d'Hiver*. Voir ce nom.

Poire de CHRIST. — Synonyme de poire *Orange rouge*. Voir ce nom.

350. Poire de CHYPRE.

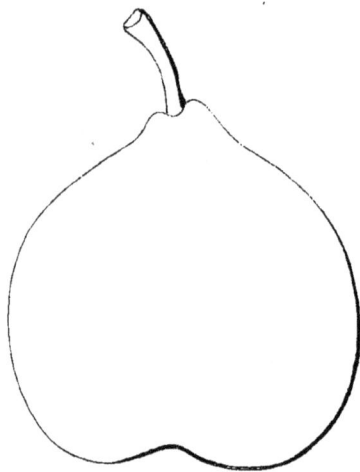

Description de l'arbre. — *Bois :* peu fort. — *Rameaux :* assez nombreux, légèrement étalés, grêles, très-longs, flexueux, marron clair nuancé de brun, ayant les lenticelles larges, apparentes, gris jaunâtre, espacées, et les coussinets bien ressortis. — *Yeux :* moyens, aigus, coniques, non appliqués contre le bois. — *Feuilles :* grandes, abondantes, ovales-arrondies, acuminées, généralement planes, à bords plus ou moins crénelés, au pétiole de longueur et de grosseur moyennes.

Fertilité. — Extrême.

Culture. — Naturellement faible, ce poirier demande à être greffé sur le franc ; à partir de sa troisième année il s'y développe convenablement et y fait des pyramides régulières, bien feuillues.

Description du fruit. — *Grosseur :* petite. — *Forme :* turbinée fortement arrondie. — *Pédoncule :* court ou très-court, mince, arqué, renflé à son extrémité supérieure, parfois charnu à la base, obliquement ou perpendiculairement implanté dans une étroite cavité à bords faiblement accidentés. — *Œil :* petit, ouvert, placé dans un vaste bassin rarement profond. — *Peau :* vert clair grisâtre, ponctuée et tachetée de rouille, presqu'entièrement maculée de rouge-brun du côté du soleil. — *Chair :* blanc mat, un peu grosse, mi-cassante, juteuse, pierreuse au cœur. — *Eau :* des plus abondantes, vineuse, sucrée, ayant un parfum particulier qui rappelle agréablement celui de la cannelle.

Maturité. — Fin juillet et commencement d'août.

Qualité. — Première, en raison surtout de sa précocité.

Historique. — En 1675, Merlet, dans la deuxième édition de son *Abrégé des bons fruits*, décrivait ainsi cette variété, qu'il classait parmi les Amirés : « La poire « de Cypre (Chypre) est la meilleure (des Amirés), elle est presque ronde, d'un « rouge gris brun ; la chair en est ferme et l'eau en est fort sucrée et relevée. » (Page 76.) Voilà bien le fruit que nous venons de décrire. Mais depuis Merlet on l'a souvent méconnu. Duhamel, en 1768, le confondit avec le Rousselet hâtif, dont il diffère excessivement, et Poiteau, en 1848, commit la même méprise. De nos jours, l'auteur qui a le mieux caractérisé la poire de Chypre, est un Allemand, M. Schmidt (voir l'*Illustrirtes Handbuch der Obstkunde*, 1863, t. III, p. 29, n° 265). Il y a longtemps, dit-il, qu'il possède cette vieille variété dans son jardin. Du reste, elle était connue en Allemagne avant le XIXᵉ siècle. Le docteur Diel, de Stuttgardt, l'y

I. 36

signalait déjà en 1807 (*Kernobstsorten*, t. VI, p. 83), et déclarait l'avoir reçue, ainsi étiquetée, de l'abbaye de Saint-Maximin, de Trêves. — Quelques années avant Merlet, en 1628, le Lectier cultivait ce poirier dans son jardin d'Orléans, et l'inscrivait à la page 7 de son *Catalogue*. C'est la première mention que nous en ayons rencontrée. Son apparition chez nous eut donc lieu, probablement, vers la fin du xvie siècle ou le commencement du xviie. D'aucuns penseront peut-être — en raison du nom qu'il porte — qu'on l'a tiré de l'île de Cypre ou Chypre, sise sur les côtes de la Turquie?... Pareille supposition n'aurait rien d'invraisemblable; mais cependant nous devons observer que les pomologues qui se sont occupés de cette variété, n'ont pas dit un mot de son origine.

---

351. Poire CIRE.

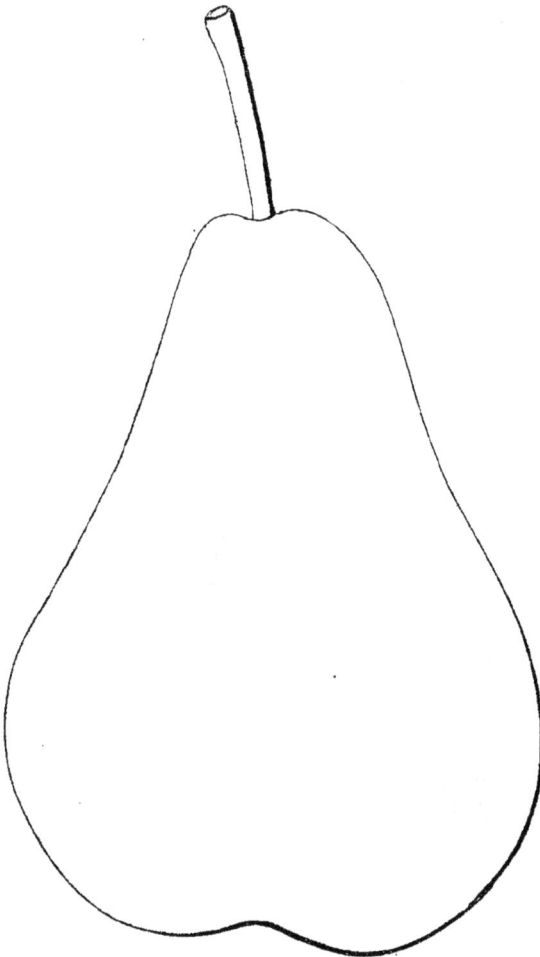

Description de l'arbre. — *Bois* : fort. — *Rameaux* : assez nombreux, gros, très-longs, érigés, coudés, roux verdâtre, à lenticelles apparentes, rapprochées, à coussinets bien accusés. — *Yeux* : de moyenne grosseur, coniques, légèrement obtus, écartés du bois, ayant les écailles des plus bombées. — *Feuilles* : grandes, abondantes, coriaces, ovales ou elliptiques, acuminées, planes, contournées ou arquées, à bords profondément dentés, portées sur un pétiole long et quelque peu grêle.

FERTILITÉ. — Satisfaisante.

CULTURE. — On greffe cet arbre, dont la vigueur est ordinaire, soit sur franc, soit sur cognassier; il croît bien et sa forme pyramidale laisse rarement à désirer.

Description du fruit. — *Grosseur* : volumineuse. — *Forme* : conique-allongée, obtuse, très-ventrue près de l'œil, légèrement étranglée vers les deux tiers de sa hauteur. — *Pédoncule* : de longueur et de force moyennes, à peine arqué, obliquement implanté à la surface du fruit. — *Œil* : grand, souvent contourné, ouvert ou mi-clos, presque saillant. — *Peau :* jaune-cire, brillante, peu épaisse, faiblement nuancée de rose tendre du côté du soleil et portant généralement, sur l'autre face, quelques petites taches marron foncé. — *Chair :* blanchâtre, demi-fine et demi-fondante, contenant au centre d'assez fortes granulations. — *Eau :* suffisante, manquant habituellement de parfum et toujours faiblement sucrée.

MATURITÉ. — Fin de décembre, se prolongeant jusqu'en février.

QUALITÉ. — Troisième, crue ; deuxième, cuite.

Historique. — Gagnée à Malines (Belgique) vers 1840, par le major Esperen, cette poire tire son nom de la couleur de sa peau, qui réellement, surtout quand le soleil l'a peu frappée, rappelle la nuance jaunâtre de la cire. On la connaît à peine en France, et les Belges eux-mêmes la greffent rarement.

Observations. — Le volume de ce fruit pourrait peut-être le faire rechercher comme avantageux pour la cuisson, mais c'est là son seul et faible mérite. M. Bivort, qui l'a décrit en 1831 (*Album de pomologie*, t. IV, p. 57), le pensait également, car il disait : « Il est à regretter qu'il ne soit que de troisième qualité. » Cependant la beauté et la singularité de son coloris nous engagent à le recommander aux collectionneurs de poires rares ou curieuses.

POIRE DE CIRE. — Synonyme de poire *Petit-Blanquet*. Voir ce nom.

POIRE CIRÉE D'HIVER. — Synonyme de poire *Gile-ô-Gile*. Voir ce nom.

POIRE CITRON. — Synonyme de poire *Doyenné*. Voir ce nom.

----

352. POIRE CITRON DES CARMES.

Synonymes. — *Poires :* 1. DE LA MADELEINE (le Lectier, d'Orléans, *Catalogue des arbres cultivés dans son verger et plant*, 1628, p. 3). — 2. SAINTE-MADELEINE (Herman Knoop, *Fructologie*, 1771, pp. 76 et 135). — 3. GROS-SAINT-JEAN (de Launay, *Almanach du Bon-Jardinier*, 1808, p. 180). — 4. PETITE-MADELEINE (Jahn, *Illustrirtes Handbuch der Obstkunde*, 1860, t. II, pp. 29-30, n° 3). — 5. SAINT-JEAN (*Id. ibid.*). — 6. CITRON MUSQUÉ (*Id. ibid.*). — 7. PRÉCOCE (Congrès pomologique, *Pomologie de la France*, 1864, t. II, n° 101).

Description de l'arbre. — *Bois :* assez fort. — *Rameaux :* peu nombreux, légèrement étalés, de moyenne grosseur, longs, non coudés, rouge clair grisâtre, à lenticelles larges et rapprochées, à coussinets bien marqués. — *Yeux :* volumineux, ovoïdes-obtus, très-duveteux, noyés dans l'écorce et ayant les écailles mal soudées. — *Feuilles :* petites, peu abondantes, ovales, acuminées, canaliculées, régulièrement dentées en scie, au pétiole court et roide, quoique grêle.

FERTILITÉ. — Remarquable.

CULTURE. — Il développe très-vite son écusson ; sa vigueur n'a rien d'excessif et l'on peut indistinctement le greffer sur franc ou sur cognassier ; quant à ses pyramides, elles sont ordinairement trop dégarnies de rameaux et de feuilles.

Description du fruit. — *Grosseur :* au-dessous de la moyenne ou petite. — *Forme :* ovoïde-arrondie, irrégulière, ayant généralement un côté beaucoup plus ventru que l'autre; parfois aussi, mais très-exceptionnellement, elle est presque sphérique et fort plate aux extrémités, comme la montre notre deuxième type. —

Poire Citron des Carmes. — *Premier Type.*

Pédoncule : de longueur moyenne, bien nourri, droit ou recourbé, renflé à ses deux bouts, surtout à la base, obliquement ou perpendiculairement implanté à fleur de chair, et souvent adossé contre un mamelon plus ou moins développé. — *OEil :* moyen, contourné, mi-clos ou fermé, rarement bien enfoncé. — *Peau :* légèrement rugueuse, épaisse, vert clair jaunâtre, semée du côté de l'ombre de points gris peu nombreux; couverte du côté du soleil de quelques marbrures et de quelques petites taches fauves, et portant autour du pédoncule une large macule frangée, de même couleur. — *Chair :* blanche, demi-fine et demi-cassante, aqueuse, rarement pierreuse. — *Eau :* abondante, acidule, sucrée, faiblement parfumée, quoiqu'assez délicate.

MATURITÉ. — Commencement de juillet.

QUALITÉ. — Deuxième.

Deuxième Type.

Historique. — Le premier nom de ce fruit, fut poire *de la Madeleine,* qu'il reçut de l'époque à laquelle on le mange en certaines contrées. Le procureur du roi le Lectier cultivait déjà cette variété dans son jardin d'Orléans, en 1628, et la mentionnait ainsi page 3 du *Catalogue* de ses richesses pomologiques, imprimé ladite année : « Est en maturité en juillet, « la Madeleine, ronde, verte et « jaune, rozatte. » Avant le Lectier, aucun auteur n'avait encore cité ce poirier, il est présumable qu'alors il se trouvait depuis peu sur notre sol; mais y était-il né, et où?... Ces questions sont toujours à résoudre. En 1768, Duhamel du Monceau lui donnait un surnom — *Citron des Carmes* — que l'on a, jusqu'ici, généralement préféré au nom primitif, poire de la Madeleine ; et avec raison, puisque la grande précocité de ce fruit le fait très-souvent mûrir avant cette date (22 juillet). Le Congrès pomologique a dit dans ses publications : « Le nom Citron des Carmes « a été appliqué à cette poire à cause de *sa couleur,* et parce que les Carmes ont été « *les premiers* à la cultiver. » (T. II, 1864, n° 101.) On voit, par ce qui précède, que les Carmes n'en furent pas les promoteurs, car dès 1628 le Lectier la propageait. Mais la couleur de la peau de ce fruit ne fut pas non plus ce qui le fit appeler Citron ; elle est loin, effectivement, d'y prêter. De la Bretonnerie, pomologue contemporain de Duhamel du Monceau, a du reste parfaitement éclairci ces deux

points : « La Madelene — écrivait-il en 1784 — a été ainsi appelée parce qu'elle
« mûrit en juillet, aux environs de la Madelene ; et Citron des Carmes, parce qu'elle
« prend en mûrissant une petite odeur de citron, et qu'on l'a vue des premieres dans
« les jardins des Carmes. » (École du jardin fruitier, t. II, p. 419.) Parmi les poiriers,
il en est peu d'aussi répandu que celui-là : il se trouve dans toutes les collections,
dans tous les vergers, dans tous les pays.

Observations. — Il existe un CITRON DES CARMES PANACHÉ, et qui
même est assez connu. Cette variété du Citron des Carmes ne diffère du type
que par la panachure jaune verdâtre du bois, des feuilles et des fruits. Elle a été
gagnée dans notre école il y a une quarantaine d'années. — Pour manger bonne
cette poire précoce, il ne faut pas attendre que sa chair cède complétement à la
pression du pouce, autrement on s'expose à ce qu'elle soit déjà pâteuse. C'est
quand la couleur verte de sa peau commence à s'éclaircir, qu'alors on peut être sûr
que sa maturité se trouve à point ; à partir de ce moment ce fruit ne fait plus que
perdre de ses qualités. — On cultive une très-petite poire nommée Guenette, que
nous décrivons dans notre tome II, et qui parfois a été prise pour le Citron des
Carmes. Cependant elle s'en éloigne sensiblement, mais comme on l'a souvent
appelée aussi Madeleine d'Été, ce dernier nom a beaucoup contribué à faire
naître une telle confusion.

353. Poire CITRON DES CARMES A LONGUE QUEUE.

Description de l'arbre. — Bois : fort.
— Rameaux : assez nombreux, érigés, gros,
des plus longs, géniculés, brun jaunâtre ou
verdâtre, à lenticelles larges et rapprochées,
à coussinets très-accusés. — Yeux : volumineux, coniques, aigus, légèrement écartés de
l'écorce. — Feuilles : grandes, généralement
ovales-allongées, souvent acuminées, ayant
les bords régulièrement dentés en scie, le
pétiole épais et de longueur moyenne.

Fertilité. — Peu commune.

Culture. — On le greffe sur cognassier ; sa
vigueur est remarquable ; sa croissance, rapide ; sa forme pyramidale, irréprochable.

Description du fruit. — Grosseur : au-
dessous de la moyenne. — Forme : turbinée-
arrondie, régulière, un peu bosselée vers le
sommet, qui souvent est mamelonné. —
Pédoncule : très-long, mince, renflé aux extrémités, géniculé, obliquement implanté à la
surface ou dans une faible dépression. — Œil :
moyen, bien fait, ouvert, légèrement enfoncé.
— Peau : un peu rugueuse, jaune, mais couverte en partie de larges taches grises
et squammeuses ; semée, sur le côté de l'ombre, de gros points gris clair, passant

au gris-brun sur la face exposée au soleil, laquelle est parfois faiblement lavée de rose tendre. — *Chair:* blanche, fine, cassante, aqueuse, contenant quelques pierres autour des pepins. — *Eau :* des plus abondantes, aigrelette, sucrée, fort agréablement parfumée.

Maturité. — Courant de septembre.

Qualité. — Première.

Historique. — Ce poirier, qui provient de nos pépinières, s'est mis à fruit en 1850. Le nom qu'il porte, il le doit à la ressemblance assez grande de ses produits avec ceux du Citron des Carmes ordinaire (voir page 563). Nous le multiplions depuis 1855.

Observations. — La poire souvent appelée *Citron de Septembre,* ne se rapporte nullement au Citron des Carmes à longue queue, quoique ce dernier fruit mûrisse également en septembre ; mais elle est bien la même que le Doyenné, ainsi qu'on l'a fréquemment reconnu.

Poire CITRON D'HIVER. — Synonyme de poire *Orange d'Hiver.* Voir ce mot.

Poire CITRON MUSQUÉ. — Synonyme de poire *Citron des Carmes.* Voir ce nom.

354. Poire CITRON DE SAINT-PAUL.

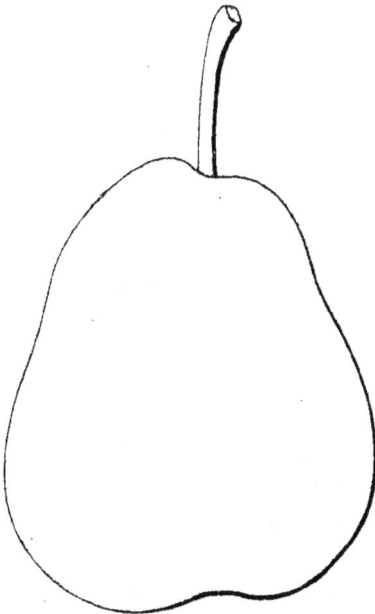

Description de l'arbre. — *Bois :* faible. — *Rameaux :* assez nombreux, érigés ou quelque peu étalés, de longueur et de grosseur moyennes, flexueux, brun clair verdâtre, à lenticelles abondantes et apparentes, à coussinets plus ou moins ressortis. — *Yeux :* moyens, ovoïdes, non appliqués contre le bois. — *Feuilles :* grandes, ovales-arrondies, acuminées, planes ou relevées en gouttière, ayant les bords régulièrement et profondément dentés, le pétiole court et gros.

Fertilité. — Ordinaire.

Culture. — Le franc est le sujet que préfère ce poirier, dont la vigueur laisse à désirer ; il pousse assez lentement, prend une belle forme pyramidale, mais toujours basse et un peu grêle.

Description du fruit. — *Grosseur :* au-dessous de la moyenne. — *Forme :* ovoïde, bosselée et ventrue. — *Pédoncule :* assez long, mince, droit ou recourbé, régulièrement inséré au milieu d'une dépression rarement prononcée. — *Œil :* petit, bien fait, ouvert ou mi-clos, presqu'à fleur de fruit. — *Peau :* jaune d'or,

complétement ponctuée de vert clair, faiblement maculée de même auprès de l'œil.
— *Chair :* blanchâtre, fine, fondante, juteuse, peu pierreuse. — *Eau :* excessivement abondante, sucrée, douce, délicieusement parfumée.

MATURITÉ. — Courant de septembre.

QUALITÉ. — Première.

Historique. — M. de Liron d'Airoles a fait connaître en ces termes la provenance de ce poirier :

« C'est un gain trouvé dans les semis de M. de la Farge, propriétaire au château de la Pierre, commune de Saint-Paul, près Salers (Cantal). Semé en 1844, son premier rapport a eu lieu en 1856. Ce n'est qu'en 1862 qu'on a bien pu apprécier le fruit..... auquel la belle teinte jaune pointillée de vert, qu'offre sa peau, teinte qui lui donne l'aspect de celle d'un citron, lui a fait appliquer ce nom. » (*Notices pomologiques*, 1862, t. III, p. 10 des descriptions.)

POIRE CITRON DE SEPTEMBRE. — Synonyme de poire *Doyenné*. Voir ce nom.

355. POIRE CITRON DE SIERENTZ.

Synonyme. — *Poire* CITRON DE SIRÈNE (Biedenfeld, *Handbuch aller bekannten Obstsorten*, 1854, p. 3).

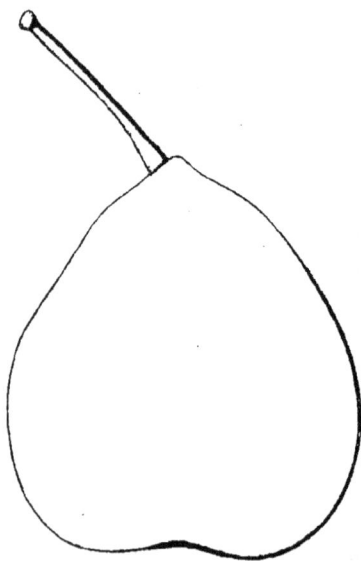

Description de l'arbre. — *Bois :* fort. — *Rameaux :* nombreux, généralement érigés ou légèrement étalés, gros, peu longs et peu coudés, plus ou moins duveteux, brun verdâtre souvent nuancé de rose pâle, ayant les lenticelles très-apparentes et très-abondantes, et les coussinets habituellement bien ressortis. — *Yeux* gros, ovoïdes, à écailles grises, bombées et entr'ouvertes, éloignés de l'écorce. — *Feuilles :* assez grandes, légèrement coriaces, ovales-arrondies ou ovales, souvent acuminées, très-faiblement denticulées, portées sur un pétiole long et fort.

FERTILITÉ. — Excessive.

CULTURE. — Ce poirier, doué d'une bonne vigueur, est mieux placé sur le cognassier que sur le franc ; son écusson se développe vite ; ses pyramides sont régulières, belles, parfaitement ramifiées.

Description du fruit. — *Grosseur :* au-dessous de la moyenne, ou petite. — *Forme :* turbinée plus ou moins allongée, mais toujours obtuse. — *Pédoncule :* assez long, ou court, mince, renflé à la base, droit ou recourbé, obliquement inséré à la surface et généralement adossé contre un mamelon peu considérable. — *Œil :* très-grand, mi-clos, presque saillant. — *Peau :* jaune clair ou jaune verdâtre, finement ponctuée de roux, parsemée de quelques marbrures d'un brun-fauve passant souvent au brun olivâtre, et faiblement vermillonnée du côté du soleil. — *Chair :* blanche, grosse, cassante, juteuse, pierreuse au centre. — *Eau :* abondante, sucrée, très-acidule, assez savoureuse.

MATURITÉ. — Fin de juillet.

QUALITÉ. — Deuxième.

Historique. — Le Comice horticole d'Angers reçut vers 1836 des greffes de ce poirier, avec l'indication de son lieu d'origine : la petite ville de *Sierentz*, près Mulhouse (Haut-Rhin). Plus tard, en l'introduisant dans mon école, une mauvaise lecture de l'étiquette lui fit porter un nom presque méconnaissable : *Citron de* SIRÈNE, et aussi de SIRIUCE ; mais ce dernier ne s'est pas répandu, tandis que le premier — *Sirène* — a déjà pénétré en Allemagne, où le baron de Biedenfeld le mentionnait en 1854, dans son *Manuel de tous les fruits connus*.

POIRE CITRON DE SIRÈNE. — Synonyme de poire *Citron de Sierentz*. Voir ce nom.

---

356. POIRE CITRONNÉE.

Description de l'arbre. — *Bois :* assez faible. — *Rameaux :* peu nombreux, étalés, de grosseur et de longueur moyennes, flexueux, brun olivâtre nuancé de rose pâle, à lenticelles fines et clair-semées, à coussinets presque nuls. — *Yeux :* gros, ovoïdes ou coniques, très-écartés du bois et ayant les écailles mal soudées. — *Feuilles :* habituellement ovales ou elliptiques, bien acuminées, entières en partie sur leurs bords, munies d'un pétiole court, épais et roide.

FERTILITÉ. — Convenable.

CULTURE. — Modérément vigoureux, il pousse lentement sur cognassier et n'y fait, même dans sa troisième année, que de faibles et d'irrégulières pyramides ; le franc doit mieux lui convenir, mais nous ne l'avons pas encore étudié sur ce sujet.

Description du fruit. — *Grosseur :* au-dessus de la moyenne. — *Forme :* arrondie, bosselée au sommet, plate à la base. — *Pédoncule :* court, assez fort, plus ou moins arqué, obliquement inséré dans une très-petite cavité. — *Œil :* grand, bien fait, des plus ouverts, presque saillant. — *Peau :* jaune-citron, parsemée de points roux plus fins du côté de l'ombre que du côté du soleil, dernière partie sur laquelle elle est habituellement lavée de rose tendre. — *Chair :* blanche, fine, compacte, quoique très-fondante, aqueuse, pierreuse autour des loges, — *Eau :* des plus abondantes, sucrée, faiblement acidulée, aromatique, savoureuse, ayant généralement un léger arrière-goût musqué.

Maturité. — Fin de septembre.

Qualité. — Première.

Historique. — Le docteur Diel, l'un des pomologues allemands les plus estimés, et qui mourut à Stuttgardt vers 1825, signalait en 1806 une *Rothbackige Citronatbirne* (poire Citron rouge) qui n'est autre que le fruit que nous venons d'étudier. « J'ai trouvé cette poire — disait alors ce savant docteur — dans le jardin « de mes parents; elle y portait le nom de Citron, et je la crois née en Allemagne. » (*Kernobstsorten*, 1806, p. 89.) Puis il en donnait une description qui s'applique de tout point à notre Citronnée. Cette variété, du reste, est peu connue en France ; si peu même, qu'en 1860 on l'y croyait identique avec le Beurré Goubault. Mais il n'en est rien, nous en avons la certitude. (Voir, page 370, l'article relatif à ce Beurré.) Quant à l'âge du poirier *Citronat*, on peut, d'après Diel, le supposer au moins d'une centaine d'années.

Observations. — Nous lisions tout récemment, dans une pomologie allemande, que la *Citronatbirne* était probablement la même que la poire française Orange sanguine. Non, l'Orange sanguine, ou mieux l'*Orange rouge*, si bien décrite en 1860 par M. Decaisne (*Jardin fruitier du Muséum*, t. III), s'éloigne beaucoup, au contraire, de la poire Citronnée, et surtout par l'époque de maturité, car elle se mange au commencement d'août, six ou sept semaines avant la Citronnée.

Poire de CITROUILLE. — Synonyme de poire *de Catillac*. Voir ce nom.

Poire CLAIRGEAU. — Synonyme de *Beurré Clairgeau*. Voir ce nom.

Poire CLAIRGEAU DE NANTES. — Synonyme de *Beurré Clairgeau*. Voir ce nom.

Poire CLAIRVILLE. — Synonyme de poire *Double-Fleur*. Voir ce nom.

Poire CLAIRVILLE RONDE. — Synonyme de *Beurré gris*. Voir ce nom.

Poire CLARA DURIEUX. — Synonyme de poire *Williams*. Voir ce nom.

---

357. Poire CLÉMENT BIVORT.

Description de l'arbre. — *Bois :* assez fort. — *Rameaux :* très-nombreux, étalés, gros, longs, géniculés, vert clair brunâtre, abondamment et finement ponctués, à coussinets bien développés. — *Yeux :* moyens, ovoïdes, pointus, légèrement duveteux, non appliqués contre le bois, ayant les écailles renflées et disjointes. — *Feuilles :* moyennes ou petites, ovales, acuminées, régulièrement dentées sur leurs bords, ayant le pétiole bien nourri, un peu court et pourvu de longues stipules.

Fertilité. — Ordinaire.

Culture. — Ce poirier, qui est assez vigoureux, se greffe sur franc ou sur cognassier, développe vite son écusson et prend dès sa deuxième année une jolie forme pyramidale.

Poire Clément Bivort.

Description du fruit. — *Grosseur :* moyenne. — *Forme :* arrondie, plate à la base, légèrement turbinée près du sommet. — *Pédoncule :* assez long, mince, droit, régulièrement inséré dans un large évasement rarement bien profond. — *Œil :* moyen, ouvert ou mi-clos, souvent contourné, légèrement enfoncé. — *Peau :* jaune-orange, semée de quelques points gris, marbrée et nuancée de fauve, surtout du côté du soleil. — *Chair :* blanchâtre, demi-fine, fondante, juteuse, presqu'exempte de pierres. — *Eau :* abondante, sucrée, acidule et même aigrelette, douée d'un parfum fort agréable, rappelant un peu celui de l'anis.

Maturité. — De la mi-novembre jusqu'à la fin de décembre.

Qualité. — Première.

Historique. — Ce poirier, dont l'obtenteur est M. Alexandre Bivort, ancien directeur des pépinières de la Société Van Mons, se mit à fruit en 1851, à Geest-Saint-Rémy (Belgique), dans le Jardin fruitier de cette Compagnie, mais il ne fut livré au commerce qu'en 1858. Dédiée à M. Clément Bivort, gérant des charbonnages de Monceau-Fontaine (Hainaut), cette variété, quoique méritante, est encore peu cultivée chez nous. La seule description que nous en connaissions, se trouve à la page 196 des *Catalogues de la Société Van Mons* (tome I, année 1858; voir aussi le même opuscule à la page 174).

Poire de CLION. — Synonyme de poire *de Curé*. Voir ce nom.

Poire de COCHON. — Synonyme de poire d'*Estranguillon*. Voir ce nom.

Poire COLIN NOIR. — Synonyme de poire *Collins*. Voir ce nom.

358. Poire COLLINS.

Synonymes. — *Poires :* 1. Charbonnière (Decaisne, *le Jardin fruitier du Muséum*, 1863, t. V). — 2. Colin noir (*Id. ibid.*). — 3. Malconnaitre (*Id. ibid.*). — 4. Méconnaitre (*Id. ibid.*).

Description de l'arbre. — *Bois :* faible, d'un rouge clair cendré. — *Rameaux :* nombreux, généralement étalés, peu forts mais assez longs, à peine

Poire Collins. *Premier Type.*

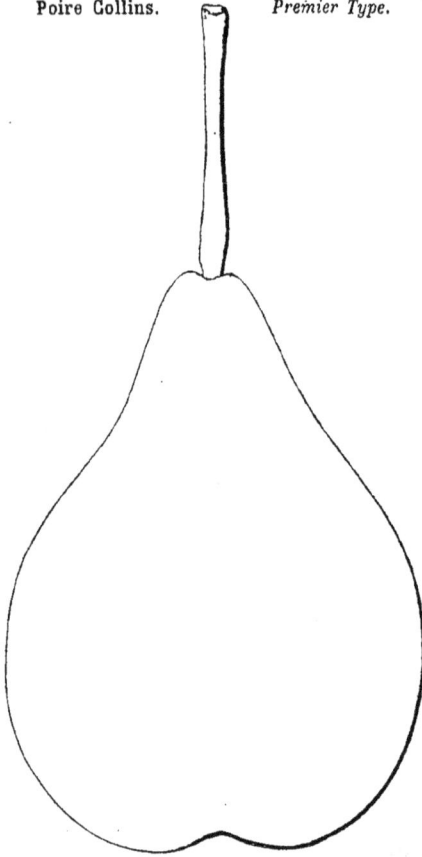

Deuxième Type.

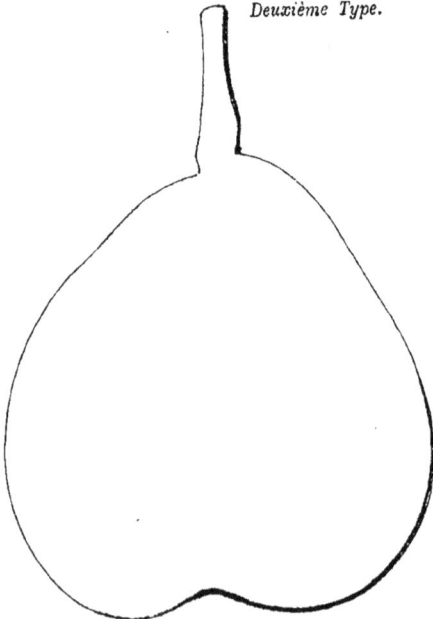

géniculés, rouge foncé lavé de gris, à
lenticelles gris-brun, petites, très-rapprochées, à coussinets ressortis. — *Yeux :*
de grosseur moyenne, ovoïdes, presque
placés en éperon. — *Feuilles :* petites et
peu abondantes, vert cuivré, habituellement ovales-allongées, très-faiblement dentées, portées sur un pétiole
long et bien nourri.

FERTILITÉ. — Remarquable.

CULTURE. — C'est un arbre qui se
greffe sur toute espèce de sujet et dont
la croissance reste toujours lente; il ne
fait que de petites pyramides, assez
jolies de forme mais peu feuillues.

Description du fruit. — *Grosseur :* moyenne. — *Forme :* turbinée-
allongëe ou turbinée-ovoïde, ventrue,
fort aplatie à la base. — *Pédoncule :*
long ou un peu court, droit, mince,
souvent renflé, plissé et charnu à son
point d'insertion, régulièrement implanté à la surface du fruit. — *Œil :*
petit, ouvert, bien fait, presque saillant. — *Peau :* jaune verdâtre clair,
ponctuée, rayée, maculée de fauve,
lavée de rose vif sur la face exposée au
soleil et portant généralement quelques
taches brunâtres. — *Chair :* blanche,
fine, ferme, juteuse, fondante, pierreuse
au-dessous des loges. — *Eau :* abondante, fraîche, sucrée, possédant une
saveur aigrelette fort agréable.

MATURITÉ. — Vers la moitié du mois
d'août.

QUALITÉ. — Première.

Historique. — Les Américains
sont les obtenteurs de cette poire, l'une
des meilleures de leur collection. Voici
les renseignements que nous rencontrons, à son sujet, dans leurs principales Pomologies :

« Elle a été gagnée par A. Collins, de
Watertown (Massachusetts), et soumise
en 1848 à l'examen de la Société d'Horticulture de cette province. » (Downing, *the
Fruits and fruit trees of America*, 1863,
p. 482.)

« Je la crois sortie d'un semis de pepins

de Doyenné blanc. Son premier rapport eut lieu en 1839 ou en 1840; et seize ans plus tard (1856) elle n'avait encore, paraît-il, fructifié que sur le pied-mère. » (Hovey, *the Fruits of America*, 1856, t. II, p. 35.)

Ce dernier renseignement peut être exact pour ce qui concerne l'Amérique; mais en France, dans mon école, la poire Collins, que je possède et multiplie depuis 1850, avait déjà mûri en 1853. (Voir mon *Catalogue descriptif et raisonné*, 1852-1853, p. 25, n° 415.)

Observations. — Dans le Dauphiné, cette variété est cultivée sous trois différents surnoms : Colin noir, Méconnaître ou Malconnaître, et Charbonnière, dernière dénomination sous laquelle M. Decaisne l'a décrite en 1863, tome V de son *Jardin fruitier du Muséum*, où il dit l'avoir reçue de MM. de Linage et Verlot, de Grenoble.

---

359. Poire de COLMAR.

Synonymes. — *Poires :* 1. Bergamote tardive (de la Quintinye, *Instructions pour les Jardins fruitiers et potagers*, 1690, p. 311). — 2. Manne (*Id. ibid.*). — 3. Incomparable (Herman Knoop, *Fructologie*, 1771, pp. 124 et 135). — 4. Belle-et-Bonne d'Hiver (Alexandre Bivort, *Album de pomologie*, 1851, t. IV, p. 3). — 5. Monié (d'Albret, *Cours théorique et pratique de la taille des arbres fruitiers*, 1851, p. 329). — 6. Colmar d'Hiver (Decaisne, *le Jardin fruitier du Muséum*, 1859, t. II).

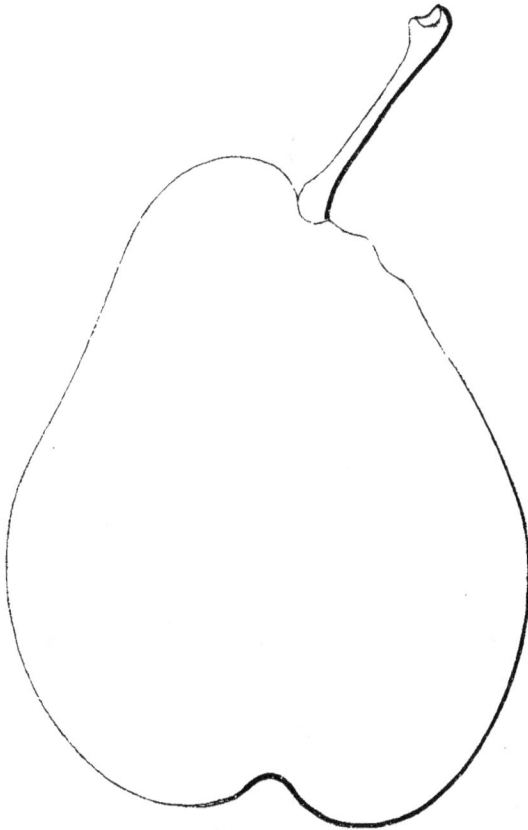

Description de l'arbre. — *Bois :* assez fort. — *Rameaux :* nombreux, étalés, gros, de longueur moyenne, peu coudés, vert brunâtre, ayant les lenticelles fines, abondantes, et les coussinets presque nuls. — *Yeux :* petits, ovoïdes, éloignés de l'écorce, à écailles mal soudées. — *Feuilles :* peu nombreuses, ovales, faiblement dentées en scie sur leurs bords, munies d'un pétiole épais et long.

Fertilité. — Presque nulle en pyramide; satisfaisante en espalier à bonne exposition (jamais au nord).

Culture. — Le développement de ce poirier est très-vif et sa vigueur, extrême; on le greffe sur franc ou sur cognassier; ses pyramides sont remarquables.

Description du fruit. — *Grosseur :* volumineuse. — *Forme :* ovoïde, ventrue et bosselée, mamelonnée et plissée au sommet. — *Pédoncule :* long ou un peu court, de force moyenne, droit ou arqué, habituellement renflé à ses extrémités, obliquement inséré, et souvent en dehors de l'axe du fruit, au centre d'une cavité bien prononcée et dont les bords sont accidentés. — *Œil :* grand, ouvert ou mi-clos, rarement très-enfoncé. — *Peau :* jaune d'ocre, ponctuée et tachetée de brun clair, parfois lavée de rouge pâle sur le côté frappé par le soleil. — *Chair :* blanc jaunâtre, fine, demi-fondante, aqueuse, un peu pierreuse au cœur. — *Eau :* fort abondante, très-sucrée, acidule, délicieusement parfumée.

MATURITÉ. — Fin de novembre, se prolongeant jusqu'en février ou mars.

QUALITÉ. — Première.

Historique. — On croyait en Belgique, il y a quelques années, que cette variété datait du commencement du XVIIIᵉ siècle, et qu'elle devait son nom à la ville de Colmar (Haut-Rhin), dans les environs de laquelle sa culture avait toujours été des plus communes. Cette opinion manque un peu d'exactitude, puisqu'on connaissait ce fruit dès la moitié du XVIIᵉ siècle ; mais quant à le croire natif de Colmar, ou tout au moins provenu d'un lieu voisin de cette cité, cela nous semble d'autant plus admissible, que poire de Colmar fut le nom sous lequel on le mentionna d'abord. Avant 1687, la Quintinye, directeur des jardins potagers de Louis XIV, possédait à Versailles, ce poirier, et même depuis un assez longtemps, car il le décrivit et signala les divers surnoms qu'il portait déjà, dans le recueil pomologique qu'en 1788 la mort vint inopinément l'empêcher de terminer, mais que son fils, deux ans plus tard, publia intégralement. Or, on y lit ce passage :

« La *Poire de Colmar* m'est venüe sous ce nom-là par un illustre curieux de Guyenne, et m'estoit venüe d'un autre endroit sous le nom de POIRE MANNE, et sous celuy de BERGAMOTTE TARDIVE..... » (*Instructions pour les jardins fruitiers et potagers*, 1690, p. 311.)

En 1690, Merlet, dans la 3ᵉ édition de l'*Abrégé des bons fruits*, disait également :

« La *Poire de Colmar*, qui donne beaucoup de bois et de fruit, est des plus rares, DES PLUS NOUVEAUX en ce païs [Paris], et des plus exquis, qui se mange tout l'hyver. » (Chap. IX, p. 93.)

Mais dans la 2ᵉ édition, faite en 1675, il ne parlait pas du Colmar. Le Lectier, d'Orléans, qui publiait en 1628 le *Catalogue* de sa collection d'arbres fruitiers, alors la plus riche, la plus nombreuse, ne le mentionne pas davantage. On peut donc en conclure que réellement ce poirier ne se répandit qu'après 1675. Couverchel a prétendu que : « Elle doit à sa saveur, très-sucrée lorsqu'elle est cuite, le nom « de poire MANNE. » (*Traité des fruits*, 1852, p. 486.) Je croirais plutôt qu'on la surnomma ainsi en raison de sa grosseur ou de son exquise bonté, et par allusion à la manne dont les Hébreux, rapporte la Bible, se nourrirent dans le désert. Comment, en effet, pourrait-on la comparer à la manne du commerce, à cette substance essentiellement purgative, dont la saveur douce et nauséabonde n'a rien, assurément, de sucré ni d'agréable ?...

Observations. — M. Decaisne a fait remarquer en 1859, avec beaucoup de raison, « que cette poire n'acquiert ordinairement toutes ses qualités que lorsque « l'arbre est placé en espalier, et à bonne exposition. » (*Le Jardinier fruitier du Muséum*, t. II.) En 1704, Dom le Gentil, appelé aussi frère François, et qui pour lors dirigeait la célèbre pépinière des Chartreux de Paris, pensait à cet égard comme M. Decaisne, mais il n'osait encore recommander formellement, à ses lecteurs, de placer en espalier le poirier Colmar :

« J'ay fait planter — leur disait-il — à l'exposition du midi, il y a sept ou huit années, trois arbres de *Colmart* ; ils sont à haute tige, en espalier, et ils ne manquent point, tous les ans, de me donner des poires dont la beauté et la grosseur font plaisir ; elles sont jaunes d'un costé et rouges de l'autre. Neantmoins, quoy-que je sois sûr de cette expérience, je ne voudrois pas donner, ce conseil pour tout autre climat que celuy d'autour de Paris, qui est moins chaud que dans certaines provinces. » (*Le Jardinier solitaire*, pp. 30 et 31.)

L'espalier convient d'autant plus pour cet arbre, que les poires qu'il donne se détachent aisément, même sous un vent peu violent. Et quant à ces dernières, il est bon de noter que la couleur d'abord verte, de leur peau, passe fréquemment au jaune foncé, sans que ce soit là un indice certain de parfaite maturité. Il faut qu'elles cèdent quelque peu à la pression du pouce, avant qu'on ne les sorte du fruitier. — Enfin, Gros-Mizet ou Gros-Micet n'est pas synonyme de *Colmar*, ainsi qu'on l'a parfois avancé ; il l'est uniquement de la variété Franc-Réal, l'une des meilleures pour la cuisson, mais qui ne saurait figurer, comme le Colmar, parmi les poires à couteau.

360. Poire COLMAR D'ALOST.

Synonyme. — Poire DÉLICES D'ALOST (Thuillier-Aloux, *Catalogue raisonné des poiriers qui peuvent être cultivés dans le département de la Somme*, 1855, p. 33).

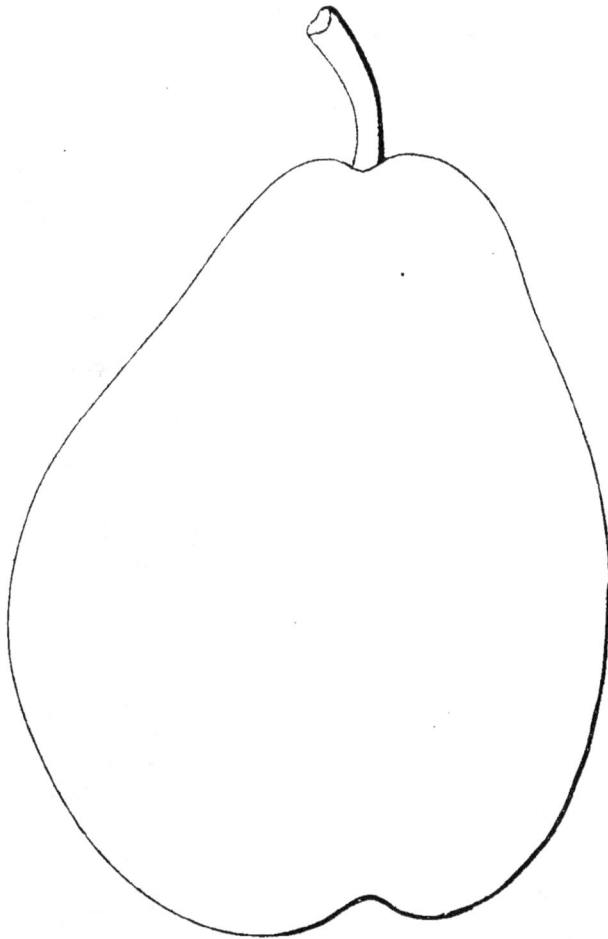

Description de l'arbre. — *Bois :* fort. — *Rameaux :* nombreux, érigés ou légèrement étalés, gros, un peu courts, brun clair verdâtre, à lenticelles fines, grises et abondantes, à coussinets plus ou moins accusés. — *Yeux :* moyens, coniques, aigus, non appliqués contre le bois. — *Feuilles :* grandes, ovales ou ovales-allongées, très-faiblement acuminées, planes ou relevées en gouttière, ayant les bords à peine dentelés et le pédoncule de force et de longueur moyennes.

FERTILITÉ. — Satisfaisante.

CULTURE. — Il est de vigueur ordinaire, se greffe sur toute espèce de sujet, croît assez vite et prend une forme pyramidale régulière et fort convenable.

Description du fruit. — *Grosseur :* considérable. — *Forme :* oblongue, fortement obtuse, excessivement ventrue d'un côté, à peine convexe de l'autre. — *Pédoncule :* court, bien nourri, bien arqué, perpendiculairement ou obliquement inséré au milieu d'une faible dépression. — *Œil :* grand ou moyen, ouvert, peu enfoncé, parfois entouré de légers plis. — *Peau :* vert clair dans l'ombre, vert jaunâtre sur la face exposée au soleil, ponctuée de brun et couverte de taches fauves. — *Chair :* blanche, fine, mi-fondante, juteuse, contenant quelques pierres au centre. — *Eau :* très-abondante, sucrée, vineuse, acidule, bien savoureuse.

MATURITÉ. — D'octobre en novembre.

QUALITÉ. — Première.

Historique. — C'est en Belgique que ce fruit a pris naissance, d'un semis fait en 1840 par M. Hellinckx, pépiniériste à Alost. Le pied-mère donna ses premières poires en 1852, et fut signalé aux horticulteurs par l'un des plus savants botanistes du pays, feu Charles Morren, fondateur de la *Belgique horticole*, recueil fort estimé que dirige actuellement le fils de ce regrettable naturaliste.

Observations. — On croyait, il y a quelques années, la poire *Comtesse d'Alost* identique avec le Colmar d'Alost; cette erreur, que le nom d'Alost, commun à ces deux variétés, favorisait beaucoup, est aujourd'hui détruite. Si l'on en doutait, on pourrait s'éclairer en recourant, plus loin, à l'article que nous consacrons au poirier Comtesse d'Alost.

361. POIRE COLMAR D'ARENBERG.

Premier Type.

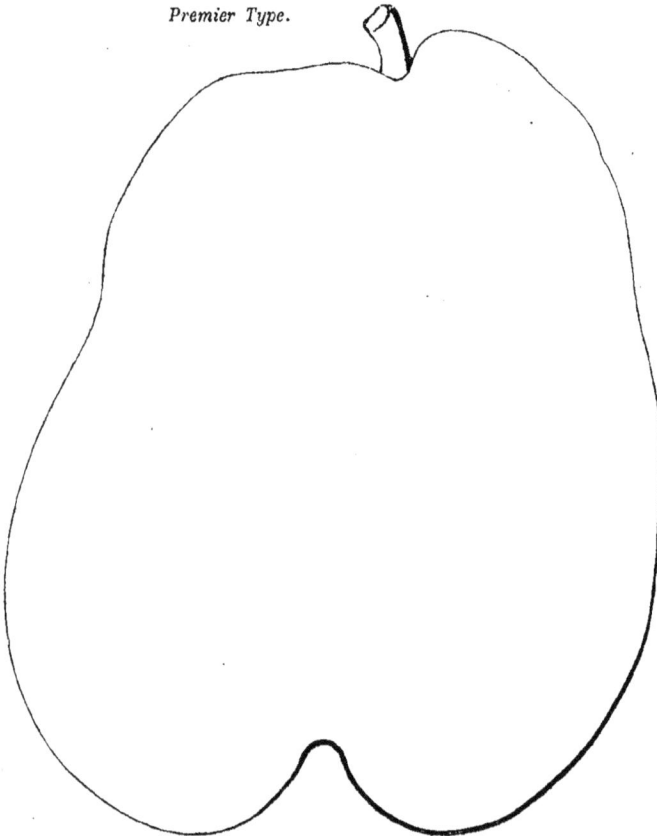

Synonymes. — *Poires :* 1. KARTOFFEL (Van Mons, *Catalogue de sa pépinière de Louvain*, 1823, n° 224). — 2. ARDENTE DE PRINTEMPS (Prévost, *Cahiers pomologiques*, 1839, p. 88). — 3. POMME DE TERRE (Alexandre Bivort, *Album de pomologie*, 1847, t. I, n° 74). — 4. FONDANTE DE JAFFARD (A. du Breuil, *Cours d'arboriculture*, 1854, t. II, p. 569-III). — 5. D'ARENBERG (Decaisne, *le Jardin fruitier du Muséum*, 1859, t. II).

Description de l'arbre. — *Bois :* très-fort. — *Rameaux :* peu nombreux, généralement érigés, courts, des plus gros et des plus

géniculés, d'un beau jaune brunâtre, ayant les lenticelles petites, rapprochées, les coussinets saillants et les mérithalles excessivement courts. — *Yeux :* très-volumi-neux, ovoïdes, pointus, légèrement écartés du bois. — *Feuilles :* grandes, de forme ovale-allongée, profondément dentées en scie, portées sur un pétiole long et des plus gros.

Poire Colmar d'Arenberg. — *Deuxième Type.*

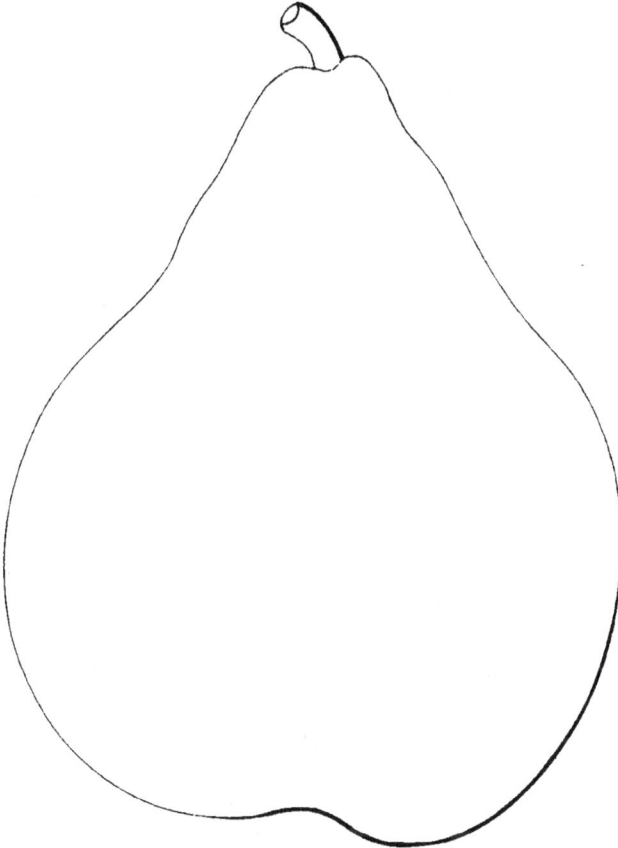

FERTILITÉ. — Re-marquable.

CULTURE. — Ce poi-rier, dont le dévelop-pement n'a rien d'ex-ceptionnel, peut se greffer soit sur le franc, soit sur le co-gnassier ; il fait dès sa deuxième année de fortes pyramides qui sont généralement peu ramifiées.

Description du fruit. — *Grosseur :* énorme, et quelque-fois moins considé-rable. — *Forme :* inconstante, variant entre l'oblongue cy-lindrique excessive-ment gibbeuse et la turbinée faiblement obtuse et quelque peu bosselée, surtout vers le sommet. — *Pédon-cule :* très-court, min-ce, plus ou moins recourbé, oblique-ment ou perpendicu-lairement inséré dans une assez vaste cavité en entonnoir et dont les bords sont toujours inégaux. — *OEil :* grand, fermé, entouré de plis bien marqués, placé dans un bassin souvent très-profond. — *Peau :* peu épaisse, jaune d'ocre du côté de l'ombre, gris-roux du côté du soleil, ponctuée et tachetée de brun clair. — *Chair :* blanchâtre, demi-fine et demi-fondante, légèrement granuleuse autour des loges. — *Eau :* suffisante, assez sucrée, faiblement aromatique, parfois enta-chée d'une âpreté prononcée.

MATURITÉ. — De la mi-octobre jusqu'à la fin de novembre et pouvant même, accidentellement, atteindre le mois de décembre.

QUALITÉ. — Deuxième.

Historique. — Van Mons est l'obtenteur de cette énorme poire, qu'il dut gagner à Louvain, vers 1821. On la crut d'abord d'origine allemande, en raison de la fantaisie qui poussa le célèbre semeur à l'appeler *Kartoffel* (poire Pomme de Terre), nom sous lequel on la voit inscrite en regard du n° 224, dans le *Catalogue* qu'il dressa en 1823. Mais depuis lors, les pomologues allemands ayant eux-mêmes attribué ce gain à Van Mons, on n'a plus songé à le lui contester. Par un hasard étrange, la Kartoffel se répandit chez nous avant d'être cultivée dans les jardins belges, et ce fut précisément son importateur qui lui donna en 1837, la croyant innommée, le nom qu'elle porte encore aujourd'hui, non-seulement en France, mais même en Belgique : *Colmar d'Arenberg*. Voici du reste comment un pomologue belge fort accrédité, M. Laurent de Bavay, établit ces faits en 1855 :

« M. Camuzet — écrivait-il — chef des pépinières du Jardin des Plantes de Paris, fut frappé de la beauté de ce fruit en visitant le domaine d'Hervelé (en 1836), appartenant au duc d'Arenberg, et situé en Belgique. Une botte de greffes en fut promise à M. Camuzet, et quand il la reçut il s'empressa de la partager avec ses amis, en qualifiant cette poire de *Colmar d'Arenberg*, nom qui lui rappelait le propriétaire du jardin où pour la première fois il l'avait remarquée... Aussi ce fruit était déjà très-répandu en France quand il n'était encore connu, en Belgique, qu'au château d'Hervelé, où Van Mons envoyait, *de temps à autre, quelques greffes de ses meilleurs produits*. C'est ainsi que les Catalogues français ont pu annoncer cette poire, *d'origine belge*, à une époque où elle était à peine connue chez nous. C'est vers 1838 ou 1839 qu'ils l'ont mentionnée pour la première fois ; elle s'est propagée ensuite avec une incroyable rapidité : il n'a fallu à cette variété que *deux ans* pour se répandre par toute l'Europe, et même en Amérique..... Van Mons lui avait d'abord donné le nom de Kartoffel. (*Annales de pomologie belge et étrangère*, t. III, pp. 3 et 4.)

Observations. — Ce fruit est un de ceux qu'il importe le plus de ne pas toucher, quand on l'a déposé au fruitier, car la moindre pression le fait noircir et hâte rapidement sa décomposition. Si l'on a besoin de le déplacer, il faut alors le prendre par le pédoncule. — Sa grosseur est souvent si considérable, qu'à l'exposition horticole de Chartres (1862), notamment, on présenta au jury un Colmar d'Arenberg dont le poids s'élevait à 690 grammes ! (Voir *Revue horticole*, année 1862, p. 403.)

362. Poire COLMAR ARTOISENET.

Description de l'arbre. — *Bois* : fort. — *Rameaux* : nombreux, habituellement étalés ou réfléchis, gros et assez longs, flexueux, brun clair jaunâtre, finement et abondamment ponctués, ayant les coussinets saillants et les mérithalles peu longs. — *Yeux* : moyens, ovoïdes, généralement bien écartés du bois. — *Feuilles* : très-nombreuses, ovales ou elliptiques, acuminées, légèrement dentées en scie, munies d'un pétiole long mais faible.

Fertilité. — Convenable.

Culture. — La vigueur de ce poirier est très-satisfaisante ; on le greffe aussi avantageusement sur cognassier que sur franc ; dès sa deuxième année il fait des pyramides non moins fortes que jolies.

Description du fruit. — *Grosseur* : au-dessus de la moyenne. — *Forme* : turbinée, obtuse, ventrue, bosselée. — *Pédoncule* : assez long, gros, arqué, très-renflé, très-charnu et triangulaire à la base, obliquement implanté à la surface du fruit. — *Œil* : moyen, arrondi, des plus ouverts, généralement caduc, excessivement enfoncé dans un large bassin en entonnoir. — *Peau* : jaune verdâtre, ponctuée, marbrée de gris roussâtre du côté de l'ombre et entièrement maculée de fauve sur la partie qui regarde le soleil. — *Chair* : blanchâtre, fine, demi-fondante,

I. 37

juteuse, pierreuse au centre. — *Eau :* abondante, faiblement sucrée, mais douée d'une saveur aigrelette qui n'est pas sans délicatesse.

Poire Colmar Artoisenet.

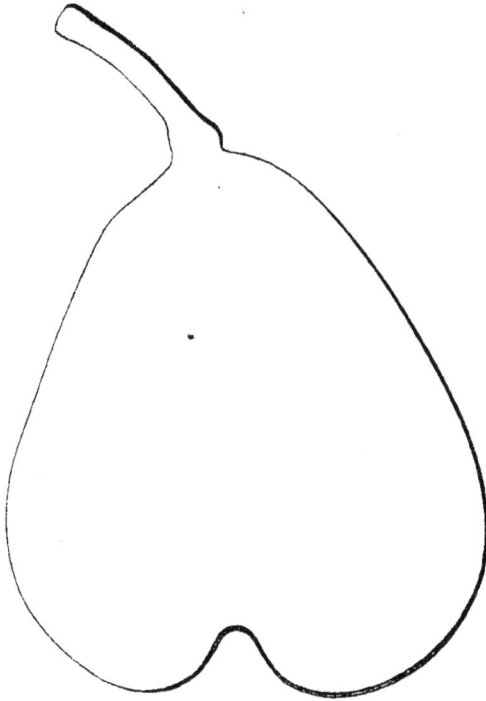

MATURITÉ. — Fin d'octobre et courant de novembre.

QUALITÉ. — Deuxième.

Historique. — On la croit née en Belgique, mais sans qu'il soit possible encore d'indiquer en quel lieu elle y fut semée, et par qui. Le nom qu'elle porte est celui de l'amateur dans le jardin duquel on l'a rencontrée pour la première fois. En la faisant connaître il y a vingt ans, M. Alexandre Bivort, alors directeur du Jardin fruitier de la Société Van Mons, à Geest-Saint-Remy-lez-Jodoigne (Belgique), ajoutait à sa description les détails suivants :

« L'origine de ce poirier m'est inconnue ; feu Simon Bouvier l'a trouvé dans le jardin de M. Artoisenet, à Jodoigne, et c'est par son entremise que je m'en suis procuré les premiers scions, ainsi que les fruits... Il en avait planté deux arbres il y a une quinzaine d'années, sans se rappeler comment il s'en était trouvé possesseur..... » (*Album de pomologie*, 1847, t. I, n° 1.)

Il résulte donc de ce passage, que cette variété fut reçue sans nom, vers 1833, par M. Artoisenet, auquel ensuite on l'a dédiée quand il s'est agi de la propager.

Observations. — En Allemagne, on a cru reconnaître dans le Colmar Artoisenet, le Beurré Diel ; et, chez nous, on a voulu le réunir au Colmar d'Arenberg. Inutile d'insister pour démontrer ces deux erreurs, puisque nous avons décrit page 349 le Beurré Diel, et page 575 le Colmar d'Arenberg.

POIRE COLMAR D'AUTOMNE. — Synonyme de poire *de Bavay*. Voir ce nom.

363. POIRE COLMAR D'AUTOMNE NOUVEAU.

Description de l'arbre. — *Bois :* assez fort. — *Rameaux :* nombreux, étalés, gros, peu longs, géniculés, brun-vert olivâtre, à lenticelles larges et rapprochées, à coussinets aplatis. — *Yeux :* petits ou moyens, coniques, à écailles bombées et entr'ouvertes, non collés contre l'écorce. — *Feuilles :* grandes, ovales-allongées, légèrement crénelées ou presque entières sur leurs bords, ayant le pétiole long, très-fort et accompagné de stipules bien développées.

FERTILITÉ. — Satisfaisante.

CULTURE. — C'est un arbre de vigueur ordinaire, un peu faible dans sa deuxième année, mais poussant ensuite beaucoup mieux ; tout sujet peut lui convenir et ses pyramides sont assez belles.

Poire Colmar d'Automne nouveau.

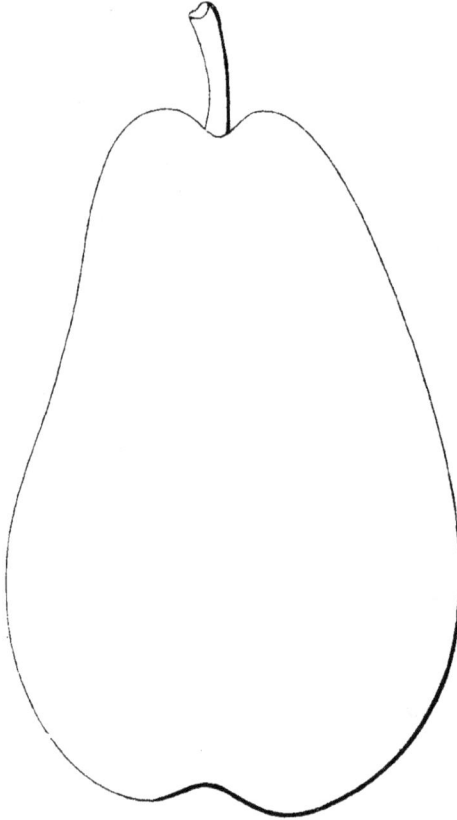

Description du fruit. — *Grosseur :* au-dessus de la moyenne. — *Forme :* conique, obtuse et bosselée ; mais quelquefois, aussi, presque cylindrique. — *Pédoncule :* court, bien nourri, recourbé, régulièrement inséré au centre d'une cavité assez marquée, plissée et à bords inégaux. — *Œil :* petit, ouvert, placé dans un bassin arrondi rarement profond. — *Peau :* épaisse, gris roussâtre, légèrement et uniformément nuancée de jaune-orange. — *Chair :* blanche, fine, fondante, juteuse, contenant quelques granulations autour des loges. — *Eau :* très-abondante, sucrée et fort aromatique, parfois un peu acerbe.

MATURITÉ. — De la mi-octobre à la mi-novembre.

QUALITÉ. — Première.

Historique. — Elle provient du Jardin fruitier du Comice horticole d'Angers ; dégustée en 1851, nous n'avons commencé à la propager qu'en 1854.

Observations. — Rappelons ici ce qui a été dit à l'article *Poire de Bavay* (p. 184) : Que cette dernière portant souvent le surnom Colmar d'Automne, il devient urgent de ne pas la prendre pour le Colmar d'Automne *nouveau*, avec lequel elle n'a aucune espèce de rapport.

POIRE **COLMAR BOISÉ.** — Synonyme de poire *Muscat Lallemand.* Voir ce nom.

POIRE **COLMAR BONNET.** — Synonyme de poire *Passe-Colmar.* Voir ce nom.

POIRE **COLMAR BOSC.** — Synonyme de poire *Neill.* Voir ce nom.

364. POIRE COLMAR CHARNI.

Description de l'arbre. — *Bois :* faible. — *Rameaux :* peu nombreux, légèrement étalés, courts, de grosseur moyenne, non coudés, brun clair verdâtre, ayant les lenticelles des plus apparentes, clair-semées, et les coussinets saillants.

— *Yeux :* petits ou moyens, coniques, aigus, collés en partie contre l'écorce. — *Feuilles :* ovales ou ovales-arrondies, acuminées, planes ou canaliculées, entièrement dentées en scie, portées sur un pétiole très-long, flasque et menu.

Poire Colmar Charni.

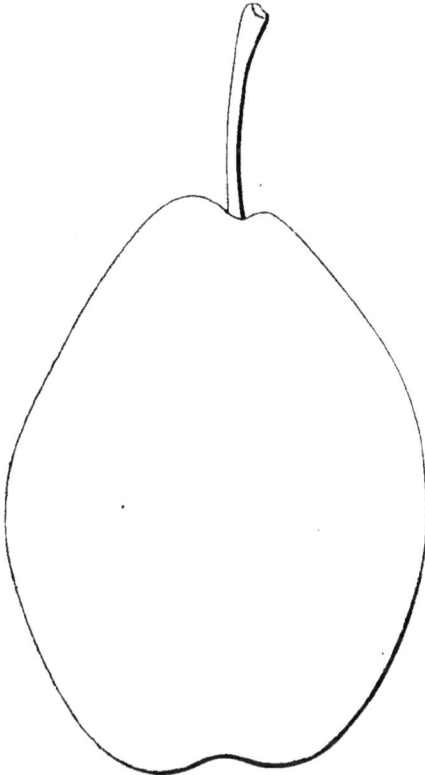

FERTILITÉ. — Grande.

CULTURE. — On le greffe non moins avantageusement sur cognassier que sur franc; il pousse lentement et fait, à partir de sa troisième année, des pyramides régulières, mais petites et peu touffues.

Description du fruit. — *Grosseur :* moyenne. — *Forme :* ovoïde, légèrement ventrue, aplatie à la base et souvent mamelonnée au sommet. — *Pédoncule :* assez long, mince, recourbé, renflé à l'attache, perpendiculairement inséré au milieu d'une faible dépression. — *Œil :* grand, bien ouvert, peu enfoncé. — *Peau :* jaune obscur, ponctuée, veinée, tachetée de fauve, vermillonnée du côté du soleil. — *Chair :* blanche, très-fine, demi-cassante, rarement pierreuse. — *Eau :* suffisante, sucrée, vineuse, douée d'un délicieux parfum.

MATURITÉ. — Depuis le commencement de janvier jusqu'en mars.

QUALITÉ. — Première.

Historique. — En 1854, cette variété faisait encore partie, dans le Jardin de la Société Van Mons, à Geest-Saint-Remy (Belgique), des poiriers mis à l'étude; ce ne fut que quatre ans plus tard, en 1858, qu'on en livra des greffes aux membres de cette association horticole. (Voir *Catalogues* de ladite Société, t. I, pp. 88 et 215.) M. Auguste Royer, de Namur, la décrivit en 1860, mais il ne put en préciser ni l'origine, ni l'âge :

« Elle nous a été communiquée — dit-il — à une époque déjà très-ancienne, par M. de Bavay père, directeur de l'École d'Horticulture de Vilvorde (Belgique). Depuis sa mort, le *Colmar Charni* a cessé de figurer sur les Catalogues de l'établissement, de sorte que nous ne possédons aucun renseignement sur son origine. » (*Annales de pomologie belge et étrangère*, 1860, t. VIII, p. 43.)

Observations. — Nous croyons cette poire très-peu répandue en France, ce qui tient sans doute à ce qu'on y a fait, en 1863, son nom synonyme d'ARBRE COURBÉ, variété médiocre qui disparaît en octobre ou novembre, alors que le Colmar Charni demande encore deux ou trois mois avant de pouvoir paraître sur les tables. (Voir, page 151, la description du poirier *Arbre courbé*.)

365. Poire COLMAR DELAHAUT.

Poire Colmar Delahaut. — *Premier Type.*

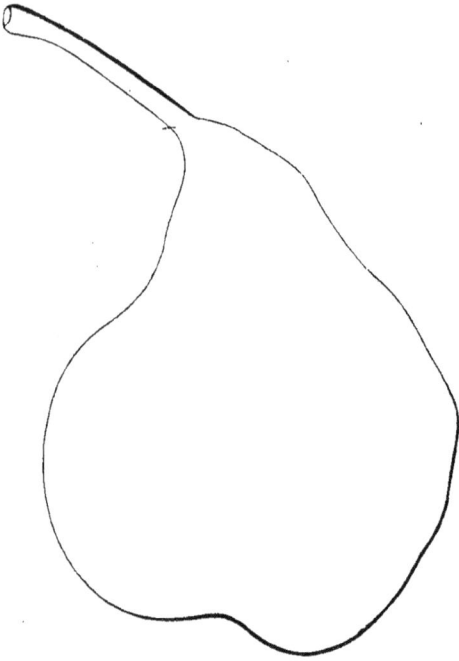

Description de l'arbre. — *Bois :* fort. — *Rameaux :* assez nombreux, ordinairement un peu arqués et très-étalés, gros, longs, bien flexueux, brun verdâtre légèrement nuancé de rouge, ayant les lenticelles petites, abondantes, les coussinets sans grand relief et les mérithalles des plus longs. — *Yeux :* moyens, ovoïdes, non appliqués contre le bois, à écailles faiblement disjointes. — *Feuilles :* grandes, généralement ovales ou ovales-allongées, planes ou contournées, à peine crénelées sur leurs bords, munies d'un pétiole de longueur et de grosseur moyennes.

Fertilité. — Convenable.

Culture. — Ce poirier est d'une remarquable vigueur, quel que soit le sujet sur lequel on l'ait greffé ; son écusson se développe rapidement ; ses pyramides, toujours fortes, manquent cependant de régularité.

Description du fruit. — *Grosseur :* moyenne. — *Forme :* variant entre la turbinée-allongée, irrégulière, contournée, bosselée, et la turbinée fortement obtuse et ventrue. — *Pédoncule :* de longueur moyenne ou court, bien nourri, arqué ou non arqué, souvent continu avec le fruit, quelquefois placé à la surface, au milieu d'une faible dépression, mais toujours obliquement implanté. — *Œil :* petit, mal formé, à peine enfoncé. — *Peau :* jaune verdâtre dans l'ombre, jaune-brun du côté éclairé par le soleil, largement maculée, striée et ponctuée de fauve, surtout vers l'œil. — *Chair :* blanchâtre, demi-fine et demi-fondante, contenant quelques pierres auprès des pepins. — *Eau :* parfois insuffisante, sucrée, vineuse, aromatique.

Deuxième Type.

Maturité. — Fin de décembre et courant de janvier.

Qualité. — Deuxième.

Historique. — Ce poirier nous est venu de la Belgique; il y fut gagné de semis, en 1847, par M. Grégoire, tanneur à Jodoigne, qui lui donna le nom de son jardinier. Il sort, nous écrit-on, de pepins du Passe-Colmar.

---

366. Poire COLMAR DEMEESTER.

Synonyme. — *Poire* DEMEESTER (Van Mons, *Annales de la Société d'Horticulture de Paris*, 1833, t. XII, p. 175).

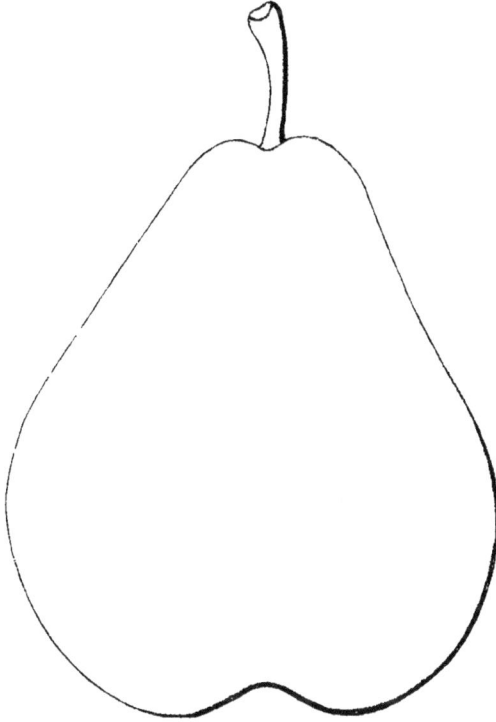

Description de l'arbre. — *Bois :* fort. — *Rameaux :* nombreux, érigés ou faiblement étalés, gros, longs, à peine géniculés, brun-roux, peu ponctués, à coussinets plus ou moins ressortis. — *Yeux :* moyens, coniques, aigus, écartés du bois, quelquefois formant éperon. — *Feuilles :* abondantes, grandes, ovales assez allongées et légèrement acuminées, à bords peu ou point dentelés, portées sur un pétiole long, flasque et menu.

FERTILITÉ. — Ordinaire.

CULTURE. — Sa vigueur est grande, on le greffe sur toute espèce de sujet; il croît vite et fait de superbes pyramides, bien ramifiées, bien feuillues.

Description du fruit. — *Grosseur :* au-dessus de la moyenne. — *Forme :* turbinée, obtuse, excessivement ventrue. — *Pédoncule :* assez court, mince, arqué, renflé au sommet, régulièrement planté à fleur de peau. — *Œil :* grand, bien fait, souvent mi-clos, placé dans un large bassin rarement profond. — *Peau :* jaune d'ocre légèrement verdâtre, ponctuée, tachetée ou marbrée de fauve, maculée de même vers l'œil et plus ou moins carminée sur le côté exposé au soleil. — *Chair :* jaunâtre, grosse, mi-fondante, aqueuse, pierreuse au cœur. — *Eau :* abondante, sucrée, acidule, assez savoureuse mais souvent entachée d'un arrière-goût alliacé.

MATURITÉ. — Fin de septembre et courant d'octobre.

QUALITÉ. — Deuxième.

Historique. — Van Mons, l'obtenteur de cette variété qu'il dédia au jardinier-chef de sa pépinière de Louvain (Belgique), en établissait ainsi l'origine, au mois d'octobre 1833 : « L'arbre, provenu de graine à Louvain, a fructifié pour la « première fois en 1824. » (*Annales de la Société d'Horticulture de Paris*, t. XII, p. 175.)

Observations. — On a cultivé assez longtemps, sous le nom *Ferdinand Demeester*, un poirier qui n'avait rien de commun avec le Colmar Demeester, le seul que Van Mons ait dédié à ce jardinier. Aujourd'hui, l'on sait à quelle variété rapporter le pseudonyme Ferdinand Demeester : c'est à la poire SURPASSE-MEURIS, décrite à son rang alphabétique, dans notre deuxième volume.

Poire COLMAR DESCHAMPS. — Synonyme de poire *Orpheline d'Enghien*. Voir ce nom.

Poire COLMAR DORÉ. — Synonyme de poire *Passe-Colmar*. Voir ce nom.

367. Poire COLMAR D'ÉTÉ.

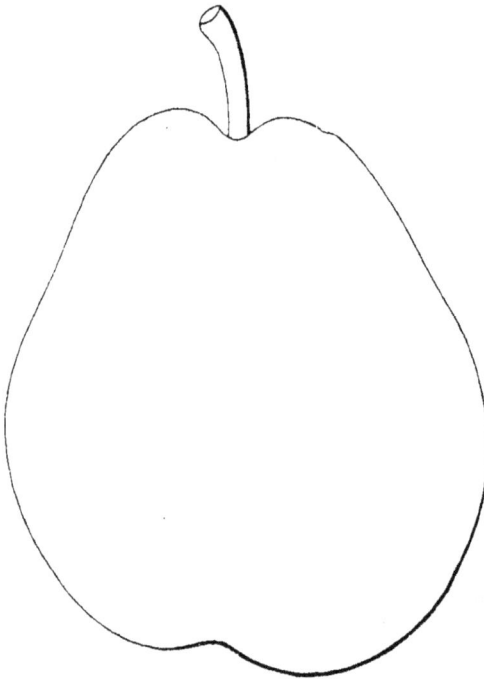

Description de l'arbre. — *Bois :* fort ou très-fort. — *Rameaux :* nombreux, érigés, des plus gros, peu longs, bien coudés, vert grisâtre, à lenticelles larges et rapprochées, à coussinets très-accusés. — *Yeux :* assez gros, ovoïdes-allongés, obtus, collés contre l'écorce, ayant les écailles bombées et mal soudées. — *Feuilles :* abondantes, légèrement coriaces, elliptiques ou ovales, acuminées, planes ou contournées, faiblement dentées, au pétiole très-court, très-fort, et accompagné de longues stipules.

FERTILITÉ. — Extrême.

CULTURE. — Le développement de ce poirier est des plus vifs et sa vigueur, des plus grandes; on lui donne indistinctement le franc ou le cognassier; ses pyramides sont magnifiques.

Description du fruit. — *Grosseur :* au-dessus de la moyenne, ou moyenne. — *Forme :* oblongue, obtuse, régulière, ventrue. — *Pédoncule :* assez court, peu fort, arqué, perpendiculairement inséré dans un large évasement à bords relevés. — *Œil :* petit, bien fait, ouvert, presque saillant. — *Peau :* mince, jaune-citron, parsemée de points gris et verts très-fins, faiblement maculée de roux autour du pédoncule. — *Chair :* fine, très-fondante, juteuse, contenant quelques pierres au cœur. — *Eau :* excessivement abondante, acidule, sucrée, savoureusement aromatique.

MATURITÉ. — Fin août et commencement de septembre.

QUALITÉ. — Première.

Historique. — Poiteau mentionna cette variété en 1830, dans les *Annales de la Société d'Horticulture de Paris*, dont il était alors le principal rédacteur, et fit observer « qu'elle commençait seulement à se répandre. » (Page 90.) En 1832, il la décrivit page 104 du même ouvrage, et l'attribua à Van Mons. Ce dernier la gagna effectivement de semis à Louvain (Belgique), vers 1825, et peu après on la vit cultivée à Verrières, aux environs de Paris, chez Louis Vilmorin, qui en fut le principal propagateur.

Observations. — Le nom *Colmar d'Été de Strasbourg*, ou de *Würtzbourg*, que l'on pourrait supposer synonyme de Colmar d'Été, se rapporte, au contraire, à la poire d'Œuf, l'un des plus anciens fruits connus, et qui s'éloigne entièrement de la variété moderne appelée chez nous Œuf de Cygne, et *Swan's egg* chez les Anglais et les Américains.

POIRE **COLMAR D'ÉTÉ DE STRASBOURG.** — Synonyme de poire *d'Œuf*. Voir ce nom.

POIRE **COLMAR D'ÉTÉ DE WÜRTZBOURG.** — Synonyme de poire *d'Œuf*. Voir ce nom.

POIRE **COLMAR FRANÇOIS (PASSE-).** — Voir *Passe-Colmar François*.

POIRE **COLMAR D'HARDENPONT.** — Synonyme de poire *Passe-Colmar*. Voir ce nom.

POIRE **COLMAR D'HIVER.** — Synonyme de poire *de Colmar*. Voir ce nom.

---

368. POIRE **COLMAR DES INVALIDES.**

Synonymes. — *Poires* : 1. GROS-COLMAR VAN MONS (Bivort, *Album de pomologie*, 1847, t. 1, n° 37). — 2. VA-DEUX-ANS (*Id. ibid.*). — 3. COLMAR VAN MONS (Prévost, *Pomologie de la Seine-Inférieure*, 1850, p. 200). — 4. BEURRÉ DE PRINTEMPS (Langethal, *Deutsches Obstcabinet*, 1860, 8e cahier). — 5. CRASSANE D'HIVER (Decaisne, *le Jardin fruitier du Muséum*, 1860, t. III). — 6. POIRE DES INVALIDES (*Id. ibid.*).

Description de l'arbre. — *Bois* : assez fort. — *Rameaux* : nombreux, un peu arqués et bien étalés, gros, de longueur moyenne, géniculés, marron foncé légèrement olivâtre, tachetés de gris, à lenticelles petites et abondantes, à coussinets habituellement des plus saillants. — *Yeux* : volumineux, ovoïdes, très-écartés du bois, ayant les écailles mal soudées. — *Feuilles* : grandes, ovales-arrondies ou elliptiques, acuminées, profondément dentées, au pétiole long, peu fort et pourvu de stipules des plus développées.

FERTILITÉ. — Ordinaire.

CULTURE. — Il est assez vigoureux, ne pousse bien qu'à partir de sa deuxième année, se greffe soit sur le franc, soit sur le cognassier, et fait de jolies pyramides qui toutefois sont généralement un peu basses.

Description du fruit. — *Grosseur* : souvent énorme, mais souvent aussi moins considérable. — *Forme* : turbinée-arrondie, très-ventrue. — *Pédoncule* : peu long, fort, droit ou arqué, régulièrement inséré dans une vaste cavité en entonnoir. — *Œil* : petit, rond, des plus enfoncés. — *Peau :* très-épaisse, jaune grisâtre un peu verdâtre, lavée de rouge clair du côté du soleil, parsemée de gros points fauves et noirâtres, et tachetée de gris auprès de l'œil. — *Chair :* blanche, grosse, mi-cassante, pierreuse autour des loges. — *Eau :* jamais abondante, faiblement sucrée, douceâtre, sans parfum.

Poire Colmar des Invalides.

MATURITÉ. — Depuis les derniers jours de novembre jusqu'en avril, et parfois même atteignant le mois de mai.

QUALITÉ. — Première pour la cuisson, mais ne pouvant être classée parmi les fruits à couteau.

Historique. — Ce poirier fut gagné de semis en 1808 à Enghien (Belgique), par M. Duquesne, correspondant et ami du professeur Van Mons, auquel il le dédia; mais on l'a souvent regretté depuis, car le nom du célèbre arboriculteur belge eût dû n'être donné qu'à des fruits exquis, tandis que ce Colmar sert uniquement à faire des compotes. Aussi n'est-il pas étonnant qu'on ait fini par lui appliquer, vers 1830, le surnom sous lequel il est aujourd'hui généralement cultivé. Son introduction en France date de 1840, selon M. du Breuil (*Cours d'arboriculture*, 1854, t. II, p. 569-VI).

Observations. — La forme primitive de cette poire s'est beaucoup modifiée; Van Mons lui-même le fit remarquer dès 1835, au tome II de ses *Arbres fruitiers*, où il disait : « Ce Colmar est devenu une forme de *Crassane* (p. 203). » Circonstance qui sans doute lui valut d'être également appelée par quelques horticulteurs, Crassane d'Hiver.

POIRE **COLMAR JAMINETTE**. — Synonyme de poire *Jaminette*. Voir ce nom.

POIRE **COLMAR DU LOT**. — Synonyme de poire *du Mas*. Voir ce nom.

---

369. Poire COLMAR DE MARS.

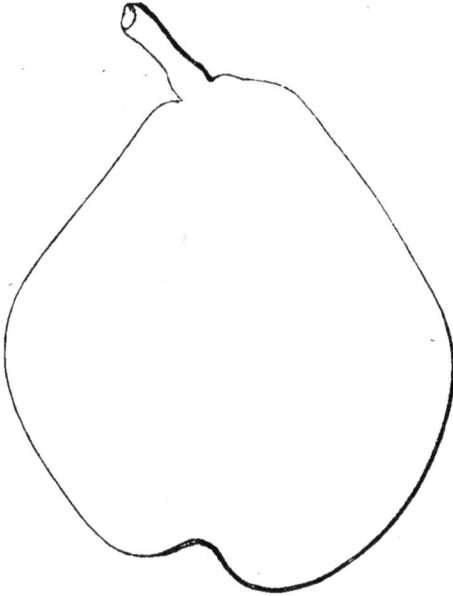

Description de l'arbre. — *Bois :* fort. — *Rameaux :* nombreux, arqués et légèrement étalés, très-gros, peu longs, coudés, duveteux, brun olivâtre nuancé de rouge auprès des yeux, finement et abondamment ponctués, ayant les coussinets des plus ressortis et les mérithalles courts. — *Yeux :* volumineux, ovoïdes, formant généralement éperon, à écailles faiblement disjointes. — *Feuilles :* d'un beau vert foncé, ovales, acuminées, dentées sur leurs bords et munies d'un pétiole long et bien nourri.

Fertilité. — Satisfaisante.

Culture. — Il est excessivement vigoureux sur cognassier, développe très-vite son écusson et forme de superbes pyramides. Nous ne l'avons pas encore étudié sur franc.

Description du fruit. — *Grosseur :* moyenne. — *Forme :* ovoïde-arrondie, régulière, un peu ventrue, habituellement plus renflée d'un côté que de l'autre. — *Pédoncule :* court, assez fort, arqué, charnu à la base, obliquement implanté dans une étroite cavité. — *Œil :* moyen, mi-clos, parfois contourné, faiblement enfoncé. — *Peau :* jaune d'or, ponctuée, rayée et légèrement veinée de roux, maculée de même autour de l'œil et du pédoncule. — *Chair :* jaunâtre, fine, compacte quoique fondante, juteuse, odorante, contenant quelques granulations auprès des pepins. — *Eau :* des plus abondantes, rafraîchissante, sucrée, savoureuse, douée d'un arrière-goût musqué qui la rend fort agréable.

Maturité. — Derniers jours de mars, et se continuant jusqu'en mai.

Qualité. — Première.

Historique. — Elle provient des semis de M. Nérard fils aîné, pépiniériste à Lyon, date de 1853 et fut livrée au commerce en 1855.

Poire COLMAR MUSQUÉ. — Synonyme de poire *Passe-Colmar musqué.* Voir ce nom.

---

370. Poire COLMAR NAVEZ.

Synonyme. — *Poire* Beurré Navez (Alexandre Bivort, *Album de pomologie,* 1847, t. I, n° 14).

Description de l'arbre. — *Bois :* fort. — *Rameaux :* nombreux, étalés ou légèrement érigés, gros, longs, peu coudés, duveteux, fauve verdâtre nuancé de brun, à lenticelles fines, abondantes, très-proéminentes, à coussinets bien accusés.

— *Yeux :* volumineux, coniques, à large base, pointus, presqu'entièrement collés contre le bois. — *Feuilles :* coriaces, assez grandes, ovales-allongées, acuminées, planes ou contournées, souvent canaliculées, à bords profondément dentés, ayant le pétiole long et fort.

FERTILITÉ. — Ordinaire.

CULTURE. — Doué d'une bonne vigueur, cet arbre se greffe aussi avantageusement sur le cognassier que sur le franc; sa végétation est rapide, ses pyramides sont touffues, très-hautes, très-remarquables.

Description du fruit. — *Grosseur :* énorme, mais parfois au-dessus de la moyenne. — *Forme :* ovoïde ou turbinée-arrondie, quelque peu bosselée, particulièrement auprès du sommet. — *Pédoncule :* assez long ou très-court, droit ou recourbé, de moyenne force, perpendiculairement ou obliquement inséré dans un large évasement dont l'un des bords est fortement mamelonné. — *Œil :* grand, mi-clos, irrégulier, généralement bien enfoncé. — *Peau :* vert jaunâtre, faiblement ponctuée de gris, tachetée et nuancée de brun-roux, souvent lavée de rouge-brique sur le côté exposé au soleil. — *Chair :* blanche, assez fine,

Poire Colmar Navez. *Premier Type.*

Deuxième Type.

mi-fondante, aqueuse, peu granuleuse au cœur. — *Eau :* suffisante, sucrée, acidule, bien savoureuse, possédant un parfum musqué-anisé fort délicat.

Maturité. — Fin de septembre et courant d'octobre.

Qualité. — Première.

Historique. — M. Alexandre Bivort nous apprend que ce Colmar « provient « des semis de M. Bouvier, de Jodoigne (Belgique), qui le dédia au célèbre peintre « Navez, de Bruxelles; » puis il ajoute : « Plusieurs des correspondants de feu « M. le professeur Van Mons en ont reçu anciennement des greffes par son entre- « mise, ce qui leur a fait croire qu'il provenait de ses semis et était différent de « celui trouvé par M. Bouvier. Une comparaison de trois années nous met à même « d'assurer que les deux poires connues sous les noms de *Beurré Navez* et *Colmar* « *Navez* ne font qu'une seule et même variété. » (*Album de pomologie*, 1847, t. I, n° 14.) — Ici, l'âge de ce poirier n'est pas indiqué, mais un autre pomologue, M. de Liron d'Airoles, va le préciser : « Le pied-type donna ses premiers fruits, « assure-t-il, en 1837. » (*Notices pomologiques*, 1859, Liste synonymique, 1ᵉʳ Supplément, p. 10.)

Observations. — On a dit souvent, même en Belgique, qu'il existait deux variétés de Colmar Navez, l'une gagnée par M. Bouvier, l'autre obtenue par Van Mons, lequel signalait ce fait dès 1839. Pour nous, la seule chose qu'il nous soit possible d'affirmer, c'est que nous n'avons jamais vu, ni reçu, qu'un Colmar Navez, celui décrit ci-contre, parfaitement identique avec le gain de M. Bouvier. — Plusieurs pépiniéristes ont réuni la poire Duc de Nemours au Colmar Navez. Si dès l'abord cette opinion nous a paru fondée, une étude attentive de ces deux poiriers et de leurs produits, nous a, toutefois, récemment convaincu qu'ils n'avaient positivement rien de commun. (Voir, tome II, l'article poire *Duc de Nemours.*)

Poire COLMAR NEILL. — Synonyme de poire *Neill.* Voir ce nom.

Poire COLMAR NÉLIS. — Synonyme de poire *Bonne de Malines.* Voir ce nom.

Poire COLMAR (PASSE-). — Voir *Passe-Colmar.*

Poire COLMAR DE SILLY. — Synonyme de poire *Passe-Colmar.* Voir ce nom.

Poire COLMAR SOUVERAIN. — Synonyme de poire *Passe-Colmar.* Voir ce nom.

Poire COLMAR VAN MONS. — Synonyme de *Colmar des Invalides.* Voir ce nom.

Poire COLOMA. — Synonyme de *Beurré Coloma.* Voir ce nom.

Poire COLOMA D'AUTOMNE. — Synonyme de poire *des Urbanistes.* Voir ce nom.

Poire COLOMA D'HIVER. — Synonyme de poire *Bonne de Malines.* Voir ce nom.

Poire du COLOMBIER. — Synonyme de *Bergamote rouge.* Voir ce nom.

Poire COLORÉE D'AOUT. — Synonyme de poire *Certeau d'Été.* Voir ce nom.

371. Poire COLORÉE DE JUILLET.

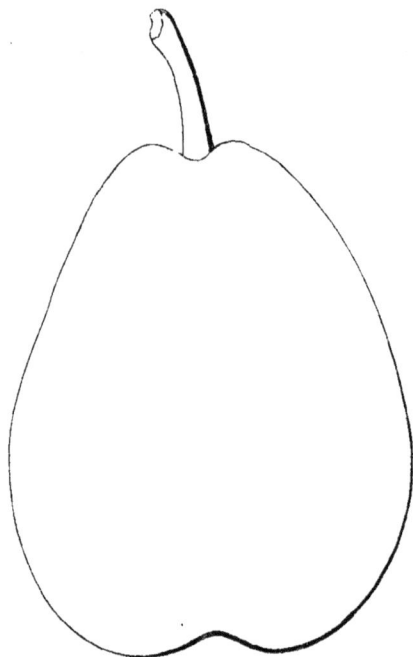

Description de l'arbre. — *Bois :* fort. — *Rameaux :* nombreux, habituellement érigés à la partie supérieure de la tige, gros, assez longs, à peine géniculés, brun clair grisâtre, à lenticelles larges et rapprochées, à coussinets aplatis. — *Yeux :* moyens, ovoïdes, pointus, cotonneux, appliqués presqu'entièrement contre le bois, ayant les écailles mal soudées. — *Feuilles :* de grandeur variable, elliptiques ou ovales-allongées, profondément crénelées ou dentées, au pétiole long et fort.

Fertilité. — Satisfaisante.

Culture. — Sur cognassier, l'unique sujet que nous lui ayons encore donné, il se montre vigoureux, croît assez vite et fait de jolies pyramides toujours bien ramifiées.

Description du fruit. — *Grosseur :* moyenne. — *Forme :* ovoïde, régulière, un peu bosselée, surtout près du sommet. — *Pédoncule :* de longueur et de force moyennes, arqué, obliquement inséré dans une faible cavité à bords légèrement relevés. — *Œil :* petit, mi-clos, parfois contourné, entouré de plis et placé dans un large bassin rarement profond. — *Peau :* onctueuse, jaune brillant et foncé, largement tachée de fauve auprès du pédoncule, ponctuée de gris et de rouge obscur, vermillonnée du côté du soleil, nuancée de jaune très-clair dans le bassin ombilical. — *Chair :* blanchâtre, mi-fine et mi-cassante, contenant quelques pierres au centre. — *Eau :* jamais abondante, douceâtre, manquant généralement un peu trop de sucre et de parfum.

Maturité. — Courant de juillet.

Qualité. — Deuxième.

Historique. — Ce fruit mûrissait pour la première fois en 1857, à Rouen, chez son obtenteur, M. Boisbunel fils, pépiniériste bien connu déjà par d'autres gains fort méritants.

---

372. Poire COLUMBIA.

Synonymes. — *Poires :* 1. Columbia virgalouse (Downing, *the Fruits and fruit trees of America,* édition de 1849, p. 430). — 2. Columbian virgalieu (*Id. ibid.*). — 3. Columbia virgalica (de Liron d'Airoles, *Notices pomologiques,* 1862, t. III, p. 32). — 4. Columbia virgouleuse (*Id. ibid.*).

Description de l'arbre. — *Bois :* fort. — *Rameaux :* nombreux, généralement érigés, gros, courts, très-géniculés, brun verdâtre nuancé de rouge auprès des yeux, ayant les lenticelles petites, abondantes, les coussinets saillants et les mérithalles des plus courts. — *Yeux :* volumineux, coniques, aigus, très-écartés de l'écorce, à écailles disjointes. — *Feuilles :* vert clair, souvent lavées de rouge et de jaune, ovales-allongées, irrégulièrement dentées ou crénelées, portées sur un pétiole grêle et très-long.

Poire Columbia.

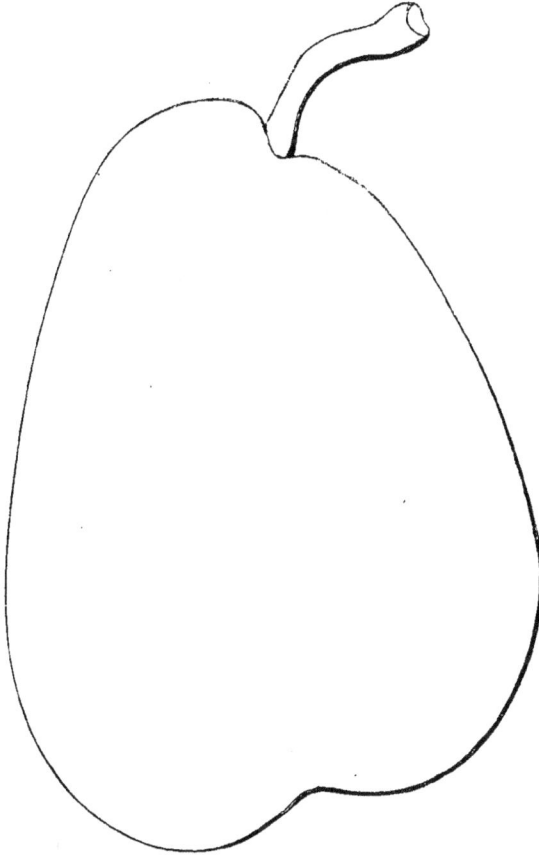

FERTILITÉ.—Remarquable.

CULTURE. — On le greffe indistinctement sur le franc ou le cognassier; doué d'une grande vigueur, il pousse rapidement et bien, formant dès sa deuxième année de superbes pyramides.

Description du fruit. — *Grosseur :* considérable. — *Forme :* irrégulière, ordinairement ovoïde-allongée, ventrue et beaucoup plus renflée d'un côté que de l'autre. — *Pédoncule :* assez long, bien nourri, arqué, contourné, obliquement implanté à la surface, et souvent en dehors de l'axe du fruit. — *Œil :* moyen, ouvert, placé dans une cavité des plus évasées mais peu profonde. — *Peau :* jaune clair dans l'ombre, jaune d'or foncé sur l'autre face, ponctuée de gris-brun, tachetée et veinée de roux verdâtre. — *Chair :* blanche, fine, fondante, juteuse, fortement pierreuse autour des loges. — *Eau :* abondante, sucrée, vineuse, acidule, délicieusement parfumée.

MATURITÉ. — Depuis la fin d'octobre jusqu'en décembre.

QUALITÉ. — Première.

Historique. — J'ai tiré ce poirier des collections américaines, en 1849, et je le multiplie depuis 1850, date à laquelle il figura pour la première fois dans mes *Catalogues* (page 15, n° 130). Le pied-type de cette variété se voyait encore en 1848, observait alors le pomologue Downing, sur la ferme d'un M. Casser, dans le comté de Westchester, à 20 kilomètres de New-York. Et cet auteur ajoute, que la propagation en fut due à MM. Bloodgood et Cie, pépiniéristes à Flushing, et voisins de la propriété où poussa ledit poirier. (Voir *the Fruits and fruit trees of America*, édition de 1849, p. 431.)

Poires COLUMBIA VIRGALICA, = VIRGALOUSE, = VIRGOULEUSE. — Synonymes de poire *Columbia*. Voir ce nom.

Poire COLUMBIAN VIRGALIEU. — Synonyme de poire *Columbia*. Voir ce nom.

Poire DU COMICE. — Synonyme de *Doyenné du Comice*. Voir ce nom.

Poire COMICE DE TOULON. — Synonyme de poire *de Curé*. Voir ce nom.

373. Poire COMMISSAIRE DELMOTTE.

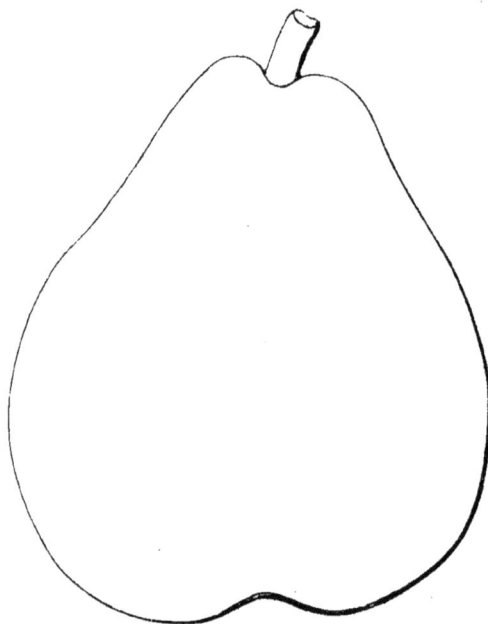

Description de l'arbre. — *Bois :* fort. — *Rameaux :* nombreux, étalés vers la base de la tige, érigés près du sommet, gros, courts, peu flexueux, brun clair grisâtre, à lenticelles apparentes et très-rapprochées, à coussinets presque nuls. — *Yeux :* moyens, ovoïdes, formant souvent éperon. — *Feuilles :* arrondies, parfois acuminées, entières en partie sur leurs bords ou légèrement dentées, ayant le pétiole court et menu.

Fertilité. — Convenable.

Culture. — Ce poirier, que nous n'avons pas encore greffé sur franc, croît assez bien sur cognassier, développe parfaitement son écusson et fait des pyramides un peu basses, mais d'une jolie forme et des mieux ramifiées.

Description du fruit. — *Grosseur :* au-dessus de la moyenne ou moyenne. — *Forme :* turbinée, obtuse, ventrue, légèrement bosselée, régulière. — *Pédoncule :* très-court, assez fort, rarement arqué, obliquement inséré dans une large cavité dont les bords sont bien arrondis. — *OEil :* grand, ouvert, souvent caduc, placé dans un bassin en entonnoir et de profondeur variable. — *Peau :* rugueuse, jaune-citron, ponctuée et veinée de fauve, lavée de gris-roux orangé sur la partie frappée par le soleil, et montrant habituellement quelques petites taches noirâtres. — *Chair :* jaunâtre, grosse, mi-cassante, pierreuse au cœur. — *Eau :* peu abondante, sucrée, acidule, douée d'un arome assez délicat.

Maturité. — Courant de décembre et se conservant jusqu'en janvier.

Qualité. — Deuxième.

Historique. — En nous l'envoyant de Belgique en 1856, on nous donna sur son origine les renseignements suivants : Gain de M. Xavier Grégoire, tanneur à Jodoigne, elle sort d'un semis de pepins de la Bergamote de Pentecôte (*Doyenné d'Hiver*) et elle a mûri pour la première fois en 1852 ou 1853. Son obtenteur l'a dédiée à M. Delmotte, commissaire d'arrondissement à Nivelles.

Poire de la COMMUNAUTÉ. — Synonyme de poire *Messire-Jean*. Voir ce nom.

Poire COMPAGNIE D'OSTENDE. — Synonyme de *Bon-Chrétien d'Espagne*. Voir ce nom.

Poire COMPÉRETTE. — Synonyme de poire *Ananas*. Voir ce nom.

374. Poire COMTE DE FLANDRES.

Synonymes. — *Poires :* 1. Saint-Jean-Baptiste (Decaisne, *le Jardin fruitier du Muséum*, 1861, t. IV). — 2. Saint-Jean-Baptiste d'Hiver (Congrès pomologique, *Pomologie de la France*, 1865, t. III, n° 137).

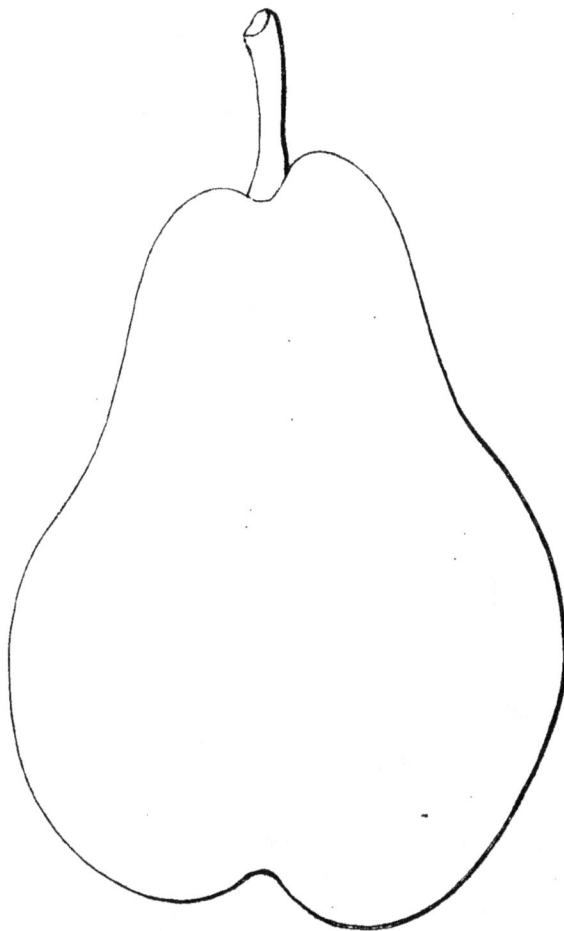

Description de l'arbre. — *Bois :* faible. — *Rameaux :* nombreux, légèrement étalés, assez grêles, peu longs, peu géniculés, brun tacheté de gris, ayant les lenticelles petites, rapprochées, et les coussinets presque nuls. — *Yeux :* moyens, ovoïdes, collés contre l'écorce, à écailles entr'ouvertes. — *Feuilles :* petites ou moyennes, ovales ou ovales-allongées, bien acuminées, faiblement dentées, portées sur un pétiole court, épais, accompagné de longues stipules.

Fertilité. — Médiocre.

Culture. — Cet arbre n'est pas doué d'une grande vigueur; il croît toujours lentement, quel que soit le sujet qu'on lui ait donné; néanmoins ses pyramides, quoique petites, sont fort convenables.

Description du fruit. — *Grosseur :* volumineuse. — *Forme :* allongée, ventrue vers la base, légèrement étranglée près du sommet, qui est fortement obtus et mamelonné. — *Pédoncule :* assez long, bien nourri, renflé à sa partie inférieure, rarement recourbé, régulièrement inséré au milieu d'une large dépression peu profonde, mais que domine une gibbosité des plus prononcées. — *Œil :* grand, bien fait, ouvert ou mi-clos, placé dans un bassin assez profond. — *Peau :* un peu rude au toucher, vert jaunâtre, semée de points roux très-apparents, légèrement veinée de même, maculée de fauve autour du pédoncule et portant quelques taches brunâtres et squammeuses. — *Chair :* blanchâtre, fine, excessivement fondante, juteuse, faiblement granuleuse au cœur, qui est complétement dépourvu de pepins. — *Eau :* fort abondante, sucrée, aigrelette, possédant un parfum d'une saveur exquise.

MATURITÉ. — Fin d'octobre, se prolongeant jusqu'en décembre.

QUALITÉ. — Première.

Historique. — Cette poire, l'une des plus recherchées de la pomone belge, provient des semis de Van Mons; le pied-type qui l'a produite se mit à fruit en 1843 à Louvain, un an après la mort du savant professeur. Le nom de cette variété, choisi par les fils mêmes de Van Mons, rappelle celui de Philippe-Eugène, comte de Flandre et frère du roi Léopold II.

Observations. — On cultive depuis une quinzaine d'années déjà, un poirier appelé Jean-Baptiste Bivort, qu'on a dit semblable au poirier comte de Flandre. C'est une erreur formelle, découlant probablement du surnom SAINT-JEAN-BAPTISTE D'HIVER, assez récemment appliqué, nous ignorons par qui, à la poire Comte de Flandre. (Voir, tome II, la variété *Jean-Baptiste Bivort.*)

POIRE COMTE DE FRIAND. — Synonyme de poire *Amadote.* Voir ce nom.

POIRE COMTE LAMI. — Synonyme de *Beurré Curtet.* Voir ce nom.

POIRE COMTE DE LAMY. — Synonyme de *Beurré Curtet.* Voir ce nom.

POIRE COMTE ODART. — Synonyme de *Beurré Auguste Benoist.* Voir ce nom.

375. POIRE COMTE DE PARIS.

Description de l'arbre. — *Bois :* très-fort. — *Rameaux :* assez nombreux, étalés, gros et longs, des plus coudés, brun verdâtre nuancé de gris, à lenticelles larges et clair-semées, à coussinets bien accusés. — *Yeux :* moyens, ovoïdes, généralement aigus, écartés du bois. — *Feuilles :* ovales ou arrondies, très-légèrement dentées, au pétiole excessivement court et fort.

FERTILITÉ. — Ordinaire.

CULTURE. — Toute espèce de sujet lui convient; il est doué d'une grande vigueur, développe vite son écusson et fait de remarquables pyramides.

Description du fruit. — *Grosseur :* considérable. — *Forme :* conique ou ovoïde-allongée, habituellement un peu ventrue et légèrement bosselée. — *Pédoncule :* court, de moyenne force, non recourbé, obliquement implanté à la surface.

I. 38

— *Œil :* grand, souvent caduc, ouvert, plissé ou entouré de petites gibbosités, rarement bien enfoncé. — *Peau :* rugueuse, jaune verdâtre obscur, ponctuée et largement tachetée de marron foncé, plus ou moins lavée de roux clair sur la face qui regarde le soleil. — *Chair :* blanche, mi-fine, fondante, aqueuse, fortement pierreuse autour des loges. — *Eau :* extrêmement abondante, sucrée, vineuse, agréablement parfumée.

Poire Comte de Paris.

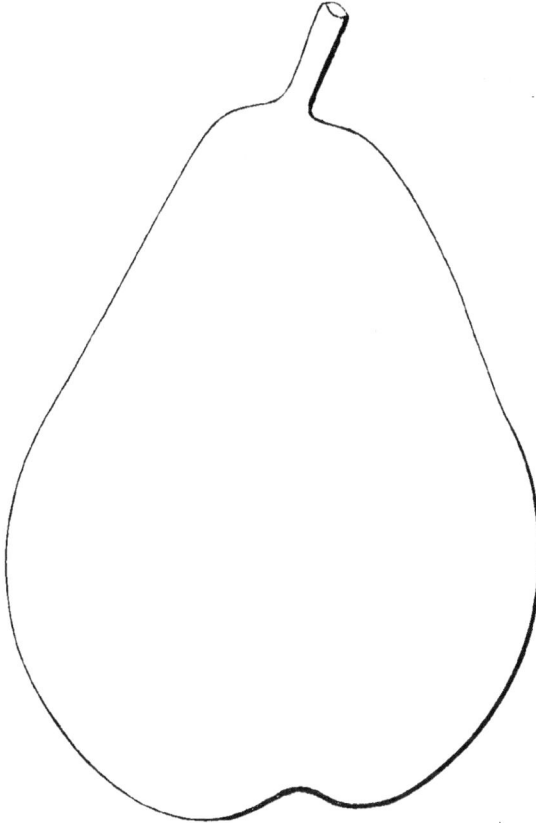

MATURITÉ. — Courant d'octobre, et pouvant atteindre, mais exceptionnellement, le mois de décembre.

QUALITÉ. — Première.

Historique. — Le promoteur de cette variété fut M. Bivort ; elle fructifia chez lui, à Geest-Saint-Remy (Belgique), en 1847 ; le pied-mère faisait partie des derniers semis effectués à Louvain par le professeur Van Mons, dont les pépinières devinrent, lors de son décès (1842), la propriété de M. Bivort.

376. POIRE COMTESSE D'ALOST.

Description de l'arbre. — *Bois :* assez fort. — *Rameaux :* très-nombreux, érigés au sommet, étalés à la base, de grosseur et de longueur moyennes, généralement très-coudés, d'un brun olivâtre souvent un peu jaunâtre ou un peu rosé, à lenticelles apparentes et rapprochées, à coussinets fort ressortis. — *Yeux :* volumineux, ovoïdes, habituellement placés en éperon. — *Feuilles :* moyennes, ovales ou ovales-allongées, légèrement acuminées et dentées en scie, portées sur un pétiole assez long, roide et des plus épais.

FERTILITÉ. — Grande.

CULTURE. — Greffé sur cognassier, il se montre très-vigoureux et d'une végétation hâtive ; quant à sa forme pyramidale, elle y est irréprochable.

Description du fruit. — *Grosseur :* moyenne. — *Forme :* variant entre la cylindro-ovoïde et la conique-allongée, mais toujours faiblement bosselée et très-peu ventrue. — *Pédoncule :* assez long ou fort long, bien nourri, renflé à la base, arqué, obliquement implanté à fleur de peau et souvent en dehors de l'axe du fruit. — *Œil :* petit, ouvert, régulier, presque saillant. — *Peau :* rude au toucher, roussâtre, finement ponctuée de gris et couverte en partie de larges macules longitudinales. — *Chair :* blanc verdâtre, à grain très-serré, juteuse et des plus fondantes, à peu près exempte de pierres. — *Eau :* très-abondante, fort sucrée, acidule, possédant un arome particulier des plus savoureux.

Poire Comtesse d'Alost. — *Premier Type.*   *Deuxième Type.*

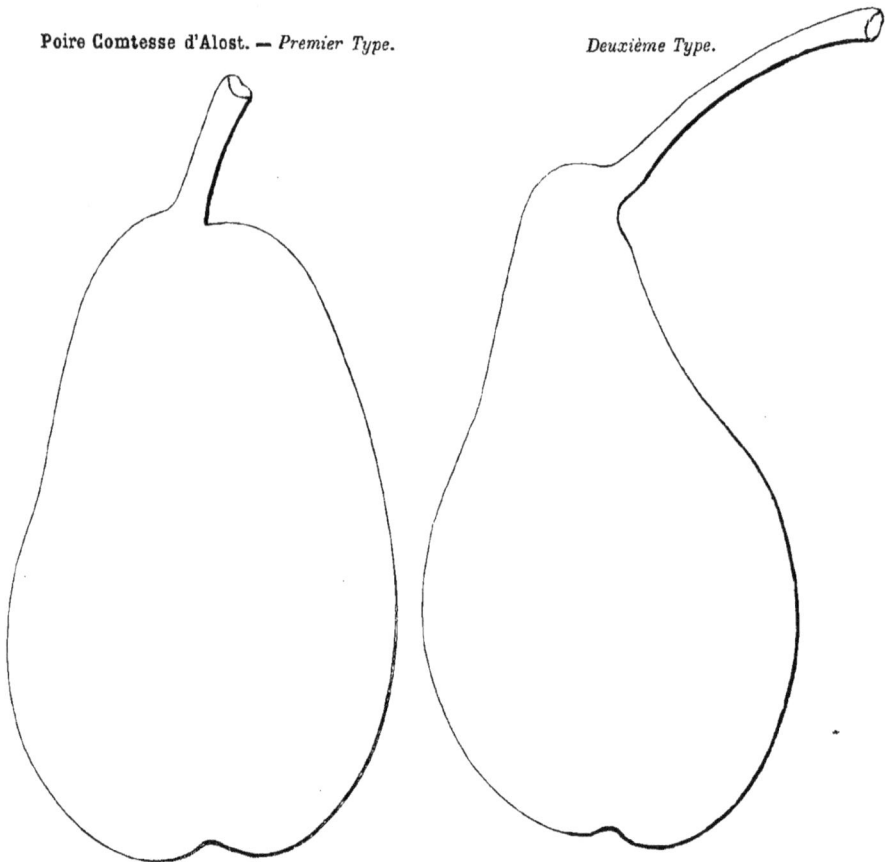

MATURITÉ. — Fin d'octobre ou commencement de novembre, et se prolongeant souvent jusqu'en décembre.

QUALITÉ. — Première.

Historique. — Le Comice horticole d'Angers possède ce poirier depuis 1840, mais nous ignorons comment il lui vint. Le baron de Biedenfeld, pomologue allemand, dit qu'en 1854 cette variété était multipliée par Adrien Papeleu, pépiniériste à Ledeberg-lez-Gand (Belgique) [*Handbuch aller bekannten Obstsorten*, p. 61]. C'est là un renseignement utile; cependant on n'en saurait inférer que Papeleu, décédé en 1859, soit l'obtenteur de la Comtesse d'Alost, car il ne se livra à l'arboriculture qu'à partir de 1847, alors que cette poire était déjà répandue. Quant au véritable obtenteur, peut-être pourrait-on penser que ce fut M. Hellinckx, d'Alost, le pépiniériste même qui gagnait en 1852 la variété Colmar d'Alost, décrite ci-dessus ?..... (Voir page 574.)

Observations. — Quelques pomologues, trompés sans doute par la ressemblance des noms Colmar d'Alost et Comtesse d'Alost, les ont déclarés synonymes les uns des autres. Il n'en est rien dans notre école, où ils s'appliquent à deux poires parfaitement distinctes ; et l'examen de ces deux variétés le démontrera immédiatement à qui voudra les comparer ici.

377. Poire COMTESSE DE CHAMBORD.

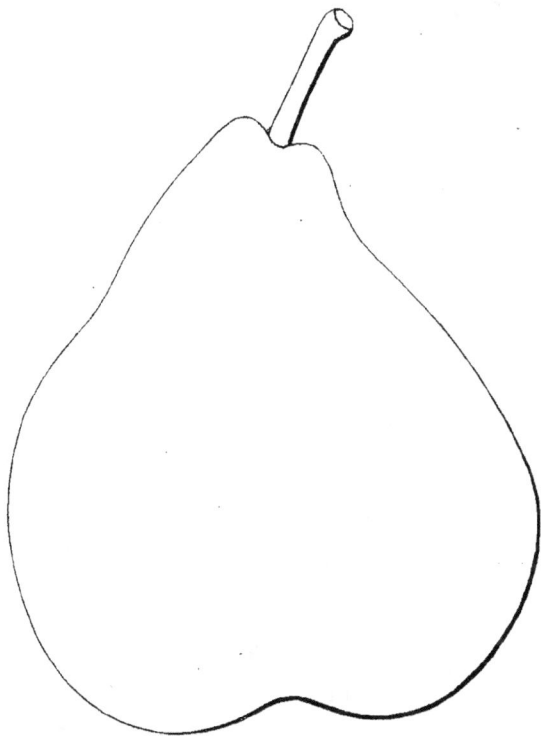

Description de l'arbre. — *Bois :* très-faible. — *Rameaux :* peu nombreux, étalés, grêles, assez courts, légèrement coudés, brun clair, à lenticelles grisâtres, petites, espacées, à coussinets presque nuls. — *Yeux :* de grosseur moyenne, ovoïdes-arrondis, pointus, non appliqués contre l'écorce. — *Feuilles :* petites ou moyennes, ovales, très-faiblement dentées sur leurs bords, ayant le pétiole long et bien nourri.

Fertilité. — Convenable.

Culture. — Greffé sur cognassier cet arbre se développe lentement et ne fait, même dans sa troisième année, que de chétives pyramides ; sur franc, sa végétation est beaucoup plus satisfaisante, mais ses pyramides y sont encore un peu basses et irrégulières.

Description du fruit. — *Grosseur :* au-dessus de la moyenne. — *Forme :* turbinée excessivement ventrue, légèrement obtuse et quelque peu contournée près du sommet. — *Pédoncule :* assez court, mince, non arqué, obliquement inséré au milieu d'une faible dépression. — *OEil :* grand, mal formé, souvent mi-clos, à peine enfoncé. — *Peau :* rugueuse, vert jaunâtre dans l'ombre, jaune brillant du côté frappé par le soleil, largement veinée, ponctuée et maculée de gris-roux. — *Chair :* blanc jaunâtre, fine, bien fondante, aqueuse, pierreuse au centre. — *Eau :* fort abondante, sucrée, rafraîchissante, vineuse, possédant un arome des plus délicats.

Maturité. — Commencement de novembre et courant de décembre.

Qualité. — Première.

Historique. — M. de Liron d'Airoles appelait ainsi l'attention sur cette poire, en 1858 :

« Sa première maturité a eu lieu vers le 15 novembre 1855..... l'arbre-mère donna une récolte assez considérable de fruits gros et d'une belle forme..... Son heureux obtenteur, M. le président Parigot (de Poitiers), amateur de pomologie, m'a autorisé à décrire et A BAPTISER SON GAIN. » (*Notices pomologiques*, 4° livraison, p. 84.)

Observations. — Le poirier Comtesse de Chambord offre, ainsi que ses produits, quelques points de ressemblance avec la variété Duchesse de Bordeaux, sans toutefois qu'on puisse les confondre aisément; du reste, cette dernière poire va jusqu'en avril, tandis que l'autre dépasse très-difficilement la fin de décembre.

Poire COMTESSE DE LUMAY. — Synonyme de poire *Duchesse de Mars*. Voir ce nom.

Poire COMTESSE DE LUNAY. — Synonyme de *Besi de Montigny*. Voir ce nom.

Poire COMTESSE DE TERVUEREN. — Synonyme de poire *Belle-Angevine*. Voir ce nom.

Poire CONCOMBRINE. — Synonyme de poire *Sans-Pareille du Nord*. Voir ce nom.

378. Poire CONDORCET.

Premier Type.

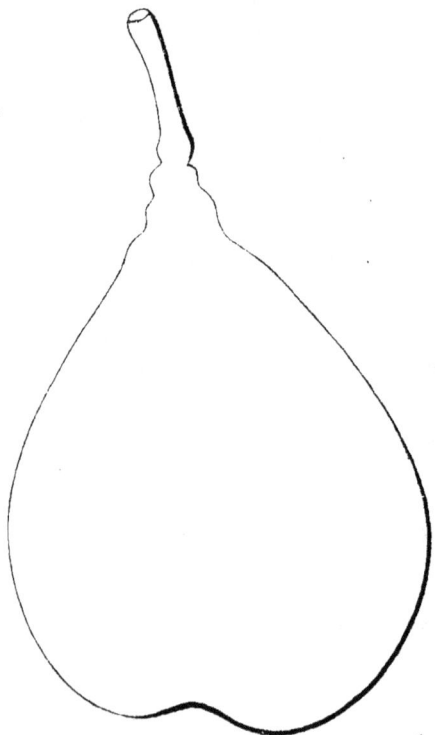

Description de l'arbre. — *Bois :* peu fort. — *Rameaux :* assez nombreux, étalés, gros, de longueur moyenne, légèrement coudés, jaune verdâtre, ayant les lenticelles apparentes, très-espacées, et les coussinets saillants. — *Yeux :* volumineux, ovoïdes-obtus, non appliqués contre le bois, à écailles disjointes. — *Feuilles :* grandes, elliptiques, faiblement crénelées, ou presque entières sur leurs bords, au pétiole long et fort.

FERTILITÉ. — Abondante.

CULTURE. — Sa vigueur est ordinaire; on le greffe sur franc ou sur cognassier; il pousse assez lentement et fait des pyramides irrégulières, peu satisfaisantes.

Description du fruit. — *Grosseur :* au-dessous de la moyenne ou petite. — *Forme :* turbinée, à sommet aigu et ondulé, mais parfois aussi légèrement obtus et mamelonné. — *Pédoncule :* de longueur moyenne, mince, plus ou moins renflé aux extrémités, droit ou faiblement recourbé, obliquement implanté à la surface du fruit, avec lequel il est souvent continu. — *Œil :* petit, bien formé, ouvert, peu enfoncé. —

Poire Condorcet. — *Deuxième Type.*

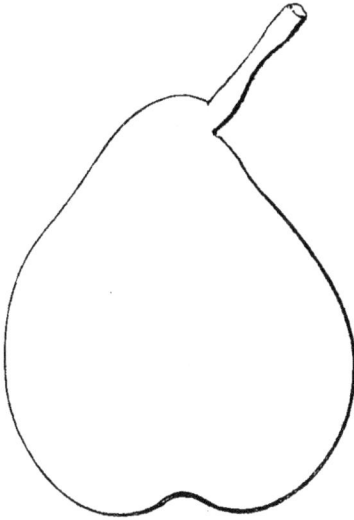

Peau : jaune clair, ponctuée, rayée, tachée de roux, marbrée de même autour du pédoncule et surtout auprès de l'œil. — *Chair :* blanche, demi-fine, fondante, légèrement pierreuse au centre. — *Eau :* suffisante, douce, sucrée, aromatique, assez savoureuse.

MATURITÉ. — Commencement et courant de septembre.

QUALITÉ. — Deuxième.

Historique. — Cette poire porte le nom du marquis de Condorcet, géomètre et philosophe célèbre, né à Ribemont, près Saint-Quentin (Aisne), en 1743, mort en 1794. Nous la possédons depuis une vingtaine d'années, mais aucune note relative à sa provenance n'a été retrouvée sur les Catalogues de notre école. Une chose certaine, toutefois, c'est son extrême rareté; si grande, que nous ne l'avons jamais vue signalée dans aucun Catalogue ni dans aucune Pomologie.

---

379. POIRE DU CONGRÈS POMOLOGIQUE.

Description de l'arbre. — *Bois :* peu fort. — *Rameaux :* assez nombreux, étalés à la partie inférieure de la tige, érigés au sommet, de moyenne grosseur, des plus longs, géniculés, brun clair légèrement rosé, à lenticelles apparentes et clair-semées, à coussinets aplatis. — *Yeux .* petits, larges, écartés du bois, souvent sortis en longs éperons, ayant les écailles mal soudées. — *Feuilles :* petites, ovales-allongées, parfois acuminées, profondément crénelées, portées sur un pétiole court, épais et accompagné de stipules bien développées.

FERTILITÉ. — Grande.

CULTURE. — Ce poirier, dont la vigueur est ordinaire, végète non moins convenablement sur cognassier que sur franc; sa croissance n'a rien d'exceptionnel; les pyramides qu'il fait sont assez jolies.

Description du fruit. — *Grosseur* : au-dessus de la moyenne. — *Forme* : turbinée, fortement arrondie et quelque peu bosselée, surtout près du sommet, qui généralement est mamelonné. — *Pédoncule* : assez long, mince, recourbé, régulièrement inséré au centre d'un large évasement rarement profond. — *Œil* : moyen, ouvert, bien fait, placé dans un bassin de grandeur variable et dont les bords sont accidentés. — *Peau* : rude, jaune olivâtre, faiblement ponctuée de brun, recouverte en partie de marbrures et de macules fauves, et plus ou moins nuancée de rouge pâle sur la face regardant le soleil. — *Chair* : blanc jaunâtre, fine, fondante, juteuse, presque exempte de pierres. — *Eau* : abondante, sucrée, acidule, douée d'un parfum musqué d'autant plus agréable qu'il n'a rien de prononcé.

Maturité. — De novembre jusqu'en décembre.

Qualité. — Première.

Historique. — Gagné à Rouen en 1856, ce fruit fut décrit l'année suivante par son obtenteur, M. Boisbunel, pépiniériste, qui le soumit alors à l'examen du Cercle d'Horticulture de cette ville, puis le dédia au Congrès pomologique de Lyon. (Voir *Bulletins* dudit Cercle, année 1857, p. 179.)

Poire CONNÉTABLE DE CLISSON. — Synonyme de poire *Vauquelin*. Voir ce nom.

Poire CONSEILLER DE LA COUR. — Synonyme de poire *Maréchal de Cour*. Voir ce nom.

380. Poire CONSEILLER RANWEZ.

Description de l'arbre. — *Bois* : assez fort. — *Rameaux* : nombreux, bien étalés, gros, longs et coudés, cotonneux, brun-fauve légèrement grisâtre, ayant les lenticelles saillantes, abondantes, et les coussinets généralement bien ressortis. — *Yeux* : de grosseur moyenne, ovoïdes, à écailles renflées et disjointes, non appliqués contre l'écorce, quelquefois même formant éperon. — *Feuilles* : habituellement ovales-arrondies, acuminées, régulièrement dentées en scie, munies d'un pétiole très-fort et assez long.

Fertilité. — Ordinaire.

Culture. — Le développement de cet arbre, est vif; des plus vigoureux, il forme dès sa deuxième année, sur franc ou cognassier, d'irréprochables pyramides.

Description du fruit. — *Grosseur :* volumineuse. — *Forme :* turbinée-ovoïde, très-ventrue, aplatie à la base, ayant généralement un côté plus renflé que l'autre. — *Pédoncule :* court, gros, arqué, obliquement implanté dans une étroite cavité qu'entourent de petites gibbosités. — *Œil :* grand, mi-clos ou fermé, bien enfoncé, plissé sur ses bords. — *Peau :* vert clair, entièrement ponctuée de fauve, maculée de même autour du pédoncule et portant ordinairement quelques larges marbrures en partie squammeuses. — *Chair :* blanche, mi-fine, compacte mais fondante, aqueuse, pierreuse et légèrement marcescente. — *Eau :* abondante, sucrée, vineuse, délicatement parfumée et douée d'un aigrelet fort agréable.

MATURITÉ. — D'octobre en novembre.

QUALITÉ. — Première.

Historique. — Ce poirier nous est venu de Bruxelles, en 1851, avec l'indication que voici : Gagné par Van Mons, à Louvain ; première fructification, 1841 ou 1842 ; mise dans le commerce, 1845.

POIRE COPS HEAT. — Synonyme de poire *Capsheaf.* Voir ce nom.

381. POIRE DE COQ.

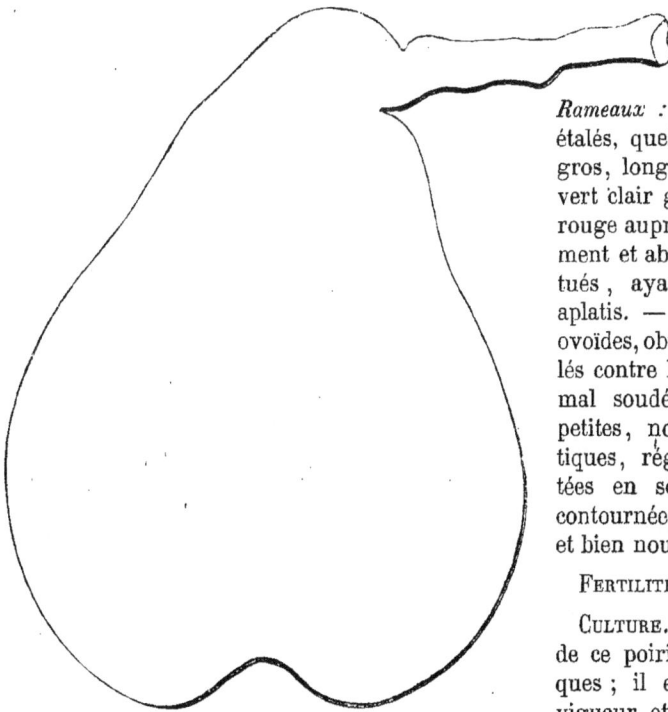

Description de l'arbre. — *Bois :* fort. — *Rameaux :* très-nombreux, étalés, quelquefois réfléchis, gros, longs, peu flexueux, vert clair grisâtre nuancé de rouge auprès des yeux, fortement et abondamment ponctués, ayant les coussinets aplatis. — *Yeux :* moyens, ovoïdes, obtus, duveteux, collés contre l'écorce, à écailles mal soudées. — *Feuilles :* petites, nombreuses, elliptiques, régulièrement dentées en scie, canaliculées, contournées, au pétiole long et bien nourri.

FERTILITÉ. — Abondante.

CULTURE. — Les pyramides de ce poirier sont magnifiques ; il est d'une grande vigueur et d'une croissance hâtive, il se plaît non moins bien sur franc que sur cognassier.

Description du fruit. — *Grosseur :* assez volumineuse. — *Forme :* turbinée-allongée, obtuse, bosselée, irrégulière. — *Pédoncule :* long, très-gros, arqué, noueux et ondulé, charnu à la base, implanté presque horizontalement en dehors de l'axe du fruit, ou placé perpendiculairement, et alors continu avec la chair. — *Œil :* petit, rond, souvent caduc, bien enfoncé. — *Peau :* mince, jaune-citron, ponctuée et tachetée de gris foncé, largement maculée de même autour du pédoncule et lavée de carmin brillant sur la face exposée au soleil. — *Chair :* blanche, mi-fine et mi-fondante, rarement pierreuse, légèrement marcescente. — *Eau :* suffisante, douce, sucrée, ayant un parfum peu prononcé mais doué cependant d'une certaine délicatesse.

Maturité. — Commencement de septembre.

Qualité. — Deuxième.

Historique. — Depuis de longues années la poire décrite ici fait partie de la collection du Jardin fruitier de l'ancien Comice horticole d'Angers, mais son origine nous est encore inconnue ; car il semble difficile d'assimiler ce fruit à la variété normande appelée, depuis plus d'un siècle, poire de Coq ou de Sabot, et recherchée uniquement pour la fabrication du poiré.

Observations. — Le Jardin des Plantes de Paris possède, sous le nom de poire de Coq, une variété qui n'est autre que le Beurré de Bruxelles, dont on peut voir plus haut (page 327) la description ; il n'y a donc aucun rapprochement possible à faire entre notre poire de Coq et celle de cet établissement scientifique. — Enfin en 1855 M. Thuillier-Aloux, pépiniériste à Amiens, signalait en ces termes, d'après un Catalogue belge — celui de M. Alexandre Bivort — un autre poirier portant ce même nom :

« *Arbre* de moyenne vigueur, à bois grêle, qu'il faut cultiver sur franc, pour pyramide ; d'une fertilité qui laisse à désirer. *Fruit* petit et peu flatteur à la vue, de bonne qualité, mûrissant de décembre à janvier. » (*Catalogue raisonné des poiriers qui peuvent être cultivés dans la Somme*, p. 81.)

Il est alors évident que cette autre poire belge dite de Coq, et que jamais nous n'avons rencontrée parmi les cultures françaises, ne se rapporte également en rien à la variété ainsi nommée dans l'Anjou.

Poire de COQ [du Muséum de Paris]. — Synonyme de *Beurré de Bruxelles*. Voir ce nom.

Poire CORAIL. — Synonyme de poire *Forelle*. Voir ce nom.

Poire CORCHORUS. — Synonyme de poire *Marie-Louise Delcourt*. Voir ce nom.

Poire CORILLE. — Synonyme de poire *Forelle*. Voir ce nom.

Poire CORNÉLIE. — Synonyme de poire *Désiré Cornélis*. Voir ce nom.

Poire CORNÉLIS. — Synonyme de poire *Désiré Cornélis*.

---

382. Poire CORNEMUSE.

Synonymes. — *Poires* : 1. Chair de Fille (le Lectier, d'Orléans, *Catalogue des arbres cultivés dans son verger et plant*, 1628, p. 7 ; et Dom Claude Saint-Etienne, *Nouvelle instruction pour connaître les bons fruits*, 1670, p. 37). — 2. Parabelle (Decaisne, *le Jardin fruitier du Muséum*, 1860, t. III). — 3. Petite-Musette (*Id. ibid.*). — 4. Tétine (*Id. ibid.*). — 5. Poire en Vis (*Id. ibid.*).

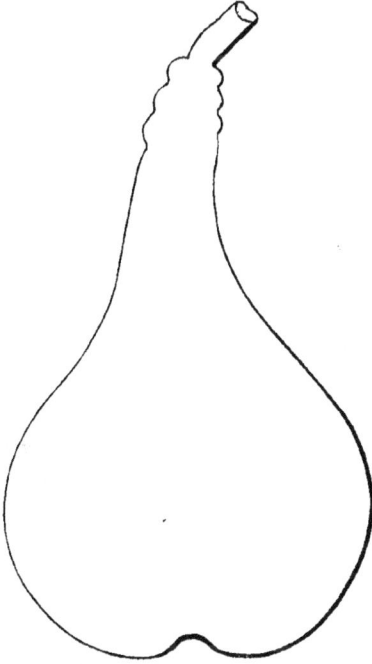

Description de l'arbre. — *Bois :* faible. — *Rameaux :* nombreux, érigés ou légèrement étalés, assez grêles, de longueur moyenne, brun verdâtre, à lenticelles petites et rapprochées, à coussinets presque nuls. — *Yeux :* petits ou très-petits, coniques, aigus, faiblement éloignés de l'écorce. — *Feuilles :* assez grandes, ovales ou elliptiques, acuminées, arquées, relevées en gouttière, ayant les bords régulièrement denticulés, le pétiole court et fort.

Fertilité. — Extrême.

Culture. — Ce poirier n'est pas des plus vigoureux et se comporte mieux sur franc que sur cognassier ; il végète lentement et ses pyramides, même dans sa troisième année, sont encore un peu basses et un peu chétives.

Description du fruit. — *Grosseur :* au-dessous de la moyenne. — *Forme :* allongée, affectant généralement celle d'une Calebasse, mais très-mince et contournée dans toute sa partie supérieure, qui presque toujours se termine en vis. — *Pédoncule :* court, bien nourri, arqué ou non arqué, continu avec le fruit et obliquement implanté. — *Œil :* très-grand, très-ouvert, ressorti, entouré de petites bosselettes. — *Peau :* jaune d'or, luisante, ponctuée de gris-blanc du côté de l'ombre et de jaune obscur sur la face qui regarde le soleil, laquelle est largement lavée de carmin. — *Chair :* blanc jaunâtre, fine, mi-fondante, aqueuse, à peine pierreuse. — *Eau :* abondante, acidule, bien sucrée, possédant un agréable arome.

Maturité. — Fin juillet.

Qualité. — Première, en raison de sa précocité.

Historique. — C'est une de nos plus anciennes variétés ; dès 1628 on la cultivait à Orléans sous le nom Chair de Fille, comme le prouve le *Catalogue* de le Lectier ; mais bientôt on la surnomma Cornemuse. « *Cornemuse*, ou Chair de Fille, « est fort longue, grosse comme Rousselet, aussi bonne que Blanquet, » disait en 1670 le moine feuillant dom Claude Saint-Étienne (*Nouvelle instruction pour connaître les bons fruits*, 2e édit., p. 37) ; et depuis lors ce surnom lui a presque toujours été appliqué. Cependant cette poire, malgré sa forme bizarre, son beau coloris et la saveur assez agréable de sa chair, a généralement disparu des jardins ;

lorsqu'on la rencontre, ce n'est guère que chez les amateurs, dans les grandes collections.

Observations. — Le synonyme Petite-Musette, que lui a reconnu M. Decaisne en 1860, ne doit pas la faire confondre avec le poirier *Musette,* ou Musette d'Anjou, variété distincte décrite dans notre deuxième volume, et dont les produits mûrissent six semaines après ceux du poirier Cornemuse.

Poire COTELAIN (GROS-). — Voir *Gros-Côtelain.*

Poire COTILLARD. — Synonyme de poire *de Catillac.* Voir ce nom.

Poires COUDAIGRE et COUDAIGUE. — Synonymes de poire *d'Aigue.* Voir ce nom.

Poire COULE-SOIF D'AUTOMNE. — Synonyne de poire *Verte-Longue d'Automne.* Voir ce nom.

Poire COULE-SOIF D'ÉTÉ. — Synonyme de *Bergamote d'Été.* Voir ce nom.

Poire de COULIS. — Synonyme de poire *Messire-Jean.* Voir ce nom.

Poire COULON DE SAINT-MARC. — Synonyme de poire *Belle de Thouars.* Voir ce nom.

Poire COURTE D'ERSOL. — Synonyme de poire *Certeau d'Été.* Voir ce nom.

383. Poire COURTE-QUEUE D'AUTOMNE.

Description de l'arbre.
— *Bois :* assez fort. — *Rameaux :* nombreux, un peu arqués et légèrement étalés, gros, longs, bien géniculés, duveteux, brun clair, à lenticelles larges et espacées, à coussinets prononcés. — *Yeux :* moyens, ovoïdes, faiblement écartés du bois. — *Feuilles :* petites, abondantes, ovales, régulièrement dentées en scie, au pétiole de longueur et de grosseur moyennes, et pourvu de stipules très-développées.

Fertilité. — Grande.

Culture. — Il fait de magnifiques pyramides sur cognassier, le seul sujet qu'on lui ait encore donné dans nos pépinières ; sa vigueur est satisfaisante et son développement ordinaire.

Description du fruit. — *Grosseur :* moyenne. — *Forme :* globuleuse, irré-gulière, généralement moins ventrue d'un côté que de l'autre. — *Pédoncule :* très-court, bien nourri, rugueux, renflé à la base, obliquement ou perpendiculairement inséré dans une faible dépression. — *Œil :* petit, mi-clos, contourné, assez enfoncé. — *Peau :* vert clair, ponctuée de brun, largement maculée de rouillé, lavée de rose tendre sur la partie exposée au soleil. — *Chair :* blanche, des plus fines, mi-fondante, aqueuse, rarement pierreuse. — *Eau :* abondante, sucrée, douée d'un parfum délicat et d'un aigrelet fort agréable.

Maturité. — Fin de septembre et courant d'octobre.

Qualité. — Première.

Histoire. — Gagné de semis dans mes pépinières, ce poirier s'est mis à fruit en 1863 ; sa propagation date de 1865.

Poire de COUVENT. — Synonyme de poire *Messire-Jean.* Voir ce nom.

Poire CRAMOISIE. — Synonyme de poire *Liébart.* Voir ce nom.

Poire CRAPAUD. — Synonyme de *Bergamote Buffo.* Voir ce nom.

Poire CRAPAUDINE. — Synonyme de poire *Ambrette d'Été.* Voir ce nom.

Poire CRASSANE. — Synonyme de *Bergamote Crassane.* Voir ce nom.

Poire CRASSANE (ALTHORP). — Voir *Althorp Crassane.*

Poire CRASSANE D'AUSTRASIE. — Synonyme de poire *Jaminette.* Voir ce nom.

Poire CRASSANE D'AUTOMNE. — Synonyme de *Bergamote Crassane.* Voir ce nom.

Poire CRASSANE BRUNEAU. — Synonyme de *Beurré Bruneau.* Voir ce nom.

Poire CRASSANE D'ÉTÉ. — Synonyme de *Bergamote rouge.* Voir ce nom.

Poire CRASSANE D'HIVER. — Synonyme de *Colmar des Invalides.* Voir ce nom.

Poire CRASSANE D'HIVER DE BRUNEAU. — Synonyme de *Beurré Bruneau.* Voir ce nom.

Poire CRASSANE PANACHÉE. — Synonyme de *Bergamote crassane à feuilles panachées.* Voir ce nom.

Poire CRASSANE (PASSE-). — Voir *Passe-Crassane.*

Poire CRASSANE DU PAYS DE CAUX. — Synonyme de poire *Petit-Oin*. Voir ce nom.

Poire CRASSANE DE PLEIN VENT. — Synonyme de poire *Petit-Oin*. Voir ce nom.

Poire CRASSANE STEVEN. — Synonyme de poire *Orpheline d'Enghien*. Voir ce nom.

Poire CRISTALLINE. — Synonyme de poire *Angélique de Bordeaux*. Voir ce nom.

Poire CRISTALLINE MORIN-GOUT. — Synonyme de poire *Angélique de Bordeaux*. Voir ce nom.

Poire CROOM-PARK. — Synonyme de *Broom Park*. Voir ce nom.

---

384. Poire CROSS.

Description de l'arbre. — *Bois :* très-fort. — *Rameaux :* nombreux, étalés vers la base de la tige, érigés à son autre extrémité, des plus gros, longs, bien coudés, cotonneux, brun clair verdâtre et grisâtre, ayant les lenticelles très-larges, peu abondantes, et les coussinets presque nuls. — *Yeux :* énormes, ovoïdes, aigus, fortement écartés du bois. — *Feuilles :* d'un beau vert luisant, coriaces, grandes et nombreuses, généralement elliptiques-allongées, à bords entiers en partie, munies d'un pétiole très-long et très-gros.

Fertilité. — Satisfaisante.

Culture. — Ce poirier, quoique vigoureux, se plaît autant sur franc que sur cognassier ; il n'a rien d'exceptionnel dans son développement ; ses pyramides sont de toute beauté.

Description du fruit. — *Grosseur :* au-dessous de la moyenne. — *Forme :* sphérique, aplatie à la base, relevée de côtes assez saillantes et souvent mamelonnée au sommet ; elle est habituellement beaucoup plus grosse d'un côté que de l'autre. — *Pédoncule :* court, bien nourri, renflé à ses extrémités, arqué, régulièrement inséré au milieu d'une faible dépression — *OEil :* petit, ouvert ou mi-clos, parfois contourné, peu enfoncé. — *Peau :* jaune verdâtre, ponctuée de roux, tachée de fauve autour du pédoncule, marbrée de même, mais très-légèrement, et lavée de rose carminé sur la partie qui regarde le soleil. — *Chair :* blanche, des plus fines, cassante ou mi-cassante, rarement pierreuse. — *Eau :* suffisante, sucrée, aigrelette, aromatique, très-savoureuse.

MATURITÉ. — Courant d'octobre et commencement de novembre.

QUALITÉ. — Première.

Historique. — D'origine américaine, ce poirier, nous dit le pomologue Downing, fut obtenu vers 1830 par M. Cross, de Newburyport (Massachusetts). (*The Fruits and fruit trees of America*, édition de 1849, p. 432.) Son introduction dans mon école remonte à 1850.

POIRE CROTTÉE. — Synonyme de poire *Doyenné gris*. Voir ce nom.

POIRE CRUSTEMÉNIE. — Synonyme de poire *Bon-Chrétien d'Hiver*. Voir ce nom.

POIRE CUEILLETTE D'ÉTÉ. — Synonyme de poire *d'Épargne*. Voir ce nom.

POIRE CUEILLETTE D'HIVER. — Synonyme de poire *de Curé*. Voir ce nom.

POIRE CUEILLETTE DE LA TABLE DES PRINCES. — Synonyme de poire *d'Épargne*. Voir ce nom.

POIRE A CUIRE. — Synonyme de poire *Franc-Réal*. Voir ce nom.

POIRE DE CUISINE. — Synonyme de poire *Mansuette-Double*. Voir ce nom.

POIRE CUISINE DE VARIN. — Synonyme de poire *Mansuette-Double*. Voir ce nom.

POIRE CUISSE-DAME D'ÉTÉ. — Synonyme de poire *Cuisse-Madame*. Voir ce nom.

POIRE CUISSE-DAME D'HIVER. — Synonyme de poire *Jalousie d'Hiver*. Voir ce nom.

385. POIRE CUISSE-MADAME.

Synonymes. — *Poires :* 1. DE RIVES (Henri Hessen, *Gartenlust*, 1690, p. 278). — 2. DE FUSÉE D'ÉTÉ (Herman Knoop, *Fructologie*, 1771, pp. 103 et 135). — 3. CUISSE-DAME D'ÉTÉ (de Liron d'Airoles, *Liste synonymique des variétés du poirier*, Table des fruits, à l'étude, 1859, p. 38).

Description de l'arbre. — *Bois :* fort. — *Rameaux :* assez nombreux, presque érigés, très-gros, longs, bien flexueux, vert-fauve rougeâtre, à lenticelles apparentes et clair-semées, à coussinets aplatis. — *Yeux :* moyens, coniques, très-écartés du bois, ayant les écailles mal soudées. — *Feuilles :* grandes, ordinairement elliptiques-arrondies, régulièrement dentées en scie, portées sur un pétiole long et un peu faible.

FERTILITÉ. — Remarquable.

CULTURE. — Nous le greffons sur cognassier; il s'y montre vigoureux, sans toutefois que son développement soit vif; il fait de fortes et belles pyramides.

Poire Cuisse-Madame.

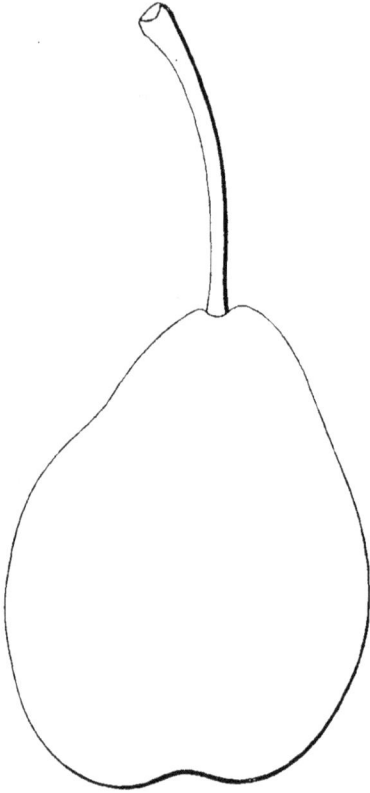

Description du fruit. — *Grosseur :* au-dessous de la moyenne. — *Forme :* turbinée-allongée, légèrement obtuse et bosselée, souvent plus renflée d'un côté que de l'autre. — *Pédoncule :* long ou très-long, mince, arqué, formant bourrelet à son point d'attache, obliquement implanté dans une dépression des moins prononcées. — *Œil :* grand, mi-clos, parfois contourné, presque saillant, plissé sur ses bords. — *Peau :* rugueuse, vert olivâtre, entièrement ponctuée de roux et fortement lavée de rouge-brun sur la face regardant le soleil. — *Chair :* blanche, mi-fine, cassante, juteuse, faiblement pierreuse autour des pepins. — *Eau :* abondante, sucrée, aromatique, assez savoureuse, mais généralement fort astringente.

MATURITÉ. — Vers la fin du mois d'août.

QUALITÉ. — Deuxième, et très-souvent troisième, lorsque son eau fait naître dans la bouche une astriction trop prononcée.

Historique. — Les Grecs, nous l'avons dit page 35, possédèrent une poire nommée par eux *Onychinon*, pour la couleur de sa peau, qui leur rappelait ou celle des ongles ou celle de l'onyx, espèce d'agate se rapprochant beaucoup, par la nuance, de la nacre de perle. On voit alors qu'une pareille poire est loin de ressembler à la Cuisse-Madame, dont la peau olivâtre passe au brun-rouge sur la face exposée au soleil. Cependant quelques pomologues français ont cru retrouver, dans ce dernier fruit, l'Onychinon des Grecs. Dès 1586, Jacques Daléchamp fut de cet avis (*Historia generalis plantarum*, t. I, lib. III, cap. VII); et d'après lui, sans doute, Couverchel et Prévost ont, de nos jours, répété cette version, l'un dans son *Traité des fruits* (p. 464), l'autre dans sa *Pomologie* (pp. 64 et 65). A mes yeux, rien ne justifie une telle opinion, qui n'a été reproduite, on doit le constater, ni par la Quintinye (1690), ni par Duhamel (1768), ni par Poiteau (1846), ni par M. Decaisne (1858), dans les excellents articles où ces auteurs se sont occupés de la Cuisse-Madame. Du reste, un sentiment tout opposé s'est manifesté, depuis Daléchamp, à l'égard du nom sous lequel on cultiverait maintenant la poire Onychinon : Elle ne serait autre, disait Henri Manger en 1783, que le Gros-Oignonnet (*Systematische Pomologie*, t. II, p. 173). Mais là encore l'assimilation signalée tombe devant la couleur de la peau du Gros-Oignonnet — l'*Archiduc d'Été* actuel — puisque cette peau est jaune d'or brillant, fortement relevé de vermillon!... Néanmoins la Cuisse-Madame reste une des plus anciennes variétés connues en France, où personne, pensons-nous, ne l'a citée avant Daléchamp (1586). Le nom qu'elle porte lui fut, évidemment, donné en raison de la forme assez allongée qu'on lui voit prendre souvent; mais on peut bien avouer, aujourd'hui, que cette dénomination n'eut rien de rationnel ni de très-convenable. Au XVIIe siècle, ce poirier dut être fort commun dans les environs de l'une des diverses localités françaises nommées *Rives,* car on appelait alors ses produits, ou poires de Rives ou poires Cuisse-Madame.

Observations. — Prévost, de Rouen, constatait en 1839, dans ses *Cahiers pomologiques* (p. 65), « que beaucoup de pépiniéristes qui ne connaissaient pas, « supposait-il, la Cuisse-Madame, livraient sous son nom, et pour elle, la poire « *d'Épargne.* » Cette plainte fut fondée; son auteur eût pu même ajouter, que les pépiniéristes angevins se trouvaient au nombre des propagateurs de la fausse Cuisse-Madame. Actuellement, l'erreur ainsi relevée n'existe plus chez nous, mais il est certain qu'elle y régna, bien involontairement, pendant plusieurs années. — En Angleterre, pareille confusion eut lieu vers 1780 : on y greffa (lisons-nous dans le *Dictionnaire des jardiniers,* de Philippe Miller) la Jargonelle pour la Cuisse-Madame, et cette dernière pour la Jargonelle; méprise dont les suites se firent sentir pendant un très-long temps, comme il arrive toujours en de semblables cas. — Enfin, souvent aussi on a réuni à la Cuisse-Madame, la Windsor, qui en diffère sensiblement et n'est autre que la poire *de Madame,* cultivée dès 1628 dans l'Orléanais et peu après dans l'Anjou.

Poire CULOTTE DE SUISSE. — Synonyme de poire *Verte-Longue panachée.* Voir ce nom.

---

386. Poire CUMBERLAND.

Description de l'arbre. — *Bois :* peu fort. — *Rameaux :* assez nombreux, étalés, courts et de grosseur moyenne, légèrement coudés, jaune grisâtre, à lenticelles apparentes et très-espacées, à coussinets saillants. — *Yeux :* moyens, coniques ou ovoïdes-allongés, écartés du bois, ayant les écailles disjointes. — *Feuilles :* grandes, ovales, planes ou relevées en gouttière, presqu'unies sur leurs bords, au pétiole fort et assez long.

Fertilité. — Satisfaisante.

Culture. — D'un développement tardif, ce poirier, modérément vigoureux, végète mieux sur franc que sur cognassier, dernier sujet qu'on doit rarement lui donner; ses pyramides sont fort convenables.

Description du fruit. — *Grosseur :* au-dessus de la moyenne ou moyenne. — *Forme :* turbinée, obtuse, ventrue et bosselée, ou turbinée-arrondie très-aplatie à la base. — *Pédoncule :* long, rarement arqué, mince ou bien nourri, souvent terminé en bourrelet et charnu quelquefois aussi à son autre extrémité, obliquement inséré à la surface du fruit. — *Œil :* moyen, mi-clos, placé dans un large évasement assez profond. — *Peau :* jaune pâle du côté de l'ombre, jaune verdâtre du côté du soleil, ponctuée de gris-roux, marbrée de fauve autour de l'œil et du pédoncule, et portant parfois quelques taches roussâtres. — *Chair :* blanche, mi-fine, compacte, fondante, juteuse, légèrement granuleuse au centre. — *Eau :* abondante, sucrée, acidule, assez savoureuse, mais peu parfumée.

Poire Cumborland. — *Premier Type.*

MATURITÉ. — Commencement de septembre.

QUALITÉ. — Deuxième.

Deuxième Type.

Historique. — Pour une poire de mérite inférieur, la Cumberland a fait beaucoup de bruit dans le monde horticole, où maintes fois on l'a présentée sous des noms d'emprunt, et qui rappelaient des fruits de premier ordre. C'est ainsi que nous l'avons reçue, d'abord, étiquetée *Beurré superfin* (variété native d'Angers), puis poire *Vingt-Mars* ou poire *Equinoxe*, dénominations bien propres à lui procurer l'entrée des jardins. Mais ces pseudonymes, promptement signalés, ont été reconnus par tous, après quelques discussions, et la Cumberland a dû se contenter, depuis, de son véritable nom. Aujourd'hui, il semble assez difficile que cette poire puisse soulever de nouvelles réclamations; cependant, en cherchant son acte de naissance, voilà que nous lui trouvons deux pères : l'un belge, l'autre américain!...

« Elle provient des semis de Van « Mons, qui l'a dédiée à Son Altesse « Royale le duc de Cumberland, et « son premier rapport a eu lieu « vers 1827, » — dit M. Alexandre Bivort, page 172 du tome II de son *Album de pomologie*, publié à Bruxelles en 1849.

« Elle est originaire des États- « Unis, et le pied-type existe encore « à CUMBERLAND, dans le Rhode- « Island, » — affirme à son tour M. Downing, page 375 de ses *Fruits and fruit trees of America*, édition de 1849, et page 571 de l'édition publiée en 1863.

On voit alors combien il serait difficile, ici, de se prononcer; bornons-nous donc à mettre en présence ces deux versions, et laissons au temps, ou aux intéressés, le

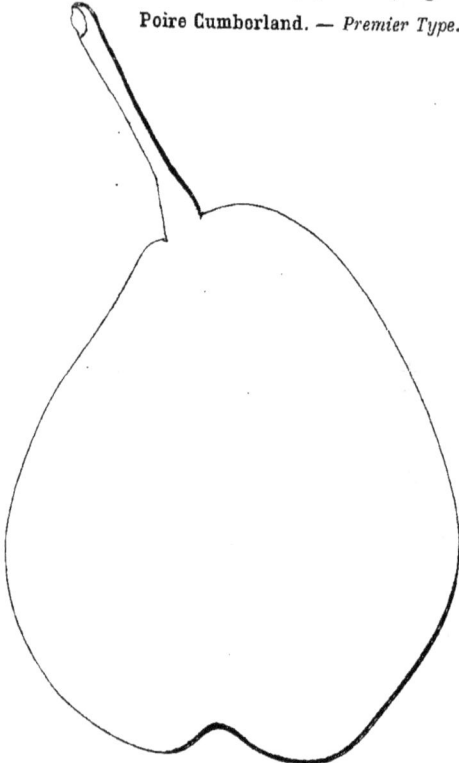

scin de rendre à la poire Cumberland son légitime obtenteur. Mais ajoutons, pour être impartial, que Downing, en 1849, constatait que Manning et Kenrick, deux autres pomologues américains, avaient également décrit, dès 1844, la Cumberland; puis observons qu'il n'existe aucune espèce de différence entre la variété ainsi appelée en Belgique et en Amérique.

387. Poire de CURÉ.

Synonymes. — *Poires*: 1. Belle de Berry (Prévost, *Cahiers pomologiques*, 1839, p. 42). — 2. Belle-Héloïse (*Id. ibid.*). — 3. Bon-Papa (*Id. ibid.*). — 4. De Clion (*Id. ibid.*). — 5. Monsieur (*Id. ibid.*). — 6. Dumas (Thompson, *Catalogue of fruits of the horticultural Society of London*, 1842, p. 153, n° 423). — 7. De Monsieur le Curé (*Id. ibid.*). — 8. Vicaire de Winkfield (*Id. ibid.*). — 9. Belle-Adrienne (Bivort, *Album de pomologie*, 1851, t. IV, pp. 101 et 102). — 10. Belle Andréane (*Id. ibid.*). — 11. Cueillette d'Hiver (*Id. ibid.*). — 12. Belle-Andréine (Dulbret, *Cours théorique et pratique de la taille des arbres fruitiers*, 1851, p. 330). — 13. Missive d'Hiver (*Id. ibid.*). — 14. Comice de Toulon (de Liron d'Airoles, *Notices pomologiques*, 1855, p. 23). — 15. Belle-Adréine (Thuillier-Aloux, *Catalogue raisonné des poiriers qui peuvent être cultivés dans le département de la Somme*, 1855, p. 13). — 16. Belle-Adrianne (Decaisne, *le Jardin fruitier du Muséum*, 1858, t. I). — 17. Du Curé (*Id. ibid.*). — 18. Grosse-Allongée (*Id. ibid.*). — 19. Du Pradel (*Id. ibid.*). — 20. Wicar of Wakefield (*Id. ibid.*). — 21. Pradello de Catalogne (Congrès pomologique, session de 1859, *Procès-Verbal*, p. 2). — 22. Curette (de la Tramblais, *Journal de la Société d'Horticulture de Paris*, 1863, t. IX, p. 318). — 23. Jouffroy (Decaisne, même *Journal*, 1863, t. IX, p. 320). — 24. Messire d'Hiver (*Id. ibid.*).

Description de l'arbre. — *Bois :* très-fort. — *Rameaux :* nombreux, généralement étalés et un peu contournés, des plus gros et des plus longs, fortement coudés, rouge grisâtre, ayant les lenticelles larges, clair-semées, les coussinets assez aplatis et les mérithalles très-longs. — *Yeux :* volumineux, ovoïdes, aigus, un peu cotonneux, légèrement écartés du bois. — *Feuilles :* grandes, d'un beau vert luisant, arrondies, faiblement acuminées, assez profondément dentées en scie, portées sur un pétiole long et très-fort.

Fertilité. — Peu commune.

Culture. — Sur cognassier, ce poirier, dont la vigueur est remarquable, pousse vite et bien; ses pyramides, des mieux ramifiées et des plus feuillues, sont d'une rare beauté.

Description du fruit. — *Grosseur :* volumineuse et parfois énorme. — *Forme :* très-allongée, affectant généralement celle d'une Calebasse, mamelonnée au sommet, assez contournée, presque toujours plus ventrue d'un côté que de l'autre. — *Pédoncule :* de longueur et de force moyennes, mais renflé à ses extrémités, légèrement courbé, obliquement implanté à la surface de la chair et le plus ordinairement en dehors de l'axe du fruit. — *Œil :* grand, arrondi, ouvert, souvent caduc, à peine enfoncé. — *Peau :* mince, jaune clair verdâtre, entièrement couverte de larges points fauves, maculée de même autour de l'œil et du pédoncule, quelquefois complètement marquée d'une raie longitudinale roussâtre, squammeuse et bien apparente, sur la face exposée au soleil, où elle est en outre colorée de rouge-brun. — *Chair :* blanche, demi-fine, fondante ou demi-fondante, presque exempte de pierres. — *Eau :* suffisante, sucrée, faiblement aromatique, assez savoureuse ou dénuée, mais exceptionnellement, de toute sapidité.

Maturité. — Vers la fin d'octobre, et se prolongeant jusqu'en décembre; pouvant même, rarement cependant, atteindre le mois de janvier.

Qualité. — Deuxième comme fruit à couteau, première comme fruit à compote.

Poire de Curé.

Historique. — Nous avons cru longtemps, trompé par le synonyme *Saint-Lézin*, que la généralité des pomologues modernes ont erronément attribué au fruit ici décrit, que ce fruit devait être l'une des trois poires de Saint-Lézin connues dès le commencement du XVIIe siècle. Aujourd'hui, après avoir attentivement interrogé les anciennes *Pomologies* de Merlet (1675, pp. 121-122), de Henri Hessen (1690, p. 281) et de Henri Manger (1783, p. 120), nous sommes formellement convaincu que la poire de Curé date de 1760 environ, et n'a rien de commun avec ces vieilles variétés. Notre opinion, du reste, s'appuie sur celle du savant professeur de culture du Muséum de Paris, M. Decaisne, et sur celle, également, de M. Fortuné Willermoz, directeur de l'École d'Horticulture de Lyon, et l'un des auteurs les plus accrédités parmi nous. Mais ce qui, dès l'abord, est venu fortement ébranler notre fausse croyance, ça été l'article suivant, écrit en 1863 et fait pour contenter les plus exigeants, en matière d'origine de fruits :

« Deux versions existent sur la provenance de cette belle poire *de Curé* : l'une qui l'attribue à un ancien curé de la paroisse de Villiers, près Vendôme (Loir-et-Cher), l'autre qui la fait originaire des environs de Clion, où le pied-mère existait encore, paraît-il, dans un bois, en 1823.

« Ce dernier passage jetant du doute sur l'origine de notre poire, il importe de l'éclaircir ; et personne ne le peut mieux que moi, puisqu'à l'époque même dont il est question, je recueillis à ce sujet, sur les lieux, les renseignements les plus circonstanciés :

— « Vers 1760, un M. Leroy, curé de Villiers-en-Brenne (et non Villars ou Villiers, près Vendôme), paroisse située à huit kilomètres de Clion (Indre), rencontra non loin de son presbytère, dans les bois de Fromenteau, à un kilomètre du château de ce nom, un poirier sauvage dont le fruit lui parut assez remarquable pour que l'idée lui vînt de le propager. Il en greffa dans une vigne attenante à son jardin, *et c'est de là que sont sortis*, toujours en s'améliorant, en se perfectionnant, *les innombrables poiriers qui ont peuplé tous les environs.* J'ai souvent vu dans ma jeunesse, non pas le vieux poirier trouvé dans les bois de Fromenteau, mais son premier descendant, le pied-mère planté dans le jardin de la cure de Villiers, celui-là même qui avait été greffé de la main du bon curé. *Ce vieil arbre existe encore ;* son tronc mesure 1 m. 40 c. de circonférence et 2 m. 35 c. de hauteur.....

« Cette nouvelle espèce de poirier s'était rapidement répandue, et le mérite de son fruit n'avait pas tardé d'être apprécié, puisque dès avant notre première Révolution, le ministre Amelot de Chaillou, qui avait des domaines dans la paroisse de Villiers, ne manquait pas de s'en faire envoyer chaque année pour sa table.

« En 1822, frappé de la beauté de cette poire (on m'en avait apporté une qui mesurait près de 0 m. 26 c. de hauteur), et ne la trouvant mentionnée sur aucun Catalogue, ni décrite dans aucun ouvrage, j'en ai envoyé plusieurs échantillons à MM. André Thouin et Vilmorin, qui en firent l'examen avec quelques autres personnes, parmi lesquelles était M. Bosc. Un de ces Messieurs, M. Poiteau, je crois, prit d'abord notre poire pour une variété du *Saint-Lézin*, si ce n'est pour le Saint-Lézin même ; mais on reconnut positivement *qu'elle était nouvelle*, et depuis lors on la vit figurer comme distincte sur les Catalogues et dans les collections.

« De LA TRAMBLAIS, propriétaire à Clion (Indre). »

(Extrait du *Journal de la Société d'Horticulture de Paris*, Mai 1863, pp. 317 à 320.)

Observations. — La poire de Curé a quelquefois été vue, paraît-il, étiquetée *Pater-Noster* et *Pater-Notte ;* nous rappelons le fait, mais sans accepter ces deux noms comme synonymes de Curé, attendu qu'ils s'appliquent à une variété fort connue, gagnée dans le Hainaut, au début de ce siècle, par un pharmacien nommé Paternoster. — Les mots *Canillette d'Hiver*, qu'on a présentés aussi comme synonymes de Curé, ne peuvent non plus être maintenus ; ils proviennent uniquement d'une erreur typographique : c'est le synonyme *Cueillette d'Hiver*, mal lu, voilà tout. — Quant à la poire *Roi de Rome*, que le Congrès pomologique suppose, sans l'affirmer, identique avec la poire de Curé, elle est dans notre école depuis quelques mois seulement, il nous faut donc attendre encore, avant de la juger. — Relevons ici une petite erreur récemment échappée à l'un des rédacteurs de l'*Illustrirtes Handbuch der Obstkunde*, qui n'ayant pas eu sous les yeux l'article de M. de la Tramblais, a dit que le propagateur de la variété ci-dessus, était le *curé Clion*. Ce prêtre, on l'a lu plus haut, se nommait Leroy, et Clion est simplement le nom d'une commune voisine du bois où fut trouvé le présent fruit. — Un dernier mot. On prête à la poire de Curé un mérite que jamais (et M. Willermoz le lui refuse aussi) elle n'a eu dans l'Anjou : celui de se conserver jusqu'au mois d'avril. Nous le répétons : son point extrême de maturité, chez nous, c'est le courant de janvier. Ajoutons que pour la manger dans les meilleures conditions possibles, on doit la cueillir à la mi-septembre, et que la raie longitudinale qui en parcourt, du côté du soleil, toute la hauteur, est loin d'être un caractère constant, comme on l'a cru. Ce caractère est fort exceptionnel, au contraire, puisque sur cent poires prises au hasard, quinze seulement nous l'ont montré.

POIRE DU CURÉ. — Synonyme de poire *de Curé*. Voir ce nom.

---

388. POIRE CURÉ D'OLEGHEM.

Description de l'arbre. — *Bois :* très-fort. — *Rameaux :* des plus nombreux, étalés ou réfléchis, quelquefois contournés, de grosseur moyenne, longs, légèrement géniculés, rouge-brun ardoisé, ayant les lenticelles larges, excessivement rapprochées, les coussinets bien ressortis et les mérithalles très-longs. — *Yeux :* moyens, ovoïdes, aigus, non appliqués contre l'écorce, souvent placés en éperon. — *Feuilles :* petites, peu abondantes, vert cuivré, ovales-allongées, profondément crénelées, au pétiole grêle, long et rougeâtre.

FERTILITÉ. — Grande.

CULTURE. — Ce poirier se montre d'une extrême vigueur sur franc et sur cognassier; il développe vite son écusson et fait, dès sa deuxième année, d'irréprochables pyramides.

Description du fruit. — *Grosseur :* petite. — *Forme :* arrondie, bosselée, généralement plus renflée d'un côté que de l'autre. — *Pédoncule :* de longueur moyenne, un peu arqué, effilé à sa partie supérieure, fort et très-charnu à sa base, régulièrement implanté à fleur de chair. — *OEil :* grand ou moyen, ouvert et contourné, plissé sur ses bords, souvent très-enfoncé. — *Peau :* jaune verdâtre, entièrement ponctuée de roux et largement lavée de même autour du pédoncule. — *Chair :* blanche, fine, cassante, pierreuse au centre. — *Eau :* insuffisante, peu sucrée, dénuée de parfum, fortement acidulée.

MATURITÉ. — Fin de septembre et commencement d'octobre.

QUALITÉ. — Troisième.

Historique. — Le nom de cette poire paraissait pour la première fois, en 1857, dans la *Liste générale* des fruits cultivés dans le Jardin de la Société Van Mons, à Geest-Saint-Rémy-lez-Jodoigne (Belgique), mais cette Société ne commença à délivrer des greffes du poirier Curé d'Oleghem, que l'année suivante. (Voir pages 160 et 215 du tome Ier de ses *Catalogues.*) Dès l'abord, aucune indication n'y fut donnée sur les qualités et l'époque de maturité des produits de ce nouveau poirier; en 1863, cependant, on les y qualifia (page 382) de fruits *tardifs.* Toutefois, un autre *Catalogue* belge, celui des Pépinières de Vilvorde, près Bruxelles, mentionnant cette variété en 1860, la décrivit ainsi : « *Poire Curé d'Oleghem.* Fruit « gros, fondant, de première qualité, mûrit en février-mars. » (Page 17.) Devant cette description, il est constant que la poire caractérisée et figurée plus haut, n'a nullement droit au nom *Curé d'Oleghem.* Autrement, il faudrait admettre que cette poire s'est complétement dénaturée en quelques années, ou que le Directeur du Jardin Van Mons nous envoya un tout autre poirier que celui demandé il y a déjà dix ans? Car notre variété, loin de se manger au mois de mars, mûrit en septembre; elle est petite, de troisième qualité, et non pas grosse et de premier ordre. Malheureusement, n'ayant pu la . rencontrer encore chez aucun de nos confrères, il nous a été impossible de l'étudier comparativement; voilà pourquoi nous appelons sur elle, aujourd'hui, l'attention des horticulteurs.

Poire CURETTE. — Synonyme de poire *de Curé.* Voir ce nom.

Poire CURTET (FORME DE). — Voir *Forme de Curtet.*

---

389. Poire CUSHING.

Poire Cushing. — *Premier Type.*

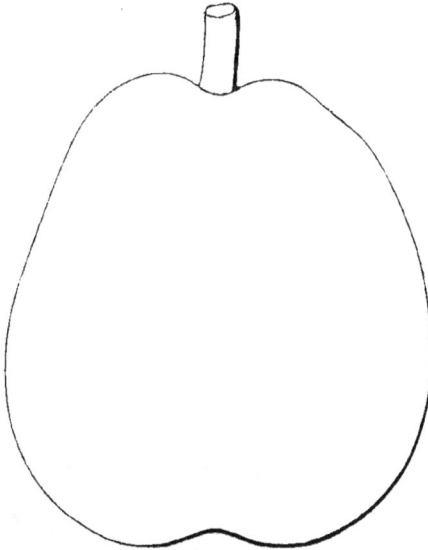

Description de l'arbre. — *Bois :* faible. — *Rameaux :* assez nombreux, érigés, de grosseur moyenne, peu longs, peu coudés, vert clair brunâtre, à lenticelles fines et clairsemées, à coussinets généralement aplatis. — *Yeux :* moyens, ovoïdes, très-écartés du bois, ayant les écailles mal soudées. — *Feuilles :* petites, ovales-allongées, faiblement dentées ou crénelées, planes ou contournées, portées sur un pétiole long et bien nourri.

Fertilité. — Remarquable.

Culture. — On le greffe sur franc plutôt que sur cognassier; il est modérément vigoureux et se développe très-tardivement; quant à ses pyramides, elles sont, quoique petites, d'une jolie forme et bien touffues.

Description du fruit. — *Grosseur :* moyenne. — *Forme :* passant de la turbinée-ovoïde, ventrue et bosselée, à l'ovoïde régulière. — *Pédoncule :* court,

droit et fort, ou assez long, arqué, mince et renflé aux extrémités; il est ordi-
nairement inséré à la surface du fruit, et plutôt perpendiculaire, qu'oblique. — *Œil :* petit, ouvert, régulier, presque saillant. — *Peau :* épaisse, rugueuse, vert tendre, jaunâtre sur le côté du soleil, faiblement ponctuée de gris, fortement marbrée et maculée de marron clair. — *Chair :* blanchâtre, mi-fondante et mi-fine, juteuse, granuleuse au centre. — *Eau :* très-abondante, sucrée, savoureuse, sans parfum prononcé, parfois légèrement astringente.

Poire Cushing. — *Deuxième Type.*

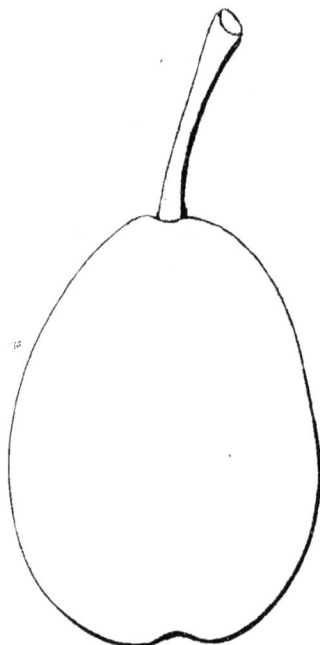

MATURITÉ. — Fin d'août et commencement de septembre.

QUALITÉ. — Deuxième.

Historique. — Elle est née aux Etats-Unis, dans les premières années de ce siècle, et le pomologue Downing en donnait ainsi l'origine, dès 1849 :

« Ce fut le colonel Washington Cushing qui
« l'obtint de semis, il y a une quarantaine d'an-
« nées, sur son domaine de Hingham, dans le
« Massachusetts. » (*The Fruits and fruit trees of America,* édition de 1849, page 373; et page 485 de l'édition de 1863.)

L'introduction de cette variété dans mes pépinières, date de 1850, mais elle ne figura qu'un an plus tard dans mon *Catalogue.*

————

POIRE DE CYPRE. — Voir poire *de Chypre* (de Jean Merlet, 1675.)

————

FIN DU PREMIER VOLUME.

ANGERS, IMPRIMERIE P. LACHÈSE, BELLEUVRE ET DOLBEAU.

www.ingramcontent.com/pod-product-compliance
Lightning Source LLC
Chambersburg PA
CBHW060840220326
41599CB00017B/2345